Strategisches Management
Eine Einführung

Gerry Johnson
Kevan Scholes
Richard Whittington

Strategisches Management Eine Einführung

Analyse, Entscheidung und Umsetzung

9. aktualisierte Auflage

PEARSON Studium

ein Imprint von Pearson Education
München • Boston • San Francisco • Harlow, England
Don Mills, Ontario • Sydney • Mexico City
Madrid • Amsterdam

Bibliografische Information Der Deutschen Nationalbibliothek
Die Deutsche Nationalbibliothek verzeichnet diese Publikation in der Deutschen National-bibliografie; detaillierte bibliografische Daten sind im Internet über *http://dnb.d-nb.de* abrufbar.

Authorized translation from the English language edition, entitled EXPLORING STRATEGY, 9th edition by Gerry Johnson, Richard Whittington & Kevan Scholes, published by Pearson Education Limited, publishing as Prentice Hall, Copyright © 2011.

10 9 8 7 6 5 4 3 2 1

13 12 11

ISBN 978-3-86894-056-5

ein Imprint der Pearson Education Deutschland GmbH,
Martin-Kollar-Straße 10-12, D-81829 München/Germany

www.pearson-studium.de
Lektorat: Martin Milbradt, mmilbradt@pearson.de
Alice Kachnij, akachnij@pearson.de
Korrektorat: Marion Sonnenmoser, Berlin
Einbandgestaltung: Thomas Arlt, tarlt@adesso21.net
Herstellung: Elisabeth Prümm, epruemm@pearson.de
Satz: mediaService, Siegen (www.media-service.tv)
Druck und Verarbeitung: Kösel, Krugzell (www.KoeselBuch.de)

Printed in Germany

Inhaltsübersicht

Inhaltsverzeichnis

Kapitel 12 Organisieren für den Erfolg 533

Kapitel 13 Ressourcenbezogene Strategien 583

Vorwort

Wir freuen uns sehr, Ihnen diese neunte Ausgabe von *Exploring Strategy* vorstellen zu dürfen. Internationale Absatzzahlen vorangegangener englischsprachiger Ausgaben von nahezu 800.000 bestätigen uns, dass wir viele treue Leser haben. Doch das Fachgebiet der Strategie verändert sich stetig. Für diese Auflage haben wir daher unsere Leser nach ihrer Meinung befragt und so zwar viele alt bewährte Dinge beibehalten, doch auch einige Neuerungen eingefügt.

So gibt auch diese neue Auflage neue Erkenntnisse der akademischen Forschung wieder und reflektiert Veränderungen in der Praxis der Strategie sowie in der Entwicklung der Universitätskurse überall auf der Welt. Das vorliegende Lehrbuch beinhaltet einen Mix von Fällen aus Europa, den USA und Südostasien.

Daneben bleibt es unser Bestreben, den Lesern einen umfassenden und realitätsbezogenen Einblick in das Thema Strategie zu gewähren. Dabei haben wir uns insbesondere zwei Aspekten verschrieben:

- **Prozess:** Wir glauben, dass eine langfristig erfolgreiche Organisation nicht nur die wirtschaftliche Logik und Funktionsweise einer bestimmten Strategie beherrschen muss, sondern auch die menschlichen Prozesse dahinter. Daher betonen wir im gesamten Buch immer wieder die Bedeutung dieser menschlichen Aspekte und gehen insbesondere in Teil III auf die Prozesse der Strategieformulierung, -umsetzung und -veränderung ein.
- **Praxis:** Wir schließen unser Buch mit einem Kapitel über die Praxis der Strategie (Kapitel 15) ab, in dem wir vor allem auf die Praxis des strategischen Managements eingehen. Doch auch im gesamten übrigen Buch stellen wir strategische Konzepte und Techniken immer anhand praktischer Beispiele und Anwendungen und ohne lange abstrakte Erklärungen vor.

Viele Menschen haben uns bei der Entwicklung dieser neuen Auflage unterstützt. Steve Pyle war federführend bei der Koordination und Auswahl der Fallstudien. Wir haben intensiv mit unserem Beratergremium zusammengearbeitet, das sich aus erfahrenen Nutzern und Lesern unseres Buches zusammensetzt. Viele andere Leser, die wir zum Großteil anlässlich unseres jährlichen Workshops für Lehrer kennenlernen durften, lieferten uns außerdem immer wieder persönliche Vorschläge und Anregungen. Dieses Feedback war und ist für uns sehr wertvoll. Auch unsere Studenten und Kunden in Sheffield, Lancaster und Oxford und an vielen anderen Instituten, an denen wir unterrichten, geben uns immer wieder Anreize für neue Ideen. Auch von unseren internationalen Kontakten, besonders in Irland, den Niederlanden, Dänemark, Schweden, Frankreich, Kanada, Australien, Neuseeland, Hongkong, Singapur und den USA können wir profitieren. Viele haben direkte Beiträge in Form von Fallstudien und Beispielen geleistet und werden natürlich im Buch erwähnt. Für weitere Beteiligungen danken wir besonders Julia Balogun, Phyl Johnson, John Kind, Donald MacLean, Sam McPherson, Lance Moir, David Pettifer, Rob Pieters und Basak Yakis-Douglas.

Schließlich danken wir allen Organisationen, die sich für die Erstellung von Fallstudien zur Verfügung gestellt haben. Wir hoffen, dass die Leser und Nutzer dieses Buches den Wunsch der beschriebenen Organisationen respektieren werden, diese bezüglich weiterer Informationen nicht direkt zu kontaktieren.

Gerry Johnson (*gerry.johnson@lancaster.ac.uk*)

Richard Whittington (*richard.whittington@sbs.ox.ac.uk*)

Kevan Scholes (*KScholes@scholes.u-net.com*)

Mai 2010

Exploring Strategy

Diese Ausgabe basiert auf den bewährten Stärken unseres Lehrbuch-Bestsellers. Eine Reihe zusätzlicher Hilfestellungen und Ergänzungen wurden entwickelt, damit Lehrende und Studierende dieses Buch optimal nutzen können.

- **Herausragende pädagogische Gestaltung:** Jedes Kapitel enthält klar formulierte Lernziele und praktische Fragen, die sich auf reale Beispiele beziehen, sodass die Studenten Gelerntes leicht umsetzen und anwenden können.
- **Flexibler Einsatz:** Es kann individuell entschieden werden, ob die Fallstudien jedes Kapitels mit in die Arbeit einbezogen werden sollen oder nicht. Die Beispiele am Ende der Kapitel sowie die Kommentare und die strategischen Perspektiven gewähren einen tieferen Einblick in das komplexe und spannungsgeladene Thema Strategie.

Lehrende haben außerdem die Möglichkeit, den Lehrtext zusätzlich auf die eigenen Anforderungen abzustimmen:

- **Aktuelle Materialien:** Wir haben alle Kapitel überarbeitet und durch neue Materialien und Forschungsergebnisse ergänzt.
- **Anregung zum kritischen Denken:** Nicht nur die strategischen Perspektiven, sondern auch die Beispiele am Ende jedes Kapitels sollen die Studenten zum kritischen Denken anregen, denn hier werden Forschungsergebnisse und Theorien zu den wichtigsten Themen des Kapitels präsentiert, die die Studenten hinterfragen sollen.
- Unser **Modell der drei Kreise:** die für die sich überschneidenden Themen der strategischen Position, der strategischen Wahlmöglichkeiten und der Strategie in Aktion stehen, stellt die einfache, lineare Sichtweise des strategischen Prozesses infrage.

Vorwort zur Deutschen Auflage

Die Zeit war reif für eine deutsche Übersetzung des sehr erfolgreichen englischsprachigen Lehrbuches „Exploring Corporate Strategy“. Die Gründe dafür sind insbesondere:

- Die sehr hohe Eignung für die Lehre aufgrund der didaktischen Struktur und Aufbereitung.
- Über die Lehre hinausgehende Relevanz für die Praxis durch differenzierte Darstellungen und Analysen, die einen wissenschaftlichen Jargon vermeiden;

- Eine gelungene Kombination aus „theoretischen“ (besser: allgemeingültigen) Darstellungen in Verbindung mit illustrativen Praxisbeispielen zur besseren Verständlichkeit für die Zielgruppe;
- Die Mischung aus relevanten Konzepten des Faches und eigenen Entwicklungen der wissenschaftlich renommierten Autoren.

Die nun vorliegende erste deutsche Ausgabe unterscheidet sich in Inhalt und Struktur allenfalls in Geringfügigkeiten von der englischsprachigen Ausgabe, um den Charakter des Werkes nicht zu verändern. Länderspezifische Feinheiten, z.B. aufgrund unterschiedlicher rechtlicher Rahmenbedingungen wurden vorsichtig angepasst, sodass Sie für die Deutschsprachigen Vorlesungen nachvollziehbar und verwendbar sind. Im Hinblick auf die Aktualität der deutschen Ausgabe wurden die Entwicklungen der englischen Ausgabe so adaptiert, dass die zentralen Wissensbestände der aktuellen englischen Version zum Zeitpunkt des Erscheinens der deutschen Ausgabe aufgegriffen wurden. Des weiteren wurden einige Deutsche Fälle aus der Vorauflage beibehalten.

Die deutsche Ausgabe ist das Ergebnis einer Teamleistung, zu der der Lektor Martin Milbradt, die Übersetzerin Anke Harrer und der Kollege Prof. Dr. Ebers von der Universität Köln (sowie der Unterzeichner) in professionell effizienter und effektiver Weise ihren jeweiligen Beitrag geleistet haben. Diesen gilt es, an dieser Stelle einen Dank auszusprechen.

Schließlich bleibt zu hoffen, dass die deutschen Leser das deutsche Werk ebenso nutzbringend und mit persönlichem Gewinn aufgreifen, wie es Generationen von angelsächsischen Lesern es schon seit langem tun.

Ingo Fischer (*ingo.fischer@hwr-berlin.de*)

Januar 2011

Zusatzmaterialien für Studierende und Dozenten in diesem Buch

Dieses Buch unterstützt Dozenten und Studierende mit unterschiedlichen Lernhilfen.

Für Dozenten:

- **Kapitelfolien:** Ein Satz Powerpointfolien, der Lehrende in der Vorbereitung und Arbeit mit dem Buch unterstützt.
- **Abbildungsfolien:** Alle Abbildungen aus dem Buch zum Download für den Einsatz in der Vorlesung.

Für Studenten:

- **Fallstudien und Beispiele:** Eine ganze Reihe Fallstudien und Beispiele sind aktuell und neu und nehmen direkten Bezug auf die Interessen und täglichen Erfahrungen der Studenten. Die meisten dieser Beispiele und Fälle dieser Ausgabe sind neu, alle anderen wurden intensiv überarbeitet. Es sind Beispiele aus vielen verschiedenen Ländern, die sich nicht nur auf die Privatwirtschaft beschränken, sondern auch den öffentlichen Sektor sowie Non-profit-Organisationen mit einbeziehen. Einige dieser Fälle finden sich im Rahmen von Interviews und Dokumentationen auf der der Website zum Buch unter *www.pearson-studium.de.*
- **Digitale Lernkarten:** Lernkarten mit den wichtigsten Begriffen des Strategischen Managements für Smartphones.

- **Lösungen zu den Fragen aus dem Buch:** Das nebenstehende CWS Symbol verweist im Buch auf Lösungen zu Fragen und Problemstellungen, die online gefunden werden können.
- **Glossar** zum Buch

Die Autoren

Gerry Johnson, BA, PhD ist emeritierter Professor für strategisches Management an der Lancaster University School of Management und wissenschaftlicher Mitarbeiter des UK Advanced Institute of Management Research (AIM). Ebenso hat er an der Strathclyde Business School, der Cranfield School of Management, der Manchester Business School und der Aston University unterrichtet. Er ist Autor zahlreicher Bücher und seine Forschungsergebnisse werden in den namhaftesten Fachpublikationen weltweit veröffentlicht. Ebenso stellt er sein Fachwissen als beratender Redakteur des *Academy of Management Journal*, des *Strategic Management Journal* und des *Journal of Management Studies* zur Verfügung. Er ist Partner der Unternehmensberatung Strategy Explorers (siehe *www.strategyexplorers.com*), wo er mit Top Managern an Themen der Strategieentwicklung und des strategischen Wandels arbeitet.

Richard Whittington, MA, MBA, PhD ist Professor für strategisches Management an der Said Business School und Millman Fellow des New College der University of Oxford. Er ist Autor und Co-Autor von neun Büchern und hat bisher zahlreiche Fachartikel veröffentlicht. Ebenso stellt er sein Fachwissen als beratender Redakteur von u.a. *Organizational Science, Organization Studies, Long Range Planing* und des *Strategic Management Journal* zur Verfügung. Lehrstühle oder Gastprofessuren hatte er an der Harvard Business School, dem HEC Paris, dem Imperial College London, der Universität von Toulouse und der University of Warwick. Er ist Partner bei Strategic Explorers und tätig in Ausbildung und Beratung, wobei er mit Organisationen in ganz Europa, den USA und Asien zusammenarbeitet (siehe *www.strategyexplorers.com*). Momentan konzentriert er seine Forschungsarbeit auf die Praxis der Strategie sowie internationales Management.

Kevan Scholes MA, PhD, DMS, CIMgt, FRSA ist Mitbegründer und -leiter des Unternehmens Scholes Associates, das sich auf strategisches Management spezialisiert hat. Er ist ebenso Gastprofessor für strategisches Management und ehemaliger Direktor der Sheffield Business School in Großbritannien. Er hat umfangreiche Erfahrungen bezüglich des Lehrens von Strategie mit Studenten in unterschiedlichen Semestern an mehreren Universitäten. Seine Arbeit zum Thema Unternehmensmanagement führte ihn zu Organisationen in den Bereichen Fertigung, Dienstleistung und öffentlicher Sektor. Auch außerhalb Großbritanniens war er regelmäßig tätig, u.a. in Irland, Australien und Neuseeland. Er arbeitet auch als Managementberater zahlreicher nationaler Körperschaften und ist Mitglied des Chartered Management Institute.

Strategie: Einführung

1

ÜBERBLICK

Lernziele

Nach der Lektüre dieses Kapitels sollten Sie in der Lage sein,

- die Eigenschaften strategischer Entscheidungen sowie die Bedeutung von Strategie und strategischem Management zu verstehen und diese vom operativen Management zu unterscheiden.
- zu verstehen, wie sich strategische Prioritäten je nach Managementebene unterscheiden: Von der gesamtunternehmerischen Ebene über die Ebene eines Geschäftsbereichs bis zur operativen Ebene.
- die grundlegende Terminologie der Strategie und ihre Verwendung in verschiedenen Bereichen zu verstehen.
- die drei Schlüsselelemente des strategischen Managementmodells aus „Exploring Corporate Strategy" zu verstehen.
- zu verstehen, welche Menschen sich mit Strategie befassen – Manager, interne Spezialisten und Strategieberater – und wie ihre Arbeit aussieht.

1.1 Einführung

Das Thema Strategie ist entscheidend für die Zukunft einer jeden Organisation. Wie soll beispielsweise Google – ursprünglich eine Internetsuchmaschine – bei seinem Markteintritt auf dem Mobilfunkmarkt vorgehen? Sollten Universitäten ihre Ressourcen eher auf herausragende Forschung oder auf qualitativ hochwertige Lehre konzentrieren – oder vielleicht versuchen, beides zu kombinieren? Wie soll sich ein kleiner Produzent für Videospiele gegenüber einem dominanten Konsolenhersteller wie etwa Nintendo und Sony verhalten? Was sollte eine Rockband angesichts sinkender CD-Absatzzahlen tun?

All diese Fragen beziehen sich auf die Strategie. Natürlich gehen sie vor allem Unternehmer und Top Manager an der Spitze der Unternehmen etwas an, doch sie richten sich auch an andere Unternehmensbereiche. Denn auch die Manager beispielsweise der mittleren Führungsebenen müssen die strategische Ausrichtung ihres Unternehmens verstehen, um sich einerseits die Unterstützung der oberen Führungsebenen für ihre eigenen Initiativen zu sichern, und um andererseits die Unternehmensstrategie denjenigen erklären zu können, für die sie verantwortlich sind. Jeder, der eine Laufbahn im Managementbereich anstrebt, muss darauf vorbereitet sein, mit potenziellen Arbeitgebern über Strategie zu diskutieren. Natürlich muss man sich auch – möglichst bevor man eine Arbeitsstelle antritt – davon überzeugen, dass die Strategie des neuen Arbeitgebers tragfähig ist. Auch für Spezialisten gibt es im Bereich Strategie einige Karrierechancen, so etwa als Strategieberater, als interne Strategieanalysten oder -planer. Dies sind oft gute Einstiegspositionen für ehrgeizige junge Manager.

Dieses Buch wählt eine breit angelegte Herangehensweise an das Thema Strategie. Es wird sowohl die wirtschaftliche Seite als auch die menschliche Seite betrachtet, bei der es um die praktische Umsetzung von Strategie geht. Eigentlich ist dies ein „Forschungsbuch", denn die reale Welt der Strategie hat nur selten klare Antworten parat. Geht es um Strategie, so ist es meist sinnvoll, mehrere Optionen zu untersuchen, wobei jede Option sorgfältig geprüft werden muss, bevor eine Entscheidung getroffen wird. Das Buch ist auch für Organisationen interessant, die ihre eigene Ausrichtung für die Zukunft überprüfen und festlegen müssen. Es richtet sich also gleichermaßen an große internationale Konzerne wie auch an kleine Start Up-Firmen; es ist relevant für Organisationen der öffentlichen Hand, etwa Schulen oder Krankenhäuser, und für Non Profit-Organisationen wie Sportclubs oder gemeinnützige Vereine. Strategie geht jede Organisation etwas an – und auch fast jeden Mitarbeiter.

„Die Festlegung langfristiger Ziele für eine Unternehmung und die Ausführung entsprechender Handlungsschritte sowie die Zuteilung entsprechender Ressourcen, um diese Ziele zu erreichen."

Alfred D. Chandler

„Bei der Wettbewerbsstrategie geht es darum, anders zu sein. Man wählt bewusst eine neue Kombination von Aktivitäten, um einen einzigartigen Nutzenmix anbieten zu können."

Michael Porter

„Ein Muster in einem Strom von Entscheidungen"

Henry Mintzberg

„Die langfristige Ausrichtung einer Organisation"

Exploring Strategy

Abbildung 1.1: Definitionen von Strategie

1.2 Was ist Strategie?

Warum werden die Probleme, mit denen Yahoo! konfrontiert ist (siehe Beispiel 1.1), als „strategisch" bezeichnet? Welche Themenbereiche sind strategischer Natur, und was unterscheidet sie von operativen Themen innerhalb einer Organisation?

1.2.1 Die Merkmale strategischer Entscheidungen

Die Begriffe „Strategie" und „strategische Entscheidungen" werden meist mit Themenbereichen wie den folgenden in Verbindung gebracht:

- *Die langfristige Ausrichtung* einer Organisation. Brad Garlinghouse von Yahoo! hatte erkannt, dass für einen strategischen Wandel bei Yahoo! eher ein „Marathon und kein kurzer Sprint" vonnöten sein würde. Bei der von Yahoo! verfolgten Strategie ging es um Entscheidungen mit langfristiger Wirkung darüber, welcher Art von Unternehmen man sein wollte. Eine Umsetzung dieser Entscheidungen würde sehr viel Zeit brauchen.
- *Die Reichweite der organisationalen Aktivitäten.* Sollte sich die Organisation beispielsweise auf nur eine Aktivität konzentrieren oder auf viele verschiedene? Brad Garlinghouse glaubte, dass sich Yahoo! zu sehr in vielen verschiedenen Aktivitäten verzettelt hatte.

- *Der Wettbewerbsvorteil*, den die Organisation gegenüber Konkurrenten hat. Bei Yahoo! lag das Problem darin, dass es dabei war, seinen Wettbewerbsvorteil an schneller wachsende Firmen wie Google zu verlieren. Ein solcher Wettbewerbsvorteil lässt sich auf vielerlei Arten erzielen und kann auch ganz verschiedene Bedeutungen haben. Im öffentlichen Bereich kann ein strategischer Vorteil zum Beispiel darin bestehen, bessere Dienstleistungen zu liefern als andere Anbieter und sich somit die Unterstützung und Finanzierung der Regierung zu sichern.
- *Strategische Anpassung an das Geschäftsumfeld.* Organisationen brauchen eine angemessene *Positionierung* in ihrem Umfeld, etwa in Bezug darauf, inwieweit ihre Produkte oder Dienstleistungen klar definierte Marktbedürfnisse befriedigen. So kann zum Beispiel ein kleines Unternehmen versuchen, eine Nische auf einem Markt für sich zu finden, oder ein global agierender Konzern kann versuchen, Unternehmen aufzukaufen, die bereits erfolgreich ihre Marktposition gefunden haben. Brad Garlinghouse glaubte, dass Yahoo! in zu vielen Geschäftsbereichen erfolgreich sein wollte.
- *Die Ressourcen und Kompetenzen einer Organisation.*[1] Gemäß der auf Ressourcen basierenden Definition von Strategie geht es darum, die strategischen Fähigkeiten einer Organisation, also ihre Ressourcen und Kompetenzen, auszunutzen, um einen Wettbewerbsvorteil zu erzielen und/oder neue Chancen zu schaffen. So könnte eine Organisation beispielsweise versuchen, Ressourcen wie etwa technische Fähigkeiten oder starke Marken zu nutzen. Yahoo! nimmt für sich in Anspruch, einen Markennamen zu haben, der „synonym für das Internet" steht, was dem Unternehmen theoretisch einen klaren Vorteil auf diesem Gebiet verschafft.
- *Die Werte und Erwartungen* mächtiger Handlungsträger innerhalb der Organisation und in ihrem unmittelbaren Umfeld. Diese Handlungsträger – Einzelpersonen, Gruppen oder auch andere Organisationen – können grundlegende Entscheidungen beeinflussen, etwa ob eine Organisation eher einen Expansionskurs verfolgt oder sich mehr mit Konsolidierung befasst, oder wo die Grenzen der organisationalen Aktivitäten gezogen werden. Bei Yahoo! könnten die oberen Führungskräfte versucht haben, Wachstum in zu vielen Bereichen zu erzielen und sie waren in der Übernahme konkreter Verantwortung eventuell zu zurückhaltend. Doch auch die unteren Führungsebenen, ebenso wie normale Mitarbeiter, Zulieferer, Kunden und Internetnutzer, beeinflussen die Zukunft von Yahoo! und werden von ihr beeinflusst. Die Erwartungen und Wertvorstellungen dieser *Interessengruppen* werden einen größeren oder kleineren Einfluss auf die strategische Entwicklung einer Organisation haben, je nachdem, wie mächtig sie sind. Brad Garlinghouses Memo war sicherlich ein gewagter Schritt zur Rettung einer scheinbar fehlschlagenden Strategie.

Strategie

Strategie beschreibt die langfristige Ausrichtung und Aufgabenbereiche einer Organisation, die in einem sich verändernden Umfeld Wettbewerbsvorteile durch ihren Einsatz von Ressourcen und Kompetenzen erlangt, mit dem Ziel, die Erwartungen der Interessengruppen zu erfüllen.

Insgesamt gesehen könnte man die grundlegendste Definition von Strategie als „langfristige Ausrichtung einer Organisation" formulieren. Die oben beschriebenen Merkmale können jedoch die Grundlage für eine ausführlichere Definition liefern:

Strategie beschreibt die *langfristige Ausrichtung und Aufgabenbereiche* einer Organisation, die in einem sich verändernden *Umfeld Wettbewerbsvorteile* durch ihren Einsatz von *Ressourcen und Kompetenzen* erlangen, mit dem Ziel, die Erwartungen der *Interessengruppen* zu erfüllen.

1 Die Frage „Was ist Strategie?" wird bei R. Whittington, *What is strategy – and does it matter?*, International Thomson, 1993/2000; M. Porter, „What is strategy?", *Harvard Business Review*, November–Dezember, 1996, S. 61–78, und F. Fréry, „The fundamental dimensions of strategy", *MIT Sloan Management Review*, Bd. 48, Nr. 1 (2006), S. 71–75 diskutiert.

Abbildung 1.1 fasst diese Merkmale strategischer Entscheidungen zusammen und hebt einige der Implikationen hervor:

- *Komplexität* ist ein definierendes Merkmal von Strategie und strategischen Entscheidungen. Dies trifft vor allem auf Organisationen mit großer geografischer Reichweite zu wie etwa global agierende Firmen oder Firmen mit einer großen Palette an Produkten und Dienstleistungen. So muss sich Yahoo! der Komplexität eines schnell wachsenden Marktes einerseits und von schlecht organisierten internen Abläufen andererseits stellen.
- *Unsicherheit* ist untrennbar mit Strategie verbunden, denn niemand kann die Zukunft genau voraussagen. Für Yahoo! bedeutet das Internetgeschäft ständige und unvorhersehbare Innovation.
- *Operative Entscheidungen* sind mit der Strategie verbunden. So wirken sich etwa alle Versuche, die Geschäftsbereiche von Yahoo! besser zu koordinieren, direkt auf das Design von Internetseiten und Links, auf die Entwicklung einzelner Karrieren und auf die Beziehung zu Werbekunden aus. Diese Verbindung zwischen gesamtunternehmerischer Strategie und operativen Aspekten einer Organisation ist aus zwei weiteren Gründen wichtig. Wenn zum einen diese operationellen Aspekte einer Organisation nicht auf die Strategie ausgerichtet sind, wird diese nicht erfolgreich sein können, gleichgültig, wie wohl durchdacht sie ist. Zum anderen kann besonders auf operativer Ebene ein wahrer strategischer Vorteil erzielt werden. So kann Kompetenz in bestimmten operationellen Aktivitäten bestimmen, welche strategische Entwicklung am sinnvollsten ist.

Beispiel 1.1 Erdnussbutter Manifest von Yahoo!

Strategie kann harte Entscheidungen über die Reichweite eines Unternehmens, sein Management und seine Organisationsstruktur nach sich ziehen.

Im November 2006 schrieb Brad Garlinghouse, MBA-Absolvent und stellvertretender Vorstandsvorsitzender von Yahoo! ein Memo an seine Top Manager, in dem er deutlich machte, dass sich Yahoo!, das diversifizierte Internetunternehmen, im Einsatz seiner Ressourcen verzettelte, sodass diese wie Erdnussbutter auf Toast quasi zu dünn aufgestrichen seien. Hier einige gekürzte Auszüge des Memos:

Vor dreieinhalb Jahren kam ich mit großem Enthusiasmus zu Yahoo!. Den unglaublich großen Chancen standen ebenso großartige Vermögenswerte gegenüber. Und ein wunderbares Team war und ist für den Neuaufbau von Yahoo! verantwortlich. ... Doch es steht nicht alles zum Besten. ...

Ich kann mir vorstellen, dass innerhalb der obersten Führungsebene viel über die Herausforderungen diskutiert wird, denen wir uns stellen müssen. Auch auf die Gefahr hin, mich zu wiederholen, wollte ich Ihnen meine Ansichten zu unserer aktuellen Situation mitteilen und eine Empfehlung abgeben, wie wir weitermachen können. Ich möchte versuchen, Teil der Lösung und nicht Teil des Problems zu sein.

Unsere Probleme erkennen

Uns fehlt eine zielgerichtete, gemeinsame Vision für unser Unternehmen.

Wir wollen alles tun und alles sein – für alle. Wir wissen seit Jahren darüber Bescheid und sprechen ständig darüber, tun aber nichts, um dieses Problem im Ansatz anzugehen. Wir haben Angst davor, zurückzubleiben. Wir reagieren nur, anstatt einen unerschrockenen Kurs einzuschlagen. Wir sind in einzelne isolierte Teile aufgespaltet, die viel zu oft nicht miteinander kommunizieren. Und wenn wir miteinander reden, so tun wir dies nicht, um gemeinsam eine klar fokussierte Strategie zu erarbeiten, sondern um uns über Zuständigkeit, Strategien und Taktiken zu streiten. …

Jemand hat unsere Strategie einmal so beschrieben, als wollten wir Erdnussbutter über die Myriaden von Möglichkeiten und Chancen verstreichen, die sich immer noch in der Welt des Internets entwickeln. Das Ergebnis: Eine zu dünne Investitionsschicht auf allem, was wir tun, sodass wir uns auf nichts besonders konzentrieren können.

Ich hasse Erdnussbutter. Wir alle sollten sie hassen.

Uns fehlt Klarheit bei den Zuständigkeiten und klare Verantwortlichkeit.

Dies zeigt sich am schmerzhaftesten in der massiven Redundanz überall in der Organisation. Wir bewegen uns heute in einer Organisationsstruktur – die zugegebenermaßen in bester Absicht geschaffen wurde –, die viel zu bürokratielastig ist. Viel zu viele Mitarbeiter haben Kollegen mit ganz ähnlichen oder überlappenden Aufgabenbereichen. Das macht uns langsam und bürdet dem Unternehmen unnötige Kosten auf.

Es gibt einen Grund dafür, warum es zwischen einem Mittelfeldspieler und einem Links-Außen klare Zuständigkeit gibt. Wenn sich beide gleichzeitig auf den Ball stürzen, resultiert das entweder in einem Zusammenstoß oder im Ballverlust. Das Wissen, dass jemand anderer dem Ball nachläuft, und die Hoffnung, einen Zusammenstoß zu vermeiden, hat uns zu langsam und vorsichtig werden lassen. Und auch das führt zum Ballverlust.

Uns fehlt Entschiedenheit.

Wenn man nicht zielgerichtet agiert und die Zuständigkeiten nicht geklärt sind, führt das dazu, dass Entscheidungen entweder gar nicht oder aber erst dann getroffen werden, wenn es schon zu spät ist. Ohne eine klare, zielgerichtete Vision und ohne klare Zuständigkeiten fehlt uns eine übergeordnete Perspektive für unsere Entscheidungen und für die Einsicht, wer diese Entscheidungen treffen sollte. Regelmäßig werden wir von schwierigen und heiklen Entscheidungen ausgebremst. Wir fallen unserer eigenen analytischen Lähmung zum Opfer.

Am Ende haben wir konkurrierende (oder redundante) Arbeitsinitiativen und synergetische Chancen, die isoliert in unseren verschiedenen Abteilungen existieren. …

Unsere Probleme lösen

Uns stehen wunderbare Aktivposten/Aktiva zur Verfügung. Fast jedes andere Medien- und Kommunikationsunternehmen ist grün vor Neid auf unsere Marktposition. Wir haben das größte Publikum, das äußerst engagiert ist, und unser Markenname ist ein Synonym für das Internet.

Wenn wir wieder aufstehen und uns drastisch verändern, werden wir gewinnen.

Ich behaupte nicht, dass es für uns nur einen möglichen Weg gibt, den wir in Zukunft einschlagen können. Ich möchte jedoch zumindest Teil der Lösung unserer Probleme sein, und deshalb habe ich hier einen Plan zusammengestellt, von dem ich glaube, dass er funktionieren kann. Ich glaube fest daran, dass wir schnell handeln müssen, denn ansonsten riskieren wir, sehr bald noch weiter abzurutschen. Mein Plan ist nicht perfekt, doch ist er viel besser als einfach gar nichts zu tun.

Mein Plan stützt sich auf drei Säulen:

1. Konzentration auf die Vision
2. Wiederherstellung klarer Verantwortlichkeiten und Zuständigkeit
3. Durchführung einer radikalen Restrukturierung

1. Konzentration auf die Vision

a. Wir müssen klar und deutlich aussprechen, was wir sind und was wir nicht sind.

b. Wir müssen uns aus Geschäftsbereichen zurückziehen (oder diese verkaufen?), die nicht unserem Kerngeschäft entsprechen, und wir müssen doppelte Projekte und Geschäfte eliminieren.

Ich bin überzeugt, dass wir von der Idee der dünn aufgestrichenen Erdnussbutter wegkommen und uns einer genau definierten Strategie zuwenden müssen, die sich auf bestimmte Einzelbereiche konzentriert. …

2. Wiederherstellung klarer Verantwortlichkeiten und Zuständigkeit

a. Bestehende Geschäftsbereichsleiter müssen Verantwortung dafür übernehmen, wo wir uns heute befinden – Köpfe müssen rollen.

b. Wir müssen mit viel Sorgfalt Führungspositionen schaffen, die umfassende Verantwortung für bestimmte Geschäftsbereiche tragen.

c. Wir müssen unser Leistungs- und Anreizsystem neu gestalten.

Ich glaube, dass es zu viele Geschäftsbereichsleiter gibt, die mit inakzeptablen Ergebnissen und – schlimmer noch – einem inakzeptablen Führungsstil davongekommen sind. Zu oft sind sie (sind wir!) die schlimmsten Übeltäter, was die hier beschriebenen Probleme betrifft. Wir müssen unseren Mitarbeitern sowie unseren Aktionären signalisieren, dass wir diese Führungskräfte (und damit uns) zur Verantwortung ziehen und Dinge verändern. …

3. **Durchführung einer radikalen Restrukturierung**
   a. Die gegenwärtige Struktur unserer Geschäftsbereiche muss verschwinden.
   b. Wir müssen die Matrixstruktur drastisch dezentralisieren und soweit wie möglich abbauen.
   c. Wir müssen unsere Mitarbeiterzahlen um 15-20 Prozent reduzieren.

Ich glaube fest daran, dass wir die Redundanzen, die wir selbst geschaffen haben, einfach nur eliminieren müssen. Der erste Schritt in diese Richtung ist die Restrukturierung unserer Organisation. Wir können mit weniger Personal effizienter sein und schneller mehr Arbeit erledigen. Wir müssen neuen Unternehmenseinheiten und deren Leitung mehr Entscheidungskompetenz zurückgeben. Doch das lässt sich nicht mit winzigen Teilschritten erreichen. Wir müssen grundlegend umdenken und uns neu organisieren, um zu gewinnen. ...

Ich liebe Yahoo! Mit Stolz kann ich sagen, dass diese Firma mein Lebensinhalt ist. Ich habe mir sogar ein Y in meinen Hinterkopf rasiert.

Meine Motivation für dieses Memo ist der felsenfeste Glaube in unsere nach wie vor unglaublichen zukünftigen Möglichkeiten und Chancen. Ich behaupte nicht, die einzigen möglichen Antworten parat zu haben, doch wir müssen dringend eine Diskussion in Gang setzen. Wir brauchen den Wandel und wir brauchen ihn bald. Wir können zu einer stärkeren und schnelleren Firma werden – einer Firma mit einer klareren Vision, klareren Zuständigkeiten und klareren Verantwortlichkeiten.

Wir sind vielleicht gefallen, doch das Rennen ist ein Marathon und kein Sprint. Ich behaupte nicht, dass es einfach wird. Es erfordert Mut, Überzeugung, Einsicht und große Einsatzbereitschaft. Ich freue mich sehr auf die künftigen Herausforderungen.

Lasst uns also wieder aufstehen.

Lasst uns den Ball spielen.

Und aufhören, Erdnussbutter zu essen.

Quelle: Auszüge aus Brad Garlinghouse's Memo an die Manager von Yahoo!, November 2006. Abgedruckt im Wall Street Journal vom 16. November 2006.

Kontrollfragen

1. Warum wurden die Themen, denen sich Yahoo! stellen musste, als strategisch bezeichnet? Beziehen Sie sich auf Abbildung 1.1.
2. Nennen Sie Beispiele für jeden der Kreise Abbildung 1.3.

Bei strategischen Entscheidungen geht es um:

- Die **langfristige** Ausrichtung einer Organisation
- Die **Reichweite** organisatorischer Aktivitäten
- Den zu erzielenden **Wettbewerbsvorteil** gegenüber Konkurrenten
- Die Herbeiführung von Veränderungen innerhalb des **Geschäftsumfelds**
- Den Ausbau von Ressourcen und Kompetenzen (**Fähigkeit**)
- **Werte und Erwartungen** der Stakeholder

Deshalb gilt für Strategien oft:

- Sie sind sehr **komplex**
- Sie entstehen meist in Situationen der **Unsicherheit**
- Sie wirken sich auf **operative** Entscheidungen aus
- Sie erfordern eine **integrierte** Herangehensweise (sowohl innerhalb als auch außerhalb der Organisation)
- Sie beinhalten erhebliche **Veränderungen**

Abbildung 1.2: Strategische Entscheidungen

- Eine effektive Strategie erfordert *Integration.* Manager müssen funktionelle und operationelle Grenzen überschreiten, um strategische Probleme anzugehen und sich mit anderen Managern zu einigen, die – gezwungenermaßen – andere Interessen und vielleicht auch andere Prioritäten haben. So muss Yahoo! beispielsweise geschlossen als Unternehmen auf mächtige Werbekunden aus allen Branchen wie etwa Sony oder Vodafone zugehen.
- *Beziehungen und Netzwerke* außerhalb der Organisation sind für die Strategie wichtig, zum Beispiel zu Zulieferern, Vertriebsunternehmen und Kunden. Für Yahoo! sind besonders die Beziehungen zu Werbekunden und Internetnutzern von entscheidender Bedeutung.
- *Der Wandel* ist oft ein sehr wichtiger Bestandteil einer Strategie. Doch ist es häufig schwierig, einen solchen Wandel aufgrund der Ressourcen und der Organisationsstruktur zu vollziehen. So glaubt zumindest Brad Garlinghouse, dass die Unfähigkeit von Yahoo!, sich zu verändern, auch vom Top Management herrührt, wo man Angst davor hat, schwierige Entscheidungen zu treffen; die Unfähigkeit ist aber auch auf untere Führungsebenen zurückzuführen, weil dort klare Verantwortlichkeiten fehlen.

1.2.2 Die Ebenen der Strategie

Strategien gibt es auf unterschiedlichen Ebenen einer Organisation. Anhand des Beispiels von Yahoo! können mindestens drei verschiedene strategische Ebenen unterschieden werden: Die oberste Ebene, die **Unternehmensgesamtstrategie**, befasst sich mit dem Produkt- und Leistungsprogramm, den Zielen einer Organisation und damit, wie der Unternehmenswert für die verschiedenen Teile (Geschäftseinheiten) der Organisation erhöht werden kann Eine solche Strategie könnte sich mit geografischer Marktabdeckung, der Vielfalt der Produkt- oder Dienstleistungspalette oder den Geschäftseinheiten befassen und die Frage beantworten, wie vorhandene Ressourcen auf die verschiedenen Unternehmensbereichen verteilt werden sollen. Für Yahoo! lautet eine entscheidende strategische Frage auf gesamtunternehmerischer Ebene ganz klar, ob bestehende Geschäftsbereiche verkauft werden sollen. Im Allgemeinen geht es bei der gesamtunternehmerischen Strategie auch meist um die Erwartungen der Eigentümer – der Aktionäre – und um den Aktienmarkt. Diese Strategie liegt oft in einer ganz ausdrücklichen Formulierung oder aber als impliziertes Leitbild der Organisation vor, welche diese Erwartungen reflektieren. Es ist besonders wichtig, eine klare Unternehmensgesamtstrategie zu haben: Die Entscheidung, welche Geschäftsfelder das Unternehmen abdecken will, ist die *Basis* für andere strategische Entscheidungen.

Die Strategie der zweiten Ebene ist die **Geschäftsbereichsstrategie** Hier geht es darum, wie sich die verschiedenen Geschäftsbereiche innerhalb einer Unternehmensstrategie in ihrem jeweiligen Markt dem Wettbewerb stellen sollten (aus diesem Grund wird die Strategie in den Geschäftsbereichen auch oft „Wettbewerbsstrategie" genannt). Im öffentlichen Sektor entspricht diese strategische Ebene den Entscheidungen, wie einzelne Einheiten Dienstleistungen mit dem größten Mehrwert anbieten können. Dabei geht es meist um Themen wie Preisstrategien, Innovation oder Abgrenzung, etwa durch höhere Qualität oder einen bestimmten Vertriebskanal. Während es bei der gesamtunternehmerischen Strategie also um Themen geht, die die Organisation als Ganzes betreffen, beziehen sich hier strategische Entscheidungen auf einzelne strategische Geschäftseinheiten (SGEs) innerhalb der ganzen Organisation. Eine **strategische Geschäftseinheit** ist ein Teil einer Organisation, für den es einen abgegrenzten externen Markt für Güter oder Dienstleistungen gibt, der sich von anderen SGEs unterscheidet. Yahoo! Photo oder Yahoo! Music sind Beispiele für solche strategischen Geschäftseinheiten.

Natürlich sind in sehr einfachen Organisationen mit nur einem Geschäftsbereich die unternehmerische Strategie und die Strategie des Geschäftsfelds fast identisch. Dennoch ist es auch hier sinnvoll, eine klare Unternehmensstrategie festzulegen, denn sie gibt den Rahmen vor, ob und unter welchen Bedingungen neue Marktchancen genutzt oder bestimmte Geschäftsfelder geschlossen werden sollen. In Organisationen, die mehrere Geschäftsfelder haben, sollte es eine klare Verbindung zwischen den Strategien beider Ebenen geben. Im Fall von Yahoo! sind Beziehungen zu Internetwerbekunden für verschiedene Geschäftsbereiche von Bedeutung, und für alle ist es überlebenswichtig, die Marke Yahoo! zu nutzen, zu schützen und zu fördern. Die auf den Markennamen bezogene Unternehmensstrategie sollte die SGEs unterstützen; gleichzeitig müssen die SGEs auch dafür sorgen, dass ihre Geschäftsstrategien dem Unternehmen als Ganzes oder anderen SGEs innerhalb des Ganzen nicht schaden.

Die dritte strategische Ebene betrifft die operative Seite einer Organisation. Hier gibt es **Funktionsbereichsstrategien**, die sich damit befassen, wie die Funktionseinheiten einer Organisation ihre Ressourcen, Prozesse und Mitarbeiter einsetzen, um die Unternehmens- und Geschäftsstrategien effektiv umzusetzen. So beschäftigt Yahoo! beispielsweise Webpage-Designer in jedem seiner Geschäftsbereiche. Für sie gibt es jeweils angepasste operative Strategien, was Design, Layout und Erneuerung der Seiten betrifft. Tatsächlich hängt der Erfolg einer Geschäftsstrategie in den meisten Organisationen zum Großteil von Entscheidungen oder Aktivitäten ab, die auf operativer Ebene getroffen werden oder erfolgen. Die Integration von operativen Entscheidungen und Strategie wurde oben bereits erwähnt.

Beispiel 1.2 Die Terminologie der Strategie in verschiedenen Bereichen

Die verschiedensten Organisationen setzen die Terminologie der Strategie ein. Vergleichen Sie diese Auszüge aus Veröffentlichungen des Kommunikationsriesen Nokia sowie der Kingston University, einer öffentlichen Hochschule mit Sitz in London und 20.000 Studenten.

Nokia

Vision und Mission: Menschen miteinander zu verbinden bedeutet, ihnen zu ermöglichen, sich dem nahe zu fühlen, was ihnen wichtig ist – wo und wann auch immer das sein mag. Nokia glaubt an die Kommunikation, an den Austausch und an das großartige Potenzial, das darin liegt, die zwei Milliarden Menschen, die schon kommunizieren mit den vier Milliarden zu verbinden, die dies noch nicht tun.

Die Menschen stehen für uns im Mittelpunkt, und wir setzen unsere Technologie ein, um ihnen zu helfen, sich dem nahe zu fühlen, was ihnen wichtig ist. Wachstum folgt dann wie von selbst. In einer Welt, in der jeder mit jedem Verbindung aufnehmen kann, setzt Nokia seine Technologie unter ganz menschlichen Gesichtspunkten ein.

Strategie: Bei Nokia ist und bleibt der Kunde König. Der Fokus auf und das Verständnis für den Kunden muss immer Antrieb sein für unser tägliches Geschäftsgebaren. Nokia möchte vor allem für Anwender, Einzelhändler und Unternehmer Partner erster Wahl sein.

Nokia wird weiterhin ein Wachstumsunternehmen sein, und wir werden uns neue Märkte und Geschäftsbereiche erschließen. Eine weltweit einzigartige Produktivität ist wesentliche Voraussetzung für unseren Erfolg in der Zukunft. Unser Markenziel ist es, bei unseren Kunden zur beliebtesten Marke zu werden.

Diesen Prioritäten folgend konzentriert sich Nokias Unternehmensgesamtstrategie auf fünf Bereiche, die alle langfristige Ziele verfolgen: Erfolgreiche Geräte zu bauen, Dienstleistungen für den Kunden verstärkt über das Internet anzubieten, Unternehmen maßgeschneiderte Lösungen anzubieten, Größenvorteile in Form von Netzwerken zu nutzen, professionelle Dienstleistungen verstärkt anzubieten.

Nokia wird sich vor allem auf drei strategische Vorteile konzentrieren und in diese investieren: Marke und Design, Kundenbindung und -befriedigung, Technologie und Architektur.

Kingston University London

Mission: Die Kingston University möchte die Teilhabe an höherer Bildung fördern, die sie als demokratische Berechtigung ansieht. Sie strebt Spitzenleistungen beim Lernen, Lehren und in der Forschung an, sie möchte das kreative Potenzial all ihrer Mitglieder nutzen und deren Fantasie anregen, und sie möchte ihre Studenten befähigen, einen effektiven Beitrag in der Gesellschaft und Wirtschaft zu leisten.

Vision: Es ist das Ziel der Kingston University, umfassende Bildung für die Allgemeinheit anzubieten. Wir möchten eine Universität sein, die nicht durch gegebene Möglichkeiten eingeschränkt ist, sondern über eine höhere, anspruchsvollere Vision ihrer Zukunft verfügt.

Zielsetzungen:

- all unseren gegenwärtigen und zukünftigen Studenten die gleichen Möglichkeiten und Chancen zu bieten, ihre Lernziele zu verwirklichen.
- eine umfassende Auswahl an qualitativ hochwertigen Kursen sowie ein positives Umfeld anzubieten, das kritisches Lernen unterstützt und persönliche, soziale und arbeitgeberrelevante Fähigkeiten fördert.
- auf dem Gebiet der Forschung und beruflichen Praxis Kompetenz zu entwickeln zum Wohl des Einzelnen, der Gesellschaft und der Wirtschaft.
- Verbindungen zu Anbietern und Interessengruppen aus der Region sowie auf nationaler und internationaler Ebene zu schaffen.
- die Organisation, Struktur und Kultur der Universität so zu prägen, dass sie ihr Leitbild und ihre Ziele optimal verfolgen kann.
- Humankapital sowie finanzielles Kapital so zu verwalten, dass daraus der bestmögliche akademische Wert sowie Geldwert entsteht.

Quellen: www.nokia.com, Kingston University Plan 2006–2010 (www.kingston.ac.uk).

Kontrollfragen

1. Wie passt die von Nokia und der Kingston University verwendete Terminologie zusammen und wie passt sie zu den in Tabelle 1.1 angegebenen Definitionen?
2. Inwieweit unterscheidet sich die Strategie eines kommerziellen Unternehmens wie Nokia von der Strategie einer öffentlichen Organisation wie der Kingston University?
3. Vergleichen Sie die strategischen Ziele Ihrer Universität (oder Ihres Arbeitgebers) mit der Strategie von Nokia oder der Kingston University. (Führen Sie dazu eine Internetsuche mit dem Namen Ihrer Organisation und Begriffen wie „Strategie“, „Vision“ oder „Leitbild“ durch.) Welche Auswirkungen könnten sich aus eventuellen Ähnlichkeiten oder Unterschieden für Sie ergeben?

1.2.3 Die Terminologie der Strategie

Zwar enthält der *Abschnitt 1.2.1* am Ende eine Definition des Begriffs „Strategie", doch in der Praxis begegnen uns viele verschiedene Definitionen unterschiedlicher Autoren. Auch gibt es eine Vielzahl von Begriffen, die im Zusammenhang mit Strategie verwendet werden. Deshalb lohnt es sich, einige dieser Begriffe hier genauer zu betrachten. In Tabelle 1.1 sind einige der Begriffe aufgeführt, die in diesem und anderen Büchern zum Thema Strategie sowie in der allgemeinen Wirtschaftssprache verwendet werden. In Tabelle 1.1 werden die Begriffe anhand einer persönlichen Strategie erklärt, die der eine oder andere Leser vielleicht schon einmal selbst verfolgt hat – die Verbesserung der körperlichen Fitness.

Tabelle 1.1

Die Terminologie der Strategie

Begriff	Definition	Persönliches Beispiel
Mission/Leitbild	Übergeordneter Zweck gemäß der Werte und Erwartungen der Stakeholder	Körperliche Fitness und Gesundheit
Vision oder strategische Absicht	Gewünschtes zukünftiges Ergebnis: Das Bestreben des Unternehmens	Teilnahme am London Marathon
Zielsetzung	Allgemeine Festlegung des Ziels oder Zwecks	Gewichtsverlust und Muskelaufbau
Messbares Planziel	Quantifizierung (wenn möglich) oder genaue Definition des Ziels	Verlust von fünf Kilo bis zum 1. September und Teilnahme am Marathon im nächsten Jahr
Strategische Fähigkeit	Ressourcen, Aktivitäten und Prozesse; einige davon sind einzigartig und bieten einen „Wettbewerbsvorteil"	Örtliche Nähe eines Fitnesscenters, eine erfolgreiche Diät
Strategien	Langfristige Ausrichtung	Regelmäßiger Sport, Teilnahme an lokalen Marathons, Einhaltung einer geeigneten Diät
Geschäftsmodell	Wie funktioniert der Austausch von Produkten, Dienstleistungen und Informationen zwischen den beteiligten Parteien?	Anschluss an ein Netzwerk Gleichgesinnter (z.B. ein Lauftreff)
Kontrolle	Überwachung der Aktionsschritte, um die Effektivität der Strategien und Handlungen einzuschätzen und um (falls nötig) Strategien und/oder Aktionen zu verändern	Überwachung von Gewicht, Kilometern, und Laufzeiten; ist der Fortschritt zufriedenstellend, ist keine weitere Aktion nötig, falls nicht, sind andere Strategien oder Aktionen zu erwägen

Nicht jeder dieser Begriffe wird in jedem Fall in Unternehmen oder Büchern zum Thema Strategie verwendet. Tatsächlich wird der Begriff „Zielsetzung“ in diesem Buch nur selten erwähnt. Auch zeigen die vielen Beispiele in diesem Buch, dass die Verwendung der Terminologie in verschiedenen Unternehmen keineswegs einheitlich ist (siehe auch Beispiel 1.2). Manager und Studenten, die sich dem Themenbereich der Strategie widmen, müssen sich dessen bewusst sein. Außerdem müssen Begriffe wie Leitbilder, Zielsetzungen, messbare Planziele, Strategien, etc. nicht zwingend genau wörtlich formuliert werden. In manchen Unternehmen geschieht dies auf ganz förmliche Art und Weise, in anderen sind Leitbild oder Strategie vielleicht nur implizit vorhanden und müssen somit aus den Handlungen des Unternehmens abgeleitet werden. Dennoch kann im Allgemeinen davon ausgegangen werden, dass die folgenden Begriffe oft verwendet werden:

- Eine *Mission oder ein Leitbild* ist die allgemeine Formulierung der allumfassenden Bestimmung der Organisation, die sich idealerweise an den Werten und Erwartungen der wichtigsten Interessengruppen orientiert und gleichzeitig auf die Größenordnung und Grenzen der Organisation ausgerichtet ist. Oft kann man sich zur Verdeutlichung die scheinbar einfache und doch anspruchsvolle Frage stellen: „Was ist unser Geschäft?“
- Eine *Vision oder strategische Absicht* ist der gewünschte zukünftige Zustand der Organisation. Sie ist eine Bestrebung des Unternehmens, auf die ein Stratege, vielleicht der Firmenchef, die Aufmerksamkeit und Energie aller Organisationsmitglieder konzentrieren wird.
- Eine *Zielsetzung* ist meist ein allgemein formuliertes Ziel, das sich am Leitbild orientiert. Oft ist es qualitativer Natur.
- Eine *messbare Zielvorgabe* ist dagegen meist quantitativ oder zumindest genauer an der allgemeinen Zielsetzung ausgerichtet. In diesem Buch werden die Begriffe „Ziel“ und „Planziel“ verwendet, gleichgültig, ob es eine Quantifizierung gibt oder nicht.
- Die *strategische Fähigkeit* befasst sich mit den Ressourcen und Kompetenzen, über die eine Organisation verfügen kann, um für ihre Kunden Werte zu schaffen. Einzigartige Ressourcen und Kernkompetenzen sind die Basis für den strategischen Vorteil einer Organisation, durch den sie sich von ihren Konkurrenten abhebt.
- Das Konzept der *Strategie* wurde bereits definiert. Darunter versteht man die langfristige Ausrichtung einer Organisation. Meist werden allgemeine Formulierungen verwendet, die festlegen, welche Richtung eine Organisation einschlagen sollte und welche Handlungen nötig sind, um ihre Ziele zu erreichen. So kann sich die Formulierung einer Strategie an Begriffen wie Markteintritt, neue Produkte, Dienstleistungen oder Betriebsarten orientieren.
- Ein *Geschäftsmodell* beschreibt die Produktions-, Dienstleistungs- und Informationsprozesse und die Rollen der beteiligten Gruppen. So ist beispielsweise ein traditionelles Modell für gefertigte Produkte ein linearer Produktionsprozess, angefangen mit den Herstellern der Einzelteile über die Hersteller des Produkts, den Vertrieb, den Einzelhändler bis zum Verbraucher. Information kann jedoch auch direkt zwischen dem Hersteller eines Produkts und dem Endverbraucher fließen (Werbung und Marktforschung).

- Bei der *strategischen Kontrolle* wird überwacht, inwieweit die Strategie gesetzte Ziele erreicht, und es werden korrigierende Maßnahmen vorgeschlagen (oder die Ziele werden neu überdacht).

In diesem Buch werden nach und nach viele andere Begriffe eingeführt und erklärt. Dies sind die Grundlagen, die für den Anfang wichtig sind.

Abbildung 1.2 vergleicht Strategietermini zweier Organisationen, die in völlig unterschiedlichen Bereichen tätig sind. Nokia ist ein Kommunikationsriese aus dem privaten Sektor, der gegen internationale Firmen wie Motorola und Samsung konkurriert. Für Nokia ist der erzielte Gewinn überlebenswichtig, und dennoch richtet das Unternehmen seine Vision und sein Leitbild darauf aus, mehr Menschen rund um die Welt miteinander zu verbinden. Die Kingston University andererseits ist eine öffentliche Universität, die sich der Teilhabe an höherer Bildung verschrieben hat. Doch natürlich muss auch die Universität Einkünfte erzielen und einen Überschuss erwirtschaften, um zukünftig investieren zu können. Auch die Kingston University konkurriert um Studenten und Forschungsgelder und liegt dabei Kopf and Kopf mit vergleichbaren Universitäten in England und weltweit. Für eine öffentliche Organisation sind Strategien auf gesamtunternehmerischer Ebene und auf Geschäftsbereichsebene ebenso wichtig wie für ein kommerzielles Unternehmen wie Nokia.

Strategische Terminologie spielt also in vielen verschiedenen Bereichen eine wichtige Rolle. Ein kleines, neu gegründetes Unternehmen braucht eine Aussage zu seiner Strategie, um Investoren und Geldgeber von seiner Überlebensfähigkeit zu überzeugen. Organisationen der öffentlichen Hand brauchen strategische Aussagen nicht nur, um zu wissen, wohin und woran sie sich orientieren sollen, sondern auch um Geldgebern und überwachenden Behörden zuverlässig zu zeigen, dass das, was sie tun, auch tatsächlich das ist, was sie tun sollen. Organisationen, die von freiwilliger Arbeit getragen werden, müssen spannende Strategien kommunizieren, um Spender und Freiwillige anzulocken. Um innerhalb einer größeren Organisation erfolgreich zu sein, müssen die Manager strategischer Geschäftseinheiten klare Strategien vorlegen, die sich mit den Zielen ihrer Eigentümer und den Bedürfnissen anderer Bereiche innerhalb des Gesamtunternehmens decken. Selbst Organisationen, die sich in Privateigentum befinden, brauchen überzeugende Strategien, um ihre Angestellten zu motivieren und langfristige Beziehungen zu ihren wichtigsten Kunden oder Zulieferern aufzubauen. Die Terminologie der Strategie wird also in vielen verschiedenen Bereichen zu vielen verschiedenen Zwecken eingesetzt. Die Strategie ist Teil der täglichen Arbeitssprache.

1.3 Strategisches Management

Der Begriff *„strategisches Management“* unterstreicht die Bedeutung des Managers, wenn es um Strategien geht. Strategien entstehen nicht einfach von selbst. Dazu werden Menschen gebraucht, ganz besonders Manager, die über Strategien entscheiden und diese umsetzen. In diesem Buch wird der Begriff „strategisches Management“ also verwendet, um das menschliche Element im Themenbereich Strategie hervorzuheben.

Die Funktion des strategischen Managements unterscheidet sich grundlegend von anderen Aspekten des Managements. Der Leiter eines Betriebs muss sich meist mit Problemen der betrieblichen Kontrolle, wie etwa der effizienten Güterproduktion, der Betreuung des Verkaufspersonals, der Überwachung der finanziellen Effizienz oder mit dem Entwurf eines neuen Systems befassen, das das Niveau des Kundendienstes verbessern soll. Diese Aufgaben sind alle sehr wichtig, doch sie befassen sich im Grunde alle mit der effektiven Verwaltung von Ressourcen, die bereits im Einsatz sind (und dies oft nur in einem begrenzten Teil des Unternehmens) und für die bereits eine Strategie existiert. Den Großteil ihrer Zeit verwenden Manager auf diese betriebliche Kontrolle. Sie ist von entscheidender Bedeutung für den Erfolg einer Strategie, jedoch ist sie nicht dasselbe wie strategisches Management.

Beim strategischen Management geht es für den Manager um mehr als nur um einen Teilbereich des betrieblichen Managements. Das strategische Management befasst sich mit der Komplexität, die aufgrund von unklaren und außergewöhnlichen Situationen entsteht, deren Auswirkungen das gesamte Unternehmen und nicht nur einen einzelnen betrieblichen Ablauf betreffen. Dies ist eine große Herausforderung für Manager, die daran gewöhnt sind, lediglich die ihnen zugeteilten Ressourcen im Tagesgeschäft zu verwalten. Die Ausbildung der Führungskräfte kann hier zu einem besonderen Problem werden, denn typischerweise wird vielen Managern über Jahre hinweg beigebracht, wie sie betriebliche Aufgaben bewältigen und operative Verantwortung übernehmen können. Und so neigen viele Buchhalter dazu, auftretende Probleme aus finanzieller Sicht zu sehen, genauso wie IT-Manager, Marketing-Manager oder andere diese Probleme aus der Sicht ihres speziellen Fachgebiets betrachten. Natürlich sind all diese Einzelaspekte wichtig, doch keiner davon reicht allein für sich genommen aus. Ein Manager, der Strategien umsetzen und beeinflussen möchte, muss die Fähigkeit entwickeln, sich einen Überblick zu verschaffen, die Gesamtsituation zu erfassen, der sich das Unternehmen gegenüber sieht, und nicht nur Teilaspekte davon. Dies wird oft als „Helikopterperspektive" bezeichnet.

Ein wesentliches Merkmal des strategischen Managements ist seine Komplexität. Daher müssen Entscheidungen und Beurteilungen auch auf der *Konzeptualisierung* schwieriger Sachverhalte beruhen. Und doch geht es in der frühen Ausbildung und den ersten Erfahrungen von Managern oft nur darum, zu handeln oder detailliert zu *planen* oder zu *analysieren.* Dieses Buch erklärt viele analytische Herangehensweisen an das Thema Strategie und befasst sich außerdem mit Handlungen, die mit strategischem Management zusammenhängen. Der Hauptschwerpunkt liegt allerdings auf dem Verständnis der *strategischen Konzepte,* die diesen Analysen und Handlungen zugrunde liegen.

Strategisches Management

Strategisches Management beinhaltet das Verständnis der strategischen Position einer Organisation, strategischer Wahlmöglichkeiten für die Zukunft sowie der Strategieimplementierung.

Man kann sagen, dass strategisches Management aus drei Hauptelementen besteht, die auch den Rahmen für dieses Buch bilden. **Strategisches Management** beinhaltet das Verständnis der *strategischen Position* einer Organisation, außerdem schließt es *strategische Wahlmöglichkeiten* für die Zukunft sowie die Umsetzung *(Strategie in Aktion)* mit ein. Abbildung 1.3 zeigt diese Elemente und legt ganz grob den Inhalt dieses Buches dar. Der nächste Abschnitt dieses Kapitels beschreibt jedes der drei Elemente des strategischen Managements und legt die Hauptinhalte jedes Elements fest. Zunächst ist es aber wichtig zu verstehen, warum die Elemente in der Abbildung genau auf diese Weise angeordnet wurden.

Die Elemente hätten ebenso in linearer Folge dargestellt werden können – zunächst die strategische Position, dann die Wahlmöglichkeiten und schließlich die entsprechenden Handlungen. Und genauso werden diese Elemente auch in vielen Fachtexten dargelegt. In der Praxis folgen die drei Elemente des strategischen Managements jedoch nicht so linear aufeinander – sie überschneiden und beeinflussen sich vielmehr gegenseitig. Unter bestimmten Umständen ergibt sich beispielsweise ein Verständnis für die strategische Position erst aus der Erfahrung der Strategie in Aktion. Testmarketing für einen Prototypen ist ein gutes Beispiel hierfür. Hier setzt die Strategie in Aktion das Wissen um die strategische Position voraus.

Abbildung 1.3: Das Modell

Die ineinander greifenden Kreise der Abbildung 1.3 sollen verdeutlichen, dass Strategie eben nicht linearer Natur ist. Position, Wahlmöglichkeiten und Aktion sollten als eng verbundene Elemente gesehen werden, von denen in der Praxis keines Priorität gegenüber einem anderen hat. Nur aus Gründen der strukturellen Vereinfachung wurde dieses Thema auch in diesem Buch in verschiedene Abschnitte aufgegliedert. Die im Buch gegebene Abfolge soll nicht nahe legen, dass der Prozess des strategischen Managements genau diese Abfolge einhalten muss. Die in *Kapitel 15* dargelegten Beispiele, wie sich strategisches Management in der Praxis zeigt, lassen im Gegenteil sogar darauf schließen, dass es meist keine klare Abfolge gibt.

1.3.1 Die strategische Position

Die **strategische Position** berücksichtigt den Einfluss des äußeren Umfelds auf die Strategie, der strategischen Fähigkeiten einer Organisation (Ressourcen und Kompetenzen) sowie der Erwartungen und Einflüsse der Interessengruppen. Die Fragen, die all dies aufwirft, sind wichtiger Bestandteil zukünftiger Strategien. Diese Themenbereiche werden in den ersten vier Kapiteln von Teil I dieses Buches behandelt.

> **Strategische Position**
>
> Die strategische Position berücksichtigt den Einfluss des äußeren Umfelds auf die Strategie, der strategischen Fähigkeiten einer Organisation (Ressourcen und Kompetenzen) sowie der Erwartungen und Einflüsse der Interessengruppen.

- *Das Umfeld.* Die Organisation besteht innerhalb eines komplexen politischen, wirtschaftlichen, sozialen, technologischen, ökologischen und rechtlichen Umfelds. Dieses Umfeld verändert sich und ist für manche Organisationen komplexer als für andere. Zum Verständnis, wie dies die Organisation beeinflusst, muss man bestimmte historische und auf die Umwelt bezogene Auswirkungen ebenso wie erwartete oder potenzielle Veränderungen der Umfeldvariablen betrachten. Aus vielen dieser Variablen ergeben sich *Chancen*, andere bedeuten wiederum *Gefahren* für die Organisation – oder beides gleichzeitig. Ein Problem hierbei ist, dass die Bandbreite der Variablen oft so groß ist, dass es weder möglich noch realistisch ist, jede einzelne zu identifizieren und zu verstehen. Daher müssen aus dieser Komplexität die wichtigsten aus dem Umfeld stammenden Einflüsse auf die Organisation herausgefiltert werden. *Kapitel 2* erklärt, wie das ermöglich werden kann.

- *Die strategischen Fähigkeiten einer Organisation*, also ihre *Ressourcen und Kompetenzen.* Dazu kann man am besten die *Stärken und Schwächen* einer Organisation betrachten (wo gibt es beispielsweise einen Wettbewerbsvorteil oder -nachteil?). Das Ziel besteht darin, sich einen Einblick in die internen Einflüsse und Beschränkungen auf die strategischen Wahlmöglichkeiten für die Zukunft zu verschaffen. Gewöhnlich bietet eine Kombination von Ressourcen und großer Kompetenz in bestimmten Bereichen (in diesem Buch als *Kernkompetenzen* bezeichnet) Vorteile, die der Konkurrenz schwer zu schaffen machen. In *Kapitel 3* werden strategische Fähigkeiten genauer behandelt.
- *Kapitel 4* befasst sich mit den wichtigsten Einflüssen durch die *Interessengruppen* auf die *Zielsetzungen* einer Organisation. Die Zielsetzung lässt sich am deutlichsten aus der *Vision*, dem *Leitbild* und den *Werten* einer Organisation ablesen. Hier kommt auch das Thema *Corporate Governance* ins Spiel: Wem sollte die Organisation in der Hauptsache dienen, und wie sollten die Manager dafür die Verantwortung übernehmen? Daraus ergeben sich Themen wie die *soziale Verantwortung* der Organisation sowie Fragen der *Ethik.* Das Kapitel erläutert, wie beide Varianten internationaler Führungssysteme sowie die *Machtkonfigurationen* innerhalb bestimmter Organisationen seine Zielsetzungen beeinflussen können.
- *Kapitel 5* untersucht den Einfluss *kultureller und historischer Aspekte* auf die Strategie Kulturelle Einflüsse können *organisationsintern, branchenspezifisch* oder *national* wirken. Historische Einflüsse können einen Lock In-Effekt bei bestimmten strategischen Abläufen auslösen. Diese Einflüsse können wiederum eine *strategische Drift* auslösen, sodass nötige Veränderungen nicht vorgenommen werden. Das Kapitel zeigt, wie Manager diese historischen und kulturellen Einflüsse auf die Strategie analysieren und angehen können.

Diese Themen der Positionierung spielten für Yahoo! eine große Rolle, als es sich 2006 in der Krise befand. Aus dem externen Umfeld kam die Gefahr des immer stärker werdenden Konkurrenten Google. Yahoo!'s starke Internetmarke sowie bestehende Nutzer waren die Schlüsselressource zur Verteidigung seiner Position. Das Unternehmen hatte mit seinen Zielsetzungen zu kämpfen, denn die oberste Führungsebene tat sich offensichtlich mit Entscheidungen schwer. Dennoch besaß die Firma eine stabile Unternehmenskultur, die so stark war, dass sich sogar Brad Garlinghouse ein Y in seinen Hinterkopf rasieren ließ und seine Firma zu seinem Lebensinhalt machte.

Strategische Wahlmöglichkeiten

Strategische Wahlmöglichkeiten implizieren ein Verständnis für die Grundlagen einer zukünftigen Strategie sowohl auf geschäfts- als auch auf gesamtunternehmerischer Ebene sowie Optionen für die Entwicklung einer Strategie in Hinblick auf Inhalte und Methoden.

1.3.2 Strategische Wahlmöglichkeiten

Strategische Wahlmöglichkeiten implizieren ein Verständnis für die Grundlagen einer zukünftigen Strategie sowohl auf geschäfts- als auch auf gesamtunternehmerischer Ebene sowie Optionen für die Entwicklung einer Strategie in Hinblick auf Inhalte und Methoden. So könnte sich ein Unternehmen zum Beispiel zwischen verschiedenen Diversifikationsmöglichkeiten entscheiden müssen, beispielsweise durch den Eintritt in neue Märkte oder die Herstellung neuer Produkte. Zur Diversifizierung stehen verschiedene Methoden zur Verfügung. So könnte das Unternehmen selbst neue Produkte entwickeln oder eine Organisation übernehmen, die auf diesem Gebiet bereits aktiv ist. Typische Optionen und Methoden sind in Teil II dieses Buches aufgeführt:

- Aus der Entscheidung, wie ein Unternehmen *auf der Ebene seiner Geschäftsbereiche* seinen Wettbewerb gestalten will, ergeben sich strategische Wahlmöglichkeiten. Dabei geht es meist um Preisstrategien und Abgrenzungsstrategien sowie um Entscheidungen, wie mit Mitbewerbern konkurriert oder zusammengearbeitet werden soll. Diese Themen der Strategie auf Geschäftsbereichsebene sind in *Kapitel 6* abgedeckt.
- Auf der höchsten Ebene einer Organisation ergeben sich Themen *gesamtunternehmerischer Strategie*, die sich mit der Reichweite oder Bandbreite einer Organisation befassen. Dazu zählen Diversifizierungsfragen zur Produktpalette und der Marktverteilung. Das größte strategische Problem bei Yahoo! war eben die Tatsache, dass das Unternehmen auf zu vielen Märkten aktiv war. Gesamtunternehmensstrategie beschäftigt sich auch mit den Beziehungen zwischen den einzelnen Teilen einer Organisation und der Frage, wie die „Unternehmenszentrale" für diese Einzelteile Mehrwert schaffen kann. Bei Yahoo! ist nicht klar, wie viel Mehrwert der Konzern für seine Teilbereiche schafft. Diese Themen zur Rolle des Konzerns und seiner Schaffung von Mehrwert werden in *Kapitel 7* behandelt.
- Eine *internationale Strategie* ist eine Form der Diversifizierung hin zu neuen geografischen Märkten. Sie ist oft mit mindestens ebenso vielen Herausforderungen verbunden wie andere Formen der Diversifizierung. *Kapitel 8* untersucht die Wahlmöglichkeiten von Unternehmen bezüglich der Priorität für bestimmte geografische Märkte sowie des Markteintritts durch Export, Lizenzierung, direkte Investition oder Akquisition.
- *Entrepreneurship* steht am Anfang jeder Organisation. Die meisten Organisationen müssen ständig *innovativ* sein, um ihr Überleben zu sichern. *Kapitel 9* betrachtet Wahlmöglichkeiten in Bezug auf Innovation und Entrepreneurship. Wahlmöglichkeiten zur Innovation können darin bestehen, als erster einen neuen Markt zu erschließen, anderen Unternehmen zu folgen oder bei der Entwicklung neuer Produkte und Dienstleistungen mehr oder weniger auf Kundenwünsche zu achten. Beim Entrepreneurship gibt es zahlreiche Wahlmöglichkeiten, so etwa zum Thema Finanzierung, Ausbau wichtiger externer Beziehungen und der Bestimmung des richtigen Zeitpunkts für einen Marktaustritt.
- Organisationen müssen wählen, mit welchen *Methoden* sie ihre Strategien verfolgen. Viele Organisationen ziehen es vor, „organisch" zu wachsen, neue Geschäftsbereiche also mit eigenen Ressourcen aufzubauen. Andere Organisation entwickeln sich durch Fusionen und Übernahmen und/oder strategische Allianzen mit anderen Organisationen weiter. Diese Alternativen werden in *Kapitel 10* behandelt. Am Ende des Kapitels werden die *Erfolgskriterien* aufgeführt, anhand derer verschiedene strategische Entscheidungen bewertet werden können.

1.3.3 Strategie in Aktion

Bei der Implementierung *(Strategie in Aktion)* geht es darum, sicherzustellen, dass ausgewählte Strategien auch tatsächlich in die Tat umgesetzt werden. Diese Themenbereiche werden in den fünf Kapiteln von Teil III wie folgt behandelt:

- Zunächst müssen die *strategischen Entwicklungsprozesse* einer Organisation betrachtet werden. Die Strategien, die eine Organisation verfolgt, sind meist eine Mischung aus *beabsichtigten* und *emergenten* Strategien. Beabsichtigte Strategien sind das Ergebnis formeller strategischer Planung und Entscheidung, doch die tatsächlich verfolgte Strategie ergibt sich oft zum Teil auch aus anderen Faktoren wie etwa Initiativen von unten nach oben innerhalb der Organisation, schnellen Reaktionen auf unerwartete Chancen und Gefahren oder einfach purem Zufall. *Kapitel 11* untersucht sowohl beabsichtigte als auch emergente Faktoren einer strategischen Entwicklung.
- Die *Strukturierung* einer Organisation zur Unterstützung erfolgreicher Leistung. Dies beinhaltet organisationale *Strukturen, Prozesse und Beziehungen* (sowie die Interaktionen dieser Elemente). Brad Garlinghouse glaubte, dass strukturell isolierte Einzelabteilungen, eine Matrix-Organisation und übermäßige Bürokratie große Probleme für Yahoo! darstellten. Mit diesen Themenbereichen befasst sich *Kapitel 12*.
- *Ressource*-Strategien in den verschiedenen Ressource-Bereichen (Mitarbeiter, Informationen, finanzielle Mittel und Technologie) zur Unterstützung der Gesamtstrategie. Ebenso wichtig für den Erfolg ist aber auch der umgekehrte Einfluss, d.h. in welchem Maße sich neue Strategien auf bestimmte Ressourcen und starke Kompetenzen einer Organisation stützen. In *Kapitel 13* geht es um diese Wechselbeziehung.
- Strategisches Management bedeutet auch oft einen *strategischen Wandel*. *Kapitel 14* betrachtet die unterschiedlichen Themenbereiche zu diesem Punkt. Dazu gehört das Verständnis dafür, wie das Umfeld einer Organisation die Herangehensweise an den Wandel beeinflusst sowie die *Rolle* verschiedener Menschen, die diesen Wandel begleiten. Auch Managementstile bei der Durchführung von Veränderungen und bestimmte erzielte Hebelwirkungen werden betrachtet.
- Das letzte Kapitel dieses Buches befasst sich mit der eigentlichen *Praxis der Strategie*. *Kapitel 15* steigt in die tatsächlichen Prozesse strategischer Entwicklung und Veränderung ein und beleuchtet die einzelnen Aktivitäten im Detail – die *Menschen*, die an der Strategie beteiligt sind, die *Handlungen*, die sie ausführen müssen sowie bestimmte *Methodiken*, derer sie sich bedienen. Diese praktischen Betrachtungen stellen einen guten Abschluss für dieses Buch dar und bieten ein gutes Rüstzeug für alle, die sich selbst einmal praktisch mit Strategie befassen werden.

1.4 Strategie als Job

Aus diesem Buch ging bisher ganz eindeutig hervor, dass sich Manager aller Ebenen mehr oder weniger intensiv mit dem Thema Strategie befassen müssen. Natürlich ist es vor allem für das Top Management wichtig, doch die Festlegung und Umsetzung von Strategie ist nicht ihnen alleine vorbehalten. Manager der mittleren und unteren Führungsebenen müssen die durch die Unternehmensstrategie festgelegten Ziele umsetzen und erreichen und mit den dadurch entstehenden Einschränkungen umgehen. Sie müssen die Strategie auch ihren Mitarbeitern kommunizieren – und je besser diese Kommunikation funktioniert, umso besser werden auch die Leistungen des Teams ausfallen. Im Zuge der immer ausgeprägteren Dezentralisierung von Verantwortung innerhalb von Unternehmen wächst zudem die Bedeutung der mittleren und unteren Führungsebenen beim Thema Strategie. Gerade die Manager der unteren Führungsebene können wichtige Ideen und Feedback für die oberen Führungsetagen liefern, denn niemand ist näher am täglichen Arbeitsgeschehen als sie. Wer also eine Beförderung erreichen will, muss auch und vor allem bereit und in der Lage sein, sich an der „strategischen Konversation“ innerhalb seines Unternehmens zu beteiligen, also sich mit dem Top Management über die großen strategischen Probleme der Organisation auszutauschen.[2]

Strategie ist demnach für viele Manager Teil ihrer Arbeit. Es gibt aber auch auf dem privaten und öffentlichen Sektor Strategiespezialisten. Viele große Organisationen haben interne Planstellen für Strategieplaner und Analysten.[3] Der Bereich der strategischen Planung stellt für viele Leser dieses Buches sicher einen möglichen Karriereweg dar und erfordert eine formale Ausbildung im Bereich Wirtschaft und/oder Management. Hilfreich ist dabei allerdings konkrete praktische Erfahrung im betrieblichen Bereich. Die Strategieberatung erfreute sich in den letzten Jahrzehnten stetig wachsender Beliebtheit; die traditionellen Marktführer in diesem Metier wie McKinsey & Co., die Boston Consulting Group und Bain haben inzwischen von den allgemein ausgerichteten Beratungsunternehmen wie Accenture, IBM Consulting und PwC, die nun auch Strategieberatung anbieten, Konkurrenz bekommen.[4] Auch hier sind Absolventen von wirtschaftlich geprägten Studiengängen gefragte Kandidaten für eine Laufbahn als Strategieberater.[5]

Die Interviews in Beispiel 1.3 geben Einblicke in die verschiedenen Bereiche der Strategiearbeit von Managern und Spezialisten. Galina, Managerin einer internationalen Tochtergesellschaft, Masoud, der in einer strategischen Regierungsbehörde arbeitet, und Chantal, eine Strategieberaterin – sie alle haben unterschiedliche Erfahrungen im Bereich Strategie, doch es gibt auch Gemeinsamkeiten. Sie alle empfinden ihre Arbeit anregend und lohnend. Die beiden Spezialisten, Chantal und Masoud, verwenden anders als Galina mehr analytische Hilfsmittel wie etwa die Szenarienanalyse, die Sensitivitätsanalyse und Hypothesentests. Galina, die in ihren ersten Arbeitsjahren in Großbritannien einen strategischen Plan umsetzen musste, hatte sich sogleich den praktischen Herausforderungen der strategischen Planung zu stellen. Sie betont, wie wichtig es ist, flexibel zu sein und Managern einen „Gesamteindruck“ der geplanten Strategie zu vermitteln, indem man sie direkt mit einbezieht. Doch auch für Chantal und Masoud geht es um weitaus mehr als um die reine Analyse. Für Chantal ist es besonders wichtig, mit ihren Kunden an einem Strang zu ziehen, denn nur Einigkeit sorgt für eine gute Umsetzung einer neuen Strategie. Auch für Masoud ist diese Umsetzung nicht selbstverständlich – er arbeitet auch nach Abgabe seiner Empfehlungen weiterhin eng mit den betreffenden Abteilungen zusammen. Er sieht eine enge Verbindung zwischen einer Strategie und deren Umsetzung, denn diejenigen Mitarbeiter, die für die Umsetzung verantwortlich sind, müssen die Strategie gut verstehen, damit sie auch Wirkung zeigt. Umgekehrt müssen auch die Strategen die Herausforderungen der Umsetzung verstehen. Für Masoud ist das Thema Strategie ein wertvoller Karriereschritt, der seine möglichen nächsten Schritte in eine operative Rolle optimal vorbereitet.

2 F. Westley, „Middle Managers and Strategy: Microdynamics of Inclusion“, *Strategic Management Journal*, Bd. 11, Nr. 5 (1990), S. 337–351.

3 Für Einblicke in die Aufgaben interner Strategen siehe D. Angwin, P. Paroutis und S. Mitson, „Connecting up Strategy: Are strategy directors a missing link?“, *California Management Review*, Bd. 51, Nr. 3 (2009).

4 Die großen Unternehmensberatungen verfügen über umfangreiche Informationen zum Thema Strategie und Karrierechancen; siehe *www.mckinsey.com*, *www.bcg.com*, *www.bain.com*.

5 Berufsberater der Universitäten können diesbezüglich über Karrierechancen informieren. Siehe auch *www.vault.com*.

Beim Thema Strategie geht es also nicht nur um abstrakte Organisationen – es bedeutet reale Arbeit für reale Mitarbeiter. Ein wichtiges Ziel dieses Buches besteht darin, den Leser optimal auf diese Arbeit vorzubereiten.

Beispiel 1.3 Strategien

Strategien sind für Galina, Masoud und Chantal ein wichtiger Bestandteil ihrer Arbeit

Galina

Galina begann ihre Karriere im Bereich Marketing und wurde dann im Alter von 33 Jahren zur Geschäftsführerin der britischen Tochtergesellschaft eines russischen IT-Unternehmens. Sie entwickelt zum einen die Strategien für ihr Geschäft vor Ort, steht aber auch in regelmäßigem Kontakt zum Mutterkonzern in Moskau:

> *Moskau interessiert sich für das Gesamtbild und nicht nur für Details. Das Interesse gilt der Zukunft des Unternehmens.*

Die ursprünglichen strategischen Pläne für das Tochterunternehmen mussten stark verändert werden:

> *Als wir hier ankamen, hatten wir einige Ideen zum Thema Strategie im Kopf, mussten aber bald feststellen, dass die Realität ganz anders aussah. Unsere Strategie war zwar nicht völlig falsch, doch in der zweiten Phase mussten wir sie stark verändern: Wir mussten technische Voraussetzungen ändern und uns dem Markt anpassen. Nun befinden wir uns in der dritten Phase, haben die Grundlagen geschaffen und müssen uns auf Trends konzentrieren, um weiterzukommen und zur richtigen Zeit am richtigen Ort zu sein.*

Galina arbeitet eng mit ihrem Managementteam an ihrer Strategie und organisiert einmal jährlich einen Strategietag (siehe *Kapitel 15*):

> *Wenn man die Menschen zusammenbringt, fällt es ihnen leichter, das Gesamtbild zu sehen und nicht nur die Teilbereiche, für die sie verantwortlich sind. Es ist sehr sinnvoll, all die verschiedenen Realitäten zusammenzubringen.*

Galina ist begeistert von ihrer strategischen Arbeit:

> *Ich mag strategische Arbeit sehr. Das Aufregendste daran ist, sich vorzustellen, wo wir angefangen haben, und wohin wir uns vielleicht noch entwickeln werden. Wir haben vor fünf Jahren in einem Pub begonnen, und irgendwie haben wir es geschafft, unsere Hoffnungen in die Tat umzusetzen. Strategie ist ein Werkzeug zum Erfolg. Sie sagt dir, wie erfolgreich du warst und bist.*

Ihr Rat lautet:

> *Man braucht immer eine Strategie – einen roten Faden im Kopf. Es ist aber auch wichtig, Feedback von den Märkten und den Kollegen anzunehmen. Man muss auch bereit sein, seine Strategie anzupassen: Die Anpassungen sind das Allerwichtigste.*

Masoud

Masoud, 27, ist politischer Berater einer zentralen strategischen Regierungsbehörde Großbritanniens. Er erarbeitet Analysen und Beratungen für Minister verschiedener Ministerien. Meistens arbeitet er mehrere Monate lang an einem Projekt und setzt seine Arbeit mit den Verantwortlichen auch noch nach Abgabe seiner Empfehlungen fort. Im Rahmen seiner Arbeit spricht er mit Experten innerhalb und außerhalb der Regierung, er führt statistische Analysen durch, entwickelt Szenarien (siehe *Kapitel 2*), erstellt Sensibilitätsanalysen (siehe *Kapitel 10*), erstellt und prüft Hypothesen (siehe *Kapitel 15*), schreibt Berichte und hält Vorträge. Im Laufe seiner Karriere ist Masoud immer mehr zum Manager strategischer Projekte geworden und beschäftigt sich nicht mehr nur mit der reinen Analyse.

Masoud erklärt, was ihm an der strategischen Arbeit für die Regierung am besten gefällt:

> *Ich liebe die Herausforderung. Ich arbeite an Dingen, auf die es wirklich ankommt; oft liest man darüber in den Zeitungen. Diese Themen sind wirklich kompliziert und gehen die ganze Gesellschaft etwas an.*

Er ist der Meinung, jeder sollte sich mit Strategie befassen:

> *Ich möchte die Menschen dazu ermutigen, strategisch zu denken und zu handeln, denn so geht man den Problemen in allen Organisationen auf den Grund. Außerdem ist es sehr wertvoll, einige Erfahrungen mit strategischer Arbeit zu haben, selbst wenn das nicht der Hauptschwerpunkt der Karriere werden soll.*

Masoud denkt darüber nach, als nächsten Karriereschritt in den Dienstleistungsbereich zu wechseln, denn er sieht, wie eng verwoben strategisches und operatives Wissen sind:

> *Teil der strategischen Arbeit ist es, zu verstehen, was ich leisten kann; und Teil der Dienstleistung ist es, die Strategie zu verstehen.*

Chantal

Chantal ist Anfang 30 und arbeitet seit ihrem Universitätsstudium der Wirtschaft für eine der drei führenden internationalen Unternehmensberatungen in Paris. Ursprünglich wollte sie in den Beraterberuf, weil sie gerne Organisationen dabei helfen wollte, sich weiterzuentwickeln. Diese spezielle Beratungsfirma hat sie sich ausgesucht, weil ...

Ich bei den Vorstellungsgesprächen viel Spaß hatte und mich die Menschen inspirierten. Ich konnte mir gut vorstellen, mit diesen Themen und in diesem Team zu arbeiten.

Ihr gefällt ihre Tätigkeit als strategische Beraterin:

Ich löse gerne Probleme. Es ist ein bisschen wie die Arbeit an einem Kriminalfall: Man hat ein Problem und muss eine Lösung für das Unternehmen finden, damit es wachsen und sich verbessern kann.

Die Arbeit ist intellektuell anspruchsvoll:

Die Zeithorizonte sind kurz. Man muss seinen Fall in zwei bis drei Monaten gelöst haben und steht sehr unter Druck. Doch der beflügelt dich und hilft dir, auch selbst etwas Neues zu lernen. Ein Team besteht nur aus drei bis vier Mitarbeitern, also kommt es wirklich auf deinen Beitrag an, selbst wenn du noch Anfänger bist. Man arbeitet sehr eigenständig und leistet von Beginn an seinen Beitrag auf ziemlich hohem Niveau.

In ihrer Arbeit geht es oft um finanzielle Modelle und Marktmodelle (siehe *Kapitel 2* und *10*), um Gespräche mit dem Kunden und um die enge Zusammenarbeit mit den Verantwortlichen im Kundenunternehmen selbst. Chantal erklärt:

Als Berater verwendet man viel Zeit darauf, solide, auf Fakten basierende Argumente zu entwickeln, die dem Kunden helfen sollen, seine Geschäftsentscheidungen zu treffen. Man muss aber nicht nur Fakten sammeln, sondern auch mit den Menschen in Kontakt kommen. Sie müssen zustimmen. Man muss also eine Einigkeit schaffen, damit die erarbeiteten Empfehlungen auch unterstützt und durchgeführt werden.

Chantal fasst den Reiz strategischer Beratung zusammen:

Ich mag es, schnell zu arbeiten und viel Neues zu lernen. So hat man die Chance, seine Fähigkeiten zu verbessern. Ein Jahr Arbeit in der Unternehmensberatung ist wie zwei Jahre Arbeit in einem normalen Betrieb.

Quelle: Interviews (anonymisiert).

Kontrollfragen

1. Welche dieser drei strategischen Rollen sagt Ihnen am meisten zu – Manager einer Geschäftseinheit einer internationalen Firma, interner strategischer Spezialist oder Strategieberater? Warum?
2. Was müssten Sie tun, um selbst eine solche Rolle übernehmen zu können?

1.5 Strategie als Untersuchungsgegenstand/ Forschungsfeld

Dieses Buch behandelt das Thema Strategie auf sehr umfassende Art und Weise und nimmt es sehr ernst. Um das ganze Ausmaß aller strategischen Themen zu verstehen, muss man offen sein für die Perspektiven und Einsichten vieler akademischer Disziplinen, wobei insbesondere Wirtschaftswissenschaften, Soziologie und Psychologie erwähnt werden sollten. Das Thema Strategie ernst zu nehmen bedeutet auch, sich wo immer möglich der Forschungsergebnisse dieser Disziplinen zu bedienen. Dieses Buch möchte sich dem Thema Strategie auf beweisführender Basis annähern – daher auch die Verweise auf relevante Artikel und Bücher in den Fußnoten.[6]

Das Buch befasst sich zu gleichen Teilen mit den drei Bereichen von Strategie als akademische Disziplin: Strategiekontext, Strategieinhalt und Strategieprozess. Jeder dieser Bereiche spielt eine wichtige Rolle und wird von Forschungsgrundlagen untermauert, deren charakteristische analytische Ansätze auch auf Strategien in der Praxis angewendet werden können. Abbildung 1.4 zeigt die drei Bereiche der Strategie sowie die drei dazugehörigen Forschungsgrundlagen. Diese sind in ungefährer historischer Reihenfolge aufgeführt. Die Pfeile sollen verdeutlichen, dass deren Entwicklung noch nicht beendet ist. Im Detail können die drei Bereiche und die charakteristischen analytischen Ansätze ihrer Forschungsgrundlagen wie folgt beschrieben werden:

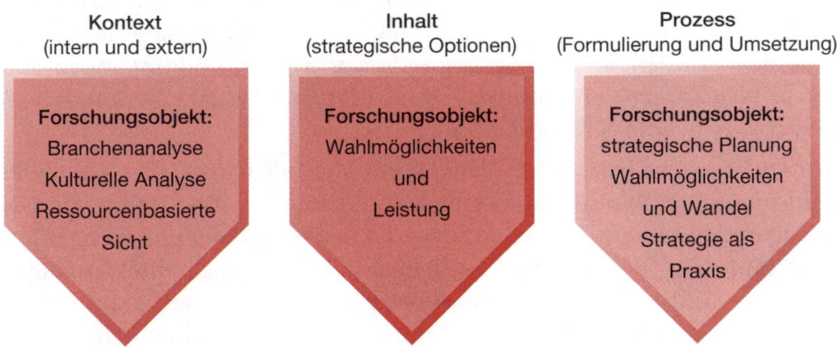

Abbildung 1.4: Die drei Bereiche der Strategie

- *Strategiekontext* bezieht sich sowohl auf den internen wie auch auf den externen Kontext einer Organisation. Alle Organisationen müssen die Chancen und Gefahren ihres externen Umfelds berücksichtigen. Die *Branchenanalyse* kam als Forschungsgrundlage erstmals Anfang der 1980er Jahre auf, als Michael Porter darlegte, wie die Instrumente aus dem Bereich der Wirtschaftswissenschaften auf die Bewertung der Attraktivität einzelner Branchen angewendet werden können.[7] Ebenso nutzen *Kulturanalysten* seit den 1980er Jahren soziologische Einblicke in menschliches

6 Für Einblicke in den gegenwärtigen Stand der Strategie als akademische Disziplin siehe H. Volberda, „Crisis in strategy: Fragmentation, integration or synthesis“, *European Management Review*, Bd. 1, Nr. 1 (2004), S. 35–42, und J. Mahoney und A. McGahan, „The field of strategic management within the evolving science of strategic organization“, *Strategic Organization*, Bd. 5, Nr. 1 (2007), S. 79–99.

7 Siehe M.E. Porter, „The Five Competitive Forces that shape strategy“, *Harvard Business Review*, Januar 2008, S. 57–91.

Verhalten, um darauf hinzuweisen, wie wichtig ein gemeinsames kulturelles Verständnis geeigneter Handlungsweisen ist. Im internen Kontext zeigen Kulturanalysten auf, dass Strategien häufig von den organisationseigenen Kulturen beeinflusst werden. Im externen Kontext wird dargelegt, dass Strategien auf die Gegebenheiten der Branche oder auch auf nationale Kulturen abgestimmt werden müssen. Wissenschaftler, die sich mit der *ressourcenbasierten Sichtweise* befassen, konzentrieren sich auf den internen Kontext und suchen nach den einzigartigen Eigenschaften jeder Organisation.[8] Gemäß der ressourcenbasierten Sicht sollen die wirtschaftliche Analyse der Marktprobleme, die psychologische Analyse emotionaler Voreingenommenheiten und die soziologische Analyse von Organisationskulturen gemeinsam die individuellen Eigenschaften aufzeigen, die für eine Organisation einen Wettbewerbsvorteil oder -nachteil bedeuten.

- *Strategieinhalt* bezieht sich auf den Inhalt (oder die Art und Weise) verschiedener Strategien und ihre Erfolgschancen. Hier geht es also vor allem um den Nutzen verschiedener strategischer Optionen. Wissenschaftler, die sich mit *Strategie und Erfolg* befassen, nutzen ursprünglich die wirtschaftliche Analyse, um den Erfolg unterschiedlicher Diversifikationsstrategien zu erklären. Dieses Forschungsgebiet ist auch heute noch der zentrale Punkt der Disziplin Strategie und befasst sich mit immer mehr Themen. So untersuchen Wissenschaftler dieses Fachgebiets heute verschiedene neue Innovationsstrategien, unterschiedliche Formen der Internationalisierung sowie all die komplexen Formen von Allianzen und Netzwerkstrategien, die von modernen Organisationen eingesetzt werden. Diese Wissenschaftler unterziehen alle strategischen Optionen meist einer sehr genauen Prüfung. Ihr Ziel ist es, herauszufinden, welche Strategien unter welchen Bedingungen den größten Nutzen bringen. Dabei kümmern sie sich nicht um verallgemeinernde Aussagen darüber, was eine gute Strategie ausmacht.
- Der *Strategieprozess* betrachtet – allgemein ausgedrückt –, wie Strategien formuliert und umgesetzt werden. Hier bietet die Forschung eine Reihe von Einblicken, die Managern bei den praktischen Prozessen des strategischen Managements helfen können.[9] Seit den 1960er Jahren bedienen sich Wissenschaftler aus dem Bereich der *Strategieplanung* der Disziplinen Wirtschaftswissenschaften und Management, um rationale und analytische Systeme zur Planung und Implementierung von Strategien zu entwerfen. Doch beim Thema Strategie geht es auch um Menschen: Seit den 1980er Jahren weisen Wissenschaftler aus der Tradition von *Wahlmöglichkeiten und Wandel* darauf hin, wie die Psychologie der menschlichen Wahrnehmung und der Gefühle sowie die Soziologie politischer Gruppen und Interessen rationale Analysen unterwandern und beeinflussen. Daher geben diese Wissenschaftler den Rat, die irrationale, ungeordnete Realität der Organisationen einfach zu akzeptieren und damit zu arbeiten, ohne zu versuchen, ihnen eine Rationalität aufzuzwingen. Wissenschaftler aus dem Bereich *Strategie als Praxis* schließlich wenden seit kurzem mikrosoziologische Ansätze an, um die menschlichen Realitäten formaler und

---

8 Die klassische Aussage der ressourcenbasierten Ansicht liefert J. Barney, „Firm resources and sustained competitive advantage", Journal of Managment, Bd. 17, Nr. 1 (1991), S. 91–120.

9 Zwei neuere Sammlungen zu diesem Thema sind G. Szulanski, J. Porac und Y. Doz, *Strategy Process: Advances in Strategic Management*; JAI Press, 2005, und S. Floyd, J. Roos, C. Jacobs und F. Kellermans, *Innovating Strategy Process*, Blackwell, 2005.

informaler strategischer Prozesse genau zu untersuchen.[10] Hier konzentriert man sich darauf, wie Menschen strategisch arbeiten, sowie auf die Bedeutung der richtigen Hilfsmittel und Kenntnisse.

Aus den oben beschriebenen Punkten sollte klar hervorgehen, dass das Studium der Strategie Perspektiven und Einsichten einer ganzen Reihe verschiedener akademischer Disziplinen mit einbezieht. Alle Themen müssen von verschiedenen Standpunkten aus betrachtet werden. Eine Strategie, die nur aus wirtschaftlichen Beweggründen ausgewählt wurde, kann von psychologischen und soziologischen Faktoren leicht zu Fall gebracht werden. Wird eine Strategie dagegen nur auf der Basis von Psychologie und emotionalem Enthusiasmus gewählt oder aus soziologischen Gründen kultureller Akzeptanz ausgesucht, so ist diese zum Scheitern verurteilt, wenn sie nicht auch wirtschaftlich tragfähig ist. Die weiter unten vorgestellten vier strategischen Perspektiven weisen ebenso darauf hin, dass eine Perspektive nur selten ausreicht, um eine gute Strategie zu wählen. Dazu muss man eine komplette Analyse aller wirtschaftlichen, psychologischen und soziologischen Aspekte durchführen.

1.6 Die Perspektiven auf Strategie

In diesem ersten Kapitel wurde bereits auf die verschiedenen Perspektiven der Strategie hingewiesen, die sich aus der Forschungsarbeit zu diesem Thema ergeben haben. Der praktische Wert unterschiedlicher Perspektiven wird in diesem Buch mithilfe der vier **strategischen Perspektiven** betrachtet. Die Strategieperspektiven werden gleich im Anschluss an dieses Kapitel genau vorgestellt und erklärt und bilden den Rahmen für abschließende *Kommentare* zu jedem der drei Teile dieses Buches. Die verschiedenen Perspektiven sollen darauf hinweisen, wie wichtig es ist, strategische Probleme nicht nur aus einer einzelnen Perspektive zu betrachten. Aus verschiedenen Blickwinkeln heraus ergeben sich neue Aspekte und neue Lösungen. Obwohl sich diese Perspektiven also aus akademischer Forschungsarbeit zum Thema Strategie ableiten, sollen sie gleichzeitig einen ganz praktischen Nutzen für die tägliche Arbeit mit Strategie haben.

Strategische Perspektiven

Die strategischen Perspektiven bieten vier verschiedene Sichtweisen auf Themen der Strategieentwicklung in Organisationen.

Die vier Perspektiven betrachten die Strategie kurz gesagt wie folgt:

- *Strategie als Gestaltung.* Dieser Ansatz geht davon aus, dass eine strategische Entwicklung ein logischer Prozess sein kann, in welchem die auf ein Unternehmen wirkenden Kräfte und Beschränkungen sorgfältig durch analytische und bewertende Techniken abgewogen werden, um dann eine klare strategische Richtung zu definieren. Daraus ergeben sich Bedingungen, die für eine sorgfältig geplante Strategieumsetzung sorgen. Die Gestaltungsperspektive gesteht meist dem Top Management die Führungsrolle bei der Strategie zu, wobei die mittleren und unteren Führungsebenen lediglich bei der Umsetzung Hilfestellung geben. Diese Sichtweise bezüglich der Entwicklung einer Strategie und deren Management ist wohl allgemein am weitesten verbreitet. Sie entspricht den klassischen Lehrmethoden.

10 Für neue Beispiele siehe die von P. Jarzabkowski, J. Balogun und D. Seidl herausgegebene Sonderausgabe „Strategizing: The challenge of a practice perspective“, *Human Relations*, Bd. 60, Nr. 1 (2007), sowie R. Whittington und L. Cailluet, „The crafts of strategy“, *Long Range Planning*, Bd. 41, Nr. 3 (2008).

- *Strategie als Erfahrung.* Hier wird davon ausgegangen, dass zukünftige Strategien von Organisationen stark durch die Erfahrung ihrer Manager und Mitarbeiter und deren zuvor erlebten Strategien geprägt werden. Strategien ergeben sich somit nicht primär aus einer klaren Analyse, sondern vielmehr aus Annahmen, die vorausgesetzt werden, und aus Handlungsweisen, die in der Unternehmenskultur von Organisationen verankert sind. Sofern es verschiedene Ansichten und Erwartungen innerhalb einer Organisation gibt, werden diese auch nicht nur durch rationale Prozesse verarbeitet (wie durch die Gestaltungsperspektive betrachtet), sondern durch individuelle Verhandlungsprozesse. Diese Sichtweise geht also davon aus, dass sich Strategien häufig in die gleiche Richtung weiterentwickeln, aus der sie ursprünglich stammten.
- *Strategie als Ideen.* Keine der bisher erwähnten Perspektiven ist besonders hilfreich für die Erklärung von Innovation. Gestaltungsansätze sind oft zu starr und funktionieren nur von oben nach unten, und Erfahrungen sind zu sehr in der Vergangenheit verhaftet. Wie entstehen aber nun neue Ideen? Die Ideenperspektive unterstreicht, wie wichtig es ist, in der und rund um die Organisation Verschiedenheit zu fördern, denn aus ihr können sich völlig neue Ideen entwickeln. Hier wird Strategie als etwas angesehen, das weniger von den oberen Unternehmensebenen geplant wurde, sondern vielmehr in der und rund um die Organisation entstanden ist. Denn die Menschen reagieren auf ein unsicheres und sich veränderndes Umfeld mit einer ganzen Reihe von Initiativen. Neue Ideen können zwar schnell entstehen, doch müssen sie sich gegen andere Ideen und auch gegen das Streben nach Einhaltung bestehender Strategien durchsetzen (die Erfahrungsperspektive erklärt dies).
- *Strategie als Diskurs.* Diese Perspektive sieht die Sprache als Hauptbestandteil der Strategie. Manager verbringen einen Großteil ihrer Zeit mit Kommunikation. Daher ist auch die Beherrschung der Sprache der Strategie eine wichtige Ressource für Manager, die es ihnen ermöglicht, „objektive" strategische Analysen ihrer persönlichen Sichtweise anzupassen und Einfluss, Macht und Legitimierung zu erlangen. Wenn Manager eine Strategie durch die Diskursperspektive betrachten, achten sie ganz besonders auf die Sprache, in der sie strategische Probleme formulieren, strategische Vorschläge machen, Sachverhalte diskutieren und schließlich strategische Entscheidungen kommunizieren. Die Sprache der Strategie und die Konzepte, die dieser Sprache zugrunde liegen, können die strategische Agenda dahingehend beeinflussen, was diskutiert wird und wie dies geschieht. Auf die strategische Formulierung kommt es an.

ZUSAMMENFASSUNG

- Strategie ist die *langfristige Ausrichtung und Reichweite* einer Organisation, die in einem sich verändernden *Umfeld* durch ihren Einsatz von *Ressourcen* und *Kompetenzen* einen *Wettbewerbsvorteil* erlangt mit dem Ziel, die Erwartungen der *Interessengruppen* zu erfüllen.
- Strategische Entscheidungen werden auf vielen Ebenen eines Unternehmens getroffen. Die *Gesamtunternehmensstrategie* befasst sich mit der allgemeinen Ausrichtung und Reichweite einer Organisation; *Strategie auf Geschäftsbereichsebene (oder Wettbewerbsstrategie)* befasst sich mit dem erfolgreichen Wettbewerb auf einem Markt. Auf der Ebene der *Betriebsstrategie* geht es darum, wie Ressourcen, Prozesse und Menschen die Strategien der höheren Ebenen erfolgreich umsetzen können. Strategisches Management unterscheidet sich vom täglichen betrieblichen Management durch komplexe Einwirkungen auf Entscheidungen und durch Auswirkungen, die das gesamte Unternehmen betreffen und ihre langfristigen Konsequenzen.
- Strategisches Management besteht aus drei Hauptelementen: Verständnis der *strategischen Position*, *strategische Wahlmöglichkeiten* für die Zukunft und die Umsetzung der *Strategie in Aktionen*. Die strategische Position einer Organisation wird durch das externe Umfeld, interne strategische Fähigkeiten sowie durch die Erwartungen und Einwirkungen von Interessengruppen bestimmt. Die strategischen Wahlmöglichkeiten schließen die zugrunde liegende strategische Basis auf Unternehmens- und Geschäftsbereichsebene mit ein sowie die Ausrichtungen und Methoden der Entwicklung. Beim strategischen Management geht es auch darum, zu verstehen, welche Wahlmöglichkeiten zu Erfolg oder Misserfolg führen könnten. Die Strategie in Aktion befasst sich mit Themen der Strukturierung, der Ressourcenbeschaffung für zukünftige Strategien und der Begleitung des Wandels
- Die Strategie als Studienfach hat sich von ihren Ursprüngen als Unternehmenspolitik und den Traditionen strategischer Planung weiterentwickelt, sodass zwei Hauptströmungen entstanden sind: Strategische *Inhalte* befassen sich mit verschiedenen strategischen Optionen, der Strategieprozess befasst sich mit *Prozessen* wie etwa strategische Entscheidungsfindung und strategischer Wandel. Weitere Ansätze sind dabei, sich zu entwickeln, beispielsweise die Komplexitätstheorie, der strategische Diskurs und Strategie als Praxis.
- Strategie kann auch ein Beruf sein. *Strategieplaner und -berater* befassen sich in Vollzeit damit. Strategie ist aber auch ein wichtiger Teil des Berufsbildes vieler Manager. Dabei geht es nicht nur um Manager auf höchster Ebene und Manager, die für strategische Geschäftseinheiten zuständig sind, sondern um alle Manager, die die strategische Ausrichtung ihrer Organisation mit bestimmen müssen.
- Die strategischen Themenbereiche, mit denen sich eine Organisation auseinandersetzen muss, betrachtet man am besten aus verschiedenen Blickwinkeln, wie sie durch die *vier strategischen Perspektiven* vorgegeben werden. Die *Gestaltungsperspektive* betrachtet den logisch-analytischen Ansatz der Strategie. Die *Erfahrungsperspektive* sieht Strategie als Produkt individueller Erfahrungen und Unternehmenskulturen. Durch die *Ideenperspektive* betrachtet, entwickelt sich Strategie aus neuen Ideen in der und rund um die Organisation. Die *Diskursperspektive* betont die Bedeutung strategischer Sprache zur Schaffung von Verständnis innerhalb der Organisation und weist darauf hin, wie wichtig es ist, diese Sprache gut zu beherrschen.

ZUSAMMENFASSUNG

Aufgaben

*Kennzeichnet schwierigere Aufgaben.

1.1. Nennen und erklären Sie Beispiele für die Terminologie der Strategie, die im Jahresbericht oder auf der Internetseite einer Organisation Ihrer Wahl verwendet werden (z.B. Ihre Universität). Beziehen Sie sich dabei auf Abbildung 1.2 und Beispiel 1.2.

1.2. Beziehen Sie sich auf das Exploring Corporate Strategy-Modell in Abbildung 1.3 und stellen Sie die wichtigsten Themenbereiche in Bezug auf die strategische Position, strategische Wahlmöglichkeiten und Strategie in Aktion für eine Organisation dar, mit der Sie vertraut sind (z.B. Ihre Universität).

*1.3. Schreiben Sie auf Basis von Geschäftsberichten, Presseartikeln und Internetinformationen eine kurze Fallstudie (ähnlich der über Elektrolux), die die strategische Entwicklung und die aktuelle strategische Position einer Organisation Ihrer Wahl zeigt.

*1.4. Beziehen Sie sich auf Abbildung 1.3 und zeigen Sie auf, wie sich die Elemente des strategischen Managements in folgenden Unternehmen unterscheiden:

ein kleines Unternehmen

ein großer internationaler Konzern (z.B. Elektrolux)

eine gemeinnützige Organisation

Fallstudie
Beispiel Electrolux

Im Jahr 2005 war der schwedische Konzern Electrolux der weltweit größte Hersteller von Haushalts- und Profigeräten für Küche, Reinigung und den Außenbereich. Die Produktpalette schloss Herde, Staubsauger, Waschmaschinen, Kühlschränke, Rasenmäher, Kettensägen sowie Werkzeuge für das Baugewerbe und die Steinverarbeitung mit ein. Electrolux beschäftigte 70.000 Menschen und verkaufte etwa 40 Millionen Produkte jährlich in 150 Ländern. 2005 lag der Jahresumsatz bei 129 Milliarden schwedischen Kronen (ca. 14 Milliarden Euro) und der Gewinn bei 3,9 Milliarden Kronen (ca. 420 Millionen Euro). Doch im selben Jahr ergaben sich zwei Veränderungen, die Electrolux auf den zweiten Platz in der Branche verdrängten – hinter das amerikanische Unternehmen Whirlpool. Zum einen machte Whirlpool die Übernahme von Maytag perfekt und erlangte damit einen Marktanteil von etwa 47 Prozent in den USA und internationale Umsätze von ca. 19 Milliarden US-Dollar (15 Milliarden Euro). Zum zweiten gab Electrolux die Abspaltung seines Geschäftsbereichs zur Herstellung von Produkten für den Außenbereich (Rasenmäher, Kettensägen, etc.) als Husqvarna bekannt. Electrolux konnte sich somit auf die Herstellung von Haushaltsgeräten für den privaten und professionellen Gebrauch konzentrieren. Die „neue“ Electrolux würde also 57.000 Beschäftigte und einen internationalen Umsatz von 104 Milliarden Kronen (11 Milliarden Euro) haben.

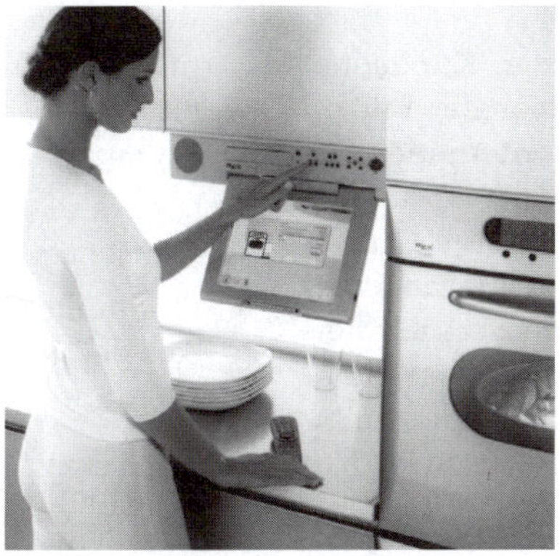

Geschichte

Dies war nur der letzte Kurswechsel bei Electrolux, deren eindrucksvoller Aufstieg im Schweden der 1920er Jahre unter der Führung von Alex Wenner-Gren begonnen hatte. Das frühe Wachstum stützte sich auf großes Fachwissen im Bereich Industriedesign, und das Unternehmen war bald führend in der Herstellung von Kühlschränken und Staubsaugern. Mitte der 1930er Jahre konnte Electrolux auch Produktionsstätten außerhalb Schwedens in Deutschland, England, Frankreich, den USA und Australien etablieren.

Nach dem Zweiten Weltkrieg stieg die Nachfrage nach Haushaltsgeräten erheblich, und Electrolux weitete seine Produktpalette auf Waschmaschinen und Geschirrspülmaschinen aus. Im Jahr 1967 wurde Hans Werthén Firmenchef und nahm eine Reihe von Übernahmen in Angriff, die die Branche in Europa völlig veränderten: 59 Übernahmen wurde allein in den 1970er Jahren getätigt, danach folgten die großen Übernahmen von Zanussi (Italien), White Consolidated Products (USA), der Geschäftsbereich Haushaltsgeräte von Thorn EMI (UK), Poulan/Weed Eater (USA), Hersteller von Geräten für den Außenbereich sowie AEG Hausgeräte (Deutschland). Die größte Firmenübernahme der 1980er Jahre betraf das schwedische Unternehmen Granges Group (dies stellte eine Diversifizierung in den Bereich Metallgemische dar).

All diese Übernahmen hatten zur Folge, dass 1990 75 Prozent aller Electrolux-Umsätze außerhalb Schwedens erzielt wurden, und dieser Anteil vergrößerte sich noch, als Leif Johansson eine Expansion nach Osteuropa, Asien (Indien und Thailand) sowie Zentral- und Südamerika (Mexiko und Brasilien) startete. Dann entledigte er sich vieler Geschäftsbereiche, die nicht Teil des Kerngeschäfts waren (insbesondere Granges). Eine große Umstrukturierung Ende der 1990er Jahre stellte die Weichen für das Jahr 2000 und die ersten Folgejahre – 85 Prozent aller Umsätze wurden mit Haushaltsgeräten für den privaten Bereich erzielt, 15 Prozent der Umsätze mit Profigeräten (etwa für Großküchen und Reinigungen).

Der Markt

Im Geschäftsbericht von 2005 wurden drei wichtige Aspekte der für das Unternehmen relevanten Märkte erwähnt, auf die sich dessen Strategie konzentrieren musste:

Globalisierung

Electrolux agiert in einer Branche mit starker internationaler Konkurrenz. ... Die Produktivität in der Branche ist im Laufe der letzten Jahre gestiegen, und es werden immer bessere Produkte zu immer niedrigeren Preisen angeboten. Immer mehr Hersteller verlagern ihre Produktion in Länder mit niedrigeren Kosten ... und kaufen auch immer mehr Einzelteile dort. Bald werden die Produktionskosten aller großen Herstellerfirmen in etwa auf dem gleichen Niveau sein. Dadurch wird sich der Wettbewerb auf Produktentwicklung, Marketing und Markenbildung verlagern.

Marktpolarisation
Die Kombination aus sich wandelnden Kundenbedürfnissen, dem Wachstum internationaler Einzelhandelsketten und wachsender internationaler Konkurrenz führt zu einer Polarisation des Marktes. Immer mehr Konsumenten möchten eine Grundausstattung an Haushaltsgeräten. Unternehmen, die ihre Effizienz bei Produktion und Vertrieb steigern können, werden aus diesem Marktsegment schnell wachsende Gewinne erzielen. Gleichzeitig steigt aber auch die Nachfrage nach hochwertigeren Produkten.

Konsolidierung des Einzelhandels
Die Händlerstruktur auf dem Markt für Haushaltsgeräte konsolidiert sich (besonders in den USA). Traditionelle Händler verlieren Marktanteile an große Handelsketten. Diese großen Ketten profitieren von großem Einkaufsvolumen und großer geografischer Reichweite. So können sie ihre Preise niedrig halten. Andererseits sind die Kosten der Produzenten für die Belieferung der großen Einzelhandelsketten aufgrund höheren Volumens und effizienter Logistik oft geringer als für traditionelle kleinere Geschäfte.

Diese drei Faktoren stehen außerdem miteinander in Verbindung. So konnten asiatische Hersteller (etwa LG und Samsung) nur so schnell auf den amerikanischen Markt drängen, weil sie sich gute Verträge mit amerikanischen Einzelhändlern gesichert hatten (The Home Depot und Lowe's).

Die Strategien von Electrolux

Im Geschäftsbericht von 2005 schrieb der Vorstandsvorsitzende (Hans Straberg) über seine ersten vier Jahre mit der Firma und über die Herausforderungen der Zukunft:

Vor vier Jahren übernahm ich das Amt des Vorstandschefs und Präsidenten von Electrolux. Mein Ziel war es, die Entwicklung von Electrolux als Unternehmen, das vom Markt angetrieben wird, zu beschleunigen. Basis dafür ist ein besseres Verständnis für die Bedürfnisse unserer Kunden. Wir wollten unsere Ziele wie folgt erreichen:

- Weitere Reduzierung der Kosten und Eliminierung von Komplexität in allen Bereichen unserer Betriebe
- Erhöhung der Rate der Produktneugestaltungen basierend auf dem Wissen über die Kundenwünsche
- Erhöhung der Marketinginvestitionen zum Ausbau der Marke Electrolux als weltweiter Branchenführer

Weiter beschrieb er die großen strategischen Veränderungen, die im Laufe dieser vier Jahre vollzogen wurden, und drückte aus, dass er sich auf die neuen Herausforderungen und die Entflechtung im Jahr 2006 freue:

Der Umgang mit weniger erfolgreichen Geschäftsbereichen
Wir haben unser Geschäftsmodell geändert und Bereiche ausgegliedert, die nicht Teil des Kerngeschäfts waren, oder eine zu geringe Rentabilität aufwiesen. Anstatt beispielsweise weiterhin Klimaanlagen in den USA zu produzieren, was nicht rentabel war, übergaben wir die Produktion dieser Produkte an einen Hersteller in China. Auch unsere Produktion von Motoren und Kompressoren wurde ausgegliedert.

Verlagerung der Produktion in Niedrig-Lohn-Länder
Auf unserem Markt ist es überlebenswichtig, bei den Produktionskosten wettbewerbsfähig zu bleiben. Wir werden weiterhin daran arbeiten, unsere Rentabilität zu verbessern, zum einen durch die Ausgliederung einzelner Einheiten, zum anderen durch Veränderungen unseres Geschäftsmodells. Auch eine weitere Verlagerung der Produktion in Länder mit niedrigeren Kosten ist ausschlaggebend. ... Wir haben Produktionsstätten mit viel zu hohen Kosten geschlossen und neue in Ländern mit niedrigerem Kostenniveau errichtet. So haben wir zum Beispiel unsere Kühlschrankproduktion von Greenville (USA) nach Juarez in Mexiko verlagert. Auf diese Weise konnten wir Kosten senken und eröffnen gleichzeitig eine moderne Produktionsstätte für den gesamten nordamerikanischen Markt. Ende 2008 sollte dieses Projekt abgeschlossen sein.

Effizientere Produktion und Logistik

Wir haben sehr viel Zeit und Mühe darauf verwendet, unsere Produktion und Logistik effizienter zu gestalten. Dazu haben wir die Anzahl der einzelnen Produktionsstätten verringert, die Produktivität verbessert, Lagerbestände gekürzt und unsere Liefergenauigkeit erhöht.

Effizienterer Einkauf

Auch beim Einkauf haben wir Veränderungen eingeführt, um unsere Kostenposition zu verbessern. Dies geschah hauptsächlich durch eine bessere Koordination auf globalem Niveau. Wir haben ein Projekt gestartet, das uns helfen sollte, die Anzahl unserer Zulieferer drastisch zu senken. Außerdem arbeiten wir intensiver mit unseren Zulieferern zusammen, um die Kosten für Einzelteile zu senken. Doch es gibt noch viel zu tun. Unter anderem möchten wir einen größeren Teil unserer Einkäufe in Länder mit niedrigeren Kosten verlegen.

Intensivere Produkterneuerung

Unsere Zukunft hängt davon ab, wie gut wir uns auf unsere Kosten konzentrieren und gleichzeitig unsere Marken und unsere Mitarbeiter intensiv und systematisch weiterentwickeln können. … Unser Prozess für Produktentwicklung stützt sich auf Kundenwünsche und senkt das Risiko falscher Investitionsentscheidungen. Indem wir unsere Produktentwicklung verbessern konnten, wurde auch unsere globale Koordination effizienter, sodass wir nun eine Reihe globaler Produkte herstellen. Unsere Investitionen in die Produktentwicklung in den letzten Jahren zeigen sich deutlich an der Anzahl der neuen Haushaltsprodukte auf dem Markt, die von 200 im Jahr 2002 auf 370 im Jahr 2005 gestiegen ist. … Die Investitionen im Bereich Produktentwicklung sind im Laufe der letzten drei Jahre um 500 Millionen Kronen (77 Millionen Euro) gestiegen. Unser Ziel ist es, mindestens zwei Prozent unserer Umsätze in die Produktentwicklung zu investieren. Wir werden weiterhin neue Produkte in schneller Folge auf den Markt bringen.

Zugang zu Kompetenz

In den letzten Jahren haben wir Prozesse (zur Talentsuche) und Instrumente eingeführt, die dafür garantieren, dass unser Konzern auch in Zukunft über Kompetenz verfügen wird. Die Entwicklung aktiver Führungskräfte, internationale Karrierechancen und eine ergebnisorientierte Unternehmenskultur machen es uns möglich, unsere Mitarbeiter erfolgreich zu fördern. Wenn wir weiterhin führend im Bereich Entwicklung in unserer Branche sein möchten, müssen wir schnell handeln und uns zutrauen, die Dinge auch einmal anders zu machen. Wir brauchen außerdem ein starkes Bewusstsein für die Umwelt und gute Beziehungen zu unseren Zulieferern.

Der Aufbau einer starken internationalen Marke

Als ich 2002 das Amt des Vorstandschefs und Präsidenten übernahm, betonte ich, dass eine unserer Prioritäten der Ausbau der Marke Electrolux sein müsse, sowohl global gesehen als auch über alle Produktkategorien hinweg. Eine starke Marke lässt einen erheblichen Preisaufschlag zu, und das bedeutet eine langfristige, stabile Erhöhung der Marge. Seitdem arbeiten wir hart am Aufbau eines starken Markennamens. Der Anteil der Produkte, die unter dem Namen Electrolux verkauft werden, hat sich von 16 Prozent im Jahr 2002 auf fast 50 Prozent im Jahr 2005 gesteigert. Wir werden weiterarbeiten und dafür sorgen, dass der Name Electrolux zum Marktführer in unserer Branche wird. Unser Ziel ist es, in den Ausbau unseres Markennamens mindestens zwei Prozent unserer Umsätze zu investieren.

Ausblick in die Zukunft

Hans Straberg schloss seine Analyse des Geschäfts mit einem Ausblick in das folgende Jahr ab:

Für 2006 erwarten wir eine erneute Steigerung der Rentabilität. ... Sowohl in Nordamerika als auch in Europa werden wir eine Reihe neuer, wichtiger Produkte auf den Markt bringen. Profi-Haushaltsgeräte werden 2006 eine bessere Position auf dem amerikanischen Markt erhalten, denn wir werden uns um neue Vertriebskanäle in den Bereich Gastronomie bemühen. Der Erfolg unserer Raumpflegesysteme des höheren Preissegments wird weitergehen, unter anderem ausgehend von größerem Produktionsvolumen für Druckluftstaubsauger.

Auch die Verlagerung der Produktion in Länder mit geringeren Kosten wird sich fortsetzen. In der zweiten Jahreshälfte werden wir die volle Auswirkung der Kosteneinsparung spüren können, die sich aus der Produktionsverlagerung von Greenville in den USA nach Juarez in Mexiko ergibt. Wir erwarten eine negative Auswirkung auf unsere Absatzzahlen aufgrund des Streiks in unserem Werk in Nürnberg (dessen Schließung wir für 2007 planen). Eine weitere Reduzierung der Einkaufskosten ist ebenso ein wichtiger Faktor zur Steigerung unserer Rentabilität im Jahr 2006.

Die Strategien, die jeder Mitarbeiter unseres Unternehmens in den letzten Jahren erfolgreich umgesetzt hat, zahlen sich nun aus. Im Jahr 2006 werden wir diese wichtige Arbeit fortsetzen, um die Marke Electrolux zu stärken, neue Produkte auf den Markt zu bringen und Kosten zu reduzieren.

Quelle: Firmenwebsite (www.electrolux.com); Geschäftsbericht 2005.

Kontrollfragen

1. Beziehen Sie sich auf *Abschnitt 1.2.1* und erklären Sie, warum die Themen, denen sich Electrolux stellen muss, strategischer Natur sind. Versuchen Sie, Beispiele für alle in diesem Abschnitt erwähnten Bereiche zu finden.
2. Welche strategischen Ebenen können Sie bei Electrolux erkennen? (Beziehen Sie sich auf *Abschnitt 1.2.2*)
3. Nennen Sie die wichtigsten Faktoren zur strategischen Position von Electrolux. Listen Sie diese getrennt nach Umfeld, Fähigkeit und Erwartungen auf (siehe *Abschnitt 1.3.1*). Welche Faktoren sind Ihrer Meinung nach besonders wichtig?
4. Welche strategischen Wahlmöglichkeiten ergeben sich für das Unternehmen bezüglich der in *Abschnitt 1.3.2* erwähnten Themenbereiche?
5. Welche Sachverhalte im Bereich Strategie in Aktion könnten den Erfolg oder Misserfolg der von Electrolux gewählten Strategie beeinflussen? (Beziehen Sie sich auf *Abschnitt 1.3.3*)

1.7 Kommentar: Verschiedene Perspektiven von Strategie

Kapitel 1 hat gezeigt, dass sich die Art und Weise, wie Strategie vermittelt und erforscht wurde, im Laufe der Jahre sehr verändert hat. So haben sich verschiedene Perspektiven zu diesem Thema ergeben. Das wird positiv gesehen, denn die unterschiedlichen Sichtweisen haben mindestens drei Vorteile:

- Sie gewähren *unterschiedliche Einsichten* über Strategie und strategisches Management. Man denke nur an Gespräche, die man täglich führt. Nicht selten hört man da: "Wenn du es aber aus dieser Perspektive betrachtest …" Wer sich auf nur eine Sichtweise beschränkt, erlangt oft nur ein Teilverständnis oder bleibt voreingenommen. Viele Perspektiven dagegen vermitteln einen facettenreichen Gesamteindruck.
- Diese verschiedenen Einsichten können auch dazu führen, dass sich verschiedene *Optionen oder Lösungen* für strategische Probleme auftun.
- Ganz deutlich werden dadurch außerdem *Beschränkungen und mögliche Gefahren* des einen oder anderen Ansatzes.

Eine Strategie aus verschiedenen Perspektiven zu betrachten, bietet also nicht nur konzeptionelle, sondern auch ganz praktische Vorteile.

Dieser Kommentar stützt sich auf die historisch entwickelten, unterschiedlichen Perspektiven zu Strategie und stellt vier Perspektiven dar, durch die man Strategie in Organisationen betrachten kann.

Sie lauten wie folgt:

- *Strategie als Gestaltung.* Dieser Ansatz geht davon aus, dass eine strategische Entwicklung ein logischer Prozess sein kann, in welchem die auf ein Unternehmen wirkenden Kräfte und Beschränkungen sorgfältig mithilfe analytischer und bewertender Techniken abgewogen werden, um dann eine klare strategische Richtung zu definieren und die Basis für eine sorgfältig geplante Strategieumsetzung zu schaffen. Diese Sichtweise bezüglich der Entwicklung einer Strategie und deren Management ist wohl allgemein am weitesten verbreitet.
- *Strategie als Erfahrung.* Hier wird davon ausgegangen, dass Strategien von Organisationen stark durch die Erfahrung ihrer Mitarbeiter (nicht zuletzt ihrer Manager) sowie durch Annahmen, die vorausgesetzt werden, und Handlungsweisen, die in der Unternehmenskultur von Organisationen fest verankert sind, beeinflusst werden. Diese Perspektive erklärt die Tendenz, warum sich Strategien nach und nach ausgehend von der Vergangenheit entwickeln und gleichzeitig so schwer zu verändern sind. Auch wird aufgezeigt, wie wichtig es ist, alles, was in Organisationen als gegeben hingenommen wird, zu verstehen und zu hinterfragen.
- *Strategie als Ideen.* Diese Sichtweise betont die Bedeutung von Vielfalt und Verschiedenheit in einer und rund um eine Organisation, denn daraus ergeben sich potenziell neue Ideen. Es wird davon ausgegangen, dass es beim strategischen Management darum geht, innerhalb einer Organisation eine Atmosphäre zu schaffen, die die Entwicklung neuer Ideen und deren Förderung begünstigt. Viel weniger Wert wird hingegen auf Planung von oben nach unten gelegt.
- *Strategie als Diskurs.* Diese Perspektive unterstreicht die Bedeutung strategischer Sprache als „Ressource" der Manager. Diese Sprache ist nicht nur die Basis für die Weiter-

gabe und Erklärung einer Strategie, sondern auf ihr basiert auch die Erlangung von Einfluss und Macht und die Schaffung von Legitimität und Identität für den Strategen.

Im Folgenden werden die vier Perspektiven noch genauer erklärt. Dabei werden verschiedene wichtige Dimensionen strategischen Managements angesprochen, unter anderem folgende:

- *Rationalität.* Das Ausmaß, in welchem die Entwicklung einer Strategie eine rationale Handlung des Managements ist. Die Gestaltungsperspektive geht natürlich davon aus, dass dies der Fall ist, doch die anderen Perspektiven stellen es in Frage.
- *Innovation und Wandel.* Das Ausmaß, in welchem strategisches Management innovative, sich am Wandel orientierende Organisationen entstehen lässt; oder umgekehrt, inwieweit vorhandene Strategien in der Vergangenheit verhaftet sind oder einfach gewohnte Handlungsweisen darstellen.
- *Legitimität.* Wie Strategie und die Beteiligung an strategischem Management den Menschen – zumeist Managern – eine Identität vermitteln, die ihnen Macht, Autorität und Einfluss in ihrem Unternehmen gewährt.

Die Perspektiven werden dann in Kommentaren dazu herangezogen (auf lila Seiten), um den Inhalt der wichtigsten Kapitel am Ende jedes Buchteils zu interpretieren und den Leser zu ermutigen, noch einmal über Sachverhalte nachzudenken, die in den vorangegangenen Kapiteln erwähnt wurden.

1.7.1 Strategie als Gestaltung

Gestaltungsperspektive

Die Gestaltungsperspektive sieht die Entwicklung von Strategien als einen logischen Prozess an, in dem die Kräfte und Beschränkungen, die auf eine Organisation wirken, analysiert und bewertet werden, um eine klare strategische Richtung festzulegen und die Grundlage für die Umsetzung der geplanten Strategie zu schaffen.

Die **Gestaltungsperspektive** stützt sich auf zwei wichtige Prinzipien. Das erste lautet, dass Manager Entscheidungsträger sind, die von ihrer Vernunft geleitet werden, oder dies zumindest sein sollten. Das zweite lautet, dass sie mit ihren Entscheidungen die wirtschaftliche Leistung ihrer Organisation verbessern sollten. Die meisten Manager würden diesen beiden Punkten zustimmen. Auch die Prinzipien der Volkswirtschaftslehre und die Grundlagen der Entscheidungslehre stützen und untermauern die Ansicht, dass dies der Hauptzweck strategischen Managements ist.

Rationales Denken und Entscheiden basiert auf der Berücksichtigung von Konsequenzen und kann daher als die „Vorwegnahme zukünftiger Auswirkungen möglicher Handlungen“[11] bezeichnet werden. Daraus ergibt sich, dass Manager Vor- und Nachteile verschiedener strategischer Optionen abwägen können sollten, ausgehend von Fakten, die sie über mögliche Ergebnisse ihrer Entscheidungen informieren. Es zeigen sich deutliche Parallelen zu Definitionen von Strategie, wie man sie in Lehrbüchern findet oder wie sie von Tutoren und auch Managern formuliert werden. Im Detail unterstützen die nun folgenden Annahmen die Ansicht von Strategie als Gestaltung. Zunächst geht es darum, *wie strategische Entscheidungen getroffen werden:*

- *Systematische Analyse.* Obwohl die Leistung einer Organisation auf vielerlei Weise beeinflusst wird, kann eine sorgfältige Analyse die wichtigsten Einflussfaktoren herausfiltern. Es kann sogar möglich sein, Szenarien vorherzusagen oder zu entwerfen, die zukünftige Auswirkungen aufzeigen, sodass Manager die Bedingungen erkennen und bedenken können, unter denen ihre Organisation mit großer Wahrscheinlichkeit agieren wird.

11 Eine wertvolle Übersicht der Prinzipien der rationalen Entscheidungsfindung findet sich bei J.G. March, *A Primer on Decision Making: How Decisions Happen*, Simon & Schuster, 1994, Chapter 1, Limited Liability, 1–35.

- *Strategische Positionierung.* Diese Analyse dient als Basis für den Abgleich von Stärken und Ressourcen des Unternehmens mit Veränderungen des Umfelds, sodass man mögliche Chancen nutzen und Gefahren umgehen kann. Die Analysen von Michael Porter[12] Anfang der 1980er Jahre haben hier wohl den größten Einfluss hinterlassen (siehe *Kapitel 2*).
- *Analytisches Denken geht dem Handeln voraus und bestimmt es.* Das Entwickeln einer Strategie wird oft als linearer Prozess gesehen. Zunächst wird entschieden, wie eine Strategie inhaltlich aussehen soll, dann wird diese durch das gesamte Unternehmen hindurch geleitet und an diejenigen weitergegeben, die entsprechend handeln müssen. Entscheidungen über die Strategie werden getrennt von ihrer Durchführung getroffen und gehen dieser voraus.
- Es gibt klare und eindeutig formulierte *Ziele*, auf deren Basis *Optionen bewertet werden.* Setzt man eine gründliche Analyse der internen und externen Faktoren einer Organisation voraus, in der die Manager über die strategische Position ihrer Organisation informiert werden, so werden im Anschluss daran eine ganze Reihe Optionen zukünftiger, strategischer Entscheidungen bedacht und bewertet, ausgehend von den in der Analyse festgelegten Zielen. Nachdem die besten Optionen ausgewählt sind, werden entsprechende Entscheidungen getroffen.

Die Gestaltungsperspektive stellt auch Annahmen über die *Form und das Wesen von Organisationen* auf:

- *Organisationen sind Hierarchien.* Es liegt in der Verantwortung des Top Managements, das Schicksal seiner Organisation zu planen. Das Top Management trifft wichtige Entscheidungen, die von den unteren Führungsebenen oder auch anderen Mitarbeitern ausgeführt werden, die so die von oben kommende Strategie umsetzen.
- *Organisation sind rationale Systeme.* Da man die Komplexität, der sich Organisationen gegenüber sehen, analytisch derart verstehen kann, dass logische Schlussfolgerungen erlangt werden, so lautet die damit einhergehende Annahme, dass die Mitarbeiter einer Organisation diese Logik übernehmen und akzeptieren. Das System kann auch rational kontrolliert werden. Kontrollsysteme (wie etwa Budgets, Zielvereinbarungen, Beurteilungen) liefern die Mittel, über die das Management genau ermessen kann, ob andere Mitarbeiter die von ihnen erwartete Leistung bringen und sich gemäß der Strategie verhalten, sodass Manager auf höhere Ebenen der Hierarchie gegebenenfalls korrigierend eingreifen können.
- *Organisationen sind Mechanismen*, durch welche Strategien effektiv umgesetzt werden können. Sie funktionieren ebenso wie konstruierte Systeme, zum Beispiel Maschinen. Die Art und Weise, wie eine Organisation strukturiert ist und überwacht wird (siehe *Kapitel 12*), muss demnach zu ihrer Strategie passen. Es muss interne Mechanismen geben, die sicherstellen, dass eine Strategie tatsächlich rational und emotionslos betrachtet und bewertet wird. So geht es bei Problemen der Unternehmensführung meist um Eigeninteressen und Fehlhandlungen von Führungskräften. Die Maßnahmen zur Eindämmung solcher Probleme konzentrieren sich jedoch häufig auf strukturierte Lösungen, wie etwa die Einsetzung von Überwachungskommissionen oder die Struktur von Aufsichtsräten aussehen sollten. Es wird davon ausgegangen, dass Strukturen das Verhalten beeinflussen und dies auch tun sollten.

12 Siehe M.E. Porter, *Competitive Strategy*, Free Press/Collier Macmillan, 1980, und *Competitive Advantage*, Free Press/Collier Macmillan, 1985.

Auswirkungen für das Management

Manager lassen oft verlauten, dass sich Strategien in ihrer Organisation genauso entwickeln, wie sie sich gemäß den Ansichten der Gestaltungsperspektive auch entwickeln sollten. Manager schätzen diese Ansicht sehr. Dafür gibt es wohl sechs Gründe:

- *Der Umgang mit Komplexität und Unsicherheit.* Mittels der Gestaltungsperspektive kann man mit komplexen und unsicheren Sachverhalten auf rationale, logische und strukturierte Weise umgehen und darüber sprechen. Es gibt sogar *Konzepte, Instrumente und Techniken* die den Managern beim Umgang mit diesen Themen helfen.
- Wichtige *Interessengruppen könnten einen solchen Ansatz erwarten und ihn schätzen,* etwa Banken, Analysten, Investoren und Mitarbeiter – deshalb ist dieser Ansatz ein wichtiges Mittel, um ihre Unterstützung und ihr Vertrauen zu gewinnen.
- *Macht und Legitimität für das Management.* Manager, ganz besonders Vorstandsvorsitzende, müssen sich komplexen Situationen voller Herausforderungen stellen. Die Annahmen, Instrumente und Techniken des Gestaltungsansatzes geben ihnen die Möglichkeit, sich diesen Situationen gewachsen zu fühlen und sie auch zu meistern.
- Rationalität ist in unserem Denken und unseren Bildungssystemen *tief verwurzelt.* So gesehen ist die Gestaltungsperspektive ein Teil unserer menschlichen Psyche. Selbst wenn Manager beispielsweise zugeben, dass eine Strategie nicht wirklich so entwickelt wurde, wie dies die Gestaltungsperspektive vorsieht, so denken sie doch oft, dass dies der Fall hätte sein sollen.
- Eine *rationale Welt.* Es scheint immer mehr Beweise für eine allumfassende Rationalität unserer Welt zu geben. Wir leben im Zeitalter von Computertechnologie, globaler Kommunikation, Weltraumforschung, medizinischem Fortschritt, etc. – in einer Welt also, in der wir scheinbar umgeben sind von vernünftigen Lösungen für unsere Probleme, welche uns gleichzeitig so viele Vorteile bieten.
- Die *Sprache der Strategie.* In vielerlei Hinsicht ist die Gestaltungsperspektive, besonders durch ihre Betonung von Analyse und Kontrolle, der orthodoxe Ansatz für strategische Entwicklung. Über sie wird am meisten geschrieben, sie wird häufig gelehrt und von Managern zur Vermittlung ihrer Strategien in Organisationen herangezogen. Die entsprechende Terminologie zu beherrschen, ist also in jedem Fall sinnvoll (siehe Diskursperspektive unten).

Manager, die ihrer Rolle in dieser Weise sehen, sind meist sehr analytische Denker und gelten als glaubwürdige, einflussreiche (und daher legitimierte) Strategen, wie Abbildung rechts zeigt. Damit verbunden ist die Annahme, dass Wandel und Innovation mittels solcher rationaler und mechanischer Ansätze erreicht werden kann. Die Abbildung zeigt aber, dass dies nicht ganz so klar ist.

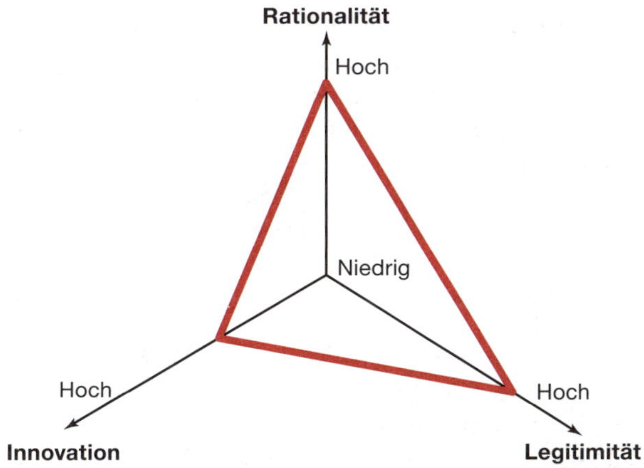

Abbildung 1.5: Designperspektive

Zusammenfassend kann man sagen, dass die Gestaltungsperspektive für *Entwicklung und Planung von Strategien* sinnvoll ist. Auch können sich Manager dadurch eine Position als *glaubwürdige Strategen* sichern. Es ist jedoch fragwürdig, ob dies eine genaue und ausreichende Darstellung strategischen Managements ist. Dieses Buch vertritt die Ansicht, dass die Gestaltungsperspektive zwar tatsächlich sinnvoll, aber nicht ausreichend ist. Andere Perspektiven liefern ein vollständigeres Bild von strategischem Management in der Praxis und gewähren Einblicke in die Art und Weise, wie strategisches Management durchgeführt werden kann.

1.7.2 Strategie als Erfahrung

Ein Großteil der Forschungsergebnisse über die eigentliche Entwicklung von Strategien vermittelt ein anderes Bild als die Gestaltungsperspektive es bietet. Schon in den 1950er Jahren wiesen Herbert Simon und Charles Lindblom[13] darauf hin, dass rationale Modelle zur Entscheidungsfindung unrealistisch seien. Denn sie reichen nicht aus, um alle nötigen Informationen für eine umfassende Analyse zu erhalten. So ist es zum Beispiel nicht möglich, eine unsichere Zukunft vorherzusagen; es ergeben sich Einschränkungen bezüglich Kosten- und Zeitaufwand für das Verständnis einer solchen Analyse. Organisationen und ihr Umfeld verändern sich ständig, daher können Manager auch zu keinem Zeitpunkt wirklich langfristig geltende Entscheidungen treffen. Auch den Managern sind psychologische Grenzen gesetzt, d.h. man kann nicht von ihnen erwarten, die Konsequenzen aller verfügbaren Optionen abwägen zu können oder immer der objektive Analyst zu sein, den ein solch rationaler Ansatz voraussetzt – ein Aspekt, der unten nochmals im Detail aufgegriffen wird. Das bestmögliche Ergebnis ist eine – wie Simon sie nennt – „begrenzte Rationalität", d.h. Manager entwickeln keine optimalen, sondern zufriedenstellende Problemlösungen: Sie geben ihr Bestes innerhalb ihrer eigenen Grenzen, ihres Wissens und ihrer Erfahrung. Die **Erfahrungsperspektive** betont den Einfluss der *individuellen und kollektiven Erfahrungen von Menschen auf die Strategie und die Bedeutung der Annahmen, die sie als gegeben hinnehmen.*

Erfahrungsperspektive

Die Erfahrungsperspektive sieht strategische Entwicklung als Ergebnis individueller und kollektiver Erfahrungen einzelner und der Annahmen an, die sie als unhinterfragt gegeben hinnehmen.

13 Siehe H.A. Simon, *The New Science of Management Decision*, Prentice Hall, 1960, und C.E. Lindblom, 'The science of muddling through', *Public Administration Review*, vol. 19 (1959), S. 79–88.

Individuelle Erfahrungen und Voreingenommenheit

Menschen funktionieren nicht zuletzt deswegen effektiv, weil sie die kognitive Fähigkeit besitzen, Probleme und Sachverhalte, die ihnen begegnen, zu verstehen. Basierend auf zurückliegenden Erfahrungen und dem Wissen, das sie bisher über die Welt erlangt haben, erkennen sie diese Probleme und Sachverhalte und erfassen ihren Sinn. Formeller ausgedrückt kann die individuelle Erfahrung mittels der mentalen (oder kognitiven) Modelle erklärt werden, die die Menschen im Laufe der Zeit entwerfen, um ihre jeweiligen Lebenssituationen besser verstehen zu können. Manager bilden diesbezüglich keine Ausnahme. Sehen sie sich einem Problem gegenüber, nehmen sie sich ein mentales Modell zu Hilfe, das sie aufgrund ihrer Erfahrungen entwickelt haben, um dieses Problem zu verstehen und zu analysieren. Diese Vorgehensweise hat große Vorteile. So können Manager ihre Probleme zu vorangegangenen Ereignissen in Bezug setzen und haben dadurch konkrete Vergleichsmöglichkeiten. Sie können einen Sachverhalt mithilfe eines anderen interpretieren. Das gibt ihnen die Basis, auf persönlichen Erfahrungen aufbauend ihre Entscheidungen zu treffen. Ohne solche mentale Modelle könnten sie nicht effektiv funktionieren; sie würden jeder Situation so begegnen, als erlebten sie sie zum allerersten Mal.

Es gibt jedoch auch Nachteile. Mentale Modelle vereinfachen viele Komplexitäten. Zudem verfügen Manager in ihren Entscheidungen und Handlungen nicht über „perfektes Wissen". Daher ist es wichtig, die Auswirkungen solcher *Vereinfachungsprozesse* zu verstehen. Selbst ein Manager, der ein umfassendes Verständnis seines Umfeldes besitzt, kann mit diesen Einsichten nicht jede einzelne Situation lösen oder Entscheidung treffen, sondern er wird nur einen Teil seines Wissens nutzen[14]. Dies nennt man *selektive Aufmerksamkeit*. Das heißt, er wählt aus dem Gesamtverständnis diejenigen Wissensbereiche aus, die ihm relevant erscheinen. Manager verwenden auch *Beispiele und Prototypen*. So werden etwa Konkurrenten oft als Prototypen angesehen. Die Führungskräfte einzelner Fernsehsender sahen beispielsweise nach und nach andere Fernsehsender – selbst Sender mit ganz speziellem Programm – als ihre Konkurrenten an. Deswegen war es für sie ganz klar, dass die Einführung der Satellitenübertragung neue Konkurrenz bringen würde, denn dadurch entstanden ja neue Fernsehsender. Sie erkannten jedoch nicht, dass sich das Internet und Internet-Video-Portale wie YouTube zu einer Alternative zum Fernsehen entwickeln würden. Es besteht außerdem die Gefahr, dass die größten „Informationsbrocken", die am häufigsten genutzt werden, nach und nach zu den einzigen genutzten Informationen werden, sodass schließlich Anregungen aus dem Umfeld herausgepickt werden, die diese weit verbreitete Wahrnehmung der Realität bestätigen. Informationen, die mit der Ansicht, dass andere Fernsehsender Konkurrenz bedeuten, übereinstimmen, werden akzeptiert, während Informationen, die dies widerlegen, ignoriert werden. Manchmal können solche Verzerrungen zu schweren Irrtümern führen, denn Manager können wichtige Indikatoren übersehen, da sie ihr Umfeld nach Tatsachen und Beweisen absuchen, die ihnen vertraut und für sie leicht erkennbar sind.[15]

14 Für eine Übersicht dieser Punkte siehe die Einführung zu J. Dutton, E. Walton und E. Abrahamson, 'Important dimensions of strategic issues: separating the wheat from the chaff', *Journal of Management Studies*, vol. 26, no. 4 (1989), 380–395.

15 Siehe A. Tversky und D. Kahnemann, 'Judgements under uncertainty: heuristics and biases', *Science*, vol. 185 (1975), 1124–1131.

Manager sehen in ihrem Umfeld einerseits häufiger Bedrohungen als Chancen sehen[16], überzeichnen und überschätzen andererseits oftmals vorhandene Vorteile[17]. Dies wird „Attributionsfehler" genannt. Dazu kommt es etwa bei Investitionsentscheidungen, bei Vorhersagen über den Ausgang riskanter Projekte oder über ihren Einfluss (oder den Einfluss ihrer Organisation) auf bestimmte Ereignisse. Auch lassen sie oft den Faktor Glück außer Acht, überbewerten die Fähigkeiten ihrer eigenen Organisation und unterschätzen gleichzeitig das Potenzial der Konkurrenz. Genau wie wir alle, so versuchen auch Manager, neue Sachverhalte vor dem Hintergrund vergangener Erfahrungen zu analysieren und zu verstehen. Sind also strategische Entscheidungen zu treffen, neigen sie dazu, ein aktuelles Problem in ganz ähnlicher Weise zu lösen, wie sie ein Problem aus der Vergangenheit gelöst haben, das ihnen ähnlich erschien. Zudem suchen sie nach Beweisen, die diese Neigung unterstützen.

Zusammenfassend gibt es drei wichtige Punkte festzuhalten:

- *Kognitive Voreingenommenheit ist unumgänglich.* Die Interpretation von Ereignissen und Sachverhalten anhand vorangegangener Erfahrungen ergibt sich zwangsläufig. Die Vorstellung, dass Manager an strategische Probleme und Sachverhalte völlig neutral und objektiv herangehen, ist unrealistisch.
- *Meist wird die Zukunft basierend auf der Vergangenheit erklärt.* Diese Interpretation und die damit verbundene Voreingenommenheit ergeben sich aus persönlichen Erfahrungen. Dabei stützt man sich nicht zuletzt darauf, was in der Vergangenheit funktioniert hat und was nicht. Dies ist eine Erklärung dafür, warum sich Strategien meist nach und nach ausgehend von bereits bestehenden Strategien entwickeln (siehe *Abschnitt 5.2.1*).
- Trotz allem *verleiht Erfahrung meist Legitimität und Macht.* Manager, die über viel Erfahrung verfügen, werden oft als Experten angesehen oder haben beträchtlichen Einfluss in ihrer Organisation.

Heute gibt es zahlreiche Forschungsergebnisse, die die von Organisationen gewählten Strategien und auch strategisches Management vor diesem kognitiven Hintergrund sehen. Dieser Ansatz wird beispielsweise von Gerard Hodgkinson und Paul Sparrow[18] noch genauer erklärt.

Manager handeln aber nicht nur als reine Individuen, sondern arbeiten und interagieren mit anderen in ihren Organisationen; und auch auf diesem kollektiven Niveau sind ähnliche Tendenzen zu erwarten.

Kollektive Erfahrung und Organisationsstruktur

Hinsichtlich der Bedeutung eines Sachverhalts geht es nicht allein um individuelle Erkenntnis, sondern der kollektive Aspekt ist ebenfalls von Bedeutung. In diesem Zusammenhang sind kulturelle Einflüsse besonders wichtig. So definierte der Anthropologe

16 Siehe J.E. Dutton und S.E. Jackson, 'Categorizing strategic issues: links to organizational action', *Academy of Management Review*, vol. 12 (1987), 76–90. Auch M.H. Anderson und M.L. Nicols, 'Information gathering and changes in threat and opportunity perceptions', *Journal of Management Studies*, vol. 44, no. 3 (2007), 367–387.

17 Siehe D. Lovallo und D. Kahneman, 'Delusions of success', *Harvard Business Review*, vol. 81, no. 7 (2003), 56–64.

18 Für eine genaue Erklärung der Bedeutung psychologischer Prozesse bei Strategien siehe *G.P. Hodgkinson* und P.R. Sparrow, *The Competent Organization*, Open University Press, 2002.

Clifford Geertz den Begriff Kultur als „sozial etablierte Strukturen der Bedeutung."[19] Mats Alvesson, der über Organisationskultur geschrieben hat, stimmt dieser Ansicht zu.[20] Wie Menschen – auch Manager – mit Problemen umgehen und auf sie reagieren, basiert auf ihrer Kultur. Ein zentraler Punkt dieses Kulturkonzepts ist die Bedeutung all dessen (d.h. aller Annahmen, Handlungen oder Praktiken), was man als gegeben hinnimmt („so läuft das hier nun mal"). Im täglichen Leben gibt es beispielsweise Annahmen über die Rolle der Familie. Diese Annahmen und die damit verbundenen Verhaltensweisen unterscheiden sich jedoch von Land zu Land ganz erheblich. Innerhalb einer Organisation könnte ein ähnliches Beispiel etwa die unterschiedlichen Annahmen über die Rolle des Top Managers in westlich geprägten Unternehmen im Vergleich zu japanischen Unternehmen sowie die damit verbundenen Verhaltensweisen sein. Diese kulturellen Aspekte, die als gegeben akzeptiert werden, existieren darüber hinaus auf verschiedenen Ebenen. Beispielsweise gibt es sie innerhalb einer Managementfunktion wie Marketing oder Finanzwesen, innerhalb einer organisatorischen Einheit, oder umfassender betrachtet innerhalb einer Berufsgruppe wie etwa den Buchhaltern, innerhalb einer Branche und sogar innerhalb einer nationalen Kultur. Die Verbindungen zwischen Kultur und Strategie sind also sehr wichtig. In *Kapitel 5* wird auf dieses Thema näher eingegangen, doch auch die Kommentare in diesem Buch befassen sich damit.

Auswirkungen für das Management

Durch die Erfahrungsperspektive betrachtet entwickeln sich Strategien, weil Manager ihre eigenen Erfahrungen zu den strategischen Problemen, die ihnen begegnen, in Beziehung setzen. Das hat vier wichtige Auswirkungen:

- Basierend auf verschiedenen Interpretationen von Ereignissen aufgrund eigener Erfahrungen könnten sich *Verhandlungen* zwischen Managern ergeben. Dies ist umso wahrscheinlicher, da sich der persönliche Ruf und das Ansehen eines Managers oft zum Teil auf diese Erfahrungen stützen. Diese Perspektive taucht in Diskussionen über Strategieentwicklung als politischer Prozess erneut auf (*Kapitel 4* und *14*).
- Es besteht die Gefahr einer *strategischen Drift*, wenn sich Manager zu sehr auf eigene Erfahrungen oder die Erfahrungen ihrer Kollegen verlassen. Unter solchen Umständen weicht die Strategie einer Organisation allmählich immer weiter von den Realitäten ihres Umfelds ab und entwickelt sich hin zu einer intern festgelegten Sichtweise der Welt. Dies kann zu schweren Leistungseinbrüchen und möglicherweise sogar zum Niedergang einer Organisation führen (siehe *Abschnitt 5.2*).
- *Strategischer Wandel und Innovation bringen meist Probleme mit sich*. Man sollte nicht davon ausgehen, dass allein die Entwicklung eines strategischen Plans, der die Logik einer strategischen Richtung bestimmt, Dinge ändert, die als gegeben hingenommen werden. Die Ansicht, dass eine vernünftige Argumentation zwangsläufig tief verwurzelte Annahmen oder Gewohnheiten verändert, ist nicht zutreffend. Der Leser denke hier nur an seine eigenen Erfahrungen mit Versuchen, andere dazu zu überreden, ihre Einstellung zu Religion oder ihre Anhängerschaft an bestimmte Mannschaften im Sport zu überdenken.
- Beim strategischen Management kann es daher von großer Bedeutung sein, sich Erfahrungen und Annahmen, die man als gegeben akzeptiert hat, bewusst zu machen,

19 Siehe C. Geertz, *The Interpretation of Culture*, Basic Books, 1973, S. 12.
20 Siehe M. Alvesson, *Understanding Organizational Culture*, Sage, 2002, S. 3.

diese *zu hinterfragen und kritisch zu betrachten.* Zu diesem Zweck können strategische Instrumente und Techniken eingesetzt werden; doch diese Entwicklung kann auch als Teil des politischen Prozesses einer Organisation gesehen werden.

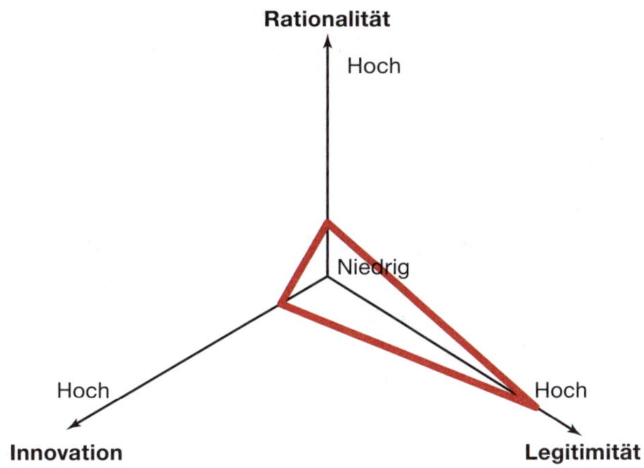

Abbildung 1.6: Erfahrungsperspektive

Die Abbildung oben fasst diesen Punkt in Verbindung mit den drei Dimensionen der Strategie nochmals zusammen. Die Erfahrungsperspektive geht davon aus, dass es viel schwieriger ist, einen strategischen Wandel zu erreichen, als dies die Gestaltungsperspektive nahe legt. Der Schwerpunkt liegt nicht auf der Rationalität, d.h. auf dem sorgfältigen Abwägen aller Optionen auf der Suche nach optimalen Lösungen, sondern vielmehr auf den individuellen und kollektiven Erfahrungen der beteiligten Menschen. Mitarbeiter können jedoch die Erfahrung ihrer Manager als relevant und wichtig ansehen, was diesen wiederum Legitimität verleiht.

1.7.3 Strategie als Ideen

Die beiden oben beschriebenen Perspektiven liefern keine ausreichende Erklärung dafür, wie sich Innovationen und neue Ideen entwickeln. Die Erfahrungsperspektive betont vielmehr die Tendenz einer Organisation, bei Problemen immer wieder die gleichen Wege einzuschlagen. Vom Begriff her könnte der Gestaltungsansatz Innovationen fördern, er neigt jedoch vielmehr dazu, Kontrollen zu betonen, die wiederum eher Konformität als Innovation zur Folge haben. Wie kommt es nun aber zu innovativen Strategien, Prozessen und Produkten? Und wie schaffen es Organisationen, die in einem sich schnell verändernden Umfeld agieren, das von kurzfristigen Entscheidungen geprägt ist, wie etwa im High Tech-Sektor oder in der Modebranche, Innovationen und Veränderungen mit der nötigen Geschwindigkeit umzusetzen?

Ideenperspektive

Die Ideenperspektive betrachtet Strategie als Ergebnis des Aufkommens von Ideen, die aus der Vielfalt und Unterschiedlichkeit innerhalb und außerhalb einer Organisation gespeist werden.

Die **Ideenperspektive** baut auf der Komplexitätstheorie[21] und der Evolutionstheorie[22] auf, die, wie Shona Brown und Kathy Eisenhardt[23] gezeigt haben, sehr hilfreich für die Erklärung der Ursprünge von und der Bedingungen für Innovationen sein können. Die Grundpfeiler der Evolutionstheorie – Variation, Selektion und Retention – gewähren Einsichten in die Bedeutung des organisatorischen Kontexts für die Entstehung neuer Ideen sowie Einsichten darüber, wie Manager diesen Kontext mitgestalten können. Der Schwerpunkt der Komplexitätstheorie, der sich damit befasst, wie Systeme in nicht linearer Weise mit Unsicherheiten umgehen, vertieft dieses Verständnis zusätzlich. Durch die Ideenperspektive betrachtet, verliert die Entwicklung von Strategien und Ausrichtungen von Organisationen, die von oben nach unten weitergegeben werden, an Bedeutung. Dieser Ansatz geht vielmehr davon aus, dass sich Strategien aus Ideen entwickeln, die sich aus der Vielfalt und Verschiedenheit in und rund um die Organisation ergeben.

Die Bedeutung der Vielfalt

Neue Ideen entstehen aus Vielfalt und Verschiedenheit, während Uniformität wenig neue Ideen hervorbringt. Uniformität entspricht im Allgemeinen nicht der Norm, gleichgültig, ob es um verschiedene Arten wie etwa in der Natur, um Menschen in einer Gesellschaft oder auch um Ideen in einer Organisation geht[24] – es herrscht vielmehr *Vielfalt*. Das Umfeld verändert sich ständig, es gibt verschiedene Geschäftsbereiche, Gruppen und Individuen mit ihren jeweiligen vielfältigen Ideen und Erfahrungen, und es gibt Abweichungen von Norm und Routine[25]. Die Evolution liefert eine Erklärung dafür, wie ein lebendes System, also auch eine Organisation, sich durch natürliche Selektion aus solchen Variationen entwickelt.

Die Wahrscheinlichkeit für Variationen ist dort am größten, wo sich das Umfeld am schnellsten verändert. So zeigte sich die schnelle Entwicklung neuer Arten von Viren erst, als die moderne Medizin soweit war, diese zu bekämpfen. Auch zu einer Organisation ergeben sich Parallelen. Organisationen in Branchen, die sich schnell entwickeln und verändern, sind meist innovativer als solche in ausgereiften konzentrierten Branchen[26], denn unter dynamischen Bedingungen entstehen mehr verschiedenartige Ideen. Betrachten wir als Beispiel die Mikroelektronikbranche. Sie verändert sich sehr schnell. Dadurch entstanden in der Vergangenheit viele verschiedene Betriebe und

21 Für eine umfassendere Abhandlung der Komplexitätstheorie in Verbindung mit Strategie siehe R.D. Stacey, Strategic *Management and Organisational Dynamics: The Challenge of Complexity, 3rd edition, PearsonEducation, 2000.*

22 Für eine systematische Abhandlung der Auswirkungen der evolutionären Theorie auf das Management siehe H. *Aldrich, Organizations Evolving, Sage, 1999.*

23 Siehe S.L. Brown and K.M. Eisenhardt, *Competing on the Edge*, Harvard Business School Press, 1998.

24 Eine hervorragende Abhandlung über die Entwicklung von Ideen (oder wie der Autor es nennt, „Meme“ und ihre Beziehung zu Organisation findet sich bei J. Weeks und C. Galunic, ‘A theory of the cultural evolution of the firm: the intra-organizational ecology of memes’, Organization Studies, vol. 24, no. 8 (2003), 1309–1352.

25 M.S. Feldman und B.T. Pentland, ‘Reconceptualizing organizational routines as a source of flexibility and change’, Administrative Science Quarterly, vol. 48, (2003), 94–118 zeigen, wie „leistungsorientierte“ Abweichungen von standardisierten (sie nennen sie scheinbare) Routinen Variation schaffen kann, die wiederum für organisatorischen Wandel sorgen kann.

26 Siehe Z.J. Acs und D.B. Audretsch, ‘Innovation in large and small firms – an empirical analysis’, American Economic Review, vol. 78, September (1988), 678–690.

Geschäfte, vom Hardware-Hersteller, über Software-Anbieter bis hin zu Unternehmen, die Anwendungen für diese Technologien entwickeln. Auch innerhalb der Organisationen entstehen neue Ideen, denn die Menschen interpretieren Chancen und mögliche Anwendungen verschieden.

Ein Großteil dieser Variationen ergibt sich auf ganz natürliche Weise und entzieht sich so der Kontrolle des Managers. Da aber eine Organisation überall ihr Umfeld untersucht und wahrnimmt, entwickeln sich neue Ideen mit großer Wahrscheinlichkeit auf den unteren Ebenen einer Organisation und nicht nur in den Führungsebenen[27]. Solche Ideen sind nicht immer wohl formuliert und basieren auch oftmals auf kaum fundierten Informationen. Zudem können sie, zumindest auf individueller Ebene, sehr verschieden sein. Bill McElvey bezeichnet dies als „gestreute Intelligenz" einer Organisation.[28] Innovationen ergeben sich in großen Organisationen oft außerhalb ihrer Grenzen und kommen beispielsweise von kleineren Unternehmen.[29]

Die Mitarbeiter einer Organisation streben vielleicht danach, eine solche Vielfalt hervorzubringen. Einige Möglichkeiten, wie sie dies erreichen können, sind im Folgenden aufgeführt. Allerdings sind Variationen nicht immer beabsichtigt. In der Natur entstehen Veränderungen und Neuerungen beispielsweise aufgrund von *Unzulänglichkeiten* – etwa der Mutation eines Gens –, die die Basis für einen „gesünderen" Organismus in einem sich verändernden Umfeld darstellen können. In Organisationen werden Ideen oft unvollständig vervielfältigt und zwischen Einzelpersonen, Gruppen oder anderen Organisationen ausgetauscht. Dies kann ebenfalls zu Innovationen führen, die für ein sich wandelndes Umfeld besser geeignet sind. Die Idee eines Chemikers könnte zum Beispiel von einem Marketing-Manager wieder aufgegriffen, aber völlig anders interpretiert werden. Manager einer Organisation könnten die Strategie einer anderen Organisation kopieren wollen, treffen aber doch nicht alle Entscheidungen in genau der gleichen Weise. Einige dieser unvollständigen Kopien schlagen fehl, andere wiederum sind sehr erfolgreich. Ein berühmtes Beispiel dafür sind Post-***Its***, die selbst klebenden Notizzettel. Sie entstanden aus einem „fehlerhaften" Kleber, der auf Papier aufgebracht wurde. Dann entdeckte man, dass er nur auf einer Seite klebte, und erkannte das vorhandene Marktpotenzial. Auch in einem Unternehmensumfeld kann es Überraschungen und unvorhersehbare Umstände geben, beispielsweise unerwartete Fähigkeiten oder Ansichten, die neue Amtsträger mitbringen oder unbeabsichtigte Konsequenzen aufgrund von Managementinitiativen.

Komplexitätstheoretiker weisen auch auf die Tatsache hin, dass all dies erheblich von der grundlegend linearen Ansicht der Gestaltungsperspektive abweicht. Sie sprechen

---

27 Siehe G. Johnson und A.S. Huff, 'Everyday innovation/everyday strategy', in G. Hamel, G.K. Prahalad, H. Thomas und D. O'Neal (eds), *Strategic Flexibility – Managing in a Turbulent Environment*, Wiley, 1998, 13–27. Patrick Regner zeigt, wie sich neue strategische Ausrichtungen aus der Peripherie von Organisationen entwickeln können angesichts einer Opposition aus dem Zentrum; siehe *'Strategy creation in the periphery: inductive versus deductive strategy making', Journal of Management Studies, vol. 40, no. 1 (2003), 57–82.*

28 Bill McKelvey, ein Vertreter der Komplexitätstheorie, argumentiert, dass sich innerhalb dieser verteilten Intelligenz mehr Variationen ergeben, denn individuelle Manager möchten mehr Informationen über ihr Umfeld erlangen; siehe *B. McKelvey, 'Simple rules for improving corporate IQ: basic lessons from complexity science', in P. Andriani und G. Passiante (eds), Complexity, Theory and the Management of Networks,* Imperial College Press, 2004.

29 Siehe *E. von Hippel, The Sources of Innovation, Oxford University Press, 1988.*

von „Nicht-Linearität“ und zeigen, wie unter solchen Umständen scheinbar unbedeutende Ereignisse zu wichtigen Ergebnissen führen können.

Natürlich verfügen Organisationen zwar potenziell über große Vielfalt, doch kann diese absichtlich oder unabsichtlich unterdrückt werden. Die mentalen Modelle und die Unternehmenskultur können Ideen herausfiltern, die „nicht passen.“ Auch durch formale Kontrollprozesse, durch Planung und Beurteilungen wird reguliert, ob eine Idee Zukunft hat oder nicht. Das Eigeninteresse einflussreicher Manager könnte Ideen blockieren, die nicht von ihnen selbst stammen. Der Druck der Konformität könnte also so manche potenzielle Neuerung verhindern. Daher ist es besonders wichtig, ein ausgewogenes Gleichgewicht herzustellen zwischen ausreichender Kontrolle einerseits, aber auch einer Atmosphäre, die neue Ideen zulässt andererseits.

Selektion und Retention

Die Gestaltungsperspektive geht davon aus, dass die Auswahl einer Strategie bewusst erfolgt, um Ergebnisse zu optimieren. So soll etwa ein Wettbewerbsvorteil zu größeren Gewinnen führen. Es wird zwar nicht abgestritten, dass es auch hier zu bewussten Handlungen von Managern kommt, doch gehen sowohl die Ideenperspektive als auch die Evolutionstheorie davon aus, dass die Selektion „blind“ erfolgt[30], sodass Ergebnisse nicht im Voraus bekannt sind. Manager können zwar bewerten und auswählen, doch die Strategien, die sich letztendlich entwickeln, sind ebenso sehr das Ergebnis anderer Selektions- und Retentionsprozesse wie folgende:

- *Funktionaler Vorteil.* Eine Idee kann die Bedürfnisse der Umwelt und der Märkte erfüllen. Doch sind uns viele dieser Bedürfnisse (vom Klimawandel bis hin zu den Reaktionen der Konkurrenz) nur teilweise bekannt. Allerdings kann es noch andere Funktionen geben, wie etwa das Handeln gemäß den *Interessen Einzelner* innerhalb einer Organisation, beispielsweise durch die Förderung von Karriereplänen.
- *Angleichung.* Die Wahrscheinlichkeit für den Erfolg einer Idee ist größer, wenn sie sich *anderen erfolgreichen Ideen angleicht*. So kann es zum Beispiel darum gehen, dass andere Organisationen bereits nach dieser Idee handeln oder sie besonders gut zu Kultur und Erfahrungen der Organisation passt.
- *Attraktivität.* Einige strategische Ideen sind von Natur aus mehr oder weniger attraktiv als andere.[31] So verbreiten sich etwa altruistische Ideen schnell und werden meist am häufigsten angenommen.[32] Darauf aufbauend betont die Komplexitätstheorie, wie wichtig ausreichende Unterstützung oder „positives Feedback“ sind, wobei einige Ideen dies leichter erreichen können als andere. So erhielt ein neues Produkt in einer wissenschaftlich tätigen Firma Unterstützung, weil es auf das Thema Umweltschutz einging. Die potenziellen Vorteile waren auch für Kollegen aus anderen Bereichen, für Freunde und Familien der Manager interessant. Die neue Produktidee setzte sich durch, obwohl es erhebliche Zweifel an ihrer kommerziellen Überlebensfähigkeit gab.

---

30 Das Konzept der blinden Selektion wird genauer im Kapitel über Evolutionstheorie von D. Barron im *Oxford Handbook of Strategy, ed. D. Faulkner und A. Campbell, Oxford University* Press, 2003 erklärt.

31 Siehe *Weeks und Galunic, Fußnote 14.*

32 Die Bedeutung von Altruismus und anderer Grundlagen für Attraktivität wird diskutiert von *Susan Blackmore in The Meme machine, Oxford University Press, 1999.*

- *Retention.* Zusätzlich zu den Selektionsprozessen existieren auch Retentionsprozesse. „Es kommt zu einer *Retention*, wenn ausgewählte Variationen bewahrt, vervielfältigt oder auf andere Weise reproduziert werden.“[33], sodass sie sich in Zukunft wiederholen. Ein wichtiger Faktor ist das Ausmaß, in dem eine Idee vervielfältigt und so bewahrt wird. Eine solche Bewahrung kann die Form eines formalen Prozesses annehmen (z.B. eine Stellenbeschreibung), sie kann aber auch durch Abrechnungs- und Kontrollsysteme, Informationssysteme des Managements, Training oder durch die Strukturierung einer Organisation erreicht werden. Bewahrung kann darüber hinaus durch formale oder informelle Standardisierung von Arbeitsabläufen und die damit verbundene Einführung von Routinehandlungen in einer Organisation erfolgen.

Die zentrale Aussage ist, dass Manager nicht in der Lage sind, die Zukunft vorherzusagen und auch nicht sagen oder kontrollieren können, was sie bringt. Dennoch haben internes und externes Umfeld einer Organisation einen wichtigen Einfluss darauf, welche neuen Ideen entstehen, ausgewählt und bewahrt werden.

Auswirkungen für das Management[34]

Eine wichtige Aussage der Ideenperspektive lautet, dass Manager nicht davon ausgehen dürfen, sie könnten die Entstehung und Akzeptanz neuer Ideen vollständig kontrollieren. Sie können neue Ideen und Innovationen jedoch sehr wohl fördern, indem sie ein *Umfeld schaffen*, in dem sich diese leicht entwickeln können. Zunächst müssen sie sich jedoch darüber im Klaren sein, wo die passenden *Grenzen* ihrer Organisation liegen:

- Je weiter die *Grenzen zwischen Organisationen und ihrem Umfeld* reduziert werden, um so eher entstehen Innovationen. Einige Unternehmen im High Tech-Bereich haben Schwierigkeiten damit, ihre Grenzen zu erkennen. Sie arbeiten als Netzwerke und sind mit ihrem Umfeld eng verbunden. Wenn sich das Umfeld verändert, verändern sich auch die Ideen innerhalb des Netzwerks. So sind etwa in der Formel Eins die verschiedenen Teams sehr eng mit der Autoindustrie und anderen Hochtechnologiebranchen verwoben. Aus dieser Netzwerkbildung ergibt sich, dass neue Ideen hier sehr schnell imitiert (oder verändert) werden. In Organisationen dagegen, in denen die Mitarbeiter von ihrer Umwelt isoliert arbeiten, weil sie sich beispielsweise auf althergebrachte Handlungsabläufe verlassen, wie etwa in der von starren Regeln beherrschten Bürokratie, werden weniger neue Ideen und Innovation entstehen.
- *Interaktion und Kooperation* innerhalb einer Organisation fördern Vielfalt und die Verbreitung von Ideen.[35] Hier kann es jedoch auch Grenzen geben. Zu viele Verbindungen könnten ein zu komplexes System entstehen lassen.[36] Es besteht auch die Gefahr, dass sich Organisationsstrukturen zu sehr etablieren, sodass die Beziehungen zwischen den beteiligten Personen zu vorhersehbar werden. Neue Ideen entstehen viel eher dort, wo es nur „lose Verbindungen“, basierend auf weniger

33 Siehe Aldrich, Fußnote 12, S. 30.

34 Siehe dazu einige Fußnoten oben. Insbesondere *Brown und Eisenhardt*, Fußnote 13, McKelvey, Fußnote 18 and Stacey, Fußnote 11.

35 Siehe M.S. Granovetter, 'The strength of weak ties', *American Journal of Sociology*, vol. 78, no. 6 (1973), 1360–1380.

36 Siehe McKelvey, Fußnote 18.

fest etablierten Beziehungen, gibt.[37] All dies könnte Erklärungen liefern, warum Manager sich oft so sehr bemühen, Organisationsstrukturen zu verändern, um das am besten geeignete Arbeitsumfeld zu finden (siehe *Kapitel 12*).

Zum zweiten müssen die richtigen Verhaltensweisen in einer Organisation gefördert werden, zum Beispiel:

Es ist wichtig, *Dinge zu hinterfragen und kritisch zu betrachten*. In vielen Organisationen gibt es bereits Prozesse und Abläufe, die neue Ideen fördern. So wechseln in großen Unternehmen Führungskräfte oft zwischen verschiedenen Geschäftsbereichen und Abteilungen hin und her, um dadurch gezielt neue Ideen zu fördern und etablierte Denkweisen in Frage zu stellen.

Abbildung 1.7: Adaptive Spannung

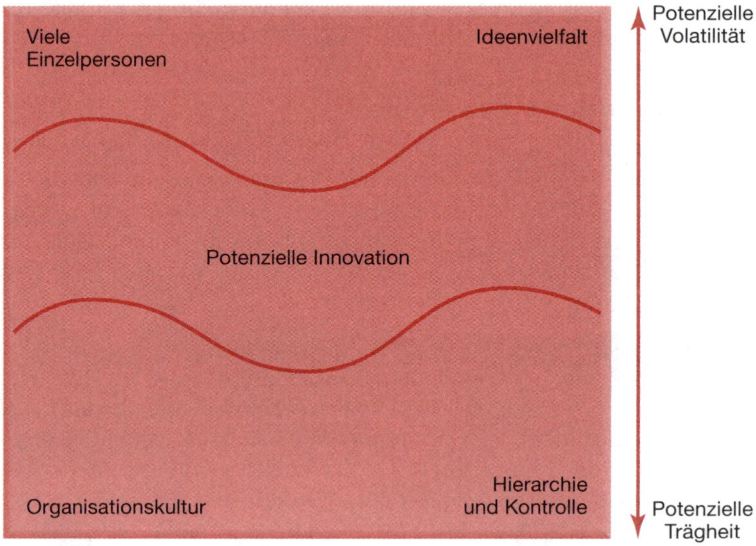

- *Experimente* sind wichtig. Diese können in verschiedener Form vorliegen. In einigen Organisationen gibt es formelle Anreizprogramme, die solche Experimente fördern sollen. In anderen sind sie bereits Teil der Unternehmenskultur. Bei Google können die Mitarbeiter beispielsweise 20 Prozent ihrer Arbeitszeit darauf verwenden, eigene Projekte zu bearbeiten. Auch durch strategische Experimente auf Unternehmensebene[38], wie etwa Allianzen oder Joint Ventures, können Organisationen mögliche strategische Entwicklungen testen und neue Ideen fördern, ohne sich zu sehr darauf festzulegen.
- *Adaptive Spannung.* Da übermäßige Kontrolle und strikte Hierarchien meist Konformität fördern und Vielfalt reduzieren, ist es sehr wichtig, Kontrollsysteme auf geeigneter Ebene einzusetzen. Einige Anhänger der Komplexitätstheorie gehen davon aus, dass sich Innovation und Kreativität entwickeln, wenn genügend Ord-

37 M.S. Granovetter, (1973) 'The strength of weak ties', *American journal of Sociology,* vol. 78, no. 6, 1360–1380.

38 Brown und Eisenhardt, Fußnote 13, erwähnen „Experimente mit geringem Kostenaufwand" als Mittel für Organisationen, dies zu realisieren.

nung herrscht, um den Dingen ihren Lauf zu lassen, ohne dass mögliche Innovationen von zu strikten Kontrollen unterbunden werden. Dies wird auch „adaptive Spannung“ oder „Edge of Chaos“ genannt.[39] Innovationen entstehen am häufigsten, wenn eine Organisation nie wirklich zur Ruhe kommt und ein stabiles Gleichgewicht erreicht, und wenn der Volatilität, die sich aus der vorhandenen Vielfalt ergibt, genügend Freiraum eingeräumt wird (siehe Abbildung rechts), ohne dass ein effektives Funktionieren der Organisation verhindert wird.

- *Regeln, die Ordnung schaffen.* Es bedarf nicht unbedingt umfassender Kontrollsysteme, um für eine Organisation ein System der Ordnung zu schaffen, in dem sie effizient arbeiten kann. Anhänger der Komplexitätstheorie sind der Meinung, dass sich geordnete Verhaltensmuster nur aus einigen wenigen, Ordnung gebenden Regeln entwickeln können. Richard Pascale gibt hierzu ein Beispiel aus der Zementindustrie in Mexiko: Bei Cemex gibt es keine strikt festgeschriebenen Zeitpläne mehr für die Auslieferung des Zements, denn man hat erkannt, dass die belieferten Bauprojekte sowieso nur in den seltensten Fällen genau im Zeitplan liegen:

Jeden Morgen belädt Cemex seine LKW-Flotte mit Zement und liefert ihn ohne eine vorgegebene Route aus. Der Trick besteht darin, wie die Fahrer ihre Runden machen. Wie Ameisen, die ihr Territorium reinigen, werden sie von ganz einfachen Regeln geleitet … Cemex setzt einen Algorithmus ein, der sich auf *Gier* (so viel Zement wie möglich so schnell wie möglich an so viele Kunden wie möglich ausliefern) und *Rückstoß* (Duplikationen vermeiden, indem der Abstand zu anderen Zementfahrern so groß wie möglich ist) stützt.[40]

- *Wiedererkennen von Mustern.* Ideen entwickeln sich innerhalb einer Organisation häufiger, wenn man sich auf das „Wiedererkennen von Mustern“ und nicht so sehr auf formale Analyse und Planung verlässt. Bei der Entwicklung von Strategien geht es mehr darum, vielversprechende Ideen erkennen zu können und zu beobachten, wie sie „funktionieren“ und „ins System passen“ (siehe oben). Dazu ist es sinnvoll, die Ergebnisse und Auswirkungen dieser Ideen genau unter die Lupe zu nehmen und die vielversprechendsten unter ihnen zu kohärenten Strategien zu formen. Manager müssen die dazu nötigen Kompetenzen entwickeln und dürfen sich nicht zu sehr auf formale Instrumente und Techniken verlassen, wie sie die Gestaltungsperspektive vorschlägt. Da außerdem neue Ideen meist nicht völlig durchdacht sind, wenn sie zum ersten Mal aufkommen – sie könnten sich ja sogar aus einer unzulänglichen Vervielfältigung ergeben haben – müssen Manager lernen, solche Unzulänglichkeiten zu akzeptieren und auch Fehlschläge zuzulassen, wenn sie wirkliche Innovationen erzielen wollen.

Die Ideenperspektive fördert das Verständnis darüber, woher innovative Strategien kommen und wie Organisationen mit einem dynamischen Umfeld umgehen. Dadurch verlieren automatisch die kontrollierende Stellung des Managers sowie seine Rationalität und Macht an Bedeutung. Daraus ergibt sich die Frage, ob ein Top Manager tatsächlich die strategische Ausrichtung seiner Organisation in dem Maße kontrollieren kann, wie dies die Gestaltungsperspektive nahe legt. In Abbildung I.iv wird dies nochmals zusammengefasst.

39 Dieser Begriff wird unter anderem von Brown und Eisenhardt, Fußnote 13, verwendet.

40 Siehe R.T. Pascale, M. Millermann und L. Gioja, *Surfing the Edge of Chaos: The Laws of Nature and the New Laws of Business*, Texere, 2000, 8–9.

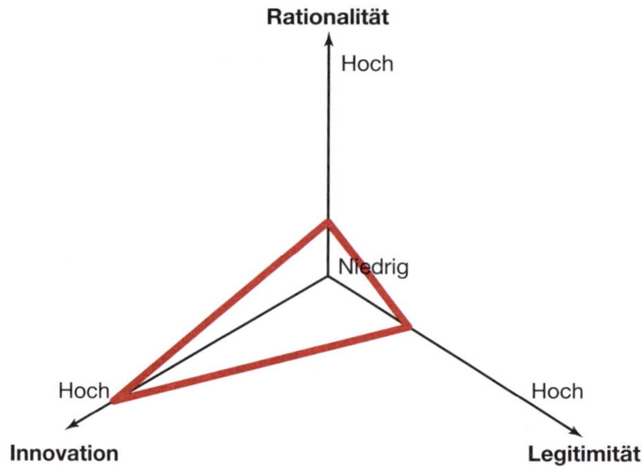

1.7.4 Strategie als Diskurs[41]

Strategie als Diskurs-Perspektive

Die „Strategie als Diskurs"- Perspektive betrachtet strategische Entwicklung als Ergebnis der Art und Weise, in der Manager Sprache als Ressource nutzen, mittels derer sie Strategien kommunizieren, erklären und stützen, und durch die Manager Einfluss und Macht gewinnen sowie ihre Legitimität und Identität als Strategen festigen.

Beim Management geht es oft und auf verschiedenste Art und Weise um den Diskurs. Ein Manager verbringt 75 Prozent seiner Arbeitszeit damit, mit anderen zu kommunizieren,[42] um dadurch Informationen zu sammeln, andere von einer bestimmten Wegrichtung zu überzeugen oder Entscheidungen in die Tat umzusetzen. Besonders strategisches Management erfordert ein hohes Maß an Diskurs und Kommunikation. Manager und Berater sprechen über Strategien, die wiederum als formale Pläne und Leitbilder aufgeschrieben oder in Jahresberichten oder Pressemitteilungen veröffentlich werden. Auch Bemühungen, Mitarbeiter und andere Interessengruppen von einer Strategie zu überzeugen, würden ohne Diskurse fehlschlagen. Der Diskurs ist die sprachliche Ressource, mittels derer Strategien kommuniziert, eingehalten und weitergeführt werden. Die Fähigkeit, diese Ressource effektiv einzusetzen, kann einem Einzelnen also einen erheblichen Vorteil bringen und eine wichtige Kompetenz darstellen (siehe *Kapitel 15* zum Thema Strategie in der Praxis; hier geht es um Strategiekonversationen). Die Perspektive der **Strategie als Diskurs** kann auch wertvolle Einblicke in die Entwicklung einer Strategie bringen. Es gibt einige miteinander verbundene Konzepte zu diesem Thema, die hier hilfreich sein können.

Diskurs und Rationalität

Wie aus der Diskussion über die Gestaltungsperspektive schon hervorging, ist die Rationalität ein zentraler Bestandteil der orthodoxen Sprache der Strategie. Aus Sicht eines Managers ist es daher von entscheidender Bedeutung, rational zu wirken, um strategisch handeln zu können: „Rational zu sein bedeutet, überzeugend zu sein."[43]. Strategisches Management muss mehr sein als reine Vorahnung und Intuition; es hat viel mehr vieles gemeinsam mit einer Wissenschaft, und die hier verwendeten Modelle ähneln wissenschaftlichen Modellen. Ein Manager, der mit dieser Logik und Denkweise vertraut ist, kann auf sie zurückgreifen, um die „Richtigkeit" seiner Argumente und Ansichten zu

41 Wir bedanken uns für die Hilfe von Nic Beech beim Gestaltung dieses Abschnitts.

42 H. Mintzberg, *The Nature of Managerial Work*, Harper & Row, 1973.

43 Dieses Zitat stammt von *S.E. Green Jr, 'A Rhetorical theory of diffusion', Academy of Management Review*, vol. 29, no. 4 (2004), 653–669.

untermauern. David Knights[44] weist sogar darauf hin, dass ein Manager, der nicht in der Lage ist, die Ziele einer Strategie zu erreichen (z.B. das Ziel eines Wettbewerbsvorteils), die logische Richtigkeit dieser Strategie nicht in Zweifel zieht, sondern dass der Organisation lediglich die Fähigkeit fehlt, diese umzusetzen. Ein Manager könnte diese Sprache einsetzen, weil er selbst von der Logik einer Strategie überzeugt ist und glaubt, dass seine Argumentation so bei anderen mehr Gewicht hat, weil eben auf diese Weise Strategie meistens kommuniziert wird. Oder er verwendet diese Sprache, weil sie ihm eine Position der Autorität zu einem Thema verleiht.

Diskurs und Einfluss

Natürlich erscheint die Sprache der Strategie anderen als überzeugend. David Barry und Michael Elmes[45] weisen darauf hin, dass die Merkmale des strategischen Diskurses genau darauf ausgerichtet sind. Über Strategien wird nicht nur in beeindruckenden Dokumenten geschrieben – etwa in strategischen Plänen oder Geschäftsberichten –, Strategien werden auch über wichtige Phänomene verfasst, wie zum Beispiel Märkte, Konkurrenten oder Kunden. Oft wird Strategie mit „heroischen" Vorstandschefs oder erfolgreichen Firmen in Verbindung gebracht. Strategiediskussionen finden an wichtigen Orten statt, etwa in Vorstandszimmern oder auf eigens dafür einberufenen Tagungen. Es lässt sich auch eindeutig beweisen, dass der Einsatz strategischer Sprache tatsächlich funktioniert. Manager setzen ganz bewusst strategische Terminologie und Konzepte ein, um einen Wandel zu erreichen,[46] um umzusetzenden Strategien Legitimität zu verleihen,[47] oder um Zustimmung für den richtigen strategischen Weg zu erreichen.[48] Manager greifen also auf strategische Konzepte und die offensichtliche „Richtigkeit" dieser Konzepte zurück, um andere zu überzeugen und entsprechend zu handeln.

Diskurs, Identität und Legitimität

Die Art und Weise, wie Manager über Strategie reden, verleiht ihnen auch eine Position anderen gegenüber. Dies geschieht entweder, weil sie es selbst so wollen, oder ergibt sich daraus, wie sie wahrgenommen werden. Diskurs hat demnach auch etwas mit der Identität und Legitimität eines Managers zu tun. Der allgemeine Nutzen der Sprache der Rationalität ist oben bereits deutlich geworden Zu anderen Zeiten oder unter anderen Umständen können Manager aber auch andere sprachliche Mittel einsetzen. Wenn ein Manager beispielsweise versucht, alle seine Mitarbeiter von der Umsetzung einer Strategie zu überzeugen, kann es sinnvoll sein, von seiner eigenen praktischen

44 Siehe *D. Knights, 'Changing spaces: the disruptive impact of a new epistemological location for the* study of management', *Academy of Management Review*, vol. 17, no. 3 (1992), 514–536.

45 D. Barry und M. Elmes, 'Strategy retold: toward a narrative view of strategic discourse', *Academy of Management Review*, vol. 22, no. 2 (1997).

46 Siehe zum Beispiel C. Hardy, I. Palmer und N. Philips, 'Discourse as a strategic resource', *Human Relations*, vol. 53, no. 9 (2000); und L. Heracleous und M. Barrett, 'Organizational change as discourse: communicative actions and deep structures in the context of information technology implementation', *Academy of Management Journal*, vol. 44, no. 4 (2001), 755–778.

47 Siehe R. Suddaby und R. Greenwood, 'Rhetorical strategies of legitimacy', *Administrative Science Quarterly*, vol. 50 (2005), 35–67. Auch J. Sillence und F. Mueller, 'Switching strategic perspective: the reframing of accounts of responsibility', *Organization Studies*, vol. 28, no. 2 (2007), 175–176.

48 Siehe L. Oakes, B. Townley und D.J. Cooper, 'Business planning as pedagogy: language and institutions in a changing institutional field', *Administrative Science Quarterly*, vol. 43, no. 2 (1998), 257–292.

Erfahrung als einfacher Arbeiter zu erzählen. Die Bezugnahme auf eigene Erfahrungen, um dadurch einen Wandel in einer Organisation zu erreichen, kann unter bestimmten Umständen sehr wichtig sein. In anderen Fällen kommt es wiederum auf die Sprache einer „visionären Führungspersönlichkeit“ oder eines innovativen Unternehmers an.

Wie David Knights und Glenn Morgan[49] nahe legen, kann ein Manager – besonders ein Top Manager – strategische Sprache bewusst oder unbewusst einsetzen, um bestimmte Vorteile zu erlangen. Die Sprache hilft ihm dabei, sich als erfahrener Stratege zu positionieren, der die richtigen Konzepte einsetzt, die richtige Logik anwendet, immer das Richtige tut und ein Vorkämpfer strategischer Denkweise ist. Diese Sprache verleiht auch einen Sinn für „Zentralität“, d.h. sie hilft, die Punkte zu erkennen, die für das Überleben einer Organisation von zentraler Bedeutung sind. Da im Laufe der Zeit immer wieder andere strategische Sprechweisen in Mode waren, sind einige Elemente des strategischen Diskurses zu bestimmten Zeiten effektiver als andere. In den 1960er und 1970er Jahren war es die Sprache unternehmerischer und strategischer Planung; in den 1980er Jahren rückte die Organisationskultur mehr in den Mittelpunkt und in jüngster Zeit spricht man über Strategie mehr im Zusammenhang mit Kompetenzen.

Diskurs als Macht

Der strategische Diskurs ist auch mit Macht und Kontrolle verbunden.[50] Wenn ein Manager die Konzepte strategischen Denkens versteht, oder zumindest so wahrgenommen wird, geht man davon aus, dass er entsprechende Kenntnisse darüber besitzt, wie mit den wirklich schwierigen Problemen einer Organisation umgegangen werden muss. Der Besitz dieser Kenntnisse gibt ihm Macht über andere, die sie nicht besitzen. Sie geben dem Manager die Möglichkeit, „sich als Schaltzentrale … wirtschaftlichen Lebens zu sehen.“[51]

Der strategische Diskurs kann also auch ein Mittel gesellschaftlicher Kontrolle sein. Bestimmte Gruppen könnten etwa in Bezug auf Strategie besondere Denk-, Verhaltens- und Sprechweisen annehmen. So haben einige Organisationen, besonders Unternehmensberatungen, ihren eigenen strategischen Diskurs entwickelt. Hält man diese Ansätze nicht ein, kann das zu Sanktionen führen, wie viele Strategieberater es schon erlebt haben! Oder es entwickeln sich bestimmte Herangehensweisen an strategische Themen, die in eine bestimmte Sprache verpackt sind, etwa bei der Forderung von Kostensenkungen. Einerseits müssen die Kosten natürlich gesenkt werden. Andererseits kann sich dadurch die Einstellung entwickeln, dass eine Kostensenkung zur Norm wird, sodass Expansion und Experimente damit praktisch ausgeschaltet wären. Ein solcher strategischer Diskurs kann sogar Teil einer Unternehmenskultur werden: Er wird meist als gegeben hingenommen, ist schwer erkennbar, in Frage zu stellen oder gar zu verändern, und übt daher großen Einfluss auf das Verhalten innerhalb einer Organisation aus. In diesem Zusammenhang kann man einen Diskurs durchaus mit Macht assoziieren, wenn er Anhänger begeistert, sich immer weiter ausbreitet und sich schließlich verselbstständigt.

49 D. Knights und G. Morgan ‘Corporate strategy, organizations and subjectivity’, *Organization Studies,* vol. 12, no. 2 (1991), 251–273.

50 Siehe zum Beispiel Strategy Discourse in a Global Retailer: a Supplement to Rationalist and Interpretive Accounts, von Mahmoud Ezzamel und Hugh Willmott, *Organization Studies*, vol. 29, no. 2 (2008), 191–217.

51 A. Spicer, ‘Book review of *Recreating Strategy*’, *Organization Studies*, vol. 25, no. 7 (2004), S. 1256.

Diskurs und eine kritische Perspektive

Eine extremere Weiterführung dieser Perspektiven des strategischen Diskurses geht so weit, zu behaupten, dass die strategischen Konzepte und Modelle weniger mit eigentlicher Substanz, sondern viel mehr mit Image, Identität und Macht zu tun haben. Das bedeutet, dass die strategischen Konzepte nur eingesetzt, entwickelt und bewahrt werden, damit das Top Management sich Kontrolle und Autorität erhält und mit der Berufsgruppe der Unternehmensberater und der Akademiker mithalten kann. Das wiederum würde heißen, Strategie sei lediglich ein nützlicher Mythos des Managements.

Auswirkungen für Manager

Die grundlegende Lektion, die ein Manager lernen muss, lautet, dass es sehr wichtig ist, die Sprache der Strategie zu verwenden. Der Blick durch die Diskursperspektive erklärt, warum das so ist, und liefert auch Konzepte und Modelle, die dem Manager helfen, effektiver zu sein:

- *Diskurs und Kontext.* Aus den vorangegangenen Aussagen sollte klar hervorgegangen sein, dass verschiedene strategische Terminologien in unterschiedlichen Zusammenhängen und Kontexten auch unterschiedlich effektiv sind. Eine Strategie einem potenziellen Investor zu erklären, erfordert beispielsweise ein hohes Maß an Logik und Rationalität, um finanzielle Informationen zu vermitteln. Auch zur Überzeugung anderer Manager ist ein solch rationaler Ansatz wohl am besten geeignet. Hier bietet sich außerdem ein weiterer Bestandteil der Sprache an, der sich auf die Vorteile in Bezug auf ihre eigenen Interessen, ihren zukünftigen Einfluss und ihre Positionierung konzentriert. Eine ähnliche Erklärung, die an die Arbeitnehmer einer Organisation gerichtet ist, muss sich mit den Auswirkungen auf die Sicherheit des Arbeitsplatzes befassen, aber gleichzeitig Zuversicht und Vertrauen in das Management vermitteln. Eine Pressemittelung über Strategie hingegen wird hauptsächlich die wichtigsten Konzepte und Schlagworte enthalten. Es muss also sorgfältig abgewogen werden, wie Strategie wem erklärt werden soll.
- *Diskurs und das Management des strategischen Wandels.* Der strategische Diskurs spielt bei der Verbreitung von Innovationen, von neuen Managementpraktiken und dem Management des Wandels eine wichtige Rolle.[52] So können besonders verschiedene Sprachformen mehr oder weniger sinnvoll sein, wenn man die Akzeptanz und Beibehaltung neuer Praktiken erreichen will.[53] Eine Sprache, die sich auf Emotionen und Eigeninteressen verlässt, kann für Akzeptanz sorgen; verlässt man sich aber ausschließlich darauf, könnte das zu einer frühen Zurückweisung neuer Praktiken führen. Mit einem rationaleren sprachlichen Ansatz dauert es vielleicht länger, Akzeptanz zu erreichen, doch eine frühzeitige Ablehnung ist hier eher unwahrscheinlich. Eine Sprache, die auf bereits etablierte Handlungsweisen und Praktiken verweist und zurückgreift, könnte dafür sorgen, dass neue Strategien eher bewahrt und beibehalten werden.
- *Gemeinsamer Diskurs.* In einer Organisation kann es sehr hilfreich sein, eine gemeinsame Sprache der Strategie zu entwickeln. Dies führt gleichzeitig zu einer gemeinsamen Denkweise innerhalb des Managements und zur Entwicklung strategischer Programme. Der Vorteil liegt darin, dass alle Manager auf der Basis gemein-

52 Siehe Fußnote 36.
53 Siehe Fußnoten 37 und 38.

samer, allgemein verständlicher und akzeptierter strategischer Konzepte, Begriffe und Instrumente kommunizieren können. So wird die Auseinandersetzung über Strategie wesentlich effektiver. Auch Lehrer im Bereich Management erklären diesen Aspekt bei der Vermittlung von strategischen Konzepten.

- *Eine kritische Perspektive für den Manager.* Ein weniger extremer und vielleicht dadurch konstruktiverer Blick auf eine kritische Perspektive über Strategie zeigt, dass die Diskursperspektive Manager und Studenten gleichermaßen dazu bringen sollte, zu hinterfragen, wie wirkungsvoll und sinnvoll strategische Konzepte und Modelle wirklich sind. Basieren sie wirklich auf fundierten Beweisen und Theorien? Bewirken sie wirklich etwas, oder sind sie lediglich ein nützliches Mittel für den Manager, um Einfluss und Macht zu gewinnen? In diesem Sinne kann Strategie als Diskurs ein wichtiges Hinterfragen von Konzepten, Ideen und Annahmen bewirken, die ansonsten einfach als gegeben hingenommen werden würden.

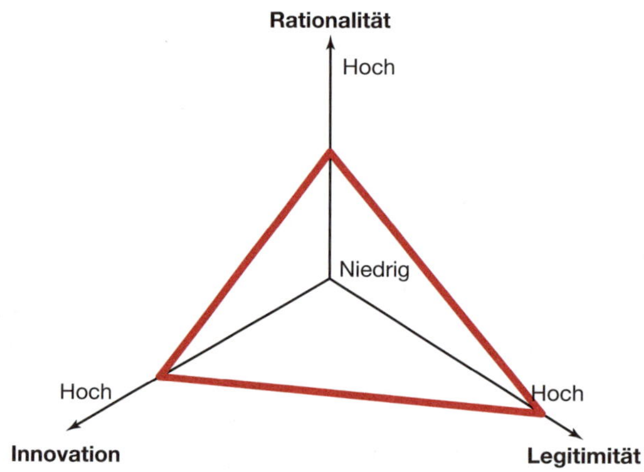

Abbildung 1.8: Diskursperspektive

Zusammenfassend betont ein Blick auf die Diskursperspektive (siehe Abbildung oben), dass viele Manager sich in die strategische Arena begeben, um dort Macht, Identität, Anerkennung (und dadurch Legitimität) zu erlangen. Daraus ergibt sich die Frage, wie sehr sich ein Manager darauf verlässt, dass eine rationale Argumentation lediglich real erscheint, ohne tatsächlich real zu sein. Wie nachhaltig ein solcher Diskurs einen Wandel herbeiführen kann, hängt von der Motivation der Manager und der Art der eingesetzten Sprache ab. Es gibt jedoch in jedem Fall Beweise dafür, dass Sprache zur Herbeiführung eines strategischen Wandels eine wichtige Rolle spielt.

1.7.5 Schlussfolgerung

Die wichtigsten Annahmen und die grundlegenden Theorien der vier Perspektiven Gestaltung, Erfahrung, Ideen und Diskurs sind in Abbildung rechts zusammengefasst. Sie soll keine umfassende Zusammenfassung sein, sondern lediglich einen Versuch darstellen, die verschiedenen Ansätze und Einblicke in das komplexe Konzept der Strategie zu integrieren. Der Leser kann dann selbst mehr Informationen über die verschiedenen Perspektiven sammeln. Aus der bisherigen Lektüre dieses Kommentars sollte klar hervorgegangen sein, dass jede Perspektive selbst auch wieder verschiedene Perspektiven bietet. So stützt sich die Erfahrungsperspektive beispielsweise auf Erklärungen aus der Verstandesebene, der Soziologie und der kulturellen Anthropologie. Die Ideenperspektive wiederum baut sowohl auf der Evolutionstheorie als auch auf der Komplexitätstheorie auf. Also erschließen sich innerhalb der Perspektiven noch feinere Einzeleinsichten, die weiter vertieft werden können. Die angegebenen Fußnoten und Lektüreempfehlungen sollten dabei hilfreich sein. Zusätzlich wurden ganze Bücher zu diesem Thema geschrieben, die ganz verschiedene Perspektiven auf das Thema Strategie eröffnen, angefangen von den vier Ansätzen, die Richard Whittington[54] anbietet bis hin zu den zehn Perspektiven von Henry Mintzberg und seinen Co-Autoren.[55]

Strategie als:

	Gestaltung	Erfahrung	Ideen	Diskurs
Überblick/ Zusammenfassung	Bewusste Positionierung durch rationale Prozesse zur Optimierung wirtschaftlicher Leistung	Sich steigernde Entwicklung als Ergebnis individueller und kollektiver Erfahrungen und all dessen, was als gegeben angenommen wird	Vielfalt in der und rund um die Organisation erzeugt Ordnung und Innovation	Die Sprache und Konzepte der Strategie, eingesetzt zum Aufbau einer Identität und zur Erlangung von Einfluss, Macht und Legitimität
Annahmen über Organisationen	Mechanistische, hierarchische, rationale Systeme	Kulturen basieren auf Erfahrung, Legitimität und Erfolgen der Vergangenheit	Komplexe und häufig potenziell vielfältige organische Systeme	Arenen von Macht und Einfluss
Rolle des Top Managements	Strategische Entscheidungsträger	Manager handeln aufgrund persönlicher Erfahrungen	Betreuer, die das richtige Umfeld schaffen und Muster erkennen	Manager üben Macht und Einfluss über andere aus
Zugrunde liegende Theorien	Volkswirtschaft; Entscheidungswissenschaften	Institutionelle Theorie, Kulturtheorien, Psychologie	Komplexitäts- und Evolutionstheorien	Diskurstheorie, kritische Managementtheorie

Abbildung 1.9: Eine Zusammenfassung der strategischen Perspektiven

Es gibt jedoch zwei textübergreifende Botschaften, die überall deutlich werden. Mit der ersten hat dieser Kommentar begonnen: Bei der Betrachtung eines Themas wie Strategie ist es sehr sinnvoll, verschiedene Perspektiven mit einzubeziehen. Die zweite Botschaft besagt, dass man, wenn man dies tut, immer auch die konventionellen Weisheiten zum Thema Strategie hinterfragen sollte, die in der Gestaltungsperspektive vermittelt werden. Der zentrale Ansatz eines Managers, der von der Spitze seiner maschinenähnlichen Organisation aus Strategien plant und lenkt, ist zu eingeschränkt, um wahres strategisches Management zuzulassen.

Im weiteren Verlauf des Buches werden die vier Perspektiven am Ende von Teile I, II und III jeweils in Kommentaren wieder aufgegriffen, um ihren Bezug zu jedem der Teile kritisch zu betrachten und die Auswirkungen für das Management aufzuzeigen.

54 R. Whittington, *What is Strategy – and Does it Matter*?, 2nd edition, Thomson, 2000.
55 H. Mintzberg, B. Ahlstrand and J. Lampel, *Strategy Safari*, Prentice Hall, 1998.

TEIL I

Die strategische Position

Das Umfeld

2

ÜBERBLICK

Lernziele

Nach der Lektüre dieses Kapitels sollten Sie in der Lage sein,

- das große Makroumfeld einer Organisation in Bezug auf politische, wirtschaftliche, soziale, technologische, ökologische und rechtliche Faktoren (engl. Akronym PESTEL) zu analysieren.
- die wichtigsten Antriebskräfte dieses Makroumfelds zu erkennen und sie zum Entwurf verschiedener Szenarien einzusetzen, die eine Veränderung des Umfelds widerspiegeln.
- die Five-Forces-Analyse zu nutzen, um die Attraktivität von Branchen und Sektoren in Bezug auf Investitionen zu bestimmen und deren Wandlungspotenzial zu erkennen.
- strategische Gruppen, Marktsegmente und kritische Erfolgsfaktoren zu definieren, und diese zu nutzen, um strategische Lücken und Chancen auf dem Markt zu erkennen.

2.1 Einführung

Das Umfeld einer Organisation verleiht dieser die Mittel, um zu überleben. Auf dem privaten Sektor sind es zufriedene Kunden, die ein Unternehmen am Leben halten. Auf dem öffentlichen Sektor übernehmen diese Rolle u.a. die Regierung, Patienten oder Studenten. Doch das Umfeld birgt auch Gefahren wie etwa im Falle einer feindlichen Verlagerung der Nachfrage, neuer Regeln und Bestimmungen, revolutionärer neuer Technologien oder des Eintritts neuer Konkurrenten auf den Markt. So kann eine Veränderung des Umfelds fatale Folgen für eine Organisation haben. Nach 200 Jahren des Wohlstands wäre beispielsweise der Hersteller der gedruckten Encyclopedia Britannica fast untergegangen und dem Aufstieg elektronischer Informationsquellen wie etwa Encarta von Microsoft oder Wikipedia zum Opfer gefallen. Es ist daher überlebenswichtig, dass ein Manager sein Umfeld sorgfältig analysiert, um Veränderungen zu erahnen und – wenn möglich – zu beeinflussen.

Dieses Kapitel bietet deshalb eine Grundstruktur zur Analyse eines sich wandelnden, komplexen Umfelds an. Diese Grundstruktur bestehen aus einer Reihe von Schichten, die hier kurz vorgestellt und in Abbildung 2.1 gezeigt werden:

- *Das Makroumfeld* ist die äußerste Schicht. Sie besteht aus den grundlegenden Umfeldfaktoren, die fast alle Organisationen mehr oder weniger stark beeinflussen. Hier kann die PESTEL Analyse herangezogen werden, um aufzuzeigen, wie *politische, wirtschaftliche, soziale, technologische, ökologische und rechtliche Faktoren* eine Organisation beeinflussen. Diese Analyse liefert die wichtigsten „Daten“, um die *Hauptantriebskräfte des Wandels* zu identifizieren. Mittels dieser Hauptantriebskräfte können mögliche zukünftige *Szenarien* konstruiert werden. Diese befassen sich damit, wie Strategien möglicherweise verändert werden müssen, je nachdem, wie sich das Unternehmensumfeld verändern *könnte*.

Abbildung 2.1: Schichten des Unternehmensumfelds

- *Die Branche oder der Sektor* bildet die nächste Schicht des allgemeinen, weit gefassten Umfelds. Diese besteht aus Organisationen, die die gleichen Produkte oder Dienstleistungen produzieren. Hier bietet sich besonders die Analyse der *Five Forces* an, um die Attraktivität bestimmter Branchen sowie potenzielle Gefahren außerhalb der bereits existierenden Konkurrenz zu erkennen. Die wichtigste Frage dieses Kapitels (Abbildung 2.9) befasst sich mit der Bedeutung von Erfolgsfaktoren, die die gesamte Branche und nicht nur einen bestimmten Geschäftsbereich betreffen.
- *Konkurrenten und Märkte* sind die Schichten, die die Organisation direkt umschließen. Innerhalb der meisten Branchen und Sektoren gibt es viele verschiedene Organisationen mit unterschiedlichen Merkmalen, die alle auf verschiedenen Ebenen miteinander konkurrieren – manche sind sich näher, manche sind weiter entfernt. Der Begriff der *strategischen Gruppen* kann helfen, nahe und entfernte Konkurrenten voneinander zu unterscheiden. Ebenso sind die Kundenerwartungen auf einem Markt nicht alle genau gleich. Sie haben vielmehr unterschiedliche Anforderungen von unterschiedlicher Wichtigkeit, die mittels der Begriffe *Marktsegmente* und *kritische Erfolgsfaktoren* besser verstanden werden können.

Dieses Kapitel befasst sich mit jeder dieser drei Schichten beginnend mit dem Makroumfeld.

2.2 Das Makroumfeld

Die drei wichtigen Konzepte dieses Abschnitts – PESTEL, wichtige Antriebskräfte und Szenarien – sind miteinander verwandte Analyseinstrumente des weit gefassten Makro umfelds einer Organisation. PESTEL bietet einen breit gefächerten Überblick, die Antriebskräfte zeigen die Faktoren auf, die am wichtigsten sind, und mittels der Szenarien, die auf diesen Antriebskräften aufbauen, lassen sich verschiedene zukünftige Entwicklungsmöglichkeiten des Makroumfelds darstellen.

2.2.1 Die PESTEL Analyse

PESTEL Analyse

Die PESTEL Analyse differenziert sechs Gruppen von Einflussfaktoren des Makroumfelds: politische, wirtschaftliche, soziale, technologische, die ökologische Umwelt betreffende und rechtliche Faktoren.

Die **PESTEL Analyse** (Abbildung 2.1) bietet eine umfassende Liste von Einflussfaktoren auf den möglichen Erfolg oder Misserfolg bestimmter Strategien. PESTEL ist das englische Akronym für politische, wirtschaftliche, soziale, technologische, die Umwelt betreffende und rechtliche Faktoren.[1] Der politische Faktor betont die Rolle des Staates, der wirtschaftliche Faktor bezieht sich auf makroökonomische Aspekte wie Wechselkurse, Geschäftszyklen und unterschiedliche Wirtschaftswachstumsraten weltweit. Soziale Einflüsse sind u.a. sich verändernde Kulturen und Demografien, etwa die immer älter werdende Bevölkerung in vielen westlichen Ländern. Technologische Faktoren beziehen sich auf Innovationen, beispielsweise das Internet, Nanotechnologie oder den Erfolg neuer Materialen. Die Umweltfaktoren befassen sich mit ausdrücklich „grünen" Belangen wie etwa Umweltverschmutzung und Müll. Die rechtlichen Aspekte schließlich beziehen sich auf vom Gesetz verordnete Beschränkungen oder Veränderungen, zum Beispiel Gesetze zur Gesundheit und Sicherheit am Arbeitsplatz oder Gesetze zu Fusionen und Übernahmen.

Für einen Manager ist es sehr wichtig, zu analysieren, wie sich diese Faktoren aktuell verändern und wie sie sich wahrscheinlich in der Zukunft verändern werden, denn daraus ergeben sich Auswirkungen für die Organisation. Viele dieser Faktoren sind miteinander verbunden. So können technologische Entwicklungen auch Auswirkungen auf wirtschaftliche Faktoren (z.B. Schaffung neuer Arbeitsplätze), auf soziale Faktoren (mehr Freizeit) und auf Umweltfaktoren (weniger Umweltverschmutzung) haben. Man kann sich vorstellen, dass eine Analyse all dieser Faktoren sehr langwierig und kompliziert sein kann.

Die wichtigsten Antriebskräfte des Wandels

Die wichtigsten Antriebskräfte des Wandels sind Faktoren aus dem Umfeld, die sich in hohem Maße auf den Erfolg oder Misserfolg einer Strategie auswirken können.

Um also nicht von der Fülle an vorhandenen Details überwältigt zu werden, ist es wichtig, beizeiten etwas Abstand zu nehmen und die **wichtigsten Antriebskräfte des Wandels** zu identifizieren. Diese Kräfte sind die Faktoren mit dem größten Einfluss, die den Erfolg oder Misserfolg einer Strategie wesentlich mitbestimmen. Solche typischen Antriebskräfte variieren je nach Branche oder Sektor. So muss sich ein Einzelhändler auf dem Modemarkt hauptsächlich mit sozialen Veränderungen auseinandersetzen, die den Geschmack und das Kaufverhalten der Kunden beeinflussen, zum Beispiel Kräfte, die diese dazu bringen, außerhalb einzukaufen. Ein Computerhersteller dagegen muss sich mit technologischen Veränderungen befassen wie etwa einer höheren Geschwindigkeit bei Mikroprozessoren. Für Manager im öffentlichen Sektor geht es in der Hauptsache um soziale Veränderungen (z.B. eine alternde Bevölkerung), politische Veränderungen (wechselnde Budgets und politische Maßnahmen der Regierung) und rechtliche Neuerungen (neue Verordnungen). Eine Identifizierung der wichtigsten Antriebskräfte des Wandels ermöglicht es einem Manager, sich auf die PESTEL Faktoren zu konzentrieren, die am wichtigsten sind und somit die höchste Priorität haben. Viele andere Veränderungen können damit in Zusammenhang stehen (so kann eine alternde Bevölkerung für neue politische Maßnahmen und eine Neuverteilung staatlicher Geldmittel sorgen). Ohne ein klares Gespür für die wichtigsten Antriebskräfte des Wandels ist ein Manager nicht in der Lage, Entscheidungen zu treffen, die effektives Handeln nach sich ziehen.

1 PESTEL ist die Ausweitung der PEST Analyse (politisch, wirtschaftlich, sozial und technologisch) und befasst sich außerdem mit Umweltfaktoren und rechtlichen Aspekten. Für eine Anwendung der PEST Analyse auf die Welt der Wirtschaftsuniversitäten, die auch für PESTEL relevant ist, siehe H. Thomas, „An analysis of the environment and competitive dynamics of management education", *Journal of Management Development*, Bd. 26, Nr. 1 (2007), S. 9–21.

Beispiel 2.1

PESTEL Analyse der Luftfahrtindustrie

Einflüsse auf das Umfeld einer Organisation lassen sich in sechs Gruppen einteilen. Für die Luftfahrtindustrie könnte eine erste Liste aller Einflüsse gemäß der sechs Kategorien der PESTEL Analyse wie folgt aussehen:

Politisch:

- Staatliche Unterstützung für heimische Fluglinien
- Sicherheitschecks
- Beschränkungen von Migration

Wirtschaftlich:

- Nationale Wachstumsraten
- Treibstoffpreise

Sozial:

- Mehr Reiseaktivitäten älterer Menschen
- Internationale Studentenaustauschprogramme

Technologisch:

- Effizientere Motoren und Flugzeuge
- Technologien zur Sicherheitsüberwachung
- Telekonferenzen im Unternehmensbereich

Ökologisch:

- Lärmbelästigung und -eindämmung
- Steuerung des Energieverbrauchs
- Landbedarf für wachsende Flughäfen

Rechtlich:

- Beschränkungen bei Fusionen
- Vorzugsrechte auf Flughäfen für manche Fluglinien

Kontrollfragen

1. Welche zusätzlichen, die Umwelt betreffenden Faktoren würden Sie zu dieser ersten Liste für die Luftfahrtindustrie hinzufügen?
2. Ausgehend von Ihrer umfassenderen Liste: Welche Faktoren würden Sie als die „wichtigsten Antriebskräfte des Wandels" für Fluglinien in den nächsten fünf Jahren ansehen?

2.2.2 Der Entwurf von Szenarien

Wenn in einem Geschäftsumfeld große Unsicherheit aufgrund seiner Komplexität oder aufgrund raschen Wandels (oder aufgrund beider Faktoren) herrscht, ist es unmöglich, nur eine einzige Sichtweise dazu zu entwickeln, wie Einflüsse aus dem Umfeld die Strategien einer Organisation beeinflussen könnten, und es wäre auch in der Tat gefährlich, eine solche einseitige Sichtweise zu wählen. Szenarienanalysen werden durchgeführt, um verschiedene Möglichkeiten in Betracht zu ziehen und Manager davor zu bewahren, sich vor Alternativen zu verschließen. Diese **Szenarien** bieten plausible alternative Ansichten darüber, wie sich das Unternehmensumfeld einer Organisation in Zukunft

Szenarien

Szenarien sind detaillierte und plausible Modelle darüber, wie sich das Unternehmensumfeld einer Organisation in Zukunft verändern könnte; sie thematisieren die Hauptantriebskräfte für Veränderungen, über welche große Unsicherheit herrscht.

verändern könnte.[2] Sie stützen sich meist auf die PESTEL Analyse und die wichtigsten Antriebskräfte des Wandels, bieten aber eben nicht nur eine einzige Vorhersage über zukünftige Veränderungen des Umfelds an.

Die Szenarien beginnen meist mit den wichtigsten Antriebskräften mit der größten Unsicherheit. Diese Antriebskräfte könnten die Ansichten über zukünftige Entwicklungen grundlegend verändern, je nachdem, wie sie sich selbst entwickeln. So sind in der Ölindustrie diese Antriebskräfte beispielsweise technologischer Wandel, Ölreserven, Wirtschaftswachstum und internationale politische Stabilität. Man kann davon ausgehen, dass technologischer Wandel und Ölreserven relativ stabile Faktoren sind, während Wirtschaftswachstum und politische Stabilität dies eher nicht sind. So könnte man Szenarien entwerfen, die diese beiden Faktoren besonders berücksichtigen. Natürlich stehen sie auch miteinander in Beziehung: Hohe politische Instabilität und niedriges Wirtschaftswachstum treten meist gemeinsam auf. Die Konstruktion plausibler Alternativen über das zukünftige Geschäftsumfeld hängt also hauptsächlich von der Kombination verwandter Antriebskräfte zu in sich stimmigen Szenarien ab. In der oben genannten Analyse kann man also bisher von zwei stimmigen und plausiblen Szenarien ausgehen: Eines geht von geringem Wachstum und hoher Instabilität, das andere von starkem Wachstum und geringer Instabilität aus.

Wichtig ist dabei, dass diese Szenarien nicht versuchen, das Unvorhersehbare vorherzusagen. Es kommt lediglich darauf an, plausible Alternativen für die Zukunft in Betracht zu ziehen. Wenn man über alternative Szenarien nachdenkt und diskutiert, verbessert sich dadurch die Aufmerksamkeit in einer Organisation, denn Manager nehmen die Kräfte des Unternehmensumfelds besser wahr und merken, was wirklich wichtig ist. Manager sollten auch Strategien (oder alternative Pläne) für jedes Szenario entwickeln und bewerten. Dann sollten sie das Umfeld beobachten, um zu sehen, wie es sich tatsächlich entwickelt und ihre Strategien entsprechend anpassen.

Da Diskussion und Lernprozess beim Entwerfen verschiedener Szenarien so wichtig und wertvoll sind, und da sich die einzelnen Szenarien mit so großen Unsicherheiten befassen, raten manche Experten den Managern davon ab, genau drei verschiedene Szenarien zu entwerfen. Denn dadurch gerät man leicht in die Unterscheidung „optimistisch", „mittel", „pessimistisch". Ein Manager konzentriert sich dann automatisch auf das mittlere Szenario und vernachlässigt die anderen beiden, sodass auch der Lernprozess und die Alternativplanungen reduziert werden. Es ist also immer besser, entweder zwei oder vier Szenarien zu haben, damit sich keine eindeutige Mitte ergibt. Es kommt nicht darauf an, dass alle Szenarien sich erfüllen: Der Wert besteht einfach darin, verschiedene Möglichkeiten in Erwägung zu ziehen, durchzudenken und entsprechend zu planen.

2 Für eine Abhandlung über Szenarienplanung in der Praxis siehe K. van der Heijden, *Scenarios: The art of strategic conversation*, 2. Aufl., Wiley, 2005. Dazu, wie sich Szenarienplanung mit anderen Formen der Umfeldanalyse kombinieren lässt, siehe P. Walsh, „Dealing with the uncertainties of environmental change by adding scenario planning to the strategy reformulation equation", *Management Decision*, Bd. 1, Nr. 43 (2005), S. 113–122, und G. Burt, G. Wright, R. Bradfield und K. van der Heijden, „The role of scenario planning in exploring the environment in view of the limitations of PEST and its derivatives", *International Studies of Management and Organization*, Bd. 36, Nr. 3 (2006), S. 50–76. Für weitere Ausführungen zur Szenarienanalyse unter Verwendung kausaler Felder mit einer Fallstudie über den Irakkrieg siehe B. MacKay und P. McKiernan, „Back to the future: History and the diagnosis of environmental context", *International Studies of Management and Organization*, Bd. 36, Nr. 3 (2006), S. 93–110.

Beispiel 2.2 zeigt eine Szenarienplanung aus der Biotechnologie bis zum Jahr 2020. Die Autoren berücksichtigen allerdings nicht unzählige Faktoren bei ihrer Analyse, sondern konzentrieren sich auf zwei Hauptantriebskräfte, die (i) große potenzielle Auswirkungen haben und (ii) unsicher sind: Technologischer Fortschritt und öffentliche Akzeptanz. Beide Antriebskräfte können sich in der Zukunft verschieden entwickeln, sodass sich vier in sich stimmige Szenarien entwerfen lassen. Jedem Szenario wird ein einprägsamer Name gegeben, um die Kommunikation und die Diskussion zu vereinfachen. Die Autoren sagen nicht voraus, dass sich ein bestimmtes Szenario wahrscheinlich gegen die anderen durchsetzen wird. Sie sprechen auch nicht über relative Wahrscheinlichkeiten. Solche Vorhersagen würden Diskussionen und Lernprozesse im Keim ersticken, während Wahrscheinlichkeiten eine unberechtigte Genauigkeit vortäuschen würden.

Szenarien sind dort besonders sinnvoll, wo es nur wenige Antriebskräfte gibt, die den Erfolg einer Strategie beeinflussen können, wo große Unsicherheit über vorhandene Einflussfaktoren herrscht, wo verschiedene Szenarien auch wirklich grundlegende Veränderungen bedeuten und wo Organisationen viel in die Zukunft investieren müssen, was sehr unflexibel und schwer zu korrigieren ist. Die Ölindustrie, wo Unternehmen in die Untersuchung von Ölfeldern investieren müssen, die 20 oder mehr Jahre Öl liefern können, hat bei der Verwendung von Szenarien traditionell eine Führungsrolle übernommen, denn auf diese Branche treffen alle drei oben genannten Punkte zu.[3]

Beispiel 2.2 Szenarien für die Biowissenschaft im Jahr 2020

Keiner kennt die Zukunft, doch man kann sich auf verschiedene Alternativen vorbereiten.

Im Jahr 2006 arbeiteten Forscher der Wharton Business School mit führenden Unternehmen wie Hewlett Packard, Johnson & Johnson und Procter & Gamble zusammen, um vier Szenarien für die Zukunft der Biowissenschaften im Jahr 2020 zu entwerfen. Biowissenschaften schließen spannende High Tech-Branchen und -Techniken wie etwa Genomforschung, Stammzellentherapie, Klonen und regenerative Medizin mit ein. Ziel war es, ein weit gefasstes Rahmenwerk für Regierungen, Unternehmen, Forscher und Ärzte zu liefern, mit dem sie bei der Einschätzung der Zukunft in Bezug auf ihre besonderen Belange arbeiten konnten. Das Wharton-Team war sich bewusst, dass man in vielen High Tech-Bereichen in der Vergangenheit geleistete Versprechen nicht einhalten konnte; so wurde die Kernkraft in den späten 1970er Jahren plötzlich sehr unbeliebt. Die Zukunft der Biowissenschaften ist also alles andere als sicher.

3 Für die Entwicklung der Szenarienpraxis bei Shell Oil, einer der einflussreichsten Firmen, siehe P. Cornelius, A. van de Putte und M. Romani, „Three decades of scenario planning in Shell", *California Management Review*, Bd. 49, Nr. 1 (2005), S. 92–109.

Das Team identifizierte zwei grundlegende, aber unsichere Antriebskräfte des Wandels: Technologischer Fortschritt und öffentliche Akzeptanz. Die Unsicherheit des ersten Faktors lag im Erfolg der Technologien; schließlich hatte auch die Kernenergie nicht die billige Energie geliefert, auf die man ursprünglich gehofft hatte. Die Unsicherheit des zweiten Faktors ergab sich daraus, dass die öffentliche Meinung in Bezug auf Biowissenschaften zweigeteilt ist. Denn viele Menschen fordern ein Ende von Stammzellenforschung und Klonen. Die Möglichkeiten des technologischen Erfolgs oder Misserfolgs sowie der öffentlichen Akzeptanz oder Ablehnung lassen eine Matrix mit vier Grundszenarien entstehen.

	Technologie versagt	Technologie ist erfolgreich
Akzeptanz der Öffentlichkeit	**Zeigt was Ihr könnt!**	**Neues Zeitalter der Medizin**
Ablehnung der Öffentlichkeit	**Viel Lärm um Nichts**	**Biowissenschaft als Geisel**

Das Szenario *„Zeigt, was ihr könnt!“* entwirft eine Welt, in der umfangreiche Forschungsinitiativen von Regierung und Unternehmen nicht die erhofften Heilmittel für Krankheiten wie Alzheimer und AIDS liefern konnten, in welche die Öffentlichkeit aber immer noch große Hoffnungen setzt. Hier stehen viele Unternehmen unter Beschuss und es droht ein Eingreifen des Staates. Im Szenario *„Viel Lärm um nichts“* wird die Öffentlichkeit nach vielen technologischen Enttäuschungen langsam skeptisch. Daraus folgt, dass die staatlichen Geldmittel für die Forschung an Universitäten und in Unternehmen versiegen. Das Szenario *„Biowissenschaft als Geisel“* ist ganz anders. Hier machen die technologischen Erfolge der Öffentlichkeit Angst, sodass sie sie ablehnen. Ethische Bedenken und Sicherheitsbedenken sorgen für strenge Einschränkungen von Forschung, Prüfung und Marketing. Im Szenario *„Neues Zeitalter der Medizin“* schließlich herrschen sowohl öffentliche Akzeptanz als auch technologischer Erfolg vor. Die privaten Unternehmen und die Forschungslabore der Universitäten sind gemeinsam sehr erfolgreich und liefern einer dankbaren Öffentlichkeit viele Innovationen.

Bei diesen vier Szenarien kommt es nicht darauf an, eines für wahrscheinlicher als die anderen zu halten. Das Wharton-Team möchte vielmehr zeigen, dass jedes möglich ist. Obwohl Unternehmen aus der Biowissenschaft sich oft zu schnell nur auf das Szenario des neuen Zeitalters konzentrieren, sollten sie aber eigentlich auch die anderen Möglichkeiten im Auge behalten. Es soll aufgezeigt werden, dass sie mit ihren Erwartungen technologischer Innovationen sorgsam umgehen und großen Wert auf die öffentliche Meinung legen sollten. Andernfalls könnte die Biowissenschaft die neue Kernkraftindustrie des 21. Jahrhunderts werden.

Quelle: http://mackcenter.wharton.upenn.edu/biosciences.

Kontrollfrage

1. Welche der beiden Antriebskräfte – technologischer Fortschritt oder öffentliche Akzeptanz – können Unternehmen am ehesten beeinflussen? Wie sollten sie diesen Einfluss ausüben?

2.3 Branchen und Sektoren

Branche

Eine Branche wird durch eine Gruppe von Unternehmen gebildet, die dasselbe Kernprodukt oder dieselbe Kerndienstleistung anbieten.

Im vorangegangenen Abschnitt ging es um den Einfluss der Kräfte des Makroumfelds auf Erfolg oder Misserfolg von Unternehmensstrategien. Doch die Auswirkungen dieser allgemeinen Faktoren zeigen sich meist im unmittelbaren Unternehmensumfeld, indem sich die Wettbewerbskräfte, die um eine Organisation herum herrschen, verschieben. Hier kommt es für die meisten Organisationen vor allem auf den Wettbewerb innerhalb ihrer Branche oder ihres Sektors an. Die Wirtschaftstheorie definiert eine **Branche** als „eine Gruppe von Unternehmen, die dasselbe Kernprodukt oder dieselbe Kerndienstleistung anbieten“[4], oder weiter gefasst als „Gruppe von Unternehmen, die Produkte herstellt, die leicht gegeneinander ausgetauscht werden können“[5]. Dieses Verständnis der Branche kann auch auf öffentliche Dienste ausgeweitet werden; hier spricht man aber eher von einem *Sektor*. Auch in den Bereichen Sozialdienste, Gesundheitswesen und Bildung gibt es viele Lieferanten der gleichen Dienstleistungen, die um Ressourcen konkurrieren. Aus strategischer Sicht ist es daher für die Manager einer jeden Organisation wichtig, die Wettbewerbskräfte der eigenen Branche zu verstehen, denn sie bestimmen die Attraktivität dieser Branche und den möglichen Erfolg oder Misserfolg einzelner Organisationen darin.

Dieser Abschnitt befasst sich zunächst mit dem *Five-Forces-Modell* von Michael Porter zur Branchenanalyse und stellt dann Techniken zur Analyse der *Dynamik* von Branchen oder Sektoren vor.

4 D. Rutherford, *Routledge Dictionary of Economics*, 2. Aufl., Routledge, 1995.
5 Siehe M.E. Porter, Competitive Strategy: Techniques for analysing industries and competitors, Free Press, 1980, S. 5.

2.3.1 Wettbewerbskräfte – das Five-Forces-Modell

Five-Forces-Modell

Das Five-Forces-Modell evaluiert die Attraktivität einer Branche oder eines Industriesektors auf Basis von Wettbewerbskräften.

Porters **Five-Forces-Modell**[6] wurde ursprünglich zur Abwägung der Attraktivität (Gewinnpotenzial) verschiedener Branchen entwickelt. Die *Five Forces* bestimmen die Struktur einer Branche (siehe Abbildung 2.2). Bei der ursprünglichen Entwicklung des Modells dachte man zwar an Unternehmen, doch die Analyse einer Branchenstruktur mittels dieses Modells ist für die meisten Organisationen ebenso sinnvoll. Sie kann ein sinnvoller Ausgangspunkt für eine strategische Analyse auch dort sein, wo Gewinnkriterien nicht zutreffen. In großen Teilen des öffentlichen Sektors hat jede der Five Forces ihr Gegenstück. Die Five Forces können nicht nur bei der Bewertung der Attraktivität einer Branche oder eines Sektors hilfreich sein, sie können auch einen Fahrplan für nötige Aktionen an wichtigen Knotenpunkten liefern.

Abbildung 2.2: Das Five-Forces-Modell

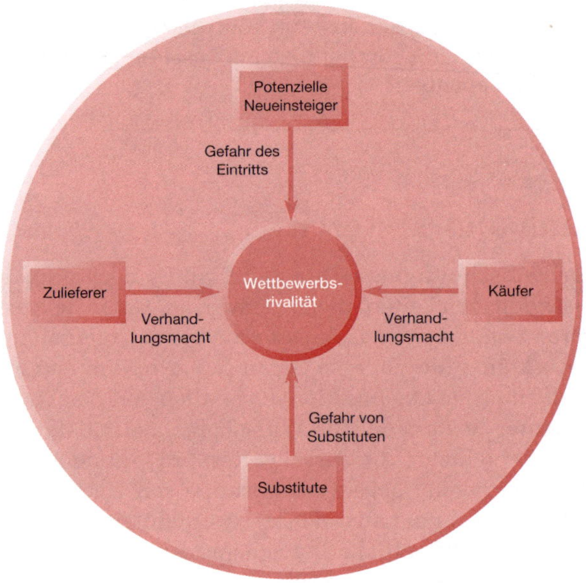

Die Five Forces sind:

- *Die Markteintrittsgefahr* in einer Branche,
- *die Gefahr von Substituten* zu den Produkten oder Dienstleistungen einer Branche,
- *die Macht der Käufer* dieser Produkte oder Dienstleistungen,
- *die Macht der Zulieferer* innerhalb der Branche sowie
- *das Ausmaß der Rivalität* zwischen Konkurrenten der Branche.

Porters grundlegende Botschaft lautet, dass eine Branche für den Wettbewerb nicht attraktiv ist, wenn diese Five Forces stark sind. Denn dann herrscht zu viel Konkurrenz und der Druck ist zu hoch, um vernünftige Gewinne zu erzielen. Im weiteren Verlauf dieses Abschnitts werden alle Five Forces im Detail erläutert.

6 Porter, Fußnote 5, Kap. 1. C. Christensen, „The past and future of competitive advantage", *Sloan Management* Review, Bd. 42, Nr. 2 (2001), S. 105–109 liefert eine interessante Kritik und Neuerungen zu einigen der Faktoren, die dem Porter-Modell zugrunde liegen.

Die Markteintrittsgefahr

Wie leicht ein Unternehmen in eine Branche einsteigen kann, beeinflusst ganz natürlich den Wettbewerb in dieser Branche. Die Markteintrittsgefahr hängt vom Ausmaß und von der Höhe der **Eintrittsbarrieren** ab. Dies sind Faktoren, die von Unternehmen, die neu auf einen Markt eintreten, überwunden werden müssen, damit sie dort wettbewerbsfähig sein können. Hohe Eintrittsbarrieren sind ein Vorteil für bereits bestehende Konkurrenten, denn sie schützen sie vor Neuankömmlingen. Typische Barrieren sind:

Eintrittsbarrieren

Eintrittsbarrieren sind Faktoren, die von Unternehmen, die neu auf einen Markt eintreten, überwunden werden müssen, damit sie dort wettbewerbsfähig sein können.

- *Größe und Erfahrung.* In manchen Branchen sind *Größenvorteile* von extremer Bedeutung, so etwa bei der Herstellung von Autos oder in der Werbung für schnelllebige Konsumgüter. Hat ein etabliertes Unternehmen einmal hohe Produktionszahlen erreicht, wird es für Neueinsteiger sehr teuer, nachzuziehen; zudem bleiben so lange, bis ein ähnliches Produktionsvolumen erreicht ist, die Stückkosten hoch. Dieser Größenvorteil verstärkt sich noch, wenn der Markteintritt hohe *Investitionen erfordert* wie etwa Forschungskosten in der pharmazeutischen Industrie oder eine gute Kapitaldecke in der Automobilbranche. Eintrittsbarrieren ergeben sich auch durch die Auswirkungen der *Erfahrungskurve*, die etablierten Unternehmen einen Kostenvorteil verschafft, da sie bereits gelernt haben, Dinge effektiver zu tun als ein unerfahrener Neueinsteiger (siehe *Kapitel 3*). Bis ein neues Unternehmen mit der Zeit ähnliche Erfahrungen gesammelt hat, werden seine Produktionskosten wahrscheinlich höher sein. Natürlich können sich verändernde Geschäftsmodelle auch für eine Verschiebung der Größenvorteile sorgen oder bestimmte Erfahrungen redundant werden lassen. So braucht man beim Internet-Banking lediglich 10.000 aktive Kunden (besonders wenn diese aus einer gewinnbringenden Nische kommen); außerdem sind Erfahrungen aus bestehenden traditionellen Filialen relativ unwichtig.
- *Zugang zu Zulieferern und Vertriebskanälen.* In manchen Branchen besitzen die Hersteller die Kontrolle über ihre Zulieferer und/oder Vertriebskanäle. Manchmal geschieht dies durch direktes Eigentum (vertikale Integration), manchmal einfach durch die Loyalität von Kunden oder Zulieferern. In einigen Branchen haben Neueinsteiger diese Hürde überwunden, indem sie bestimmte Vertriebskanäle umgingen und ihre Produkte über das Internet direkt an den Kunden verkauften (z.B. Dell Computer und Amazon).
- *Zu erwartende Vergeltungsmaßnahmen.* Wenn ein Unternehmen, das über einen Markteintritt nachdenkt, davon ausgeht, dass die Vergeltungsmaßnahmen eines bestehenden Unternehmens den Eintritt verhindern oder ihn zu kostspielig machen würden, dann stellt dies ebenfalls eine Eintrittsbarriere dar. Solche Vergeltungsmaßnahmen könnten ein Preiskrieg oder eine kämpferische Marketing-Aktion sein. Allein das Wissen, dass etablierte Unternehmen bereit sind, zurückzuschlagen, reicht schon als Eintrittsbarriere aus. Diese dynamische Interaktion zwischen etablierten Unternehmen und potenziellen Neueinsteigern wird in *Abschnitt 2.3.2* noch genauer behandelt. Auf internationalen Märkten kann es an vielen verschiedenen Stellen oder Orten zu einer solchen Vergeltung kommen (siehe *Kapitel 8*).
- *Gesetzgebung oder Handlungen des Staates.* Rechtliche Beschränkungen des Markteintritts reichen vom Patentschutz (etwa bei pharmazeutischen Produkten), über Marktregulierungen (etwa durch Rentenverkäufe) bis hin zum direkten Eingreifen des Staates (etwa durch Zölle). Fallen solche staatliche Schutzmaßnahmen weg, sind bestehende Unternehmen natürlich durch Neueinsteiger angreifbar, so wie dies bei der Deregulierung der Flugindustrie der Fall war.

- *Abgrenzung.* Abgrenzung bedeutet, ein Produkt oder eine Dienstleistung anzubieten, dessen/deren Wert höher eingeschätzt wird, als dies bei der Konkurrenz der Fall ist. Die Bedeutung dieses Punktes wird genauer in *Kapitel 6* behandelt. Autos grenzen sich beispielsweise durch Qualität und Markennamen ab. Stahl ist dagegen im Großen und Ganzen ein Rohstoff, der nicht abgegrenzt werden kann und daher pro Tonne verkauft wird. Hier wählen die Käufer einfach den billigsten Anbieter. Durch Abgrenzung sinkt die Gefahr eines Markteintritts, denn sie steigert die Kundenloyalität.

Die Gefahr von Substituten

Substitute

Substitute können die Nachfrage nach einer bestimmten Produktart senken, wenn Konsumenten zu den Alternativprodukten wechseln.

Substitute sind Produkte oder Dienstleistungen, die ähnliche Vorteile liefern wie die Produkte und Dienstleistungen einer Branche, aber durch einen anderen Prozess entstehen. So ist Aluminium ein Substitut für Stahl bei Automobilien; Züge sind Substitute für Autos; Film und Theater sind ebenfalls Substitute. Manager konzentrieren sich oft auf die Konkurrenz aus der eigenen Branche und vernachlässigen die Gefahr von Substituten. Substitute können die Nachfrage nach einer bestimmten „Produktklasse" reduzieren, wenn die Verbraucher auf Alternativen umsteigen. Das kann sogar soweit gehen, dass bestimmte Produktklassen obsolet werden. Damit aber der Substituteffekt wirkt, ist ein tatsächliches Umsteigen auf andere Produkte eigentlich gar nicht nötig. Schon das Risiko der Substitution sorgt für eine Deckelung der Preise innerhalb einer Branche. Obwohl also der Eurostar keine direkte Konkurrenz durch andere Zugverbindungen zwischen London und Paris hat, werden die Kosten, die für eine Fahrt verlangt werden können, dennoch letztendlich durch die Preise von Verbindungsflügen zwischen beiden Städten gedeckelt. Zwei wichtige Punkte gilt es in Bezug auf Substitute zu bedenken:

- *Das Preis-Leistungs-Verhältnis* ist ein wichtiger Faktor bei der Gefahr von Substitution. Ein Substitut ist immer noch eine wirkungsvolle Bedrohung, selbst wenn es teurer ist, solange es einen Leistungsvorteil bietet, den die Verbraucher wertschätzen. So ist Aluminium zwar teurer als Stahl, sein Vorteil für die Herstellung mancher Autoteile besteht jedoch darin, relativ leicht und korrosionsbeständig zu sein. Es kommt eben nicht nur auf den Preis allein, sondern auch auf das Preis-Leistungs-Verhältnis an.
- *Branchenexterne Effekte* sind der Kern des Substitutionskonzepts. Substitute kommen von außerhalb der Branchen etablierter Unternehmen und dürfen nicht mit der Bedrohung von Konkurrenten innerhalb einer Branche verwechselt werden. Der Wert des Substitutionskonzepts besteht darin, dass Manager dazu gezwungen werden, über ihre eigene Branche hinauszuschauen und auch weiter entfernte Gefahren und Beschränkungen zu bedenken. Je mehr Substitutionsgefahr besteht, desto unattraktiver ist meist die betroffene Branche.

Die Macht der Käufer

Käufer

Käufer sind die unmittelbaren Kunden einer Organisation (die nicht notwendiger Weise die Endkunden sein müssen).

Natürlich sind die Kunden ausschlaggebend für das Überleben jedes Unternehmens. Manchmal haben jedoch Kunden – hier **Käufer** – eine so starke Verhandlungsposition, dass Zulieferer kaum Gewinne machen können.

Die *Macht der Käufer* ist meist unter den folgenden Bedingungen am größten:

- *Konzentrierte Käufer.* Wenn nur einige wenige Großkunden für den Großteil des Umsatzes verantwortlich sind, so steigt die Käufermacht. Dies gilt in vielen europäischen Ländern für Grundnahrungsmittel wie Milch, denn hier bestimmen meist nur einige wenige Einzelhändler den Markt. Wenn ein einziges Produkt oder eine Dienstleistung einen hohen Prozentsatz der gesamten Einkäufe der Käufer ausmacht, so wächst ihre Macht ebenfalls. Denn dann ist es wahrscheinlicher, dass sie viele Produkte vergleichen, um den besten Preis zu bekommen, und dass sie die Preise der Hersteller eher drücken, als sie dies bei weniger wichtigen Produkten tun würden.
- *Geringe Umstellungskosten.* Wenn Käufer leicht von einem Zulieferer zu einem anderen wechseln können, haben sie eine starke Verhandlungsposition und können die Preise der Zulieferer drücken, die sie als Kunden dringend brauchen. Meist sind die Umstellungskosten bei kaum abgegrenzten Produkten wie Stahl eher gering.
- *Die Gefahr der Käuferkonkurrenz.* Verfügt der Käufer selbst über bestimmte Ausstattungen oder Betriebsanlagen, oder hat er die Möglichkeit, eine solche Ausrüstung zu erwerben, so besitzt er meist mehr Verhandlungsmacht gegenüber dem Zulieferer. Denn dann kann er androhen, die Arbeit des Zulieferers selbst zu tun. Dies wird *rückwärtige vertikale Integration* genannt, denn damit bewegt man sich zurück zum Ursprung der gelieferten Produkte. Dazu kommt es, wenn etwa keine zufriedenstellende Einigung über Preise und Qualität zwischen Käufer und Zulieferer erzielt werden kann. So haben zum Beispiel einige Glashersteller gegenüber ihren Kunden an Macht verloren, als einige große Fensterhersteller beschlossen, eigenes Glas zu produzieren.

Hier ist es sehr wichtig, den Begriff der Käufer vom Begriff des Endverbrauchers abzugrenzen. So sind für Unternehmen wie Nestlé oder Unilever Käufer in der Regel Einzelhändler wie etwa Carrefour oder Tesco und keine normalen Verbraucher (siehe Ausführungen zum Thema „strategischer Kunde" in *Abschnitt 2.4.3*). Carrefour und Tesco besitzen viel mehr Verhandlungsmacht als jeder normale Verbraucher. Die hohe Kaufkraft solcher Supermärkte ist zu einem starken Druckmittel auf die entsprechenden Zulieferer geworden.

Die Macht der Zulieferer

Zulieferer versorgen die Organisation mit dem, was sie zur Herstellung ihrer Produkte oder Dienstleistungen benötigt. Dies kann sowohl Treibstoff, Rohstoffe und Ausrüstung als auch Arbeitskraft und Finanzmittel beinhalten. Die Faktoren, die die Macht der Zulieferer stärken, sind die Gegenspieler der Faktoren für die Käufermacht. Also ist die *Macht der Zulieferer* unter folgenden Bedingungen meist sehr groß:

Zulieferer

Zulieferer versorgen die Organisation mit dem, was sie zur Herstellung ihrer Produkte oder Dienstleistungen benötigt, unter anderem Arbeitskräfte oder finanzielle Ressourcen.

- *Konzentrierte Zulieferer.* Wenn nur einige wenige Produzenten die Zulieferung dominieren, haben diese Zulieferer mehr Macht über die Käufer. Die Eisenerzindustrie ist jetzt konzentriert und befindet sich in den Händen von drei Hauptzulieferern, sodass die Stahlfirmen, die stark fragmentiert sind, in einer sehr schlechten Verhandlungsposition für diesen wichtigen Rohstoff sind.
- *Hohe Umstellungskosten.* Wenn es sehr teuer oder umständlich ist, den Zulieferer zu wechseln, steigt die Abhängigkeit des Käufers und schwächt somit seine Position. Microsoft ist ein mächtiger Anbieter, denn hier sind die Umstellungskosten auf ein anderes Betriebssystem enorm hoch. Die Käufer sind bereit, einen Aufpreis zu zahlen, um Probleme zu vermeiden, und Microsoft weiß das.

- *Die Gefahr der Zuliefererkonkurrenz.* Zulieferer verfügen über mehr Macht, wenn sie Kunden ausschließen können, die als Zwischenhändler agieren. So konnten zum Beispiel Fluglinien harte Verträge mit Reisebüros aushandeln, denn die Zunahme von Online-Buchungen eröffnete ihnen einen direkten Zugang zum Kunden. Dies wird *vorwärts gerichtete vertikale Integration* genannt, denn damit bewegt man sich weiter auf den Endverbraucher zu.

Die meisten Organisationen haben viele Zulieferer, daher muss man sich in der Analyse auf die wichtigsten Zulieferer oder Zuliefererarten konzentrieren. Verfügen sie über große Macht, können Zulieferer die gesamten potenziellen Gewinne ihrer Käufer für sich beanspruchen, einfach nur dadurch, indem sie ihre Preise erhöhen. So ist es vielen Fußballstars gelungen, ihre Honorare in astronomische Höhen zu treiben, während die führenden Fußballvereine – ihre „Käufer" – um Gelder kämpfen müssen.

Wettbewerbsrivalität

Diese vier weiter gefassten Wettbewerbskräfte (die vier Pfeile in dem Modell) wirken sich allesamt auf die direkte Wettbewerbsrivalität zwischen der Organisation und ihren unmittelbaren Rivalen aus. So steigern niedrige Eintrittsbarrieren die Zahl der Konkurrenten, und mächtige Käufer mit geringen Umstellungskosten zwingen ihre Zulieferer in eine harte Rivalität, um die besten Angebote machen zu können. Je mehr Wettbewerbsrivalität besteht, umso schwerer haben es etablierte Unternehmen in einer Branche.

Wettbewerber

Wettbewerber sind Organisationen mit ähnlichen Produkten oder Dienstleistungen, welche die gleiche Kundengruppe ansprechen.

Wettbewerber sind Organisationen mit ähnlichen Produkten oder Dienstleistungen, die auf die gleichen Kundengruppen abzielen (also keine Substitute anbieten). In der europäischen Transportbranche sind Air France und British Airways Rivalen, Züge dagegen sind Substitute. Zusätzlich zu den vier oben genannten Kräften gibt es eine Reihe weiterer Faktoren, die das Ausmaß der Wettbewerbsrivalität innerhalb einer Branche oder eines Sektors beeinflussen:

- *Gleichgewicht der Konkurrenten.* Wenn alle Konkurrenten in etwa gleich groß sind, besteht die Gefahr eines sehr intensiven Wettbewerbs, denn ein Konkurrent möchte die anderen dominieren. Umgekehrt gibt es häufig in weniger hart umkämpften Branchen eine oder zwei dominante Organisationen, die von den kleineren Vertretern der Branche meist nicht direkt herausgefordert werden. (Diese konzentrieren sich beispielsweise auf Marktnischen, um nicht die Aufmerksamkeit der großen Konkurrenten auf sich zu ziehen.)
- *Wachstumsrate der Branche.* Wächst eine Branche sehr stark, so kann auch eine Organisation mit dem Markt wachsen. Stagniert das Wachstum aber, oder ist es gar rückläufig, so geht das Wachstum eines Wettbewerbers immer auf Kosten eines anderen Wettbewerbers und trifft auf harte Gegenwehr. Oft herrscht auf Märkten mit geringen Wachstumsraten daher ein harter Preiskampf und geringe Rentabilität. Der *Lebenszyklus einer Branche* beeinflusst ihre Wachstumsraten und somit auch die dort herrschenden Wettbewerbsbedingungen; siehe *Abschnitt 2.3.2*.
- *Hohe Fixkosten.* Große Rivalität herrscht auch meist in Branchen mit hohen Fixkosten, die sich etwa durch hohen Investitions- oder Kapitalbedarf oder durch großen Forschungsaufwand ergeben. Die Unternehmen bemühen sich, ihre Produktionskosten pro Stück zu senken, indem sie in größeren Mengen produzieren: Dazu senken sie häufig ihre Preise und bringen so die Konkurrenz dazu, es ihnen nachzumachen, sodass es letztendlich zu einem Preiskrieg kommt, unter dem alle Beteiligten

leiden. Ähnliches gilt, wenn eine Produktionssteigerung nur in großen Stückzahlen erfolgen kann (wie etwa bei der Herstellung von Chemikalien oder Glas), denn in einem solchen Fall entsteht durch das betroffene Unternehmen kurzfristig eine Überkapazität in der gesamten Branche, was wiederum zu verstärktem Wettbewerb durch Nutzung der Kapazität führt.

- *Hohe Austrittsbarrieren.* Gibt es in einer Branche hohe Austrittsbarrieren – etwa durch Schließungen oder Investitionsabbau – so steigt dadurch meist die Rivalität. Dies gilt besonders in rückläufigen Branchen. Überschüssige Kapazitäten sind die Folge, also kämpfen die etablierten Unternehmen darum, ihren Marktanteil zu halten. Für solche hohen Austrittsbarrieren kann es viele Gründe geben, etwa hohe Redundanzkosten oder teure Investitionen in spezielle Vermögenswerte wie Fabriken und Maschinen, die andere Unternehmen nicht kaufen würden.
- *Geringe Abgrenzung.* Auf einem Rohstoffmarkt, wo Güter und Dienstleistungen sich kaum gegeneinander abgrenzen lassen, steigt die Rivalität, denn die Kunden können sehr leicht von einem Konkurrenten zum anderen wechseln, sodass der einzig mögliche Wettbewerb über den Preis betrieben werden kann.

Beispiel 2.3 Konsolidierung der Stahlindustrie

Die Five-Forces-Analyse macht es leichter zu verstehen, warum sich die Attraktivität einer Branche verändert.

Lange galt die Stahlindustrie als statisch und unrentabel. Die Unternehmen konzentrierten sich auf das eigene Land, waren häufig verstaatlicht und die Gewinne blieben aus – in den ersten Jahren nach 2000 gingen allein in den USA über 50 unabhängige Stahlproduzenten in Konkurs. Doch die jüngste Vergangenheit brachte die Revolution. So zahlte etwa 2006 das Unternehmen Mittal Steel $ 35 Mrd. (€ 28 Mrd.) für die Übernahme des europäischen Stahlgiganten Arcelor. Dadurch entstand der weltweit größte Stahlproduzent. Im folgenden Jahr kaufte das indische Konglomerat Tata das englisch-holländische Stahlunternehmen Corus für $ 13 Mrd. auf. Diese hohen Preise sprachen dafür, dass man durchaus daran glaubte, in der Branche eine Wende herbeiführen zu können.

Neueinsteiger

In den letzten zwei Jahrzehnten sind zwei mächtige Gruppen neu auf den Stahlmarkt gekommen: Zunächst stieg nach einer Zeit der Privatisierung und Reorganisation Russland im Jahr 2009 zum zweitgrößten Stahlexporteur (nach Japan) auf, wobei Unternehmen wie Severstal und Evraz die Führung übernahmen. Doch auch China entwickelte sich zu einer Weltmacht auf dem Stahlmarkt. Vom Beginn der 1990er Jahre bis 2009 konnten chinesische Stahlproduzenten ihre Kapazitäten um das Sechsfache steigern. Obwohl Chinas Anteil an der weltweit verfügbaren Produktionskapazität im Jahr 2009 bei über 40 Prozent lag, wurde hier in der Hauptsache für den heimischen Markt produziert. 2009 belegte China auf dem weltweiten Stahlexportmarkt lediglich Rang vier.

Substitute

Die Stahlproduktion bedient sich einer Technologie aus dem 19. Jahrhundert und wird zunehmend von anderen Materialen abgelöst, etwa von Aluminium in der Autoindustrie, bei Verpackungen und in der Plastikherstellung oder von Keramik und anderen Gemischen in vielen High Tech-Bereichen. Die technischen Fortschritte bei der Stahlproduktion selbst sorgen manchmal sogar für einen Bedarfsrückgang. So wurden Dosen aus Stahl im Laufe der letzten Jahrzehnte allmählich um etwa ein Drittel dünner.

Käufermacht

Die wichtigsten Stahlkäufer sind internationale Autofirmen, etwa Ford, Toyota und Volkswagen. Autohersteller sind anspruchsvoll und oft führend bei der technischen Entwicklung ihrer Materialen. Zumindest in den USA hat der Niedergang der einst dominierenden „Großen Drei“ – General Motors, Ford und Chrysler – dazu geführt, dass viele neue Kunden auf den heimischen Markt drängen, denn Autobauer wie BMW, Toyota, Nissan und Honda gründen hier neue Produktionswerke. Aus der Branche der Metallverpackungen kommen weitere wichtige Kunden. Führende Dosenhersteller wie Crown Holdings, die ein Drittel aller Lebensmitteldosen in Nordamerika und Europa produziert, kaufen Stahl in großen Mengen und koordinieren ihre Einkäufe rund um die Welt.

Zulieferermacht

Eisenerz ist der wichtigste Rohstoff für die Stahlproduktion. Die drei großen Lieferanten – CVRD, Rio Tinto und BHP Billton – kontrollieren 70 Prozent des internationalen Marktes. Zwischen 2005 und 2008 vervierfachte sich der Marktpreis, und selbst im Jahr 2010 lag er trotz Rezession immer noch doppelt so hoch wie 2005.

Wettbewerbsrivalität

Die Stahlbranche war über lange Zeit sehr zerstückelt: Im Jahr 2000 waren die fünf größten Stahlproduzenten weltweit für nur 14 Prozent der gesamten Produktion verantwortlich. Firmen wie Nucor in den USA, Thyssen-Krupp in Deutschland sowie Mittal und Tata reagierten, indem sie schwächere Konkurrenten weltweit aufkauften. Im Jahr 2009 lag der Gesamtanteil der fünf größten Produzenten bereits bei 20 Prozent. Der neue Stahlgigant ArcelorMittal war allein für etwa 10 Prozent der weltweiten Stahlproduktion verantwortlich und beherrschte ein Fünftel des europäischen Marktes. Trotz eines Konjunkturhochs 2008 und einer rückläufigen Phase im Jahr 2009 entsprach der Stahlpreis auf dem Weltmarkt im Jahr 2010 in etwa dem von 2005.

Kontrollfragen

1. Welche der Five Forces wirkte sich in jüngster Zeit eher positiv auf die Stahlproduzenten aus, welche eher negativ?
2. Erklären Sie die Übernahmestrategien von Unternehmen wie Mittal, Tata und Nucor.
3. Was könnte sich in der Zukunft verändern und so die Stahlindustrie noch attraktiver oder aber weniger attraktiv machen.

Auswirkungen der Five-Forces-Analyse

Das Five-Forces-Modell bietet nützliche Einblicke in Bezug auf die Kräfte, die im Branchen- oder Sektorenumfeld einer Organisation wirken. Beispiel 2.3 beschreibt diese Five Forces innerhalb der sich verändernden Stahlindustrie. Es ist jedoch wichtig, das Modell nicht nur zur einfachen Auflistung der Five Forces zu nutzen. Im Grunde kommt es vielmehr auf eine Bewertung der Attraktivität einer Branche an. Jede Analyse sollte also mit einer Beurteilung abschließen, ob in einer Branche gute Wettbewerbsbedingungen herrschen oder nicht.

Als nächstes sollte die Analyse dazu anregen, die Auswirkungen dieser Kräfte zu untersuchen. Diese sind zum Beispiel:

- *In welche Branchen sollte man einsteigen (oder aus welchen aussteigen)?* Der grundlegende Zweck des Five-Forces-Modells besteht darin, die relative Attraktivität verschiedener Branchen zu ermitteln. Wirken die Kräfte nur schwach, handelt es sich um eine attraktive Branche. Manager sollten in Branchen investieren, in denen die Five Forces zu ihren Gunsten wirken, und sich aus Branchen zurückziehen oder diejenigen ganz vermeiden, wo sich die Kräfte negativ auf ihre Organisation auswirken.
- *Welchen Einfluss kann man ausüben?* Branchenstrukturen sind nicht immer fest verankert, sondern können oft durch gezieltes strategisches Management beeinflusst werden. So können Organisationen beispielsweise Eintrittsbarrieren errichten, indem sie ihre Werbebudgets erhöhen und so die Loyalität der Kunden steigern. Sie können Konkurrenten aufkaufen und dadurch den Wettbewerb entschärfen und ihre Macht über Käufer oder Zulieferer ausbauen. Branchenstrukturen können also auf vielerlei Weise beeinflusst werden. Dies alles gehört zum Thema *Wettbewerbsstrategien* und wird in *Kapitel 6* näher betrachtet.
- *Wie unterscheiden sich die Auswirkungen auf die einzelnen Konkurrenten?* Veränderungen der Branchenstruktur haben nicht auf alle Konkurrenten die gleiche Wirkung, gleichgültig ob sie spontan oder geplant geschehen. Wenn Eintrittsbarrieren aufgrund höherer Ausgaben für Forschung und Entwicklung oder für Werbung geschaffen werden, kann dies es kleineren Konkurrenten in der Branche unmöglich machen, mit den Großen mitzuhalten, sodass sie schließlich ausgepresst werden. Ebenso schadet wachsende Zulieferermacht besonders den kleinen Wettbewerbern. Hier hilft eine Analyse der strategischen Gruppen (siehe *Abschnitt 2.4.1*).

Obwohl die Five-Forces-Analyse ursprünglich aus dem privaten Sektor kommt, kann sie sich auch sehr wohl auf Organisationen der öffentlichen Hand auswirken. So können die Five Forces etwa genutzt werden, um das Angebot an Dienstleistungen zu steuern oder den Fokus auf wichtige Bereiche zu lenken. Es kann sich lohnen, die Managementinitiative von einem Bereich mit vielen einzelnen und sich überschneidenden Dienstleistungen (wie etwa Sozialarbeit, Bewährungshilfe oder Bildung) auf ein Gebiet zu verlagern, in dem weniger Wettbewerb herrscht und wo sich die Organisationen stärker gegeneinander abheben. Ebenso könnten Strategien entwickelt werden, um die Abhängigkeit von besonders mächtigen und teuren Zulieferern wie etwa Energielieferanten zu mindern.

Wichtige Kernpunkte für den Einsatz des Five-Forces-Modells

Das Five-Forces-Modell muss behutsam verwendet werden und ist, selbst auf Branchenebene, nicht unbedingt vollständig. Beim Einsatz des Modells sollte man folgende drei Kernpunkte beachten:

- *Festlegung der „richtigen" Branche.* Die meisten Branchen können auf verschiedenen Ebenen analysiert werden. So besteht die Luftfahrtindustrie aus mehreren Segmenten wie etwa Inlandsflüge oder Langstrecken und hat unterschiedliche Kundengruppen wie Urlauber, Geschäftsleute und Frachttransporte (siehe *Abschnitt 2.4.2* unten). Höchstwahrscheinlich wirken die die Wettbewerbskräfte in jedem dieser verschiedenen Segmente anders und können auch separat analysiert werden. Oft bietet es sich an, eine Branchenanalyse aufzuteilen und jedes Segment einzeln zu betrachten. Das Gesamtbild der Branche kann dann aus den Einzelanalysen zusammengesetzt werden.

Konvergenz

Konvergenz bedeutet, dass vormals voneinander getrennte Branchen beginnen, sich allmählich zu überlappen in Bezug auf ihre Aktivitäten, Technologien, Produkte und Kunden.

- *Konvergierende Branchen.* Oft ist es schwierig, Branchen gegeneinander abzugrenzen, da sich die Grenzen ständig verändern. So unterliegen viele Branchen, besonders im High Tech-Bereich, einer **Konvergenz**, d.h. vormals voneinander getrennte Branchen beginnen sich allmählich zu überlappen in Bezug auf ihre Aktivitäten, Technologien, Produkte und Kunden.[7] Der technologische Fortschritt brachte beispielsweise eine Konvergenz zwischen der Telefon- und der Fotobranche hervor, denn immer mehr Handys verfügen über Kameras und Videofunktionen. Für einen Hersteller von Fotoprodukten wie Kodak stellen Handys zunehmend Substitute dar, und bald müssen Firmen wie Nokia oder Samsung als direkte Konkurrenten wahrgenommen werden.
- *Komplementäre Produkte.* Einige Analysten sprechen von einer „sechsten Kraft", Organisationen nämlich, die komplementäre Produkte oder Dienstleistungen liefern. Solche *Komplementoren* sind Unternehmen, von denen Kunden komplementäre Produkte erwerben, die zusammen mehr wert sind als einzeln. So sind Dell und Microsoft insofern Komplementoren, als Computer und Software natürlich für den Kunden komplementäre Produkte darstellen. Microsoft ist darauf angewiesen, dass Dell leistungsfähige Geräte produziert, auf denen die neueste Software aufgespielt werden kann. Umgekehrt braucht Dell Microsoft, damit die Geräte überhaupt genutzt werden können. Ebenso sind die Macher des Fernsehprogramms und die Hersteller von Fernsehzeitungen Komplementoren. Hier ergeben sich zwei weiterführende Aspekte. Zunächst haben Komplementoren die Möglichkeit zur *Kooperation.* Für Microsoft und Dell macht es durchaus Sinn, sich gegenseitig über die eigenen neuesten technischen Entwicklungen zu informieren. Daraus ergibt sich eine erhebliche Verschiebung der Perspektive. Während Porter's Five-Forces-Modell alle Organisationen als Konkurrenten um ihren Anteil vom „Branchenkuchen" darstellt, könnten Komplementoren zusammenarbeiten und so sogar den Wert des gesamten Kuchens steigern.[8] Aufgrund dessen könnten Komplementoren allerdings auch

7 Siehe L. Van den Berghe und K. Verweire, „Convergence in the financial services industry", *Geneva Papers on Risk and Insurance*, Bd. 25, Nr. 2 (2000), S. 262–272, und A. Malhotra und A. Gupta, „An investigation of firms' responses to industry convergence", *Academy of Management Proceedings*, 2001, G1–6.

8 Für Abhandlungen über den Bedarf eines kollaborativen Wettbewerbsansatzes sowie eines Ansatzes nach Porter für die Branchenanalyse siehe J. Burton, „Composite strategy: The combination of collaboration and competition", *Journal of General Management*, Bd. 21, Nr. 1 (1995), S. 3–28, und R. ul-Haq, *Alliances and Co-evolution: Insights from the Banking Sector*, Palgrave Macmillan, 2005.

einen Großteil des verfügbaren Marktwerts für sich selbst beanspruchen. Microsoft etwa erzielt weitaus höhere Gewinne als die Hersteller komplementärer Computerprodukte und die hohen Margen des Unternehmens drücken die Umsätze und Margen anderer Firmen wie etwa Dell. Das Potenzial von Kooperation oder Antagonismus, das sich aus einer solchen „sechsten Kraft“ ergibt, muss bei der Branchenanalyse mit in Betracht gezogen werden.[9]

2.3.2 Die Dynamik einer Branchenstruktur

Die Analyse einer Branchenstruktur kann leicht zu statisch geraten, schließlich bedeutet Struktur meist gleichzeitig Stabilität.[10] Aus den vorhergehenden Abschnitten ergibt sich jedoch die Frage, wie sich Wettbewerbskräfte *im Laufe der Zeit* verändern. Es ist sehr wahrscheinlich, dass die Hauptantriebskräfte des Wandels eine Branchenstruktur verändern und eine Analyse verschiedener Szenarien kann helfen, die sich daraus ergebenden Auswirkungen zu verstehen. Dieser Abschnitt befasst sich mit drei weiteren Herangehensweisen an das Verständnis veränderbarer Branchenstruktur: Das Konzept des *Branchenlebenszyklus*, der Begriff des *Hyperwettbewerbs* und die *komparative Five-Forces-Analyse*.

Der Branchenlebenszyklus

Der Einfluss der Five Forces variiert meist in Abhängigkeit zur jeweiligen Phase des Branchenlebenszyklus. Dieser Begriff beinhaltet, dass eine Branche in ihrer Entwicklung meist klein beginnt, dann eine Phase raschen Wachstums erlebt (das Gegenstück zur Adoleszenz im menschlichen Lebenszyklus), die schließlich in einer Periode der „Marktbereinigung“ gipfelt. In den letzten beiden Phasen des Zyklus zeigt sich ein geringes oder gar Nullwachstum („Reife“) bevor schließlich die Phase des Rückgangs („Alter“) einsetzt. Aus jeder dieser Phasen ergeben sich Auswirkungen auf die Five Forces.[11]

In der *Entwicklungsphase* wird noch experimentiert. Meist gibt es einige wenige Akteure auf dem Markt, die nur in geringem Maße miteinander konkurrieren und stark gegeneinander abgegrenzte Produkte anbieten. Die Five Forces wirken meist nur schwach, doch auch die Gewinne fallen aufgrund hoher Investitionsanforderungen oft mager aus. In der nächsten Phase herrscht starkes Wachstum und geringe Rivalität, denn der Markt bietet genügend Chancen für jeden. Käufer möchten sich vielleicht schnell große Vorräte sichern, sind dadurch nicht sehr anspruchsvoll und verringern so ihre eigene Macht. Ein Nachteil dieser Wachstumsphase besteht darin, dass meist nur geringe Eintrittsbarrieren vorhanden sind, da die bestehenden Konkurrenten noch klein sind und bisher weder viele Erfahrungen gesammelt noch die Loyalität ihrer Kunden erworben haben. Ein weiterer potenzieller Nachteil liegt in der Macht der Zulieferer,

9 Die klassische Diskussion liefern A. Brandenburger und B. Nalebuff, „The right game: Use game theory to shape strategy“, *Harvard Business Review*, Bd. 73, Nr. 4 (1995), S. 57–71. Zu den Gefahren der Komplementoren siehe D. Yoffie und M. Kwak, „With friends like these“, *Harvard Business Review*, Bd. 84, Nr. 9 (2006), S. 88–98.

10 Es gibt eine gute Diskussion über die statische Natur des Porter-Modells und anderer Einschränkungen bei M. Grundy, „Rethinking and reinventing Michael Porter's five forces model“, *Strategic Change*, Bd. 15 (2006), S. 213–229.

11 Eine klassische akademische Übersicht des Branchenlebenszyklus liefert S. Klepper, „Industry life cycles“, *Industrial and Corporate Change*, Bd. 6, Nr. 1 (1996), S. 119–143, siehe auch A. McGahan, „How industries evolve“, *Business Strategy Review*, Bd. 11, Nr. 3 (2000), S. 1–16.

wenn Komponenten oder Material knapp werden, die die schnell wachsenden Unternehmen für ihre Expansion brauchen. Die Phase der *Marktbereinigung* beginnt, sobald sich das Wachstum verlangsamt, sodass der zunehmende Wettbewerb die Schwächsten der Neueinsteiger vom Markt vertreibt. In der *Reifephase* werden die Eintrittsbarrieren meist höher, da die Vertriebskanäle alle kontrolliert werden und Größenvorteile sowie die Vorteile der Erfahrungskurve ins Spiel kommen. Produkte oder Dienstleistungen werden oft standardisiert. Käufer werden mächtiger, denn der Reiz des Neuen ist verschwunden und es fällt ihnen leichter, zwischen den Anbietern zu wechseln. Für große Unternehmen kommt es typischerweise hauptsächlich auf den Marktanteil an, denn ist dieser groß, schützt er sie vor der Macht der Käufer und bietet einen Wettbewerbsvorteil bei den Kosten. In der Phase des *Rückgangs* kann es schließlich zu extremer Rivalität kommen, besonders dort, wo es hohe Austrittsbarrieren gibt, denn sinkende Umsatzzahlen zwingen die verbleibenden Konkurrenten zu einem harten Kampf gegeneinander. Abbildung 2.3 fasst einige der Bedingungen der verschiedenen Phasen des Lebenszyklus nochmals zusammen.

Dennoch darf man nicht zu sehr an die Unvermeidbarkeit der verschiedenen Lebensphasen glauben. So folgen die Phasen nicht unbedingt immer in gleicher Reihenfolge aufeinander. Die Länge der Wachstumsphasen variiert erheblich je nach Branche, und oft verursacht eine Innovation eine Beschleunigung der Reifephase. So durchlief die Telefonbranche, die sich ein Jahrhundert lang auf Festnetztelefone stützte, durch die Einführung von Handys und Internettelefonie ihre Reifephase in Rekordzeit. Anita McGahan warnt vor der „Reifementalität", die viele Manager selbstzufrieden werden lässt, sodass sie auf neue Konkurrenz zu spät reagieren.[12] Denn auch in einer reifen Branche geht es nicht immer nur um das Warten auf den Abstieg. Obwohl ein stetiges Fortschreiten durch die einzelnen Lebensphasen nicht unvermeidlich ist, erinnert das Konzept des Lebenszyklus den Manager dennoch daran, dass sich Bedingungen im Laufe der Zeit ändern. Besonders in sich schnell verändernden Branchen muss die Five-Forces-Analyse regelmäßig überarbeitet werden.

Abbildung 2.3:
Der Branchenlebenszyklus

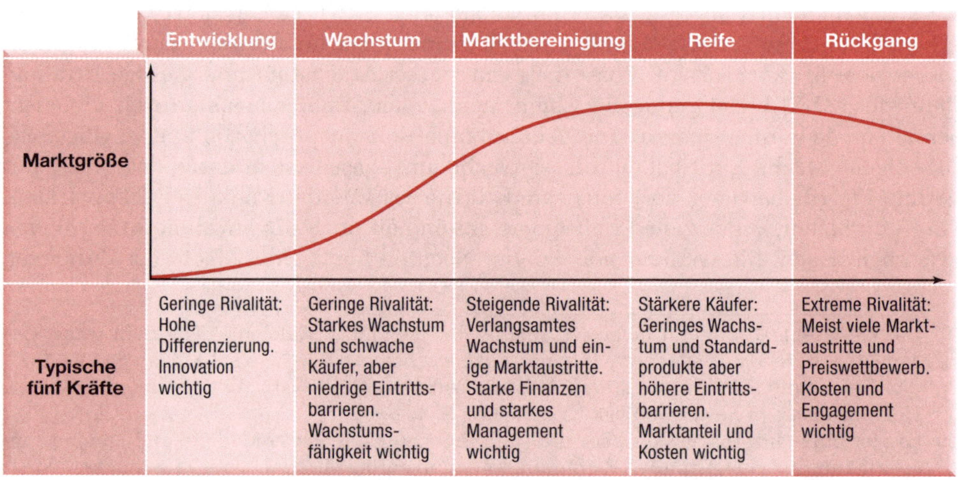

12 A. McGahan, „How industries evolve", *Business Strategy Review*, Bd. 11, Nr. 3 (2000), S. 1–16.

Hyperwettbewerb und Wettbewerbszyklen

Konkurrenten reagieren mit ihren Handlungen ständig aufeinander: Preissenkungen werden kopiert und Innovationen imitiert. Diese Abfolge von Aktion und Reaktion wird als *Wettbewerbszyklus* bezeichnet. In manchen Branchen werden solche Interaktionen so intensiv und schnell, dass dadurch die Branchenstruktur regelrecht unterwandert wird. Solche Branchen werden als *hyperkompetitiv* bezeichnet (d.h. der Wettbewerb ist sehr intensiv), und alle Beteiligten werden durch die aggressiven Interaktionen der Konkurrenten in rasche Abwärtsspiralen gezwungen. Die Konkurrenten starten ständig Angriffe und Gegenangriffe, sodass keine Stabilität entstehen und auch keine nachhaltigen Gewinne erzielt werden können. Das Konzept der Wettbewerbszyklen unterstreicht die Tatsache, dass Branchenstrukturen nicht „natürlich gewachsen" sind, sondern oft durch bewusste strategische Handlungen von Konkurrenten geformt und verändert werden. Abbildung 2.4 zeigt einen theoretischen Wettbewerbszyklus; ein empirisches Beispiel ist in Beispiel 2.4 beschrieben.

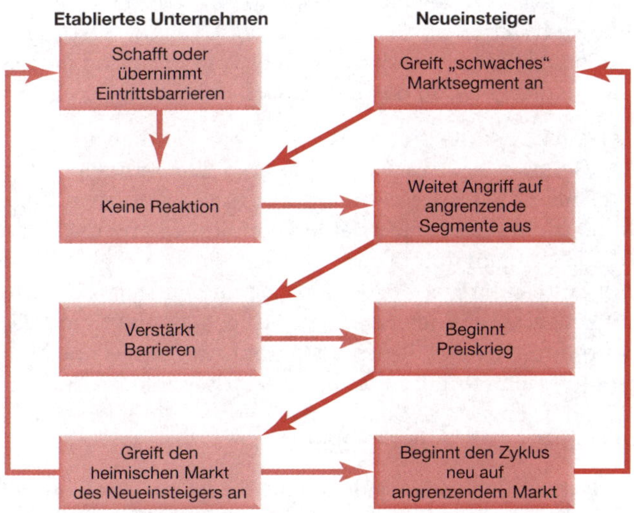

Abbildung 2.4: Wettbewerbszyklen

Beispiel 2.4 Wettbewerbszyklen

Veränderungen des Geschäftsumfelds und Aktionen der Konkurrenten schwächen die Wettbewerbsposition von Organisationen, die ihrerseits mit Gegenangriffen reagieren. Auch der Wettbewerb bewegt sich in Zyklen, sodass ein Wettbewerbsvorteil immer nur vorübergehend besteht.

Betrachten wir die Interaktionen zwischen Francotop, dem sehr rentablen und dominanten Unternehmen in einer Marktnische für Konsumgüter in Frankreich, und Deutsche Spitze, einer deutschen Firma mit einem ähnlichen Produkt, die sich auf dem europäischen Markt etablieren wollte.

Die erste Wettbewerbsaktion von Deutsche Spitze bestand darin, französische Konsumenten einer Altersgruppe anzusprechen, in der Konsum und Markenbewusstsein jeweils gering waren. Francotop hatte seine Marketingaktionen auf die Gruppe der über 25-Jährigen beschränkt, und die Deutschen sahen ihre Chance, den Markt auf die 18- bis 25-Jährigen auszudehnen. Mit ihren Werbeaktionen waren sie bei dieser Gruppe auch recht erfolgreich. Diesen ersten Schritt ignorierte Francotop, denn das eigene Geschäft wurde dadurch nicht beeinträchtigt. Der zweite Schritt, den Deutsche Spitze machte, war allerdings ein Angriff auf den wichtigsten Markt von Francotop, die ältere Verbrauchergruppe. Das brachte Francotop dazu, ebenfalls eine Werbekampagne zu starten, die das Markenbewusstsein in seinem traditionellen Marktsegment stärken sollte. Dadurch hoffte man, das deutsche Unternehmen in seine ursprüngliche Nische zurückzudrängen.

Deutsche Spitze reagierte mit einer Gegenkampagne und Preissenkungen – und untergrub damit die Margen des französischen Rivalen. Daraufhin eskalierte der Wettbewerb mit einem Angriff von Francotop auf den deutschen Markt. Diese größere Wettbewerbsaktivität rächte sich, denn beide ursprünglich starken Märkte wurden zunehmend ausgehöhlt und es kam nach und nach zu einer Verschmelzung des deutschen und des französischen Marktes.

Zu diesem Zeitpunkt könnte sich dieser gesamte Wettbewerbszyklus in einem angrenzenden Markt, wie etwa Großbritannien wiederholen. Stattdessen sah Deutsche Spitze aber die Chance, die ursprüngliche Wettbewerbsbasis aus Kosten und Qualität zu verlassen und seine Produkte so anzupassen, dass sie für die professionelle Nutzung interessant wurden. Seine Kernkompetenzen in der Forschung und Entwicklung ermöglichten es dem deutschen Unternehmen, sein neues Produkt schneller auf den Markt zu bringen als die französische Konkurrenz. Dann wurde dieser Vorteil des ersten Schritts ausgebaut, und es wurden Eintrittsbarrieren errichtet und verteidigt. So wurden spezielle Betreuer für die wichtigsten Kunden engagiert, Sonderangebote für eine schnelle Nutzung des Produkts und Dreijahresverträge angeboten.

Diese starke Marktposition wurde jedoch vom französischen Unternehmen angegriffen, und so kam es zu einem ähnlichen Wettbewerbszyklus wie oben beim Konsumgut beschrieben. Doch das deutsche Unternehmen hatte mittlerweile genügend finanzielle Reserven angelegt, um einen Preiskrieg überleben zu können, den es selbst anzettelte. Es war bereit und in der Lage, finanzielle Verluste über einen längeren Zeitraum hinweg in Kauf zu nehmen als die französische Konkurrenz – die schließlich den professionellen Markt verlassen musste.

Kontrollfragen

1. Hätte das französische Unternehmen den Wettbewerbszyklus verlangsamen können?
2. Wie hätte das französische Unternehmen den deutschen Konkurrenten von einer Eskalation des Wettbewerbs, zum eigenen Vorteil, auf dem professionellen Markt abhalten können?

Abbildung 2.4 zeigt einen Wettbewerbszyklus, der aus verschiedenen Aktionen und Reaktionen zweier Konkurrenten über einen bestimmten Zeitraum hinweg besteht. Er beginnt mit dem Angriff eines Neueinsteigers auf den etablierten Marktanteil eines bestehenden Unternehmens, das scheinbar durch lange bestehende Barrieren geschützt ist. Der Neueinsteiger greift ganz bewusst ein ungeschütztes Marktsegment des gesamten Marktes an. Kommt vom etablierten Konkurrenten keine starke Gegenwehr (kein Rückschlag also), so weitet der Neuankömmling seinen Angriff auf angrenzende Marktsegmente aus. Dadurch besteht die Gefahr des erhöhten Branchenwettbewerbs und damit rasch sinkender Gewinne. In Abbildung 2.4 reagiert das etablierte Unternehmen schließlich, indem es die Eintrittsbarrieren erhöht und durch stärkere Abgrenzung die Loyalität der Kunden stärkt. Der Neueinsteiger kontert mit einem Preiskrieg. Der letzte Ausweg des etablierten Unternehmens besteht darin, den heimischen Markt des Eindringlings anzugreifen. Dadurch hofft es, genug Schaden anzurichten, um den Neuankömmling zum Rückzug zu zwingen. So steigt auch die Rivalität auf dem heimischen Markt. Gleichzeitig tut das bestehende Unternehmen alles, um seine Eintrittsbarrieren zu erhöhen.

Beispiel 2.4 zeigt einen ähnlichen Wettbewerbszyklus auf internationaler Ebene. Hier finden Aktionen und Gegenaktionen der Konkurrenten gleichzeitig an mehreren Orten statt. So löste eine Wettbewerbsaktion innerhalb einer Arena, der aggressive Angriff des deutschen Unternehmens auf den französischen Markt, keinen Gegenangriff in derselben Arena (Frankreich), sondern auf dem heimischen Markt des deutschen Unternehmens aus.

Die Wettbewerbsdynamik zwischen Organisationen, die auf verschiedenen Produktmärkten oder geografischen Märkten konkurrieren (wie in Beispiel 2.4) bezeichnet man als *Multimarkt-Wettbewerb*, d.h. als Wettbewerb, der an verschiedenen Punkten innerhalb eines Geschäftsbereichs stattfindet. Ein solcher potenzieller Multimarkt-Wettbewerb bedeutet aber nicht immer gleichzeitig eine Steigerung der Wettbewerbsrivalität. Diese kann aufgrund von höheren Kosten und drohenden aggressiven Aktionen und Reaktionen sogar sinken.[13] Für ein etabliertes Unternehmen kann der Besitz einer kleinen Präsenz auf dem Hauptmarkt eines potenziellen Konkurrenten für eine Abschreckung jeglicher aggressiver Angriffe durch diesen Konkurrenten sorgen. Dieser weiß nämlich, dass er einen sofortigen Vergeltungsschlag auf seinem wertvollsten Markt riskiert, wo der für ihn größte Schaden angerichtet werden kann.

Zu einem **Hyperwettbewerb** kommt es, wenn sich Häufigkeit, Kühnheit und Aggressivität der Interaktionen der Konkurrenten immer weiter steigern, sodass die Marktbedingungen sich dauernd im Ungleichgewicht und Wandel befinden.[14] Dadurch sind jedoch die Branchenstrukturen auf Dauer instabil, und keine Branche kann für einen bestimmten Zeitraum mit absoluter Sicherheit als attraktiv eingeschätzt werden. In einer Zeit des Hyperwettbewerbs würde es sich nicht lohnen, viel in den Aufbau von Eintrittsbarrieren zu investieren oder zu versuchen, die Wettbewerbsrivalität zu ver-

Hyperwettbewerb

Zu einem Hyperwettbewerb kommt es, wenn sich Häufigkeit, Kühnheit und Aggressivität dynamischer Aktionen der Konkurrenten immer weiter steigern, sodass die Marktbedingungen sich dauernd im Ungleichgewicht und Wandel befinden.

13 J. Gimeno und C. Woo, „Hypercompetition in a multimarket environment: The role of strategic similarity and multi-market contact on competition de-escalation", Organisation Science, Bd. 7, Nr. 3 (1996), S. 323–341.

14 Diese Definition stammt von D'Aveni, Fußnote 12, S. 2. In seinem späteren Buch R. D'Aveni, *Strategic Supremacy: How industry leaders create spheres of influence*, Simon & Schuster International, 2002, nennt er Beispiele für Strategien, mit deren Hilfe eine starke Position unter Hyperwettbewerbsbedingungen erhalten werden kann.

mindern, indem zum Beispiel Konkurrenzfirmen aufgekauft werden. Die Reaktionen der Konkurrenten werden in jedem Fall früher oder später für eine Unterwanderung der attraktiven Branchenstruktur sorgen. Die Nachhaltigkeit eines Wettbewerbsvorteils wird in *Kapitel 3* im Detail behandelt, während auf Wettbewerbsaktionen und -reaktionen im Fall eines Hyperwettbewerbs in *Kapitel 6* erneut eingegangen wird. Einige Analysten gehen davon aus, dass sich aufgrund der internationalen Konkurrenz und des technischen Fortschritts gegenwärtig alle Branchen allgemein immer mehr in Richtung eines Hyperwettbewerbs bewegen. Forschungsergebnisse zur Entwicklung des Hyperwettbewerbs sind jedoch zweigeteilt, und es empfiehlt sich in jedem Fall, nicht in Panik zu geraten und sich zu unangemessenen Aktionen eines Hyperwettbewerbs verleiten zu lassen.[15] Aggressive Zyklen verstärken sich oft ganz von selbst und sind – einmal in Schwung gebracht – nur schwer wieder aufzuhalten.

Komparative Branchenstrukturanalysen

Die Begriffe „Branchenlebenszyklus“ und „Wettbewerbszyklus“ weisen jeweils verstärkt darauf hin, dass es sehr sinnvoll ist, eine Branchenstrukturanalyse dynamisch zu gestalten. Ein effektives Mittel hierfür ist ein Vergleich der Five Forces im Laufe der Zeit mittels eines einfachen „Radarschemas.“

Abbildung 2.5: Komparative Analyse einer Branchenstruktur

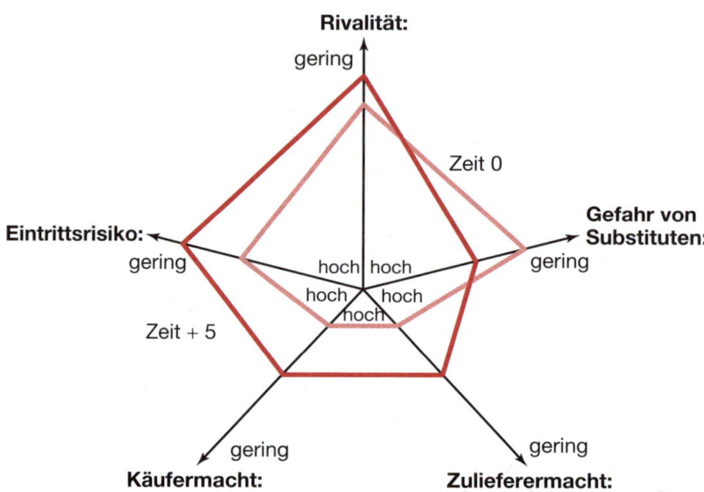

Abbildung 2.5 bietet ein Rahmenwerk zur Zusammenfassung der Wirkung jeder der Five Forces, die auf fünf Achsen dargestellt sind. Je weiter man sich auf den Achsen nach außen bewegt, umso mehr nimmt die jeweilige Kraft ab. Ist die Wirkung der Kräfte gering, so ist die von den Linien zwischen den Achsen umschlossene Fläche groß; ist die Wirkung der Kräfte groß, ist diese Fläche entsprechend klein. Je größer die Fläche, umso größer ist demnach auch das Gewinnpotenzial. In Abbildung 2.5 herrscht in der abgebildeten Branche zum Zeitpunkt 0 (verdeutlicht durch die hellblauen Linien)

15 G. McNamara, P. Vaaler und C. Devers, „Same as ever it was: The search for evidence of increasing hypercompetition“, *Strategic Management Journal*, Bd. 24 (2003), S. 261–268 und R. Wiggins und T. Ruefli, „Schumpeter's ghost: Is hypercompetition making the best of times shorter?“, *Strategic Management Journal*, Bd. 26, Nr. 10 (2005), S. 887–911.

relativ geringe Rivalität (nur wenige Konkurrenten), und die Gefahr der Substitution ist gering. Das Risiko, Neueinsteiger anzuziehen, ist mäßig hoch, doch ist sowohl die Macht der Käufer als auch die Macht der Zulieferer relativ hoch. Insgesamt kann die Attraktivität der Branche für eine Neuinvestition als mäßig eingeschätzt werden.

Angesichts der Tatsache, dass sich Branchen dynamisch entwickeln, muss ein Manager aber auch in die Zukunft blicken: In diesem Fall geht der Blick fünf Jahre in die Zukunft, was durch die dunkelblauen Linien in Abbildung 2.5 verdeutlicht wird; hier sehen die Manager einen gewissen Anstieg des Substitutionsrisikos voraus. (Vielleicht entwickeln sich neue Technologien.) Andererseits sagen sie auch voraus, dass die Gefahr des Markteintritts neuer Unternehmen zurückgeht, während die Macht von Käufern und Verkäufern ebenfalls rückläufig sein wird. Auch die Rivalität sinkt weiter. Dieses sieht wie der klassische Fall einer Branche aus, in der einige wenige Unternehmen mit der Zeit den Markt dominieren. Die von den dunkelblauen Linien umschlossene Fläche ist groß, was auf eine relativ attraktive Branche hindeutet. Für ein Unternehmen, das die Chance hat, solch eine dominante Position einzunehmen, kann sich eine Investition durchaus lohnen.

Vergleicht man die Five Forces über einen bestimmten Zeitraum hinweg mithilfe eines solchen Radarschemas, so kann man dadurch den dynamischen Aspekt der Branchenanalyse erfassen. Ähnliche Schemata können zur Analyse von Diversifikationsentscheidungen (*Kapitel 7*) herangezogen werden. Hier können unterschiedliche Branchen, wo ein Markteintritt möglich ist, bezüglich ihrer Attraktivität verglichen werden. Die Linien stellen natürlich nur ungefähre Werte dar, denn sie fassen die vielen einzelnen Elemente, die jede der Kräfte ausmachen, zu einem Gesamtwert zusammen. Ist die Wirkung einer der Kräfte besonders negativ, so fällt auf, dass die positive Einschätzung auf den anderen vier Achsen dadurch zunichte gemacht werden kann: So kann eine Branche, in der Rivalität, Substitutionsgefahr, Eintrittsbarrieren und Zulieferermacht gering sind, dennoch unattraktiv sein, wenn mächtige Käufer stark reduzierte Preise erzwingen können. Beachtet man die oben genannten Einschränkungen, so kann ein solches Radarschema dennoch sowohl für eine erste als auch für eine finale, detailliertere Analyse ein nützliches Hilfsmittel sein.

2.4 Konkurrenten und Märkte

Vielleicht ist eine Analyse der Branche oder des Sektors zu allgemein angelegt, um genaue Einblicke in die Konkurrenzsituation zu gewährleisten. Die Five Forces können sich auch unterschiedlich auf verschiedene Marktteilnehmer auswirken. So sind Ford und Porsche beispielsweise in derselben Branche aktiv (Automobile), doch sind sie unterschiedlich positioniert; schon die Käufer- und Zulieferermacht sind für beide sehr verschieden. Also ist es oft sinnvoll, die verschiedenen Elemente voneinander zu trennen. In vielen Branchen gibt es eine Reihe von Unternehmen, die jeweils über ganz verschiedene Fähigkeiten verfügen und auf unterschiedlichen Ebenen konkurrieren. Diese Unterschiede der Konkurrenten können mit dem Begriff der *strategischen Gruppen* erfasst werden. Auch zwischen Kunden kann es erhebliche Unterschiede geben. Diese können über die Unterscheidung zwischen *strategischen Kunden* und Endkunden und über die Unterscheidung verschiedener *Marktsegmente* erfasst werden. Konzentriert man sich auf strategische Gruppen und Marktsegmente, so achtet man dadurch automatisch auf *ausschlaggebende Erfolgsfaktoren* sowie darauf, *was Kunden wertschätzen.*

2.4.1 Strategische Gruppen[16]

Strategische Gruppen

Strategische Gruppen sind Organisationen innerhalb einer Branche oder eines Sektors, die ähnliche Eigenschaften aufweisen, ähnliche Strategien verfolgen oder in ähnlicher Weise miteinander konkurrieren.

Strategische Gruppen sind Organisationen innerhalb einer Branche oder eines Sektors, die ähnliche Eigenschaften aufweisen, ähnliche Strategien verfolgen oder in ähnlicher Weise miteinander konkurrieren. Diese Eigenschaften unterscheiden sich von den Eigenschaften anderer strategischer Gruppen derselben Branche. So bilden im Lebensmitteleinzelhandel Supermärkte, Delikatessengeschäfte und Tante-Emma-Läden jeweils eigene strategische Gruppen. Es gibt viele verschiedene Eigenschaften, anhand derer sich strategische Gruppen unterscheiden lassen; sie können jedoch in zwei Gruppen eingeteilt werden (siehe Abbildung 2.9)[17]: Zunächst geht es um die *Reichweite* der Aktivitäten einer Organisation (z.B. Produktpalette, geografische Marktabdeckung, Reichweite der Vertriebskanäle, etc.). Die zweite Gruppe definiert sich durch den Einsatz der Ressourcen (z.B. Marken, Marketingausgaben und das Ausmaß der vertikalen Integration). Zum Verständnis, welche dieser Eigenschaften für bestimmte Branchen eine besonders große Rolle spielen, muss man die Geschichte und Entwicklung sowie die im Umfeld wirkenden Kräfte dieser Branche verstehen.

Strategische Gruppen können anhand zweidimensionaler Grafen dargestellt werden. So kann eine Achse die Reichweite der Produktpalette abbilden, während die andere die Marketingausgaben darstellt. Eine Methode zur Festlegung der entscheidenden Dimensionen für die Darstellung strategischer Gruppen ist die Identifizierung der erfolgreichsten Unternehmen (gemessen an deren Größe oder Rentabilität) innerhalb einer Branche. Diese können dann mit wenig erfolgreichen Unternehmen verglichen werden. Eigenschaften, die alle erfolgreichen Unternehmen, nicht aber die erfolglosen Unternehmen gemeinsam haben, sind für die Abbildung der strategischen Gruppen meist sehr wichtig. So können die rentabelsten Unternehmen einer Branche etwa eine kleine Produktpalette und gleichzeitig hohe Marketingausgaben haben, während die weniger erfolgreichen Firmen umgekehrt eine große Palette und geringere Ausgaben aufweisen. In diesem Fall sind die beiden relevanten Dimensionen für die Darstellung Produktpalette und Marketingausgaben. Eine mögliche Empfehlung für eine weniger rentable Firma könnte also lauten, die Produktpalette zu reduzieren und gleichzeitig mehr für Marketing auszugeben. In Beispiel 2.5 zeigt Abbildung 2.6 eine Darstellung der wichtigsten Institutionen der Niederlande, die im Jahr 2007 einen MBA-Abschluss anbieten.

16 Für eine Übersicht über die Forschungsarbeiten zu strategischen Gruppen siehe J. McGee, H. Thomas und M. Pruett, „Strategic groups and the analysis of market structure and industry dynamics“, *British Journal of Management*, Bd. 6, Nr. 4 (1995), S. 257–270. Für ein Beispiel zur Anwendung der Analyse strategischer Gruppen siehe C. Flavian, A. Haberberg und Y. Polo, „Subtle strategic insights from strategic group analysis“, *Journal of Strategic Marketing*, Bd. 7, Nr. 2 (1999), S. 89–106. Ein neues Beispiel ist J. Pandian, J. Rajendran, H. Thomas und O. Furrer, „Performance differences across strategic groups: An examination of financial market-based performance measures“, *Strategic Change*, Bd. 15, Nr. 7/8 (2006), S. 373–383.

17 Diese Eigenschaften basieren auf Porter, Fußnote 5.

Beispiel 2.5 Strategische Gruppen bei der MBA-Ausbildung in den Niederlanden

Die Darstellung strategischer Gruppen kann Einblicke über die Wettbewerbsstrukturen von Branchen und Sektoren und über Entwicklungschancen und -beschränkungen gewähren.

In den ersten Jahren des 21. Jahrhunderts gab es in den Niederlanden drei verschiedene Institutionen, in denen man einen MBA-Abschluss erwerben konnte: Traditionelle Universitäten, private, gewinnorientierte Wirtschaftshochschulen (FPBS) und Fachhochschulen.

- Traditionelle Universitäten boten viele verschiedene Studienfächer an, führten Forschungsprojekte durch und zogen Studenten auf nationaler und internationaler Ebene an. Die Studienprogramme waren eher akademisch ausgerichtet und weniger berufsorientiert. Ein Universitätsabschluss wurde allgemein als hochwertiger angesehen als der Abschluss an einer Fachhochschule.
- FPBS-Institute waren relativ neu und boten lediglich MBA-Abschlüsse an. In einigen dieser Institute kann man inzwischen auch einen DBA-Abschluss, also einen Doktortitel erwerben. Die meisten dieser Institute befanden sich in der Nähe der Landeshauptstadt. Hier wurden die Kurse meist aktiver gestaltet, was besonders für bereits berufstätige Manager attraktiv war. Viele Studenten verfügten bereits über einen Abschluss von einer Universität oder Fachhochschule. Einige dieser Schulen erhielten Akkreditierungen des Dutch Validation Council. Im Jahr 2005 erkannte der niederländische Bildungsminister das Institut NIMBAS, ein FPBS, als offizielle „universiteit“ an. NIMBAS fusionierte später mit TIAS, der Wirtschaftshochschule der Universität von Tiburg.
- Fachhochschulen (die in den Niederlanden HogeScholen heißen) zogen meist Studenten aus der Region an. Hier konzentrierte sich die Ausbildung mehr auf die praktische Anwendung erlernter Theorien als auf die Förderung konzeptionellen Denkens. Einige Fachhochschulen boten MBA-Abschlüsse an, in manchen Fällen in Zusammenarbeit mit britischen Universitäten.

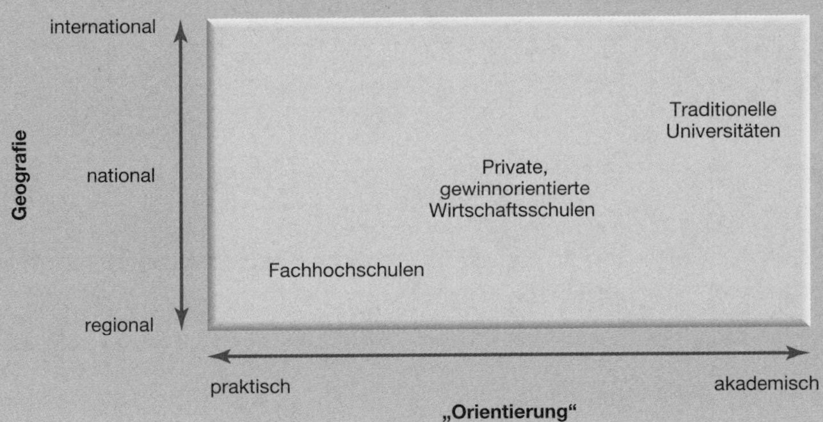

Abbildung 2.6: Strategische Gruppen in der MBA-Ausbildung in den Niederlanden

Abbildung 2.6 zeigt, wie diese drei Institutionen sich bezüglich ihrer geografischen Abdeckung und „Ausrichtung" positionierten.

Abbildung 2.7: Mobilitätsbarrieren

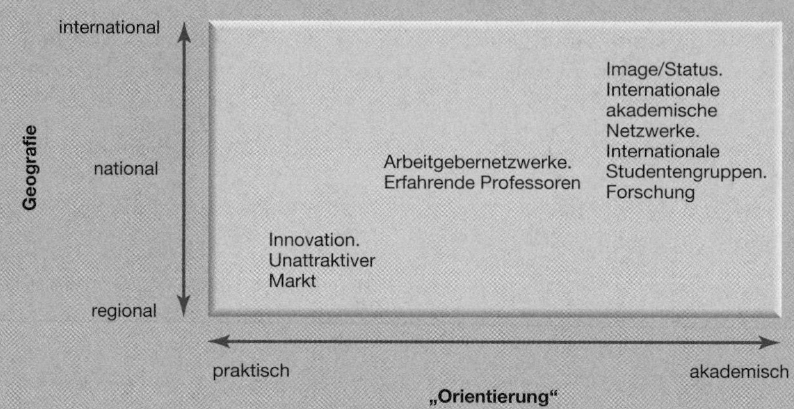

Abbildung 2.7 zeigt die Barrieren, denen sich Organisationen gegenübersahen, die von einer Gruppe in eine andere wechseln wollten (hier werden die *Eintrittsbarrieren* in die neue Gruppe gezeigt). Versuchte ein FPBS-Institut beispielsweise in die strategische Gruppe der traditionellen Universitäten zu wechseln, musste es sich dazu zunächst eine Reputation in den Bereichen Forschung und Innovation erwerben. Forschungsarbeit könnte für solche Institute aber durchaus nicht interessant sein, denn dadurch entstehen nur hohe Kosten, und die Erfolgsaussichten sind gering. Ein Wechsel einer traditionellen Universität zum FPBS-Institut könnte im Gegenzug ebenfalls schwierig sein, da den Professoren die entsprechende Ausbildung des Aktivlernens sowie die Erfahrung bei der Arbeit mit älteren Studenten fehlt.

Abbildung 2.8: Strategischer Freiraum

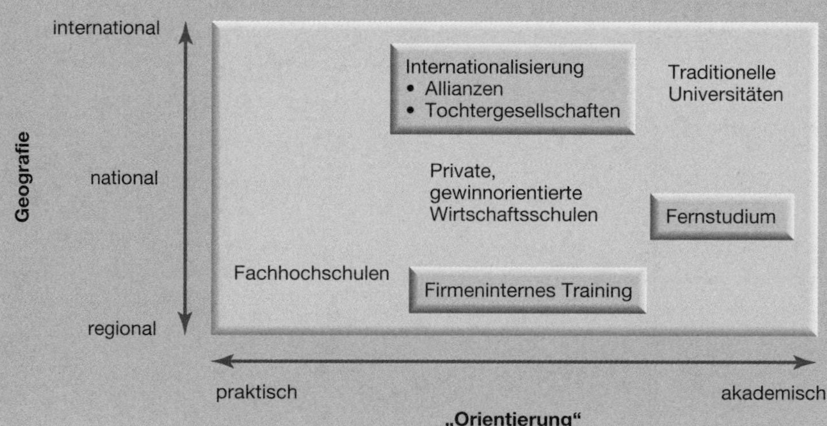

Abbildung 2.8 zeigt, wo sich „strategischer Freiraum“ auftun könnte. Diese Freiräume entstehen durch Veränderungen des Makroumfelds – besonders durch Globalisierung und durch die Informationstechnologie. Dadurch können sich Möglichkeiten für holländische Wirtschaftshochschulen ergeben, internationale Kunden anzulocken. Doch auch das umgekehrte Risiko, dass internationale Konkurrenten auf den holländischen Markt drängen könnten, führt zu Besorgnis.

Die Informations- und Kommunikationstechnologie ermöglicht es den Studenten, auch zuhause oder am Arbeitsplatz zu studieren und zu lernen und gewährt ihnen zusätzlich Zugang zu einem internationalen Netzwerk. So könnte eine amerikanische oder britische Hochschule über das Internet Studieninhalte bereitstellen und die Studenten vor Ort durch Partnerschaften mit holländischen Instituten unterstützen. Die Universität von Phoenix hat beispielsweise bereits begonnen, Verbindungen in diese Richtung aufzunehmen.

Quelle: Dies ist eine aktualisierte Version von D.J. Eppink und S. de Waal, „Global Influences on the public sector“, in G. Johnson und K. Scholes (Hrs.), Exploring Public Sector Strategy, FT/Prentice Hall, 2001, Kap. 3.

Kontrollfrage

1. Wie könnte diese Analyse die nächsten strategischen Schritte jeder der drei Institutsarten beeinflussen?

Es ist sinnvoll zu betrachten, inwieweit Organisationen sich in Bezug auf folgende **Merkmale** voneinander *unterscheiden*:

Reichweite der Aktivitäten

- Ausmaß der Produkt- oder Dienstleistungsvielfalt
- Ausmaß der geografischen Abdeckung
- Anzahl der bedienten Marktsegmente
- Genutzte Vertriebskanäle

Einsatz der Ressourcen

- Ausmaß (Anzahl) der **Marken**
- **Marketingbemühungen** (z.B. Werbeaktionen, Größe des Verkäuferteams)
- Ausmaß der **vertikalen Integration**
- Produkt- oder Service**qualität**
- **Position im Bereich Technologie** (Führungsposition oder Nachfolger)
- **Größe** der Organisation

Abbildung 2.9: Einige Merkmale zur Identifikation strategischer Gruppen

Es gibt mindestens drei Gründe, warum dieses Konzept der strategischen Gruppen sinnvoll und nützlich ist:

- *Zum Verständnis des Wettbewerbs.* Manager können sich auf ihre direkten Konkurrenten innerhalb ihrer jeweiligen strategischen Gruppe konzentrieren und müssen nicht die gesamte Branche mit einbeziehen. Außerdem können sie die Dimensionen bestimmen, die sie am ehesten von den anderen Gruppen unterscheiden, und die so die Basis für ihren relativen Erfolg oder Misserfolg darstellen. Diese Dimensionen können sie dann ins Zentrum ihrer Handlungen stellen.
- *Zur Analyse strategischer Möglichkeiten.* Grafische Darstellungen strategischer Gruppen können die attraktivsten „strategischen Freiräume" innerhalb einer Branche aufzeigen. Einige dieser Freiräume sind vielleicht „weiße Flecken", die wenig besetzt sind. Auf dem holländischen MBA-Markt sind solche Beispiele etwa Berufsabschlüsse für den internationalen Markt und eine semi-akademische Ausbildung für den regionalen Markt in Form von innerbetrieblichen Ausbildungen. Solche weißen Flecken könnten ungenutzte Chancen darstellen. Andererseits könnten sie sich auch zu „schwarzen Löchern" entwickeln, die unmöglich zu nutzen sind und jedem Neueinsteiger Schaden zufügen. Die Darstellung einer strategischen Gruppe ist lediglich die erste Stufe einer Analyse. Weiße Flecken müssen sorgfältig geprüft werden, denn nicht alle sind wirkliche strategische Freiräume.
- *Zur Analyse von Mobilitätsbarrieren.* Natürlich ist es mit Kosten verbunden, sich außerhalb seiner strategischen Gruppe zu bewegen, um bestehende Chancen auszunutzen. Oft sind dazu schwierige Entscheidungen und knappe Ressourcen notwendig. Ein Merkmal strategischer Gruppen sind folglich „Mobilitätsbarrieren", die die Bewegung von einer strategischen Gruppe zur anderen behindern. Sie haben Ähnlichkeit mit den Eintrittsbarrieren des Five-Forces-Modells. In Beispiel 2.5 zeigt Abbildung 2.7 Beispiele für Mobilitätsbarrieren, die die innerhalb der Branche festgelegten Gruppierungen behindern. Sie können ganz erhebliche Ausmaße annehmen: So muss ein regionaler Anbieter einer Berufsausbildung, der in die internationale akademische Gruppe eintreten möchte, erst das passende Image aufbauen, Netzwerke mobilisieren, seine Lehrmethoden ändern und seine Entgeltstrukturen aufbessern. Ebenso wie bei den Eintrittsbarrieren ist es auch hier von Vorteil, sich in einer strategischen Gruppe zu befinden, in der hohe Mobilitätsbarrieren herrschen, um so Imitationen zu vermeiden.

2.4.2 Marktsegmente

Marktsegment

Ein Marktsegment wird durch eine Kundengruppe mit ähnlichen Bedürfnissen gebildet, die sich von den Bedürfnissen der Kunden in anderen Teilen des Marktes unterscheiden.

Das oben eingeführte Konzept der strategischen Gruppen hilft uns, Ähnlichkeiten und Unterschiede der „Produzenten" zu verstehen – jenen Organisationen also, die tatsächliche oder potenzielle Konkurrenten darstellen. Das Konzept der Marktsegmente dagegen konzentriert sich auf die unterschiedlichen Bedürfnisse der Kunden. Ein **Marktsegment**[18] wird durch eine Kundengruppe mit ähnlichen Bedürfnissen gebildet, die sich von den Bedürfnissen der Kunden in anderen Teilen des Marktes unterscheiden. In *Kapitel 3* wird klar, dass das Verständnis dessen, was Kunden (und andere Interessengruppen) wertschätzen und wie eine Organisation und deren Konkurrenten posi-

18 Eine nützliche Abhandlung zur Segmentierung in Bezug auf Wettbewerbsstrategien ist zu finden bei M.E. Porter, *Competitive Advantage*, Free Press, 1985, Kap. 7. Siehe auch die Abhandlung über Marktsegmentierung in P. Kotler, G. Armstrong, J. Saunders und V. Wong, *Principles of Marketing*, 3. europ. Aufl., FT/Prentice Hall, 2002, Kap. 9. Für eine detailliertere Übersicht über Segmentierungsmethoden siehe M. Wedel und W. Kamakura, *Market Segmentation: Conceptual and methodological foundations*, 2. Aufl., Kluwer Academic, 1999.

tioniert sind, um diese Bedürfnisse zu befriedigen, wesentlich zum Verständnis der strategischen Fähigkeiten beitragen.

Abbildung 2.10: Einige Grundlagen der Marktsegmentierung

Art des Faktors	Verbrauchermärkte	Branchen-/ organisatorische Märkte
Merkmale von Mitarbeitern/ Organisationen	Alter, Geschlecht, Hautfarbe Einkommen Größe der Familie Position im Lebenszyklus Standort Lebensstil	Branche Standort Größe Technologie Rentabilität Management
Einkaufs-/ Nutzungs- situation	Größe des Einkaufs Markenloyalität Zweck der Nutzung Einkaufverhalten Wichtigkeit des Einkaufs Auswahlkriterien	Anwendung Wichtigkeit des Einkaufs Volumen Häufigkeit des Einkaufs Ablauf des Einkaufs Auswahlkriterien Vertriebskanal
Die Bedürfnisse und Präferenzen des Nutzers bezüglich Produktmerk- malen	Produktähnlichkeit Preispräferenz Markenpräferenzen Gewünschte Merkmale Qualität	Leistungsansprüche Hilfe vom Zulieferer Markenpräferenzen Gewünschte Merkmale Qualität Dienstleistungsansprüche

Der Begriff der Marktsegmente sollte einen Manager an einige wichtige Punkte erinnern:

- *Die Bedürfnisse der Kunden* können aus einer ganzen Reihe von Gründen ganz verschieden sein. Einige dieser Gründe werden in Abbildung 2.10 aufgezeigt. Theoretisch könnte jeder dieser Faktoren zur Identifizierung eines Marktsegments herangezogen werden. In der Praxis ist es aber wichtig, zu überlegen, welche Grundlagen für die Festlegung von Segmenten auf einem bestimmten Markt am wichtigsten sind. Auf Zulieferermärkten wird eine Segmentierung beispielsweise oft anhand einer Klassifizierung nach Käuferbranchen vorgenommen, etwa „wir verkaufen an die Haushaltsgerätebranche". Es könnte jedoch sein, dass dies nicht die wichtigste Basis für eine Segmentierung ist, wenn man auch die Zukunft mit einbezieht. Eine Segmentierung nach Käuferverhalten (etwa Direktkauf im Gegensatz zu Kauf über Dritte, z.B. Zwischenhändler) oder nach Kaufwert (etwa Großeinkäufer im Vergleich zu Käufern, die häufig geringe Mengen kaufen) könnte für einige Märkte geeigneter sein. Tatsächlich ist es oft sogar sinnvoll, verschiedene Segmentierungsgrundlagen auf denselben Markt anzuwenden, um so die Dynamik des Marktes und seine Veränderung besser zu verstehen.
- *Der relative Marktanteil* (d.h. der Marktanteil im Verhältnis zu dem der Konkurrenz) innerhalb eines Marktsegments ist ein wichtiger Aspekt. Die Organisationen, die die meiste Erfahrung bei der Betreuung eines bestimmten Marktsegments erworben haben, sollten nicht nur geringere Kosten haben, sondern auch Beziehungen aufgebaut haben, die für andere schwer anzugreifen sind. Je nach Marktsegment könnten die Kunden unterschiedliche Dinge wertschätzen, weshalb die „Produzenten" am ehesten in Segmenten erfolgreich sein werden, die ihren ganz eigenen Stärken entsprechen. Es könnte für sie dagegen sehr schwer sein, auf breiterer Front mit ande-

ren zu konkurrieren. So ist zum Beispiel eine kleine, lokal bekannte Brauerei, die auf Basis ihrer niedrigen Preise aufgrund geringer Vertriebs- und Marketingkosten mit den großen Markenherstellern konkurriert, automatisch auf das Segment des lokalen Marktes beschränkt, in dem niedrige Preise geschätzt werden.

- Viele Entwicklungen des Geschäftsumfelds haben Einfluss darauf, wie Marktsegmente *identifiziert und bedient* werden können.[19] Diese wurden in diesem Kapitel bereits erwähnt. So kann eine Segmentierung sogar auf den untersten Ebenen stattfinden, wenn genügend Kundendaten vorhanden sind, die elektronisch verarbeitet werden können. Außerdem muss gleichzeitig eine hohe Flexibilität der betrieblichen Aktivitäten der Organisation gegeben sein. So können sogar einzelne Kunden (sog. „Einzelmärkte“) unterschieden werden. Internetanbieter mit speziellen Angeboten zielen beispielsweise ganz selektiv auf einzelne Kunden, ausgehend von deren früheren Einkaufsmustern. Die Tatsache, dass Kunden immer wohlhabender und mobiler werden, bedeutet, dass eine geografische Segmentierung wesentlich weniger effektiv sein kann als eine Segmentierung nach Lebensstandard (über nationale Grenzen hinweg.)

2.4.3 Die Identifizierung des strategischen Kunden

Strategischer Kunde

Der strategische Kunde ist die Person/sind die Personen, an die sich die Strategie hauptsächlich richtet, da sie den größten Einfluss darauf haben, welche Güter oder Dienstleistungen gekauft werden.

Um Güter und Dienstleistungen auf den Markt zu bringen, ist gewöhnlich eine ganze Reihe von Unternehmen notwendig, die verschiedene Rollen übernehmen. In *Kapitel 3* wird darauf im Rahmen des Konzepts von Wertnetzwerken näher eingegangen. So kaufen beispielsweise die meisten Endkunden im Einzelhandel ein. Die Hersteller müssen sich also um zwei Arten von Kunden bemühen – die Einzelhändler, ihre direkten Kunden also, und die Kunden der Einzelhändler, die Endverbraucher des Produkts. Obwohl beide Kundenarten die Nachfrage beeinflussen, ist der Einfluss einer der beiden Gruppen meist größer – dies sind dann die strategischen Kunden. Der **strategische Kunde** ist die Person/sind die Personen, an die sich die Strategie hauptsächlich richtet, da sie den größten Einfluss darauf haben, welche Güter oder Dienstleistungen gekauft werden. Ist nicht klar, wer die strategischen Kunden sind, könnten Manager leicht die falschen Personen analysieren und ihre Strategien nach ihnen ausrichten. Die Wünsche der strategischen Kunden bilden den Ausgangspunkt jeder Strategie. Die Ansprüche der anderen Kunden sind zwar nicht unwichtig – auch sie müssen erfüllt werden – doch die Bedürfnisse der strategischen Kunden haben immer Vorrang. So sollte klar sein, dass für viele Konsumgüter der Einzelhändler der strategische Kunde ist, denn mit der Art, wie er Produkte in seinem Geschäft ausstellt, bewirbt und unterstützt, beeinflusst er die Präferenzen des Endkunden erheblich. Auf dem öffentlichen Sektor ist der strategische Kunde sehr oft „die Körperschaft“, die die Vergabe der Geldmittel kontrolliert und deren Verwendung autorisiert, und nicht unbedingt der Endnutzer der angebotenen Dienstleistungen. So sind etwa Hausärzte die strategischen Kunden pharmazeutischer Unternehmen, etc.

19 M. Wedel, „Is segmentation history?“, *Marketing Research*, Bd. 13, Nr. 4 (2001), S. 26–29.

Exkurs: Blue Ocean-Strategie

Die differenzierten Unterteilungen von Konkurrenten und Kunden in Form von strategischen Gruppen und Marktsegmenten können mithilfe der Blue Ocean-Strategie noch einen Schritt weiter geführt werden. **Blue Oceans**, entwickelt von W. Chan Kim und Renée Mauborgne bei INSEAD, sind neue Markträume, in denen Konkurrenz minimiert wird.[20] Blue Oceans stehen im Gegensatz zu „Red Oceans", wo alle Branchen bereits vollständig definiert sind und ein reger Wettbewerb herrscht. Blue Oceans erinnern an die Weite des Meeres. Red Oceans dagegen stehen für blutigen Konkurrenzkampf und „rote Zahlen", also finanzielle Verluste.

Blue Oceans

Blue Oceans sind neue Markträume, in denen Konkurrenz minimiert wird.

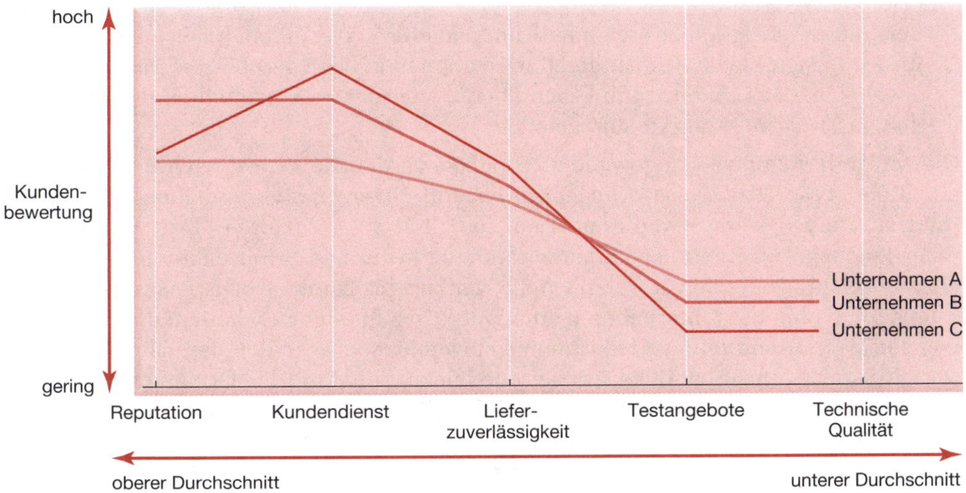

Abbildung 2.11: Eine strategische Leinwand – der vom Kunden wahrgenommene Nutzen auf dem Markt für Elektroingenieurgeräte

Die Blue Ocean-Strategie ermutigt Unternehmer und Manager, sich von der Konkurrenz abzuheben, indem Markträume gefunden oder geschaffen werden, die bisher nicht bedient werden. Hier geht es also darum, *strategische Lücken* aufzutun, Chancen im Umfeld, die von der Konkurrenz nicht voll genutzt werden. Die Strategie-Leinwand ist ein System, die diese Blue Ocean-Strategie effektiv unterstützt. Eine **Strategie-Leinwand** vergleicht die Leistung verschiedener Konkurrenten anhand wichtiger Erfolgsfaktoren, um so Strategien zu entwickeln, die auf der Schaffung neuer Markträume basieren. Abbildung 2.11 zeigt eine Strategie-Leinwand, die drei Hersteller von technischen Teilen darstellt. Dabei werden die folgenden drei Merkmale hervorgehoben:

- **Kritische Erfolgsfaktoren** (KEFn) sind Produkteigenschaften, die von einer Kundengruppe entweder als besonders wichtig eingeschätzt werden oder einen erheblichen Kostenvorteil bieten. Daher sind diese Faktoren meist Ursache eines Wettbewerbsvorteils oder auch -nachteils. Abbildung 2.12 zeigt fünf bestehende kritische Erfolgsfaktoren auf dem Markt für technische Teile (Kosten, Kundendienst, zuverlässige Lieferung, technische Qualität und Testeinrichtungen). Erwähnenswert ist, dass es zusätzlich einen sechsten kritischen Erfolgsfaktor gibt, nämlich das Angebot einer Designberatung. Dieser wird im Rahmen der Nutzeninnovation genauer behandelt.

20 W.C. Kim und R. Mauborgne, „How strategy shapes structure", *Harvard Business Review*, September 2009, S. 73–80.

- **Nutzenkurven** stellen grafisch dar, wie die Kunden die relativen Leistungen der Konkurrenten bezüglich der kritischen Erfolgsfaktoren wahrnehmen. In Abbildung 2.12 erbringen Unternehmen A und B gute Leistungen in Bezug auf Kosten, Kundendienst, Zuverlässigkeit und Qualität, während die Leistungen bei den Testeinrichtungen weniger gut sind. Designberatung wird überhaupt nicht angeboten. Die Nutzenkurve von Unternehmen C ist völlig anders und zeigt einen „Nutzeninnovator“.
- **Nutzeninnovation** ist die Schaffung neuer Markträume durch herausragende Leistungen bei bestehenden Erfolgsfaktoren, bei denen die Konkurrenz schlecht abschneidet und/oder durch die Schaffung neuer kritischer Erfolgsfaktoren, die bisher unerkannte Kundenwünsche erfüllen. In Abbildung 2.12 ist Unternehmen C also ein „Wertinnovator“ im doppelten Sinn. Zum einen bringt es herausragende Leistungen bezüglich bestehender Kundenbedürfnisse, indem es Testeinrichtungen für Kunden anbietet. Zum anderen wird ein neuer, hoch geschätzter Design-Service angeboten, der Kunden dahingehend berät, wie sie ihre Einzelteile integrieren können, um bessere Produkte herzustellen.

Die von Unternehmen C angewendete Strategie verdeutlicht zwei wichtige Prinzipien der Blue Ocean-Denkweise: *Konzentration* und *Divergenz*. Unternehmen C konzentriert zum einen seine Bemühungen auf lediglich zwei Faktoren (Tests und Designdienstleistung), während bezüglich der anderen kritischen Erfolgsfaktoren nur ausreichende Leistungen erzielt werden, wo die Konkurrenz bereits Höchstleistungen bringt. Zum anderen hat das Unternehmen eine Wertkurve für sich geschaffen, die signifikant von den Wertkurven seiner Konkurrenten abweicht, sodass in den Bereichen Tests und Design-Service eine erhebliche strategische Lücke, oder ein Blue Ocean, entsteht. Dies ist sehr gewitzt, denn Unternehmen C würde erhebliche Summen investieren müssen, um die Konkurrenten A und B dort zu schlagen, wo diese bereits Höchstleistungen erbringen. Zudem würden sich daraus wahrscheinlich nur geringe Vorteile ergeben, da die meisten Kunden bereits sehr zufrieden sind. Unternehmen A und B in den Bereichen Kosten, Lieferung, Kundendienst oder Qualität herauszufordern, entspräche einer Red Ocean-Strategie. Weitaus sinnvoller ist es dagegen, sich auf Bereiche zu konzentrieren, wo große Lücken geschaffen werden können. Unternehmen C hat sehr wenig Konkurrenz, wenn es um die Kunden geht, denen gute Testausrüstung und Design-Beratung wichtig sind. Folglich kann es hier auch hohe Preise verlangen.

2.4.4 Was Kunden wertschätzen – kritische Erfolgsfaktoren

Obwohl das Konzept der Marktsegmente sehr nützlich ist, könnte es einem Manager trotzdem nicht gelingen, realistisch einzuschätzen, wie ein Markt segmentiert ist und welche Auswirkungen diese Segmentierung hat. Das nächste Kapitel zeigt, dass das Verständnis für die Bedürfnisse des Kunden und dafür, wie sich diese Bedürfnisse in den einzelnen Marktsegmenten unterscheiden, sehr wichtig ist, um die geeigneten strategischen Fähigkeiten in einer Organisation zu entwickeln. Kunden schätzen aber viele verschiedene Eigenschaften eines Produkts oder einer Dienstleistung mehr oder weniger hoch ein. Deshalb ist es aus Sicht desjenigen, der diese Produkte/Dienstleistungen zur Verfügung stellt, wichtig zu verstehen, welche Eigenschaften für eine bestimmte Kundengruppe (Marktsegment) von besonders großer Bedeutung sind. Diese Eigenschaften werden als kritische Erfolgsfaktoren bezeichnet. **Kritische Erfolgsfaktoren** (KEFn) sind Produkteigenschaften, die von einer Kundengruppe als besonders wichtig eingeschätzt werden, weshalb eine Organisation diesbezüglich besonders gute Leistungen erbringen muss, um die Konkurrenz zu übertreffen.

In welchem Maße die Angebote der verschiedenen Produzenten diese Faktoren, die den Erfolg beim Kunden ausmachen, ansprechen, kann mittels einer strategischen Leinwand[21] (siehe Abbildung 2.11) visualisiert werden. Die Leinwand bietet eine einfache, aber nützliche Möglichkeit, die Positionen verschiedener Konkurrenten auf einem Markt und ihr Potenzial in unterschiedlichen Marktsegmenten zu vergleichen. Die Darstellung bezieht sich auf den Markt für Elektrotechnikprodukte und verdeutlicht folgende Punkte:

- Fünf *kritische Erfolgsfaktoren* werden in Abbildung 2.11 als für den Kunden besonders wichtig definiert (in der Reihenfolge ihrer Bedeutung sind dies die Reputation des Produzenten, Kundendienst, Lieferzuverlässigkeit, Testeinrichtungen und technische Qualität). Diese Reihenfolge wurde aus dem *Durchschnitt* aller Kundenbewertungen ermittelt, wobei bei allen Produkten ähnliche Preise vorausgesetzt wurden. Man beachte also, dass einzelne Kunden durchaus vom Durchschnitt abweichen können.
- Drei *Konkurrentenprofile* werden diesen Faktoren auf der Leinwand gegenübergestellt. Es ist klar, dass die relativen Stärken von Unternehmen A nicht den Faktoren entsprechen, die der Durchschnittskunde *am meisten* wertschätzt, während die Stärken von Unternehmen B den Kundenwünschen anscheinend eher entsprechen. Keines der Unternehmen ist jedoch in Bezug auf Testeinrichtungen und technische Qualität besonders erfolgreich – Faktoren, die für einige Kunden sehr wichtig sein können.
- Die *Auswahl des Segments* ist der nächste Punkt. Unternehmen A könnte versuchen, sich in den durchschnittlich am höchsten eingestuften Faktoren zu verbessern. Jedoch sind Unternehmen B und C in diesen Bereichen schon sehr stark, und ihre Kunden sind hochzufrieden. Alternativ könnte sich Unternehmen A auf ein bestimmtes Marktsegment konzentrieren, für das Tests und Qualität wichtiger sind als für den Durchschnittskunden. In diesen Bereichen ist der Wettbewerb geringer und die Verbesserungsmöglichkeiten sind größer. Zwar kann es sein, dass dieses Segment sehr klein ist, dennoch könnte es sehr viel rentabler sein, darauf abzuzielen, als Unternehmen B und C in ihren Kompetenzbereichen angreifen zu wollen. So könnte sich Unternehmen A darauf konzentrieren, sein Profil auf der rechten Seite der Leinwand zu verbessern.

Die entscheidenden Botschaften dieses Beispiels lauten, dass es wichtig ist, den Wert des eigenen Produkts mit den Augen des Kunden zu sehen und sich über die eigenen *relativen* Stärken klar zu sein.

21 Der Begriff „strategische Leinwand" wurde eingeführt von C. Kim und R. Maubourgne, „Charting your company's future", *Harvard Business Review*, Bd. 80, Nr. 6 (2002), S. 76–82. Eine ähnliche Diskussion ist zu finden bei G. Johnson, C. Bowman und P. Rudd's, „Competitor analysis", in V. Ambrosini mit G. Johnson und K. Scholes (Hrs.), *Exploring Techniques of Analysis and Evaluation in Strategic Management*, Prentice Hall, 1998.

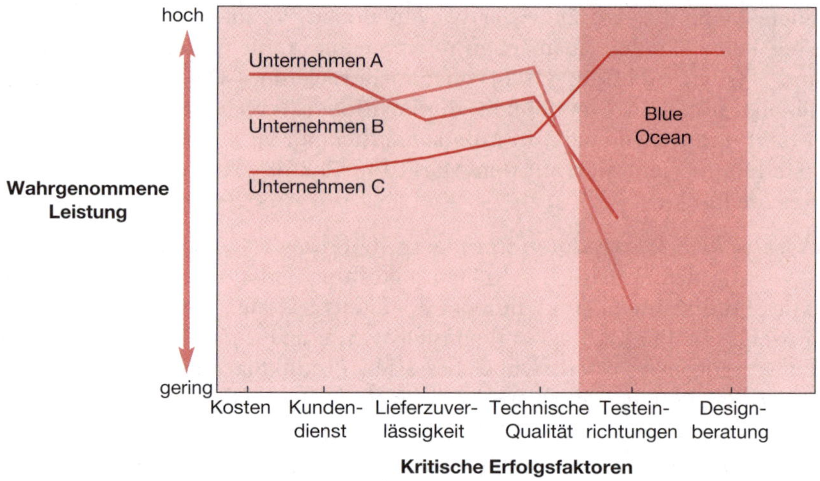

Abbildung 2.12: Strategische Leinwand für Hersteller von Elektroteilen

Zwar scheint dies vielleicht selbstverständlich, doch kann es verschiedene Gründe geben, warum ein solcher Kundenblickwinkel und eine solche Klarheit eben nicht erreicht werden können:

- *Den Sinn erkennen.* Vielleicht sind Manager nicht in der Lage, den Sinn komplexer und unterschiedlicher Verhaltensweisen, die sie auf dem Markt beobachten, zu erkennen. Oft stehen ihnen Unmengen von Rohdaten über Kundenwünsche und die Aktionen ihrer Konkurrenten zur Verfügung, es gelingt ihnen jedoch nicht, aus diesen Daten sinnvolle Schlüsse zu ziehen (z.B. Trends oder Verbindungen zu erkennen). Marktforscher und Marketingberater könnten hier einen klaren Einblick von außen liefern.
- *Distanz zum Endkunden.* Die Produzenten von Einzelteilen oder Rohstoffen beispielsweise können durch mehrere Zwischenstufen – andere Hersteller oder Vertriebsunternehmen – vom Endkunden getrennt sein. Obwohl eben diese direkten Kunden vielleicht auch die strategischen Kunden sind, besteht die Gefahr, dass hier nicht erkannt wird, was diese Kunden wertschätzen. Anders ausgedrückt kann Unternehmen das Gefühl dafür fehlen, was letztendlich die Nachfrage nach ihren Produkten oder Dienstleistungen antreibt.
- *Interne Voreingenommenheit.* Manager gehen oft automatisch davon aus, dass ihre jeweiligen Stärken vom Kunden geschätzt werden, und dass demnach ihre Konkurrenten auch automatisch in der schlechteren Position sind. So gehen beispielsweise einige Berufsgruppen auf vielen öffentlichen Sektoren davon aus, dass das, was sie für das Beste für ihre Kunden halten, auch tatsächlich das Beste ist. Gleichzeitig beobachten sie die Fähigkeiten privater Anbieter, die „wahren" Bedürfnisse der Kunden zu erkennen, mit großer Skepsis.
- *Veränderungen im Laufe der Zeit.* Kundenwünsche verändern sich, weil die Kunden mehr Erfahrungen sammeln (durch Wiederholungskäufe) oder weil Konkurrenzprodukte auf den Markt kommen, die ihnen einen höheren Wert bieten. Manager sind dagegen oft in ihrer eigenen Erfahrung, die sie auf dem Markt gemacht haben, gefangen (siehe *Kapitel 5*).

2.5 Chancen und Risiken

Die oben beschriebenen Konzepte und Rahmenwerke sollen das Verständnis der Faktoren im Makro-, Branchen- und Konkurrenz-/Marktumfeld einer Organisation erleichtern (Beispiel 2.6 greift eine wichtige Frage auf: Wie sehr beeinflussen Branchen- und Marktfaktoren erfolgreiche Strategieergebnisse?). Es kommt aber vor allem darauf an, welche *Schlussfolgerungen* aus diesem Verständnis gezogen werden, die dann die strategischen Entscheidungen lenken. Daher besteht der nächste Schritt darin, aus der Umfeldanalyse strategische Chancen und Gefahren für die Organisation abzuleiten. Eine Identifikation dieser Chancen und Gefahren ist sehr wertvoll in Bezug auf die strategischen Wahlmöglichkeiten für die Zukunft (das Thema von *Kapitel 6* und *9*). Chancen und Gefahren sind eine Hälfte der SWOT-Analyse (engl. Akronym für *Strenghts* (Stärken), *Weaknesses* (Schwächen), *Opportunities* (Chancen) und *Threats* (Gefahren), die die strategischen Formulierungen vieler Unternehmen prägt; siehe *Kapitel 3*).[22] Eine strategisch richtige Reaktion auf das Umfeld soll erkannte Gefahren mindern und die besten Chancen ausnutzen.

Eine gute Möglichkeit, mit Gefahren und Chancen umzugehen, ist die Nutzung einer **strategischen Lücke**. W. Chan und R. Mauborgne vertreten die Meinung, dass sich eine Wettbewerbskonvergenz ergeben würde, wenn alle Organisationen sich einfach nur auf den direkten Wettbewerb mit ihren Konkurrenten konzentrieren würden, denn so empfinden alle Akteure das Umfeld als schwierig und bedrohlich.[23] Sie nennen dies die Strategie des „roten Ozeans“ – die Farbe rot steht für den blutigen Wettbewerb und für die roten Zahlen durch hohe Verluste. Stattdessen empfehlen sie Managern, eine Strategie des „blauen Ozeans“ anzustreben – diese sucht nach oder schafft weite offene Flächen ohne jeglichen Wettbewerb. Blaue Ozeane sind strategische Lücken auf dem Markt, strategische Chancen, die von der Konkurrenz nicht voll ausgenutzt werden. Eine solche Strategie des blauen Ozeans wurde von australischen Weinhändlern geschaffen, die leicht verständliche und trinkbare Weine kreierten, die einfach Spaß machen sollten. Eine Strategie des „roten Ozeans“ hätte darin bestanden, mit aufwändigen Etiketten, kompliziertem Fachjargon und komplexen Geschmackskombinationen gegen die etablierten französischen Weinhersteller anzutreten.

Strategische Lücke

Eine strategische Lücke ist eine Chance im Wettbewerbsumfeld, die von der Konkurrenz noch nicht voll genutzt wird.

Mithilfe der in diesem Kapitel beschriebenen Analysewerkzeuge können solche strategischen Lücken erkannt werden. In Bezug auf Porters Five-Forces-Modell tun sich strategische Lücken dort auf, wo geringe Rivalität herrscht. Gemäß den strategischen Gruppen befinden sich strategische Lücken meist in den wenig besetzten „weißen Flecken“.

22 Die Betrachtung von SWOT als vernünftige Checkliste wird seit vielen Jahren genutzt, zum Beispiel bei S. Tilles, „Making strategy explicit“, in I. Ansoff (Hrs.), *Business Strategy*, Penguin, 1968. Siehe auch T. Jacobs, J. Shepherd und G. Johnson's Kapitel über die SWOT-Analyse in V. Ambrosini mit G. Johnson und K. Scholes (siehe Fußnote 21), und E. Valentin, „SWOT analysis from a resource-based view“, *Journal of Marketing Theory and Practice*, Bd. 9, Nr. 2 (2001), S. 54–69. SWOT wird detaillierter in *Abschnitt 3.6.4* und Beispiel 3.5 behandelt.

23 W.C. Kim und R. Mauborgne, „Value innovation: A leap into the blue ocean“, *Journal of Business Strategy*, Bd. 26, Nr. 4 (2005), S. 22–28 und W.C. Kim und R. Mauborgne, *Blue Ocean Strategy: How to Create Uncontested Market Space and Make Competition Irrelevant*, Harvard Business School Press, 2005.

Auf der strategischen Leinwand sind mögliche strategische Lücken dort zu finden, wo ein großer Unterschied zwischen den einzelnen Organisationen bezüglich der verschiedenen Faktoren ausgemacht werden kann, die von den Kunden wertgeschätzt werden.

Aus dem Konzept der strategischen Lücken ergeben sich folgende fünf besonders wichtige Arten von Chancen:

Chancen in Substitutsbranchen

Organisationen stehen im Wettbewerb mit Branchen, die Substitute herstellen, wie in *Abschnitt 2.3.1* beschrieben. Substitution bietet aber auch Chancen. Um hier Lücken zu erkennen, muss der relative Wert der Produkte/Technologien (des etablierten Unternehmens und des möglichen Substituts), *wie der Kunde ihn sieht, realistisch* eingeschätzt werden. Ein Beispiel sind Software Unternehmen, die die traditionellen Papierversionen von Nachschlagewerken und Atlanten durch elektronische Versionen ersetzen. Aus Sicht des Kunden haben diese elektronischen Versionen leichtere Suchfunktionen und sind meist eher auf dem neuesten Stand.

Chancen in anderen strategischen Gruppen oder strategischen Freiräumen

Auch in anderen strategischen Gruppen finden sich neue Chancen – besonders wenn Veränderungen im Makroumfeld neue Marktlücken wirtschaftlich nutzbar machen. So können sich durch eine Deregulierung eines Marktes (etwa bei der Stromversorgung oder im Bereich Vertrieb) oder durch Fortschritte im Bereich IT (etwa durch neue Studienprogramme) neue Marktlücken ergeben. Im ersten Fall wird Strom nutzbar, der lokal und in kleinerem Rahmen produziert wird – möglicherweise in Kombination mit Müllverbrennungsanlagen. Im zweiten Fall können geografische Entfernungen „schrumpfen", wenn Studienprogramme via Internet und Telefonkonferenz über Kontinente hinweg verfügbar sind (kombiniert mit Studienbetreuung vor Ort). In diesen Branchen/Sektoren ergeben sich neue strategische Gruppen.

Chancen beim Erreichen neuer Kunden

In den *Abschnitten 2.4.3* und *2.4.4* wurde betont, dass Käufer komplex sein können, wobei der strategische Kunde von entscheidender Bedeutung ist. Außerdem wurde erklärt, dass an einer Kaufentscheidung oft mehrere Menschen beteiligt sind. Chancen könnten sich aus der Konzentration auf bisher vernachlässigte strategische Kunden oder auf bisher vernachlässigte Einflüsse auf Kaufentscheidungen ergeben. So könnte es sich lohnen, Führungskräfte aus dem Gesundheitswesen oder der Sicherheitsbranche als Kunden anzusprechen, denn sie sind unter Umständen bereit, für ein sicheres Produkt oder eine sichere Dienstleistung mehr zu bezahlen als andere Kunden, deren Einkaufsabteilungen meist mehr auf Kostenersparnis aus sind.

Chancen durch Komplementärprodukte oder -dienstleistungen

Hier wird der potenzielle Wert komplementärer Produkte oder Dienstleistungen bedacht. So ist für ein positives Gesamterlebnis beim Bücherkauf viel mehr vom Buchhändler erforderlich, als die Bücher nur einfach in Regalen zu stapeln. Er muss außerdem eine entspannte Atmosphäre schaffen, in der man gerne in Büchern schmökert; so könnte eine integrierte Kaffeebar als komplementäre Dienstleistung angesehen werden.

Chancen auf neuen Marktsegmenten

Die Suche nach neuen Marktsegmenten kann neue Chancen eröffnen, wobei Produkt- oder Dienstleistungseigenschaften eventuell angepasst werden müssen. Will man zum Beispiel hauptsächlich emotional ansprechende Produkte oder Dienstleistungen verkaufen, so könnte die Alternative darin bestehen ein ganz einfaches, günstigeres Modell ohne Extras anzubieten, das eine andere Kundengruppe anspricht. So forderte Body Shop, der traditionell auf dem hoch emotionalen Kosmetiksektor aktiv ist, diese angestammte Sichtweise heraus. Dies wurde durch die Herstellung rein funktioneller Produkte erreicht, die weder aufwändig verpackt noch stark beworben wurden. Dadurch wurde ein neuer Markt geschaffen, denn es wurden Kunden angesprochen, die qualitativ hochwertige Produkte ganz ohne Extras haben wollten.

Chancen im Laufe der Zeit

Wenn man die Einflüsse der Veränderungen im Makro- oder Wettbewerbsumfeld vorhersagen möchte, ist es wichtig, zu bedenken, wie sich diese auf den Verbraucher auswirken werden. Auf diese Weise können Organisationen Vorteile des ersten Schritts ausnutzen. Cisco Systems erkannte, dass sich in der Zukunft ein erheblicher Bedarf an High Tech-Datenaustausch entwickeln würde, und produzierte als erstes Unternehmen passende Geräte, um diesem zukünftigen Bedarf zu begegnen. Das Unternehmen konnte neue Märkte auftun, da kein anderes Unternehmen bisher die Auswirkungen des Internetbooms richtig eingeschätzt hatte. Dadurch konnte Cisco Systems früher als all seine Konkurrenten speziell entwickelte Produkte anbieten und so einen erheblichen Wettbewerbsvorteil erlangen.

Z U S A M M E N F A S S U N G

- Umwelteinflüsse können als Schichten rund um eine Organisation verstanden werden, wobei das *Makroumfeld* die äußerste Schicht bildet, *Branche oder Sektor* die mittlere Schicht und *strategische Gruppen* und *Marktsegmente* die innere Schicht bilden.
- Das Makroumfeld kann anhand der *PESTEL Faktoren* analysiert werden, die die *wichtigsten Antriebskräfte des Wandels* festlegen. Alternative *Szenarien* über die Zukunft können konstruiert werden, um zu vergleichen, wie sich diese wichtigen Antriebskräfte entwickeln.
- Branchen und Sektoren können mittels der *Five Forces nach Porter* analysiert werden – Eintrittsbarrieren, Substitute, Käufermacht, Zulieferermacht und Rivalität. Diese Five Forces entscheiden über die Attraktivität einer Branche oder eines Sektors und können auch den Erfolg eines Unternehmens beeinflussen (siehe Beispiel 2.6).
- Branchen und Sektoren sind dynamisch und ihre Veränderungen können anhand von *Branchenlebenszyklus, Hyperwettbewerbszyklen* und *vergleichenden Radarschemata der Five Forces* analysiert werden.
- Innerhalb der innersten Schicht des Umfelds können die Analyse *strategischer Gruppen*, die Analyse der *Marktsegmente* und die *strategische Leinwand* helfen, strategische Lücken und Chancen zu identifizieren.
- Strategien des *blauen Ozeans*, gekennzeichnet durch geringe Rivalität, bieten gewöhnlich mehr Chancen als Strategien des *roten Ozeans*, wo größere Rivalität herrscht.

Z U S A M M E N F A S S U N G

Beispiel 2.6 Wie sehr kommt es auf die Branche an?

Eine gute Strategie beginnt immer damit, sich eine rentable Branche auszusuchen, wo man in den Wettbewerb einsteigen möchte. Ist es aber wirklich wichtiger, einfach in der richtigen Branche tätig zu sein, als die richtigen Fähigkeiten und Ressourcen zu besitzen?

Dieses Kapitel befasste sich hauptsächlich mit der Rolle, die das Umfeld bei der Festlegung einer Strategie spielt, wobei besonders auf die Branche wert gelegt wurde. In den letzten Jahren wurde jedoch zunehmend infrage gestellt, ob die Bedeutung der Branche für die Leistung eines Unternehmens wirklich so groß ist. Dies führte zu einer Debatte darüber, ob die Festlegung der Strategie sich mehr nach außen – d.h. zuallererst am Umfeld – orientieren sollte, oder mehr nach innen gerichtet sein und bei den eigenen Fähigkeiten und Ressourcen der Organisation ansetzen sollte (das Hauptthema von *Kapitel 3*).[1]

Manager, die sich eher nach außen hin orientieren, konzentrieren sich auf das Umfeld ihrer Organisation und versuchen etwa den eigenen Marktanteil innerhalb ihrer Branche durch Fusionen und Übernahmen oder durch aggressives Marketing zu erhöhen. Manager, die den internen Ansatz bevorzugen, wenden ihre Aufmerksamkeit nach innen und fördern die Fähigkeiten ihrer Mitarbeiter oder technologische Fortschritte. Da die Zeit von Managern begrenzt ist, muss zwischen dem internen und dem externen Ansatz gut abgewogen werden.

Der bedeutendste Verfechter des externen Ansatzes ist Michael Porter, Professor an der Harvard Business School und Gründer der Monitor Consulting Group. Ein einflussreicher Skeptiker dieser Herangehensweise ist dagegen Richard Rumelt, Student der Harvard Business School, doch jetzt an der University of California in Los Angeles tätig. Porter, Rumelt und andere haben eine Reihe empirischer Studien durchgeführt, die die relative Bedeutung einer Branche für den Erfolg einer Organisation untersuchen.

Diese Studien erfassen meist eine ganze Reihe von Firmen und vergleichen, wie sehr die Varianz der Rentabilität auf das Unternehmen selbst oder auf die Branche zurückzuführen ist (wobei andere Effekte wie etwa die Größe mit einbezogen werden.) Wenn Unternehmen innerhalb der gleichen Branche ganz ähnliche Rentabilitäten aufweisen, so ist es die Branche, die für den größten Anteil dieser Rentabilität verantwortlich ist. Hier spricht alles für einen externen Strategieansatz. Variieren dagegen die Rentabilitäten der Firmen innerhalb einer Branche erheblich, so sind es die speziellen Fähigkeiten und Ressourcen der Unternehmen, auf die es am meisten ankommt. Hier ist ein interner Ansatz angemessen.

Die beiden wichtigsten Studien haben ergeben, dass ein Großteil der Varianz der Rentabilität auf die Unternehmen selbst und nicht auf die Branche zurückzuführen ist – in Rumelts Studie über Produktionsunternehmen sind die Firmen selbst für 47 Prozent der Varianz verantwortlich (siehe Abbildung).[2] Als Porter und McGahan jedoch nicht nur Produktions- sondern auch Dienstleistungsunternehmen in ihrer Studie berücksichtigten, konnten sie einen großen Einfluss der Branche feststellen (19 Prozent).[3] Diese Forschungsarbeiten haben gezeigt, dass firmenspezifische Faktoren die Rentabilität meist stärker beeinflussen als Branchenfaktoren. Unternehmen müssen sich sehr sorgfältig um ihre internen Fähigkeiten und Ressourcen kümmern. Die Tatsache jedoch, dass Porter und McGahan in ihrer Studie von Produktions- und Dienstleistungsunternehmen einen größeren Brancheneinfluss feststellen konnten, legt nahe, dass die Bedeutung der Branche stark davon abhängt, um welche Branche es geht. Externe Faktoren können in manchen Branchen stärker wirken als in anderen.

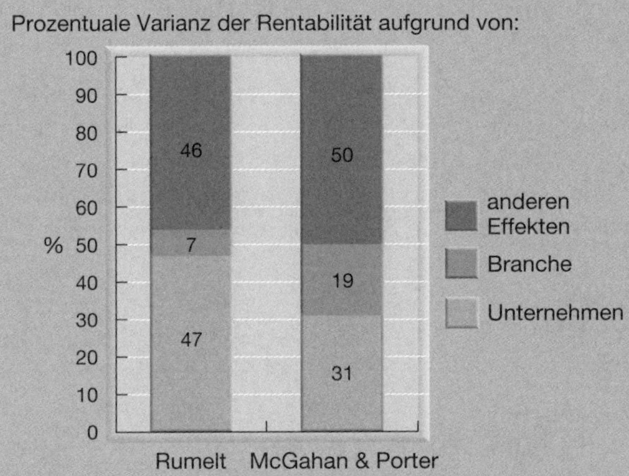

Anmerkungen

1. E.H. Bowman und C.E. Helfat „Does Corporate Strategy Matter?“, *Strategic Management Journal*, Bd. 12, Nr. 1 (2001), S. 1–14.
2. R.P. Rumelt „How much does industry matter?“, *Strategic Management Journal*, Bd. 12, Nr. 2 (1991), S. 167–185.
3. M.E. Porter und A.M. McGahan „How much does industry matter really?“, *Strategic Management Journal*, Bd. 18, Sonderausgabe (Sommer 1997), S. 15–30; M.E. Porter und A.M. McGahan, „The Emergence and sustainability of abnormal profits“, Strategic Organization, Bd. 1, Nr. 1 (2003), S. 79–108.

Kontrollfrage

1. Porters und McGahans Studie legt nahe, dass einige Branchen die Rentabilität der dazu gehörigen Unternehmen mehr beeinflussen als andere. Anders ausgedrückt, ihre Rentabilitäten liegen nahe beieinander. Warum ist der Einfluss auf die Rentabilität in manchen Branchen größer als in anderen?

Aufgaben

*Kennzeichnet schwierigere Aufgaben.

2.1 Führen Sie bei einer Organisation Ihrer Wahl unter Zuhilfenahme von Beispiel 2.1 die PESTEL Analyse durch und identifizieren Sie die wichtigsten Antriebskräfte des Wandels.

*2.2 Entwerfen Sie für dieselbe Organisation wie in Aufgabe 2.1 unter Zuhilfenahme von Beispiel 2.2 vier Szenarien zur Entwicklung Ihres Umfelds. Welche Auswirkungen ergeben sich für die Strategie der Organisation?

2.3 Beziehen Sie sich auf *Abschnitt 2.3* und führen Sie die Five-Forces-Analyse für eine Branche Ihrer Wahl durch. Welche Schlüsse ziehen Sie bezüglich der Attraktivität der Branche?

*2.4 Beziehen Sie sich auf *Abschnitt 2.3* und beachten Sie dabei insbesondere das Radarschema in Abbildung 2.5. Wählen Sie zwei Branchen oder Sektoren und vergleichen Sie deren Attraktivität in Bezug auf die Five Forces (a) heute, (b) in etwa drei bis fünf Jahren. Erklären Sie Ihre Einschätzung der Stärke jeder der Five Forces. In welche Branche oder in welchen Sektor würden Sie investieren?

2.5 Beziehen Sie sich auf *Abschnitt 2.4.1* und Beispiel 2.5 und wählen Sie eine Branche (z.B. Automobilhersteller oder Textileinzelhandel). Vergleichen Sie einzelne Konkurrenten und zeichnen Sie die wichtigsten strategischen Gruppen anhand entscheidender strategischer Dimensionen ein. Probieren Sie bei der Darstellung der Branche mehr als nur eine Paarung strategischer Dimensionen aus. Zeigen die entstandenen Grafen irgendwelche ungenutzten Chancen in der Branche auf?

*2.6 Beziehen Sie sich auf *Abschnitt 2.4.4* und insbesondere auf Abbildung 2.11 und identifizieren Sie kritische Erfolgsfaktoren für eine Branche, mit der Sie und Ihre Mitstudenten vertraut sind (etwa Textileinzelhandel oder Hersteller von Mobiltelefonen). Konstruieren Sie nach Ihren eigenen Einschätzungen (oder den Einschätzungen Ihrer Mitstudenten) eine strategische Leinwand und vergleichen Sie die wichtigsten Konkurrenten, wie in Abbildung 2.11 gezeigt. Welche Auswirkungen hat Ihre strategische Leinwand auf die Strategien dieser Konkurrenten?

2.7 Inwieweit sind die in diesem Kapitel behandelten Modelle für die Umfeldanalyse einer Organisation des öffentlichen Sektors oder einer nicht gewinnorientierten Organisation geeignet? Geben Sie Beispiele, um Ihre Argumentation zu stützen.

Integrative Aufgabe

2.8 Führen Sie eine vollständige Analyse einer Branche oder eines Sektors Ihrer Wahl durch (z.B. PESTEL, Szenarien, Five Forces und strategische Gruppen). Gehen Sie dabei besonders darauf ein, wie sich die Globalisierung (siehe *Kapitel 8*, besonders Abbildung 2.11 über Antriebskräfte) und Innovation (siehe *Kapitel 9*, besonders Abbildung 2.12 über Produkt- und Prozessinnovation) auf die Branche oder den Sektor auswirken.

Literaturempfehlungen

- Der Klassiker zur Branchenanalyse ist M.E. Porter, *Competitive Strategy*, Free Press, 1980. Eine aktuelle Ansicht wird gegeben in M.E. Porter, „Strategy and the Internet", *Harvard Business Review*, März 2001, S. 2–19. Eine einflussreiche Adaption der Grundideen Porters ist W.C. Kim und R. Mauborgne, *„Blue Ocean Strategy: How to Create Uncontested Market Space and Make Competition Irrelevant"*, Harvard Business School Press, 2005.
- Für Ansätze zur Veränderung von Umfelden siehe K. van der Heijden, *Scenarios: The art of strategic conversation*, 2. Aufl., Wiley, 2005, und die Arbeit von Michael Porters Kollegen A. McGahan, *How Industries Evolve*, Harvard Business School Press, 2004.
- Eine Sammlung akademischer Artikel zu den neuesten Meinungen über PEST, Szenarien und ähnlichen Aspekten ist die Sonderausgabe der *International Studies of Management and Organization*, Bd. 36, Nr. 3 (2006), herausgegeben von Peter McKiernan.

Fallstudie
Globale Kräfte und die europäische Brauindustrie

Mike Blee und Richard Whittington

Dieser Fall befasst sich mit der europäischen Brauindustrie und untersucht, wie der wachsende Wettbewerbsdruck auf dem globalen Markt zu Konsolidierungen durch Übernahmen, zu Zusammenschlüssen und Schließungen in der Branche führt. Es zeigt sich, dass sich die Brauereien nun immer mehr auf große, bekannte Markennamen verlassen.

In den ersten zehn Jahren des 21. Jahrhunderts sahen sich europäische Brauereien einem überraschenden Paradoxon gegenüber. Europa, das traditionelle Zentrum der internationalen Bierbranche und immer noch der größte regionale Markt, verlor zunehmend das Interesse an Bier. Der Bierverbrauch fiel auf den größten Märkten Deutschland und Großbritannien, während der Konsum in den Tigerstaaten rasant anstieg. 2008 rangierte Deutschland, traditionell Europas größter Markt, weltweit nur auf Rang 5 hinter China, den USA, Brasilien und Russland. China war mit einem jährlichen Wachstum von 12 Prozent zwischen 2003 und 2008 zum Markt mit dem größten Volumen geworden – 23 Prozent des weltweiten Bierkonsums entfällt mittlerweile auf China (Euromonitor International, 2010).

Tabelle 2.1 zeigt den allgemeinen Rückgang des Bierkonsums in Europa. Auf den traditionell wichtigsten Märkten gibt es dafür mehrere Gründe. Viele Regierungen starteten massive Kampagnen gegen Alkohol am Steuer, was sich auf den Bierkonsum in Restaurants, Kneipen und Bars auswirkte. Auch ist man sich zunehmend der Tatsache bewusst, dass sich Alkohol negativ auf Gesundheit und Fitness auswirkt. Besonders in Großbritannien steht man dem sogenannten „Komasaufen“, dem exzessiven Alkoholgenuss in Kneipen und Discos zunehmend feindlich gegenüber. Auf den Märkten Nordeuropas erfreut sich außerdem Wein immer größerer Beliebtheit. Dennoch variiert der Pro-Kopf-Verbrauch an Bier erheblich in den einzelnen europäischen Ländern: In Deutschland ist er etwa viermal so hoch wie in Italien. Einige Länder, in denen traditionell eher wenig Bier getrunken wurde, konnten gute Wachstumsraten vorweisen.

Die Kampagnen gegen Alkohol am Steuer und Komasaufen führten dazu, dass sich der Bierumsatz von der Gastronomie (Kneipen oder Restaurants) mehr auf den Einzelhandel verlagerte. Weltweit wuchs das Verkaufsvolumen im Einzelhandel von 63 Prozent des Gesamtvolumens im Jahr 2000 auf 67 Prozent im Jahr 2008. Der Bierverkauf im Einzelhandel wird zunehmend von großen Supermarktketten wie Tesco oder Carrefour dominiert, die oft mit sehr niedrigen Bierpreisen locken, um die Kunden dazu zu bringen, bei ihnen einzukaufen. Über ein Fünftel der gesamten Biermenge wird inzwischen in Supermärkten verkauft. Deutsche Einzelhändler wie Aldi oder Lidl verkaufen ihre eigene „Hausmarke“ (keine der großen Brauereimarken) mit beachtlichem Erfolg. Verlierer dabei sind die Pubs: Allein im konjunkturell schwachen Jahr 2009 mussten in Großbritannien geschätzte 50 Pubs schließen. Obwohl aber der Absatz in der Gastronomie in Europa sinkt, steigen dennoch die Verkaufswerte an, denn viele Brauereien führen hochpreisige Premiumprodukte wie extra kalte Lagerbiere oder Bier mit Fruchtgeschmack ein. Andererseits wird ein Großteil der steigenden Nachfrage nach solchen Premiumprodukten durch Importe von scheinbar exotischen Bieren aus Übersee befriedigt (siehe Tabelle 2.2).

Die Einkaufskosten der Brauereien setzen sich in der Hauptsache aus Verpackungsmaterial (etwa die Hälfte der Sachkosten), Rohstoffen wie Gerste und Energie zusammen. Die europäische Verpackungsindustrie ist stark konzentriert und wird von internationalen Unternehmen wie Crown für Dosen und Owens-Illinois für Glasflaschen dominiert. So gibt es in Großbritannien lediglich drei große Dosenherstellerfirmen: Ball Packaging Europe, Crown Bevcan und REMAX.

Tabelle 2.1

Bierkonsum in Europa nach Land und Jahr (in 000 Hektoliter)

Land	1980	2000	2003	2007
Österreich	7.651	8.762	8.979	9.100
Belgien	12.945	10.064	9.935	9.137
Dänemark	6.698	5.452	5.181	4.840
Finnland	2.738	4.024	4.179	4.074
Frankreich	23.745	21.420	21.168	18.781
Deutschland†	89.820	103.105	97.107	91.000
Griechenland	N/A	4.288	3.905	4.600
Irland	4.174	5.594	5.315	5.193
Italien	9.539	16.289	17.452	17.766
Luxemburg	417	472	373	429
Niederlande	12.213	13.129	12.771	12.910
Norwegen*	7.651	2.327	2.270	2.670
Portugal	3.534	6.453	6.008	6.200
Spanien	20.065	29.151	33.451	35.658
Schweden	3.935	5.011	4.969	4.900
Schweiz*	4.433	4.194	4.334	4.489
Großbritannien	65.490	57.007	60.302	51.300

*Nicht-EU-Länder; † 1980 exklusive DDR; N/A = nicht verfügbar; Zahlen wurden angepasst.

Quelle: www.Brewersofeurope.org.

Tabelle 2.2

Bierimporte nach Land

Land	Importe 2002 (prozentualer Verbrauch oder Produktion*)	Importe 2008 (prozentualer Verbrauch oder Produktion*)
Österreich	5,1	6,6
Belgien	4,74	12,8
Dänemark	2,6	10,5
Finnland	2,3	10,1
Frankreich	23	31,4
Deutschland	3,1	7,6
Griechenland	4,1	6,5
Irland	N/A	16,8
Italien	27,15	33,5
Luxemburg	N/A	43,1
Niederlande	3,2	18,6
Norwegen	5,4	3,7
Portugal	1,1	0,6
Spanien	11,7	8,6
Schweden	N/A	23,4
Schweiz	15,4	17,6
Großbritannien	10,9	17,7

Quelle: www.Brewersofeurope.org.

Importzahlen sind exklusive Bier, das mit Lizenz im eigenen Land gebraut wurde; Länder unterscheiden sich bei der prozentualen Messung von Produktion und Verbrauch.

Beim Kampf der führenden Brauereien um eine marktbeherrschende Stellung kam es zu Übernahmen, Lizenzvergaben und strategischen Allianzen. Global wächst der Druck, zu konsolidieren, denn in der Branche herrscht Überkapazität, die Kosten müssen im Rahmen bleiben und die Vorteile starker Markennamen können genutzt werden. So kaufte beispielsweise die belgische Brauerei Interbrew im Jahr 2001 Teile der alteingesessenen Marken Bass Empire, Becks und Whitbread und verkündete 2004 eine Fusion mit Am Bev, der brasilianischen Brauereigruppe. So entstand der weltweit größte Brauereikonzern InBev. 2008 kaufte InBev die zweitgrößte Brauerei der Welt, Anheuser-Busch aus den USA auf, wodurch sich das Unternehmen einen Marktanteil von 20 Prozent sicherte. Im Jahr 2002 übernahm die Firma South African Breweries die Miller Group (USA) und Pilsner Urquell in der tschechischen Republik. Es entstand SABMiller. SABMiller wiederum übernahm 2007 die holländische Spezialbrauerei Grolsch. Kleinere Unternehmen auf den schnell wachsenden Märkten von China und Südamerika werden ebenfalls von den Großkonzernen aufgekauft.

2010 wurde die zweitgrößte mexikanische Brauerei FEMSA von Heineken aus Holland aufgekauft. Die mittelständische australische Brauerei Fosters dagegen zog sich aus dem Direktverkauf auf vielen internationalen Märkten zurück und verkaufte ihre europäischen Markenrechte an Scottish & Newcastle. Die europäische Kommission verhängte 2004 Bußgelder gegen Heineken und Kronenbourg wegen Preisabsprachen in Frankreich. Grolsch, Heineken und Bavaria wurden wegen der Bildung eines illegalen Preiskartells auf dem holländischen Markt bestraft.

Tabelle 2.3 zeigt die zehn weltgrößten Brauereien, die 2009 etwa 60 Prozent des gesamten Absatzvolumens produzierten. Natürlich bleiben viele kleine Spezialisten und regionale Brauereien wie etwa Greene King (siehe unten). In Deutschland, wo die Braukunst eine lange Tradition hat, gibt es noch immer 1319 Brauereien, die 583 verschiedenen Großbrauereien angehören. Doch auch in Westeuropa steigt die Marktkonzentration an: Im Jahr 2000 hielten die zwei größten Brauereien Europas (Heineken und Interbrew) zusammen 19,3 Prozent Marktanteil, während die beiden Marktführer 2009 (Heineken und Carlsberg) bereits über 28,5 Prozent des europäischen Marktes verfügen. A-B InBev beherrscht weitere 10,6 Prozent des Marktes.

Tabelle 2.3

Die zehn weltweit größten Brauereien nach Absatzvolumen 2000 und 2009

2000		2009	
Unternehmen	Anteil am globalen Absatzvolumen %	Unternehmen	Anteil am globalen Absatzvolumen %
Anheuser-Busch (USA)	8,8	A-B InBev (Belgien)	19,5
AmBev (Brasilien)	4,6	SABMiller (Großbritannien)	9,5
Heineken (Holland)	4,3	Heineken (Holland)	6,9
Interbrew (Belgien)	4,0	Carlsberg (Dänemark)	5,9
Miller (USA)	3,6	China Resources (China)	4,5
SAB (Südafrika)	3,3	Tsingtao (China)	3,1
Modelo (Mexiko)	2,7	Modelo (Mexiko)	2,9
Coors (USA)	2,0	Molson Coors (USA)	2,8
Asahi (Japan)	2,0	Beijing Yanjing (China)	2,5
Kirin (Japan)	1,9	FEMSA (Mexiko)	2,3

Quelle: Euromonitor International, 2010.

Drei Brauereien

Auf dem europäischen Markt tummeln sich viele sehr verschiedenartige Konkurrenten. Im Folgenden werden die weltgrößte Brauerei sowie zwei Außenseiter vorgestellt.

Anheuser-Busch InBev (Belgien)

Die Geschichte dieser Brauerei reicht zurück bis ins Jahr 1366, wobei in den letzten zehn Jahren durch eine Reihe spektakulärer Fusionen die größten Veränderungen stattfanden. 2004 entstand zunächst InBev aus einer Fusion der belgischen Brauerei InterBrew mit dem brasilianischen Unternehmen AmBev. Dadurch entstand nicht nur die zweitgrößte Brauerei der Welt, diese Fusion sorgte auch dafür, dass dem Unternehmen eine bedeutende Position auf dem lateinamerikanischen Markt für alkoholfreie Getränke zufiel. InBev erwarb schließlich im Jahr 2008 die führende US-amerikanische Brauerei Anheuser-Busch für € 36,4 Mrd., wodurch das Unternehmen zur unangefochtenen Nummer Eins der Welt aufstieg. Heute gehören fast 300 Marken dazu, darunter international bekannte Namen wie Beck's, Budweiser und Stella Artois. In den USA beherrscht die Brauerei nahezu 50 Prozent des Marktes; außerdem gehören ihr 50 Prozent der größten mexikanischen Brauerei, Modelo, die vor allem durch ihre Marke Corona bekannt ist. 2008 kamen vier der zehn meist verkauften Biere weltweit aus dem Haus A-B InBev. Auf über 20 nationalen Märkten rangiert das Unternehmen entweder auf Rang eins oder zwei. Auf dem chinesischen Markt jedoch reduziert A-B InBev seinen Marktanteil zurzeit, um finanzielle Mittel für den Ankauf von Anheuser-Busch freizumachen und um auf die Bedenken der lokalen Behörden bezüglich einer möglichen Monopolstellung zu reagieren.

Das Unternehmen ist sehr offen, was seine Strategie betrifft: Man möchte nicht nur die größte Brauerei der Welt sein, sondern auch die beste werden. Dies soll durch den Aufbau starker globaler Marken und eine Steigerung der Effizienz geschehen. Diese Effizienzsteigerung wird durch eine zentrale Koordination des Einkaufs erreicht, der auch die Medien und den Bereich IT mit einschließt; außerdem sollen das ererbte Netzwerk an Brauereien optimiert und an jedem Standort *Best Practice Standards* angewendet werden. A-B InBev setzt nun verstärkt auf organisches Wachstum und bessere Margen bei bestehenden Marken. Erklärte Absicht des Unternehmens ist es, „die beste Brauerei in einer besseren Welt" zu sein.

Greene King (Großbritannien)

Greene King, das 1799 gegründet wurde, ist heute die größte nationale Brauerei Großbritanniens, zu der Marken wie Abbot, IPA und Old Speckled Hen gehören. Durch eine Reihe von Firmenübernahmen konnte sich das Unternehmen vergrößern, darunter Ruddles (1995), Morland (1999) und Hardys and Hansons (2006). Nach der Übernahme folgt meist die Schließung der angekauften Brauerei, die Aufgabe kleinerer Marken und die Verlagerung der Produktion größerer Marken in die Hauptbrauerei nach Bury St. Edmunds. Kritiker nennen die Brauerei daher auch häufig „Greedy King" („gieriger König"). IPA ist mit über 20 Prozent Marktanteil Großbritanniens führendes Ale vom Fass, und Old Speckled Hen ist das führende Premium Ale mit einem Marktanteil von über 12 Prozent. Ungewöhnlich an Greene King ist, dass das Unternehmen viele eigene Pubs betreibt und auch in diesem Bereich immer wieder Ketten aufkauft, so etwa Laurels mit 432 Pubs und Belhaven mit 271 Pubs. Gegenwärtig betreibt Greene King fast 2000 Pubs in ganz Großbritannien, wobei das Unternehmen in seiner Heimatregion East Anglia am stärksten vertreten ist. Auch in Restaurants ist Greene King vertreten. Seine Geschäfte beschränken sich allerdings auf den britischen Markt. 2009 brachte Greene King Finanzmittel in Höhe von € 228 Mio. auf den Finanzmärkten auf, um so weitere Übernahmen zu finanzieren. Greene King erklärt den eigenen Erfolg auf dem Brauereimarkt so:

> *Die beständig überdurchschnittliche Leistung unseres Unternehmens kommt durch eine stabile, zielgerichtete Strategie zustande. Am wichtigsten dabei ist, dass wir qualitativ hochwertiges Bier in einer einzigen Brauerei erzeugen. Außerdem haben wir ein klar definiertes Markenportfolio, wodurch Komplexität und Kosten minimiert werden.*

Tsingtao (China)

Die Tsingtao-Brauerei wurde 1903 von deutschen Siedlern in China gegründet. Nach einer Verstaatlichung in Zeiten des Kommunismus wurde Tsingtao Anfang der 1990er Jahre privatisiert und ab 1993 an der Hong Konger Börse gehandelt. 2009 hielt die japanische Brauerei Asashi 19,9 Prozent der Aktien, die sie von A-B InBev erworben hatte. A-B InBev verkaufte auch seinen restlichen Anteil in Höhe von 7 Prozent an einen privaten Investor aus China. Auf seinem Heimatmarkt hält Tsingtao lediglich einen Anteil von 13 Prozent, ist aber seit jeher exportorientiert. Über 50 Prozent der chinesischen Bierexporte kommen von Tsingtao. 1972 wurde Tsingtao-Bier erstmals in den USA eingeführt und ist heute Marktführer aller chinesischen Biere. In dem Science Fiction-Film *Blade Runner* von 1982 ist eine Flasche Tsingtao zu sehen. 1992 kam Tsingtao auch auf den europäischen Markt, wo das Bier heute in 62 Ländern verkauft wird. Das Unternehmen beschreibt sein Bestreben so:

> *Das ständige Wachstum von Umsatz und Einnahmen vorantreiben, um so dem Ziel, eine international anerkannte Firma zu werden, näher zu kommen.*

Quellen: Ernst&Young, The Contribution Made by Beer to the European Economy, 2009; Euromonitor International, Global Alcoholic Drinks: Beer – Opportunities in Niche Caegires, April 2009; Euromonitor International, Strategies for Growth in an Increasingly Consolidated Global Beer Market, Februar 2010.

Kontrollfragen

1. Führen Sie unter Verwendung von Angaben aus der Fallstudie (und anderer verfügbarer Quellen) für die europäische Brauindustrie (i) eine PESTEL Analyse und (ii) eine Five-Forces-Analyse durch. Welche Schlussfolgerungen können Sie ziehen?
2. Erklären Sie für die drei oben beschriebenen Brauereien (oder für andere Brauereien Ihrer Wahl), wie sich diese Entwicklungen unterschiedlich auf die verschiedenen Unternehmen auswirken werden und die relativen Stärken und Schwächen jedes Unternehmens.

Strategische Fähigkeiten

3

ÜBERBLICK

Lernziele

Nach der Lektüre dieses Kapitels sollten Sie in der Lage sein,

- die Elemente der strategischen Fähigkeit in Organisationen zu unterscheiden: Ressourcen, Kompetenzen, Kernkompetenzen und dynamische Fähigkeiten.
- die Bedeutung der stetigen Verbesserung bei der Kosteneffizienz als strategische Fähigkeit zu erkennen.
- zu analysieren, wie strategische Fähigkeiten einen nachhaltigen Wettbewerbsvorteil basierend auf ihrem Wert, ihrer Seltenheit, ihrer Unnachahmlichkeit und ihrer Nicht-Austauschbarkeit bieten können.
- strategische Fähigkeit mittels Wertkettenanalyse, Aktivitätsübersicht, Benchmarking und SWOT-Analyse zu identifizieren.
- zu beurteilen, wie ein Manager die strategischen Fähigkeiten seiner Organisation entwickeln kann.

3.1 Einführung

Ressourcen-orientierter Ansatz

Der ressourcen-orientierte Ansatz der Strategie erklärt die Wettbewerbsvorteile und die überlegene Leistung einer Organisation durch besondere Fähigkeiten.

Kapitel 2 zeigte, wie im externen Umfeld einer Organisation sowohl strategische Chancen als auch Gefahren entstehen können. Zwar sind Tesco, Sainsbury's und Asda alle im selben Wettbewerbsumfeld tätig, dennoch ist Tesco klar das erfolgreichste Unternehmen. Hier ist nicht das Umfeld entscheidend, sondern die internen *strategischen Fähigkeiten*. Dieses Kapitel befasst sich mit der Bedeutung dieser strategischen Fähigkeit. Es gibt drei wichtige Konzepte zu diesem Thema. Zunächst einmal sind Organisationen nicht identisch, sondern haben verschiedene Fähigkeiten; sie sind also diesbezüglich „heterogen". Zum zweiten kann es für eine Organisation schwierig sein, die Fähigkeiten einer anderen zu erlangen oder zu kopieren. So kann Sainsbury's nicht so einfach ebenso viele Einzelhandelsstandorte erlangen wie Tesco, genauso wenig wie dessen Management oder dessen Erfahrung. Zum dritten gilt Folgendes: Erlangt eine Organisation einen Wettbewerbsvorteil, so gelingt ihr das aufgrund von Fähigkeiten, die ihre Rivalen nicht vorweisen oder nur schwer erlangen können. Dadurch lässt sich wiederum erklären, warum einige Organisationen erfolgreicher agieren können als andere. Sie verfügen über Fähigkeiten, die es ihnen ermöglichen, im Vergleich zu anderen Organisationen mit geringeren Fähigkeiten zu niedrigeren Kosten zu produzieren oder ein besseres Produkt zu Standardkosten herzustellen.[1] Diese Konzepte stützen den sogenannten **ressourcenorientierten Ansatz**[2] der Strategie. Er erklärt die Wettbewerbsvorteile und die überle-

1 Außergewöhnliche Gewinne, wie sie hier definiert sind, werden von Wirtschaftswissenschaftlern auch manchmal als *Rents* bezeichnet. Für eine auf Strategie bezogene Erklärung siehe R. Perman und J. Scoular, *Business Economics*, Oxford University Press, 1999, S. 67–73.

2 Dieses Konzept wurde von B. Wernerfelt, „A resource-based view of the firm", *Strategic Management Journal*, Bd. 5, Nr. 2 (1984), S. 171–180 eingeführt. Eine vielzitierte Arbeit legte J. Barney, „Firm resources and sustained competitive advantage", *Journal of Management*, Bd. 17, Nr. 1 (1991), S. 99–120 vor. Heute gibt es viele Bücher und Arbeiten, die diesen Ansatz erklären und zusammenfassen. Siehe z.B. den Anfang von D.J. Teece, G. Pisano und A. Shuen, „Dynamic capabilities and strategic management", *Strategic Management Journal*, Bd. 18, Nr. 7 (1997), S. 509–534; sowie die einführende Arbeit von D. Hoopes, T. Madsen und G. Walker, „Why is there a resource based view?", für die Sonderausgabe des *Strategic Management Journal*, Bd. 24, Nr. 10 (2003), S. 889–902.

gene Leistung einer Organisation durch besondere Fähigkeiten. Das Kapitel besteht aus sechs Abschnitten:

- *Abschnitt 3.2* befasst sich mit den *Grundlagen strategischer Fähigkeit* und behandelt die Unterscheidung zwischen *Ressourcen* und *Kompetenzen*.
- In *Abschnitt 3.3* geht es um die lebenswichtige Basis der strategischen Fähigkeiten jeder Organisation, um die Fähigkeit nämlich, *Kosteneffizienz* zu erlangen und diese dauerhaft zu verbessern.
- *Abschnitt 3.4* geht darauf ein, welche Fähigkeiten es einer Organisation ermöglichen, ihren Wettbewerbsvorteil im Laufe der Zeit zu *halten* (auf dem öffentlichen Sektor könnte die entsprechende Frage lauten, wie Organisation dauerhaft relativ gesehen bessere Leistungen erbringen können).
- *Abschnitt 3.5* erklärt, wie der Begriff des *organisationalen Wissens* mit der strategischen Fähigkeit in Bezug zu setzen ist und wie dieser zum Wettbewerbsvorteil einer Organisation beitragen kann.
- In *Abschnitt 3.6* wird darauf eingegangen, wie verschiedene Arten von strategischen Fähigkeiten analysiert werden können. Darunter sind die *Wertkettenanalyse* und *Wertnetzwerkanalyse*, *Aktivitätsübersichten* und *Benchmarking*. Der Abschnitt endet mit einer Erklärung zum Einsatz der SWOT-Analyse als Grundlage zur Zusammenfassung aller Einblicke aus den Analysen des Umfelds (in *Kapitel 2* erklärt) und der strategischen Fähigkeiten in diesem Kapitel.
- *Abschnitt 3.7* schließlich befasst sich mit der Frage, wie Manager durch interne und externe Entwicklung, durch den richtigen Umgang mit Mitarbeitern und durch den Aufbau dynamischer Fähigkeiten *strategische Fähigkeit entwickeln* können.

3.2 Grundlagen strategischer Fähigkeiten

Verschiedene Autoren, Manager und Berater verwenden unterschiedliche Begriffe und Konzepte für die Erklärung, welche Bedeutung strategische Fähigkeit hat. Angesichts dieser Unterschiede ist es wichtig, zu verstehen, wie diese Begrifflichkeiten hier verwendet werden. Insgesamt gesehen können **strategische Fähigkeiten** als die Ressourcen und Kompetenzen einer Organisation definiert werden, die sie braucht, um zu überleben und erfolgreich zu sein. Abbildung 3.1 zeigt die Elemente strategischer Fähigkeit, die in diesem Kapitel zur Erklärung dieses Konzepts verwendet werden.

Strategische Fähigkeiten

Als strategische Fähigkeiten werden diejenigen Ressourcen und Kompetenzen einer Organisation bezeichnet, die sie benötigt, um zu überleben und erfolgreich zu sein.

	Ressourcen	Kompetenzen
Schwellenfähigkeiten	**Schwellenressourcen** • materiell • immateriell	**Schwellenkompetenzen**
Fähigkeiten für den Wettbewerbsvorteil	**Einzigartige Ressourcen** • materiell • immateriell	**Kernkompetenzen**

Abbildung 3.1: Strategische Fähigkeiten und Wettbewerbsvorteil

3.2.1 Ressourcen und Kompetenzen

Materielle/tangible Ressourcen

Materielle/tangible Ressourcen sind die physisch fassbaren Ressourcen einer Organisation wie etwa Fabriken, Personal und Finanzen.

Der grundlegendste Begriff in diesem Zusammenhang lautet wahrscheinlich „Ressourcen". **Materielle Ressourcen** sind die physisch fassbaren Ressourcen einer Organisation wie etwa Fabriken, Personal und Finanzen. **Immaterielle Ressourcen**[3] sind nicht fassbare Vermögenswerte wie Informationen, Reputation und Wissen. Typischerweise gibt es folgende vier Kategorien für die Ressourcen einer Organisation:

- *Sachwerte* – wie etwa Maschinen, Gebäude oder die Produktionskapazität einer Organisation. Der Zustand dieser Ressourcen, also ihr Alter, ihre Kapazität und ihr Standort entscheiden über die Nutzbarkeit der jeweiligen Ressource
- *Finanzielle Ressourcen* – wie Kapital, Bargeld, Debitoren und Kreditoren und Geldgeber (Aktionäre, Banken, etc.)
- *Humanressourcen* – hier sind die Zusammensetzung (etwa das demografische Profil), die Fähigkeiten und das Wissen der Mitarbeiter und anderer Menschen innerhalb der Netzwerke einer Organisation gemeint
- *Geistiges Kapital* – als immaterielle Ressource – schließt Patente, Marken, Geschäftssysteme und Kundendatenbanken mit ein. Der Wert dieser Ressourcen lässt sich erkennen, wenn Unternehmen verkauft werden, denn ein Teil des Unternehmenswerts ist immer „Goodwill"; in einer Wirtschaft, die auf Wissen aufgebaut ist, ist dieses geistige Kapital meist ein wichtiger Vermögenswert für jede Organisation

Immaterielle/intangible Ressourcen

Immaterielle/intangible Ressourcen bezeichnen physisch nicht-fassbare Ressourcen wie Information, Reputation und Wissen.

Natürlich sind solche Ressourcen wichtig. Doch was ein Unternehmen tut – wie es diese Ressourcen einsetzt und anwendet – ist von mindestens ebenso großer Bedeutung wie die Ressourcen selbst. Modernste Maschinen, wertvolles Wissen oder Markenimage wären sinnlos, würden sie nicht effektiv eingesetzt. Die Effizienz und Effektivität physischer und finanzieller Ressourcen oder der Mitarbeiter in einer Organisation hängen nicht nur von deren bloßer Existenz ab, sondern davon, wie damit umgegangen wird, wie die Mitarbeiter kooperieren, wie gut sie sich anpassen können, ob sie innovativ sind, ob gute Beziehungen zu Kunden und Zulieferern herrschen und ob Erfahrungen und Lerneffekte genutzt werden. Der Begriff **„Kompetenzen"** beschreibt die Fertigkeiten und Fähigkeiten, mittels derer Ressourcen durch die Aktivitäten und Prozesse einer Organisation effektiv eingesetzt werden.

Kompetenzen

Kompetenzen sind die Fertigkeiten und Fähigkeiten, mittels derer Ressourcen durch die Aktivitäten und Prozesse einer Organisation effektiv eingesetzt werden.

Innerhalb dieser breit gefassten Definitionen werden meist auch noch andere Begriffe verwendet. Ein Blick auf die beiden in Tabelle 3.1 gegebenen Beispiele ist für die weiteren Erklärungen in diesem Kapitel sicherlich sinnvoll. Ein Beispiel bezieht sich auf die Unternehmenswelt, das andere auf die Welt des Sports.

3 Immer häufiger werden immaterielle Ressourcen als strategisch wichtig erkannt. Siehe T. Clarke und S. Clegg, *Changing Paradigms: The transformation of management knowledge for the 21st century*, Harper Collins, 2000, S. 342 (darin wird Arthur Andersens Ansicht über immaterielle Ressourcen verdeutlicht.); R. Hall, „The strategic analysis of intangible resources", *Strategic Management Journal*, Bd. 13, Nr. 2, (1992), S. 135–144; und auch „A framework linking intangible resources and capabilities to sustainable competitive advantage", *Strategic Management Journal*, Bd. 14, Nr. 8 (1993), S. 607–618.

Tabelle 3.1

Strategische Fähigkeit: Die Terminologie

Begriff	Definition	Beispiel (Sport)
Strategische Fähigkeit	Die Fähigkeit, so zu agieren, dass man überlebt und erfolgreich ist. Sie wird gestützt durch die Ressourcen und Fähigkeiten einer Organisation.	Ausrüstung und sportliche Fähigkeiten passend zu einem ausgewählten Sportereignis
Schwellenressourcen	Die nötigen Ressourcen, um die Mindestanforderungen der Kunden zu befriedigen und so zu überleben.	Ein gesunder Körper (für Einzelsportler); Medizinische Einrichtungen und Fachpersonal; Trainingsstätten und -ausrüstung; Versorgung mit Nahrungsmitteln
Schwellenkompetenzen	Die nötigen Aktivitäten und Prozesse, um die Mindestanforderungen der Kunden zu befriedigen und so zu überleben	Individuelle Trainingspläne; Physiotherapie/richtiger Umgang mit Verletzungen; Ernährungsplan
Einzigartige Ressourcen	Ressourcen, die den Wettbewerbsvorteil untermauern und für Konkurrenten schwer zu erlangen oder zu imitieren sind	Außergewöhnlich leistungsfähiges Herz und Lungen; Größe oder Gewicht; Weltklasse Trainer
Kernkompetenzen	Aktivitäten, die den Wettbewerbsvorteil untermauern und für Konkurrenten schwer zu erlangen oder zu imitieren sind	Eine Kombination aus Engagement, Durchhaltevermögen, genügend Zeit zum Trainieren; anspruchsvollen Wettbewerben und dem Willen zu siegen

3.2.2 Schwellenfähigkeiten

Man muss unterscheiden zwischen Fähigkeiten (Ressourcen und Kompetenzen), die eine Organisation lediglich am Leben halten und solchen, die ihr einen Wettbewerbsvorteil und wirklich überlegene Leistungen verschaffen. **Schwellenfähigkeiten** bezeichnen diejenigen Fähigkeiten, die eine Organisation mindestens besitzen muss, um die notwendigen Voraussetzungen für die Aufnahme des Wettbewerbs in einem Markt zu erfüllen Dies können *Schwellenressourcen* sein, um die Mindestanforderungen der Kunden zu erfüllen. So bedeutet die steigende Nachfrage der modernen vielseitigen Einzelhändler an ihre Zulieferer, dass diese Zulieferer eine recht komplexe Infrastruktur haben müssen, um einfach nur die Chance zu haben, den Anforderungen der Einzelhändler gerecht zu werden. Dies können aber auch *Schwellenkompetenzen* sein, die erforderlich sind, um Ressourcen so einzusetzen, dass die Anforderungen der Kunden befriedigt und besondere Strategien unterstützt werden. Die Einzelhändler erwarten nicht einfach nur, dass ihre Zulieferer die nötige IT-Infrastruktur vorweisen können, sie müssen sie auch effektiv nutzen, um das erwartete Serviceniveau anbieten zu können.

Schwellenfähigkeiten

Schwellenfähigkeiten bezeichnen diejenigen Fähigkeiten, die eine Organisation mindestens besitzen muss, um die notwendigen Voraussetzungen für die Aufnahme des Wettbewerbs in einem Markt zu erfüllen.

Aus der Identifikation und dem Management der Schwellenkompetenzen ergeben sich mindestens zwei wesentliche Herausforderungen:

- Das *Schwellenniveau für Fähigkeiten ändert sich* mit der Veränderung bedeutender Erfolgsfaktoren (siehe *Abschnitt 2.4.4*) durch die Aktivitäten von Konkurrenten und neuen Marktteilnehmern. Um bei dem oben begonnenen Beispiel zu bleiben: Die Zulieferer wichtiger Einzelhändler haben vor zehn Jahren noch nicht dieselbe IT- und Logistik-Ausstattung verlangt, wie dies heute der Fall ist. Doch das Bedürfnis der Einzelhändler, Kosten zu sparen, effizienter zu arbeiten und die Verfügbarkeit ihrer Waren jederzeit garantieren zu können, bedeutet, dass auch ihre Erwartungen an ihre Zulieferer im Laufe dieses Zeitraums erheblich gestiegen sind und immer noch steigen. Daher müssen auch die Zulieferer ihre Ressourcen und Kompetenzen bezüglich ihrer Logistik beständig überprüfen und verbessern, um im Geschäft zu bleiben.
- Vielleicht müssen in anderen Bereichen *ausgleichende Zugeständnisse* gemacht werden, um die Schwellenfähigkeiten zu erlangen, die für verschiedene Kunden erforderlich sind. So fällt es beispielsweise manchen Unternehmen schwer, sowohl in Marktsegmenten aktiv zu sein, die große Mengen an Standardprodukten erfordern, als auch in Marktsegmenten, auf denen hochwertige Spezialprodukte nachgefragt werden. Im ersten Fall sind meist Fabriken mit hoher Kapazität und schnellen Produktionsraten sowie standardisierte hocheffiziente Systeme und günstige Arbeitskräfte erforderlich, während für den zweiten Fall gut ausgebildete Arbeitskräfte, flexibel arbeitende Fabriken und innovative Fähigkeiten benötigt werden. Die Gefahr besteht darin, dass eine Organisation für keines der beiden Marktsegmente die erforderlichen Schwellenfähigkeiten erlangen könnte.

3.2.3 Einzigartige Ressourcen und Kernkompetenzen

Einzigartige Ressourcen

Einzigartige Ressourcen sind diejenigen Ressourcen, welche die entscheidende Basis für einen Wettbewerbsvorteil bilden und von anderen Unternehmen weder einfach erlangt noch imitiert werden können.

Kernkompetenzen

Kernkompetenzen sind die Fertigkeiten und Fähigkeiten, mittels derer Ressourcen durch die Aktivitäten und Prozesse einer Organisation eingesetzt werden, sodass ein Wettbewerbsvorteil entsteht, den andere nicht imitieren oder erlangen können.

Schwellenfähigkeiten sind zwar durchaus wichtig, sorgen allein für sich genommen aber noch nicht für einen Wettbewerbsvorteil und sind auch keine Basis für überdurchschnittliche Leistungen. Dazu benötigt eine Organisation unverwechselbare und einzigartige Fähigkeiten, die für Konkurrenten schwer zu imitieren sind. Dafür könnten **einzigartige Ressourcen** verantwortlich sein, die die entscheidende Basis für den Wettbewerbsvorteil darstellen und die von anderen weder erlangt noch imitiert werden können – ein gut etablierter Markenname ist hier ein gutes Beispiel. Wahrscheinlicher noch ist es aber, dass eine Organisation einen Wettbewerbsvorteil erlangt, weil sie über unverwechselbare, sogenannte Kernkompetenzen verfügt. Der Begriff der Kernkompetenz wurde vor allem von Gary Hamel und C.K. Prahalad entwickelt. Es existieren zwar mehrere Definitionen, hier verstehen wir aber unter **Kernkompetenzen**[4] die Fähigkeiten, mittels derer Ressourcen durch die Aktivitäten und Prozesse einer Organisation eingesetzt werden, sodass ein Wettbewerbsvorteil entsteht, den andere nicht imitieren oder erlangen können. Einem Zulieferer, der zum Beispiel auf dem Einzelhandelsmarkt

4 Gary Hamel und C.K. Prahalad brachten den Begriff der Kernkompetenz auf, siehe zum Beispiel G. Hamel und C.K. Prahalad, „The core competence of the corporation", *Harvard Business Review*, Bd. 68, Nr. 3 (1990), S. 79–91. Der Ansatz, Strategieentwicklung von den Ressourcen und Kompetenzen einer Organisation abhängig zu machen, wird bei G. Hamel und C.K. Prahalad, „Strategic intent", *Harvard Business Review*, Bd. 67, Nr. 3 (1989), S. 63–76, und G. Hamel und C.K. Prahalad, „Strategy as stretch and leverage", *Harvard Business Review*, Bd. 71, Nr. 2 (1993) S. 75–84 diskutiert. Siehe auch G. Hamel und A. Heene (Hrs.), *Competence-based Competition*, Wiley, 1994.

einen Wettbewerbsvorteil erlangt, könnte dies auf der Basis einer einzigartigen Ressource wie etwa einer starken Marke gelungen sein. Oder es könnte ihm gelungen sein, seine Dienstleistungen so anzubieten oder so stabile Kundenbeziehungen aufzubauen, dass Konkurrenten dies nicht nachahmen können – eine Kernkompetenz. *Abschnitt 3.4* dieses Kapitels befasst sich ausführlicher damit, wie einzigartige Ressourcen und Kernkompetenzen zu einem langfristigen Wettbewerbsvorteil beitragen können.

Nimmt man all die oben genannten Aspekte zusammen, kann man folgende Schlussfolgerung ziehen: Um zu überleben und erfolgreich zu sein, muss eine Organisation sich den Herausforderungen ihres Umfelds stellen, wie in *Kapitel 2* erklärt. Die kritischen Erfolgsfaktoren, die sich aus den Wünschen und Bedürfnissen ihrer Kunden ergeben, sind besonders wichtig für ihre Leistungsfähigkeit. Darauf wurde in *Abschnitt 2.4.4* eingegangen. Die strategische Fähigkeit, dies zu erreichen, ist abhängig von den in der Organisation verfügbaren Ressourcen und Kompetenzen. Diese müssen eine bestimmte Schwelle erreichen, damit die Organisation überleben kann. Die weitere Herausforderung besteht dann darin, einen Wettbewerbsvorteil zu erlangen. Dazu muss die Organisation über strategische Fähigkeiten verfügen, die Konkurrenten nur schwer nachahmen oder erlangen können. Dies könnten einzigartige Ressourcen, aber wahrscheinlicher noch Kernkompetenzen sein. Beispiel 3.1 zeigt, wie Führungskräfte verschiedener Unternehmen die strategischen Fähigkeiten ihrer Organisationen beschreiben.

Beispiel 3.1 Strategische Fähigkeiten

Führungskräfte verschiedener Organisationen legen Wert auf unterschiedliche strategische Fähigkeiten.

Freeport-McMoRan Copper and Gold, Inc. ist ein internationales Bergbauunternehmen mit Sitz in Nordamerika. Aufgrund seiner „umfangreichen, langlebigen, geografisch weit verbreiteten Vermögenswerte sowie seiner erheblichen nachgewiesenen und wahrscheinlichen Kupfer-, Gold- und Molybdänvorkommen" behauptet es seine Führungsposition in der Bergbauindustrie. Besonders die Aktivitäten in Indonesien sind für das Unternehmen ein „wesentlicher Vorteil" durch die „erstklassige Grasbergmine, die 1988 entdeckt wurde und über das weltweit größte einzelne Kupfer- und Goldvorkommen verfügt".

Quelle: Jahresbericht 2006.

Daniel Bouton, Vorstandvorsitzender und Firmenchef von **Société Générale** auf die Frage: *Wie halten Sie Ihren Wettbewerbsvorteil bei Aktienderivaten?*

Die Eintrittsbarrieren sind hoch, denn es existieren zwei wesentliche Kostenfaktoren. Zunächst ist da die IT-Ausstattung. Die benötigten Systeme kosten mindestens 200 Millionen pro Jahr, und man kann sie auch nicht einfach bei Dell oder SAP kaufen. Zum zweiten braucht man Unmengen von Mitarbeitern, die am Risikomanagement arbeiten. Bevor man ein Produkt auf den Markt bringen kann, müssen die Leute aus dem Front Office das erste Modell entwickeln, ausrechnen und vorstellen. Dann muss der IT-Fachmann das entsprechende System kreieren, um alle zehn Sekunden die Risiken berechnen zu können. Und man braucht ein gutes Team, das alle Hypothesen nochmals prüft und bestätigt. Und schließlich benötigt man noch erstklassige Mitarbeiter im Middle und Back Office.

Quelle: Interview von Clive Horwood in Euromoney, Bd. 27, Nr. 447 (Juli 2006), S. 84-89.

Tony Hall, Leiter des **Royal Opera House** in London:

„Weltklasse" ist weder ein nichtssagender noch ein zu prahlerischer Anspruch. Im Zusammenhang mit unserem Haus bezieht sich der Begriff auf die Qualität unserer Mitarbeiter, auf das Niveau unserer Produktionen und auf die Vielfältigkeit unserer Arbeit und unserer Initiativen. Einzigartig? Ein ‚Ja' ganz ohne Scham. Wir lassen uns nicht gerne Etiketten wie ‚Elite' anheften, denn das hat den offensichtlich negativen Beigeschmack der Exklusivität. Dennoch möchte ich, dass die Menschen hier zuallererst den Eindruck gewinnen, dass wir tatsächlich elitär sind, nämlich aufgrund der Tatsache, dass wir die besten Sänger, Tänzer, Regisseure, Designer, das beste Orchester, den besten Chor und auch das beste Team hinter der Bühne und in der Verwaltung haben. Außerdem gelingt es uns auch, ein größtmögliches und völlig verschiedenartiges Publikum zu erreichen.

Quelle: Jahresbericht 2005/6, S.11.

Dave Swift, Firmenchef von **Whirlpool** Nordamerika:

Zur Ausführung unserer Strategie benötigen wir eine einzigartige Kombination aus Kompetenzen, die wir auch weiterhin für unsere Kunden weltweit weiterentwickeln. Den Ausgangspunkt neuer Kompetenzen bildet unsere sogenannte „Kundenexzellenz" – unsere Fähigkeit, die Bedürfnisse unserer Kunden aktiv zu verstehen und vorherzusehen. Die Kundenexzellenz wird von verschiedenen, analytischen Hilfsmitteln getragen, die es unseren Mitarbeitern ermöglichen, die Wünsche und Bedürfnisse unserer Kunden an jeder Stelle des Kaufzyklus zu analysieren und Prioritäten zu setzen. Der Kaufzyklus beginnt, wenn sich der Kunde zum ersten Mal ein Gerät im Internet ansieht und dann ins Geschäft geht und stöbert; auch die Eigenschaften und die Ästhetik des Produkts spielen eine Rolle. Schließlich folgen Installation und Kundendienst und eventuell der Kundenwunsch, diesen Zyklus zu wiederholen. Mit diesen Einblicken in das Kundenverhalten entwickeln wir dann mittels unserer innovativen Hilfsmittel kundenorientierte Lösungen. So können wir ständig neue Innovationen vorweisen, die einen beständigen Wert von $ 3 Milliarden haben … Unser Kundenwissen gepaart mit unseren innovativen kundenorientierten Lösungen sorgen für die Attraktivität unserer Marken und schaffen Mehrwert für unsere Aktionäre.

Quelle: Jahresbericht der Whirlpool Corporation 2005.

Kontrollfragen

1. Teilen Sie die Vielfalt der Fähigkeiten, die die Führungskräfte erwähnten, gemäß der in *Abschnitt 3.2* und Tabelle 3.1 genannten Kategorien ein.
2. Welche Fähigkeiten könnten Bezug nehmend auf *Abschnitt 3.4* besonders wichtig sein, um einen Wettbewerbsvorteil zu erlangen und warum?
3. Beantworten Sie für eine Organisation Ihrer Wahl erneut die Fragen 1 und 2.

3.3 Kosteneffizienz

Für viele Manager zählt das Kostenmanagement zu den wichtigsten strategischen Fähigkeiten. Das trifft auch zu. Außerdem werden durch diesen Ansatz der Kosteneffizienz als strategischer Fähigkeit einige der in *Abschnitt 3.2* erwähnten Aspekte erneut erklärt.

Den Kunden kommt Kosteneffizienz in Form von niedrigeren Preisen oder vielseitigeren Produkten zum gleichen Preis zugute. Das Management der Kostenbasis einer Organisation könnte auch die Basis für einen Wettbewerbsvorteil sein (siehe *Abschnitte 6.3.1* und *6.4.1*). Aus zwei Gründen wird aber das Kostenmanagement für viele Organisationen zu einer strategischen Schwellenfähigkeit:

- *Kunden schätzen Produkteigenschaften nicht zu jedem Preis.* Steigt der Preis zu sehr, verzichten sie auf Qualität und wählen eher den niedrigeren Preis. Die Herausforderung besteht also darin, ein angemessenes Qualitätsniveau zu einem akzeptablen Preis anzubieten. Das bedeutet, dass die Kosten immer so gering wie möglich gehalten werden, dem angebotenen Wert aber entsprechen müssen. Ist das nicht der Fall, werden viele Kunden zu anderen Produkten greifen, oder Konkurrenten drängen auf den Markt.
- Aufgrund der *Wettbewerbsrivalität* müssen die Kosten beständig sinken, denn auch die Konkurrenz wird versuchen, ihre Kosten zu reduzieren, um ihre Rivalen bei ähnlichem Produktwert im Preis zu unterbieten.

Sollen die Kosten effektiv unter Kontrolle gehalten werden, müssen besonders die *wichtigsten Kostentreiber* (siehe Abbildung 3.2) wie folgt beachtet werden:

- *Größenvorteile* können für einen Fertigungsbetrieb von besonderer Bedeutung sein, denn der hohe Kapitaleinsatz der Fabrik muss durch großes Produktionsvolumen ausgeglichen werden. Besonders wichtig war dies immer schon in der Automobil-, Chemie- und Metallindustrie. In anderen Branchen wie etwa bei Getränken, Tabak und Lebensmitteln spielen Größenvorteile bei Vertrieb und Marketing eine große Rolle.[5]

5 Perman und Scoular behandeln Größenvorteile und Unterschiede zwischen Branchen auf den Seiten 91–100 ihres Buches (siehe Fußnote 1).

Abbildung 3.2:
Quellen der Kosteneffizienz

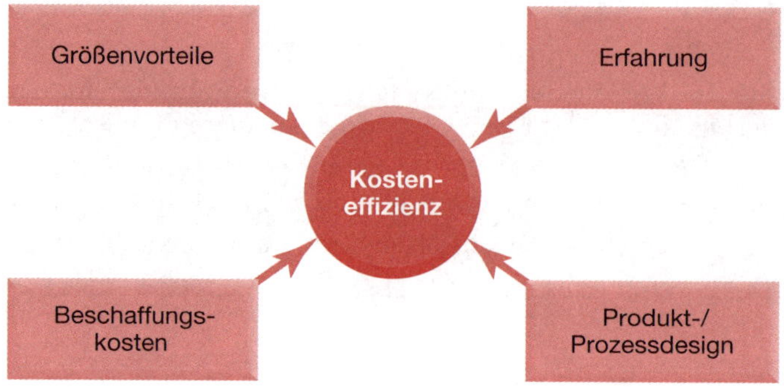

- *Beschaffungskosten* können wichtig sein. Hier kann der Standort eine große Rolle spielen, weshalb sich Stahl- und Glashersteller traditionell in der Nähe von Rohstoffvorkommen oder Energiequellen angesiedelt haben. In einigen Fällen stellte der Besitz von Rohstoffen eine einzigartige Ressource dar, die zu einem Kostenvorteil verhalf. Beschaffungskosten spielen besonders bei Unternehmen eine Rolle, die als Zwischenhändler auftreten. Denn hier ist der Wert, den sie selbst hinzufügen, eher gering, und Identifikation und Management von Input-Kosten ist ein besonders wichtiger Erfolgsfaktor. So legen Einzelhändler großen Wert darauf, geringere Beschaffungskosten tragen zu müssen als ihre Konkurrenten.
- Auch das *Produkt-/Prozessdesign* beeinflusst die Kosten. Die Effizienz von Produktionsprozessen konnten viele Organisationen bisher steigern, indem sie ihre *Kapazitätsauslastung* erhöhten, ihre *Arbeitsproduktivität* steigerten, den (Material-)*Ertrag* erhöhten und die Nutzung des *Betriebskapitals* verbesserten. Begreift man die relative Bedeutung jedes dieser einzelnen Punkte, so kann man seine Wettbewerbsposition halten. Ein Beispiel in Bezug auf die Kapazitätsauslastung: Ein unbesetzter Platz im Flugzeug, in der Bahn oder im Theater kann nicht für einen späteren Verkauf „eingelagert" werden. Also ist die Vermarktung von Sonderangeboten (bei gleichzeitigem Schutz des Kerngeschäfts) mit den richtigen IT-Systemen, die Einkünfte analysieren und optimieren, eine wichtige Fähigkeit. Auch das Produktdesign beeinflusst die Kosten in anderen Teilen des Wertesystems, etwa beim Vertrieb oder beim Kundendienst. Auf dem Markt für Kopiergeräte glich beispielsweise Canon den Wettbewerbsvorteil von Xerox vollständig aus (dieser stützte sich auf Kundendienstnetzwerke), indem es einen Kopierer entwickelte, der wesentlich weniger Wartung erforderte.
- *Erfahrung*[6] kann eine wichtige Grundlage für Kosteneffizienz sein; es gibt Beweise dafür, dass sich ein Wettbewerbsvorteil aus der Beziehung zwischen der kumulativen Erfahrung, die in einer Organisation angehäuft wird, und ihren Stückkosten ergibt. Dies wird als *Erfahrungskurve* bezeichnet, siehe Abbildung 3.3. Die Erfahrungskurve besagt, dass eine Organisation, die in jedem beliebigen Bereich tätig ist, im Laufe der Zeit Kompetenzen in diesem Bereich entwickelt, und daher effektiver arbeitet. Da Unternehmen mit größerem Marktanteil auch mehr „kumulative Erfahrung" haben – einfach nur, weil sie ein größeres Volumen an Produkten oder Dienstleistungen anbieten – folgt daraus, dass es wichtig ist, seinen Marktanteil zu halten und möglichst zu vergrößern, wie in *Kapitel 2* beschrieben. Wichtig ist aber

6 P. Conley, *Experience Curves as a Planning Tool*, verfügbar als Schrift der Boston Consulting Group. Siehe auch A.C. Hax und N.S. Majluf, in R.G. Dyson (Hrs.), *Strategic Planning: Models and analytical techniques*, Wiley, 1990.

auch, dass es der *relative Marktanteil* in einem definierbaren Markt ist, der zählt. Dieser Ansatz der Erfahrungskurve beinhaltet bedeutsame Auswirkungen, die die Wettbewerbsposition einer Organisation entscheidend beeinflussen können.

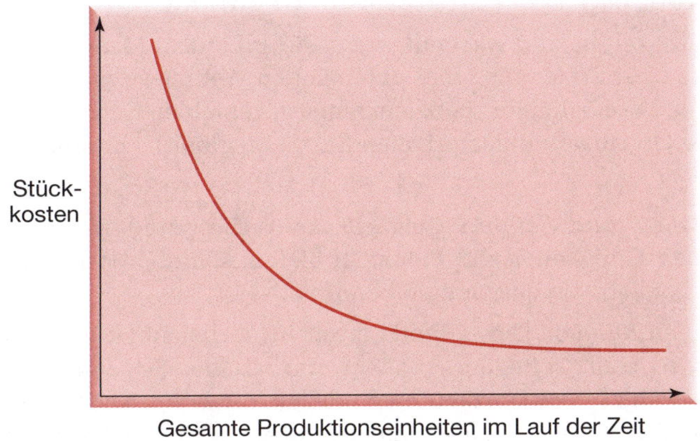

Abbildung 3.3: Die Erfahrungskurve

- *Wachstum ist* auf vielen Märkten *nicht optional.* Wenn sich eine Organisation entschließt, langsamer zu wachsen als ihre Konkurrenz, sollte sie davon ausgehen, dass diese langfristig – aufgrund ihrer größeren Erfahrung – Kostenvorteile erlangen werden.
- *Die Stückkosten sollten von Jahr zu Jahr sinken.* Dies sollte aufgrund der kumulativen Erfahrung geschehen. In schnell wachsenden Branchen geschieht dies schnell, doch selbst in reifen Branchen sollte es zu diesem Kostenrückgang kommen. Organisationen, die ihn nicht erreichen können, fallen höchstwahrscheinlich ihren Konkurrenten zum Opfer, denen dies gelingt. Das bedeutet, dass die *beständige Kostenreduktion* für eine Organisation auf einem Wettbewerbsmarkt eine *Notwendigkeit* ist. Auch wenn sich daraus allein kein Wettbewerbsvorteil ergibt, so ist dies doch eine Schwellenkompetenz, die das Überleben sichert.
- *Der Pioniervorteil kann wichtig sein.* Die Organisation, die sich entlang der Erfahrungskurve nach unten bewegt, indem sie einen Markt als erste erschließt, sollte ihre Kostenbasis verringern können, denn sie hat ihren Rivalen immer erste akkumulierte Erfahrungen voraus.

3.4 VRIN: Strategische Fähigkeiten als Basis eines Wettbewerbsvorteils

Wie kann ein Stratege beurteilen, welche Fähigkeiten einer Organisation die Grundlage eines nachhaltigen Wettbewerbsvorteils und herausragender wirtschaftlicher Leistung sein könnten? Hebt sich die Organisation nicht von ihren Konkurrenten ab, so liegt wie oben bereits erwähnt ein solcher Wettbewerbsvorteil wahrscheinlich nicht vor, und es kann auch kein überdurchschnittlicher Gewinn erzielt werden. Schwellenfähigkeiten sorgen vielleicht dafür, dass man mit der Konkurrenz auf gleicher Höhe ist, doch einen Vorteil gewähren sie nicht. In diesem Abschnitt werden vier wichtige Kriterien vorgestellt, die zur Bewertung von Fähigkeiten herangezogen werden können. Dabei geht es in der Hauptsache darum, ob sie Grundlage eines Wettbewerbsvorteils sind: Value

VRIN

Die Abkürzung VRIN steht für vier Kriterien zur Bewertung strategischer Fähigkeiten als Basis eines Wettbewerbsvorteils: Value (Wert), Rarity (Seltenheit), Inimitability (unvollständige Imitierbarkeit) und Non-substitutability (Nicht-Substituierbarkeit).

(Wert), **R**arity (Seltenheit), **I**nimitability (unvollständige Imitierbarkeit) und **N**on-substitutability (Nicht-Substituierbarkeit) – oder **VRIN**.[7]

3.4.1 V-Value: Der Wert strategischer Fähigkeiten

Strategische Fähigkeiten sind **wertvoll**, wenn sie auf einem Markt bei einem bestimmten Kostenniveau zur Erlangung eines potenziellen Wettbewerbsvorteils dienen, die es einer Organisation ermöglichen, trotzdem einen akzeptablen Gewinn zu erzielen (wenn es sich um eine Organisation des privaten Sektors handelt).[8] Es sind vier Bestandteile zu nennen:

- *Chancen nutzen und Gefahren neutralisieren.* Die grundlegende Frage lautet, ob die gegebenen Fähigkeiten das Potenzial bieten, sich den Herausforderungen und Chancen zu stellen, die das Umfeld bereithält.
- *Nutzen für den Kunden.* Dieser Punkt erscheint vielleicht zu offensichtlich, doch in der Praxis wird er allzu oft ignoriert oder kaum beachtet. So kann es sein, dass sich ein Manager auf Fähigkeiten konzentrieren möchte, die *er* für wertvoll erachtet, die aber die kritischen Erfolgsfaktoren der Kunden (siehe *Abschnitt 2.4.3*) keineswegs erfüllen. Vielleicht sehen Manager aber auch eine bestimmte Fähigkeit einfach nur deshalb als wertvoll an, weil nur ihr Unternehmen diese besitzt. Doch es ist keineswegs allein für sich genommen ein Wettbewerbsvorteil, wenn man über einzigartige Fähigkeiten verfügt. Hier sind die Erkenntnisse aus den *Abschnitten 3.3.2* und *3.3.3* sehr wichtig.
- *Potenzieller Wettbewerbsvorteil.* Die Fähigkeiten einer Organisation müssen dazu dienen, ein Produkt oder eine Dienstleistung anbieten zu können, die die Konkurrenz gegenwärtig nicht anbietet oder in den Fokus stellt.
- *Kosten.* Die Kosten, die das Produkt oder die Dienstleistung verursachen, müssen es dem Unternehmen ermöglichen, trotzdem den daraus (z.B. von Investoren) erwarteten Gewinn zu erzielen. Es besteht immer die Gefahr, dass die Kosten für die Entwicklung der Fähigkeiten, die benötigt werden, um das zu liefern, was Kunden wirklich wertschätzen, so hoch sind, dass das resultierende Produkt oder die Dienstleistung nicht mehr rentabel sind.

Manager müssen sich also genau überlegen, welche Aktivitäten ihrer Organisation für die Erbringung dieses Nutzens besonders wichtig und welche weniger wichtig sind. Die Wertkettenanalyse und die grafische Darstellung aller Aktivitäten, die in den *Abschnitten 3.6.1* und *3.6.2* erklärt werden, können hier hilfreich sein.

3.4.2 R-Rarity: Seltenheit

Verfügen konkurrierende Organisationen über ähnliche Fähigkeiten, so können sie auf strategische Initiativen des Rivalen schnell reagieren. Dies geschieht immer wieder im Rahmen des Wettbewerbs zwischen Autoherstellern, die in ihre Fahrzeuge mehr Extras einbauen. Sobald sich zeigt, dass diese Sonderausstattungen von Kunden geschätzt werden, werden sie von einem Großteil aller Hersteller angeboten, die alle meist die gleichen Technologien nutzen. **Seltene Fähigkeiten** dagegen sind Fähigkeiten, über die nur eine oder sehr wenige Organisationen verfügen. In diesem Fall kann ein gege-

7 Die VRIN-Kriterien wurden ursprünglich von Jay Barney in seiner Arbeit von 1991 eingeführt.

8 Für eine Diskussion über den Begriff „Wert" siehe C. Bowman und V. Ambrosini, „Identifying valuable resources", *European Management Journal*, Bd. 25, Nr. 4 (2007), S. 320-329.

bener Wettbewerbsvorteil länger vorhalten. So kann ein Unternehmen beispielsweise über patentierte Produkte verfügen, die einen Wettbewerbsvorteil gewähren. Dienstleistungsunternehmen können seltene Ressourcen in Form von intellektuellem Kapital besitzen, also etwa besonders begabte Mitarbeiter haben. Einige Büchereien nennen einzigartige Büchersammlungen ihr Eigen, die es sonst nirgendwo gibt. Ein Unternehmen kann eine sehr starke Marke haben. Auch die gute Lage eines Einzelhandelsgeschäfts kann ausschlaggebend sein. In Bezug auf Kompetenzen kann eine Organisation über einzigartige Fähigkeiten verfügen, die sich im Laufe der Zeit entwickelt haben, oder es kann besondere Beziehungen zu Kunden oder Zulieferern aufgebaut haben, die der Konkurrenz fehlen. Was das Ausmaß eines Wettbewerbsvorteils aufgrund von Seltenheit angeht, so gilt es jedoch, zwei wichtige Punkte zu bedenken:

- *Erfüllung von Kundenbedürfnissen.* Wieder ist Seltenheit allein nur von geringem Wert, wenn die eingesetzten Ressourcen oder Fähigkeiten nicht zur Bereitstellung von Produkten oder Dienstleistungen führen, die Kundenbedürfnisse befriedigen und von diesen wertgeschätzt werden.
- *Nachhaltigkeit.* Seltenheit kann nur vorübergehend sein. So können sehr talentierte Mitarbeiter durchaus einen Vorteil bieten, aber auch ein Risiko darstellen. 2009 gab die Finanzpresse ihrer wachsenden Besorgnis bezüglich Apple Ausdruck. Mit der Gesundheit des CEO, Steve Jobs, stand es nicht zum Besten, was zu Schlagzeilen führte wie „Kann Apple ohne Steve Jobs überleben?“[9]. Es kann sogar gefährlich sein, davon auszugehen, dass Ressourcen und Fähigkeiten, die selten sind, dies auch bleiben. Basiert der Erfolg eines Unternehmens auf etwas Einzigartigem, so werden die Konkurrenten höchstwahrscheinlich alles daran setzen, dies auch zu erlangen oder zu imitieren. Es kann also nötig werden, andere Grundlagen für eine Nachhaltigkeit in Betracht zu ziehen.

3.4.3 I-Inimitability: Nicht-Imitierbarkeit

Es sollte mittlerweile klar geworden sein, dass die Suche nach strategischen Fähigkeiten, die einen nachhaltigen Wettbewerbsvorteil gewähren, nicht leicht ist. Es ist wichtig, dass die betreffenden Fähigkeiten für die Kunden wertvoll und auch relativ selten sind, doch das reicht vielleicht nicht aus. Ein nachhaltiger Wettbewerbsvorteil basiert auch auf **nicht-imitierbaren Fähigkeiten**, d.h. auf Fähigkeiten, die Konkurrenten nur schwer nachahmen oder erlangen können. So basiert der Wettbewerbsvorteil einiger Dienstleistungsorganisationen auf der Kompetenz einzelner Mitarbeiter; Beispiele wären ein Arzt, der eine neue Operationstechnik beherrscht, ein fähiger Fondsmanager, der Manager einer erfolgreichen Sportmannschaft oder der CEO eines Unternehmens. Da diese Personen jedoch ihre Organisation jederzeit verlassen und/oder zur Konkurrenz wechseln können, könnte diese Ressource schnell wirkungslos sein. Einen nachhaltigeren Vorteil bieten Fähigkeiten, die sich auf die Einstellung, Ausbildung, Motivation und Entlohnung solcher Mitarbeiter beziehen oder die eine Unternehmenskultur gestalten, die fähige Mitarbeiter anzieht. Denn so ist sichergestellt, dass diese nicht zur Konkurrenz abwandern.

Dies soll zwar keine Verallgemeinerung sein, doch ist es zumindest ungewöhnlich, dass sich der Wettbewerbsvorteil einer Organisation auf besondere materielle Vermögenswerte zurückführen lässt, denn diese können mit der Zeit meist imitiert oder gekauft

9 „Kann Apple ohne Steve Jobs überleben?“, *Sunday Times*, 18. Januar 2009.

werden. Ein solcher Vorteil ergibt sich dagegen oft daraus, wie die vorhandenen Ressourcen bezüglich der Aktivitäten einer Organisation eingesetzt werden; er basiert also anders ausgedrückt auf Kompetenzen.[10] So wird ein Computersystem allein die Wettbewerbsposition eines Unternehmens nicht verbessern, denn die Konkurrenz kann wahrscheinlich auf dem freien Markt ein ganz ähnliches System kaufen. Die Fähigkeiten dagegen, die nötig sind, um ein solches System zu entwickeln, zu verwalten und optimal zu nutzen, können viel schwerer zu imitieren sein. Dies ist noch wahrscheinlicher, wenn zwei Bedingungen erfüllt sind:

- *Überdurchschnittliche Leistung.* Die Fähigkeiten führen dazu, dass das Produkt oder die Dienstleistung weitaus besser sind als die der Konkurrenz.
- *Verbundene Kompetenzen.* Wenn die Fähigkeit Aktivitäten, Kenntnisse und Wissen innerhalb und außerhalb der Organisation in einer Art und Weise integriert, die einzigartig und allseitig kompatibel ist. Diese *Verbindungen* zwischen den Aktivitäten sind es in einem solchen Fall, die dafür sorgen, dass ein Wettbewerbsvorteil entsteht. Es gibt vier Gründe, warum Konkurrenten diese Verbindungen nur schwer imitieren können. Sie sind in Abbildung 3.4 zusammengefasst und werden im Folgenden kurz erklärt:

Abbildung 3.4: Kriterien für die Nicht-Imitierbarkeit strategischer Fähigkeiten

Komplexität

Die Kernkompetenzen einer Organisation können aufgrund ihrer Komplexität schwer imitierbar sein. Dafür kann es zwei Hauptgründe geben:[10]

- *Interne Verknüpfungen.* Besonderer Wert für den Kunden könnte daraus entstehen, dass Aktivitäten und Prozesse miteinander verknüpft werden können. *Abschnitt 3.6.2* und Abbildung 3.7 zeigen, wie solche miteinander verknüpften Aktivitäten bildlich dargestellt werden können, sodass sie leichter verständlich sind. Doch auch wenn ein Konkurrent über eine solche bildliche Abbildung verfügt, ist es unwahrscheinlich, dass er sie in ihrer ganzen Komplexität reproduzieren kann. Dies liegt nicht nur an der Komplexität an sich, sondern auch daran, dass diese sich über

10 Siehe dazu auch die Metastudie von S.L. Newbert, „Empirical research on the resource based view of the firm: An assessment and suggestions for future research", Strategic Management Journal, Nr. 28 (2007), S. 121–146.

einen langen Zeitraum hinweg aufgrund von Gewohnheiten und Praktiken entwickelt hat (siehe unten).

- *Externe Verknüpfung.* Organisationen können es anderen erschweren, ihre Grundlagen für einen Wettbewerbsvorteil nachzuahmen oder zu erwerben, indem sie mit den Kunden zusammen Aktivitäten entwickeln, die eine Abhängigkeit des Kunden von der Organisation herstellen. Dies wird manchmal als *Co-Spezialisierung* bezeichnet. So gab etwa ein Hersteller von industriellem Schmierstoff sein Konzept auf, seine Produkte einfach nur zu verkaufen. Stattdessen einigte man sich mit dem Kunden darauf, die Schmierstoffe auch an Ort und Stelle beim Kunden anzuwenden und aufzubringen. Dazu wurden feste Ziele für Kosteneinsparungen vereinbart. Je effizienter der Schmierstoff eingesetzt wurde, desto mehr profitierten beide Seiten. Einen ähnlichen Vorteil können Softwareunternehmen erlangen, deren eigene Programme auf ganz spezielle Kundenbedürfnisse abgestimmt sind.

Kausale Mehrdeutigkeit[11]

Ein weiterer Grund für die schwierige Nachahmbarkeit von Kompetenzen besteht darin, dass es Konkurrenten schwerfällt, die Ursachen und Wirkungen, die den Vorteil einer Organisation ausmachen, genau zu erkennen. Dies nennt man *kausale Mehrdeutigkeit*, die in zwei Formen auftreten kann[12]:

- *Charakteristische Mehrdeutigkeit* – hier ist die Bedeutung der Eigenschaft selbst schwer zu erkennen und zu verstehen, vielleicht weil sie auf stillschweigendem Wissen basiert oder in der Organisationskultur verwurzelt ist. So zeigt sich beispielsweise das Fachwissen der Einkäufer eines erfolgreichen Modehauses wahrscheinlich an den hohen Umsätzen, die mit den jedes Jahr neu gekauften Waren erzielt werden. Dennoch ist es sehr schwierig zu verstehen, was genau diese Fachkenntnisse ausmacht. Und so wird es für die Konkurrenz schwer, diese zu imitieren.
- *Mehrdeutigkeit bei den Verknüpfungen* – hier können Konkurrenten nicht erkennen, welche Aktivitäten und Prozesse voneinander abhängen, um Verknüpfungen zu schaffen, die Kernkompetenzen entstehen lassen. Die Fachkenntnisse der Modeeinkäufer beschränken sich höchstwahrscheinlich nicht auf eine Person oder auch auf nur eine Funktion. Im Gegenteil gibt es sicherlich ein ganzes Netzwerk aus Zulieferern und Intelligenzverknüpfungen für das Marktverständnis und auch Verbindungen zu Modeschöpfern. In manchen Organisationen geben die Manager sogar zu, dass nicht einmal sie selbst alle Verknüpfungen ganz durchschauen, die für ihre Kunden wertvoll sind. Ist dies der Fall, so ist es natürlich für die Konkurrenz erst recht schwierig, diese zu verstehen.

Kultur und Geschichte

Kernkompetenzen können fester Bestandteil einer Unternehmenskultur werden. Die Koordination verschiedener Aktivitäten geschieht „natürlich“, weil die Mitwirkenden

11 Die wegweisende Abhandlung über kausale Doppeldeutigkeit stammt von S. Lippman und R. Rumelt, „Uncertain imitability: An analysis of interfirm differences in efficiency under competition“, *Bell Journal of Economics*, Bd. 13 (1982), S. 418–438.

12 Die Unterscheidung zwischen charakteristischer Mehrdeutigkeit und Verknüpfungsmehrdeutigkeit wird genau erklärt bei A.W. King und C.P. Zeithaml, „Competencies and firm performance: Examining the causal ambiguity paradox“, *Strategic Management Journal*, Bd. 22, Nr. 1 (2001), S. 75–99.

ihre Rolle im Gesamtbild kennen oder einige Dinge einfach ganz selbstverständlich auf eine bestimmte Art und Weise durchgeführt werden. Dies können wir bei sehr erfolgreichen Sportmannschaften beobachten oder auch in Teams, in denen viele unterschiedliche Fachleute zusammenarbeiten wie etwa in einem Theater. Ein anderes Beispiel ist ein Unternehmen, das verschiedenste Aktivitäten integriert, um seine Kunden optimal zu bedienen. Die Tatsache, dass solche Kompetenzen oft förmlich in einer Unternehmenskultur eingebettet sind, ergibt sich oft aus der Wahrscheinlichkeit, dass sie sich über lange Zeit hinweg und in eine ganz bestimmte Richtung entwickeln konnten. Die Ursprünge und die Geschichte der Entwicklung solcher Kompetenzen wird als Pfadabhängigkeit[13] bezeichnet. Sie treffen speziell auf ein Unternehmen zu und können nicht imitiert werden (siehe auch *Abschnitt 5.3.1*). Wie in *Kapitel 5* erklärt, besteht aber auch hier die Gefahr, dass die kulturelle Einbettung dieser über Jahre hinweg entwickelten Kompetenzen so vollständig geschieht, dass diese sich nicht mehr ändern lassen und zu Rigiditäten werden.

Wandel

Hier wird das Konzept der dynamischen Fähigkeiten relevant. Schafft sich eine Organisation eine Grundlage für einen Wettbewerbsvorteil in Form von Ressourcen oder Fähigkeiten, die sich mit der Marktdynamik oder den Kundenwünschen ebenfalls verändern, wird es für Konkurrenten noch schwerer, diese Faktoren zu imitieren. Es ist klar, dass Organisationen, die eine Führungsposition auf dem Markt anstreben, innovativ sein und neue Märkte kreieren möchten, dies nur auf Basis dynamischer Fähigkeiten erreichen können. Sie sind beständig bestrebt, die Konkurrenz zu überflügeln, indem sie immer neue Grundlagen dafür schaffen.

3.4.4 N-Non-substitutability: Nicht-Substituierbarkeit

Gelingt es einer Organisation, ihren Kunden Nutzen anzubieten und Kompetenzen zu entwickeln, die selten und schwer zu imitieren sind, so kann das bedeuten, dass es für andere Organisationen schwierig ist, diese zu kopieren. Dennoch besteht die Gefahr der Austauschbarkeit. Diese könnte auf zwei Arten geschehen:

- *Substitution von Produkten oder Dienstleistungen.* Wie bereits in *Kapitel 2* anhand des Five-Forces-Modells erklärt, kann ein Produkt oder eine Dienstleistung insgesamt der Substitution zum Opfer fallen. So wird das Postsystem immer mehr von E-Mail-Systemen abgelöst. Gleichgültig, wie komplex oder wie sehr kulturell eingebettet die Kompetenzen des Postsystems auch waren, diese Art der Substitution konnte trotzdem nicht verhindert werden.
- *Kompetenzsubstitution.* Eine Substitution kann aber nicht erst auf Produkt- oder Dienstleistungsebene, sondern bereits auf Ebene der Kompetenzen stattfinden. Handwerklich geprägte Branchen mussten oft Verluste hinnehmen, da sie sich zu sehr auf die Kompetenzen gut ausgebildeter Handwerker verließen, die schließlich durch spezialisierte Systeme und die Mechanisierung ersetzt wurden.

13 Für eine umfassendere Diskussion zu diesem Thema im Zusammenhang mit strategischer Fähigkeit siehe die Abhandlung von Teece et al. (Fußnote 2), und D. Holbrook, W. Cohen, D. Hounshell und S. Klepper, „The nature, sources and consequences of firm differences in the early history of the semiconductor industry“, *Strategic Management Journal*, Bd. 21, Nr. 10–11 (2000), S. 1017–1042.

Zusammengefasst und vor dem Hintergrund des ressourcenorientierten Ansatzes müssen Manager überlegen, ob ihre Organisationen über strategische Fähigkeiten verfügen, die ihnen einen nachhaltigen Wettbewerbsvorteil verschaffen. Dazu muss bedacht werden, wie und in welchem Ausmaß Fähigkeiten vorliegen, die (i) für Käufer wertvoll, (ii) selten, (iii) nicht imitierbar und (iv) nicht substituierbar sind.

Wie Abbildung 3.5 zeigt, liegt hier ein additiver Effekt vor. Je mehr der vier Kriterien eine strategische Fähigkeit erfüllt, umso nachhaltiger ist der Wettbewerbsvorteil, den sie gewährt. Gibt es solche Fähigkeiten für einen Wettbewerbsvorteil nicht, müssen Manager überlegen, ob sie entwickelt werden können. Wie dies geschehen kann, wird in *Abschnitt 3.7* behandelt.

Abbildung 3.5: VRIN

V	Value – Wert: Gibt es Fähigkeiten, die für den Kunden wertvoll sind und einen potenziellen Wettbewerbsvorteil gewähren?
R	Rarity – Seltenheit: Gibt es Fähigkeiten, über die keine (oder nur wenige) Konkurrenten auch verfügen?
I	Inimitability – Nicht-Imitierbarkeit: Ist es schwer für Konkurrenten, bestehende Fähigkeiten zu imitieren?
N	Non-substitutability – Nicht-Substituierbarkeit: Ist das Risiko einer Substitution bestehender Fähigkeiten gering?

Zunehmender Grad eines nachhaltigen Wettbewerbsvorteils

Beispiel 3.2 Strategische Fähigkeit für Plasco

Strategische Fähigkeit zur Untermauerung eines erfolgreichen Wettbewerbs kann auf einer komplexen Verknüpfung beruhen, die tief in der Geschichte und Kultur einer Organisation verwurzelt ist.

Plasco, ein Hersteller von Plastikprodukten, hatte mehrere Großkunden aus dem Einzelhandelsbereich von der Konkurrenz abgeworben. Die Manager brannten darauf, die Grundlagen für diesen Erfolg zu verstehen, um dadurch ihre strategischen Fähigkeiten besser erkennen zu können. Dazu führten sie eine Analyse über den Kundenwert durch (wie in *Abschnitt 2.4.4* erklärt) und schlossen daraus, dass die Einzelhändler, die ihnen den größten Erfolg gebracht hatten, besonderen Wert auf einen starken Markennamen, eine solide Produktpalette, Innovation, guten Service und zuverlässige Lieferung legten. Plasco stach die Konkurrenz besonders in den Bereichen Lieferung, Kundendienst und Produktpalette aus.

Dann stellten sie ihre Aktivitäten grafisch dar, wie in *Abschnitt 3.6.2* erklärt (siehe Abbildung 3.8). Einige der Erkenntnisse, die dies brachte, waren der höchsten Führungsebene bereits bekannt. Einige andere Erklärungen für ihren Erfolg waren ihnen aber nicht bewusst.

Als sie die Grundlagen für ihre zuverlässige Lieferung analysierten, konnten sie keine Gründe finden, warum ihre Leitungen besser waren als die der Konkurrenz. Die logistische Ausstattung ihrer Firma unterschied sich nicht von der anderer Firmen. Sie war grundlegend notwendig und enthielt keinesfalls einzigartige Schwellenressourcen und -kompetenzen.

Als sie aber die Aktivitäten untersuchten, die ihren guten Kundendienst ausmachten, ergaben sich andere Erklärungen. Schnell fanden sie heraus, dass ein Großteil ihres Erfolges darauf zurückzuführen war, dass sie viel flexibler waren als ihre Konkurrenz, die hauptsächlich aus einem international agierenden US-Großkonzern bestand. Doch die Grundlagen dieser Flexibilität waren nicht so leicht auszumachen. Sie äußerste sich beispielsweise in der Fähigkeit, Bestellungen der Einzelhändler ganz kurzfristig anzupassen. Hatte der Einkäufer eines Einzelhändlers einen Fehler gemacht, so nahm Plasco problemlos Ware zurück, die schon ausgeliefert worden war. Die Aktivitäten, die diese Flexibilität ermöglichten, waren weitaus weniger leicht zu definieren. Die grafische Abbildung brachte einige Erklärungen ans Licht:

- Der Junior-Manager und seine Mitarbeiter legten die Firmenregeln sehr flexibel aus, um Ware von wichtigen Kunden zurücknehmen zu können, denn genau genommen erlaubten das die Regeln und Systeme des Unternehmens nicht.
- Die Auslastung der Werke war geringer und die Produktionsprozesse waren weniger automatisiert als bei der Konkurrenz, also konnte man Produktionsabläufe leichter kurzfristig ändern. Andererseits schrieben die Firmenregeln vor, die Kapazitätsauslastung und somit auch die Produktivität zu steigern und mehr Automatisierung einzuführen. Doch das Produktionsmanagement der unteren Ebenen ließ sich mit der Umsetzung dieser Anweisungen Zeit, denn man wusste, dass das die Flexibilität vermindern und die Fähigkeit einschränken würde, die Dienstleistungen anzubieten, die der Kunde wünschte.

Viele dieser Tatsachen ergaben sich aus dem Wissen sehr junger Führungskräfte, Vertreter und Mitarbeiter der Fabriken. Sie wussten, wie „das System funktioniert" und wie man zusammenarbeiten musste, um die Probleme der Einzelhändler möglichst optimal zu lösen. Dabei ging es nicht um Firmenstrategie oder offizielle Ausbildung, sondern um Gewohnheiten und Praktiken, die sich über Jahre hinweg entwickelt hatten. Daraus waren Beziehungen zwischen Vertretern und Einzelhändlern entstanden, die es diesen ermöglichten, auch einmal um „das Unmögliche" zu bitten, wenn Schwierigkeiten auftraten.

Eine stabile Logistik und qualitativ hochwertige Produkte waren natürlich wichtig, die Kernkompetenz aber, die den Erfolg des Unternehmens letztendlich ausmachte, ergab sich aus einer Verknüpfung verschiedener Aktivitäten, die sich im Laufe der Zeit entwickelt hatten. Und es fiel sowohl dem Unternehmen selbst als auch der Konkurrenz schwer, die entscheidenden Punkte genau zu definieren.

Kontrollfragen

1. Warum könnte es einem großen, automatisierten Plastikhersteller in den USA schwerfallen, mit seinen Kunden ebenso umzugehen wie Plasco?
2. Wie sollte die oberste Führungsebene bei Plasco auf die Erklärungen der strategischen Fähigkeit reagieren, die die grafische Abbildung der Aktivitäten erbracht hatte?
3. Was könnte die Grundlagen für Plascos Wettbewerbsvorteil zunichte machen?

3.5 Organisationales Wissen[14]

Mit zunehmendem Interesse an strategischen Fähigkeiten haben Autoren immer häufiger die Bedeutung des organisationalen Wissens betont. **Organisationales Wissen** ist die kollektive Erfahrung, die durch Systeme, Routinen und den Austausch innerhalb der Organisation angesammelt wird. Dieser Begriff ist eng verwandt mit dem der Kompetenzen, die bisher in diesem Buch behandelt wurden.

Organisationales Wissen

Organisationales Wissen ist die kollektive Erfahrung, die durch Systeme, Routinen und den Austausch innerhalb der Organisation angesammelt wird.

Es gibt verschiedene Gründe, warum organisationales Wissen heute als so wichtig gilt. Da Organisationen immer komplexer und größer werden, wird der Austausch des Wissens der Mitarbeiter immer mehr zur Herausforderung. Zum zweiten gibt es heute Informationssysteme, die einen solchen Wissensaustausch immer besser ermöglichen.[15] Und zum dritten ist es, wie bereits in diesem Kapitel erwähnt, weniger wahrscheinlich, dass Organisationen durch ihre materiellen Ressourcen einen Wettbewerbsvorteil erzielen werden. Viel häufiger entsteht dieser aus der Art und Weise, wie Dinge getan werden, und aus der akkumulierten Erfahrung. Das Wissen darüber, wie Dinge basierend auf dieser Erfahrung getan werden, ist also von entscheidender Bedeutung.

Zwei Punkte sollten in diesem Zusammenhang erwähnt werden:

- *Explizites und implizites organisationales Wissen.* Organisationales Wissen kann in vielerlei Formen vorliegen. Nonaka und Takeuchi[16] unterscheiden zwischen zwei Arten des Wissens. *Explizites Wissen* ist kodifiziert, und „objektives" Wissen wird auf formelle, systematische Art und Weise vermittelt. Es könnte sogar in Form einer kodifizierten Informationsressource wie einem Systemhandbuch vorliegen. *Implizites Wissen* dagegen ist persönlich, kontextspezifisch und dadurch schwer zu formalisieren und zu kommunizieren. Für den Einzelnen erfordert organisationale Kompetenz meist beide Wissensarten. Ein Fahranfänger wendet zum Beispiel

14 Wie wichtig es ist, Wissen zu analysieren und zu verstehen, wird diskutiert bei I. Nonaka und H. Takeuchi, *The Knowledge Creating Company*, Oxford University Press, 1995; und V. von Krogh, K. Ichijo und I. Nonaka, *Enabling Knowledge Creation: How to unlock the mystery of tacit knowledge and release the power of innovation*, Oxford University Press, 2000. Es gibt auch Artikelsammlungen über organisationales Wissen, z.B. die Sonderausgabe des *Strategic Management Journal*, R. Grant und J.-C. Spender (Hrs.), Bd. 17 (1996), und die *Harvard Business Review on Knowledge Management*, HBR Press, 1998.

15 Peter Drucker (siehe Management Challenges for the 21st Century, Butterworth–Heinemann, 1999) und andere haben auf das Wachstum einer auf Wissen aufgebauten Wirtschaft Bezug genommen.

16 Siehe Fußnote 18.

ausdrückliches Wissen an, das er wahrscheinlich von einem Fahrlehrer gelernt hat, und entwickelt dadurch allmählich eigene Kenntnisse über das Autofahren. Das stillschweigende Wissen, das man zum Autofahren benötigt, kommt jedoch erst allmählich durch die Fahrpraxis. Je formeller und systematischer ein Wissenssystem ist, desto größer ist allerdings auch die *Gefahr der Imitation*, weshalb dieses Wissen auch in Bezug auf die Wettbewerbsstrategie umso wertloser ist. Kann das Wissen kodifiziert werden, ist die Gefahr der Imitation größer. Ein nicht imitierbarer Wettbewerbsvorteil liegt viel eher dort vor, wo Einzelpersonen oder Personengruppen über das relevante Wissen verfügen.

- *Praxisgemeinschaften (Communities of practice).* Die gegenseitige Beteiligung an Wissen und Erfahrung innerhalb von Organisationen ist ein sozialer und kultureller Prozess, der auf *Praxisgemeinschaften* beruht[17], die Informationen entwickeln und miteinander teilen, weil alle Beteiligten davon profitieren. Dies kann auf formelle Weise, z.B. über das Internet geschehen, doch auch soziale Kontakte und Vertrauen sind hier sehr wichtige Aspekte. Tatsächlich kommt es in *Kulturen, die von Vertrauen geprägt sind* und keine starren hierarchischen oder funktionalen Grenzen aufweisen, weitaus häufiger zu einem Wissensaustausch. So haben Organisationen etwa versucht, den Wissensaustausch zu verbessern, indem sie zu diesem Zweck Computersysteme einrichten ließen. Es wird jedoch immer klarer, dass zwar ein Teil des Wissens kodifiziert und im Computer erfasst werden kann, dass es jedoch sehr schwer ist, Wissen dann zu kodifizieren, wenn sein Wert eben erst durch den Austausch und das Teilen entsteht.

Diese Beobachtungen weisen ganz deutlich auf die Verbindungen zwischen organisationalem Wissen und anderen, in diesem Buch behandelten Themen hin. Organisationales Wissen kann zwar von Nutzen sein, muss sich aber mit einem sich verändernden Umfeld ebenfalls entwickeln. So gesehen sind organisationales Wissen und Lernprozesse eng miteinander verwandt. Beide Konzepte müssen nun in Bezug auf dynamische Fähigkeiten betrachtet werden, die sich immer neuen Bedingungen anpassen müssen, wie in *Abschnitt 3.4.5* oben erklärt. Die Verbindungen zwischen Wissen, Erfahrung und sozialer Interaktion müssen auch zu den kulturellen Aspekten der Strategie in Bezug gesetzt werden, auf die in *Kapitel 5* näher eingegangen wird.

17 E.C. Wenger und W.M. Snyder, „Communities of practice: The organizational frontier“, *Harvard Business Review*, Bd. 73, Nr. 3 (2000), S. 201–207; und E. Wenger, *Communities of Practice: Learning, Meaning and Identity*, Cambridge University Press, 1999.

Beispiel 3.3 Der Aufbau dynamischer Fähigkeiten in einem neuen Unternehmensprojekt

Netzwerke und Partnerschaften können für Unternehmen und ihre Manager dynamische Fähigkeiten und Lerneffekte bringen.

HMD Chemical ist ein neues Unternehmensprojekt für klinische Technologien mit Sitz in Edinburgh und zielt darauf ab, klinische Versuchsreihen für Unternehmen, die neue Medikamente entwickeln, effizienter zu machen. Ursprünglich stellte HMD maßgeschneiderte Lösungen mittels Telefontechnologie (z.B. interaktive Spracherkennung) zur Verfügung, um klinische Versuchsreihen zu überwachen. Dies war jedoch, meist aufgrund menschlicher Fehler, problematisch. Daher strebte HMD die Entwicklung eines Produkts an, das auf einer anderen Technologie beruhte: Radiofrequenzidentifikation. Dadurch wollte man auch eine Marktdiversifizierung erreichen, besonders durch internationale Expansion. Um diesen neuen Markt zu erobern, mussten neue Fähigkeiten entwickelt werden, um HMDs aktuelle Ressourcen- und Fähigkeitenkonfigurationen auszuweiten und zu verändern, anders gesagt: Es wurden dynamische Fähigkeiten benötigt.

HMD entschloss sich, eine Partnerschaft mit einem großen, gut etablierten Unternehmen einzugehen, von dem es sich Legitimität, Ressourcen und neue Chancen erhoffte: Sun Microsystems, ein internationaler Konzern mit einer großen Firmenpräsenz in Schottland. HMD-Mitbegründer Ian Davison kommentiert:

> *Die Verbindung mit einer großen Firma bringt eine gewisse Sicherheit.*

Sun interessierte sich für die Produktidee von HMD und innerhalb von Monaten entwickelte sich die Partnerschaft sehr erfolgreich. Davidson glaubte, dass sich dadurch für HMD große Vorteile ergaben:

> *Wir bekamen von der Partnerschaft das, was wir wollten, denn es gelang uns, auf Basis der Sun Technologie einen Prototyp zu bauen. Die Erfahrungen von HMD zeigen auch den Aufbau dynamischer Fähigkeiten auf verschiedenen Ebenen.*

Es ergaben sich Chancen für gegenseitiges Lernen. Aus Sicht von HMD lag der Vorteil im Zugang zu neuen Technologien. Dabei lag ein besonderer Nutzen darin, dass Sun auf seine weitverbreiteten Ressourcen überall in Großbritannien und darüber hinaus (etwa in Westeuropa) zugreifen konnte. Auch öffnete der gute Ruf von Sun viele Türen für HMD. Als der Prototyp fertig war, startete HMD eine gemeinsame Verkaufskampagne mit Sun und wandte sich an einen potenziellen internationalen Kunden, und es gab in der Folge eine Präsentation auf dem Firmengelände von Sun in Schottland. Solche Aktivitäten ermöglichten aktives Lernen von Prozessen wie Produktentwicklung und Verkauf.

Für HMD ergaben sich auch noch weitere Vorteile:

- *Produktentwicklung.* Durch die Entwicklung eines Prototyps mit Sun mussten Fähigkeiten und Ressourcen integriert werden, um Synergien zu erzeugen. So wurde das technische Wissen von HMD, das sehr auf den Kunden für klinische Versuchsreihen bezogen war, mit der Hardware-Architektur von Sun kombiniert.
- *Gemeinschaft.* Durch Inputs von einem Vermittler aus dem öffentlichen Sektor erhielt HMD wichtige Informationen über formale Aspekte der Schließung von Bündnissen wie etwa die Rechtslage bei gemeinsamem geistigem Eigentum. Außerdem schätzte HMD den Nutzen inoffizieller sozialer Netzwerke, die für das reibungslose Funktionieren der gemeinsamen Aktivitäten sorgte.
- *Strategische Entscheidungsfindung.* HMD konnte innerhalb seines Unternehmens neue Denkweisen entwickeln, etwa bezüglich der Identifikation externer Informationsquellen. Dies wurde aus der Entscheidung deutlich, die Partnerschaft um einen Dritten zu erweitern.

Auf individueller Ebene lernten viele HMD-Manager auch „neue Tricks", indem sie zwanglose Rituale einführen wie etwa Brainstorming-Sitzungen und tägliche Diskussionsrunden. Die Manager waren der Meinung, dass solche Lernprozesse HMD helfen konnten, ein nächstes Bündnis einzugehen, in dem einige Aspekte gleich bleiben, andere aber verändert werden müssten. Davidson kommentierte:

> *In der Zukunft würden wir an eine solche Beziehungen im Großen und Ganzen ähnlich herangehen. (Aber) ich glaube, wir würden versuchen, von Beginn an klarere Unternehmensziele und Grenzen festzulegen.*

Zusammengestellt von Shameen Prahantham, Managementfakultät, University of Glasgow

Kontrollfragen

1. Auf welchen Ebenen können Unternehmen von dynamischen Fähigkeiten profitieren?
2. Wie tragen Netzwerkbeziehungen wie etwa strategische Partnerschaften potenziell zur Entwicklung dynamischer Fähigkeiten bei?
3. Welche anderen gemeinsamen Aktivitäten innerhalb einer Organisation und organisationsübergreifend könnten solche dynamischen Fähigkeiten hervorbringen? Wie?
4. Kann die Entwicklung dynamischer Fähigkeiten absichtlich geplant werden? Wie?

3.6 Die Diagnose strategischer Fähigkeit

Bisher befasste sich dieses Kapitel mit Erklärungen zum Thema strategische Fähigkeiten und verwandten Begriffen. Dieser Abschnitt geht nun darauf ein, wie strategische Fähigkeiten erkannt werden können.

3.6.1 Die Wertkette und das Wertnetzwerk

Sollen Organisationen einen Wettbewerbsvorteil erzielen, indem sie ihren Kunden einen Wert liefern, so müssen Manager verstehen, welche ihrer Aktivitäten besonders zur Schaffung dieser Werte beitragen und welche nicht. Die Begriffe „Wertkette" und „Wertnetzwerk" können hierbei sehr hilfreich sein.

Wertkette

Die **Wertkette** beschreibt die Kategorien von Aktivitäten in und rund um eine Organisation herum, die zusammen ein Produkt oder eine Dienstleistung erschaffen. Der Begriff wurde in Zusammenhang mit Wettbewerbsstrategie von Michael Porter geprägt.[18] Abbildung 3.6 stellt die Wertkette vor. **Primäraktivitäten** sind direkt mit der Erzeugung oder Lieferung eines Produkts oder einer Dienstleistung befasst. Für den Hersteller eines Produktes sind dies zum Beispiel:

- *Interne Logistik* befasst sich mit dem Erhalt, der Lagerung und der Verteilung von Ressourcen für die Herstellung eines Produkts oder einer Dienstleistung, z.B. Materialverwaltung, Lagerbestandskontrolle, Transport, etc.
- *Operationen* wandeln diese Ressourcen in das endgültige Produkt oder die endgültige Dienstleistung um: Handhabung der Maschinen, Verpackung, Montage, Tests, etc.
- *Externe Logistik* nimmt das fertige Produkt oder die Dienstleistung auf, lagert sie und liefert sie an den Kunden aus. Darunter fallen Lagerverwaltung, Materialverwaltung, Vertrieb, etc.
- *Marketing und Verkauf* stellen die Mittel zur Verfügung, durch welche Kunden/Nutzer auf das Produkt oder die Dienstleistung aufmerksam gemacht werden und wodurch sie diese kaufen können. Dazu zählen Verkaufsverwaltung, Werbung und Verkauf.
- *Dienstleistungen* umfassen alle Aktivitäten, die den Wert von Produkt oder Dienstleistung steigern oder stabil halten wie etwa Installation, Reparatur, Ausbildung und Ersatzteile.

Wertkette

Eine Wertkette beschreibt die Kategorien von Aktivitäten innerhalb und um eine Organisation herum, die zusammen Produkte oder Dienstleistungen erschaffen.

Primäraktivitäten

Primäraktivitäten sind direkt mit der Erzeugung oder Lieferung eines Produkts oder einer Dienstleistung befasst.

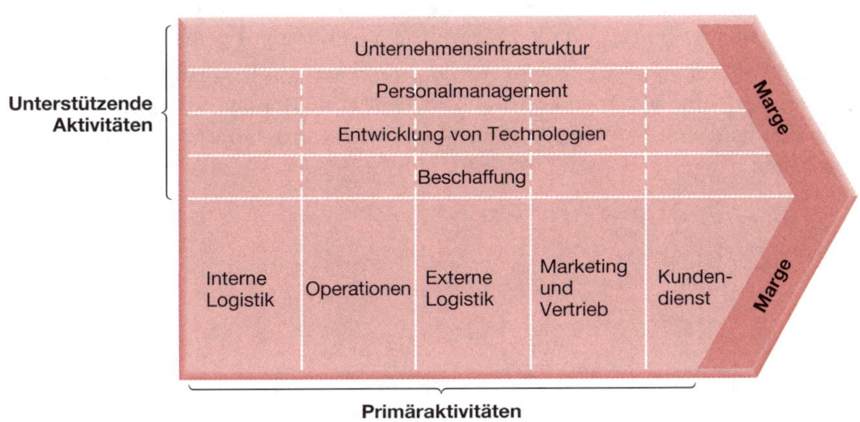

Abbildung 3.6: Die Wertkette in einer Organisation

18 Eine ausführliche Diskussion des Begriffs „Wertkette" und dessen Anwendung kann bei M.E. Porter, *Competitive Advantage*, Free Press, 1985, gefunden werden.

Unterstützende Aktivitäten

Unterstützende Aktivitäten tragen zur Verbesserung der Effektivität oder Effizienz von Primäraktivitäten bei.

Jede dieser Gruppen von Primäraktivitäten ist mit **unterstützenden Aktivitäten** verbunden. Diese tragen zur Verbesserung der Effektivität oder Effizienz der Primäraktivitäten bei:

- *Beschaffung.* Die *Prozesse*, die in vielen Teilen der Organisation ablaufen, um die verschiedenen Ressourcen für die Primäraktivitäten zu erlangen.
- *Entwicklung von Technologien.* Jede Wert schaffende Aktivität basiert auf einer Technologie, auch wenn diese nur aus Know-how besteht. Manche Technologien stehen in direkter Verbindung zu einem Produkt (z.B. F&E, Produktdesign) oder zu den damit verbunden Prozessen (z.B. Prozessentwicklung) oder zu einer bestimmten Ressource (z.B. Verbesserung der Rohstoffe).
- *Personalmanagement.* Dieser Bereich durchzieht alle Primäraktivitäten. Er befasst sich mit Aktivitäten wie Neueinstellungen, Betreuung, Ausbildung, Weiterentwicklung und Vergütung der Mitarbeiter einer Organisation.
- *Infrastruktur.* Das formale System für Planung, Finanzwesen, Qualitätskontrolle, Informationsmanagement und die Strukturen und Normabläufe, die alle Teil der Organisationskultur sind (siehe *Abschnitt 5.4*).

Die Wertkette kann bei der Analyse der strategischen Position einer Organisation in zweierlei Hinsicht von Nutzen sein:

- *Für allgemeine Beschreibungen von Aktivitäten*, die Manager erkennen lassen können, ob an einer bestimmten Stelle der Wertkette eine Ballung von Aktivitäten vorliegt, die für den Kunden Vorteile bringen. Ein Unternehmen könnte beispielsweise im Bereich externe Logistik besonders gute Leistung bringen in Verbindung mit den Aktivitäten für Marketing und Verkauf und unterstützt von neu entwickelten Technologien. Operationen und die interne Logistik dagegen könnten weniger erfolgreich ablaufen. Die Wertkette bringt Manager auch dazu, darüber nachzudenken, welche Rolle die einzelnen Aktivitäten spielen. In einem kleinen Familienbetrieb, der frische Sandwichs und Snacks verkauft, kann die Zubereitung der Sandwichs zum einen als „Arbeitsprozess", aber auch als „Marketing" bezeichnet werden, denn die Reputation und die Beliebtheit des Geschäfts entstehen durch die sozialen Beziehungen und das Gespräch zwischen Kunde und Verkäufer. Was ist nun richtig? Man könnte sagen, dass dieser Teil als „Operation" bezeichnet wird, wenn er schlecht gemacht wird, und als „Marketing", wenn er gut gemacht wird.
- In Bezug auf *Kosten und Wert der Aktivitäten.*[19] Beispiel 3.4 zeigt dies an der Fischzucht. Ugandische Fischzüchter nutzten die Wertkettenanalyse, um herauszuarbeiten, worauf sie sich konzentrieren mussten, um ein rentableres Geschäftsmodell zu entwickeln.

19 Für ein ausführliches Beispiel der Wertkettenanalyse siehe A. Shepherd, „Understanding and using value chain analysis", in Veronique Ambrosini (Hrs.), *Exploring Techniques of Analysis and Evaluation in Strategic Management*, Prentice Hall, 1998.

Beispiel 3.4 Eine Wertkette für ugandische Exporte von gekühlten Fischfilets

Selbst kleine Unternehmen können Teil einer internationalen Wertkette sein. Eine Analyse kann auch hier strategische Vorteile bringen.

Eine Fischfabrik in Uganda erwirtschaftete kaum Gewinne. Arme Fischer aus den Dörfern in der Nähe fingen die Fische von ihren eigenen kleinen Motorbooten aus. Kurz vor dem Auslaufen holten sie sich Eis und Plastikbehälter für den Fisch von den Vertretern der Fabrik, die ihnen ihren Fang nach ihrer Rückkehr abkauften. Die Behälter wurden zusammen mit der Fischereiausrüstung und einigen Bootsteilen importiert. Alles musste von den Vertretern im Voraus bar bezahlt werden. Manchmal waren aber Eis und Ausrüstung nicht rechtzeitig verfügbar. Fisch, der mit zu wenig Eis gekühlt wurde, erzielte nur die Hälfte des Preises von ordnungsgemäß gekühltem Fisch oder konnte manchmal gar nicht verkauft werden. Die Fischfabrik verarbeitete die Filets immer in der gleichen Weise: Die Abfälle wurden einfach zurück in den See geworfen. Einmal die Woche kamen ausländische Händler und kauften die besseren Filets; sie sagten nicht, an wen sie diese weiter verkauften und kauften manchmal auch nur sehr wenig.

Durch die Abbildung der Wertkette wurde klar, dass es entlang der Kette überall Möglichkeiten gab, Mehrwert zu erzeugen und Verluste zu reduzieren. Zusammen mit externen Spezialisten entwickelten die Fischer und die Fischfabrik eine Strategie zur Verbesserung ihrer Fähigkeiten, wie rechts dargestellt, und gründeten ein erfolgreich international agierendes Unternehmen, die Lake Victoria Fish Company, die regelmäßig Fisch weltweit per Luftfracht exportiert. Unter *www.ufpea.co.ug* finden sich mehr Informationen über ihre aktuellen Aktivitäten. Genaueres über den von ihnen genutzten analytischen Prozess findet sich unter *www.justreturn.ch*.

(Die angegebenen ungefähren Preise und Kosten geben die Situation vor Einführung der Verbesserungen wieder.)

Quelle: Ian Sayers, leitender Berater für den privaten Sektor, Division of Trade Support Services, International Trade Centre, Genf. E-mail: sayers@intracen.org

Kontrollfragen

1. Erstellen Sie eine Wertkette für ein anderes Unternehmen und stellen Sie dabei die Aktivitäten aller Teilbereiche dar.
2. Schätzen Sie die relativen Kosten und/oder Vermögenswerte im Zusammenhang mit diesen Aktivitäten.
3. Welche strategischen Auswirkungen ergeben sich aus Ihrer Analyse?

Das Wertnetzwerk

Wertnetzwerk

Ein Wertnetzwerk bezeichnet die interorganisatorischen Verbindungen und Beziehungen, die zur Erstellung von Produkten oder Dienstleistungen nötig sind.

Eine einzelne Organisation betreibt meist nicht alle Wert schaffenden Aktivitäten vom Design bis hin zur Auslieferung des fertigen Produkts im eigenen Haus. Meist liegt eine Spezialisierung auf bestimmte Bereiche vor, sodass jede Organisation Teil eines größeren *Wertnetzwerks* ist. Das **Wertnetzwerk**[20] ist die Kombination aus interorganisatorischen Verbindungen und Beziehungen, die zur Schaffung eines Produkts oder einer Dienstleistung nötig sind (siehe Abbildung 3.7). Eine Organisation muss sich also darüber im Klaren sein, welche Aktivitäten es selbst durchführen sollte und welche es unter Umständen fremdvergeben sollte. Da allerdings in den Bereichen Beschaffung und Vertrieb meist die höchsten Kosten entstehen, aber auch der größte Wert geschaffen wird, müssen Manager diesen gesamten Prozess verstehen und auch begreifen, wie sie bestehende Verbindungen und Beziehungen verwalten können, um den Wert für den Kunden zu verbessern. Es reicht nicht aus, nur nach innen auf die eigene Organisation zu blicken. Die Qualität eines Herdes oder eines Fernsehers wird beispielsweise nicht nur von den Aktivitäten des Herstellers selbst beeinflusst, sondern auch von der Qualität der Einzelteile des Zulieferers und der Leistung des Vertriebsunternehmens.

Ein Manager muss also die Grundlagen der strategischen Fähigkeiten seiner Organisation im Zusammenhang des großen Wertnetzwerks verstehen. Vier Kernpunkte sind hier zu beachten:

- *Welche Aktivitäten sind für die strategischen Fähigkeiten einer Organisation von entscheidender Bedeutung*, welche sind weniger wichtig? Ein Unternehmen, das auf einem Markt mit intensivem Wettbewerb aktiv ist, muss vielleicht in wichtigen Bereichen seine Kosten senken und kann dies nur durch die Fremdvergabe an kostengünstigere Produzenten. Ein anderes Unternehmen ist vielleicht der Meinung, dass es immens wichtig ist, die direkte Kontrolle über entscheidende Fähigkeiten zu behalten, besonders wenn diese sich auf Aktivitäten und Prozesse beziehen, die seiner Meinung nach für die Erlangung eines Wettbewerbsvorteils von zentraler Bedeutung sind. So mussten Diamantenschleifer traditionell Rohdiamanten vom Großunternehmen De Beers beziehen. In einem revolutionären Schritt entschloss sich jedoch der Lev Leviev-Konzern, in eigene Diamantenminen zu investieren, denn hier war man der Ansicht, dass „nichts stabil“ sei, „außer man besitzt seine eigene Mine“[21].

Gewinnreservoire

Gewinnreservoire bezeichnen die unterschiedlichen Gewinnpotenziale, die an verschiedenen Stellen der Wertschöpfungskette erzielbar sind.

- *Wo sind die Gewinnreservoire?*[22] **Gewinnreservoire** bezeichnen die unterschiedlichen Gewinnpotenziale, die an verschiedenen Stellen der Wertschöpfungskette erzielbar sind. Einige Teile eines Wertnetzwerks können aufgrund des unterschiedlich intensiven Wettbewerbs schon von Natur aus gewinnbringender sein als andere. In der Computerindustrie waren zum Beispiel der Markt für Mikroprozessoren und Software immer schon rentabler als der Markt für Hardware. Die strategische Frage lautet nun, ob es möglich ist, sich auf das Gebiet mit dem größten Gewinnpotenzial zu konzentrieren. Hier muss sehr vorsichtig vorgegangen werden. Es ist eine Sache, ein solches Potenzial zu erkennen; auf diesem Gebiet mit den Fähigkeiten der Organisation erfolgreich zu sein, ist hingegen eine ganz andere Sache. So erkannten in den 1990er Jahren etwa viele Autohersteller, dass auf dem Gebiet der Dienstleistun-

20 P. Timmers, *Electronic Commerce*, Wiley, 2000, S. 182–193, liefert eine interessante Diskussion darüber, wie Wertnetzwerke durch Computertechnologie geschaffen und verändert werden.

21 Dieses Zitat wird Lev Leviev in der *Financial Times*, 14. Dezember 2006, S. 10, zugeschrieben.

22 Die Bedeutung von Gewinnreservoiren wird diskutiert von O. Gadiesh und J.L. Gilbert, „Profit pools: A fresh look at strategy“, *Harvard Business Review*, Bd. 76, Nr. 3 (1998), S. 139–147.

gen, z.B. bei der Autovermietung und -finanzierung, viel größere Gewinne zu holen waren als bei der Herstellung. Doch ihnen fehlten die relevanten Kompetenzen, um in diesen Bereichen erfolgreich zu sein.

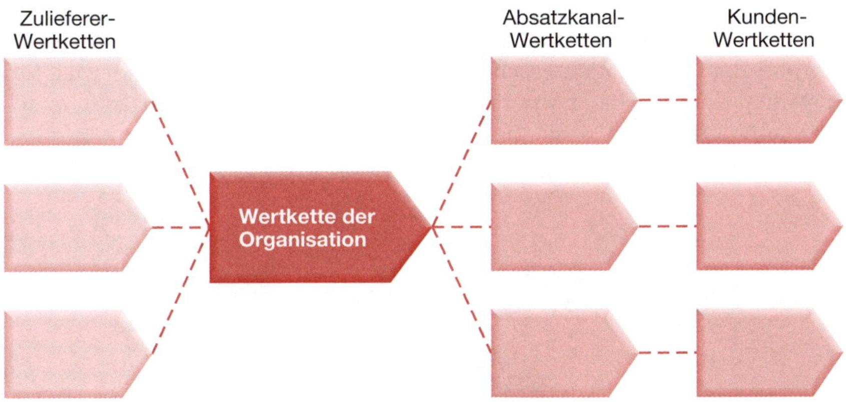

Abbildung 3.7: Das Wertnetzwerk

- Die Entscheidung, bestimmte Aktivitäten oder Teile *„selbst zu machen oder zu kaufen"*, ist daher von großer Bedeutung. Hier geht es darum, bestimmte Aktivitäten nach *außen fremdzuvergeben*. Heute gibt es Unternehmen, die die Vorteile des sogenannten Outsourcings anbieten (siehe Diskussion in *Abschnitt 12.4.2*). Je mehr Aktivitäten eine Organisation fremdvergibt, desto wichtiger wird ihre Fähigkeit, die Leistungen anderer Organisationen innerhalb des Wertnetzwerks zu beeinflussen. Diese Fähigkeit kann ihr sogar zu einem Wettbewerbsvorteil verhelfen.
- *Kooperationen.* Wer könnten im Wertnetzwerk die besten Partner sein? Und welche *Beziehungen* sollte man zu jedem Partner entwickeln? Sollten sie zum Beispiel als Zulieferer oder eher als Allianzpartner angesehen werden (siehe *Abschnitt 10.2.3*)? Manche Unternehmen konnten von engeren Beziehungen zu Zulieferern profitieren, denn sie kooperierten auch in Bereichen wie Marktintelligenz, Produktdesign und F&E.

3.6.2 Aktivitätsübersichten

Es fällt einem Manager oft schwer, die strategische Fähigkeit seiner Organisation klar zu definieren. Zu oft wird zu viel Wert auf Fähigkeiten gelegt, die der Kunde gar nicht wertschätzt, die aber innerhalb der Organisation für wichtig gehalten werden, weil sie vielleicht in der Vergangenheit schon geschätzt wurden. Oder man legt auf Faktoren wert, die eigentlich „entscheidende Erfolgsfaktoren" sind (Produkteigenschaften, die vom Kunden besonders wertgeschätzt werden.) wie „guter Service" oder „zuverlässige Lieferung", während es bei der strategischen Fähigkeit um die Ressourcen, Prozesse und Aktivitäten geht, die die Fähigkeit untermauern, solche kritischen Erfolgsfaktoren zu erreichen. Manchmal werden auch Fähigkeiten auf zu allgemeiner Ebene identifiziert. Dies ist nicht überraschend, denn die strategische Fähigkeit ist ja meist tief in einer komplexen, kausal mehrdeutigen Kombination aus miteinander verbundenen Fähigkeiten verwurzelt (siehe *Abschnitt 3.4.3*). Soll aber aktiv mit diesen Fähigkeiten umgegangen werden, ist es wichtig, sie genau zu identifizieren, zu verstehen und die Verbindungen zu entdecken, die für die relevanten Kompetenzen verantwortlich sind.

Eine Art der Analyse ist hier die Aktivitätsübersicht, die aufzuzeigen versucht, wie die verschiedenen Aktivitäten einer Organisation miteinander zusammenhängen. Beispiel 3.2 beschreibt die Suche der Manager von Plasco nach den strategischen Fähigkeiten der Organisation mithilfe einer Aktivitätsübersicht. Zu diesem Thema gibt es auch Computerprogramme[23], oder man kann einfacher vorgehen und wie in Abbildung 3.8 gezeigt ein Netzwerkdiagramm zeichnen.[24] Diese Abbildung wurde von Managergruppen innerhalb der Organisation geschaffen. Sie arbeiteten mit einem externen Moderator und stellten die Aktivitäten ihrer Organisation zunächst mit Klebezetteln auf einer großen leeren Wand dar.[25]

Abbildung 3.8:
Eine Aktivitätsübersicht

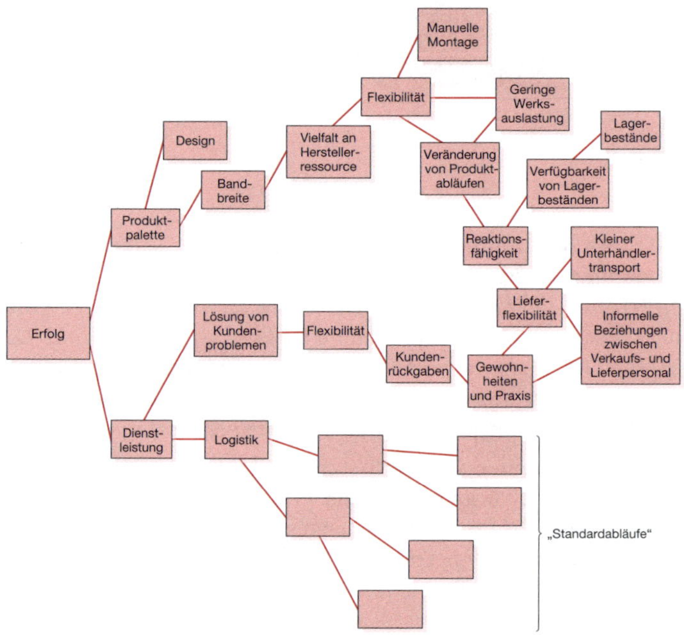

Zunächst wurde eine Analyse der Konkurrenten durchgeführt, wie in *Abschnitt 2.4.4* erklärt. Hier wollte man zwei Dinge feststellen: (i) Die kritischen Erfolgsfaktoren in Bezug auf ihre Kunden und (ii) in welchem dieser Faktoren sie besser waren als ihre Konkurrenz. Als kritische Erfolgsfaktoren wurden Markenreputation, Produktpalette, Innovation, exzellenter Kundendienst und Lieferzuverlässigkeit identifiziert. Besonders in den Bereichen Kundendienst und Produktpalette hob sich Plasco deutlich von seinen Konkurrenten ab. Es gelang den Managern relativ schnell, das zu identifizieren,

23 Ein gutes Beispiel solcher computergestützten Systeme zur Analyse organisationaler Fähigkeiten findet sich in der Arbeit von C. Eden und F. Ackermann, „Mapping distinctive competencies: A systemic approach“, *Journal of the Operational Research Society*, Bd. 51, Nr. 1 (2000), S. 12–20.

24 Für eine umfassendere Beschreibung solcher Netzwerk-Abbildungen siehe V. Ambrosini, *Tacit and Ambiguous Resources as Sources of Competitive Advantage*, PalgraveMacmillan, 2003. Siehe auch F. Ackermann und C. Eden mit I. Brown, *Making Strategy*, Sage, 2005, Kap. 6.

25 Die Arbeit von P. und G. Johnson, „Facilitating group cognitive mapping of core competencies“ (in *Mapping Strategic Knowledge*, Anne Huff und Mark Jenkins (Hrs.), Sage, 2002), erklärt einige der Probleme beim Verständnis einer solchen grafischen Abbildung.

was Porter als *höhere Ordnung strategischer Themen* bezeichnet[26]: Ihr wichtigster Vorteil lag in ihrer Flexibilität und der schnellen Reaktionsfähigkeit. Die Gründe, warum genau Plasco besser war als die Konkurrenz, traten jedoch erst zu Tage, als diese Themen genauer untersucht wurden, indem die ihnen zugrunde liegenden Kompetenzen und Ressourcen unter die Lupe genommen wurden. Dazu fragten die Manager immer genauer nach, welche Aktivitäten den Kunden von Nutzen waren. Abbildung 3.7 zeigt nur eine Auswahl dieser Aktivitäten. Die fertige Übersicht bestand aus Hunderten von Zetteln, auf denen Aktivitäten vermerkt waren, die alle in irgendeiner Form zu den strategischen Fähigkeiten der Organisation beitrugen. Die in Beispiel 3.2 beschriebenen, sich auf Aktivitäten stützenden Kompetenzen, die in Abbildung 3.7 nochmals zusammengefasst werden, wurden in diesem diagnostischen Prozess entwickelt.

Allgemein ausgedrückt kann man aus solchen Übersichten folgende Lehren darüber ziehen, wie ein Wettbewerbsvorteil erreicht werden kann und welche Beziehungen zwischen Kompetenzen und Wettbewerbsvorteilen bestehen:

- *Konsequenz und Bestärkung.* Die verschiedenen Aktivitäten, die für den Kunden Wert schöpfend sind, weisen höchstwahrscheinlich alle in die gleiche Richtung und bauen aufeinander auf anstatt sich zu behindern (so machte es der offene Managementstil bei Plasco erst möglich, dass Regeln so flexibel ausgelegt werden konnten).
- *Schwierige Imitation.* Es ist schwieriger für einen Konkurrenten, eine Kombination aus miteinander verbundenen Aktivitäten zu imitieren als nur einzelne Aktivitäten nachzuahmen. Bei Plasco hatten sich diese Verbindungen über Jahre hinweg aufgebaut, waren kulturell eingebettet, komplex und kausal mehrdeutig – die Lektionen von *Abschnitt 3.4.3.* Wenn der international agierende Konkurrent von Plasco sich dazu entschließen würde, auf der gleichen Grundlage der Flexibilität zu konkurrieren, hätte er keine vergleichbare Erfahrung, auf der er aufbauen könnte.
- *Einbußen.* Selbst wenn eine Imitation möglich wäre, könnte sich für Konkurrenten ein anderes Problem ergeben. So könnte Plascos Konkurrent seine gegenwärtige Position bei seinen bestehenden Kunden, die er zufriedenstellt, durch standardisierte Massenproduktion in Gefahr bringen.

3.6.3 Benchmarking[27]

Dieser Abschnitt befasst sich mit den Vorteilen des Benchmarking, das zum Verständnis beitragen kann, wie sich die strategischen Fähigkeiten einer Organisation in Bezug auf ihre internen Prozesse mit denen anderer Organisationen vergleichen lässt.

26 Michael Porter erklärt, dass eine Abbildung sogenannter „Aktivitätssysteme" bei der Betrachtung von Wettbewerbsstrategie wichtig sein kann, in seinem Artikel „What is strategy?" (*Harvard Business Review*, Bd. 74, Nr. 6 (1996), S. 61–78).

27 Benchmarking wird sowohl im privaten wie auch im öffentlichen Sektor häufig eingesetzt. S. Codling, *Benchmarking Basics*, Gower, 1998, liefert hier eine praxisorientierte Hilfestellung. Siehe auch J. Holloway, *Identifying Best Practices in Benchmarking*, Chartered Institute of Management Accountants, 1999. Und für eine Übersicht über den Einsatz von Benchmarking im öffentlichen Bereich siehe M. Wisniewski, „Measuring up to the best: A manager's guide to benchmarking", in G. Johnson und K. Scholes (Hrs.), *Exploring Public Sector Strategy*, Financial Times/Prentice Hall, 2001, Kap. 5.

Beim Thema Benchmarking gibt es verschiedene Ansätze:

- *Historisches Benchmarking.* Organisationen können ihre Leistung mit der früherer Jahre vergleichen, um irgendwelche bedeutenden Veränderungen festzustellen. Die Gefahr besteht darin, dass dies zu übergroßer Selbstzufriedenheit führen kann, denn was wirklich zählt, sind die Verbesserungen im Vergleich zur Konkurrenz.
- *Branchen-/Sektorenbenchmarking.* Auch ein Vergleich mit der Leistung anderer Organisationen der gleichen Branchen oder ein Vergleich verschiedener öffentlicher Organisationen, die die gleiche Dienstleistung gewähren, kann Einblicke über eigene Leistungsstandards gewähren, wenn man verschiedene Leistungsindikatoren anwendet. Einige Organisationen der öffentlichen Hand haben tatsächlich auf die Tatsache reagiert, dass es in ihrem Bereich strategische Gruppen gibt, indem sie nur Vergleiche mit ähnlichen Organisationen und nicht mit allen angestellt haben. So trennen beispielsweise kommunale Behörden und Polizeidienststellen zwischen „ländlich" und „städtisch" und stimmen ihr Benchmarking und ihre Referenzgrößen darauf ab. Eine allgemein gültige Gefahr beim Vergleich von Branchennormen (ob nun im privaten oder im öffentlichen Sektor) besteht aber darin, dass ja auch die gesamte Branche schlechte Leistungen abliefern und im Wettbewerb mit anderen Branchen negativ abschneiden kann, die die Kundenbedürfnisse anders und besser befriedigen können. Eine weitere Gefahr des brancheninternen Benchmarking liegt darin, dass Branchengrenzen durch Wettbewerbsaktivitäten und Branchenkonvergenz verschwimmen können. So steigen zum Beispiel Supermärkte (nach und nach) ins Bankgeschäft für Privatkunden ein, und auch ein Benchmarking muss dies widerspiegeln (wie eben das Benchmarking traditioneller Banken).
- *Klassenbesten-Benchmarking.* Diese Form des Benchmarking vergleicht die Leistung einer Organisation mit der Leistung des „Klassenbesten" – wo dies möglich ist. So sollen die Beschränkungen anderer Ansätze überwunden werden. Dadurch kann auch die Einstellung eines Managers infrage gestellt werden, dass akzeptable Verbesserungen der Leistung durch eine schrittweise Veränderung von Ressourcen oder Kompetenzen erreicht werden können. So kann sich eine grundlegendere Überlegung über die Verbesserung organisationaler Kompetenzen ergeben. Beispielsweise konnte British Airways die Wartung der Flugzeuge, das Auftanken und die Bodenzeiten verbessern, indem das Unternehmen die Abläufe rund um die Boxenstopps bei Formel-Eins-Rennen studierte.[28] Eine Polizeieinheit, die ihre Reaktion auf telefonische Notrufe verbessern wollte, untersuchte die Abläufe in Call Center der Bank und IT-Branche.

Die Bedeutung des Benchmarking liegt also nicht so sehr in der detailgenauen „Mechanik" der Vergleiche, sondern darin, wie sich diese Vergleiche auf organisationales Verhalten auswirken können. Man kann diese Technik als Prozess verstehen, der einem Unternehmen neuen Schwung für Verbesserungen und Veränderungen verleiht. Doch auch hier gibt es Gefahren:

- *Verzerrte Messungen.* Beim Benchmarking kann es dazu kommen, dass „man das bekommt, was man misst", was aber gleichzeitig nicht das ist, was man strategisch beabsichtigt. Dadurch kann sich das Verhalten in einer Organisation auf unbeab-

---

28 Siehe A. Murdoch, „Lateral benchmarking, or what Formula One taught an airline", *Management Today*, November 1997, S. 64–67. Siehe auch die Fallstudie zur Formel Eins im Abschnitt Fallstudien in diesem Buch (Text und Fall-Ausgabe).

sichtigte oder dysfunktionale Weise verändern. So wurden britische Universitäten in Ranglisten bezüglich ihrer Forschungsergebnisse, der Qualität ihrer Lehre und dem beruflichen Erfolg ihrer Absolventen anhand ihres Einstiegsgehalt geführt. Dadurch wurden Akademiker „gezwungen", sich mit ihren wissenschaftlichen Veröffentlichungen an bestimmten akademischen Fachpublikationen zu orientieren, was mit der Qualität der Ausbildung an Universitäten sehr wenig zu tun hat.

- *Oberflächliche Vergleiche.* Benchmarking vergleicht Input (Ressourcen), Output oder Ergebnisse. Bei dieser Vorgehensweise werden keine Gründe für gutes oder schlechtes Abschneiden von Organisationen ermittelt, denn es werden auch keine Kompetenzen direkt miteinander verglichen. So kann sich zwar zeigen, dass eine Organisation beim Kundendienst schlechter abschneidet als eine andere, doch die Gründe werden nicht aufgedeckt. Ein gut strukturiertes Benchmarking kann jedoch Manager dazu bringen, diese Gründe zu ermitteln und so zu verstehen, wie ihre Kompetenzen verbessert werden können.

3.6.4 Stärken-/Schwächen- und Chancen-/Risiken-Analyse[29]

Die wichtigsten strategischen Botschaften aus dem Unternehmensumfeld (*Kapitel 2*) und aus diesem Kapitel können in Form einer Analyse der Stärken, Schwächen, Chancen und Risiken einer Organisation (englisches Akronym: SWOT) zusammengefasst werden. Eine **SWOT-Analyse** (Stärken-/Schwächen- und Chance-/Risiken-Analyse) fasst die wichtigsten Aspekte aus dem Unternehmensumfeld und der strategischen Fähigkeit einer Organisation zusammen, die den wahrscheinlich größten Einfluss auf die Strategieentwicklung haben. Diese Analyse kann auch als Basis dienen, um strategische Optionen zu erkennen und zukünftige Handlungsweisen zu bewerten.

SWOT-Analyse

Eine SWOT-Analyse (Stärken-/Schwächen- und Chance-/Risiken-Analyse) fasst die wichtigsten Aspekte aus dem Unternehmensumfeld und der strategischen Fähigkeit einer Organisation zusammen, die den wahrscheinlich größten Einfluss auf die Strategieentwicklung haben.

Hier besteht das Ziel darin, zu erkennen, inwieweit Stärken und Schwächen für die Veränderungen innerhalb des Unternehmensumfelds relevant sind oder inwieweit sie darauf eingehen können. Soll aber die strategische Fähigkeit einer Organisation erkannt werden – um auf dieses Kapitel Bezug zu nehmen –, muss man bedenken, dass diese Analyse niemals absolut, sondern relativ zu verstehen ist. Sie ist also nur sinnvoll, wenn sie komparativ durchgeführt wird – wenn Stärken, Schwächen, Chancen und Risiken im Vergleich zu Konkurrenten analysiert werden. Beispiel 3.5 zeigt die SWOT-Analyse eines Pharmaunternehmens (Pharmacare).[30] Hier wird davon ausgegangen, dass die wichtigsten Einflüsse aus dem Umfeld in Analysen ermittelt wurden, die in *Kapitel 2* erklärt wurden und dass wichtige Stärken und Schwächen mittels der in diesem Kapitel erklärten Analysetechniken identifiziert wurden. Um es Managern zu ermöglichen, die Beziehungen zwischen Einflüssen aus dem Umfeld und den Stärken und Schwächen ihrer Organisation einzuschätzen, wird eine Bewertungsskala (von

29 Der SWOT Ansatz als vernünftige Checkliste wird schon seit vielen Jahren verwendet. Siehe z.B. S. Tilles, „Making strategy explicit", in I. Ansoff (Hrs.), *Business Strategy*, Penguin, 1968. Siehe auch T. Jacobs, J. Shepherd und G. Johnson in ihrem Kapitel über die SWOT-Analyse in V. Ambrosini (Hrs.), *Exploring Techniques of Strategy Analysis and Evaluation*, Prentice Hall, 1998. Für eine kritische Diskussion über den Missbrauch/Gebrauch von SWOT siehe T. Hill und R. Westbrook, „SWOT analysis: It's time for a product recall", *Long Range Planning*, Bd. 30, Nr. 1 (1997), S. 46–52.

30 Für Hintergrundlektüre zur Pharmaindustrie siehe zum Beispiel „The drug industry – from bench to bedside", *The Economist*, 4. November 2006, und G. Pisano, *Science Business*, Harvard Business School Press, 2006.

plus 5 bis minus 5) benutzt. Positive Werte (+) bedeuten, dass die Stärken einer Organisation dazu beitragen können, dass sie aus einer umfeldbedingten Veränderung Vorteile ziehen oder ein daraus entstehendes Problem bewältigen kann oder dass eine Schwäche durch eine solche Veränderung ausgeglichen wird. Ein negativer Wert (-) zeigt, dass eine Stärke vermindert wird oder eine Schwäche die Organisation davon abhält, Probleme, die sich aus diesen umfeldbedingten Veränderungen ergeben, zu bewältigen.

Der Aktienkurs von Pharmacare war immer weiter gefallen, denn die Investoren waren besorgt, dass die starke Marktposition des Unternehmens in Gefahr war. Eine Fusion, die sich als problematisch erwies, verschlimmerte die Situation zusätzlich. Der pharmazeutische Markt veränderte sich, neue Geschäftspraktiken entstanden, denn es gab neue Technologien, man wollte Medikamente zu niedrigeren Preisen anbieten, und die Politik suchte nach Mitteln und Wegen, um mit den explodierenden Kosten für das Gesundheitswesen und dem immer mündigeren Patienten umzugehen. Konnte Pharmacare mithalten? Eine strategische Analyse der Firmenposition (Beispiel 3.5a) bestätigte die Stärken flexibler Verkäufer, eines bekannten Markennamens und einer neuen Gesundheitsabteilung. Es gab jedoch auch große Schwächen, nämlich ein relatives Versagen im Bereich billiger Medikamente, im Bereich Informations- und Kommunikationstechnologie (ICT) und die Unfähigkeit, mit den immer besser informierten Anwendern umzugehen. Als man den Einfluss vom Umfeldfaktoren auf die Konkurrenz untersuchte (Beispiel 3.5b), zeigte sich, dass Pharmacare immer noch besser war als sein traditioneller Konkurrent (Unternehmen W), doch auch potenziell angreifbar von sich verändernden Dynamiken in der allgemeinen Branchenstruktur durch Nischenunternehmen (X und Y).

Eine SWOT-Analyse kann helfen, sich auf die Wahlmöglichkeiten der Zukunft zu konzentrieren und darauf, inwieweit eine Organisation diese strategischen Entscheidungen umsetzen kann. Es bestehen jedoch zwei große Risiken:

- Eine SWOT-Analyse kann *lange Listen* von augenscheinlichen Stärken, Schwächen, Chancen und Risiken ergeben, wobei aber verloren geht, welche Punkte wirklich wichtig und welche von weniger großer Bedeutung sind.
- Es besteht die Gefahr einer *zu starken Verallgemeinerung*. Erinnern wir uns an die Lektionen von *Abschnitt 3.6.1* und *3.6.2*. Die Identifikation einer sehr allgemeinen Erklärung strategischer Fähigkeiten liefert noch keine Aufklärung über die zugrunde liegenden Gründe für diese Fähigkeiten. Die SWOT-Analyse kann kein Ersatz sein für eine drastischere Analyse, die mehr Einblick bringt wie etwa die in *Kapitel 2* und *3* beschriebenen Techniken.

Beispiel 3.5 SWOT-Analyse von Pharmacare

Eine SWOT-Analyse untersucht die Beziehung zwischen Einflüssen aus dem Umfeld und den strategischen Fähigkeiten einer Organisation im Vergleich zu deren Konkurrenten.

Tabelle 3.2

SWOT-Analyse von Pharmacare

	Umfeldveränderung (Chancen und Gefahren)					
	Einschränkungen im Gesundheitswesen	Komplexe und sich verändernde Kaufstrukturen	Gesteigerte Integration des Gesundheitswesens	Informierte Patienten	+	-
Stärken						
Flexible Verkäufer	+3	+5	+2	+2	+12	0
Größenvorteile	0	0	+3	+3	+6	0
Starker Markenname	+2	+1	0	-1	+3	-1
Abteilung zur Ausbildung im Bereich Gesundheitswesen	+4	+3	+4	+5	+16	0
Schwächen						
Eingeschränkte Kompetenzen in Biotechnologie und Genetik	0	0	-4	-3	0	-7
Immer geringere F&E-Produktivität	-3	-2	-1	-2	0	-8
Schwache ICT Kompetenz	-2	-2	-5	-5	0	-14
Übermäßiges Vertrauen in erfolgreiche Produkte	-1	-1	-3	-1	0	-6
Ergebnisse der Umfeldeinflüsse	+9 -6	+9 -5	+9 -14	+10 -12		

Tabelle 3.3

SWOT-Analysen der Konkurrenten

	Umfeldveränderung (Chancen und Risiken)				
	Einschränkungen im Gesundheitswesen	**Komplexe und sich verändernde Kaufstrukturen**	**Gesteigerte Integration des Gesundheitswesens**	**Informierte Patienten**	**Einfluss insgesamt**
Pharmacare Großes internationales Unternehmen mit sinkendem Aktienkurs, geringer Forschungsproduktivität und viel Bürokratie nach Megafusion	-3 Unternehmen hat zu kämpfen, um neuen Regulatoren der Einschränkungen im Gesundheitswesen die Kosteneffizienz neuer Medikamente zu beweisen.	+6 Bekannte Marke, flexibles Verkaufspersonal gepaart mit einer neuen Abteilung zur Ausbildung im Gesundheitswesen schafft positive Synergien	-3 Schwache ICT und fehlende Integration nach der Fusion. Dadurch sind Vertrieb, Forschung und Verwaltung allesamt geschwächt	-2 Unternehmen muss sich noch an den durch das Internet gestärkten und besser informierten Patienten gewöhnen.	-2 Sinkende Leistung verstärkt durch die Fusion
Unternehmen W Großes Pharmaunternehmen mit unausgewogener Reaktion auf den Wandel, verliert Einfluss in neuen Wettbewerbsbereichen	-4 Konzentration auf althergebrachten Verkaufsstil durch Werbeaktionen anstelle den Ärzten zu helfen, die Kosten durch Medikamente zu drosseln	-4 Traditionell eingestelltes Verkaufspersonal ohne Hilfe vom Marketing, das auf nationale Unterschiede nicht eingehen kann	+0 Allianzen mit Ausstattungsherstellern ohne jedoch zu sehr daran zu arbeiten den gegenseitigen Nutzen von Medikamenten und neuen Operationstechniken zu zeigen	+4 Neueinstellungen in der ITC Abteilung arbeiten an einer ganz neuen Integration des Patienten über alle Funktionen hinweg	-4 Das gesamte Unternehmen muss modernisiert werden

Unternehmen X Partnerschaft zwischen einer gemeinnützigen Einrichtung, die von Menschen mit Erfahrung im Bereich Risikokapital geführt wird und führenden Krankenhaus-Genetikern	+3 Potenziell in der Lage, schnelle Fortschritte im Bereich Erbkrankheiten zu liefern	+2 Möglicherweise in der Lage diese durch innovative, kosteneffektive Medikamente zu umgehen	+2 Innovative Medikamente können dazu beitragen, das Gesundheitswesen zu integrieren, weil Patienten zuhause bleiben können	+3 Patienten kämpfen dort um Behandlungsfortschritte, wo in jüngster Zeit keine Verbesserungen erzielt wurden	+10 Könnte Grundlage eines neuen Geschäftsmodells zur Entdeckung neuer Medikamente sein – muss sich aber erst bewähren
Unternehmen Y Entwickelt nur Medikamente für seltene Krankheiten	+3 Partnerschaft mit großem Pharmakonzern ermöglicht die Entwicklung von Medikamenten, die vom Konzern entdeckt wurden, die dieser aber nicht wirtschaftlich weiterverfolgen kann.	0 Konzentration auf kleine Marktsegmente; dadurch nicht so anfällig für die allgemeine Marktstruktur. Doch der innovative Ansatz kann auch riskant sein.	+2 Innovative Nutzung des Internets, um zu zeigen, warum die Weiterentwicklung von Produkten, die nur bei sehr seltenen Erkrankungen von Nutzen sind, trotzdem lohnend ist.	+1 Kostenfreie Call Center für Patienten mit seltenen Erkrankungen: Unternehmen und Patienten verfolgen gesetzte Leitlinien mit großer Leidenschaft	+6 Neuer Ansatz; kann sowohl als riskant als auch als der Gewinner angesehen werden – oder als beides!

Kontrollfragen

1. Was sagt die SWOT-Analyse über die Wettbewerbsposition von Pharmacare innerhalb der gesamten Branche aus?
2. Wie bereitwillig identifizieren die Führungskräfte bei Pharmacare die Stärken und Schwächen der Konkurrenz?
3. Identifizieren Sie die Vor- und Nachteile einer SWOT-Analyse (über die im Text genannten Punkte hinausgehend), wie sie in diesem Beispiel dargestellt ist.

Zusammengestellt von Jill Sheperd, Segal Graduate School of Business, Simon Fraser University, Vancouver, Canada.

3.7 Das Management strategischer Fähigkeiten

Im letzten Abschnitt ging es um die Identifizierung strategischer Fähigkeit. In diesem Abschnitt wird nun betrachtet, was ein Manager über diese Identifizierung hinaus tun kann, um die strategische Fähigkeit seiner Organisation zu managen und zu verbessern.

3.7.1 Beschränkungen beim Management strategischer Fähigkeiten

Eine Lektion, die sich aus dem Verständnis strategischer Fähigkeiten ergibt, lautet, dass die wertvollsten Grundlagen strategischer Fähigkeit in Bereichen einer Organisation liegen können, die schwer herauszuarbeiten oder zu spezifizieren sind. Wie kann man also das managen, was sich nicht einmal klar definieren lässt? Im Plasco-Beispiel verbargen sich etwa einige der Fähigkeiten der Organisation in Aktivitäten, die nicht direkt dem Management der Führungsebene unterstanden. Es ist wichtig, zu verstehen, wozu Manager in der Lage sind und was sie nicht können, je nachdem, wie genau sie die Grundlagen ihrer strategischen Fähigkeit verstehen und diese wertschätzen.[31] Es kann zu schwierigen Umständen kommen:

- *Kompetenzen werden geschätzt, aber nicht verstanden.* Vielleicht weiß ein Manager, dass es in seiner Organisation Aktivitäten gibt, die sich positiv auswirken, und vielleicht kennt er auch deren Wert, versteht aber dennoch nicht, wie es zu dieser positiven Wirkung kommt. So kann die Wertschöpfung etwa von hoch spezialisierten Fähigkeiten abhängen wie bei einem High-Tech-Unternehmen oder von komplexen Verknüpfungen weit unten im Unternehmen. Die Lektion lautet, dass Manager mit den Grundlagen solcher Fähigkeiten sorgsam umgehen müssen, um sie nicht zu zerstören. Gleichzeitig müssen aber auch die *Ergebnisse und die für den Kunden entstehenden Vorteile überwacht* werden.
- *Kompetenzen werden nicht geschätzt.* Vielleicht weiß ein Manager, dass es in seiner Organisation Aktivitäten und Prozesse gibt, erkennt aber nicht deren positive Auswirkung oder deren Wert. Es besteht die Gefahr, dass dieser Manager den falschen Weg einschlägt. So könnte er beispielsweise Bereiche auslagern oder schließen, die einen tatsächlichen oder potenziellen Wettbewerbsvorteil bringen, weil er vielleicht auf Kostensenkung bedacht ist. Plascos Manager könnten zum Beispiel in ihrem Bestreben nach einer effektiveren Produktion gleichzeitig die Flexibilität eingeschränkt haben. Es wäre klug, die Fähigkeiten, die Werte schaffen, mittels einer Wertkettenanalyse oder der grafischen Aktivitätsübersicht besser zu verstehen, bevor man wie die Plasco-Manager in der Vergangenheit solche Entscheidungen trifft.
- *Kompetenzen werden erkannt, geschätzt und verstanden.* Dies könnte bei einer von Plasco durchgeführten Analyse herausgekommen sein. Hier könnten die Plasco-Manager also in der Lage sein, solche Kompetenzen zu fördern und weiterzuentwickeln, indem sie zum Beispiel sicherstellen, dass sie von den Richtlinien des Unternehmens unterstützt werden. Das Risiko besteht in diesem Fall darin, dass Manager mit allen Mitteln versuchen könnten, solche Fähigkeiten zu erhalten, indem sie sie zu sehr formalisieren oder kodifizieren, sodass sie letztendlich wie „in Stein gemeißelt" sind.

31 Dieser Abschnitt nimmt Bezug auf die Arbeit von Veronique Ambrosini; siehe Fußnote 28.

3.7.2 Die Entwicklung strategischer Fähigkeiten[32]

Manager können strategische Fähigkeiten auf unterschiedliche Art und Weise fördern:

- *Fähigkeiten hinzufügen und verändern.* Können Fähigkeiten hinzugefügt oder verändert werden, sodass sie noch sicherer Ergebnisse liefern, die die kritischen Erfolgsfaktoren bedienen? Können im Fall Plasco interne Mittel und Wege gefunden werden, um noch schneller auf die Bedürfnisse der Kunden reagieren zu können?
- *Fähigkeiten ausbauen.* Manager könnten strategische Fähigkeiten in einem Unternehmensbereich identifizieren, etwa beim Kundendienst eines geografischen Standorts eines internationalen Unternehmens, die es an anderen Standorten nicht gibt. Dann könnten sie versuchen, diese an allen Standorten auszubauen. Dies scheint zwar ein ganz einfaches Vorhaben zu sein, Studien[33] haben jedoch ergeben, dass dem nicht so ist. Es kann schwierig sein, die Fähigkeiten eines Organisationsbereichs auf einen anderen zu übertragen, denn daraus ergibt sich das Problem, Veränderungen zu managen (siehe *Kapitel 14*).
- *Fähigkeiten ausdehnen.* Manager könnten die Möglichkeit sehen, aus bestehenden Fähigkeiten neue Produkte oder Dienstleistungen zu entwickeln. So ist tatsächlich der Aufbau neuer Unternehmen auf diese Art und Weise die Grundlage der verwandten Diversifikation, die in *Abschnitt 7.3.1* erklärt wird.[34]
- *Unternehmerische Handwerksarbeit.* Es gibt wissenschaftliche Beweise dafür[35], dass sich strategische Fähigkeiten aus der Nutzung von Ressourcen, Fähigkeiten und Wissen entwickeln lassen, die von anderen bisher ignoriert oder abgelehnt wurden. Dies geschieht sogar sehr häufig bei der Entwicklung neuer Geschäftsmodelle. So basierte die Entwicklung dänischer Windturbinen auf der Improvisation mit verfügbaren „bescheidenen Ressourcen“ und den Fähigkeiten einer „Zusammenstellung verschiedener Akteure“.[36] Soziale Netzwerke, die von anderen ignoriert wurden, werden zum Aufbau von Technologieunternehmen und Informationssystemen benutzt. Designer experimentieren mit verschiedenen Konfigurationen, um neue Systeme zu kreieren, die auf ihrer eigenen und der Erfahrung anderer basieren.
- *Aktivitäten auslaufen lassen.* Könnten aktuelle Aktivitäten, die dem Kunden nicht wirklich wichtige Werte einbringen, beendet, fremdvergeben oder in kostenreduzierter Form weitergeführt werden? Diese Frage stellten sich Branchenneulinge wie Ryanair oder EasyJet und schufen so neue Geschäftsmodelle für Billigflieger.
- *Die Entwicklung externer Fähigkeiten.* Auch der Blick nach außen kann Entwicklungsmöglichkeiten für neue Fähigkeiten bieten. So könnten Manager durch Übernahmen, Allianzen oder Joint Ventures danach streben, neue Fähigkeiten zu entwickeln oder zu erlernen (siehe *Abschnitt 10.2.3*).

---

32 Für eine umfassendere Diskussion zum Management strategischer Fähigkeit siehe C. Bowman und N. Collier, „A contingency approach to resource-creation processes“, *International Journal of Management Reviews*, Bd. 8, Nr. 4 (2006), S. 191–211.

33 Siehe C.A. Maritan und T.H. Brush, „Heterogeneity and transferring practices: Implementing flow practices in multiple plants“, *Strategic Management Journal*, Bd. 24, Nr. 10 (2003), S. 945–960.

34 In ihrer Arbeit von 1990 diskutierten Hamel und Prahalad (siehe Fußnote 4) die Ausdehnung von Kompetenzen als Basis der verwandten Diversifikation.

35 Siehe T. Baker und R.E. Nelson, „Creating something from nothing: Resource construction through entrepreneurial bricolage“, *Administrative Science Quarterly*, Bd. 50, Nr. 3 (2005), S. 329–366.

36 Diese Zitate stamen aus einer Studie von R. Garud und P. Karnoe, „Bricolage versus breakthrough: Distributed and embedded agency in technological entrepreneurship“, *Research Policy*, Bd. 32, Nr. 2 (2003), S. 277–300.

3.7.3 Personalmanagement zur Entwicklung von Fähigkeiten

Eine der Lektionen dieses Kapitels besagt, dass strategische Fähigkeiten oft in den alltäglichen Aktivitäten verborgen sind, die Mitarbeiter leisten. Es ist also wichtig, diese Mitarbeiter zu befähigen, die Relevanz ihrer Handlungen in Bezug auf die strategischen Fähigkeiten der Organisation zu erkennen. Genauer gesagt:

- *Zielgerichtetes Training und Entwicklung* können möglich sein. Unternehmen entwerfen oft sehr allgemein gehaltene Trainings- und Entwicklungsprogramme. Zur Verfolgung eines strategischen Zwecks könnte es wichtig sein, die Entwicklung von Kompetenzen ins Visier zu nehmen, die einen Wettbewerbsvorteil erzielen können. So kannte ein Unternehmen aus dem Ingenieurwesen zwar die Fähigkeiten seiner Mitarbeiter in Bezug auf technische Fertigkeiten bei der Produktion, erkannte aber gleichzeitig, dass dies Eigenschaften waren, über die auch Konkurrenten verfügten, und dass die Fähigkeiten der Mitarbeiter so entwickelt werden mussten, dass diese innovativer an den Kundendienst herangingen, der für den Kunden sehr wertvoll war. Also änderte das Unternehmen seine Trainingsprogramme, um diesen Anforderungen gerecht zu werden.
- *Maßnahmen der Personalpolitik* könnten bei der Entwicklung bestimmter Kompetenzen zum Einsatz kommen. So wollte sich eine Ölfirma beispielsweise einen Wettbewerbsvorteil aufgrund enger Kundenbeziehungen auf dem Markt für Industrieöl aufbauen. Zu diesem Zweck wurde sichergestellt, dass Außendienstmitarbeiter, die auf diesem Gebiet besonders fähig waren, befördert und in verschiedene Länder geschickt wurden, um diese Kundenbeziehungen zu entwickeln.
- *Organisationales Lernen* kann auch als extrem wichtiger Punkt erkannt werden, besonders wenn sich schnelle Veränderungen ergeben. Hier können die *dynamischen Fähigkeiten* einer Organisation (siehe *Abschnitt 3.4.5*) ihren Erfolg ausmachen, denn dadurch können sie nötige Kompetenzen beständig anpassen. Ihre wichtigste Kompetenz ist eigentlich die Fähigkeit, zu lernen und sich weiterzuentwickeln. In diesem Zusammenhang können die Eigenschaften einer sogenannten „lernenden Organisation“ besonders wichtig werden (siehe *Abschnitt 11.5.2*). Um dieses Ziel zu erreichen, müssen Manager allerdings einsehen, dass verschiedene, manchmal sogar sich widersprechende Ideen und Vorstellungen wertvoll sein können und dass Experimentieren an der Tagesordnung sein muss. Daher müssen sie sich auch überlegen, wie solches Verhalten geschützt und gefördert werden kann. So könnte es eben sein, dass gerade die Mitarbeiter, die zu einem solchen Lernprozess am meisten beitragen, innerhalb der Organisation am wenigsten Einfluss haben, weil sie vielleicht gerade erst neu eingestiegen sind oder in der Hierarchie weit unten stehen. Sie brauchen also den Schutz einflussreicherer Mitarbeiter.
- Auf strategischer Ebene kann es auch darauf ankommen, *das Bewusstsein der Mitarbeiter zu entwickeln*, dass es wirklich auf ihren Beitrag ankommt. Häufig beschweren sich Mitarbeiter darüber, dass „niemand wertschätzt, was ich tue“. Zeigt und erklärt man ihnen dagegen, wie sich ihr Beitrag in das große strategische Bild der Organisation einfügt, so erhöht sich zum einen die Wahrscheinlichkeit, dass sie wirklich produktive Arbeit leisten, um dadurch einen Wettbewerbserfolg zu erzielen, zum anderen steigt ihre Motivation.

Beispiel 3.6 zeigt einen wichtigen Aspekt, den Autoren zum Thema strategische Fähigkeiten immer wieder hervorheben.

Z U S A M M E N F A S S U N G

- *Strategische Fähigkeiten* befassen sich mit der Eignung und Angemessenheit von Ressourcen und Kompetenzen, die eine Organisation zum Überleben und zum erfolgreichen Agieren benötigt. Strategische Fähigkeiten umfassen Ressourcen und Kompetenzen, mittels derer diese Ressourcen genutzt und eingesetzt werden.
- Will eine Organisation einen *Wettbewerbsvorteil* erlangen, braucht sie Ressourcen und Kompetenzen, die sowohl für den Kunden wertvoll als auch für Konkurrenten schw*er zu imitieren sind (diese Kompetenzen werden als Kernkompetenzen bezeichnet).*
- Die beständige Verbesserung der *Kosteneffizienz* ist eine besonders wichtige strategische Fähigkeit, will eine Organisation weiterhin erfolgreich sein.
- Die Nachhaltigkeit eines Wettbewerbsvorteils hängt höchstwahrscheinlich davon ab, ob die vorhandenen strategischen Fähigkeiten *für den Kunden wertvoll, selten, nicht zu imitieren oder nicht substituierbar* sind.
- Es ist unwahrscheinlich, dass solche strategischen Fähigkeiten unter dynamischen Bedingungen stabil bleiben. Unter diesen Umständen sind *dynamische Fähigkeiten* wichtig, die Fähigkeit also, strategische Fähigkeiten immer wieder zu verändern und anzupassen.
- Es gibt verschiedene Möglichkeiten, *organisationale Fähigkeiten zu identifizieren:*
  - Die Analyse von *Wertkette* und *Wertnetzwerk* einer Organisation, um zu verstehen, wie für den Kunden Werte entstehen und wie diese entwickelt werden können.
  - Die *grafische Aktivitätsübersicht* als Mittel, detailliertere Aktivitäten zu erkennen, die die vorhandenen strategischen Fähigkeiten untermauern.
  - *Benchmarking*, um die relative Leistung einer Organisation zu verstehen und die Annahmen eines Managers über die Leistung seiner eigenen Organisation infrage zu stellen.
  - Die *SWOT-Analyse* ist eine Möglichkeit, die Stärken, Schwächen, Chancen und Gefahren, der sich eine Organisation gegenüber sieht, zusammenzufassen.
- Manager müssen bedenken, wie und inwieweit sie die *Entwicklung strategischer Fähigkeiten* in ihrer Organisation fördern können, indem sie diese ausdehnen oder Fähigkeiten hinzufügen und indem sie ihre Mitarbeiter richtig betreuen.

Z U S A M M E N F A S S U N G

Beispiel 3.6

Der ressourcenorientierte Ansatz des Wettbewerbsvorteils: Ist er für Manager sinnvoll?

Die Ansicht, dass das Management strategischer Fähigkeiten für die Erlangung eines Wettbewerbsvorteils eine große Rolle spielt, wird immer wieder infrage gestellt.

Seit Anfang der 1990er Jahre gewinnt der ressourcenorientierte Ansatz der Strategie immer mehr an Einfluss. Es wird viel darüber geforscht und viele Manager sprechen davon, wie wichtig es ist, Kernkompetenzen auszubauen, um einen Wettbewerbsvorteil zu erlangen. Zwei amerikanische Wissenschaftler, Richard Priem und John Butler, stellen jedoch den Wert dieses ressourcenorientierten Ansatzes[1] infrage.

Die Kritik

Vor dem Hintergrund dieses Kapitels sind zwei der Beobachtungen von Priem und Butler besonders hervorzuheben:

1. *Das Risiko der Tautologie.* Der ressourcenorientierte Ansatz der Strategie erklärt sich im Grunde daraus, dass die Eigenschaften der Ressourcen (oder Fähigkeiten), die einen Wettbewerbsvorteil bringen, wertvoll und selten sind. Da Wettbewerbsvorteil im Sinne von Wert und Seltenheit definiert ist, lautet das Argument der Wissenschaftler, dass hier eine Tautologie vorliegt. Wenn man argumentiert, dass ein Unternehmen bessere Leistungen bringt als sein Konkurrent, weil es über bessere Ressourcen verfügt oder in manchen Dingen einfach besser ist als die Konkurrenz, ist das wenig hilfreich, es sei denn, man kann genau definieren, welche Fähigkeiten warum wichtig sind und wie sie gefördert werden können.
2. *Fehlende Genauigkeit.* Allerdings wird über den ressourcenorientierten Ansatz tatsächlich selten etwas Genaues ausgesagt. Und es gibt sogar die Ansicht, dass dies auch für einen Manager gilt, der über Fähigkeiten und Kompetenzen spricht. „Top Management-Fähigkeiten" oder „innovatives Potenzial" sind Begriffe, die sehr wenig Genaues über die Aktivitäten und Prozesse aussagen, die sie eigentlich beschreiben sollen. Auch gibt es bisher relativ wenige Forschungsergebnisse, die genauere Aussagen machen oder eine mögliche Förderung spezifizieren können. Laut Priem und Butler gilt dies besonders in Bezug auf die angebliche Bedeutung stillschweigenden Wissens für die Erlangung eines Wettbewerbsvorteils. „Von der Beschreibung her mag dies wohl korrekt sein, einem Praktiker fällt es jedoch ziemlich schwer, etwas zu manipulieren, das von Natur aus nicht mit dem Verstand erfassbar ist." (Dieses Problem taucht auch zu Beginn von *Abschnitt 3.6.2* auf.)

Die Reaktion

Jay Barney[2], einer der Hauptbefürworter des ressourcenorientierten Ansatzes, akzeptiert die Tatsache, dass man viel mehr darüber wissen muss, wie Ressourcen eingesetzt werden und was die Menschen zur Erlangung eines Wettbewerbsvorteils tun. Dennoch verteidigt er die Relevanz dieser Ansicht für das Management, denn er glaubt, dass sie deutlich darauf hinweist, dass ein Manager die wichtigsten Fähigkeiten seines Unternehmens identifizieren und entwickeln muss. In seinen früheren Arbeiten[3] argumentierte Barney, dass die Kultur eines Unternehmens einen nachhaltigen Wettbewerbsvorteil gewähren könnte, wenn diese wertvoll, selten und schwer nachzuahmen sei. Er riet, unter solchen Umständen „diese Kultur zu nähren“. Weiter argumentierte er jedoch:

> *Ist ein Unternehmen in der Lage, seine Kultur zu verändern, dann ist es wahrscheinlich, dass andere dies auch können. In diesem Fall können die mit der Kultur verbundenen Vorteile kopiert werden und ermöglichen daher nur normale wirtschaftliche Leistung. Nur wenn es nicht möglich ist, die Kultur eines Unternehmens in geplanter Weise zu verändern, hat diese Kultur das Potenzial, eine erwartete, nachhaltige überdurchschnittliche finanzielle Leistung zu ermöglichen.*

Er argumentiert also, dass wertvolle Grundlagen für einen Wettbewerbsvorteil die immateriellen Vermögenswerte und Ressourcen oder Kompetenzen sind, die in einer Kultur so eingebettet sind, dass sie nicht nur von Konkurrenten nicht nachzuahmen, sondern auch von Managern nicht zu fördern sind.

Priem und Butler würden ohne Zweifel erklären, dass dies ihre Argumentation stützt: Der ressourcenorientierte Ansatz ist nicht sehr hilfreich in Bezug auf praktische Hilfestellungen für Manager.

Anmerkungen

1. R. Priem und J.E. Butler, „Is the resource based view a useful perspective for strategic management research?“, *Academy of Management Review*, Bd. 26, Nr. 1 (2001), S. 22-40.
2. J.B. Barney, „Is the resource based view a useful perspective for strategic management research?“, *Academy of Management Review*, Bd. 26, Nr. 1 (2001), S. 41-56.
3. J.B. Barney, „Organizational culture: Can it be a source of sustained competitive advantage? “, *Academy of Management Review*, Bd. 11, Nr. 3 (1986), S. 656-665.

Kontrollfragen

1. Wie genau muss die Identifikation strategischer Fähigkeiten sein, damit sie so gefördert werden können, dass sie einen Wettbewerbsvorteil ermöglichen?
2. Stimmen Sie zu, dass solche Fähigkeiten kopierbar wären, wenn man sie identifizieren und fördern könnte?
3. Ist die Ressourcenansicht sinnvoll?

Aufgaben

*Kennzeichnet schwierigere Aufgaben.

3.1 Identifizieren Sie anhand von Abbildung 3.1 und Abbildung 3.2 die Ressourcen und Kompetenzen einer Organisation, mit der Sie vertraut sind.

3.2 Führen Sie bei einem Unternehmen, mit dem Sie vertraut sind, eine Analyse der strategischen Fähigkeiten durch, um herauszufinden, ob es Fähigkeiten gibt, und wenn ja, welche davon die Kriterien (a) wertvoll, (b) selten, (c) Unangreifbarkeit und (d) Unnachahmlichkeit erfüllen (siehe *Abschnitt 3.4*).

*3.3 Wählen Sie eine Branche oder einen Sektor und überlegen Sie, wie sich die strategischen Fähigkeiten, die einem bestehenden Wettbewerbsvorteil (oder im öffentlichen Bereich der besten Dienstleistung) zugrunde liegen, mit der Zeit verändert haben. Warum kam es zu diesen Veränderungen? Wie haben sich die relativen Stärken verschiedener Unternehmen oder Dienstleister im Laufe dieser Zeit verändert? Warum?

3.4 Stellen Sie eine Wertkette/Netzwerkanalyse für eine Organisation Ihrer Wahl dar (Bezugnahme auf Beispiel 3.4 könnte hilfreich sein). Sie können in Ihrer Antwort gern auf Tesco Bezug nehmen.

*3.5 Führen Sie bei einer Ihnen zugänglichen Benchmarking-Analyse eine kritische Bewertung von Nutzen und Risiken dieses Ansatzes durch.

Integrative Aufgabe

3.6 Erstellen Sie eine SWOT-Analyse einer Organisation Ihrer Wahl und setzen Sie diese in Bezug zu Konkurrenten (siehe Beispiel 3.5). Erklären Sie, warum Sie jeden Faktor gewählt haben, die Sie in Ihrer Analyse mit einbezogen haben und erklären Sie genau, welche Beziehung diese zu anderen Analysen, die Sie in *Kapitel 2* und *3* durchführten, haben. Welche Schlussfolgerungen können Sie aus Ihrer Analyse ziehen?

Literaturempfehlungen

- Für ein Verständnis des ressourcenorientierten Ansatzes eines Unternehmens gibt es seine frühe, vielzitierte Abhandlung von Jay Barney, „Firm ressources and sustained competitive advantage“, *Journal of Management*, Bd. 17 (1991), S. 99-120. Siehe auch die Einführung von D. Hoopes, T. Madsen und G. Walker, „Why is there a resource based view“, Sonderausgabe des *Strategic Management Journal*, Bd. 24, Nr. 10 (2003), S. 889–902.
- Das Konzept dynamischer Fähigkeiten wird von C.L. Wang und P.K. Ahmed, „Dynamic capabilities: A review and research agenda“, *International Journal of Management Reviews*, Bd. 9, Nr. 1 (2007), S. 31–52 aufgegriffen.
- Michael Porter erklärt, wie Darstellungen, die er „Aktivitätssysteme“ nennt, für die Einschätzung von Wettbewerbsstrategien wichtig sein können: „What is strategy?“, *Harvard Business Review*, November-Dezember 1996.
- Für eine kritische Diskussion zu Nutzen und Mißbrauch der SWOT-Analyse siehe T. Hill und R. Westbrook, „SWOT analysis: It's time for a product recall“, *Long Range Planning*, Bd. 30, Nr. 1 (1997), S. 46–52.
- Für das Verständnis der Herausforderungen bei der Darstellung von Fähigkeiten siehe C. Bowman und N. Collier, „A contingency approach to ressourcecreation processes“, *International Journal of Management Reviews*, Bd. 8, Nr. 4 (2006), S. 191–211. Siehe auch T. Baker und R.É. Nelson, „Creating something from nothing: Resource construction through entrepreneurial bricolage“, *Administrative Science Quarterly*, Bd. 50, Nr. 3 (2005), S. 329–366.

Fallstudie
Wie funktioniert eBay?

Jill Sheperd, Segal Graduate School of Business, Simon Fraser University, Canada

Im Jahr 2006 gab es über 200 Millionen eBay-Nutzer weltweit. Etwa 750.000 Menschen bezogen ihr Haupteinkommen von eBay (*www.ebay.com*). eBay hat die geplatzte Internetblase aus den späten 1990er Jahren überlebt und steht – dank Internet – für ein völlig neues Geschäftsmodell. Welche Statistik man auch bemüht – vom teuersten Produkt, das je verkauft wurde bis hin zur Anzahl der Auktionen an jedem beliebigen Tag – die Zahlen sind verblüffend. „Dies ist eine völlig neue Art, Geschäfte zu machen", sagt Meg Whitman, seit 1998 Präsidentin und Vorstandsvorsitzende. „Wir erschaffen etwas, das es vorher gar nicht gab."

Das eBay-Geschäftsmodell

eBay schafft Werte, indem es Käufern und Verkäufern einen virtuellen internationalen Markt zur Verfügung stellt und für jede Transaktion eine Gebühr verlangt. eBays Geschäftsmodell lebt von seinen Kunden, die gleichzeitig als Produktentwicklungsteam, als Verkäufer und Marketingspezialisten, als Merchandising-Abteilung und als Beauftragte für die Sicherheit fungieren. eBay ist wohl die erste Firma des Web 2.0.

Laut den Managern von eBay kommt es vor allem darauf an, den Kunden zuzuhören und immer darüber auf dem Laufenden zu sein, was sie kaufen oder verkaufen wollen, und wie sie dies tun wollen. Wenn die Kunden sprechen, dann hört eBay zu. Dank modernster Technologie, kann jede Aktion jedes potenziellen Kunden zurückverfolgt werden, sodass viele wertvolle Informationen gesammelt werden können. Konventionelle Unternehmen geben vielleicht sehr viel Geld dafür aus, ihre Kunden kennenzulernen und sie zu einem Feedback zu überreden; eBay bekommt dieses Feedback oft gratis und ohne speziell danach zu fragen. Trotzdem verfügt eBay auch über sehr effektive Mittel und Wege, die Meinung seiner Kunden zu erfahren, die völlig unabhängig vom Internet und auch nicht gratis sind. Das Unternehmen organisiert sogenannte Voice of the Customer- (englisch: Kundenstimmen) Gruppen, in denen immer wieder verschiedene Gruppen von etwa zehn Käufern und Verkäufern aus dem ganzen Land ein paar Mal im Jahr zu einer eBay-Geschäftsstelle fliegen, um über die Firma zu diskutieren.

Zu neuen Merkmalen und Maßnahmen werden Telekonferenzen abgehalten, auch wenn die sich daraus ergebenden Veränderungen geringfügig sind. Es gibt sogar Workshops und Trainings, die den Menschen zeigen sollen, wie sie die Internetseite optimal nutzen können. Meist verdoppeln die Teilnehmer nach einem solchen Training ihre Verkaufsaktivitäten bei eBay. Andere betreiben eigene Internetseiten, auf denen sie Ratschläge über den Verkauf bei eBay geben. Es gibt sogar Gerüchte, dass schon Computerprogramme geschrieben wurden, um noch im allerletzten Moment ein Gebot abgeben zu können. Verkäufer, die aus dem Geschäft über eBay aussteigen, weil sie nicht mehr konkurrenzfähig sind, schreiben häufig in Blogs, was bei ihnen schief gelaufen ist, um anderen damit zu helfen.

Das Unternehmen wird sowohl von außen als auch von innen reguliert. Das eBay-System verfügt über einen automatischen Kontrollmechanismus, denn Käufer und Verkäufer bewerten sich gegenseitig, sodass Regeln und Normen entstehen. So bauen sich Käufer und Verkäufer auch wertvolle Reputationen auf und sorgen automatisch dafür, dass sie und andere sich auch weiterhin korrekt verhalten. Werden illegale Produkte zum Verkauf angeboten, werden die betreffenden Angebote einfach ausgeschlossen, sodass auch der Verkäufer keinen Zugang mehr zu eBay hat.

Das eBay-Management

Führungsstil und Vergangenheit von Meg Whitman haben eBay stark geprägt. Als sie 1998 zum Unternehmen kam, bestand dies hauptsächlich aus einer Ansammlung von Computerfreaks, die der Pferdeschwanz tragende Gründer Pierre Omidyar alle selbst ausgesucht und eingestellt hatte. Vom heutigen Blue Chip-Unternehmen war eBay meilenweit entfernt, was Omidyar dazu bewegt hatte, Meg Whitman einzustellen. Meg, eine ehemalige Unternehmensberaterin, übernahm viele Funktionen des führenden Managements. Sie leitete das Geschäft in den USA und international und war Vizepräsidentin des Bereichs Kundenmarketing mit Beratern. Das Ergebnis: Heute kommt es bei eBay auf Daten, Zahlen und messbare Ergebnisse an. „Wenn man etwas nicht messen kann, kann man es auch nicht kontrollieren", sagt Meg. Während man am Anfang noch fühlen und erspüren konnte, wie das Unternehmen funktionierte, erfordert seine heutige Größe genaue Messgrößen. Kategoriemanager, die an Megs Zeit bei Procter & Gamble erinnern, sollen ihre Arbeitszeit damit verbringen, Messungen durchzuführen, Daten einzuholen und innerhalb ihres Einflussbereichs entsprechend darauf zu reagieren.

Anders als ihre Vorbilder bei Procter & Gamble können die Kategoriemanager bei eBay ihre Produkte lediglich indirekt kontrollieren. Sie können nicht einfach Ware nachbestellen, wenn Zahnpasta oder Waschmittel in den Supermarktregalen knapp werden. Sie können nur Instrumente anbieten, um Kauf und Verkauf effizienter zu gestalten.

Sie können endlos versuchen, in ihren Kategorien kleine Gewinne zu erreichen – etwa einen kleinen Anstieg bei der Altmetall-Kategorie oder neue Bieter für Comics. Zu diesem Zweck setzen sie Marketing- und Merchandisingprogramme ein, um z.B. die Präsentation der Produkte ihrer Anwender aufzuwerten, und sie geben ihnen Hilfsmittel an die Hand, um besser kaufen und verkaufen zu können.

Zu dieser sehr ungewöhnlichen Arbeitsweise und -erfahrung kommt noch hinzu, dass das Arbeitsumfeld oft sehr hart und von starkem Wettbewerb geprägt sein kann. Veränderungen werden oft erst eingeführt, nachdem auf der unteren Ebene eine detaillierte PowerPoint- Präsentation ausgearbeitet und immer wieder überarbeitet wurde, die schließlich den oberen Führungsebenen vorgelegt und nach der Zustimmung noch von allen Abteilungen durch Unterschrift abgesegnet wurde.

Mittlerweile arbeitet eBay hart daran, die Technologie nicht zum bestimmenden Faktor werden zu lassen. Bis in die späten 1990er Jahre hinein wurde die Webseite immer wieder von Ausfällen heimgesucht – einmal, im Jahr 1999, fiel die Seite aufgrund von Softwareproblemen und fehlenden Backup-Systemen sogar für 22 Stunden aus. Maynard Webb, ehemaliger Leiter der IT-Abteilung bei Gateway Inc., übernahm zu diesem Zeitpunkt die Leitung der Abteilung für Technologie bei eBay, handelte schnell und verbesserte die Systeme. Solche Upgrades werden mittlerweile regelmäßig durchgeführt. Chris Corrado wurde 2005 zum Senior Vice President und zum Leiter der Technologieabteilung ernannt. In einer Pressemitteilung schrieb Maynard Webb, jetzt Leiter für Betriebsabläufe:

Chris ist einer der führenden Technologieexperten der Unternehmenswelt, und wir sind begeistert, dass er zu uns gekommen ist. Es zeugt von dem immens guten Ruf von eBays technologischer Ausstattung und Organisation, dass wir Chris ins Team holen konnten.

Meg ist eine Chefin, die nicht nur beruflich alles für die Firma gibt. Sie selbst verkaufte Möbel im Wert von $ 35.000 (€ 28.000) aus ihrem Winter-Ferienhaus in Colorado, um die Position des Verkäufers wirklich zu verstehen, und wurde so zu einer der umsatzstärksten Verkäuferinnen unter den Mitarbeitern. Und sie stellte sicher, dass andere Führungskräfte erfuhren und verinnerlichten, was sie gelernt und erfahren hatte. Meg ist außerdem bekannt dafür, ihren Mitarbeitern ganz genau zuzuhören, und genau das erwartet sie auch von ihren Managern. Da der Erfolg von eBay so sehr von seinen Kunden abhängt, kann jedes falsche Signal eine Revolte in der eBay-Gemeinde auslösen.

In der Hauptsache aber versucht eBay, aufmerksam und flexibel zu bleiben. Fast alle seiner am schnellsten wachsenden neuen Kategorien ergaben sich aus der Registrierung neuer Verkaufsaktivitäten in dem entsprechenden Gebiet, die im richtigen Moment den entscheidenden Anstoß bekamen. So bemerkte man bei eBay 1999 einige Autoverkäufe und schuf daraufhin eine separate Webseite, eBay Motors, mit Sonderleistungen wie Fahrzeuginspektionen und Transport per Schiff. Etwa vier Jahre später erwartete eBay einen Umsatz von etwa $ 1 Milliarde brutto aus dem Verkauf von Autos und Autoteilen, von denen viele von professionellen Händlern verkauft werden.

Der demokratische Unterbau bei eBay, der zwar von den Kunden schnell akzeptiert wird, ist für Mitarbeiter allerdings meist gewöhnungsbedürftig. Neue Manager brauchen etwas Zeit, um die Unternehmenskultur zu verstehen. „Einige Begriffe, die man im Studium gelernt hat – Antrieb, Kraft, Engagement – treffen hier nicht zu", sagt William C. Cobb, ehemaliges Mitglied der Führungsriege von PepsiCo. Inc, und heute Präsident von eBay Nordamerika. „Hier geht es darum zuzuhören, sich anzupassen und Dinge zu ermöglichen."

Wettbewerb und Kooperation

Da der Wettbewerb auch im Internet immer härter wird, hat sich auch eBay entsprechend verändert. Im Jahr 2005 kaufte das Unternehmen Skype, eine Organisation für Internet-Telephonie (*www.skype.com*), was in der Presse ein großes Echo fand, da die Logik des $ 2.6 Milliarden-Geschäfts sehr infrage gestellt wurde. Mit Skype, so ein eBay-Sprecher, könne man ein einzigartiges E-commerce-Unternehmen schaffen, wie dies schon mit dem Kauf des Online-Zahlungssystems PayPal (*www.paypal.com*) 2005 begonnen wurde, der das Geschäft zum damaligen Zeitpunkt immens beflügelte. Alle drei Unternehmen profitieren von sogenannten Netzwerkeffekten – je mehr Mitglieder ein Unternehmen hat, umso wertvoller ist es –, und eBay ist weltweit führend beim Management von solchen Netzwerkeffekten.

Kontrollfragen

1. Analysieren Sie mithilfe der analytischen Hilfsmittel, die in diesem Kapitel vorgestellt wurden, die strategischen Fähigkeiten von eBay.
2. Welche dieser Fähigkeiten bescheren eBay einen Wettbewerbsvorteil und warum?
3. Wenden Sie die Konzepte der Nachhaltigkeit und der dynamischen Fähigkeiten an und überlegen Sie, wie Sie diese Fähigkeiten angesichts folgender Gegebenheiten managen würden (neue Ressourcen und Kompetenzen schaffen, in andere investieren/andere veräußern, wieder andere ausweiten):
   a. Neueinsteiger auf dem Markt?
   b. Schnelle Veränderungen bei eBay?

Strategische Zielsetzung

4

ÜBERBLICK

Lernziele

Nach der Lektüre dieses Kapitels sollten Sie in der Lage sein,

- die Komponenten der Stufen der Corporate Governance einer Organisation zu identifizieren.
- Unterschiede zwischen den Governance-Strukturen weltweit sowie deren Vor- und Nachteile zu verstehen.
- Unterschiede bei den Positionen zur sozialen Verantwortung zu erkennen, die die Organisationen vertreten, und zu verstehen, wie ethische Sachverhalte den strategischen Zweck beeinflussen.
- eine Interessengruppenanalyse durchzuführen, um so den Einfluss unterschiedlicher Interessengruppen in Bezug auf ihre Macht und ihre Interessen identifizieren zu können sowie
- geeignete Mittel und Wege zu finden, um den strategischen Zweck einer Organisation in Form von Aussagen über deren Werte, Vision, Mission oder Ziele ausdrücken zu können.

4.1 Einführung

Interessengruppen

Interessengruppen sind diejenigen Einzelpersonen oder Gruppen, die von der Organisation abhängig sind, um ihre eigenen Ziele zu erreichen, und von denen wiederum auch die Organisation abhängig ist.

In den letzten beiden Kapiteln wurde jeweils der Einfluss des Umfelds und der Fähigkeiten auf die strategische Position einer Organisation genauer beleuchtet. Eine grundlegende Entscheidung, die getroffen werden muss, betrifft jedoch die *Zielsetzung* der Strategie, die es zu verfolgen gilt. Das ist das Thema dieses Kapitels, in dem auch der Einfluss der Erwartungen von *Interessengruppen* einer Organisation auf diese Zielsetzung betrachtet wird. **Interessengruppen** sind diejenigen Einzelpersonen oder Gruppen, die von der Organisation abhängig sind, um eigene Ziele zu erreichen und von denen wiederum auch die Organisation abhängig ist. Ein grundlegender Aspekt, der in diesem Kapitel zur Sprache kommt, bezieht sich darauf, ob der strategische Zweck der Organisation als Reaktion auf eine bestimmte Interessengruppe, zum Beispiel die Aktionäre einer Aktiengesellschaft, definiert werden sollte, oder allgemeinere Interessen aller Interessengruppen berücksichtigen soll – wobei im Extremfall auch die Gesellschaft und das Gemeinwohl dazu zu zählen wären. Dieser Aspekt wird zu einer Reihe wichtiger Themen in Bezug gesetzt:

- In *Abschnitt 4.2* geht es um *Corporate Governance* und das *Regelwerk* in dem eine Organisation funktioniert. Hier wird darauf eingegangen, wie formell gebildete Gremien wie Investorengruppen oder Aufsichtsräte den strategischen Zweck durch formalisierte Prozesse zur Überwachung der Entscheidungen und Handlungen der Führungskräfte beeinflussen. Daraus ergibt sich wiederum der Aspekt der *Rechenschaft*. Wem sind Strategen Rechenschaft schuldig? International gesehen gibt es erhebliche Unterschiede in der Herangehensweise an das Thema der Corporate Governance, wobei sich diese allgemein ausgedrückt entweder an den Aktionären oder an weiter gefassten Interessengruppen orientiert. Diese verschiedenen Ansätze kommen hier ebenfalls zur Sprache.

- *Abschnitt 4.3* befasst sich mit Themen der *sozialen Verantwortung und Ethik*. Hier lautet die Frage, welche Zwecke eine Organisation erfüllen sollte. Wie sollten Manager auf die Erwartungen reagieren, die die Gesellschaft an sie stellt, wobei damit sowohl die *soziale Verantwortung der Organisation* als Ganzes als auch das *Verhalten einzelner* – auch der Manager selbst – innerhalb der Organisation gemeint ist.

Abbildung 4.1: Einflüsse auf die strategische Zielsetzung

- Angesichts all dieser Aspekte ist und bleibt es wichtig, die *verschiedenen Erwartungen der Interessengruppen* und ihren relativen Einfluss auf den strategischen Zweck zu verstehen. Dazu muss man sowohl die *Macht* als auch die *Interessen* unterschiedlicher Interessengruppen berücksichtigen. Auf dieses Thema wird in der *Interessengruppenanalyse* eingegangen.
- Das Kapitel schließt mit der Betrachtung der verschiedenen Arten und Weisen, wie eine Organisation ihre strategischen Zielsetzungen ausdrücken kann. Dazu zählen Aussagen über *Werte, Vision, Leitbild oder Ziele.*

Abbildung 4.1 fasst diese verschiedenen Einflüsse auf den strategischen Zweck, die in diesem Kapitel zur Sprache kommen, zusammen.

4.2 Corporate Governance[1]

Corporate Governance befasst sich mit den Kontrollstrukturen und -systemen, mittels derer Manager an diejenigen berichten müssen, die einen legitimen Einfluss auf die Organisation haben.[2] Aus drei wesentlichen Gründen wird dieses Thema für Organisationen heute immer wichtiger:

Corporate Governance

Corporate Governance befasst sich mit den Kontrollstrukturen und -systemen, mittels derer Manager an diejenigen berichten müssen, die einen legitimen Einfluss auf die Organisation haben.

1 Wertvolle allgemeine Literatur über Corporate Governance: R. Monks und N. Minow (Hrs.), *Corporate Governance*, 3. Aufl. , Blackwell, 2003, und J. Solomon, *Corporate Governance and Accountability*, 2. Aufl., Wiley, 2007. Wer an jährlicher Information über neue Forschungsergebnisse interessiert ist, kann diese in „Corporate Governance Digest", *Business Horizons* finden (meist in der Mai-Ausgabe).

2 Diese Definition basiert – in adaptierter Form – auf S. Jacoby, „Corporate governance and society", *Challenge*, Bd. 48, Nr. 4 (2005), S. 69–87.

- Die *Trennung von Eigentum und Managementkontrolle von Organisationen* (die heute mit Ausnahme sehr kleiner Unternehmen der Norm entspricht) bedeutet, dass die meisten Organisationen innerhalb einer unternehmerischen Hierarchie oder Kette operieren. Diese Kette stellt die Gruppen dar, die eine Organisation durch ihre Beteiligung an Eigentum oder Management der Organisation beeinflussen.
- Seit dem Ende der 1990er Jahre wird aufgrund von *Firmenskandalen* die Debatte darüber immer lauter, wie verschiedene Stufen der Corporate Governance interagieren und sich gegenseitig beeinflussen sollten. Am interessantesten ist hier das Verhältnis zwischen den Aktionären und dem Vorstand eines Unternehmens, doch auch die Beziehung zwischen Regierung oder anderen öffentlichen Behörden, die Finanzmittel zur Verfügung stellen, und den Organisationen des öffentlichen Sektors darf hier nicht vernachlässigt werden.
- Auch die *gestiegene Verantwortlichkeit gegenüber weiter gefassten Interessen* der Interessengruppen wird immer häufiger ins Feld geführt. Besonders betont wird das Argument, dass Unternehmen nicht nur den „Eigentümern“ und „Managern“ innerhalb der Ebenen der Corporate Governance mehr sichtbare Verantwortung und Reaktion zeigen müssen, sondern auch allgemeinere gesellschaftliche Interessen im Auge behalten müssen.

4.2.1 Die Stufen der Corporate Governance

Die Stufen der Corporate Governance beleuchten die Rollen und Beziehungen verschiedener Gruppen, die alle an der Führung einer Organisation beteiligt sind. In einem kleinen Familienbetrieb sind diese Stufen recht einfach: Es gibt Aktionäre, die gleichzeitig Familienmitglieder sind, es gibt einen Vorstand, dem einige Familienmitglieder angehören, und es gibt Manager, unter denen einige sicher auch zur Familie gehören. Hier gibt es also nur drei Stufen. Abbildung 4.2 aber zeigt die typischen Stufen einer großen, an der Börse notierten Organisation. Hier sorgt die Größe der Organisation dafür, dass es weitere Ebenen des internen Managements gibt. Aufgrund der Börsennotierung kommen außerdem mehrere Ebenen für Aktionäre hinzu. Einzelinvestoren (die endgültigen Nutznießer) investieren oft in Form von kollektiven Fonds, etwa Investmentgesellschaften oder Pensionsfonds, in Aktiengesellschaften. Diese Fonds wiederum investieren dann im Namen der Investoren in eine Reihe von Unternehmen. Solche Fonds gewinnen immer mehr an Bedeutung. Im Jahr 2006 befanden sich 50 Prozent des Firmenkapitals amerikanischer Aktiengesellschaften in der Hand von Fonds (1970 waren es lediglich 19 Prozent gewesen). In Großbritannien lag dieser Anteil sogar bei 70 Prozent (25 Prozent im Jahr 1963). Auch in anderen europäischen Ländern sind ähnliche Trends zu beobachten. Meist werden Fonds von Fondsverwaltern betrieben und kontrolliert, wobei die täglichen Investitionen von Investmentmanagern durchgeführt werden. Es ist also gut möglich, dass die endgültigen Nutznießer gar nicht wissen, an welchen Unternehmen sie beteiligt sind, sodass sie auch keine Möglichkeit haben, auf den Vorstand dieser Unternehmen direkt Einfluss zu nehmen.

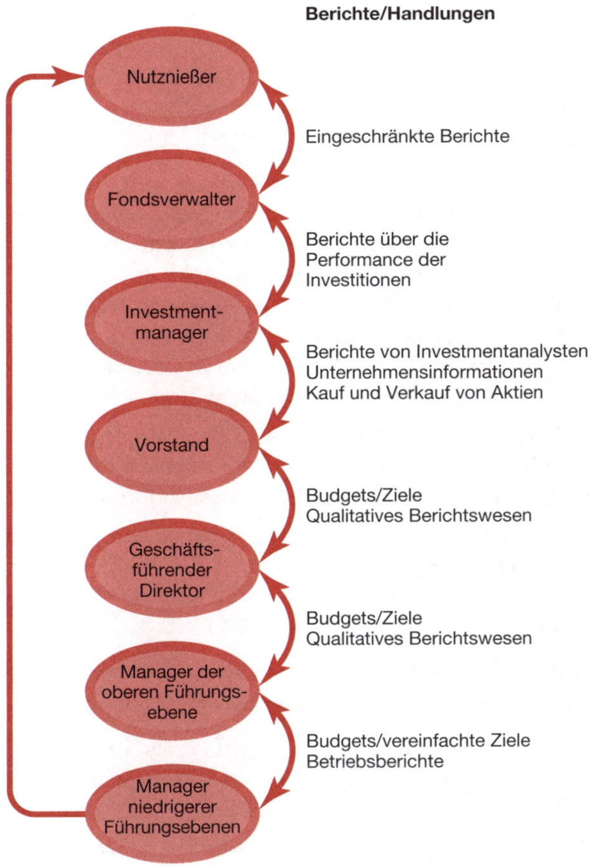

Abbildung 4.2: Die Stufen der Corporate Governance eines Unternehmens: Typische Berichtsstrukturen

Die Beziehungen innerhalb solcher Stufen der Corporate Governance können mithilfe des *Principal-Agent-Modell* verstanden werden.[3] In diesem Fall werden die Agenten von den Prinzipalen bezahlt, damit diese in ihrem Auftrag handeln, ebenso wie Hausbesitzer einen Makler mit dem Verkauf ihres Hauses beauftragen. In Abbildung 4.2 sind die Nutznießer die endgültigen Prinzipale und die Fondsverwalter sind ihre Agenten, die eine gute Rendite für deren Investitionen erzielen müssen. Auf den unteren Stufen sind auch die Vorstände von Unternehmen Prinzipale und die Manager der oberen Führungsebenen sind hier die Agenten. Zwischen den letzten Prinzipalen und den Managern am Ende gibt es viele Agentenschichten, wobei der Berichtsmechanismus zwischen den Schichten jeweils zur Unvollkommenheit neigt.

3 Das Principal-Agent-Modell ist Teil der Agency-Theorie, welche sich innerhalb der Disziplin der Mikroökonomie entwickelt hat, heute aber, wie hier beschrieben, auch im Bereich Management häufig herangezogen wird. Zwei wichtige Literaturhinweise sind K. Eisenhardt, „Agency theory: An assessment and review“, *Academy of Management Review*, Bd. 14, Nr. 1 (1989), S. 57–74; J.-J. Laffont und D. Martimort, *The Theory of Incentives: The Principal–Agent Model*, Princeton University Press, 2002.

Die Prinzipal-Agent-Theorie nimmt an, dass Agenten nur dann gewissenhaft für Prinzipale arbeiten, wenn es sorgfältig ausgewählte, angemessene Anreize gibt. Aus Abbildung 4.2 geht jedoch hervor, dass in großen Organisationen die Vorstandsmitglieder und andere Manager, die für Strategie zuständig sind, oft sehr weit vom endgültigen Nutznießer der Unternehmensleistung entfernt sind. Unter solchen Umständen gibt es zweierlei Risiken:

- *Fehlausrichtung von Anreizen und Kontrolle.* Zwar bewegt sich der Einfluss der einzelnen Glieder abwärts auf den Stufen der Corporate Governance weiter, doch die Erwartungen einer Gruppe werden dabei nicht in angemessener Weise an die nächste Gruppe weitergegeben. So kommt es den endgültigen Nutznießern vielleicht hauptsächlich auf die langfristige Sicherheit ihres Pensionsfonds an, während die Investmentmanager und die Analysten des Vorstands, mit denen sie zusammenarbeiten, eher auf kurzfristiges Wachstum bedacht sind.
- *Eigeninteresse.* Jeder Agent kann auch aus Eigeninteresse heraus handeln. Ein Manager kann nach einer Beförderung und/oder nach höheren Einnahmen streben, Investmentmanager möchten gerne einen höheren Bonus verdienen und so weiter.

In der Folge können Entscheidungen getroffen werden, die nicht im besten Interesse des endgültigen Nutznießers liegen. Genau das ist bei vielen der Firmenskandale der letzten Jahre geschehen, wobei der Fall Enron in diesem Zusammenhang wohl am meisten Bekanntheit erlangt hat (siehe Beispiel 4.1).

Hier können die Stufen der Corporate Governance dazu dienen, wichtige Aspekte deutlich zu machen, die strategisches Management beeinflussen können:

- *Wem ist man verantwortlich?* Eine grundlegende Frage in großen Unternehmen lautet, ob Führungskräfte sich *einzig* dem Aktionär verantwortlich fühlen sollten oder als „Verwalter der Vermögenswerte des Unternehmens" handeln sollten, die im Namen eines größeren Kreises von Interessengruppen agieren[4] (siehe Beispiel 4.6). Auch bei den formalen Stufen der Corporate Governance variiert dies von Land zu Land, wie *Abschnitt 4.2.3* zeigt.
- *Wer sind die Aktionäre?* Was bedeutet es für Corporate Governance, wenn Manager ihre Hauptverantwortung nicht gegenüber den Aktionären sehen? Wie oben erklärt, sind die endgültigen Nutznießer von den Managern weit entfernt, weshalb viele Manager die Verantwortung ihnen gegenüber als rein theoretisch ansehen. In der Praxis interagieren die Verantwortlichen eines Unternehmens wahrscheinlich am häufigsten mit institutionellen Vertretern dieser Aktionäre – einem Investmentmanager oder Analysten eines Pensionsfonds oder einer Versicherung vielleicht. Auch hier ergibt sich das Prinzipal-Agent-Problem. Die endgültigen Nutznießer sind auch von Investmentmanagern und Analysten weit entfernt, die außerdem wiederum ihre eigenen Interessen verfolgen könnten. Strategen innerhalb eines Unternehmens haben demnach eine schwierige Wahl zu treffen, selbst wenn sie für die Hauptverantwortlichkeit dem Aktionär gegenüber eintreten. Sollen sie Strategien entwickeln, von denen sie glauben, sie seien im besten Interesse einer sehr zerstückelten Gruppe unbekannter Aktionäre? Oder sollen sie Strategien entwickeln, die die Bedürfnisse und Bestrebungen der Investmentmanager erfüllen? Vor einem ähnlichen Problem

4 Das Thema der Verantwortlichkeit der Manager wird diskutiert bei J. Kay, „The Interessengruppen Corporation", in G. Kelly, D. Kelly und A. Gamble, *Interessengruppen Capitalism*, Macmillan, 1997.

stehen auch Manager des öffentlichen Sektors. Vielleicht möchten sie Strategien entwickeln, die im Interesse der Öffentlichkeit liegen, sehen sich aber gleichzeitig der direkten Überwachung einer öffentlichen Behörde ausgesetzt, die im Auftrag der Regierung handelt. Soll die Strategie nun dem Gemeinwohl dienen oder der Überwachung der Behörde Stand halten? So haben sich beispielsweise Manager und Ärzte im britischen Gesundheitswesen dem Wohlergehen ihrer Patienten verschrieben. Doch immer mehr wird die Art und Weise, wie sie ihre Dienstleistungen anbieten können, von Zielen bestimmt, die ihnen von einer Regierungsbehörde auferlegt werden, welche mutmaßlich selbst glaubt, im besten Interesse der Öffentlichkeit zu handeln.

- *Die Rolle institutioneller Anleger.* Die Rolle institutioneller Anleger in Bezug auf die Strategie einer Firma unterscheidet sich je nach Organisationsstruktur in verschiedenen Ländern der Welt (siehe *Abschnitt 4.2.3*). Überall geht es jedoch darum, wie sehr sie aktiv Strategien beeinflussen sollten oder dies tun. Historisch gesehen haben Investoren in Wirtschaftssystemen wie Großbritannien oder den USA ihren Einfluss auf Unternehmen einfach dadurch ausgeübt, dass sie Aktien gekauft und verkauft haben; mit den strategischen Belangen einer Firma setzte man sich hingegen im Detail nicht auseinander. Der Aktienmarkt wird durch die Bewegungen des Aktienkurses zum Richter des unternehmerischen Handelns. Es zeichnet sich jedoch allmählich ab, dass Investoren sich mehr und mehr aktiv mit den Strategien der Firmen beschäftigen, in die sie investieren.[5] Dieses aktive Interesse fällt zwar sehr unterschiedlich aus[6], steigt aber generell an; und es gibt Nachweise, dass institutionelle Anleger, die aktiv mit den Vorständen an der Strategieentwicklung arbeiten, als Nutznießer besser gestellt sind als diejenigen, die dies nicht tun.[7]
- *Überwachung und Kontrolle.* Angesichts der Bedenken zum Thema Corporate Governance, die im letzten Jahrzehnt erheblich angestiegen sind, werden heute immer wieder Anläufe genommen, um Instrumente zur Überwachung und Kontrolle der Aktivitäten der Agenten der verschiedenen Stufen einzubauen, um die Interessen der endgültigen Nutznießer zu sichern. Abbildung 4.2 zeigt die Informationen, die in der Regel jedem Glied in der Kette zur Verfügung stehen, um die Leistung der anderen Kettenglieder beurteilen zu können. Es gibt immer mehr gesetzlich vorgeschriebene Regelungen sowie freiwillige Richtlinien, die den Vorständen vorschreiben, Informationen offen zu legen und ihre Aktivitäten regulieren. Dennoch bleibt den Unternehmen noch viel Freiraum in ihrer Entscheidung, welche Informationen an wen weitergegeben werden sollen und auch, welche Informationen sie von denjenigen einfordern, die an sie berichten. Welche Informationen sollen beispielsweise Investment-Analysten zur Verfügung gestellt werden, die Einfluss auf den Aktienkurs des Unternehmens haben? Wie detailliert sollte ein Vorstandsvorsitzender seine Strategie den Aktionären in Veröffentlichungen wie etwa dem Geschäftsbericht erklären? Auch Probleme des internen *Reportings* müssen hier angegangen

5 Große Verfechter dieser Position sind S. Davies, J. Lukomnik und D. Pitt-Watson, *The New Capitalists*, Harvard Business School Press, 2006.

6 Für eine Typologie und Beispiele, wie Investoren sich mit Unternehmen aktiv beschäftigen, siehe N. Amos und W. Oulton, „Approaching and engaging with CR“, *Corporate Responsibility Management*, Bd. 2, Nr. 3 (2006), S. 34–37.

7 Siehe M. Becht, J. Franks, C. Mayer and S. Rossi, *Returns to Shareholder Activism: Evidence from a clinical study of the Hermes UK Focus Fund*, European Corporate Governance Institute: *www.ecgi.org/activism/index.php*.

werden. Welche geeigneten Ziele und Maßnahmen gibt es, um dem Management eines Unternehmens entsprechende Anreize zu bieten und es gleichzeitig zu überwachen? Sollte es dabei hauptsächlich um die Verbesserung des Shareholder *Value* gehen? Oder eignet sich ein Ansatz über die Balanced *Scorecard* besser, um die Bedürfnisse verschiedener Interessengruppen zu erfüllen (siehe *Abschnitt 12.3.5*)? Sind die typischen Methoden der Buchhaltung (wie etwa die Rendite des eingesetzten Kapitals) die besten Messgrößen, oder sollten die verwendeten Messgrößen genau auf die Bedürfnisse bestimmter Strategien oder die Erwartungen bestimmter Interessengruppen/Aktionäre abgestimmt werden? Auf diese Fragen gibt es keine eindeutigen Antworten. Wie die Antwort der Manager lautet, hängt davon ab, wie sie den strategischen Zweck ihrer Organisation definieren, was wiederum von ihrer Einschätzung abhängt, wem sie sich verantwortlich fühlen.

Beispiel 4.1 Der Enron- Skandal

Die Entscheidungen des Managements sind nicht immer im Interesse der Aktionäre – was manchmal katastrophale Folgen hat.

Enron war eines der weltweit größten Unternehmen in den Bereichen Elektrizität, Erdgas, Faserstoffe, Papier und Kommunikation mit Hauptsitz in Houston, Texas. Es beschäftigte etwa 21.000 Mitarbeiter und wies im Jahr 2000 Einnahmen von $ 101 Milliarden aus (€ 80 Milliarden). Ende 2001 zeigte sich jedoch, dass die der Öffentlichkeit präsentierte finanzielle Lage zum Großteil auf systematischem und kreativem buchhalterischem Betrug basierte. Als Enron Ende 2001 in den USA Konkurs anmelden musste, war das der bisher größte derartige Fall in der amerikanischen Geschichte; 4000 Menschen verloren ihren Arbeitsplatz. Der Skandal führte auch zur Auflösung von Arthur Andersen, einer der großen fünf Wirtschaftsprüfungsunternehmen in den USA.

Viele der von Enron aufgeführten Vermögenswerte waren im Wert aufgebläht, betrügerisch oder einfach nicht vorhanden. Enron hatte Schulden und Verluste in Offshore-Unternehmen ausgelagert, die im Jahresabschluss nicht berücksichtigt wurden. Außerdem wurden ausgeklügelte finanzielle Transaktionen mit verwandten Unternehmen (sogenannten Gesellschaften für Sonderzwecke) durchgeführt, um unrentable Transaktionen aus den Firmenbüchern heraus zu halten. Spätere Untersuchungen ergaben, dass einige Führungskräfte bei Enron von den Offshore-Konten wussten, auf denen die Verluste des Unternehmens versteckt waren. Andrew Fastow, Leiter der Finanzabteilung, leitete das Team, welches die Offshore-Firmen ins Leben rief, und manipulierte Geschäfte, um sich, seiner Familie und Freunden hunderte Millionen Dollar an garantiertem Einkommen zu sichern – auf Kosten der Aktionäre. Als der Skandal öffentlich wurde, fiel der Kurs der Enron-Aktie von über $ 90 auf $ 0,30.

Eine Anhörung vor dem US-Kongress ergab, dass eine Gruppe von Enron-Angestellten schon 1998 Bedenken geäußert hatte. Wachsende Unruhe führte Mitte 2001 schließlich zu einer Versammlung aller Mitarbeiter, auf der andere Themen in diesem Zusammenhang diskutiert wurden. Nach dieser Versammlung traf sich die Vizepräsidentin Sherron Watkins mit dem damaligen Vorstandsvorsitzenden, dem verstorbenen Ken Lay, und übergab ihm ein Memo, in dem sie ihre Besorgnis ausdrückte. Besonders hob sie die Rolle von Vinson & Elkins, LLP, einer großen und angesehenen amerikanischen Anwaltskanzlei, und von Arthur Anderson LLP hervor, die sich ihrer Meinung nach an den dubiosen Geschäften mitschuldig gemacht hatten. Das Top Management bat Vinson & Elkins, diesen Bedenken nachzugehen, doch die Kanzlei berichtete, dass außer etwas „Bilanzkosmetik" und „aggressiver und kreativer Buchhaltung" bei den Gesellschaften für Sonderzwecke nichts zu beanstanden sei. Auch Arthur Andersen bestätigte, dass er mit der Buchhaltung zufrieden sei.

Ende Oktober 2002 ordnete die Börsenaufsichtsbehörde der USA offizielle Ermittlungen bei Enron an, wobei auch bei Arthur Andersen immer mehr schmutzige Details ans Licht kamen. Als Anderson Mitte November von der Börsenaufsichtsbehörde offiziell informiert wurde, war bereits ein Großteil der Betriebsprüfungsunterlagen von Enron vernichtet worden. Daraufhin wurde im Juni 2002 gegen Andersen Anklage erhoben. Dieser Prozess brachte auch Andersens Buchhaltungsbetrug bei WorldCom ans Licht und löste eine Welle weiterer Buchhaltungsskandale aus.

J.P. Morgan Chase, Citigroup, Merrill Lynch, Credit Suisse First Boston, Canadian Imperial Bank of Commerce (CIBC), Bank America, Barclays Bank, Deutsche Bank und Lehman Brothers – sie alle wurden als Beteiligte an einer Reihe betrügerischer Transaktionen genannt, die betroffene Aktionäre am Ende über $ 25 Milliarden kosteten. Auch zwei Anwaltskanzleien wurde eine Beteiligung an diesen Betrügereien nachgewiesen: Vinson & Elkins und Kirkland & Ellis, einer Kanzlei mit Sitz in Chicago, die für Enron einige der Gesellschaften für Sonderzwecke vertrat.

Mitte 2006 bekannten sich 16 Mitglieder der Führungsebene Enrons schuldig oder wurden in der Folge zu Strafen verurteilt, darunter Ken Lay, Jeff Skilling (CEO), David Delainey (Leiter des Bereichs Energiehandel), Richard Causey (Leiter der Buchhaltung), Andrew Fastow (Finanzleiter) und Mark Koenig (Leiter des Bereichs Anlegerpflege).

Zusammengestellt von Rajshree Prakash, University of Lancaster Management School.

Kontrollfragen

1. Welche Mechanismen der Corporate Governance hätten die Ereignisse bei Enron verhindern können (oder müssen)?
2. Welche Veränderungen der Corporate Governance müssen vorgenommen werden, um Ähnliches zu verhindern?

Es gibt also mindestens fünf Gründe dafür, dass die Stufen der Corporate Governance nicht fehlerfrei funktionieren: (i) Fehlende Klarheit darüber, wer die endgültigen Nutznießer sind,(ii) ungleiche Aufteilung der Macht zwischen den Stufen, (iii) diese Ebenen haben in unterschiedlicher Form Zugang zu Informationen, (iv) Agenten auf verschiedenen Ebenen könnten ihre eigenen Interessen verfolgen und (v) sie könnten Messwerte und Ziele verwenden, die ihre eigenen Interessen und nicht die Interessen der endgültigen Nutznießer widerspiegeln. Unter solchen Umständen überrascht es nicht, dass es immer wieder Anläufe gibt, die angemessene Unternehmensorganisation zu reformieren und dass sich Governance-Strukturen überall auf der Welt verändern.

4.2.2 Reformen der Corporate Governance

Viele Regierungen haben die Reform der Corporate Governance sehr aktiv vorangetrieben. Am einschneidensten ist hier wohl das neue US-Gesetz Sarbanes-Oxley-Act zu nennen, das nach dem Enron-Skandal verabschiedet wurde. Es forderte strengere buchhalterische Richtlinien und steigerte die Unabhängigkeit der Wirtschaftsprüfer vom Management.[8] Andere Regierungen haben Gremien eingesetzt, die bei spezifischen Themenbereichen der Corporate Governance beratend tätig sein sollen.[9] Ursprünglich konzentrierten sich diese Gremien auf Fragen der internen finanziellen Kontrolle und der externen Offenlegung von Informationen.[10] Später richteten sie ihr Augenmerk auf die Ausweitung interner Kontrollen über die einfache Überwachung der Finanzen hinaus und nahmen die Rolle und Effektivität der Führungskräfte der mittleren Führungsebenen ins Visier.[11] Im öffentlichen Sektor wurde ähnlich vorgegangen. In Großbritannien widmete man dem *Risikomanagement* bei Strategien von Organisationen der öffentlichen Hand besonderes Interesse – traditionell gesehen ein Schwachpunkt in diesem Land.[12] Diese Reformen haben sich sehr deutlich ausgewirkt. So sind nun Unternehmensberatungen gezwungen, ihre Tätigkeit als Wirtschaftsprüfer strikt von ihrer Beratertätigkeit zu trennen. Viele verkauften sogar aufgrund des Sarbanes-Oxley-Acts ihr Unternehmensberatungsgeschäft – die Strategie der Beratungsfirmen wurde also ganz direkt beeinflusst genauso wie die Grundlagen für die Beratungsdienstleistungen dieser Unternehmen.

Ebenso ergaben Umfragen, dass Finanzleiter ihre Aufmerksamkeit eher auf die Rolle eines Verwalters verlegen und weniger die Rolle eines aktiven Strategen einnehmen.[13] Gleichzeit wuchs die Bedeutung unabhängiger Führungskräfte der mittleren Ebene, die das Verhalten ihrer Unternehmen überwachen. Einige Führungskräfte haben jedoch Bedenken geäußert, so etwa der Firmenchef der Bank of Queensland in Australien:

8 Sarbanes-Oxley Act of 2002, PL 107–204, 116 Stat 745 (30. Juli 2002).

9 Der Beitrag jedes dieser Berichte ist bei G. Vinten, „Corporate governance: The need to know", *Industrial and Commercial Training*, Bd. 32, Nr. 5 (2000), S. 173–178 genau zusammengefasst.

10 Der Treadway- (1987) und COSO- (1992) Bericht in den USA und die Cadbury-Berichte (1992 and 1996) in Großbritannien.

11 Zum Beispiel in Großbritannien die Hampel- (1998), Turnbull- (1999) and Higgs- (2003) Berichte.

12 Die Bedeutung von Risikomanagement auf dem öffentlichen Sektor wird angesprochen in „Supporting innovation: Managing risk in government departments", *Report by the Controller and Auditor General*, The Stationery Office, Juli 2000.

13 Die Rolle der Finanzleiter bei J. Weber, M. Arndt, E. Thornton, A. Barrett und D. Frost, „CFOs in the hot seat", *Business Week*, 17. März 2003, S. 65–68.

Überregulierung kann und wird den Unternehmergeist im Keim ersticken; sie wird Innovationen stoppen, denn immer mehr Ressourcen werden auf die Einhaltung der Regeln verwendet und nicht mehr darauf, besser als die Konkurrenz abzuschneiden.[14]

Außerdem werden Bedenken laut, dass die Struktur von Unternehmensvorständen zwar reformbedürftig sein mag, dass aber das eigentliche Problem im Verhalten der Vorstandsmitglieder liegt. Daraus ergibt sich für die Verantwortlichen in der Politik (in der Regierung), dass Mittel und Wege gefunden werden müssen, die Stufen der Corporate Governance so zu verändern, dass Direktoren und Manager (als Agenten) ganz klar ermutigt oder angehalten werden, solche Strategien zu verfolgen, oder sich so zu verhalten, dass die Interessen ihrer Prinzipale wie oben beschrieben bewahrt werden. Die Förderung derartiger Veränderungen ist eine große Herausforderung angesichts der bereits geäußerten Bedenken, Top Manager seien hauptsächlich darauf aus, große Unternehmensimperien aufzubauen, sich durch die Hierarchie nach oben zu arbeiten und ihre persönliche finanzielle Vergütung zu steigern, ohne in angemessener Art und Weise auf die Folgen für den endgültigen Nutznießer zu achten.

4.2.3 Verschiedene Governance-Strukturen

Oft wird ein Unternehmen von einem Vorstand oder einer Geschäftsführung geleitet. Die gesetzlich festgelegte Hauptverantwortung dieses Vorstands liegt darin, sicherzustellen, dass eine Organisation die Wünsche und Anforderungen der wichtigsten Interessengruppen erfüllt. Wer diese wichtigsten Interessengruppen sind, das ist jedoch ganz unterschiedlich. In einigen Teilen der Welt sind dies auf dem privaten Sektor ganz klar die Aktionäre, anderswo gibt es aber eine breitere und differenziertere Interessengruppenbasis. Im öffentlichen Sektor ist die Leitung einer Organisation dem politischen Arm der Regierung verantwortlich – meist durch eine zwischengelagerte „Agentur“ wie etwa eine staatliche Finanzbehörde. Diese Unterschiede führen auch zu Unterschieden in der Art und Weise, wie Unternehmen operieren, wie die Zielsetzungen einer Organisation gelagert sind und wie Strategien entwickelt werden. Auch Rolle und Zusammensetzung der Vorstände variieren stark.[15]

Auf allgemeinster Ebene gibt es zwei Governance-Strukturen“ : Das Aktionärsmodell (oder Shareholder-Modell) und das Stakeholder-Modell.[16] In verschiedenen Teilen der Welt sind diese beiden Modelle mehr oder weniger weit verbreitet.

---

14 S. Wiesenthal, „CFOs caught up in red tape“, *Australian Financial Review*, 2003, S. 16.

15 Diese Landesunterschiede werden in allgemeinen Büchern (Fußnote 1) und auch bei T. Clarke und S. Clegg, Changing Paradigms: The transformation of management knowledge in the 21th century, Harper Collins, 2000, Kap. 5, diskutiert.

16 Innerhalb dieser weit gefassten Klassifizierung gibt es weitere Modelle. Das marktorientierte System, das langfristige Investorensystem (A. Murphy und K. Topyan, „Corporate Governance: A critical survey of key concepts, issues, and recent reforms in the US“, *Employee Responsibility and Rights Journal*, Bd. 17, Nr. 2 (2005), S. 75–89) ist dem Aktionärsmodell ähnlich, da es Ansichten wie den diversifizierten Aktienbesitz und Übernahmen als Mechanismus der Unternehmenskontrolle unterstützt. Das System langfristiger Investoren und das Rhein-Modell (M. Albert, *Capitalism against Capitalism*, Whurr Publishers, 1992) ähneln dem Interessengruppenmodell mit einer Philosophie der einvernehmlichen Arbeit am Erfolg der Gruppe mit Merkmalen wie der direkten Mitsprache der Interessengruppen im Vorstand und Gewerkschaften, die sich die Macht mit dem Management teilen.

Das Shareholder-Modell der Unternehmensführung

Hier stehen die Aktionäre ganz legitim an erster Stelle, was das Vermögen angeht, das von Unternehmen erzeugt wird. Befürworter argumentieren allerdings, dass eine Maximierung des Shareholder Value auch anderen Interessengruppen von Nutzen ist. Der Aktienbesitz ist diversifiziert, jedoch wird ein großer Anteil der Aktien von Finanzinstituten gehalten. Der Aktienhandel stellt – zumindest im Prinzip – einen regulierenden Mechanismus der Maximierung des Shareholder Value dar, denn unzufriedene Aktionäre können ihre Aktien ja jederzeit verkaufen, sodass der Aktienkurs sinken und die Gefahr von Übernahmen erfolgloser Unternehmen steigen würde.

Gute Beispiele für das Shareholder-Modell sind die Volkswirtschaften der USA und Großbritanniens. Unternehmen in den USA haben meist eine einschichtige Board-Struktur, wobei die Mehrheit der Mitglieder nicht am Management beteiligt ist. Dieser Schwerpunkt auf externen Mitgliedern soll die Unabhängigkeit des Vorstands stärken und ihm seine wichtigste Aufgabe, im Namen der Aktionäre die Handlungen des Unternehmens zu beaufsichtigen, erleichtern. Doch natürlich birgt dies auch Probleme. Denn der Vorstandschef spielt häufig eine zentrale Rolle bei der Auswahl der externen Vorstandsmitglieder, was die gewünschte Unabhängigkeit sehr infrage stellt. Außerdem kann es sein, dass externe Mitglieder nicht ausreichend Zeit haben oder die Probleme des Unternehmens nicht wirklich kennen[17].

Auch in Großbritannien ist die Board-Struktur einschichtig, wobei die Ämter des Vorstandschefs und des Firmenchefs meist getrennt sind. Der Vorsitzende des Vorstands ist dabei meist ein firmenexternes Mitglied. Der Anteil der am Management beteiligten Mitglieder des Vorstands liegt bei großen Unternehmen üblicherweise zwischen einem Drittel und der Hälfte der Mitglieder insgesamt. Der Vorstand spielt eine zentrale Rolle und muss das Unternehmen zum einen voranbringen, zum anderen aber auch im Namen der Aktionäre beaufsichtigen.

Es gibt Argumente für und gegen das Shareholder-Modell. Die *positiven Argumente* lauten:

- *Vorteile für Investoren.* Im Vergleich zum Stakeholder-Modell erzielen die Investoren hier höhere Renditen. Auch können sie durch eine Diversifizierung ihres Aktienbesitzes auf dem Aktienmarkt, wo Aktien schnell ge- und verkauft werden können, ihr Risiko senken.
- *Vorteile für die Wirtschaft.* Da das System es den Aktionären erleichtert, höhere Risiken einzugehen, ist es wahrscheinlicher, dass dadurch Wirtschaftswachstum und Entrepreneurship gefördert werden. Ein weiteres Argument lautet, dass der Grund, warum ein ungewöhnlich großer Teil der Investitionen aus der EU nach Großbritannien fließt, darin liegt, dass dort die Eigentumsverhältnisse offener und für neue Investoren durchschaubarer sind als anderswo.
- *Vorteile für das Management.* Die Trennung von Eigentum und Management sorgt wohl dafür, dass strategische Entscheidungen sich objektiver auf die potenziell unterschiedlichen Anforderungen und Beschränkungen von Finanz-, Arbeits- und Verbrauchermärkten einstellen können. Diversifizierter Aktienbesitz bedeutet auch, dass kein einzelner Aktionär Unternehmensentscheidungen kontrollieren kann, vorausgesetzt, das Unternehmen ist erfolgreich.

17 Aus einer Umfrage von Korn/Ferry International Survey zitiert von K. Keasey, S. Thompson und M. Wright, *Corporate Governance: Accountability, Enterprise and International Comparisons*, Wiley, 2005.

Einige der *negativen Argumente* sind:

- *Nachteile für Investoren.* Diversifizierter Aktienbesitz verhindert eine genaue Überwachung des Managements. Das könnte zur Folge haben, dass Manager einen Teil des Shareholder Value zugunsten ihrer eigenen Interessen opfern. So könnten Firmenchefs darauf aus sein, durch Fusionen, die keinen Mehrwert bringen, ihr eigenes Ego und Image zu stärken.
- *Nachteile für die Wirtschaft – das Risiko der kurzfristigen Ausrichtung.* Fehlende Kontrolle des Managements kann dazu führen, dass Manager Entscheidungen treffen, um ihre eigene Karriere voran zu treiben (etwa durch eine Beförderung). Dies und die Gefahr von Übernahmen kann Manager dazu bringen, sich auf Kosten langfristiger Projekte nur auf kurzfristige Gewinne zu konzentrieren[18].
- *Die Reputation des Unternehmens und die Gier der Top Manager.* Fehlende Kontrolle der Manager macht es Top Managern möglich, sich hohe Leistungsvergütungen in Form von Gehältern, Boni und Aktienoptionen auszubezahlen. Manager in den USA verfügen über ein 531mal höheres Einkommen als ihre Angestellten. In Japan dagegen sind Managementgehälter nur etwa zehnmal so hoch wie normale Gehälter.[19]

Das Stakeholder-Modell der Unternehmensführung

Ein alternatives Modell der Unternehmensführung, das in unterschiedlicher Form vorliegt, ist das Stakeholder-Modell. Es gründet sich auf das Prinzip, dass Vermögen von einer Vielzahl an Interessengruppen erzeugt, bewahrt und verteilt wird. Dazu gehören natürlich auch die Aktionäre, aber auch andere Investoren, wie etwa Banken sowie Mitarbeiter oder deren Gewerkschaftsvertreter. So gesehen muss sich das Management auf viele Interessengruppen einstellen, die selbst auch in offiziellen Gremien vertreten sein können.

Solche Stakeholder-Modelle werden manchmal auch als *Bremsklotzsystem der Unternehmensführung* bezeichnet.[20] Denn häufig sind eine oder zwei große Investorengruppen die Haupteigentümer eines Unternehmens. So haben in Deutschland fast drei Viertel aller börsennotierten Unternehmen einen Mehrheitseigner. Außerdem spielen in Ländern wie Schweden oder Deutschland auch Banken eine wichtige Rolle, und in Japan besitzen Banken oft Unternehmensanteile und stellen nicht nur einfach Kredite zur Verfügung. Außerdem gibt es oft ein komplexes Netz an gegenseitigen Aktienbeteiligungen zwischen Unternehmen.

Deutschland und Japan werden oft als Beispiele für das Stakeholder-Modell genannt. In Deutschland ist die Organstruktur bei Aktiengesellschaften und GmbHs zweischichtig und besteht aus einem Aufsichtsrat, der für Unternehmen mit mehr als 500 Mitarbeitern gesetzlich vorgeschrieben ist, und einem Vorstand. Im Aufsichtsrat werden die Interessen verschiedener Gruppen vertreten, darunter Aktionäre, Mitarbeiter, aber häufig auch Banken, Rechtsanwälte und Börsenexperten. Strategische Planung und

---

18 Siehe Keasey et al. (reference 17) und ebenso J.A. McCahery, P. Moerland, T. Raijmakers und L. Renneboog, *Corporate Governance Regimes: Convergence and diversity*, Oxford University Press, 2002.

19 Siehe S. Jacoby (2005) (siehe Fußnote 2).

20 J. Zwiebel, „Block investment and partial corporate control", *Review of Economic Studies*, Bd. 62, Nr. 211 (1995), S. 161.

betriebliche Kontrolle obliegen zwar dem Vorstand, wichtige Entscheidungen wie etwa Fusionen und Übernahmen müssen aber vom Aufsichtsrat abgesegnet werden. Auch in anderen europäischen Ländern wie etwa Frankreich oder den Niederlanden gibt es solche zweischichtigen Systeme.

In Japan wird Gewinnmaximierung oder Shareholder Value nicht als das vorrangige Ziel eines Unternehmens betrachtet; wichtiger sind hier langfristiges Wachstum und Sicherheit der Firma. Die Eigentumsverhältnisse sind sehr konzentriert; nur eine kleine Gruppe von Investoren besitzt große Teile eines Unternehmens. Außerdem gibt es auch hier gegenseitige Firmenbeteiligungen, wobei große Unternehmen Aktien anderer Unternehmen besitzen und Banken dieselbe Untergruppe finanzieren. In Japan gibt es ein einschichtiges Vorstandssystem. Hier werden Manager aus der obersten Führungsebene eines Unternehmens zu Vorstandsmitgliedern ernannt, sodass der Vorstand fast ausschließlich aus unternehmensinternen Mitgliedern besteht.[21] Als gutes Vorstandsmitglied gilt seit jeher ein Manager, der die Interessen der Mitarbeiter gut vertritt.

Die *Vorteile* des Stakeholder-Modells sind:

- *Vorteile für Interessengruppen.* Einerseits wird argumentiert, dass die vielfältigen Interessen der Interessengruppen hier berücksichtigt werden. Andererseits wird auch und zusätzlich argumentiert, dass der große Einfluss der Mitarbeiter ganz besonders risikoreiche Entscheidungen und Investitionen verhindert.
- *Vorteile für Investoren.* Ein vielleicht ironisch anmutendes Argument lautet, dass es gerade Blockinvestitionen sind, die vielerlei wirtschaftliche Vorteile haben. So kann das Management unter Umständen genauer überwacht werden, und die großen Investoren haben besseren Zugang zu firmeninternen Informationen. Verfügen nur wenige Blockinvestoren über Macht und Einfluss, so kann im Falle von Fehlentscheidungen des Managements auch schneller eingegriffen werden.
- *Langfristige Ausrichtung.* Ein weiteres Argument lautet, dass große Investoren – Banken oder andere Firmen beispielsweise – ihre Investitionen als etwas Langfristiges ansehen, sodass der Druck kurzfristiger Erfolge sinkt[22] und eine langfristig gute Leistung mehr in den Vordergrund tritt.

Doch es gibt auch *Argumente, die gegen das Stakeholder-Modell sprechen*:

- *Nachteile für das Management.* Eine zu genaue Überwachung kann zu übermäßiger Einmischung führen, sodass sich Entscheidungsprozesse verlangsamen und das Management bei wichtigen Entscheidungen seine Objektivität verliert.
- *Nachteile für Investoren.* Wenn Aktionäre weniger Druck ausüben können, werden langfristige Investitionen in Projekte vorgenommen, deren Renditen unter den Markterwartungen liegen.

---

21 Siehe C.A. Mallin, Corporate Governance, Oxford University Press, 2004, und S.F. Copp, 'The institutional architecture of UK corporate governance reform: An evaluation', Journal of Banking Regulation, Bd. 7, Nr. 1/2 (2006), S. 41–63.

22 Die zu kurzfristige Ausrichtung ist ein Problem mit anglo-amerikanischer Tradition und steht dem Rhein-Modell gegenüber, das in Deutschland, der Schweiz, den Beneluxländern und anderen nordeuropäischen Ländern weiter verbreitet ist. Siehe M. Albert, „The Rhine model of capitalism: An investigation", in W. Nicoll, D. Norburn und R. Schoenberg (Hrs.), *Perspectives on European Business*, Whurr Publishers, 1995.

- *Nachteile für die Wirtschaft.* Es gibt weniger Alternativen zur Finanzmittelbeschaffung, sodass die Wachstumsmöglichkeiten und die Möglichkeiten unternehmerischer Tätigkeit begrenzt sind.

Diese Vor- und Nachteile werden in Abbildung 4.3 nochmals zusammengefasst.

Es soll auch darauf hingewiesen werden, dass sich die verschiedenen Modelle ebenfalls auf die Finanzierung von Unternehmen auswirken. Im Shareholder-Modell ist das Aktienkapital die wichtigste Form der langfristigen Finanzierung; Handelsbanken stellen zudem Kreditkapital zur Verfügung, sodass hier die Beziehungen zu den Banken durch Verträge definiert sind. Dies hat wesentliche Auswirkungen: Manager müssen die finanzielle Ausstattung ihres Unternehmens auf ein vernünftiges Maß beschränken, sodass große strategische Entwicklungen gleichzeitig mehr Aktienkapital erfordern. Das Unternehmen selbst verfügt außerdem über mehr Einfluss, was eigene strategische Entscheidungen angeht, denn die Banken streben nicht nach strategischem Mitspracherecht. Schlagen Strategien jedoch fehl, so kann die Abhängigkeit des Unternehmens von der Bank als Hauptaktionär immer größer werden. Dies geschieht oft in kleinen Familienbetrieben. Im Extremfall können die Banken ihren Einfluss geltend machen und ihre Finanzmittel abziehen, selbst wenn dies zum Konkurs des Unternehmens führt. Im Gegensatz dazu verfügen in einigen Stakeholder-Modellen (besonders in Japan und in geringerem Maß auch in Deutschland) Banken oft über erhebliche Aktienbeteiligungen oder gehören sogar derselben Dachgesellschaft an. Sie halten sich nicht so sehr zurück, sondern möchten sich aktiv an strategischen Entscheidungen beteiligen.

	Shareholder-Modell	Stakeholder-Modell
Vorteile	Für Investoren: • Höhere Renditen • Reduziertes Risiko Für die Wirtschaft: • Förderung von Entrepreneurship • Förderung interner Investitionen Für das Management: • Unabhängigkeit	Für Investoren: • Genauere Überwachung des Managements • Langfristigere Entscheidungshorizonte Für Interessengruppen: • Abschreckung risikoreicher Entscheidungen
Nachteile	Für Investoren: • Schwierige Überwachung des Managements Für die Wirtschaft: • Gefahr der kurzfristigen Ausrichtung Und die Gier des Top Management	Für das Management: • Potenzielle Einmischung • Langsamerer Entscheidungsprozess • Weniger Unabhängigkeit Für die Wirtschaft: • Weniger Finanzierungsmöglichkeiten für Wachstum

Abbildung 4.3: Vor- und Nachteile von Führungssystemen

Governance-Strukturen im Wandel

Immer mehr Stimmen werden laut, die eine Veränderung dieser traditionellen Führungsmodelle fordern. Einige dieser gewünschten Veränderungen wurden bereits in *Abschnitt 4.2.1* im Zusammenhang mit den Stufen der Corporate Governance erwähnt.

Dennoch gibt es Andeutungen, dass sich Führungssysteme überall auf der Welt immer mehr dem Shareholder-Modell annähern. Dies liegt an einigen der oben erwähnten Vorteile, besonders der Ansicht, dass sowohl Aktionäre als auch andere Interessengruppen von diesem Ansatz profitieren. Weitere Gründe sind die immer wichtiger werdenden institutionellen Anleger, die im Namen einer immer größeren Masse an Aktionären handeln sowie die wachsende Globalisierung und internationale Fusionen und Übernahmen.[23]

So gewinnen zum Beispiel in Japan institutionelle und ausländische Investoren immer mehr Einfluss, und durch Deregulierung und Liberalisierung wächst der Druck, Governance-Strukturen zu verändern. Auch in Deutschland drängt man auf Veränderungen. So argumentierte Jürgen Thumann vom deutschen Arbeitgeberverband BDI Mitte 2006, dass deutsche Unternehmen, wollten sie international wettbewerbsfähig bleiben, die Arbeitnehmervertretung in ihren Vorständen gründlich überdenken müssten. Dies würde nicht zuletzt die Kosten reduzieren und Entscheidungen beschleunigen.

Auch in anderen Ländern beginnen sich die Governance-Strukturen zu verändern. In Schweden befanden sich die meisten Firmen traditionell in Privatbesitz oder in der Hand von Stiftungen, Holdings oder Investmentunternehmen, die ebenfalls in Privateigentum waren. Schon im Jahr 2005 jedoch befanden sich nur noch knapp 15 Prozent der Marktkapitalisierung im Besitz einzelner Eigentümer – auch hier wächst der Einfluss institutioneller Anleger.[24] Auch durch den Eintritt Schwedens in die EU verringerten sich die Beschränkungen auf den Kapitalfluss in das Land, sodass mehr und mehr Unternehmen in den Besitz ausländischer Investoren übergehen. Trotzdem gibt es in den meisten Firmen immer noch einen Mehrheitseigner, der über sehr viel Einfluss und Entscheidungsmacht verfügt, sodass dies dem Shareholder-Modell sehr nahe kommt.

In Indien gab es bis in die 1980er Jahre hinein ein hohes Maß an Protektionismus durch den Staat – strategisch wichtige Branchen wie die Flugindustrie oder die Banken waren verstaatlicht und ausländische Investitionen im Land waren stark reglementiert. Seit 1991 jedoch kommt es auch hier zu radikalen Veränderungen. Importlizenzen wurden abgeschafft und Einfuhrzölle reduziert. Die Reglementierungen bezüglich des ausländischen Kapitals wurden in einigen Branchen verringert, von einigen Unternehmen der öffentlichen Hand wurden Investitionen abgezogen; gleichzeitig erhielten diese die Erlaubnis, sich an den internationalen Börsen listen zu lassen.[25] Zwar gibt es in Indien immer noch sehr viele Familienbetriebe, doch auch hier werden zunehmend Eigentum und Management voneinander getrennt. Die hier propagierten neuen Governance-Strukturen zeigen einen Trend in Richtung Shareholder-Modell mit einem Vorstandsgremium mit 30 bis 50 Prozent firmenexternen Mitgliedern.

In China ist die wichtigste Interessengruppe der Staat oder sehr regierungsnahe Institutionen. Hier gibt es ein zweischichtiges Vorstandssystem. Der Aufsichtsrat setzt sich zu mindestens einem Drittel aus Mitarbeitern des jeweiligen Unternehmens zusammen, die aber auf die Aktivitäten des Unternehmens wenig Einfluss haben, denn dafür ist der Unternehmensvorstand zuständig. In diesem Vorstand müssen auch externe Mitglieder sein, die nicht am Management beteiligt sind und seit kurzem auch ausdrücklich

---

23 Für eine weitere Abhandlung zu dieser Konvergenz siehe H. Hansmann, und R. Kraakman, „Toward a single model of corporate law?", in J.A. McCahery, P. Moerland, T. Raijmakers und L. Renneboog (Hrs.), *Corporate Governance Regimes: Convergence and diversity*, Oxford University Press, 2002.

24 Siehe R. Skog, „A remarkable decade: The awakening of Swedish institutional investors", *European Business Law Review*, Bd. 16, Nr. 5 (2005), S. 1017–1031.

25 Siehe V. Gupta und K. Gollakota, „History, ownership forms and corporate governance in India", *Journal of Management History*, Bd. 12, Nr. 2 (2006), S. 185–197.

unabhängig sein müssen. Die Ernennung von Führungskräften wurde seit jeher streng von der Regierung überwacht, doch auch hier sinkt der staatliche Einfluss allmählich. Trotzdem begannen die meisten hochrangigen Wirtschaftsvertreter ihre Karrieren in Regierungspositionen.[26]

Auf dem öffentlichen Sektor gibt es sehr viele verschiedene Führungsgremien und -Organisationen, doch auch hier lassen sich Gemeinsamkeiten ausmachen. Diese Führungsgremien repräsentieren häufig wichtige Interessengruppen. Oft ist dies sogar gesetzlich vorgeschrieben oder wird einfach in der Praxis so gehandhabt. Ganz besonders gilt dies für die Vertretung von Mitarbeitern und Gewerkschaften in Führungsgremien. In vielen Ländern lässt sich ein Trend in Richtung eines höheren Anteils an (sogenannten) unabhängigen Führungskräften beobachten. Diese unabhängigen Vertreter lassen sich am ehesten mit den externen Vorstandmitgliedern des privaten Sektors vergleichen, die nicht am Management beteiligt sind.

4.2.4 Wie Führungs- und Kontrollgremien Strategien beeinflussen

Immer häufiger wird nun darüber diskutiert, welche Rolle Organmitglieder in Unternehmen spielen. Denn beim Board bzw. Vorstand und Aufsichtsrat liegt letztendlich die Verantwortung für Erfolg und Misserfolg einer Organisation sowie für die Gewinne der Aktionäre oder weiter gefasster Interessengruppen; daher muss er sich mit Strategie auseinandersetzen. Es gibt zwei grundlegende Auswahlmöglichkeiten, wie dies geschehen kann:

- Das strategische Management kann voll und ganz *an das Management delegiert* werden – wobei der Vorstand lediglich über Vorhaben und Entscheidungen informiert wird und diese genehmigt. Hier erfordert die „Verwalterrolle" des Vorstands Prozesse zur Sicherstellung, dass die Zielsetzungen der Organisation und ihre Strategien nicht auf Kosten anderer Interessengruppen – insbesondere der Eigentümer – vom Management „vereinnahmt" werden. Der Enron-Fall ist hier ein extremes Beispiel.
- Der Vorstand kann sich *mit dem Management zusammen in den strategischen Managementprozess einbringen.* Dies birgt jedoch zahlreiche praktische Probleme wie etwa die verfügbare Zeit und das verfügbare Wissen (besonders) der externen Vorstandsmitglieder, um diese Aufgabe optimal erfüllen zu können. Solche Probleme lassen sich besonders in wohltätigen oder gemeinnützigen öffentlichen Organisationen beobachten, deren Führungsgremien und Verwaltungen sich ganz der guten Sache verschrieben haben und gerne aktiv werden möchten, aber nur wenig konkretes Wissen mitbringen.

In den Richtlinien, die immer häufiger von Regierungen[27] festgelegt oder auch von Beobachtern befürwortet werden, um sicherzustellen, dass Vorstände im Interesse ihrer Aktionäre und Nutznießer handeln, tauchen immer wieder ähnliche Themen auf:

26 Für weitere Erklärungen zur Entwicklung in China siehe G.S. Liu und P. Sun, „The class of shareholdings and its impacts on corporate performance: A case of state shareholdings in Chinese public corporations", *Corporate Governance*, Bd. 13, Nr. 1 (2005), S. 46–59, und G. Chen, M. Firth, D. Gao und O.M. Rui, „Ownership structure, corporate governance, and fraud: Evidence from China", *Journal of Corporate Finance*, Bd. 12, Nr. 3 (2006), S. 424–448.

27 In den USA: Der Sarbanes-Oxley Act (2002). In Großbritannien: D. Higgs, „Review of the role and effectiveness of nonexecutive directors", Ministerium für Handel und Industrie, 2003.

- Vorstände müssen möglichst *„unabhängig" vom Management* eines Unternehmens arbeiten. Die Rolle der externen Vorstandsmitglieder, die nicht direkt am Management beteiligt sind, wird also immer wichtiger.
- Vorstände müssen *in der Lage sein, die Aktivitäten der Manager genau zu überwachen.* Die kollektive Erfahrung des Vorstands, seine Ausbildung und die ihm zur Verfügung stehenden Informationen sind also von zentraler Bedeutung.
- Vorstandsmitglieder müssen ausreichend *Zeit* haben, ihre Aufgaben angemessen zu erfüllen. Also gilt es auch zu bedenken, ob die Anzahl der Vorstandspositionen, die eine Einzelperson innehaben kann, begrenzt werden soll.
- Am meisten kommt es jedoch auf das *Verhalten des Vorstands* und seiner Mitglieder an[28], gleichgültig, welche strukturellen Vereinbarungen getroffen wurde. Wichtig sind etwa Respekt, Vertrauen, „konstruktive Reibung" zwischen den Vorstandsmitgliedern, ein fließendes Rollenverständnis, die Verantwortung des Einzelnen und der Gruppe sowie die Bewertung der Leistungen der einzelnen Mitglieder und des gesamten Vorstands.

4.2.5 Die Wahl der Unternehmensrechtsformen

Innerhalb der existierenden grundlegenden Governance-Strukturen wirken sich auch unterschiedliche Unternehmensrechtsformen auf die Zielsetzungen einer Organisation und die verfolgten Strategien aus. Auch hier ergeben sich Fragen, ob eine gewählte Unternehmensrechtsform für die strategischen Zwecke einer Organisation die richtige ist.

- *Ist das Firmenkapital in privater oder öffentlicher Hand?* Diese Frage stellt sich für viele Wirtschaftsunternehmen. Im Laufe ihrer Entwicklung und ihres Wachstums gehen viele Organisationen – so etwa Familienbetriebe – vom Privateigentum in öffentliches Eigentum als börsennotiertes Unternehmen über. Zu einer solchen Entscheidung kann es kommen, weil die Eigentümer beschließen, dass zur Finanzierung des Firmenwachstums mehr Kapital benötigt wird. Die Familienmitglieder, denen das Unternehmen gehört, müssen erkennen, dass sich dadurch ihre Rolle verändert. Sie müssen sich nun gegenüber einer viel größeren Gemeinschaft an Aktionären und Institution, die in deren Namen handeln, verantworten.
- *Ein Verkauf des gesamten Unternehmens oder von Teilen des Unternehmens.* Vor dieser Wahlmöglichkeit kann ein Vorstand stehen, dessen Unternehmen in der Verantwortung steht, seinen Aktionären einen angemessenen Kapitalertrag zu liefern. So könnte dieser Vorstand zu der Ansicht gelangen, dass eine andere Dachorganisation diesen wichtigen Zweck vielleicht besser erfüllen könnte. Vielleicht wird eine Organisation aber auch zu einem *Übernahmekandidaten* und der Vorstand entscheidet, dass das Übernahmeangebot für die Aktionäre attraktiver ist als die Erträge, die man selbst für die Zukunft versprechen kann.
- Auch die *Übernahme eines anderen Unternehmens* kommt in Betracht. Daraus können sich vielfältige Fragen und Probleme bezüglich der Zielsetzung der neuen Kapitalgesellschaft ergeben, wie *Kapitel 7* (siehe *Abschnitt 7.4*) erläutert. Es wird jedoch immer wieder in Frage gestellt, ob Übernahmen im besten Interesse der Aktionäre liegen. Oft bleiben die versprochenen Vorteile und Gewinne für den Aktionär aus,

28 Siehe D. Norburn, B. Boyd, M. Fox und M. Muth, „International corporate governance reform", *European Business Journal*, Bd. 12, Nr. 3 (2000), S. 116–133, und J. Sonnenfeld, „What makes great boards great", *Harvard Business Review*, Bd. 80, Nr. 9 (2002), S. 106–113.

und zumindest kurz- oder mittelfristig kommt es häufig zu einem Verlust an Shareholder Value. Am meisten Sorge bereiten hier das Prinzipal-Agent-Problem und der potenzielle *Interessenkonflikt* zwischen dem Vorstand und den Aktionären. Vielleicht sind Vorstandsmitglieder lediglich auf weitere Übernahmen aus, um ihr Imperium zu erweitern, ihre finanzielle Vergütung zu erhöhen oder weil sie der Meinung sind, dass Investmentanalysten das daraus entstehende Wachstum erwarten. Fusionen und Übernahmen werden detaillierter in *Kapitel 10* (*Abschnitt 10.2.2*) behandelt.

- *Gemeinschaftseigentum und Partnerschaften* sind in vielen Branchen traditionell weit verbreitet. So gehören Versicherungsgesellschaften und Baugenossenschaften oft den Kunden und Mitgliedern und nicht den Aktionären. Theoretisch lassen sich durch ein solches Arrangement die wichtigsten Nutznießer, also die Aktionäre und die Kunden, miteinander vereinbaren, sodass sich Strategien leichter im Sinne beider Gruppen entwickeln lassen. Durch eine solche Struktur können die Besitzverhältnisse jedoch stark zerstückelt sein, was ebenfalls zu dem oben erwähnten Prinzipal-Agent-Problem führt. So wurden etwa viele Baugenossenschaften in Großbritannien zu Banken umgewandelt, sodass sich auch die Eigentumsverhältnisse änderten. Das Gemeinschaftseigentum wurde aufgelöst, wodurch sich auch die Governance-Strukturen änderten und mehr einem normalen Unternehmen annäherten. Es zeichnet sich auch ab, dass sogar Anwaltskanzleien und Wirtschaftsprüfungsgesellschaften, die traditionell immer in Form von Partnerschaften bestehen, sich mehr und mehr unternehmerischen Eigentumsmodellen zuwenden.
- In vielen Ländern kam und kommt es immer wieder zu *Privatisierungen* staatlicher Unternehmen. Historisch gesehen wurden die meisten Bereiche des öffentlichen Lebens streng von überregionalen oder regionalen Regierungsbehörden überwacht. Viele Regierungen entschlossen sich zu Privatisierungen, um Organisationen zu zwingen, sich den Kräften des freien Marktes zu stellen, sich besser auf die Bedürfnisse der Kunden und den bestehenden Wettbewerbsdruck einzustellen – und um Zugriff auf das Kapital des privaten Sektors zu erlangen. Die Manager andererseits erhielten mehr Handlungsspielraum in Bezug auf die Wahl ihrer Strategie – welche Produkte oder Dienstleistungen sie anbieten konnten; die Fähigkeit zur Diversifikation, zur Kapitalbeschaffung, etc.

4.3 Unternehmensethik und soziale Verantwortung[29]

Der Diskussion über Corporate Governance liegt das Thema zugrunde, dass schon in der Einführung behandelt wurde. Liegt die Zielsetzung einer Organisation und ihrer Strategie darin, einer wichtigen Interessengruppe wie etwa den Aktionären zu nützen, oder soll sie einem größeren Kreis an Interessengruppen nützen? Daraus ergibt sich wiederum die Frage, welche Erwartungen die Gesellschaft an eine Organisation hat und wie diese sich auf deren Zwecke auswirken. Immer mehr Staaten und Regierungen

29 Immer wieder gibt es neue Literatur zum Thema Unternehmensethik. Nützliche Einblicke hierzu gewähren P. Werhane und R.E. Freeman, „Business ethics: The state of the art“, *International Journal of Management Research, Bd. 1, Nr. 1 (1999), S. 1–16. Dies ist eine* gute Zusammenfassung der jüngsten Veröffentlichungen zur Wirtschaftsethik. Aktive Manager können sich auch B. Kelley, *Ethics at Work*, Gower, 1999, zuwenden. Hier sind viele in diesem Abschnitt behandelte Themen abgedeckt und auch die Richtlinien des Institute of Management über ethisches Management werden behandelt. Siehe auch M.T. Brown, *Corporate Integrity: Rethinking organizational ethics and leadership*, Cambridge University Press, 2005.

vertreten die Meinung, dass diese Erwartungen nicht allein durch die Festlegung von Regeln erfüllt werden können. Hier kommt außerdem das Thema der Wirtschaftsethik ins Spiel, die auf zwei verschiedenen Ebenen existiert:

- Auf *makroökonomischer Ebene* gibt es Themen, die sich auf die Rolle von Unternehmen und anderen Organisation innerhalb der Gesellschaft beziehen. Die Erwartungen hierzu reichen von einer freien Unternehmenskultur im Laisser-faire-Stil auf der einen Seite bis hin zu genauen, engmaschigen Vorgaben aus der Gesellschaft auf der anderen Seite. Bei der grundlegenden ethischen Einstellung einer Organisation geht es um ihre *soziale Verantwortung.*
- Auf der *Ebene des Einzelnen* bezieht sich Unternehmensethik auf das Verhalten und die Handlungen von Einzelpersonen innerhalb einer Organisation. Dieses Thema ist für das Management von Organisationen allgemein von großer Bedeutung, hier wird darauf aber in Bezug auf die Rolle der Manager innerhalb des strategischen Managementprozesses eingegangen.

4.3.1 Corporate social responsibility – Die soziale Verantwortung eines Unternehmens

Das Regelwerk des Umfelds und die Governance-Struktur einer Organisation legen ihre Mindestverpflichtungen gegenüber ihren Interessengruppen fest.

Soziale Verantwortung eines Unternehmens

Die soziale Verantwortung eines Unternehmens (corporate social responsibility) bezieht sich auf die Art und Weise, in welcher eine Organisation über ihre rechtlich festgelegten Mindestverpflichtungen gegenüber ihren Interessengruppen hinausgeht.

Die **soziale Verantwortung eines Unternehmens** *(Corporate social responsibility)* bezieht sich auf die Art und Weise, in welcher eine Organisation über ihre rechtlich festgelegten Mindestverpflichtungen gegenüber ihren Interessengruppen hinausgeht. Die rechtlichen Regelwerke, innerhalb derer Organisationen agieren, achten die Rechte verschiedener Interessengruppen in sehr unterschiedlichem Maß. *Vertraglich gebundene Interessengruppen* wie Kunden Zulieferer oder Mitarbeiter haben beispielsweise eine Rechtsbeziehung zu einer Organisation, wohingegen *allgemeine Interessengruppen* – lokale Gemeinden, Konsumenten (im Allgemeinen) oder andere Interessengruppen – nicht unter dem Schutz des Gesetzes stehen.[30] Die soziale Verantwortung der Unternehmen ist für diese allgemeinen Interessengruppen von besonderer Bedeutung.

Verschiedene Organisationen nehmen bezüglich ihrer sozialen Verantwortung sehr unterschiedliche Haltungen ein. Diese verschiedenen Haltungen werden auch dadurch reflektiert, wie sie das Management einer solchen Verantwortung handhaben. Abbildung 4.4 zeigt vier Stereotypen, um diese Unterschiede zu verdeutlichen. Die Liste der berücksichtigten Interessen der Interessengruppen wird hier von Position zu Position immer umfassender, und auch die Bandbreite der Kriterien, die zur Bewertung von Leistung und Strategien herangezogen wird, wird immer größer. Die darauf folgende Diskussion erklärt, wie sich diese Haltungen in den Aktivitäten von Unternehmen widerspiegeln.[31]

30 J. Charkham, „Corporate governance lessons from abroad“, *European Business Journal*, Bd. 4, Nr. 2 (1992), S. 8–16.

31 Basierend auf einer Forschungsarbeit des Center for Corporate Citizenship at the Boston College, dargestellt in P. Mirvis und B. Googins, „Stages of corporate citizenship“, *California Management Review*, Bd. 48, Nr. 2 (2006), S. 104–126.

	Laisser-faire	Aufgeklärtes Selbstinteresse	Forum für Interaktionen der Interessengruppen	Gestalter der Gesellschaft
Grundprinzip	Gesetzeskonformität: Gewinn machen, Steuern zahlen und Arbeitsplätze anbieten	Vernünftiger Geschäftssinn	Nachhaltigkeit oder dreifacher Endgewinn	Veränderung von Markt und Gesellschaft
Führungsstil	Dezentral	Unterstützend	Sich einsetzend	Visionär
Management	Verantwortung beim mittleren Management	Systeme sorgen für optimale Umsetzung	Verantwortung beim Vorstand: Überwachung innerhalb der gesamten Organisation	Verantwortung liegt bei jedem Einzelnen innerhalb der gesamten Organisation
Verhalten	Defensiv gegenüber Druck von außen	Reaktiv gegenüber Druck von außen	Proaktiv	Definierend
Beziehung zu Interessengruppen	Einseitig	Interaktiv	Partnerschaft	Allianzen zwischen mehreren Organisationen

Abbildung 4.4: Positionen bezüglich der sozialen Verantwortung von Unternehmen

Die *Laisser-faire-Position* stellt eine extreme Haltung dar, denn hier vertreten die Organisationen die Ansicht, dass die einzige Verantwortung eines Unternehmens darin besteht, die kurzfristigen Interessen der Aktionäre zu berücksichtigen und „Gewinn zu machen, Steuern zu bezahlen und Arbeitsplätze zur Verfügung zu stellen".[32] Es obliegt der Regierung, durch Gesetzgebung und Regulierung Beschränkungen festzulegen, die die Gesellschaft den Unternehmen in ihrem Streben nach wirtschaftlicher Effizienz nach eigenem Ermessen auferlegt. Die Organisationen halten sich an dieses Mindestmaß an Verpflichtungen – mehr aber auch nicht. Erwartet man von den Unternehmen, soziale Pflichten zu übernehmen, die über dieses Mindestmaß hinausgehen, so kann das im Extremfall die Autorität des Staates untergraben.

Diese Position kann von Führungskräften bezogen werden, die ideologisch von ihr überzeugt sind, oder von kleineren Unternehmen, die keine ausreichenden Ressourcen besitzen, um mehr als die Mindestanforderungen zu erfüllen. Wird etwas für das Allgemeinwohl der Gesellschaft getan, so wird dies im Hinblick auf die Verbesserung der Rentabilität gerechtfertigt.[33] Eine solche Situation liegt vor, wenn einem Unternehmen beispielsweise soziale Verpflichtungen als Voraussetzung für die Erlangung neuer Verträge (wenn etwa von Zulieferern an Organisationen der öffentlichen Hand eine Personalpolitik der Chancengleichheit verlangt wurde) oder zur Verteidigung ihres guten Rufs auferlegt wurden. Die Verantwortung für solche Entscheidungen liegt typischerweise bei den Managern der mittleren Führungsebene oder Abteilungsleitern und nicht bei der obersten Führungskräften, denn diese sehen diese Rolle nicht als Teil ihrer Aufgabe. Die Beziehungen zu den Interessengruppen sind hier höchstwahrscheinlich

32 Als Zusammenfassung der Argumentation Milton Friedmans wird oft zitiert: M. Friedman: „The social responsibility of business is to increase its profits", *New York Times Magazine*, 13. September (1970).

33 Siehe A. McWilliams und D. Seigel, „Corporate social responsibility: A theory of the firm perspective", *Academy of Management Review*, Bd. 26 (2001), S. 117–127.

eher einseitig und nicht interaktiv. Natürlich besteht bei dieser Einstellung die Gefahr, dass die Gesellschaft von den Unternehmen etwas ganz anderes erwartet. Tatsächlich steigen die Erwartungen der Gesellschaft an große Organisationen, und es zeigt sich, dass sich die Firmenchefs dessen durchaus bewusst sind und auch die Ansicht teilen, dass Organisationen in sozialen Belangen aktiver sein sollten.[34]

Das *aufgeklärte Selbstinteresse* ist geprägt vom Erkennen des *langfristigen finanziellen Nutzens für den Aktionär* von gut betreuten Beziehungen zu anderen Interessengruppen. Die Rechtfertigung für soziales Handeln liegt darin, dass es auch wirtschaftlich gesehen sinnvoll ist. Die *Reputation*[35] einer Organisation ist entscheidend für ihren langfristigen finanziellen Erfolg, und es muss ein Geschäftsplan für eine aktivere Haltung in Bezug auf soziale Belange entwickelt werden, um zum Beispiel neue Mitarbeiter gewinnen und halten zu können. Hier können philanthropische Aktionen[36] einer Organisation oder ihr Handeln für das Gemeinwohl durchaus als vernünftige Investition gesehen werden, die mit anderen Investitions- oder Werbeausgaben vergleichbar ist. Die finanzielle Förderung wichtiger Sport- oder Kunstveranstaltungen ist hier als Beispiel zu nennen. Außerdem ist es wichtig, fragwürdige Marketingaktionen zu meiden, damit es auf diesem Gebiet keine zusätzlichen gesetzlichen Regelungen geben muss. Manager vertreten die Ansicht, dass eine Organisation nicht nur ihren Aktionären verantwortlich ist, sondern auch für die *Beziehungen zu* anderen Interessengruppen Verantwortung trägt (zu unterscheiden von der direkten *Verantwortung für* andere Interessengruppen). Die Kommunikation mit verschiedenen Interessengruppen ist in dieser Position sicherlich intensiver als bei Organisationen, die sich dem Laisser-faire-Stil verschrieben haben. Hier ist es auch durchaus möglich, dass Organisationen auch Systeme und Richtlinien einführen, um die Einhaltung bewährter Methoden zu gewährleisten (z.B. die Umweltnorm ISO 14.000, den Schutz der Menschenrechte im internationalen Geschäft, etc.) und ihre Leistungen in Bezug auf soziale Verantwortung überwachen. Auch das Top Management könnte in diesem Themenbereich eine größere Rolle spielen, zumindest indem es sein Unternehmen aktiv in seiner sozialen Rolle unterstützen.

Ein Forum für die Interaktion mit Interessengruppen[37] berücksichtigt ausdrücklich die Interessen und Erwartungen vieler verschiedener Interessengruppen – nicht nur diejenigen der Aktionäre – als Einflussfaktoren auf Organisationszweck und -strategie. Hier lautet das Argument, dass die Leistung einer Organisation auf vielseitigere Weise gemessen werden sollte als nur durch ihre Zahlen. Unternehmen, die diese Haltung einnehmen, könnten wirtschaftlich unrentable Geschäftsbereiche halten, um Arbeitsplätze zu sichern. Sie könnten von Herstellung und Verkauf „anti-sozialer" Produkte Abstand nehmen und für das Gemeinwohl finanzielle Einbußen in Kauf nehmen. Einige Finanzdienstleister bieten ihren Investoren auch sozial verantwortliche Investmentprodukte an. Diese enthalten nur Beteiligungen an Organisationen, deren Aktivitäten hohe Standards sozialer Verantwortung erfüllen.

---

34 *Siehe The State of Corporate Citizenship in the US: A view from inside, 2003–2004, Center for Corporate Citizenship, Boston College; auch dargelegt in Mirvis und Googins, Fußnote 31.*

35 Siehe S. Macleod, „Why worry about CSR?", *Strategic Communication Management*, August/September (2001), S. 8–9.

36 Siehe M. Porter und M. Kramer, „The competitive advantage of corporate philanthropy", *Harvard Business Review*, Bd. 80, Nr. 12 (2002), S. 56–68.

37 H. Hummels, „Organizing ethics: A Interessengruppen debate", *Journal of Business Ethics*, Bd. 17, Nr. 13 (1998), S. 1403–1419.

Hier gibt es allerdings Probleme bezüglich des Gleichgewichts der Interessen verschiedener Interessengruppen. Viele Organisationen des öffentlichen Sektors positionieren sich zu Recht in diesem Bereich, da sie eine große Vielzahl von Erwartungen erfüllen müssen. Diese große Vielfalt kann außerdem oft nur unzureichend in Form von eindeutigen Leistungsmesszahlen berücksichtigt werden. Außerdem vertreten viele kleine Familienbetriebe aufgrund ihrer Arbeitsweise diese Haltung. Sie bringen ihre eigenen Interessen mit den Interessen ihrer Mitarbeiter und den Interessen der lokalen Gemeinschaft in Einklang, selbst wenn dies zu einer Einschränkung ihrer strategischen Wahlmöglichkeiten führt (z.B. Produktionsverlagerung ins Ausland oder heimische Produktion). Solche Organisationen brauchen zwangsläufig länger, um neue Strategien zu entwickeln, denn sie müssen diese in umfassender Weise mit vielen Interessengruppen abstimmen und schwierige Kompromisse zwischen widersprüchlichen Interessen der Interessengruppen erzielen, wie in *Abschnitt 4.3* besprochen.

Im Rahmen einer Balanced Scorecard können Unternehmen Ziele entwerfen, die soziale Verantwortung innerhalb des operativen Geschäfts berücksichtigen, und sie aktiv und in koordinierter Weise verfolgen. Es wird erwartet, dass sich eine solche Unternehmensposition auch im Verhalten der einzelnen Mitarbeiter innerhalb des Unternehmens widerspiegelt.

Für *Gestalter der Gesellschaft* sind finanzielle Belange nur zweitrangig oder werden sogar als einschränkend empfunden. Bei ihnen handelt es sich um Aktivisten, die die Gesellschaft und ihre Werte verändern möchten. Ein solches Unternehmen könnte genau zu diesem Zweck gegründet worden sein, wie dies etwa bei The Body Shop der Fall ist. Die soziale Verantwortung ist hier die eigentliche *Daseinsberechtigung* des Unternehmens. Es kann seinen strategischen Zweck darin sehen, „die Spielregeln zu verändern", was ihm durchaus von Nutzen sein kann, was es aber hauptsächlich zum Wohl der Gesellschaft tut. Organisationen mit dieser Haltung operieren nur selten allein; meist bilden sie Partnerschaften mit anderen – kommerziellen und nicht kommerziellen – Organisationen, um gemeinsam ihre Ziele zu erreichen.

Inwieweit dies eine tragfähige ethische Haltung ist, hängt von Themen wie Regulierung, Corporate Governance und Verantwortlichkeit ab. Diese Haltung ist für Unternehmen in privater Hand leichter umsetzbar, denn hier gibt es keine externen Aktionäre, denen man verantwortlich ist. Viele sind der Meinung, dass die großen historischen Erfolge öffentlicher Dienstleister, die die Lebensqualität von Millionen von Menschen entscheidend verbessern konnten, zum Großteil darauf zurückzuführen sind, dass diese Organisationen „eine Mission zu erfüllen hatten" und außerdem von einem entsprechenden politischen Rahmenwerk unterstützt wurden. In vielen Ländern ergeben sich jedoch große Herausforderungen bezüglich der Legitimität solcher von einer Mission geprägten Haltungen öffentlicher Dienstleister, und es werden Forderungen laut, dass Bürger (als Steuerzahler), von ihnen die beste Leistung erwarten sollten. Auch gemeinnützige Organisationen sehen sich ähnlichen Problemen gegenüber. Für ihre Existenz ist es von grundlegender Bedeutung, die Verbesserung der Interessen bestimmter gesellschaftlicher Gruppen mit großem Eifer voranzutreiben, doch sie müssen sich auch um ihr finanzielles Überleben kümmern, was dazu führen kann, dass sie als zu kommerziell angesehen werden und man glaubt, sie würden zu viel Geld für Verwaltung und Werbung ausgeben.

Beispiel 4.2 **Der Zusammenbruch von Lehman Brothers**

Die Entscheidungen des Top Managements liegen vielleicht nicht immer im besten Interesse der Aktionäre – und das kann katastrophale Folgen haben.

Im Jahr 2008 war Lehman Brothers die viertgrößte Investment Bank der USA. Gegründet wurde sie bereits Mitte des 19. Jahrhunderts und hatte unter der Führung des aktuellen CEO Dick Fuld eine Strategie des schnellen Wachstums verfolgt, was ebenso wie bei anderen Banken auch die Entwicklung von Derivaten im Zusammenhang mit dem Höhenflug des Immobilienmarktes mit einschloss. Man wollte damit die Angreifbarkeit der Banken durch Fluktuationen des Marktes reduzieren und es ihnen ermöglichen, durch eine „Wertpapier-Absicherung" höhere Kreditrisiken einzugehen.

Die Zeitung *The Times* formulierte, dass Lehmans Strategie der groß angelegten Investitionen auf dem US-amerikanischen Immobilienmarkt Ausdruck der „Hoffnung" sei, man könne „die hohen Profite der Großen im Immobiliengeschäft kopieren. Dazu wurden Immobilienschulden als vermarktbare Finanzpakete verschnürt und an Investoren verkauft, um so das Risiko zu diversifizieren, indem es auf viele Einzelinvestoren verteilt wurde". Das Problem dabei war, dass auch eher zweifelhafte Vermögenswerte in diesen Paketen enthalten waren. Als schließlich der Immobilienmarkt zusammenbrach und die Preise in den Keller stürzten, erkannte Lehman zusammen mit vielen anderen Banken, die die gleiche Strategie verfolgt hatten, dass das Risiko keineswegs diversifiziert worden war und die neu kreierten Finanzprodukte wertlos waren. Die Banken, Lehman eingeschlossen, hatten den Markt falsch interpretiert und auf Produkte gesetzt, die nur von sehr wenigen Menschen wirklich verstanden wurden. Zu allem Übel hatte Lehman seine Investitionen auf dem Immobilienmarkt noch ausgebaut, als sich die Anfänge der Kreditkrise bereits abzeichneten.

Im September 2008 brach Lehman zusammen und musste Konkurs anmelden. Die Schockwelle dieses Zusammenbruchs war auf der ganzen Welt zu spüren, denn immer mehr Banken mussten sich an ihre Regierungen oder neue Investoren wenden und um finanzielle Unterstützung bitten. Der Leitartikel in *The Times* weist die Schuld für diese Probleme Dick Fuld und seiner Führungsriege zu:

> *Mr. Fuld ist seit 1994 Alleinherrscher über Lehmans. Er ist eine merkwürdige Kreuzung aus Gordon Gekko und Tony Soprano und gilt an der Wall Street als kompromissloser Mogul, der seine Kollegen öffentlich herunterputzt. Er sagt zwar gern und lautstark seine Meinung, doch wenn es ums Zuhören geht, ist er wenig begabt. Letztendlich führte er sich und sein Umfeld gründlich in die Irre, nachdem seine Bank bereits Ende der 1990er knapp einem Konkurs entkommen war. Damals hatten er und seine Bank alle nötigen Vorkehrungen getroffen, um jede weitere Finanzkrise zu überstehen.*

Auf der Jahreshauptversammlung der Bank im April 2008 sagte Fuld:

Das Schlimmste haben wir in der Finanzbranche hinter uns.

Zwei Monate später musste seine Bank Quartalsverluste in Höhe von $ 2,8 Mrd. (etwa € 2 Mrd.) vermelden ... Was mit Lehman Brothers geschehen ist, wäre vermeidbar gewesen. Mr. Fuld hätte seine Bank mit klügerer Hand führen können. Wäre die Führungsriege nicht so willfährig gewesen, hätte man sein Tun strenger überwacht oder ihn sogar ausbooten können. Nach dem Zusammenbruch von Bear Stearns (eine weitere große Investment Bank) hätte der Vorstand von Lehman Brothers vor allem darauf achten müssen, eine solche Katastrophe zu verhindern.

The Times fuhr fort, dass der Lehman-Vorstand, der ja nun neue Finanzmittel brauchte, um überleben zu können, die Möglichkeit gehabt hätte, die Bank oder Teile davon zu verkaufen, so etwa das Fondsmanagement. Statt dessen „stellte sich heraus, dass Fuld und sein Vorstand völlig unrealistische Vorstellungen von dem wahren Wert ihrer Bank hatten ... und ... keinerlei Verständnis für das Geschäftsmodell ihrer Bank oder die Veränderungen des Finanzmarktes zeigten ...“

Quelle: The Times, 16. September 2008, S. 2.

Kontrollfragen

1. Warum haben sich Fuld und sein Vorstand wohl in der beschriebenen Art und Weise verhalten?
2. Welche anderen Mechanismen innerhalb der Führungskette hätten das Geschehene verhindern können (oder sollen)?
3. Welche Veränderungen der Corporate Governance sind nötig, um ähnliche Ereignisse zu verhindern?

Grundsätzlich ausgedrückt stehen die Gestalter der Gesellschaft am anderen Ende des Spektrums, dessen Anfang die Laisser-faire-Unternehmen bilden. Man muss aber auch berücksichtigen, dass einige große Unternehmen, die einen Laisser-faire-Ansatz verfolgen wie etwa NewsCorp oder Haliburton sich auch aktiv für die Gestaltung der Gesellschaft einsetzen, obwohl das natürlich im Rahmen ihrer eigenen Vorstellung von der Rolle des Unternehmens in der Gesellschaft geprägt ist.

Immer mehr Manager vertreten die Ansicht, dass der Laisser-faire Stil nicht mehr akzeptabel ist[38], dass Unternehmen im Gegenteil eine sozial verantwortliche Position vertreten sollten. Dies hat nicht nur rein ethische Gründe. Viele Manager glauben, dass eine solche Haltung auch wirtschaftliche Vorteile bringt und dass Risiken entstehen, wenn sie sie vernachlässigen. Soziale Verantwortung zu übernehmen senkt das Risiko negativer Reaktionen von Interessengruppen (darunter nicht zuletzt Kunden) und kann dafür sorgen, dass Mitarbeiter Loyalität entwickeln und motiviert sind. Soziale Verantwortung lässt sich also in dreifacher Weise rechtfertigen: Es entstehen soziale Vorteile, Vorteile für die Umwelt und höhere Gewinne. Viele sind sogar der Meinung, sozial ver-

38 D. Vogel, „Is there a market for virtue? The business case for corporate social responsibility“, *California Management Review*, Bd. 47, Nr. 4 (2005), S. 19–45.

antwortliche Strategien würden die Grundlage für die Erlangung eines Wettbewerbsvorteils schaffen. Es kommt darauf an, eine Win-win-Situation zu erzeugen, um den wirtschaftlichen Ertrag aus Investitionen in die Umwelt zu optimieren:[39]

> *Die Grundfrage ... lautet nicht, ob sich eine Sache lohnt, sondern ob sie die Chance birgt, gemeinsame Werte zu schaffen – das heißt einen bedeutenden Nutzen für die Gesellschaft bringt, der auch für das Unternehmen wertvoll ist.*[40]

Die Bekämpfung der AIDS-Pandemie in Afrika ist für ein Pharmaunternehmen oder für ein afrikanisches Bergbauunternehmen nicht nur ein „gutes Werk", es ist auch für ihre eigenen Interessen von zentraler Bedeutung. Ähnlich verhält es sich mit der der Verringerung des Kohlenmonoxyd-Ausstoßes, der für einen Autohersteller eine große unternehmerische Chance darstellt.[41] Die schwedische Lobby für umweltfreundlichere Verpackungen brachte Ecolean dazu, Verpackungen zu produzieren, die nicht nur umweltverträglicher sind, sondern auch 25 Produkte billiger als die Produkte der Konkurrenz.[42]

Es ist jedoch nicht ganz klar, ob eine solche Haltung immer auch wirtschaftliche Vorteile bringt. Nimmt man die Ansicht über den Wettbewerbsvorteil allerdings ernst, sollte dieser auch in Form höherer Gewinne messbar sein. Doch die Beweise sind hier nicht ganz eindeutig. Es gibt Hinweise auf eine Verbindung zwischen dem Ansatz des aufgeklärten Selbstinteresses und guten finanziellen Ergebnissen.[43] So haben Wissenschaftler beispielsweise versucht, herauszufinden, ob ethisch handelnde Investmentfonds bessere Ergebnisse erzielen als andere Fonds, weil sie in Unternehmen investieren, die soziale Verantwortung übernehmen. Einige sind der Ansicht, dass die Ergebnisse beider Fondsarten gleich sind und argumentieren, dass höhere Gewinne keine Basis für soziale Verantwortung sein können.[44] Andere argumentieren, dass es sehr wohl Hinweise auf bessere finanzielle Ergebnisse gibt, wenn die Fähigkeiten solcher Investoren berücksichtigt werden, die besten Investitionsmöglichkeiten auszuwählen.[45] Kurz gesagt, bei diesem Thema herrscht große Uneinigkeit.

---

39 S.A. Waddock und C. Bodwell, „Managing responsibility: What can be learned from the quality movement", *California Management Review*, Bd. 47, Nr. 1 (2004), S. 25–37, und R. Orsato, „Competitive environmental strategies: When does it pay to be green?", *California Management Review*, Bd. 48, Nr. 2 (2006), S. 127–143.

40 Dieses Zitat stammt von Porter und Kramer, Fußnote 36.

41 Diese Beispiele stammen von Porter und Kramer, Fußnote 36.

42 From Orsato, Fußnote 39.

43 K. Schnietz und M. Epstein, „Does a reputation for corporate social responsibility pay off?", *Social Issues in Management Conference Papers*, Academy of Management Proceedings, 2002. Diese Abhandlung zeigt, dass die Fortune 500 Unternehmen, die auch im Domini Social Index waren, bessere Leistungen in Bezug auf ihre Aktienerträge erzielten als andere.

44 Siehe D. Vogel, Fußnote 38.

45 M.L. Barnett und R.M. Salomon („Beyond dichotomy: The curvilinear relationship between social responsibility and financial performance", *Strategic Management Journal*, Bd. 27, Nr. 11 (2006), S. 1101–1122) sind der Meinung, dass Forschungsarbeiten, wie sie von Vogel durchgeführt wurden, die Auswahlprogramme der Investoren nicht genügend beachten. Je intensiver diese Auswahlprogramme sind – abhängig davon, wie sie durchgeführt werden – desto mehr kann auch die finanzielle Leistung steigen.

Abbildung 4.5 wirft einige Fragen auf, die zur Bewertung des sozial verantwortlichen Handelns einer Organisation dienen können. Mittels eines *sozialen Berichtswesens*[46] kann sichergestellt werden, dass Aspekte des sozial verantwortlichen Handelns systematisch überprüft werden. Einige progressive Organisationen haben dieses Mittel mittlerweile perfektioniert. Eine solche Revision kann in vielerlei Formen durchgeführt werden, angefangen von sozialen Betriebsprüfungen, die von unabhängigen externen Organisationen durchgeführt werden, über soziale Aspekte, die jedes Unternehmen heute in seinem Jahresbericht offen legen muss (so etwa bestimmte auf die Umwelt bezogene Aspekte) bis hin zur freiwilligen Bewertung eigener sozialer Leistungen durch die Unternehmen.

Sollten Organisationen verantwortlich sein für ...
INTERNE ASPEKTE
Das Wohlergehen der Mitarbeiter ... Krankenversicherung, Hilfe bei der Eigenheimfinanzierung, langes Fehlen wegen Krankheit, Hilfe für Angehörigen, etc.?
Arbeitsbedingungen ... sichere Arbeitsplätze, bessere Arbeitsverhältnisse, soziale und Sporteinrichtungen, Lohnniveau über Mindestlohn, Weiterbildung und Entwicklung?
Strukturierung der Arbeitsaufgaben ... Gestaltung der Aufgaben, sodass die Mitarbeiter zufrieden sind und nicht nur wirtschaftliche Effizienz beachtet wird? (Dazu gehören auch Aspekte des Gleichgewichts zwischen Arbeit und Freizeit.)
Geistiges Eigentum ... Anerkennung des privaten Wissens einzelner Mitarbeiter, ohne auf Unternehmenseigentum zu pochen?
EXTERNE ASPEKTE
Umweltaspekte ... Reduzierung der Umweltverschmutzung auf Werte unterhalb gesetzlich vorgeschriebener Grenzen, wenn Konkurrenten dies nicht tun? ... Energiesparen?
Produkte ... Gefahren aufgrund des sorglosen Umgangs mit Produkten durch den Verbraucher?
Märkte und Marketing ... sich gegen den Verkauf in bestimmten Märkten entscheiden? ... Marketingstandards?
Zulieferer ... „faire“ Handelsbedingungen? ... Zulieferer auf die schwarze Liste setzen?
Beschäftigung ... positive Diskriminierung zugunsten von Minderheiten? ... Arbeitsplatzerhaltung?
Aktivitäten für die Gemeinschaft ... Unterstützung lokaler Ereignisse und lokaler Sozialprojekte
Menschenrechte ... Beachtung der Menschenrechte in Bezug auf Kinder, Arbeit, die Rechte von Mitarbeitern, Gewerkschaften und unterdrückender politischer Regime? Sowohl direkt als auch in der Auswahl der Märkte, Zulieferer und Partner?

Abbildung 4.5: Einige Fragen zur sozialen Verantwortung von Unternehmen

4.3.2 Die Rolle von Einzelpersonen und Managern

Ethische Aspekte ergeben sich auf individueller wie auch auf gesamtunternehmerischer Ebene und können Einzelpersonen und Manager vor schwierige Probleme stellen. Einige Beispiele sind in Beispiel 4.3 aufgeführt. Hier ergeben sich Fragen bezüglich der Verantwortung eines Einzelnen, der glaubt, die Strategien seiner Organisation seien

46 Für eine Diskussion über die Bandbreite der Leistungsmesswerte, die in Bezug auf sozial verantwortliches Handeln genutzt werden, sowie über ihre Effektivität siehe A. Chatterji und D. Levine, „Breaking down the wall of codes: Evaluating non-financial performance measures“, *California Management Review*, Bd. 48, Nr. 2 (2006), S. 29–51.

unethisch (z.B. die Handelspraktiken) oder würden die legitimen Interessen einer oder mehrerer Interessengruppen nicht in angemessener Weise vertreten. Sollte diese Person die Firma verlassen, da deren Werte nicht mit den eigenen Werten übereinstimmen? Oder ist es angemessen, *die sozialen Missstände aufzudecken* und relevante Informationen an externe Organe wie Aufsichtsbehörden oder die Presse weiterzugeben?

Angesichts der Tatsache, dass Strategieentwicklung ein hochgradig politischer Prozess sein kann, der sich stark auf die Karrieren der beteiligten Personen auswirken kann, kann es manchen Managern schwer fallen, Integrität zu erlangen und zu bewahren. Außerdem können sich Konflikte ergeben, denn Strategien, die im besten Interesse der Manager liegen, müssen nicht unbedingt im besten langfristigen Interesse ihrer Organisationen und der Aktionäre liegen. Einige Organisationen wie etwa Texas Instruments, legen ausdrücklich formulierte Richtlinien fest, die ihre Mitarbeiter befolgen müssen (siehe Abbildung 4.6). So liegt vielleicht die größte Herausforderung für einen Manager darin, ein ausgeprägtes Bewusstsein für sein eigenes Verhalten bezüglich der oben angesprochenen Aspekte zu entwickeln.[47] Dies kann sehr schwierig werden, denn dazu muss er zu oft tief verwurzelten und kaum hinterfragten Annahmen auf Abstand gehen, die Teil der Unternehmenskultur sind – ein Kernpunkt des nächsten Kapitels.

Beispiel 4.3 Ethische Dilemmata

Manager sehen sich einer Reihe ethischer Dilemmata gegenüber, denen sie sich stellen müssen.

Zielkonflikte

Sie sind ein niederländischer Manager, der für die Bergbauaktivitäten Ihres internationalen Unternehmens in Namibia zuständig ist. Sie beschäftigen zum Großteil einheimische Arbeiter zu sehr geringen Löhnen. Ihr Unternehmen bedeutet den Lebensunterhalt für 1.000 Familien und erhält die lokale Wirtschaft am Leben. Es gibt keine andere Arbeit mit Ausnahme der Landwirtschaft für den Eigenbedarf. Sie haben in der Mine viele Sicherheitsmängel bemerkt, doch der Ingenieur der Firma hat darauf hingewiesen, dass die Kosten für eine sicherheitstechnische Umrüstung die Mine unrentabel machen würde. Eine Schließung der Mine würde für politischen Aufruhr sorgen und den Ruf des gesamten Unternehmens schädigen. Bleibt sie jedoch offen, so besteht das Risiko einer schweren Katastrophe.

Leistungsdaten

Sie wurden vor kurzem zum Leiter einer Schule ernannt, die sich nun nach einer Zeit schlechter Ergebnisse unter Leitung Ihres Vorgängers allmählich wieder erholt. Es steht fest, dass ein wichtiger Leistungsindikator die Anwesenheitszahlen der Schüler betrifft, die auf den nationalen Durchschnitt angehoben werden müssen (95 Prozent). Sie haben nun alle Daten für Ihre regelmäßige statistische

47 M.R. Banaji, M.H. Bazerman und D. Chugh, „How (UN)ethical are you?“, *Harvard Business Review*, Bd. 81, Nr. 12 (2003), S. 56–64.

Aufstellung beisammen und stellen zu Ihrer Enttäuschung fest, dass die Anwesenheitszahlen gerade etwas unterhalb Ihres angestrebten Ziels liegen. Als Sie dies mit Ihrer Stellvertreterin besprechen, fragt sie, ob sie die Zahlen vor der externen Überprüfung vielleicht „neu berechnen" und „korrigieren" soll.

Bestechung

Sie sind der kürzlich ernannte Manager eines neuen Verkaufsbüros in New York, das von Ihrer britischen Firma nach aufwändigen Recherchen eröffnet wurde. Nach einigen Monaten bemerken Sie, dass keines der Firmenprodukte ohne die Zustimmung einer zwielichtigen New Yorker Behörde, die von einigen Mitgliedern der Elektrikergewerkschaft, die sich Local 4 nennen, kontrolliert wird, in New York verkauft werden kann. Weitere Nachforschungen ergeben, dass Local 4 mit der Mafia in Kontakt steht.

Kurz darauf bekommen Sie Besuch von Vertretern von Local 4, die Ihnen ein Geschäft anbieten. Bezahlt die Firma ein jährliches „Beratungshonorar" von $ 12.000 (€ 10.000) (mit Steigerungsklauseln sollten die Umsätze steigen), so wird Ihnen die Verkaufsgenehmigung innerhalb von sechs Monaten garantiert. Die Alternative besteht darin, sich allein um die Zustimmung zu kümmern, wobei hier die Chancen informierten Quellen zufolge sehr schlecht stehen.

Natürlich lehnt die Unternehmenspolitik Bestechung strikt ab. Doch mit diesem Projekt steht und fällt die Investition Ihres Unternehmens in den USA und auch Ihre eigene Karriere. Angesichts der Gewinnmöglichkeiten ist $ 12.000 ein geringer Betrag und würde auch – richtig verpackt – globale Zustimmung finden.

Kontingentierung

Die Kontingentierung ist eines der wichtigsten Themen für viele Organisationen des öffentlichen Sektors. Sie sind ein schwedischer Arzt, der vorübergehend ein örtliches Krankenhaus in einer ländlichen Gegend Nigerias leitet. Es wird von der nigerianischen Regierung und von einer europäischen medizinischen Wohltätigkeitsorganisation finanziell unterstützt. Die medizinische Versorgung, besonders die Versorgung mit Medikamenten und Blut, ist jedoch sehr schlecht. Ein Bus ist auf seiner Fahrt aus dem Ort heraus mit einem Touristenfahrzeug zusammengestoßen. Es gibt mehrere Tote und vier Schwerverletzte. Zwei davon sind einheimische Kinder (zwei und zehn Jahre alt), einer ist ein älterer Anführer eines einheimischen Stammes und der vierte Verletzte ist ein deutscher Tourist. Erhalten sie nicht alle schnellstens eine Bluttransfusion, könnten sie sterben. Doch es gibt nur genug Blut für zwei Patienten.

Kontrollfragen

Sie sehen sich persönlich mit jedem dieser Dilemmata konfrontiert:

1. Welche Handlungsmöglichkeiten haben Sie?
2. Listen Sie Pro und Contra jeder Handlungsmöglichkeit für Ihre Organisation, die externen Beteiligten und sich selbst auf.
3. Erklären Sie, was Sie tun würden und begründen Sie Ihre Handlungen aus ethischer Sicht.

Abbildung 4.6: Ethische Richtlinien (basierend auf dem Ansatz von Texas Instruments zur Wirtschaftsethik)

Fragen	Angemessene Antworten
Ist die Aktion legal?	Falls nein, sofort abbrechen.
Entspricht sie unseren Werten?	Falls nein, abbrechen.
Wirst du dich schlecht fühlen, wenn du so handelst?	Frage dein eigenes Gewissen, ob du damit leben kannst.
Wie würde das in den Zeitungen aussehen?	Frage dich, ob du so handeln würdest, wenn es morgen öffentlich würde.
Wenn du weißt, dass es falsch ist ...	Tu es nicht.
Wenn du dir nicht sicher bist ...	Frage nach.
	Und frage so lange, bis du eine Antwort bekommst.

4.4 Die Erwartungen von Interessengruppen[48]

Aus den vorangegangenen Abschnitten sollte klar hervorgegangen sein, dass die Entscheidungen, die ein Manager bezüglich Zweck und Strategie seiner Organisation treffen muss, von den Erwartungen der Interessengruppen beeinflusst werden. Dies birgt eine Herausforderung, denn meist gibt es viele verschiedene Interessengruppen, besonders bei großen Organisationen (siehe Abbildung 4.7) mit unterschiedlichen, vielleicht sogar widersprüchlichen Erwartungen. Das bedeutet, dass Manager darauf achten müssen, (i) welche Interessengruppen den größten Einfluss ausüben und folglich (ii) welche Erwartungen sie bevorzugt berücksichtigen müssen und (iii) inwieweit Erwartungen und Einfluss verschiedener Interessengruppen voneinander abweichen.

Abbildung 4.7: Interessensgruppen einer großen Organisation

48 Die frühen Veröffentlichungen zum Thema Interessengruppen sind immer noch zu beachten. Zum Beispiel die Seminararbeit von R.M. Cyert und J.G. March, *A Behavioural Theory of the Firm*, Prentice Hall, 1964; I.I. Mitroff, *Interessengruppen of the Organisational Mind*, Jossey Bass, 1983; R.E. Freeman, *Strategic Management: A Interessengruppen approach*, Pitman, 1984. Siehe auch J. Bryson, „What to do when Interessengruppens matter: Interessengruppen identification and analysis techniques", *Public Management Review*, Bd.6, Nr. 1 (2004), S. 21–53.

Es ist sinnvoll, externe Interessengruppen in drei Gruppen einzuteilen, je nachdem, welche Beziehung sie zu einer Organisation haben und wie sie demnach Erfolg oder Misserfolg einer Strategie beeinflussen können:[49]

- *Wirtschaftliche Interessengruppen*, darunter Zulieferer, Konkurrenten, Vertrieb (deren Einfluss mithilfe des Five-Forces-Modells aus *Kapitel 2*, Abbildung 2.2, bestimmt werden kann) und Aktionäre (deren Einfluss mithilfe der Stufen der Corporate Governance aus *Abschnitt 4.2.1* ermittelt werden kann).
- *Soziale/politische Interessengruppen* wie politisch Verantwortliche und Regierungsbehörden, die die „soziale Legitimität" einer Strategie beeinflussen.
- *Technologische Interessengruppen* wie wichtige Nutzer, Aufsichtsbehörden und Eigner konkurrierender Technologien, die die Verbreitung neuer Technologien und die Übernahme industrieller Standards beeinflussen können.

Der Einfluss dieser unterschiedlichen Interessengruppengruppen variiert oft in verschiedenen Situationen. Die „technologische" Gruppe hat beispielsweise einen ganz entscheidenden Einfluss auf Strategien zur Einführung neuer Produkte, während die „soziale/politische" Gruppe meist im öffentlichen Bereich sehr viel Mitspracherecht hat.

Es gibt auch organisationsinterne Interessengruppen, zum Beispiel Abteilungen, geografische Standorte oder verschiedene Hierarchieebenen. Einzelne Personen können mehr als nur einer Interessengruppe angehören, und solche Gruppen können sich in Abhängigkeit vom jeweils anstehenden Thema oder der jeweiligen Strategie unterschiedlich positionieren. Natürlich können externe Interessengruppen versuchen, die Strategie einer Organisation durch ihre Verbindungen zu internen Interessengruppen zu beeinflussen. So können Kunden beispielsweise Druck auf Verkaufsmanager ausüben, damit diese ihre Interessen innerhalb der Organisation vertreten.

Da die Erwartungen der verschiedenen Interessengruppen voneinander abweichen, sind auch Konflikte bezüglich der Wichtigkeit und Attraktivität vieler strategischer Aspekte vorprogrammiert. In den meisten Situationen müssen Kompromisse gefunden werden. Abbildung 4.8 zeigt einige der typischen Erwartungshaltungen von Interessengruppen und auch ihr Konfliktpotenzial. Internationale Organisationen sehen sich oft noch schwierigeren Situationen gegenüber, denn sie sind in vielen Ländern aktiv. So ist eine Niederlassung im Ausland zum einen Teil des Mutterkonzerns mit allem, was dies für die Erwartungen über Verhalten und Leistung bedeutet; sie ist aber auch Teil der einheimischen Gemeinschaft, die völlig andere Erwartungen an sie hat. Diese beiden „Welten" lassen sich oft nicht so leicht miteinander vereinbaren.[50]

Aus diesen Gründen ist das Interessengruppenkonzept sehr wertvoll für das Verständnis des politischen Zusammenhangs, innerhalb dessen Strategien entwickelt werden. Ein wichtiger Aspekt bei der Strategieauswahl ist die Beachtung der Erwartungen und Einflüsse der Interessengruppen, wie in *Kapitel 10* näher erläutert wird.

---

49 Details darüber, wie diese drei Gruppen mit Organisationen interagieren, sind bei J. Cummings und J. Doh, „Identifying who matters: Mapping key players in multiple environments", *California Management Review*, Bd. 42, Nr. 2 (2000), S. 83–104 zu finden.

50 T. Kostova und S. Zaheer, „Organisational legitimacy under conditions of complexity: The case of the multinational enterprise", *Academy of Management Review*, Bd. 24, Nr. 1 (1999), S. 64–81.

Abbildung 4.8: Einige häufige Interessenskonflikte

- Um wachsen zu können, müssen unter Umständen kurzfristige Rentabilität, Cashflow und Lohnniveau eingeschränkt werden.
- Eine kurzfristige Ausrichtung kann den Karriereplänen der Manager dienlich sein, aber Investitionen in langfristige Projekte verhindern.
- Wenn Familienunternehmen wachsen, können die Besitzer die Kontrolle verlieren, sofern sie professionelle Manager von außen benennen müssen.
- Neue Entwicklungen könnten zusätzliche finanzielle Mittel durch die Ausgabe neuer Aktien oder durch Kreditaufnahme erfordern. In beiden Fällen wird die finanzielle Unabhängigkeit eingeschränkt.
- Die Gründung einer Aktiengesellschaft erfordert mehr Offenheit und Verantwortlichkeit von den Managern.
- Kosteneffizienz durch Kapitalinvestitionen kann den Verlust von Arbeitsplätzen bedeuten.
- Der Eintritt in Massenmärkte kann Qualitätseinbußen zur Folge haben.
- Im öffentlichen Bereich besteht ein häufiger Konflikt zwischen der Massenvorsorge und spezialisierten Dienstleistungen (z.B. Kontrolluntersuchungen beim Zahnarzt versus Herztransplantationen).
- In großen internationalen Organisationen kann es zu Konflikten kommen, weil eine Niederlassung sowohl ihrem Mutterkonzern als auch ihrem Gastgeberland gegenüber Verpflichtungen hat.

4.4.1 Die Bewertung von Interessengruppen[51]

Es gibt verschiedene Arten und Weisen, wie die Bewertung von Interessengruppen angewendet werden kann, um ihren Einfluss besser zu verstehen.[52] Die **Bewertung von Interessengruppen** identifiziert die Interessen und Macht der Interessengruppen und hilft, politische Prioritäten zu setzen. Die Bedeutung zweier Aspekte wird besonders betont:

- Wie stark ist jede Interessengruppe daran *interessiert*, die eigenen Interessen auf die Ziele und ausgewählten Strategien einer Organisation zu übertragen?
- Haben die Interessengruppen tatsächlich die *Macht*, dies zu tun (siehe *Abschnitt 4.4.3*)?

51 Dieser Ansatz der Interessengruppendarstellung wurde in adaptierter Form übernommen von A. Mendelow, *Proceedings of the 2nd International Conference on Information Systems*, Cambridge, MA, 1991. Siehe auch K. Scholes' Kapitel, „Interessengruppen analysis", in V. Ambrosini mit G. Johnson and K. Scholes (Hrs.), *Exploring Techniques of Analysis and Evaluation in Strategic Management*, Prentice Hall, 1998. Für eine Erklärung zum öffentlichen Sektor siehe K. Scholes, „Interessengruppen mapping: A practical tool for public sector managers", in G. Johnson und K. Scholes (Hrs.), *Exploring Public Sector Strategy*, Financial Times/Prentice Hall, 2001, Kap. 9, und J. Bryson, G. Cunningham und K. Lokkesmoe, „What to do when Interessengruppens matter: The case of problem formulation for the African American men project of Hennepin County, Minnesota", *Public Administration Review*, Bd. 62, Nr. 5 (2002), S. 568–584.

52 Siehe zum Beispiel J. Bryson et al. Fußnote 52. Siehe auch Kalle Pajunen, „Interessengruppen influences in organizational survival", *Journal of Management Studies*, Bd. 43, Nr. 6 (2006), S. 1261–1288.

Macht/Interesse-Matrix

Die Macht/Interesse-Matrix ist in Abbildung 4.9 dargestellt. Sie beschreibt den Kontext, innerhalb dessen eine Strategie verfolgt werden kann, indem die Interessengruppen bezüglich ihrer Macht und bezüglich ihres Interesses an der Unterstützung oder Ablehnung einer bestimmten Strategie klassifiziert werden. Die Matrix erleichtert das Durchdenken der Einflüsse der Interessengruppen auf die Entwicklung einer Strategie. Es muss allerdings darauf hingewiesen werden, dass die Art und Weise, wie Manager mit Interessengruppenbeziehungen umgehen, von den Governance-Strukturen ihrer Organisation (siehe *Abschnitt 4.2*) und ihrer Haltung zu sozialer Verantwortung (siehe *Abschnitt 4.3.1*) abhängen. In einigen Ländern haben Gewerkschaften beispielsweise nur sehr wenig Einfluss, während sie in anderen Ländern sogar im Aufsichtsrat vertreten sind; in manchen Fällen nehmen Banken nur wenig konkreten Einfluss auf Strategieentwicklung, anderswo sind sie Teil der Governance-Struktur von Organisationen. Ein Unternehmen, das im Laisser-faire-Stil operiert, achtet nur auf die Interessen der wirtschaftlich mächtigsten Interessengruppen (also etwa der Investoren), während Gestalter der Gesellschaft alles dafür tun, auch die Interessengruppen zu berücksichtigen und mit einzubeziehen, die ihren eigenen Einfluss selbst als eher gering einschätzen.

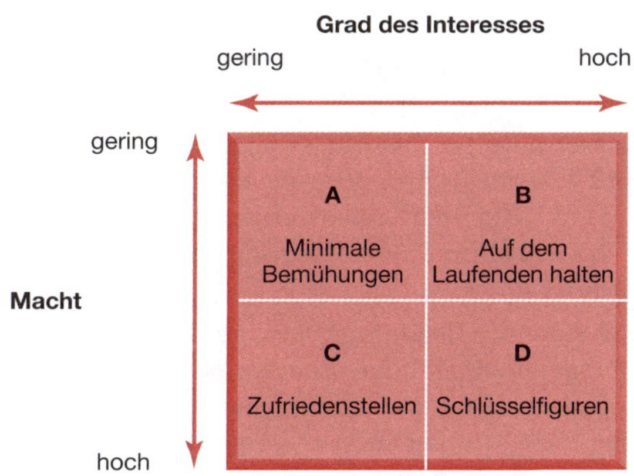

Abbildung 4.9: Die Darstellung der Stakeholder: Die Macht/Interesse-Matrix

Um die Funktionsweise der Matrix aufzuzeigen, versetzen wir uns in die Lage eines Unternehmens, dessen Manager ihre Strategien so formulieren möchten, dass die Interessengruppen mit ihrer eigenen Auslegung strategischer Notwendigkeiten übereinstimmen. Unter diesen Voraussetzungen zeigt die Matrix in ihren vier Quadranten, welches Verhältnis diese Organisation typischerweise zu verschiedenen Interessengruppen aufbaut. Bei der Gruppe der *Schlüsselfiguren* (Quadrant D) ist die Akzeptanz einer Strategie natürlich besonders wichtig. Dies könnten zum Beispiel die Investoren sein, doch es könnte sich dabei auch um bestimmte Einzelpersonen oder Körperschaften handeln, die viel Macht besitzen – etwa ein Hauptaktionär in einem Familienunternehmen oder eine Regierungsbehörde, die Geldgeber einer öffentlichen Organisation ist. Die schwierigsten Probleme ergeben sich oft im Zusammenhang mit Interessengruppen in Quadrant C. Obwohl sich diese im Allgemeinen eher passiv verhalten, kann sich eine katastrophale Situation ergeben, wenn ihr Interesse unterschätzt wird und sie sich plötzlich *neu positionieren*, zu Quadrant D wechseln und dort die Übernahme neuer Strategien vereiteln. Zu dieser Kategorie können institutionelle Anleger wie etwa Pensionsfonds oder Versicherungsunternehmen gehören. Sie zeigen zunächst wenig Interesse, bis die Aktienkurse allmählich fallen, doch verschaffen sich dann in den Führungsetagen sehr lautstark Gehör.

Ähnlich verhält es sich mit der Berücksichtigung der Interessengruppenerwartungen aus Quadrant B wie etwa öffentlichen Interessengruppen durch die Weitergabe von Informationen. Es kann sehr wichtig sein, solche Interessengruppen auf seiner Seite zu wissen, denn sie können zu bedeutenden Verbündeten werden, wenn es um die Beeinflussung der Meinung wichtigerer Interessengruppen geht, zum Beispiel durch die *Bildung von Lobbys*.

Die Darstellung der Interessengruppen kann auch dabei helfen, einige der folgenden Fragen besser beantworten zu können:

- Die Erwartungen welcher Interessengruppen müssen bei der *Bestimmung von Zielsetzung und Strategie* besonders beachtet werden?
- Spiegelt das *tatsächliche Interessens- und Machtniveau* der Interessengruppen den Rahmen der angemessenen Unternehmensorganisation, innerhalb dessen die Organisation operiert, in korrekter Form wider, wie in den Beispielen oben (institutionelle Anleger, Interessengruppen)?
- Welche *Schlüsselfiguren blockieren eine Strategie eher oder erleichtern ihre Einführung*, und wie kann die Organisation darauf reagieren – zum Beispiel durch Weiterbildung oder Überzeugung?
- Ist es wünschenswert oder machbar, dass sich bestimmte Interessengruppen *neu positionieren*? Dies könnte dazu beitragen, den Einfluss einer Schlüsselfigur zu mindern oder unter Umständen sicherstellen, dass es mehrere Schlüsselfiguren gibt, die sich für die gewählte Strategie einsetzen (auf dem öffentlichen Sektor ist dies oft sehr wichtig).
- Es kann von entscheidender Bedeutung sein, ein bestimmtes Niveau des Interesses oder der Macht einiger wichtiger Interessengruppen zu halten. So kommt es zum Beispiel für den Erfolg einer Strategie sehr auf die „öffentliche Unterstützung" durch mächtige Zulieferer oder Kunden an. Außerdem kann es notwendig werden, einige Interessengruppen davon abzubringen, sich neu zu positionieren. Dies ist mit dem Begriff *„zufrieden stellen"* gemeint, der sich auf die Interessengruppen in Quadrant C bezieht und in geringerem Maß auch auf den Begriff *„auf dem Laufenden halten"* für die Interessengruppen aus Quadrant B zutrifft. Um dies zu erreichen können *Ausgleichszahlungen* an Interessengruppen geleistet werden, um sicherzustellen, dass sie eine neue Strategie akzeptieren. So könnten zwei Abteilungen eine Art „Geschäft" abschließen, wonach die eine Seite die andere bei einer ihrer Strategien unterstützt, wenn diese wiederum zustimmt, die Strategie der anderen Seite nicht zu blockieren.

Diese Fragen können für Manager schwierige ethische Probleme aufwerfen, denn sie müssen entscheiden, welche Rolle sie innerhalb der politischen Aktivitäten rund um das Management der Interessengruppen einnehmen sollen. Diese Überlegung führt zurück zum Thema Corporate Governance und Ethik, die bereits in diesem Kapitel angesprochen wurde. Sind Manager ehrliche Vermittler, die alle gegensätzlichen Erwartungen der Interessengruppen gegeneinander abwägen? Oder sollten sie nur einer Interessengruppe – etwa den Aktionären – gegenüber verantwortlich sein, und besteht ihre Aufgabe demnach darin, die Akzeptanz für ihre Strategie durch andere Interessengruppen sicherzustellen? Oder liegt die Macht in Wahrheit ganz bei den Managern, die

Strategien so entwickeln können, dass sie ihre eigenen Zwecke erfüllen und mit den Erwartungen der Interessengruppen so umgehen können, dass deren Akzeptanz der gewählten Strategie garantiert ist?

Beispiel 4.4 zeigt einige Situationen aus der Praxis, in denen die Bewertung der Interessengruppen eingesetzt wird, um den politischen Kontext rund um eine neue Strategie zu verstehen und politische Prioritäten zu setzen. Das Beispiel bezieht sich auf eine deutsche Bank mit Hauptsitz in Frankfurt und einer Niederlassung in Toulouse (Frankreich), wo Firmenkunden betreut werden. Man erwägt die Schließung der französischen Niederlassung und die Verlegung des gesamten Firmenkundengeschäfts nach Frankfurt.

Beispiel 4.4

Die Bewertung von Interessengruppen bei Tallman GmbH

Die Festlegung von Profilen von Interessengruppen kann ein nützliches Hilfsmittel zur Bestimmung politischer Prioritäten für bestimmte strategische Entwicklungen oder Veränderungen sein.

Tallmann GmbH war eine deutsche Bank, die Privatkunden und Firmenkunden in Deutschland, Frankreich und den Beneluxländern betreute. Man sorgte sich um den sinkenden Marktanteil im Firmenkundengeschäft, das von zwei Standorten aus durchgeführt wurde: Frankfurt (für Deutschland und die Beneluxländer) und Toulouse (für Frankreich). Es gab Bestrebungen, die Niederlassung in Toulouse zu schließen und alle Firmenkunden von Frankfurt aus zu betreuen. Dies würde zu erheblichen Arbeitsplatzverlusten in Toulouse führen, denn nur ein Teil der Beschäftigten könnte von Frankfurt übernommen werden. Außerdem bedeutete es erheblich bessere Computersysteme.

Die verantwortlichen Strategen der Bank zeichneten zwei Macht/Interesse-Matrizen, um die Reaktionen der Interessengruppen auf die mögliche Schließung des Standorts Toulouse einschätzen zu können. In Matrix A sind die wahrscheinlichen Reaktionen dargestellt, in Matrix B die bevorzugten Reaktionen – hier erfährt der Plan ausreichende Unterstützung, um zu bestehen.

Betrachtet man Matrix A, so wird klar, dass alle Interessengruppen in Quadrant B, mit Ausnahme von Kunde X und IT-Lieferant A, gegenwärtig die Schließung der Niederlassung in Toulouse ablehnten. Wollte die Bank die Chance haben, diese Interessengruppen dazu zu bringen, ihre Meinung zu ändern und eine positivere Haltung einzunehmen, so musste sie sich um deren spezifische Fragen kümmern und – wenn möglich – deren Ängste mildern. Wäre es möglich, diese Ängste zu überwinden, so könnten die Interessengruppen zu wichtigen Verbündeten werden und dabei helfen, die mächtigeren Interessengruppen in Quadrant C und D zu überzeugen. Die positive Einstellung von Kunde X könnte hier wertvolle Dienste leisten. Kunde X war ein internationales Unternehmen, das in ganz Europa tätig war. Es war unzufrieden gewesen, denn man fühlte sich von den Mitarbeitern in Toulouse und Frankfurt ungleich behandelt.

Die Beziehungen zu den Interessengruppen in Quadrant C waren für die Bank am schwierigsten zu analysieren, denn obwohl sie aufgrund ihrer Gleichgültigkeit gegenüber der neuen Strategie als eher passiv galten, konnte es zu einer Katastrophe kommen, wenn ihre Interessen nicht ausreichend gewahrt würden. Träte der deutsche Minister beispielsweise ab und würde von einem Nachfolger abgelöst, der die Strategie ablehnte, könnte dieser aktiv versuchen, die damit verbundenen Veränderungen zu verhindern. Damit würde er in Quadrant D wechseln.

Die Akzeptanz der neuen Strategie durch die Interessengruppen in Quadrant D war von entscheidender Bedeutung. Besonders wichtig war hier Kunde Y (eine große französische Herstellerfirma, die nur in Frankreich aktiv war und 20 Prozent des Bankengeschäfts am Standort Toulouse ausmachte). Kunde Y lehnte die Schließung von Toulouse ab und hätte auch die Macht, diese aktiv zu verhindern, indem er zum Beispiel eine andere Bank wählte. Tallman musste unbedingt ein offenes Gespräch mit dieser Interessengruppe führen.

Mithilfe eines Vergleichs der Positionen der Interessengruppen in Matrix A und Matrix B und der Identifikation möglicher Veränderungen und Diskrepanzen könnte Tallman eine Reihe von Taktiken entwickeln, um die Haltung bestimmter Interessengruppen zum Positiven zu wenden und um die Macht einiger Interessengruppen zu verstärken. So könnte Kunde X dazu ermutigt werden, die neue Strategie aktiv zu verfechten und Tallman durch die Zurverfügungstellung von Medienzugängen unterstützen oder sogar Kunde Y davon überzeugen, dass die Veränderung für ihn von Nutzen sein könnte.

Außerdem könnte Tallman versuchen, mächtige Interessengruppen davon abzuhalten, ihre Haltung zu ändern und eine negativere Position einzunehmen: So könnte durch Lobbyismus des französischen Ministers durchaus das Interesse des deutschen Ministers erst geweckt oder aber gesteigert werden, wenn Tallmann nicht handelt, um dies zu unterbinden. Dies hat also Auswirkungen darauf, wie Tallman die Situation in Frankreich angeht. Das Unternehmen könnte sich die Zeit nehmen, um seine Strategie mit dem französischen Minister und auch mit Kunde Y durchzusprechen, um sie weg von ihrer negativen und zumindest auf eine neutrale Position zu bringen oder sich sogar ihre Unterstützung zu sichern.

Kontrollfragen

Um Ihr Verständnis der Interessengruppenprofile sicherzustellen, sollten Sie eine eigene vollständige Analyse der Tallmann GmbH für eine andere Strategie erstellen. Nun möchte das Unternehmen alle Geschäftskunden von Toulouse aus betreuen. Wenden Sie dazu folgende Schritte an:

1. Stellen Sie die wahrscheinlichste Situation dar (Matrix A) – denken Sie daran, Interesse und Macht jeder Interessengruppe in Bezug auf diese *neue* Strategie sorgfältig zu analysieren.
2. Stellen Sie die bevorzugte Situation dar (Matrix B).
3. Identifizieren Sie die Diskrepanzen – und somit die politische Prioritäten. Denken Sie daran, dass manche Interessengruppe auch in ihrer ursprünglichen Haltung bestärkt und gehalten werden muss (falls zutreffend).
4. Nennen Sie schließlich die Aktivitäten, die Sie vorschlagen würden und geben Sie eine abschließende Einschätzung dazu ab, welches politische Risiko die Verfolgung dieser neuen Strategie birgt

Dieses Beispiel zeigt zwei weitere Aspekte auf:

- Die verschiedenen Interessengruppen sind *meist nicht „homogen“*, sondern bestehen aus einer Reihe von Untergruppen mit unterschiedlichen Erwartungen und Machtpositionen. Im Beispiel gibt es *Kunden*, die die neue Strategie weitgehend unterstützen (Kunde X), Kunden, die ihr aktiv abwehrend gegenüber stehen (Kunde Y), und andere, die eher gleichgültig sind (Kunde Z). Definiert man also die Profile der Interessengruppen, muss abgewogen werden zwischen einer eher verallgemeinernden Darstellung der Interessengruppen – so könnten wichtige Aspekte der Diversität verloren gehen – und einer zu genauen Unterteilung in Untergruppen, denn dadurch wird die Situation verwirrend und schwer zu interpretieren.
- *Die Position und die Einzelperson*, die diese Position vertritt, müssen klar unterschieden werden. Es ist sinnvoll zu wissen, ob eine neue Person in dieser Position ihre Haltung ändern würde. Eine Missachtung dieses Aspekts kann zu erheblichen Fehleinschätzungen führen. In diesem Beispiel kam die Bank zu dem Ergebnis, dass der deutsche Minister (Quadrant C) der neuen Entwicklung eher gleichgültig gegenüber steht – sie hat für ihn keine Priorität. Ein Ministerwechsel könnte diese Situation jedoch ändern. Natürlich kann die Bank solche Unsicherheiten nicht völlig ausschalten, doch sie wirken sich auf die politischen Prioritäten aus. So müssen beispielsweise die Mitarbeiter des Ministeriums, die den Minister beraten, zufrieden gestellt werden, denn meistens bleiben sie länger in ihrer Position als der Minister selbst und gewährleisten so eine Kontinuität, die Unsicherheiten vermindern kann. Natürlich kann auch Lobbyismus von Seiten des französischen Ministers das Interesse seines deutschen Kollegen wecken. Das könnte sich darauf auswirken, wie das Unternehmen mit der Situation in Frankreich umgeht.

4.4.2 Macht

Der vorherige Abschnitt befasste sich mit dem Verständnis der Interessen der Interessengruppen und betonte die Bedeutung von Macht. Es wurde klar, dass in den meisten Organisationen die Macht ungleich auf verschiedene Interessengruppen verteilt ist. In diesem Zusammenhang bedeutet **Macht** die Fähigkeit eines Einzelnen oder einer Gruppe, andere zu überzeugen, zu überreden oder zu zwingen, bestimmten Handlungsweisen zu folgen. Durch diesen Mechanismus beeinflussen die Erwartungen einer Gruppe die strategische Entwicklung oder suchen einen Kompromiss mit anderen Gruppen.

> **Macht**
> Macht ist die Fähigkeit eines Einzelnen oder einer Gruppe, andere zu überzeugen, zu veranlassen oder zu zwingen, bestimmten Handlungsweisen zu folgen.

Es gibt viele verschiedene Quellen der Macht. Einerseits leiten Einzelne oder Gruppen Macht aus ihrer Position innerhalb der Organisation ab durch die Kontrolle, die sie über bestimmte Ressourcen und Know-how haben oder durch formale Governance-Strukturen. Doch Interessengruppen können ihre Macht auch aus anderen Quellen beziehen, wie Abbildung 4.10 zeigt. Diese Abbildung hilft zu verstehen, mit welch großer Macht Interessengruppen ausgestattet sind, um bestimmte Strategien zu beeinflussen (als Teil der Profile der Interessengruppen).

Abbildung 4.10: Machtquellen und Machtindikatoren

Machtquellen	
Innerhalb von Organisationen	**Für externe Interessengruppen**
• Hierarchie (formale Macht), z.B. autokratische Entscheidungsfindung • Einfluss (informelle Macht), z.B. charismatische Führungsqualitäten • Kontrolle über strategische Ressourcen z.B. strategische Produkte • Verfügung über Wissen und Fähigkeiten z.B. Computerspezialisten • Kontrolle des menschlichen Umfelds z.B. Verhandlungsgeschick • Beteiligung an der Umsetzung von Strategien z.B. durch Entscheidungsfreiheit	• Kontrolle über strategische Ressourcen z.B. Material, Arbeitskräfte, Geld • Beteiligung an der Umsetzung von Strategien z.B. Vertriebsstellen, Vertreter • Verfügung über Wissen und Fähigkeiten z.B. Subunternehmer, Partner • Interne Verbindungen z.B. informeller Einfluss

Machtindikatoren	
Innerhalb von Organisationen	**Für externe Interessengruppen**
• Status • Anspruch auf Ressourcen • Repräsentanz • Symbole	• Status • Abhängigkeit von Ressourcen • Aushandeln von Vereinbarungen • Symbole

Die relative Bedeutung dieser Machtquellen variiert im Laufe der Zeit. So können große Veränderungen im Unternehmensumfeld die Machtverhältnisse zwischen Organisationen und ihren Interessengruppen erheblich verschieben. Auf diese Weise hat sich die Macht der Kunden generell verstärkt, denn sie sind durch das Internet besser über die Angebote verschiedener Unternehmen informiert und können leichter vergleichen, sodass ihre traditionelle Loyalität zu einem bestimmten Anbieter nachlässt. Durch Deregulierung und „mündige Bürger" müssen sich Organisationen des öffentlichen Sektors nun zwangsläufig mehr auf ihre Kunden konzentrieren.

Da es sehr vielfältige Machtquellen gibt, ist es sinnvoll, nach *Machtindikatoren* zu suchen, die sichtbar machen, dass Interessengruppen in der Lage sind, hier ihre Macht auszunutzen. Solche Machtindikatoren sind: der *Status* der Einzelperson oder Gruppe (etwa Rang oder Reputation), der *Anspruch auf Ressourcen* (etwa durch die Größe des Budgets), die *Repräsentanz* in mächtigen Positionen, und *Symbole* der Macht (etwa die Größe des Büros, Namen, Titel). Man sollte jedoch bedenken, dass die *Machtverteilung je nach jeweils anstehender Strategie stark variiert.* Interessengruppen aus dem Bereich Unternehmensfinanzierung sind beispielsweise mächtiger, wenn es um eine Strategie geht, die neues Kapital oder die Einbringung von Einnahmen erfordert. Ihr Einfluss sinkt dagegen, wenn es um neue Entwicklungen geht, die sich größtenteils selbst finanzieren oder in der finanziellen Verantwortung separater Abteilungen oder Tochtergesellschaften liegen.

Beispiel 4.5

Die Einschätzung der Macht bei Tallmann GmbH

Die Einschätzung der Macht der Interessengruppen ist ein wichtiger Teil der Festlegung der Profile von Interessengruppen.

Die Abteilung für Unternehmensfinanzen wird in jeder Hinsicht als mächtig angesehen, während die Marketingabteilung als eher schwach gilt. Ebenso ist der Standort Frankfurt mächtiger als der Standort Toulouse. Diese Analyse liefert wichtige Daten für die Profile der Interessengruppen, denn die strategische Bedeutung der Macht sagt auch etwas darüber aus, ob die jeweiligen Einzelpersonen oder Gruppen ihre Macht auch wirklich ausüben werden. Diese Einschätzung hilft also dabei, die Interessengruppen innerhalb der Macht/Interesse-Matrix genau zu positionieren.

Kombiniert man die Ergebnisse dieser Analyse mit der Definition der Interessengruppenprofile, so wird klar, dass für Toulouse die einzige Hoffnung darin besteht, Zulieferer A zu einer Änderung seiner Haltung zu bewegen, indem man ihn davon überzeugt, dass zwei Niederlassungen eine umfangreichere Betreuung im Bereich IT benötigen würden. Vielleicht könnte Aktionär M hier hilfreich sein durch positive Beeinflussung des Zulieferers.

Ein ähnliches Verständnis für die Macht externer Interessengruppen kann ebenso nützlich sein. Hier sind die Machtindikatoren etwas anders gelagert:

- Der *Status* einer externen Interessengruppe kann oft aus der Geschwindigkeit abgeleitet werden, in der das Unternehmen reagiert.
- Die *Abhängigkeit von Ressourcen* in Bezug auf den relativen Umfang von Unternehmensanteilen oder Krediten oder der Anteil der geschäftlichen Aktivitäten des Unternehmens, der an einen bestimmten Kunden oder an einen bestimmten Zulieferer gebunden ist. Ein wichtiger Indikator könnte darin bestehen, wie leicht ein Zulieferer, Geldgeber oder Kunde kurzfristig wechseln oder ausgetauscht werden könnte.
- *Symbole* geben auch wertvolle Hinweise auf Macht. Welche Kunden oder Zulieferer werden etwa vom Management besonders umworben, oder welchen Rang haben die Mitarbeiter, die mit einem bestimmten Zulieferer Kontakt aufnehmen?

Auch hier reicht ein einzelner Indikator nicht aus, um die Machtposition einer externen Interessengruppe voll und ganz zu verstehen. Beispiel 4.5 zeigt diese Machtindikatoren für die Bank aus dem vorherigen Beispiel. Es wird deutlich, dass für Toulouse die einzige Hoffnung darin besteht, Zulieferer A zu einer Änderung seiner Haltung zu bewegen, indem man ihn davon überzeugt, dass zwei Niederlassungen eine umfangreichere Betreuung im Bereich IT benötigen würden. Vielleicht könnte Aktionär M hier hilfreich sein durch positive Beeinflussung des Zulieferers.

4.5 Organisationale Zielsetzungen: Werte, Mission, Vision und Ziele

Die vorherigen Abschnitte behandelten Faktoren, die den Gesamtzweck einer Organisation bestimmen. Es sind jedoch die Manager, die sich diesen Zweck aneignen und Mittel und Wege finden müssen, ihn auszudrücken. Vielleicht ist es in manchen Unternehmen sogar Vorschrift, eine ausdrückliche Formulierung dieses Zwecks vorzulegen, oder dies wird von einem oder mehreren Interessengruppen erwartet. Oder vielleicht entscheiden die Manager selbst, dass eine solche Aussage sinnvoll ist. Dieser Abschnitt befasst sich mit den verschiedenen Arten und Weisen, wie ein Unternehmenszweck in Form von Aussagen über *Unternehmenswerte*, *Vision*, *Mission* oder *Ziele* ausdrücklich formuliert werden kann.

4.5.1 Unternehmenswerte

Basiswerte

Basiswerte sind die zugrunde liegenden Prinzipien, die die Strategie einer Organisation leiten.

Immer mehr Unternehmen achten sehr darauf, eigene Unternehmenswerte zu entwickeln und zu kommunizieren, die definieren, wie diese Organisation funktioniert.[53] Besonders wichtig sind hier die **Basiswerte** der Organisation – die zugrunde liegenden Prinzipien, die die Strategie einer Organisation leiten. So haben sich Notfalldienste wie Krankenwagen oder Feuerwehren vor allem der Rettung von Leben verschrieben. Dieses Engagement geht sogar so weit, dass die hier Beschäftigten Streiks brechen oder sogar ihr eigenes Leben riskieren würden, um Notfallopfern zu helfen, deren Leben in Gefahr ist. Jim Collins und Jerry Porras argumentieren, dass der langfristige Erfolg vieler amerikanischer Unternehmen – wie etwa Disney, General Electric oder 3M – (zumindest teilweise) auf deren starke Basiswerte zurückzuführen ist.[54] Doch auch solche öffentlichen Erklärungen zu Unternehmenswerten können Nachteile haben, wenn es einer Organisation ganz offensichtlich nicht gelingt, sie in die Praxis umzusetzen (siehe Beispiel 4.2). Auch ist es wichtig, zwischen den *Basiswerten* zu unterscheiden, die etwas darüber aussagen, wie die Organisation wirklich *ist*, und denen, die aussagen, was die Organisation *anstrebt*. Ist diese Unterscheidung nicht klar, so kann es zu erheblichen Missverständnissen und auch zu Zynismus über solche Aussagen über Basiswerte kommen. In jedem Fall befassen sich solche Aussagen mit Aspekten der sozialen Verantwortung des Unternehmens, wie in *Abschnitt 4.3* geschildert.

4.5.2 Aussagen zu Mission und Vision

Während Unternehmenswerte lediglich Rahmenwerk und Hintergrund darstellen, vor denen Strategien entwickelt werden, so befassen sich **Missionen** und **Visionen** meist genauer mit der Zielsetzung einer Organisation und ihrer strategischen Ausrichtung. In der Praxis kann die Abgrenzung zwischen Mission und Vision fließend sein, doch man kann sie folgendermaßen unterscheiden:

- Eine *Mission* zielt darauf ab, Mitarbeitern und Interessengruppen Klarheit darüber zu verschaffen, was die Zielsetzung der Organisation ist und worin ihre *Daseinsberechtigung* besteht. Es geht also darum, Verständnis aufzubauen und Vertrauen zu schaffen bezüglich der Beziehung einer Unternehmensstrategie zum Zweck des Unternehmens.

53 P. Lencioni, „Make your values mean something“, *Harvard Business Review*, Bd. 80, Nr. 7 (2002), S. 113–117.

54 Siehe J. Collins und J. Porras, *Built to Last: Successful habits of visionary companies*, Harper Business, 2002.

- Eine *Vision* drückt aus, was eine Organisation zu sein anstrebt. Damit soll ein Ausblick in die Zukunft gewährt werden, um die Mitarbeiter zu begeistern, deren Engagement zu gewinnen und ihre Leistung zu verbessern.

Obwohl viele Unternehmen in den ersten Jahren des neuen Jahrtausends sowohl Mission als auch Vision bereits übernommen hatten, verurteilen viele Kritiker sie als zu schwammig und nichtssagend.[55] Gibt es aber eine grundlegende Meinungsverschiedenheit innerhalb einer Organisation oder mit Interessengruppen bezüglich der Mission (oder der Vision), so können sich daraus durchaus schwerwiegende Probleme ergeben, die die strategische Ausrichtung der Organisation infrage stellen können. Da strategisches Management eine hochpolitische Angelegenheit ist, können diese Aussagen ein sehr nützlicher Beitrag zu einer zielgerichteten Auseinandersetzung über die Grundlagen der Organisation sein. Beispiel 4.6 zeigt Beispiele für Missionen, Visionen und Aussagen zu Unternehmenswerten.

Beispiel 4.6 Mission, Vision und Aussagen über Unternehmenswerte

Können wohl formulierte Aussagen über Mission, Vision oder Werte ein wichtiges Mittel zur Motivation von Interessengruppen sein?

Tata Steel

Mission 2007

Im Einklang mit der Mission und den Werten des Gründers Jamsetji Tata strebt Tata Steel danach, Indiens industrielle Basis zu stärken durch den effektiven Einsatz von Material und Mitarbeitern. Die anvisierten Mittel, um dies zu erreichen, sind Hochtechnologie und Produktivität in Übereinstimmung mit modernen Managementmethoden.

Tata Steel ist sich bewusst, dass einerseits Ehrlichkeit und Integrität wichtige Voraussetzungen für ein starkes und stabiles Unternehmen sind, dass aber Rentabilität den Zündfunken für wirtschaftliche Aktivität darstellt.

Insgesamt möchte das Unternehmen in allem, was es tut, exzellente Ergebnisse erzielen und gleichzeitig eine Atmosphäre ohne Angst schaffen. Daher werden wir bestärkt in unserem Glauben an demokratische Werte.

55 Siehe zum Beispiel B. Bartkus, M. Glassman und B. McAfee, „Mission statements: Are they smoke and mirrors?“, *Business Horizons*, Bd. 43, Nr. 6 (2000), S. 23–28, und B. Bartkus, M. Glassman und B. McAfee, „Mission statement quality and financial performance“, *European Management Journal*, Bd. 24, Nr. 1 (2006), S. 86–94.

Vision 2007

Die Chancen von morgen nutzen und eine Zukunft schaffen, die eine positive Wertschöpfung ermöglicht.

Die Lebensqualität unserer Mitarbeiter und der Gemeinden, die wir versorgen, weiterhin erhöhen.

Für eine nachhaltige Zukunft unser Kerngeschäft reaktivieren.

Neue Geschäftsbereiche erschließen, die unsere Zukunft sichern.

Die Werte und den Geist aufrechterhalten, um Nationen zu verbinden.

The Metropolitain Police

Mission und Werte

Unsere Mission: Zusammen für ein sichereres London arbeiten.

Unsere Werte: Mit all unseren Bürgern, unseren Partnern und all unseren Kollegen zusammenarbeiten:

Wir sind stolz darauf, qualitativ hochwertige Polizeiarbeit zu leisten. Dies ist unsere höchste Priorität.

Wir bauen Vertrauen auf, indem wir zuhören und entsprechend reagieren.

Wir respektieren und unterstützen uns gegenseitig und arbeiten als Team.

Wir lernen aus Erfahrung und finden Mittel und Wege, uns immer weiter zu verbessern.

Wir sind ein Team – jeder hat seine Aufgabe, um London sicherer zu machen.

Villeroy & Boch

Vision des Unternehmens

Wir wollen die führende europäische Marke für Lifestyle Produkte sein mit hoher Kompetenz und einem richtungweisenden Stil für qualitativ hochwertiges Design und Leben.

Fünf Werte – eine Philosophie

I. *Kunden.* Unser Erfolg misst sich an der Begeisterung unserer Kunden für unsere Produkte und Dienstleistungen. Es ist eine ständige Herausforderung, die hohen Erwartungen von Architekten, Einzelhändlern, Endverbrauchern und Handel zu erfüllen, die diese an die Marke „Villeroy & Boch" haben. Wir überzeugen sie mit Kompetenz und Erfahrung.

II. *Mitarbeiter.* Langfristig gesehen kann eine starke Marktposition nur mithilfe von innovativen und engagierten Mitarbeitern erreicht werden. Unsere wichtigste Aufgabe ist es daher, sie zu motivieren und ihren Teamgeist zu fördern, um sie dadurch zu ermutigen, persönliche und gemeinsam gesteckte Ziele zu erreichen.

III. *Innovation.* Wenn wir eine führende Position auf dem internationalen Markt für uns in Anspruch nehmen möchten, dürfen wir nicht einfach nur bestehenden Trends nachfolgen. Wer weltweit an der Spitze stehen möchte, muss sehr früh neue Trends erkennen und mit gestalten.

IV. *Macht erlangen.* Uns ist es sehr wichtig, die Unabhängigkeit des Unternehmens zu erhalten und langfristig erfolgreich zu sein. Die Grundlagen hierfür sind ein ausgeglichenes Portfolio, einnahmenorientiertes Wachstum, hohe und konstante Ertragsraten und angemessene Dividenden.

V. *Verantwortung.* Nicht viele Unternehmen haben sowohl in der Region als auch im gesamten europäischen Raum Wirtschafts-, Kultur- und soziale Geschichte geschrieben. Villeroy & Boch ist eines dieser Unternehmen und trägt dadurch auch viel Verantwortung. Wir fühlen uns nicht nur unseren Mitarbeitern, Aktionären und Kunden verpflichtet, sondern auch Umwelt und Gesellschaft.

Kontrollfragen

1. Welche dieser Aussagen wirkt Ihrer Ansicht nach für welche Interessengruppen motivierend? Warum?
2. Könnten die Aussagen irgendwie verbessert werden? Wenn ja, wie?
3. Identifizieren Sie andere Aussagen zu Mission, Vision, Zweck oder Werten, die Ihrer Meinung nach gut formuliert sind und erklären Sie warum.

4.5.3 Ziele

Ziele sind Aussagen über bestimmte Ergebnisse, die erreicht werden sollen. Oft werden solche Ziele – sowohl auf gesamtunternehmerischer Ebene als auch auf Ebene der Geschäftsbereiche – in Form von finanziellen Zahlen ausgedrückt. Beispiele sind erhoffte Verkaufszahlen, Gewinne, Wachstumsraten, Dividenden oder Aktienkurse[56]. Organisationen können aber auch marktbasierte Ziele haben, die in vielen Fällen ebenfalls quantifiziert werden – wie etwa Marktanteil, Kundendienst, Stammkunden, etc..

Ziele

Ziele sind Aussagen über bestimmte Ergebnisse, die erreicht werden sollen.

Hierzu gibt es drei Themenbereiche, die ein Manager beim Setzen von Zielen beachten muss:

- *Ziele und Maßeinheiten.* Ziele sind meist quantifiziert. Oft wird sogar argumentiert[57], dass Ziele nur dann sinnvoll sind, wenn sie messbar sind. Daraus ergibt sich jedoch die Frage, wie viele solche Zielsetzungen noch sinnvoll sind. Natürlich gibt es Zeiten und Gelegenheiten, die ganz bestimmte quantifizierte Ziele erfordern, so etwa, wenn dringend gehandelt werden und sich das Management auf eine begrenzte Anzahl vorrangiger Anforderungen konzentrieren muss – wie etwa im Fall eines *strategischen Wendepunkts* (siehe *Abschnitt 14.5.1*). Wenn man die Wahl hat, entweder Konkurs anmelden zu müssen oder zu überleben, haben vage formu-

56 Eine effektive Kommunikation mit Investoren ist entscheidend, wie in A. Hutton, „Four rules", *Harvard Business Review*, Bd. 79, Nr. 5 (2001), S. 125–132 besprochen.

57 Zum Beispiel argumentierte I. Ansoff, *Corporate Strategy*, Penguin, 1968, S. 44, dass Ziele genau und messbar sein sollten.

lierte Anforderungen keinen Platz. Unter anderen Umständen jedoch – etwa wenn die Mitarbeiter einer Organisation motiviert und inspiriert werden sollen – muss mehr Wert auf qualitative Aussagen über den Organisationszweck gelegt werden, wie dies bei Missionen und Visionen der Fall ist.

- *Ziele und Kontrolle.* Ein immer wieder auftretendes Problem in Bezug auf Ziele ist, dass Manager und Mitarbeiter „weiter unten“ in der Hierarchie keine klare Vorstellung davon haben, wie ihre tägliche Arbeit zum Erreichen der auf höherer Ebene festgelegten Zielen beiträgt. Dieses Problem könnte man im Prinzip durch das Anlegen einer „Zielkaskade“ lösen, die für jede Ebene genau formulierte Ziele festlegt. In vielen Organisationen wird dies auch bis zu einem gewissen Grad versucht. Hier muss man jedoch über einen Kompromiss nachdenken: Einerseits soll Klarheit in Bezug auf Ziele und Strategie geschaffen werden, ohne jedoch andererseits den Handlungsspielraum der Beteiligten zu sehr einzuschränken. Es gibt Hinweise darauf, dass Innovationen durch zu eng gesteckte Ziele und Messungen im Keim erstickt werden.[58]

Abbildung 4.11: Einfache Regeln

Turbulente Märkte erfordern strategische Flexibilität, um Chancen zu nutzen – doch Flexibilität kann auch reguliert werden. Verschiedene Arten von einfachen Regeln helfen dabei.

Art	Zweck	Beispiel
Wie-Regeln	Definieren wichtige Merkmale der Ausführung eines Prozesses: „Was macht unseren Prozess einzigartig?“	Dell konzentriert sich auf eng begrenzte Kundensegmente. So muss ein Geschäftsbereich bei Dell geteilt werden, sobald der Umsatz $1 Milliarde erreicht.
Grenzregeln	Bringen Manager dazu, zu entscheiden, welche Chancen genutzt werden sollten und welche nicht	Im Filmauswahlprozess von Miramax muss jeder Film erstens von einer wichtigen menschlichen Empfindung handeln (z.B. von Liebe), zweitens einen sympathischen Hauptdarsteller besitzen, der aber auch große Schwächen hat, und drittens eine klare Handlung haben.
Prioritätenregeln	Erleichtern es den Managern, angenommene Chancen je nach Wichtigkeit einzustufen	Die Zuteilung von Fertigungskapazitäten erfolgt bei Intel aufgrund der Bruttomarge der Produkte (s. Fallbeispiel Kap. 11).
Zeitregeln	Synchronisieren Manager mit der Geschwindigkeit neu entstehender Chancen und mit anderen Teilen der Organisation	Bei Nortel muss die Produktentwicklungszeit weniger als 18 Monate betragen. Dadurch muss die Firma schnell neue Chancen nutzen.
Rückzugsregeln	Erleichtern Managern die Entscheidung, wann man sich von den Chancen von gestern zurückziehen sollte	Wenn ein wichtiges Teammitglied – gleichgültig ob Manager oder nicht – bei Oticon, einem dänischen Hörgerätehersteller, ein Projekt zugunsten eines anderen verlässt, hat dieses Projekt dort keine Zukunft.

- *Einfache Regeln.* Besonders in Organisationen, in denen es auf Innovation und Flexibilität ankommt, müssen Manager nachweislich die wenigen übergreifenden Ziele, die es zu erreichen gilt und die manchmal als „einfache Regeln“ bezeichnet werden, klar formulieren. Andererseits müssen sie für das Erreichen dieser Ziele ausreichend Handlungsfreiraum und Flexibilität zulassen. Durch die Forschungsarbeit von Kathy Eisenhardt und ihren Kollegen können diese einfachen Regeln

58 Siehe A. Neely, „Measuring performance in innovative firms“, in R. Delbridge, L. Grattan und G. Johnson (Hrs.), *The Exceptional Manager*, Oxford University Press, 2006, Kap. 6.

allmählich genauer definiert werden.[59] Abbildung 4.11 fasst die Regelarten zusammen, die laut ihrer Arbeit für Organisationen wichtig sind, die in einem sich schnell wandelnden Umfeld agieren. Außerdem werden Beispiele genannt zu Form und Wirkung dieser Regeln. Man kann zu dem Schluss kommen, dass es nicht vieler Regeln bedarf, um gleichmäßige Verhaltensmuster zu erreichen. In dieser Hinsicht baut diese Sichtweise auf den Argumenten der Komplexitätstheoretiker auf, die im Kommentar zu den strategischen Perspektiven erklärt werden.

Immer wieder taucht in diesem Kapitel der Hinweis auf, dass sich Strategen mit dem strategischen Gesamtzweck ihrer Organisation befassen müssen. Daraus ergibt sich aber die zentrale Frage, auf welche Erwartungen der Interessengruppen sie damit reagieren sollen. Beispiel 4.7 liefert drei Ansichten hierzu anhand großer börsennotierter Unternehmen.

ZUSAMMENFASSUNG

- Der Zweck einer Organisation wird durch die Erwartungen ihrer *Interessengruppen* beeinflusst.
- Der Einfluss einiger wichtiger Interessengruppen wird formell innerhalb der *Governance-Struktur* einer Organisation dargestellt. Dies kann in Form *einzelner Stufen von Corporate Governance* geschehen, die die Verbindungen zwischen den endgültigen Nutznießern und den Managern der Organisation aufzeigen.
- Es gibt zwei allgemeine Governance-Struktursysteme: Das *Shareholder-Modell* und das *Stakeholder*-Modell. Zwar variieren diese Modelle im internationalen Vergleich, doch es zeigt sich ein Trend in Richtung des Shareholder-Modells.
- Der Zweck einer Organisation hat auch ethische Dimensionen. Auf gesamtunternehmerischer Ebene zeigen sich diese in Form ihrer Einstellung zur eigenen sozialen Verantwortung. Doch auch einzelne Manager können sich ethischen Dilemmata gegenübersehen, die sich auf den Zweck ihrer Organisation oder die von ihr gewählten Aktivitäten beziehen.
- Verschiedene Interessengruppen beeinflussen Zielsetzung und Strategie einer Organisation in unterschiedlicher Weise, je nachdem, wie viel Interesse und Macht sie jeweils haben. Manager können den Einfluss verschiedener Interessengruppen mithilfe einer *Interessengruppenanalyse* einschätzen.
- Eine wichtige Aufgabe des Managements besteht darin, zu entscheiden, wie die Organisation ihren strategischen Zweck durch Aussagen über *Werte, Vision, Mission* oder *Ziele* ausdrücken soll.

ZUSAMMENFASSUNG

59 Diese Diskussion basiert auf Forschungsarbeiten von K.M. Eisenhardt und D.N. Sull, veröffentlicht in „Strategy as simple rules", *Harvard Business Review*, Bd. 79, Nr. 1 (2001), S. 107–116.

Beispiel 4.7 Drei Ansichten über die Zielsetzung eines Unternehmens

Da es keine eindeutige Ansicht über den übergeordneten Zweck eines Unternehmens gibt, müssen die Interessengruppen, und somit auch die Manager, über diesen entscheiden.

Milton Friedman und Gewinnmaximierung

Milton Friedman, der berühmte Wirtschaftswissenschaftler schrieb[1]:

> *In einem freien Unternehmen in Privateigentum ist eine Führungskraft ein Angestellter der Unternehmenseigner. Er ist seinem Arbeitgeber direkt verantwortlich. Im Rahmen dieser Verantwortung muss er die Geschäftstätigkeit im Einklang mit deren Wünschen lenken, die meist lauten, so viel Geld wie möglich zu verdienen und dabei die grundlegenden gesellschaftlichen Regeln zu beachten ... Was bedeutet es, wenn man sagt, die Führungskraft habe eine „soziale Verantwortung?" ... Ist diese Aussage nicht nur rein rhetorisch gemeint, so muss sie bedeuten, dass der Manager in einer Art und Weise handeln muss, die nicht im Interesse seiner Arbeitgeber liegt. Falls sein sozial verantwortliches Handeln die Rendite der Aktionäre schmälert, so gibt er ihr Geld aus. Wenn sein Handeln zu einer Erhöhung der Endpreise führt, so gibt er das Geld der Kunden aus. Wenn sein Handeln die Löhne und Gehälter der Mitarbeiter senkt, so gibt er deren Geld aus.*

Milton Friedmans Maxime lautete, dass „es bei Geschäften nur ums Geschäft" gehe und dass „die einzige soziale Verantwortung eines Unternehmens darin besteht, ihre Gewinne zu steigern". In diesem Fall reichen die automatischen Marktmechanismen völlig aus. Sind die Kunden nicht zufrieden, wechseln sie zur Konkurrenz, sind die Mitarbeiter unzufrieden, wechseln sie die Firma. Die Aufgabe des Staates besteht darin, einen freien Markt zu schaffen, damit diese Bedingungen wirken können.

Charles Handys Ansicht über Interessengruppen

Bezug nehmend auf die Wirtschaftsskandale des letzten Jahrzehnts argumentiert Charles Handy[2], dass das Streben nach Shareholder Value gepaart mit Aktienoptionen für die Führungsebene besonders in den USA ein System hervorgebracht hat, das „Mehrwert schafft, wo gar keiner vorhanden ist". Er akzeptiert,

> *dass man zu allererst die Erwartungen der theoretischen Eigentümer, also der Aktionäre, eines Unternehmens erfüllen muss. Allerdings wäre es angemessener, sie Investoren zu nennen oder vielleicht sogar Spieler. Ihnen fehlt der Stolz und das Verantwortungsgefühl echter Eigentümer ... ihnen geht es nur ums Geld ... Sieht man also die Bedürfnisse der Aktionäre als Zweck des Unternehmens, so unterliegt man einer logischen Verwirrung, denn man hält eine notwendige Voraussetzung für einen ausreichenden Zweck. Wir müssen essen, um zu überleben; Nahrung ist eine wichtige Voraussetzung für unser Leben.*

Würden wir aber nur leben, um zu essen, und Nahrungsaufnahme zum einzigen Zweck unseres Lebens machen, so würden wir schnell fett werden. Der Zweck eines Unternehmens besteht also nicht darin, Gewinn zu machen. Er besteht darin, Gewinn zu machen, damit das Unternehmen etwas besser oder verstärkt tun kann. Und dieses etwas ist die wahre Rechtfertigung des Unternehmens.

Das Argument der neuen Kapitalisten: „Gesellschaft und Aktionäre verschmelzen immer mehr miteinander"[3]

In ihrem Buch „Die neuen Kapitalisten" erkennen die Autoren auch, dass „ein Unternehmen das Eigentum seiner Aktionäre ist und ihren Interessen dienen sollte". Jedoch sind es die „Millionen Eigentümer von Pensionsfonds und andere Sparer, denen ... die großen Unternehmen der Welt gehören". Diese neuen Kapitalisten sind meist hochgradig diversifiziert in ihren Investitionen und halten Anteile an verschiedenen Fonds in hunderten, vielleicht sogar tausenden Unternehmen rund um die Welt. Sie argumentieren weiter:

Stellen wir uns vor, all unsere Ersparnisse wären in einem Unternehmen investiert. Der Erfolg dieses Unternehmens wäre also auch für uns von immenser Bedeutung. Wir würden wollen, dass es überlebt und sehr erfolgreich ist, selbst wenn dies dem wirtschaftlichen System als Ganzem schaden würde. Unsere Perspektive würde sich allerdings verändern, wenn wir in verschiedenen Unternehmen investiert hätten. Dann ist es zu unserem Nachteil, wenn irgendeines der Unternehmen danach strebt, sich anderen Unternehmen, Kunden, Mitarbeitern oder der Gesellschaft gegenüber nicht sozial verantwortlich zu verhalten. Denn dadurch schadet es den Interessen anderer Unternehmen, an denen wir jedoch beteiligt sind.

Der neue Kapitalist möchte, dass sich alle Unternehmen, an denen er beteiligt ist, sozial verantwortlich verhalten:

Manager sollten Regeln schaffen, die das Wirtschaftssystem insgesamt zum Erfolg führen, selbst wenn diese Regeln unter bestimmten Umständen die Handlungsfreiheit eines Einzelnen einengen ... Innerhalb dieser Regeln sollten sich die Manager dann sehr zu Recht ausschließlich auf den Erfolg ihrer eigenen Organisation konzentrieren ... obwohl sie den Interessen ihrer Aktionäre nicht dienen, wenn sie zu ihren eigenen Gunsten handeln und dabei das Wirtschaftssystem als ganzes schädigen.

Anmerkungen

1. M. Friedman, „The social responsibility of business is to increase its profits", *New York Times Magazine*, 13. September 1970.
2. C. Handy, „What's a business for?", *Harvard Business Review*, Dezember (2002), S. 49–55.
3. S. Davies, J. Lukommik und D. Pitt-Watson, *The New Capitalists*, Harvard Business School Press 2006.

Kontrollfragen

1. Welche Ansicht vertreten Sie:
   a. als Manager?
   b. als Aktionär?
2. Welche Auswirkungen haben diese verschiedenen Ansichten auf die Entwicklung von Organisationsstrategien durch die Manager?

Aufgaben

*Kennzeichnet schwierigere Aufgaben.

*4.1 Zeichnen Sie für eine Organisation Ihrer Wahl die Stufen von Corporate Governance, die die Schlüsselfiguren der Organisation bis hin zu den endgültigen Nutznießern der guten (oder schlechten) Leistung der Organisation zeigen. Inwieweit trifft Folgendes Ihrer Ansicht nach auf die Manager zu: (a) Sie sind über die Erwartungen der Nutznießer informiert. (b) Sie verfolgen aktiv deren Interessen. (c) Sie halten sie auf dem Laufenden.

*4.2 Es wird argumentiert, dass viele Volkswirtschaften sich vom Stakeholder-Modell hin zum Shareholder-Modell entwickeln. Wie lauten Ihre eigenen Ansichten zu den Stärken und Schwächen dieser Systeme? Beziehen Sie sich in Ihrer Antwort auf eine Volkswirtschaft, die sich in Bezug auf ihr Führungsmodell im Übergang befindet.

4.3 Definieren Sie anhand von Abbildung 4.4 die allgemeine Haltung einer Organisation ihrer Wahl zum Thema soziale Verantwortung.

*4.4 Identifizieren Sie die wichtigsten Aspekte im Bereich soziale Verantwortung eines Unternehmens, die in einer Branche oder einem Sektor Ihrer Wahl von besonderer Bedeutung sind (beziehen Sie sich dabei auf Abbildung 4.5). Vergleichen Sie die Herangehensweise zweier oder mehrerer Organisationen in dieser Branche und erklären Sie, wie sich dies auf ihre Wettbewerbsposition überträgt.

4.5 Stellen Sie anhand von Beispiel 4.4 die Interessengruppen einer Organisation Ihrer Wahl dar und beziehen Sie sich dabei auf: (a) aktuelle Strategien, (b) verschiedene zukünftige Strategien Ihrer Wahl. Welche Auswirkungen hat Ihre Analyse für das Management?

4.6 Schreiben Sie eine Mission und eine Aussage zur Vision für eine Organisation Ihrer Wahl und schlagen Sie strategische Ziele vor, die die Manager setzen könnten. Erklären Sie, warum Sie diese für angemessen halten.

Integrative Aufgabe

4.7 Erklären Sie anhand spezifischer Beispiele, warum Organisationen aufgrund von Veränderungen der Unternehmensführung und der Erwartungen zur sozialen Verantwortung neue Kompetenzen entwickeln müssen (siehe *Kapitel 3*) und warum sich aus dem Streben nach Shareholder Value und der Führung der Mitarbeiter in der Organisation Dilemmata ergeben können (siehe *Kapitel 13*).

Literaturempfehlungen

- Bücher, die eine umfassendere Erklärung zu Corporate Governance liefern: R. Monks und N. Minow (Hrs.), *Corporate Governance*, 3. Aufl., Blackwell, 2003, und J. Solomon, *Corporate Governance and Accountability*, 2. Aufl., Wiley, 2007. Für eine provokante Kritik und Vorschläge über die Zukunft von Corporate Governance in Verbindung mit Themen sozialer Verantwortung siehe S. Davies, J. Lukomnik und D. Pitt-Watson, *The New Capitalists*, Harvard Business School Press, 2006.
- Für eine Übersicht verschiedener Haltungen zur sozialen Verantwortung von Unternehmen siehe P. Mirvis und B. Googins, „Stages of corporate citizenship“, *California Management Review*, Bd. 48, Nr. 2 (2006), S. 104–126. Siehe auch D.A. Whetten, G. Rands und P. Godfrey, „What are the responsibilities of business to society?“, in A. Petigrew, H. Thomas und R. Whittington (Hrs.), *Handbook of Strategy and Management*, Sage, 2002.
- Mehr Details über das Interessengruppenkonzept und dessen Analyse im Kapitel von K. Scholes' in V. Ambrosini mit G. Johnson und K. Scholes (Hrs.), *Exploring Techniques of Analysis and Evaluation in Strategic Management*, Prentice Hall, 1998. Für ein Fallbeispiel zur Interessengruppenanalyse siehe J. Bryson, G. Cunningham und K. Lokkesmoe, „What to do when Interessengruppens matter: The case of problem formulation for the African American men project of Hennepin County, Minnesota“, *Public Administration Review*, Bd. 62, Nr. 5 (2002), S. 568–584.
- J. Collins und J. Porras setzen sich besonders für Klarheit von Unternehmenswerten und Visionen ein: *Built to Last: Successful habits of visionary companies*, Harper Business, 2002 (siehe besonders Kap. 11).

Fallstudie
(PRODUCT) RED und Gap

(RED) wurde von Bono und Bobby Shriver, dem Vorsitzenden von DATA kreiert, um auf den Global Fund aufmerksam zu machen und dafür Geld zu sammeln. Zu diesem Zweck schloss man sich mit den weltweit bekanntesten Markenunternehmen zusammen, um Produkte der Marke (RED) zu produzieren. Ein bestimmter Prozentsatz jedes verkauften RED Produkts geht an den Global Fund. Das Geld hilft HIV/AIDS-infizierten Frauen und Kindern in Afrika.

Die (RED) Initiative entstand Anfang 2006, wobei Ruanda als erstes Land ausgewählt wurde, dem der Erlös aus dem Verkauf der RED Produkte zugute kommen sollte. Im Jahr 2010 war die Initiative bereits in Swaziland, Ghana und Lesotho aktiv. Die ersten Produkte, die in Großbritannien im März 2006 auf den Markt kamen, waren die (PRODUCT) RED American Express Karte und ein klassisches RED T-Shirt von Gap. Andere Firmen folgten diesem Beispiel, darunter Motorola, Converse, Apple (ein RED iPod wurde eingeführt) und Emporio Armani. Außerdem gab es seine RED Sonderausgabe des *Independent* mit Bono als Gastredakteur.

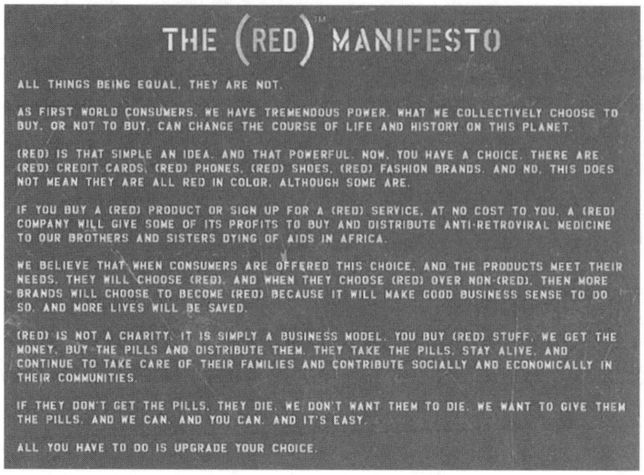

THE (RED)™ MANIFESTO

ALL THINGS BEING EQUAL, THEY ARE NOT.

AS FIRST WORLD CONSUMERS, WE HAVE TREMENDOUS POWER. WHAT WE COLLECTIVELY CHOOSE TO BUY, OR NOT TO BUY, CAN CHANGE THE COURSE OF LIFE AND HISTORY ON THIS PLANET.

(RED) IS THAT SIMPLE AN IDEA. AND THAT POWERFUL. NOW, YOU HAVE A CHOICE. THERE ARE (RED) CREDIT CARDS, (RED) PHONES, (RED) SHOES, (RED) FASHION BRANDS. AND NO, THIS DOES NOT MEAN THEY ARE ALL RED IN COLOR. ALTHOUGH SOME ARE.

IF YOU BUY A (RED) PRODUCT OR SIGN UP FOR A (RED) SERVICE, AT NO COST TO YOU, A (RED) COMPANY WILL GIVE SOME OF ITS PROFITS TO BUY AND DISTRIBUTE ANTI-RETROVIRAL MEDICINE TO OUR BROTHERS AND SISTERS DYING OF AIDS IN AFRICA.

WE BELIEVE THAT WHEN CONSUMERS ARE OFFERED THIS CHOICE, AND THE PRODUCTS MEET THEIR NEEDS, THEY WILL CHOOSE (RED). AND WHEN THEY CHOOSE (RED) OVER NON-(RED), THEN MORE BRANDS WILL CHOOSE TO BECOME (RED) BECAUSE IT WILL MAKE GOOD BUSINESS SENSE TO DO SO. AND MORE LIVES WILL BE SAVED.

(RED) IS NOT A CHARITY. IT IS SIMPLY A BUSINESS MODEL. YOU BUY (RED) STUFF, WE GET THE MONEY, BUY THE PILLS AND DISTRIBUTE THEM. THEY TAKE THE PILLS, STAY ALIVE, AND CONTINUE TO TAKE CARE OF THEIR FAMILIES AND CONTRIBUTE SOCIALLY AND ECONOMICALLY IN THEIR COMMUNITIES.

IF THEY DON'T GET THE PILLS, THEY DIE. WE DON'T WANT THEM TO DIE. WE WANT TO GIVE THEM THE PILLS. AND WE CAN. AND YOU CAN. AND IT'S EASY.

ALL YOU HAVE TO DO IS UPGRADE YOUR CHOICE.

Auch Bill Gates unterstützt die RED Kampagne. In einem Interview der *Advertising Age* sagte er:

> *Bei RED geht es darum, Leben zu retten … Wenn es nicht genug Geld für Medikamente gibt, werden Menschen sterben. Also können wir sagen: „Hey, lassen wir das doch einfach geschehen," oder wir können alle Hebel in Bewegung setzen, um das zu verhindern.*

Verbraucher sich gerne „an der Rettung von Leben beteiligen" wollten, und dass RED Produkte von Gap oder Armani genau das möglich machten.

Andere sahen das nicht so positiv. Ein weiterer Artikel der *Advertising Age* gab an, dass durch die Kampagne lediglich $ 18 Millionen (€ 15 Millionen) jährlich eingegangen seien trotz Marketingausgaben der beteiligten Unternehmen (darunter auch Gap) in Höhe von $ 100 Millionen. Gap gab mit einer Summe von $ 7,8 Millionen hier am meisten Geld aus. Einer Sprecherin zufolge war die in *Ad Age* angegebene Summe von $ 100 Millionen allerdings lediglich eine „aus der Luft gegriffene Phantasiesumme".

Der *Independent* rechnete in einem eigenen Artikel selbst nach und kam zu dem Ergebnis, dass in sechs Monaten $ 25 Millionen eingegangen waren bei einem Marketingbudget von $ 40 Millionen, was eine „umwerfend gute Ertragsrate darstellte".

Weiter wurde argumentiert:

Es ist das Ziel der RED Initiative, einen stetigen Einnahmenstrom für den Kampf gegen Aids in Afrika zu schaffen, der weit über den Einmalzahlungen philanthropisch gesinnter Unternehmen liegt. Und wenn $ 25 Millionen in sechs Monaten die Hälfte der von RED erzielten Gewinne darstellen, so ist dieses Vorhaben durchaus gelungen. Hieraus ist mit großer Wahrscheinlichkeit eine wichtige und nachhaltige Geldquelle für den Global Fund entstanden. Dies ist ein völlig neues Modell, um Gelder zu sammeln.

Doch wäre es nicht besser, wenn die Verbraucher das Geld das sie für die RED Produkte ausgeben, direkt an gemeinnützige Organisationen spenden würden? „Wenn diese Möglichkeit nur zur Wahl stünde. Doch die meisten Menschen sind eben nicht bereit, den Gegenwert eines neuen iPod an den Global Fund zu spenden." Weiter hieß es:

Durch das von RED gesammelte Geld können in den nächsten Monaten 160.000 Afrikaner mit lebensrettenden anti-retroviralen Medikamenten behandelt werden. In Swaziland können Waisen ernährt und unterrichtet werden und in Ruanda konnte ein nationales Programm zur Vorbeugung und Behandlung von HIV ins Leben gerufen werden.

RED Gap

Auf der Gap Website erklärte Dan Henkle, Senior Vice President für soziale Verantwortung, das Engagement seines Unternehmens in Bezug auf dessen Arbeit in Lesotho. In Lesotho leben 1,8 Millionen Menschen und fast ein Drittel von ihnen ist HIV positiv. Gap hat große Summen in die Herstellung von T-Shirts und in gemeinnützige Projekte in diesem Land investiert, so etwa in HIV-Tests oder die Behandlung von Textilarbeitern. Außerdem wurden Foren ins Leben gerufen, um das Wachstum der Textilindustrie in Lesotho zu fördern.

Der britische Interessenverband Labour Behind the Label, der dafür eintritt, die Arbeitsbedingungen von Arbeitern weltweit zu verbessern, sicherte seine Unterstützung für die von Gap unternommenen Bemühungen zu, mehr Verantwortung bei der Herstellung seiner Produkte walten zu lassen. Mit der Entscheidung, die RED T-Shirts in Lesotho fertigen zu lassen, trug Gap wesentlich zur Sicherung des Lebensstandards der Arbeiter dort bei, und dies zu einer Zeit, da andere Unternehmen ihre Textilproduktion eher nach China oder Indien auslagerten:

Zwar ist Gap, genau wie alle anderen Bekleidungshersteller, noch weit davon entfernt, alle Probleme bezüglich der Rechte seiner Arbeiter innerhalb seiner Beschaffungskette zu lösen, doch ist das Unternehmen auf einem sehr guten Weg. Natürlich wäre es uns lieber, wenn Initiativen wie RED in noch umfassenderer Art und Weise gemeinnützige Zwecke und politischen Wandel miteinander verbinden könnten, doch immer mehr wird klar, dass die Herstellungsweise des RED T-Shirts ein sehr positiver Schritt für die afrikanische Textilindustrie sowie für den Kampf gegen AIDS sein könnte.

Weniger Unterstützung kam von anderen Seiten. Gegner der Aktion aus San Francisco stellten eine Internetseite zusammen, die als Parodie auf Gap gedacht war und dessen Werbekampagne kopierte. Dort wurden die Menschen aufgefordert, direkte Spenden zu leisten, anstatt irgendwelche Produkte zu kaufen. Die Botschaft lautete: „Einkaufen ist keine Lösung. Kauft (weniger). Spendet mehr. Verabschiedet euch mit uns zusammen von der (überholten) Vorstellung, dass man mit Einkaufen die Leiden der Menschheit lindern kann."Im Oktober 2006 erschien dann eine lange Kritik in *The Times*:

In unserem Land erntet Gap, der immer noch trendige US-amerikanische Textilhersteller für den Massenmarkt, großen Beifall für seine neue Kampagne, ... die darauf abzielt, Aufmerksamkeit zu erregen und Geld zu sammeln, um das Leiden in Afrika zu lindern ... Man hat versprochen, die Hälfte des Gewinns aus dem Verkauf der beliebten roten T-Shirts und Lederjacken für die Behandlung von AIDS/HIV zur Verfügung zu stellen. Letzte Woche wurde die Kampagne hierzulande gestartet, wobei die obligatorische hollywoodreife Inszenierung nicht fehlen durfte. Stars wie Steven Spielberg und Penelope Cruz tragen rote T-Shirts und verkünden ihre Botschaft, die lediglich aus einem Wort besteht und deren Bescheidenheit den Stars nur halb so gut steht wie die T-Shirts: INSPI(RED) (inspiriert) und ADMI(RED) (bewundert). Sie wollen damit sagen, dass sich gewöhnliche Sterbliche wie Sie und ich (na gut, wie Sie) durch den Kauf der T-Shirts wie Hollywoodstars fühlen und außerdem Leben in Afrika retten können. Die Worte aus Penelope Cruzes Schmollmund und die Blicke aus Steven Spielbergs feuchten Augen triefen geradezu vor Mitleid, Barmherzigkeit und Liebe.

Wir wollen hier gar nicht den Miesepeter spielen. Doch das jüngste Zugeständnis an die sich vergaloppierenden Kräfte unternehmerischer sozialer Verantwortung hilft den Armen dieser Welt keineswegs, sondern macht im Gegenteil alles nur noch schlimmer. Ich habe die Nase voll von Unternehmen, die mir zeigen wollen, wie ernst sie ihre angebliche Pflicht nehmen, das Leben der Armen zu erleichtern und Freude in die Welt zu bringen. Sie sollten sich ernsthaft fragen, ob solche Aktionen der richtige Verwendungszweck für das Geld ihrer Aktionäre ist.

Natürlich möchte ich an dieser Stelle nicht die gemeinnützige Arbeit guter Menschen wie Bono oder Bob Geldorf zunichte machen, noch den völlig legitimen Wunsch der Reichen dieser Welt, denen zu helfen, die es weniger gut erwischt haben. Verstehen Sie mich nicht falsch: Barmherzigkeit ist und bleibt eine der schönsten Tugenden und sollte unter fast allen Umständen gefördert werden.

Ich möchte auch nicht mit dem Finger darauf zeigen, wie widerwärtig offensichtlich der Konsumgedanke bei der RED Kampagne im Mittelpunkt steht. (Eigentlich will sie sagen: „Seht mich an, ich sehe nicht nur gut aus, ich bin gut.“) Zudem liegt es mir auch fern, die Tatsache breitzutreten, dass Afrika trotz aller finanziellen Hilfe, die Afrika in den letzten 50 Jahren erhalten hat, heute so arm ist wie nie zuvor, und sicherlich sehr viel ärmer als manche andere Länder, die in der gleichen Zeit sehr viel weniger Hilfsmittel erhalten haben.

Mein eigentliches Problem liegt darin, wie solche Kampagnen die Grundidee des Kapitalismus für Unternehmen verändern, deren wahre und völlig rechtmäßige Verantwortung darin liegt, Geld zu verdienen. Der Kapitalismus des freien Marktes hat ohne Einwirkung von Marketingfachleuten und speziellen Interessengruppen, deren Mission es ist, die Welt zu retten, mehr zur Minderung der Armut weltweit beigetragen als jede gut gemeinte Kampagne gegen Armut in der Geschichte unserer Welt.

Wenn sich Gap darauf konzentriert, qualitativ hochwertige, preisgünstige Produkte zu verkaufen, die teilweise durch Arbeitskraft hergestellt werden, die ansonsten ungenutzt bliebe und im wahrsten Sinne des Wortes aussterben würde, rettet das Unternehmen Leben. Gleichzeitig sorgt Gap dafür, dass die Menschen in den USA, in Großbritannien und in anderen Ländern mehr Geld in der Tasche haben, denn es hält die Preise gering und erzeugt Gewinne. Dadurch steigt die Nachfrage nach importierten Produkten aus Entwicklungsländern. Und das führt wiederum dazu, dass die Armen dieser Länder noch mehr leiden müssen, als sie es ohnehin schon tun. In unserer komplexen Welt arbeiten wir alle in einem System der Arbeitsteilung. Unternehmen machen Gewinne – darauf sind sie schließlich ausgerichtet.

Darin sind sie am besten. Weichen sie von dieser Mission ab, so führen sie ihre Mitarbeiter und Aktionäre auf einem langen, langsamen Weg ins Verderben.

Sie glauben, das sei übertrieben? Das größte Problem bei Kampagnen wie dem Produkt (RED) ist, dass sie eine Bühne für all diejenigen darstellen, die davon überzeugt sind, Kapitalismus sei von Grund auf böse.

Indem sie Menschen zu beschwichtigen versuchen, die in der Globalisierung einen Prozess der Ausbeutung sehen, machen Unternehmen wie Gap die Sache für uns alle nur noch schlimmer. Durch solche Kampagnen geben sie indirekt zu, dass ihr Hauptgeschäft – der Verkauf von Dingen, die andere Menschen haben wollen und die Erzielung von Gewinn – von Natur aus unmoralisch ist und durch gelegentliche Aktionen wahrer Güte gesühnt werden muss.

So wird die Ablehnung des kapitalistischen Systems keineswegs gemildert, sondern im Gegenteil weiter geschürt und gefördert, sodass wir am Ende alle darunter leiden müssen. Außerdem ist eine derartige Beeinträchtigung der Unternehmen zutiefst undemokratisch. Unternehmen sollten nicht mir Interessengruppen und Nicht-Regierungsorganisationen gemeinsame Sache machen und über die Prioritäten der Öffentlichkeit entscheiden. Dies sollte freien Menschen durch die von ihnen gewählte Regierung vorbehalten sein.

Damit will ich keinesfalls sagen, dass sich Unternehmen – oder die Menschen, die diese lenken – nicht moralisch verhalten sollten. Sie sollten sich nicht nur an die Gesetze, sondern auch an den höchsten ethischen Standard halten, was soviel bedeutet wie Ehrlichkeit, geradliniges Handeln und Offenheit. Manchmal kann es sogar in ihrem unternehmerischen Interesse liegen (d.h. zu langfristiger Rentabilität beitragen), politische oder gemeinnützige Belange zu unterstützen – in solchen Fällen können und sollten die Aktionäre über die angemessene Zuteilung finanzieller Mittel für solche Zwecke abstimmen.

Allerdings sollte es Aktionäre – und uns alle – beunruhigen, wenn Manager, aus welchen Gründen auch immer, beschließen, mit denjenigen gemeinsame Sache zu machen, die eben jene Prinzipien ablehnen, auf denen die Aktivitäten der Unternehmen aufbauen. Denn in diesem Fall wird ganz klar aufs falsche Pferd gesetzt.

Anmerkungen

1. Quelle: (Product) RED Website *http://joined.blogspot.com*.
2. M. Frazier, „Costly Red Campaign reaps meagre $18 m", *Advertising Age*, Bd. 78, Nr. 10, 5. März 2007.
3. P. Vallely, „The Big Question: Does the RED campaign help big Western brands more than Africa?", *Independent*, S. 50, 9. März 2007. Copyright The Independent, 9.3.07.
4. Quelle: *www.labourbehindthelabel.org/content/view/67/51*.
5. Gerard Baker „Mind the Gap – with this attack on globalisation", *The Times*, 24. Oktober 2006. Copyright Gerard Baker. N.I. Syndication Limited, 24.10.2006.

Kontrollfragen

1. Beziehen Sie sich auf die drei Perspektiven des letzten Beispiels 4.6 oder die vier Haltungen in Abbildung 4.4 und beantworten Sie folgende Fragen:
   a. Welcher logischen Argumentation folgen die Initiatoren der RED Kampagne?
   b. Welcher logischen Argumentation folgen Dan Henkle und Gap?
   c. Welcher logischen Argumentation folgt der Autor des Artikels in *The Times*?
2. Wie könnten die Aktionäre von Gap diese Beteiligung an der RED Kampagne einschätzen?
3. Ist die RED Kampagne Ihrer Meinung nach eine für Unternehmen angemessene Aktivität?
4. Wenn Sie Aktionär eines Unternehmens wären und das Top Management dazu bringen wollten, die RED Kampagne zu unterstützen, wie könnten Sie dabei vorgehen? (Verwenden Sie dazu die Interessengruppenanalyse.)

Unternehmenskultur und Strategie

5

ÜBERBLICK

Lernziele

Nach der Lektüre dieses Kapitels sollten Sie in der Lage sein,

- Organisationen zu identifizieren, die Erfahrungen mit der strategischen Drift gemacht haben, und die Symptome der strategischen Drift zu erkennen.
- zu analysieren, wie die historische Entwicklung die strategische Position einer Organisation beeinflusst.
- mithilfe des kulturellen Netzes die Einflüsse einer Organisationskultur auf deren Strategie zu analysieren.
- zu erkennen, wie wichtig es ist, dass Strategen die als selbstverständlich hingenommenen Aspekte einer Kultur hinterfragen.

5.1 Einführung

In den *Kapiteln 2, 3* und *4* wurden die wichtigen Einflüsse des Umfelds, der organisatorischen Fähigkeiten und der Erwartungen der Interessengruppen auf die Entwicklung der Strategie betrachtet. Diese Faktoren sind zwar ohne Zweifel von entscheidender Bedeutung, doch es besteht auch die Gefahr, dass Manager nur die Entwicklungen aus jüngster Zeit in Betracht ziehen ohne zu verstehen, wie diese entstanden sind oder wie die Vergangenheit die Strategien von heute und morgen beeinflusst. Viele Organisationen blicken auf eine lange Geschichte zurück. Der große japanische Mitsui-Konzern wurde bereits im 17. Jahrhundert gegründet. Daimler-Chrysler entstand im 19. Jahrhundert und seine Werte und Designprinzipien sind nachweislich sehr konstant geblieben. Manager des britischen Einzelhandelsunternehmens Sailsbury's beziehen sich immer noch auf die Gründungsprinzipien der Familie Sailsbury aus dem 19. Jahrhundert. Viele Organisationen der öffentlichen Hand – etwa Regierungsministerien, Polizei, Universitäten – werden von ihrem historischen Vermächtnis, das inzwischen in ihrer Kultur eingebettet ist, immer noch stark beeinflusst.

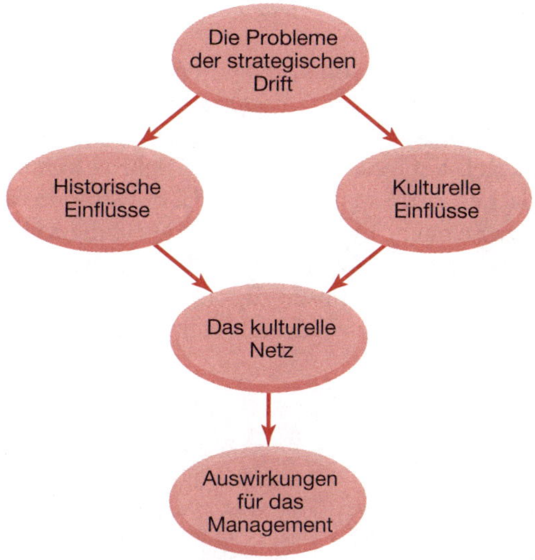

Abbildung 5.1: Kapitelstruktur

Historische und kulturelle Perspektiven können es erleichtern, sowohl die Chancen als auch die Einschränkungen zu verstehen, denen sich Organisationen gegenübersehen. Viele dieser Aspekte werden auch an anderer Stelle in diesem Buch besprochen. Das Unternehmensumfeld (*Kapitel 2*) kann nur richtig verstanden werden, wenn man auch bedenkt, wie es sich im Laufe der Zeit entwickelt hat. Die Fähigkeiten einer Organisation (*Kapitel 3*), besonders diejenigen, die ihr einen Wettbewerbsvorteil verschaffen, können historisch verwurzelt sein und sich im Laufe der Zeit in einer Art und Weise entwickelt haben, die ausschließlich in dieser Organisation zu finden ist. Dadurch können solche Fähigkeiten zu einem Teil der Organisationskultur werden – zu der selbstverständlichen Art und Weise, wie Dinge getan werden – die für andere Unternehmen schwer nachzuahmen sind. Gleichzeitig kann es aber auch schwierig werden, diese Fähigkeiten zu verändern. Ein Verständnis der historischen und kulturellen Grundlagen dieser Fähigkeiten hilft also auch bei den Herausforderungen des strategischen Wandels (*Kapitel 14*). Auch Macht und Einfluss verschiedener Interessengruppen können sehr wohl einen historischen Ursprung haben, und es ist wichtig, diesen zu verstehen. Das Thema dieses Kapitels ist es nun, klarzustellen, dass die strategische Position einer Organisation historische und kulturelle Wurzeln hat und dass ein Verständnis dieser Wurzeln Managern helfen kann, zukünftige Strategien für ihre Organisation zu entwickeln.

Zu Beginn des Kapitels wird das Phänomen der strategischen Drift erklärt, das die Bedeutung von Geschichte und Kultur in Bezug auf Strategieentwicklung hervorhebt. Dadurch können auch wichtige Herausforderungen identifiziert werden, denen sich Manager bei der Entwicklung von Strategien gegenübersehen. Dann werden die beiden wichtigen und miteinander verbundenen Perspektiven von Geschichte und Kultur betrachtet. *Abschnitt 5.3* untersucht den Einfluss der Geschichte einer Organisation auf ihre gegenwärtigen und zukünftigen Strategien und betrachtet weiter, wie diese Geschichte analysiert werden kann. *Abschnitt 5.4* erklärt dann, was mit dem Begriff „Unternehmenskultur" gemeint ist und wie kulturelle Einflüsse auf nationaler, institutioneller und organisatorischer Ebene die Strategien von heute und morgen beeinflussen. Danach werden Vorschläge angeboten, wie eine Unternehmenskultur analysiert werden kann und wie ihre Einflüsse auf die Strategie verstanden werden können. Abbildung 5.1 fasst die Struktur dieses Kapitels nochmals zusammen.

5.2 Strategische Drift

Strategische Drift

Strategische Drift beschreibt die Tendenz einer Strategie, sich inkrementell auf der Basis historischer und kultureller Einflüsse fortzuentwickeln, ohne jedoch mit dem sich verändernden Umfeld Schritt halten zu können.

Historische Studien über Organisationen haben ein Muster gezeigt, das in Abbildung 5.2 dargestellt ist. Die **strategische Drift**[1] beschreibt die Tendenz einer Strategie, sich inkrementell auf der Basis historischer und kultureller Einflüsse fortzuentwickeln ohne jedoch mit dem sich verändernden Umfeld Schritt halten zu können. Beispiel 5.1 erklärt die strategische Drift. Es ist sehr wichtig, die Gründe und Konsequenzen der strategischen Drift zu verstehen, nicht nur, weil sie häufig vorkommt, sondern auch weil, sie eine Erklärung dafür liefert, warum vielen Organisationen irgendwann „die Luft ausgeht". Außerdem werden durch sie einige wichtige Herausforderungen für Manager aufgezeigt, aus denen sich wiederum viel lernen lässt.

Abbildung 5.2: Strategische Drift

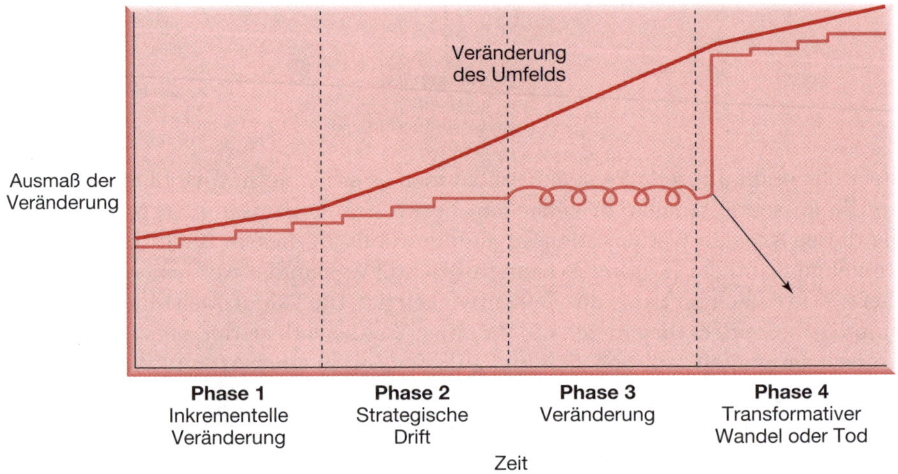

5.2.1 Strategien verändern sich inkrementell[1]

Strategien von Organisationen verändern sich meist nur ganz allmählich. Auf dieses Thema wird in *Kapitel 11* noch ausführlicher eingegangen. Hier soll es nur durch die kurze Erklärung zusammengefasst werden, dass Strategieentwicklung häufig darauf basiert, was eine Organisation in der Vergangenheit getan hat – besonders dann, wenn ihre Aktivitäten erfolgreich waren.[2] So war beispielsweise Sailsbury's Jahrzehnte lang bis Anfang der 1990er Jahre eines der erfolgreichsten Einzelhandelsunternehmen weltweit. Seine Strategie war es, Lebensmittel von höherer Qualität als die ihrer Konkurrenten zu angemessenen Preisen zu verkaufen. Das Unternehmen stand immer unter der patriarchalischen Führung eines Vorstands aus der Familie Sailsbury, erweiterte ganz

1 Für eine Erklärung der strategischen Drift siehe G. Johnson, „Rethinking incrementalism", *Strategic Management Journal*, Bd. 9 (1988), S. 75–91, und „Managing strategic change – strategy, culture and action", *Long Range Planning*, Bd. 25, Nr. 1 (1992), S. 28–36. Siehe auch E. Romanelli und M.L. Tushman, „Organizational transformation as punctuated equilibrium: An empirical test", *Academy of Management Journal*, Bd. 7, Nr. 5 (1994), S. 1141–1166. Sie erklären die Tendenz einer Strategie, sich Schritt für Schritt mit periodischen transformativen Veränderungen zu entwickeln.

2 Siehe D. Miller und P. Friesen, „Momentum and revolution in organisational adaptation", *Academy of Management Journal*, Bd. 23, Nr. 4 (1980), S. 591–614.

allmählich seine Produktpalette, vergrößerte seine Geschäfte und die geografische Ausdehnung, wich jedoch nicht von seiner altbewährten Unternehmensstrategie ab. Dies wird in Phase 1 der Abbildung dargestellt. Für die meisten erfolgreichen Unternehmen gibt es gewöhnlich lange Phasen relativ großer *Beständigkeit*. Während dieser Phasen bleiben angestammte Strategien größtenteils unverändert oder werden nur *inkrementell* angepasst. Dafür gibt es drei wesentliche Gründe:

- *Anpassung an Veränderungen des Umfelds.* Es kann durchaus sein, dass sich das Umfeld, besonders der Markt, inkrementell verändert, sodass sich die Organisation durch eigene kleine Veränderungen dieser Entwicklung anpasst. Es wäre sinnlos, eine Strategie drastisch zu verändern, wenn der Markt dies nicht auch tut.
- *Der Erfolg der Vergangenheit.* Manager können eine natürliche Abneigung dagegen haben, eine Strategie wesentlich zu verändern, wenn diese in der Vergangenheit erfolgreich war, besonders wenn sie auf Fähigkeiten aufbaut, die sich als Grundlage eines Wettbewerbsvorteils herausgestellt haben (siehe *Kapitel 3* und *6*) oder Grundlage für Innovationen sind (siehe *Abschnitt 5.3.1* und *Kapitel 7*).
- *Variationen eines Themas.* Manager können tatsächlich gelernt haben, wie sie eine bestehende Erfolgsformel variieren, also damit experimentieren können, ohne sich zu weit von der Grundlage ihrer Fähigkeiten zu entfernen. (Dies ähnelt dem von einigen Autoren als „logischer Inkrementalismus" bezeichneten Phänomen; siehe *Abschnitt 11.3.1*)

Aus diesen Punkten ergeben sich allerdings Herausforderungen für Manager. Denn wie lange und inwieweit können sie sich darauf verlassen, dass nur inkrementelle Veränderungen bestehender Strategien ausreichen werden? Wann sind grundlegendere strategische Veränderungen angebracht? Und wie sollen sie wissen, wann diese notwendig werden?

Beispiel 5.1 Motorola: Wiederholt sich die Geschichte?

Die Grundlagen für den Erfolg eines Unternehmens sind zwar vielleicht beständig, können aber auch eine strategische Drift verursachen.

Motorola besteht seit 1928 und ist seit jeher bekannt für seine technologischen Innovationen. Es führte das Zweikanal-Walkie-Talkie-Gerät ein, das häufig im Zweiten Weltkrieg eingesetzt wurde. 1948 vermarktete es den ersten Fernseher zu einem Preis unter $ 200. In den 1950er Jahren hatte sich das Unternehmen Fähigkeiten im Bereich Keramikträgertechnologie und dem Design elektronischer Systeme erworben. In den 1970er Jahren wurde es zu einem führenden Hersteller von Mikroprozessoren und galt weltweit als führend im Bereich Technologie. Mitte der 1980er Jahre war Motorola außerdem marktführender Produzent von Mobiltelefonen mit analoger Technologie und beherrschte Mitte der 1990er sogar über 60 Prozent des US-amerikanischen Mobilfunkmarktes. Die damals üblichen Geräte waren jedoch klobig und teuer und zielten auf Geschäftsleute als Kunden ab, die viel unterwegs waren und so keinen Zugang zu Festnetzleitungen hatten. Diese Telefone waren nicht sehr bekannt und auch nicht überall erhältlich. Mitte der 1990er Jahre jedoch kam es zur Entwicklung digitaler Technologien für

Mobiltelefone, die einige Nachteile der analogen Technologie ausgleichen konnten. Empfangsstörungen konnten reduziert und Sicherheitscodes verschlüsselt werden. Außerdem wurden die Geräte kleiner und handlicher und das System war mehr Nutzern gewachsen. Diese Technologie war für den Massenmarkt bestimmt. So stieg auch die Nachfrage nach digitalen Mobiltelefonen nicht nur bei Geschäftsleuten, sondern auch auf dem weitaus größeren Privatnutzermarkt stark an.

Robert Galvin zufolge, einem Vorstandsmitglied von Motorola, war das Unternehmen „an vorderster Front tätig, was die Entwicklung digitaler Technologie betraf". Dennoch entschloss man sich, viele Jahre lang bei der bewährten analogen Technologie zu bleiben und vergab das digitale Geschäft per Lizenz an Nokia und Ericsson, wofür Motorola erhebliche Lizenzgebühren erhielt. Motorola brachte sogar ein neues analoges Telefon auf den Markt, das Star-TAC, und startete eine aggressive Marketingkampagne für sein neues Produkt. Doch nicht nur die stetig steigenden Lizenzgebühren verrieten, dass digitale Handys die Produkte der Zukunft waren, auch viele Anbieter drahtloser Telefonie bedrängten Motorola, digitale Telefone zu entwickeln.

1998 war Motorolas Marktanteil auf 34 Prozent gefallen, und das Unternehmen musste 20.000 Menschen entlassen. Motorola brachte zwar in den kommenden Jahren tatsächlich digitale Handys auf den Markt, hatte aber schwer zu kämpfen, um seine Marktanteile von den Konkurrenten Nokia und Ericsson zurückzugewinnen.

2005 kam Motorolas Razr V3 Handy auf den Markt. Das Produkt erhielt aufgrund seiner Technology und des schönen Designs viel Lob; der anfängliche Verkaufspreis lag bei $ 500. Zwar brachte das Razr V3 Motorola zunächst großen Erfolg, doch schon 2007 war der Preis des Handys auf $ 30 gefallen. Auch die Gewinne des Unternehmens waren ebenso wie der Aktienkurs wieder abgestürzt, und erneut plante man Entlassungen. Und das obwohl der Markt für Mobiltelefone ein jährliches Volumen von 1 Mrd. Stück hatte.

Motorola hatte übersehen, dass sich dieser Markt drastisch verändert hatte. Die Verbraucher wechselten ihre Telefone immer schneller, kauften sich im Schnitt alle zwei Jahre ein neues Gerät. Der Markt war zu einem Modemarkt geworden. Motorola andererseits konzentrierte sich weiterhin darauf, seine Technologien in Bezug auf Mikrochips, Bildschirmgröße und Datengeschwindigkeit zu verbessern. Doch wie auf anderen Märkten auch, die von Modetrends geprägt sind, imitierten auch hier andere Konkurrenten sehr rasch die Designvorteile des Razr.

Ab 2010 waren es vor allem Smart phones, Handy also, die viel mehr konnten als nur telefonieren, die die höchsten Wachstumsraten verzeichneten. Sanjay Jha, einer der Vorstandsvorsitzenden von Motorola, setzte voll und ganz auf die Entwicklung des Motorola Smart phones, das auf der Android Software von Google basierte. Einige Branchenexperten äußerten jedoch Besorgnis, denn Motorolas Smart phones verkauften sich nur recht schleppend, und auch die Absatzzahlen der preisgünstigeren Handys, traditionell Motorolas Erfolgsprodukte, gingen immer weiter zurück.

Schon in den Anfangszeiten des Unternehmens wurde Motorola immer wieder dafür kritisiert, zu sehr auf Technologien zu setzen und darüber den Markt und seine Trends zu vernachlässigen. Nun war man besorgt, dass dasselbe auch noch im Jahr 2010 galt.

Quelle: S. Finkelstein, „Why smart executives fail: Four case histories of how people learn the wrong lessons from history", Business History, Bd. 48, Nr. 2 (2006), S. 153-170 und Brad Stone, New York Times, 3. Februar 2007.

Kontrollfragen

1. Nennen Sie Gründe, warum Motorola auf die angestammte analoge Technologie bestand, obwohl es über die technologischen Voraussetzungen und das Wissen über den sich entwickelnden digitalen Markt verfügte. (Siehe *Kapitel 11* und die Kommentare sowie dieses Kapitel als Hilfestellung.)
2. Setzen Sie die Geschichte im Beispiel fort. Hat Motorola seine Lektion gelernt?

5.2.2 Die Tendenz zur strategischen Drift

Während die Strategie einer Organisation sich weiterhin inkrementell verändert, kann das Umfeld sich gleichzeitig in ganz anderer Weise verändern. Das soll nicht heißen, dass hier unbedingt dramatische Veränderungen geschehen müssen. Phase 2 der Abbildung 5.2 zeigt, dass sich die Veränderungen des Umfelds zwar beschleunigen, keineswegs aber plötzlich geschehen. In Sailsbury's Fall bedeutete dies den wachsenden Marktanteil seines Konkurrenten Tesco sowie den Aufstieg großer Einzelhandelsgeschäfte mit umfangreicherem Sortiment (das beispielsweise auch andere Produkte außer Lebensmittel einschloss). Außerdem veränderte sich die Vertriebslogistik der Konkurrenz. Diese Veränderungen entwickelten sich jedoch im Laufe vieler Jahre. Das Problem, das eine strategische Drift entstehen lässt, liegt darin, dass auch Sailsbury's Strategie, ebenso wie die Strategien vieler anderer Organisationen, nicht mit diesen Veränderungen Schritt hielt. Dafür gibt es mindestens fünf Gründe:

- *Das Problem der späten Einsicht.* In *Kapitel 2* wurden Mittel und Wege zur Analyse des Umfelds aufgezeigt, die gewisse Einsichten bringen können. Wie können sich Manager aber nun sicher sein, in welche Richtung solche Veränderungen gehen werden, und welche Bedeutung sie haben? Vielleicht werden Veränderungen auch nur als vorübergehendes Phänomen angesehen. Manager sind daher meist verständlicherweise zurückhaltend, wenn es darum geht, vielleicht nur aufgrund einer neuen Modeerscheinung oder eines kurzfristigen Einbruchs der Nachfrage eine in ihren Augen erfolgreiche Strategie zu verändern, Rückblickend sind große Veränderungen immer leicht auszumachen, während sie sich jedoch vollziehen, ist ihre Bedeutung nicht so leicht zu erkennen.
- *Auf Vertrautem aufbauen.* Vielleicht beobachten Manager Veränderungen in ihrem Umfeld, die sie unsicher machen oder die sie nicht voll und ganz verstehen. In solchen Fällen, reduzieren sie oft das Ausmaß, in dem sie mit solchen Unsicherheiten konfrontiert werden, auf ein Mindestmaß und suchen nach Antworten, die ihnen vertraut sind, die sie verstehen und die ihnen schon in der Vergangenheit

gute Dienste geleistet haben. Dies führt zu einer Voreingenommenheit gegenüber einem inkrementellen strategischen Wandel. So klammerten sich die Manager von Sailsbury's beispielsweise an den Glauben, sie hätten loyale Kunden, die die Qualität ihrer Produkte wertschätzten. Tesco dagegen war in ihren Augen ein billiger Einzelhändler mit minderwertiger Ware. Die bessere Qualität bei Sailsbury's würde mit Sicherheit weiterhin anerkannt werden.

- *Kernrigiditäten.* Wie in *Kapitel 3* erklärt, können sich in der Vergangenheit erzielte Erfolge häufig auf Fähigkeiten stützen, die einzigartig und für andere schwer zu imitieren sind. Solche Fähigkeiten aber, die zu Grundlagen eines Wettbewerbsvorteils geworden sind, lassen sich allerdings auch meist schwer wieder verändern und werden so zu Kernrigiditäten.[3] Dafür gibt es zwei Gründe. Zum einen wird die Art und Weise, wie bestimmte erfolgreiche Aktivitäten ablaufen, mit der Zeit immer selbstverständlicher. In der Vergangenheit kann dies sehr wohl ein Vorteil gewesen sein, denn Konkurrenten konnten diese Aktivitäten schwer kopieren. Selbstverständliche Kernkompetenzen werden allerdings nur sehr selten hinterfragt und bleiben daher häufig bestehen, auch wenn sie längst nicht mehr nützlich und sinnvoll sind. Zum zweiten entwickeln sich viele Aktivitäten und Handlungsweisen im Laufe der Zeit und werden immer mehr in die Abläufe und Routinen einer Organisation eingebettet, die aufeinander aufbauen und zurückgreifen und schließlich schwer zu entwirren und voneinander zu trennen sind. Auf diesen Punkt wird in *Abschnitt 5.3.1* näher eingegangen.
- *Beziehungen werden zu Fesseln.*[4] Oft gründet Erfolg auch auf hervorragenden Beziehungen zu Kunden, Zulieferern und Mitarbeitern. Eine Wahrung dieser Beziehungen wird höchstwahrscheinlich als grundlegende Bedingung für das langfristige Bestehen der Organisation gesehen. Und dennoch können es solche Beziehungen erschweren, Strategien grundlegend zu ändern, denn dadurch können sich auch Vertriebswege oder Kundengruppen ändern. Neu entwickelte Produkte könnten andere Zulieferer erfordern oder neue Fähigkeiten innerhalb der Organisation nötig werden lassen, sodass die Gefahr besteht, die guten Beziehungen zu den Mitarbeitern zu stören.
- *Auswirkungen verzögerter Leistung.* Die Auswirkungen einer solchen Drift lassen sich oft an der Leistung einer Organisation nicht so leicht ablesen. In den Anfangsphasen kann die finanzielle Leistung noch unverändert gut sein. Kunden können weiterhin loyal sein, und die Organisation als Ganzes kann auch versuchen, durch mehr Effizienz, Kostenreduzierung oder einfach durch härtere Arbeit, ihr Niveau noch zu halten. Deshalb kann es sein, dass keine internen Signale eines nötigen Wandels sichtbar werden, dass auch vom Management kein Druck in diese Richtung kommt. Auch externen Beobachtern kann so entgehen, dass grundlegende Veränderungen durchgeführt werden müssen.

Setzt sich die strategische Drift jedoch fort, so zeigen sich früher oder später ganz klare Symptome: Die finanzielle Leistung bricht ein; Marktanteile gehen verloren; der Aktienkurs sinkt. Ein solcher Niedergang kann sich sehr rasch vollziehen, haben erst einmal

3 Siehe D. Leonard–Barton, „Core capabilities and core rigidities: A paradox in managing new product development", *Strategic Management Journal*, Bd. 13 (1992), S. 111–125.

4 Dieser Begriff wird von Donald S. Sull verwendet, der dadurch den Abstieg erfolgreicher Unternehmen begründet (siehe „Why good companies go bad", *Harvard Business Review*, Juli/August 1999, S. 42–52).

externe Beobachter und nicht zuletzt Konkurrenten und Finanzanalysten das Vorliegen einer solchen Drift bemerkt. Selbst bei den erfolgreichsten Unternehmen kann es zu dieser strategischen Drift kommen. Tatsächlich neigen viele Unternehmen dazu, zu Opfern ihres eigenen vergangenen Erfolgs zu werden – Danny Miller bezeichnete diese Entwicklung als das Ikarus Paradoxon.[5] Diese Organisationen werden zu Gefangenen vergangener Erfolgsformeln.

5.2.3 Eine Phase der Veränderung

Die nächste Phase (Phase 3) kann eine Phase der Veränderung sein, die durch allmählich sinkende Leistungen ausgelöst wird. Strategien können sich ändern, aber noch nicht in eine klare neue Richtung weisen. Vielleicht werden auch Veränderungen beim Management einer Organisation vorgenommen, die meist auf der höchsten Führungsebene ansetzen, denn die Interessengruppen, vor allem die Aktionäre eines börsennotierten Unternehmens, üben Druck auf die Organisation aus, Veränderungen vorzunehmen. Es kann zu internen Rivalitäten darüber kommen, welche Strategie verfolgt werden soll, die häufig von Meinungsverschiedenheiten herrühren, ob zukünftige Strategien sich auf historische Fähigkeiten stützen sollten oder ob diese Fähigkeiten allmählich redundant werden. Tatsächlich kam es und kommt es in solchen Fällen immer wieder zu wortreichen Auseinandersetzungen in Vorstandszimmern, die in der Presse viel Beachtung finden. All dies kann dazu führen, dass das Vertrauen in die Organisation weiter schwindet, dass Leistung und Aktienkurs weiter fallen, dass sich nur schwer gute neue Führungskräfte finden lassen oder dass die Loyalität der Kunden weiter nachlässt.

5.2.4 Transformativer Wandel oder Tod

Wenn sich die Lage verschlimmert, kann es zu drei möglichen Ergebnissen (Phase 4) kommen: (i) Die Organisation könnte sterben (im Fall eines Wirtschaftsunternehmens kann dies den Konkurs bedeuten); (ii) sie könnte von einer anderen Organisation übernommen werden; oder (iii) es kommt zu einer Periode des *transformativen Wandels*. Ein solcher Wandel könnte in Form mehrerer Veränderungen geschehen, die sich auf die Strategie der Organisation beziehen, so können sich z.B. Produkte, Märkte oder die Marktausrichtung verändern. Auch die Fähigkeiten, auf denen die Strategie aufbaut, können sich verändern genauso wie das Top Management der Organisation und vielleicht auch ihre Struktur.

Ein solcher transformativer Wandel vollzieht sich nur selten in einer Organisation und ist meist die Folge eines drastischen Leistungseinbruchs. Oft werden diese transformativen Wandlungsprozesse als Erfolgsgeschichten der obersten Führungsriege verkündet. Hier wirken sie sich auch meist am deutlichsten aus. Das Problem ist, dass es in Bezug auf Marktposition, Shareholder-Vermögen und Arbeitsplätze oft schon zu spät ist. Organisationen haben vielleicht schon ihre Wettbewerbsposition verloren, ein großer Teil des Shareholder Value wurde wahrscheinlich schon zerstört und viele Arbeitsplätze sind bestimmt auch schon verloren gegangen. Die Periode, in der man

5 Dieses Paradoxon (D. Miller, Harper Collins, 1990), so argumentiert Miller überzeugend, führt dazu, dass der Erfolg von Organisationen zu einer Reihe potenziell pathologischer Tendenzen führt, darunter die Tendenz, die Dauerhaftigkeit von Erfolgsgrundlagen zu überschätzen und darauf relativ unkritisch zukünftige Strategien aufzubauen.

„wirklich etwas bewegen kann“, ist die Phase 2 in Abbildung 5.2, wenn die strategische Drift gerade erst beginnt. Eine Studie mit 215 großen britischen Unternehmen hat jedoch gezeigt, dass lediglich acht von ihnen einen grundlegenden transformativen Wandel eingeleitet hatten, ohne dass die Leistung gesunken war[6]. Das Problem besteht darin, dass eine strategische Drift schwer zu sehen ist, ehe die Leistung darunter leidet. Um also die strategische Position eines Unternehmens verstehen zu können, damit die schädigenden Auswirkungen einer strategischen Drift vermieden werden können, muss man die Tatsache sehr ernst nehmen, dass historische Tendenzen bei der Strategieentwicklung meist in der Kultur einer Organisation verhaftet bleiben. Das restliche Kapitel geht auf diesen Punkt näher ein. Die Herausforderung besteht nun darin, wie sich ein Wandel unter solchen Bedingungen durchführen lässt; sie wird in *Kapitel 11* wieder aufgegriffen, in dem es um das Management des strategischen Wandels geht.

5.3 Warum ist die historische Entwicklung wichtig?

Strategen müssen, wollen sie Tendenzen in Richtung einer strategischen Drift durchschauen, die Geschichte einer Organisation sehr ernst nehmen. Es gibt auch andere Gründe, warum ein Verständnis der historischen Entwicklung dabei helfen kann, die strategische Position einer Organisation zu verstehen und richtiges strategisches Management zu betreiben:

- *Die organisatorische Erfahrung der Manager.* Viele Manager arbeiten jahrelang in derselben Organisation oder Branche. Die Erfahrung, auf der ihre Entscheidungen aufbauen, kann durch diese Geschichte stark beeinflusst sein (siehe die Diskussion der „Erfahrungsperspektive“ im Kommentar). Es ist sehr hilfreich, wenn Manager etwas Abstand zu dieser Geschichte nehmen können, um deren Einfluss auf sie selbst und ihre Kollegen zu erkennen.
- *Vermeidung der Überbewertung neuer Entwicklungen.* Es kann sein, dass Manager Ereignissen aus jüngster Vergangenheit oder kürzlich erzielten Leistungen zu viel Bedeutung beimessen und darüber Muster aus der Vergangenheit vergessen. Dadurch entsteht entweder unangemessener Optimismus oder unangemessener Pessimismus. Es kann sehr nützlich sein, die gegenwärtige Situation vor dem Hintergrund der Vergangenheit zu betrachten. Gab es in der Vergangenheit zum Beispiel Trends, die sich wiederholen könnten? Wie haben Strategen in der Vergangenheit auf strategische Schritte reagiert? Eine historische Perspektive kann Managern auch dabei helfen, zu verstehen, warum Dinge geschehen sind, die in der Vergangenheit als überraschend wahrgenommen wurden, und daraus zu lernen, wie ihre Organisation damit umgegangen ist.
- *Falsche Zuordnung von Erfolgen?* Ist es vollkommen klar, wo die Grundlagen für aktuelle Erfolge liegen, wie sie sich entwickelt haben und wie sie sich auf die Entwicklung künftiger Strategien auswirken werden? Es besteht die Gefahr, dass die Ursachen für Erfolge falsch zugeordnet werden, denn sie können ganz woanders liegen, als allgemein angenommen oder sogar reines Glück sein. Solche Fehlzu-

6 Diese Forschungsarbeit, bekannt als das Successful Strategic Transformers (SST) Project, war noch nicht abgeschlossen, als dieses Buch geschrieben wurde. Es ist Teil einer Initiative des UK Advanced Institute of Management Research. Diese Forschungen wurden von Timothy Devinney, Gerry Johnson, George Yip und Manuel Hensmans durchgeführt.

ordnung könnte dazu führen, dass falsche Verhaltensweisen neu bestärkt werden. So wurde in der zukünftigen Strategie eines Ingenieurunternehmens immer wieder betont, wie wichtig es sei, Innovationen in Form von neuen Produkten und Dienstleistungen aktiv zu fördern. Dazu kam es, weil Manager beobachtet hatten, dass das aktuelle Wachstum ihrer Firma eben von einer solchen Innovation kam, während der Rest ihres Angebots keinerlei Wachstum brachte. Eine Untersuchung über die Ursprünge der innovativen Produkte in der Firma zeigte, dass ihre begrenzte Anzahl nur auf reinen Zufall zurückzuführen war oder aber darauf beruhte, dass genau die Technologien, die man nach einer Akquisition übernommen hatte, zufällig für die Kernaktivitäten des Unternehmens relevant waren. Historisch gesehen gab es keinerlei Hinweise darauf, dass Innovationen intern geplant oder aktiv gefördert worden waren. Diese historische Perspektive warf wichtige Fragen darüber auf, wo das Unternehmen seine Fähigkeiten für das Management zukünftiger Innovationen sah.

- *„Was wäre wenn"-Fragen.* Die Geschichte kann einen Manager auch dazu anregen, die „Was wäre wenn"-Frage zu stellen. Diese kann sie dazu bringen, sich vorzustellen, was geschehen wäre, wenn es im Umfeld andere Einflüsse gegeben hätte, wenn Kunden oder Konkurrenten anders reagiert hätten oder wenn ihre Organisation unter anderer Führung gestanden und es andere Initiativen gegeben hätte. Durch solche Überlegungen wird die Gegenwart wieder offensichtlicher ein Ergebnis der Umstände und erscheint daher weniger starr festgelegt. Also können sich dadurch auch Möglichkeiten für einen künftigen Wandel ergeben.
- *Eine strategische Drift entdecken und vermeiden.* Wenn Manager sich für die Einflüsse der Geschichte auf ihre Organisation sensibilisieren, haben sie eher die Chance, ihre aktuelle Strategie als Teil dessen zu sehen, was Henry Mintzberg als Strategie beschreibt mit den Worten „ein Muster in einem Strom aus Entscheidungen"[7]. So sind Manager viel eher in der Lage, zu hinterfragen, inwieweit sich die Strategie, die sie verfolgen möchten, sinnvoll in die Vergangenheit einfügt, ohne von ihr getrieben oder gefangen genommen zu werden. Die Abhandlungen über den Einfluss der Organisationskultur in *Abschnitt 5.4* sind hier besonders relevant.

5.3.1 Pfadabhängigkeit

Hilfreich bei der Betrachtung von Bedeutung und Einfluss der Geschichte ist auch das Konzept der *Pfadabhängigkeit* und der damit verbundenen Begriff des historischen Lock-in-Effekts. **Pfadabhängigkeit** bedeutet, dass durch frühe Ereignisse und Entscheidungen Maßnahmenpfade geprägt wurden, welche einen bleibenden Einfluss auf nachfolgende Ereignisse und Entscheidungen besitzen.[8] Dieser Begriff wurde in *Kapitel 3* im Zusammenhang mit den potenziellen Grundlagen für Wettbewerbsvorteile und die pfadabhängigen Fähigkeiten bereits erwähnt (siehe *Abschnitt 3.4.3*). Daher ist es sehr wichtig, zu verstehen, woher dieses Phänomen kommt und welche Auswirkungen es haben kann.

Pfadabhängigkeit

Pfadabhängigkeit bedeutet, dass durch frühe Ereignisse und Entscheidungen bestimmte Entwicklungspfade geprägt werden, welche einen bleibenden Einfluss auf nachfolgende Ereignisse und Entscheidungen besitzen.

Beispiele hierzu beziehen sich oft auf den Bereich Technologie. In vielen Fällen lässt sich die Technologie, die wir verwenden, viel eher durch Pfadabhängigkeit erklären

7 Der Satz „Strategie ist ein Muster in einem Strom von Entscheidungen" stammt aus H. Mitzberg, „Patterns in strategy formation", Management Science, Mai 1978, S. 934–948.

8 W.B. Arthur, „Competing technologies, increasing returns and lock in by historical events", *Economic Journal*, Bd. 99 (1989), S. 116–131.

als durch ihre Optimierung. Ein berühmtes Beispiel bezieht sich auf die Anordnung der Tasten auf einer Schreibmaschine, wie sie in vielen Ländern üblich ist: QWERTY. Diese Anordnung stammt ursprünglich aus dem 19. Jahrhundert, und dafür gab es zwei wesentliche Gründe. Zum einen kamen sich dadurch beim schnellen Tippen auf einer mechanischen Schreibmaschine die Tasten nicht so leicht in die Quere. Zum anderen machte man es dadurch den Vertretern damals leichter, die Maschinen sehr schnell präsentieren zu können, denn alle Buchstaben des Wortes „typewriter" (engl. für Schreibmaschine) waren in der obersten Zeile zu finden. Zwar gibt es durchaus optimalere Anordnungen, doch auf vielen Tastaturen steht nach über 150 Jahren immer noch QWERTY – und das, obwohl die mechanische Schreibmaschine längst durch den PC abgelöst wurde.[9] Es gibt noch unzählige weitere Beispiele, von Technologien in Kernkraftwerken bis hin zu Videorekordern. Frühe Entscheidungen und Festlegungen „rasten" im Laufe der Jahre durch weit verbreitete wiederholte Anwendung durch Zulieferer und Nutzer „ein", die wiederum um diese Technologien herum ihre eigenen Systeme konstruieren.

Bei der Pfadabhängigkeit geht es nicht nur um Technologie. Sie bezieht sich auch auf jede Verhaltensweise, die ihren Ursprung in der Vergangenheit hat und zu einem festgefahrenen Verhaltensmuster wird. Geht es um Organisationen und deren Strategien, so zeigt sich dieses Phänomen meist in der Entwicklung von Routineabläufen, die durch Hardware und Technologie in Form von System für Verkauf, Marketing, Neueinstellungen, Buchhaltung, etc. unterstützt werden.[10] Solche Routineabläufe werden auch oft in viel umfangreicherem Maß „institutionalisiert" als die Organisation selbst. Ein gutes Beispiel hierfür sind Buchhaltungssysteme. Hier kam es auf verschiedenen Ebenen zum Lock-in-Effekt, wobei ganze Netzwerke mit einbezogen wurden, die festlegten, was Mitarbeiter taten, mit wem sie innerhalb und außerhalb ihrer Organisation interagierten, nach welchen Standards und an welchen Systemen sie ausgebildet wurden und welche Objekte und Technologien sie nutzten. All dies entwickelte sich über einen langen Zeitraum hinweg, und die verschiedenen Bereiche verstärkten sich gegenseitig, wie Abbildung 5.3 zeigt. Wie bei QWERTY wird die „Richtigkeit" oder zumindest die Unvermeidbarkeit solcher Systeme gern als selbstverständlich hingenommen. Sie beeinflussen auch Entscheidungsfindungen in nicht unerheblichem Maß und beeinflussen so nicht zuletzt strategische Entwicklungen und Wahlmöglichkeiten. Historische Buchhaltungssysteme bleiben bestehen, obwohl immer mehr Experten, darunter Buchhalter und andere[11], auf schwerwiegende Mängel in diesen Systemen hinweisen, darunter nicht zuletzt das Unvermögen solcher Buchhaltungssysteme, geeignete Messwerte für die Faktoren zu liefern, die den Marktwert eines Unternehmens ausmachen.

9 P.A. David, „Clio and the economics of QWERTY", *Economic History*, Bd. 75, Nr. 2 (1985). S. 332–337.

10 Siehe I. Greener, „Theorizing path dependency: How does history come to matter in organizations?", *Management Decision*, Bd. 40, Nr. 6 (2002), S. 614–619.

11 Die größten Buchhaltungsunternehmen der Welt fordern seit langem eine radikale Reform: „Big four in call for real time accounts", *Financial Times*, 8. November 2006, S. 1.

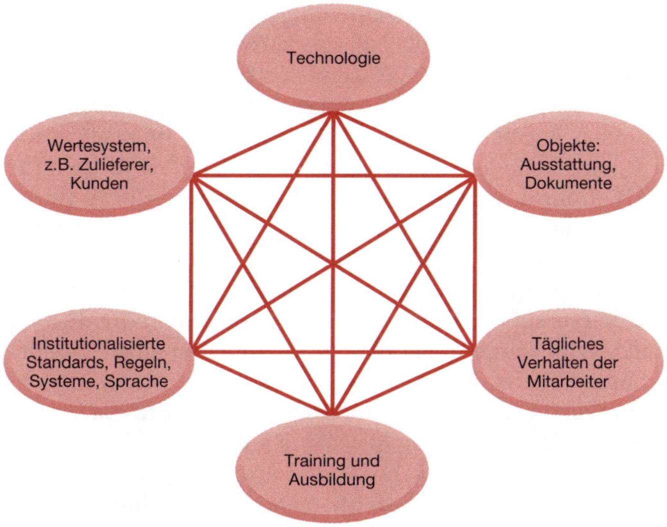

Abbildung 5.3: Pfadabhängigkeit und Lock-in

Die Pfadabhängigkeit ermöglicht es also, zu bedenken, wie historische Ereignisse und Entscheidungen innerhalb einer Organisation und um eine Organisation herum sich auf diese positiv oder negativ auswirken. Solche Auswirkungen sind unter anderem:

- *Die Festlegung von Strategien rund um pfadabhängige Fähigkeiten*, die sich innerhalb einer Organisation entwickelt haben können. Dies liegt vielen Argumenten für den Aufbau eines Wettbewerbsvorteils zugrunde, wie sie in *Kapitel 3* behandelt wurden und in *Kapitel 6* weiter ausgeführt werden. Und es gibt auch Beweise, dass dies zutrifft. Es hat sich gezeigt, dass die Pfadabhängigkeit zur Erklärung von Organisationsstrategien herangezogen wurde.[12] Unternehmen neigen dazu, auf Märkten aktiv zu werden, sich auf Marktsegmente zu konzentrieren und eine Diversifikation zu betreiben, die mit den von ihnen entwickelten pfadabhängigen Fähigkeiten im Einklang sind. Auf diese Weise neigen sie auch eher dazu sich auf Kunden zu konzentrieren, die sie schon bisher bedient haben oder auf Fähigkeiten, auf denen vergangene Erfolge basieren. Dies kann zwar eine Grundlage für Erfolg sein, doch es birgt auch Gefahren, wie der Fall Motorola in Beispiel 5.1 zeigt.
- Doch auch das Konzept der *Pfadkreation* ist hier von Bedeutung. Es bedeutet, dass manche Manager aktiv danach streben, zum Nutzen ihrer Organisation Pfadabhängigkeiten zu verändern, zu erweitern oder von ihnen abzuweichen. Vielleicht ist ihnen die Geschichte auch gut genug bewusst, sodass sie wissen, was sie verändern können und was nicht. Es könnte zwar riskant sein, zu weit zu gehen (siehe die Diskussion über „Legitimität" in *Abschnitt 5.4.2*), doch durch das Ingangsetzen von Veränderungen, die von anderen innerhalb des Netzwerks als angemessen und vorteilhaft eingeschätzt werden, könnte auch ein Vorteil erzielt werden. Und das ist es wohl auch, was neue Akteure auf dem Versicherungsmarkt wie etwa Tesco getan haben. Sie haben keineswegs versucht, alte Prinzipien des Versicherungsmarktes zu verändern; sie haben lediglich die Art und Weise, wie Versicherungen verkauft und vertrieben werden, radikal gewandelt.

12 Aus D. Holbrook, W. Cohen, D. Hounshell und S. Klepper, „The nature, sources and consequences of firm differences in the early history of the semiconductor industry", *Strategic Management Journal*, Bd. 21, Nr. 10–11 (2000), S. 1017–1042.

- *Innovation basierend auf historischen Fähigkeiten.* Im BMW-Museum in München findet sich ein Zitat: „Wer für die Zukunft entwerfen will, muss die Vergangenheit durchblättern."[13] Zwar zeigt das Museum natürlich die Geschichte von BMW, es wird aber auch verdeutlicht, wie aus den Lektionen der Vergangenheit neue Ideen und Innovationen entstehen können. Die Abteilung Innovation und Technologie des Unternehmens befindet sich sogar direkt neben dem Museum und den Archiven von BMW. Innovation kann auf mindestens zweierlei Arten auf historischen Fähigkeiten aufbauen. Zunächst sind in einem Umfeld sich verändernder Technologie Unternehmen, die über jahrelange Erfahrung und lange entwickelte Fähigkeiten verfügen, die diesen Veränderungen am meisten entsprechen, viel eher in der Lage, Innovationen hervorzubringen als solche Unternehmen, die dies nicht besitzen.[14] Es könnte auch sein, dass es neue Wissenskombinationen gibt, wenn sich Fähigkeiten in verwandten Technologiebereichen entwickeln und in innovativer Weise als neue technologische Chancen übernommen werden. So wurden über die Art der Weiterleitung von Gasen neue Lichtsysteme entwickelt.[15] Ebenso waren erfolgreiche Unternehmen, die die Fernsehindustrie begründeten, ehemals Radiohersteller, und sie waren es, die im Vergleich zu allen anderen beteiligten Bereichen die stärksten innovativen Fähigkeiten an den Tag legten, als sich die Branche veränderte.[16]

Wenn es um Pfadkreation und Innovation geht, müssen Manager immer die Vergangenheit mit in ihre Zukunftspläne einbeziehen. So stellen sie auch das eine mithilfe des anderen infrage. Sie müssen sich fragen, welche Aspekte aus der Vergangenheit auch in der Zukunft hilfreich sein könnten und was umgekehrt die Zukunft von der Vergangenheit verlangt. Auch müssen sie hinterfragen, inwieweit sich das Umfeld in einer Art und Weise verändert, die ihren pfadabhängigen Fähigkeiten immer noch Bedeutung verleiht. Sollen sich Strategien auf der Grundlage solcher Fähigkeiten entwickeln, so kann dies nur geschehen, wenn sich gleichzeitig die Veränderungen von Märkten, Technologien und anderen Aspekten des Umfelds, wie in *Kapitel 2* besprochen, möglichst in die gleiche Richtung bewegen wie die Fähigkeiten selbst. Manager müssen also nicht nur für relevante historische Fähigkeiten ein Feingefühl entwickeln, sie müssen diese auch in Bezug setzen können zu einem sich verändernden Umfeld.

- Auch der *Managementstil* kann seine Wurzeln in der Vergangenheit haben. Dies bezieht sich nicht nur auf die Wertvorstellungen des Unternehmensgründers, die wirklich starken Einfluss ausüben können, sondern auch auf das Zusammenspiel von Handlungsweisen aus der Vergangenheit und den Lektionen, die das Unternehmen aus einem sich verändernden Umfeld gelernt hat.[17] Tesco sei hier noch einmal

13 Dieses Zitat von André Malraux sowie die Geschichte des BMW-Museums wurde von Mary Rose zur Verfügung gestellt.

14 Siehe Holbrook et al., Fußnote 12.

15 Private Korrespondenz mit Mary Rose, der Unternehmenshistorikerin, die nahe legt, dass „dies eine Verbindung zu Schumpeter darstellt, der von einer Grenzüberschreitung sprach, die sich auf Sektoren, auf Technologien oder darauf beziehen kann, dass sich mit neuen Kenntnissen alte Anwendungsweisen von Technologien weiterentwickeln können".

16 S. Klepper und K.L. Simons, „Dominance by birthright: Entry of prior radio producers and competitive ramifications in the US television receiver industry", *Strategic Management Journal*, Bd. 21, Nr. 10–11 (2000), S. 987–1016.

17 Siehe J.R. Kimberley und H. Bouchikhi, „The dynamics of organizational development and change: How the past shapes the present and constrains the future", *Organization Science*, Bd. 6, Nr. 1 (1995), S. 9–18.

als Beispiel genannt – heute eines der erfolgreichsten internationalen Einzelhandelsunternehmen. In der Anfangszeit war es ein Familienunternehmen, betrieben von Jack Cohen, der für seinen direkten und autoritären Führungsstil bekannt war. Dadurch kam es zu internen Konflikten innerhalb der Firma und auch mit Zulieferern. Heute liegen die Dinge anders, der historische Konflikt hat sich zu einer produktiven Herausforderung und Rivalität zwischen den Managern und verschiedenen Unternehmensteilen entwickelt, was wohl ganz entscheidend zu den Innovationen und Erfolgen der Firma beigetragen hat.[18]

Doch auch hier gibt es eine Kehrseite dieser potenziellen Vorteile. Es kann sein, dass die Entwicklung des Managementstils nicht mit den Bedürfnissen eines sich verändernden Umfelds im Einklang ist, sondern im Gegenteil zu sehr von Vermächtnissen der Vergangenheit beeinflusst und behindert wird. Ebenso können pfadabhängige Fähigkeiten, die tief in der Vergangenheit verwurzelt sind, immer starrer innerhalb einer Organisation werden. Pfadabhängigkeit wird manchmal als „Furchen in einer Straße" beschrieben. Mit jedem Wagen, der darüber rollt, werden sie tiefer und tiefer. Ist dies einmal geschehen, müssen alle Wagen zwangsläufig durch dieselben Furchen fahren. Werden also die Fähigkeiten, die vormals Grundlagen für Wettbewerbsvorteil und Erfolg waren, allmählich zu Kernstarrheiten, so entwickelt sich daraus eine strategische Drift, wie in *Abschnitt 5.2* erklärt.

5.3.2 Analyse der historischen Entwicklung

Wie können nun Manager also eine historische strategische Analyse ihrer Organisation durchführen? Dies kann auf vielerlei Weisen geschehen:[19]

- *Chronologische Analyse.* Zuallererst bedeutet dies, eine Chronologie der wichtigsten Ereignisse zu erstellen, die Veränderungen im Unternehmensumfeld aufzuzeigen – besonders auf den Märkten – und zu verdeutlichen, wie sich die Strategie des Unternehmens entsprechend verändert hat und welche Konsequenzen dies hatte – nicht nur finanzieller Natur. Einige Unternehmen haben dies sehr viel intensiver betrieben und ausführliche Unternehmensbiografien erstellen lassen. Dies sind vielleicht nur PR-Aktionen, doch die besseren dieser Zusammenstellungen sind tatsächlich ernsthafte Dokumentationen der Geschichte.[20] Zumindest kann ein solch historischer Blickwinkel heutige Manager für die oben erwähnten Fragen sensibler machen.
- *Zyklische Einflüsse.* Gibt es Hinweise auf zyklische Einflüsse? Natürlich zeigen sich diese in Form von Wirtschaftszyklen, jedoch auch in Form von Zyklen der Branchenaktivität. So gibt es beispielsweise Perioden hoher Übernahmeaktivitäten und andere, in denen eher ausgegliedert wird. Wer versteht, wann diese Zyklen auftreten und wie sich die Kräfte von Branche und Markt währenddessen verändern können, kann auch fundierte Entscheidungen darüber treffen, ob sich gewählte Strategien mit diesen Zyklen oder ihnen entgegengesetzt entwickeln sollten.

---

18 Dieses Beispiel stammt ebenfalls aus dem SST-Forschungsprojekt – siehe Fußnote 6.

19 Siehe auch D.J. Jeremy, „Business history and strategy", in A. Pettigrew, H. Thomas und R. Whittington (Hrs.), *Handbook of Strategy and Management*, Sage, 2002, S. 436–460.

20 Gute Beispiele solcher Unternehmensbiografien siehe bei G. Jones, *Renewing Unilever: Transformation and Tradition*, Oxford University Press, 2005; R. Fitzgerald, *Rowntrees and the Marketing Revolution 1862–1969*, Cambridge University Press, 1995; T.R. Gourvish, *British Railways 1948–73*, Cambridge University Press, 1986.

- *Eckpfeiler.* Viele sehen Geschichte als ständigen Fluss von Ereignissen an, doch manche dieser Ereignisse können zu ganz bestimmten Zeiten für eine Organisation von entscheidender Bedeutung sein – also sogenannte Eckpfeiler darstellen. Dies könnten besonders bedeutende Ereignisse sein, die vielleicht einen historischen Wandel oder eine wichtige strategische Entscheidung einer Organisation betreffen. Oder es könnten Maßnahmen sein, die der Unternehmensgründer oder andere mächtige Führungskräfte festgelegt haben; große Erfolge oder Misserfolge zählen genauso dazu wie wichtige Zeitabschnitte, die bestimmte Erkenntnisse gebracht haben oder den Managern als besonders relevant erscheinen. Solche Eckpfeiler können schon viele Jahre zurückliegen und sich dennoch stark auf gegenwärtige Strategien und strategisches Denken auswirken oder zukünftige Strategien stark einschränken. Dies kann natürlich auch von Vorteil sein, denn dadurch entsteht eine klare strategische Richtung, die zu der im vorangegangenen Kapitel erläuterten Vision des Unternehmens beitragen kann. Andererseits können solche Eckpfeiler aber auch Barrieren sein, die verhindern, dass bestehende Strategien kritisch hinterfragt werden. Ein berühmtes Beispiel ist Henry Fords Maxime: „Sie können jede Farbe haben, vorausgesetzt sie ist schwarz." Dieser Satz war Jahrzehnte lang Sinnbild für Massenproduktion und geringe Vielfalt in der Autoindustrie. Gegenwärtig wird die Gesundheitspolitik der Regierung (und der Opposition) in Großbritannien durch das historische Mantra behindert, dass Gesundheitsvorsorge „bei Lieferung kostenfrei" sein soll, obwohl das ganz klar unmöglich ist. Eine Werbekampagne von Apple aus dem Jahr 1984 sprach eine deutliche Sprache gegen IBM: In dem Werbespot, der zur besten Sendezeit lief, schleuderte eine junge Athletin einen wuchtigen Vorschlaghammer auf ein düsteres Fernsehbild von *Big Brother*. Damit bezog man sich eindeutig auf das damals dominante Unternehmen IBM.
- *Historische Erzählungen.* Wie sprechen die Mitarbeiter einer Organisation über deren Geschichte und erklären sie? Um die Grundlagen für die Strategie einer Organisation zu verstehen, wird ein neuer Vorstandschef oder auch ein externer Berater meist zunächst eine gewisse Zeit damit verbringen, mit den Mitarbeitern zu sprechen, denn dadurch gewinnt er Einblicke in deren persönliche Wahrnehmung der Geschichte.[21] Wie sprechen sie über ihre Organisation, wie sehen sie sie heute und früher, beziehen sie sich auf Eckpfeiler oder Grundlagen des Erfolgs? Und was sind wiederum die Auswirkungen auf zukünftige Strategieentwicklungen? Lassen die Äußerungen der Mitarbeiter darauf schließen, dass die historischen Fähigkeiten der Organisation auch heute noch für bestimmte Märkte und Kunden relevant sind, dass die Organisation zu Innovation und Wandel fähig ist oder so tief in der Vergangenheit verwurzelt ist, dass eine strategische Drift droht?

Geschichte ist also wichtig, weil sie aktuelle Strategien positiv oder negativ beeinflusst. Wie hier bereits erwähnt, gibt es Mittel und Wege, die historischen Entwicklungen zu analysieren. Nicht immer ist es jedoch leicht, Verbindungen zur Organisation herzustellen, wie sie heute besteht. Und nun wird es wichtig, die Kultur einer Organisation zu verstehen. Die aktuelle Kultur einer Organisation ist, zu einem Großteil, ein Vermächtnis ihrer Geschichte. Die Geschichte wird in der Unternehmenskultur

21 Walsh und Ungson weisen darauf hin, dass das „Gedächtnis einer Organisation" vielerlei Formen hat, darunter gemeinsame Interpretationen und individuelle Erinnerungen. Siehe J.P. Walsh und G.R. Ungson, „Organizational memory", Academy of Management Review, Bd. 16, Nr. 1 (1991), S. 57–91.

„eingekapselt“[22]. Versteht man also die Kultur einer Organisation, so ist dies ein Mittel, um auch die historischen Einflüsse zu begreifen, die, wie wir bereits gesehen haben, sehr stark sein können. Im nächsten Abschnitt wird erklärt, was Kultur ist und wie sie analysiert werden kann.

5.4 Was ist Kultur und warum ist sie wichtig?

Es gibt viele Definitionen für den Begriff „Kultur“. Zu Beginn des Buches wurde sie als „sozial etablierte Struktur der Bedeutung“ beschrieben.[23] Edgar Schein definiert **Organisationskultur** genauer als die „grundlegenden *Annahmen und Werte*, die alle Mitarbeiter einer Organisation teilen; sie wirken im Unterbewusstsein und definieren ganz grundlegend und unhinterfragt, wie eine Organisation sich selbst und ihr Umfeld sieht“[24]. In Bezug hierzu stehen Handlungsweisen, die nicht hinterfragt werden, Routineabläufe, die sich im Laufe der Zeit etablieren. Mit anderen Worten geht es bei der Kultur um Dinge, die als selbstverständlich hingenommen werden, die aber dennoch dazu beitragen, wie Gruppen auf aktuelle Probleme reagieren, denen sie sich stellen müssen. Demnach beeinflusst die Kultur Entwicklung und Wandel organisatorischer Strategien in erheblichem Maß.

Organisationskultur

Organisationskultur bezeichnet die grundlegenden Annahmen und Werte, die alle Mitarbeiter einer Organisation teilen. Sie wirken im Unterbewusstsein und definieren ganz grundlegend und unhinterfragt, wie eine Organisation sich selbst und ihr Umfeld sieht.

Wie Abbildung 5.4 zeigt, existieren kulturelle Einflüsse auf verschiedensten Ebenen. Die nun folgenden Abschnitte werden die wichtigen Faktoren und Themen in Bezug auf verschiedene kulturelle Rahmenwerke herausarbeiten und aufzeigen, wie sich die Kultur einer Organisation analysieren und charakterisieren lässt, um die Einflüsse dieser Kultur sowohl auf aktuelle als auch auf zukünftige organisatorische Zwecke und Strategien zu verstehen.

Abbildung 5.4: Kulturelle Rahmenwerke

22 Dieses Zitat stammt von S. Finkelstein, „Why smart executives fail: Four case histories of how people learn the wrong lessons from history“, *Business History*, Bd. 48, Nr. 2 (2006), S. 153–170.

23 Siehe C. Geertz, *The Interpretation of Culture*, Basic Books, 1973, S. 12; und M. Alvesson, *Understanding Organizational Culture*, Sage, 2002, S. 3.

24 Diese Definition stammt von E. Schein, *Organisational Culture and Leadership*, 2. Aufl., Jossey-Bass, 1997, S. 6.

5.4.1 Nationale und regionale Kulturen

Viele Autoren, der bekannteste von ihnen ist wohl Geert Hofstede[25], haben gezeigt, wie sich Meinungen und Einstellungen über Arbeit, Autorität, Gleichheit und andere wichtige Faktoren von Land zu Land unterscheiden. Solche Unterschiede entstanden durch mächtige kulturelle Kräfte, die seit Jahrhunderten in Bereichen wie Geschichte, Religion und sogar Klima wirken. Organisationen, die international agieren, müssen solche Unterschiede verstehen und mit ihnen umgehen können, da sie in Form verschiedener Standards, Werte und Erwartungen in verschiedenen Ländern Gestalt annehmen können.[26] So wurde etwa der Versuch von Euro Disney, seinen Erfolg der Disney Vergnügungsparks in den USA in Europa zu kopieren, in den französischen Medien als „kultureller Imperialismus" betitelt und gestaltet sich eher schwierig. Zwischen 1999 und 2005 sanken die Besucherzahlen jährlich um 0,3 Prozent. Beispiel 5.2 zeigt auch, wie kulturelle Unterschiede Managern Schwierigkeiten bereiten können, die Märkte in China entwickeln möchten.

Auch *subnationale* (meist regionale) Kulturen können von großer Bedeutung sein, auch wenn sie in Abbildung 5.4 (aus Gründen der Vereinfachung) nicht separat aufgeführt sind. So können selbst in einem kleinen und geschlossenen Land wie Großbritannien etwa Meinungen über einige Aspekte des Beschäftigungsverhältnisses und der Zuliefererbeziehungen auf regionaler Ebene voneinander abweichen. In anderen europäischen Ländern sind die Unterschiede noch viel größer (etwa zwischen Nord- und Süditalien). Auch kann es zwischen städtischen und ländlichen Gebieten zu Abweichungen kommen.

Beispiel 5.2 **Wenn in China ...**

Wenn westliche Unternehmen nach China kommen, wird das Verständnis für chinesische Geschäftspraktiken immens wichtig.

David Hands arbeitet in Peking für das Immobilienunternehmen Jones Lang Lasalle (JLL), für das er den chinesischen Markt erschlossen hat. *Management Today* berichtete über ein Interview mit ihm:

> *China bietet unendlich viele Chancen, doch man muss unbedingt die Spreu vom Weizen trennen, und dies muss sehr effizient und sorgfältig geschehen. Zu Beginn hatten wir beispielsweise Probleme mit unserem Zeitmanagement.*

25 Siehe G. Hofstede, *Culture's Consequences*, 2. Auf., Sage, 2001. Für eine Kritik von Hofstedes Arbeit siehe B. McSweeney, „Hofstede's model of national cultural differences and their consequences: A triumph of faith – a failure of analysis", *Human Relations*, Bd. 55, Nr. 1 (2002), S. 89–118.

26 Siehe zum kulturübergreifenden Management auch R. Lewis, *When Cultures Collide: Managing successfully across cultures*, 2. Aufl., Brealey, 2000, eine praktische Anleitung für Manager. Das Buch liefert Einblicke in nationale Kulturen, Geschäftsdialoge und Führungsstile. Siehe auch S. Schneider und J.-L. Barsoux, *Managing across cultures*, 2. Aufl., Financial Times/ Prentice Hall, 2003. T. Jackson, „Management ethics and corporate policy: A cross-cultural comparison", *Journal of Management Studies*, Bd. 37, Nr. 3 (2000), S. 349–370, betrachtet, wie nationale Kulturen Managementethik beeinflussen und liefert so ein nützliches Bindeglied zu *Abschnitt 4.4* dieses Buches.

Stellen Sie sich vor, sie berufen ein Meeting ein, und alle Teilnehmer erscheinen zu unterschiedlichen Zeiten. Außerdem hat keiner daran gedacht, eine genaue Tagesordnung auszuarbeiten. Oder es finden drei mehrstündige Treffen mit einem Kunden statt, der uns dann kaum Aufträge gibt. Wir mussten unseren Mitarbeitern begreiflich machen, wie wichtig es war, Kosten und Nutzen gegeneinander aufzurechnen.

Es dauerte seine Zeit, bis die chinesischen Mitarbeiter die Ratschläge, die JLL ihnen anbot, annehmen und wertschätzen konnten, denn obwohl sie sehr wohl daran gewöhnt sind, für Güter Geld zu bezahlen, stellte das Bezahlen von Dienstleistungen für sie einen regelrechten Kulturschock dar:

Man muss lernen, Schritt für Schritt vorzugehen und kleine Zugeständnisse zu machen. Man kann nicht einfach bei jemandem im Büro auftauchen und sagen: „Zahle mit eine große Summe Geld im Voraus." Und man muss ihnen wirklich zeigen, wo man ihre Geschäftspraktiken aufwerten kann.

Auch mit dem Verständnis der Hierarchie gibt es Probleme:

Sie denken vielleicht, Sie haben es mit der höchsten Führungspersönlichkeit eines Unternehmens zu tun, und er bittet Sie um einen Preisnachlass. Sie stimmen zu. Doch dann treffen Sie mit fünf weiteren Managern zusammen, die alle jeweils etwas höher in der Hierarchie stehen als der vorherige Manager – und sie alle wollen Preisnachlässe. Seien Sie also vorsichtig!

Auch die Symbole der Hierarchie sind nicht die gleichen. Anders als in westlichen Ländern, wo Statussymbole wie Autos oder Kleidermarken für einen bestimmten Status stehen, sind Manager in China meist eher mittelmäßig gekleidet.

Billige Kleidung ist wichtig in einem Land, das von Korruption geplagt wird: Sie lenkt nämlich die Aufmerksamkeit von jeglicher unrechtmäßig erhaltenen Bereicherung ab. Dennoch will der Chef natürlich seine Autorität zeigen, und eine Möglichkeit, um dies zu tun, ist es, sich mit einem Gefolge aus jungen Günstlingen zu umgeben. ... Ich habe schnell gelernt, dass mich niemand ernst nimmt, wenn ich mich nicht gefällig zeige und mich mit einem oder mehreren dieser Assistenten treffe.

Für einen westlich geprägten Menschen bleibt auch oft die Höflichkeit auf der Strecke:

Im Grunde glauben sie, man gehört ihnen, wie ihnen eben auch ihr Auto oder ihre Luxusuhr gehört, nachdem sie dafür bezahlt haben.

Auch die Beziehungen zwischen Mitarbeitern und Vorgesetzten sind wichtiger als die Beziehung der Mitarbeiter zum Unternehmen:

Deswegen kommt es vor, dass Mitarbeiter am Wochenende das Auto des Chefs waschen. Wir müssen den Leuten beibringen, dass ihnen das bei uns keine Beförderung einbringen wird ....

Ein weiterer Interviewteilnehmer hat Erfahrungen mit chinesischer Bürokratie gemacht:

> *Verhandelt man mit der Regierung, so muss man jemanden finden, der davon überzeugt ist, man könne ihm persönlich helfen, von dem Geschäft zu profitieren. Sind erst einmal beider Interessen aufeinander abgestimmt, kann er Sie durch das Labyrinth führen. ... Es geht nicht darum, eine Visitenkarte zu bekommen und mit dem Betreffenden dann mal was trinken zu gehen. In China muss man sich die Dankbarkeit und das Vertrauen dieser Person verdienen, und dazu muss man ihnen Gefälligkeiten erweisen. Je größer die Gefälligkeit, umso mehr wird sie ihnen geschäftlich wie auch privat helfen.*

Quelle: D. Slater, „When in China ...", Management Today, Mai 2006. Neu veröffentlicht vom Management Today Magazine mit Erlaubnis des Copyright Besitzers, Haymarket Publications Limited.

Kontrollfragen

1. Zeigen Sie auf Basis dieser Interviews auf, wie die kulturellen Normen und die unhinterfragten Annahmen chinesischer Manager von denjenigen westlicher Manager abweichen.
2. Was könnten Sie tun, wenn Sie in einem Land mit sehr andersartiger Kultur tätig werden möchten, um diese Kultur und die zugrunde liegenden Annahmen zu verstehen, außer mit Menschen zu sprechen, die schon Erfahrungen auf diesem Markt gesammelt haben?

5.4.2 Das organisationale Wirkungsfeld[27]

Organisationales Wirkungsfeld

Ein organisationales Wirkungsfeld wird durch eine Gemeinschaft von Organisationen gebildet, die häufiger miteinander als mit anderen Unternehmen außerhalb des Feldes interagieren und die ein gemeinsames Sinnsystem entwickelt haben.

Die Kultur einer Organisation wird auch durch Gruppierungen rund um die Arbeitswelt geprägt wie etwa Branchen (oder Sektoren), einer Berufsgruppe oder dem **organisationalen Wirkungsfeld**, einer Gemeinschaft von Organisationen, die häufiger miteinander als mit anderen Unternehmen außerhalb des Feldes interagieren und die ein gemeinsames Wertesystem entwickelt haben.[28] Solche Organisationen können die gleiche Technologie nutzen, sie können nach den gleichen Regeln operieren oder gleiche Ausbildungs- und Trainingsprogramme haben. Dies bedeutet wiederum, dass sie ein gemeinsames **Rezept**[29] haben, also eine Reihe von auf Organisationszwecke bezogener

27 Eine wertvolle Übersicht der Forschungsarbeiten zu diesem Thema liefern T. Dacin, J. Goodstein und R. Scott, „Institutional theory and institutional change: Introduction to the special research forum", *Academy of Management Journal*, Bd. 45, Nr. 1 (2002), S. 45–57. Für eine allgemeinere Übersicht siehe G. Johnson und R. Greenwood, „Institutional theory and strategy", in Mark Jenkins and V. Ambrosini (Hrs.), *Strategic Management: A Multiple-Perspective Approach*, Palgrave, 2007.

28 Diese Definition stammt von W. Scott, *Institutions and Organizations*, Sage, 1995.

29 Der Begriff „Rezept" bezog sich ursprünglich auf Branchen und wurde von J. Spender, *Industry Recipes: The nature and sources of management judgement*, Blackwell, 1989, eingeführt. Wir haben ihn erweitert und ihn auch auf *Organisationsfelder* angewendet. Die grundlegende Definition, dass Verhaltensweisen von gemeinsamen Normen und Werten beeinflusst werden, bleibt aber unverändert.

Annahmen, Normen und Routinen, die alle Organisationen innerhalb eines organisationalen Feldes teilen, sowie gemeinsamen Überzeugungen, wie Organisationen geführt werden sollten. So gibt es beispielsweise im „organisationalen Wirkungsfeld Justiz" viele Organisationen wie Rechtsanwaltskanzleien, Polizei, Gerichte, Gefängnisse und Bewährungseinrichtungen. Sie alle haben unterschiedliche Aufgaben, und ihre detaillierten Vorgaben, wie Gerechtigkeit erzielt werden soll, weichen voneinander ab. Dennoch haben sie sich alle dem Prinzip verschrieben, dass Gerechtigkeit eine gute Sache ist, die sich zu erlangen lohnt. Dadurch arbeiten sie häufig zusammen, haben ein gemeinsames Verständnis und eine gemeinsame Sprache für auftretende Probleme entwickelt und nutzen gemeinsame Routineabläufe oder übernehmen rasch Routinehandlungen anderer Berufsgruppen ihres Feldes. Auch in anderen Organisationsfeldern ist ein solches gemeinsames Rezept üblich, etwa im Bereich Wirtschaftsprüfung (siehe Beispiel 5.3) und in vielen anderen Branchen.

Rezept

Ein Rezept besteht aus einer Gruppe von auf Organisationszwecke bezogenen Annahmen, Normen und Routinen, die alle Organisationen innerhalb eines organisationalen Feldes teilen, sowie aus gemeinsamen Überzeugungen, wie Organisationen geführt werden sollten.

Hier ergibt sich wieder ein Bezug zum Thema der oben beschriebenen Pfadabhängigkeit. Die verschiedenen Mitglieder eines Organisationsfelds bilden ein sich selbst verstärkendes Netzwerk auf Annahmen und Verhaltensweisen, die höchstwahrscheinlich zu einem Lock-in-Effekt führen. So versuchen einzelne Berufsgruppen oder Handelsverbände oft ein Organisationsfeld, in dem die Mitgliedschaft exklusiv und das Verhalten der Mitglieder reguliert ist, zu formalisieren. Solche kulturellen Einflüsse können durchaus von Vorteil sein – etwa für die Kunden –, denn dadurch werden bestimmte Standards und Beständigkeiten der einzelnen Anbieter aufrechterhalten. Manager können aber auch andererseits „institutionalisiert" werden, sodass sie nicht mehr wahrnehmen, welche Chancen oder auch Gefahren außerhalb ihres Organisationsfelds vorliegen. Auch einmal etablierte Rezepte lassen sich nur noch schwer ändern.

Vorherige Kapitel betonten die Bedeutung von Umfeldeinflüssen (*Kapitel 2*), strategischen Fähigkeiten (*Kapitel 3*) und Interessengruppenerwartungen (*Kapitel 4*). Von ebenso großer Bedeutung für das Organisationsfeld ist auch der Einfluss der **Legitimität**. Sie bezieht sich darauf, inwieweit die innerhalb eines organisationalen Wirkungsfelds bestehenden Erwartungen in Bezug auf Grundannahmen, Verhaltensweisen und Strategien erfüllt werden. Strategien können durch das Bedürfnis nach Legitimität auf vielerlei Weisen geprägt werden. Beispiele hierfür sind *Regulierung* (etwa durch spezifische Verhaltenscodices oder Standards, die vielleicht von einem Berufsverband festgelegt werden), *normative Erwartungen* (was erwartet die Gesellschaft), oder einfach als gegeben hingenommene Annahmen, die als angemessen gelten (z.B. das *Rezept*). Im Laufe der Zeit entwickelt sich innerhalb eines Organisationsfelds häufig ein Konsens darüber, welche Strategien erfolgreich sein werden und daher akzeptabel sind – dadurch werden also die Strategien selbst legitimiert. Wenn sich Organisationen an solche Normen halten, sichern sie sich dadurch Zustimmung und öffentliche Unterstützung, was wiederum ihre Legitimität steigert. Weichen sie dagegen von diesen Strategien ab, könnte das riskant sein, denn in den Augen wichtiger Interessengruppen (wie etwa Kunden oder Banken) könnte ein solcher Schritt nicht legitim sein. Daher neigen viele Organisationen dazu, ihre Strategien gegenseitig zu imitieren. Natürlich gibt es strategische Unterschiede, diese bewegen sich aber immer innerhalb der Grenzen der Legitimität.[30] Dies zeigt sich in den Abhandlungen über Strategie in Beispiel 5.3. Natürlich stehen einige Unternehmen am Rand solcher Organisationsfelder vielleicht schon jetzt

Legitimität

Legitimität bezieht sich darauf, inwieweit die innerhalb eines organisationalen Wirkungsfelds bestehenden Erwartungen in Bezug auf Grundannahmen, Verhaltensweisen und Strategien erfüllt werden.

30 D. Deephouse, „To be different or to be the same? It's a question (and theory) of strategic balance", *Strategic Management Journal*, Bd. 20, Nr. 2 (1999), S. 147–166.

für erfolgreich angewandte zukünftige Strategien (beispielsweise Internetanbieter für Musik zum Downloaden), doch *zu Anfang* wird dies sicher nicht so wahrgenommen – Kunden bleiben wahrscheinlich ihren angestammten Investoren treu, Banken stellen nur sehr zögerlich Finanzmittel für solche neuen Unternehmungen zur Verfügung, und etablierte Unternehmen auf dem Markt tun solche Aktivitäten wahrscheinlich als unternehmerischen Fehltritt an.

Beispiel 5.3 Die Strategiedebatte in einer Wirtschaftsprüfungsgesellschaft

Die empfundene Legitimität einer Strategie kann verschiedene Wurzeln haben.

Edward Gray, geschäftsführender Partner von QDG, einer der größeren Wirtschaftsprüfungsfirmen weltweit, diskutiert die globale Strategie seines Unternehmens mit zwei Seniorpartnern. Beim Zusammentreffen des internationalen Ausschusses in den USA war das Hauptthema die globale Entwicklung gewesen. Wie die meisten Rechnungsprüfungsgesellschaften ist auch QDG national organisiert. Das Unternehmen kam ursprünglich aus dem Bereich Betriebsprüfung, bietet aber inzwischen auch Finanz- und Steuerberatung an ebenso wie Dienstleistung zur Unternehmenssanierung und zu Informationssystemen. Die internationale Kooperation basiert auf Kontakten zu Partnern rund um die Welt. Allerdings verlangen große Kunden allmählich nach einem „nahtlosen internationalen Service". Zu dem Treffen kommen Alan Clark, mit 20 Jahren Erfahrung als Partner und einer guten Reputation in seinem Berufsfeld, und Michael Jones, neu bei QDG und anders als die anderen kein Wirtschaftsprüfer. Er leitet die IT-Abteilung von QDG und kommt ursprünglich von einer Beratungsfirma.

Gray:

> *Wenn unsere Aktivitäten nicht globaler werden, könnte QDG seine Position als eines der führenden Wirtschaftsprüfungsunternehmen weltweit verlieren. Unsere Konkurrenten bewegen sich in diese Richtung, also müssen wir das auch tun. Nun stellt sich die Frage nach dem Wie.*

Clark stimmte zwar zu, mahnte aber zur Vorsicht. Er wies darauf hin, dass Kunden in wachsende Volkswirtschaften wie etwa China eintraten:

> *Die Regierungen dieser Länder werden auf der Einhaltung internationaler Standards bestehen, doch das bereitet Schwierigkeiten. In China gibt es beispielsweise keinen richtigen Begriff für Gewinn, geschweige denn eine Möglichkeit, diesen genau zu messen. Soll es eine Marktwirtschaft geben, so ist der Bedarf für unsere Dienstleistungen sehr hoch. Allerdings gibt es schwerwiegende Probleme, die nicht zuletzt mit der Unmenge an benötigten Mitarbeitern zusammenhängen. Wir können über Nacht keine erfahrenen Wirtschaftsprüfer aus dem Hut zaubern, ohne dass dadurch unser professionelles Niveau leiden würde. Wir können uns nicht auf Kosten unseres Niveaus von den Chancen neuer Märkte verlocken lassen. Und es kommt ein*

weiteres Problem dazu. Unser Geschäft stützt sich auf persönliche Beziehungen und Vertrauen. Auch dies dürfen wir für die „globale Integration" nicht aufs Spiel setzen.

Jones war der Meinung, es gäbe noch größere Herausforderungen:

All unsere Konkurrenten werden international aktiv. Sie alle kämpfen um dieselben Kunden, bieten die gleichen Dienstleistungen auf gleichem Niveau an. Wo liegen also die Unterschiede? Um einen Wettbewerbsvorteil zu erzielen, müssen wir anders sein und weiter denken als alle anderen. Warum bieten wir nicht zweischichtige Partnerschaften an, wobei kleinere Länder Partner ohne Eigenkapital sein könnten? Dadurch könnten wir Entscheidungen schneller treffen, unsere Standards durchsetzen und Seniorpartnern formal die Autorität verleihen, sich um unsere internationalen Hauptkunden zu kümmern.

Clark hatte dies erwartet:

Dies ist keine gute Gelegenheit, um Geld zu verdienen. Es geht um die Entwicklung angemessener Systeme für die Volkswirtschaften von Ländern, die früher unter Verschluss gehalten wurden. Wir müssen mit anderen Unternehmen kooperieren, um sicherzustellen, dass alle Standards kompatibel sind. Dazu nützt es uns nichts, eine Partnerschaftsstruktur zu verändern, die seit 100 Jahren wunderbar funktioniert.

Gray:

Das Treffen letzte Woche ergab eindeutig, dass wir eine internationalere Firma mit einem effektiveren System zur Kundenbetreuung werden müssen. Außerdem dürfen wir uns weniger auf persönliche Kontakte und Beziehungen verlassen und müssen das Beste aus unseren Mitarbeitern herausholen.

Clark:

Ich könnte dagegenhalten, dass wir über ein einzigartiges internationales Netzwerk an persönlichen Beziehungen verfügen, das wir seit Jahrzehnten pflegen und ausbauen. Wir müssen dieses Netzwerk vielmehr mit moderner Technologie und modernen Kommunikationsmitteln zusätzlich verstärken.

Darauf folgte eine weitere längere Diskussion.

Quelle: Adaptierte Fallstudie in G. Johnson und R. Greenwood, „Institutional Theory and Strategic Management", in Mark Jenkins und V. Ambrosini (Hrs.), Strategic Management: A Multiple-Perspective Approach, Palgrave, 2007.

Kontrollfragen

1. Welche Annahmen liegen der Argumentation der drei Partner zugrunde?
2. Wo könnten die Ursprünge dieser Annahmen liegen?
3. Wie lassen sich die verschiedenen Ansichten zu den Diskussionen über strategische Fähigkeiten (*Kapitel 3*) und Wettbewerbsstrategie (*Kapitel 6*) in Beziehung setzen?

Da die Rezepte der einzelnen Organisationsfelder voneinander abweichen, kann sich der Übertritt eines Managers von einer Branche in eine andere auch schwierig gestalten. So werden etwa Manager aus dem privaten Sektor immer wieder dazu ermutigt, in Organisationen der öffentlichen Hand einzutreten, um so frischen Wind in diese Organisationen zu bringen. Viele gaben an, sich nur schwer die Akzeptanz der neuen Mitarbeiter für die neue Arbeitsweise erwerben zu können. Außerdem hatten viele Schwierigkeiten damit, ihren Führungsstil den Traditionen und Erwartungen der neuen Organisation anzupassen, wenn es beispielsweise um Konsensbildung zur Entscheidungsfindung ging. Ein anderer Fall ist in Beispiel 5.3 genannt, denn dadurch, dass Michael Jones einen ganz anderen beruflichen Hintergrund hat als seine Kollegen, sind auch seine Ansichten über Strategie anders.

5.4.3 Organisationskultur

Oft wird die Kultur einer Organisation als ein aus vier Schichten bestehendes System verstanden[31] (siehe Abbildung 5.5):

- *Werte* sind in einer Organisation oft leicht zu identifizieren und liegen auch oft als schriftliche Aussage über Leitbild, Ziele und Strategien der Organisation vor (siehe *Abschnitt 4.5*). Allerdings können sie eher vage formuliert sein, etwa „Dienst an der Gesellschaft“ oder „Gewährleistung der Gleichberechtigung am Arbeitsplatz“.
- *Überzeugungen* sind zwar spezifischer, können aber auch meist aus der Art und Weise abgeleitet werden, wie die Mitarbeiter über die Probleme ihrer Organisation sprechen. Ein Beispiel ist die Überzeugung, dass die Firma mit bestimmten Ländern keine Geschäftsbeziehungen haben sollte oder dass professionelle Mitarbeiter ihre Aktivitäten nicht von Managern bewerten lassen sollten.

Abbildung 5.5: Kultur in vier Schichten

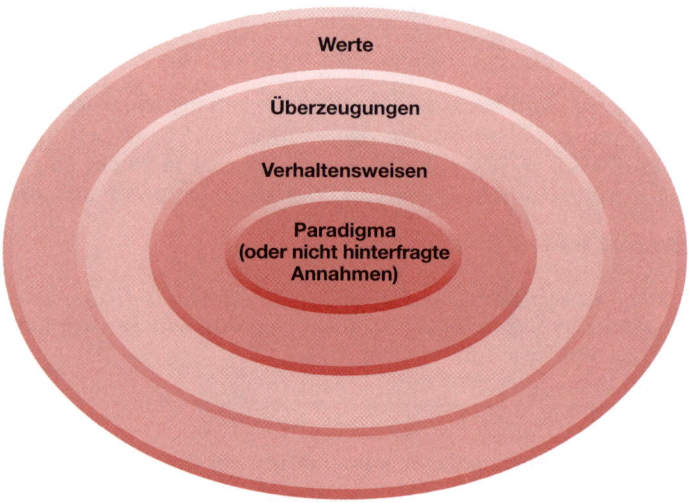

31 E. Schein, *Organisation Culture and Leadership*, 2. Aufl., Jossey-Bass, 1997, und A. Brown, *Organisational Culture*, FT/Prentice Hall, 1998, sind von Nutzen für das Verständnis der Beziehung zwischen Organisationskultur und Strategie. Für eine sinnvolle Kritik des Konzepts der Organisationskultur siehe M. Alvesson, *Understanding Organizational Culture*, Sage, 2002.

Beim Thema Werte und Überzeugungen muss man auch immer bedenken, dass es in Bezug auf die Kultur immer um die Werte und Überzeugungen der Gemeinschaft und nicht eines Einzelnen geht. Es kann sogar sein, dass die Werte und Überzeugungen einzelner Mitarbeiter zeitweise sehr gegenläufig zu denjenigen der Organisation sind, woraus sich wiederum ethische Spannungen und Probleme ergeben können, die in *Abschnitt 4.3.2* erwähnt wurden.

- *Verhaltensweisen* beziehen sich auf tägliche Geschäftsprozesse und können von Menschen innerhalb und außerhalb der Organisation wahrgenommen werden. Dazu zählen Routineabläufe, Organisations- und Kontrollstrukturen, aber auch „weichere" Themen, etwa symbolische Handlungen.
- *Als gegeben hingenommene Annahmen* sind der Kern einer Organisationskultur. Dies sind die Aspekte des Organisationslebens, die für die Mitarbeiter schwer zu benennen und zu erklären sind. Hier werden sie als Paradigma der Organisation beschrieben. Ein **Paradigma** beschreibt eine Gruppe von Annahmen, welche von den meisten Mitgliedern einer Organisation geteilt werden und die sie unhinterfragt als gegeben hinnehmen. Damit eine Organisation effektiv operieren kann, muss es allgemein akzeptierte Annahmen geben. Wie oben erwähnt, entstehen diese aus *kollektiven Erfahrungen*, ohne die die Menschen in verschiedenen Situationen „ihre Welt neu erfinden" müssten. Das Paradigma kann erfolgreiche Strategien untermauern, indem es eine Grundlage für das gemeinsame Verständnis liefert. Es kann aber auch zum Problem werden, wenn zum Beispiel ein radikaler strategischer Wandel nötig ist (siehe *Kapitel 14*) oder wenn Unternehmen fusionieren wollen und herausfinden, dass sie nicht kompatibel sind. Die Bedeutung des Paradigmas wird in *Abschnitt 5.4.6* noch näher erläutert.

Paradigma

Ein Paradigma beschreibt eine Gruppe von Annahmen, welche von den meisten Mitgliedern einer Organisation geteilt werden und die sie unhinterfragt als gegeben hinnehmen.

5.4.4 Subkulturen in Organisationen

Will man die Beziehung zwischen Kultur und Strategien einer Organisation erstehen, so kann man eventuell einige kulturelle Aspekte erkennen, die die gesamte Organisation durchdringen. Es kann innerhalb einer Organisation aber auch wichtige *Subkulturen* geben. Diese können sich direkt auf die Organisationsstruktur beziehen, etwa auf die Unterschiede zwischen geografischen Abteilungen innerhalb einer internationalen Firma oder zwischen Funktionen wie etwa Finanzwesen, Marketing und Betrieb. Unterschiede zwischen verschiedenen Abteilungen werden in Organisationen besonders deutlich, die durch Übernahmen anderer Firmen gewachsen sind. Außerdem könnten verschiedene Abteilungen unterschiedliche Strategien verfolgen, und die sich daraus ergebenden unterschiedlichen Marktpositionierungen könnten unterschiedliche Kulturen erfordern oder fördern. So ist es auch ein wichtiges Merkmal einer erfolgreichen Organisation, wenn sie die strategische Positionierung und die Organisationskultur in Einklang bringen kann. Funktionsunterschiede können sich auch auf die verschiedenen Arbeitsweisen unterschiedlicher Funktionen beziehen. In Unternehmen wie Shell oder BP beispielsweise liegen solche Unterschiede wahrscheinlich zwischen denjenigen Funktionen vor, die mit den Anfangsprozessen der Exploration zu tun haben, denn hier wird in Zeithorizonten von Jahrzehnten gerechnet, und solchen Funktionen, die sich um die Vermarktung und den Vertrieb drehen, denn hier geht es eher um kürzere, vom Markt bestimmte Zeithorizonte. Dies ist wohl auch einer der Gründe, warum sowohl Shell als auch BP so sehr darauf bedacht sind, eine Unternehmenskultur zu schaffen, die solche funktionalen Grenzen überwindet.

5.4.5 Der Einfluss der Kultur auf die Strategie

Die Tatsache, dass die Unternehmenskultur meist als gegeben hingenommen wird, macht sie so wichtig für die Strategie und die Entwicklung von Strategien. Dafür gibt es zwei Hauptgründe:

- *Kulturmanagement.* Da man alles, was als gegeben hingenommen wird, nur schwer beobachten, identifizieren und kontrollieren kann, ist es auch schwer, solche Dinge zu managen (siehe Beispiel 5.5 am Ende des Kapitels). Deshalb ist es auch so wichtig, einen Weg zu finden, um Kultur analysieren zu können, sodass sie offensichtlicher wird. Um dieses Thema geht es im nächsten Abschnitt.
- *Kultur als Antriebskraft der Strategie.* Organisationen können zu Gefangenen ihrer eigenen Kultur werden, sodass es sehr schwer fällt, Strategien so zu verändern, dass sie die von der Kultur gesetzten Grenzen überschreiten. Manager, die sich einem sich verändernden Unternehmensumfeld stellen müssen, werden wahrscheinlich versuchen, mit einer solchen Situation umzugehen, indem sie nach Aspekten suchen, die sie im Rahmen der bestehenden Unternehmenskultur verstehen und bewältigen können. Daraus ergeben sich häufig nur kleine, schrittweise strategische Veränderungen, und es besteht das Risiko einer strategischen Drift, wie in *Abschnitt 5.2* beschrieben. Kultur ist also eine nicht-beabsichtigte Antriebskraft der Strategie.

Abbildung 5.6: Der Einfluss von Kultur auf die Strategieentwicklung

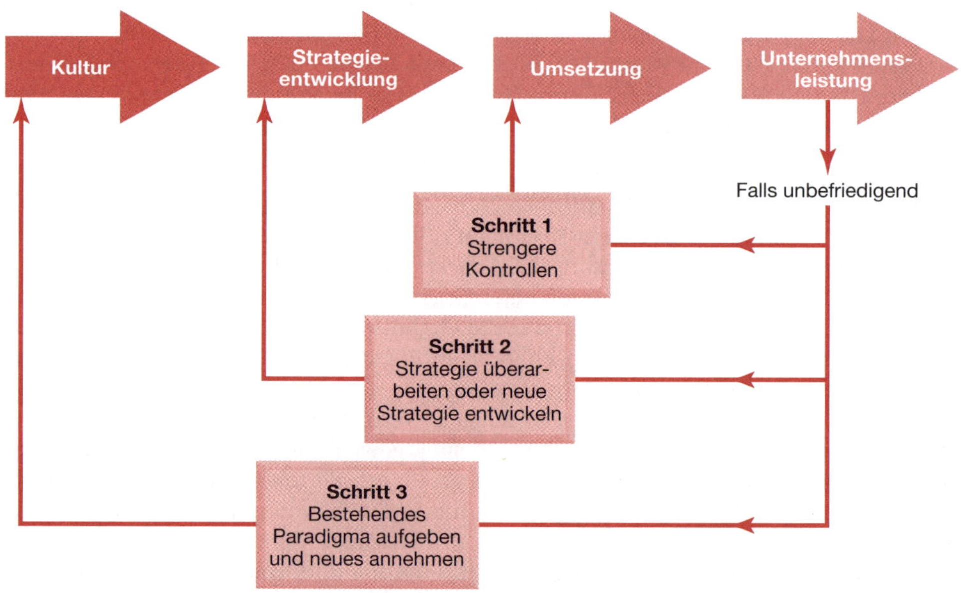

Die Auswirkungen der Kultur auf die Strategie sind in Abbildung 5.6 dargestellt.[32] Manager, die sich veranlasst sehen zu handeln, z.B. aufgrund nachlassender Unternehmensleistung, werden zunächst versuchen, die Umsetzung der bestehenden Strategie zu verbessern. Dazu könnten sie versuchen, die Kosten zu senken, die Effizienz zu steigern, strengere Kontrollen einzuführen oder Routineabläufe zu verbessern. Zeigen all diese Schritte keine Wirkung, so kann es zu einem Strategiewechsel kommen, der sich aber

32 Abbildung 5.4 ist adaptiert vom Original in P. Grinyer und J.C. Spender, *Turnaround: Managerial Recipes for Strategic Success*, Associated British Press, (1979) S. 203.

noch im Rahmen der bestehenden Unternehmenskultur bewegt. Manager könnten beispielsweise versuchen, den Markt für ihre Produkte oder Dienstleistungen auszuweiten, dabei aber davon ausgehen, dass eventuelle neue Kunden ihren bestehenden Kunden sehr ähnlich sein werden. Daher werden sie neue Projekte, die in diese Richtung gehen, in ähnlicher Weise angehen, wie sie es bereits gewohnt sind. Anders ausgedrückt, selbst wenn Manager vom Verstand her wissen, dass sie sich ändern müssen, und sogar wissen, wie dies technologisch möglich wäre, fühlen sie sich doch durch pfadabhängige organisatorische Routineabläufe und Annahmen oder politische Prozesse erheblich eingeschränkt, wie dies in Beispiel 5.1 wahrscheinlich der Fall ist. Dies geschieht oft, wenn versucht wird, hochbürokratische Organisationen zu verändern, damit diese sich mehr am Kunden orientieren. Selbst wenn die Mitarbeiter vom Verstand her akzeptieren, dass sich die Organisation ändern und weniger Wert legen muss auf die Einhaltung seit langem geltender Regeln, Routineabläufe und Berichtbeziehungen, tun sie nichts dergleichen. Es stimmt also nicht, dass vernünftige Argumente in jedem Fall fest verankerte Annahmen verändern können, die in über lange Jahre gesammelter kollektiver Erfahrung verwurzelt sind. Der Leser denke nur an seine eigenen Erfahrungen damit, andere überzeugen zu wollen, die eigene religiöse Glaubensausrichtung oder die Anhängerschaft an bestimmte Sportvereine kritisch zu überdenken. Immer wieder kommt es zur Anwendung dessen, was bekannt ist, um Unsicherheit und Zweideutigkeit zu vermeiden oder zu reduzieren. Diese Entwicklung setzt sich meist so lange fort, bis sich dramatische Hinweise auf die Redundanz der Kultur zeigen und die Organisation sich bereits in Phase 3 oder 4 der strategischen Drift befindet (siehe Abbildung 5.2).

5.4.6 Eine Analyse der Kultur: Das kulturelle Netz

Um sowohl die Kultur selbst als auch ihre Auswirkungen zu verstehen, muss man in der Lage sein, diese Kultur zu analysieren. Mithilfe des **kulturellen Netzes**[33] wird dies möglich. Es bezeichnet die physischen, symbolischen und Verhaltensmanifestationen einer Kultur, die durch unhinterfragt und als gegeben angenommene Annahmen oder Denkmuster geprägt werden und diese prägen (siehe Abbildung 5.7). Hier handelt es sich eigentlich nur um die inneren beiden Ovale in Abbildung 5.5. Das kulturelle Netz kann dabei helfen, Kultur in jedem der oben erwähnten Rahmenwerke zu verstehen, wird aber am häufigsten auf gesamtorganisatorischer oder auf funktionaler Ebene (Abbildung 5.4) eingesetzt.[34] Das kulturelle Netz besteht aus folgenden Elementen:

Kulturelles Netz

Das kulturelle Netz einer Organisation bezeichnet die physischen, symbolischen und Verhaltensmanifestationen einer Kultur, die durch unhinterfragt als gegeben angenommene Annahmen oder Denkmuster geprägt werden und diese prägen.

33 Eine umfassendere Erklärung des kulturellen Netzes ist zu finden bei G. Johnson, *Strategic Change and the Management Process*, Blackwell, 1987, und „Managing strategic change: Strategy, culture and action", *Long Range Planning*, Bd. 25, Nr. 1 (1992), S. 28–36. Außerdem ensteht zur Zeit G. Johnson und A. McCann, *Changing Strategy: Changing Culture*, FT Publications.

34 Eine praktische Erklärung zur Darstellung des kulturellen Netzes ist zu finden bei G. Johnson, „Mapping and re-mapping organisational culture", in V. Ambrosini mit G. Johnson und K. Scholes (Hrs.), Exploring Techniques of Analysis and Evaluation in Strategic Management, Prentice Hall, 1998.

Abbildung 5.7:
Das kulturelle Netz einer Organisation

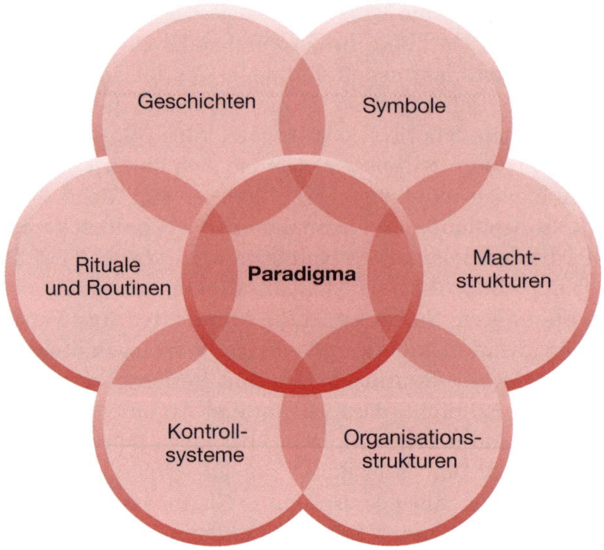

- Im Innersten befindet sich ein *Paradigma*, wie in Abbildung 5.5 zu sehen. Die als gegeben hingenommenen Annahmen und Überzeugungen dieses Paradigmas sind eigentlich die *kollektive Erfahrung*, die auf eine Situation angewendet wird, um diese zu begreifen und eine geeignete Handlungsweise festzulegen. Die Annahmen des Paradigmas können sehr grundlegender Natur sein. So scheint es etwa ganz selbstverständlich, dass sich die Kernannahmen eines Zeitungsverlags um die zentrale Bedeutung von Nachrichten und Berichterstattung drehen. Aus strategischer Sicht gesehen sind Zeitungen für ihre Einkünfte immer stärker auf Werbeeinnahmen angewiesen und so könnte ihre Strategie auch direkt darauf ausgerichtet sein. Im Paradigma einer gemeinnützigen Organisation geht es vielleicht um gute Werke für die Bedürftigen; dies kann aber nur erreicht werden, wenn die Organisation es schafft, auf effektive Weise viel Geld zu sammeln. Es ist also wichtig zu verstehen, wie ein Paradigma aussieht und wie es die Debatte über Strategien beeinflusst. Das Problem besteht allerdings darin, dass es schwierig sein kann, solche Paradigmen zu identifizieren, besonders wenn man selbst Teil der Organisation ist, da meist über solche Themen nicht gesprochen wird. Für außenstehende Beobachter kann es dagegen relativ leicht sein, solche Paradigma zu isolieren, indem sie einfach zuhören und zuschauen, wie die Mitarbeiter handeln und was ihnen wichtig ist. Insider dagegen könnten damit ihre Probleme haben, denn sie sind ja selbst Teil der Unternehmenskultur. Eine Möglichkeit für interne Mitarbeiter, eigene als gegeben hingenommene Annahmen zu erkennen, besteht darin, sich anfangs auf andere Aspekte des kulturellen Netzes zu konzentrieren, die sich mit sichtbaren Manifestationen der Unternehmenskultur befassen. Und diese anderen Aspekte wiederum verstär ken meist die Annahmen des Paradigmas.

Routinen

Routinen bezeichnen die eingespielten, alltäglichen Arbeitsabläufe.

- **Routinen** bezeichnen die eingespielten täglichen Arbeitsabläufe. Diese können eine lange Geschichte haben und sogar mehreren Organisationen gemeinsam sein (siehe *Abschnitt 5.3*). Im besten Fall sorgen sie dafür, dass eine Organisation reibungslos funktioniert und verleihen ihr eine ganz eigene organisatorische Kompetenz. Sie können aber auch für eine Selbstverständlichkeit der Abläufe stehen, die wiederum schwer zu verändern ist.

- Die **Rituale** einer Organisation sind Aktivitäten oder Ereignisse, die das betonen, hervorheben oder verstärken, was in einer Kultur besonders wichtig ist. Beispiele hierfür sind Trainingsprogramme, Einstellungsgremien, Beförderungs- und Bewertungsprozesse, Verkaufskonferenzen, etc. Ein Extrembeispiel sind hier natürlich auch die ritualisierten Trainingsmethoden neuer Militärrekruten, die sie auf die in Konfliktsituationen nötige Disziplin vorbereiten sollen. Rituale können aber auch informelle Aktivitäten sein, etwa das gemeinsame Glas Bier in der Kneipe nach der Arbeit oder der Tratsch am Kopierer. Eine Vergleichsliste vieler Rituale findet sich in *Kapitel 14* (siehe Abbildung 14.6).

Rituale

Rituale sind Aktivitäten oder Ereignisse, die das betonen, hervorheben oder verstärken, was in einer Kultur besonders wichtig ist.

- Die *Geschichten*[35], die Mitglieder einer Organisation einander, Außenstehenden oder neuen Kollegen, etc. erzählen, können dazu beitragen, die Gegenwart Teil der Unternehmenskultur werden zu lassen und weist auch auf wichtige Ereignisse und Personen innerhalb der Organisation hin. Oft drehen sich solche Geschichten um Erfolge, Katastrophen, Helden, Schurken und Außenseiter (die von der Norm abweichen). Durch sie erfährt man, was in einer Organisation wichtig ist.
- **Symbole**[36] sind Objekte, Ereignisse, Handlungen oder Menschen, die über ihren funktionalen Zweck hinaus eine besondere Bedeutung vermitteln, pflegen oder erzeugen. So haben etwa Büros, die Gestaltung von Büros, Autos und Titel einerseits einen funktionalen Zweck, sind aber auch typische Signale für Status und Hierarchie. Bestimmte Menschen stehen vielleicht für wichtige Aspekte innerhalb einer Organisation oder für historische Wendepunkte. Auch die Sprache, die in einer Organisation verwendet wird, kann vieles aufdecken, besonders in Bezug auf die Kunden. So beschrieb der Leiter einer Verbraucherschutzorganisation in Australien seine Kunden einmal als „Nörgler“. In einem großen britischen Lehrkrankenhaus wurden die Patienten von Beratern als „klinisches Material“ bezeichnet. Solche Beispiele klingen zwar amüsant, zeigen aber doch tiefliegende Annahmen über Kunden (oder Patienten), die einen wesentlichen Einfluss auf die gewählten Strategien einer Organisation haben können. Auch wenn Symbole im kulturellen Netz separat aufgeführt werden, sollte man immer bedenken, dass viele Elemente dieses Netzes symbolisch sind. So haben Routineabläufe, Kontroll- und Belohnungssysteme nicht nur eine funktionale, sondern auch eine symbolische Bedeutung.

Symbole

Symbole sind Objekte, Ereignisse, Handlungen oder Menschen, die über ihren funktionalen Zweck hinaus eine besondere Bedeutung vermitteln, pflegen oder erzeugen.

- *Machtstrukturen.* Die mächtigsten Gruppierungen innerhalb einer Organisation sind meist eng mit den Kernannahmen und -überzeugungen verbunden. In Unternehmen, die eine strategische Drift miterleben, gibt es oft mächtige Führungskräfte, die eine enge Verbindung mit seit langem bestehenden Abläufen haben. Für eine Machtanalyse sind die in *Kapitel 4* gegebenen Anleitungen (*Abschnitt 4.4.2*) sehr nützlich.
- *Die Organisationsstruktur* spiegelt die Machtverhältnisse in einer Organisation wider und zeigt wichtige Rollen und Beziehungen auf. Formal hierarchische, mechanisierte Strukturen können darauf hinweisen, dass strategische Entscheidungen allein der obersten Führungsebene vorbehalten sind und dass alle anderen einfach „Anweisungen befolgen“. Sehr lockere Strukturen (wie in *Kapitel 12*

35 Siehe A.L. Wilkins, „Organisational stories as symbols which control the organisation", in L.R. Pondy, P.J. Frost, G. Morgan und T.C. Dandridge (Hrs.), *Organisational Symbolism*, JAI Press, 1983.

36 Die Bedeutung von Symbolen für Organisationen wird erklärt bei G. Johnson, „Managing strategic change: The role of symbolic action", British Journal of Management, Bd. 1, Nr. 4 (1990), S. 183–200.

beschrieben) können dagegen bedeuten, dass Zusammenarbeit weniger wichtig ist als Konkurrenz und so weiter.

- *Kontrollsysteme*, Messwerte und Belohnungssysteme betonen alle Aspekte, die es in einer Organisation unbedingt zu überwachen gilt. So wird Organisationen der öffentlichen Hand oft vorgeworfen, sie kümmerten sich mehr um die Verwaltung ihrer Finanzmittel als um die Qualität ihrer Dienstleistungen. Dies spiegelt sich in ihren Arbeitsabläufen wider, bei denen es mehr darum geht, Ausgaben richtig zu verbuchen als die Qualität der Dienstleistungen zu verbessern. Individuelle Bonussysteme für jeden einzelnen Mitarbeiter, die sich etwa auf das Verkaufsvolumen beziehen, stehen für eine Kultur der Individualität und des internen Wettbewerbs und zeigen deutlich die Bedeutung des Verkaufsvolumens im Gegensatz zu Teamwork und der Betonung von Qualität.

Beispiel 5.4 zeigt ein Kulturnetz, das die Leiter und andere Mitarbeiter der britischen Behörde für Forstwirtschaft als Teil eines Programms zur Strategieentwicklung entworfen haben. Außerdem sind Kommentare über die Bedeutung der einzelnen Elemente enthalten. Die wichtigste daraus gewonnene Erkenntnis ergab, dass sich die Mitarbeiter zu einer Zeit, als diese Behörde den Auftrag bekam, ihre Strategie zu ändern und die Wälder der Öffentlichkeit zugänglich zu machen, selbst als technische Experten und die Öffentlichkeit als regelrechte Plage wahrnahmen. Eine solche Analyse kann solche und ähnliche Probleme häufig ans Tageslicht bringen. Eine Analyse des kulturellen Netzes einer Wirtschaftsprüfungsgesellschaft, die ausdrücklich eine Strategie der Kundennähe verfolgte, offenbarte eine Kultur, in der die Interessen der Partner und das Thema Zentralität wichtiger waren als die Kunden. Und auch Mitglieder und Führungspersönlichkeiten der britischen Labour Partei führten Mitte der 1990er Jahre und somit vor ihrem Wahlsieg von 1997 eine Analyse ihres kulturellen Netzwerks durch und kamen zu dem vielleicht erstaunlichsten Ergebnis: Die Parteikultur war darauf ausgelegt, „dagegen zu sein", denn diese Haltung wurde seit Beginn ihre Geschichte gegenüber jeder Regierung praktiziert – auch gegenüber Labour Regierungen! Es überrascht daher nicht, dass der neue Premierminister Tony Blair besonderen Wert darauf legte, diese Parteikultur zu ändern.

Beispiel 5.4 Das kulturelle Netz der britischen Behörde für Forstwirtschaft

Das kulturelle Netz kann genutzt werden, um die Verhaltensweisen und als gegeben hingenommenen Annahmen einer Organisation zu identifizieren.

Dies ist eine adaptierte Version des kulturellen Netzes, das von den Leitern und anderen Mitarbeitern der britischen Behörde für Forstwirtschaft erstellt wurde. Diese Behörde ist der Regierung unterstellt und hat den Auftrag, die Wälder in Großbritannien zu verwalten.

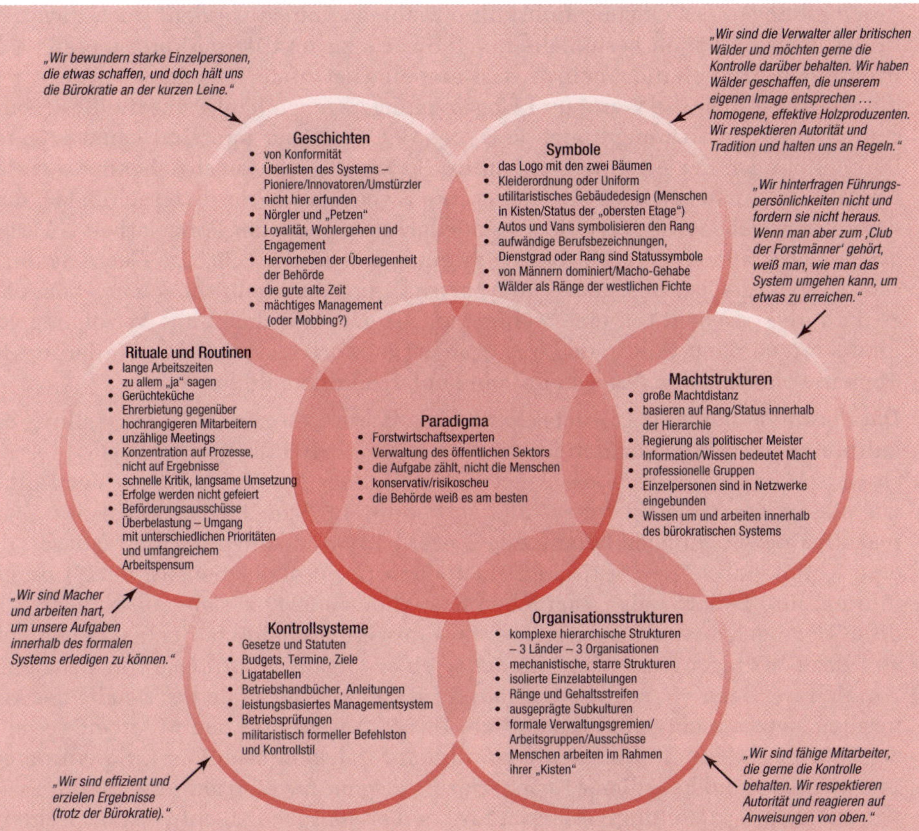

Abbildung 5.8: Das kulturelle Netz einer Organisation

Quelle: Adaptierte Version der Fallstudie über die Behörde für Forstwirtschaft von Anne McCann.

Kontrollfragen

1. Wie würden sie die hier dominierende Kultur beschreiben?
2. Welche strategischen Auswirkungen ergeben sich?

5.4.7 Die Durchführung einer Kulturanalyse

Soll eine Kulturanalyse einer Organisation durchgeführt werden, so gibt es einige wichtige Punkte zu beachten:

- *Welche Fragen müssen gestellt werden?* Abbildung 5.8 zeigt einige Fragen, die dazu beitragen können, die Organisationskultur mithilfe des kulturellen Netzes zu verstehen.
- *Aussagen über kulturelle Werte.* Immer mehr Organisationen veröffentlichen oft sehr sorgfältig formulierte Aussagen über ihre Werte, Überzeugungen und Zwecke – zum Beispiel in ihren Jahresberichten, Leitbildern oder Unternehmensplänen. Daraus erwächst das Risiko, dass solche Aussagen als sinnvolle und präzise

Beschreibungen der Organisationskultur wahrgenommen werden. Doch dies trifft in den meisten Fällen bestenfalls nur teilweise zu und ist schlimmstenfalls sehr irreführend. Das soll nicht heißen, dass hier eine bewusste Täuschung vorliegt, aber die Aussagen über die Werte und Überzeugungen geben häufig nur die Bestrebungen einzelner Interessengruppen (z.B. des CEOs) wieder und sind keine genauen Beschreibungen der eigentlichen Kultur. So könnte ein Außenstehender aus den öffentlichen Aussagen der Polizei über ihre Zwecke und Prioritäten schließen, dass deren Herangehensweise an die verschiedenen Aspekte der Polizeiarbeit – Verfolgung von Straftätern, Verbrechensverhütung und Einsatz für das Gemeinwohl – sehr ausgewogen ist. Eine genauere Analyse kann jedoch sehr schnell ergeben, dass es (kulturell gesehen) nur eine wahre Aufgabe der Polizei gibt, die Verfolgung von Straftätern nämlich. Alle anderen Aufgaben (Verbrechensverhütung, Förderung des Gemeinwohls) spielen dagegen nur eine untergeordnete Rolle.

- *Die Zusammenfassung.* Die detaillierte „Landkarte", die durch die Darstellung des kulturellen Netzes entstanden ist, ist eine reichhaltige Informationsquelle über die Organisationskultur, doch sie eignet sich vor allem zur Beschreibung der Kultur, wie sie die gesammelten Informationen vermitteln. Manchmal können dazu sehr plakative Bezeichnungen herangezogen werden. So fassten etwa die Manager, die eine Kulturanalyse des britischen staatlichen Gesundheitsdienstes (NHS) durchführten, ihre Behörde als „staatlichen Krankheitsdienst" zusammen. Natürlich ist diese Herangehensweise sehr simpel und unwissenschaftlich, doch sie kann sehr viel dazu beitragen, dass die Mitglieder einer Organisation diese sehen, wie sie wirklich ist. Denn ein solches Gesamtbild ist oft aus der Fülle der Details des kulturellen Netzes nicht sofort ersichtlich. Dieser Ansatz hilft den Mitarbeitern auch zu verstehen, dass die Kultur die gewählten Strategien beeinflusst. So würde ein „staatlicher Krankheitsdienst" ganz klar Strategien bevorzugen, die darauf abzielen, spektakuläre Heilungsverfahren für kranke Menschen zu entwickeln, während Strategien zur Vorsorge und Vorbeugung von Krankheiten auf der Strecke bleiben würden. Diejenigen, die Strategien zur Vorsorge und Vorbeugung vorziehen würden, müssen also verstehen, dass sie, um diese durchzusetzen, erst eine Kultur verändern müssen. Außerdem müssen sie sich im Klaren darüber sein, dass eine solche Veränderung unter Umständen mehr erfordert als reine rationale Prozesse wie Neuplanung und Neuzuteilung von Ressourcen (siehe *Kapitel 14*).

Abbildung 5.9: Das kulturelle Netz der britischen Behörde für Forstwirtschaft

Geschichten
- Welche Kernüberzeugungen spiegeln Geschichten wider?
- Wie allgegenwärtig sind diese Überzeugungen (über alle Ebenen hinweg)?
- Beziehen sich Geschichten auf
  - Stärken oder Schwächen?
  - Erfolge oder Misserfolge?
  - Konformität oder Außenseiter?
- Wer sind die Helden und Schurken?
- Von welchen Normen weichen die Außenseiter ab?

Symbole
- Gibt es besondere Symbole, die die Organisation kennzeichnen?
- Welche Statussymbole gibt es?
- Was bedeuten Sprache und Fachumgangssprache?
- Welche Aspekte der Strategie werden in der Öffentlichkeit hervorgehoben?

Routinen und Rituale
- Welche Routinen werden betont?
- Welche sind in der Geschichte verwurzelt?
- Welche Verhaltensweisen werden dadurch gefördert?
- Welches sind die Schlüsselrituale?
- Welche Kernüberzeugungen reflektieren sie?
- Welche Aspekte werden in Trainingsprogrammen hervorgehoben?
- Wie leicht lassen sich Routinen/Rituale verändern?

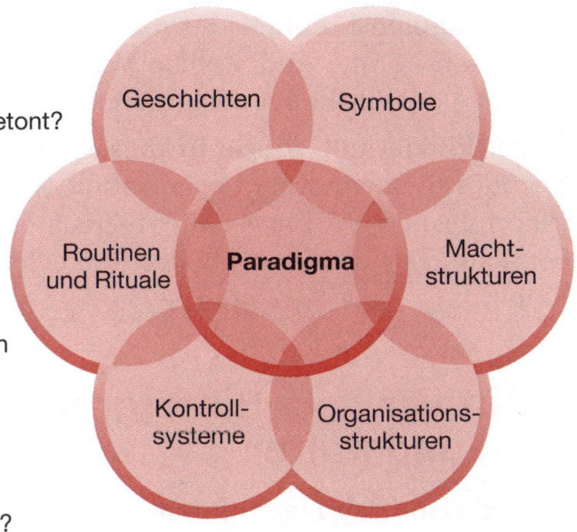

Machtstrukturen
- Wie verteilt sich die Macht innerhalb der Organisation?
- Wie lauten die Kernannahmen und Überzeugungen der Führungskräfte?
- Wie stark sind diese Überzeugungen (Idealisten oder Pragmatiker)?
- Wo liegen die wichtigsten Blockaden des Wandels?

Kontrollsysteme
- Was wird am genauesten überwacht/kontrolliert?
- Liegt die Betonung auf Belohnungen oder auf Bestrafungen?
- Beziehen sich Kontrollen auf die Vergangenheit oder auf aktuelle Strategien?
- Gibt es viele/wenige Kontrollen?

Organisationsstrukturen
- Wie mechanistisch/organisch sind die Strukturen?
- Wie flach/hierarchisch sind die Strukturen?
- Wie formell/informell sind die Strukturen?
- Fördern die Strukturen Zusammenarbeit oder Konkurrenz?
- Welche Arten von Machtstrukturen werden gefördert?

Insgesamt
- Welche (vier) grundlegenden Annahmen, die das Paradigma bilden, ergeben sich aus den Antworten auf diese Fragen?
- Wie würden Sie die dominante Kultur beschreiben?
- Wie leicht lässt sie sich verändern?

Die in diesem Kapitel vorgestellte kulturelle Analyse ist auch für Themenbereiche des strategischen Managements sinnvoll, die in anderen Teilen dieses Buches angesprochen werden:

- *Strategische Fähigkeiten.* In *Kapitel 3* wird klar, dass historisch verankerte Fähigkeiten in den meisten Fällen Teil der Organisationskultur sind. Eine Kulturanalyse stellt daher eine ergänzende Basis für die Analyse der strategischen Fähigkeiten dar (siehe *Kapitel 3*). Eine solche Fähigkeitenanalyse sollte sich im Grunde ausführlich mit der Kultur einer Organisation befassen und dabei besonderen Wert auf Routinen, Kontrollsysteme und tägliche Arbeitsabläufe legen, die höchstwahrscheinlich auf der Grundlage als gegeben hingenommener Annahmen ablaufen.

- *Strategieentwicklung.* Versteht ein Manager die Kultur seiner Organisation, so sensibilisiert ihn dies für den positiven oder negativen Einfluss historischer und kultureller Aspekte auf zukünftige Strategien. Dies bezieht sich auf die Diskussion zur Strategieentwicklung in *Kapitel 11*.
- *Das Management des strategischen Wandels.* Eine Analyse der Kultur stellt auch eine Grundlage für das Management des strategischen Wandels dar, denn sie veranschaulicht die bestehende Kultur, die einer gewünschten Strategie gegenübergestellt werden kann. So können Einblicke gewonnen werden, was die Umsetzung dieser Strategie behindern könnte und welche Veränderungen nötig sind. Dieses Thema wird in *Kapitel 14* ausführlicher behandelt.
- *Kultur und Erfahrung.* Wiederholt wurde in diesem Abschnitt auf die Rolle der Kultur als Sinn gebendes Element einer Organisation eingegangen. Dies wurde im Kommentar zur Erfahrungsperspektive genauer betrachtet und stellt eine sinnvolle Möglichkeit zur Betrachtung vieler Aspekte der Strategie dar (siehe die Kommentare im gesamten Buch).

5.5 Management vor dem Hintergrund von historischer Entwicklung und Kultur

Geschichte und Kultur sind also wichtige Einflussfaktoren auf die Strategie einer Organisation. Übrig bleibt die schwierige Frage, wie Manager das Management von Kultur und Geschichte aktiv gestalten können. Was die Geschichte betrifft, lässt sich diesbezüglich wohl nicht mehr viel machen – schließlich ist sie schon geschehen. Es gibt jedoch viele Beispiele von Regierungen, die sich daran gewagt haben, die Geschichte umzuschreiben, und es gibt die Meinung, dass auch Unternehmen in ihrem jeweiligen Arbeitsfeld das Gleiche versuchen. Über das Management von Kultur dagegen wurde bereits viel geschrieben. (Dieses Thema wird auch im Zusammenhang mit dem Management des strategischen Wandels in *Kapitel 14* nochmals aufgegriffen.) Daraus ergibt sich die Frage – oder die Herausforderung für Manager –, wie realistisch es ist, Annahmen, die als gegeben hingenommen oder historisch verankert sind, aktiv managen und beeinflussen zu können. Dies ist das Thema von Beispiel 5.5.

Es ist jedoch erwiesen, dass Manager, die neue Pfade der Strategieentwicklung kreieren möchten, in der Lage sein müssen, pfadabhängige Fähigkeiten, die tief in der Geschichte und Kultur einer Organisation wurzeln, zu hinterfragen und möglicherweise zu verändern. Um dies zu erreichen, müssen Manager zu allererst lernen, eben die Geschichte, die sie vielleicht selbst miterlebt und mitgestaltet haben und die sie vielleicht an ihre gegenwärtige Position geführt hat, kritisch zu hinterfragen. Es sollte also sehr deutlich geworden sein, dass ein Manager, der sich mit Strategie befasst, unbedingt alles, was für gewöhnlich als gegeben hingenommen wird, infrage stellen muss. Die in diesem Kapitel vorgestellten analytischen Hilfsmittel können hierzu hilfreich sein. Wichtig ist aber auch ein Managementstil – oder sogar eine Kultur –, die solche kritischen Fragen zulässt und fördert. Werden solche Bemühungen dagegen durch die bestehende Kultur im Keim erstickt, ist es unwahrscheinlich, dass die Organisation wirklich aus ihrer Geschichte lernen kann. Viel wahrscheinlicher ist, dass man einfach dem Diktat der Vergangenheit folgt.

Beispiel 5.5 Pfadabhängigkeit

Ist die Geschichte für Manager eine starre Fessel oder eine Entschuldigung für Trägheit?

Brian Arthur, Wirtschaftswissenschaftler an der Stanford University, war der Meinung, dass im Fall einer Konkurrenz mehrerer neuer Technologien, „unbedeutende Ereignisse zufällig einer der Technologien einen anfänglichen Vorteil für ihre Durchsetzung verleihen können". Eine solche Technologie mag zwar den anderen technisch unterlegen sein, aber sie könnte sich dann schneller als alle anderen verbessern, so dass sie mehr potenziellen Nutzern als attraktiv zur Anwendung erscheint. So kommen immer mehr Nutzer und somit auch immer mehr Verbesserungen hinzu. Es kann also geschehen, dass eine Technologie, die durch Zufall einen guten Start erwischt, letztendlich auch den Markt für potenzielle Neuanwendungen beherrscht.

Dieses Phänomen bezeichnet man als „Pfadabhängigkeit", die von Paul David so definiert wurde:

> *Wichtige Einflussfaktoren eventueller Ergebnisse können durch vorübergehende, weit entfernte Ereignisse zustande kommen, darunter auch Ereignisse, die nur durch Zufall geschehen.*

Daraus kann sich ein ungeplanter Lock-in-Effekt für die neue Technologie ergeben und somit umgekehrt ein „Lock-out-Effekt" für andere.

Beispiele hierfür sind etwa die QWERTY-Tastatur (siehe *Abschnitt 5.3.1*), benzinbetriebene Autos statt Autos mit Dampfantrieb und der VHS-Videorekorder anstelle des Betamax-Systems. All diese Produkte dominieren den Markt, obwohl die alternativen Systeme ursprünglich als technisch überlegen galten. Auch auf Strategien lässt sich das Konzept der Pfadabhängigkeit anwenden. Ebenso wie es Managern als zu teuer oder zu kompliziert erscheinen mag, sich auf eine neue, potenziell bessere Technologie zu verlegen, so kann dies auch mit einer Strategie geschehen.

Andere sind allerdings der Meinung, das Konzept der Pfadabhängigkeit sei übertrieben. Stephen Margolis und S.J. Leibowitz werfen etwa die Frage auf, ob „minderwertige Technologien", die sich aufgrund von Pfadabhängigkeit durchgesetzt haben, tatsächlich so minderwertig waren. In einem Tippwettbewerb schnitten beispielsweise die Teilnehmer, die die QWERTY-Tastatur nutzten, immer besser ab als diejenigen, die andere Systeme anwandten. Auch wies das VHS-System in der direkten Konkurrenz zu Betamax einige Merkmale auf, die eindeutig bevorzugt wurden.

Auch was den öffentlichen Sektor betrifft, hat Adrian Kay Vorbehalte gegenüber dem Konzept der Pfadabhängigkeit. Er führt Dominanz hier eher darauf zurück, dass manche Maßnahmen nach und nach institutionalisiert oder als gegeben angenommen werden oder einfach sehr komplex sind. All diese Faktoren machen es Managern schwer, etwas daran zu ändern, erhalten aber doch auch eine gewisse Flexibilität. So gibt es zum Beispiel viele Gründe, warum eine Reform des britischen staatlichen Rentensystems sehr schwierig ist, darunter nicht zuletzt die ungeheuren Sunk Costs und die große Komplexität des Systems. Kays Studien zeigen aber sowohl politische Stabilität als auch politischen Wandel, wobei die „Pfadabhängigkeit nur als Ursache für ersteres herangezogen werden kann". Das Management kann für den Wandel sorgen.

Luis Arujo und Debbie Harrison gehen auch davon aus, dass Manager nicht so stark in der Vergangenheit gefangen sind, wie dies die Pfadabhängigkeit nahe legt. Sie sind in der Lage zu wählen und potenzielle Trägheiten zu überwinden, indem sie „einen Fuß in der Vergangenheit, in der Gegenwart und in der Zukunft haben". Sie können die Vor- und Nachteile der Vergangenheit genau abwägen und dementsprechend handeln.

Quellen: L. Araujo und Debbie Harrison, „Path dependence, agency and technological evolution", Technology Analysis and Strategic Management, Bd. 14, Nr. 1 (2007), S. 5–19; W.B. Arthur, „Competing technologies, increasing returns and lock in by historical events", Economic Journal, Bd. 99 (1989), S. 116–131; P.A. David, „Cio and the economics of QWERTY", American Economic Review, Bd. 75 (1985), S. 332–337; A. Kay, „A critique of the use of path dependency in politic studies", Public Administration, Bd. 83, Nr. 3 (2005), S. 553–571; S.E. Margolis und S.J. Leibowitz, Path Dependence: The New Palgrave of Economics and the Law, 1998.

Kontrollfragen

1. Fassen Sie die Argumente oben in Bezug darauf zusammen, inwieweit die Autoren glauben, dass Manager in Richtung einer pfadabhängigen Geschichte gedrängt werden.
2. Fassen Sie ausgehend von eigenen Erfahrungen, den Argumenten dieses Kapitels und den Kommentaren die Pfadabhängigkeit und die institutionellen und kulturellen Kräfte, denen sich Manager ausgesetzt sehen, zusammen.
3. Wie groß ist Ihrer Meinung nach die blockierende Macht solcher Kräfte? Oder sind sie lediglich eine Ausrede für Fatalismus und Trägheit des Managements?

ZUSAMMENFASSUNG

- Geschichte und Kultur einer Organisation können zu ihren strategischen Fähigkeiten beitragen, können aber auch zu einer strategischen Drift führen, wenn sich Strategien nur langsam weiterentwickeln und nicht mit einem sich verändernden Umfeld Schritt halten können.
- Historische, pfadabhängige Prozesse spielen für Erfolg oder Misserfolg einer Organisation eine wichtige Rolle und müssen vom Management verstanden werden. Es gibt historische Analysen, die zur Aufdeckung solcher Einflüsse eingesetzt werden können.
- Kulturelle und institutionelle Einflüsse beeinflussen und behindern die Strategieentwicklung einer Organisation.
- Organisationskultur besteht aus den grundlegenden Annahmen und Überzeugungen, die die Mitglieder der Organisation gemeinsam haben. Diese wirken unbewusst und legen eine grundlegende, als gegeben hingenommene Art und Weise fest, wie die Organisation sich selbst und ihr Umfeld wahrnimmt.
- Ein Verständnis für die Kultur einer Organisation und ihrer Beziehung zu den Organisationsstrategien kann mithilfe des kulturellen Netzes erlangt werden.

ZUSAMMENFASSUNG

Aufgaben

*Kennzeichnet schwierigere Aufgaben.

5.1 Identifizieren Sie vier Organisationen, die sich Ihrer Meinung nach in den verschiedenen Phasen der strategischen Drift befinden (siehe Abbildung 5.2). Begründen Sie Ihre Auswahl.

*5.2 Führen Sie vor dem Hintergrund der Information aus *Abschnitt 5.3* eine historische Analyse der Strategieentwicklung einer Organisation durch und bedenken Sie dabei die Frage: „Spielt die Geschichte beim strategischen Management eine Rolle?“

5.3 Stellen Sie ein Organisationsfeld dar (siehe *Abschnitt 5.4.2*), innerhalb dessen eine Organisation Ihrer Wahl operiert. (Als Beispiel könnten Sie den Bereich der Unternehmensberatungen oder eine Organisation der öffentlichen Hand wählen.)

5.4 Identifizieren Sie (a) eine Organisation, deren öffentlich präsentierte Werte mit Ihrer Erfahrung mit dieser Organisation übereinstimmen, und (b) eine Organisation, bei der dies nicht der Fall ist. Erklären Sie Ihre Wahl.

5.5 Verwenden Sie die Fragen in Abbildung 5.8 zur Darstellung eine kulturellen Netzes für Marks & Spencer oder eine Organisation Ihrer Wahl.

*5.6 Bewerten Sie unter Verwendung einiger der oben genannten Beispiele die Behauptung, dass „Kultur nur durch die Symptome, die sich durch das Handeln einer Organisation zeigen, sinnvoll analysiert werden kann“. (Sie können sich dabei auf Schein's Buch aus den Literaturempfehlungen beziehen.)

Integrative Aufgabe

*5.7 Wie lässt sich die Beziehung zwischen strategischen Fähigkeiten, Wettbewerbsvorteil, Organisationskultur, Strategieentwicklung und der Herausforderung des Managements des strategischen Wandels erklären? (Beziehen Sie sich auf *Kapitel 3, 5, 6, 11* und *14.*) Betrachten Sie diese Frage in Bezug auf eine wichtige strategische Veränderung wie etwa die Entwicklung oder die Übernahme neuer Grundlagen für einen Wettbewerbsvorteil (siehe *Abschnitt 6.3*) oder den Übergang zu einem Geschäftsmodell auf Internetbasis.

Literaturempfehlungen

- Für eine ausführlichere Erklärung über das Phänomen der strategischen Drift siehe Gerry Johnson, „Rethinking Incrementalism“, *Strategic Management Journal*, Bd. 9 (1988), S. 75–91, und „Managing strategic change – strategy, culture and action“, *Long Range Planning*, Bd. 25, Nr. 1 (1992), S. 28–36. (Diese Ausführungen erklären auch das kulturelle Netz.) Siehe auch Donald S. Sull, „Why good companies go bad“, *Harvard Business Review*, Juli/August (1999), S. 42–52.
- Für eine historische Perspektive der Strategie siehe I. Greener, „Theorizing path dependency: How does history come to matter in organizations?“, *Management Decision*, Bd. 40, Nr. 6 (2002), S. 614–619; und D.J. Jeremy, „Business history and strategy“, in A. Pettigrew, H. Thomas und A. Pettigrew (Hrs.), *Handbook of Strategy and Management*, Sage, 2002, S. 436–460.
- Für eine Zusammenfassung und eine anschauliche Erklärung der institutionellen Theorie siehe Gerry Johnson und Royston Greenwood, „Institutional theory and strategy“, in Mark Jenkins und V. Ambrosini (Hrs.), *Strategic Management: A Multiple-Perspective Approach*, Palgrave, 2007.
- Für eine umfassende und kritische Erklärung der Organisationskultur siehe Mats Alvesson, *Understanding Organizational Culture*, Sage, 2002.

Fallstudie
Marks & Spencer (A)

Nardine Collier

Die Erfolgsformel von M&S

Michael Marks eröffnete seinen ersten Penny Bazaar Ende der 1880er Jahre. Bald entschloss er sich, sich einen Partner zu suchen, der ihn bei der Leitung des wachsenden Unternehmens unterstützen konnte. Tom Spencer, ein Kassierer bei einem seiner Zulieferer, wurde ihm dafür empfohlen. Aus dieser Partnerschaft entwickelte sich das Unternehmen Marks & Spencer, das stetig wuchs. Simon Marks übernahm die Leitung von M&S von seinem Vater, wandelte die Penny Bazaar-Verkaufsstände in Ladengeschäfte um, entwickelte eine einfache Preispolitik und führte das „St. Michael" Logo als ein Symbol für Qualität ein. In den Geschäften herrschte ein Gefühl der Kameradschaft und eine sehr familiäre Atmosphäre. Es wurden nur Mitarbeiter eingestellt, die nach Meinung des Managements in diese Familie passen könnten. Die Mitarbeiter wurden auch besser behandelt und bezahlt, als das in anderen Unternehmen der Fall war. Die familiäre Atmosphäre bestimmte auch das Top Management: Bis in die späten 1970er Jahre hinein setzte sich der Vorstand nur aus Familienmitgliedern zusammen.

Marks war bekannt für seinen persönlichen, hierarchischen und autokratischen Führungsstil und seine Liebe zum Detail. Dies zeigte sich auch in der Art und Weise, wie er mit seinen Zulieferern umging. Er bestellte seine Waren stets bei denselben Zulieferern aus Großbritannien und legte großen Wert darauf, dass die Produkte exakt den festgelegten Spezifikationen entsprachen. Dadurch entstanden zuverlässige Bindungen zu den Zulieferern und es wurde stets hohe Qualität garantiert.

Bis in die späten 1990er Jahre hinein war M&S sehr erfolgreich, was Gewinne und Marktanteile betraf. Das Unternehmen hielt sich dabei immer an eine Reihe grundlegender Prinzipien:

- Dem Kunden qualitativ hochwertige, attraktive Ware mit gutem Design zu angemessenen Preisen unter dem Markennamen St. Michael anzubieten;
- Die Zulieferer dazu ermutigen, die modernste und effizienteste Produktionstechnik zu nutzen;
- Mit den Zulieferern zusammenarbeiten, um die höchsten Standards im Bereich Qualitätskontrolle zu erzielen;
- Dem Kunden freundlichen, hilfsbereiten Service und größtmögliche Bequemlichkeit beim Einkauf bieten;
- Die Effizienz des Geschäfts durch einfache Prozessabläufe verbessern;
- Gute persönliche Beziehungen zu Kunden, Zulieferern, Mitarbeitern und den Gemeinden pflegen, in denen M&S aktiv ist.

Die spezialisierten Einkäufer arbeiteten von einem zentralen Einkaufsbüro aus, von wo aus die Ware auch den einzelnen Geschäften zugeteilt wurde. Die Manager der Geschäfte erhielten zentral gesteuerte Anweisungen über Merchandising, Präsentation der Ware, Aussehen ihres Ladens und Ausbildungsmethoden. Jedes M&S-Geschäft verfolgte exakt die gleichen Handlungsabläufe, sodass sich ein sehr einheitliches Image entwickelte, das für die Garantie der M&S-Standards stand. Das bedeutete jedoch auch strenge Beschränkungen für die Manager der Geschäfte in Bezug auf ihre Reaktionsfähigkeit auf die Bedürfnisse ihrer lokalen Kunden.

Während der Wachstumsphase wurden die Arbeitsmethoden und Strategien von M&S kaum verändert. Der Ruf des Unternehmens als Lieferant qualitativ hochwertiger Kleidung stützte sich vor allem auf grundlegende klassische Kleidungsstücke, die jeder Kunde brauchte und die auch die aktuellen Modetrends überleben würden, die in anderen Bekleidungsgeschäften im Schaufenster ausgestellt waren. Da es bis in die 1990 bei M&S keine Umkleiden gab, trugen alle Verkäuferinnen Maßbänder bei sich, und M&S gewährte allen Kunden, die mit ihrem Kauf unzufrieden waren, einen unkomplizierten Umtausch der Ware. Da das ganze Jahr über die gleichen Produkte angeboten wurden, gab es fast nie spezielle Verkaufsaktionen oder Schlussverkäufe.

Der Erfolg von M&S setzte sich bis in die 1990er hinein fort. Richard Greenbury, der Vorstandsvorsitzende von 1991, erklärte diesen Erfolg:

> *Wir befolgten ganz und gar die Geschäftsprinzipien, von denen ich absolut überzeugt war. … Ich leitete das Geschäft mit der Hilfe meiner Kollegen, so wie es lange Jahre erfolgreich geleitet worden war.*

Quelle: Radio 4, August 2000.

Nachfolgende Vorstandschefs waren für ihre Liebe zum Detail bekannt, was die Kontrolle der Zulieferer, der Ware und die Gestaltung der Ladengeschäfte betraf. Und es schien zu funktionieren. Der Erfolg von M&S unter Marks wurde häufig dessen Verständnis für die Wünsche seiner Kunden und für aktuelle Trends zugeschrieben. Dies konnte jedoch auch bedeuten, dass die Einkäufer Ware aussuchten, von der sie wussten, dass die Führungskräfte ihr zustimmen würden. Seit bekannt wurde, dass Greenbury nicht wollte, dass M&S an vorderster Front jeden Modetrend mitmachte, konzentrierten sich die Einkäufer auf Ware, von der sie wussten, dass sie ihm gefallen würde – „klassische, tragbare Mode".

Dieses System der zentralisierten Autorität schuf noch weitere Probleme. Einmal hatte Greenbury entschieden, dass als Mittel der Kostenkontrolle weniger Vollzeit-Verkäuferinnen eingestellt werden sollten. Obwohl dies dazu führte, dass das von M&S geforderte Serviceniveau nicht mehr gewährleistet werden konnte, wurden bei Greenburys Besuchen alle verfügbaren Angestellten in den Laden gebracht, sodass bei diesen Gelegenheiten der Eindruck entstand, es könne bester Service erbracht werden, was in der Realität aber nicht der Fall war. Auch gab es wenig Widerspruch gegen Anweisungen von oben, sodass einmal eingeführte Maßnahmen und getroffene Entscheidungen lange und auch dann noch unverändert blieben, wenn sich Filialleiter bereits um negative Auswirkungen sorgten. Leitende Angestellte hielten Umfragen zur Kundenzufriedenheit aus den späten 1990er Jahren, die immer weiter sinkende Zahlen zeigten, vor Greenbury geheim, denn sie glaubten, die Zahlen könnten ihn verärgern.

Ein Haken an der Formel

Im Oktober 1998 gerieten die Probleme von M&S erstmals in die Schlagzeilen, als das Unternehmen sein Expansionsprogramm in Europa und Amerika stoppte. Im November musste man einen 23-prozentigen Rückgang der Halbjahresgewinne bekannt geben, worauf der Aktienkurs dramatisch einbrach. Greenbury schob die Schuld für diese Entwicklung auf ein turbulentes Konkurrenzumfeld und gab an, M&S habe Umsätze und Marktanteile an Konkurrenten am oberen und unteren Ende des Marktsegments verloren. Konkurrenten am oberen Ende der Skala wie the Gap, Oasis und Next boten Waren zu vergleichbaren Preisen an, die aber modischer waren und sich mehr modernen Trends anpassten. Am unteren Ende des Segments boten Unternehmen wie Matalan und Supermarktanbieter wie „George" bei Asda klassische, gut kombinierbare Kleidungsstücke zu wesentlich günstigeren Preisen an. Darüber hinaus boten Tesco und Sailsbury's nun auch hochwertigere Lebensmittel an, die M&S ursprünglich auf den Markt gebracht hatte.

Beobachter waren der Ansicht, M&S sei nicht mehr in der Lage, auf die Bedürfnisse seiner Kunden richtig einzugehen. Das Unternehmen missdeute seine Zielgruppe und könne nicht verstehen, warum Kunden, die Lebensmittel oder Unterwäsche kaufen wollten, kein Interesse am Kauf von Gegenständen für die Wohnungseinrichtung hatten. Die traditionelle Formel von M&S bestand bereits zu lange, sodass Veränderungen des Marktes ignoriert worden waren. Greenbury konzentrierte sich zu sehr auf die täglichen Geschäftsabläufe des Unternehmens und vernachlässigte langfristige Strategien. M&S hatte sich einer standardisierten Marktsicht verschrieben und verstand es nicht, seine Produkte individuell den unterschiedlichen Marktsegmenten anzupassen. Zu einer Zeit, in der Markenloyalität bei allen Einzelhändlern groß geschrieben wurde, konnte M&S nichts in dieser Richtung vorweisen. Obwohl ein Großteil der M&S-Kunden Frauen waren und das Unternehmen auch zum Großteil Mode für Frauen verkaufte, saßen im Vorstand überwiegend Männer. Fast alle Führungskräfte und Manager wurden intern befördert, begannen ihre Laufbahn ganz unten im Unternehmen und verinnerlichten so mit der Zeit dessen Werte und Traditionen. Die Unternehmensstruktur war stark nach innen gerichtet, was von Greenbury und seinem autokratischen Führungsstil noch gefördert wurde.

Im November 1990 verkündete Greenbury seinen Rücktritt. Es folgte eine Reihe höchst medienwirksamer Auseinandersetzungen zwischen Keith Oates, Greenburys Stellvertreter und Peter Salsbury, einem weiteren Vorstandsmitglied, den die Medien als Greenburys bevorzugten Nachfolger sahen. Salsbury wurde schließlich zum neuen CEO ernannt, und Oates entschloss sich, in den Vorruhestand zu gehen. Analysten kommentierten, dass es vielleicht klüger gewesen wäre, einen neuen CEO von außen ins Boot zu holen, da Salsbury bisher nur die Abteilung für Damenmode geleitet hatte, einen der Bereiche mit der schlechtesten Leistung des gesamten Unternehmens.

Während dieser Zwistigkeiten in der Vorstandsetage wurden die Probleme des Unternehmens noch verstärkt durch den Kauf der € 270 Millionen teuren Kaufhauskette Littlewoods. Danach wurden Ausgaben für neue Einrichtung in Höhe von etwa £ 100 Millionen fällig; gleichzeitig wurden auch bestehende M&S-Ladengeschäfte neu eingerichtet. Diese Turbulenzen wirkten sich viel gravierender auf die Kunden aus, als M&S dies vorhergesehen hatte, und schließlich beschrieb Greenbury die Textilabteilung des Unternehmens als ein „Blutbad". Im Januar 1999 gab M&S seine zweite Gewinnwarnung bekannt. Das Weihnachtsgeschäft war schlecht verlaufen, und zudem hatte M&S seine Umsätze überschätzt und Waren im Wert von ca. £ 250 Millionen eingekauft, die dann mit großen Nachlässen verkauft werden mussten.

Neue Taktik ... aber mehr Probleme

Um wieder Vertrauen zu gewinnen, setzte Salsbury eine Strategie der Umstrukturierung durch und teilte das Unternehmen in drei Teile: Das Einzelhandelsgeschäft in Großbritannien, das internationale Geschäft und die Finanzdienstleistungen. Außerdem führte er eine firmenübergreifende Marketingabteilung ein, um die Macht der traditionellen „Lehnsherren" des Einkaufs zu brechen, die diese in Bezug auf bestimmte Produktlinien erworben hatten. Die Marketingabteilung konzentrierte sich in der Hauptsache auf den Kunden und erlaubte nicht mehr nur den Einkäufern, zu entscheiden, welche Ware die Geschäfte auf Lager nehmen sollten. In den Bereichen Textilien und Lebensmitteln wurden neue Produkte angeboten, die durch eine groß angelegte Werbekampagne eingeführt wurden. So versuchte man, das Image des Unternehmens als innovativer Einzelhändler, der einzigartige qualitativ hochwertige Produkte anbot, wieder herzustellen. Um die traditionell bürokratische Kultur hinter sich zu lassen und ein entscheidungsfreudiges Umfeld zu schaffen, das nicht durch Hierarchien behindert wurde, löste Salsbury einige hierarchische Ebenen auf und gründete eine neue Abteilung, die sich mit der Verwaltung der Immobilien befasste. Die Leiter der einzelnen Filialen mussten nun Miete zahlen und erhielten so mehr Verantwortung für die finanzielle Leistung ihres Geschäfts.

In Juni ging Greenbury ein Jahr früher als ursprünglich geplant in Vorruhestand. Diese Entscheidung fiel kurz vor einem dreitätigen Meeting des Vorstands, auf dem ein mehrere hundert Seiten umfassendes Konzept über die neue Unternehmensstrategie diskutiert wurde. Salsburys Kommentar dazu:

> *Was wir hier tun, ist inzwischen sehr weit entfernt von seiner (Greenburys) Methodik und Denkweise. Entscheidungen wurden getroffen, ohne dass er daran beteiligt gewesen wäre.*

Quelle: Financial Times, 23. Juni 1999.

Im September berichtete M&S, es sei dabei, Geschäftsbeziehungen zu internationalen Zulieferern aufzubauen, während die Bindungen zu einigen britischen Zulieferern aufgelöst wurden. Außerdem werde das internationale Geschäft rationalisiert und es finde eine Diversifikation in Richtung Home und Internet-Shopping statt. Zudem werde eine neue Abteilung gegründet, die sich ausschließlich auf die Identifikation neuer Geschäftschancen konzentriere. Und dennoch äußerten die Kunden immer noch Besorgnis bezüglich der angebotenen Textilware:

> *Hier gibt es so viele Einzelteile und nichts ist richtig sortiert. Also hängt vielleicht ein Teil, das mir gefällt, genau neben einem Kleidungsstück, das meiner Großmutter gefallen würde.*

Quelle: Financial Times, 28. September 1999.

Schon im November gab es mehr schlechte Neuigkeiten für die M&S-Aktionäre, denn zu diesem Zeitpunkt war der Aktienkurs auf den tiefsten Stand seit 1991 gefallen. Darauf wurde berichtet, dass Tesco, amerikanische Pensionsfondsgesellschaften und auch Philip Green, der Einzelhandelsunternehmer, an einer Übernahme von M&S interessiert seien. Um diesen Gerüchten entgegenzuwirken, führte M&S eine weitere Umstrukturierung des Managements durch, die die Kundenorientierung des Unternehmens verbessern sollte. Es wurden sieben Geschäftsbereiche geschaffen: Dessous, Damenbekleidung, Herrenbekleidung, Kinderbekleidung, Lebensmittel, Einrichtungsgegenstände und Kosmetik. Zur Leitung der Bereiche wurden Führungskräfte bestimmt, die hierarchisch auf fast der gleichen Ebene standen wie der Vorstand und direkt an Salsbury berichteten. Er glaubte, diese flachere Struktur würde es M&S ermöglichen, auf Veränderungen des Marktes und Bedürfnisse der Kunden flexibler zu reagieren.

Ein neuer Horizont

Im Januar 2000 wurde Luc Vandevelde zum Vorstandsvorsitzenden ernannt. Der aus Belgien stammende Vandevelde hatte seine Position im Management von Promodés, dem französischen Lebensmittelkonzern, aufgegeben, wo er den Aktienwert um das Sechsfache steigern konnte. Dies war das erste Mal, dass jemals ein Vorstandsvorsitzender von außerhalb des Unternehmens bestimmt worden war.

In den nächsten zwei Jahren gab es weitere Veränderungen. Vandevelde enthüllte eine exklusive Modekollektion von Designern der Haute Couture. Der Einkauf der Modekollektion lief nun zu fast 100 Prozent über Zulieferer aus Asien. Die berühmten grünen Einkaufstüten gab es nicht mehr bei M&S und das St. Michael Logo war nur noch auf Freizeitkleidung für zuhause zu finden. Die Ladengeschäfte wurden in Gruppen zusammengefasst, die sich auf demografische Merkmale und Lebensstil gründeten. Somit wurde das alte System abgeschafft, wonach die Ware je nach Platzangebot in den Geschäften zugeteilt wurde. Dennoch sank das Vermögen des Unternehmens weiter. Im Mai 2000 gab M&S einen Rückgang der Gewinne um £ 71,2 Millionen bekannt.

Daraufhin wurde erneut umstrukturiert und es entstanden fünf Geschäftsbereiche: Einzelhandel Großbritannien, Einzelhandel international, Finanzdienstleistungen, Immobilien und neue Projekte. Innerhalb des Bereichs Einzelhandel Großbritannien wurden sieben Kundengeschäftseinheiten geschaffen. Um die Kundenorientierung zu garantieren, gab es in jeder Einheit speziell ausgebildete Teams für Ein- und Verkauf. Auch die Ladengeschäfte wurden weiter modernisiert und es wurden mehr Verkäuferinnen und Verkäufer pro Etage eingestellt. Darauf folgte die Eröffnung von drei Prototyp Ladengeschäften, in denen alle neuen Initiativen und Konzepte getestet wurden. M&S gab seinen Plan preis, Kleidung zu herabgesetzten Preisen in großen Outlet Malls anbieten zu wollen. Anfang 2001 wurde verkündet, man wolle sich aus allen Geschäften in Europa und aus der Brooks Brothers-Kette in Amerika zurückziehen. Für die Geschäfte in Hongkong solle ein Franchise-System eingeführt werden. Während all dieser Umbrüche und Neuorientierungen gab Salsbury seine Position als Vorstand im September 2000 auf.

In einer Besprechung über die immer noch enttäuschenden Jahresendergebnisse schränkte Vandevelde seine anfänglichen Versprechungen ein, das Unternehmen werde sich innerhalb von zwei Jahren vollständig erholen. Dennoch war er sich sicher, das richtige Rezept für eine Erholung gefunden zu haben, es sei nur eine Frage der Zeit.

Nun folgte die Entscheidung, den Hauptsitz des Unternehmens in der Baker Street in London aufzulösen und in ein neues Gebäude in Paddington umzuziehen. Für viele langjährige Mitarbeiter von M&S war das mächtige graue Gebäude ein Symbol für die vielen Fehlentscheidungen des Einzelhandelsunternehmens. Die endlosen Korridore erinnerten an den Kreml in Moskau und die kleinen Einzelbüros zeigten den Status des Inhabers durch die Dicke des Teppichs an. Ehemalige Manager beschrieben das Gebäude als „bedrückend“, die Einrichtung eignete sich in keiner Weise für moderne Arbeitspraktiken, denn es gab nur wenige Gemeinschaftsräume für zwanglose Meetings und eine streng strukturierte Hierarchie für die 4000 Mitarbeiter, die dort beschäftigt waren. Außenstehende Beobachter begrüßten diesen Schritt sehr. Man glaubte, M&S würde nun endlich die Probleme an ihrer Wurzel packen anstatt lediglich das Warenangebot und das Design seiner Ladengeschäfte zu verändern.

Doch erst Ende November 2001 gab es erste Anzeichen für einen Aufschwung bei den Verkaufsergebnissen. Dies war unter anderem der Einstellung von Yasmin Yousef, einer neuen kreativen Designerin, sowie der viel gerühmten Zusammenarbeit mit George Davies, dem Gründer von Next zu verdanken, der auch das Label „George“ für die Asda-Kette begründet hatte. Davies führte die Per Una-Damenkollektion ein, die an modebewusste Käufer zwischen 25 und 35 gerichtet war und mit Marken wie Mango und Kookai konkurrierte. Laut Vertrag blieb Davies der Eigentümer der Marke Per Una und behielt die Gewinne aus den Lieferungen an M&S ein. Um autonom handeln zu können, hatte er £ 21 Millionen seines Privatvermögens investiert. Er war also in der Lage, seine Kollektion unabhängig von M&S zu entwerfen, herzustellen und zu vertreiben.

Im Jahr 2001 gelang es Vandevelde auch, Roger Holmes als Leiter des Bereichs Einzelhandel Großbritannien zu gewinnen. Holmes hatte seine Karriere als Unternehmensberater bei McKinsey begonnen, wurde dann Leiter der Finanzabteilung der Baumarktkette B&Q, später leitenden Direktor des Einzelhandelsunternehmens Woolworth und schließlich Leiter des Bereichs Elektroprodukte des Kingfisher Konzerns. Begann nun ein neues Zeitalter für M&S?

Quellen: BBC2 „Sparks at Marks“, The Money Programme, 1. November 2000; BBC2 „Marks and Spencer“, Trouble at the Top, 6. Dezember 2000; G. Beaver, „Competitive advantage and corporate governance: Shop soiled and needing attention, the case of Marks and Spencer plc“, Strategic Change, Bd. 8 (1999), S. 325–334; J. Bevan, The rise and fall of Marks and Spencer, Profile Books, 2001; Channel 4, „Inside Marks and Spencer“, 25. Februar 2001; Radio 4, Interview with Sir Richard Greenbury, 22. August 2000; G. Rees, St. Michael: A history of Marks and Spencer, Weidenfeld/ Nicolson, 1999; K. Tse, Marks and Spencer: Anatomy of Britains's most efficiently managed company, Pergamon 1985.

Kontrollfragen

1. Analysieren Sie die Organisationskultur von M&S in den 1990er Jahren.
2. Warum war M&S so lange erfolgreich?
3. Warum kam in den 1990er Jahren der Einbruch?
4. Warum konnten mit den Veränderungen von 1998 bis 2001 die Probleme noch nicht überwunden werden?

Diese Fallstudie wurde zusammengestellt von Nardine Collier, Cranfield School of Management. Sie ist als Grundlage für eine Kursdiskussion bestimmt und soll keine Veranschaulichung guten oder schlechten Managementstils sein. Keine Reproduktion oder Zitate ohne Erlaubnis. © N. Collier.

Kommentar zu Teil I Die Strategische Position

In *Teil I* dieses Buches wurden einige der wichtigsten Einflussfaktoren behandelt, die die Manager einer Organisation bei der Entwicklung ihrer Strategien beachten müssen. Grundthema ist dabei immer die Problematik, diese verschiedenen Kräfte in Einklang zu bringen. Diese Kräfte sind nicht nur zahlreich, auch ihre Auswirkungen lassen sich nur schwer vorhersagen und sie verändern sich oft sehr schnell. Dadurch ergibt sich potenziell ein hohes Maß an Unsicherheit. Außerdem können diese Kräfte auch miteinander in Konflikt stehen oder sich in entgegengesetzte Richtungen bewegen. Daher ist das Verständnis der strategischen Position einer Organisation für Manager durchaus eine Herausforderung.

In diesem Kommentar werden nun die vier strategischen Perspektiven, die im ersten Kommentar vorgestellt wurden, zu einer Betrachtung darüber herangezogen, *wie Manager die strategische Position ihrer Organisation sinnvoll nutzen können und dies auch tun*. Dabei werden einige Punkte aus den Kapiteln in Teil I erneut aufgegriffen. Auf folgende Punkte sei hingewiesen:

- Es soll hier nicht nahe gelegt werden, dass eine dieser Perspektiven den anderen überlegen ist. Sie gewähren jedoch unterschiedliche Einblicke in die Probleme, denen sich Manager stellen müssen, und in die Art und Weise, wie mit diesen Herausforderungen umgegangen wird.
- Leser, die bisher den nach *Kapitel 1* folgenden Kommentar mit der Erklärung der vier Perspektiven *noch nicht* gelesen haben, sollten dies jetzt tun.

Gestaltungsperspektive

Die Konzepte und analytischen Hilfsmittel im Zusammenhang mit Strategie können helfen, die komplexe und unsichere Welt, der sich ein Manager bei der Entwicklung einer Strategie gegenüber sieht, zu verstehen. Also ist es sinnvoll,

- Umweltfaktoren, strategische Fähigkeiten, die Macht der Interessengruppen sowie kulturelle Einflüsse genauestens zu analysieren.
- Szenarien zu entwerfen, um sich für mögliche zukünftige Entwicklungen zu sensibilisieren.

- die Schlussfolgerungen aus all diesen Analysen zu einem klaren Bild der strategischen Position zusammenzuführen.
- Manager durch systematische strategische Planung an solchen Analyseprozessen zu beteiligen.

Versteht ein Manager die strategische Position seiner Organisation, so fällt es ihm auch leichter, Strategien für die Zukunft zu entwickeln, denn dieses Verständnis gibt ihm eine Grundlage, von der aus er beurteilen kann, wie sich verschiedene strategische Optionen auf die identifizierten Probleme auswirken werden.

Erfahrungsperspektive

Manager nutzen immer ihre individuelle oder kollektive Erfahrung aus vorangegangenen Ereignissen, um die strategische Position ihrer Organisation zu begreifen. Dies kann sehr nützlich sein, denn dadurch ergeben sich für viele Dinge sehr schnell passende Erklärungen. Ein solches Verhalten birgt allerdings auch Risiken, denn diese Erfahrungen werden immer starrer; sie beeinflussen die Deutung verschiedener neuer Impulse und die Reaktionen auf solche Impulse. Zum Verständnis einer ungewissen Zukunft werden also meist Erfahrungen aus der Vergangenheit herangezogen, die als „Mechanismus zur Reduzierung von Unsicherheiten“ fungieren.

Die strategischen Fähigkeiten (insbesondere die Kernkompetenzen), die in der Vergangenheit für den Erfolg einer Organisation verantwortlich waren, werden meist zu einem tief verwurzelten Teil der Geschichte und der Organisationskultur. Im Laufe der Zeit kann sich daraus in vielen Fällen eine strategische Drift entwickeln.

Es ist daher von entscheidender Bedeutung, alles, was als gegeben hingenommen wird, immer wieder infrage zu stellen. Mindestens genauso wichtig wie eine sorgfältige strategische Analyse ist es, die grundlegenden Annahmen der Manager ans Licht zu bringen, denn diese Annahmen sind es wahrscheinlich, die in der Hauptsache für strategische Entscheidungen verantwortlich sind. Ein Großteil der in Teil I beschriebenen analytischen Hilfsmittel dient genau diesem Zweck.

Ideenperspektive

Es ist unmöglich, vorhandene Unsicherheiten so weit zu reduzieren, dass sich eine klare und eindeutige strategische Position ergibt, aufgrund derer alle Strategien rational bewertet werden können. Wissen und Verständnis der Grundlagen der strategischen Position einer Organisation können niemals ganz und gar vollständig sein. Eine rigorose, detaillierte Analyse kann sogar ein Gefühl der Konformität fördern, sodass die Ansicht entsteht, es gäbe nur einen „richtigen Weg“, die Dinge zu betrachten.

Doch die Mehrdeutigkeit und Ungewissheit der Zukunft kann auch positive Auswirkungen haben, denn daraus ergeben sich viele verschiedene Perspektiven, aus denen wiederum neue Ideen innerhalb und außerhalb einer Organisation entstehen können. Dabei ist es genauso wahrscheinlich, dass solche neuen Ideen weiter unten in einer Organisation oder eben auf der Führungsebene entstehen. Wenn es also besonders auf Innovationen ankommt, müssen Manager lernen, eine solche Vielfalt zu fördern und auszunutzen.

Manager sind vielleicht nicht in der Lage, ganz objektiv eine „richtige" Sichtweise der strategischen Position ihrer Organisation zu bestimmen, doch sie können sehr wohl eine relativ klare und umfassende Vision oder eine Reihe „einfacher Regeln" festlegen, die genügend Vielfalt zulassen, damit neue Ideen entstehen können.

In Bezug auf die strategische Drift gibt es zu diesem Punkt mehrere Sichtweisen:

- Aufgrund ausreichender Vielfalt könnten genügend neue Ideen und Experimente entstehen, damit eine Drift vermieden werden kann.
- Eine Drift ist unvermeidbar, doch die daraus resultierende Instabilität trägt wiederum dazu bei, dass sich neue Ideen entwickeln und stellt somit eine Chance zur Erneuerung dar.

Diskursperspektive

Bei der strategischen Position einer Organisation geht es weniger um objektive „Fakten" als vielmehr um Dinge, die in der Sprache wichtiger Interessengruppen und anderer mächtiger Menschen wie etwa eines CEO, Investoren oder der Regierung ausgedrückt und hervorgehoben wird. Die Ausdrucksweise solcher Interessengruppen zeigt, wie mächtige Menschen ihre strategische Position verstehen. Gleichzeitig werden die wichtigen Themen deutlich, die die Strategie einer Organisation vorantreiben. Daraus leitet sich ein sehr realer Einfluss auf die Strategien einer Organisation ab.

Sprache steht auch in engem Zusammenhang mit Identität. Daher gilt:

- Jede Interessengruppe besitzt seine ihre Identität und damit verbunden auch ihre eigene Sprache und Ausdrucksweise über ihre Beziehungen zu den Strategien einer Organisation. Dadurch lassen sich die Interessen und der Einfluss der Interessengruppen besser verstehen.
- Die mit Strategie verbundenen Konzepte und Hilfsmittel können von Managern so eingesetzt werden, dass es den Anschein macht, als könnten sie dadurch spezielle Einsichten erlangen, die ihnen eine besondere Position in Bezug auf das Schicksal ihrer Position verleihen. In diesem Sinn hat strategische Sprache auch mit Macht zu tun.
- Die Menschen werden zu Gefangenen ihrer eigenen Sprechweise über ihre strategische Perspektive. Diese lässt sich dann nur noch schwer verändern. So kann auch eine vorherrschende Ausdrucksweise zur Entwicklung einer strategischen Drift beitragen.

TEIL II

Strategische Wahlmöglichkeiten

Strategie auf Geschäftsbereichsebene

6

ÜBERBLICK

Lernziele

Nach der Lektüre dieses Kapitels sollten Sie in der Lage sein,

- strategische Geschäftsbereiche (SGB) in Organisationen zu identifizieren.
- zu erklären, wie Wettbewerbsvorteile anhand der „Varianten" der strategischen Uhr erreicht werden können.
- einzuschätzen, inwieweit diese einen nachhaltigen Wettbewerbsvorteil erzeugen können.
- Strategien zu identifizieren, die für die Bedingungen eines Hyperwettbewerbs geeignet sind.
- die Beziehung zwischen Wettbewerb und Zusammenarbeit zu erklären.
- die Prinzipien der Spieltheorie in Bezug auf die Wettbewerbsstrategie zu erklären.

6.1 Einführung

In diesem Kapitel geht es um grundlegende strategische Wahlmöglichkeiten: Mit welcher Wettbewerbsstrategie kann auf Geschäftsbereichsebene ein Wettbewerbsvorteil erzielt werden? Sollte beispielsweise British Airways, die mit zunehmender Konkurrenz von Niedrigpreis-Fluggesellschaften konfrontiert wird, versuchen, über den Preis zu konkurrieren, oder ihre Differenzierungsstrategie beibehalten und weiter ausbauen? Abbildung 6.1 zeigt die Hauptthemen auf, die die Struktur dieses Kapitels vorgeben:

- Zunächst geht es um *strategische Geschäftsbereiche (SGB)*. Die meisten Organisationen verfügen über mehrere SGB, da sie in verschiedenen Märkten oder Marktsegmenten konkurrieren. Unabhängig davon, ob diese SGB organisatorisch voneinander getrennt sind, kann es notwendig sein, zu prüfen, ob unterschiedliche Wettbewerbsstrategien erforderlich sind. Daher ist es hilfreich, die SGB einer Organisation zu identifizieren.
- Im Folgenden werden die *Grundlagen der Wettbewerbsstrategien* der SGB behandelt. Zu diesen gehören preisbasierte Strategien, Differenzierungsstrategien, Hybridstrategien und fokussierte Strategien.
- In den folgenden Abschnitten geht es darum, *wie Wettbewerbsvorteile erreicht werden können. Abschnitt 6.4* betrachtet die Grundlagen der *Nachhaltigkeit von Wettbewerbsstrategien.*
- In einer sich schnell verändernden und unsicheren Welt ist die Nachhaltigkeit von Wettbewerbsvorteilen jedoch fraglich, und deshalb werden auch andere Möglichkeiten für einen erfolgreichen Wettbewerb angesprochen. Die Idee des *Hyperwettbewerbs* (eingeführt in *Abschnitt 2.3.2*) wird in *Abschnitt 6.5* wieder aufgenommen, um Lektionen für strategische Wahlmöglichkeiten zu berücksichtigen.
- *Abschnitt 6.6* befasst sich mit den potenziellen Vorteilen *kooperativer* Strategien mit Konkurrenten.

- In *Abschnitt 6.7* wird die *Spieltheorie* als Möglichkeit eingeführt, um einen Vorteil durch das Verständnis wechselseitiger Abhängigkeiten von Handlungen des Konkurrenten zu erreichen.

Abbildung 6.1: Strategien auf Geschäftsbereichsebene

6.2 Die Identifizierung strategischer Geschäftsbereiche

Ein **strategischer Geschäftsbereich (SGB)** ist ein Teil einer Organisation für den es einen abgegrenzten externen Markt für Güter oder Dienstleistungen gibt, der sich von anderen SGB unterscheidet. Die Identifizierung der SGB einer Organisation ist für die Entwicklung von Strategien auf Geschäftsbereichsebene hilfreich, da diese zwischen den SGB variieren können. Die Konzepte in den nachfolgenden Abschnitten dieses Kapitels beziehen sich daher auf identifizierte SGB. Die Identifizierung der SGB greift drei andere Punkte auf, die hier, aber auch an anderer Stelle des Buches, berücksichtigt werden:

- *Eine Konfusion der SGB.* Da sich die Grundlagen der Wettbewerbsstrategie durch Märkte (oder Marktsegmente) unterscheiden können, sollten die SGB dies reflektieren. Manager könnten Märkte auf Grundlage unterschiedlicher Kriterien (siehe Abbildung 2.10) in viele Segmente untergliedern. Das Ergebnis wäre für die Identifizierung kompatibler Wettbewerbsstrategien unüberschaubar. Daher müssen sinnvolle Entscheidungen darüber getroffen werden, welche SGB für strategische Ziele geeignet sind.
- *Unternehmenskomplexität.* Auch zu viele SGB können übermäßige Komplexität bei der Entwicklung von Strategien auf Gesamtunternehmensebene erzeugen (siehe *Kapitel 7*).
- *Organisationsstruktur.* Ein SGB ist ein organisatorischer Bereich für Strategiezwecke. Eine Organisation ist allerdings meist nicht auf der Grundlage von SGB strukturiert, und daher muss die Beziehung zwischen den SGB und dem organisatorischen Aufbau berücksichtigt werden (siehe *Kapitel 13*).[1] Im öffentlichen Sektor zeigt die regelmäßige „Umstrukturierung" von Ministerien der Zentralregierung, wie schwierig diese Beurteilungen sein können. In Großbritannien war das Kultusministerium

1 Für eine detaillierte Erklärung, wie organisatorische Strukturen die verschiedenen SGB einer Organisation adressieren sollten, siehe M. Goold und A. Campbell, *Designing Effective Organisations: How to create structured networks*, Jossey Bass, 2002. Ebenso K. Eisenhardt und S. Brown, „Patching", *Harvard Business Review*, Bd. 77, Nr. 3 (1999), S. 72.

in den letzten Jahrzehnten zuerst Partner des „Wissenschaftsministeriums“, dann des „Arbeitsministeriums“ und später des „Ministeriums für Weiterbildung“.

Externe und interne Kriterien können bei der Identifikation zweckmäßiger SGB hilfreich sein:

- *Marktbasierte Kriterien.* Verschiedene Teile einer Organisation, die den gleichen *Kundentyp* durch die gleichen *Vertriebskanäle* ansprechen und gleichen *Konkurrenten* gegenüberstehen, können als gleiche SGB angesehen werden. So unterscheidet sich beispielsweise ein SGB, der individuelle Produkte oder Dienstleistungen für spezifische lokale Bedürfnisse anbietet, von einem SGB, der einheitliche Produkte oder Dienstleistungen weltweit anbietet. Dies gilt auch für SGB, die einer Kundengruppe die gleichen Produkte über unterschiedliche Vertriebskanäle anbieten (z.B. Einzelhandel gegenüber Direktverkauf über das Internet).
- *Fähigkeitsbasierte Kriterien.* Teile einer Organisation sollten nur als gleiche SGB angesehen werden, wenn sie ähnliche strategische Fähigkeiten aufweisen. Ein Lebensmittelproduzent sollte Markenwaren und Eigenmarken als unterschiedliche SGB ansehen, selbst wenn sie durch die gleichen Kanäle an die gleichen Endverbraucher verkauft werden.

6.3 Die Grundlagen des Wettbewerbsvorteils: Die „strategische Uhr“

Wettbewerbsstrategie

Die Wettbewerbsstrategie befasst sich mit der Art und Weise, in der eine Geschäftseinheit Wettbewerbsvorteile in ihrem Markt realisieren kann.

Thema dieses Abschnitts ist die **Wettbewerbsstrategie**, die sich mit der Art und Weise befasst, in der eine Geschäftseinheit Wettbewerbsvorteile in ihrem Markt realisieren kann. Für öffentliche Dienstleistungsorganisationen geht es entsprechend um die Frage, wie eine Organisation im Wettbewerb mit anderen um die Finanzierung eine hohe Qualität ihrer Dienstleistungen anbieten kann.

Michael Porter[2] formulierte drei „generische“ Strategien, durch die eine Organisation Wettbewerbsvorteile erreichen kann: „Kostenführerschaft“, „Differenzierung“ und „Konzentration“. Es herrscht eine große Debatte darüber, was jede dieser Kategorisierungen bedeutet. Viele verwechseln insbesondere Porters „Kostenführerschaft“ mit „niedrig im Preis“. Um solche Verwechslungen zu vermeiden, verwendet dieses Buch marktorientierte generische Strategien, ähnlich denen von Cliff Bowman und Richard D'Aveni.[3] Diese basieren auf dem Prinzip, dass ein Wettbewerbsvorteil dann erreicht wird, wenn Kunden das erhalten, was sie wünschen oder benötigen, und dies besser oder effektiver als durch die Konkurrenz. Auf dieser Behauptung aufbauend stellt die strategische Uhr (Abbildung 6.2) neben dem Preis auch Porters Kategorien der Differenzierung und Konzentration dar.

In einer Wettbewerbssituation treffen Kunden Entscheidungen auf der Grundlage ihrer Wahrnehmung des Gegenwertes und der Kombination von Preis und wahrgenommener Leistung des Produktes/der Dienstleistung. Die strategische Uhr repräsentiert verschiedene Positionen auf einem Markt, in dem Kunden (oder potenzielle Kunden) unter-

2 M. Porter, *Competitive Advantage*, Free Press, 1985.

3 Siehe D. Faulkner und C. Bowman, *The Essence of Competitive Strategy*, Prentice Hall, 1995. Eine ähnliche Rahmenkonstruktion wird auch von Richard D'Aveni verwendet, *Hypercompetitive Rivalries: Competing in highly dynamic environments*, Free Press, 1995.

schiedliche Ansprüche in Bezug auf den Gegenwert haben. Diese Positionen stellen auch eine Reihe generischer Strategien dar, wie ein Wettbewerbsvorteil erreicht werden kann. Beispiel 6.1 zeigt unterschiedliche Wettbewerbsstrategien, die von Firmen anhand unterschiedlicher Positionen auf der strategischen Uhr verfolgt werden. Die folgenden Erläuterungen jeder dieser Strategien gehen auch auf die Bedeutung der Kosten für eine Organisation ein, besonders in Bezug auf Konkurrenten. Kosten stellen für alle Strategien der Uhr eine strategische Abwägung dar – nicht nur für diejenigen, bei denen an erster Stelle der niedrige Preis steht.

Da diese Strategien marktorientiert sind, ist es wichtig, die entscheidenden Erfolgsfaktoren jeder Position zu verstehen. Die Kunden der Positionen 1 und 2 sind zwar vor allem am Preis interessiert, allerdings nur, wenn der Nutzen des Produkts/der Dienstleistung ihre Schwellenanforderungen, wie in *Kapitel 2* (*Abschnitt 2.4.3*) erläutert, erreicht. Dies bedeutet, dass Kunden mehr Wert auf Funktionalität legen als auf Service oder Aspekte wie Design oder Verpackung. Im Gegensatz dazu verlangen die Kunden der Position 5 ein kundenspezifisches Produkt oder eine Dienstleistung, für die sie bereit sind, den Höchstpreis zu bezahlen. Es ist unwahrscheinlich, dass das Nachfragevolumen eines Marktes gleichmäßig auf alle Positionen der Uhr verteilt ist. Bei Märkten für Gebrauchsgüter konzentriert sich die Nachfrage vorwiegend auf Position 1 und 2. Bei vielen öffentlichen Versorgungseinrichtungen ist die Gewichtung ähnlich. Andere Märkte verzeichnen eine große Nachfrage bei Position 4 und 5. Historisch gesehen gehören auch Dienstleistungen zu diesem Typus. Märkte verändern sich jedoch im Lauf der Zeit. Märkte für Gebrauchsgüter entwickeln Mehrwertnischen, die mit dem verfügbaren Einkommen wachsen. Ein Beispiel ist der Getränkemarkt mit Premium-Bieren und Bierspezialitäten. Und kundenspezifische Märkte können zu Märkten für Gebrauchsgüter werden, insbesondere wenn durch die Informationstechnologie der professionelle Inhalt der Produkte entmystifiziert und zur Gewohnheit wird wie beispielsweise bei Finanzdienstleistungen.

Die strategische Uhr kann Managern dabei helfen, die wechselnden Bedürfnisse der Märkte und die Wahlmöglichkeiten hinsichtlich Positionierung und Wettbewerbsvorteil zu verstehen. Im Folgenden wird jede Position der Uhr erläutert.

Abbildung 6.2:
Die strategische Uhr: Konkurrenzfähige Strategieoptionen

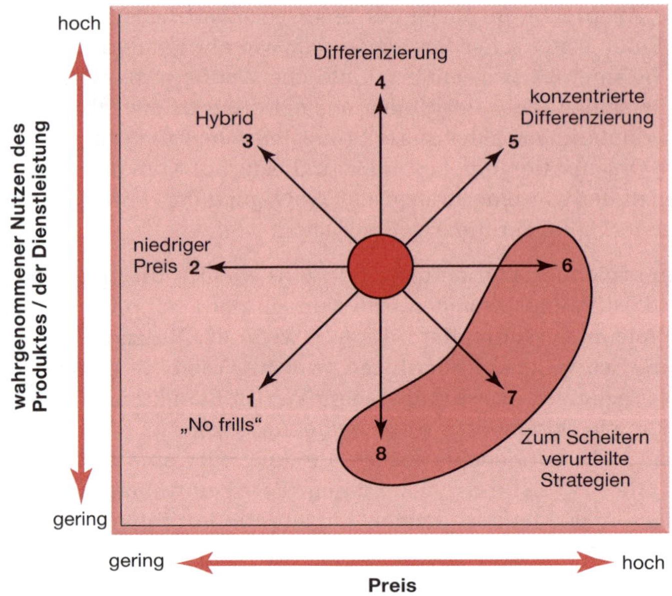

		Anforderungen/Risiken	
1	„No frills"	wahrscheinlich Segmentspezifisch	
2	niedriger Preis	Risiko eines Preiskriegs und niedrige Gewinnspannen; Notwendigkeit Kostenführer zu sein	
3	Hybrid	niedrige Kostenbasis und Reinvestition in niedrigen Preis und Differenzierung	Differenzierung
4	Differenzierung (a) ohne Aufpreis	vom Kunden wahrgenommene zusätzliche Vorteile, die Marktanteile bringen	Differenzierung
	(b) mit Aufpreis	wahrgenommener zusätzlicher Wert ausreichend für Höchstpreis	Differenzierung
5	konzentrierte Differenzierung	wahrgenommener zusätzlicher Vorteil für ein bestimmtes Segment; das den Höchstpreis rechtfertigt	Differenzierung
6	erhöhter Preis/Standardwert	höhere Gewinnspanne, wenn Konkurrenten nicht nachziehen; Risiko den Marktanteil zu verlieren	voraussichtlicher Misserfolg
7	erhöhter Preis/niedriger Wert	nur in Monopolsituation möglich	voraussichtlicher Misserfolg
8	niedriger Wert/Standardpreis	Verlust des Marktanteils	voraussichtlicher Misserfolg

Beispiel 6.1 Wettbewerbsstrategien der strategischen Uhr

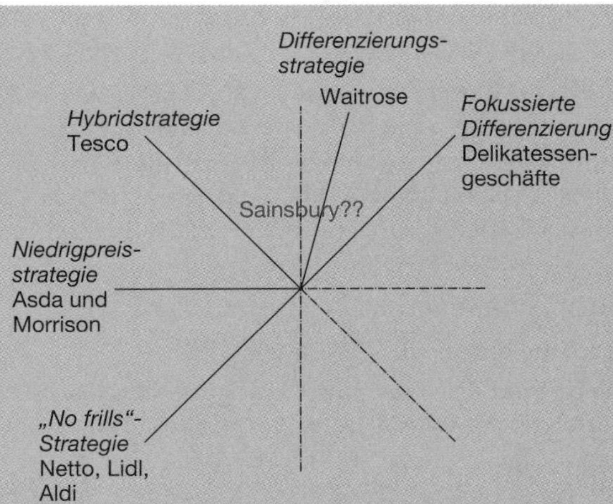

Die Wettbewerbsstrategien britischer Lebensmittelhändler haben sich in den letzten drei Jahrzehnten verändert.

Die Supermarkt-Revolution in Großbritannien begann in den späten 1960ern und den 1970ern, als zunächst Sainsbury Supermärkte eröffnete. Die vorherrschende Form des Einzelhandels war damals der kleine Lebensmittelladen an der Ecke. Die Supermärkte von Sainsbury stellten eine Hybrid-Strategie dar. Sie unterschieden sich in Anordnung und Größe der Geschäfte sowie in der Qualität und dem niedrigeren Preis der Ware klar vom Laden an der Ecke.

Als mehr und mehr Händler Supermärkte eröffneten, entwickelte sich allmählich ein Muster. Sainsbury war der marktbeherrschende abgegrenzte Supermarktbetreiber. Tesco wuchs als „No frills"-Anbieter mit der Devise „die Waren hoch aufstapeln und billig verkaufen". Daneben gab es eine Reihe weiterer Anbieter, die preisgünstigere, aber geringere Qualität als Sainsbury anboten.

Mitte der 90er Jahre fand eine Veränderung statt. Unter der Leitung von Ian Maclaurin änderte Tesco seine Strategie. Die Größe und Anzahl der Supermärkte wurde deutlich erhöht, die Devise „Waren hoch aufzustapeln und billig zu verkaufen" aufgegeben und Tesco begann, ein größeres Warensortiment anzubieten. Auch wenn Tesco qualitativ noch nicht als gleichwertig mit Sainsbury wahrgenommen wurde, so wuchs doch sein Marktanteil auf Kosten anderer Ketten und Tesco begann, die Vorherrschaft von Sainsbury herauszufordern. Der große Durchbruch für Tesco kam jedoch erst mit einer Verlagerung auf Waren höherer Qualität, deren Preis als niedriger als der von Sainsbury wahrgenommen wurde. Tesco verfolgte eine Hybridstrategie und gewann einen großen Marktanteil. Anfang 2007 erreichte dieser 30 Prozent des Lebensmitteleinzelhandels in Großbritannien. Sainsburys Marktanteil war dagegen auf knapp 16 Prozent gefallen und Sainsbury versuchte, sein differenziertes Qualitätsimage wiederzubeleben.

Währenddessen hatten sich andere Wettbewerbsstrategien konsolidiert. Die Niedrigpreisstrategie wurde von Asda (Wal-Mart) (mit einem Marktanteil von 16 Prozent) und Morrison (11 Prozent) verfolgt. Im „No frills"-Segment etablierten sich mit einem Marktanteil von etwa 6 Prozent die Handelsunternehmen Netto, Aldi und Lidl, die in den 90er Jahren aus Europa gekommen waren.

Eine reine Differenzierungsstrategie gab es nicht mehr. Dieser kam Waitrose (mit einem Marktanteil von knapp 4 Prozent) am nächsten, die ein höheres Qualitätsimage betonten und einen ausgewählten oberen Mittelstand an ausgewählten Standorten ansprachen. Die fokussierte Differenzierung blieb die Domäne der Spezialisten: Delikatessengeschäfte und natürlich die Harrods Food Hall in London.

Kontrollfragen

1. Wer ist „in der Mitte eingekeilt"? Warum?
2. Kann eine Differenzierungs- oder eine Niedrigpreisstrategie verteidigt werden, wenn es eine erfolgreiche Hybridstrategie gibt, wie sie von Tesco verfolgt wird?
3. Was hält Konkurrenten davon ab, der Strategie von Tesco zu folgen und erfolgreich mit Tesco zu konkurrieren? (D.h. verfügt Tesco über strategische Fähigkeiten, die einen nachhaltigen Wettbewerbsvorteil darstellen?)
4. Entwerfen Sie anhand der strategischen Uhr die strategischen Positionen der Konkurrenten für einen Markt Ihrer Wahl.

6.3.1 Preisbasierte Strategien (Varianten 1 und 2)

Variante 1, die **„No frills"-Strategie (ohne Schnickschnack-Strategie)** kombiniert ein Niedrigpreisangebot eines Produktes oder einer Dienstleistung, welche/s vom Kunden als wenig leistungsstark wahrgenommen wird, mit einer Konzentration auf ein preisempfindliches Marktsegment. Diese Segmente existieren aus folgenden Gründen:

„No frills"-Strategie (ohne-Schnickschnack-Strategie)

Die „No frills"-Strategie (ohne-Schnickschnack-Strategie) kombiniert ein Niedrigpreisangebot eines Produktes oder einer Dienstleistung, welche/s vom Kunden als wenig leistungsstark wahrgenommen werden, mit einer Konzentration auf ein preisempfindliches Marktsegment.

- Die Existenz von *Warenmärkten*. Dabei handelt es sich um Märkte, in denen Kunden Unterschiede in den Angeboten verschiedener Lieferanten nicht wertschätzen oder wahrnehmen, sodass der Preis zum entscheidenden Wettbewerbsfaktor wird. Ein Beispiel sind Grundnahrungsmittel, vor allem in Entwicklungsländern.
- *Preissensible Kunden* können es sich nicht leisten oder legen keinen Wert darauf, Waren besserer Qualität zu kaufen. Dieses Marktsegment mag für einige Anbieter uninteressant sein, bietet aber anderen (wie beispielsweise Aldi, Lidl und Netto in Beispiel 6.1) eine Chance. Im öffentlichen Sektor könnten Geldgeber mit einem engen Budget entscheiden, nur die Grundvorsorge (zum Beispiel subventionierte Brillen oder Zahnmedizin) zu unterstützen.
- Käufer verfügen über *große Macht und/oder niedrige Wechselkosten*, so gibt es zum Beispiel bei Ausschreibungen für Regierungsaufträge wenig Auswahl.
- Die Möglichkeit, *wichtige Wettbewerber zu umgehen*. Wenn wichtige Anbieter auf anderen Grundlagen konkurrieren, kann das Niedrigpreissegment eine Möglichkeit für kleinere Spieler oder neue Marktteilnehmer sein, um Nischen zu finden oder Position 1 als Brückenkopf zu nutzen und Volumen aufzubauen, bevor andere Strategien verfolgt werden.

Variante 2, die **Niedrigpreisstrategie**, beinhaltet das Angebot eines geringeren Preises als die Konkurrenz bei als ähnlich wahrgenommenen Produkt- oder Leistungseigenschaften. Diese Wettbewerbsstrategie wurde im britischen Supermarktsektor zunehmend von Asda (Wal-Mart) und Morrisons (siehe Beispiel 6.1) verfolgt. Im öffentlichen Sektor ist der Preis einer Dienstleistung für den Geldgeber (normalerweise die Regierung) mit den Kosten der Organisation, die das Budget erhält, gleichzusetzen und so ist das Äquivalent der im Jahresvergleich erreichte Effizienzgewinn, der ohne einen Verlust der wahrgenommenen Leistung erreicht wird.

Niedrigpreisstrategie

Die Niedrigpreisstrategie beinhaltet das Angebot eines geringeren Preises als die Konkurrenz bei als ähnlich wahrgenommenen Produkt- oder Leistungseigenschaften.

Ein Wettbewerbsvorteil durch eine Niedrigpreisstrategie kann durch Konzentration auf ein für Wettbewerber unattraktives Marktsegment erreicht werden, sodass vermieden wird, dass die Preise durch Wettbewerbsdruck erodieren. Eine geläufigere und auch schwierigere Situation liegt vor, wenn es einen preisbasierten Wettbewerb wie beispielsweise im öffentlichen Sektor und in Warenmärkten gibt. Beim Wettbewerb über den Preis müssen zwei Gefahren beachtet werden:

- *Reduzierung der Gewinnspanne für alle.* Durch die Reduzierung des Preises können zwar taktische Vorteile erreicht werden, jedoch wird diese Strategie wahrscheinlich von Konkurrenten übernommen, sodass die Gewinnmargen für alle geringer werden.
- *Die Unfähigkeit zu reinvestieren.* Geringe Gewinnmargen reduzieren die verfügbaren Mittel zur Entwicklung von Produkten oder Leistungen und führen zu einem Verlust des wahrgenommenen Nutzens des Produkts.

Langfristig können daher weder die „No frills"-Strategie noch die Niedrigpreisstrategie ohne eine *kostengünstige Grundlage* verfolgt werden. Aber kostengünstig an sich ist noch kein Vorteil. Manager verfolgen oftmals eine Strategie der niedrigen Kosten, die ihnen aber keinen Wettbewerbsvorteil verschafft. Die Herausforderung besteht also darin, Kosten so zu reduzieren, dass andere nicht gleichziehen können und die Niedrigpreisstrategie einen nachhaltigen Vorteil bietet. Dies ist schwierig, aber in *Abschnitt 6.4.1* werden Möglichkeiten erläutert, wie dies erreicht werden kann.

Beispiel 6.2 Volvos neue Busse für Indien

Volvos Strategie ist es, Busse für nahezu das Vierfache des gängigen Marktpreises zu verkaufen.

Der Markt für Busse in Indien wurde lange Zeit von zwei einheimischen Unternehmen dominiert, beides Tochtergesellschaften großer indischer Mischkonzerne: Tata Motors und Ashok Leyland. Beide Firmen stellten seit Jahrzehnten die gleichen einfachen Fahrzeuge her. Grundlage war ein LKW-Fahrgestell mit einem einfachen Bus-Oberbau. Die verwendeten Motoren leisteten magere 110-120 PS und röhrten laut, wenn sie ihre schwere Fracht die steilen indischen Berge hinauf hievten. Der Motor saß vorne unter der Haube, und die Hitze, die er während der Fahrt entwickelte, strömte ungehindert durch den ganzen Bus. Offene Fenster ersetzten die Klimaanlage, sodass auch Staub und Straßenlärm zu den Fahrgästen drangen. Die Stoßdämpfer waren bestenfalls altmodisch und sorgten für eine unruhige Fahrt auf den löchrigen Straßen des Landes. Gepäck wurde meist einfach auf das Dach des Busses geschnallt, wo es schnell dreckig wurde und leicht gestohlen werden konnte. Aber immerhin waren diese Busse billig – sie kosteten die lokalen Transportgesellschaften gerade einmal Rs 1,2 Mio. (€ 15.000).

1997 entschloss sich der schwedische Autohersteller Volvo mit eigenen Bussen mit einem Verkaufspreis von Rs 4 Mio. – fast viermal so teuer wie die einheimische Konkurrenz – auf den indischen Markt zu gehen. Akash Passey, Volvos erster indischer Angestellter, beauftragte eine Unternehmensberatung damit, die Erfolgsaussichten für diese Geschäftsidee zu prüfen. Die Beratungsfirma riet Volvo, die Finger von diesem Markt zu lassen. Passey zur *Financial Times*: „Meine Antwort war einfach – ich nahm ihren Bericht und warf ihn in den am nächsten stehenden Papierkorb." Passey brachte die teuren Luxus-Busse 2001 auf den indischen Markt.

Passey nutzte die Jahre vorher zur Entwicklung einer ganz besonderen Strategie. Sein Grundprodukt war erstklassig ausgerüstet. Volvos Standardmotoren hatten 240-250 PS und saßen im hinteren Teil des Busses, um so eine schnellere und ruhigere Fahrt zu gewährleisten. Auch eine Klimaanlage gehörte selbstverständlich zur Grundausstattung. Durch die Position des Motors und das verwendete, speziell für Busse gebaute Fahrgestell wurde der Innenraum des Busses geräumiger und man konnte Gepäck ebenfalls im Bus verstauen. Passey war sich aber schnell im Klaren darüber, dass all dies nicht ausreichen würde. Der *Financial Times* gegenüber sagte er: „Man musste sehr viel tun, um mit dem gewöhnlichen Geschäftsmodell zu brechen."

Volvo bot Wartungs- und Kundendienste nach dem Kauf der Busse an, sodass sich die Lebensdauer der Busse von drei auf zehn Jahre erhöhte. Außerdem waren die Transportgesellschaften so nicht mehr auf die eigenen teuren Werkstätten angewiesen. Die Fahrer erhielten kostenloses Fahrtraining, fuhren dadurch sicherer und achteten auch mehr auf ihre Busse. Volvo warb für die Vorteile seiner Busse direkt beim Kunden, indem es Kinowerbung schaltete, und konzentrierte sich nicht nur auf die Transportgesellschaften. Um den Markt anzukurbeln, stellte Volvo ausgewählten Transportfirmen ca. 20 Fahrzeuge zu einem extrem niedrigen Preis zur Verfügung. Volvo-Mitarbeiter waren in der Anfangszeit bei jeder Fahrt dabei, sodass sie ihre Firma beim kleinsten Problem sofort informieren konnten. Volvo schickte dann umgehend seine Ingenieure. Da die Busse nun schneller und zuverlässiger fuhren und die Fahrt bequemer wurde, konnten die Transportgesellschaften auch höhere Preise verlangen. Eine Fahrt in einem Volvo-Bus kostete bald 35 Prozent mehr.

Geschäftsleute und Angehörige der Mittelklasse waren begeistert von den Volvo-Bussen. Nach einer schnelleren und bequemeren Fahrt kamen sie ausgeruht an ihrem Zielort an und sparten unter Umständen sogar die Kosten für eine Übernachtung. Mittlerweile stellten auch Tata und Ashok Leyland eigene Luxusbusse her, und auch Mercedes und Isuzu folgten Volvo auf den indischen Markt. Und dennoch ist der Satz „Nimm einen Volvo" in Indien mittlerweile zum Synonym für eine Reise im Luxusbus geworden, so wie man hierzulande das Wort „Tempo" für jede Marke Papiertaschentücher verwendet.

2009 eröffnete Volvo ein neues, hochmodernes Produktionswerk für Busse in Bangalore. Dies ist Volvos produktivstes Werk weltweit – für die Fertigstellung eines Busses werden nur 20 bis 25 Tage benötigt. Die jährliche Produktionskapazität liegt bei 1000 Bussen.

Quelle: J. Leahy, Volvo takes a lead in India, Financial Times, 31. August 2009.

Kontrollfragen

1. Erstellen Sie eine Rangfolge aller Elemente von Passeys Strategie für Volvo, beginnend mit dem wichtigsten. Hätte man auf irgendeines dieser Elemente verzichten können?
2. Wie nachhaltig ist Volvos Luxusbusstrategie?

6.3.2 (Umfassende) Differenzierungsstrategien (Variante 4)

Die nächste Option ist eine umfassende **Differenzierungsstrategie**, die Produkte und Dienstleistungen anbieten möchte, die sich von anderen Produkten und Dienstleistungen durch einen spezifischen Nutzen unterscheiden und daher von Käufern hoch geschätzt werden.[4] Das Ziel ist es, einen Wettbewerbsvorteil durch das Angebot besserer Produkte oder Dienstleistungen zum gleichen Preis zu erreichen oder Gewinnspannen durch leicht erhöhte Preise zu verbessern. Im öffentlichen Sektor ist das Äquivalent das Erreichen des Status eines Kompetenzzentrums, was zu einer höheren Finanzierung durch den Staat führt (Universitäten versuchen beispielsweise zu zeigen, dass sie in Forschung oder Lehre besser als andere Universitäten sind).

Differenzierungsstrategie

Die Differenzierungsstrategie möchte Produkte und Dienstleistungen anbieten, die sich von denen anderer Produkte und Dienstleistungen durch einen spezifischen Nutzen unterscheiden und daher von Käufern hoch geschätzt werden.

Der Erfolg einer Differenzierungsstrategie hängt von zwei Schlüsselfaktoren ab:

- *Identifizierung und Verständnis des strategischen Kunden.* Das Konzept des strategischen Kunden ist hilfreich, da es sich darauf konzentriert, auf wen die Strategie abzielt. Dies ist allerdings nicht immer klar ersichtlich (siehe *Abschnitt 2.4.3*). Ist es für eine Zeitung der Kunde (der Leser der Zeitung), der Werbekunde oder beide? Sie haben unterschiedliche Bedürfnisse und suchen verschiedene Leistungen. Ist für einen Produzenten von Markenartikeln der Endverbraucher oder der Einzelhändler der strategische Kunde? Organisationen des öffentlichen Sektors bieten wahrgenommene Leistungen an, aber für wen? Handelt es sich um denjenigen, der die Leistung in Anspruch nimmt, oder den Geldgeber? Was aber vom strategischen Kunden geschätzt wird, kann von Managern als selbstverständlich angesehen werden, was wiederum an die Bedeutung der Identifizierung entscheidender Erfolgsfaktoren (*Abschnitt 2.4.2*) erinnert.
- *Identifikation der wichtigsten Wettbewerber.* Gegen wen konkurriert die Organisation? In der Brauereiindustrie gibt es nur wenige bedeutende globale Wettbewerber, aber viele lokale oder regionale Brauereien. Unternehmen jeder strategischen Gruppe (siehe *Abschnitt 2.4.1*) müssen entscheiden, wen sie als Konkurrenten anse-

4 B. Sharp und J. Dawes, „What is differentiation and how does it work?", *Journal of Marketing Management*, Bd. 17, Nr. 7/8 (2001), S. 739–759 bewertet die Beziehung zwischen Abgrenzung und Rentabilität.

hen und welche Grundlagen der Differenzierung in Betracht kommen. Heinekens Konkurrenten sind die globalen Brauereien Carlsberg und Anheuser-Busch. SAB-Miller baute seine globale Reichweite durch die Übernahme und Weiterentwicklung lokaler Marken aus und konkurriert auf der Grundlage lokaler Vorlieben und Traditionen, hat aber vor kurzem auch Miller übernommen, um weltweit wettbewerbsfähig zu sein.

Die in *Abschnitt 2.4.4* (und Abbildung 2.11) erklärte Wettbewerber-Analyse kann in den folgenden Fällen hilfreich sein:

- *Die Schwierigkeit der Nachahmung.* Der Erfolg einer Differenzierungsstrategie hängt davon ab, wie leicht sie von Konkurrenten imitiert werden kann. Dies hebt die Bedeutung der in *Abschnitt 3.4.3* erläuterten, nicht-imitierbaren strategischen Fähigkeiten hervor.
- Das Ausmaß der *Anfälligkeit für preisbasierten Wettbewerb.* Auf einigen Märkten sind Kunden preissensibler als auf anderen. So kann es sein, dass die Grundlagen der Differenzierung angesichts niedriger Preise nicht ausreichen. Manager beschweren sich häufig, dass Kunden den von ihnen gebotenen besseren Service nicht wertschätzen. Auch das Beispiel des britischen Lebensmittelhandels (siehe Beispiel 6.1) verdeutlicht dies: Sainsbury unterschied sich von seinen Konkurrenten durch die angebotene Qualität, aber inzwischen sind Kunden der Meinung, dass Tesco vergleichbar gute Qualität und niedrigere Preise anbietet.

6.3.3 Die Hybridstrategie (Variante 3)

Hybridstrategie

Die Hybridstrategie möchte zugleich Differenzierungs- und Preisvorteile gegenüber der Konkurrenz erreichen.

Die **Hybridstrategie** möchte zugleich Differenzierungs- und Preisvorteile gegenüber der Konkurrenz erreichen. Der Erfolg dieser Strategie hängt von der Fähigkeit ab, Kunden verbesserte Leistungen zu niedrigen Preisen anzubieten und gleichzeitig ausreichende Gewinnspannen für Reinvestitionen zu erreichen, um so die Grundlagen der Differenzierung zu erhalten und auszubauen. Diese Strategie wird von Tesco verfolgt. Es könnte argumentiert werden, dass im Fall einer Differenzierung keine Notwendigkeit bestehen sollte, einen niedrigen Preis anzubieten, sondern Preise zu verlangen, die zumindest denen der Wettbewerber entsprechen, wenn nicht sogar höhere. Vielfach wird darüber diskutiert, ob eine Hybridstrategie eine erfolgreiche Wettbewerbsstrategie sein kann oder eher als suboptimaler Kompromiss zwischen niedrigem Preis und Differenzierung angesehen wird.[5] In letzterem Fall ist es sehr wahrscheinlich, dass sie ineffektiv ist. Eine Hybridstrategie kann jedoch erfolgreich sein, wenn

- *die Absatzmenge erhöht* werden kann, sodass die Gewinnspanne dank einer kostengünstigen Basis immer noch besser als die der Konkurrenten ist, wie es auch bei Tesco angesichts seines Marktanteils in Großbritannien der Fall ist.
- *Kostensenkungen außerhalb der Differenzierungsaktivitäten möglich sind.* IKEA beispielsweise konzentriert sich darauf, seine Differenzierung auf Grundlage seiner Marketingstrategie, Produktpalette, Logistik und des Betriebs der Filialen auszubauen. Geringe Erwartungen der Kunden in Bezug auf den Service ermöglichen

5 Siehe zum Beispiel D. Miller, „The generic strategy trap“, *Journal of Business Strategy*, Bd. 13, Nr. 1 (1992), S. 37–42; C.W.L. Hill, „Differentiation versus low cost or differentiation and low cost: A contingency framework“, *Academy of Management Review*, Bd. 13, Nr. 3 (1998), S. 401–412; und S. Thornhill und R. White, „Strategic purity: A multi-industry evaluation of pure versus hybrid business strategies“, *Strategic Management Journal*, Bd. 28, Nr. 5 (2007), S. 553–561.

Kostensenkungen, da die Kunden bereit sind, die Produkte selbst zu transportieren und aufzubauen.

- sie als *Eintrittsstrategie* in einem Markt mit etablierten Konkurrenten verwendet wird. Um beispielsweise eine globale Strategie zu entwickeln, kann ein Unternehmen einen schlecht geführten Geschäftsbereich im Portfolio eines Wettbewerbers in einer geografischen Region[6] angreifen und in diesen Markt mit einem besseren Produkt zu einem geringeren Preis eindringen, um Fuß zu fassen um dann weitere Strategien zu entwickeln.

6.3.4 Fokussierte Differenzierung oder Nischenstrategie (Variante 5)

Eine **fokussierte Differenzierungsstrategie** ist dadurch charakterisiert, dass eine Organisation – meist in einem ausgewählten Marktsegment (Nische) – ein als besonders leistungsstark wahrgenommenes Produkt oder eine Dienstleistung anbietet, das/die einen erheblichen Preisaufschlag rechtfertigt. Dabei handelt es sich beispielsweise um Premium- oder Markenprodukte. So versuchen die Hersteller von Premium-Bieren, Single Malt Whisky und hochwertigen Weinen, Kunden davon zu überzeugen, dass sich die Qualität ihrer Produkte hinreichend von Produkten der Konkurrenten unterscheidet, um erheblich höhere Preise zu rechtfertigen. Im öffentlichen Sektor erhalten Kompetenzzentren (wie beispielsweise Spezialmuseen) höhere Förderungen als universelle Anbieter. Die fokussierte Differenzierung bringt wichtige Themen zur Sprache:

Fokussierte Differenzierungsstrategie

Die fokussierte Differenzierung ist dadurch charakterisiert, dass eine Organisation – meist in einem ausgewählten Marktsegment (Nische) – ein als besonders leistungsstark wahrgenommenes Produkt oder eine Dienstleistung anbietet, das/die einen erheblichen Preisaufschlag rechtfertigt.

- Es muss eine *Entscheidung* zwischen einer fokussierten Differenzierung (Position 5) und einer umfassenden Differenzierung (Position 4) getroffen werden. Ein Unternehmen, das eine Strategie des internationalen Wachstums verfolgt, muss sich entscheiden, ob es einen Wettbewerbsvorteil aufgrund eines allgemeinen globalen Produkts und einer Marke (Position 4) ausbaut oder sein Angebot an spezifische Märkte (Position 5) anpasst. Dieser Punkt wird in *Kapitel 8* nochmals aufgegriffen (*Abschnitt 8.4*).
- *Spannungen zwischen einer fokussierten Differenzierung und anderen Strategien.* So erwarb zum Beispiel der breit aufgestellte Automobilhersteller Ford Automarken wie Jaguar und Aston Martin, musste aber bald feststellen, dass sich das Management dieser Unternehmen wesentlich von dem der Hersteller unterschied, die für den Massenmarkt produzierten. 2007 hatte sich Ford daher wieder von Aston Martin getrennt und versuchte, sich auch von anderen zu trennen. Solche Spannungen begrenzen das Ausmaß strategischer Positionierung, die eine Organisation aufrechterhalten kann – ein wichtiger Punkt für eine Strategie auf gesamtunternehmerischer Ebene, die in *Kapitel 7* diskutiert wird.
- *Möglicher Konflikt mit den Erwartungen der Interessengruppen.* Eine öffentliche Bücherei könnte kosteneffizienter arbeiten, wenn sie ihre Entwicklungsbemühungen auf computergestützte Online-Informationsdienstleistungen konzentrieren würde. Dies stünde jedoch mit der Aufgabe der sozialen Einbeziehung im Widerspruch, da Menschen ohne Computer ausgeschlossen wären.
- *Wachstumsdynamik für neue unternehmerische Vorhaben.* Neue Unternehmungen beginnen oft sehr konzentriert, indem innovative Produkte oder Dienstleistungen

6 Siehe G. Hamel und C.K. Prahalad, „Do you really have a global strategy?", *Harvard Business Review*, Bd. 63, Nr. 4 (1985), S. 139–148.

angeboten werden, die besondere Bedürfnisse erfüllen. Es kann jedoch schwierig sein, diese neuen unternehmerischen Projekte zu entwickeln. Die Veränderung von Position 5 zu Position 4 bedeutet eine Reduzierung des Preises und somit der Kosten, während die Differenzierungsmerkmale beibehalten werden.

- *Veränderungen des Marktes können Unterschiede zwischen Segmenten aushöhlen* und die Organisation einem gesteigerten Wettbewerb aussetzen. Kunden könnten nicht länger gewillt sein, einen Aufpreis zu bezahlen, da die Leistungsmerkmale regulärer Angebote zunehmen. Oder der Markt wird durch immer differenziertere Angebote der Konkurrenten weiter segmentiert. Restaurants der gehobenen Preisklasse wurden beispielsweise durch das allgemein steigende Leistungsniveau und das Aufkommen von Spezialitätenrestaurants hart getroffen.

6.3.5 Misserfolgsstrategien (Varianten 6, 7 und 8)

Misserfolgsstrategie

Die Misserfolgsstrategie liefert den Kunden nicht den für den Preis erwarteten Wert aufgrund der Produkteigenschaften, des Preises oder beidem.

Eine **Misserfolgsstrategie** liefert den Kunden nicht den für den Preis erwarteten Wert aufgrund der Produkteigenschaften, des Preises oder beidem. Die Strategien 6, 7 und 8 sind daher vermutlich zum Scheitern verurteilt. Position 6 schlägt vor, den Preis zu erhöhen ohne den Nutzen des Produkts/der Dienstleistung zu verbessern; eine Strategie, die Monopolorganisationen vorgeworfen wird. Sofern die Organisation nicht durch die Gesetzgebung oder durch hohe wirtschaftliche Barrieren geschützt wird, werden Konkurrenten den Marktanteil für sich einnehmen. Position 7 ist eine noch verhängnisvollere Ausweitung von Position 6, da hier der Nutzen des Produkts/der Dienstleistung reduziert wird, während der Preis erhöht wird. Position 8, die Reduzierung des Nutzens bei gleich bleibendem Preis ist ebenfalls gefährlich, auch wenn Firmen versucht haben, diese Strategie zu verfolgen. Es besteht ein großes Risiko, dass Wettbewerber ihren Anteil erheblich ausdehnen. Auch ein Unternehmen, das sich nicht im Klaren über seine grundlegende generische Strategie ist und „eingekeilt" ist, ist zum Scheitern verurteilt.

6.4 Die Bewahrung eines Wettbewerbsvorteils

Organisationen, die versuchen, einen Wettbewerbsvorteil zu erreichen, hoffen, diesen auch aufrechtzuerhalten. Viele Veröffentlichungen zum Thema Wettbewerbsstrategie beschreiben die Notwendigkeit der Nachhaltigkeit als zentrale Erwartung. Dieser Abschnitt baut auf den in *Kapitel 3* (*Abschnitt 3.3.2*) beschriebenen strategischen Fähigkeiten auf und stellt Überlegungen an, wie Nachhaltigkeit möglich sein könnte. Immer wieder wird die Frage aufgeworfen, inwieweit eine Nachhaltigkeit des Wettbewerbsvorteils möglich ist. In *Abschnitt 6.5* geht es um Wettbewerbsstrategien unter Bedingungen, die eine Nachhaltigkeit unmöglich oder sehr schwierig machen.

6.4.1 Die Bewahrung eines preisbasierten Vorteils

Eine Organisation, die einen Wettbewerbsvorteil durch niedrige Preise verfolgt, kann diesen auf verschiedene Weise aufrechterhalten (siehe Abbildung 6.3):

- *Geringe Gewinnspannen* sind für ein Unternehmen möglich, wenn das Umsatzvolumen größer als das der Konkurrenten ist oder wenn ein Geschäftsbereich durch eine andere Stelle des Portfolios subventioniert werden kann.

- *Eine einzigartige Kostenstruktur.* Einige Unternehmen haben Zugang zu kostengünstigen Vertriebsstrukturen, beziehen Rohmaterialien zu günstigeren Preisen als Wettbewerber oder sind in einer Gegend ansässig, in der Lohnkosten niedrig sind.
- *Unternehmensspezifische Fähigkeiten* könnten für ein Unternehmen in der Art existieren, dass die Kosten in der gesamten Wertkette heruntergefahren werden können. Michael Porter definiert Kostenführerschaft als „den kostengünstigsten Produzenten seiner Branche … der alle Quellen des Kostenvorteils finden und ausschöpfen muss“.[7] (siehe *Abschnitt 3.3* und Abbildung 3.2)

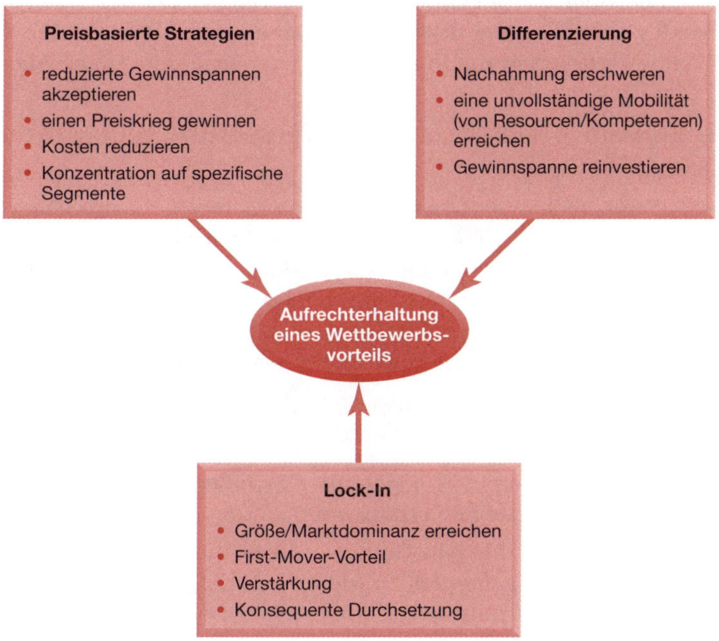

Abbildung 6.3: Aufrechterhaltung von Wettbewerbsvorteilen

Sollte eine der beiden letzten Vorgehensweisen verfolgt werden, ist es von Bedeutung, dass die kostengünstigen Betriebsbereiche echte Kostenvorteile liefern, um reale Preisvorteile über den Wettbewerb zu unterstützen. Wie bereits in *Kapitel 3* angesprochen, sollte es für Wettbewerber schwierig sein, diese Vorteile zu imitieren. Dies erfordert eine Mentalität, bei der Innovation in Bezug auf Kostenreduzierung als überlebenswichtig angesehen wird. Ein Beispiel ist im „No frills“-Segment die Billigfluglinie Ryanair, die 2006 erklärte, ihr Ziel sei es, ihren Passagieren irgendwann kostenlose Flüge anzubieten.

- *Konzentration auf Marktsegmente*, in denen Kunden vor allem einen geringen Preis schätzen, aber keinen Wert auf andere Eigenschaften legen. Ein Beispiel ist der Erfolg von Handels-Eigenmarken in Supermärkten. Die Produzenten können die Preise niedrig halten, da sie die hohen Gemeinkosten und Marketingkosten bedeutender Markenhersteller umgehen. Dies funktioniert jedoch nur, solange sie sich auf diese Produkte und Marktsegmente konzentrieren.

---

7 Die Quoten betreffend die Wettbewerbsstrategien von Porter sind seinem Buch *Competitive Advantage*, Free Press, 1985, S. 12–15 entnommen.

Mit der Niedrigpreisstrategie sind jedoch auch Gefahren verbunden:

- *Wettbewerber könnten in der Lage sein, das Gleiche zu tun.* Es macht keinen Sinn, einen Vorteil durch niedrige Kosten auf der Basis von Kostensenkungen zu erreichen, wenn Wettbewerber dies auch können.
- Kunden beginnen, einen *niedrigen Preis mit einem geringen Nutzen des Produkts/der Dienstleistung gleichzusetzen*, und eine geplante Strategie nach Position 2 verschiebt sich zu Position 1.
- Kostensenkungen könnten zur *Unfähigkeit führen, eine Differenzierungsstrategie zu verfolgen.* Beispielsweise könnte die Auslagerung von IT-Systemen aus Gründen der Kosteneffizienz bedeuten, dass niemand einen strategischen Blick darauf wirft, wie ein Wettbewerbsvorteil durch IT erreicht werden könnte (siehe *Abschnitt 12.3*).

6.4.2 Die Bewahrung eines auf Differenzierung basierenden Vorteils

Es macht wenig Sinn, nach einer Unterscheidung zu streben, wenn sie von Wettbewerbern schnell nachgeahmt werden kann; es bedarf vielmehr der Nachhaltigkeit des Vorteils. Viele Firmen, die versuchen, einen Vorteil durch die Einführung neuer Produkte oder Dienstleistungen zu erlangen, werden schnell von Konkurrenten kopiert. Beispiel 6.3 beschreibt, wie Weinproduzenten in Frankreich und Australien über Jahre hinweg versucht haben, Grundlagen für eine Differenzierung zu finden.

Zu den Möglichkeiten, einen nachhaltigen Vorteil durch Differenzierung zu erreichen, gehören die folgenden (siehe Abbildung 6.3):

- *Die Nachahmung erschweren.* In *Abschnitt 3.3* werden Faktoren angesprochen, die eine Nachahmung der Strategien erschweren.
- *Unvollständige Mobilität* in dem Sinn, dass das die Differenzierung aufrechterhaltende Potenzial nicht *gehandelt* werden kann. Ein Pharmakonzern kann durch seine führenden Wissenschaftler Vorteile erreichen oder ein Fußballverein durch seine Starspieler, aber sie können von Konkurrenten abgeworben werden; sie sind handelbar. Andere Vorteile können dagegen nur schwer gehandelt werden:
  - *Immaterielle Werte* wie eine Marke, das Image oder die Reputation oder die in der Kultur einer Organisation verwurzelte Kompetenz sind schwer zu imitieren oder zu erreichen. Und selbst wenn ein Konkurrent die Firma erwirbt, übertragen sich diese nicht automatisch mit dem neuen Inhaberverhältnis.

Beispiel 6.3 Der Strategiekampf in der Weinindustrie: Australien gegen Frankreich

Von der Schwierigkeit, den Nutzen einer erfolgreichen Differenzierungsstrategie aufrechtzuerhalten.

Jahrhunderte lang galten französische Weine als Weine bester Qualität. Aufbauend auf dem System der Appellation d' Origine Contrôlée (AOC) lag der Schwerpunkt auf der Regionalität der Weine und der Markenbildung durch die verschiedenen Schlösser. In dem AOC System ist der Winzer der Hüter des Territoriums und seiner Traditionen. Die Qualität der Weine und die ausgeprägten lokalen Unterschiede sind in den unterschiedlichen Böden und Klimazonen begründet sowie in den Fähigkeiten der Winzer und ihren jahrelangen Erfahrungen.

Im Jahr 2001, als die Absatzzahlen australischer Weine die der französischen Weine zum ersten Mal übertrafen, schien die traditionelle Dominanz französischer Weine auf dem britischen Markt zu enden. Dies ging mit einem signifikanten Anstieg des Weinkonsums einher, nachdem dieser vermehrt auch in Supermärkten erhältlich war, wo australische Weine besonders erfolgreich waren. Der Erfolg australischer Weine hatte mehrere Gründe. Zum einen war die Qualität, anders als bei französischen Weinen, die je nach Jahr und Lage unterschiedlich sein konnte, konstant. Während die Franzosen immer das Anbaugebiet des Weines hervorgehoben hatten, vermarktete Australien das Land als solches als Weinanbaugebiet und konzentrierte sich auf Rebsorten wie Shiraz oder Chardonnay. Dadurch wurden unübersichtliche Angaben wie die Lage der Weinberge und die Namen der Schlösser vermieden, die viele Kunden verwirrten. Die Herangehensweise der Neuen Welt an die Weinproduktion hinsichtlich Stil, Qualität und Geschmack basierte auf der Nachfrage der Kunden und nicht auf den lokalen Produktionsbedingungen. Für ein zuverlässiges Produkt wurden Trauben aus dem ganzen Land beschafft. Französische Weine sind hingegen oft schwer einschätzbar, was für Weinkenner reizvoll, aber für Gastgeber ärgerlich ist, die das erhalten möchten, wofür sie bezahlt haben.

Zwischen 1994 und 2003 verlor Frankreich 84.000 Weinbauern. Im Jahr 2001 setzte die französische Regierung deshalb eine Kommission zur Untersuchung des Problems ein. Die Vorschläge der Kommission lauteten, dass Frankreich zum einen die Qualität seiner Weinbezeichnungen verbessern sollte und zum anderen mit generischen Weinen auch ein völlig neues Qualitätsangebot schaffen sollte, sogenannten „Vins de Cepage“ (Weine einer Rebsorte). Das Unternehmen OVS plante die Vermarktung der Marke Chamarré, was so viel wie ordengeschmückt heißt, zu Preisen zwischen € 7,25 und € 10,15 pro Liter, der Preislage, in denen die Weine der Neuen Welt am stärksten am Markt präsent waren. OVS Präsident Pascal Renaudat, der über mehr als 20 Jahre Erfahrung im Weinhandel verfügt, erklärte: „Wir müssen unser Produkt vereinfachen und die uns vielleicht natürlich erschienene, arrogante Herangehensweise ablegen. Es ist wichtig, Weine zu produzieren, die dem entsprechen, was die Kunden trinken möchten, und das zu einem guten Preis ... Hier geht es nicht um Wein für Weinkenner, sondern um Genuss.“

„Es ist an der Zeit den angestaubten Pomp, der französischen Wein umgibt, abzulegen", sagte Renaud Rosari, Weinhersteller bei Charmarré: „Bei Charmarré geht es darum, die Weine für unsere Kunden mit Leben zu füllen, unsere Marke ist temperamentvoll, unkompliziert und offen und steht für durchweg hohe Qualitätsweine mit dem frischen, einfachen Stil, den die Kunden suchen."

Doch der Optimismus ist eingeschränkt. Jamie Goode von winanorak.com sah es als mutige kommerzielle Entscheidung: „Das Problem ist, dass es alle tun … Zugang zum Markt ist der Schlüssel. Man muss in den Supermärkten präsent sein und eine starke Marke haben, mit der man handeln kann, oder aber die anderen attackieren über den Preis."

Quelle: Adaptiert aus Financial Times vom 11. Februar und 3./4. März 2001, aus Independent vom 4. August 2003, aus Sunday Times vom 5. Februar 2006 und aus Guardian Unlimited vom 7. Februar 2006.

Kontrollfragen

1. Erklären Sie die gute und herausragende Reputation französischer Weine in der Vergangenheit in Bezug auf die Grundlagen nachhaltiger Differenzierung, wie in *Abschnitten 6.4.2* und *3.4* dargelegt.
2. Was waren die Gründe für den Erfolg australischer Weine? Sind diese nachhaltig?
3. Welche Wettbewerbsstrategie setzt Chamarré ein, um auf die Herausforderungen der Weine aus Australien (und anderen Ländern der Neuen Welt) zu reagieren?

- *Umstellungskosten.* Die tatsächlichen oder wahrgenommenen Kosten, um die Bezugsquelle eines Produktes oder einer Dienstleistung zu ändern, können hoch sein. Vielleicht ist der Käufer auch auf einen Lieferanten aufgrund bestimmter Bestandteile, Leistungen oder Fähigkeiten angewiesen. Oder aber die Vorteile der Umstellung lohnen nicht die Kosten oder Risiken.
- *Ko-Spezialisierung.* Die Betriebsmittel oder Bestandteile einer Organisation sind eng mit dem Betrieb des Käufers verknüpft. Zum Beispiel werden Elemente der Wertschöpfungskette einer Organisation wie Vertrieb oder Herstellung von einer anderen abgewickelt.
- Eine *kostengünstigere Position* ermöglicht einer Organisation höhere Gewinnspannen, die reinvestiert werden können, um eine Differenzierung zu erreichen und zu erhalten. Kellogs oder Mars gehören zu den kostengünstigsten Produzenten in ihren Märkten, aber sie reinvestieren ihre Gewinne in die Markenpolitik und Produkt- und Servicedifferenzierung und nicht in niedrigere Preise.

6.4.3 Strategisches Lock-In

Ein anderer Ansatz zur Nachhaltigkeit preisbasierter Strategien oder Differenzierungsstrategien ist die Schaffung eines **strategischen Lock-In**.[8] Hier erlangt eine Organisation eine Sonderposition innerhalb ihrer Branche; ihre Produkte oder Dienstleistungen werden zum Branchenstandard wie beispielsweise bei Microsoft. Viele argumentieren, dass Apple Macintosh im Prinzip ein besseres Betriebssystem hatte, aber Microsoft Windows wurde zum Industriestandard, indem es sicherstellte, dass sich die „Architektur" der Branche um Microsoft herum aufbaute. Andere Unternehmen mussten diesem Standard entsprechen, um Erfolg zu haben.

Strategisches „Lock-In"

Beim strategischen „Lock-In" erlangt eine Organisation eine Sonderposition innerhalb ihrer Branche; ihre Produkte oder Dienstleistungen werden zum Branchenstandard.

Das Erreichen eines Lock-In hängt von folgenden Voraussetzungen ab (siehe Beispiel 6.3):

- *Größe oder Marktdominanz.* Es ist unwahrscheinlich, dass andere Unternehmen einem solchen Standard entsprechen, es sei denn, die Organisation die ihn vorantreibt, wird als marktdominierend angesehen.
- *Vorherrschaft des First Mover.* Solche Maßstäbe werden meist schon zu Beginn der *Lebenszyklen eines Marktes* gesetzt. Angesicht der Unbeständigkeit der Wachstumsmärkte ist die zielstrebige Verfolgung eines Lock-In durch *First Mover* eher erfolgreich als nach Sättigung des Marktes. So konnte zum Beispiel Sky durch die finanzielle Unterstützung der News Corporation Konkurrenten unterbieten und trotz erheblicher jahrelanger Verluste in die Technologie und einen schnellen Marktzuwachs investieren, um die Vorherrschaft zu erreichen.
- *Selbstverstärkendes Engagement.* Wird der Standard durch ein oder mehrere Unternehmen unterstützt, kommen weitere dazu, und andere fühlen sich gezwungen, dasselbe zu tun, usw.
- *Beharren auf dem Erhalt der Lock-In-Position.* Das Beharren auf Übereinstimmung mit dem Standard ist konsequent, und Rivalen wird aufs Schärfste begegnet. Dies kann jedoch auch zu Problem führen, wie Microsoft erfahren musste, als amerikanische Gerichte entschieden, dass es gegen die Interessen des Marktes handelt.

6.4.4 Reaktionen auf eine Wettbewerbsgefahr[9]

Die Wahrung eines Wettbewerbsvorteils angesichts von Konkurrenten, die auf Grundlage einer unterschiedlichen Wettbewerbsstrategie auf Kunden abzielen, kann eine ernsthafte Bedrohung darstellen. Meist handelt es sich um Niedrigpreiskonkurrenten, die in Märkte eindringen, die durch Unternehmen dominiert werden, die sich durch Differenzierung eine starke Position geschaffen haben. So haben sich zum Beispiel Niedrigpreis-Fluggesellschaften einen erheblichen Marktanteil von den weltweit führenden Fluggesellschaften gesichert. Eine entsprechende Situation entsteht im öffentlichen Sektor durch das Beharren der Geldgeber auf Effizienzgewinne im Jahresvergleich. Dies bietet neuen Teilnehmern die Möglichkeit, die existierenden Dienstleister zu unterbieten oder Dienstleister sehen sich gezwungen, selbst zu unterbieten.

8 Das Delta-Modell wird in „The Delta Model" von A.C. Hax und D.L. Wilde II, erklärt und illustriert, *Sloan Management Review*, Bd. 40, Nr. 2 (1999), S. 11–28.

9 Dieser Abschnitt basiert auf Untersuchungen von N. Kumar, „Strategies to fight low cost rivals", *Harvard Business Review*, Bd. 84, Nr. 12 (2006), S. 104–113.

In Abbildung 6.4 geht es um die Fragen, die sich stellen, wenn ein Niedrigpreis-Konkurrent in den Markt eindringt, und es werden auch die entsprechenden Antworten geliefert. Zudem enthält sie auch einige allgemeine Richtlinien. Zunächst geht es darum, ob eine *Differenzierungsstrategie* als Grundlage der Gegenmaßnahme *beibehalten* wird (oder ob im öffentlichen Sektor der Status eines Kompetenzzentrums beibehalten wird):

- *Mehrere Differenzierungsgrundlagen schaffen.* Die relativen Vorteile eines Produkts werden eher hervorgehoben, wenn mehrere davon vorhanden sind. So ist zum Beispiel das Design der Hi-Fi-Systeme von Bang und Olufson neben Produktinnovationen auch mit ihren Beziehungen zu Einzelhändlern verbunden, um sicherzustellen, dass die Produkte deutlich in den Geschäften platziert werden.
- *Sicherstellung einer sinnvollen Differenzierungsgrundlage.* Kunden müssen einen sinnvollen Nutzen erkennen können. Für Gillette war es schwierig, Kunden von den Vorteilen langlebiger Duracell-Batterien zu überzeugen, und das nicht nur, weil Niedrigpreis-Konkurrenten Mehrstückpackungen billiger Batterien anboten, sondern auch weil die Nachfrage nach Batterien zurückging.
- *Preisunterschiede* für bessere Produkte oder Leistungen *minimieren.* Dies ist ein Grund, warum eine Hybridstrategie so erfolgreich sein kann.
- *Konzentration auf weniger preissensible Marktsegmente.* So hat British Airways seinen strategischen Fokus auf Langstreckenflüge mit einem Schwerpunkt auf Geschäftsreisende verlagert.

Zweitens, wenn Differenzierer sich entschließen, ein *Niedrigpreis-Unternehmen* zu *gründen*:

- *Einführung* einer *eigenen Marke* für das Niedrigpreis-Unternehmen, um eine Verwirrung der Kunden zu vermeiden.
- *Das Unternehmen getrennt führen* und eine *ausreichende Finanzierung sicherstellen.* Es besteht die Gefahr, dass die Niedrigpreis-Alternative als „zweitklassig" angesehen wird oder durch die Abläufe und Kultur des traditionellen Unternehmens übermäßig eingeengt wird.
- *Dem abgegrenzten Angebot der Niedrigpreis-Alternative Leistungen zusichern.* So verlangen beispielsweise Banken, deren Tochterfirmen Internet-Banking anbieten, für dieses geringere Gebühren. Diese Niedrigpreis-Alternativen erreichen Kunden, die die traditionellen Banken nicht erreichen, und bringen Gelder, die sie sonst nicht einnehmen würden.
- *Dem Unternehmen erlauben, zu konkurrieren.* Ein Niedrigpreis-Unternehmen rein defensiv zu starten, ist kaum effektiv. Es sollte als rentabler, separater SGB konkurrieren können und als solches könnte es zur Substitution eines Angebots durch ein anderes kommen. Manager sollten dies in ihren Strategieplänen und finanziellen Hochrechnungen bedenken.

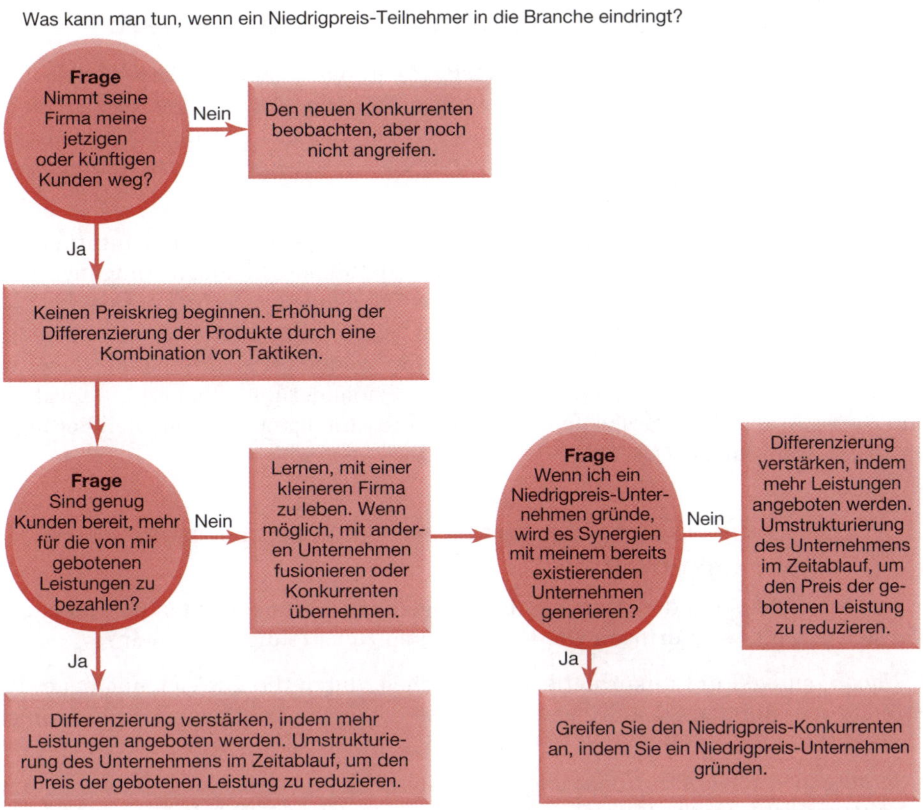

Abbildung 6.4: Ein Rahmenwerk wie auf Niedrigpreis-Konkurrenten reagiert werden kann

Eine dritte Möglichkeit besteht darin, dass abgegrenzte Unternehmen ihr *Geschäftsmodell ändern* und beispielsweise

- *zu Lösungsanbietern werden.* Niedrigpreis-Teilnehmer konzentrieren sich eher auf Grundprodukte, und so könnte es möglich sein, das Geschäftsmodell zu rekonstruieren um sich auf hochwertigere Leistungen zu konzentrieren. Viele technische Betriebe haben beispielsweise die hochwertigeren Potenziale von Design- und Beratungsdiensten im Gegensatz zu arbeitsteiligen technischen Arbeitsprozessen erkannt, die im Preis leicht unterboten werden können.
- *zu Niedrigpreis-Anbietern werden.* Die radikalste Antwort wäre, die Abhängigkeit von der Differenzierung aufzugeben und zu lernen, frontal mit dem Niedrigpreis-Anbieter zu konkurrieren[10]. Es wird nicht überraschen, dass es kaum Nachweise für den Erfolg einer solchen Reaktion gibt, was nicht zuletzt daran liegt, dass es bedeuten würde, auf der Grundlage von Kompetenzen zu konkurrieren, die vom etablierten Betreiber besser verstanden werden sollten.

10 Für eine Erörterung, wie man unter solchen Umständen konkurrieren kann, siehe A. Rao, M. Bergen und S. Davis, „How to fight a price war", *Harvard Business Review*, Bd. 78, Nr. 2 (2000), S. 107–115.

6.5 Wettbewerbsstrategie im Hyperwettbewerb

Die Inhalte der *Abschnitte 6.3* und *6.4* basieren auf der Annahme, dass Wettbewerbsstrategien durch die Suche nach nachhaltigen Wettbewerbsvorteilen vorangetrieben werden. Es gibt jedoch Beweise, die nahe legen, dass dies nicht zwangläufig möglich ist und dass andere Grundlagen der Wettbewerbsstrategie existieren. Diese werden in den *Abschnitten 6.5, 6.6* und *6.7* angesprochen.

Wie bereits in *Abschnitt 2.3.3* dargelegt, sehen sich viele Organisationen turbulenten und sich schnell ändernden, unsicheren wirtschaftlichen Rahmenbedingungen und zunehmenden Ebenen des Wettbewerbs oder *Hyperwettbewerbs*[11] gegenüber. Das bedeutet, dass Nachahmung, Innovation oder Änderungen der Kundenpräferenzen bestenfalls einen kurzfristigen Vorteil bringen. Ein Wettbewerbsvorteil hängt daher von der Fähigkeit der Organisationen ab, sich schnell zu ändern, flexibel und innovativ zu sein. Dieser Abschnitt befasst sich mit Wettbewerbsstrategien unter solchen Bedingungen (siehe Abbildung 6.5).

6.5.1 Die Überwindung des strategischen Wettbewerbsvorteils eines Konkurrenten

Zu den Möglichkeiten, die Wettbewerbsstrategien eines Konkurrenten zu untergraben oder sich gegen das Eindringen von Konkurrenten zu verteidigen, gehören:

- *Nachahmung.* Ein Konkurrent kann versuchen, durch die Entwicklung neuer Produkte oder durch das Eindringen in neue Märkte einen Vorteil zu erreichen. Solche Schritte können relativ leicht imitiert werden.
- *Strategische (Neu-)Positionierung.* Ein Unternehmen kann ein anderes mit einer anderen Wettbewerbsstrategie angreifen wie beispielsweise einer Niedrig-Preisstrategie gegen einen abgegrenzten Konkurrenten. Ein Konkurrent, der eine Niedrigpreis-Strategie verfolgt, kann versuchen, einen anderen abzuwehren indem eine Differenzierungsstrategie ohne Preissteigerung eingesetzt wird (d.h. ein Schritt zu Position 3 auf der strategischen Uhr). Wird dieser Schritt imitiert, müssen neue Quellen der Differenzierung gesucht werden. Innovation und Wendigkeit sind entscheidend.
- *Blockierung von First-Mover-Vorteilen.* Ein Konkurrent kann versuchen, einen Vorteil als First Mover zu erreichen. In diesem Fall ist die wichtigste Lektion, dem Konkurrenten nicht zu ermöglichen, eine beherrschende Stellung einzunehmen, bevor eine Erwiderung erfolgt. Anstatt ein Nachahmungsprodukt auf den Markt zu bringen, könnte die Antwort ein Produkt mit erweiterten Funktionen sein, mit dem man den First Mover überspringen oder strategisch umgehen kann.
- *Eintrittsbarrieren überwinden.* Versuche, Barrieren aufzubauen, um ein Eindringen in den Markt zu verhindern, können verschiedene Formen annehmen. Sie können wie folgt überwunden werden:

11 Das Ausmaß, zu dem Hyperwettbewerbsbedingungen existieren wird, diskutiert. Beweise dafür: R.W. Wiggins und T.W. Ruefli, „Schumpeter's ghost: Is hypercompetition making the best of times shorter?", *Strategic Management Journal*, Bd. 26 (2005), S. 887–911. Beweise dagegen: G. Mcnamara, P.M. Vaaler und C. Devers, „Same as it was: The search for evidence of increasing hypercompetition", *Strategic Management Journal*, Bd. 24 (2003), S. 261–278.

– *Unterminierung des Bollwerks des Konkurrenten.* Wettbewerber können versuchen, ein geografisches Gebiet oder ein Marktsegment zu dominieren. Dies kann jedoch unterminiert werden. So können zum Beispiel in globalisierten Märkten die in einem Gebiet aufgebauten Skaleneffekte durch einen Konkurrenten unterminiert werden, der unter Verwendung der Skaleneffekte des eigenen Heimatgebietes in einen Markt eindringt. Im Bildungsbereich gefährden IT/Internet-basierte Schulen, die die Kosten der Materialentwicklung in ihren heimischen Märkten bereits abgeschrieben haben, etablierte Institutionen. Und wo eine Organisation Bollwerke aufgebaut hat, indem Vertriebskanäle blockiert wurden, können Marktteilnehmer einen Zugang über andere Vertriebskanäle wie beispielsweise den Internethandel versuchen.
– *Deep Pockets entgegenwirken.* Einige Konkurrenten verfügen über erhebliche Ressourcen (manchmal Deep Pockets genannt), mit denen sie versuchen, einem intensiven Konkurrenzkampf standzuhalten (siehe *Abschnitt 6.4.1*). Solche Vorteile können überwunden werden, wenn Konkurrenten fusionieren oder Allianzen bilden, sodass sie auf einer stärkeren Basis konkurrieren können.

Abbildung 6.5: Wettbewerbsstrategien in Hyperwettbewerbs-bedingungen

6.5.2 Merkmale erfolgreicher Strategien im Hyperwettbewerb

Die von Richard D'Aveni[12] vorgeschlagene radikale Behauptung zielt nicht nur darauf ab, dass Manager ihre Einstellung zu Strategien auf Geschäftsbereichsebene überdenken sollten, weil es nicht länger möglich sein könnte, nachhaltige Positionen des Wettbewerbsvorteils zu planen, sondern auch, dass die Planung einer langfristigen Nachhaltigkeit Wettbewerbsvorteile durch eine verlangsamte Reaktionszeit zerstören könnte. Manager müssen lernen, schneller als ihre Konkurrenten zu sein. Er liefert einige Leitlinien hierzu:

- *Grundlagen des Erfolges ausschlachten.* Die Aufrechterhaltung alter Vorteile lenkt von der Entwicklung neuer Vorteile ab. Eine Organisation muss bereit sein, die Grundlagen ihres Erfolges auszuschlachten.
- *Die Schwächen von Konkurrenten anzugreifen kann unklug sein*, da sie dadurch lernen, wie ihre Stärken und Schwächen wahrgenommen werden und entsprechende Strategien entwickeln können.

12 Siehe D' Aveni, Fußnote 3.

- *Viele kleine Schritte können effektiver sein als größere*, da die längerfristige Ausrichtung von Konkurrenten nicht so leicht erkannt werden kann und kleinere Schritte mehr Flexibilität und damit *temporäre Vorteile* ermöglichen.
- *Der Bruch des Status quos* ist strategisches Verhalten und kein Unsinn. Die Fähigkeit, ständig aus den vorgefertigten Formen auszubrechen, könnte eine Kernkompetenz darstellen.
- *Nicht vorhersehbar sein.* Wenn Konkurrenten ein Muster erkennen, können sie die nächsten Schritte vorhersehen und lernen, eine Organisation schnell zu imitieren oder strategisch zu umgehen. Deshalb sind Überraschung, Unvorhersehbarkeit und selbst scheinbare Irrationalität wichtig. Manager müssen lernen, gegenüber der Außenwelt unvorhersehbar zu erscheinen, während sie intern ihre Strategien planen.
- *Täuschung der Wettbewerber.* Nach den Lehren der Spieltheorie (siehe *Abschnitt 6.7*) kann ein Stratege Schritte signalisieren, die der Konkurrent erwartet, die jedoch nicht dem entsprechen, was tatsächlich erfolgt. Oder der Stratege kann den Erfolg in einem Markt verschleiern.[13]

6.6 Wettbewerb und Zusammenarbeit[14]

Bisher lag der Schwerpunkt auf Wettbewerb und Wettbewerbsvorteil. Aber ein Vorteil wird nicht immer durch Wettbewerb erreicht. Auch durch die Kooperation von Organisationen kann ein Vorteil erreicht oder Wettbewerb vermieden werden. Eine Kooperation zwischen potenziellen Wettbewerbern oder zwischen Käufern und Verkäufern ist voraussichtlich dann von Vorteil, wenn die kombinierten Kosten für Beschaffung und Einkauf (wie Verhandlungen und Vertragsabschluss) durch die Kooperation niedriger sind als die Kosten alleinigen Handelns. Kooperationen sind auch bei Umstellungskosten hilfreich. Dies zeigt sich bei einer Rückkehr zum Five-Forces-Modell von *Abschnitt 2.3.1* (siehe Abbildung 6.6):

- *Kooperation zur Stärkung der Vertriebskraft.* In der Raumfahrtindustrie könnten Komponentenhersteller versuchen, enge Bindungen zu Kunden aufzubauen. Es ist zwar schwer, einen akkreditieren Lieferantenstatus zu erreichen, aber ist er einmal erreicht, kann dies die Vertriebsstärke erheblich erhöhen. Dies ist auch bei Forschungs- und Entwicklungsaktivitäten hilfreich sowie bei der Reduzierung des Lagerbestands und der gemeinsamen Planung zur Entwicklung neuer Produkte.
- *Kooperation zur Erhöhung der Kaufkraft.* Die Stärke und Rentabilität pharmazeutischer Unternehmen wurde durch die Fragmentierung der Käufer, einzelnen Ärzten und Krankenhäusern gefördert. Viele Regierungen haben deshalb eine Kooperation zwischen den Käufern der Arzneimittel und zentralisierte Arzneimittelagenturen gefördert oder gefordert, was zu einer koordinierteren Kaufkraft geführt hat.

---

13 Weitere Beispiele irreführender Signale siehe G. Stalk Jr, „Curveball: Strategies to fool the competition", *Harvard Business Review*, September 2006, S. 115–122.

14 Nützliche Literatur über gemeinschaftliche Strategien: Y. Doz und G. Hamel, *Alliance Advantage: The art of creating value through partnering*, Harvard Business School Press, 1998; *Creating Collaborative Advantage*, Chris Huxham (Hrs.), Sage, 1996; und D. Faulkner, *Strategic Alliances: Co-operating to compete*, McGraw-Hill, 1995.

- *Kooperationen um Eintrittsbarrieren aufzubauen oder Substitutionen zu vermeiden.* Angesichts eines drohenden Markteintritts oder Alternativprodukten könnten Unternehmen eines Industriezweigs zusammenarbeiten, um gemeinsam in Forschung und Entwicklung oder Marketing zu investieren. Wirtschaftsverbände können die generischen Eigenschaften einer Branche wie Sicherheitsstandards oder technische Spezifikationen fördern, um Innovation zu beschleunigen und der Möglichkeit der Substitution zuvorzukommen.
- *Kooperation, um Marktzugang und Wettbewerbsmacht zu gewinnen.* Organisationen, die sich über ihre traditionellen Grenzen hinaus entwickeln möchten (zum Beispiel geografische Expansion), könnten mit anderen kooperieren, um Eintrittsmöglichkeiten in neue Märkte zu gewinnen. Auch für den Erwerb lokaler Marktkenntnisse kann die Kooperation mit lokalen Betreibern erforderlich sein. In einigen Ländern fordern Regierungen eine solche Kooperation. Kooperationen können auch bei der Entwicklung der erforderlichen Infrastruktur wie etwa Vertriebskanälen, Informationssystemen oder Forschungs- und Entwicklungsaktivitäten hilfreich sein. Eine Kooperation kann auch notwendig sein, weil Käufer lieber mit lokalen Managern als mit ausländischen Managern verhandeln. Insbesondere in Hi-Tech- oder Hyperwettbewerbssituationen gibt es eine zunehmende Auflösung (oder Entflechtung) von Wertketten, da auf jeder Stufe dieser Kette innovativer Wettbewerb herrscht. Unter solchen Umständen gibt es auch eine zunehmende Notwendigkeit kooperativer Strategien zwischen Wettbewerbern, um den Kunden einheitliche Lösungen anzubieten.[15]
- *Kooperation zur Arbeitsteilung mit Kunden.* Ein wichtiger Trend im öffentlichen Sektor ist die *Gemeinschaftsproduktion* mit Kunden[16] wie zum Beispiel die Selbstveranlagung zur Einkommensteuer. Zu den Motiven gehören Kosteneffizienz, Verbesserung der Qualität/Zuverlässigkeit oder zunehmende „Verantwortung" der Kunden. Auch Webseiten erleichtern die Selbstbedienung der Kunden (der virtuelle Einkaufskorb ist ein Beispiel) oder erlauben ihnen ein Produkt oder eine Leistung nach ihren eigenen Spezifikationen zu entwickeln oder anzupassen (zum Beispiel beim Erwerb eines neuen Computers).
- Im öffentlichen Sektor kann der *Einfluss auf öffentliche Investitionen* eine Zusammenarbeit erfordern, um die allgemeinen Standards anzuheben oder soziale Punkte anzusprechen, die mehrere professionelle Gebiete kreuzen (wie Drogen oder kommunale Sicherheit). Ein Unterschied zum privaten Sektor besteht darin, dass Wissenstransfer und die Weitergabe der bewährtesten Methode als Pflicht oder Voraussetzung angesehen wird.

Die Kooperation mit Konkurrenten ist jedoch nicht so leicht, wie es sich anhört. Beispiel 6.4 beschreibt ein Beispiel der Kooperation des öffentlichen/privaten Sektors.

15 Dieser Fall der Kooperation in Hi-Tech-Industrien wird von V. Kapur, J. Peters und S. Berman in „High tech 2005: The horizontal, hypercompetitive future", *Strategy and Leadership*, Bd. 31, Nr. 2 (2003), S. 34–47 erörtert und dargestellt.

16 Siehe J. Brudney und R. England, „Towards a definition of the co-production concept", *Public Administration Review*, Bd. 43, Nr. 10 (1983), S. 59–65; und J. Alford, „A public management road less travelled: Clients as co-producers of public services", *Australian Journal of Public Administration*, Bd. 57, Nr. 4 (1998), S. 128–137.

Abbildung 6.6: Wettbewerb und Kooperation

6.7 Spieltheorie[17]

> **Spieltheorie**
> Die Spieltheorie befasst sich mit den wechselseitigen Abhängigkeiten unter den Wettbewerbshandlungen einer Gruppe von Wettbewerbern.

Die **Spieltheorie** befasst sich mit den wechselseitigen Abhängigkeiten unter den Wettbewerbshandlungen einer Gruppe von Wettbewerbern. Sie ist für das Verständnis der Wettbewerbsdynamik von Märkten und der Berücksichtigung angemessener Strategien hilfreich. Es gibt zwei grundlegende Voraussetzungen zum Verständnis der Wettbewerbsdynamik in Bezug auf die Spieltheorie:

- *Rationalität.* Konkurrenten verhalten sich bei dem Versuch, zu ihrem Vorteil zu gewinnen, rational.

Beispiel 6.4 Kooperation von Unternehmen und Universitäten in der Kreativ- und Kulturindustrie

Kooperationen im öffentlichen/privaten Sektor bringen beiden Seiten Vorteile.

Im Jahr 2003 setzte die britische Regierung eine Kommission (The Lambert Committee) ein, um über Kooperationen zwischen Unternehmen und Universitäten zu berichten und Vorschläge zu unterbreiten, wie diese verbessert werden könnten. Im ersten Schritt wurden Ideen verschiedener Mitglieder von Interessensgruppen gesammelt. Nachfolgend ein Auszug aus dem Arts and Humanities Research Council (AHRC), der die für viele Kreativ- und Kulturwirtschaften elementaren Anstrengungen unterstützte:

17 Lesematerial zur Spieltheorie: A.K. Dixit und B.J. Nalebuff, *Thinking Strategically*, W.W. Norton, 1991; A. Brandenburger und B. Nalebuff, *Co-opetition*, Profile Books, 1997; R. McCain, *Game Theory: A Non-Technical Introduction to the Analysis of Strategy*, South Western, 2003; und für eine Zusammenfassung S. Regan, „Game theory perspective", M. Jenkins und V. Ambrosini (Hrs.), *Advanced Strategic Management: A Multi-Perspective Approach*, 2. Aufl., Palgrave Macmillan, 2007, S. 83–101.

Wir befinden uns im Anfangsstadium der Untersuchung verschiedener Partnerschaften und möglicher strategischer Interventionen (siehe unten). In Kooperation mit dem Department for Culture, Media and Sports (DCMS) und anderen wurde ein Creative Industries/Higher Education-Forum gegründet. Diese Gruppe wird die Angebots- und Nachfrageseite dieser Partnerschaft zusammenbringen, um stärkere Verknüpfungen und neue Aktivitäten zu fördern.

Kreativ- und Kulturwirtschaften: Eine Rolle für kreative Cluster

Viele Universitäten haben Kontakte zu Unternehmen der Kreativ- und Kulturwirtschaften aufgebaut … Viele Unternehmen der Kreativwirtschaft sind kleine Mittelstandsunternehmen. … Eine organische Entwicklung der letzten Jahre war die Bildung kreativer Cluster, mit denen lokale oder regionale HEIs (Hochschulen) mit Unternehmen zusammengebracht wurden, um neue Ideen, Produkte und Prozesse zu entwickeln. Beispiele dafür gibt es unter anderem in Schottland, Sheffield, London, Bristol und Nottingham. Solche kreativen Cluster, die von Gewerbebetrieben und Studentenwerken unterstützt werden, könnten individuelle Kleinbetriebe unterstützen.

Zusammenarbeit mit regionalen Entwicklungsagenturen

Research Councils wie auch regionale Entwicklungsagenturen sind Plattformen der jeweiligen Gemeinden; es wurde bereits damit begonnen, Möglichkeiten zu identifizieren, wie sie sowohl Katalysator für neue Ideen als auch Vermittler für Wissenstransfer sein könnten. Aktivitäten könnten individuelle Projekte, gemeinsam geförderte Projekte und die Förderung von Branchen-Cluster wie kreative Cluster umfassen.

Das Einbinden von Fachleuten in HEIs

Viele traditionelle Modelle über die Beziehung zwischen HEIs und Unternehmen beschreiben einen linearen Prozess, in dem Wissen an die Industrie vermittelt wird. Wissenstransfer ist jedoch kein Prozess, sondern ein Zusammenspiel von Menschen, Information, Daten und Infrastruktur. Im Bereich der kreativen und darstellenden Künste ist das Konzept von Portfolio-Karrieren nicht ungewöhnlich. Dabei kann man neben anderen Formen der Beschäftigung oder Selbstständigkeit, zu denen auch künstlerische Aktivitäten gehören, Teilzeitpositionen in der Forschung oder der Lehre innehaben. Unternehmen und andere Organisationen des nicht-privaten Sektors bieten auch Gastprofessuren oder Gast-Lehraufträge an.

Erweiterung der Definition des Wissenstransfers in einer Wirtschaft des Wissens

Zunehmend werden Wissen, Sachkenntnis und Erfahrung auf nicht-konventionellem Weg ausgetauscht. Sucht man jedoch nach Beweisen für den Wissenstransfer von Hochschulen zu Unternehmen, liegt der Fokus meist auf der Anzahl der Patente, Spin-Outs und Firmengründungen. Dies sind ohne

Zweifel wichtige Indikatoren für die industrielle Leistungsfähigkeit, aber eine erweiterte Beweisgrundlage, die auch Beschäftigungsmuster und Selbstständigkeit einbezieht, würde eine umfassendere Perspektive bieten.

Eine Skizzierung dieser neuen Landschaft

Ist es die Rolle von Organen wie dem AHRC, ein Umfeld zu schaffen, in dem die Ideen und die Kreativität der akademischen Gemeinschaft erschlossen und entwickelt werden können? Das Bestreben bei der Zusammenarbeit mit entsprechenden Organen in anderen Sektoren wie dem RDA ist es, die Bindungen von Hochschulen zu Gesellschaft und Wirtschaft zu verbessern.

Quelle: AHRC Antwort vom AHRC auf die Lambert Review of Business-University Collaboration, www.ahrc.ac.uk.

Kontrollfragen

1. Identifizieren Sie den potenziellen Nutzen von Kooperationen zwischen Unternehmen und Universitäten unter Bezug auf *Abschnitt 6.6*.
2. Was sind die Risiken der Kooperation für jede dieser Interessengruppen (gegenüber einem Alleingang)?

- *Gegenseitige Abhängigkeit.* Konkurrenten befinden sich in einer gegenseitigen Abhängigkeit. Der Schritt eines Wettbewerbers veranlasst eine Reaktion eines anderen, und das Resultat der Wahlmöglichkeit eines Wettbewerbers hängt von den Wahlmöglichkeiten eines anderen ab. Wettbewerber sind sich über solche gegenseitigen Abhängigkeiten und die Schritte von Konkurrenten mehr oder weniger bewusst.

Ausgehend von diesen Annahmen gibt es zwei Prinzipien, die die Entwicklung erfolgreicher Wettbewerbsstrategien leiten:

- *Sich gedanklich in den Wettbewerber hineinversetzen.* Strategen sollten sich in die Position des Konkurrenten versetzen und sich rational überlegen, welche Schritte Konkurrenten unternehmen könnten und vor diesem Hintergrund ihre Strategie wählen. Sie müssen das Spiel der anderen kennen, um das eigene zu planen.
- *„Vorwärts denken und rückwirkend begründen“.* Strategien sollten auf der Grundlage möglicher strategischer Schritte von Konkurrenten entschieden werden. Die Spieltheorie betont die Bedeutung der Wettbewerbsdynamik am Markt.

6.7.1 Das „Gefangenendilemma“: Das Problem der Kooperation

Der Begriff „*Kooperationswettbewerb*“ wurde geprägt[18], um anzudeuten, dass alle Konkurrenten in unterschiedlichem Maß kooperieren (siehe *Abschnitt 6.6*). Die Entscheidung, ob man kooperieren sollte oder nicht, ist das Thema eines der berühmtesten Beispiele der Spieltheorie: Das Gefangenendilemma. Es wird meistens anhand des Dilemmas zweier Gefangener erläutert, die in getrennten Zellen gefangen gehalten

18 A. Brandenburger und B.J. Nalebuff, *Co-opetition*, Profile Books, 1997.

werden. Sie müssen sich entscheiden, entweder den anderen zu unterstützen, indem sie sich weigern, den Vernehmungsbeamten Informationen preiszugeben, oder einen Vorteil zu erreichen, indem sie den anderen verraten. Hier wird die gleiche Situation in Bezug auf eine in Abbildung 6.7 dargestellte Wettbewerbssituation erklärt. Es geht um zwei Unternehmen, die sich entscheiden müssen, ob sie frontal konkurrieren oder bei der Entwicklung einer neuen Marktchance zusammenarbeiten sollen. Sie wissen, dass im Fall einer Kooperation die Kosten für das Projekt viel geringer und der Ertrag höher sein würde und auch früher realisiert würden als im Fall eines Wettbewerbs. Die angenommene Amortisation der Kooperation wird im unteren rechten Quadranten von Abbildung 6.7 dargestellt. Es gibt jedoch auch Gründe, diese Kooperation nicht einzugehen. Jede Partei weiß beispielsweise, dass sie einen noch höheren Ertrag erreichen würde, wenn sie versuchen würde, eine dominante Position auf dem neuen Markt zu erreichen, falls die andere Partei dies nicht versuchen würde (repräsentiert in den Quadranten oben rechts und unten links); so könnten sie versucht sein, dies zu tun, oder sie könnten fürchten, dass ihr Rivale versucht sein könnte, dies zu tun, wenn sie es nicht tun. Im Fall einer Kooperation könnten sie auch befürchten, dass der andere nach den anfänglichen gemeinsamen Investitionen beginnt, den Markt zu dominieren und einen unverhältnismäßigen Vorteil erhält. Oder sie misstrauen sich gegenseitig. Es ist daher wahrscheinlich, dass sich die beiden Parteien gegen eine Kooperation entscheiden, um sicherzustellen, dass der andere keinen Vorteil erhält. Dies könnte bedeuten, dass der Ertrag der Investitionen, die für die Entwicklung des Marktes benötigt wurden, für beide geringer ausfällt als wenn sie kooperiert hätten. Dies wird im oben linken Quadranten dargestellt.

		Konkurrent A	
		Nicht kooperieren	Kooperieren
Konkurrent B	Nicht kooperieren	B = 5 A = 5	B = 12 A = 2
	Kooperieren	B = 2 A = 12	B = 9 A = 9

Abbildung 6.7: Das Gefangenendilemma

Dies ist ein Beispiel für die von Theoretikern als dominant bezeichnete Strategie. Eine **dominante Strategie** ist eine Strategie, die bessere Ergebnisse als andere Strategien liefert, was auch immer die Konkurrenz tut. Im Beispiel des Gefangenendilemmas wäre eine Kooperation der Konkurrenten besser. Tanzt einer der Konkurrenten jedoch aus der Reihe, leidet der andere darunter. Die vorherrschende Strategie ist daher, nicht zu kooperieren. Ein allgemeiner Grundsatz besagt, dass es sinnvoll ist, eine dominante Strategie zu verfolgen, wenn es eine solche gibt. Auch wenn es sein kann, dass das Endergebnis eine geringere Amortisation ist als die, die optimalerweise hätte erreicht werden können, so ist es doch besser als gegenüber dem Wettbewerber zu verlieren.

Dominante Strategie

Eine dominante Strategie ist eine Strategie, die bessere Ergebnisse als andere Strategien liefert, was auch immer die Konkurrenz tut.

In der Praxis ist dieses Resultat, bei dem beide Seiten verlieren, nicht wahrscheinlich, wenn es eine begrenzte Anzahl von Konkurrenten gibt, die sich im Lauf der Zeit gegenseitig beeinflussen, da sie lernen, einander zu verstehen und sich anzupassen. Etwas Ähnliches geschieht, wenn sich mehrere Wettbewerber um eine Position in einem fragmentierten Markt drängen. Während es zum Beispiel logisch erscheinen würde, dass unter diesen Umständen alle Konkurrenten die Preise auf einem relativ hohen Stand halten, erwartet keiner vom anderen, dass dies eingehalten wird, was zu Preiskriegen führt.

Beispiel 6.5 Innova und Dolla spielen ein sequenzielles Spiel

Viele Wettbewerbssituationen sind „sequenziell", d.h. die Ergebnisse hängen von einer Reihe von Bewegungen und Gegenbewegungen ab. In diesen Situationen ist es von entscheidender Bedeutung, vorauszudenken und Vergangenes in seine Überlegungen mit einzubeziehen.

Innova und Dolla, Konkurrenten auf dem Markt für Computerspiele, stehen vor der Entscheidung, in Forschung und Entwicklung zu investieren. Innova hat sehr innovative Designer, verfügt aber nicht über die finanziellen Mittel, um kräftig in die schnelle Produktentwicklung zu investieren. Dolla hat eine starke finanzielle Basis, ist aber im Bereich Forschung und Design eher schwach. Innova kann entscheiden, welchen Schritt es wann macht, wenn es vorausdenkt und die Vergangenheit bedenkt.

Bei der entscheidenden Frage, ob sie in Forschung und Design investieren sollten, wissen beide, dass eine verstärkte Investition zwar die Entwicklungszeit stark verkürzen würde, aber auch mit beträchtlichen Kosten verbunden wäre. In der Tat ist eine hohe Investitionsquote für beide das schlechteste Ergebnis; für Innova wäre es aufgrund ihrer schwachen finanziellen Position ein riskanter Weg. Würde Dolla die finanziellen Mittel aufbringen, so hätte Innova dank seiner Design-Kompetenzen trotzdem die besseren Gewinnchancen.

Innova verfolgt eine dominante Strategie, um Investitionen niedrig zu halten. Würde Dolla wenig investieren, würde Innova dank seiner innovativen Fähigkeiten eine höhere Amortisation erhalten. In der Tat erwartet Dolla wahrscheinlich, dass Innova das Investitionsniveau gering hält. Aber Dolla weiß auch, dass es keinen Vorteil über Innovas ausgezeichnete innovative Kompetenzen erreichen kann, wenn es die Investitionen gering hält. Für Dolla ist ein geringes Investitionsniveau eine beherrschende Strategie, und daher wird Dolla wahrscheinlich kräftig investieren.

Dies kann sequenziell nachgeprüft werden (siehe Abbildung 6.8). Entscheidet sich Innova, nur wenig zu investieren, wird Dolla wahrscheinlich mit einer hohen Investition antworten und einfach durch die höheren Ausgaben einen Vorteil erlangen (Amortisation C ist 2:4). Macht Innova jedoch den ersten Schritt und investiert kräftig, ist Dolla in einer schwierigen Position. Investiert Dolla ebenfalls kräftig, erhält Dolla, ebenso wie Innova eine geringe Amortisation (Amortisation A ist nur 1:1); beide haben hohe Ausgaben. Dolla könnte diese Strategie ablehnen und stattdessen wenig investieren. Die resultierende Amortisation B (3:2) ist zwar für beide besser als Amortisation A (1:1), besonders gut aber für Innova.

Beim Durchspielen dieser unterschiedlichen Versionen sollte Innova realisieren, dass es verliert, wenn es darauf wartet, dass Dolla den ersten Schritt macht. Macht aber Innova den ersten Schritt und investiert kräftig, hat es eine Chance, zu gewinnen. Dollas Eigeninteresse, mit geringen Investitionen zu reagieren, verschafft Innova sowohl den Vorteil höherer Investition als auch den Vorteil überlegener Designer. Gibt es für Innova jedoch irgendwie die Möglichkeit, eine Entscheidung für hohe Investitionen zu signalisieren und dennoch wenig zu investieren, um so Dolla ebenfalls dazu zu bringen, wenig zu investieren, so bringt dies Innova das attraktivste Ergebnis (Amortisation D).

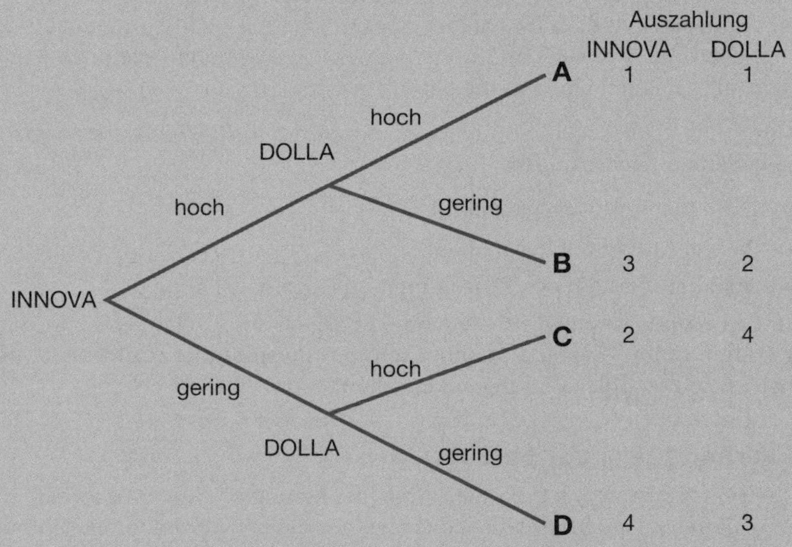

Abbildung 6.8: Ein Spiel sequenzieller Schritte

Quelle: „Thinking Strategically: The Competitive Edge in Business, Politics and Everyday Life" von Avinash K. Dixit und Barry J. Nalebuff. Copyright © 1991 von Avinash K. Dixit und Barry J. Natebuff. Verwendung mit Erlaubnis der W.W. Norton & Compary, Inc..

Kontrollfrage

1. Wie sollte Dollas Strategie lauten angesichts des klaren Anreizes für Innova, den ersten Schritt zu tun und kräftig zu investieren? Welche Folge weiterer Schritte und Ergebnisse könnten sich daraus ergeben?

6.7.2 Sequenzielle Spiele

Das Gefangenendilemma ist ein simultanes Spiel, in dem Konkurrenten Entscheidungen oder strategische Schritte zur gleichen Zeit machen. Dies ist jedoch normalerweise nicht der Fall. Strategische Entscheidungen erfolgen meist nacheinander; eine Partei macht einen Schritt, auf den die andere reagiert. Hier wird der Leitsatz „Vorausdenken und rückwirkend begründen" besonders wichtig. Der Stratege muss überlegen, (i) welches Ergebnis der Konkurrent wünscht, (ii) die Reihenfolge der Schritte, die der Konkurrent zum Erreichen des angestrebten Ergebnisses machen könnte und damit (iii) die vorteilhafteste Strategie für ihn selbst. Dabei sollte berücksichtigt werden, dass Konkurrenten über unterschiedliche strategische Fähigkeiten verfügen und damit über eigene dominierende Strategien. So verfolgen beispielsweise EasyJet oder Ryanair in der Luftfahrtindustrie eindeutig eine dominierende Niedrigpreis-Strategie.

Beispiel 6.5 zeigt, wie sich die Argumentation der Spieltheorie in diesen komplexeren Umständen auswirkt. Wird die Situation in Form eines fortlaufenden Spiels wie in *Abschnitt 6.7.1* betrachtet, wäre es für Innova das Beste, seiner dominanten Strategie geringer Investition zu folgen, was in der am wenigsten schlechten Amortisation resultiert. Vorausgesetzt, dass Innova mit diesem Resultat nicht zufrieden ist, zeigt die Abbildung, wie Innova einen Vorteil über seinen Konkurrenten erreichen kann, wenn das Problem als sequenzielles Problem gesehen wird.

Das Beispiel zeigt auch, wie die Spieltheorie Strategen hilft, wichtige strategische Lektionen zu bedenken, insbesondere

- die zeitliche Planung strategischer Schritte,
- die sorgfältige Abwägung der Risiken,
- die potenziellen Vorteile der Täuschung und Gegentäuschung und
- verbunden damit, Glaubwürdigkeit und Engagement zu etablieren. In der Abbildung konnte Innova das angestrebte Ziel zum Beispiel nur erreichen, weil es den Ruf hat, zu seinen Entscheidungen zu stehen.

6.7.3 Veränderung der Spielregeln

Ein Wettbewerber könnte auch zu dem Ergebnis kommen, dass er innerhalb der existierenden Spielregeln nicht effektiv konkurrieren kann. So könnte ein Unternehmen beispielsweise herausfinden, dass es immer über den Preis konkurriert, dass dies aber aufgrund seiner Kostenstruktur nicht effektiv ist. Oder, wie bei den hier aufgeführten Beispielen, wenn Wettbewerb immer auf der Grundlage einer bestimmten Fähigkeit wie Investitionen in Forschung und Entwicklung stattfindet, dieser Kampf nicht gewonnen werden kann. In diesem Fall macht es Sinn, zu versuchen, die Spielregeln zu ändern. In einem durch preisbasierte Strategien dominierten Markt könnte ein Wettbewerber versuchen, die Spielregeln dahingehend zu ändern, dass

- *eine klarere Differenzierung* herrscht, die darauf basiert, was Kunden wirklich wertschätzen (siehe *Abschnitt 6.3.2*).
- *Preise transparenter gestaltet werden*, indem beispielsweise Preislisten veröffentlicht werden, die als Standard etabliert werden. Oberflächlich betrachtet scheint dies einen Preiskrieg nicht zu vermeiden, aber es ist nachgewiesen, dass eine größere Transparenz in diesem Bereich eine wichtige Grundlage taktischer Vorteile beseitigt und ein kooperativeres Verhalten unter Konkurrenten fördert.
- *mehr Anreize für Kundenbindung geschaffen werden.* Ein gutes Beispiel ist der Zuwachs an Kundenkarten im Einzelhandel. Die Differenzierungsprinzipien suggerieren, dass dies eine schwache Strategie ist, da sie von Konkurrenten nachgeahmt wird. Aber der Druck, über den Preis zu konkurrieren, kann für alle Konkurrenten reduziert werden.

Die Spieltheorie basiert auf den Prinzipien der Rationalität, aber Konkurrenten verhalten sich nicht immer rationell. Sie bietet jedoch eine Möglichkeit, die Logik der interaktiven Wettbewerbsmärkte zu überdenken: Wann ist es sinnvoll zu konkurrieren, auf welchen Grundlagen, und wann ist eine Kooperation sinnvoll? Zudem ist es für Manager wichtig, zu berücksichtigen, wie Konkurrenten auf die von ihnen vorgezogene Strategie reagieren.

In diesem Kapitel geht es um die Suche nach einem Wettbewerbsvorteil und die Notwendigkeit der Unverwechselbarkeit sowie die Notwendigkeit von Differenzierungsstrategien, um dies zu erreichen. In Beispiel 6.6 wird dieses Thema überprüft und die Frage gestellt, in welchem Ausmaß Differenzierung einen Wettbewerbsvorteil gewährt.

ZUSAMMENFASSUNG

- Bei der Wettbewerbsstrategie geht es darum, auf Geschäftsbereichsebene einen Wettbewerbsvorteil zu erlangen oder im öffentlichen Sektor das beste Preis-Leistungs-Verhältnis anzubieten.
- Die Wettbewerbsstrategie sollte in Bezug auf strategische Geschäftsbereiche (SGB) betrachtet und definiert werden.
- Zu den unterschiedlichen Grundlagen der Wettbewerbsstrategie gehören:
  - die *„No frills"-Strategie*, in der ein niedriger Preis mit einem als gering wahrgenommenem Wert kombiniert wird.
  - die *Niedrigpreis-Strategie*, in der niedrigere Preise als die der Konkurrenten bei einem ähnlichen zusätzlichen Wert des Produktes oder der Dienstleistung angeboten werden.
  - die *Differenzierungsstrategie*, bei der versucht wird, Produkte oder Leistungen zu bieten, die einmalig sind oder sich von denen der Konkurrenten unterscheiden.
  - die *Hybridstrategie*, bei der versucht wird, gleichzeitig eine Differenzierung und niedrigere Preise als die des Konkurrenten zu erreichen.
  - die *fokussierte Differenzierungsstrategie*, bei der versucht wird, einen als hoch wahrgenommenen Wert zu bieten, der einen erheblich höheren Preis rechtfertigt.
- Manager sollten die Grundlagen, auf denen preisbasierte Strategien oder Differenzierungsstrategien aufrechterhalten werden können, überdenken und dauerhafte Bindungen zu Kunden entwickeln oder versuchen, eine Lock-In-Position zu erreichen und so zum von Lieferanten und Käufern akzeptierten Industriestandard zu werden.
- Unter Hyperwettbewerbsbedingungen ist es schwierig, einen nachhaltigen Wettbewerbsvorteil zu erreichen. Geschwindigkeit, Flexibilität, Innovation und die Bereitschaft, erfolgreiche Strategien zu ändern, sind hier wichtige Grundlagen für einen Wettbewerbserfolg.
- Kooperationsstrategien können Alternativen zu Wettbewerbsstrategien sein oder nebeneinander bestehen.
- Die Spieltheorie liefert eine Grundlage, die strategischen Schritte eines Konkurrenten zu reflektieren, sodass diesen zuvorgekommen oder ihnen entgegnet werden kann.

ZUSAMMENFASSUNG

Beispiel 6.6 Gleich oder unterschiedlich sein?

Können Differenzierungsstrategien nach hinten losgehen und eine Organisation exzentrisch erscheinen lassen statt einen Wettbewerbsvorteil zu bieten?

In diesem Kapitel geht es um den möglichen Wert von Differenzierungsstrategien, mit denen eine Organisation ihre Einzigartigkeit betont. Dies steht auch im Einklang mit dem Argument der ressourcenbezogenen Sicht (*Kapitel 3*) zugunsten der Unverwechselbarkeit und Einzigartigkeit der Ressourcen einer Organisation. Aber wie weit kann eine Organisation ihre Einzigartigkeit betonen, bevor die Gefahr besteht, dass sie als exzentrisch angesehen wird?

Der Unternehmensberater Philipp Natterman von McKinsey & Co. liefert überzeugende Argumente für eine Differenzierung. Er hat die Beziehung zwischen Rentabilität und Differenzierung (in Bezug auf Preis und Produkteigenschaften) über einen langen Zeitraum im Bereich von PCs und Mobiltelefonen verfolgt. Im gleichen Maß, wie die Differenzierung im Lauf der Zeit abnimmt, nehmen auch die Gewinnmargen der Industrie ab. Natterman macht Managementtechniken wie Benchmarking (*Kapitel 3*) dafür verantwortlich, die dazu tendieren, die Konvergenz bewährter Methoden zu fördern. Das Problem bewährter Verfahren ist, dass sie leicht zum Standardverfahren werden. Wer der Herde folgt, erreicht keinen Wettbewerbsvorteil.

Institutionelle Theoretiker wie Paul DiMaggio und Walter Powell zeigen dagegen einige Vorteile des Herdenverhaltens auf. Sie sehen Branchen als „organisatorische Felder", in denen verschiedene Akteure interagieren: Kunden, Lieferanten, Mitarbeiter und Regulierungsbehörden. Die Fähigkeit dieser Akteure, effektiv miteinander zu interagieren, hängt davon ab, ob sie in den Augen der anderen Akteure seriös erscheinen. Im Lauf der Zeit entwickeln Industrien einen institutionellen Standard legitimen Verhaltens, den alle anderen übernehmen. Für Kunden und Lieferanten ist es einfacher, mit Organisationen Geschäfte zu machen, die mehr oder weniger anderen dieser Branche gleichen. Für potenzielle Mitarbeiter und Regulationsbehörden ist es beruhigend, wenn Organisationen nicht als exzentrisch angesehen werden. Vor allem, wenn nicht klar ist, was die Leistung antreibt; in wissensbasierten Branchen ist es beispielsweise besser, seriös statt anders zu erscheinen. In dem Maß, in dem Kunden, Lieferanten, Mitarbeiter und Regulationsbehörden Konformität wertschätzen, ist diese ein Wert in sich. Ein Außenseiter zu sein, kann in diesem Fall teuer werden.

Diese institutionalisierte Einschätzung der Konformität macht bei vielen strategischen Verhaltensweisen Sinn. So werden zum Beispiel Fusionswellen in einigen Branchen durch Mitläufer angetrieben, die in Panik versetzt werden und Übernahmen aus Angst davor tätigen, sonst vergessen zu werden. Auch Managementinitiativen wie Geschäftsprozessoptimierung, E-Business oder Auslagerung sind das Produkt von Modewellen und objektiven Analysen. Nach den Erkenntnissen der institutionellen Theorie ist es nicht unbedingt schlecht, solchen Modeerscheinungen zu folgen.

Demnach haben die institutionelle Theorie und die ressourcenbasierte Sicht konträre Ansichten über den Wert der Differenzierung. David Deephouse untersuchte den Zielkonflikt zwischen Differenzierung und Konformität im amerikanischen Bankenwesen und fand eine kurvenförmige Beziehung zwischen Differenzierung und finanzieller Leistung. Starke Konformität führte zu einer schlechteren Leistung; eine moderate Differenzierung wurde mit besserer Leistung assoziiert, und extreme Differenzierung schien die Leistung zu beschädigen.

Deephouse schließt zugunsten einer Balance zwischen Differenzierung und Konformität. Er weist darauf hin, dass der Wert der Differenzierung von dem Ausmaß abhängt, in dem die Schlüsselakteure einer Branche – Kunden, Lieferanten, Mitarbeiter, etc. – sich auf institutionelle Normen angemessener Strategien angenähert haben. Strategien können zwar zu abgegrenzt sein, aber die Definition darüber, was zu abgrenzt ist, hängt von der Branche ab.

Quellen: P.M. Natterman, „Best practice does not equal best strategy", McKinsey Quarterly, Nr. 2 (2000), S. 22–31; P. DiMaggio und W. Powell, „The iron cage revisited: Institutional isomorphism and collective rationality in organizational fields", American Sociological Review, Bd. 48 (1983), S. 147–160; D. Deephouse, „To be different or to be the same? It's a question (and theory) of strategic balance", Strategic Management Journal, Bd. 20 (1999), S. 147–166.

Kontrollfragen

1. In welchem Ausmaß konkurrieren
   a. Universitäten und
   b. Automobilhersteller, indem sie gleich oder unterschiedlich sind?
2. Berücksichtigt man die Branchen und die Schlüsselakteure, warum würden diese Organisationen diese Herangehensweisen an Konformität oder Differenzierung übernehmen?

Aufgaben

* Kennzeichnet schwierigere Aufgaben.

6.1 Identifizieren Sie anhand der strategischen Uhr (Abbildung 6.2) Organisationen, die den strategischen „Varianten“ 1 bis 5 folgen. Wenn nicht klar ist, welche Route verfolgt wird, notieren Sie die Gründe dafür und überlegen Sie, ob die Organisationen eine klare Wettbewerbsstrategie verfolgen.

6.2 Sie wurden zum persönlichen Assistenten des Geschäftsführers eines bedeutenden Gewerbebetriebes ernannt, der Sie gebeten hat, zu erklären, was unter Differenzierung zu verstehen ist, und warum sie so wichtig ist. Schreiben Sie einen kurzen Bericht, in dem diese Fragen beantwortet werden.

*6.3 Wie angemessen sind die Grundlagen des in *Abschnitt 6.3* erklärt Wettbewerbsvorteils für die Strategien von Organisationen des öffentlichen Sektors? Erläutern Sie Ihre Argumente durch Bezug auf eine Organisation des öffentlichen Sektors Ihrer Wahl.

6.4 Überlegen Sie anhand der Lektionen von *Abschnitt 6.4*, wie nachhaltig die Strategien von (a) Tesco und (b) einer Organisation Ihrer Wahl sind.

*6.5 Wählen Sie eine Branche oder einen Sektor, der hart umkämpft wird (zum Beispiel Finanzdienstleistungen oder den Einzelhandel mit Mode). Inwieweit könnten die Prinzipien des Hyperwettbewerbs auf diese Branchen angewandt werden?

6.6 Schreiben Sie, basierend auf den *Abschnitten 6.6* (Kollaborationsstrategien), einen Bericht für den Geschäftsführer eines Unternehmens in einem Wettbewerbsmarkt, in dem erklärt wird, wann und wie eine Kooperation statt direktem Wettbewerb sinnvoll ist.

Interaktive Aufgabe

*6.7 Beziehen Sie sich auf Beispiel 6.3 und erklären Sie, wie die Wahlmöglichkeiten hinsichtlich Ausrichtung und Methoden strategischer Entwicklung beeinflusst werden würden (*Kapitel 10*), wenn das Erreichen eines Lock-In die Grundlage einer internationalen Strategie wäre (*Kapitel 8*).

Literaturempfehlungen

- Die Grundlagen der generischen Wettbewerbsstrategien sind in den Schriften von Michael Porter enthalten, zu denen *Competitive Strategy* (1980) und *Competitive Advantage* (1985) gehören, die beide von Free Press veröffentlicht wurden. Beide können Lesern empfohlen werden, die den Hintergrund zu *Abschnitt 6.3* und *6.4* (Wettbewerbsstrategie und Wettbewerbsvorteil) verstehen möchten.
- Hyperwettbewerb und die damit verbundenen Bedingungen werden von Richard D'Aveni in, *Hypercompetitive Rivalries: Competing in highly dynamic environments*, Free Press, 1995 erläutert. Es gibt eine lebhafte Debatte darüber, ob ein nachhaltiger Wettbewerbsvorteil möglich ist oder nicht. Zwei Papiere, in denen unterschiedliche Beweise dafür aufgeführt werden, sind R.W. Wiggins und T.W. Ruefli, „Schumpeter's ghost: Is hypercompetition making the best of times shorter?“, *Strategic Management Journal*, Bd. 26 (2005), S. 887–911, in dem argumentiert wird, dass es keinen Beweis für nachhaltigen Wettbewerbsvorteil gibt, und G. Mcnamara, P.M. Vaaler und C. Devers, „Same as it ever was: The search for evidence of increasing hypercompetition“, *Strategic Management Journal*, Bd. 24 (2003), S. 261–278, die argumentieren, dass es möglich ist.
- Es ist viel über Spieltheorie geschrieben worden, aber ein Großteil davon ist für den Laien schwer verständlich. Eine Ausnahme ist das Buch von A.K. Dixit und B.J. Nalebuff, *Thinking Strategically*, W.W. Norton, 1991. R. McCain, *Game Theory: A Non-Technical Introduction to the Analysis of Strategy*, South Western, 2003, considers business strategy in game theory terms.

Fallstudie
Globale Kräfte und die europäische Brauindustrie

Madonna: Ist sie noch immer die Queen of Pop?

Phyl Johnson, Strathclyde University Business School

Sie ist die höchstbezahlte Sängerin aller Zeiten. Im Jahr 2009 brachte eine ihrer Tourneen die höchsten Einnahmen ein, die ein Solokünstler jemals erzielen konnte. Mit elf Nummer-eins-Alben in Großbritannien muss sie sich hier nur den Beatles geschlagen geben. Doch die Musikindustrie war schon immer Kulisse für „One-Hit-Wonder" und kurze Karrieren. Nur wenige Popstars bleiben jahrzehntelang an der Spitze. Madonna ist eines dieser Phänomene. Nach mehr als 25 Jahren an der Spitze lautet die Frage: Wie lange noch?

Vom Billboard Magazine als klügste Geschäftsfrau im Show Business beschrieben, begann Madonna Louise Ciccone ihre Musikkarriere 1983 mit der Hit Single „Holiday" und hatte auch 2008 großen Erfolg mit ihrem Album „Hard Candy" mit der Hit Single „4 Minutes" mit Justin Timberlake. In der Zwischenzeit feierte sie mit Singles und Alben beständig Erfolge in den Charts, gewann 18 Music Awards, war Stilikone für eine Produktpalette, die von Pepsi und Max Factor bis Gap und H&M reichte, und wurde Bestsellerautorin von Kinderbüchern.

Die Grundlage von Madonnas Erfolg ist ihre Fähigkeit, ihre Herrschaft als „Queen of Pop" seit 1983 aufrechtzuerhalten. Neben anderen argumentierte Phil Quattro, Präsident von Warner Brothers, dass sie „es immer schafft, an der Spitze zeitgenössischer Musik zu sein. Jeder etablierte Künstler steht vor dem Dilemma, sein Ansehen und seine Bedeutung zu behaupten, aber Madonna ist stets aktuell". Das Markenzeichen ihres Erfolgs ist Madonnas chamäleonartige Fähigkeit, ihre Rolle und damit auch ihren Musikstil zu verändern und trotzdem Rekordumsätze zu erreichen.

Madonnas früherer poppiger Stil zielte auf junge Teenies ab. Das Image, das sie mit Hits wie „Holiday" und „Lucky Star" 1983 verkörperte, wurde von dem amerikanischen Kaufhaus Macy's aufgegriffen, das eine Produktpalette mit Madonna-Bekleidung produzierte, die Mütter für ihre Töchter kauften. Ein Jahr später, 1984, vollzog Madonna ihren ersten Imagewechsel und lieferte damit den ersten Hinweis auf die intelligente Geschäftsfrau hinter ihrem Medien-Image. In dem Video für ihren Hit „Material Girl" spiegelte sie bewusst das glamouröse, sexy Image von Marilyn Monroe, während sie gleichzeitig den zunehmenden Materialismus der späten 1980er Jahre und die sich-anbiedernden Männer verspottete. Die Medienanalysten Sam und Diana Kirschner kommentierten, dass Madonna auf diese Weise den Plattenfirmen ermöglichte, mit einem marktgängigen „Marilyn Image" eine neue Fangemeinde zu erreichen, während sich ihre ursprünglichen Fans, die mittlerweile heranwachsenden Teenager, die kritische Botschaft ihrer Musik zu eigen machen konnten. Das Dilemma, ihre Fans kontrovers zu umwerben, aber vermarktbar zu bleiben, war ein wiederkehrendes Thema ihrer Karriere, auch wenn es sich mit der Zeit abschwächte.

Madonnas nachfolgende Imagewechsel waren noch drastischer. In ihrem Video „Like a Prayer" aus dem Jahr 1989 legte sie sich mit der katholische Kirche an und küsste als rot gekleidete Sünderin einen schwarzen Heiligen, der leicht als Jesusfigur interpretiert werden konnte. Ihr Image wurde zunehmend sexuell, während sie auch an kritischen sozialen Themen festhielt wie zum Beispiel ihr Hinweis auf die Bildersprache der katholischen Kirche, in der nur Weiße dargestellt sind. An diesem Punkt ihrer Karriere übernahm Madonna die volle Kontrolle über ihr Image und gründete in einem € 48 Mio.-Deal mit Time Warner ihr Plattenlabel Maverick. 1991 veröffentlichte sie einen Softporno-Bildband mit dem Titel „Sex", der ausschließlich Fotos von ihr in erotischen Posen enthielt. Auch ihr Image und ihre Musik reflektierten das erotische Thema. Auf ihrer „Girlie"-Tour, den Singles „Erotica" und „Justify my Love" und ihrem Film „In bed with Madonna" spielte sie Szenen sadomasochistischer und lesbischer Fantasien aus. Auch wenn es angeblich eine Zeit war, die sie lieber vergessen würde, überstand Madonna sie mehr als gut. In der Tat gewann sie eine neue Fangemeinde, die nicht nur ihren künstlerischen Mut bewunderte, sondern auch nicht übersah, dass Madonna in ihrer Botschaft konsequent war: Ihre Sexualität gehörte ihr allein und benötigte keine männliche Aufmerksamkeit. Nachdem MTV das Video „Justify my Love" verboten hatte, nutzte sie ihre guten Beziehungen zu den Medien und ihren Celebrity-Status, um für ihre Botschaft zu werben, dass die Sexualität und Freiheit von Frauen genauso wichtig und gesellschaftsfähig wie die von Männern ist.

Im Jahr 1996 stand Madonna im Mittelpunkt, als sie die Hauptrolle in dem Film „Evita" ergatterte, die sie über fünf Jahre angestrebt hatte. Sie schlug Hollywood-Größen wie Meryl Streep und Elaine Page, die beide eine akzeptablere Vergangenheit aufweisen konnten. Dennoch schaffte sie den Imagewechsel von Erotika zur als Heiligen verklärten Eva Peron und bekam hervorragende Kritiken. Ein anderes Vertrauensvotum kam von Max Factor, das sie 1999 als Covergesicht für seine Werbekampagne gewann. Procter and Gamble (Besitzer des Max Factor Make-Up Sortiments) argumentierte, dass für sie Madonna „die Frau der 90er Jahre ist, die einer klassischen Hollywood-Diva am nächsten kommt … sie ist eine echte Frau."

Mit vielen Vorveröffentlichungen kam 1998 Madonnas mit Spannung erwartetes Album „Ray of Light" auf den Markt. Radiosender auf der ganzen Welt versuchten, das Album zu ergattern, das als bis dato erfolgreichste musikalische Reise angekündigt wurde. Madonna hatte sich mit dem Techno-Pionier William Orbit zusammengetan, um das Album zu schreiben und zu produzieren. Das Album wurde ein großer Erfolg und brachte Madonna in den angesagten Techno-Bereich, nicht unbedingt das übliche Genre eines Pop-Stars der 80er Jahre. Madonna nahm ein „spirituelles Mutter Erde"-Image an und begründete damit einen Trend für alles, was mit fernöstlicher Mode und Musik zu tun hatte. Diese Phase war mehr als nur ein Imagewechsel, da dies den Beginn ihres Glaubens in die Kabbalah-Tradition der fernöstlichen Spiritualität markiert.

Im Jahr 2001 zeigte sich mit der Veröffentlichung ihres Albums „Music" ihr nächster Imagewechsel. Ihr Stil hatte sich zu Acid Rock weiterentwickelt. Durch ihre Heirat mit dem britischen Filmregisseur Guy Ritchie wurde das ultimative „American Pie" zum eigenständigen „Brit Babe" und bekam von der britischen Presse den Spitznamen „Madge".

2003, als Madonna ihr durch Che-Guevara inspiriertes Image lancierte, deuteten einige Kommentatoren an, dass sich eine interessante Wende der Ereignisse andeutete und dass die „wegbereitende“, „furchtlose“ Madonna darüber nachdachte, Teil des Establishments zu werden, statt weiter gegen das Establishment anzukämpfen. Anstatt das Potenzial dieses Images mit seinem politischen und sozialen Symbolismus während des zweiten Golfkrieges zu maximieren, zog sie im April 2003 ihr militärisches Image und ihr Video für das Album „American Life“ zurück. Diese Aktion geschah zeitgleich mit der Veröffentlichung ihres Kinderbuchs „The English Roses“, in dem es um Mitgefühl und Freundschaft geht, was in der Presse Fragen wie „ist Madonna weich geworden?“ aufwarf.

Ende 2003 hatte Madonna ihr militärisches Image mit einer glamourösen hochkarätigen Werbekampagne für die Bekleidungskette Gap aus dem kollektiven Gedächtnis des Westens ausgelöscht. Mit dem Rapper Missy Elliot tanzte sie zu einem Remix ihres Titels „Get into the Groove“. Damit stellte Madonna ihre Fans ab dreißig zufrieden, die sich an den Titel aus der ersten Veröffentlichung erinnerten. Sie konnten Jeans für sich und ihre Töchter im Tenageralter kaufen, während sie gleichzeitig auch gleich die neue CD sowie ein Exemplar des Kinderbuchs „The English Roses“ erwerben konnten.

Ende 2005 wurde das Album „Confessions on a Dance Floor“ veröffentlicht, das nach dem am schlechtesten verkauften Album „American Life“ als ihr Comeback-Album vermarktet wurde. Das Album und die damit verbundene Tour markieren einen Gipfel ihrer Karriere. Mit dem Album brach sie einen Weltrekord als Solokünstlerin, nachdem es in 41 Ländern als Nummer eins debütierte. Bis Februar 2007 wurden mehr als acht Millionen CDs verkauft. In diesem Album konzentrierte sich Madonna in ihrer symbolischen Neuerfindung von der Künstlerin zum DJ hauptsächlich auf umsatzstarke Remix-Songs und Disco Hits von Abba und Giorgio Moroder, die bei Homosexuellen Kultstatus erreicht haben.

Im Laufe des Jahres 2008 durchlebte Madonna eine persönlich wie professionell durchwachsene Zeit. Die Scheidung von ihrem zweiten Ehemann ebenso wie die Adoption ihres jüngsten Kindes Malawi brachten ihr viel negative Kritik ein. Auch auf die Werbeaufnahmen für ihr Album Hard Candy reagierte die Presse eher skeptisch, denn Madonna war wieder einmal zu erotischer Höchstform aufgelaufen: Außer engen Stiefeln, die bis über das Knie reichten, trug sie kaum etwas und brachte ihren durchtrainierten Körper voll zur Geltung. Da sie immerhin schon 51 Jahre alt war, kommentierten einige Pressevertreter: „Ist das nun sexy oder schmutzig? Hat Madonna Würde nötig?“ Wie dem auch sei, auch dieses Mal kam sie mit ihrem Image, das zweifelsfrei immer noch heiß und sexy war, sehr gut an.

Als 2009 für die Musikwelt eine Phase anbrach, in der man nicht mehr mit vielen Plattenverkäufen, sondern mit erfolgreichen Tourneen das meiste Geld machen konnte, steuerte Madonna weiterhin auf Erfolgskurs. Ihre Welttournee „Sticky and Sweet“ brach mit Einnahmen in Höhe von $ 242 Mio. alle Rekorde. Damit hatte sie $ 100 Mio. mehr Einkünfte erzielt als die Nummer zwei in dieser Rangfolge, Bon Jovi. Auch zeigte sich, dass sie mit ihrer Einschätzung, ihre Alben seien nur Werbung für ihre Tourneen, genau richtig gelegen hatte. Auch Madonna hatte wie alle anderen Künstler Einbußen bei ihren Plattenverkäufen hinnehmen müssen. Doch schon als die Musikumsätze über das Internet noch relativ gering waren, hatte sie erkannt, dass sie mit live gespielter Musik und Merchandising-Produkten in Zukunft am meisten Geld verdienen konnte. Sie unterschrieb einen neuen 10-Jahres-Vertrag mit Live Nation, dem größten Konzertveranstalter weltweit, der ihr 90 Prozent der Einnahmen aus allen Konzerten sicherte.

Ausverkaufte Tourneen sind sehr stark auf eine große Fangemeinde angewiesen, die gleich mehrere Konzerte besucht. Madonna nutzte das Erscheinen ihres Albums „Celebration" (eine Sammlung von Hit Singles), um diese Fangemeinde bis zur nächsten Tournee bei der Strange zu halten. Doch sie ist mittlerweile über 50 – wie lange kann sie wohl noch so weitermachen? Die gute Nachricht ist, dass sowohl die Eagles als auch Neil Diamond, The Police und Billy Joel alle noch gut im Musikgeschäft sind und es 2008 alle in die Top 20 geschafft haben. Die schlechte Nachricht wiederum ist, dass diese Künstler alle männlich sind und ihre Erfolge vielmehr auf Nostalgie und weniger auf dem eigenen, sexuell geprägten Image beruhen. Das Image einer allmählich alternden Frau verkauft sich sicherlich sehr viel schwerer, und Madonna betritt hier völlig neues Territorium, denn es gibt keinerlei Vorbilder oder Vorreiterinnen. Und dennoch triumphiert sie, ist immer noch ganz oben mit dabei und eine der einflussreichsten Prominenten der Welt.

Veröffentlichung	Jahr	Image	Zielpublikum
Lucky Star	1982	Trashy Pop	Junge Teenie-Girls zwischen der endenden Disco-Ära und der aufkommenden Club-Szene
Like a Virgin Like a Prayer	1984	Zuerst glamouröses Marilyn Image, dann Heilige und Sünderin	Heranwachsende, rebellische Fan-Gemeinde, kritisches weibliches Publikum und männliche Verehrer
Vogue Erotica Bedtime Stories	1990 1992 1994	Erotischer Pornostar, sadomasochistisch, sexuelle Kontrolle, mehr Minelli in Cabaret als Monroe	Merkwürdige Mischung des Zielpublikums, schwule Club-Szene, Frauen der 1990er Jahre, die ihr Leben selbst in die Hand nehmen, aber auch Voyeure
Something to Remember Evita	1995	Weicheres Image, Balladen, die auf das glamouröse Image der Filmrolle als Evita vorbereiten	Breites Zielpublikum, das von potenziellem Filmpublikum bis zur regulären Fangemeinde reicht, konventionelles Image, Max Factor vermarktete später mit dieser Mischung aus Marilyn und Eva Peron sein Glamour Image
Ray of Light	1998	Erdmutter, fernöstliche Mystik, Dance Music Fusion	Club-Szene der 90er Jahre, neue Fans und die ursprüngliche Fangemeinde der inzwischen Dreißigjährigen, die versuchen, trendy zu bleiben
Music	2000	Acid Rock, ironisches Miss USA/ Cow Girl, Cool Britannia	auf die sich wandelnde Club-Szene und britische Fans ab dreißig zugeschnitten
American Life	2003	Militaristisches Image, Che Guevara, Anti-Konsumerismus des amerikanischen Traums	Nicht klar definiertes Publikum, abhängig von der existierten Fan-Gemeinde
Confessions on a Dance Floor	2005	Retro 1980er Disco Image, High-Motion Dance-Pop-Sound	Publikum der Schwulen-Szene, Pop-Disco Publikum, Dance Publikum
Hard Candy	2008	Pop, Dance, Elektro-Pop	Bewusster Schritt in Richtung R&B durch Zusammenarbeit mit Justin Timberlake und Kayne West, die ein neues junges Publikum anziehen sollten
Celebration	2009	Queen of Pop	Zusammenstellung von Hits ihrer gesamten Karriere für ihre langjährige Fangemeinde/Tourneebesucher

Quellen: „Bennett takes the reins at Maverick", Billboard Magazine, 7. August (1999); „Warner Bros expects Madonna to light up international markets", Billboard Magazine, 21. Februar (1998); „Maverick builds on early success", Billboard Magazine, 12. November 1994; A. Jardine „Max Factor strikes gold with Madonna", Marketing, Bd. 29, (1999), S. 14–15; S. Kirschner and D. Kirschner, „MTV, adolescence and Madonna: A discourse analysis", in Perspectives on Psychology & the Media, American Psychological Association, Washington, DC, 1997; „Warner to buy out maverick co-founder', Los Angeles Times, 2. März (1999); „Why Madonna is back in Vogue', New Statesman, 18 September (2000); „Madonna & Microsoft", Financial Times, 28. November 2000, „Power of Goodbye: Madonna`s Split May Herald Record Industry`s Death", The Times Online, 12. Oktober 2007.

Kontrollfragen

1. Beschreiben und erklären Sie die von Madonna verfolgte Strategie in Bezug auf die in *Kapitel 6* erklärte Wettbewerbsstrategie.
2. Warum hatte sie über die letzten drei Jahrzehnte nachhaltigen Erfolg?
3. Kann Madonna weiterhin erfolgreich sein?

Strategische Ausrichtungen und Strategien auf Gesamtunternehmensebene

7

ÜBERBLICK

Lernziele

Nach der Lektüre dieses Kapitels sollten Sie in der Lage sein,

- alternative strategische Ausrichtungen zu identifizieren, darunter Marktdurchdringung oder -konsolidierung, Produktentwicklung, Marktentwicklung und Diversifikation.
- zu erkennen, wann Diversifikation eine effektive Strategie für Wachstum ist.
- verschiedene Diversifikationsstrategien zu unterscheiden (verbundene und nicht verbundene Diversifikation) und Bedingungen zu identifizieren, unter denen diese Strategien am besten funktionieren.
- die Art und Weise zu analysieren, wie eine Unternehmenszentrale den Wert ihres Portfolios an Geschäftsbereichen steigern oder zerstören kann.
- Geschäftsbereichsportfolios zu analysieren und zu beurteilen, wo sich eine Investition lohnt und wo nicht.

7.1 Einführung

Kapitel 6 beschäftigte sich mit den Wahlmöglichkeiten auf der Ebene des einzelnen Geschäfts- oder Organisationsbereichs, z.B. durch Preisstrategien oder Differenzierung. In diesem Kapitel werden Wahlmöglichkeiten behandelt, die eine Organisation bezüglich ihrer Produkte und Märkte hat (siehe Abbildung iii in der Einführung zu diesem Teil des Buchs). Sollte sich eine Organisation nur auf einige wenige Produkte oder Märkte konzentrieren? Oder sollte ihre Ausrichtung breiter gefasst sein und sehr diversifizierte Produkte (oder Dienstleistungen) umfassen und diversifizierte Märkte bedienen? Viele Organisationen entscheiden sich in der Tat dafür, viele neue Produkt- und Marktbereiche in ihr Programm aufzunehmen. So begann beispielsweise die Virgin-Gruppe im Bereich Musik, ist aber heute hochgradig diversifiziert und auf den Märkten für Urlaubsreisen, Kino, Einzelhandel, Flugreisen und Bahnreisen aktiv. Sony begann mit der Produktion kleiner Radios und produziert heute Spiele, Musik und Kinofilme sowie eine Vielzahl an elektronischen Produkten. Wenn sich Unternehmen neuen Geschäftsbereichen zuwenden, beziehen sich ihre Strategien auch nicht mehr nur auf die Ebene der einzelnen Geschäftsbereiche, sondern müssen auch die Wahlmöglichkeiten auf Gesamtunternehmensebene berücksichtigen, die mit dem Management vieler unterschiedlicher Unternehmensbereiche und Märkte einhergehen.

Zunächst wird in diesem Kapitel die von Ansoff erdachte Matrix vorgestellt, die eine Reihe ursprünglicher Alternativen bezüglich der strategischen Ausrichtung darstellt. Die vier grundlegenden Ausrichtungen lauten: *Gesteigerte Durchdringung* bestehender Märkte; *Marktentwicklung*, was auch den Aufbau neuer Märkte etwa im Ausland oder in neuen Kundensegmenten mit einschließt; *Produktentwicklung*, d.h. Verbesserung bestehender Produkte und Innovationen; *Diversifikation*, womit eine umfassende Erweiterung der Reichweite einer Organisation in Bezug auf Produkte und Märkte gemeint ist. Dieses Kapitel befasst sich besonders ausführlich mit dem Thema Diversifikation. Es werden gute Gründe genannt, die dafür sprechen, und Warnungen vor weniger guten Gründen ausgesprochen. Denn Diversifikation zahlt sich nicht immer aus. *Kapitel 8* greift die Internationalisierung als eine Form der Marktentwicklung auf, *Kapitel 9* behandelt die Produktentwicklung durch Innovation und Entrepreneurship.

Aus der Diversifikation ergeben sich die weiteren Themen dieses Kapitels. Das erste Thema bezieht sich auf die Rolle der Führungskräfte auf Gesamtunternehmensebene, die die Position einer **Unternehmenszentrale** in Bezug auf die einzelnen Geschäftsbereiche einnehmen, welche die Portfolios diversifizierter Organisationen bilden. Wie können aber die Aktivitäten, Entscheidungen und Ressourcen der Gesamtunternehmensebene für eine Wertschöpfung für die einzelnen Geschäftsbereiche sorgen, da sie doch vom eigentlichen Markt sehr weit entfernt sind? Wie aus dem letzten Beispiel dieses Kapitels hervorgeht (Beispiel 7.6), wird die Rolle der Strategie auf Gesamtunternehmensebene mit Skepsis betrachtet. Der zweite Aspekt bezieht sich darauf, wie eine gute Mischung an Geschäftsbereichen innerhalb des Portfolios erzielt werden kann. Welche Bereiche sollte die Unternehmenszentrale fördern, welche sollten abgestoßen werden? Hier helfen verschiedene Portfolio-Matrizen bei der Struktur der Wahlmöglichkeiten auf Gesamtunternehmensebene.

Unternehmenszentrale

Die Unternehmenszentrale (corporate parent) ist die Managementebene über den Geschäftseinheiten, die nicht direkt mit Käufern und Konkurrenten interagiert.

In diesem Kapitel geht es nicht nur um große Unternehmen und Konzerne. Auch kleine Firmen können aus einer Reihe von Geschäftsbereichen bestehen. So kann ein lokales Bauunternehmen einen Regierungsauftrag übernehmen oder für andere Unternehmen oder für private Hausbesitzer arbeiten. Dies sind nicht nur verschiedene Marktsegmente, auch die Arbeitsweise und die erforderlichen Fähigkeiten, um einen Wettbewerbserfolg zu erlangen, sind höchstwahrscheinlich auch sehr unterschiedlich. Außerdem muss der Besitzer des Unternehmens entscheiden, wie stark er in die verschiedenen Bereiche investiert und sich dort engagiert. Organisationen der öffentlichen Hand wie etwa kommunalpolitische Behörden oder Gesundheitsbehörden bieten auch unterschiedliche Dienstleistungen an, die den Geschäftsbereichen eines Privatunternehmens entsprechen. Die Strategie auf Gesamtunternehmensebene ist im höchsten Maß relevant, wenn es um die Definition der organisationalen Grenzen auf dem öffentlichen Sektor geht. Entscheidungen über Privatisierung und Outsourcing können als Reaktionen darauf betrachtet werden, dass Organisationen des öffentlichen Sektors, die als „Organisationszentrale" fungieren, es nicht schaffen, ausreichend Mehrwert zu erzeugen.

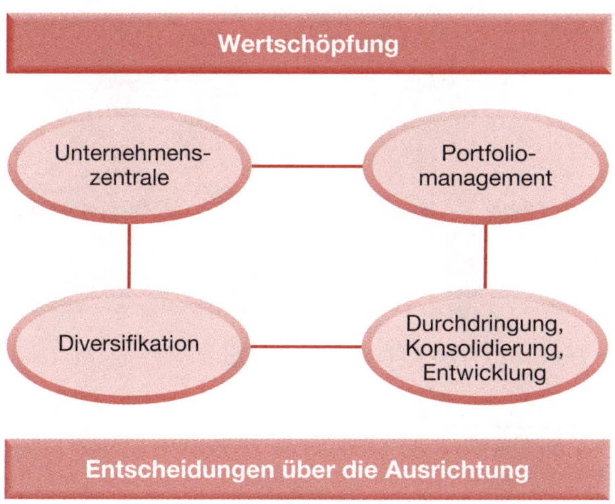

Abbildung 7.1: Strategische Ausrichtungen und Strategie auf Gesamtunternehmensebene

Abbildung 7.1 fasst die wichtigsten Themen dieses Kapitels zusammen. Nach einer genauen Betrachtung der strategischen Ausrichtungen nach Ansoff konzentriert sich das Kapitel besonders auf die Diversifikation. Daraus ergeben sich wiederum zwei verwandte Aspekte, die sich auf die Rolle der Unternehmenszentrale und die Anwendung der Unternehmensportfolio-Matrizen beziehen.

7.2 Strategische Ausrichtungen

Die Produkt-/Marktwachstumsmatrix nach Ansoff[1] ist eine einfache Methode, die vier grundlegenden Ausrichtungen der strategischen Entwicklung darzustellen, siehe *Abbildung 7.2*. Ein Unternehmen beginnt meist in Quadrant A, links oben, mit seinen bestehenden Produkten und Märkten. Der Matrix folgend hat das Unternehmen nun die Wahl, seinen bestehenden Markt weiter zu *durchdringen* (und somit in Quadrant A zu bleiben); *neue Produkte* für bestehende Märkte zu *entwickeln* (und sich somit nach rechts in Quadrant B zu bewegen); bestehende Produkte auf *neuen Märkten* anzubieten (eine Bewegung nach unten in Quadrant C); oder den radikalsten Schritt in Richtung einer vollständigen *Diversifikation* zu tun, d.h. völlig neue Märkte und neue Produkte zu erschließen (Quadrant D).

Die Ansoff-Matrix betrachtet ausdrücklich Wachstumsoptionen. Doch Wachstum alleine ist selten ein gutes Ziel. Organisationen der öffentlichen Hand wird oft vorgeworfen, sich zu sehr auf ihre übermäßige Bürokratie zu konzentrieren; ebenso wirft man manchen Managern des privaten Sektors vor, auf Kosten der Aktionäre eigene Imperien aufzubauen. Deshalb fügt dieses Kapitel die *Konsolidierung* als fünfte Option hinzu. Bei der Konsolidierung geht es darum, bestehende Produkte und Märkte zu schützen, weshalb sie in Quadrant A zu finden ist. In den weiteren Teilen dieses Abschnitts werden diese fünf strategischen Ausrichtungen im Detail betrachtet. Siehe Beispiel 7.1 als angewandtes Beispiel der Ansoff-Matrix auf den Springer-Verlag.

Abbildung 7.2: Strategische Ausrichtungen (Ansoff-Matrix)

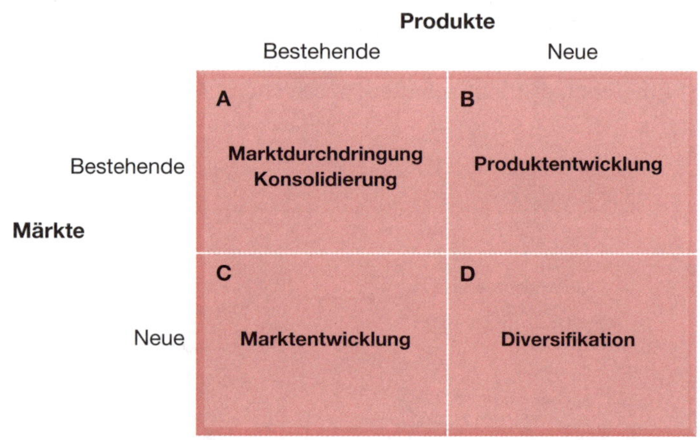

Quelle: Adaptiert von H. Ansoff, The New Corporate Strategy, Penguin, 1988, Kap. 6.

1 Dies ist eine Erweiterung der Produkt-Markt-Matrix: Siehe H. Ansoff, *The New Corporate Strategy*, Penguin, 1988, Kap. 6. Diese Ansoff-Matrix wurde später zu der aufgezeigten Matrix weiterentwickelt.

7.2.1 Marktdurchdringung

Die weitere **Marktdurchdringung**, die der Organisation eine Ausweitung ihres Marktanteils mittels ihrer bestehenden Produktpalette ermöglicht, ist auf den ersten Blick die offensichtlichste aller strategischen Ausrichtungen. Sie baut auf bereits existierenden strategischen Fähigkeiten auf, sodass sich die Organisation nicht in bisher unbekanntes neues Territorium vorwagen muss. Die Ausrichtung der Organisation bleibt unverändert. Außerdem bedeutet ein größerer Marktanteil auch mehr Macht gegenüber Käufern und Zulieferern (in Bezug auf das Five-Forces-Modell), mehr Größenvorteile und Vorteile auf der Erfahrungskurve.

Marktdurchdringung

Marktdurchdringung findet statt, wenn eine Organisation ihren Marktanteil ausweitet.

Beispiel 7.1 Strategische Ausrichtungen für Axel Springer

Das deutsche Verlagshaus hat viele Möglichkeiten – und auch das nötige Geld, um diese zu verfolgen.

Im Jahr 2007 standen Matthias Döpfner, Vorstandsvorsitzendem und Chef des Axel Springer Verlags, etwa € 2 Mrd. für Investitionen in neue Projekte zur Verfügung. Im Jahr zuvor hatte die Kartellbehörde die vollständige Übernahme des größten deutschen Medienkonzerns ProSiebenSat1 vereitelt, sodass Döpfner nun nach neuen Investitionsmöglichkeiten suchte.

1946 von Axel Springer selbst gegründet, war der Verlag schon 2007 das größte deutsche Verlagshaus für Zeitungen und Zeitschriften mit über 10.000 Mitarbeitern und mehr als 150 Titeln. Berühmte Titel waren z.B. *Die Welt*, die *Berliner Morgenpost*, *Bild* und *Hörzu*. Außerhalb Deutschlands war der Springer-Verlag das mächtigste Verlagshaus in Osteuropa. Außerdem hielt das Unternehmen mehrere kleine Beteiligungen an deutschen Radio- und Fernsehsendern, die wichtigste davon war ein zwölfprozentiger Anteil an ProSiebenSat1. Axel Springer beschrieb die Erlangung der Marktführerposition auf dem deutschen Kernmarkt, die Internationalisierung und Digitalisierung als seine strategischen Ziele

Eine weitere Digitalisierung des Kerngeschäfts Zeitungen und Magazine war ganz klar ein wichtiger strategischer Aspekt und würde erhebliche finanzielle Mittel erfordern. Außerdem gab es die Chance, neue Magazine auf den deutschen Markt zu bringen. Doch Döpfner zog vor allem die Möglichkeit einer Übernahme in Betracht. „Es versteht sich von selbst“, sagte er gegenüber der *Financial Times*, „dass wir jedes große internationale Medienunternehmen, das auf den Markt kommt (d.h. zum Verkauf steht), sehr genau untersuchen werden – gleichgültig, ob es sich dabei um Printmedien, Fernsehen oder Internet handelt“.

Döpfner nannte einige spezielle Übernahmemöglichkeiten. So war er zum Beispiel immer noch am Kauf eines großen europäischen Fernsehsenders interessiert, selbst wenn dieser wohl nicht aus Deutschland sein würde. Außerdem interessierte ihn der Kauf unterbewerteter Vermögenswerte traditioneller Medien (d.h. Printmedien), die er im Stil eines Eigenkapitalinvestors umstrukturieren und so aufwerten könnte:

Liebend gerne würde ich Unternehmen kaufen, die umstrukturiert werden müssten – so können wir durch unser Management und Fachwissen für Wertschöpfung sorgen.

Döpfner beruhigte seine Aktionäre jedoch, indem er ihnen versicherte, er habe nicht das Bedürfnis, „etwas Großes zu tun, um etwas Großes zu erreichen".

Hauptquelle: Financial Times Deutschland, 2. April 2007.

Kontrollfragen

1. BeziehenStrategische Ausrichtungen und Strategie auf Gesamtunternehmensebeneauf Abbildung 7.1 und klassifizieren Sie die verschiedenen strategischen Ausrichtungen, die Matthias Döpfner für Axel Springer in Betracht zieht.
2. Verwenden Sie die Ansoff-Matrix und definieren Sie, welche anderen Optionen Matthias Döpfner verfolgen könnte.

Organisationen, die eine höhere Marktdurchdringung erreichen möchten, müssen sich jedoch zwei Herausforderungen stellen:

- *Vergeltungsschläge durch Wettbewerber.* Betrachtet man das Five-Forces-Modell (siehe *Abschnitt 2.3.1*), so verstärkt eine höhere Marktdurchdringung höchstwahrscheinlich die Konkurrenz innerhalb der Branche, denn andere Wettbewerber auf dem Markt verteidigen ihre Marktanteile. Ein heftigerer Wettbewerb kann zu Preiskriegen oder teuren kämpferischen Marketingkampagnen führen, die die Unternehmen teurer kommen, als es jegliche Ausweitung des Marktanteils wert ist. Die Risiken eines aggressiven Vergeltungsschlags sind größer auf Märkten mit geringem Wachstum, denn hier geht eine Ausweitung des Marktanteils viel stärker auf Kosten anderer Wettbewerber. Wenn das Risiko eines Vergeltungsschlags besteht, brauchen Unternehmen strategische Fähigkeiten, die ihnen einen klaren Wettbewerbsvorteil verleihen. Auf Märkten mit geringem oder negativem Wachstum kann es daher viel effektiver sein, einfach andere Konkurrenten zu übernehmen. Einige Unternehmen sind auf diese Weise rasch gewachsen. In der Stahlindustrie etwa stieg die indische Firma LNM (Mittal) zwischen 2001 und 2009 zum weltweit größten Stahlproduzenten auf, indem sie andere Stahlkonzerne weltweit aufkaufte. Firmenübernahmen können die Rivalität auf dem Markt effektiv vermindern, indem man die Zahl der unabhängigen Konkurrenten reduziert und sie unter einem Dach konsolidiert; siehe auch die Konsolidierungsstrategie in *Abschnitt 7.2.2*.
- *Rechtliche Beschränkungen.* Eine größere Marktdurchdringung kann offizielle Wettbewerbshüter auf den Plan rufen, die eine zu große Marktmacht befürchten. Die Kartellbehörden der meisten Länder haben das Recht, mächtigen Unternehmen Beschränkungen aufzuerlegen oder Fusionen und Übernahmen zu verhindern, die zu einem solchen Machtausbau führen würden. Die Kartellbehörde Großbritanniens, die Competition Commission, kann jede Fusion oder Übernahme untersuchen, bei der das neu entstehende Unternehmen einen Marktanteil von über 25 Prozent erlangen würde. Diese Übernahme/Fusion kann dann entweder verhindert werden, oder es werden Maßnahmen ergriffen, um die Marktmacht zu schmälern. Die

Europäische Kommission überblickt den gesamten europäischen Markt und kann in ähnlicher Weise intervenieren. Als sich beispielsweise Gaz de France und Suez, zwei Versorgungsunternehmen mit dominanter Marktstellung in Frankreich und Belgien, 2006 entschlossen, zu fusionieren, bestand die Europäische Kommission darauf, dass beide Unternehmen ihre Marktmacht reduzierten, indem sie ihre Tochtergesellschaften abstießen und ihre Netzwerke für Konkurrenten öffneten.[2]

7.2.2 Konsolidierung

Man spricht von **Konsolidierung**, wenn sich eine Organisation in defensiver Weise auf ihre bestehenden Märkte und Produkte konzentriert. Formal gesehen wäre diese Strategie im selben Quadranten der Ansoff-Matrix zu finden wie die Marktdurchdringung, orientiert sich allerdings nicht in Richtung Wachstum. Eine Konsolidierung kann in zweierlei Form vorliegen:

Konsolidierung

Man spricht von Konsolidierung, wenn sich eine Organisation in defensiver Weise auf ihre bestehenden Märkte und Produkte konzentriert.

- *Verteidigung des bestehenden Marktanteils.* Organisationen, die es mit aggressiven Wettbewerbern zu tun haben, die ihren Marktanteil mit allen Mitteln vergrößern möchten, müssen hart und oft sehr kreativ darum kämpfen, das zu schützen, was sie bereits innehaben. Obwohl der Marktanteil allein meist kein strategisches Ziel sein sollte, ist es doch wichtig, sicherzustellen, dass seine Größe ausreicht, um das Unternehmen langfristig am Leben zu halten. So muss etwa der Umsatz groß genug sein, damit wichtige Fixkosten wie etwa für Forschung und Entwicklung getragen werden können. Zur Verteidigung des Marktanteils sind Differenzierungsstrategien oft sehr effektiv, denn sie steigern die Kundenloyalität und die Wechselkosten.
- *Downsizing oder Abstoßen bestimmter Geschäftsbereiche.* Eine Verkleinerung des Unternehmens durch die Reduzierung verfügbarer Kapazitäten ist besonders dann oft unvermeidbar, wenn der Markt insgesamt schrumpft. Eine Alternative besteht darin, bestimmte Aktivitäten an andere Unternehmen zu verkaufen. Eine Verkleinerung des Unternehmens kann oft durch die Bedürfnisse der Aktionäre begründet sein, etwa wenn ein Unternehmer, der sich auf seinen nahen Ruhestand vorbereitet, sein Unternehmen verkleinern und vereinfachen möchte. Eine Schließung oder ein Verkauf von Geschäftsbereichen, die dem Kerngeschäft fern sind, kann auch einen späteren Verkauf des Kerngeschäfts an einen potenziellen Kunden vereinfachen.

Der Begriff „Konsolidierung“ wird auch manchmal zur Beschreibung von Strategien herangezogen, die auf den *Kauf von Konkurrenten* in einer fragmentierten Branche abzielen, in der es meist auch noch wirtschaftlich bergab geht. Wenn eine konsolidierende Firma schwächere Konkurrenten aufkauft und Kapazitäten reduziert, kann sie auf diese Weise ihre Marktmacht steigern und ihre gesamte Effizienz erhöhen. Da diese Form der Konsolidierung gleichzeitig den Marktanteil erhöht, könnte man sie auch als eine Form der Marktdurchdringung bezeichnen, obwohl hier die Motivation im Grunde defensiv ist.

Obwohl weder die Konsolidierung noch die Marktdurchdringung statische Strategien sind, bringen die Einschränkungen beider strategischer Wege viele Manager dazu, andere strategische Ausrichtungen in Betracht zu ziehen.

2 Zur Berechtigung der Europäischen Kommission zum Eingriff in den Wettbewerb siehe *http://ec.europa.eu/competition*; Zur britischen Kartellbehörde Competition Commission siehe *www.competitioncommission.org.uk*.

7.2.3 Produktentwicklung

Produktentwicklung

Produktentwicklung liegt vor, wenn Organisationen modifizierte oder neue Produkte auf bestehenden Märkten anbieten.

Produktentwicklung liegt vor, wenn Organisationen modifizierte oder neue Produkte (oder Dienstleistungen) auf bestehenden Märkten anbieten. Dies ist eine eingeschränkte Erweiterung der Reichweite einer Organisation. In der Praxis erfordert selbst die Marktdurchdringung ein gewisses Maß an Produktentwicklung, doch hier geht es um mehr Innovation. Für Sony bedeutete eine solche Produktentwicklung die Weiterentwicklung des Walkman als tragbares Musiksystem zur Wiedergabe von Kassetten über die Wiedergabe von CDs hin zu MP3-Systemen. Im Grunde bleiben die Märkte gleich, doch die angebotenen Technologien sind völlig neu. Im Fall des Walkman hatte Sony wahrscheinlich keine Wahl und musste diese Weiterentwicklung in Angriff nehmen. Doch in manchen Fällen kann Produktentwicklung auch hochgradig teuer und riskant sein. Dafür gibt es mindestens zwei Gründe:

- *Neue strategische Fähigkeiten.* Bei der Produktentwicklung geht es häufig darum, sich neue Technologien anzueignen, mit denen die Organisation bisher noch nicht vertraut ist. So begannen viele Banken nach dem Jahr 2000 damit, Online-Banking anzubieten, erlitten aber viele Rückschläge, da die dafür nötigen neuen Technologien sich so radikal von der üblichen Art und Weise unterschieden, wie sie ihre Dienstleistungen bisher in ihren Filialen anboten. Oft hing der Erfolg von der Bereitschaft ab, sich neue technologische und das Marketing betreffende Fähigkeiten anzueignen, wozu oft die Hilfe spezialisierter IT- und E-Commerce- Berater notwendig war.[3] Also erfordert Produktentwicklung meist hohe Investitionen und birgt das Risiko von Fehlschlägen.
- *Risiken beim Projektmanagement.* Auch auf vertrautem Terrain bergen Projekte, bei denen es um Produktentwicklung geht, viele Risiken, etwa in Bezug auf zeitliche Verzögerungen und höhere Kosten aufgrund von höherer Komplexität und sich verändernden Spezifikationen. Ein berühmtes Beispiel aus jüngster Zeit ist der € 11 Mrd. teure Airbus A380, dessen Auslieferung sich Mitte der 2000er Jahre aufgrund von Produktionsfehlern um zwei Jahre verzögerte. Airbus hatte zwar bereits einige Entwicklungsprojekte neuer Flugzeugtypen geleitet, das hohe Maß der speziellen Anpassung jedes einzelnen Flugzeugs an die Wünsche der jeweiligen Kunden sowie die damit verbundene fehlende Kompatibilität der computergestützten Design-Software gestalteten das Projekt jedoch so komplex, dass das Managementteam der Firma diesem nicht mehr gewachsen war.

Strategien zur Produktentwicklung werden in *Kapitel 9* nochmals aufgegriffen.

7.2.4 Marktentwicklung

Marktentwicklung

Marktentwicklung findet statt, wenn bereits existierende Produkte auf neuen Märkten angeboten werden.

Ist die Strategie der Produktentwicklung zur riskant und zu teuer, so bietet sich als Alternative die Marktentwicklung an. **Marktentwicklung** findet statt, wenn bereits existierende Produkte auf neuen Märkten angeboten werden. Auch hier ist die Ausweitung der Reichweite des Unternehmens eingeschränkt. Und auch hier muss ein gewisses Maß an Produktentwicklung vorliegen, wenn es auch nur um Verpackung oder Kundendienst geht. Die Marktentwicklung kann dreierlei Formen annehmen:

3 Siehe zum Beispiel J. Huang, M. Enesi und R. Galliers, „Opportunities to learn from failure with electronic commerce: A case study of electronic banking", *Journal of Information Technology*, Bd. 18, Nr. 1 (2003), S. 17–27.

- *Neue Segmente.* Auf dem öffentlichen Sektor kann etwa eine Hochschule ihre Hörsäle auch für ältere Studenten öffnen und etwa Abendkurse anbieten.
- *Neue Nutzer.* Ein Beispiel aus diesem Bereich ist Aluminium, das ursprünglich zur Herstellung von Verpackungsmaterial und Besteckteilen verwendet wurde, mittlerweile aber auch bei der Produktion von Flugzeugen und Autos Verwendung findet.
- *Neue Regionen.* Das wichtigste Beispiel hier ist die Internationalisierung, doch auch die Ausweitung eines kleinen Einzelhandelsunternehmens auf neue Städte fällt in diese Kategorie.

In jedem Fall ist es besonders wichtig, dass sich Strategien zur Marktentwicklung auf Produkte und Dienstleistungen stützen, die die *kritischen Erfolgsfaktoren* neuer Märkte (siehe *Abschnitt 2.4.4*) erfüllen.

Strategien, die nur darauf abzielen, traditionelle Produkte oder Dienstleistungen einfach unverändert auf neuen Märkten anzubieten, sind meist zum Scheitern verurteilt. Außerdem gibt es bei der Marktentwicklung ähnliche Probleme wie bei der Produktentwicklung. Den zuständigen Teams fehlen häufig die richtigen strategischen Fähigkeiten in Bezug auf Marketing. Auch ein guter Markenname fehlt häufig, um auf einem Markt mit neuen Kunden erfolgreich zu sein. Auf der Seite des Managements besteht die Herausforderung darin, die verschiedenen Segmente, Nutzer und Regionen, die alle unterschiedliche Anforderungen mit sich bringen können, richtig zu koordinieren. Die Strategie der Entwicklung internationaler Märkte wird in *Kapitel 8* behandelt.

7.2.5 Diversifikation

Diversifikation bezeichnet eine Strategie, welche die Marktabdeckung und das Produktprogramm einer Organisation ausweitet (Quadrant D in *Abbildung 7.1*). So gesehen vergrößert sich dadurch die Reichweite einer Organisation erheblich. Tatsächlich aber ist eine Diversifikation oft nicht so extrem, wie dies der streng definierte Quadrant der Ansoff-Matrix nahe legt. Quadrant D steht für eine unverbundene oder Mischkonzern-Diversifikation (siehe *Abschnitt 7.3.2*), doch ein Großteil der in der Praxis stattfindenden Diversifikationen baut auf bereits bestehenden Märkten und Produkten auf. Oft beinhalten Marktdurchdringung und Produktentwicklung einige Anpassungen von Produkten oder Märkten, die auch als Diversifikationen verstanden werden können. Hier kommt es auf das Ausmaß der Veränderung an.

> **Diversifikation**
>
> Diversifikation bezeichnet eine Strategie, welche die Marktabdeckung und das Produktprogramm einer Organisation ausweitet.

Dennoch geht aus der Ansoff-Matrix klar hervor, dass eine Organisation umso mehr Neues lernen muss, je weiter sie sich von ihrem Ausgangspunkt bestehender Märkte und Produkte entfernt. Eine Diversifikation ist nur eine Richtung, in die sich eine Organisation entwickeln kann und muss immer im Zusammenhang mit mehreren Alternativen gesehen werden. Die Antriebskräfte der Diversifikation, ihre unterschiedlichen Formen sowie das Management dieser Strategie sind die Hauptthemen dieses Kapitels.

7.3 Gründe für eine Diversifikation

Was die Ansoff-Matrix betrifft, so ist die Diversifikation die radikalste aller strategischen Ausrichtungen.[4] Man kann sich aus vielerlei Gründen für eine Diversifikation entscheiden, die mehr oder weniger Mehrwert schaffen können. Drei mögliche Gründe, die für eine Steigerung des Unternehmenswerts sorgen können, sind folgende:

- Eine *Steigerung der Effizienz* kann erreicht werden, wenn die bestehenden Ressourcen und Fähigkeiten einer Organisation auf neue Märkte, Produkte oder Dienstleistungen übertragen werden. Dies wird oft als Verbundvorteile – im Gegensatz zu Größenvorteilen – bezeichnet.[5] Verfügt ein Unternehmen über ungenutzte Ressourcen und Kompetenzen, die nicht gewinnbringend an andere potenzielle Nutzer verkauft werden können, so kann es sinnvoll sein, diese Ressourcen und Kompetenzen in Form einer Diversifikation zu nutzen. Es können anders ausgedrückt Einsparungen und Vorteile erlangt werden, indem die Reichweite der Organisation vergrößert wird. So verfügen viele Universitäten beispielsweise über umfangreiche Ressourcen in Form von Studentenwohnheimen, die sie ihren Studenten zur Verfügung stellen müssen, die aber in den langen Semesterferien ungenutzt bleiben. Dieser Wohnraum wird effektiver genutzt, wenn die Universitäten ihre Aktivitäten ausweiten und ihn in Ferienzeiten an Konferenzteilnehmer und Touristen vermieten. Die Verbundvorteile können sich auf *materielle* Ressourcen wie etwa Studentenwohnheime und auch auf *immaterielle* Ressourcen und Kompetenzen wie Markennamen und Mitarbeiterfähigkeiten, beziehen. Manchmal werden diese Effekte auch als die Vorteile von **Synergien** bezeichnet.[6] Damit ist gemeint, dass Aktivitäten oder Vermögenswerte gemeinsam effektiver sind als einzeln (die berühmte Gleichung 2+2=5). So wären ein Filmproduzent und ein Musiklabel synergetisch, wenn sie gemeinsam erfolgreicher wären als einzeln. Beispiel 7.2 zeigt, wie die französische Firma Zodiac diesem Schema folgend eine Diversifikation durchgeführt hat.

> **Synergien**
>
> Synergien bezeichnen die Vorteile, die erzielt werden können, wenn Aktivitäten oder Vermögenswerte sich so ergänzen, dass die Vorteile aus ihrer gemeinsamen Nutzung größer sind als die Summe der Einzelvorteile.

- Die *Fähigkeiten der Unternehmenszentrale* auf neue Märkte, Produkte oder Dienstleistungen *auszuweiten,* kann Grundlage für weitere Gewinne sein. Dies ist in gewissem Sinne eine Erweiterung des oben genannten Aspekts der Anwendung bestehender Kompetenzen auf neue Bereiche. Dieser Punkt betont jedoch Fähigkeiten der Unternehmenszentrale, die üblicherweise leicht vernachlässigt werden. Manager aus der Unternehmenszentrale können meist sehr kompetent eine Reihe verschiedener Produkte und Dienstleistungen managen, die sich sogar auf Unternehmen ausdehnen, die auf operativer Ebene keine gemeinsamen Ressourcen nutzen. C.K. Prahalad und R. haben diese Fähigkeiten der Unternehmenszentrale als „dominante Logik des übergeordneten Managements" oder kurz als „dominante Logik"

4 Für Abhandlungen über die Herausforderungen zur Wahrung von Wachstum und Diversifikation siehe A. Campbell und R. Parks, The Growth Gamble, Nicholas Brearly, 2005, und D. Laurie, Y. Doz und C. Sheer, „Creating new growth platforms", Harvard Business Review, Bd. 84, Nr. 5 (2006), S. 80–90.

5 Siehe zu diesem Thema D.J. Teece, „Towards an economic theory of the multi-product firm", *Journal of Economic Behavior and Organization*, Bd. 3 (1982), S. 39–63.

6 M. Goold und A. Campbell, „Desperately seeking synergy", *Harvard Business Review*, Bd. 76, Nr. 2 (1998), S. 131– 145.

beschrieben.[7] So schließt der französische Konzern LVMH eine Reihe ganz verschiedener Unternehmen mit ein – vom Champagnerproduzenten über Mode- und Parfümmarken bis hin zu Finanzmedien –, die alle nur wenig gemeinsame operative Ressourcen oder Kompetenzen nutzen. LVMH steigert den Unternehmenswert dieser spezialisierten Firmen, indem es seine Fähigkeiten der Unternehmenszentrale beisteuert – etwa die Unterstützung klassischer Marken und den Aufbau hochkreativer Mitarbeiter. Solche Fähigkeiten sind für jedes einzelne Unternehmen relevant. (siehe *Abschnitt 7.4.1*).

- Eine *Steigerung der Marktmacht* kann entstehen, wenn ein Konzern eine große Vielfalt an verschiedenen Unternehmen umfasst. Hat ein Unternehmen viele Einzelbereiche, so kann es sich erlauben, eine Tochtergesellschaft mit den Überschüssen einer anderen zu subventionieren – etwas, das Konkurrenten nicht vermögen. Dadurch kann ein Unternehmen für die unterstützte Tochtergesellschaft einen Wettbewerbsvorteil erlangen, was langfristig gesehen andere Wettbewerber vom Markt vertreibt und der zurückbleibenden Organisation eine Monopolstellung sichert, sodass hohe Gewinne garantiert sind. Diese Angst bewog auch die Europäische Kommission im Jahr 2001 dazu, das $ 43 Mrd. (€ 37 Mrd.) schwere Übernahmeangebot, das General Electric für die Firma Honeywell's (einen Hersteller von elektronischen Steuersystemen) abgegeben hatte, abzulehnen. General Electric hätte mit dieser Übernahme seine Düsentriebwerke mit der Flugelektronik von Honeywell's zu einem billigen Gesamtpaket schnüren können, mit dem konkurrierende Motorenbauer niemals hätten mithalten können. Da viele Flugzeugbauer und Fluggesellschaften immer häufiger nach dem billigen Gesamtpaket verlangt hätten, hätte das das Aus für alle anderen Konkurrenten bedeutet. Somit hätte General Electric die alleinige Marktmacht besessen und hätte – ohne die Bedrohung durch Konkurrenz – seine Preise beliebig wählen können.

Oft werden auch noch andere Gründe für eine Diversifikation genannt, hier ist aber die Wertsteigerung für das Unternehmen weniger offensichtlich; außerdem stehen dabei häufig nicht die Interessen der Aktionäre, sondern die der Manager im Vordergrund:

- *Reaktion auf einen schrumpfenden Markt* – dies ist ein häufig genannter, aber dennoch zweifelhafter Grund für eine Diversifikation. Man kann argumentieren, dass die Diversifikation der Firma Microsoft in den Bereich Computerspiele mit der Xbox – deren Startkosten allein im Bereich Marketing bei stolzen $ 500 Mio. lagen – eine Reaktion auf das sich verlangsamende Wachstum ihres Kerngeschäfts Software war. Vielen Aktionären wäre es allerdings sicherlich lieber gewesen, das in die Xbox investierte Geld wieder ausbezahlt zu bekommen. So hätte man Sony und Nintendo das Feld der Computerspiele überlassen, während Microsoft sich in Würde verkleinert hätte. Microsoft verteidigt allerdings seine verschiedenen Diversifikationen als notwendige Reaktionen auf die Konvergenz der Elektronik mit den Computermedien.

7 Siehe C.K. Prahalad und R. Bettis, „The dominant logic: A new link between diversity and performance“, *Strategic Management Journal*, Bd. 6, Nr. 1 (1986), S. 485–501; und R. Bettis und C.K. Prahalad, „The dominant logic: Retrospective and extension“, *Strategic Management Journal*, Bd. 16, Nr. 1 (1995), S. 5–15.

Beispiel 7.2 Zodiac: Die Schlauchboot-Diversifikation

Der Zodiac-Konzern führt seit fast einem Jahrhundert ein großes Portfolio verschiedenster Geschäftsbereiche; dazu nutzt Zodiac sowohl die Strategie der Diversifikation als auch der „Ent-Diversifikation".

Am bekanntesten ist der Zodiac-Konzern wohl für seine Schlauchboote, die schon Jacques Cousteau verwendete und die immer noch in allen Häfen der Welt zu sehen sind. 2007 jedoch verkaufte Zodiac all seine Geschäftsbereiche, die mit maritimen und mit Freizeitprodukten zu tun hatten und konzentrierte sich voll und ganz auf die Luftfahrtindustrie.

Die Firma Zodiac wurde 1896 von Maurice Mallet in der Nähe von Paris gegründet, kurz nachdem der Firmengründer seine erste Fahrt mit dem Heißluftballon absolviert hatte. 40 Jahre lang produzierte Zodiac nur lenkbare Luftschiffe. 1937 kam es zum Absturz des deutschen Zeppelins *Hindenburg* in der Nähe von New York – eine Katastrophe, die den Markt für Luftschiffe von heute auf morgen auslöschte. Da Zodiacs traditioneller Markt nun nicht mehr existierte, entschloss sich das Unternehmen, sein technisches Fachwissen zu nutzen und sich von lenkbaren Luftschiffen auf aufblasbare Boote zu verlegen. Diese Diversifikation erwies sich als höchst erfolgreich: 2004 – über 50 Jahre später – hatte Zodiac über eine Million Boote verkauft, und sein Schlauchboot (mit einem Preis von etwa € 10.000) war weltweit äußerst beliebt.

Da jedoch die Konkurrenz, besonders italienische Hersteller, immer stärker wurde, diversifizierte Zodiac auch seine Unternehmensbeteiligungen. 1978 übernahm es Aerazur, eine auf Fallschirme, Rettungswesten und aufblasbare Rettungsboote spezialisierte Firma. Diese Produkte wiesen viele Markt- und Technologiesynergien mit Zodiacs Schlauchbooten auf, und die Hauptkunden waren Flugzeughersteller. Zodiac bekräftigte diese Verlagerung auf einen neuen Markt 1987 durch die Übernahme von Air Cruisers, einem Unternehmen, das aufblasbare Notrutschen für Flugzeuge herstellte. Durch diese Weiterentwicklung wurde Zodiac zu einem wichtigen Zulieferer für Boeing, McDonnell Douglas und Airbus. Zodiac verstärkte seine Position zusätzlich durch die Übernahme von zwei führenden Herstellern von Flugzeugsitzen: Sicma Aero Seats aus Frankreich und Weber Aircraft aus den USA. 1997 folgte die Übernahme von MAG Aerospace, dem weltweit führenden Hersteller von Vakuumentsorgungsanlagen für Flugzeuge, zu einem Preis von € 150 Mio. 1999 schließlich übernahm Zodiac Intertechnique, einen bedeutenden Hersteller von Aktivteilen für Flugzeuge (Systeme für den Treibstoffkreislauf, die Hydraulik, die Sauerstoffversorgung, Stromversorgung, Cockpit- und Displaykontrolle und Flugüberwachung, etc.). Zodiac kombinierte diese Kompetenzen mit seinem traditionellen Fachwissen auf dem Gebiet aufblasbarer Boote und konnte so einen neuen Geschäftsbereich ins Leben rufen: Airbags für die Automobilindustrie.

Parallel zu diesen Diversifikationsaktivitäten baute Zodiac auch seine Position im Bereich der aufblasbaren Boote aus, indem es mehrere Konkurrenten übernahm: Bombard-L'Angevinière 1980, Sevylor 1981 sowie Hurricane und Metzeler 1987. Schließlich gründete Zodiac auch ein Unternehmen im Bereich Schwimmbecken. Die erste Produktgruppe, die 1981 auf den Markt kam, basierte auf Technologien für aufblasbare Becken. Später verlagerte sich Zodiac allerdings – wieder durch Übernahmen – auf feste, aufstellbare Schwimmbecken sowie auf im Boden eingelassene Becken, Wasserreinigungssysteme, aufblasbare Schwimmhilfen und Luftmatratzen.

Im Jahr 2007 jedoch machten die Produkte für die Flugzeugindustrie 80 Prozent des Gesamtumsatzes aus. Zodiac besaß für manche Produkte zur Ausstattung von Flugzeugen einen weltweiten Marktanteil von 40 Prozent; so etwa für das Stromversorgungssystem des neuen A380 und der Boeing 787. Zodiac schaffte es sogar bis zum Mars: *Spirit* und *Opportunity*, die Marssonden der NASA, wurden mit Produkten der Firma Zodiac ausgestattet, die von dessen amerikanischer Tochtergesellschaft Pioneer Aerospace entwickelt worden waren.

Der Vorstandsvorsitzende des Konzerns, Jean-Louis Gérondeau, erklärte den Verkauf der Geschäftsbereiche Freizeit und Schwimmbecken so:

> *Die angestrebte Transaktion … würde es Zodiac ermöglichen … seine Übernahmekapazitäten im Bereich der Luftfahrtindustrie zu verstärken.*

Doch auch die Finanzanalysten hatten Zodiac zu einem Verkauf gedrängt, denn sie hielten den Konzern für zu diversifiziert. Dem Verkauf folgten 2008 in schneller Folge drei weitere Übernahmen von Flugzeuginnenraumausstattern: Driessen, Adder und TIA.

Zusammengestellt von Frédéric Fréry, ESCP-EAP European School of Management.

Kontrollfragen

1. Erklären Sie, wie die Verbundenheit von Zodiacs Geschäftsbereichen dessen Diversifikationsstrategie über die Jahre hinweg unterstützt hat.
2. Wo liegen die Vorteile und potenziellen Gefahren der Entscheidung, sich auf die Luftfahrtindustrie zu konzentrieren?

- Die *Risikostreuung* über eine Reihe verschiedener Geschäftsbereiche ist eine weitere häufig angeführte Rechtfertigung einer Diversifikation. Die konventionelle Finanztheorie ist jedoch mehr als skeptisch, was den Erfolg einer solchen Risikostreuung betrifft. Hier wird argumentiert, dass Investoren eine viel effektivere Diversifikation ihrer Risiken erreichen können, wenn sie in ein vielfältiges Portfolio aus ganz unterschiedlichen Unternehmen investieren. Manager schätzen vielleicht die Sicherheit diversifizierter Geschäftsbereiche, Investoren jedoch legen weniger Wert darauf, dass jedes der Unternehmen, in das sie investiert haben, in sich ebenfalls diversifiziert ist. Sie würden es vorziehen, wenn sich die Manager so gut wie möglich auf ihr Kerngeschäft konzentrieren würden. Auf der anderen Seite kann es für Privatunternehmen, in denen die Eigentümer einen Großteil ihrer Vermögenswerte investiert haben, durchaus sinnvoll sein, das Risiko auf eine Reihe unterschiedlicher Aktivitäten zu verteilen, sodass das ganze Unternehmen nicht untergeht, wenn ein Geschäftsbereich in Schwierigkeiten steckt.

- Die *Erwartungen mächtiger Interessengruppen*, darunter auch die der Top Manager, können manchmal eine unangemessene Diversifikation veranlassen. Nachdem der amerikanische Stromversorger Enron von Analysten der Wall Street dahingehend unter Druck gesetzt worden war, ein anhaltendes Wachstum der Einnahmen vermelden zu können, diversifizierte der Konzern seine Beteiligungen vom Kerngeschäft der Stromversorgung hin zum Handel mit anderen Rohstoffen wie Petrochemikalien, Aluminium und sogar Bandbreiten.[8] Dies stellte zwar die Analysten kurzfristig zufrieden, wodurch der Aktienkurs in die Höhe schoss und die Stellung des Top Managements gefestigt wurde. Bald stellte sich jedoch heraus, dass diese Diversifikation zum Großteil keinerlei Gewinne einbrachte. 2001 schließlich brach Enron völlig zusammen – der spektakulärste Konkurs, den es jemals gegeben hatte.

Um eine Entscheidung treffen zu können, ob solche Gründe sinnvoll sind und den Erfolg der Organisation steigern, ist es wichtig, sich über die verschiedenen Formen der Diversifikation im Klaren zu sein, besonders in Bezug darauf, wie stark die einzelnen Geschäftsbereiche des Portfolios miteinander verbunden sind. Im nächsten Abschnitt geht es um die verbundene und unverbundene Diversifikation.

7.3.1 Verbundene Diversifikation

Verbundene Diversifikation

Bei verbundener Diversifikation weitet eine Organisation ihr Produkt- oder Leistungsprogramm über bestehende Produkte und Märkte hinaus aus, kann sich dabei jedoch weiterhin auf dieselben Fähigkeiten oder Wertschöpfungsaktivitäten stützen.

Bei **verbundener Diversifikation** weitet eine Organisation ihr Produkt- oder Leistungsprogramm über bestehende Produkte und Märkte hinaus aus, kann sich dabei jedoch weiterhin auf dieselben Fähigkeiten oder Wertschöpfungsaktivitäten stützen (siehe *Abschnitt 3.4* und *3.8.1*). So sind etwa Procter & Gamble und Unilever diversifizierte Konzerne, doch sind so gut wie all ihre Produkte schnelllebige Verbrauchsgüter, die im Einzelhandel vertrieben werden. Ihre verschiedenen Geschäftsbereiche profitieren daher von den gemeinsamen Fähigkeiten in den Bereichen F&E, Verbrauchermarketing, Bildung von Geschäftsbeziehungen mit mächtigen Einzelhandelsunternehmen und der globalen Entwicklung aller Markennamen.

Das Wertnetzwerk stellt eine Möglichkeit dar, sich die verschiedenen Formen der verbundenen Diversifikation vorzustellen, wie in *Abbildung 7.3* dargestellt:

8 Für eine theoretische Diskussion und eine empirische Studie über Managerinteressen und Diversifikation siehe M. Goranova, T. Alessandri, P. Brandes und R. Dharwadkar, „Managerial ownership and corporate diversification: A longitudinal view“, *Strategic Management Journal*, Bd. 28, Nr. 3 (2007), S. 211–226.

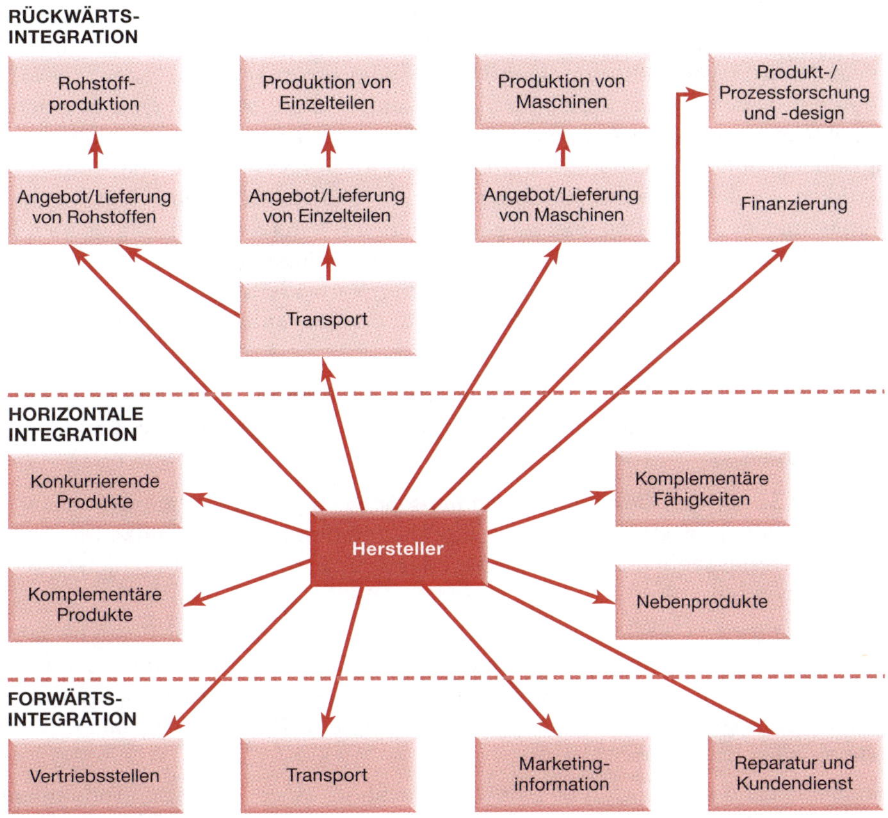

Abbildung 7.3: Optionen einer verbundenen Diversifikation für einen Hersteller

Vertikale Integration
Die vertikale Integration bezeichnet die Vorwärts- oder Rückwärtsintegration in angrenzende Aktivitäten der Wertschöpfungskette.

Rückwärtsintegration
Bei der Rückwärtsintegration weitet eine Organisation ihre Aktivitäten um Inputs zu ihrer bisherigen Geschäftstätigkeit aus.

Vorwärtsintegration
Bei der Vorwärtsintegration weitet ein Unternehmen seine Aktivitäten der eigenen Wertschöpfungskette auf bislang nachgelagerte Aktivitäten aus.

Horizontale Integration
Die horizontale Integration weitet die Aktivitäten eines Unternehmens um solche aus, die komplementär zu aktuellen Aktivitäten sind.

- Die **vertikale Integration** bezeichnet die Vorwärts- oder Rückwärtsintegration in angrenzende Aktivitäten der Wertschöpfungskette. Bei der **Rückwärtsintegration** weitet eine Organisation ihr Produkt- und Leistungsprogramm um Inputs zu ihrer bisherigen Geschäftstätigkeit aus (d.h. diese befinden sich weiter hinten in der Wertschöpfungskette). Kauft beispielsweise ein Automobilhersteller einen Zulieferer von Einzelteilen auf, so wird dies als eine verbundene Diversifikation durch Rückwärtsintegration bezeichnet. Bei der **Vorwärtsintegration** weitet ein Unternehmen seine Aktivitäten um auf der eigenen Wertschöpfungskette bislang nachgelagerte Aktivitäten aus (diese befinden sich also weiter vorne in der Wertschöpfungskette). Für den Automobilhersteller hieße das eine Ausweitung seiner Aktivitäten auf Vertrieb, Reparatur und Kundendienst.
- Die **horizontale Integration** weitet die Aktivitäten eines Unternehmens um solche aus, die komplementär zu aktuellen Aktivitäten sind. So betreibt die Internetsuchmaschine Google horizontale Integration, indem sie neben anderen Dienstleistungen auch Nachrichten, Bilder und Land- und Straßenkarten anbietet. (Ein weiteres Beispiel ist Zodiac – siehe Beispiel 7.2.)

Man muss außerdem erkennen, dass Fähigkeiten und wertschöpfende Verbindungen zwei verschiedene Dinge sind. Eine Verbindung innerhalb der Wertschöpfungskette bedeutet nicht zwangsläufig, dass auch die entsprechenden Fähigkeiten vorhanden sind. Einige Automobilhersteller etwa begannen Ende der 1990er Jahre mit einer Vorwärtsintegration, indem sie der Logik der Wertschöpfungskette folgend auch Reparaturen und Kundendienst anboten. Die Autofirmen gingen davon aus, sie könnten mithilfe von Vorwärtsverbindungen ihren Unternehmenswert erhöhen, indem sie so dem Kunden ein besseres Gesamterlebnis mit dessen Auto anboten. Schnell mussten die Unternehmen jedoch erkennen, dass für diese neuen Geschäftsbereiche völlig andere Fähigkeiten gebraucht wurden: Hier ging es nicht um die Fertigung von Autos in großen Werken, sondern um spezielle Dienstleistungen in vielen kleinen, weit verstreuten Niederlassungen. Schließlich überwogen die fehlenden notwendigen Fähigkeiten doch das zusätzliche Gewinnpotenzial dieser neuen Dienstleistungen und die Automobilhersteller zogen sich aus diesen Initiativen der Vorwärtsintegration wieder zurück. Synergien zu realisieren ist oft ein schwierigerer und kostenintensiverer Prozess, als so manche Manager zugeben würden.[9]

Außerdem muss berücksichtigt werden, dass neue Beziehungen potenziell auch Nachteile haben. Die verbundene Diversifikation kann aus mindestens zwei Gründen zum Problem werden:

- *Zeit und Kosten auf Gesamtunternehmensebene.* Top Manager müssen versuchen, sicherzustellen, dass die Vorteile, die die verbundene Diversifikation bringen kann, auch tatsächlich durch Teilhabe oder Transfer zwischen Geschäftsbereichen erreicht werden.
- *Komplexität der Geschäftsbereiche.* Die Manager der einzelnen Bereiche müssen sich auch um die Anforderungen anderer Geschäftsbereiche kümmern, mit denen sie z.B. Ressourcen teilen oder eine gemeinsame Marketingstrategie betreiben. Es ist also nicht möglich, sich ausschließlich auf die Bedürfnisse der eigenen Geschäftseinheit zu konzentrieren.

Zusammenfassend sei gesagt, dass eine vereinfachte Aussage wie etwa: „Verbundenheit zählt“ unbedingt hinterfragt werden muss.[10] Es gibt zwar Belege dafür, dass sich eine solche Verbundenheit positiv auf die Unternehmensleistung auswirkt (siehe *Abschnitt 7.3.3*), doch bei jeder einzelnen Diversifikationsentscheidung muss genau bedacht werden, was Verbundenheit in diesem Fall bedeutet und woraus Leistungssteigerung entsteht.

7.3.2 Unverbundene Diversifikation

Unverbundene Diversifikation

Bei unverbundener Diversifikation weitet eine Organisation ihr Produkt- und Leistungsprogramm in neue Bereiche aus, die mit dem bestehenden Produkt- und Leistungsprogramm wenig gemeinsam haben.

Geht es bei der verbundenen Diversifikation um die Entwicklung bereits bestehender Fähigkeiten oder des bereits bestehenden Wertnetzwerks, so weitet eine Organisation bei der **unverbundenen Diversifikation** ihr Produkt- und Leistungsprogramm in neue Bereiche aus, die mit dem bestehenden Produkt- und Leistungsprogramm wenig gemeinsam haben. Die unverbundene Diversifikation wird häufig als *Mischkonzernstrategie* bezeichnet. Da hier für die einzelnen Geschäftsbereiche keine offensichtlichen Verbundvorteile vorliegen, sondern im Gegenteil der Unternehmenszentrale noch zusätzliche Kosten entstehen, erleidet der Aktienkurs der betroffenen Organisation häufig den sogenannten „Mischkonzernabschlag“, eine geringere Bewertung also als ihn die einzelnen Geschäftsbereiche erhalten würden, wenn sie unabhängig wären. Im Jahr 2003 belief sich dieser Abschlag bei dem französischen Mischkonzern Vivendi-Universal, der in den vielfältigsten Branchen von Stromversorgung über Mobiltelefonie

9 A. Pehrson, „Business relatedness and performance: A study of managerial perceptions“, *Strategic Management Journal*, Bd. 27, Nr. 3 (2006), S. 265–282.

10 A. Campbell and K. Luchs, *Strategic Synergy*, Butterworth–Heinemann, 1992.

bis hin zu Medien aktiv ist, auf ganze 15 bis 20 Prozent. Natürlich setzten die Aktionäre das Konzernmanagement dahingehend unter Druck, den Mischkonzern in seine höher bewerteten Einzelunternehmen aufzuspalten.

Solche Argumente gegen Mischkonzerne können aber auch stark überzeichnet werden, und selbstverständlich hat eine unverbundene Diversifikation unter bestimmten Umständen auch potenzielle Vorteile:

- Die *Konzentration auf die dominante Logik* und nicht auf die konkreten operativen Beziehungen kann für einen Mischkonzern eine Schaffung von Mehrwert bedeuten. Wie im Fall von Berkshire Hathaway kann ein fähiger Investor wie etwa Warren Buffet, das sogenannte Orakel von Omaha und einer der reichsten Männer der Welt, in der Lage sein, innerhalb seiner dominanten Logik den Unternehmenswert vieler diversifizierter Geschäftsbereiche zu steigern.[11] Berkshire Hathaway umfasst Unternehmen aus verschiedenen Bereichen der Fertigung, den Bereichen Versicherungen, Vertrieb und Einzelhandel. Buffet konzentriert sich jedoch auf reife Unternehmen, die er versteht und deren Management er vertraut. Während des Internetbooms der späten 1990er Jahre vermied Buffet ganz bewusst den Einstieg in High-Tech-Unternehmen, da er genau wusste, dass diese außerhalb seiner dominanten Logik lagen (siehe Beispiel 7.3).

Beispiel 7.3 Berkshire Hathaway Inc.

Ein Portfolio-Manager kann danach streben, im Namen seiner Aktionäre eine Reihe hochgradig diversifizierter Geschäftseinheiten zu verwalten.

Warren Buffet, einer der reichsten Männer der Welt, ist Vorstandsvorsitzender von Berkshire Hathaway; Charles Munger ist sein Stellvertreter. Die Unternehmensbeteiligungen seines Portfolios sind hochgradig diversifiziert. Zum Konzern gehören Versicherungsunternehmen, darunter GEICO, der sechstgrößte Autoversicherer der USA, sowie Hersteller von Teppichen, Bauprodukten, Kleidung und Schuhen. Außerdem gehören auch Dienstleistungsunternehmen (die Ausbildung für das Fliegen und Navigieren von Flugzeugen und Schiffen), Einzelhändler für Einrichtungsgegenstände und Schmuck, eine Tages- und Sonntagszeitung und der größte Direktverkäufer von Haushaltswaren der USA dazu.

Der Geschäftsbericht von Berkshire Hathaway gewährt einen Einblick in Denkweise und Management des Unternehmens. Warren Buffet erklärt, wie er und sein Stellvertreter ihre Geschäfte betreiben:

11 Siehe Prahalad und Bettis, Fußnote 7.

Charlie Munger und ich sehen unsere Aktionäre als teilhabende Partner und uns selbst als Partner, die für das Management zuständig sind. (Aufgrund der Größe unserer Beteiligungen halten wir auch die Kontrollmehrheit – in guten wie in schlechten Tagen.) Wir sehen nicht das Unternehmen als letztendlichen Eigentümer unserer Vermögenswerte an, sondern betrachten es vielmehr als eine Art Vermittler, durch den unsere Aktionäre die Vermögenswerte halten … Unser langfristiges wirtschaftliches Ziel … ist es, die durchschnittliche jährliche Zuwachsrate an inhärentem Unternehmenswert pro Aktie gerechnet zu maximieren. Wir messen die wirtschaftliche Bedeutung oder den Erfolg von Berkshire nicht an seiner Größe; wir betrachten immer den Fortschritt jeder einzelnen Aktie.

Am liebsten erreichen wir unser Ziel durch direktes Eigentum an einer Reihe diversifizierter Unternehmen, die Bargeld erzeugen und ständig überdurchschnittliche Kapitalrenditen erzielen. Unsere zweite Wahl ist es, uns Unternehmensbeteiligungen meist durch den Kauf von Stammaktien durch unsere Versicherungstöchter anzueignen.

… Charlie und ich interessieren uns nur für Übernahmen, die unserer Meinung nach den inhärenten Wert der Berkshire-Aktien, gemessen pro einzelne Aktie, steigern werden.

Gleichgültig, welche Preise auch geboten werden, wir sind nicht am Verkauf irgendeines gut laufenden Geschäftsbereichs interessiert. Auch Unternehmen, die unterdurchschnittliche Erfolge erzielen, verkaufen wir nur sehr zögernd, wenn wir davon ausgehen können, dass sie zumindest etwas Geld abwerfen und wenn Management und Mitarbeiterbeziehungen auf uns einen guten Eindruck machen. … Ein Management nach den Regeln von Gin Rummy, in jeder Runde die schlechteste Karte abzuwerfen, ist nicht unser Stil. Lieber nehmen wir in Kauf, dass unser Gesamtergebnis etwas schwächer ausfällt als so ein Verhalten an den Tag zu legen.

Dann erklärt Buffet, wie das Management der Tochtergesellschaften aussieht:

… wir delegieren so weit als möglich: Obwohl Berkshire etwa 45.000 Mitarbeiter hat, arbeiten nur zwölf davon in der Unternehmenszentrale … Charlie und ich kümmern uns vorwiegend um Kapitalzuteilungen und um die Betreuung unserer wichtigsten Manager. Die meisten dieser Manager sind am glücklichsten, wenn sie ihre Geschäfte in Alleinverantwortung führen können, und das ermöglichen wir ihnen auch. Sie sind also für alle operativen Entscheidungen sowie für die Zuleitung des von ihnen erwirtschafteten überschüssigen Kapitals an die Zentrale selbst verantwortlich. Da sie dieses Überschusskapital an uns senden, werden sie nicht von den verschiedensten Verlockungen abgelenkt, die sich auftun würden, wenn sie auch für den Einsatz des Kapitals, das ihr Geschäft abwirft, selbst verantwortlich wären. Außerdem ergeben sich für Charlie und mich viel umfangreichere Investitionsmöglichkeiten für diese Gelder als sie unsere Manager in ihrer jeweiligen Branche vorfinden würden.

Kontrollfragen

1. Inwiefern entspricht Berkshire Hathaway dem Stereotyp des in *Abschnitt 7.4.2* beschriebenen Portfolio-Managers (oder auch nicht)?
2. Machen Sie mithilfe der in Abschnitt 7.4 erklärten Checkliste Vorschläge, wie Berkshire Hathaway den Unternehmenswert für seine Aktionäre steigern könnte oder auch nicht.

- *Länder mit unterentwickelten Märkten* können für Mischkonzerne ein fruchtbarer Boden sein. In Ländern, wo die Märkte für externes Kapital und Arbeitskräfte noch nicht richtig funktionieren, bieten Mischkonzerne innerhalb der Grenzen ihrer eigenen Organisation einen Ersatzmechanismus für die Zuteilung und Entwicklung von Kapital oder Managementfachwissen. So waren etwa koreanische Mischkonzerne (die Chaebol) in der schnellen Wachstumsphase der koreanischen Wirtschaft auch deshalb so überaus erfolgreich, weil sie in der Lage waren, Investitionen so zu tätigen und Manager so zu unterstützen, wie einzelne Unternehmen in Südkorea dazu niemals in der Lage gewesen wären. Auch reduzierte die weitreichende kulturelle Übereinstimmung bei den Managern in diesen Konzernen die Kosten für Koordinierung und Überwachung, die in einem westlichen Mischkonzern anfallen würden, wo man den Managern allgemein weniger vertraut.[12] Dasselbe kann heute auch für andere schnell wachsende Volkswirtschaften gelten, in denen die Märkte für Kapital und Arbeit noch unterentwickelt sind.

Man muss außerdem erkennen, dass die Unterscheidung zwischen verbundener und unverbundener Diversifikation oft nur graduell zu treffen ist. Obwohl es vielleicht, wie im Fall von Bershire Hathaway, nur sehr wenige operative Beziehungen zwischen den einzelnen Geschäftsbereichen gibt, besteht doch eine Beziehung zwischen ihnen in Bezug auf ähnliche Anforderungen der Unternehmenszentrale (siehe *Abschnitt 7.4.4*). Wie im Beispiel der Autohersteller, die eine Vorwärtsdiversifikation in scheinbar verwandte Bereiche wie Reparatur und Kundendienst vorgenommen haben, können sich hier operative Beziehungen als weitaus weniger wertvoll erweisen als dies zunächst den Anschein machte. Die verschwommenen Grenzen zwischen verbundener und unverbundener Diversifikation sind wichtig bei der Beurteilung der Konsequenzen, die eine Diversifikation auf den Erfolg eines Unternehmens hat.

7.3.3 Diversifikation und Erfolg

Da die meisten großen Konzerne heute diversifiziert sind, aber da eine solche Diversifizierung auch manchmal im Selbstinteresse der Manager liegen kann, haben viele Wissenschaftler und auch politische Entscheidungsträger Schwierigkeiten damit, eindeutig festzulegen, ob diversifizierte Unternehmen nun tatsächlich bessere Leistungen erbringen als nicht diversifizierte Unternehmen. Schließlich wäre es höchst beunruhigend, wenn große Konzerne die Diversifikation wählten, nur um das Risiko für die

12 Siehe C. Markides, „Corporate strategy: The role of the centre", in A. Pettigrew, H. Thomas und R. Whittington (Hrs.), *Handbook of Strategy and Management*, Sage, 2002. Für eine Abhandlung über neuere Veränderungen bei den Chaebol siehe J. Chang und H.-H. Shin, „Governance system effectiveness following the crisis: The case of Korean business group headquarters", *Corporate Governance: An International Review*, Bd. 14, Nr. 2 (2006), S. 85–97.

Manager zu streuen, um die Arbeitsplätze der Manager auch in Zeiten des Rückgangs zu sichern oder um das Image eines wachsenden Unternehmens zu wahren wie im Fall von Enron.

Wissenschaftliche Studien zum Thema Diversifikation zeigen in den meisten Fällen einige Vorteile für größere Erfolge, wobei Firmen, die eine *verbundene Diversifikation* betreiben, besser abschneiden als solche, die weiterhin *spezialisiert* bleiben oder aber eine *unverbundene Diversifikation* betreiben.[13] Das Verhältnis von Diversifikation und Erfolg folgt anders ausgedrückt einer umgekehrten U-Kurve, wie in *Abbildung 7.4* dargestellt. Daraus lässt sich ableiten, dass ein gewisses Maß an Diversifikation gut ist – aber nicht zu viel.

Abbildung 7.4: Vielfalt und Erfolg

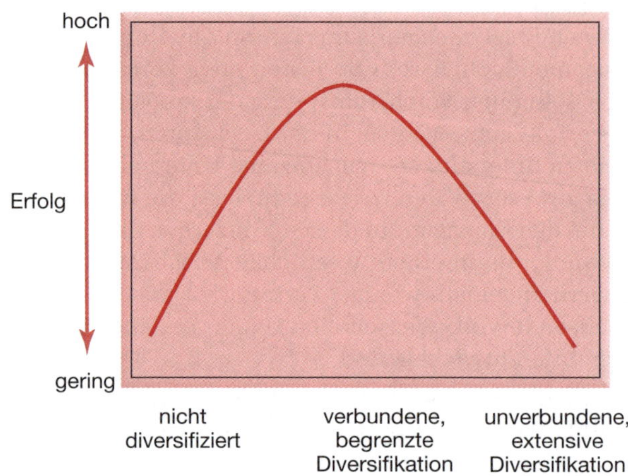

Diese Studien über Unternehmenserfolge ergeben allerdings immer nur statistische Durchschnittswerte. Einige Strategien verbundener Diversifikation schlagen fehl wie im Beispiel der vertikal integrierenden Autohersteller, während einige Mischkonzerne erfolgreich sind wie im Fall von Berkshire Hathaway. Die Argumentation gegen die unverbundene Diversifikation ist nicht eindeutig, und effektive dominante Logik sowie besondere nationale Umstände können sich positiv auswirken. Aus diesen Erfolgsstudien lässt sich ableiten, dass, obwohl die verbundene Diversifikation im Durchschnitt bessere Ergebnisse bringt als die unverbundene, jegliche Diversifikationsstrategie genauestens auf jeweilige spezifische Vorteile geprüft werden muss.

13 L.E. Palich, L.B. Cardinal und C. Miller, „Curvilinearity in the diversification-performance linkage: An examination of over three decades of research", *Strategic Management Journal*, Bd. 21 (2000), S. 155–174. Die Beziehung des umgekehrten U ist der Konsens dieser Wissenschaftler, obwohl viele Studien dem widersprechen, da sich besonders im Laufe der Zeit und im Ländervergleich Abweichungen ergeben. Für neue kontextsensitive Studien siehe M. Mayer und R. Whittington, „Diversification in context: A cross national and cross temporal extension", *Strategic Management Journal*, Bd. 24 (2003), S. 773–781, und A. Chakrabarti, K. Singh und I. Mahmood, „Diversification and performance: Evidence from East Asian firms", *Strategic Management Journal*, Bd. 28 (2007), S. 101–120.

7.4 Wertschöpfung und die Unternehmenszentrale

Angesichts der zweifelhaften Vorteile von Strategien, die in Richtung einer Mischkonzern-Diversifikation gehen, ist ganz klar, dass einige Unternehmenszentralen keinerlei Mehrwert generieren. Im Jahr 2006 entschlossen sich zwei große US-Mischkonzerne, Tyco und Cendant, freiwillig zu einer Aufspaltung ihrer Konzerne, denn sie hatten erkannt, dass ihre Tochtergesellschaften getrennt voneinander ihren Wert besser steigern konnten als unter dem Management der Zentrale. Auch auf dem öffentlichen Sektor wird Organisationen wie etwa Schulen oder Krankenhäusern von ihren Zentralverwaltungen immer mehr Freiraum gewährt, da Unabhängigkeit allgemein als effektiver angesehen wird. Einige Theoretiker stellen sogar den Begriff der Strategie auf Gesamtunternehmensebene als solchen infrage; dies ist Thema des Beispiels 7.6. Dieser Abschnitt befasst sich damit, wie Unternehmenszentralen sowohl Mehrwert generieren als auch zerstören können. Außerdem werden drei verschiedene Ansätze des zentralen Managements betrachtet, die effektiv sein können.

7.4.1 Die Schaffung und Zerstörung von Unternehmenswert durch die Aktivitäten der Unternehmenszentrale[14]

Jede Unternehmenszentrale muss zeigen, dass der Mehrwert, den sie generiert, die Kosten, die sie verursacht, übersteigt. Dies gilt sowohl für Unternehmen des privaten wie des öffentlichen Sektors. Für öffentliche Organisationen kommt es häufig zu einer Privatisierung oder zum Outsourcing, wenn sie es nicht schaffen, eine positive Bilanz zu erwirtschaften. Unternehmen, deren Aktien frei an der Börse gehandelt werden, sehen sich noch einer weiteren Herausforderung ausgesetzt. Sie müssen auch demonstrieren, dass sie den Unternehmenswert weiter steigern können als dies irgendeine konkurrierende Unternehmenszentrale vermögen würde. Schaffen sie dies nicht, so kommt es höchstwahrscheinlich zu einer feindlichen Übernahme oder zu einer Aufspaltung (siehe Beispiel 7.4; hier wird eine mögliche Aufspaltung von Cadbury Schweppes behandelt). Konkurrenten, die der Meinung sind, sie könnten den Unternehmenswert der einzelnen Unternehmensbereiche noch weiter steigern, können ein Angebot zur Übernahme der Unternehmensaktien abgeben mit der Erwartung, die Geschäfte entweder erfolgreicher zu betreiben oder die Unternehmen an andere mögliche Konzernzentralen zu verkaufen. Ist das Angebot des Konkurrenten vielversprechender und glaubhafter als die Aktivitäten der gegenwärtigen Zentrale, so werden es die Aktionäre annehmen – auf Kosten des aktuellen Managements.

In diesem Sinne findet hier der Wettbewerb zwischen den einzelnen Unternehmenszentralen statt, die um das Recht kämpfen, Geschäftsbereiche zu besitzen und zu verwalten. Auf diesem wettbewerbsintensiven Markt müssen Unternehmenszentralen unter Beweis stellen, dass sie einen Vorteil bieten können, ebenso wie Unternehmenseinheiten zeigen müssen, dass sie einen Wettbewerbsvorteil haben. Die Zentralen müssen zeigen, dass sie die beste Leistung für die ihnen unterstellten Geschäftsbereiche erbringen können. Sie müssen also eine klare Vorstellung davon

---

14 Für eine gute Abhandlung über die Rolle der Unternehmenszentrale siehe Markides in Fußnote 11. Eine neuere empirische Studie über Hauptsitze von Unternehmen ist D. Collis, D. Young und M. Goold, „The size, structure and performance of corporate headquarters", *Strategic Management Journal*, Bd. 28, Nr. 4 (2007), S. 383–406.

haben, wie sie den Unternehmenswert steigern können. In der Praxis können aber viele ihrer Aktivitäten Unternehmenswerte auch zerstören und nicht nur steigern.

Beispiel 7.4 Ein gutes Geschäft für Nelson Peltz?

Kapitalgeber können mit überdiversifizierten Konzernen viel Geld verdienen – und die Manager müssen darauf reagieren.

Im März 2007 nutzte der amerikanische Kapitalgeber Nelson Peltz seinen Hedge Fond Trian Fund Management LP, um einen dreiprozentigen Anteil an Cadbury Schweppes PLC zu übernehmen. Peltz war als aktivistischer Aktionär bekannt, der es darauf abgesehen hatte, den Shareholder Value zu maximieren, indem er das Management stark unter Druck setzte oder Konzerne, die nur mäßige wirtschaftliche Erfolge erzielten, aufspaltete. Im Laufe der folgenden Tage stieg der Aktienkurs von Cadbury Schweppes um 15 Prozent (siehe Abbildung 7.5).

Seit 1969 hatte das Unternehmen die Geschäftsbereiche Schokoladen und Süßwaren der ursprünglichen Firma Cadbury (gegründet 1824) mit den kohlensäurehaltigen Softdrinks der Firma Schweppes (gegründet 1790) kombiniert. Die erfolgreichsten Marken von Cadbury waren unter anderem Dairy Milk, Creme Eggs und Dentyne Kaugummi. Das Unternehmen war der größte Süßwarenproduzent weltweit und lag mit einem Marktanteil von zehn Prozent knapp vor Mars und Nestlé. Zu Schweppes gehörten unter anderem 7 Up und Dr. Pepper ebenso wie die originalen Schweppes-Getränke. Auf seinem Hauptmarkt USA jedoch lag Schweppes immer noch auf einem abgeschlagenen dritten Platz hinter Coca-Cola und PepsiCo, die zusammen 75 Prozent des Marktes für kohlensäurehaltige Softdrinks besetzten. Das Management von Cadbury Schweppes investierte verstärkt in den Geschäftsbereich Softdrinks und hatte im Laufe des Jahres 2006 große Abfüllanlagen angeschafft. Todd Stilzer, Firmenchef von Cadbury Schweppes, hatte bei der Übernahme von Dr. Pepper und 7 Up 1995 eine tragende Rolle gespielt.

Zwei Tage nach Bekanntwerden der neuen Beteiligung durch Peltz gab Cadbury Schweppes bekannt, es ziehe in Betracht, seinen Geschäftsbereich Softdrinks abzuspalten. Diesbezügliche Optionen waren: Die Gründung einer unabhängigen Firma; der Verkauf des Geschäfts an einen Konkurrenten oder ein Finanzunternehmen; und das Abstoßen einer Minderheitsbeteiligung des Geschäfts, worauf dann im Laufe der Zeit ein Verkauf der restlichen Aktien folgen würde.

Bald danach wurden immer mehr Gerüchte laut, wonach eine Fusion zwischen Cadbury Schweppes und Hershey, dem amerikanischen Süßwarenhersteller mit einem weltweiten Marktanteil von über fünf Prozent, im Raum stand. Ein solcher Abschluss würde dem neuen Unternehmen eine Führungsposition und eine mächtige Stellung gegenüber großen Einzelhändlern verschaffen. Cadbury hatte auf dem amerikanischen Süßwarenmarkt nur eine schwache Position, während Hersheys Schwäche eher in Europa lag.

Quelle: Wall Street Journal und Financial Times, verschiedene Daten.

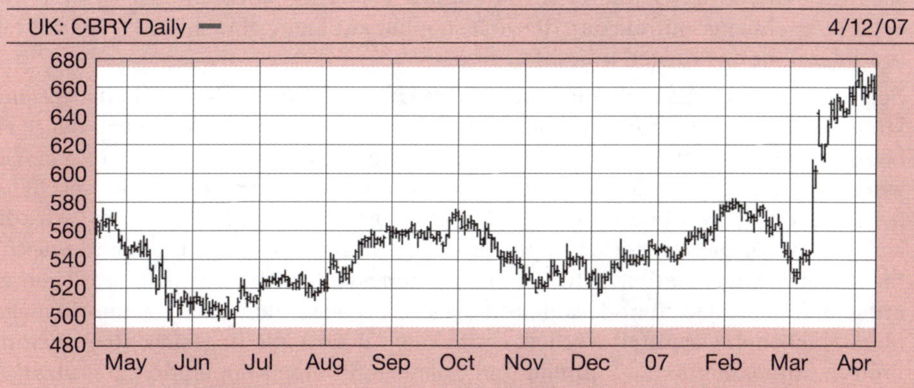

Abbildung 7.5: Aktienkurs von Cadbury Schweppes 2006-2007.

Quelle: www.bigcharts.com. Marketwatch. Online by BigCharts.com. Copyright 2007 von Dow Jones & Company, Inc. Reproduziert mit Erlaubnis von Dow Jones & Company, Inc .im Lehrbuchformat über Copyright Clearance Center.

Kontrollfragen

1. Erklären Sie die Entwicklung des gezeigten Aktienkurses von Cadbury Schweppes.
2. Warum hat Cadbury Schweppes Ihrer Meinung nach nicht schon früher eine Abspaltung in Betracht gezogen?

Aktivitäten, die Unternehmenswert generieren[15]

Es gibt vier Arten von Aktivitäten, über die eine Unternehmenszentrale Mehrwert generieren kann:

- *Visionen.* Die Unternehmenszentrale kann ihren Geschäftseinheiten eine klare Vision oder eine *strategische Intention* vorgeben.[16] Diese Vision sollte zur Anleitung und Motivation des Managers der Geschäftseinheit dienen, um so den Erfolg des gesamten Konzerns durch einen Einsatz für einen gemeinsamen Zweck zu maximieren. Außerdem sollte die Vision für die Interessengruppen ein *klares Bild nach außen* vermitteln und aussagen, worum es der Organisation als Ganzes geht. Dadurch können sich Aktionäre sicher sein, dass eine diversifizierte Strategie tat-

15 M. Goold, A. Campbell und M. Alexander, *Corporate Level Strategy*, Wiley, 1994, befasst sich mit dem Vermögen von Unternehmenszentralen, Mehrwert zu schaffen und zu zerstören.

16 Für eine Diskussion über die Rolle einer klaren Mission siehe A. Campbell, M. Devine und D. Young, *A Sense of Mission*, Hutchinson Business, 1990. G. Hamel und C.K. Prahalad argumentieren in Kapitel 6 ihres Buches *Competing for the Future*, Harvard Business School Press, 1994, dass sich Leitbilder auf die Klarheit der „strategischen Intention" nur unzureichend auswirken. Diese ist höchstwahrscheinlich eine kurze, aber klare Aussage, die sich mehr auf die strategische Ausrichtung konzentriert (sie verwenden das Wort „Schicksal") als darauf, wie diese strategische Ausrichtung erreicht werden kann. Siehe auch Hamel und Prahalad über strategische Intention in *Harvard Business Review*, Bd. 67, Nr. 3 (1989), S. 63–76.

sächlich sinnvoll ist. Schließlich stellt eine klare Vision auch eine *Disziplinierung* der Unternehmenszentrale dar, die sich so nicht auf unangebrachte Aktivitäten verlegt oder unnötige Kosten in Kauf nimmt.

- *Betreuer und Wegbereiter.* Die Unternehmenszentrale kann die Geschäftsbereichsleiter bei der *Entwicklung strategischer Fähigkeiten* unterstützen, indem sie diese betreut, sodass sie ihre Fertigkeiten und ihr Selbstvertrauen stärken können. Sie kann auch Kommunikation und die gemeinsame Nutzung von Wissen der Geschäftsbereiche untereinander auf den Weg bringen. Dies steigert die *Synergieeffekte*, die sich aus der Zugehörigkeit zum gleichen Konzern ergeben. Managementkurse für die gesamte Organisation sind oft ein wirkungsvolles Mittel, um diese Ziele zu erreichen, denn dadurch, dass den Managern der gesamten Organisation Managementfähigkeiten vermittelt werden, ergibt sich für sie auch die Gelegenheit, Verbindungen untereinander zu knüpfen und Chancen für eine Kooperation zu nutzen.
- *Zurverfügungstellung zentraler Dienste und Ressourcen.* Natürlich stellt die Zentrale Geldmittel für Investitionen zur Verfügung. Sie kann aber auch zentrale Dienste anbieten wie etwa Finanzverwaltung oder Beratung in Steuer- und Personalfragen – zwei Bereiche, die im Fall einer Zentralisierung *ausreichende Größenvorteile* bieten können, um effektiv zu sein und für die Bildung *relevanten Fachwissens* sorgen können. Zentralisierte Dienste sorgen oft auch für eine größere *Hebelwirkung*: So wird die Verhandlungsposition des Unternehmens gestärkt, wenn der Einkauf gemeinsamer Inputs wie etwa Strom einzelner Geschäftsbereiche zusammengelegt wird. Diese Hebelwirkung kann bei *Verhandlungen* mit externen Organisationen, z.B. Regierungsbehörden oder anderen Unternehmen wichtig sein, wenn es etwa um die Bildung von Allianzen geht. Die Zentrale kann abschließend auch eine wichtige Rolle spielen, wenn es um das Management von Fachwissen innerhalb des gesamten Konzerns geht, indem zum Beispiel Manager immer wieder in andere Geschäftsbereiche *transferiert* werden, oder indem gemeinsame *Systeme für den Austausch von Wissen* geschaffen werden.
- *Eingreifen.* Schließlich kann die Unternehmenszentrale auch in die Aktivitäten ihrer einzelnen Geschäftsbereiche eingreifen, um eine angemessene Leistung sicherzustellen. Dazu sollte die Zentrale in der Lage sein, die Leistungen jedes Geschäftsbereichs genau zu *überwachen* und ihre *Leistungen zu verbessern*, indem entweder schwache Manager ersetzt werden oder Hilfestellung bei einer Veränderung der Geschäftsaktivitäten geleistet wird. Die Zentrale kann auch die strategischen Ambitionen einzelner *Bereiche infrage stellen oder unterstützen*, sodass Bereiche, deren Leistungen zufriedenstellend sind, dazu ermutigt werden, sich noch weiter zu steigern.

Aktivitäten, die Unternehmenswert zerstören

Es gibt aber auch drei Arten, wie eine Unternehmenszentrale unbeabsichtigt Unternehmenswert zerstören kann:

- *Verursachung zusätzlicher Managementkosten.* Einfach ausgedrückt sind Mitarbeiter und Ausstattung der Unternehmenszentrale sehr teuer. In der Zentrale arbeiten meist die am besten bezahlten Führungskräfte und hier gibt es auch die luxuriösesten Büros. Die einzelnen Geschäftsbereiche sind es aber, die die Einnahmen generieren müssen, um dies zu finanzieren. Sind die zusätzlichen Kosten höher als der von der Zentrale geschaffene Mehrwert, dann zerstören die Manager der Zentrale Unternehmenswert.
- *Steigerung der bürokratischen Komplexität.* Zusätzlich zu direkten finanziellen Mehrkosten verursachen zusätzliche Managementebenen und der zusätzliche Koordinationsbedarf auch mehr „bürokratischen Nebel“ für die Organisation. Dadurch verlangsamen sich Reaktionszeiten des Managements, denn zwischen den einzelnen Geschäftseinheiten müssen immer wieder Kompromisse gesucht werden.
- *Verschleierung der finanziellen Leistung.* Eine Gefahr innerhalb einer großen diversifizierten Firma ist, dass die schwachen Leistungen erfolgloser Geschäftsbereiche verschleiert werden können. Schwache Unternehmen können von stärkeren finanziert werden. Die Möglichkeit, intern schwache Leistungen zu verstecken, vermindert den Anreiz für die Bereichsleiter, so hart wie möglich zu arbeiten, um gute Leistungen zu erzielen – sie haben ja ein Sicherheitsnetz in Form ihrer Zentrale. Auch extern können Aktionäre und Finanzanalysten die Leistungen einzelner Geschäftsbereiche nur sehr schwer bewerten. Die Aktienkurse diversifizierter Unternehmen werden oft abgewertet, da Aktionäre die klare Durchschaubarkeit von Einzelunternehmen bevorzugen, wo schwache Leistungen nicht versteckt werden können.

Die genannten Risiken geben den Unternehmenszentralen einen klaren Weg vor, um keine Unternehmenswerte zu zerstören. Sie sollten ihre Kosten immer im Auge behalten, was sowohl den finanziellen als auch den bürokratischen Aufwand betrifft, und sicherstellen, dass diese nur so hoch liegen, wie es zur Verfolgung ihrer gesamtunternehmerischen Strategie unbedingt erforderlich ist. Sie sollten auch mit allen Mitteln eine finanzielle Transparenz fördern, sodass die einzelnen Unternehmensbereiche immer den Druck spüren, beste Leistungen zu erbringen. So können Aktionäre darauf vertrauen, dass es keine versteckten Katastrophen gibt.

Alles in allem gibt es für Unternehmenszentralen viele Möglichkeiten, den Unternehmenswert zu steigern. Natürlich ist es schwierig, sie alle zu nutzen; und manche sind auch miteinander nicht vereinbar. So wird eine Zentrale, die oft von oben her in die Aktivitäten ihrer Geschäftsbereiche eingreift, von diesen eher nicht als hilfreicher Förderer und Wegbereiter gesehen. Die Bereichsleiter werden sich also eher darauf konzentrieren, die Leistung ihres eigenen Geschäftsbereichs zu steigern und sich weniger um Kooperationen mit anderen Managern ihrer Ebene kümmern, um dem Konzern als Ganzes damit zu nützen. Aus diesen Gründen nehmen Unternehmenszentralen häufig eine von drei Rollen ein, die jede für sich kohärent, aber von den anderen zu unterscheiden ist.[17] Diese drei Rollen sind in *Abbildung 7.5* zusammengefasst.

17 Die ersten beiden hier erwähnten Rollen basieren auf einer Veröffentlichung von M. Porter, „From competitive advantage to corporate strategy“, *Harvard Business Review*, Bd. 65, Nr. 3 (1987), S. 43–59.

Abbildung 7.6: Portfolio Manager, Synergiemanager und zentraler Geschäftsentwickler

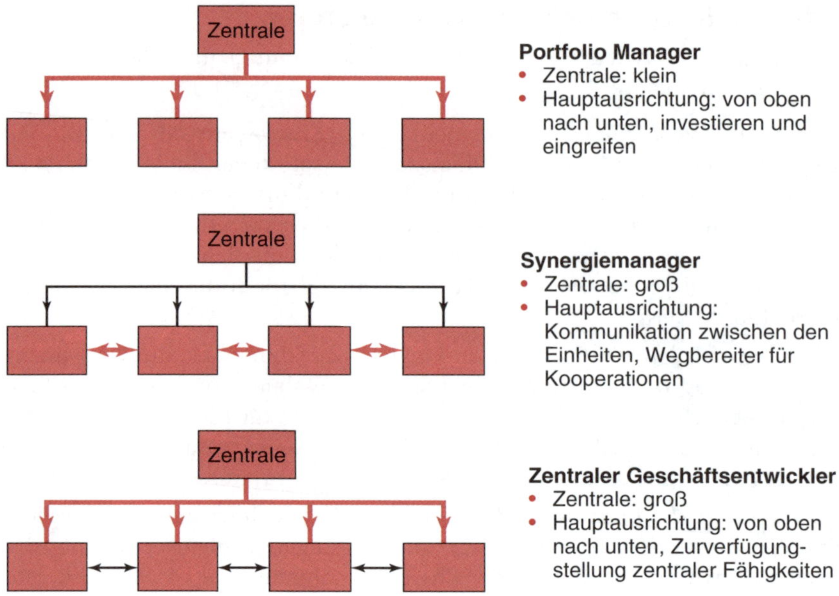

7.4.2 Der Portfolio-Manager

> **Portfolio-Manager**
> Als Portfolio-Manager handelt eine Unternehmenszentrale, wenn sie wie ein Agent des Kapitalmarktes und der Aktionäre agiert.

Der Portfolio-Manager agiert auf eine Art und Weise als aktiver Investor, wie es Aktionäre aufgrund ihrer Vielzahl und ihres fehlenden Fachwissens nicht können. Als **Portfolio-Manager** handelt eine Unternehmenszentrale also, wenn sie, wie ein Agent des Kapitalmarktes und der Aktionäre agiert, um dadurch mehr Werte aus den einzelnen Geschäftsbereichen zu extrahieren, als diese es alleine könnten. Die Rolle des Portfolio-Managers besteht darin, unterbewertete Vermögenswerte oder Unternehmen zu identifizieren und zu übernehmen, um sie dann zu verbessern. Dies könnte er unter anderem durch die Übernahme anderer Unternehmen erreichen, wobei dann schwache Bereiche abgestoßen und andere Bereiche mit Erfolgspotenzial durch Eingreifen von oben verbessert werden. In solchen Konzernen geht es weniger um die Verbundenheit (siehe *Abschnitt 7.2.1* und *7.2.2*) der einzelnen Bereiche innerhalb des Portfolios, sondern hier wird typischerweise eine Mischkonzernstrategie verfolgt. Ein Portfolio-Manager kümmert sich nicht im Detail um die Routineabläufe innerhalb der einzelnen Unternehmensbereiche, er greift nur über einen kurzen Zeitraum hinweg ein, um eine Leistungssteigerung zu erzielen. In Bezug auf die oben genannten Aktivitäten zur Steigerung des Unternehmenswerts konzentriert sich der Portfolio-Manager darauf, einzugreifen und Finanzmittel zur Verfügung zu stellen (oder abzuziehen).

Portfolio-Manager streben danach, die Kosten der Zentrale gering zu halten, indem zum Beispiel nur wenige Mitarbeiter beschäftigt werden, die nur wenig zentrale Dienste bieten. So wird den Managern der einzelnen Geschäftsbereiche viel Selbstverantwortung übertragen. Die Zentrale setzt diesen Managern klare finanzielle Ziele und bietet hohe Boni, wenn diese erreicht werden. Im Gegenzug kann ein Nicht-Erreichen dieser Ziele schnell zum Verlust des Arbeitsplatzes führen. Solche Portfolio-Manager können so natürlich eine relativ große Anzahl einzelner Geschäftsbereiche betreuen, denn sie kümmern sich nicht um die Strategien des Tagesgeschäfts. Stattdessen greifen sie von oben ein, setzen finanzielle Ziele, entscheiden zentral über die Zukunft der einzelnen Bereiche und stellen dementsprechend Geldmittel zur Verfügung oder eben nicht.

Einige Experten vertreten die Meinung, dass die Tage solcher Portfolio-Manager gezählt sind. Die Verbesserung der Finanzmärkte sorgt dafür, dass die Gelegenheiten, billig in Unternehmen mit schwacher Leistung einzusteigen, immer rarer werden. Einige Portfolio-Manager halten jedoch die Stellung – und das sehr erfolgreich. Private Equity Unternehmen wie etwa Apax Partners oder Blackstone stellen eine neue Möglichkeit dar, im Stil eines Portfolio-Managers aufzutreten, denn diese investieren meist in lose zusammengehaltene Portfolios, verbessern die jeweiligen Unternehmen und stoßen diese wieder ab. So hielt Apax beispielsweise im Jahr 2006 Beteiligungen an 360 verschiedenen Unternehmen, die sich alle in unterschiedlichen Entwicklungsstadien befanden. Zu diesen Beteiligungen zählten die ehemalige Halbleiterabteilung der Firma Philips ebenso wie das Modelabel Tommy Hilfiger. Beispiel 7.3 beschreibt auch die Herangehensweise von Warren Buffet als Portfolio-Manager bei Berkshire Hathaway.

7.4.3 Der Synergiemanager

Das Erlangen einer Synergie wird oft als eigentliche Daseinsberechtigung einer Unternehmenszentrale gesehen.[18] Und im Fall einer verbundenen Diversifikation liegen meist die vielfältigsten Synergien vor. In Bezug auf Aktivitäten, die Unternehmenswert schaffen, konzentriert sich ein **Synergiemanager** auf dreierlei Aspekte: Er definiert eine Vision als gemeinsamen Unternehmenszweck; er ist Wegbereiter für die Kooperation der Geschäftsbereiche untereinander; und er stellt zentrale Dienstleistungen und Ressourcen zur Verfügung. Bei Apple dient beispielsweise Steve Jobs Vision seiner PCs als digitale Zentrale eines neuen digitalen Lebensstils als Leitlinie für die Manager von iMac, iTunes und iPod, sodass eine nahtlose Verbindung zwischen allen neue entwickelten Produkten und Dienstleistungen möglich wird. Das Ergebnis ist ein gesteigerter Unternehmenswert aufgrund eines verbesserten Kundenerlebnisses. Der amerikanische Großkonzern GE ermöglicht eine Kooperation durch verstärkte Investitionen in Trainingsaktivitäten für Manager. So wird es einfacher für diese, Wert schaffendes Wissen untereinander auszutauschen. Ein Metallhersteller, der durch Diversifikation sowohl im Bereich Stahl- als auch im Bereich Aluminiumproduktion aktiv ist, könnte seine Energieversorgung zentral gestalten und so durch seine stärkere Verhandlungsposition bei den Zulieferern Synergieeffekte erzielen.

Synergiemanager

Als Synergiemanager strebt die Unternehmenszentrale danach, den Wert ihrer Geschäftseinheiten durch die Realisierung von Synergien innerhalb der Organisation zu steigern.

Die Probleme, die eine Erlangung solcher Synergien mit sich bringt, sind denen sehr ähnlich, die bei der Erlangung von Vorteilen aufgrund einer Verbundenheit eine Rolle spielen (siehe *Abschnitt 7.3.1*). Drei dieser Probleme sollen hier nochmals aufgegriffen werden:

- *Übermäßige Kosten.* Die Vorteile, die durch die gemeinsame Nutzung von Wissen und Ressourcen und durch Kooperation entstehen, müssen die Kosten überwiegen, die für eine solche Integration nötig sind – wobei ausdrücklich sowohl die finanziellen Kosten als auch die Alternativkosten gemeint sind. Das Management synergetischer Beziehungen bringt meist teure Investitionen an Managementzeit mit sich.

18 Siehe A. Campbell und K. Luchs, *Strategic Synergy*, Butterworth–Heinemann, 1992.

- *Überwindung eigener Interessen.* Die Manager der einzelnen Unternehmensbereiche müssen bereit sein, zu kooperieren. Besonders dort, wo Manager reich entlohnt werden, wenn die Leistungen ihrer eigenen Geschäftsbereiche positiv ausfallen, fehlt ihnen meist die Motivation dazu, ihre Zeit und Ressourcen für das gemeinsame Ziel zu opfern.
- *Illusorische Synergien.* Der Wert, den bestimmte Fähigkeiten oder Ressourcen für andere Unternehmen haben können, wird leicht überschätzt. Dies ist besonders häufig der Fall, wenn die Unternehmenszentrale ein neues Projekt oder die Übernahme eines neuen Unternehmens rechtfertigen möchte. Vorher hoch gepriesene Synergien erweisen sich oft als illusorisch, wenn Manager sie tatsächlich in die Tat umsetzen müssen.

Die Tatsache, dass viele Unternehmen letztendlich nicht in der Lage sind, aus ihren einzelnen Geschäftsbereichen die erwarteten Synergieeffekte abzuleiten, hat dazu geführt, dass der gesamte Bereich der Synergien mit zunehmender Skepsis betrachtet wird. Vorteile aus Synergien sind nicht so einfach zu erlangen, wie es zunächst scheint. So hat es sich für Daimler Chrysler als sehr schwierig erwiesen, die versprochenen Synergien aus dem Zusammenschluss der Luxusautomarke Mercedes und der Marke für den Massenmarkt Chrysler zu realisieren. Dennoch ist und bleibt das Thema Synergie sehr wichtig, was die Strategie auf Gesamtunternehmensebene betrifft, wie das Beispiel 7.2 der Firma Zodiac gezeigt hat.

7.4.4 Der zentrale Geschäftsentwickler[19]

Zentraler Geschäftsentwickler

Als zentraler Geschäftsentwickler (parental developer) strebt die Unternehmenszentrale danach, ihre eigenen Kompetenzen als Dachorganisation so einzusetzen, dass sie den Wert der Geschäftseinheiten steigern und selbst organisatorische Fähigkeiten entwickeln kann, die für das Geschäftseinheitenportfolio angemessen sind.

Als **zentraler Geschäftsentwickler** *(parental developer)* strebt die Unternehmenszentrale danach, ihre eigenen Kompetenzen als Dachorganisation so einzusetzen, dass diese den Wert der Geschäftseinheiten steigern und selbst organisatorische Fähigkeiten entwickeln, die für das Geschäftseinheitenportfolio angemessen sind. Dabei geht es nicht in erster Linie darum, wie die Zentrale Vorteile *innerhalb* der Geschäftseinheiten generieren oder Fähigkeiten zwischen diesen transferieren kann, wie dies beim Management von Synergien der Fall ist. Der zentrale Geschäftsentwickler konzentriert sich stattdessen auf eigene Kompetenzen oder Ressourcen, die *von oben nach unten* weitergegeben werden können, um so das Potenzial der einzelnen Geschäftsbereiche zu steigern. So könnte eine Zentrale beispielsweise über einen wertvollen Markennamen (wie im Fall von Virgin) oder über spezielle Fähigkeiten im Bereich Finanzmanagement oder Produktentwicklung verfügen. Existieren solche zentralen Fähigkeiten, müssen der jeweiligen Manager eine *Chance zur Weitergabe* identifizieren. Dies kann ein Geschäftsbereich sein, der seinem Potenzial momentan nicht gerecht wird, der durch die Weitergabe der Fähigkeiten der Zentrale (Markenname, Produktentwicklung, etc.) jedoch verbessert werden könnte. Solche Chancen ergeben sich demnach häufiger im Fall einer verbundenen als im Fall einer unverbundenen Diversifikation. Außerdem werden dabei häufig Manager und andere Ressourcen innerhalb verschiedener Geschäftsbereiche „getauscht". Wichtige Aktivitäten der Zentrale zur Steigerung des Unternehmenswerts sind hier die Zurverfügungstellung zentraler Dienste und Ressourcen.

Die oben beschriebenen Fähigkeiten der Zentrale können sehr vielfältig sein. Royal Dutch Shell könnte anführen, dass es hier nicht nur auf die enorme Finanzkraft der Zent-

19 Der Ansatz des zentralen Geschäftsentwicklers wird ausführlich erklärt bei Goold et al., Fußnote 15.

rale ankommt, sondern auch auf ihr Verhandlungsgeschick mit Regierungen und auf ihre Fähigkeit, hochkarätige internationale Führungskräfte ins Boot zu holen, die unter dem Dach der Firma Shell praktisch überall auf der Welt arbeiten können. Diese Fähigkeiten sind besonders wertvoll, wenn es darum geht, ein globales Unternehmen aufzubauen. 3M geht es ausschließlich darum, den Managern der eigenen Geschäftsbereiche die Konzentration auf Innovationen einzuimpfen. Der Konzern versucht, seine Organisationskultur darauf zu gründen, klare Innovationsziele für die Geschäftseinheiten zu setzen und die Stellung technischer Mitarbeiter, die sich mit Innovationen auseinandersetzen, zu verbessern. Unilever strebt mehr und mehr danach, sein Fachwissen in Bezug auf globale Markenprägung und Marketing auf dem schnelllebigen Markt für Konsumgüter auszubauen. Zur Unterstützung werden hierfür F&E-Einrichtungen nach dem neuesten Stand der Technik betrieben. Das Unternehmen begründet dies damit, dass hier der größte Mehrwert für den Konzern erzeugt werden kann. Diese Überzeugung beeinflusst seit Jahren die Investitions- und Desinvestitionsentscheidungen des Unternehmens.

Basiert das Management einer Organisation aber auf diesem Grundsatz, so ergeben sich daraus mindestens vier Herausforderungen:

- *Die Identifikation von Fähigkeiten der Zentrale.* Eine große Herausforderung besteht für die Unternehmenszentrale darin, genau zu wissen, wie sie den Unternehmenswert ihrer Geschäftseinheiten konkret steigern kann. Liegen Irrtümer über die diesbezüglich wichtigen Fähigkeiten der Zentrale vor, so wird sich ihr Beitrag eher kontraproduktiv auswirken. Es müssen stichhaltige Beweise für eindeutig wertschöpfende Fähigkeiten vorliegen.
- *Die Ausrichtung der Zentrale.* Liegen klar identifizierte Fähigkeiten der Zentrale vor, die aber begrenzt sind, so ergibt sich daraus, dass die zentralen Dienstleistungen genau darauf abgestimmt werden müssen. Werden dennoch Dienstleistungen in anderen Bereichen angeboten, so sollte dies nur zu minimalen Kosten geschehen. Führungskräfte der Zentrale sollten aber ihre Zeit und Energie auf solche Aktivitäten konzentrieren, die den Unternehmenswert auch tatsächlich steigern. Andere Dienstleistungen könnten an Spezialfirmen fremdvergeben werden.
- *Das Problem der „Kronjuwelen".* Einige diversifizierte Unternehmen haben Geschäftseinheiten in ihrem Portfolio, die zwar erfolgreich sind, zu denen die Zentrale aber wenig an Wert beiträgt. Diese können zu sogenannten „Kronjuwelen" werden, an denen die Zentrale besonders hängt. Die Logik des Ansatzes eines zentralen Geschäftsentwicklers besteht jedoch darin, dass die Zentrale für solche Geschäftsbereiche nur Kosten verursacht und daher Unternehmenswert zerstört. Daher sollten zentrale Unternehmensentwickler Geschäftseinheiten, zu deren Wertsteigerung sie nichts beitragen, abstoßen, selbst wenn es sich um sehr rentable Einheiten handelt. Die Geldmittel, die aus dem Verkauf rentabler Unternehmen entstehen, können in andere Teile des Unternehmens investiert werden, zu deren Wertsteigerung die Zentrale beiträgt.
- *Genügend „Gefühl".* Soll die Logik des zentralen Geschäftsentwicklers konsequent verfolgt werden, so müssen die Führungskräfte der Zentrale auch genügend „Gefühl" oder Verständnis für die Unternehmen in ihrem Portfolio entwickeln, damit sie beurteilen können, wo sie den Unternehmenswert steigern und wo nicht. Dieses Thema wird in *Abschnitt 7.5.3* in Bezug auf die Logik von Geschäftsportfolios nochmals aufgegriffen.

Diese drei Rollen der Unternehmenszentrale können zu den Möglichkeiten der Wertsteigerung durch die Zentrale (siehe *Abschnitt 7.4.1*) in Bezug gesetzt werden. *Abbildung 7.6* zeigt, wie sich die wichtigsten wertsteigernden Rollen der Unternehmenszentrale unterscheiden können (vergleiche dazu *Abschnitte 7.4.2* bis *7.4.4*).

Abbildung 7.7: Das wertsteigernde Potenzial verschiedener zentraler Managementansätze

Wertsteigernde Aktivitäten (siehe Abschnitt 7.4.1)	Portfolio Manager	Synergiemanager	Zentraler Geschäftsentwickler
Visionen			
Entwicklung einer strategischen Intention/Mission		•	•
Klares externes Bild		•	•
Festlegung disziplinarischer Erwartungen	•		
Betreuer und Wegbereiter			
Entwicklung strategischer Fähigkeiten		•	
Erlangung von Synergien		•	
Zentrale Dienste und Ressourcen			
Investitionen	•	•	•
Größenvorteile		•	
Transfer von Fähigkeiten und Wissen		•	
Spezialisiertes Fachwissen			•
Hebelwirkung und Verhandlungsmacht		•	
Eingreifen			
Überwachung der Leistung	•		
Verbesserung der Leistung der Geschäftsbereiche			•
Strategien hinterfragen/weiterentwickeln		•	•

7.5 Portfolio-Matrizen

Die Diskussion in *Abschnitt 7.4* behandelte die Ansätze, die Unternehmenszentralen beim Management einer Organisation mit mehreren Geschäftsbereichen verfolgen können. Dieser Abschnitt stellt Modelle vor, mittels derer die Manager die verschiedenen Bestandteile ihres Portfolios auf verschiedene Weise verwalten, Unternehmensbereiche hinzufügen oder abstoßen können. Jedes Model misst den folgenden drei Kriterien mehr oder weniger Bedeutung zu:

- Die *Ausgewogenheit* des Portfolios, z. B. in Bezug auf dessen Märkte und die Anforderungen des Konzerns.
- Die *Attraktivität* der Geschäftsbereiche in Bezug darauf, wie erfolgreich sie individuell betrachtet sind und wie rentabel ihre Märkte und Branchen wahrscheinlich sein werden.
- Die *Kompatibilität* der einzelnen Geschäftsbereiche in Bezug auf potenzielle Synergien und das Ausmaß, indem sich die Unternehmenszentrale um diese kümmern kann.

7.5.1 Die Marktwachstums-/Marktanteils- (oder BCG-) Matrix[20]

Eine der am häufigsten eingesetzten und am längsten genutzten Methoden, um die Ausgewogenheit eines Geschäftsbereichsportfolios einzuordnen, ist die Boston Consulting Group (BCG-) Matrix (siehe *Abbildung 7.7*). Hier sind Marktwachstum und Marktanteil die entscheidenden Variablen zur Bestimmung von Attraktivität und Ausgewogenheit. Ein hoher Marktanteil und ein starkes Wachstum sind natürlich am attraktivsten. Die BCG-Matrix mahnt aber auch an, dass ein starkes Wachstum hohe Investitionen erfordert, um z.B. Kapazitäten zu erhöhen oder Marken zu entwickeln. Das Geschäftsbereichsportfolio muss also ausgewogen sein, sodass es einige Bereiche mit geringem Wachstum gibt, die einen ausreichend großen Überschuss erwirtschaften, um den Investitionsbedarf der Bereiche mit starkem Wachstum zu finanzieren.

Die beiden Achsen der Matrix (Wachstum und Marktanteil) definieren vier Unternehmensarten:

- Ein **Star** ist eine Geschäftseinheit mit hohem Marktanteil in einem wachsenden Markt. Diese Geschäftseinheit könnte viel Geld ausgeben, um ihrem Wachstum stand zu halten, wobei aber der hohe Marktanteil ausreichende Gewinne abwerfen dürfte, sodass sich dieser Bereich in Bezug auf seinen Investitionsbedarf selbst tragen kann.
- Ein **Fragezeichen** (oder Problemkind) bezeichnet eine Geschäftseinheit in einem wachsenden Markt, die keinen hohen Marktanteil besitzt. Die Entwicklung eines solchen Fragezeichens zu einem Star mit hohem Marktanteil erfordert hohe Investitionen. Viele Fragezeichen können nicht auf diese Weise weiterentwickelt werden, weshalb die BCG-Matrix Unternehmenszentralen den Rat gibt, mehrere gleichzeitig zu unterstützen. Es ist wichtig, darauf zu achten, dass sich zumindest einige der Fragezeichen zu Stars entwickeln, denn die gegenwärtigen Stars werden irgendwann zu Cash Cows und können sogar zu Dogs absteigen.
- Eine **Cash Cow** ist eine Geschäftseinheit auf einem reifen Markt, die einen hohen Marktanteil aufweist. Da für sie das Wachstum jedoch gering ist, ist auch der Investitionsbedarf gering, wohingegen der hohe Marktanteil meist dafür sorgt, dass die Geschäftseinheit rentabel wirtschaftet. Eine Cash Cow sollte also Geld einbringen, das zur Finanzierung der Fragezeichen benötigt wird.
- **Dogs** sind Geschäftseinheiten mit einem geringen Marktanteil auf stagnierenden oder rückläufigen Märkten und somit die schlimmste aller Kombinationen. Sie können ein Fass ohne Boden für Investitionen sein und einen unverhältnismäßig großen Anteil der Zeit und der Ressourcen der gesamten Firma in Anspruch nehmen. Die BCG-Matrix empfiehlt daher Verkauf oder Schließung.

Star

Ein Star ist eine Geschäftseinheit mit hohem Marktanteil in einem wachsenden Markt.

Fragezeichen

Ein Fragezeichen (oder Problemkind) bezeichnet eine Geschäftseinheit in einem wachsenden Markt, die keinen hohen Marktanteil besitzt.

Cash Cow

Eine Cash Cow ist eine Geschäftseinheit auf einem reifen Markt, die einen hohen Marktanteil aufweist.

Dogs

Dogs sind Geschäftseinheiten mit einem geringen Marktanteil auf stagnierenden oder rückläufigen Märkten.

20 Für eine ausführlichere Diskussion des Einsatzes der Marktwachstums-/Marktanteilsanalyse siehe A.C. Hax und N.S Majluf, „The use of the growth-share matrix in strategic planning", *Interfaces*, Bd. 13, Nr. 1 (1992), S. 40–46; und D. Faulkner, „Portfolio matrices", in V. Ambrosini (Hrs.), *Exploring Techniques of Analysis and Evaluation in Strategic Management*, Prentice Hall, 1998; für eine Erklärung der Entstehung der BCG-Matrix siehe B.D. Henderson, *Henderson on Corporate Strategy*, Abt Books, 1979.

Abbildung 7.8:
Die Marktwachstums-/ Marktanteils- (oder BCG) Matrix

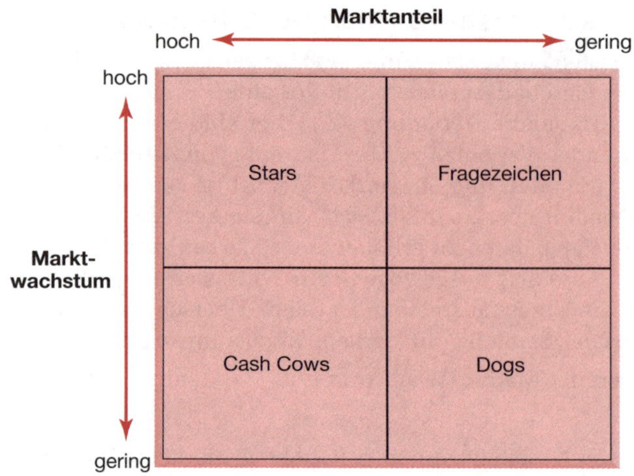

Die BCG-Matrix hat mehrere Vorteile. Sie bietet eine gute Möglichkeit, die verschiedenen Anforderungen und Potenziale aller Geschäftseinheiten des Unternehmensportfolios zu visualisieren. Sie warnt Unternehmenszentralen auch bezüglich des Finanzierungsbedarfs eines ansonsten sehr wünschenswerten Portfolios wachstumsstarker Bereiche. Sie dient den Zentralen außerdem als Erinnerung, dass ihre Stars sich irgendwann verabschieden werden. Und schließlich wirkt sie auch disziplinierend für die Manager der einzelnen Geschäftsbereiche, denn sie unterstreicht die Tatsache, dass es die Unternehmenszentrale ist, die letztendlich die überschüssigen Ressourcen vereinnahmt, die diese erwirtschaften. Ebenso kann die Zentrale demnach diese Ressourcen so einsetzen, dass sie für den Konzern als Ganzes am effektivsten sind. Cash Cows sollten ihre Gewinne also nicht horten. Außerdem geht es beim Thema überschüssiger Ressourcen nicht immer nur um Geldmittel. Eine Unternehmenszentrale kann auch beschließen, Manager von Geschäftseinheiten von langsam wachsenden Cash Cows oder Dogs abzuziehen und anderswo einzusetzen, wo sie dringender gebraucht werden.

Die BCG-Matrix birgt aber auch mindestens drei potenzielle Probleme:

- *Vage Definitionen.* Es kann sehr schwer sein, zu entscheiden, was viel oder wenig Wachstum im Einzelfall bedeutet. Auch viele Manager definieren ihren eigenen Marktanteil oft gerne als „hoch", indem einfach der Markt wiederum sehr eng begrenzt wird (und beispielsweise relevante internationale Märkte ignoriert werden).
- *Annahmen über den Kapitalmarkt.* Die Vorgabe, dass eine Unternehmenszentrale ein ausgewogenes Portfolio braucht, um sich aus internen Quellen (Cash Cows) finanzieren zu können, geht davon aus, dass kein Kapital auf externen Märkten beschafft werden kann, etwa durch die Ausgabe von Aktien oder durch Kredite. Wichtiger ist eine solche Vorgabe in Ländern mit unterentwickelten Kapitalmärkten oder für Privatunternehmen, die ihre Abhängigkeit von externen Aktionären oder Banken möglichst gering halten wollen.
- *„Tierfeindlichkeit".* Sowohl Cash Cows als auch Dogs werden nicht sehr pfleglich behandelt, denn erstere werden einfach nur gemolken, während letztere sogar terminiert oder aus dem Konzern geworfen werden. Eine solche Behandlung kann zu *Motivationsproblemen* führen, denn die Manager dieser Geschäftseinheiten sehen

wenig Sinn darin, vollen Einsatz zu bringen. Außerdem besteht die Gefahr der *sich selbst erfüllenden Prophezeiung.* Cash Cows werden sogar noch schneller zu Dogs als die Matrix dies vorsieht, wenn sie einfach nur gemolken werden und man ihnen jegliche Investitionen vorenthält. Außerdem geht man bei der Vorgabe, dass ein Dog ganz einfach terminiert oder verkauft werden kann, davon aus, dass es *keinerlei Bindungen zu anderen Geschäftsbereichen* des Portfolios gibt, deren Erfolg zumindest teilweise davon abhängen kann, den Dog am Leben zu halten. Dieser Ansatz gegenüber Dogs funktioniert innerhalb eines Mischkonzerns besser, denn hier haben Schließung oder Verkauf meist keinerlei Einfluss auf das restliche Portfolio.

7.5.2 Die Marktattraktivitäts- und Geschäftsfeldstärken- (oder GE-McKinsey-) Matrix

Eine weitere Methode zur Bewertung eines Portfolios ist die *normative Entscheidungsmatrix*[21], die Geschäftsbereiche in solche mit guten Zukunftsaussichten und solche mit weniger guten Zukunftsaussichten einteilt. Ursprünglich wurde diese Matrix von Beratern der Firma McKinsey & Co. entwickelt, um den amerikanischen Mischkonzern General Electric beim Management seiner Geschäftsbereiche zu unterstützen. In der **normativen Entscheidungsmatrix** (Marktattraktivitäts-/Geschäftsfeldstärken-Matrix) werden strategische Geschäftseinheiten danach positioniert, (i) wie attraktiv der jeweilige Markt ist, auf dem sie aktiv sind und (ii) welche Wettbewerbsstärken sie auf diesem Markt besitzen. Die Attraktivität kann dabei mithilfe der PESTEL oder der Five-Forces-Analyse bewertet werden; die Stärke der einzelnen Geschäftseinheiten ergibt sich aus einer Wettbewerberanalyse (etwa der strategischen Leinwand), siehe *Kapitel 2.* Einige Analysten wählen auch die grafische Darstellung, um die Größe des Marktes für die Aktivitäten einer Geschäftseinheit zu verdeutlichen. Auch der Marktanteil dieser Geschäftseinheit kann so dargestellt werden (siehe *Abbildung 7.8*). So werden sich die Manager des Unternehmens, dessen Porttfolio in *Abbildung 7.8* dargestellt ist, sicher darüber Sorgen machen, dass ihr Marktanteil auf dem größten und attraktivsten Markt relativ gering ist, während ihre größte Stärke auf einem Markt liegt, der langfristig gesehen eher weniger attraktiv ist.

Normative Entscheidungsmatrix

In der normativen Entscheidungsmatrix (Marktattraktivitäts-/Geschäftsfeldstärken-Matrix) werden strategische Geschäftseinheiten danach positioniert, (i) wie attraktiv der jeweilige Markt ist, auf dem sie aktiv sind und (ii) welche Wettbewerbsstärken sie auf diesem Markt besitzen.

Die Matrix hilft auch bei der Auswahl einer geeigneten Strategie auf Gesamtunternehmensebene, denn sie positioniert die Geschäftseinheiten genau, wie in *Abbildung 7.9* gezeigt. Daraus ergibt sich, dass vorwiegend in die Einheiten mit dem höchsten Wachstumspotenzial und den größten Stärken investiert werden sollte, um deren Wachstum zu fördern. Die schwächsten Einheiten auf dem am wenigsten attraktiven Markt sollten dagegen abgestoßen oder „ausgeschlachtet“ werden (d.h. man sollte aus ihnen vor dem Verkauf so viel Geld wie möglich herausholen).

Die normative Entscheidungsmatrix ist komplexer als die BCG-Matrix. Doch sie bietet auch zwei Vorteile. Zunächst wird – anders als in den vier Quadranten der BCG-Matrix – in den neun Zellen der normativen Entscheidungsmatrix die Möglichkeit eines schwierigen Mittelwegs berücksichtigt. Auf diesem Gebiet müssen Manager sehr vorsichtig und selektiv vorgehen. So betrachtet ist die normative Entscheidungsmatrix weniger mechanisch als die BCG-Matrix und fördert eine offene Debatte über die

21 A. Hax und N. Majluf, „The use of the industry attractiveness-business strength matrix in strategic planning“, in R. Dyson (Hrs.), *Strategic Planning: Models and analytical techniques*, Wiley, 1990.

weniger offensichtlichen Fälle. Außerdem basieren die beiden Achsen der normativen Entscheidungsmatrix nicht einfach nur auf Messgrößen (also auf Marktwachstum und Marktanteil). Die Stärken einer Geschäftseinheit können sich aus vielen anderen Faktoren ableiten als nur aus ihrem Marktanteil; ebenso beruht die Attraktivität einer Branche nicht nur auf deren Wachstumsrate. Andererseits birgt auch die normative Entscheidungsmatrix einige der Probleme der BCG-Matrix, insbesondere in Bezug auf zu vage Definitionen, Annahmen über den Kapitalmarkt, Motivation und sich selbst erfüllende Prophezeiungen. Insgesamt gesehen hilft sie Matrix-Managern aber sehr wohl dabei, ihre Investitionen in Bereichen zu tätigen, die sich auch auszahlen.

Bisher wurde lediglich die logische Zusammensetzung von Portfolios betrachtet in Bezug auf ihre Ausgewogenheit und Attraktivität. Der nächste Ansatz befasst sich mit der Kompatibilität dieses Portfolios mit den besonderen Fähigkeiten der Unternehmenszentrale.

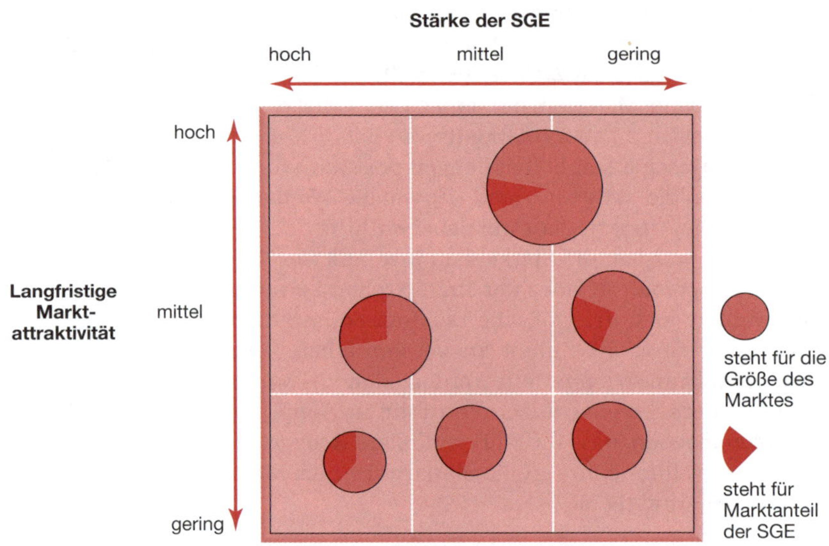

Abbildung 7.9: Die normative Entscheidungsmatrix (GE-McKinsey Matrix)

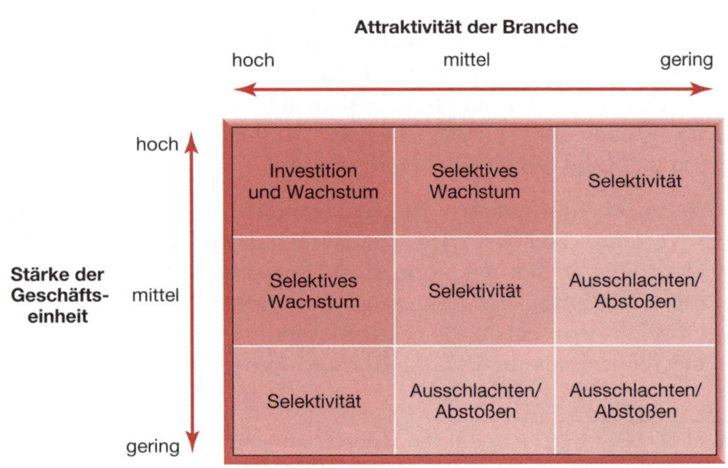

Abbildung 7.10: Strategische Richtlinien basierend auf der normativen Entscheidungsmatrix

7.5.3 Die Parenting-Matrix

Die Parenting-Matrix (oder Ashridge Portfolio Display) wurde von Michael Goold und Andrew Campbell entwickelt und führt die Kompatibilität mit der Zentrale als wichtiges Kriterium bezüglich der Aufnahme neuer Geschäftsbereiche in das Portfolio ein.[22] Es kann sein, dass Geschäftsbereiche zwar in Bezug auf die BCG-Matrix und die normative Entscheidungsmatrix attraktiv sind, kann die Zentrale aber deren Unternehmenswert nicht steigern, so sollte sie sehr sorgfältig überlegen, ob eine Übernahme oder ein Verbleib im Portfolio sinnvoll sind.

Innerhalb der Parenting-Matrix gibt es zwei wichtige Dimensionen in Bezug auf die Kompatibilität (siehe *Abbildung 7.10*):

- *Gefühl.* Dieses Kriterium bezieht sich auf die Kompatibilität der *kritischen Erfolgsfaktoren* (siehe *Abschnitt 2.4*) jeder einzelnen Geschäftseinheit und der Fähigkeiten (also Kompetenzen und Ressourcen) der Unternehmenszentrale. Hat die Zentrale anders ausgedrückt das richtige „Gefühl" oder Verständnis für den Geschäftsbereich, um den es sich kümmern möchte?
- *Nutzen.* Hier wird die Kompatibilität der *Chancen zur Weitergabe* oder der Bedürfnisse der einzelnen Geschäftsbereiche und der Fähigkeiten der Zentrale geprüft. Chancen zur Weitergabe beziehen sich dabei auf die positiven Seiten, auf Bereiche also, in denen die Zentrale z.B. nützliches Fachwissen an ihre Geschäftseinheiten weitergeben kann, die dann davon profitieren. Damit dieser Nutzen auch realisiert werden kann, muss die Zentrale natürlich auch über die richtigen Fähigkeiten zur Weitergabe verfügen.

Wie wichtig diese beiden Dimensionen der Kompatibilität sind, zeigt sich folgendermaßen: Es leuchtet ein, dass eine Unternehmenszentrale Geschäftsbereiche meiden sollte, für die ihr das richtige *Gefühl* fehlt. Weniger offensichtlich ist dagegen, dass auch der *Nutzen* unbedingt gegeben sein muss. Denn dadurch werden Geschäftsbereiche kritisch betrachtet, für die die Zentrale sehr wohl ein gutes Gefühl hat. Geschäftsbereiche, für die ein gutes Gefühl vorhanden ist, zu denen aber wenig Nutzen beigetragen werden kann, sollten entweder mit großer Distanz geführt oder verkauft werden.

Abbildung 7.10 zeigt vier verschiedene Arten von Geschäftsbereichen, die anhand dieser beiden Dimensionen (Gefühl und Nutzen) kategorisiert werden:

- *Kernland-Einheiten* sind Geschäftsbereiche, die die Zentrale gut versteht und deren Wert sie langfristig steigern kann. Sie sollten im Zentrum zukünftiger Strategien stehen.
- *Ballast-Einheiten* versteht die Zentrale zwar gut, sie kann aber nur wenig zusätzlichen Nutzen beitragen. Sie wären höchstwahrscheinlich als unabhängige Unternehmen mindestens ebenso erfolgreich. Wenn sie nicht verkauft werden, sollte man ihnen so wenig Konzernbürokratie wie möglich aufbürden.
- *Wertfallen-Einheiten* sind sehr gefährlich. Auf den ersten Blick erscheinen sie attraktiv, denn es sind Chancen für eine Wertsteigerung gegeben (z.B. durch eine Verbesserung des Marketing), doch der Schein trügt, denn der Zentrale fehlt das richtige Gefühl, und so richtet sie meist mehr Schaden an (d.h. sie übermittelt die

22 Die Diskussion in diesem Abschnitt basiert auf M. Goold, A. Campbell und M. Alexander, *Corporate Level Strategy*, Wiley, 1994. Hier wird eine exzellente Basis für das Verständnis der Probleme von Unternehmenszentralen vorgestellt.

falschen Marketingfähigkeiten) als sie nützt. Sollen solche Wertfallen zu Kernland-Einheiten werden, so muss die Zentrale sich neue Fähigkeiten aneignen. Daher kann es leichter sein, solche Einheiten an andere Konzerne zu verkaufen, die deren Wert steigern können und für eine solche Chance einen hohen Preis zahlen werden.

- *Andersartige Einheiten* sind klare Fehlschläge. Sie bieten wenige Chancen für die Weitergabe relevanter Fähigkeiten und der Zentrale fehlt ohnehin jegliches Verständnis für sie. Ein Ausstieg ist hier also in jedem Fall die beste Strategie.

Abbildung 7.11: Die Parenting-Matrix: Das Ashridge Portfolio Display

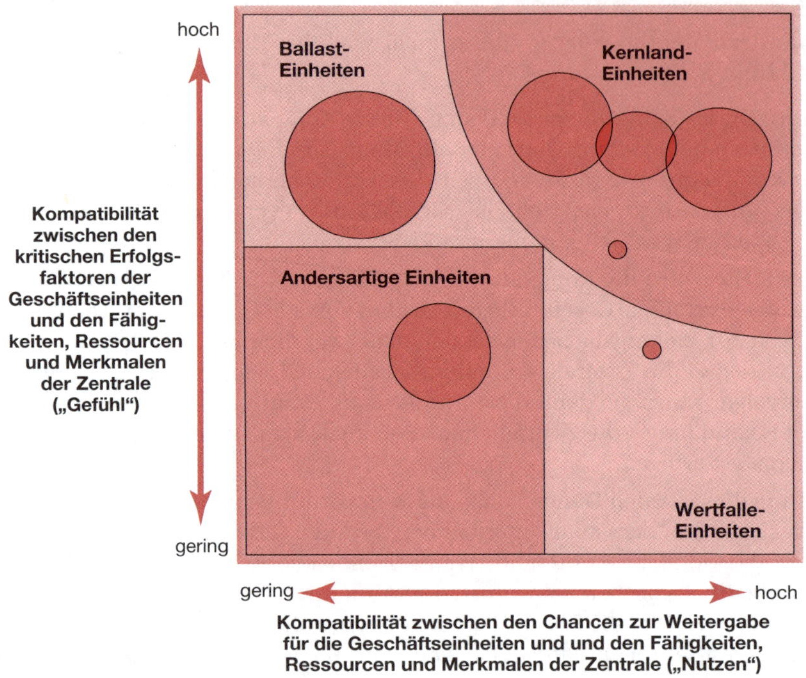

Beispiel 7.5 Die Aufteilung des Home Office

Nach 225 Jahren der kombinierten Verantwortung für Justiz und nationale Sicherheit wurde das britische Innenministerium (Home Office) als nicht mehr länger „zweckdienlich" eingestuft.

Seit dem 18. Jahrhundert war das britische Home Office (das in etwa dem Innenministerium vieler anderer Länder entspricht) – ungewöhnlicherweise – sowohl für den Bereich Justiz als auch für den Bereich innere Sicherheit in Großbritannien zuständig. Im Jahr 2007 waren ganze 70.000 Beamte im Justizsystem des

Staates (in Gerichten, bei der Polizei, in Gefängnissen, in der Bewährungshilfe, in der Terrorbekämpfung, beim Geheimdienst, bei der Drogenfahndung, im Pass- und Ausweiswesen, bei der Grenzkontrolle, dem Asylsystem und in den politischen Bereichen anti-soziales Verhalten, Gleichberechtigung und Diversity (der sich mit Unterschieden der Rasse, des Geschlechts und mit Menschen mit Behinderung befasst) tätig.

Doch das Home Office galt als gescheiterte Organisation. Im Laufe des Jahres musste das Ministerium einige Katastrophen verkraften. Es stellte sich heraus, dass über britische Bürger, die im Ausland ein Verbrechen verübt hatten, keinerlei Aufzeichnungen geführt wurden, dass geflohene Häftlinge nicht verfolgt wurden, dass ausländische Verbrecher nicht in ihre Heimat zurückgeschickt wurden, dass sich unbearbeitete Asylanträge zu Tausenden stapelten, dass verurteilte Verbrecher langfristig in Polizeizellen untergebracht wurden, da es in den Gefängnissen zu wenig Platz gab, etc. Ein ehemaliger Mitarbeiter des Home Office kommentierte:

> *Das Ministerium ist mittlerweile zu groß geworden für ein effektives Management. Die linke Hand weiß hier nicht, was die rechte tut. Und die Regierung muss sich nun endlich der schwierigen Problematik stellen, ob es noch sicher ist, eine solche Behörde aufrechtzuerhalten. Sie hat sich zu einem Dinosaurier entwickelt, dessen Gehirn zu klein ist für seinen gigantischen Körper.*

Charles Clarke, Home Secretary (entspricht dem Innenminister), war gezwungen, sein Amt aufzugeben. Sein Nachfolger, John Reid, stufte das Home Office als „nicht zweckdienlich" ein. Infolgedessen wurde es aufgespaltet. Ein neues Justizministerium übernahm die Verantwortung für das Strafrechtssystem, d.h. Strafrecht, Strafvollzug, Gefängnisverwaltung und Bewährungshilfe. Das neue Innenministerium (Home Office) übernahm dagegen zusätzliche Verantwortung im Bereich Terrorbekämpfung und behielt darüber hinaus seine angestammten Verantwortungsbereiche bei, also Polizeiverwaltung, Verbrechensreduzierung, Immigration und Asyl sowie Passwesen. Diese Veränderung wurde meist zusammengefasst als die „Trennung der Verfolgung von Straftätern von deren Bestrafung".

Der entlassene Minister Charles Clarke kommentierte die Veränderungen seines alten Ministeriums so:

> *Ich glaube, das Problem dieser Behörde ist die fehlende Koordination zwischen ihren verschiedenen Elementen. Eine Aufspaltung des Home Office wird diese Probleme noch zusehends verschlimmern.*

Quellen: Guardian, 5. Februar 2007; The Economist, 31. März 2007.

Kontrollfragen

1. Wie könnte das alte Home Office den Wert seiner Elemente steigern? Wie könnte es zu einer Zerstörung von Mehrwert kommen?
2. Welcher zentrale Managementstil ist für das neue Home Office angemessen (Portfolio Management, Synergiemanagement oder zentrale Unternehmensentwicklung)?

Dieser Ansatz zur Betrachtung von Unternehmensportfolios konzentriert sich ganz klar darauf, wie die Zentrale den einzelnen Einheiten nützen kann. Hierfür sind sorgfältige Analysen sowohl der Fähigkeiten der Zentrale also auch des Bedarfs der Geschäftseinheiten nötig, was eine Weitergabe zentraler Fähigkeiten angeht. Die Parenting-Matrix kann also bei schwierigen Entscheidungen behilflich sein, wo entweder ein gutes Gefühl oder viele Chancen zur Weitergabe die Unternehmenszentrale dazu verleiten, Geschäftsbereiche zu übernehmen oder zu halten. Eine Zentrale sollte sich immer auf tatsächliche oder potenzielle Kernland-Einheiten konzentrieren, wo Gefühl und Nutzen jeweils hoch sind.

Das Konzept der Kompatibilität ist auch für Organisationen des öffentlichen Sektors relevant (siehe Beispiel 7.5). Daraus lässt sich ableiten, dass Manager des öffentlichen Sektors nur diejenigen Dienstleistungen und Aktivitäten direkt kontrollieren sollten, für die sie über spezialisierte Managementkenntnisse verfügen. Andere Bereiche sollten fremdvergeben oder als unabhängige Organisationen ausgegliedert werden. Während Outsourcing, Privatisierung und die Gründung unabhängiger Behörden oft ebenso sehr ein Resultat des politischen Dogmas wie einer gesamtunternehmerischen Strategie ist (siehe Beispiel 7.6), geht doch die Tendenz in vielen Ländern in jüngster Zeit in diese Richtung.

Beispiel 7.6 Ist eine Strategie auf Gesamtunternehmensebene wirklich nötig?

Brauchen wir wirklich diversifizierte Konzerne?

Der Begriff der Strategie für die Gesamtunternehmensebene geht davon aus, dass Konzerne Geschäftseinheiten ihr Eigen nennen und kontrollieren sollten, die auf einer Reihe verschiedener Märkte aktiv sind und verschiedene Produkte und Dienstleistungen anbieten. Doch der Wirtschaftswissenschaftler Oliver Williamson, dessen Hauptthema die Transaktionskosten sind, vertritt die Meinung, dass es diversifizierte Konzerne nur geben dürfe, wenn Märkte scheiterten. Auf gut funktionierenden Märkte dagegen sei es nicht nötig, einzelne Einheiten durch übergeordnete Managementstrukturen zu koordinieren. Hier könnten die Geschäftseinheiten unabhängig bleiben und nur in Einzelfällen und falls nötig gäbe es einfache Transaktionen direkt auf dem Markt zur Koordination. Die „unsichtbare Hand" des Marktes könnte so die „sichtbare Hand" von Managern der Unternehmenszentrale ersetzen. Folglich gäbe es auch keine Strategie auf Gesamtunternehmensebene.

Es gibt zwei Gründe, warum Märkte scheitern können und so diversifizierte Konzerne zu einer bevorzugten Option machen:

- *Begrenzte Rationalität.* Niemand kann über alles Bescheid wissen, was auf einem Markt geschieht, also sind auch vollkommen rationale Markttransaktionen etwas völlig Unmögliches. Genaue Informationen über Qualität und Kosten sind daher manchmal innerhalb eines Konzerns leichter und besser zu erhalten.
- *Opportunismus.* Unabhängige Unternehmen, die miteinander interagieren, könnten sich opportunistisch verhalten, indem sie zum Beispiel ihre Zusagen bezüglich Produktqualität oder Lieferterminen nicht einhalten. Solche Regelwidrigkeiten können häufig innerhalb einer Konzernhierarchie leichter geahndet werden als außerhalb.

Williamson ist der Meinung, dass die Aktivitäten einzelner Unternehmen nur dann unter dem Dach eines Konzerns vereint werden sollten, wenn die „Transaktionskosten“ bezüglich der begrenzten Rationalität (Informationsaustausch) und des Opportunismus (Schutz gegen Regelverstöße) innerhalb einer Konzernhierarchie geringer sind als sie es wären, wenn man sich einfach nur auf die Transaktionen auf dem offenen Markt verlassen würde.

Dieser Vergleich der Transaktionskosten von Märkten und Hierarchien wirkt sich auf die Tendenzen bezüglich einer Produktdiversifikation sehr stark aus:

- Eine Verbesserung der Kapitalmärkte könnte den relativen Informationsvorteil eines Konzerns verringern, der eine Reihe unverbundener Geschäftsbereiche sein Eigen nennt. Je besser der Informationsfluss auf dem Markt funktioniert, umso weniger werden Mischkonzerne gebraucht – ein Aspekt, der vielleicht für die jüngst abnehmende Anzahl an Mischkonzernen in vielen Volkswirtschaften mit verantwortlich ist.
- Durch den verbesserten Schutz des geistigen Eigentums kann es für Konzerne reizvoller werden, ihre Technologien per Lizenz an andere Firmen zu vergeben, anstatt alles selbst machen zu wollen. Wenn es immer mehr Möglichkeiten gibt, Lizenzgebühren einzunehmen, so ist es für Konzerne nicht mehr wirklich von Vorteile, alle Geschäftsbereiche intern zu halten.

Scheitern also weniger Märkte, so bedeutet das gleichzeitig eine engere Produktpalette.

Die von Williamson vertretene Perspektive der „Transaktionskosten“ macht es den Konzernen besonders schwer, sich für ihre Strategie zu rechtfertigen. Und doch gibt es zwei mögliche Argumente der Verteidigung. Zum einen lässt sich Wissen auf dem Markt schlecht handeln. Denn Käufer wissen erst, wie viel die neu erworbenen Kenntnisse wirklich wert sind, wenn sie sie bereits gekauft haben. Kollegen verschiedener Schwestergesellschaften innerhalb des gleichen Konzerns tun sich beim Informationsaustausch leichter als unabhängige Firmen auf dem offenen Markt, denn sie können sich gegenseitig vertrauen.

Zum zweiten geht es einem Konzern natürlich nicht nur darum, die Kosten für Informationen und Regelverstöße zu minimieren, sondern auch um eine Maximierung des Werts aller kombinierten Ressourcen. Vereint man kreative Köpfe innerhalb eines großen Unternehmens, so werden dadurch Wissensaustausch, Innovation und Motivation gefördert. In Konzernen wird Wert geschaffen und es werden auch Kosten minimiert.

Quellen: O.E. Williamson, „Strategy research: Governance and competence perspectives", Strategic Management Journal, Bd. 12 (1998), S. 75–94; B. Kogut und U. Zander, „What firms do? Coordination, identity and learning", Organization Science, Bd. 7, Nr. 5 (1996), S. 502–519; S. Ghoshal, C. Bartlett und P. Moran, „A new manifesto for management", Sloan Management Review, Frühling 1999, S. 9–20.

Kontrollfrage

1. Nehmen Sie einen diversifizierten Konzern wie etwa Cadbury Schweppes oder Unilever als Beispiel und beurteilen Sie, welche schwer zu handelnden Informationen dieser zwischen den einzelnen Tochtergesellschaften transferieren könnte. Wird die Bedeutung solcher Informationen eher größer oder geringer?

ZUSAMMENFASSUNG

- Viele Konzerne bestehen aus mehreren, manchmal sehr vielen Geschäftseinheiten. Entscheidungen bezüglich dieser Geschäftseinheiten sind von der in diesem Kapitel als Unternehmenszentrale bezeichneten Einheit zu treffen.
- Die Strategie auf Gesamtunternehmensebene befasst sich mit den Entscheidungen der Unternehmenszentrale bezüglich (i) der Reichweite von Produkten und Märkte, und (ii) der Frage, wie sie zur Steigerung des Unternehmenswerts ihrer Einheiten beitragen kann.
- Bei der Produktdiversität wird häufig zwischen der verbundenen und der unverbunden Diversifikation unterschieden.
- Häufig leidet die Leistung, wenn die Diversifikation der Konzerne zu umfangreich wird oder eine unverbundene Diversifikation vorliegt.
- Unternehmenszentralen können nach einer Wertsteigerung streben, indem sie verschiedene Rollen übernehmen: Portfolio-Manager, Synergiemanager und zentraler Unternehmensentwickler.
- Unternehmenszentralen können Werte ebenso zerstören wie steigern, und sie sollten bereit sein, Einheiten abzustoßen, deren Wert sie nicht steigern können.
- Es gibt verschiedene Portfolio-Modelle, die der Zentrale Hilfestellung beim Management ihrer Geschäftseinheiten geben können. Die gängigsten unter ihnen sind: Die BCG-Matrix, die normative Entscheidungsmatrix und die Parenting-Matrix.

ZUSAMMENFASSUNG

Aufgaben

*Kennzeichnet schwierigere Aufgaben.

7.1 Identifizieren und erklären Sie anhand der Ansoff-Matrix (siehe *Abbildung 7.2*) mögliche strategische Ausrichtungen für eine Organisation Ihrer Wahl.

7.2 Besuchen Sie die Website eines multinationalen Konzerns Ihrer Wahl (z.B. Google, Tata Group, Siemens) und beurteilen Sie, inwiefern dessen Strategie auf Gesamtunternehmensebene geprägt ist von (a) verbundener oder unverbundener Diversifikation und (b) einer kohärenten „dominanten Logik" (siehe *Abschnitt 7.3.1*).

7.3 Erklären Sie anhand eines großen multinationalen Konzerns (wie in Frage 7.2), wie die Unternehmenszentrale am besten zu einer Wertsteigerung ihrer Geschäftseinheiten beitragen könnte (als Portfolio-Manager, Synergiemanager oder zentraler Geschäftsentwickler; siehe *Abschnitt 7.4*). Passen alle Geschäftseinheiten gleich gut in den Konzern?

*7.4 Stellen Sie anhand eines großen multinationalen Konzerns (wie in Frage 7.2) die Geschäftseinheiten auf einer Portfolio-Matrix dar (z.B. die BCG-Matrix; siehe *Abschnitt 7.5*). Rechtfertigen Sie Ihre Annahmen bezüglich der relativen Positionen der Einheiten innerhalb der Matrix. Welche Management-Konsequenzen ziehen Sie aus Ihrer Analyse?

7.5 Stellen Sie anhand eines großen multinationalen Konzerns (wie in Frage 7.2) die Geschäftseinheiten auf der Ashridge Parenting-Matrix dar (siehe *Abbildung 7.10*).

Integrative Aufgabe

7.6 Wählen Sie eine kürzlich stattgefundene Fusion oder Übernahme (siehe *Kapitel 10*) und bewerten Sie, ob und inwieweit hier eine verbundene oder unverbundene Diversifikation stattgefunden hat und wie sich diese mit der dominanten Logik des betroffenen Konzerns vereinbaren lässt. Verwenden Sie Informationen über den Aktienkurs (siehe *www.bigcharts.com* oder eine ähnliche Website) und beurteilen Sie die Reaktionen der Aktionäre auf die Fusion oder Übernahme. Wie erklären Sie sich diese Reaktionen?

Literaturempfehlungen

- Eine sehr zugängliche Diskussion über strategische Ausrichtung bieten A. Campbell und R. Park, *The Growth Gamble: When leaders should bet on big new businesses*, Nicholas Brealey, 2005.
- M. Goold und K. Luchs, „Why diversify: Four decades of management thinking", in D. Faulkner und A. Campbell (Hrs.), *The Oxford Handbook of Strategy*, Bd. 2, Oxford University Press, S. 18–42, bietet einen umfassenden Überblick über die Diversifikationsoptionen im Laufe der Zeit.
- Eine Zusammenfassung verschiedener Portfolioanalysen bietet D. Faulkner, „Portfolio matrices", in V. Ambrosini (Hrs.), *Exploring Techniques of Analysis and Evaluation in Strategic Management*, Prentice Hall, 1998.

Fallstudie
Die Virgin Group

Aidan McQuade

Einführung

Die Virgin Group ist eines der größten Unternehmen Großbritanniens. Im Jahr 2006 umfasste es 63 Geschäftseinheiten aus allen Wirtschaftsbereichen von Fluggesellschaften über Fitnessstudios, Musikgeschäfte bis hin zu Zügen. Ein Unternehmen der Gruppe war Virgin Galactic, eine Firma, die zahlende Kunden ins Weltall befördern wollte.

Das Image und die Persönlichkeit des Gründers Richard Branson, waren eng mit dem Image des gesamten Unternehmens verknüpft. Bransons Sucht nach Publicity brachten ihn immer wieder dazu, ungewöhnliche Aktionen auf die Beine zu stellen. So übernahm er eine Gastrolle als Straßenverkäufer in der amerikanischen Comedyserie *Friends* und versuchte eine non-stop Ballonfahrt rund um die Welt. Natürlich trugen solche Aktionen auch zum Image und zur Bekanntheit von Bransons Markennamen bei. Untersuchungen ergaben, dass man den Namen Virgin mit Worten wie „Spaß", „innovativ", „wagemutig" und „erfolgreich" assoziierte.

2006 verkündete Branson, er plane eine Investition von $ 3 Mrd. (€ 2,4 Mrd.) in erneuerbare Energien. Mittels einer Partnerschaft mit dem Kabelunternehmen NTL expandierte Virgin auch in den Bereich Medien und stellte öffentlich die Art und Weise infrage, wie die Firma NewsCorp in Großbritannien agierte und wie sich dies auf die Demokratie im Land auswirkte. Art und Ausmaß dieser beiden Initiativen zeigt, dass Bransons Hunger nach Neuem bei Weitem noch nicht gestillt ist.

Ursprünge und Aktivitäten

Virgin wurde 1970 als Plattenversandfirma gegründet und machte sich einen Namen als Musiklabel und Einzelhändler. 1986 ging die Firma mit einem Umsatz von £ 250 Mio. (€ 365,5 Mio.) an die Börse. Branson war jedoch der Verpflichtungen, die eine Börsennotierung mit sich brachte, schnell überdrüssig; er lehnte es ab, in der Londoner City Vorträge vor Menschen zu halten, die seiner Meinung nach sein Geschäft ohnehin nicht verstanden. Der Druck, kurzfristige Gewinne vorzuweisen, besonders als der Aktienkurs allmählich abrutschte, gab schließlich den Ausschlag: Branson beschloss, sein Unternehmen wieder in Privateigentum zu nehmen, und alle Aktien wurden zum ursprünglichen Ausgabekurs zurückgekauft.

Man wählte den Namen „Virgin" (englisch für „Jungfrau"), um auszudrücken, dass das Unternehmen ganz jungfräulich an jeden neuen Geschäftsbereich heranging. Branson dazu:

> *Unser Markenname ist bei Weitem der wichtigste Vermögenswert, den wir haben; letztendlich besteht unser großes Ziel darin, ihn als globale Markte zu etablieren.*

Dies heißt jedoch nicht, dass Virgin unterschätzt, wie wichtig es ist, die Geschäftsbereiche zu *verstehen*, in denen es mit seinem Markennamen aktiv wird. Über seine Absicht, einen „grünen" Energieversorger zu schaffen, der Ethanol und Zellulosebrennstoffe produziert und so mit der Ölindustrie in Konkurrenz tritt, sagte Branson:

> *Wir sind eine etwas ungewöhnliche Firma, denn wir engagieren uns in Branchen, über die wir anfangs gar nichts wissen, und knien uns voll und ganz hinein.*

Häufig expandiert Virgin, indem es Joint Ventures gründet, wobei Virgin den Markennamen und sein Partner den größten Teil des nötigen Kapitals beisteuert. So investierte Virgin in den eigenen Markteintritt in den Bereichen Bekleidung und Kosmetik lediglich £ 1.000, während der Joint Venture-Partner Victory Corporation £ 20 Mio. investierte. Mit Virgin Mobile baute Virgin einen Unternehmensbereich nur dadurch auf, dass es Partnerschaften mit bestehenden Mobilnetzbetreibern einging und dann Dienstleistungen unter dem Markennamen Virgin verkaufte. Die Kompetenzen der Netzbetreiber lagen im Bereich Netzwerk-Management. Virgin wollte eine Differenzierung erreichen, indem es innovative Dienste anbot. So erhielt Virgin, obwohl es kein eigenes Netzwerk betrieb, eine Auszeichnung als bester Mobilnetzbetreiber in Großbritannien.

Virgin Fuels scheint etwas anders zu sein, denn hier bringt Virgin selbst das gesamte benötigte Kapital auf und nutzt seinen Markennamen, um auf die Chancen dieser neuen Technologien aufmerksam zu machen.

2005 verkündete Virgin die Gründung eines „vierfachen" Medienunternehmens, das Fernsehen, Breitbandinternet, Festnetz- und Mobiltelefonie anbot. Dies wurde durch die Fusion von Bransons Beteiligungen an Mobilfunknetzen in Großbritannien mit den beiden britischen Kabelunternehmen ermöglicht. Diese Firma der Virgin Gruppe würde 9 Millionen Direktkunden haben, 1,5 Millionen mehr als BSkyB, und dadurch auch die finanzielle Kapazität, um mit BSkyB um Premiuminhalte wie Sport und Spielfilme in Wettbewerb zu treten.[1] Virgin versuchte noch eine weitere Expansion dieses Geschäftsbereichs und machte der Firma ITV ein Übernahmeangebot. Dies wurde jedoch abgelehnt mit dem Argument, die Firma würde unterbewertet. Außerdem kam es zu einer weiteren Unterwanderung Virgins, denn BSkyB übernahm einen 18-prozentigen Anteil an ITV. Dies veranlasste Branson, die entsprechenden Aufsichtsbehörden auf den Plan zu rufen, um BSkyB zu zwingen, diese Beteiligung aufzugeben oder zu reduzieren, denn er äußerte Bedenken, BSkyB könne materiellen Einfluss auf den Free TV Sender ausüben.[2]

Virgin wird immer wieder als „Keiretsu"-Organisation charakterisiert, also als eine Struktur lose verbundener, autonomer Geschäftsbereiche, die unter dem gemeinsamen Markennamen von eigenständigen Management-Teams geführt werden. Branson argumentierte, er ziehe es vor, bei seinen Expansionen kurzfristige Gewinne zugunsten des langfristigen Wachstums seiner einzelnen Geschäftsbereiche zu vernachlässigen.

Einige Beobachter äußerten, Virgin sei zu einer Selbstläufermarke geworden, die den eigenen Geschäftsbereichen nicht mehr in jedem Fall relevantes Fachwissen zur Verfügung stellen könne. Will Whitehorn, Direktor für Konzernbelange bei Virgin, setzte jedoch dagegen:

> *Wir bei Virgin wissen, was der Markenname bedeutet, und wenn wir diesen Namen mit etwas in Verbindung bringen, so wissen wir, dass wir ein Versprechen abgeben.*

Branson sah die wertsteigernde Wirkung von Virgin – zusätzlich zum Markennamen – in dreierlei Weise: Zum einen stellte es Fachwissen im Bereich PR und Marketing zur Verfügung; zudem verfügte es über großes Fachwissen bezüglich Unternehmensneugründungen; und schließlich verstand Virgin es ausgezeichnet, Chancen auf „institutionalisierten" Märkten zu nutzen. Virgin betrachtete einen solchen „institutionalisierten" Markt als einen Markt, der von wenigen Wettbewerbern dominiert wurde, die ihren Kunden keine guten Produkte anboten, weil sie entweder ineffizient geworden oder nur mit sich selbst und der Konkurrenz beschäftigt waren.

Virgin war der Meinung, es könne erfolgreich sein, wenn es solche Selbstgefälligkeit identifizieren und daraufhin bessere Produkte oder Dienstleistungen für weniger Geld anbieten könne. Der Eintritt in die Energie- und Medienbranche bestätigt in jedem Fall diese Denkweise, „institutionalisierte" Märkte aufmischen zu wollen.

Die Unternehmenslogik

Noch im Jahr 2006 zeigten sich bei Virgin keinerlei der üblichen Probleme von multinationalen Konzernen.[3] Branson beschrieb sein Unternehmen als „Markenunternehmen für Risikokapital". Eigentlich gab es keinen Konzern als solchen; die finanziellen Ergebnisse wurden weder zur externen Überwachung noch für interne Zwecke konsolidiert. Auf seiner Website wurde Virgin nicht als Hierarchie, sondern als Familie beschrieben, deren Finanzen von Genf aus geregelt wurden.

2006 erklärte Branson, wie er Chancen bewertete, die sich ihm boten: Sie müssten globale Reichweite haben, die Marke bereichern, sich bezahlt machen und die Chance auf einen angemessenen Kapitalertrag bieten.[4] Jeder Geschäftsbereich war zweckgebunden finanziert, sodass die Geldgeber eines Bereichs keine Zugriffsrechte auf die Vermögenswerte anderer Bereiche hatten. Diese Unabhängigkeit bezog sich aber wohl nicht nur auf die finanzielle Ausstattung der Geschäftsbereiche, sondern auch auf ethische Aspekte.

In einem Interview kritisierte Branson im Jahr 2006 viele Supermärkte für den Verkauf billiger CDs. Seine Kritik richtete sich in der Hauptsache gegen die Praktik der Supermärkte, Lockvogelangebote zu machen anstatt grundlegend die Geschäftspraktiken von Musikeinzelhändlern infrage zu stellen. Ein Hauptanliegen Bransons war und ist es, mit seiner Marke Virgin und mit innovativen Geschäftsideen institutionalisierte Märkte durcheinander zu bringen. Solche Lockvogelangebote dagegen sind kein innovativer Ansatz.

Inzwischen hat sich Virgin zu einem Konzern entwickelt, dessen Bestandteile nicht mehr ausschließlich Unternehmen in privater Hand sind, denn inzwischen sind einige der Unternehmen auch an der Börse notiert.

Virgin und Branson

Historisch gesehen wurde die Virgin Group seit jeher hauptsächlich von Branson und seinen Vertrauten geführt, von denen viele 20 Jahre und länger an seiner Seite blieben. Die wachsende Konformität von persönlichen Interessen und Unternehmensinitiativen ließ sich an der Gründung von Virgin Fuels am deutlichsten ablesen. Bei seiner Argumentation, eine „grüne" Energiefirma ins Leben rufen zu wollen, die mit der Ölindustrie in Konkurrenz tritt, machte Branson die geopolitische Bemerkung, dass Energie, die nicht auf Erdöl angewiesen sei, „eines Tages einen weiteren Krieg im mittleren Osten verhindern" könne. Bransons Ablehnung des zweiten Golfkriegs ist eine allgemein bekannte Tatsache.[5] In manchen Bereichen jedoch ist die Beziehung zwischen persönlicher Überzeugung und Geschäftsinteresse weniger offensichtlich. Bransons Kommentare über die Bedrohung der Demokratie in Großbritannien durch die Dominanz von NewsCorp auf dem britischen Medienmarkt könnte zum einen als echte Besorgnis einer öffentlichen Person, zum anderen aber auch als gehässige Stänkerei eines Geschäftsrivalen ausgelegt werden, der gerade den Kampf um die Übernahme von ITV verloren hat.

Erst kürzlich wurde berichtet, Branson habe verlauten lassen, er wolle sich aus seinem Unternehmen zurückziehen, das „mittlerweile mehr oder weniger von selbst läuft"[6]. Außerdem hoffe er, sein Sohn Sam werde mehr und mehr eine Führungsrolle bei Virgin übernehmen.[7] Während er aber öffentlich über einen Rückzug aus der Geschäftswelt nachdachte, brachte Branson gleichzeitig seine Geschäftsinitiativen in den Bereichen Energie und Medien auf den Weg. Vielleicht hat Branson von seiner Zeit im Vorruhestand einfach eine sehr viel aktivere Vorstellung als die meisten anderen.

Unternehmenserfolge

Bis zum Jahr 2006 hatte Virgin – mit durchwachsenem Erfolg – eine etablierte Branche nach der anderen ins Visier genommen und war stets bemüht, „schwerfällige und selbstzufriedene Bereiche der Wirtschaft" kräftig durcheinander zu wirbeln. Danach richtete sich das Interesse der Firma auf die Medienbranche in Großbritannien und auf die globale Ölindustrie.

Fluggesellschaften waren sicherlich eines von Branson Steckenpferden. Ihm zufolge war Virgin Atlantic zu 49 Prozent Eigentum von Singapore Airways, eine Firma, die er nur ungern verkaufen würde:

> *Es gibt einige Geschäftseinheiten, die man behalten möchte und niemals verkaufen würde – dies ist eine davon.*

Trotz der Sorge einiger Analysten, Fluggesellschaften könnten aufgrund der zyklischen Natur dieser Branche nicht dauerhaft erfolgreich sein, weitete Branson seine Beteiligungen in dieser Branche aus und brachte Unternehmen wie Virgin Express (Europa), Virgin Blue (Australien) und Virgin Nigeria in den Konzern. Bransons Engagement für „grüne" Energie und eine Reduktion der globalen Erwärmung hatte ihn zwar nicht dazu veranlasst, seine Fluggesellschaften stillzulegen, doch er setzte eine Debatte über Maßnahmen zur Reduktion des Schadstoffausstoßes durch Flugzeuge in Gang.

Zu Beginn des 21. Jahrhunderts war das größte Problem von Branson und seinem Konzern die Firma Virgin Trains, deren Cross Country- und West Coast-Zugverbindungen der Strategischen Eisenbahnbehörde zufolge im Jahr 2000 lediglich die Plätze 23 und 24 der insgesamt 25 Zugverbindungsbetreiber belegten. Doch schon im Jahr 2002 konnte Virgin Trains Gewinne verzeichnen und zahlte erste Prämien an die britische Regierung.

Die Zukunft

Auch zu Beginn des 21. Jahrhunderts expandierte Virgin weiter mit Beteiligungen an Fluglinien, der Finanzierung von Fitnessclubs und Mobiltelefonie in Afrika bis hin zu Mobiltelefonie in Europa und in den USA. Die Tatsache, dass nur einzelne Unternehmensbereiche und nicht der Konzern als Ganzes an die Börse gingen, ist inzwischen zu einem festen Bestandteil des Finanzierungssystems von Virgins Expansionen geworden.

Einige Beobachter sehen jedoch ein Risiko bezüglich des strategischen Ansatzes von Virgin:

> *Die größte Gefahr ist, dass … man den Markennamen Virgin … mit Misserfolgen assoziieren könnte.*

Dieser Punkt wurde von einem Beobachter besonders betont, der feststellte, dass „wer eine wirklich schlechte Erfahrung mit einer von Virgins Produktlinien gemacht hat, von diesem Zeitpunkt an wohl alle anderen auch meiden wird". Virgin hält jedoch dagegen, dass Kunden, die mit einem Virgin-Produkt schlechte Erfahrungen gemacht hätten, ihren Marktforschungsergebnissen zufolge nur dieses eine Produkt meiden würden, aufgrund der großen Vielfalt des Virgin-Angebots aber alle anderen Produkte und Dienstleistungen weiter nutzen würden. Eine solche Markentreue erklärt zumindest teilweise, warum sich Virgin sogar an eine so riskante und völlig neue Herausforderung wie eine Bahnlinie heranwagen kann.

Sarah Sands erinnert sich, dass Brandsons Mutter einmal stolz verkündet habe, ihr Sohn werde „einmal Premierminister". Weiter kommentierte sie, dass seine Mutter wohl Brandsons Ehrgeiz unterschätzt habe. Virgins Markteintritt in den Branchen Energie und Medien sowie Bransons Erklärung, er nehme es mit den Ölkonzernen und mit NewsCorp auf, deuten darauf hin, dass Sands Kommentar wohl hellseherische Fähigkeiten bewiesen haben könnte.

Anmerkungen

1. *Sunday Telegraph*, 4. Dezember 2005.
2. *Independent*, 22. November 2006.
3. Hawkins 2001a, b.
4. *PR Newswire Europe*, 16. Oktober 2006.
5. *Fortune*, 6. Februar 2006.
6. *Independent on Sunday*, 26. November 2006.
7. Ibid.
8. *The Times* 1998, zitiert in Vignali 2001.
9. Wells (2000).
10. *Independent on Sunday*, 26. November 2006.

Quellen: The Economist, „Cross his heart“, 5. Oktober 2002; „Virgin on the ridiculous“, 29. Mai 2003; „Virgin Rail: Tilting too far“, 12. Juli 2001; P. McCosker, „Stretching the brand: A review of the Virgin Group“, European Case Clearing House, 2000; The Times, „Virgin push to open up US aviation market“, 5. Juni 2002; „Branson plans $1bn US expansion“, 30. April 2002; Observer, „Branson eyes 31bn float for Virgin Mobile“, 18. Januar 2004; Strategic Direction, „Virgin Flies High with Brand Extensions“, Bd. 18, Nr. 10, Oktober 2002; R. Hawkins, „Executive of Virgin Group outlines corporate strategy“ Knight Ridder/Tribune Business News, 29. Juli 2001a; R. Hawkins, „Branson in new dash for cash“, Sunday Business, 29. Juli 2001b; South China Morning Post, „Virgin shapes kangaroo strategy aid liberalisation talks between Hong Kong and Australia will determine carrier's game-plan“, 28. Juni 2002; C. Vignali, „Virgin Cola“, British Food Journal, Bd. 103, Nr. 2 (2001), S. 131–139; M. Wells, „Red Baron“, Forbes Magazine, Bd. 166, Nr. 1, 7. März 2000.

Kontrollfragen

1. Was ist die Unternehmenslogik von Virgin als Gruppe von Unternehmen?
2. Gibt es Beziehungen strategischer Natur zwischen den Unternehmen des Virgin Portfolios?
3. Wie trägt die Virgin Group als Unternehmenszentrale zur Wertsteigerung ihrer Bestandteile bei?
4. Welchen Hauptproblemen musste sich der Virgin-Konzern am Ende dieser Fallstudie stellen und wie könnten sie angegangen werden?

Internationale Strategie

8

ÜBERBLICK

Lernziele

Nach der Lektüre dieses Kapitels sollten Sie in der Lage sein,

- das Potenzial verschiedener Märkte für die Internationalisierung zu beurteilen unter Berücksichtigung von Variationen im Laufe der Zeit.
- Quellen eines Wettbewerbsvorteils in einer internationalen Strategie zu identifizieren durch globale Beschaffung und die Ausnutzung lokaler Faktoren, die durch den Porter-Diamant verkörpert werden.
- zwischen vier Hauptarten der internationalen Strategie zu unterscheiden.
- Märkte in Bezug auf Neueintritt oder Expansion anhand der Kriterien Attraktivität, kulturelle und andere Formen der Distanz sowie Risiko eines Vergeltungsschlags der Konkurrenz zu bewerten.
- die relativen Vorteile verschiedener Markteintrittsformen zu beurteilen, darunter Joint Ventures, Lizenzierung und direkte Auslandsinvestition.

8.1 Einführung

Im letzten Kapitel wurde Marktentwicklung anhand der Ansoff-Matrix als Strategie vorgestellt. Dieses Kapitel konzentriert sich auf eine spezifische, aber wichtige Form der Marktentwicklung: Auf die Einbeziehung verschiedener geografischer Märkte. Aus dieser Form der Internationalisierung ergeben sich Wahlmöglichkeiten bezüglich der Länder, in denen man am Wettbewerb teilnehmen möchte, inwieweit das Angebot an Produkten oder Dienstleistungen einer Organisation modifiziert werden soll und wie grenzüberschreitendes Management gestaltet werden soll. Solche Fragen sind heute für eine ganze Reihe von Organisationen von Bedeutung. Natürlich sind da zum einen die großen internationalen Konzerne wie Nestlé, Toyota oder McDonalds, doch auch mehr und mehr kleinere Unternehmen sind von Anfang an international aktiv. Auch auf Organisationen der öffentlichen Hand kommen Entscheidungen über Zusammenarbeit, Ausgliederung oder sogar Konkurrenz mit internationalen Unternehmen zu. Die Gesetze der Europäischen Union schreiben Organisationen des öffentlichen Sektors vor, auch Angebote von internationalen Anbietern zu berücksichtigen.

Abbildung 8.1 setzt das Thema internationale Strategie ins Zentrum des Kapitels. Sie hängt jedoch letztendlich sowohl vom externen Umfeld (siehe *Kapitel 2*) als auch von den Fähigkeiten der Organisation (siehe *Kapitel 3*) ab. Im Bereich des Umfelds hebt die Abbildung Antriebskräfte der Internationalisierung hervor; im Bereich der Fähigkeiten werden internationale und nationale Quellen eines Wettbewerbsvorteils betont. Die Wahl der internationalen Strategie beeinflusst wiederum häufig die Auswahl der Landesmärkte sowie die Form des Markteintritts.

Abbildung 8.1: Das Rahmenwerk internationaler Strategie

In diesem Kapitel werden die folgenden wichtigen Aspekte im Zusammenhang mit internationaler Strategie untersucht: Im nächsten Abschnitt werden die *Antriebskräfte der Internationalisierung* vorgestellt. Dann werden internationale und nationale Quellen des Wettbewerbsvorteils betrachtet, besonders Vorteile der *globalen Beschaffung* und die spezifischen nationalen Faktoren, die in Michael Porters *Diamant* gezeigt werden. Vor dem Hintergrund dieser Antriebskräfte und Quellen des Wettbewerbsvorteils werden dann verschiedene *Formen internationaler Strategie* beschrieben. Da verschiedene geografische Märkte meist erhebliche Modifikationen der angebotenen Produkte oder Dienstleistungen erfordern, führen einige internationale Strategien die Organisation ausgehend von einer einfachen Marktentwicklung hin zu immer diversifizierteren Strategien.[1] Weiterhin befasst sich das Kapitel mit der Analyse der Marktauswahl und des Markteintritts. Hier betont es die Abhängigkeiten von Marktattraktivität mit *verschiedenen Arten der Distanz* und dem Risiko eines *Vergeltungsschlags der Konkurrenz*. Die relativen Vorteile verschiedener *Markteintrittsformen* werden dann betrachtet, darunter Joint Ventures, direkte Auslandsinvestition und Lizenzierung. *Eintrittssequenzen* werden besprochen, zum Beispiel bei neuen Unternehmen oder internationalen Unternehmen in Schwellenländern. Die letzten beiden Abschnitte befassen sich mit Aspekten, die parallel zu den in *Kapitel 7* betrachteten Themen der Diversifikation zu sehen sind: Internationalisierung und *Leistungs-* und *Portfolio-Management*.

8.2 Antriebskräfte der Internationalisierung

Es gibt viele allgemeine Faktoren, die zu immer mehr Internationalisierung führen. Die Beschränkungen des internationalen Handels und internationaler Investitionen sowie die Einschränkungen bei der Migration sind heute allesamt wesentlich geringer als noch vor einigen Jahrzehnten. Internationale Regelwerke und Organisationsstrukturen haben sich verbessert, sodass Auslandsinvestitionen und -handel weniger Risiken bergen. Verbesserungen im Bereich Kommunikation – von billigeren Flügen bis hin zum Internet – erleichtern die Mobilität und die Verbreitung neuer Ideen weltweit. Und

1 Tatsächlich beschreiben viele Autoren Internationalisierung einfach als „internationale Diversifikation", siehe N. Capar und M. Kotabe, „The relationship between international diversification and performance in service firms", *Journal of International Business Studies*, Bd. 34 (2003), S. 345–355.

auch der Erfolg neuer starker Wirtschaftsräume, der sogenannten BRICs – Brasilien, Russland, Indien und China – sorgt für neue Chancen und Herausforderungen für die internationale Geschäftswelt.[2]

Diese Trends der Internationalisierung weisen jedoch nicht alle in dieselbe Richtung. Auch gelten sie nicht für alle Branchen. So wird die Migration zwischen bestimmten Ländern heutzutage wieder schwieriger. Dank Internet und billiger Flugreisen können im Ausland Arbeitende leichter mit ihrer heimischen Kultur in Kontakt bleiben – so kommt es oft nicht zu einer globalen Vermischung aller Meinungen und Ideen. Viele sogenannte multinationale Unternehmen konzentrieren sich in Wahrheit auf ganz bestimmte einzelne Märkte wie etwa Nordamerika und Westeuropa oder haben ein sehr begrenztes Netzwerk an internationalen Verbindungen, etwa Zuliefer- und Auslagerungsabkommen mit einem oder zwei weiteren Ländern. Auch die Bedürfnisse der Verbraucher lassen sich je nach Markt und Produkt mehr oder weniger leicht standardisieren – man vergleiche nur einmal PC-Betriebssysteme mit verschiedenen Schokoladensorten. Manager müssen sich also kurz gesagt vor „globalem Geschwätz" hüten, das die wirtschaftliche Integration zu einer einzigen homogenisierten Wettbewerbswelt schamlos übertreibt (siehe Beispiel 8.6). So wie auf dem chinesischen Einzelhandelsmarkt (siehe Beispiel 8.1) sind eben internationale Antriebskräfte auch anderswo meist sehr kompliziert.

Beispiel 8.1 Einzelhandel in China: Global oder lokal?

Internationalisierung ist kein einfacher Prozess – das haben die Supermarktketten Carrefour und Wal-Mart in China herausgefunden.

China ist heute ein Anziehungspunkt für ambitionierte westliche Supermarktketten. Mit einer jährlichen Wachstumsrate von 13 Prozent soll der chinesische Markt nach Vorhersagen von Business Monitor zwischen 2009 und 2014 um etwa € 0,84 Bio. wachsen. Bis zum Jahr 2025 soll die gehobene Mittelschicht in China etwa 520 Millionen Menschen umfassen.

Im Jahr 1995 trat die französische Supermarktkette Carrefour als erstes westliches Unternehmen in großem Umfang in den chinesischen Markt ein. Diesem Schritt gingen sechs Jahre Erfahrung im benachbarten Taiwan voraus. 2009 war Carrefour bereits der fünftgrößte Einzelhändler in China, angesichts der Besonderheiten des chinesischen Marktes bedeutete dies aber einen Marktanteil von lediglich 0,6 Prozent. Das weltgrößte Einzelhandelsunternehmen Wal-Mart (USA) kam wenig später nach China, wobei der wichtigste Schritt hierzu die Übernahme einer taiwanesischen Kette mit Geschäften auf dem Festland war. Diese beiden Rivalen verfolgen sehr unterschiedliche Strategien. Wal-Mart arbeitete ursprünglich mit seiner angestammten zentralisierten Einkaufs- und Vertriebsstrategie und liefert

2 T. Friedman, The World is Flat: The Globalized World in the Twenty First Century, Penguin, 2006, und P. Rivoli, The Travels of a T-Shirt in the Global Economy: An Economist Examines the Markets, Power and Politics of World Trade, Wiley, 2006.

so viele Waren wie möglich aus seinem neuen hochmodernen Vertriebszentrum in Shenzen. Carrefour verfolgt dagegen eine dezentralisierte Strategie: Mit Ausnahme von Shanghai, wo Carrefour mehrere Geschäfte betreibt, gestattet das Unternehmen den anderen Geschäftsführern vor Ort, die über viele verschiedene Regionen Chinas verteilt sind, ihre eigenen Einkaufs- und Vertriebsentscheidungen zu treffen. Seit 2009 experimentiert nun auch Wal-Mart mit einem kleineren Ladenformat, das es im ganzen Land einsetzen möchte.

Schon sehr früh musste Wal-Mart feststellen, dass chinesische Verbraucher gerne sehr häufig einkaufen gehen und jedes Mal nur wenig kaufen. Ursprünglich hatte das Unternehmen angenommen, die Chinesen würden, ähnlich wie die Amerikaner, einmal pro Woche zu außerhalb gelegenen Geschäften fahren, um dort ihre Autos mit Großpackungen an tiefgefrorenen Produkten vollzuladen. Tatsächlich aber rissen die chinesischen Kunden die Großpackungen im Supermarkt auf und nahmen nur so viel heraus, wie sie gerade brauchten. Heute bietet Wal-Mart seine tiefgefrorene Ware offen an. So können die Käufer per Schöpfkelle genau die Menge entnehmen, die sie kaufen möchten. Außerdem lässt Wal-Mart mittlerweile auch die Bildung von Gewerkschaften zu, was sich sehr von seiner Einstellung im Rest der Welt unterscheidet.

Eine weitere Entdeckung westlicher Einzelhandelsunternehmen bezieht sich auf die großen regionalen Unterschiede in diesem riesigen und multiethnischen Land. Im Norden Chinas ist Sojasauce besonders wichtig, in Zentralchina werden vermehrt Chili-Pfeffer-Saucen gekauft, und im Süden sind vor allem Austernsaucen gefragt. Auch bei Obst gibt es solche Unterschiede: Im Norden bevorzugt man Datteln, während Südchinesen lieber Litschis essen. Im Norden wird aufgrund der größeren Kälte vermehrt rotes Fleisch nachgefragt, und auch die Einkaufsgänge in den Läden müssen breiter sein, da viele Menschen viele Kleiderschichten übereinander tragen. Im Norden haben viele Menschen keinen regelmäßigen Zugang zu heißem Wasser und waschen ihr Haar daher seltener; daher verkaufen sich hier kleine Shampoo-Portionen besser also große Flaschen. Auch scheinen die Bewohner der Provinz Zhejiang – anders als die übrigen Chinesen – Toilettenpapier zu bevorzugen, das „rau ist wie Sandpapier“

Das Wachstum von Unternehmen wie Carrefour und Wal-Mart sowie von lokalen Ketten zeigt, dass es bereits einen großen Markt gibt, auf dem westliche Supermärkte Erfahrungen sammeln konnten. So übernahm Carrefour etwa bei der Einführung von Produkten eigener Marke in China eine Pionierrolle. Wal-Mart dagegen bringt logistisches Fachwissen mit. Doch noch geht es nur langsam voran. Wal-Mart wartet noch auf seinen ersten Gewinn in China; Carrefour schreibt bereits schwarze Zahlen, doch die Gewinnmargen von zwei bis drei Prozent liegen weit unter den fünfprozentigen Margen in Frankreich. 2008 gab es einen Boykott der Carrefour-Märkte in China, nachdem es in Paris im Vorfeld der Olympischen Spiele in Peking zu Protesten und Demonstrationen bezüglich der Tibet-Problematik gekommen war. 2009 musste Carrefour unter Zwang bestätigen, in China bleiben zu wollen.

Quellen: Financial Times, Wall Street Journal und Euromonitor (verschiedene Daten).

Kontrollfragen

1. Welche Vor- und Nachteile haben die von Carrefour und Wal-Mart in China verfolgten Strategien?
2. Welche Risiken können sich für ein großes westliches Einzelhandelsunternehmen ergeben, wenn es dem chinesischen Markt fern bleibt?

Angesichts der Komplexität der Internationalisierung sollte einer Internationalisierung eine sorgfältige Analyse der Stärke und Richtung vorliegender Trends auf den relevanten Märkten vorausgehen. George Yip's System der „Antriebskräfte der Globalisierung" liefert die Basis für eine solche Analyse (siehe Abbildung 8.2).[3] Obwohl dieses System jedoch den Bedarf einer *globalen Strategie* erwähnt, bei der alle Geschäftsbereiche international sorgfältig koordiniert werden, lassen sich die meisten der genannten Antriebskräfte auch auf weiter gefasste *internationale Strategien* anwenden, die auch bei Auslandsgeschäften in geringerem Umfang und einer geringeren Koordination dieser Auslandsverbindungen angewendet werden können (siehe *Abschnitt 8.4*). Also kann man die von Yip zusammengestellten Antriebskräfte einfach als „Antriebskräfte der Internationalisierung" verstehen. Es gibt folgende vier Kräfte:

Abbildung 8.2: Antriebskräfte der Internationalisierung

3 G. Yip, *Total Global Strategy II*, Prentice Hall, 2003.

- *Marktkräfte.* Ein Faktor, der die Internationalisierung klar erleichtert, ist die Standardisierung der Märkte. Diese Kraft besteht aus drei Komponenten. Zunächst ist hier das Vorliegen *ähnlicher Kundenbedürfnisse und -wünsche* zu nennen: Die Tatsache dass die Verbraucher in den meisten Ländern ein Verlangen nach schnellen und einfachen Krediten haben, sorgte für den weltweiten Erfolg einiger Kreditkartenunternehmen wie etwa Visa. Zum zweiten gibt es den *globalen Kunden*: So sind die Hersteller von Autoteilen inzwischen noch internationaler geworden, denn ihre Kunden wie etwa Toyota oder Ford, sind ebenfalls international aktiv und brauchen standardisierte Teile für all ihre Fabriken rund um die Welt. Und schließlich sorgt *übertragbares Marketing* für eine Globalisierung der Märkte: Marken wie Coca-Cola werden in ganz ähnlicher Weise überall auf der Welt erfolgreich vermarktet.
- *Kostenkräfte.* Durch Internationalisierung können Kosten gesenkt werden. Auch hier gibt es drei wesentliche Elemente. Zunächst kann ein größeres Produktionsvolumen, das über den Bedarf des nationalen Marktes hinausgeht, für *Größenvorteile* sowohl im Bereich Produktion als auch im Bereich Einkauf sorgen. Unternehmen aus kleineren Ländern wie etwa Holland oder der Schweiz neigen daher dazu, schneller international aktiv zu werden als Unternehmen aus den USA, die über einen großen Heimatmarkt verfügen. Größenvorteile sind besonders in Branchen mit hohen Produktentwicklungskosten von Bedeutung. Ein Beispiel ist die Flugzeugindustrie, wo die ursprünglichen Kosten über das große Volumen internationaler Märkte verteilt werden müssen. Zum zweiten wird Internationalisierung dort gefördert, wo Unternehmen von *länderspezifischen Unterschieden* profitieren können. Es macht also durchaus Sinn, die Produktion von Textilien nach China oder Afrika zu verlagern, wo die Arbeitskraft immer noch vergleichsweise billig ist. Designerarbeiten sind dagegen besser in Städten wie Mailand, New York, Paris, oder London aufgehoben, wo viel Fachwissen über Mode vorhanden ist. Das dritte Element ist eine *positive Logistik*, d.h. die Transportkosten von Gütern oder Dienstleistungen über Grenzen hinweg im Verhältnis zu deren Endwert. Aus dieser Sicht lassen sich Mikrochips leicht international produzieren, während das bei sperrigen Gegenständen wie etwa montierten Möbelstücken schon schwieriger ist.
- *Staatliche Kräfte.* Sie können eine Internationalisierung sowohl fördern als auch hemmen. Die hier relevanten Elemente sind sehr zahlreich und umfassen Zollbarrieren, technische Standards, Subventionen an einheimische Firmen, Beschränkungen des Eigentumsrechts, lokale Inhaltsbestimmungen, Kontrolle des Technologietransfers, Regelungen zu geistigem Eigentum (Patente) sowie Kontrolle von Währungen und Kapitalfluss. Keine Regierung lässt eine vollständige wirtschaftliche Öffnung ihres Landes zu. Auch variiert der Grad der Öffnung stark je nach Branche, wobei etwa die Landwirtschaft und auch High-Tech-Branchen aus dem Bereich nationale Verteidigung meist besonders stark reglementiert sind. Trotzdem fordert die Welthandelsorganisation weiter wachsende Offenheit und die Europäische Union sowie das Nordamerikanische Freihandelsabkommen (NAFTA) haben in ihren jeweiligen Regionen auch schon beträchtliche Fortschritte in diese Richtung erzielt.[4]
- *Wettbewerbskräfte.* Diese beziehen sich speziell auf die Globalisierung als eine integrierte weltweite Strategie und nicht auf einfachere internationale Strategien. Solche Kräfte haben zwei Elemente. Zum einen erhöht die *Abhängigkeit* der einzelnen Län-

4 Aussagekräftige branchenspezifische Daten über Trends zur Offenheit gegenüber Handel und Investitionen sind auf der Internetseite der Welthandelsorganisation *www.wto.org* zu finden.

deraktivitäten untereinander den Druck für eine globale Koordination. So muss ein Unternehmen mit einem Werk in Mexiko, das sowohl den amerikanischen als auch den japanischen Markt beliefert, seine Aktivitäten an allen drei Orten sorgfältig koordinieren: Schnellen die Umsatzzahlen in einem Land nach oben oder gibt es in einem anderen einen wirtschaftlichen Zusammenbruch, so wirkt sich das auch erheblich auf die anderen Länder aus. Das zweite Element bezieht sich unmittelbar auf die Strategien der Konkurrenten. Gibt es *globalisierte Konkurrenten*, so steigt dadurch der Druck, auch eine globale Strategie zu verfolgen, denn Konkurrenten könnten die Gewinne aus einem Land dazu verwenden, ihre Aktivitäten anderswo zu finanzieren. Ein Unternehmen mit einer locker strukturierten internationalen Strategie bietet globalisierten Konkurrenten Angriffsfläche, denn es ist nicht in der Lage, seine Tochterunternehmen in den verschiedenen Ländern zu unterstützen, wenn sie ins Visier eines zielgerichteten, gut koordinierten und finanzierten Konkurrenzunternehmens geraten. Die Gefahr besteht darin, dass sich so betroffene Unternehmen allmählich aus den diesbezüglich gefährlichen Ländern zurückziehen, sodass die ursprünglich gewählte Strategie der Größenvorteile immer mehr ausgehöhlt wird.[5]

Die wichtigste Erkenntnis aus Yips Kräftesystem besteht darin, dass das Potenzial verschiedener Branchen für eine Internationalisierung sehr variabel ist. Es gibt viele verschiedenen Faktoren, die diese begünstigen oder beeinträchtigen können; und ein wichtiger Schritt zur Entwicklung einer Internationalisierungsstrategie besteht in der realistischen Einschätzung des tatsächlichen Potenzials für eine Internationalisierung in der jeweiligen Branche. Beispiel 8.2 erklärt einige Gründe, warum die Deutsche Post seit den späten 1990er Jahren immer stärker eine Strategie der internationalen Vielfalt verfolgt.

Beispiel 8.2 Die zunehmenden internationalen Aktivitäten der Deutschen Post

Globale Märkte sowie politische und rechtliche Veränderungen sind nur einige der Gründe für die zunehmenden internationalen Aktivitäten eines Unternehmens.

Die Globalisierung der Deutschen Post hängt eng mit den Chancen und Risiken zusammen, die sich aus der Deregulierung nationaler und internationaler Märkte sowie aus der damit verbundenen Globalisierung der Transport- und Logistikbranche ergeben haben. Der Grundstein wurde mit der „Urknall"-Reform des deutschen Postsystems im Jahr 1990 gelegt. Das „Poststrukturgesetz" erhielt zwar den Status der Deutschen Post als staatliches Unternehmen, hatte aber zum Ziel, das Unternehmen auf eine schrittweise Privatisierung vorzubereiten (im Jahr 2000 ging die Deutsche Post an die Börse, wobei anfänglich 29 Prozent des Aktienkapitals verkauft wurden). In den folgenden Jahren durchlief das Unternehmen eine Phase der Konsolidierung und Umstrukturierung. Dabei wurde auch die ehemalige Deutsche Post (DDR) integriert wurde. Bis 1997 der Postmarkt liberalisiert wurde, hatte das Unternehmen den Grundstein für eine rasche internationale Expansion gelegt.

5 G. Hamel und C.K. Prahalad, „Do you really have a global strategy?", *Harvard Business Review*, Bd. 63, Nr. 4 (1985), S. 139–148.

Die folgende Globalisierung der Aktivitäten der Deutschen Post wurde zum Großteil durch die Anforderungen einer immer größeren Zahl an Geschäftskunden vorangetrieben. Diese wollten einen Dienstleister, der integrierte nationale und internationale Transport- und Logistikleistungen bot. Die Deutsche Post reagierte und übernahm in den folgenden fünf Jahren wichtige Unternehmen auf dem internationalen Markt für Transport und Logistik, darunter vor allem Danzas und DHL. Man verfolgte das Ziel, „der weltweit führende Anbieter von Express und Logistik-Dienstleistungen zu werden“. Diese internationale Expansion ermöglichte es der Deutschen Post – die sich inzwischen in Deutsche Post World Net (DPWN) umbenannt hatte, um ihre globalen Ziele hervorzuheben –, z.B. einen umfangreichen Vertrag mit BMW über Transport, Lagerung und Auslieferung von Autos an dessen asiatische Vertragshändler abzuschließen. Als Teil ihres sogenannten „START“-Programms leitete DPWN im Jahr 2003 ein Projekt in die Wege, das die Produkt- und Verkaufsstrukturen des Unternehmens harmonisieren, integrierte Netzwerke schaffen und ein neues Prozessmanagementsystem im gesamten Konzern einführen sollte. Auf diese Weise sollten die durch die Globalisierung erlangten Größenvorteile optimal genutzt werden. Gleichzeitig setzte DPWN sein Motto „Eine Marke – ein Gesicht für den Kunden“ um und machte die Marke DHL zum globalen „öffentlichen Gesicht“ des gesamten Unternehmens. Man hoffte, dass dieser „bekannte und Vertrauen erweckende Markenname uns bei der weiteren Entwicklung unserer globalen Dienstleistungen helfen kann“.

Deregulierungen und weitere politische Veränderungen, etwa in Form des Abbaus von Handelsbeschränkungen, trieben die internationale Expansion weiter voran. Der Eintritt Chinas in die Welthandelsorganisation steigerte das Wachstumspotenzial auf dem internationalen Postmarkt. DPWN engagierte sich also verstärkt auf diesem immer wichtiger werdenden Markt und wurde zwischen 2002 und 2004 mit einer Wachstumsrate von 35 Prozent belohnt. Darüber hinaus konnte das Unternehmen durch ein Joint Venture mit Sinotrans einen Marktanteil von 40 Prozent im Bereich chinesischer grenzüberschreitender Expressdienste erlangen. Auch in Europa wollte DPWN politische Veränderungen nutzen. Die Tochtergesellschaft Deutsche Post Global Mail (UK) erlangte eine langfristige Lizenz für die unbegrenzte Zustellung von Postwurfwendungen von der britischen Aufsichtsbehörde Postcomm. DPWN sah in Großbritannien weiteres Wachstumspotenzial und weitete seine Präsenz auf dem britischen Postmarkt durch die Übernahme des Postzustellers Speedmail weiter aus.

Quellen: www.dpwn.de/enrde/press/news; DPWN Jahresbericht 2002.

Zusammengestellt von Michael Mayer, Bath University.

Kontrollfragen

1. Welche Antriebskräfte der Internationalisierung spielten bei der Strategie von DPWN eine Rolle?
2. Wägen Sie das Für und Wider einer multinationalen Strategie sowie einer globalen Strategie für DPWN ab.

8.3 Nationale und internationale Grundlagen für Wettbewerbsvorteile

Wie aus der vorangegangenen Diskussion über die Kostenkräfte der internationalen Strategie deutlich hervorgeht, stellt der Standort verschiedener Aktivitäten eine wichtige Grundlage für einen potenziellen Vorteil dar und ist eines der entscheidenden Merkmale einer internationalen Strategie im Vergleich zu anderen Diversifikationsstrategien. Wie Bruce Kogut erklärt, kann eine Organisation die Zusammensetzung ihrer Wertkette und ihres Wertnetzwerks[6] verbessern, indem sie länderspezifische Unterschiede nutzt (siehe *Abschnitt 3.6.1*). Hier bieten sich zwei grundlegende Chancen: Die Nutzung bestimmter *nationaler Vorteile*, oft im Heimatland des Unternehmens, sowie Auslagerungsvorteile im Ausland im Rahmen eines *internationalen Wertnetzwerks*.

8.3.1 Der Porter-Diamant[7]

Wie jede andere Strategie muss auch die Internationalisierung auf bestimmten nachhaltigen Wettbewerbsvorteilen basieren (siehe *Kapitel 3*). Ein solcher Wettbewerbsvorteil muss meist außerdem recht beachtlich sein. Schließlich hat ein Konkurrent, der auf einem ausländischen Markt aktiv wird, zunächst oft mit erheblichen *Nachteilen* gegenüber heimischen Unternehmen zu kämpfen, denn diese verfügen über bessere Marktkenntnisse, stabile Beziehungen zu lokalen Kunden, starke Zuliefererketten, etc. Ein ausländischer Neueinsteiger muss beträchtliche Wettbewerbsvorteile haben, um solche Nachteile wettmachen zu können. Das Beispiel des amerikanischen Einzelhandelsriesen Wal-Mart dient hier als Veranschaulichung: Wal-Mart ist auf vielen asiatischen Märkten mit relativ wenig entwickelten Einzelhandelsmärkten sehr erfolgreich, war aber gezwungen, sich 2006 nach einem knappen Jahrzehnt voller Misserfolge vom reiferen deutschen Markt wieder zurückzuziehen. In Deutschland verfügt Wal-Mart anders als auf den meisten asiatischen Märkten über keinen großen Wettbewerbsvorteil gegenüber einheimischen Einzelhändlern.

Porter-Diamant

Der Porter-Diamant behauptet, dass es besondere Gründe gibt, warum manche Staaten wettbewerbsfähiger sind als andere und warum einige Branchen innerhalb eines Staates wettbewerbsfähiger sind als andere.

Kapitel 3 behandelt Wettbewerbsvorteile im Allgemeinen, doch durch den internationalen Kontext ergeben sich spezielle nationale Grundlagen für einen Wettbewerbsvorteil, die erheblich und außerdem schwer zu imitieren sein können. Länder und Regionen werden oft mit ganz speziellen dauerhaften Wettbewerbsvorteilen in Verbindung gebracht. Beispiele hierfür sind die Schweizer und ihre Privatbanken, die Italiener und ihre Leder- und Pelzmode und die Taiwanesen und ihre Laptop-Computer. Mithilfe von Michael **Porters Diamant** lässt sich erklären, warum einige Nationen in bestimmten Branchen viele Unternehmen mit einem erheblichen Wettbewerbsvorteil hervorbringen (siehe Abbildung 8.3). Das Ausmaß des nationalen Vorteils variiert von Branche zu Branche.

Der Porter-Diamant legt nahe, dass es vier miteinander verbundene Faktoren gibt, die den nationalen oder heimischen Vorteil in bestimmten Branchen bestimmen. (Diese vier Faktoren lassen zusammen einen diamantförmigen Körper entstehen.) Die bestimmenden Faktoren des nationalen Vorteils lauten wie folgt:

6 B. Kogut, „Designing global strategies: Comparative and competitive value added changes“, *Sloan Management Review*, Bd. 27 (1985), S. 15–28.

7 M. Porter, The Competitive Advantage of Nations, Macmillan, 1990.

- *Faktorbedingungen.* Diese beziehen sich auf „Produktionsfaktoren“, die in die Produktion einer Ware oder Dienstleistung einfließen (also Rohstoffe, Land und Arbeit). Vorteile bezüglich der Faktorbedingungen auf nationaler Ebene können für nationale Unternehmen auf internationalen Märkten zu allgemeinen Wettbewerbsvorteilen führen. So bieten die sprachlichen Fähigkeiten der Schweizer ihnen einen beachtlichen Vorteil für ihre Bankenbranche. Billige Energie ist traditionell für die nordamerikanische Aluminiumproduktion von Vorteil.

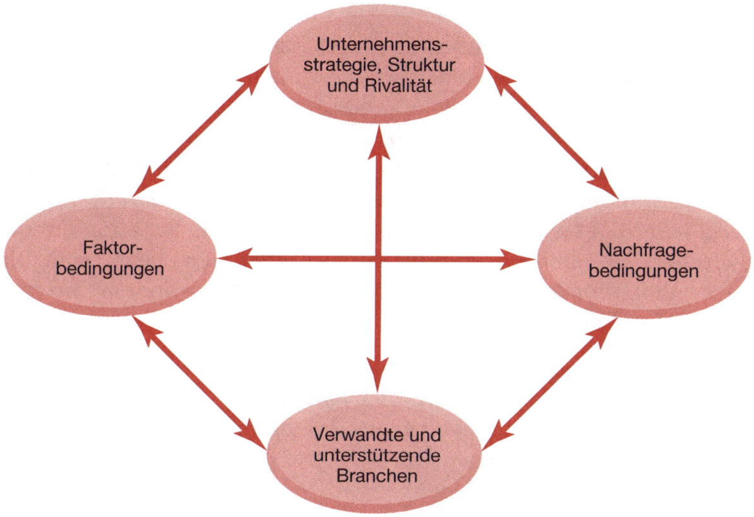

Abbildung 8.3: Der Porter Diamant – die bestimmenden Faktoren eines nationalen Vorteils

- *Bedingungen der heimischen Nachfrage.* Heimische Kunden und ihre Besonderheiten können ebenso einen Wettbewerbsvorteil bedeuten. Sind die Kunden zuhause anspruchsvoll und erwarten viel, so schult dies das betreffende Unternehmen auch für den ausländischen Markt. So boten die hohen Erwartungen, die japanische Kunden an elektrische und elektronische Geräte hatten, einen wichtigen Antrieb für die betreffenden Branchen in Japan, der so zu deren globaler Dominanz auf den Märkten führte. Anspruchsvolle Kunden in Frankreich und Italien verschaffen den Modefirmen dieser Länder seit Jahrzehnten eine Spitzenposition auf dem Modemarkt.
- *Verwandte und unterstützende Branchen.* Lokale „Cluster“ aus verwandten und sich gegenseitig unterstützenden Branchen können eine wichtige Grundlage für einen Wettbewerbsvorteil sein. Diese Cluster sind oft regionaler Natur, sodass persönliche Kontakte leicht herzustellen und zu halten sind. So haben sich in Norditalien beispielsweise die Lederschuhbranche, die Branche für Maschinen zur Lederbearbeitung und die dazugehörigen Designunternehmen alle in der gleichen Region angesiedelt, um sich gegenseitig zu nutzen. In Silicon Valley hat sich ein Cluster aus Hardware- Software- Forschungs- und Risikokapitalunternehmen gebildet, die zusammen eine sehr fruchtbare High-Tech-Gemeinschaft sind.
- *Unternehmensstrategie, Branchenstruktur und Rivalität.* Die typischen Strategien, Branchenstrukturen und Rivalitäten in verschiedenen Ländern können auch Basis eines Wettbewerbsvorteils sein. Die Strategie deutscher Firmen, in technisches Fachwissen zu investieren, verleiht ihnen einen charakteristischen Vorteil in der Maschinenindustrie und erzeugt einen großen Wissenspool. Ist die lokale Bran-

chenstruktur vom Wettbewerb geprägt, ist auch das hilfreich, denn lokale Unternehmen, die zuhause eine zu dominante Stellung innehaben, können selbstgefällig werden und so international ihren Vorteil einbüßen. Eine gewisse Rivalität zuhause kann also durchaus von Vorteil sein. So basiert der langfristige Erfolg der japanischen Autoindustrie zum Teil darauf, dass einige nationale Unternehmen vom Staat gefördert werden (anders als in Großbritannien, wo sie alle zu einem Großunternehmen zusammengeschlossen wurden). Auch die Pharmaindustrie in der Schweiz verdankt ihren Erfolg teilweise der Tatsache, dass jede Firma mit mehreren starken lokalen Rivalen zu kämpfen hatte.

Der Porter-Diamant wird von Regierungen eingesetzt, die den Wettbewerbsvorteil ihrer lokalen Industriezweige fördern wollen. Das Argument, dass sich Rivalität durchaus positiv auswirken kann, führte in viele Ländern zu einem radikalen Kurswechsel in der Politik. So bewegte man sich weg vom Protektionismus heimischer Branchen in Richtung einer Förderung des Wettbewerbs. Regierungen können heimische Industrien auch unterstützen, indem sie Sicherheitsstandards oder Grenzwerte für die Umweltbelastung erhöhen (d.h. anspruchsvolle Nachfragebedingungen schaffen) oder Kooperationen zwischen Zulieferern und Käufern auf nationaler Ebene begünstigt (d.h. in bestimmten Regionen für die Bildung von Clustern aus verwandten und unterstützenden Industriezweigen sorgt).

Für einzelne Organisationen besteht der Wert des Porter-Diamanten darin, dass er eine Aussage darüber ermöglicht, inwieweit die Organisation auf heimische Vorteile bauen kann, um auch global einen Wettbewerbsvorteil zu erlangen. So profitieren etwa holländische Brauereien wie z.B. Heineken von ihrer frühen globalen Ausrichtung aufgrund der Besonderheiten des holländischen Marktes. Benetton, der italienische Bekleidungshersteller, hat weltweiten Erfolg erreicht, indem er seine heimischen Erfahrungen mit einem Netzwerk aus weitgehend unabhängigen, oft kleinen Familienbetrieben nutzte, um sein Netzwerk an Franchise-Läden aufzubauen. Bevor Manager eine Strategie zur Internationalisierung entwickeln, sollten sie also zunächst Grundlagen für einen allgemeinen nationalen Vorteil ausfindig machen, um die individuellen Grundlagen für die eigenen Vorteile ihrer Organisation zu untermauern.

8.3.2 Das internationale Wertnetzwerk

Globale Beschaffung

Globale Beschaffung bezeichnet den Einkauf von Dienstleistungen und Komponenten bei den geeignetsten Zulieferern auf der ganzen Welt, gleichgültig, wo sie sich befinden.

Die Grundlagen eines Wettbewerbsvorteils müssen jedoch nicht immer nur vom Heimatmarkt kommen. International aktive Unternehmen können auch durch eine internationale Gestaltung ihres *Wertnetzwerks* einen Vorteil erlangen. Hier können die verschiedenen Fähigkeiten, Ressourcen und Kosten der Länder weltweit systematisch ausgenutzt werden, um jedes Element der Wertkette in dem Land oder der Region zu platzieren, wo es am effektivsten und effizientesten kontrolliert werden kann. Dies kann sowohl durch Auslandsdirektinvestitionen und Joint Ventures als auch durch **globale Beschaffung** erreicht werden, d.h. durch den Einkauf von Dienstleistungen und Komponenten bei den geeignetsten Zulieferern auf der ganzen Welt, gleichgültig, wo sie sich befinden. So rekrutiert der britische staatliche Gesundheitsdienst medizinisches Fachpersonal aus dem Ausland, um ein Defizit an heimischem Fachwissen und Fähigkeiten auszugleichen.

Es können verschiedene standortbezogene Vorteile identifiziert werden:

- *Kostenvorteile* schließen beispielsweise Arbeitskosten, Transport- und Kommunikationskosten sowie Steuer- und Investitionsanreize mit ein. Arbeitskosten sind hier von besonderer Bedeutung. So verlagern amerikanische und europäische Firmen die Programmierung ihrer Softwares mehr und mehr nach Indien, denn dort belaufen sich die Kosten für einen Softwareprogrammierer nur etwa auf ein Viertel des Gehalts, das ein amerikanischer Angestellter mit entsprechendem Fachwissen erhalten würde. Doch auch in Indien sind die Löhne gestiegen, sodass dort ansässige IT-Firmen schon damit begonnen haben, ihre Aktivitäten in Länder mit noch geringeren Kosten wie etwa China zu verlagern. Einige Experten gehen sogar davon aus, dass Tochtergesellschaften indischer Firmen auf diese Weise bald bis zu 40 Prozent der chinesischen Exporte aus dem Bereich IT-Dienstleistungen kontrollieren werden.
- *Einzigartige Fähigkeiten* können es einer Firma ermöglichen, ihren Wettbewerbsvorteil auszubauen. Ein Grund, warum Accenture eine schnell wachsende Softwareentwicklungsfirma in der chinesischen Stadt Dalian eröffnete, bestand darin, dass so die Kommunikation mit potenziellen japanischen und koreanischen multinationalen Unternehmen, die in dieser Region tätig waren, leichter war als dies mit dem Standort Indien oder Philippinen der Fall gewesen wäre. Ebenso können Organisationen Vorteile bezüglich spezieller technologischer und wissenschaftlicher Fähigkeiten nutzen. So platzierte etwa Boeing sein größtes Technikzentrum außerhalb der USA in Moskau, um so leichteren Zugang zu russischem Fachwissen aus dem Bereich der Aerodynamik zu haben. Organisationen wie Boeing setzen also ihre Fähigkeiten zunehmend selektiv ein, um besondere Standortvorteile zu nutzen und so ihre bestehenden strategischen Fähigkeiten auszubauen und zu stärken. Anders ausgedrückt geht es bei der Internationalisierung immer mehr nicht nur um die Nutzung vorhandener Fähigkeiten auf neuen nationalen Märkten, sondern um die Entwicklung neuer strategischer Fähigkeiten durch den Aufbau von Fähigkeiten in anderen Regionen der Welt.
- *Nationale Merkmale* können es Organisationen ermöglichen, gegeneinander abgegrenzte Produkte anzubieten, die an verschiedene Marktsegmente gerichtet sind. Der amerikanische Gitarrenhersteller Gibson komplimentiert seine in den USA hergestellten Produkte mit oft ähnlichen, aber günstigeren Alternativen, die in Korea unter dem Markennamen Epiphone produziert werden. Aufgrund der amerikanischen Musiktradition profitieren die teureren Gibson-Produkte aber immer noch vom Ruf der Marke und der Kennzeichnung „made in USA“.

Natürlich kann dieser Versuch einer Organisation, die Standortvorteile verschiedener Länder zu nutzen, dazu führen, dass ein komplexes Netzwerk aus inter- und intraorganisationalen Beziehungen entsteht. So hat Boeing beispielsweise durch seine Tochtergesellschaften und Partnerschaften mit anderen Unternehmen ein globales Netz an F&E-Aktivitäten entwickelt (siehe Beispiel 8.3).

Beispiel 8.3

Boeings globales F&E-Netzwerk

Organisationen können danach streben, Standortvorteile auf der ganzen Welt zu nutzen.

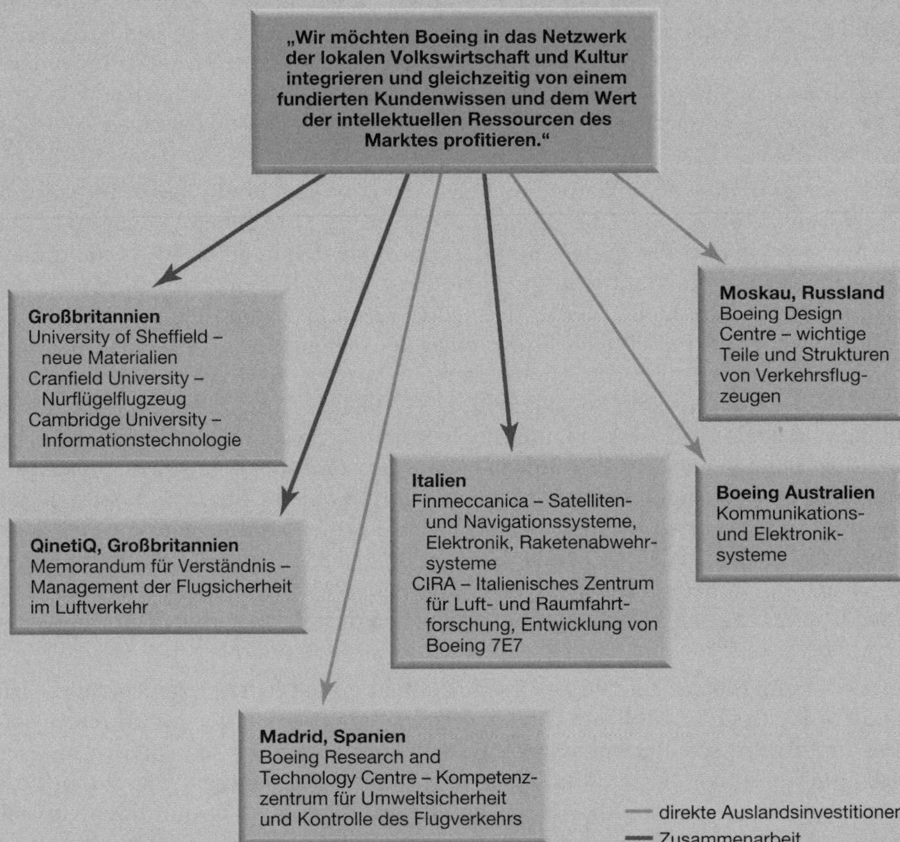

Quellen: www.boeing.com, Boeing Jahresbericht 2002, Aviation International News Online.

Zusammengestellt von Michael Mayer, Bath University.

Kontrollfragen

1. Welche Gründe könnte es für die Internationalisierungsbestrebungen von Boeings F&E-Aktivitäten geben?
2. Welchen Herausforderungen muss sich Boeing bei der Internationalisierung seiner F&E-Aktivitäten stellen?

8.4 Internationale Strategien

Organisationen sind zwar in der Lage, durch Faktoren ihres Heimatmarktes oder durch internationale Wertnetzwerke Grundlagen für internationale Wettbewerbsvorteile zu erlangen, doch sie müssen sich dennoch der schwierigen Frage stellen, welche Strategien sie auf ihren Märkten verfolgen sollen. Hier besteht das Hauptproblem typischerweise im sogenannten **Global-lokal-Dilemma**. Dies bezieht sich darauf, inwieweit Produkte und Dienstleistungen über nationale Grenzen hinweg standardisiert werden dürfen oder an die Anforderungen spezifischer Landesmärkte angepasst werden müssen. Für einige Produkte und Dienstleistungen wie etwa Fernseher scheinen alle Märkte weltweit sehr ähnlich zu sein, sodass sich große potenzielle Größenvorteile ergeben können, wenn Design, Produktion und Auslieferung zentralisiert werden können. Bei anderen Produkten oder Dienstleistungen wie etwa den Fernsehprogrammen sind die nationalen Vorlieben sehr verschieden, sodass die Unternehmen ihre Aktivitäten dezentralisieren und so genau wie möglich auf den lokalen Markt abstimmen müssen. Dieses Global-lokal-Dilemma kann bei Unternehmen, die internationale Strategien verfolgen, zu den verschiedensten Reaktionen führen, von der Dezentralisierung bis hin zur totalen Zentralisierung mit mehreren Positionen dazwischen.

Global-lokal-Dilemma

Ein Global-lokal-Dilemma bezieht sich darauf, inwieweit Produkte und Dienstleistungen über nationale Grenzen hinweg standardisiert werden dürfen oder an die Anforderungen spezifischer Landesmärkte angepasst werden müssen.

Dieser Abschnitt stellt vier verschiedene Arten der internationalen Strategie vor, die auf den Wahlmöglichkeiten bezüglich der *Konfiguration* der verschiedenen Aktivitäten einer Organisation basieren. Außerdem wird berücksichtigt, inwieweit diese Aktivitäten dann international *koordiniert* werden (siehe Abbildung 8.4). Genauer gesagt bezieht sich die Konfiguration auf die geografische Ausbreitung oder Konzentration der Aktivitäten wie etwa Fertigung oder F&E, während sich die Koordination darauf bezieht, inwieweit das Management der Aktivitäten in den einzelnen Ländern dezentral oder zentral gestaltet wird. Es gibt grundsätzlich folgende vier internationale Strategien[8]:

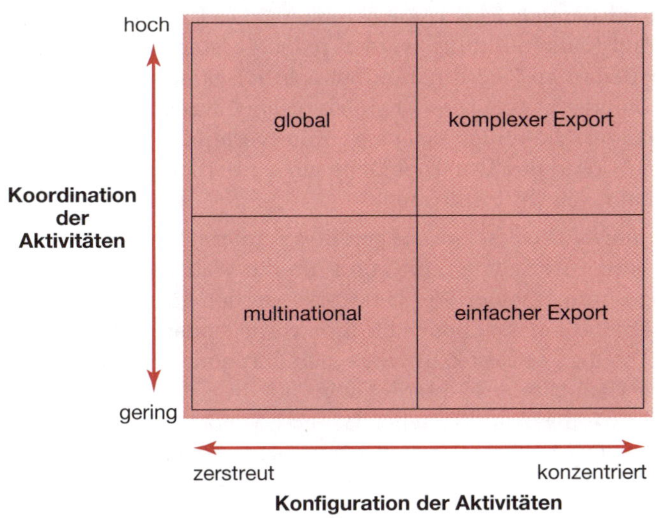

Abbildung 8.4: Vier internationale Strategien

8 Diese Typologie baut auf dem System Michael Porters auf, „Changing patterns of international competition“, *California Management Review*, Bd. 28, Nr. 2 (1987), S. 9–39, wobei die vier Strategien mit leichter verständlichen Begriffen belegt wurden. Es sei besonders darauf hingewiesen, dass sich der Begriff „globale Strategie“ hier auf das linke obere Feld bezieht, während das rechte obere Feld mit dem Begriff „komplexer Export“ bezeichnet ist.

- *Einfacher Export.* Diese Strategie beinhaltet eine Konzentration der Aktivitäten (besonders der Fertigung) auf ein Land, meist das Ursprungsland der Organisation. Gleichzeitig ist das Marketing des exportierten Produkts im Ausland nur sehr locker koordiniert und wird auf den verschiedenen Märkten vielleicht von unterschiedlichen Verkaufsagenturen betreut. Es kann sein, dass Richtlinien zu Preisbildung, Verpackung, Vertrieb und sogar zur Imagebildung lokal festgelegt werden. Diese Strategie wird häufig von Organisationen mit großem Standortvorteil gewählt, wie er beispielsweise durch den Porter-Diamanten bestimmt werden kann. Gleichzeitig fehlen solchen Organisationen aber meist die Managementfähigkeiten, um ihre Marketingaktivitäten international zu koordinieren, oder aber ein solches koordiniertes Marketing würde wenig Mehrwert bringen, z.B. wenn es um landwirtschaftliche Erzeugnisse oder Rohstoffe geht.
- *Multinational.* Diese Strategie ist auf internationaler Ebene ähnlich locker koordiniert, beinhaltet aber gleichzeitig eine globale Verteilung verschiedener Aktivitäten wie Fertigung oder Produktentwicklung. Güter und Dienstleistungen werden also nicht exportiert, sondern vor Ort auf jedem nationalen Markt produziert. Jeder Markt wird als unabhängige Einheit gesehen, wobei die Bedürfnisse jedes Marktes vor Ort Priorität haben – daher die Bezeichnung „multinational". Lokale Anpassungen können dafür sorgen, dass das Unternehmensportfolio zunehmend diversifiziert wird. Diese Strategie eignet sich am besten für Unternehmen, die Größenvorteile nur in geringem Maß nutzen können und großen Nutzen aus der Anpassung an lokale Bedürfnisse ziehen. Besonders attraktiv ist diese multinationale Strategie für professionelle Dienstleistungen, wo es besonders auf persönliche Beziehungen ankommt. Andererseits stehen auch der Markenname und der Ruf des gesamten Unternehmens auf dem Spiel, wenn die Praktiken national zu sehr voneinander abweichen.
- *Komplexer Export.* Bei dieser Strategie sind die meisten Aktivitäten in einem Land angesiedelt, doch das internationale Marketing ist stärker koordiniert. In der Fertigung und im Bereich F&E können immer noch Größenvorteile genutzt werden, die Preis- und Markenbildung werden jedoch systematischer gesteuert. Natürlich ist hier der Bedarf an Koordination beträchtlich höher und komplexer als bei der einfachen Exportstrategie. Dies ist eine typische Strategie für Volkswirtschaften der Schwellenländer, die einige eigene Standortvorteile nutzen, gleichzeitig aber mit zunehmender Reife des Unternehmens auch international einen starken Markennamen und ein Netzwerk aufbauen.
- *Globale Strategie.* Dies ist die ausgereifteste internationale Strategie mit hochgradig koordinierten Aktivitäten, die rund um die Welt verteilt sind. Unter optimaler Ausnutzung internationaler Wertnetzwerke werden geografische Standorte für jede einzelne Aktivität entsprechend der dort vorliegenden speziellen Standortvorteile ausgewählt, so dass es sein kann, dass sich Fertigung, Produktentwicklung, Marketing und der Hauptsitz des Unternehmens alle in verschiedenen Ländern befinden. So entwarf etwa der Autohersteller General Motors, dessen Hauptsitz Detroit ist, seinen Pontiac Le Mans bei der deutschen Tochter Opel, denn dort verfügt man über gute Kenntnisse im Bereich Ingenieurwesen. Das Marketing übernahm eine britische Werbeagentur im kreativen London. Viele der komplizierteren Einzelteile wurden in Japan hergestellt, wo die ausgereiften Fähigkeiten im Bereich Technologie und Fertigung genutzt wurden. Montiert wurde das Auto schließlich in Korea, denn dort waren billige Arbeitskräfte verfügbar, die dennoch über genügend Fachwissen verfügten. All dies erforderte natürlich hohe Investitionen und große Koordinationsfähigkeiten (siehe auch die Diskussion über transnationale Strukturen in *Kapitel 12*).

In der Praxis lassen sich diese vier internationalen Strategien nicht immer voneinander unterscheiden. Managementkoordination und geografische Konzentration liegen meist in verschiedenen Abstufungen vor und können nicht immer scharf abgegrenzt werden. Oft pendeln Organisationen zwischen den vier Strategien hin und her. Ihre Entscheidungen werden auch von Veränderungen der oben beschriebenen Antriebskräfte der Internationalisierung beeinflusst. In Branchen, wo die Vorlieben der Kunden sehr standardisiert sind, werden die betreffenden Organisationen eher den komplexen Export oder die globale Strategie wählen. Sind die Größenvorteile dagegen nur gering, spricht vieles für eine multinationale Strategie.

8.5 Marktselektion und Eintritt

Hat sich ein Manager nun für eine internationale Strategie entschieden, die auf gesicherten Grundlagen eines Wettbewerbsvorteils basiert und von starken Antriebskräften der Internationalisierung gestützt wird, muss er sich entscheiden, in welchen Ländern seine Organisation aktiv werden soll. Denn nicht alle Länder sind gleich attraktiv. Bis zu einem gewissen Grad können Länder aber anfänglich mittels der standardisierten Umfeldanalysetechniken verglichen werden, etwa gemäß den Dimensionen der PESTEL Analyse (siehe *Abschnitt 2.2.1*) oder der Five-Forces-Analyse (siehe *Abschnitt 2.3*). Es gibt jedoch gewisse Bestimmungsgrößen der Marktattraktivität, die bei der Wahl der Internationalisierungsstrategie berücksichtigt werden müssen. Diese können anhand zweier Kriterien analysiert werden: Zum einen die spezifischen Eigenschaften des Marktes, zum anderen die Art des herrschenden Wettbewerbs. Hier kommt es vor allem darauf an, wie die ursprüngliche Einschätzung eines Marktes sich durch verschiedene Maßnahmen der *Distanz* und durch die Wahrscheinlichkeit eines *Vergeltungsschlags* durch die Konkurrenz verändern kann. Der Abschnitt schließt mit der Betrachtung verschiedener Eintrittsmöglichkeiten auf nationale Märkte.

8.5.1 Merkmale des Marktes

Mindestens vier Elemente der PESTEL Analyse sind bei einem Ländervergleich besonders wichtig, wenn es um den Markteintritt geht:

- *Politisch.* Das politische Umfeld vieler Länder ist sehr verschieden und kann sich auch schnell verändern. So hat Russland seit dem Ende des Kommunismus häufige und schnelle Veränderungen erlebt, die Aktivitäten ausländischer Unternehmen begünstigen oder behindern. Regierungen können also erhebliche Chancen für Organisationen schaffen. So gewährte die offizielle schottische Unternehmensförderungsagentur Scottish Enterprise eine finanzielle Förderung, um 2003 die MTV Music Awards in die schottische Hauptstadt Edinburgh zu holen. Auch politische und rechtliche Veränderungen können zur Chance für eine internationale Expansion werden, wie am Beispiel der Deutschen Post beschrieben (siehe Beispiel 8.2). Trotzdem ist es wichtig, das aktuelle *politische Risiko* eines Landes zu bestimmen, bevor man dort aktiv wird.
- *Wirtschaftlich.* Wichtige Vergleichswerte bei der Entscheidung für oder gegen einen Markteintritt sind das Bruttoinlandsprodukt und das verfügbare Einkommen, die zur Einschätzung des potenziellen Marktvolumens dienen können. Schnell wachsende Volkswirtschaften bieten natürlich große Chancen, und in Schwellenländern wie

China entsteht durch das Marktwachstum eine immer größer werdende Mittelschicht an Konsumenten mit aktivem Kaufverhalten. Trotzdem müssen Unternehmen auch auf die Stabilität der jeweiligen Landeswährung achten, die dessen Einkommensfluss beeinträchtigen könnte. Es könnte ein erhöhtes *Währungsrisiko* bestehen.

- *Sozial.* Soziale Faktoren sind natürlich auch von großer Bedeutung, so etwa die Verfügbarkeit gut ausgebildeten Personals oder die Größe der demografischen Marktsegmente – alt oder jung – die für die Unternehmensstrategie relevant sind. Kulturelle Schwankungen, etwa Trends und Modeerscheinungen auf dem Markt, müssen ebenfalls berücksichtigt werden.
- *Rechtlich.* Die Rechtssysteme der verschiedenen Länder sind sehr unterschiedlich und sie bestimmen, inwieweit Unternehmen Verträge durchsetzen, geistiges Eigentum schützen oder Korruption vermeiden können. Auch für die Sicherheit am Arbeitsplatz sind rechtliche Bestimmungen wichtig. Dies ist ein Aspekt, der einige ausländische Unternehmen in der Vergangenheit vor einem Markteintritt in manche Länder Südamerikas zurückschrecken ließ.

Es ist üblich, die einzelnen nationalen Märkte gemäß solcher Kriterien gegeneinander abzugleichen und dann die Länder für einen Markteintritt auszuwählen, die relativ gesehen am besten abschneiden. Pankaj Ghemawat weist jedoch darauf hin, dass es nicht nur auf die Attraktivität verschiedener Länder im Verhältnis zu anderen ankommt. Auch die Kompatibilität der möglichen Länder mit dem Unternehmen, das eine Internationalisierung anstrebt, spielt eine Rolle.[9] Er argumentiert, dass manche Länder für Unternehmen aus einem bestimmten Land „weiter entfernt", d.h. weniger kompatibel sind als andere. Unternehmen aus verschiedenen Ländern passen also nicht alle gleich gut zu den Ländern, die für sie an oberster Stelle für einen Markteintritt stehen. So kann ein Markt in einem südamerikanischen Land ebenso attraktiv sein wie ein Markt in Ostafrika, doch eine spanische Firma würde sich wohl eher in Südamerika zuhause fühlen. Ein Unternehmen muss also nicht nur eine relative Reihenfolge gemäß der Attraktivität festlegen, sondern auch bestimmen, wie „nahe" ihm bestimmte Länder stehen. Um seine Argumentation zu stützen, dass es auch auf die Distanz ankommt, hat Ghemawat das sogenannte CAGE-System zusammengestellt, bei dem jedes Element für eine Dimension der Distanz steht

- *Kulturelle Distanz.* Hier bezieht sich die Distanz auf Sprache, Volkszugehörigkeit, Religion und soziale Normen. Bei der kulturellen Distanz geht es nicht nur um Ähnlichkeiten bei den Vorlieben der Konsumenten, sie erstreckt sich auch auf die wichtige Kompatibilität, was das Verhalten von Managern betrifft. Hier fühlen sich amerikanische Unternehmen vielleicht Kanada näher als Mexiko, was für spanische Firmen wiederum eher kompatibel erscheinen mag.
- *Administrative und politische Distanz.* Hier bezieht sich die Distanz auf inkompatible administrative, politische und rechtliche Traditionen. Verbindungen aus der Kolonialzeit können solche Unterschiede vermindern; so schafft das gemeinsame Erbe Frankreichs und seiner ehemaligen westafrikanischen Kolonien ein gewisses Verständnis füreinander, das über die sprachlichen Vorteile hinausgeht. Institutionelle Schwächen – etwa langsame oder korrupte Administration – können aber für Distanz zwischen Ländern sorgen. Bei politischen Unterschieden verhält es sich ebenso: Chinesische Unternehmen sind mehr und mehr in der Lage, in Teilen der

9 P. Ghemawat, „Distance still matters", *Harvard Business Review*, September 2001, S. 137–147.

Welt aktiv zu werden, die für amerikanische Firmen schwer zu erschließen sind, so etwa in Teilen des Mittleren Ostens und Asiens.

- *Geografische Distanz.* Hier geht es nicht nur darum, wie viele Kilometer die Länder voneinander trennen. Auch andere geografische Merkmale der Länder spielen eine Rolle wie etwa Größe, Zugang zum Meer und die Qualität der Kommunikationsinfrastruktur. So haben etwa die Schwierigkeiten, die Wal-Mart in Europa hat, damit zu tun, dass dessen Logistiksysteme für enorm große Distanzen entwickelt wurden, wie sie eben in Nordamerika vorliegen. Für kleinere, dichter besiedelte europäische Länder waren sie dagegen weit weniger gut geeignet. Die Transportinfrastruktur kann physische Distanzen sowohl vermindern als auch verschärfen. So ist Frankreich großen Teilen des europäischen Kontinents viel näher als Großbritannien, denn der Ärmelkanal ebenso wie das relativ schlecht ausgebaute Straßen- und Schienennetz Großbritanniens bilden hier eine Barriere.
- *Wirtschaftliche Distanz.* Das abschließende Element des CAGE-Systems bezieht sich insbesondere auf die durch Wohlstand verursachte Distanz. Anstatt einfach davon auszugehen, dass ein wohlhabender Markt für einen Eintritt attraktiv ist, während ein ärmerer Markt dies nicht ist, weist das System hier auf die verschiedenen Fähigkeiten von Unternehmen aus unterschiedlichen Ländern hin. Multinationale Unternehmen aus reichen Ländern tun sich meist schwer damit, Verbraucher in ärmeren Ländern zu bedienen (siehe Beispiel 8.4; hier wird beschrieben, wie bei Unilever mit diesem Problem umgegangen wurde). In Entwicklungsländern konzentrieren sich Unternehmen aus reicheren Ländern schließlich meist auf kleine wirtschaftliche Eliten. Umgekehrt brauchen Unternehmen aus Entwicklungsländern auch oft sehr lange, um sich alle Anforderungen anzueignen, die Konsumenten der Mittelschicht aus reicheren Ländern ganz selbstverständlich erwarten.[10]

Beispiel 8.4

Strategische Innovation bei Hindustan Lever Limited

Große internationale Unternehmen müssen ihre Produkte und Dienstleistungen oft den Bedürfnissen des lokalen Marktes anpassen.

Unilever ist einer der größten Konsumgüterhersteller der Welt. Das Unternehmen möchte seine Marken weltweit etablieren und diese mit hochmoderner Forschung und Entwicklung stützen. Man ist sich jedoch durchaus der Tatsache bewusst, dass viele Märkte sehr unterschiedlich sind und dass man sich lokalen Marktbedingungen anpassen muss, will man wirklich global aktiv sein. Das Unternehmen hat auch erkannt, dass es seine Produkte sowohl in reichen als auch in ärmeren Regionen vermarkten muss. Schätzungen zufolge sollen bis 2010 sogar die Hälfte aller Umsätze in Entwicklungsländern erzielt werden – ein Anstieg um 30 Prozent seit 2000.

10 Für eine gute Analyse von Unternehmen aus Entwicklungsländern und ihren Chancen siehe T. Khanna und K. Palepu, „Emerging giants: Building world-class companies in developing countries“, *Harvard Business Review*, Oktober 2006, S. 60–69.

In den ländlichen Gegenden Indiens bemüht sich Hindustan Lever Unilevers, Markenprodukte auf lokal geeignete Art und Weise zu vermarkten.

Dabei konzentriert man sich vor allem darauf, diese Markenprodukte auf den einheimischen „Haats" oder Märkten anzubieten, wo Vertreter von Unilever ihre Produkte von den Ladeflächen von Lastwagen aus verkaufen und mithilfe von Lautsprechern die Marken anpreisen. Einheimische Führungskräfte argumentieren, dass die Menschen zwar „arm sind, sich jedoch trotzdem nicht mit der Wegwerfversion eines Markenprodukts begnügen wollen, sofern die Firma, die das Markenprodukt herstellt, sich die Mühe macht, ihnen den Unterschied zu erklären".

Um die entsprechenden Fähigkeiten für diese Strategie zu entwickeln, verbringen die Management Trainees von Lever zunächst viele Wochen in ländlichen Gegenden, wo sie mit den Einheimischen essen, sprechen und leben:

> *Hat man einmal Zeit mit den Menschen verbracht, erkennt man, dass sie eigentlich das Gleiche wollen wie man selbst. Sie wollen hohe Lebensqualität.*

Dieselben Führungskräfte haben auch die Vermarktung ihrer Produkte weiter verbessert. Sie haben direkte Verkaufsmodelle entwickelt, bei denen Frauen, die Selbsthilfegruppen angehören, welche Mikrokredite gewähren, Lever-Produkte verkaufen, damit ihre kollektiven Ersparnisse anwachsen. In Regionen, wo es nur wenige Fernseher gibt, haben Marketingexperten außerdem tausende Live-Präsentationen auf Vieh- und Handelsmärkten organisiert, bei denen auch einheimische Folklore gezeigt wird. Hier sollen nicht nur die Lever-Marken beworben werden, man will auch darauf hinweisen, wie wichtig regelmäßiges Waschen und bessere Hygiene sind. Das Verkaufspersonal besucht sogar religiöse Feiern und nutzt ultraviolettes Licht auf den Händen der Menschen, um die Gefahren von Keimen und Schmutz aufzuzeigen.

Doch nicht nur das Marketing der Produkte ist speziell auf das ländliche Indien zugeschnitten. Auch die Produktentwicklung ist hier anders. So sind indische Frauen beispielsweise sehr stolz auf ihr Haar und betrachten Haarpflege als Luxus. Trotzdem nutzen sie meist für die Reinigung des Körpers und der Haare dieselbe Seife. Also forschte Lever, um eine kostengünstige Seife zu entwickeln, die für Haut und Haare verwendet werden kann und auf die Verbraucher in kleineren Städten und ländlichen Gegenden zugeschnitten ist.

Keki Dadiseth, ein führender Mitarbeiter von Hindustan Lever meint dazu:

> *Jeder möchte Markenware kaufen. Und auf der Welt gibt es viel mehr Arme als Reiche. Um wirklich international aktiv zu sein, ... muss ein Unternehmen auf allen Segmenten zuhause sein.*

Quellen: Rekha Balu, „Strategic innovation: Hindustan Lever Ltd.", FastCompany.com (www.fastcompany.com/maganzne), Ausgabe 47, Juni 2001.

Kontrollfragen

1. Welchen Herausforderungen muss sich ein international aktives Unternehmen wie Unilever stellen, wenn es globale Marken entwickeln und gleichzeitig lokal Erfolg haben will?
2. Welche anderen Beispiele für lokal angepasste globale Marken kennen Sie?
3. Internationale Unternehmen werden immer wieder dafür kritisiert, in armen Entwicklungsländern teure Markenprodukte anzubieten. Wie denken Sie über die ethischen Dimensionen der Aktivitäten von Hindustan Lever?

8.5.2 Merkmale des Wettbewerbs

Eine Einschätzung der relativen Attraktivität verschiedener Märkte mithilfe der PESTEL und der CAGE-Analyse sind meist nur der erste Schritt. Ein zweites wichtiges Element bezieht sich auf den Wettbewerb. Hier kann natürlich die Five-Forces-Analyse von Porter helfen (siehe *Abschnitt 2.3*). So sind nationale Märkte mit vielen etablierten Konkurrenten, mächtigen Käufern (etwa große Einzelhandelsketten wie in Nordamerika und Nordeuropa) und niedrigen Eintrittsbarrieren für weitere internationale Konkurrenten meist eher unattraktiv.

Ein weiterer Gesichtspunkt ist jedoch die Wahrscheinlichkeit eines Vergeltungsschlags anderer Konkurrenten.

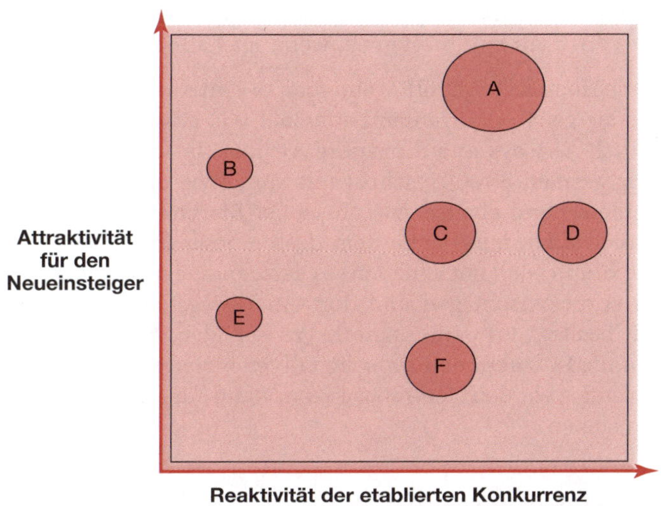

Abbildung 8.5: Vergeltungsschlag internationaler Konkurrenten

Innerhalb des Systems der fünf Kräfte bezieht sich potenzielle Vergeltung auf die Rivalität, doch Manager können diesen Aspekt ausdehnen und dazu Erkenntnisse nutzen, die direkt aus der „Spieltheorie“ stammen (siehe *Abschnitt 6.7*). Hier werden Wahrscheinlichkeit und Heftigkeit potenzieller Reaktionen der Konkurrenz zur einfachen Kalkulation der relativen Marktattraktivität addiert. Wie in Abbildung 8.5 dargestellt, werden die Ländermärkte anhand von zwei Achsen angeordnet.[11] Die erste Achse zeigt die *Marktattraktivität* für den Neueinsteiger an, ausgehend z.B. von der PESTEL, CAGE und der Five-Forces-Analyse. In der Abbildung sind also die Länder A und B für den Einsteiger am attraktivsten. Die zweite Achse zeigt die *Reaktivität der etablierten Konkurrenz* an, die wahrscheinlich von der Attraktivität des Marktes für den Konkurrenten, aber auch davon beeinflusst wird, inwieweit dieser eine global integrierte anstelle einer multinationalen Strategie verfolgt. Ein etabliertes Unternehmen wird stärker reagieren, wenn die betroffenen Märkte für es wichtig sind und es über die Managementfähigkeiten verfügt, seine Reaktionen zu koordinieren. Hier ist die Reaktivität der etablierten Konkurrenz in den Ländern A und D besonders hoch. Das dritte Element ist die *Schlagkraft* (d.h. die Macht), die die etablierte Konkurrenz aufbringen kann, um zurückzuschlagen. Diese Schlagkraft ist meist eine Funktion des jeweiligen Marktanteils, kann aber durch Verbindungen zu anderen mächtigen lokalen Marktteilnehmern wie etwa Einzelhändlern oder der Regierung beeinflusst werden. In Abbildung 8.5 ist die Schlagkraft durch die Größe der Blasen dargestellt. Also verfügt die etablierte Konkurrenz in den Ländern A, C, D und F über die größte Schlagkraft.

Die Wahl des Eintrittslandes kann sich erheblich verändern, wenn man zu den Überlegungen bezüglich der Attraktivität auch noch die Reaktivität und die Schlagkraft hinzurechnet. Betrachtet man nur die Attraktivität, so wäre das beste Eintrittsland in Abbildung 8.5 Land A. Leider ist dort die Reaktivität der etablierten Konkurrenz auch mit am höchsten, und auch die Schlagkraft ist hier besonders groß. So wird Land B zur besseren Entscheidung für eine Internationalisierung. Land C wiederum eignet sich besser als Land D, denn trotz gleicher Attraktivität ist hier die Reaktivität der Konkurrenz geringer. Land E sorgt für eine Überraschung, wenn man Reaktivität und Schlagkraft in die Bewertung mit einbezieht. Obwohl es in Bezug auf Attraktivität auf dem letzten Rang liegt, schneidet es doch am zweitbesten ab, wenn man alle Kriterien berücksichtigt.

Diese Analyse ist besonders sinnvoll, wenn man die internationalen Aktivitäten zweier voneinander abhängiger Konkurrenten betrachtet wie etwa Unilever und Procter and Gamble oder British Airways und Singapore Airlines. In solchen Fällen ist diese Analyse für jeden aggressiven Strategieschritt relevant, etwa die Ausweitung bestehender Aktivitäten in einem Land ebenso wie ein neuer Markteintritt. Besonders bei global integrierten Konkurrenten muss außerdem dessen gesamte Schlagkraft berücksichtigt werden. Denn er könnte sich entscheiden, in ganz anderen Märkten als dem ursprünglich betroffenen zurückzuschlagen und dort einen Gegenangriff starten, wo er genügend Schlagkraft besitzt, um dem Angreifer zu schaden. Natürlich kann eine solche Analyse auch auf die Interaktionen zwischen diversifizierten und internationalen Konkurrenten angewendet werden: Jede Blase kann dann für verschiedene Produkte oder Dienstleistungen stehen.

8.5.3 Formen des Markteintritts

Hat sich ein Unternehmen dann für den Eintritt auf einem bestimmten Markt entschieden, muss es wählen, wie dieser Markteintritt ablaufen soll. Eintrittsformen variieren je nachdem, wie viele Ressourcen an einem bestimmten Standort eingesetzt werden und inwieweit die Organisation sich in die betrieblichen Abläufe dort einbringt. Die

11 Dieses System wird erklärt bei I. Macmillan, A. van Putten und R. McGrath, „Global gamesmanship", *Harvard Business Review*, Bd. 81, Nr. 5 (2003), S. 62–71.

wichtigsten Formen des Markteintritts sind: Export, vertragliche Vereinbarungen durch Lizenzen und Franchising, Joint Ventures, Allianzen und Auslandsdirektinvestitionen, was wiederum die Übernahme etablierter Unternehmen oder Firmenansiedlungen auf der grünen Wiese bedeuten kann. Diese alternativen Methoden der Strategieentwicklung werden in *Abschnitt 10.3* näher erläutert, doch die spezifischen Vor- und Nachteile eines internationalen Markteintritts sind in Abbildung 8.6 zusammengefasst.

Die Eintrittsform auf einen neuen Markt wird oft anhand der Phasen der organisationalen Entwicklung ausgewählt. Die Internationalisierung führt eine Organisation auf neues und oft unbekanntes Terrain, sodass die Manager ihre Arbeit oft neu lernen müssen.[12] Die Internationalisierung wird daher traditionell als mehrstufiger Prozess gesehen, wobei Unternehmen ihr Engagement für neue Märkte mehr und mehr steigern und gleichzeitig ihr Wissen und ihre Fähigkeiten ausbauen. Diese Strategie der **gestuften internationalen Expansion** bedeutet, dass Firmen anfangs Formen des Markteintritts wie Lizenzierung oder Export nutzen, die ihnen erlauben, maximales Wissen zu erwerben, während ihre Vermögenswerte so wenig wie möglich beansprucht werden. Haben die Firmen dann ausreichend Vertrauen und Wissen angesammelt, können sie stufenweise immer mehr Ressourcen einsetzen und vielleicht zunächst ein Joint Venture arrangieren und später Auslandsdirektinvestitionen leisten. Ein Beispiel ist der Eintritt des Automobilherstellers BMW in den amerikanischen Markt. Nach einer langen Exportphase deutscher Autos in die USA baute BMW ein Fertigungswerk in Spartanburg, South Carolina, um so seine Wettbewerbsposition auf dem strategisch wichtigen amerikanischen Markt zu stärken.

Gestufte internationale Expansion

Bei der gestuften internationalen Expansion nutzen Firmen Formen des Markteintritts, die es ihnen erlauben, den Wissenserwerb zu maximieren und die Vermögenswerte einem möglichst geringem Risiko auszusetzen.

Im Gegensatz zu dieser allmählichen Internationalisierung, die ursprünglich von vielen großen und etablierten Unternehmen betrieben wurde, werden einige kleine Firmen heute sehr schnell und zu einem sehr frühen Zeitpunkt in ihrer Entwicklung international aktiv. Dabei nutzen sie mehrere Eintrittsformen für verschiedene Länder. Dies sind die sogenannten „Born Globals“[13]. Anhand des „Mini-Multinationals“ aus Beispiel 8.5 wird dieser Prozess eines Born Global verdeutlicht. Um eine schnelle Internationalisierung zu erreichen, müssen die Born Globals ihren Internationalisierungsprozess managen und gleichzeitig ihre diesbezügliche Strategie und Infrastruktur entwickeln, obwohl ihnen oft die Erfahrung und das Wissen fehlen, das in solchen Fällen für gewöhnlich vorausgesetzt wird.

---

12 Für detailliertere Diskussionen über die Rolle, die Erfahrung und Lernen bei einem Markteinritt spielen, siehe M.F. Guillén, „Experience, imitation, and the sequence of foreign entry: Wholly owned and joint-venture manufacturing by South Korean firms and business groups in China, 1987–1995“, *Journal of International Business Studies*, Bd. 83 (2003), S. 185–198; und M.K. Erramilli, „The experience factor in foreign market entry modes by service firms“, *Journal of International Business Studies*, Bd. 22, Nr. 3 (1991), S. 479–501.

13 G. Knights und T. Cavusil, „A taxonomy of born-global firms“, *Management International Review*, Bd. 45, Nr. 3 (2005), S. 15–35.

Abbildung 8.6: Formen des Markteintritts: Vorteile und Nachteile

Export	
Vorteile:	**Nachteile:**
• Keine betrieblichen Einrichtungen im Exportland nötig. • Größenvorteile können genutzt werden. • Über das Internet können kleine/unerfahrene Firmen Zugang zu internationalen Märkten erlangen.	• Die Firma kann nicht von den Standortvorteilen des Exportlandes profitieren. • Die Möglichkeiten, Kenntnisse über lokale Märkte und Konkurrenten zu erwerben, sind begrenzt. • Es kann eine Abhängigkeit von Exportzwischenhändlern entstehen. • Handelsbarrieren wie etwa Importzölle können hinderlich sein. • Transportkosten fallen an. • Schnelle Reaktionsfähigkeit auf Kundenbedürfnisse ist eingeschränkt.

Joint Ventures und Allianzen	
Vorteile:	**Nachteile:**
• Investitionsrisiko wird von mehreren Partnern getragen. • Komplementäre Ressourcen und Know-how wird gemeinsam genutzt. • Kann eine Bedingung des Staates für den Markteintritt sein.	• Die Identifizierung möglicher Partner sowie das Aushandeln geeigneter Verträge kann schwierig sein. • Die Beziehung zu einem ausländischen Partner kann schwer zu managen sein. • Wettbewerbsvorteile können durch Imitation verloren gehen. • Die Fähigkeit, Aktivitäten grenzüberschreitend zu integrieren und zu koordinieren ist eingeschränkt.

Lizenzierung	
Vorteile:	**Nachteile:**
• Vertraglich festgelegtes Einkommen durch den Verkauf von Produktions- und Vermarktungsrechten • Der Einsatz wirtschaftlicher und finanzieller Ressourcen ist begrenzt.	• Die Identifizierung möglicher Partner sowie das Aushandeln geeigneter Verträge kann schwierig sein. • Wettbewerbsvorteile können durch Imitation verloren gehen. • Standortvorteile des Gastgeberlandes können nur begrenzt genutzt werden.

Auslandsdirektinvestitionen	
Vorteile:	**Nachteile:**
• Vollständige Kontrolle über Ressourcen und Fähigkeiten • Die Koordination und Integration grenzüberschreitender Aktivitäten wird erleichtert. • Übernahmen ermöglichen einen schnellen Markteintritt. • Firmengründungen auf der grünen Wiese ermöglichen die Entwicklung modernster Einrichtungen und können so die finanzielle Unterstützung des Gastgeberstaats anziehen.	• Es sind erhebliche Investitionen und Engagement im Gastgeberland notwendig, sodass viele wirtschaftliche und finanzielle Ressourcen eingesetzt werden müssen. • Firmenübernahmen können zu Integrations- und Koordinationsproblemen führen. • Firmengründungen auf der grünen Wiese sind im Ausland zeitraubend; die Kosten sind schwer vorhersagbar.

Multinationale Unternehmen aus Schwellenländern nutzen auch oft verschiedene Facetten aller Markteintrittsformen aus. Bekannte Beispiele sind der chinesische Haushaltswarenhersteller Haier, das indische Pharmaunternehmen Rambaxy Laboratories und die mexikanische Zementfirma Cemex. Die internationalen Strategien dieser Unternehmen basieren nicht einfach nur auf Exporten oder Kosten.[14] Sie entwickeln meist *einzigartige Fähigkeiten* auf ihren heimischen Märkten, die von etablierten internationalen Firmen oft vernachlässigt werden. Dann machen sie sich daran, „Außenposten" in weiter entwickelten Ländern aufzubauen. Aufgrund der besonderen Bedürfnisse des chinesischen Marktes erwarb Haier besonders fundierte Kenntnisse in der effizienten Fertigung einfacher Haushaltsgeräte. Dies verlieh der Firma einen Kostenvorteil, der sich auch auf Produktionsstätten außerhalb Chinas übertragen ließ. 1999 eröffnete Haier ein Werk in South Carolina, USA, und arbeitet nun in direkter Konkurrenz mit westlichen Großkonzernen wie General Electric oder Whirlpool auf deren heimischem Terrain.

Beispiel 8.5 Das „Mini-Multinational"

GNI, ein junges Unternehmen aus dem Bereich Biotechnologie, hat zwar nur knapp 100 Mitarbeiter, ist aber in fünf Ländern auf vier Kontinenten aktiv.

Christopher Savoie ist ein amerikanischer Unternehmer, der ursprünglich in Japan Medizin studierte, auf diese Weise fließend Japanisch sprechen lernte und außerdem die japanische Staatsbürgerschaft annahm. 2001 gründete er GNI, ein Biotechnologieunternehmen, das bis zum Jahr 2006 Investmentgelder in Höhe von drei Milliarden Yen (€ 20 Millionen) gesammelt hatte, darunter auch ein Beitrag der renommierten internationalen Investmentbank Goldman Sachs. Das Unternehmen ist bereits in Tokio und Fukuoka, Japan, sowie in Shanghai, China, in Cambridge und London, UK, sowie in San Jose, Kalifornien, vertreten. Außerdem arbeitet es mit einem Labor in Auckland, Neuseeland, zusammen. Savoie kommentiert: „Wir suchen uns in jedem Land die Besten der Besten und bringen sie zusammen."

Die Strategie von GNI besteht darin, sich auf verstärkt in Asien vorkommende Krankheiten zu konzentrieren, die von großen westlichen Pharmakonzernen vernachlässigt werden wie etwa Magenkrebs und Hepatitis. Savoie zufolge „kommt Asien seit langem zu kurz. Als kleines Unternehmen mussten wir uns eine Marktnische suchen, und wir dachten, Hilfe für die Hälfte der gesamten Menschheit sei ein guter Ausgangspunkt".

Die Wissenschaftler von GNI arbeiten daran, aus der Nabelschnur Genmaterial zu gewinnen, das durch die Umwelt noch praktisch nicht verändert wurde. Allerdings behalten japanische Eltern traditionsgemäß die Nabelschnüre ihrer Kinder. Deshalb arbeitet GNI mit dem Rosie Maternity Hospital in Cambridge zusammen,

14 Für eine Analyse von multinationalen Unternehmen aus Schwellenländern siehe T. Khanna und K. Palepu, „Emerging giants: Building world-class companies in developing countries", *Harvard Business Review*, Oktober 2006, S. 60–69; und J. Sinha, „Global champions from emerging markets", *McKinsey Quarterly*, Nr. 2 (2005), S. 26–35.

um genügend Genmaterial verfügbar zu haben. Andererseits hat GNI in Japan jederzeit Zugang zu großen Supercomputern, und japanische Wissenschaftler haben die Algorithmen entwickelt, die zur Analyse der genetischen Codes erforderlich sind. Auch wurde in Japan ein Großteil des Investmentkapitals aufgebracht, denn hier sind die Regelungen für Start Ups relativ locker. In China wiederum können neue Behandlungsmethoden effektiv an Patienten getestet werden. Aufgrund regulativer Vorteile können klinische Versuchsreihen hier schneller durchgeführt werden. Außerdem liegen die Kosten hierfür in China nur rund bei einem Zehntel der Kosten in Japan. Im Jahr 2005 fusionierte GNI mit Genomics, einer Start Up-Firma aus Shanghai, die von zwei Unternehmern geleitet wird, die ebenfalls in den USA studiert haben. Außerdem befindet sich in San Jose ein Büro, das sich um die Unternehmensentwicklung kümmert und Beziehungen zu großen amerikanischen Pharmakonzernen knüpft.

Savoie beschreibt sein Geschäftsmodel als grundlegend einfach:

> *Wir haben eine chinesische Kostenstruktur, japanische Supercomputer und, in Cambridge, Zugang zu Genmaterial (Nabelschnüre) sowie zu sehr fähigen klinischen Wissenschaftlern. Mithilfe dieses Netzwerks können wir anspruchsvolle Wissenschaft betreiben und so quasi auf Molekularebene mit den großen Akteuren konkurrieren.*

Quellen: D. Pilling, „March of the mini-multinational", Financial Times, 4. Mai 2006; www.gene-networks.com.

Kontrollfragen

1. Analysieren Sie das Wertnetzwerk von GNI im Hinblick auf dessen Kostenvorteile, einzigartigen Fähigkeiten und lokalen Merkmale.
2. Welchen Herausforderungen im Bereich Management muss sich GNI mit zunehmendem Unternehmenswachstum stellen?

8.6 Internationalisierung und Erfolg

Ebenso wie bei der in *Abschnitt 7.2.3* besprochenen Produkt- und Dienstleistungsvielfalt wurde auch die Beziehung zwischen Internationalisierung und Leistung genauestens untersucht.[15] Einige der wichtigsten Ergebnisse dieser Untersuchungen sind folgende:

- *Eine nach unten offene U-Kurve.* Einerseits bringt eine Internationalisierung beträchtliche potenzielle Leistungsvorteile, da die betreffenden Unternehmen dadurch Größen- und Diversifikationsvorteile nutzen können und außerdem von den weltweit vorhandenen Standortvorteilen profitieren. Andererseits birgt die Kombination aus unterschiedlichsten Standorten und verschiedenen Geschäftsbereichen auch eine große organisatorische Komplexität. Ab einem gewissen Punkt könnten die Kosten,

15 Eine nützliche Übersicht der internationalen Dimension ist bei M. Hitt und R.E. Hoskisson, „International diversification: Effects on innovation and firm performance in productdiversified firms", *Academy of Management Journal*, Bd. 40, Nr. 4 (1997), S. 767–798 zu finden.

die diese Komplexität verursacht, die Vorteile der Internationalisierung übersteigen. Dementsprechend deuten Theorie und praktische Beweise auf eine nach unten offene U-Kurve hin, die die Beziehung zwischen Internationalisierung und Leistung beschreibt (ähnlich den Ergebnissen der Produkt/Dienstleistungsdiversifikation in Abbildung 7.4 und der Darstellung in *Abschnitt 7.2.3*). Eine gemäßigte Internationalisierung erzeugt also die größte Leistung. Allerdings legen die neuesten von Yip durchgeführten Forschungsarbeiten über große britische Unternehmen nahe, dass Manager immer besser mit der Internationalisierung ihrer Organisationen umgehen können, sodass hochgradig internationalisierte Firmen sogar eine Leistungsverbesserung beobachten, sobald die internationalen Umsätze bei über 40 Prozent der Gesamtumsätze liegen.[16] Viel Erfahrung und großes Engagement für die Internationalisierung können bei hoch internationalisierten Unternehmen für gute Leistungen sorgen.

- *Nachteile auf dem Dienstleistungssektor.* Eine Reihe verschiedener Studien ergab, dass eine Internationalisierung für Unternehmen des Dienstleistungssektors – im Gegensatz zu Firmen, die Güter produzieren – nicht zu einer Leistungsverbesserung führen könnte. Es gibt drei mögliche Gründe für einen solchen Effekt. Zunächst sind die Aktivitäten ausländischer Dienstleistungsunternehmen in manchen Bereichen (etwa bei der Wirtschaftsprüfung oder im Bankwesen) immer noch streng reguliert und in manchen Ländern sogar eingeschränkt. Zweitens sind immaterielle Dienstleistungen oft stärker kulturellen Unterschieden unterworfen als gefertigte Waren und verursachen so höhere Lernkosten. Zum dritten schließlich erfordern Dienstleistungen meist eine hohe lokale Präsenz und eignen sich nicht zur Nutzung wesentlicher Größenvorteile, wie dies in der Produktion gefertigter Waren der Fall ist.[17]
- *Internationalisierung und Produktvielfalt.* Ein wichtiger Aspekt ist hier auch die Interaktion zwischen Internationalisierung und Produkt-/Dienstleistungsdiversifikation. Vergleiche mit Unternehmen mit nur einem Geschäftsbereich haben ergeben, dass produktdiversifizierte Unternehmen häufig stärker von einer internationalen Expansion profitieren, denn sie haben bereits die notwendigen Fähigkeiten und Strukturen für das Management ihrer internen Vielfalt entwickelt. Am anderen Ende des Spektrums ist man sich weitgehend einig, dass Unternehmen, die bezüglich ihrer Produkte und ihrer Märkte hochgradig diversifiziert sind, meist hohe Kosten für Koordination und Kontrolle tragen müssen, sodass ihre Leistung darunter leidet. Da bei vielen Unternehmen, die eine Internationalisierung anstreben, bisher noch die negativen Auswirkungen die positiven Zugewinne überwiegen und auch aufgrund der aktuellen Skepsis bezüglich des Nutzens einer ausgeprägten Produktdiversifikation, entscheiden sich viele Firmen aktuell für eine Reduzierung ihrer Produktvielfalt, während sie aber ihre internationale Reichweite ausbauen. So kombiniert Unilever beispielsweise eine Strategie zunehmender Internationalisierung mit reduzierter Diversifikation.

---

16 Für detaillierte Ergebnisse über britische Unternehmen siehe G. Yip, A. Rugman und A. Kudina, „International success of British companies", *Long Range Planning*, Bd. 39, Nr. 1 (2006), S. 241–264.

17 Siehe N. Capar und M. Kotabe, „The relationship between international diversification and performance in service firms", *Journal of International Business Studies*, Bd. 34 (2003), S. 345–355; und F.J. Contractor, S.K. Kundu und C. Hsu, „A three-stage theory of international expansion: The link between multinationality and performance in the service sector", *Journal of International Business Studies*, Bd. 34 (2003), S. 5–18.

8.7 Die Positionen in einem internationalen Portfolio

Ebenso wie bei der Produktdiversifikation ergeben sich auch aus einer internationalen Strategie verschiedene Beziehungen zwischen den Aktivitäten einer Tochtergesellschaft und der Zentrale. Die Komplexität der Strategien von Organisationen wie General Motors oder Unilever kann zu hochgradig differenzierten Netzwerken von Tochtergesellschaften führen, die alle unterschiedliche strategische Positionen haben. Die Positionen der Tochtergesellschaften unterscheiden sich je nachdem, in welchem Maß ihnen lokale Ressourcen und Fähigkeiten zur Verfügung stehen und je nach der strategischen Bedeutung ihres lokalen Umfelds (siehe Abbildung 8.7):[18]

Abbildung 8.7: Die Positionen der Tochtergesellschaften internationaler Unternehmen

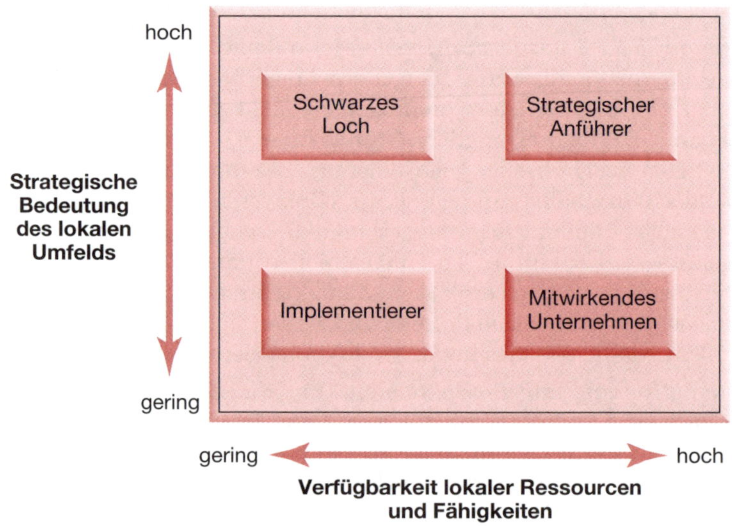

- **Strategische Anführer** sind Tochtergesellschaften, die nicht nur wertvolle Ressourcen und Fähigkeiten besitzen, sondern sich auch in Ländern befinden, die für den Wettbewerbserfolg wichtig sind, z.B. aufgrund der Größe ihrer Märkte oder aufgrund des Zugangs zu wichtigen Technologien. Japanische und europäische Tochtergesellschaften in den USA sind oft in dieser Position
- **Mitwirkende Unternehmen** sind Tochtergesellschaften internationaler Firmen mit wertvollen internen Ressourcen, die sich in Ländern mit geringer strategischer Relevanz befinden, aber dennoch einen wichtigen Beitrag zum Wettbewerbserfolg des internationalen Unternehmens leisten. Die australische Tochtergesellschaft der schwedischen Telekommunikationsfirma Ericsson befand sich in dieser Position, als sie spezielle Systeme für den Mobilfunkbereich des Unternehmens entwickelte.

Mitwirkende Unternehmen

Mitwirkende Unternehmen sind Tochtergesellschaften internationaler Firmen mit wertvollen internen Ressourcen, die sich in Ländern mit geringer strategischer Relevanz befinden, aber dennoch einen wichtigen Beitrag zum Wettbewerbserfolg des internationalen Unternehmens leisten.

18 C.A. Bartlett und S. Ghosal, *Managing Across Borders: The Transnational Solution*, The Harvard Business School Press, 1989, S. 105–111; A.M. Rugman und A. Verbeke, „Extending the theory of the multinational enterprise: Internalization and strategic management perspectives“, *Journal of International Business Studies*, Bd. 34 (2003), S. 125–137.

- **Implementierer** tragen zwar nicht wesentlich zur Steigerung des Wettbewerbsvorteils einer Firma bei, sind aber dennoch sehr wichtig, da sie essenzielle finanzielle Ressourcen erzeugen In diesem Sinn haben sie Ähnlichkeiten mit den Cash Cows der BCG-Matrix. Die Gefahr besteht darin, dass sie sich zu Dogs entwickeln.
- **Schwarze Löcher** sind Tochtergesellschaften, die in für den Wettbewerbserfolg entscheidenden Ländern angesiedelt sind, aber nur geringe Ressourcen oder Fähigkeiten besitzen. In dieser Position befanden sich viele amerikanische und europäische Unternehmen in Japan über einen langen Zeitraum. Sie weisen einige der Merkmale von Fragezeichen in der BCG-Matrix auf und erfordern hohe Investitionen (wie die schwarzen Löcher aus der Astrophysik, die Materie ansaugen). Möglichkeiten, diese unattraktive Position zu überwinden, bieten sich durch die Entwicklung von Allianzen und die selektive und zielgerichtete Entwicklung wesentlicher Ressourcen und Fähigkeiten.[19]

Diese Positionen beziehen sich natürlich auch darauf, wie Management und Kontrolle der Tochtergesellschaften gestaltet sind. Dies wird in *Kapitel 12* weiter ausgeführt. Siehe auch Beispiel 8.6.

Implementierer

Implementierer sind Tochtergesellschaften internationaler Unternehmen, die Strategien ausführen, die an anderer Stelle entwickelt wurden und möglicherweise finanzielle Überschüsse erwirtschaften, die Initiativen in anderen Gesellschaften finanzieren.

Schwarze Löcher

Schwarze Löcher sind Tochtergesellschaften, die in für den Wettbewerbserfolg entscheidenden Ländern angesiedelt sind, aber nur geringe Ressourcen oder Fähigkeiten besitzen.

Z U S A M M E N F A S S U N G

- Das Potenzial für Internationalisierung auf einem beliebigen Markt wird durch vier Antriebskräfte bestimmt: Markt, Kosten, Staat und Strategien der Konkurrenz.
- Grundlagen für Vorteile einer internationalen Strategie können sich aus globaler Beschaffung, durch das internationale Wertnetzwerk sowie durch nationale Grundlagen für Vorteile ergeben, wie im Porter-Diamanten dargestellt.
- Es gibt vier Hauptarten der internationalen Strategie, die je nach ihrer Koordination und ihrer geografischen Gestaltung variieren: Einfacher Export, komplexer Export, multinational und global.
- Die Auswahl der Märkte für den internationalen Eintritt oder eine Expansion sollte auf Attraktivität, multidimensionalen Messwerten der Distanz und den Erwartungen bezüglich eines Rückschlags der Konkurrenz basieren.
- Eintrittsmöglichkeiten in neue Märkte sind Export, Lizenzierung, Joint Ventures und Allianzen und Auslandsdirektinvestitionen.
- Es besteht eine unsichere Beziehung zwischen Internationalisierung und finanzieller Leistung. Eine nach unten offene U-Kurve warnt vor einer übermäßigen Internationalisierung.
- Tochtergesellschaften können ebenso wie Geschäftsbereiche einer diversifizierten Firma mittels Portfolio-Methoden verwaltet werden.

Z U S A M M E N F A S S U N G

19 Für eine umfassendere Untersuchung der Positionen von Tochtergesellschaften in multinationalen Unternehmen siehe J. Birkinshaw, *Entrepreneurship and the Global Firm*, Sage, 2000.

Beispiel 8.6 Global, lokal oder regional?

Es wird viel darüber diskutiert, ob Unternehmen nun wirklich globaler werden, oder ob der lokale oder gar regionale Einfluss immer noch die bestimmende Kraft ist.

Ted Levitt, Professor an der Harvard Business School und ehemaliges Aufsichtsratsmitglied der internationalen Werbeagentur Saatchi & Saatchi, hat in provokativer Weise für ein tiefgehendes Engagement für globale Strategie auf allen Märkten argumentiert. Er geht davon aus, dass moderne Kommunikationstechnologien homogene Marktbedürfnisse schaffen, während Fertigungstechnologien vorhandene Größenvorteile zusätzlich steigern. Angesichts der Kosteneinsparungen durch Größenvorteile und der schwindenden Bedeutung unterschiedlicher Kundenwünsche sind Unternehmen, die sich wahrhaft globalen Strategien verschreiben, in der Lage, mithilfe konkurrenzlos niedriger Preise alle Rivalen auszustechen, die sich noch auf lokale Bedürfnisse konzentrieren. Er argumentiert:

> *Das globale Unternehmen wird danach streben, sein Angebot überall zu standardisieren ... Firmen, die sich den neuen globalen Realitäten nicht anpassen, werden denen zum Opfer fallen, die es tun.*

Er nennt Coca-Cola, Rolex, Sony und McDonalds als Beispiele für diesen Trend. Firmen sollten sich nicht in detaillierte Unterschiede verzetteln, die aus der Vergangenheit übrig geblieben sind, sondern vielmehr das Gesamtbild der kommenden Globalisierung wahrnehmen.

Auf Levitts provokative Argumentation folgte postwendend eine energisch Reaktion der amerikanischen Akademiker Gerry Wind und Susan Douglas, die darin vor dem „Mythos Globalisierung" warnten. Sie stellen sowohl den Trend in Richtung einer Homogenisierung als auch die wachsende Bedeutung von Größenvorteilen infrage. Selbst scheinbar globale Unternehmen passen sich an die speziellen Bedürfnisse der einzelnen Länder an. So verkauft beispielsweise Coca-Cola in Japan neben seinen klassischen Getränken auch lokale Produkte, und in den USA ist das von Coca-Cola vertriebene Dasani-Mineralwasser ein großer Erfolg, während es sich in Europa nur schlecht verkaufen ließ. Was das Argument der Größenvorteile betrifft, können neue flexible Automationstechnologien sogar dafür sorgen, dass die Stückzahlen einzelner Bestellungen zurückgehen, sodass sich die Produktionszeiten verkürzen, um mehr auf lokale Bedürfnisse eingehen zu können. Außerdem lässt das Preisbewusstsein der Verbraucher mit zunehmendem weltweiten Wohlstand immer mehr nach, sodass sie bereit sind, für die Erfüllung ihrer persönlichen Wünsche auch etwas mehr zu bezahlen. Wind und Douglas warnen, dass blindes Vertrauen in die Unvermeidbarkeit der Globalisierung unweigerlich zu wirtschaftlichen Enttäuschungen führen wird.

Zwischen den beiden Extremen global und lokal gibt es eine dritte, die regionale Position. Pankaj Ghemawat weist darauf hin, dass ein Großteil des internationalen Handels auf intra-regionaler Ebene stattfindet. So treiben viele europäische Länder meist fast ausschließlich untereinander Handel. Und dieser Trend in Richtung des intra-regionalen Handels wächst sogar – von etwa 40 Prozent des gesamten Handelsvolumens vor etwa 40 Jahren auf 55 Prozent zu Beginn des 21. Jahrhunderts. Dies zeigt sich auch an der Ausrichtung multinationaler Unternehmen. Alan Rugman rechnet vor, dass in den Anfangsjahren des 21. Jahrhunderts über 300 der weltweit größten Konzerne immer noch mehr als die Hälfte ihres Gesamtumsatzes in ihrer Heimatregion erzielen. Eine scheinbar globale Firma wie McDonalds ist eigentlich lediglich bi-regional aktiv, denn 80 Prozent ihrer Umsätze werden in Nordamerika und Europa erzielt. Etablierte multinationale Konzerne wie General Electric oder Procter and Gambel erwirtschaften jeweils 60 und 55 Prozent ihrer Umsätze auf ihrem Heimatmarkt Nordamerika.

Es könnte sein, dass Ted Levitt einfach über solche empirischen Details hinwegsieht. Für ihn lautet die entscheidende Frage:

> *Wohin entwickeln sich die Dinge in der Zukunft? Natürlich wird es auch weiterhin lokale Unterschiede bei Kundenwünschen geben, doch werden diese Unterschiede insgesamt gesehen geringer? Vielleicht wächst der intra-regionale Handel tatsächlich, doch ist dies nicht nur ein Übergangsphänomen, das sich aus der Gründung des nordamerikanischen Freihandelsabkommens (NAFTA) und der vermehrten Importe nach China entwickelt? Wir sollten uns durch vorübergehende Abweichungen nicht von der großen Hauptstraße in Richtung der globalen Integration abbringen lassen.*

Quellen: T. Levitt, „The globalization of markets", Harvard Business Review, Mai-Juni 1983, S. 92–102; S. Douglas und G. Wind, „The myth of globalization", California Journal of World Business, Bd. 22, Nr. 4 (1987), S. 19–30; P. Ghemawat, „Regional strategies for global leadership", Harvard Business Review, Dezember 2005, S. 98–108; A. Rugman, The regional multinationals, Cambridge University Press, 2005.

Kontrollfragen

1. Erstellen Sie eine Liste mit Produkten und Dienstleistungen, die im Laufe der Zeit immer „globaler“ geworden sind; erstellen Sie dann eine zweite Liste mit Produkten und Dienstleistungen, die immer weniger „global“ werden.
2. Wie viele Länder der Welt haben Sie bereits besucht? Wie viele Länder hatten Ihre Eltern bereits besucht, als sie in Ihrem Alter waren?

Aufgaben

*Kennzeichnet schwierigere Aufgaben.

8.1 Vergleichen Sie mithilfe von Abbildung 8.2 (Yips Antriebskräfte der Globalisierung) zwei Märkte, die Ihnen vertraut sind, und analysieren Sie, wie stark jede der Antriebskräfte dort in Richtung einer stärkeren internationalen Strategie wirkt.

*8.2 Wenden Sie die vier bestimmenden Faktoren des Porter-Diamanten (Abbildung 8.3) auf eine Ihnen vertraute Branche an, die in Ihrem Heimatland erfolgreich ist (zum Beispiel Mode in Frankreich, Automobile in Deutschland) und erklären Sie den nationalen Vorteil dieser Branche.

8.3 Klassifizieren Sie die internationale Strategie eines multinationalen Konzerns, der Ihnen bekannt ist, anhand der in Abbildung 8.4 dargestellten vier internationalen Strategien.

*8.4 Verwenden Sie das CAGE-System (*Abschnitt 8.5.1*) zur Beurteilung der relativen Distanz potenzieller internationaler Märkte, die für ein kleines Unternehmen Ihrer Wahl zum Markteintritt infrage kommen. Welche Eintrittsmöglichkeiten (Export, Allianzen, Lizenzierung oder Direktinvestition) würden Sie für die attraktivsten Märkte empfehlen?

*8.5 Erklären Sie anhand eines beliebigen Bereichs des öffentlichen Sektors (zum Beispiel Bildung, Gesundheit), inwieweit sich die Internationalisierung auch hier bereits auf das Management ausgewirkt hat und wie weit diese Auswirkungen in Zukunft noch gehen werden.

Integrative Aufgabe

8.6 Verwenden Sie wie in Aufgabe 8.3 die vier internationalen Strategien aus Abbildung 8.4 zur Klassifizierung der internationalen Strategie eines Unternehmens Ihrer Wahl. Wie passt die Organisationsstruktur dieses Unternehmens zu dessen Strategie? Nehmen Sie zur Beantwortung dieser Frage Bezug auf *Abschnitt 12.2*.

Literaturempfehlungen

- Eine aufschlussreiche Einführung in die detaillierten Funktionsweisen (und Mängel) der heutigen globalen Wirtschaft bietet P. Rivoli, *The Travels of a T-Shirt in the Global Economy: An Economist Examines the Markets, Power and Politics of World Trade*, Wiley, 2006. Eine optimistischere Einschätzung gibt T. Friedman, *The World is Flat: The Globalized World in the Twenty First Century*, Penguin, 2006.
- Eine positive Perspektive internationaler Strategie liefert G. Yip, *Total Global Strategy II*, Prentice Hall, 2003. Ein umfassendes allgemeines Lehrbuch ist von A. Rugman und S. Collinson, *International Business*, 4. Aufl., FT/Prentice Hall, 2006.
- Eine nützliche Sammlung akademischer Artikel über internationale Aktivitäten liefern A. Rugman und T. Brewer (Hrs.), *The Oxford Handbook of International Business*, Oxford University Press, 2003.
- Für Informationen über finanzielle Überlegungen bezüglich internationaler Entwicklungen siehe G. Arnold, *Corporate Financial Management*, 3. Aufl., FT/Prentice Hall, 2005, Kap. 7.

Fallstudie
Lenovo Computers: East meets west

Einführung

Im Mai 2005 übernahm Lenovo, weltweit auf Platz 13 der Liste der größten PC-Hersteller, den weltweit drittgrößten Geschäftsbereich für Personal Computers, den PC-Geschäftsbereich von IBM. Lenovo, das zu diesem Zeitpunkt ausschließlich in China tätig war, zahlte $ 1,75 Mrd. (€ 1,4 Mrd.) für die Kontrolle über einen Unternehmensbereich, der überall auf der Welt präsent war und eigentlich im Jahr 1981 den Personal Computer erfunden hatte. Michael Dell, Gründer des weltgrößten PC-Unternehmens kommentierte knapp: „Es wird nicht funktionieren.“

Lenovo war im Jahr 1984 von Liu Chuanzhi, einem 40-jährigen Wissenschaftler, gegründet worden. Chuanzhi hatte zuvor für das Computer Institute of the Chinese Academy of Sciences gearbeitet. Zu Beginn seiner Karriere hatte er während des Vietnamkriegs von den Amerikanern beschlagnahmte Radarsysteme auseinandergebaut und zur Zeit der Kulturrevolution in China Reis angebaut. Liu Chuanzhi begann mit $ 25.000 Startkapital vom Computer Institute und versprach seinem Chef, er werde ein Unternehmen aufbauen, das Einkünfte in Höhe von $ 250.000 erzielen würde. Liu arbeitete zunächst im ehemaligen Pförtnerhaus des Computer Institutes und lieh sich auch von dort seine Büroausstattung. Anfangs versuchte er sein Glück mit dem Wiederverkauf von Farbfernsehgeräten. Wirklich erfolgreich wurde er aber erst 1987, als Lenovo als eine der ersten Firmen Software mit chinesischen Schriftzeichen im Paket mit importierten PCs verkaufte.

Nun startete Lenovo durch, wobei Liu die Unterstützung seines Vaters annahm, der eine gute Stellung in der chinesischen Regierung hatte. So konnte er die PCs billig via Hongkong importieren. Im Jahr 1988 gab Liu seine ersten Stellenanzeigen auf und stellte 58 junge Mitarbeiter ein. Während die Gründergeneration von Lenovo bereits um die 40 war, waren die neuen Teammitglieder alle erst Anfang 20, denn durch die Kulturrevolution gab es in China in einem Zeitraum von zehn Jahren keine Universitätsabsolventen. Einer der neuen Mitarbeiter war Yang Yuanqing, der vor Vollendung seines 30. Lebensjahrs Lenovos Geschäftsbereich PCs übernehmen und später, mit 41, sogar Geschäftsführer des neuen Gemeinschaftsprojekts mit IBM werden sollte. Mithilfe dieses neuen Teams konnte Lenovo im Jahr 1990 die Produktion seines ersten PCs starten, mit dem das Unternehmen bis zum Jahr 2005 seinen Marktanteil in China auf 30 Prozent steigern sollte. Ein Teilbörsengang an der Hongkong Stock Exchange erfolgte im Jahr 1994.

Die Übernahme

Die Arbeit an dem Abkommen mit IBM zur Übernahme begann bereits 2004, wobei die Unternehmensberatung McKinsey & Co sowie die Investmentbank Goldman Sachs Lenovo als Berater zur Seite standen. IBM wollte sein PC-Geschäft loswerden, denn sein Marktanteil in den USA betrug lediglich vier Prozent. Außerdem warf der von Dell und Hewlett Packard dominierte Markt nur geringe Margen ab. Für IBM lag die Zukunft im Dienstleistungsbereich und bei Großrechnern. Neben Lenovo war das Privatunternehmen Texas Pacific Group auch an der Übernahme interessiert. Lenovo bot zwar den besten Preis, doch auch Texas Pacific übernahm einen Anteil des neuen Konzerns, während IBM zu 13 Prozent Eigentümer war. Die staatliche Chinese Academy of Sciences hielt immer noch 27 Prozent der Aktien und war damit der größte Einzelaktionär des Konzerns.

Der neue Geschäftsführer Yang Yuanqing hatte eine klare Vision dessen, was das neue Unternehmen erreichen sollte, erkannte aber auch einige Herausforderungen:

> *In fünf Jahren soll sie (Lenovo) eine sehr bekannte PC-Marke sein, und unsere Wachstumsraten sollen etwa doppelt so hoch sein wie die der Branche. Ich möchte eine ordentliche Gewinnmarge sehen und vielleicht auch andere weltweit präsente Geschäftsbereiche neben den PCs. Mit unserem Unternehmen stehen wir nun ganz am Anfang und können somit die Grundlagen seiner Unternehmenskultur festlegen. Ich beschreibe sie mit drei Worten: Vertrauen, Respekt, Kompromiss.*

Er fuhr fort:

> *Vielleicht müssen wir als globaler Konzern einige Abstriche bei der Geschwindigkeit machen, besonders in der Anfangsphase. Wir brauchen mehr Kommunikation. Und wir müssen uns Zeit nehmen, einander zu verstehen. Doch Geschwindigkeit lag der alten Firma Lenovo quasi in den Genen. So hoffe ich, dass es auch dem neuen Unternehmen in den Genen liegt.*

IBM gab seinen ehemaligen Geschäftsbereich nicht völlig auf oder frei. Lenovo hatte das Recht, den Markennamen IBM fünf Jahre lang für seine eigenen PCs zu verwenden, somit auch den wertvollen Namen ThinkPad. Das IBM-Vertriebspersonal würde Anreize zum Verkauf von Lenovo PCs erhalten, wie sie diese auch zum Verkauf der eigenen IBM-Computer erhalten hatten. IBM Global Services sollte vertraglich zur Wartung und zum Kundendienst verpflichtet werden. IBM würde zwei Beobachter ohne Stimmrecht in den Vorstand von Lenovo entsenden. Außerdem sollte Stephen Ward, der 51-jährige ehemalige Leiter des PC Bereichs von IBM, CEO von Lenovo werden.

Das Management des neuen Riesen

Es war nicht wirklich überraschend, dass der neue CEO von IBM kam. Schließlich hatte der $ 13 Mrd. schwere Geschäftsbereich zu fast 80 Prozent IBM gehört, und Kunden sowie Mitarbeitern sollte Kontinuität vermittelt werden. Dennoch ergaben sich für das Management des neuen Konzerns einige beträchtliche Herausforderungen.

Schon der Start misslang gründlich. Als das chinesische Team zum ersten Mal nach New York flog, um das Team von IBM kennenzulernen, wurden sie nicht wie erwartet am Flughafen empfangen. Dies gehörte in China zum guten Ton. Yang und Ward konnten sich auf keinen Standort für den neuen Hauptsitz des Unternehmens einigen. Während Yang einen Doppelsitz in Peking und New York bevorzugte, setzte sich schließlich doch Ward durch, und Yang musste mit seiner Familie nach New York umziehen. Die neue Organisationsstruktur sah den alten Geschäftsbereich von IBM und die ursprünglichen Aktivitäten von Lenovo als separate Bereiche vor. Doch auch die neue Firma stand in engem Kontakt zu China, das einen langen, 13-stündigen Flug und zwölf Zeitzonen entfernt lag. Telefonkonferenzen zwischen der US-Ostküste und China wurden zur täglichen Routine, wobei die Amerikaner meist entweder um 6 Uhr morgens oder um 23 Uhr abends im China anriefen, um ihre Kollegen dort im Büro anzutreffen. Die Telefonate wurden stets auf Englisch geführt, obwohl viele Chinesen diese Sprache ganz und gar nicht beherrschten und Körpersprache ausgeschlossen war.

Die chinesische Unternehmenskultur war für einige US-Wähler ein Problem. IBM hatte viele Aufträge von der US-Regierung bekommen, und so starteten einige populistische Kongressabgeordnete nun eine Angstkampagne gegen chinesische Computer, die angeblich in sensible Bereiche eindringen könnten. In Deutschland erlaubte das Arbeitsgesetz einen freiwilligen Übertritt der IBM-Mitarbeiter zu Lenovo, doch viele deutsche Angestellte entschlossen sich gegen einen Übertritt, sodass dem Unternehmen dort schnell Mitarbeiter fehlten. In Japan fühlten sich viele Angestellte unter der neuen chinesischen Führung nicht wohl. Und natürlich gab es auch zwischen den beiden dominanten Unternehmenskulturen USA und China erhebliche Reibungspunkte. Qiao Jian, Vizepräsident des Personalwesens kommentierte:

> *Amerikaner reden gern, Chinesen hören lieber zu. Zuerst fragten wir uns, warum sie denn immerzu weiterredeten, obwohl sie doch gar nichts zu sagen hatten. Doch inzwischen haben wir gelernt, direkter zu sein, wenn wir ein Problem haben. Und die Amerikaner lernen, zuzuhören.*

Doch die kulturellen Unterschiede beschränkten sich nicht nur auf die nationale Ebene. Lenovo war eine neue und relativ einfache Firma – ein Produkt, ein Land. Der multinationale Großkonzern IBM, gegründet 1924, war weitaus komplexer. Das Management-Team von Lenovo, meist in den 30ern, war viel jünger als das von IBM, und das Durchschnittsalter der Firma lag bei 28. IBM war berühmt für seinen besonderen Managementprozess und seine Arbeitsabläufe. Qiao Jian kommentierte:

> *IBM setzte eine Telefonkonferenz für einen bestimmten Zeitpunkt an und hielt sich jede Woche genau daran. Warum soll man aber telefonieren, wenn es nichts zu berichten gibt?*

Andererseits neigten die Mitarbeiter von IBM dazu, sich bei Meetings zu verspäten, etwas, das bei Lenovo absolut nicht gern gesehen war.

Einige Ergebnisse

Zunächst waren die Reaktionen auf das neue Lenovo-Unternehmen durchaus positiv. Kunden von IBM blieben der Firma treu und der Aktienkurs begann zu steigen (siehe Abbildung 8.8). Verbliebene Führungskräfte von IBM erkannten, dass sie nun zumindest in einem Unternehmen tätig waren, dass sich der Produktion von PCs verschrieben hatte, anstatt nur das Aschenputtel im großen IBM-Imperium zu sein. Die Tatsache, dass ein in China hergestellter Lenovo-PC Arbeitskosten von lediglich $ 3,00 verursachte, barg große Erfolgschancen.

Doch der Marktführer Dell reagierte auf die neue Konkurrenz mit kräftigen Preisnachlässen und verlangte durchschnittlich $ 100 weniger für seine Computer. Als der Marktanteil auf dem so wichtigen amerikanischen Markt allmählich zu sinken begann, wurde CEO Stephen Ward im Dezember 2005 von William Amelio abgelöst. Amelio war ein Glücksfall für Lenovo, denn er hatte zuvor die Geschäfte im Asien-Pazifik-Raum für Dell geleitet. So kannte er nicht nur Lenovos Hauptkonkurrenten ganz genau, er war auch mit den Geschäften in Asien bestens vertraut und lebte seit einigen Jahren in Singapur:

> *In den fünf Jahren, die ich bisher in Asien verbracht habe, habe ich eines gelernt ...: Man muss viel Geduld haben. Ich muss zwar in meiner Arbeit viel Antriebskraft mitbringen und auch Druck ausüben, doch ich habe gelernt, diese Eigenschaften im Umgang mit verschiedenen Kulturen zu zügeln, um so bessere Ergebnisse zu erzielen.*

Amelio wandte sich zunächst den Kosten zu, strich 1000 Arbeitsstellen, d.h. zehn Prozent der nichtchinesischen Belegschaft. Er integrierte die Bereiche von IBM und Lenovo und schuf eine homogene Unternehmensstruktur. Die Firma brachte eine neue Produktreihe an Lenovo-PCs heraus, die für kleine und mittelständische amerikanische Firmen bestimmt waren, ein Markt, den IBM traditionell ignoriert hatte. Um seinen Zugriff auf dieses Marktsegment zu verbessern, weitete Lenovo seine Verkäufe an große amerikanische Einzelhandelsketten wie etwa Office Depot aus. Allmählich erholte sich der Marktanteil in den USA und stieg schließlich wieder über vier Prozent. Lenovo begann, einen Markteintritt in Indien in Erwägung zu ziehen.

Amelios Aktivitäten schienen sich auszuzahlen. Nach einem steilen Absturz während der ersten Jahreshälfte von 2006 stieg auch der Aktienkurs wieder. Doch man konnte nicht verleugnen, dass der Kurs auch im Herbst 2006 noch immer unter dem Niveau von vor fünf Jahren war, und dass man immer noch der Entwicklung des amerikanischen High-Tech-NASDAQ-Index nachlief.

Quellen: L. Zhijun, The Lenovo Affair, Wiley, Singapur, 2006; Business Week, 7. August 2006, 20. April 2006, 22. Dezember 2006 und 9. Mai 200; Financial Times, 8. November 2005, 9. November 2005 und 10. November 2005.

Kontrollfragen

1. Welche nationalen Grundlagen für einen Wettbewerbsvorteil kann Lenovo aus der chinesischen Basis ziehen? Welche Nachteile ergeben sich daraus?
2. Beziehen Sie sich auf das CAGE-System und den Ansatz von MacMilan u.a. über einen Rückschlag der Konkurrenz (Abbildung 8.5) und kommentieren Sie Lenovos Eintritt in den amerikanischen Markt.
3. Welche generische internationale Strategie sollte Lenovo nun verfolgen, da es international aktiv ist – einfachen Export, multinational, komplexen Export oder global?

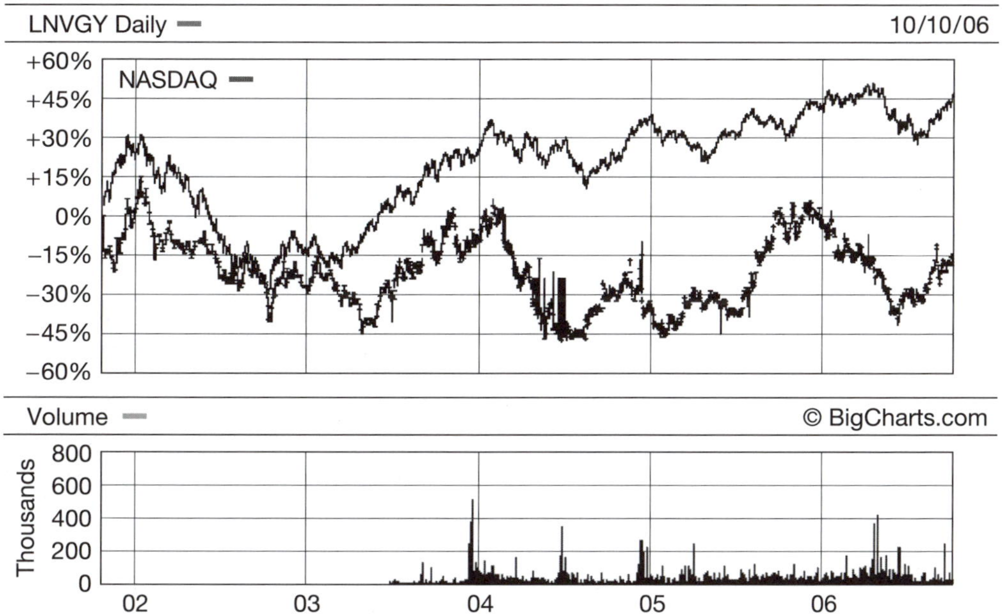

Abbildung 8.8: Der Aktienkurs des Lenovo Konzerns 2001–2006 im Vergleich zum NASDAQ Index

Quelle: www.bigcharts.com (11. Oktober 2006). Marketwatch. Online von BigCharts.com. Copyright 2006 von Dow Jones & Company, Inc. Abgedruckt mit Erlaubnis von Dow Jones & Company, Inc. Im früheren Lehrbuch via Copyright Clearance Center.

Innovation und Entrepreneurship

9

ÜBERBLICK

Lernziele

Nach der Lektüre dieses Kapitels sollten Sie in der Lage sein,

- wichtige Innovationsdilemmata zu erkennen und darauf zu reagieren, etwa welche relative Bedeutung Technologien oder Märkten, Produkt- oder Prozessinnovation oder dem allgemeinen Geschäftsmodell zugemessen werden soll.
- die Diffusion (oder Verbreitung) von Innovationen vorherzusehen und bis zu einem gewissen Grad zu beeinflussen.
- zu entscheiden, wann es sinnvoller ist, ein First Mover oder ein Folger zu sein, und wie ein etabliertes Unternehmen auf innovative Herausforderer reagieren sollte.
- wichtige Probleme vorherzusehen, denen sich Unternehmer in den verschiedenen Wachstumsphasen vom jungen Unternehmen bis hin zum Marktaustritt stellen müssen.
- Chancen und Wahlmöglichkeiten sozialer Unternehmer zu bewerten, denen sich diese bei der Schaffung neuer Unternehmungen und der damit verbundenen sozialen Probleme gegenübersehen.

9.1 Einführung

Innovation und Entrepreneurship sind grundlegende Antriebskräfte unseres heutigen Wirtschaftssystems. Steve Jobs ist ein technologischer Innovator, dessen Kreativität im Bereich Computer, Elektronik und Film zur Gründung von Apple Computers führte und Pixar zu einem der weltweit führenden Unternehmen für Computeranimation machte. Sir Stelios Haji-Ioannou ist ein Innovator auf dem Gebiet der Geschäftsmodelle, dessen Idee der Online-Buchungen und vereinfachten Streckenführung der Fluggesellschaft EasyJet zum Erfolg verhalf. Der Nobelpreisträger Muhammad Yunus ist ein sozialer Unternehmer und Innovator, der Pionier der Mikrokredite (kleiner Kredite für Unternehmer, die nicht genug Startkapital haben, um für normale Banken interessant zu sein) und Gründer der Grameen Bank in Bangladesh.

Dieses Kapitel befasst sich mit dem Thema Innovation, die zum einen von unabhängigen Unternehmern hervorgebracht wird, zum anderen aber auch von Mitarbeitern aus etablierten Unternehmen kommen kann. Die Innovation ist ein zentraler Aspekt, der in *Kapitel 6* vorgestellten Strategie auf Geschäftsbereichsebene, die sich auf Qualität, Preis und Nachhaltigkeit auswirkt. Sie ist auch eine der in *Kapitel 7* beschriebenen Anleitungen für das Wachstum. Entrepreneurship steht ebenso am Anfang jedes Geschäfts. Innovation und Entrepreneurship sind miteinander verbunden, denn beide Male geht es um die Schaffung neuer Phänomene, seien es nun neue Organisationen oder neue Produkte, Dienstleistungen oder Prozesse. Für Organisationen des privaten Sektors, deren Umfeld immer mehr vom Wettbewerb geprägt wird, sind Innovationen oft schon Voraussetzung fürs einfache Überleben. Und auch Organisationen der öffentlichen Hand fordern aufgrund von ständigem Kostendruck und steigenden Ansprüchen der Öffentlichkeit ebenso beständig Innovationen und sogar neue Formen von Entrepreneurship.

Es sind insbesondere zwei Themen, die sich durch dieses gesamte Kapitel ziehen. Das erste betrifft das richtige Timing. Wichtige Timing-Entscheidungen sind etwa, wann man mit einer Innovation *First Mover* oder lieber *Folger* sein soll, oder ob und wann eine Innovation ihren *Wendepunkt* erreicht, d.h. wann die Nachfrage kräftig ansteigt. Für eine neue Unternehmung besteht eine solche Entscheidung darin, wann externe Manager ins Boot geholt oder wann der Markt verlassen werden sollte. Das zweite Thema sind Beziehungen. Innovationen oder neue Organisationen werden nur sehr selten im Alleingang geschaffen. Erfolgreiche Innovationen und erfolgreiches Entrepreneurship werden in der Regel durch Beziehungen erreicht. Diese Beziehungen können vielerlei Formen annehmen: Es können Beziehungen zwischen Organisation und ihren Kunden sein, Beziehungen zwischen großen Konzernen und kleinen jungen Unternehmen oder zwischen Firmen und „sozialen Unternehmern". Abbildung 9.1 fasst die Verbindungen zwischen Timing, Beziehungen und Innovationen sowie Entrepreneurship nochmals zusammen.

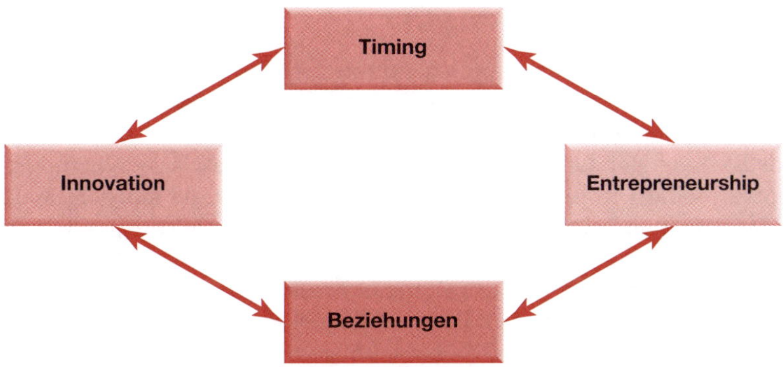

Abbildung 9.1: Das System Innovation-Entrepreneurship

Innerhalb dieses breit gefassten Rahmens wird in diesem Kapitel zunächst Innovation und danach Entrepreneurship behandelt:

- *Abschnitt 9.2* beginnt mit drei grundlegenden Dilemmata, die Manager zu Entscheidungen zwingen. Sie müssen sich zwischen *Technology push* und *Market pull* sowie zwischen Produktinnovation und Prozessinnovation entscheiden, außerdem müssen sie zwischen technologischer Innovation und der allgemeineren Innovation eines gesamten Geschäftsmodells wählen. Keine dieser Dilemmata sind absolute „Entweder-oder"-Entscheidungen, doch Manager müssen sich entscheiden, worauf sie ihre begrenzten Ressourcen konzentrieren.
- *Abschnitt 9.3* befasst sich mit Aspekten der *Diffusion*, also der Verbreitung von Innovationen auf dem Markt. Managemententscheidungen können diese Diffusion entweder beschleunigen oder aber bremsen und zwar sowohl auf Seite des Angebots, z.B. durch das Produktdesign, als auch auf Seite der Nachfrage, z.B. durch Marketing-Diffusionsprozesse. Letztere bilden oft eine S-Kurve, woraus sich weitere typische notwendige Entscheidungen ergeben, z.B. bezüglich des Wendepunkts oder des negativen Wendepunkts.
- *Abschnitt 9.4* schließt das Thema Innovation mit der Betrachtung von Wahlmöglichkeiten in Bezug auf Timing ab. Dies umfasst Vor- und Nachteile des *First Movers*, die Chancen eines *Folgers* auf dem Markt und die Frage, wie etablierte Unternehmen auf dem Markt auf innovative Herausforderer reagieren sollen.

- *Abschnitt 9.5* befasst sich mit *Entrepreneurship*. Hier werden typische Wahlmöglichkeiten behandelt, denen sich Unternehmer auf ihrem Weg durch unsichere Wachstumsphasen vom jungen Unternehmen bis hin zum Marktaustritt stellen müssen. Auch werden die Beziehungen untersucht, die Unternehmer besonders mit größeren Firmen eingehen müssen, die eine „offene Innovation" praktizieren.
- *Abschnitt 9.6* schließlich führt den Begriff des *sozialen Unternehmertums* ein, wobei Einzelpersonen und kleine Gruppen innovative und flexible neue Initiativen starten können, die größere öffentliche Organisationen oft nicht verfolgen können. Auch hier müssen sich soziale Unternehmer Entscheidungen in Bezug auf Beziehungen zu großen Unternehmen stellen.

Das Beispiel am Ende des Kapitels (Beispiel 9.6) vereint beide Themen Entrepreneurship und Innovation noch einmal und betrachtet die Frage, of kleine oder große Unternehmen bessere Innovatoren sind.

9.2 Innovationsdilemmata

Innovation

Innovation bezeichnet die Umwandlung neuen Wissens in neue Produkte, Prozesse oder Dienstleistungen und die praktische Verwertung dieser Produkte, Prozesse oder Dienstleistungen entweder direkt auf dem Markt oder in anderen Prozessen.

Aus Innovationen ergeben sich grundlegende strategische Dilemmata für Strategen. Sie sind weitaus mehr als einfach nur neue Erfindungen. Eine neue Erfindung beinhaltet die Umwandlung neuen Wissens in ein neues Produkt, einen neuen Prozess oder eine neue Dienstleistung. Bei der **Innovation** kommt noch die praktische Nutzung dieser Produkte, Prozesse oder Dienstleistungen hinzu, entweder direkt auf dem Markt, wie es meist auf dem privaten Sektor der Fall ist, oder durch Dienstleistungen, wie sie auf dem öffentlichen Sektor gewährt werden.[1] Die strategischen Dilemmata ergeben sich aus diesem komplizierteren und umfangreicheren Prozess. Strategen müssen also für sich drei wichtigen Fragen beantworten: Bis zu welchem Punkt sollen wir neue technologische Chancen ausnutzen ohne die Marktnachfrage in den Vordergrund zu stellen? Wie viel sollen wir in Produktinnovation oder in Prozessinnovation investieren? Sollen wir uns auf technologische Innovation konzentrieren oder die Innovation auf das gesamte Geschäftsmodell ausdehnen?[2]

9.2.1 Technology push oder Market pull

Oft wird die Technologie als Hauptantriebskraft der Innovation gesehen. Gemäß dieser Ansicht des *Technology push* führen Techniker oder Wissenschaftler in ihren Labors Forschungsarbeiten durch, um daraus neues Wissen zu gewinnen. Dieses neue Wissen ist die Basis für neue Produkte, Prozesse oder Dienstleistungen, die dann an die übrige Organisation zur Herstellung, Vermarktung und zum Verkauf „übergeben" werden. Der technologische Fortschritt bestimmt also, was auf den Markt kommt. Folgt man dieser Sichtweise, so sollten Manager hauptsächlich auf ihre Wissenschaftler und Forscher hören, ihnen völlige Freiheit in ihrer Arbeit lassen und sie mit ausreichenden Ressourcen unterstützen. Großzügige Budgets für F&E sind hier Voraussetzung für erfolgreiche Innovationen.

1 Diese Definition wurde adaptiert, um den öffentlichen Sektor mit einzuschließen. Aus P. Trott, *Innovation Management and New Product Development*, 3. Aufl., FT/Prentice Hall, 2005.

2 Eine gute Abhandlung des akademischen Modells, das diese Dilemmata erklärt, findet sich bei R. Rothwell, „Successful industrial innovation: Critical factors for the 1990s", *R&D Management*, Bd. 22, Nr. 3 (1992), S. 221–239.

Ein alternativer Innovationsansatz ist *Market pull*. Hier geht die Innovation über die reine Neuerfindung hinaus und ergibt sich eher aus dem praktischen Nutzen. Dem Market pull-Ansatz wird mehr Bedeutung beigemessen seit Eric von Hippels Entdeckung, dass in vielen Bereichen eigentlich die Nutzer und nicht die Hersteller von Produkten Innovationen hervorbringen.[3] Organisationen, die eine innovative Strategie verfolgen, sollten also zunächst auf die Nutzer ihrer Produkte und nicht so sehr auf ihre eigenen Forscher und Entwickler hören. Von Hippel geht bei dieser Konzentration auf den Nutzer noch mehr ins Detail und weist darauf hin, dass es auf vielen Märkten nicht die normalen Nutzer sind, die Innovationen hervorbringen, sondern *führende Nutzer*. Im Bereich Chirurgie adaptieren führende Chirurgen oft verfügbare Operationsinstrumente, um damit neue Operationstechniken durchführen zu können. Bei Extremsportarten wie etwa Snowboarden oder Windsurfen sind es erfolgreiche Sportler, die die entscheidenden Verbesserungen durchführen oder einfordern, um bessere Leistungen erzielen zu können. Gemäß dieser Ansicht sind es also die Anforderungen der Nutzer auf dem Markt, die für Innovationen verantwortlich sind. Manager müssen demzufolge enge Beziehungen zu führenden Nutzern ihrer Produkte, also etwa zu erfolgreichen Sportlern oder Topchirurgen aufbauen. Solche führenden Nutzer werden zunächst durch die Funktionen Marketing und Verkauf identifiziert, worauf dann Wissenschaftler und Techniker deren innovative Ideen in kommerzielle Produkte, Prozesse oder Dienstleistungen umwandeln, die für den gesamten Markt interessant sind.

Beide Ansätze, sowohl Technology push als auch Market pull, haben ihren Nutzen. Unternehmen, die sich zu sehr auf angestammte Nutzer verlassen, können eine zu konservative Haltung annehmen und so durch zerstörende Technologien angreifbar werden, die Bedürfnisse aufdecken, die der Markt bisher nicht vorhersehen konnte (siehe *Abschnitt 9.4.3*). Andererseits gibt es in der Wirtschaftsgeschichte zahlreiche Beispiele für Unternehmen, die blind ihre technologischen Kompetenzen verfolgten, ohne auf die wirklichen Bedürfnisse des Marktes zu achten. Technology push und Market pull sollten also am besten als zwei Extreme angesehen werden, die Managern dabei helfen können, ihre Aufmerksamkeit auf die grundlegende Frage zu richten: Wie sehr sollen wir uns relativ gesehen auf Wissenschaft und Technologie als Quellen der Innovation verlassen, anstatt auf das zu achten, was die Menschen auf dem Markt mit unseren Produkten tun? In der Praxis finden die meisten Organisationen einen Kompromiss, der zwischen beiden Ansätzen liegt, wobei die Ausrichtung je nach Branche und auch im Laufe der Zeit variieren kann. Wie beim Beispiel des Unternehmens Sole Technology sind vielleicht die Nutzer für das junge Unternehmen besonders wichtig. Mit zunehmendem Wachstum werden dann aber intern entwickelte Innovationen immer bedeutsamer (siehe Beispiel 9.1). Für Manager besteht der entscheidende Punkt darin, sich dieses Dilemma bewusst zu machen und die Ausrichtung des eigenen Unternehmens zwischen beiden Extremen immer wieder bewusst zu überdenken, anstatt sich blind auf Gewohnheiten oder Vorurteile zu verlassen.

3 W.J. Abernathy und J.M. Utterback, „A dynamic model of process and product innovation", Omega, Bd. 3, Nr. 6 (1975), S. 142–160.

Beispiel 9.1 Schuhe für Skateboarder

Innovation entsteht bei Sole Technology sowohl durch die Nutzer als auch durch neue Technologien.

Nach einer Ausbildung im Bereich Industriesoftware begann Pierre André Senizergues seine Karriere als professioneller Skateboarder in Frankreich. In weniger als 20 Jahren baute er eine Firma für Sportschuhe und Sportkleidung mit Umsätzen in Höhe von $ 200 Mio. (€ 160 Mio.) auf. Sieben Marken gehörten dazu, darunter Etnies mit seinem berühmten umgekehrten „E" und die bekannte große Marke für Snowboardschule ThirtyTwo. Außerdem gründete er das erste Labor der Welt, in dem Forschungsarbeiten an Skateboardschuhen durchgeführt wurden.

Allerdings war für Senizergues der Start ins Berufsleben alles andere als vielversprechend gewesen. 1988 unterschrieb er einen Vertrag als Skateboarder für einen neuen französischen Skateboardhersteller. Doch schon im nächsten Jahr musste er seine aktive Sportkarriere wegen Rückenproblemen aufgeben. Obwohl er nur wenig Englisch sprach und keinerlei unternehmerische Erfahrung hatte, überzeugte er seinen Arbeitgeber, ihm eine Lizenz zu geben, damit er dessen Etnies-Schuhe in den USA verkaufen konnte. Die ersten fünf Jahre waren hart, doch dann stellte Senizergues seine neuen Entwürfe vor, und ab Mitte der 1990er Jahre stieg die Nachfrage nach Etnies-Schuhen rasant an. 1996 kaufte Senizergues der französischen Firma dessen Marke Etnies ab und nahm sie zusammen mit anderen Marken – darunter ÉS, Emerica und ThirtyTwo – in sein Unternehmen Sole Technology auf. In den folgenden zehn Jahren verzeichnete die Firma jeweils zweistellige jährliche Wachstumsraten.

Senizergues konnte als professioneller Skateboarder von Beginn an sein Fachwissen nutzen und in seine Modelle einfließen lassen. Der *Financial Times* sagte er: „Auf diesem Markt muss man authentisch sein und möglichst etwas vom Skateboarden verstehen."

So war ihm beispielsweise in den 1990ern aufgefallen, dass viele Skateboarder ungeeignete niedrige Turnschuhe kauften, einfach weil sie ihnen gefielen, anstatt Schuhe mit hohem Schaft zu kaufen, die für den Sport viel besser geeignet waren. Senizergues reagierte auf diesen Trend, indem er niedrige Sportschuhe entwarf, die über die notwendige Langlebigkeit verfügten. Seine Firma war und ist immer nah am sportlichen Geschehen und sponsert über 100 Athleten weltweit. Senizergues hört seinen Kunden genau zu. Auf der Firmenwebsite können interessierte Besucher ihre eigenen Sportschuhe entwerfen, und oft werden potenzielle Besonderheiten neuer Produkte in Internetblogs vorgestellt, um dazu Ideen und Feedback der Nutzer zu bekommen. Das Durchschnittsalter aller 400 Mitarbeiter von Sole Technology liegt bei 28 Jahren, wobei viele nebenbei noch in Action-Sportarten aktiv sind.

Doch Senizergues hat auch das weltweit erste Forschungslabor für Skateboards und Schuhe, das Sole Technology Institute, gegründet. Auf einer Fläche von 930 Quadratmetern sind darin typische Skateboardhindernisse wie Geländer, Treppen und Rampen aufgebaut. Senizergues ist davon überzeugt, dass Skateboardhersteller eigene biomechanische Forschungsprojekte durchführen sollten, anstatt nur Technologien zu nutzen, die für andere Sportarten entwickelt wurden. Als 2006 der Trend bei Sportschuhen für Mädchen immer mehr in Richtung einer schmalen Silhouettenform ging, konnte Sole Technology dank seiner Gel-Luft-Technologie mit seinen Modellen immer der neuesten Mode entsprechen.

Quellen: Financial Times, 23. August 2006; Footwear News, 20. Februar 2006, www.soletechnology.com.

Kontrollfragen

1. Aus welchen Gründen ist es besonders auf dem Markt für Skateboardschuhe wichtig, „authentisch" zu sein?
2. Was würden Sie einer großen Firma wie Nike oder Adidas empfehlen, die in diesen Markt vordringen möchte?

9.2.2 Produkt- oder Prozessinnovation

Manager müssen nicht nur einen Mittelweg zwischen Technology push und Market pull finden, sie müssen auch entscheiden, wie viel Wert auf Produkt- oder Prozessinnovation gelegt werden soll. *Produktinnovation* „bezieht sich auf das Endprodukt (oder die finale Dienstleistung), das verkauft werden soll, wobei es besonders auf dessen besondere Merkmale ankommt. *Prozessinnovation* meint die Art und Weise, wie dieses Produkt hergestellt und vertrieben wird, insbesondere bezüglich Verbesserungen bezüglich Kosten und Zuverlässigkeit. Einige Firmen spezialisieren sich eher auf Produktinnovation, andere eher auf Prozessinnovation. So hat auf dem Computermarkt die Firma Apple immer eher eine Vorreiterrolle übernommen, wenn es um neue Produkteigenschaften ging (z.B. der iMac), während Dell eher in Bezug auf seine effizienten Prozesse innovativ tätig war und beispielsweise Direktverkäufe, Modularität und maßgeschneiderte Produktion auf Bestellung einführte.

Verschiedene Branchen folgen oft technologischen Fallkurven, anhand deren Verlauf sich die relative Bedeutung von Produkt- und Prozessinnovation im Laufe der Zeit verändern. Perioden verstärkter Produktinnovation aufgrund neuer Produktmerkmale werden oft abgelöst von Perioden vermehrter Prozessinnovation, in denen es vor allem um Effizienz bei Produktion und Lieferung geht. William Abernathy hat beispielsweise gezeigt, wie die frühe Geschichte der Automobilherstellung durch den Wettbewerb im Bereich Produktdesign geprägt war, da die Pioniere der Automobilherstellung entscheiden mussten, ob ihre Fahrzeuge durch Dampf, Elektrizität oder Benzin angetrieben werden sollten, ob der Motor besser vorne oder hinten eingebaut werden sollte und ob das Auto besser drei oder vier Räder haben sollte.[4] Sobald Henry Ford sein Model T

4 W.J. Abernathy und J.M. Utterback, „A dynamic model of process and product innovation", *Omega*, Bd. 3, Nr. 6 (1975), S. 142–160.

auf den Markt gebracht hatte, einigte sich die Branche auf ein *vorherrschendes Design*: Die Autos würden mit Benzin fahren, ihren Motor vorne haben und mit vier Rädern ausgestattet sein. Sobald sich dieses vorherrschende Design durchgesetzt hatte, fiel die Rate der Produktinnovationen in der Automobilbranche drastisch ab, denn hier verlagerte sich der Wettbewerb nun auf die Produktion dieses Grundtypen, die so effizient wie möglich sein sollte. Die Durchsetzung des vorherrschenden Designs sorgte also für eine Flut an Prozessinnovationen. Auch hier war Ford Vorreiter, den er führte die bahnbrechende Prozessinnovation des automatischen Fließbands ein, das eine Massenproduktion ermöglichte.

Dieser Abschnitt der Produktinnovation, der zur Durchsetzung des vorherrschenden Autodesigns führte und dann durch sich verändernden Wettbewerb von einer Periode der Prozessinnovation abgelöst wurde, wiederholt sich in vielen Branchen sehr oft.[5] Abbildung 9.2 zeigt ein allgemeines Modell der Beziehung zwischen Produkt- und Prozessinnovation. Dieses Modell hat mehrere strategische Auswirkungen:

- *Neue junge Industrien* ziehen meist Produktinnovation vor, denn der Wettbewerb dreht sich hier immer noch um die Definition der grundlegenden Merkmale eines Produkts oder einer Dienstleistung.
- *Reifere Branchen* bevorzugen dagegen eher die Prozessinnovation, denn hier verlagert sich der Wettbewerb in Richtung der effizienten Produktion des vorherrschenden Designs von Produkt oder Dienstleistung.
- *Kleine Neueinsteiger* haben häufig in den frühen Entwicklungsphasen einer Branche die größten Chancen, mit neuen Produktmerkmalen auf dem Markt erfolgreich zu konkurrieren. Vor dem Model T gab es auf dem amerikanischen Automobilmarkt über 100 Konkurrenten.
- *Große etablierte Unternehmen* haben meist später einen Vorteil, wenn sich ein vorherrschendes Design durchgesetzt hat, denn dann kommt es darauf an, Größenvorteile zu nutzen und Prozessinnovationen einzuführen. Schon in den 1930ern gab es nur noch vier große Automobilhersteller in den USA, Ford, General Motors, Chrysler und American Motors, die alle sehr ähnliche Fahrzeuge herstellten.

Die Abfolgen von Produkt- und Prozessinnovationen lassen sich nicht immer exakt trennen. In der Praxis werden beide Innovationsformen sogar häufig parallel betrieben.[6] So erfordert zum Beispiel jede neue Generation von Mikroprozessoren gleichzeitig eine Prozessinnovation, um diese neuen Geräte mit noch größerer Präzision bauen zu können. Dennoch hilft das Modell Managern bei der Entscheidung, ob sie sich nun mehr auf Produktmerkmale oder auf Prozesseffizienz konzentrieren sollen. Das Modell gibt auch Hinweise darauf, ob eher kleine Neueinsteiger oder große etablierte Unternehmen Vorteile haben.

5 P. Anderson und M.L. Tushman, „Technological discontinuities and dominant designs: A cyclical model of technological change“, *Administrative Science Quarterly*, Bd. 35 (1990), S. 604–633.

6 J. Tang, „Competition and innovation behaviour“, *Research Policy*, Bd. 35 (2006), S. 68–82.

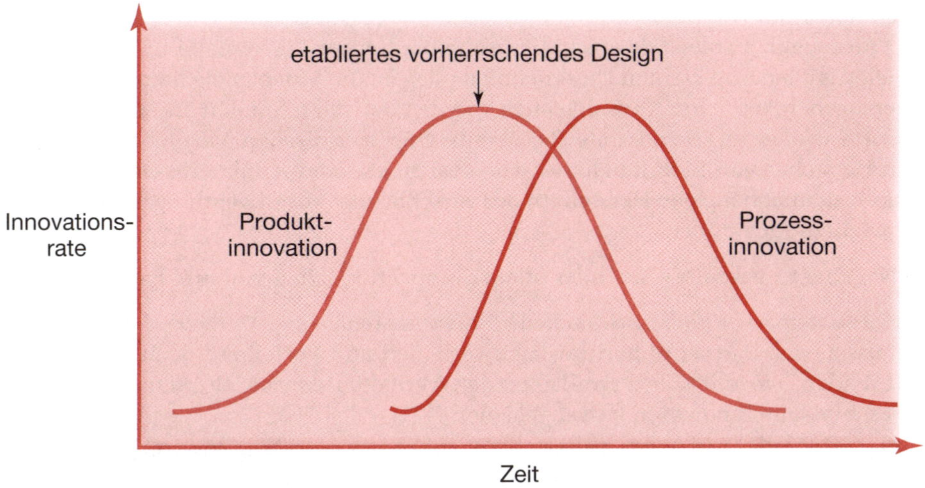

Abbildung 9.2: Produkt- und Prozessinnovation

9.2.3 Offene oder geschlossene Innovation

Traditionell gingen die Innovationen einer Organisation aus ihren eigenen internen Ressourcen hervor, d.h. aus ihren Labors und Marketingabteilungen. Solche Innovationen sind von Geheimhaltung geprägt; man ist sehr darauf bedacht, das eigene intellektuelle Eigentum zu schützen und Trittbrettfahrerei der Konkurrenz zu vermeiden. Dieses „geschlossene“ Modell der Innovation steht im Gegensatz zum „offenen“ Innovationsmodell[7]. Die **offene Innovation** beinhaltet den bewussten Import und Export von Wissen durch eine Organisation, um so die eigenen Innovationen zu beschleunigen und zu verbessern. Hinter diesem Konzept steht die Idee, dass ein offener Austausch von Ideen höchstwahrscheinlich schneller bessere Produkte hervorbringt als der interne geschlossene Ansatz. Und man braucht schnelle, gute Produkte und keine zwanghafte Heimlichkeit, um der Konkurrenz einen Schritt voraus zu sein.

Offene Innovation

Die offene Innovation beinhaltet den bewussten Import und Export von Wissen durch eine Organisation, um so die eigenen Innovationen zu beschleunigen und zu verbessern.

Immer mehr Organisationen übernehmen den Ansatz der offenen Innovation. So hat etwa der Technologieriese IBM ein Netzwerk aus zehn „Co-Labors“ mit anderen Unternehmen und Universitäten aus so unterschiedlichen Ländern wie der Schweiz oder Saudi Arabien eingerichtet. Last.fm, die Internet-Musikbörse, lädt ihre Nutzer regelmäßig zu sogenannten „Hacker-Tagen“ ein. Dort gibt es Verpflegung und Getränke gratis, und man arbeitet zusammen an der Entwicklung neuer Anwendungen. Die US-amerikanische Firma InnoCentive betreibt ein Netzwerk aus 64 „Wissenssuchern“, darunter Großkonzerne wie Procter & Gamble, Eli Lilly und Dow Chemical. Hier werden Aufgaben und Probleme zur Diskussion gestellt, für deren Lösung Preisgelder bis zu $ 1 Mio. bezahlt werden. Bisher wurden unter Beteiligung von über 165.000 „Problemlösern“ bereits 348 Aufgaben bewältigt.

Die offene Innovation erfordert meist die Unterstützung vieler Beteiligter. So müssen. insbesondere dominante Unternehmen ggf. eine **Plattform-Führung** ausüben. Dabei fördern große Unternehmen bewusst unabhängige kleinere Firmen durch eine Reihe

7 H. Chesbrough und M. Appleyard, „Open Innovation and strategy“, California Management Review, Bd. 50, Nr. 1 (2007), S. 57–73; O. Gasman, E. Enkel und H. Chesbourgh, „The future of open innovation“, R&D Management, Bd. 38, Nr. 1 (2010), S. 1–9.

immer neuer Innovationen rund um ihre technologische „Grundplattform“.[8] Hersteller von Videospielkonsolen wie etwa Microsoft oder Sony müssen vielfältige Beziehungen zu vielen großen und kleinen Unternehmen pflegen, die Videospiele herausbringen, um sicherzugehen, dass ihre Konsolen auch von den beliebten Spielen unterstützt werden, die dann wiederum die gesamte Bandbreite aller technischen Möglichkeiten nutzen. Auch Hersteller von Mobiltelefonen wie etwa Nokia oder Apple müssen sich mit den unzähligen unabhängigen Herstellern der verschiedensten Anwendungen für ihre Handys möglichst gut stellen.

Die Neigung zu geschlossener oder offener Innovation hängt von drei Faktoren ab:

- *Wettbewerbsrivalität.* In Branchen, die von intensivem Wettbewerb geprägt sind, müssen sich Partner opportunistisch verhalten und Vorteile für sich selbst nutzen. In Fällen, wo mit solch rivalisierenden Verhaltensweisen zu rechnen ist, ist die geschlossene Innovation besser geeignet.
- *Einmalige Innovation.* Es kommt häufiger zu opportunistischem Verhalten, wenn eine Innovation eine grundlegende technologische Verbesserung beinhaltet, die den Gewinnern einen uneinholbaren Vorsprung verschafft und die Verlierer auf Dauer zurückwirft. Die offene Innovation funktioniert dort am besten, wo Innovation ein anhaltender Prozess ist, der im Laufe der Zeit zu gegenseitiger Unterstützung anregt.
- *Eng verknüpfte Innovation.* Sind Technologien sehr komplex und eng miteinander verknüpft, so kann die offene Innovation das Risiko bergen, unpassende Elemente einzubringen, die der Innovation eher schaden als sie voranzubringen. Zudem könnte sich das auch auf die gesamte Produktpalette negativ auswirken. Das Unternehmen Apple, das ja über eine hochgradig integrierte Produktpalette verfügt, in der alle Elemente, vom Computer bis zum Handy, eng aufeinander abgestimmt sind, neigt aus diesem Grund eher zur geschlossenen Innovation, um die Qualität der Erfahrungen seiner Nutzer zu schützen.

9.2.4 Technologische Innovation oder Innovation des Geschäftsmodells

Eine wichtige Frage für Innovatoren ist die Bedeutung neuen Wissens in Form eines wissenschaftlichen oder technologischen Fortschritts. Viele erfolgreiche Innovationen basieren nicht nur auf neuen wissenschaftlichen Erkenntnissen oder neuer Technologie, sondern auch auf der Reorganisation aller Geschäftselemente und der Schaffung neuer Kombinationen. Hier erschaffen Innovatoren ganze neue *Geschäftsmodelle*, in denen Kunden, Produzenten und Zulieferer auf ganz neue Art und Weise zusammengeführt werden – mit oder ohne neue Technologien. EasyJets neues Geschäftsmodell schloss beispielsweise Reisebüros völlig von seinen Geschäften aus und führte den Direktverkauf seiner Flugtickets über das Internet ein. So wurden die Fluglinie und ihre Kunden auf ganz neue Art und Weise zusammengebracht. Außerdem wurden billige, zweitrangige Flughäfen genutzt. Hier waren die Vereinfachung des Service und die Auswahl der Flughäfen weitaus wichtiger als technologische Innovation. Die Internettechnologie war schließlich nicht von EasyJet entwickelt worden, und die Fluggesellschaft nutzte die gleichen Flugzeuge wie die meisten ihrer Konkurrenten.

8 A. Gawer und M. Cusumano, *Platform Leadership: How Intel, Microsoft and Cisco Drive Industry Innovation*, Harvard Business School Press, 2002.

Gary Hamel definiert ein Geschäftsmodell als „die Art und Weise, wie man Geschäfte macht“.[9] Formeller ausgedrückt beschreibt ein **Geschäftsmodell** die Struktur des Produkt-, Dienstleistungs- und Informationsflusses und der Rolle der beteiligten Parteien. Die ausschlaggebenden Elemente eines Geschäftsmodells können in Form zweier Hälften des Wertkettensystems verstanden werden, die in *Abschnitt 3.6.1* eingeführt wurde.[10]

Geschäftsmodell

Ein Geschäftsmodell beschreibt die Struktur des Produkt-, Dienstleistungs- und Informationsflusses und der Rollen der beteiligten Parteien.

Beispiel 9.2 Das neue Geschäftsmodell eines russischen Herstellers von Computerspielen

Ein junges Unternehmen aus dem Osten nimmt es mit den Besten aus dem Westen auf.

Im April 2006, zehn Jahre nach seiner Gründung von Nival Interactive, verkündete Sergey Orlovskiy einen radikalen Wandel seines Geschäftsmodells. Das bis dahin in Russland ansässige Unternehmen, das Spiele für den PC produzierte, verlagerte nun seinen Hauptsitz nach Los Angeles, veränderte seine Managementstrukturen und zielte mit seinen Produkten jetzt sowohl auf den PC-Markt als auch auf den Markt für Computerkonsolen. Angeboten wurden bereits die Spiele „Blitzkrieg“, „Heroes of Might and Magic“, „Night Watch“ und „Hammer and Sickle“. Orlovskiy erklärte: „Normalerweise wachsen unsere Einnahmen um 20 bis 50 Prozent pro Jahr. Jetzt schaffen wir einen Anstieg von 100 Prozent, da wir unser Geschäftsmodell verändern.“

Orlovskiy, damals ein 23-jähriger Informatikstudent, hatte seine Firma ursprünglich als Spezialist für PC-Spiele gegründet. Sein erstes Produkt verkaufte sich weltweit 100.000-mal, ein guter Auftakt für ein PC-Spiel. Nival entwickelte weiterhin neue Spiele für den PC. Das Strategiespiel „Blitzkrieg“, das im Zweiten Weltkrieg spielt, kam 2003 auf den Markt und wurde 1,5 Millionen Mal verkauft – dreimal so viel wie ein durchschnittlich erfolgreiches PC-Spiel. Im selben Jahr tat sich Nival mit dem französischen Spielehersteller Ubisoft zusammen, und beide brachten gemeinsam die fünfte Ausgabe von „Heroes of Might and Magic“ heraus, eines sehr erfolgreichen Fantasy-Strategiespiels. Nival hatte dabei einen beträchtlichen Kostenvorteil, denn russische Programmierer kosteten nur ein Viertel oder gar ein Fünftel ihrer amerikanischen Kollegen.

Ein junges Unternehmen Doch der Markt für PC-Spiele ist begrenzt. Hier wurden 2005 Umsätze von lediglich knapp $ 1 Mrd. (€ 800 Mio.) erzielt, während Konsolespiele wie etwa für die Xbox oder die PlayStation das Fünffache an Umsatz einbrachten. Im Jahr 2005 übernahm die amerikanische Risikokapitalgesellschaft Ener1 Group 70 Prozent von Nival für eine unveröffentlichte Kaufsumme, die auf etwa $ 10 Mio. geschätzt wurde. Ener1 war es, die den Kurswechsel beim Geschäftsmodell vorschlug: Eine Verlagerung des Firmenhauptsitzes in die USA, eine kräftige Kapitalspritze und eine Ausweitung des Angebots auf Konsolespiele sowie die weitere Ausnutzung des Kostenvorteils bei der Programmierung.

9 G. Hamel, *Leading the Revolution*, Harvard Business School Press, 2000.
10 J. Magretta, „Why business models matter“, Harvard Business Review, Bd. 80, Nr. 5 (2002), S. 86–92.

Sergey Orlovskiy wurde zum Präsidenten von Nival ernannt, doch die Firma holte auch neue, junge Talente an die Spitze. Neuer CEO wurde Kevin Bachus, einer der vier ursprünglichen Gründer von Xbox; andere neue Manager aus den USA hatten hohe Positionen bei Firmen wie Atari, Electronic Arts, Sega und Sony innegehabt. Dieses Management-Team war bereit für das neue Geschäftsmodell. Es wurde mit dem Begriff „umgekehrtes Outsourcing" überschrieben, denn hier ging es nicht darum, dass eine westliche Firma ihre Produktion in billige Entwicklungsländer verlagert. Ganz im Gegenteil kaufte hier eine Firma mit geringen Produktionskosten die besten und kreativsten amerikanischen Köpfe für ihr Management und ihre Produktentwicklung ein. Mit neuen Talenten und frischem Kapital konnte Nival davon ausgehen, dass seine kostengünstigen Entwicklungsteams – nicht nur in Russland, sondern potenziell auch in China oder überall sonst auf der Welt – eine unschlagbare Kombination aus Wirtschaftlichkeit und Innovation liefern würden.

Quellen: Business Week, 3. März 2005; www.nival.com. Siehe auch das Fallbeispiel in Kapitel 13.

Kontrollfragen

1. In wieweit würden Sie die neue Umwandlung von Nival als Wandel des Geschäftsmodells und nicht als Wandel der Strategie bezeichnen?
2. Welche Vorteile und Probleme könnten sich für Orlovskiy persönlich aus dieser neuen Situation ergeben?

- *Das Produkt.* Ein Geschäftsmodell kann eine ganz bestimmte Definition eines Produkts oder einer Dienstleistung und auch deren Herstellung und/oder Lieferung beinhalten. In Bezug auf die Wertkette betrifft dies die technologische Entwicklung, Materialbeschaffung, interne Logistik sowie Arbeitsprozesse. Das Geschäftsmodell für das frei verfügbare Betriebssystem Linux basiert auf einem Netzwerk tausender ehrenamtlicher Programmierer, die zum einen Freiberufler, aber auch sehr engagierte Mitarbeiter von Unternehmen wie IBM und Hewlett Packard sind. Das Geschäftsmodell von Microsoft dagegen funktioniert ganz anders, denn es basiert auf der firmeninternen Entwicklung erfolgreicher Technologien durch eigene Mitarbeiter.
- *Der Verkauf.* Ein Geschäftsmodell kann auch definieren, wie ein Produkt oder eine Dienstleistung verkauft oder verbreitet werden. In Bezug auf die Wertkette betrifft dies die externe Logistik, Marketing, Verkauf und Kundendienst. So ist die Linux-Software etwa für alle Nutzer frei zugänglich und wird nicht, wie Software von Microsoft, verkauft. IBM und Hewlett Packard laden diese frei verfügbaren Betriebssysteme schon vor dem Verkauf auf ihre Computer und müssen so keine Lizenzgebühren an Microsoft bezahlen. Händler, die Linux vertreiben wie etwa Red Hat verdienen ihr Geld, indem sie Linux im Paket mit Handbüchern, regelmäßigen Updates und Kundendienstleistungen verkaufen und dafür den Kunden jährliche Abonnemententgebühren für ihre Leistungen berechnen.

Das Konzept des Geschäftsmodells überschneidet sich an vielen Stellen mit dem Konzept der Strategie auf Geschäftsbereichsebene.[11] Dennoch gibt es zwischen beiden sinnvolle Unterschiede, was Schwerpunkt und Ausrichtung angeht:

- *Radikal oder inkrementell.* Eine Veränderung des Geschäftsmodells erfordert eine radikale strategische Umwandlung. Andererseits vollziehen sich viele strategische Initiativen im Grunde nur inkrementell, d.h. ein bestehendes Geschäftsmodell wird nur in kleinen Schritten einer veränderten Situation angepasst. Beispiele hierfür sind Investitionen in zusätzliche Kapazitäten oder der Eintritt in neue geografische Märkte. Das Konzept des Geschäftsmodells kann Managern dabei helfen, sich mit den Einschränkungen aufgrund inkrementeller Anpassungen auseinanderzusetzen und mit dem manchmal notwendigen radikalen Wandel besser umzugehen.
- *Standard oder Wettbewerb.* In vielen Branchen, besonders wenn sie reifer sind, sind Geschäftsmodelle weitgehend standardisiert und unterscheiden sich nur wenig in ihren Grundstrukturen. Die Strategie auf Geschäftsbereichsebene konzentriert sich eher darauf, wie sich Differenzierung und Vorteile gegenüber Konkurrenten in der gleichen Branche erreichen lassen. Diese Strategie sorgt also dafür, dass Manager immer darauf konzentriert bleiben, wie sie ihre Organisation im Vergleich zur Konkurrenz positionieren sollen.

Das Konzept des Geschäftsmodells ist schließlich auch hilfreich, wenn Manager neues wissenschaftliches oder technologisches Wissen bewerten müssen, das nur einen Teil des Gesamtpakets Innovation ausmacht. Innovation kann aus allen Bereichen der Wertkette hervorgehen, nicht nur aus dem Bereich der technologischen Entwicklungen (siehe Beispiel 9.2).

9.3 Die Diffusion von Innovationen

Bisher befasste sich dieses Kapitel mit den Quellen und den Arten der Innovation, so etwa Technology push oder Market pull. In diesem Abschnitt geht es nun um die **Diffusion** von Innovationen nach ihrer Einführung.[12] Da eine Innovation meist sehr teuer ist, können Ausmaß und Geschwindigkeit ihrer Verbreitung auf dem Markt durchaus von ihrer wirtschaftlichen Attraktivität beeinflusst werden. Doch auch Manager können die Diffusion einer Innovation sowohl von der Angebotsseite als auch von der Nachfrageseite her beeinflussen. Auch können sie diese mithilfe der S-Kurve bildlich darstellen.

Diffusion

Diffusion bezeichnet den Prozess, mittels dessen sich Innovationen mit unterschiedlicher Geschwindigkeit und in unterschiedlichem Ausmaß unter Nutzern ausbreiten.

11 Gute Abhandlungen über Geschäftsmodelle und deren Beziehung zur Strategie auf Geschäftsebene sind zu finden bei G. Yip, „Using strategy to change your business model“, *Business Strategy Review*, Bd. 15, Nr. 2 (2004), S. 17–24, und G. M. Mansfield und L. Fourie, „Strategy and business models – strange bedfellows? A case for convergence and its evolution into strategic architecture“, *South African Business Management Journal*, Bd. 15, Nr. 1 (2004), S. 35–44.

12 Innovationsdiffusion wird erläutert in dem Klassiker von E. Rogers, Diffusion of Innovations, Free Press, 1995; C. Kim und R. Mauborgne, „Knowing a winning idea when you see one“, Harvard Business Review, Bd. 78, Nr. 5 (2000), S. 129–138, und J. Cummings und J. Doh, „Identifying who matters: Mapping key players in multiple environments“, California Management Review, Bd. 42, Nr. 2 (2000), S. 83–104 (siehe besonders S. 91–97).

9.3.1 Die Geschwindigkeit der Diffusion

Die Diffusionsgeschwindigkeit kann je nach Art des Produkts stark variieren. PCs haben 20 Jahre gebraucht, bis sie in 60 Prozent aller amerikanischen Haushalte zu finden waren. Das Internet brauchte für die gleiche Verbreitung nur zehn Jahre. Die Geschwindigkeit der Diffusion wird von einer Kombination aus Angebots- und Nachfragefaktoren beeinflusst, die Manager durchaus in gewissem Umfang kontrollieren können. Auf der *Angebotsseite* wird die Geschwindigkeit durch Produktmerkmale wie die folgenden beeinflusst:

- *Verbesserungsgrad* der Leistung gegenüber bereits existierenden Produkten (aus Sicht der Verbraucher), der einen Anreiz zum Wechseln gibt. So boten 3G-Handys keine wesentliche Leistungsverbesserung, sodass es auf den meisten Märkten auch nicht zu einem raschen Wechsel kam.
- *Kompatibilität* mit anderen Faktoren. So wird etwa das digitale Fernsehen zunehmend attraktiv, wenn viele Sendernetzwerke ihre Programme auf dieses Format umstellen.
- *Komplexität.* Diese kann entweder das Produkt selbst betreffen oder aber die verwendete Marketingmethode, um es zu bewerben. Übertrieben komplizierte Preisstrukturen, wie sie etwa bei vielen Produkten der Finanzdienstleistungsbranche zu finden sind (z.B. Pensionsfonds), schrecken Verbraucher ab.
- *Ausprobieren.* Die Möglichkeit, Produkte vor der endgültigen Kaufentscheidung zu testen – entweder direkt oder durch verfügbare Informationen über die Erfahrungen anderer Nutzer. Aus diesem Grund stehen bei Marketingaktionen für neue Produkte oft zufriedene Kunden und/oder die Unterstützung durch geeignete Vorbilder wie z.B. erfolgreiche Sportler oder berühmte Künstler im Vordergrund.
- *Beziehungsmanagement*, d.h. wie leicht können potenzielle Kunden Informationen erhalten, Bestellungen aufgeben und Kundendienste anfordern. Dies bezieht sich auch auf die Wahl des Geschäftsmodells, wie in *Abschnitt 9.2.3* beschrieben.

Auf der *Nachfrageseite* gibt es folgende wichtige Faktoren, die die Diffusionsgeschwindigkeit beeinflussen können:

- *Marktbewusstsein.* Viele potenziell erfolgreiche Produkte sind am fehlenden Bewusstsein der Kunden gescheitert – besonders dann, wenn der Hersteller die Themen Werbung und Marketing an Zwischenhändler abgeschoben hat.
- *Beobachtbarkeit* (durch mögliche Kunden) der Vorteile des aktiv genutzten Produkts oder der Dienstleistung. Dies ist ein bestimmender Aspekt bei der Diffusion, denn dadurch lässt sich Gruppendynamik erzeugen. Bei einigen Produkten kann sich dies schwierig gestalten, etwa wenn die Vorteile nicht greifbar oder nicht gleich sichtbar sind (wie etwa bei finanziellen Investitionen). Auch Zwischenhändler müssen Vorteile für sich selbst beobachten können. Dies könnte z.B. geschehen, wenn sie sehen, dass ihre Konkurrenten durch das neue Produkt wirtschaftliche Vorteile erlangen.
- *Kundeninnovativität.* Die Streuung potenzieller Kunden, angefangen bei denjenigen, die ein Produkt früh annehmen, bis hin zu den Nachzüglern, denen Innovationen gleichgültig sind. Innovative Produkte wenden sich zunächst häufig an Kundengruppen, die innovationsfreudig sind (meist jung und wohlhabend), um dadurch die kritische Masse zu bilden, die auch andere Gruppen vom Kauf überzeugen kann (meist Ärmere und Ältere). Innovationen, die sich eher an Nachzüglergruppen richten, verbreiten sich oft langsamer.

Die verschiedenen, oben aufgeführten Faktoren bilden eine Checkliste, die zur Einschätzung einer Innovationsstrategie herangezogen werden kann. Ein Manager beispielsweise, der *einen „Business case"* zusammenstellt, um Geldmittel zur Verbesserung bestimmter Produktmerkmale zu bekommen, muss sich mit vielen der oben genannten Themen auseinandersetzen. Der Business case sollte zunächst aufzeigen, warum die verbesserten Merkmale *von den Kunden* genügend *wertgeschätzt* werden könnten, um das neue Produkt oder ein Upgrade zu kaufen. Auch sollte es um die *Kompatibilität* mit anderen Produkten gehen, die der Kunde oder Einzelhändler im Zusammenhang mit dem neuen Produkt nutzt. Es ist also wichtig, dass das Produkt oder die Dienstleistung zumindest die Schwellenanforderungen von Kunden und Zwischenhändlern erfüllt. Denn auch in einem solchen Fall braucht es oft noch viel Energie, um die Bedenken der Kunden bezüglich eines Wechsels zum neuen Produkt zu zerstreuen. Eine rasche Annahme des Produkts auf dem Markt wird wahrscheinlicher, wenn es die *kritischen Erfolgsfaktoren (KEFs)* von Kunden und Händlern erfüllt (siehe *Abschnitt 2.4.3*). Der Marketingplan sollte sich damit befassen, wie diese Attribute *kommuniziert* werden und wer die ursprüngliche *Zielgruppe* ist. Außerdem sollte überlegt werden, wie das Produkt nach der Annahme durch die ersten Kunden einem *breiteren Publikum* angeboten werden kann.[13]

9.3.2 Die S-Kurve der Diffusion

Die Geschwindigkeit der Diffusion variiert meist stark. Die Verbreitung erfolgreicher Innovationen folgt häufig einer *S-Kurve.*[14] Der Verlauf der S-Kurve beschreibt einen Prozess der langsamen Annahme am Anfang, worauf sich die Diffusion rasch beschleunigt, um schließlich am Ende abzuflachen, wenn die Grenze der Nachfrage erreicht ist (Abbildung 9.3). Die Höhe der S-Kurve zeigt das Ausmaß der Diffusion, ihre Form zeigt die Geschwindigkeit an.

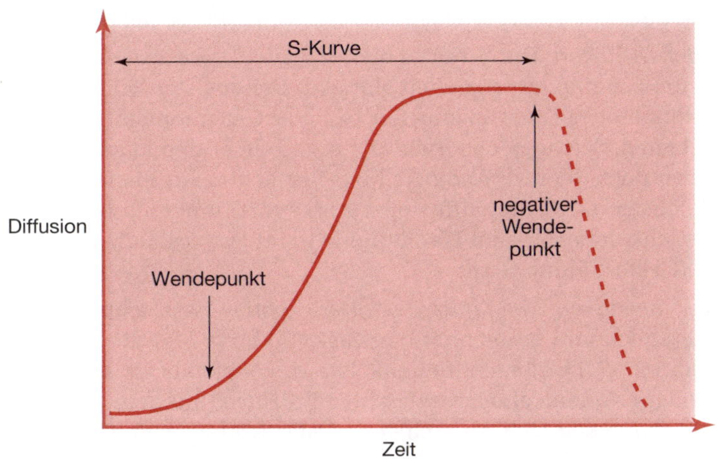

Abbildung 9.3: Die S-Kurve der Diffusion

13 J. Cummings und J. Doh, „Identifying who matters: Mapping key players in multiple environments", *California Management Review*, Bd. 42, Nr. 2 (2000), S. 83–104.

14 J. Nichols und S. Roslow, „The S-curve: An aid to strategic marketing", *Journal of Consumer Marketing*, Bd. 3, Nr. 2 (1986), S. 53–64; und F. Suarez und G. Lanzolla, „The half-truth of First Mover advantage", *Harvard Business Review*, Bd. 83, Nr. 4 (2005), S. 121–127. Diese S-Kurve bezieht sich auf die Innovationsdiffusion. Der S-Kurven-Effekt kann sich aber manchmal auch auf die sinkende Leistungssteigerung durch eine reife Technologie beziehen. A. Sood und G. Tellis, „Technological evolution and radical innovation", *Journal of Marketing*, Bd. 69, Nr. 3 (2005), S. 152–168.

Natürlich folgt die Diffusion nur sehr selten genau diesem Muster. Dennoch können Manager mithilfe der S-Kurve zukünftige Probleme besser abschätzen. Sie weist insbesondere auf vier wichtige Entscheidungen hin:

Wendepunkt

Der Wendepunkt ist der Punkt, in dem die Nachfrage nach einem neuen Produkt oder einer Dienstleistung plötzlich abhebt und explosionsartig anwächst.

- *Timing des „Wendepunkts“.* Die Nachfrage nach einem neuen Produkt oder einer neuen Dienstleistung kann anfangs eher gering sein, dann aber einen **Wendepunkt** erreichen, ab dem sie rapide ansteigt und beständig weiter wächst.[15] Wendepunkte haben meist eine besonders explosive Wirkung, wenn es starke *Netzwerkeffekte* gibt, wenn sich also der Wert eines Produkts oder einer Dienstleistung immer mehr steigert, je mehr Menschen eines Netzwerks diese nutzen. Die Nachfrage nach der SMS-Technologie ist auf diese Weise explodiert, denn hatten einmal einige Mitglieder einer sozialen Gruppe damit begonnen, sich Textnachrichten zu senden, wurde es für alle anderen auch sehr wichtig, dies zu beherrschen. Wenn sich Manager darüber im Klaren sind, dass ein Wendepunkt unmittelbar bevorsteht, können sie dadurch ihre Investitionen in Kapazität und Vertrieb besser planen. Unternehmen können die Nachfrage leicht unterschätzen. Mitte der 1980er Jahre sagten amerikanische Firmen voraus, dass es im Jahr 2000 900.000 Handys weltweit geben würde. Das besagte Jahr kam, und es wurden 900.000 Handys alle 19 Stunden verkauft. Es war die finnische Firma Nokia, die hier weltweit eine Führungsposition einnehmen konnte.[16] Erkennt man einen nahen Wendepunkt nicht, so führt das zu verpassten Umsätzen und leichten Einstiegschancen für die Konkurrenz.
- *Timing des Plateaus.* Die S-Kurve macht Manager auch darauf aufmerksam, dass die Nachfrage höchstwahrscheinlich irgendwann nachlassen wird. Wieder ist es verlockend, aktuelle Wachstumsraten einfach für die Zukunft hochzurechnen, besonders wenn sie sehr zufriedenstellend sind. Wenn Unternehmen aber nochmals große Summen investieren, kurz bevor sich das Wachstum verlangsamt, entstehen oft Überkapazitäten und überflüssige Kosten gerade in einer Phase der Marktbereinigung.
- *Ausmaß der Diffusion.* Die S-Kurve bedeutet nicht zwangsläufig eine 100-prozentige Diffusion bei allen potenziellen Nutzern. Den meisten Innovationen gelingt es nicht, Produkte oder Dienstleistungen früherer Generationen völlig abzulösen. In der Musikbranche etwa ziehen viele DJs und Kenner den klassischen Plattenteller die LP immer noch den CDs und dem MP3-Player vor. Für Manager ist es also wichtig, den höchsten Grad der Diffusion zu erkennen und sich bewusst zu machen, dass das Wachstum nach dem Wendepunkt nicht zwangsläufig zur Übernahme des gesamten Marktes führen wird.
- *Timing des „negativen Wendepunktes“.* Der negative Wendepunkt ist das Gegenteil des Wendepunkts und bezeichnet den Zeitpunkt, zu dem die Nachfrage plötzlich zusammenbricht.[17] Liegt auch hier ein Netzwerkeffekt vor, so kann das Ausbleiben einiger weniger Kunden einen regelrechten Erdrutsch auf dem Markt auslösen. Solche Erdrutsche lassen sich nur schwer wieder wettmachen. Genau dies passierte der Firma Netscape, Vorreiter der Internetbrowser, als Microsoft mit seinem Internet Explorer einen Gegenangriff startete. Das Konzept des negativen Wendepunkts

15 M. Gladwell, *The Tipping Point*, Abacus, 2000. Wendepunkte sind auch für die Entscheidung über politische Maßnahmen wichtig und können dabei helfen, zukünftige Probleme wie etwa Kriminalitätswellen oder Epidemien vorherzusehen.

16 www.bbcnews.com, 12. Januar 2007.

17 S. Brown, „The tripping point“, *Marketing Research*, Bd. 17, Nr. 1 (2005), S. 8–13.

sollte Managern jederzeit eine Warnung sein, dass bereits ein kleines Tief bei den Quartalsumsätzen Vorbote eines großen Einbruchs sein könnte.

Zusammenfassend kann man sagen, dass die S-Kurve ein sinnvolles Konzept ist, das Manager davor bewahrt, die Verkaufszahlen des nächsten Jahres einfach aus dem Ergebnis des letzten Jahres abzuleiten. Der negative Wendepunkt unterstreicht aber auch die Tatsache, dass Innovationen keinesfalls immer einem unvermeidbaren Kurs folgen. Ihre Diffusion kann im Gegenteil jederzeit unterbrochen oder umgekehrt werden. Die meisten Innovationen erreichen freilich erst gar keinen Wendepunkt, geschweige denn einen negativen Wendepunkt. Der Segway Human Transporter, der 2001 als umweltfreundliche Alternative zum Auto auf den Markt kam, wurde innerhalb der ersten beiden Jahre ganze 6000-mal verkauft, obwohl die Produktionskapazität zum Zeitpunkt des Markteintritts bereits bei 500.000 Stück pro Jahr lag. Beispiel 9.3 zeigt den schnellen, aber holprigen Aufstieg der als soziales Netzwerk angelegten Internetseite *www.myspace.com*.

Beispiel 9.3 Twitters Höhenflug

Wie lange kann sich das explosionsartige Wachstum des Mikrobloggers Twitter noch fortsetzen? Und wie sieht dessen Geschäftsmodell aus?

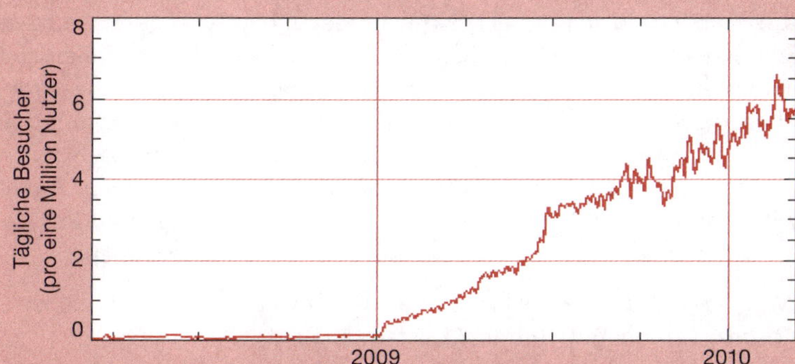

Abbildung 9.4: Geschätzte Zahl der Twitter-Nutzer von Alexa.com

Die Nutzerzahlen basieren auf den Nutzern des Alexia Menüs und sind daher möglicherweise keine repräsentative Stichprobe aller Internetnutzer; y-Achse: Tägliche Nutzung (in Mio.)

Quelle: Alexa.com.

Twitter wurde im Jahr 2006 von Jack Dorsey, Biz Stone und Evan Williams, alle um Anfang 30, gegründet. Ursprünglich kam ihnen die Idee, auf der Twitter basiert, während einer Brainstorming-Sitzung. Umgesetzt wurde sie dann in nur zwei Wochen. Biz Stone erinnert sich an ein Gespräch mit Evan Williams: „Am Anfang sagte jemand: Twitter macht zwar Spaß, hat aber keinen Nutzen." Darauf Ev: „Dasselbe gilt auch für Eiscreme."

Schnell erfreute sich Twitter größter Beliebtheit. Ein Schlüsselereignis war hier das South by Southwest Film- und Musikfestival in Austin, Texas, im Jahr 2007. Twitter mietete zwei riesige Plasmabildschirme, auf denen Twitter-Nachrichten von Festivalbesuchern gezeigt wurden. Schon während des Festivals stieg die Zahl der „tweeds“ (Twitter-Nachrichten) von 20.000 auf 60.000 täglich. 2008 nutzte Barak Obama dann Twitter öffentlich für seine Wahlkampagne zum US-Präsidenten. Alexia zufolge nutzten Anfang 2010 über sechs Prozent aller Internetnutzer weltweit Twitter täglich. Die Nutzung von Twitter ist kostenfrei, sodass mit zunehmendem Wachstum immer wieder die Frage nach dessen Geschäftsmodell aufkommt – wie erzielt Twitter seine Einnahmen? Im Jahr 2009 brachte Twitter $ 135 Mio (ca. € 94,5 Mio.) an Risikokapital auf, doch über die Gewinnchancen des Unternehmens äußerte man sich noch sehr vorsichtig. Ev Williams meinte: „Wir glauben fest daran, dass Twitter Gewinn abwerfen wird. Ich denke nur, es wird einige Zeit dauern, um herauszufinden, wie.“

Die Gründer lehnten es ab, auf ihrer Seite Werbung zu zeigen. Man dachte aber darüber nach, wie man Unternehmen dazu bringen könnte, eine bestimmte Summe für Internetverweise auf ihre eigenen Internetseiten zu bezahlen. Anfang 2010 sagte Biz Stone der *Financial Times*: „Wir müssen aus Twitter ein gewinnbringendes Geschäft machen – und das muss dieses Jahr geschehen.“

In der Zwischenzeit entwickelte auch die Netzwerkseite Facebook Twitter-ähnliche Angebote, und es tauchten auch immer mehr andere Nachahmer auf. So gewann in Japan die Start Up-Firma Ameba Now immer mehr Nutzer für sich, indem Berühmtheiten aus Film und Fernsehen verpflichtet wurden, von denen sich die Nutzer persönliche Unterstützung in Form von japanischen Schriftzeichen und „Smileys“ herunterladen konnten. Dieses Angebot gab es bei Twitter nicht. Schon drei Monate nach dem Firmenstart im Dezember 2009 hatte Ameba Now bereits eine Million Nutzer – verglichen mit 4,7 Mio. Twitter-Nutzern in Japan. Außerdem bleiben Twitter nur wenige Nutzer langfristig erhalten – lediglich 40 Prozent der Besucher, die sich anmelden, nutzen das Netzwerk am Ende regelmäßig.

Quellen: *New York Times*, 25. März 2009; *www.eweek.com*, 20. Oktober 2009; *Financial Times*, 1. Januar 2010 und 12. März 2010.

Kontrollfragen

1. Wie sollten Twitter-Investoren die Zahlen von Alexa.com bezüglich der täglichen Nutzung interpretieren?
2. Schlagen Sie drei Möglichkeiten vor, wie Twitter Gewinn machen könnte und erörtern Sie jeweils die Vor- und Nachteile.

9.4 Innovatoren und Folger

Manager müssen auch die wichtige Entscheidung treffen, ob sie mit einer Innovation Anführer oder Nachfolger sein möchten. Das Konzept der S-Kurve scheint für eine Führerschaft zu sprechen. Solche First Mover können von den leicht erzielten Umsätzen der ersten schnellen Wachstumsphase profitieren und sich als dominanter Marktteilnehmer etablieren. Es gibt zahlreiche Beispiele von Firmen, die sich aufgrund ihrer Anführerrolle bei der Einführung von Innovationen eine dauerhaft gute Position auf dem Markt sichern konnten: So sind Coca-Cola bei Getränken und Hoover bei Staubsaugern hierfür beeindruckende Beispiele. Doch andererseits scheitern auch viele First Mover. Sogar Apple erlitt mit der Einführung des ersten digitalen Notebooks, dem Newton, im Jahr 1993 eine Niederlage. Hewlett Packard und Palm sicherten sich diesen Markt dann fast ein Jahrzehnt später. Ein solcher erfolgreicher später Einstieg ist nichts Ungewöhnliches. Amazon stieg erst 1995 in den Online-Buchverkauf ein, vier Jahre später als der tatsächliche Pionier auf diesem Markt, der Computer Literacy-Buchladen aus Silicon Valley, Kalifornien.

9.4.1 Vorteile und Nachteile des First Movers

Ein **First-Mover-Vorteil** besteht dann, wenn es einer Organisation besser geht als ihrer Konkurrenz, weil sie mit einem neuen Produkt, neuen Prozessen oder einer neuen Dienstleistung als erste auf dem Markt war. Im Grunde genommen ist diese Organisation ein Monopolist, der theoretisch in der Lage ist, von seinen Kunden hohe Preise zu verlangen, ohne Angst haben zu müssen, sofort von der Konkurrenz unterboten zu werden. In der Praxis jedoch ziehen viele Innovatoren schnell wachsende Umsätze großen Gewinnmargen vor. Außerdem ist eine solche Monopolstellung meist nicht von Dauer. Es gibt allerdings fünf Vorteile für einen First Mover, die möglicherweise nachhaltiger sind[18]:

First-Mover-Vorteil

Ein First-Mover-Vorteil besteht dann, wenn es einer Organisation deshalb besser geht als ihrer Konkurrenz, weil sie mit einem neuen Produkt, neuen Prozess oder einer neuen Dienstleistung als erste auf dem Markt war.

- *Vorteile durch die Erfahrungskurve* sammeln sich bei First Movern schneller an, denn durch das große Plus an Erfahrung im Umgang mit der Innovation können sie ein größeres Fachwissen erlangen als nachfolgende Unternehmen, die mit dem neuen Produkt oder Prozess oder der neuen Dienstleistung noch nicht so vertraut sind.
- First Mover profitieren typischerweise auch von *Größenvorteilen* am meisten, denn ihr Produktionsvolumen steigt schneller als das der Konkurrenten, sodass sie die Vorteile von Massenproduktion und Einkauf in großen Mengen früher nutzen können.
- *Vorrechte auf knappe Ressourcen* bieten eine große Chance für First Mover, denn nachfolgende Unternehmen haben meist nicht im gleichen Maß Zugang zu Rohstoffen, Fachkräften oder Einzelteilen und müssen diese meist sehr teuer bezahlen.
- Der Marktanführer kann sich eine gute *Reputation* erwerben, denn er nimmt als dominantes, früh etabliertes Unternehmen in den Köpfen der Verbraucher viel Raum ein, sodass es neue Marken eher schwer haben.
- First Mover können außerdem *Käufer-Umstellungskosten* nutzen, indem sie ihre Kunden mittels Vorzugsbehandlungen oder Sonderprivilegien an sich binden, die spätere Nachfolger nur schwer nachahmen können. Umstellungskosten können auch durch die Einführung eines *technologischen Standards* zusätzlich erhöht werden (siehe *Kapitel 6*).

Vorteile der Erfahrungskurve, Größenvorteile und Vorrechte auf knappe Ressourcen bedeuten allesamt Kostenvorteile für Unternehmen, die den ersten Schritt tun. So können sie sich gegen Herausforderer mit einem Preiskrieg zur Wehr setzen. Ein guter

18 C. Markides und P. Geroski, *Fast second: How smart companies bypass radical innovation to enter and dominate new markets*, Josey-Bass, 2005; R. Kerin, P. Varadarajan und R. Peterson, „First Mover advantage: A synthesis, conceptual framework and research propositions", *Journal of Marketing*, Bd. 56, Nr. 4 (1992), S. 33–52; und P.F. Suarez und G. Lanzolla, „The half-truth of First Mover advantage", *Harvard Business Review*, Bd. 83, Nr. 4 (2005), S. 121–127.

Ruf und eine starke Kundenbindung bieten Marketingvorteile, sodass First Mover hohe Preise verlangen können, die dann reinvestiert werden können, um ihre Position gegenüber späteren Nachfolgern zu festigen.

Doch die Erfahrung, die Apple mit seinem Newton gemacht hat, zeigt, dass solche First-Mover-Vorteile nicht immer gegeben sind. Folger haben ihrerseits zwei potenzielle Vorteile[19]:

- *Trittbrettfahrer.* Folger können technologische und andere Innovationen risikoloser nachahmen als die Pioniere. Forschungen ergaben, dass die Kosten einer Imitation meist nur 65 Prozent der ursprünglichen Innovationskosten betragen.
- *Lerneffekte.* Folger können beobachten, was bei den Innovatoren gut oder weniger gut funktioniert hat. So können sie Fehler vermeiden und alles auf Anhieb richtig machen.

9.4.2 Erster oder Folger?

Angesichts der potenziellen Vorteile eines Folgers fällt die Entscheidung zwischen First Mover oder folgendem Unternehmen schwer. Manager sollten hierzu genau abwägen, wie viel die First-Mover-Vorteile und die Vorteile des Folgers in ihrem speziellen Fall wert sind. Zusätzlich gibt es drei kontextabhängige Faktoren, die Manager in ihre Entscheidung mit einbeziehen sollten:

- *Gewinnkapazitäten.* David Teece betont, wie wichtig es für Innovatoren ist, die Gewinne ihrer eigenen Innovation auch für sich selbst verbuchen zu können.[20] Dies hängt davon ab, wie leicht Folger die Innovation kopieren können. Die Wahrscheinlichkeit einer Imitation hängt wiederum von zwei wesentlichen Faktoren ab. Zum einen wird eine Nachahmung wahrscheinlich, wenn die Innovation selbst *leicht zu reproduzieren* ist, wenn also wenig implizites Wissen erforderlich ist oder wenn dieses Wissen bereits in dem frei verkäuflichen Produkt enthalten ist (anders als bei vielen Prozesstechnologien). So ist dieses Wissen leicht rückzuverfolgen. Zum zweiten wird eine Nachahmung leichter, wenn verwendetes *geistiges Eigentum* nur schwach geschützt ist, wenn also Patente schwer zu definieren oder nicht zu verteidigen sind.[21] Es ist daher unklug, in die Position als First Mover zu investieren, wenn es potenziellen Nachahmern leicht fällt, schnell ihren Teil der Innovationsgewinne abzugreifen.
- *Komplementäre Vermögenswerte.* Es ist oft von entscheidender Bedeutung, ob ein Unternehmen über die nötigen Vermögenswerte oder Ressourcen verfügt, um Produktion und Marketing einer Innovation realisieren zu können.[22] Viele junge kleine europäische Unternehmen aus dem Bereich Biotechnologie müssen sich mit diesem

19 F. Suarez und G. Lanzolla, „The half-truth of First Mover advantage“, *Harvard Business Review*, Bd. 83, Nr. 4 (2005), S. 121–127. Siehe auch S. Min, U. Manohar und W. Robinson, „Market pioneer and early follower survival risks: A contingency analysis of really new versus incrementally new product-markets“, *Journal of Marketing*, Bd. 70, Nr. 1 (2006), S. 15–33.

20 David Teece, die akademische Autorität auf diesem Gebiet, bezieht sich auf Gewinnkapazitäten in Bezug auf die Nutzbarmachung von Gewinnen. Siehe D. Teece, *Managing Intellectual Capital*, Oxford University Press, 2000.

21 Eine exzellente Übersicht über geistiges Eigentumsrecht ist zu finden im *The Economist Magazine*, Survey: Patents and Technology, 25. Oktober 2005.

22 D. Teece, Managing Intellectual Capital, Oxford University Press, 2000.

Problem in ihrer Branche auseinandersetzen, denn in den USA, dem weltweit größten Markt, sind Marketing und Vertrieb wichtige komplementäre Vermögenswerte eines Unternehmens, werden aber von den großen etablierten Pharmakonzernen kontrolliert. So müssen die kleinen Firmen aus Europa ihre Produkte entweder an ein größeres Unternehmen verkaufen, das über die entsprechende Ausstattung im Bereich Marketing und Vertrieb verfügt, oder sie müssen ihre Innovationen per Lizenz zu ungünstigen Bedingungen an diese Unternehmen abtreten. Organisationen, die unabhängig bleiben und ihre Innovationen für sich selbst nutzen möchten, sind nicht gut beraten, wenn sie viel investieren, um den ersten Schritt machen zu können, wenn sie nicht gleichzeitig über die notwendigen komplementären Vermögenswerte verfügen.

- *Instabiles Umfeld.* Wenn sich Märkte und Technologien schnell verändern und beide sehr dynamisch sind, können First Mover meist keinen dauerhaften Vorteil für sich beanspruchen. Die amerikanische Elektronikfirma Magnavox brachte 1972 die allererste Konsole für Videospiele, die Odyssey, auf den Markt. Doch sowohl der Markt als auch die Technologie entwickelten sich in diesem Bereich rasant. Magnavox überlebte nur noch bis zur zweiten Generation der Spielekonsolen und musste sich 1984 vom Markt zurückziehen. Heute wird die siebte Generation unangefochten von Microsoft (Markteintritt 2001), Sony (Markteintritt 1994) und Nintendo (Markteintritt 1986) dominiert. Auf stabileren Märkten wie etwa bei Softdrinks sind First-Mover-Vorteile in der Regel viel nachhaltiger. Manager müssen also die Dynamik ihrer Märkte und Technologien für die Zukunft abwägen und dies in die Bewertung der First-Mover-Vorteile mit einbeziehen.

Costas Markides und Paul Geoski sind der Meinung, dass große etablierte Unternehmen am besten auf – vor allem sehr radikale – Innovationen reagieren können, indem sie nicht die Führungsrolle übernehmen, sondern schnelle Folger sind.[23] Meist verfügen etablierte Unternehmen eher nicht über die geeignete Kultur und die passenden Systeme, um sich neue Märkte von Grund auf zu erobern. Sie haben aber sehr wohl die nötigen Vermögenswerte im Bereich Finanzen, Produktion, Marketing und Vertrieb, um einen sich neu entwickelnden Markt dominieren zu können. Das Ziel eines schnellen Nachfolgers besteht darin, die frühen Experimente der First Mover zu einem nachhaltigen Geschäftsmodell zu konsolidieren (siehe *Abschnitt 9.2.3*). Vielleicht sind schnelle Folger auch noch nicht das zweite Unternehmen auf dem Markt, doch sie dominieren ganz klar die zweite Generation der Konkurrenten. So folgte beispielsweise IBM (etabliertes Unternehmen im Bereich Großrechner) kleinen innovativen Firmen wie Osborne und Apple auch auf den Markt für PCs. Das hier etablierte Unternehmen Apple wiederum folgte Pionieren wie Napster auf den Markt für Online-Musik. Doch der nächste Abschnitt zeigt, dass auch ein schneller Folger einige Herausforderungen zu meistern hat.

9.4.3 Die Reaktion des etablierten Unternehmens

Für etablierte Unternehmen auf einem Markt sind Innovationen oft eher eine Bedrohung als eine Chance. Kodaks dominante Position auf dem Markt für Filme für Fotokameras wurde nahezu wertlos durch den rasanten Aufstieg der digitalen Fotografie. Wie Clay Christensen aufzeigte, liegt das Problem darin, dass die Beziehungen zwi-

23 C. Markides und P. Geroski, Fast second: How smart companies bypass radical innovation to enter and dominate new markets, Jossey-Bass, 2005.

schen einem etablierten Unternehmen und seinen Kunden zu eng werden können.[24] Meist bevorzugen Kunden schrittweise Verbesserungen bestehender Technologien und können sich völlig neue Technologien gar nicht vorstellen. Selbst frühe Nutzer versuchen meist, die Produkte der neuen Technologie anzupassen, die sie bereits besitzen. Etablierte Unternehmen gewöhnen sich also an, kleine, inkrementelle Innovationen einzuführen, die die Erwartungen der Kunden erfüllen oder sogar leicht übertreffen. Wie Abbildung 9.5 zeigt, können etablierte Unternehmen bestehende Technologien für gewöhnlich einer gleichmäßig ansteigenden Linie entlang verbessern, hier als Technologie 1 bezeichnet. Innovationen, die auf dieser Linie liegen, werden „nachhaltige Innovationen" genannt, denn sie halten die bestehende, zugrunde liegende Technologie auf dem neuesten Stand.

Zerstörende Innovation

Die zerstörende Innovation realisiert erhebliches Wachstum, indem sie neue Leistungswege beschreitet; selbst wenn sie gegenüber bestehenden Technologien anfänglich unterlegen ist, hat sie doch das Potenzial, deutlich überlegen zu werden.

Für etablierte Unternehmen besteht die große Herausforderung allerdings darin, von der Folge nachhaltiger Innovationen, der Technologie 1 Linie also, auf die mit Technologie 2 bezeichnete Linie der **zerstörenden Innovationen** umzusteigen. Eine solche zerstörende Innovation erzeugt starkes Wachstum, indem neue Leistungswege beschritten werden, die, obwohl sie ursprünglich schlechtere Ergebnisse bringen als bestehende Technologien, doch das Potenzial haben, ausgesprochen herausragende Leistung zu bringen. Solche herausragenden Leistungen können für ein spektakuläres Wachstum sorgen, entweder durch die Erschließung neuer Kundengruppen oder durch das Unterbieten der Kostenbasis konkurrierender Geschäftsmodelle. Etablierte Unternehmen können auf zerstörende Innovationen nur schwer reagieren, denn aufgrund der anfangs schlechten Ergebnisse können Kundenbeziehungen zerstört werden. Außerdem müssten diese Unternehmen meist ihr gesamtes Geschäftsmodell ändern (siehe Abbildung 9.5). So begnügten sich in der Musikindustrie die großen Plattenfirmen lange Zeit damit, weiterhin traditionelle CDs über Einzelhändler zu verkaufen und diese durch Promotion-Aktionen zu vermarkten und über das Radio bekannt zu machen. Auf online angebotene MP3-Musik reagierten sie nur, indem sie Anbieter wie Napster wegen Verletzung des Urheberrechts vor Gericht brachten und immer wieder auf die relativ schlechte Tonqualität der Musikdateien aufgrund des gemeinsamen Datenzugriffs hinwiesen.

24 Siehe J. Bower und C. Christensen, „Disruptive technologies: Catching the wave", *Harvard Business Review*, Bd. 73, Nr. 1 (1995), S. 43–53, und C. Christensen und M.E. Raynor, *The Innovator's Solution*, Harvard Business School Press, 2003.

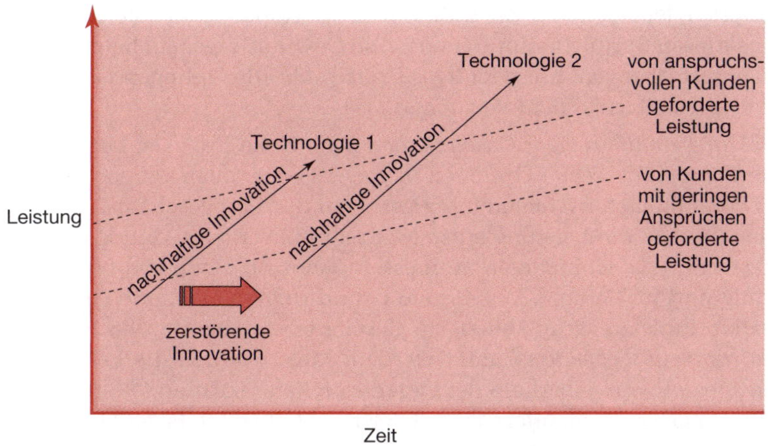

Abbildung 9.5:
Zerstörende Innovation

Doch die britische Band Arctic Monkeys und ihre kleine unabhängige Plattenfirma Domino störten schließlich das Marketingmodell der etablierten Firmen empfindlich, indem sie MP3-Musik kostenfrei über das Internet zum Download anboten, um eine unabhängige Fangemeinde zu gründen. Die erste CD der Arctic Monkeys, die 2006 herauskam, wurde schließlich in der ersten Woche 400.000 Mal verkauft, ein Rekord der britischen Top 20 Albumcharts.

Etablierte Unternehmen können zwei Strategien verfolgen, um auf potenzielle zerstörende Innovationen reagieren zu können:

- *Entwicklung eines Portfolios realer Optionen.* Firmen, für die zerstörende Innovationen die größte Herausforderung darstellen, bauen meist auf einem einzigen Geschäftsmodell auf und haben nur ein Produkt oder eine Dienstleistung anzubieten. Rita McGrath und Ian MacMillan empfehlen diesen Organisationen, ein Portfolio *realer Optionen* zu entwickeln, um dynamisch zu bleiben.[25] Reale Optionen sind begrenzte Investitionen, die dem Unternehmen bestimmte Chancen für die Zukunft erhalten (für eine technisch geprägte Erläuterung siehe *Kapitel 10*). Die Einsetzung eines F&E-Teams für eine spekulative neue Technologie oder der Kauf eines kleinen jungen Unternehmens auf einem Markt, der gerade neu entsteht, sind beides Beispiele für reale Optionen, denn beide bieten potenziell rasches Wachstum, sollte sich die neue Chance als nachhaltig erweisen. McGarths und MacMillans Portfolio kennt drei Arten von Optionen (Abbildung 9.6): Optionen, deren Markt im Großen und Ganzen bekannt, deren Technologien im Einzelnen aber immer noch unsicher sind, nennen sich *Positionierungsoptionen*; für ein Unternehmen ist es erstrebenswert, mehrere solcher Optionen zu haben, um sich mittels der einen oder anderen Technologie eine Position auf einem wichtigen Markt zu sichern; andererseits kann es vorkommen, dass ein Unternehmen in einer bestimmten Technologie stark ist, sich aber unsicher über die dafür geeigneten Märkte ist. In diesem Fall kann dieses Unternehmen auf mehrere *Kundschafteroptionen* setzen, um herauszufinden, welche Märkte die besten sind. Und schließlich sind für ein Unternehmen auch einige *Sprungbrettoptionen* sinnvoll, die zwar allein für sich genommen meist nicht

25 R.G. McGrath and I. MacMillan, *The Entrepreneurial Mindset*, Harvard Business School Press, 2000.

weiterhelfen, jedoch in der Zukunft großes Erfolgspotenzial bieten. Und auch wenn sich aus diesen Sprungbrettoptionen keine Gewinne ergeben, liefern sie doch wertvolle Lernerfahrungen. Ein wichtiges Prinzip für alle Optionen ist: „Schnell scheitern, billig scheitern, erneut versuchen."

- *Entwicklung unabhängiger Geschäftsbereiche.* Neue Projekte, besonders wenn sie aus der Perspektive realer Optionen in Angriff genommen werden, müssen eventuell vor den üblichen Systemen und Prozessen des Kerngeschäfts geschützt werden. Es wäre sinnlos, die Leistung eines Manager einer realen Option nur anhand von Umsätzen und Gewinnmargen zu messen, denn ihr Hauptziel besteht in der Vorbereitung und im Lernen. Aus diesem Grund richten etablierte Organisationen oft innovative Projekte als unabhängige Geschäftsbereiche ein, die manchmal *Abteilungen für neue Projekte* genannt werden. Meist werden die Leiter dieser Abteilungen speziell von außerhalb der Organisationen rekrutiert.[26] So reagierte im Jahr 2003 die amerikanische international agierende Fluggesellschaft Delta Airlines, die bereits in den 1920er Jahren gegründet wurde, auf die Bedrohung durch kostengünstige Fluggesellschaften auf ihrem Heimatmarkt, indem sie Song Airlines als unabhängigen Konkurrenten gründete. Song operierte nach dem kostengünstigen Geschäftsmodell, war aber auch innovativ tätig und führte freie persönliche Unterhaltungssysteme auf jedem Sitz seiner Flugzeuge ein, darunter eine Musikauswahl für den MP3-Player oder unterhaltsame Spiele, die die Passagiere auch gegeneinander spielen konnten, sowie Satellitenfernsehen. Die Sicherheitshinweise vor den Flügen wurden auf Anfrage in gesungener Form präsentiert. Es gibt zweierlei Risiken, die solche unabhängigen Geschäftsbereiche mit sich bringen.[27] Zum einen könnten diesen Geschäftsbereichen Ressourcen vorenthalten werden, die das Kernunternehmen eigentlich leicht zur Verfügung stellen könnte wie etwa Markennamen oder Managementinformationssysteme. Zum zweiten wird der innovative Bereich einer Organisation vom Kerngeschäft abgetrennt; aus Sicht der Mitarbeiter des Kerngeschäfts kümmert sich jemand anderes um die Innovationen. Delta reagierte auf dieses zweite Risiko, indem es Song wieder zu einem Teil seines Hauptgeschäfts machte und gleichzeitig einige der innovativen Konzepte von Song wie etwa das Satellitenfernsehen in allen Flugzeugen übernahm.

Beispiel 9.4 Lush Cosmetics, ein zerstörender Innovator?

Ständig neue Innovationen sind das Herzstück dieses Unternehmens

Lush Cosmetics ist eine schnell wachsende Firma, die verschiedene Körperpflegeprodukte herstellt, darunter ganz spezielle (manchmal sogar regelrecht skurrile) Shampoos, Seifen oder Feuchtigkeitscremes. Das Motto des Gründers und CEOs Mark Constantine ist: „Sei innovativ, was das Zeug hält, und fang dann wieder von vorn an."

26 C. Christensen und M.E. Raynor, *The Innovator's Solution*, Harvard Business School Press, 2003.

27 V. Govindarajan und C. Trimble, „Organizational DNA for strategic innovation", *California Management Review*, Bd. 43, Nr. 3 (2005), S. 47–75.

Constantines erster Karriereknick ereilte ihn in seiner Position als Kosmetiker bei Body Shop. In den späten 80er Jahren wurden 80 Prozent aller Umsätze firmenweit mit Produkten erzielt, die Constantine erdacht hatte. Doch Body Shop wurde zunehmend konservativ und lehnte seine Idee einer „Badbombe" ab, einer sprudelnden Aromakugel, die sich in Wasser auflöst. Also verließen Constantine und einige seiner Anhänger das Unternehmen. Nachdem er mit einem Kataloggeschäft, Cosmetics to Go, gescheitert war, gründete Constantine mit seinem Team im Jahr 1994 die Firma Lush mit einem Ladengeschäft in der kleinen Küstenstadt Poole. Gerade einmal zehn Jahre später hatte er ein Unternehmen im Wert von über € 100 Millionen mit 320 Geschäften in 35 Ländern aufgebaut. Die Badbombe machte 40 Prozent seines Gesamtumsatzes aus und wurde bis zu 60.000 Mal täglich verkauft. Body Shop hatte inzwischen seinen ursprünglichen Schwung verloren und wurde 2006 schließlich an den französischen Großkonzern L'Oréal verkauft.

Constantine möchte keinesfalls wieder einen ähnlichen Fehler wie bei Body Shop begehen und engagiert sich daher sehr für eine ständige Erneuerung seiner Produktpalette. Eine seiner Regeln lautet, dass ein Drittel aller Lush-Produkte jedes Jahr auslaufen sollen. Auf dem jährlichen „Mafiatreffen" der oberen Führungsebene wird diese Regel rücksichtslos in die Tat umgesetzt, obwohl viele loyale Kunden häufig protestieren (einmal drohten erboste Kunden sogar damit, nackt über den Trafalgar Square in London zu marschieren, um dadurch ein Produkt zu halten). Als Folge dieser Regel werden allerdings mindestens 100 neue Produkte pro Jahr als Ersatz für die alten eingeführt. Innovation ist also ein fester Bestandteil des Lush-Systems.

Eine Antriebskraft für die ständige Innovation sind die Kunden selbst. Schon der Name Lush stammte von einem Kunden und ging aus einem Firmenwettbewerb zur Namensfindung hervor. Von Beginn an werden die Kunden sehr stark in die Entwicklung neuer Produkte mit einbezogen. Der exzentrische und ethische Stil des Unternehmens sorgt für 100-prozentige Loyalität, sodass sich selbst die Kunden als „Lushies" bezeichnen und sich sehr aktiv an den im Chatroom der Firma angeregten Diskussionen beteiligen. Lushies schlagen neue Produkte vor, stimmen über Alternativen ab und senden treffende Produktnamen ein wie „whoosh", „aurora" oder „smitten", um die Kosmetiker der Firma zu neuen Produkten zu inspirieren. Lushies stellen auch Fotos von sich, ihren Haustieren oder sogar ihrer Auswahl an Lush-Produkten ins Netz, eine Rubrik, die als „Lush Pornografie" betitelt ist.

Doch auch unternehmensintern wird hart daran gearbeitet, neue Ideen zu entwickeln. Sogar Constatine selbst arbeitet an neuen Produkten mit, doch er stellt auch immer wieder neue Produktdesigner ein, die den Auftrag bekommen, gesetzte Grenzen zu überschreiten. So experimentiert der japanische Designer Noriko Miura mit neuen Geschmacksrichtungen für Zahncremes, etwa grüner Apfel, Salz und Holzkohle. Bei Lush ist man fest entschlossen, nicht das gleiche Schicksal zu erleiden wie der gescheiterte Vorläufer Body Shop.

Quellen: Fast Company, Juli 2005; www.lush.co.uk.

Kontrollfragen

1. Welche Vor- und Nachteile hat eine feste Regel wie etwa diejenige, die besagt, dass jedes Jahr ein Drittel der gesamten Produktpalette auslaufen muss?
2. Welche Beschränkungen und Gefahren birgt die kundengesteuerte Innovation, wie sie von Lush praktiziert wird?

Abbildung 9.6: Portfolio innovativer Optionen

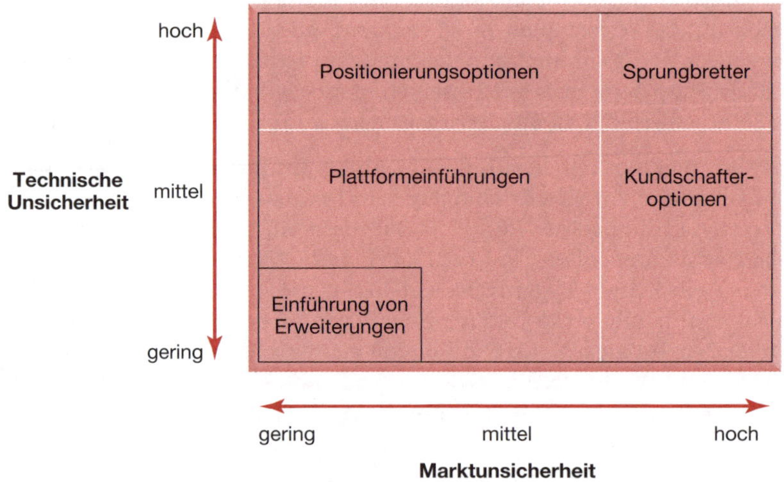

9.5 Entrepreneurship und soziale Beziehungen

Angesichts der Schwierigkeiten, die große etablierte Unternehmen mit der Förderung von Innovationen haben, könnte man zu dem Schluss kommen, der beste Ansatz sei es, eine neue Unternehmung zu gründen. Unabhängige Unternehmer wie James Dyson, der Pionier auf dem Gebiet beutelloser Staubsauger, sowie Larry Page und Sergey Brin von Google sind beispielhaft für diesen Umgang mit Innovationen zu nennen.[28] Dieser Abschnitt stellt einige wichtige Themen vor, mit denen sich innovative Unternehmer auseinandersetzen müssen, und weist dann auf die komplexeren Beziehungen zu großen Unternehmen hin, die die Unternehmer nochmals vor einige Entscheidungen stellen. Schließlich werden noch die Chancen und Möglichkeiten des sozialen Unternehmertums betrachtet.

28 Exzellente Lehrbücher über strategisches Entrepreneurship sind u. a. J.A. Timmons, *New Venture Creation: Entrepreneurship in the 21st Century*, 6. Aufl., Irwin, 2004, und P.A. Wickham, *Strategic Entrepreneurship*, 3. Aufl., FT/Prentice Hall, 2004.

9.5.1 Phasen des unternehmerischen Wachstums

Oft wird der Lebenszyklus unternehmerischer Projekte in vier verschiedene Phasen unterteilt: Beginn, Wachstum, Reife und Marktaustritt.[29] Natürlich schaffen es die meisten neuen Projekte gar nicht, alle vier Phasen zu durchlaufen – die geschätzte Durchfallquote neuer Unternehmen im ersten Jahr liegt bei über einem Fünftel. Zwei Drittel aller jungen Unternehmen scheitern innerhalb von sechs Jahren.[30] Aus jeder dieser vier Phasen ergeben sich jedoch wichtige Fragen für Unternehmer:

- *Beginn.* In dieser Phase gibt es viele Herausforderungen, doch eine wichtige Frage, die sich sowohl auf das Überleben als auch auf das Wachstum des Unternehmens auswirkt, bezieht sich immer auf die Kapitalquellen. Kredite von Familienmitgliedern und Freunden sorgen für gewöhnlich für die erste Kapitalausstattung, doch sind diese meist begrenzt und führen angesichts der hohen Durchfallquote neuer Unternehmen zu großen Peinlichkeiten. Auch Bankkredite und Kreditkarten können Kapitalquellen sein, doch sind sie oft mit zu strengen Vorschriften bezüglich Zins- und Rückzahlung verbunden, sodass sie durch das anfangs unregelmäßige Einkommen eines jungen Unternehmens nicht getilgt werden können. *Risikofinanzierer* haben sich auf solche neuen Unternehmensprojekte spezialisiert. Sie bestehen meist auf einem Sitz im Vorstand des neuen Unternehmens und bringen eventuell sogar von ihnen favorisierte Manager mit. Wird ein Projekt durch Risikofinanzierer unterstützt, so erhöht das Untersuchungen zufolge dessen Erfolgschancen erheblich, doch die Risikokapitalgeber akzeptieren in der Regel nur einen von 400 Vorschlägen, die ihnen gemacht werden.
- *Wachstum.* Eine große Herausforderung für Unternehmen in dieser Phase ist das Management. Die Unternehmer müssen dazu bereit sein, sich vom Handeln aufs Managen zu verlegen. Dieser Übergang vollzieht sich meist, wenn die Mitarbeiterzahl die 20 allmählich überschreitet. Viele Unternehmer sind aber leider schlechte Manager, denn hätten sie Manager sein wollen, hätten sie sich von vorneherein von einem großen Konzern anstellen lassen. Unternehmer müssen sich also entscheiden, ob sie sich auf ihre eigenen Fähigkeiten als Führungskraft verlassen oder professionelle Manager von außen einstellen sollen. 2001 stellten die jugendlichen Gründer von Google, Larry Page und Sergey Brin, von ihren Risikokapitalgebern unter Druck gesetzt, den 46-jährigen Eric Schmidt, früherer leitender Angestellter der großen Softwarefirma Novell, als Geschäftsführer ihres Unternehmens ein.
- *Reife.* In dieser Phase besteht die Herausforderung für Manager darin, sich ihren Enthusiasmus und ihr Engagement zu erhalten, um neues Wachstum zu erzeugen. In dieser Phase wendet sich Entrepreneurship nach *innen*, um neue Projekte aus dem Inneren der Organisation ins Leben zu rufen. Eine wichtige Option hierfür ist häufig die *Diversifizierung* in neue Geschäftsbereiche, ein Thema aus *Kapitel 7*. Der Schritt des russischen Computerspieleherstellers Nival in Richtung Konsolespiele

29 Lebenszyklusmodelle des Entrepreneurships werden behandelt von S. Hanks, C. Watson, E. Jansen und G. Chandler, „Tightening the life-cycle construct: A taxonomic study of growth stage configurations in high-technology organizations", *Entrepreneurship Theory and Practice*, Winter 1993, S. 5–28, und D. Flynn und A. Forman, „Life cycles of new venture organizations: Different factors affecting performance", *Journal of Developmental Entrepreneurship*, Bd. 6, Nr. 1 (2001), S. 41–58.

30 D. Flynn und A. Forman, „Life cycles of new venture organizations: Different factors affecting performance", *Journal of Developmental Entrepreneurship*, Bd. 6, Nr. 1 (2001), S. 41–58.

ist ein typisches Beispiel. Will man in dieser Phase neue Projekte starten, so kommt es vor allem darauf an, sich die Erfolgschancen genau zu überlegen. Untersuchungen zeigen, dass viele kleine High-Tech-Firmen den Übergang zu einer zweiten Generation ihrer Technologie nicht bewältigen und dass sie daher an diesem Punkt oft besser beraten sind, den Markt einfach zu verlassen.[31]

Abbildung 9.7: Phasen des unternehmerischen Wachstums und typische Herausforderungen

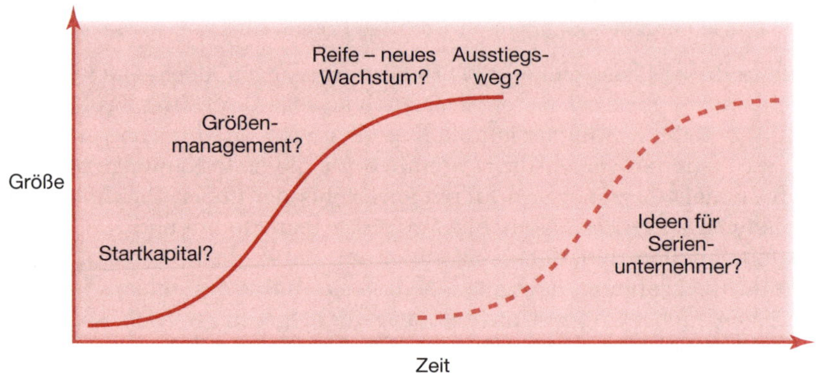

- *Marktaustritt.* Dieser bezieht sich auf die Beendigung des Unternehmens entweder durch die Gründer selbst, durch die ursprünglichen Investoren oder durch beide. Zum Austrittszeitpunkt werden die Unternehmer und die Risikokapitalgeber versuchen, Kapital als Belohnung für ihr Engagement und das übernommene Risiko abzuschöpfen. Für Unternehmer gibt es drei mögliche Austrittswege. Ein einfacher *Verkauf* des Unternehmens an eine andere Firma ist ein sehr üblicher Weg. So wurde MySpace nur zwei Jahre nach seiner Gründung von NewsCorp aufgekauft, siehe Beispiel 9.3. Einige Unternehmer verkaufen auch direkt an die eigenen Manager in Form eines *Management Buy Outs* (MBO). Für sehr erfolgreiche Unternehmen gibt es als dritte Möglichkeit des Ausstiegs den *Gang an die Börse*, d.h. den Verkauf von Unternehmensanteilen an die Öffentlichkeit, z.B. an der amerikanischen Börse NASDAQ. Beim ersten Börsengang wird meist nur ein Teil der gesamten verfügbaren Aktien verkauft, sodass die ursprünglichen Unternehmensgründer auch im Geschäft bleiben können und nun Finanzmittel für weiteres Wachstum zur Verfügung haben. Google brachte sein Börsengang im Jahr 2004, bei dem nur sieben Prozent aller Aktien verkauft wurden, $ 1,67 Mrd. (€ 1,36 Mrd.) ein. Oft wird gesagt, dass gute Unternehmer ihren Ausstieg schon von Beginn an planen, und natürlich werden eventuelle Risikokapitalgeber darauf bestehen.

Unternehmer, die ein Unternehmensprojekt erfolgreich abgeschlossen haben, werden oft zu Serienunternehmern. Sie gründen also eine ganze Reihe von Unternehmen und investieren dabei das aus dem Marktaustritt früherer Unternehmen gewonnene Kapital in neue, schnell wachsende Firmen. Für diese Serienunternehmer besteht die größte Herausforderung oft nicht mehr in der Geldmittelbeschaffung, sondern darin, neue gute Ideen zu haben.

31 R. Kaplinksy, „Firm size and technical change", *Journal of Industrial Economics*, Bd. 32, Nr. 1 (1983), S. 39–59. Ein detaillierter Bericht über Ciscos Politik zur Übernahme von High-Tech-Firmen ist zu finden bei D. Mayer und M. Kenney, „Economic action does not take place in a vacuum: Understanding Cisco's acquisition and development strategy", *Industry and Innovation*, Bd. 11, Nr. 4 (2004), S. 293–325.

9.5.2 Unternehmerische Beziehungen

Vielen Unternehmern geht es vor allem darum, unabhängig zu sein und für sich selbst zu arbeiten. Dieser Stolz auf die eigene Unabhängigkeit wird durch das typische Klischee vom Unternehmer als heldenhafter Einzelkämpfer noch unterstützt, der sein Unternehmen nachts in einem Labor an der Uni (siehe Beispiel 9.5), in der Abstellkammer eines Hotels oder in einer Garage gründet.

Beispiel 9.5 **Fatimas würdevolle Patientenkleidung**

Ein MBA-Abschluss ist der Ausgangspunkt für dieses Unternehmensprojekt.

Fatima Ba-Alawi schloss ihr MBA-Studium an der University of Portsmouth im Jahr 2005 ab. Kaum zehn Jahre später probierten einige Krankenhäuser des staatlichen Gesundheitsdiensts in Großbritannien ihre innovativen Krankenhauskittel aus, und auch der private Krankenhausbetreiber Bupa zeigte Interesse. Ihre neue Firma DCS Design (Dignity, Comfort and Safety) hatte einen Traumstart hingelegt.

Ba-Alawi war 1998 als Flüchtling aus Somalia nach Großbritannien gekommen und sprach damals kein Wort Englisch. Nachdem sie die mittlere Reife und die Zugangsprüfungen zur Universität geschafft hatte, ging es weiter:

> *Ich schrieb mich an der University of Portsmouth für das Fach Betriebswirtschaft ein, denn ich wollte immer schon meine eigene Firma gründen.*

Sie war geradezu versessen auf ihr eigenes Geschäft, denn als Teenager hatte sie es als „zutiefst unbefriedigend" empfunden, „für jemand anderen in einem Fastfood-Restaurant zu arbeiten".

Ihre Geschäftsidee kam ihr während eines Aushilfsjobs in einem städtischen Krankenhaus. Gewöhnliche Krankenhauskittel, die die Patienten tragen mussten, waren würdelos und unpraktisch. Also entwarf Ba-Alawi einen neuartigen Kittel, der den Rücken besser bedeckte, das Legen von Infusionen erleichterte und sich einfach mit Druckknöpfen schließen ließ. Ihr neuer Entwurf gab den Patienten mehr Würde, war bequemer und sicherer.

Noch während ihres Studiums bat Ba-Alawi das Centre of Enterprise ihrer Universität um Unterstützung. Sie gewann £ 500 bei einem Wettbewerb des Enterprise Centre, ließ mit diesem Geld einen Prototypen ihres Entwurfs herstellen und betrieb außerdem Marktforschung. Die Universität unterstützte sie mit intensiver Beratung in Einzelgesprächen, sodass sie einen Geschäftsplan entwickeln konnte. Dieser Plan wurde wiederum mit einem Preis der Universität ausgezeichnet. Das Preisgeld von £ 2.000 nutzte sie für die Anmeldung eines Patents und die Eintragung ihrer Firma DCS Design Ltd. ins Handelsregister. Als nächstes bat sie den SEED Fund der Universität, der junge Unternehmer aus der Studentenschaft unterstützte, um Hilfe. So erhielt sie weitere Hilfestellung sowie ein Büro im Enterprise Centre der Universität mit Zugang zu virtueller Büroausstattung.

Dank des SEED Funds konnte Ba-Alawi Musterkittel herstellen und diese an Krankenhäuser verteilen. Gleichzeitig startete sie die DCS Designs-Webseite, auf der die Nutzer ihrer Kittel auch Feedback geben konnten. Eine örtliche Einrichtung zur Förderung junger Unternehmer ermöglichte ihr außerdem die Zusammenarbeit mit einem Patentanwalt, damit ihr geistiges Eigentum geschützt war. Ba-Alawis Kommentar über die Rolle ihrer Universität:

> *Ohne die Unterstützung der Universität hätte ich es nie geschafft. Es ist viel besser, einen echten Firmensitz zu haben, als zu versuchen, das ganze Unternehmen von meinem Schlafzimmer zuhause aus zu leiten! Die Universität gab mir nicht nur das Startkapital, sie gab mir auch das Selbstvertrauen und die Unterstützung, die ich brauchte, um meine Ideen tatsächlich in die Tat umzusetzen.*

Quellen: Financial Times, 12. April 2006; Evening Standard, 13. September 2005; www.port.ac.uk.

Kontrollfragen

1. Welche Herausforderungen sehen Sie für Ba-Alawis Firma DCS Designs voraus, wenn sie weiterhin erfolgreich ist? Wie könnte sie damit umgehen?
2. Haben Sie aufgrund Ihrer Arbeitserfahrung Ideen für neue Unternehmungen?
3. Was tut Ihre Universität für die Unterstützung junger Unternehmer?

William Hewlett und David Packard, Gründer der berühmten Computer- und Druckerfirma, und Steve Jobs von Apple sind viel zitierte Beispiele für das Garagenklischee. Blickt man jedoch hinter die Klischees, so entdeckt man bald eine viel komplexere Geschichte, in der Beziehungen zu großen Firmen von Beginn an wichtig sein können. Oft arbeiteten junge Unternehmer vor ihrer Firmengründung für große Firmen und nutzen auch später noch ihre Beziehungen zum früheren Arbeitgeber.[32] Während Hewlett ziemlich unmittelbar aus den Universitätslabors von Stanford kam, hatte Packard bereits bei General Electric und Litton Industries gearbeitet. Die Firma Hewlett Packard nutzte von Anfang an die Halbleiterwerke von Litton Industries und später auch die Beziehungen zu General Electrics, um erfahrende Manager zu rekrutieren. Steve Jobs arbeitete mit zwölf Jahren in den Sommerferien für William Hewlett und war später der 40. Angestellte von Atari, der Firma für Videospiele.

Entrepreneurship bedeutet oft auch enge Beziehungen zu anderen Unternehmen, besonders zu großen Konzernen. Unternehmer müssen entscheiden, wie sie vorhandene Beziehungen, besonders zu mächtigen Unternehmen, die Innovationen auf ihren Märkten vorantreiben, ausnutzen können. Zum Glück verträgt sich der Beziehungsbedarf junger Unternehmen gut mit den gleichsam wachsenden Bedürfnissen großer Konzerne in dieser Richtung. Diese mächtigen Organisationen verlagern sich immer mehr auf ein neues, von Henry Chesbrough als „offen“ bezeichnetes Modell der Innovation.

32 P. Audia und C. Rider, „A garage and an idea: What more does an entrepreneur need?“, *California Management Review*, Bd. 40, Nr. 1 (2005), S. 6–28. H. Chesbrough, *Open Innovation: The New Imperatives for Creating and Profiting from Technology*, Harvard Business School Press, 2003. Der Forschungsleiter von Intel beschreibt den offenen Ansatz seines Unternehmens in D. Tennenhouse, „Intel's open-collaborative model of industry-university research“, *Research and Technology Management*, Juli–August 2004, S. 19–26.

In diesem offenen Innovationsmodell verlassen sich selbst große Organisationen nicht mehr auf die eigenen internen Ressourcen, sondern nutzen vermehrt unabhängige neue Projekte und externe Partner wie Universitäten, Zulieferer und Kunden. Zwei Konzepte haben auf diesem Bereich aktuell den größten Einfluss:

- *Beteiligungen im Unternehmensinteresse.* Viele große Organisationen wie Intel, Nokia und Shell haben unternehmensinterne Projektbereiche eingerichtet, die extern in neue Projekte investieren, um sich so gegen zerstörende Innovationen und potenzielle Antriebskräfte für zukünftiges Wachstum abzusichern.[33] Große Konzerne profitieren, denn durch diese Investitionen erhalten sie Zugang zu einer großen Bandbreite neuer Ideen, sie schützen neue Unternehmensprojekte in ihrer Anfangsphase vor interner Bürokratie und streuen ihr Risiko. Die Unternehmer gewinnen nicht nur durch ihren Zugang zu neuem Kapital, sondern auch durch Zugang zu den Denkweisen und dem Wissen großer Konzerne oder durch Verträge mit anderen Mitgliedern des Netzwerks der großen Organisation. Es ist von entscheidender Bedeutung, dass beide, die jungen Unternehmer und die Risikokapitalgeber des großen Konzerns, ihre jeweiligen Erwartungen an die Investition ständig überwachen: Ist die Investition eher gewinnorientiert, d.h. werden gute finanzielle Renditen erwartet, oder ist sie eher strategischer Natur, d.h. geht es um eine neue Technologie oder Marktentwicklung? Verschieben sich die Interessen des Kapitalgebers, so werden dadurch eventuell die langfristigen Pläne des neuen Unternehmens gestört. Unternehmen wie Siemens oder Nokia haben in letzter Zeit einige ihrer Unternehmensbeteiligungen an neuen Projekten verkauft oder aufgelöst; Unternehmen wie Ericsson und Diageo mussten diese Beteiligungen ganz aufgeben.
- *Ökosysteme.* High-Tech-Firmen wie Cisco, IBM und Intel fördern oft sogenannte „Ökosysteme" kleinerer Unternehmen: IBM unterhielt in den späten 1990er Jahren 1398 Allianzen, die meisten davon mit kleinen Firmen. Diese Ökosysteme sind Gemeinschaften von Zulieferern, Vertretern, Auslieferern, Franchise-Nehmern, Technologieunternehmen und Herstellern von Komplementärprodukten.[34] So hat Apple beispielsweise ein Ökosystem um seinen IPod geschaffen, innerhalb dessen über hundert Firmen Accessoires und Peripherieprodukte wie etwa Taschen, Lautsprecher und Andockstationen herstellen. Große Firmen profitieren von einem solchen System durch eine höhere Kundenzufriedenheit, denn sie können Komplementärprodukte zur Verfügung stellen. Die Mitglieder des Ökosystems haben dadurch Zugang zu einem großen und oft lukrativen Markt. Die Accessoires für den IPod erhalten viel Platz in den Regalen und beste Gewinnmargen. Große Konzerne müssen ihre Ökosysteme jedoch aktiv verwalten und überwachen, um daraus Vorteile erzielen zu können. Diese Firmen übernehmen eine *Führungsrolle bei den Innovationen,* denn sie fördern ganz bewusst unabhängige Unternehmen durch fortlaufende Innovationswellen rund um ihre Grundtechnologie.[35] Beispiele hierfür ist der Palm

33 H. Chesbrough, „Making sense of corporate venture capital", *Harvard Business Review*, Bd. 80, Nr. 3 (2002), S. 4–11; A. Campbell, J. Birkinshaw, A. Morrison und R. van Basten Batenburg, „The Future of corporate venturing", *MIT Sloan Management Review*, Bd. 45, Nr. 1 (2003), S. 33–41.

34 Der Leiter der Forschungsabteilung bei IBM beschreibt Ökosysteme in P.M. Horn, „The changing nature of innovation", *Research and Technology Management*, November–Dezember (2005), S. 28–33, siehe auch B. Iyer, C.-H. Lee und N. Venkatraman, „Managing in a „Small World Ecosystem"", *California Management Review*, Bd. 48, Nr. 3 (2006), S. 28–47.

35 A. Gawer und M. Cusumano, *Platform Leadership: How Intel, Microsoft and Cisco drive industry innovation*, Harvard Business School Press, 2002.

Pilot PDA, der eine Reihe ständig neuer Softwareprodukte und Verbindungen benötigt, um seinen maximalen Wert zu erreichen, sowie die I-mode-Internettelefone von DoCoMo, die immer online sind. Um sie auf den Markt bringen zu können, mussten zahlreiche Internetprovider ihre Webseiten in einer kompatiblen Programmiersprache neu schreiben. Für die Unternehmen, die Teil eines Ökosystems sind, ist jede neue Generation einer Technologie mit der wichtigen Entscheidung verbunden, ob und wie stark in diese neue Technologie und damit in das ganze Netzwerk investiert werden soll, dessen Führung sie meist nicht beeinflussen können.

9.5.3 Soziales Unternehmertum

Soziales Unternehmertum

Soziales Unternehmertum bezieht sich auf Einzelpersonen und Gruppen, die unabhängige Organisationen schaffen, um Ideen und Ressourcen zu mobilisieren und um damit soziale Probleme zu lösen; sie erzielen daraus zwar meist Einkünfte, arbeiten aber nicht gewinnorientiert.

Entrepreneurship ist nicht nur auf den privaten Sektor beschränkt. Auch auf dem öffentlichen Sektor werden Forderungen laut, die Erzeugung und Zurverfügungstellung von Dienstleistungen unternehmerischer zu gestalten.[36] So wird seit kurzem auch der Begriff „soziales Unternehmertum" immer häufiger verwendet. **Soziales Unternehmertum** bezieht sich auf Einzelpersonen und Gruppen, die unabhängige Organisationen schaffen, um Ideen und Ressourcen zu mobilisieren und um soziale Probleme zu lösen; sie erzielen daraus zwar meist Einkünfte, arbeiten aber nicht gewinnorientiert.[37] Die auf dem Markt erzielten Einkünfte und ihre Unabhängigkeit verleihen den sozialen Unternehmern die nötige Flexibilität und Dynamik, um soziale Probleme anzugehen, die rein staatliche Organisationen aufgrund ihrer starren Bürokratie oder politischer Beschränkungen nicht in Angriff nehmen können. So haben soziale Unternehmer zahlreiche Initiativen gestartet, etwa die Vergabe kleinster „Mikrokredite" an einheimische Bauern durch die Gramee Bank in Bangladesch, die Schaffung von Arbeitsplätzen durch die Mondragon Kooperative im Baskenland in Spanien und den fairen Handel durch Traidcraft in Großbritannien. Diese große Bandbreite an Initiativen stellt soziale Unternehmer vor mindestens drei wichtige Entscheidungen:

- *Soziale Mission.* Für soziale Unternehmer steht natürlich die soziale Mission im Vordergrund. Diese kann aus zwei Elementen bestehen: Endziele und operative Prozesse. So hat etwa die Grameen Bank das Endziel, die Armut der Bauern zu mindern, besonders was die Frauen angeht. Um dies zu erreichen, unterstützen sie die eigenen Unternehmensprojekte der Bauern und vergeben Kleinstkredite an Menschen, die von gewöhnlichen Banken ignoriert werden würden.
- *Organisationsform.* Viele soziale Unternehmen sind Kooperativen, die auf einer demokratischen Beteiligung ihrer Mitarbeiter und anderer Interessengruppen aufgebaut sind, wodurch das Engagement für die Firma gefördert und Kanäle für neue Ideen geschaffen werden. Diese Organisationsform wirft allerdings die Fragen auf, welche Interessengruppen mit einbezogen werden sollen und welche nicht. In einer Kooperative können Entscheidungen also sehr lange dauern. Deswegen sind manche soziale Organisationen auch hierarchischer oder unternehmensähnlicher strukturiert. Cafédirect, die Getränkefirma, die fairen Handel betreibt, ging sogar an die Börse und konnte ihren Aktionären 2006 die erste Dividende auszahlen.

36 P. DuGay, „Against enterprise", *Organization*, Bd. 11, Nr. 1 (2004), S. 37–48.

37 S. Alvord, L. Brown und C. Letts, „Social entrepreneurship and societal transformation: An exploratory study", Journal of Applied Behavioral Science, Bd. 43, Nr. 3 (2004), S. 260–282; A. Nichols (Hrs.), Social Entrepreneurship: New paradigms of sustainable social change, Oxford University Press, 2006; J. Austin, H. Stevenson und J. Wei-Skillern, „Social and commercial entrepreneurship: Same, different or both?", Entrepreneurship Theory and Practice, Bd. 30, Nr. 1 (2006), S. 1–22.

- *Geschäftsmodell.* Häufig verlassen sich soziale Unternehmen zum Großteil auf selbst erzielte Einnahmen und nicht nur auf staatliche Förderung oder Spenden. Wohngenossenschaften nehmen Mieten ein, Mikrokreditanstalten verlangen Zinsen, und Unternehmen des fairen Handels verkaufen ihre Produkte. Soziale Unternehmer unterscheiden sich also keineswegs von anderen Unternehmern, denn auch sie müssen ein effizientes und effektives Geschäftsmodell entwickeln. Dieses Geschäftsmodell kann innovative Veränderungen innerhalb der Wertkette bedeuten. So verstärken viele Unternehmen, die fairen Handel betreiben, die Beziehungen zu ihren Zulieferern und beraten beispielsweise ihre Bauern bei der Arbeit und stellen Infrastruktur und Bildung für die einheimischen Gemeinden zur Verfügung.

Beispiel 9.6

Sind große Firmen bessere Innovatoren als kleine Firmen?

Wie viel innovativer sind kleine Unternehmen wirklich?

Der berühmte österreichische Wirtschaftswissenschaftler Joseph Schumpeter stellte die Behauptung auf, dass große Unternehmen proportional gesehen innovativer sind als kleine Firmen. Diese Behauptung wird kontrovers diskutiert. Stimmt sie, so könnte dies Laborwissenschaftler und Ingenieure davon abhalten, ihre großen Firmen zu verlassen, um eigene Unternehmensprojekte zu starten. Große Konzerne wie Google oder Cisco wiederum würden dazu ermutigt, kleine innovative Firmen aufzukaufen, um sie der eigenen Unternehmensstrategie einzuverleiben. Regierungen würden großen, dominierenden Konzernen wie Microsoft gegenüber toleranter reagieren, die behaupten, ihre enorme Größe sei wichtig, um weiterhin im Bereich Computersoftware innovativ tätig sein zu können.

Einige Punkte sprechen tatsächlich für Schumpeters Behauptung, große Firmen hätten Vorteile im Bereich Innovation:

- Große Firmen verfügen über umfangreichere und verschiedenartigere Ressourcen, sodass sie die unterschiedlichen Elemente, die für eine Innovation wichtig sind, leichter auftreiben können.
- Viele große Firmen sind risikofreudiger, denn sie wissen, dass sie die Kosten einer fehlgeschlagenen Innovation leichter ausgleichen können.
- Größere Firmen verfügen über bessere Anreize für Innovationen, denn sie können die finanziellen Gewinne aufgrund einer Innovation eher für sich nutzen, da sie über alle nötigen komplementären Vermögenswerte (Vertriebskanäle, etc.) verfügen, um neue Produkte schnell auf den Markt zu bringen.

Andererseits gibt es auch gute Gründe, warum kleinere Firmen innovativer sind:

- Kleine Firmen bilden meist eine engere Gemeinschaft, sodass neues Wissen leichter ausgetauscht werden kann.
- Häufig sind kleine Firmen auch flexibler und weniger bürokratisch und können so schneller und mutiger innovativ tätig werden.
- In kleinen Firmen ist die Motivation höher, innovativ tätig zu werden, um dadurch das Überleben zu sichern. Große Firmen dagegen können ihre Dominanz auf bestehenden Märkten einfach verteidigen und ausnutzen.

Es wurde viel Forschungsarbeit zu der Frage betrieben, ob kleine oder große Firmen proportional gesehen innovativer sind. Einige Forscher haben sich dabei auf die Input-Seite konzentriert und z.B. gemessen, ob in großen Unternehmen ein größerer Prozentsatz der Einnahmen wieder für F&E ausgegeben wird. Andere Forscher betrachteten dagegen die Ouptput-Seite und zählten beispielsweise, ob große Firmen proportional gesehen mehr Patente anmelden. Es herrscht keine endgültige Einigkeit, was die Innovationsneigung betrifft. Neuere Forschungsprojekte deuten aber darauf hin, dass im Allgemeinen

- große Firmen der High-Tech-Branche, etwa in den Bereichen Elektronik und Software, relativ gesehen weniger stark innovativ tätig sind.
- große Firmen im Servicebereich relativ gesehen innovativer sind als im Bereich Fertigung.

Es scheint, als könne die bisher betriebene Forschung keine endgültige Regel aufstellen, ob große oder kleine Firmen nun die besseren Innovatoren sind. Wissenschaftler, ehrgeizige große Unternehmen und Regierungsvertreter müssen allerdings die Besonderheiten jeder einzelnen Branche genau beachten.

Quellen: C. Camisón-Zornosa, R. Lapiedra-Alcami, M. Segarra-Ciprés und M. Boronat-Navarro, „A meta-analysis of innovation and organizational size“, Organization Studies, Bd. 25, Nr. 3 (2004), S. 331–361; C.-Y. Lee und T. Sung, “Schumpeter's legacy: A new perspective on the relationship between firm size and R&D“, Research Policy, Bd. 34 (2005), S. 914–931.

Kontrollfrage

1. Welche Handlungsschritte würden Sie als Manager erwägen, wenn Sie versuchen wollten, die Innovationsfreude eines großen Fertigungsunternehmens der High-Tech-Branche zu erhöhen?

Ebenso wie alle anderen Unternehmer müssen auch soziale Unternehmer häufig Beziehungen mit großen kommerziellen Unternehmen eingehen (siehe auch Beispiel 9.6). So eröffnete ein neues soziales Unternehmen namens Ten Senses den ersten Laden Bulgariens, in dem Produkte des fairen Handels verkauft wurden. Dabei waren die multinationale Großbank Citigroup und der Ölkonzern Royal Dutch hilfreich beteiligt. Rosabeth Moss Kanter weist darauf hin, dass die Vorteile, die Unternehmen aus der Zusammenarbeit mit sozialen Unternehmen ziehen können, weit über das Gefühl, etwas Gutes zu tun und über die positive Publicity hinausgehen.[38] Sie zeigt auf, dass eine Zusammenarbeit mit sozialen Unternehmen zur Entwicklung neuer Technologien und Dienstleistungen führen, Zugang zu neuen potenziellen Arbeitnehmern ermöglichen und neue Beziehungen zu Regierung und anderen Behörden erleichtern kann, die vielleicht zu neuen Märkten werden können. Kanter schließt mit der Empfehlung, dass große Konzerne klare Strategien in Bezug auf soziales Unternehmertum entwickeln sollten und diesen Bereich nicht mit kurzfristigen wohltätigen Aktivitäten abtun sollten.

38 R. Moss Kanter, „From spare change to real change“, *Harvard Business Review*, Mai–Juni 1999, S. 122–133.

Z U S A M M E N F A S S U N G

- Strategen sehen sich beim Thema Innovation drei wesentlichen Dilemmata gegenüber: Wie viel Wert soll auf Technology push oder auf Market pull gelegt werden; soll der Fokus auf Produkt- oder auf Prozessinnovation liegen; und schließlich: Wie sehr soll man sich auf technologische Innovation im Gegensatz zur breiter angelegten Geschäftsplaninnovation konzentrieren?
- Die Verbreitung von Innovationen auf dem Markt folgt oft einer S-Kurve. Einem langsamen Start folgt ein sich beschleunigendes Wachstum (der „Wendepunkt") und schließlich eine Abflachung der Nachfrage. Manager können diesen Prozess durch eine Kombination aus Initiativen der Angebots- und der Nachfrageseite beeinflussen. Dies soll nicht bedeuten, dass Innovationen immer dieser gleichmäßigen S-Kurve folgen – Manager müssen also auf „negative Wendepunkte" achten.
- Manager können entscheiden, ob sie als Erster auf den Markt kommen oder später einsteigen wollen. Beides hat Vor- und Nachteile. Die Stellung als Marktführer kann verschwendete Energie sein, wenn die nötigen komplementären Vermögenswerte und Kapazitäten fehlen, um die neuen Gewinne zu nutzen. Eine Strategie des schnellen Folgens kann oft attraktiver sein.
- Etablierte Unternehmen auf einem Markt können leicht zu abhängig von bestehenden Kundenbeziehungen werden und sollten sich vor zerstörenden Innovationen in Acht nehmen, die völlig neue Marktbedürfnisse aufdecken. Die etablierten Firmen können sich vor einer zu konservativen Einstellung schützen, indem sie Portfolios realer Optionen entwickeln und unabhängige Bereiche für neue Unternehmensprojekte einrichten.
- Unternehmer sehen sich typischen Dilemmata gegenüber, während ihre Unternehmen den Lebenszyklus vom Beginn über Wachstum und Reife bis zum Marktaustritt durchlaufen. Sie müssen sich auch entscheiden, welche Beziehungen sie zu großen Firmen eingehen möchten, besonders da sie eventuell zu einem Teil eines Ökosystems solcher Firmen werden könnten oder an deren Strategien einer offenen Innovation beteiligt werden. Es gibt keine schlüssigen Beweise dafür, dass kleine Firmen innovativer sind als große Firmen (siehe Beispiel 9.6).
- Soziales Unternehmertum bietet eine flexible Möglichkeit, soziale Probleme in Angriff zu nehmen. Doch daraus ergeben sich Dilemmata bezüglich der geeigneten Mission, der Organisationsform und des Geschäftsmodells. Soziale Unternehmer und große Firmen müssen auch häufig entscheiden, wie sie miteinander durch beidseitig vorteilhafte Partnerschaften in Beziehung treten sollen.

Z U S A M M E N F A S S U N G

Aufgaben

*Kennzeichnet schwierigere Aufgaben.

*9.1 Wählen Sie ein neues Produkt oder eine neue Dienstleistung, die Sie kürzlich als positiv empfunden haben und untersuchen Sie die Strategie des dafür verantwortlichen Unternehmens. Beziehen Sie sich auf die in *Abschnitt 9.2* erklärten Dilemmata und erklären Sie, ob die Innovation mehr dem Bereich Technology push oder Market pull zuzuordnen ist, ob es sich um eine Produkt- oder Prozessinnovation handelt und ob sie auf einer neuen Technologie oder einem neuen Geschäftsmodell basiert.

9.2 Besuchen Sie eine Seite, die den Internetverkehr untersucht (z.B. *www.alexa.com*) und vergleichen Sie eine Zeit lang die Entwicklung in Bezug auf tägliche Besuche auf älteren Internetseiten (wie etwa amazon.com) und neueren Seiten (wie etwa youtube.com oder einer noch neueren Seite). Beziehen Sie sich auf *Abschnitt 9.3*, erklären Sie diese Entwicklung und geben Sie eine Prognose für die weitere zukünftige Entwicklung ab.

*9.3 Wählen Sie ein neues Produkt oder eine neue Dienstleistung, die Sie kürzlich als positive empfunden haben (wie in Aufgabe 9.1) und untersuchen Sie die strategischen Reaktionen etablierter Unternehmen auf diese Innovation. Inwieweit ist diese Innovation für sie zerstörend (siehe *Abschnitt 9.4.3*)?

9.4 Beziehen Sie sich auf den Lebenszyklus eines Unternehmens und identifizieren Sie die Position eines Unternehmens Ihrer Wahl innerhalb des Zyklus. Welche Managementprobleme könnten auf dieses Unternehmen in Zukunft zukommen?

9.5 Verwenden Sie das Internet und machen Sie ein soziales Unternehmensprojekt ausfindig, das Sie interessiert (z.B. über *www.skollfoundation.org*). Nehmen Sie Bezug auf *Abschnitt 9.5.3* und identifizieren Sie dessen soziale Mission, die Organisationsform sowie das Geschäftsmodell.

Integrative Aufgabe

9.6 Beziehen Sie sich auf eine innovative Idee, die Sie oder Ihre Freunde und Kollegen haben. Beschreiben Sie unter Bezugnahme auf *Abschnitt 15.4.4* die Elemente eines strategischen Plans für dieses mögliche Unternehmensprojekt. Welche Informationen benötigen Sie noch?

Literaturempfehlungen

- P. Trott, *Innovation Management and New Product Development*, 3. Aufl., FT/Prentice Hall, 2005, liefert einen umfassenden Überblick über Aspekte der Innovationsstrategie. Eine lebendige und zugängliche Übersicht zu vielen Aspekten zum Thema Innovation mit vielen Beispielen findet sich bei C. Markides und P. Geroski, *Fast second: How smart companies bypass radical innovation to enter and dominate new markets*, Josey-Bass, 2005.
- Eine gute Sammlung von verständlichen Artikeln über spezielle Innovationsthemen von führenden Akademikern ist J. Fagerberg, D. Mowery und R. Nelson (Hrs.), *The Oxford Handbook of Innovation*, Oxford University Press, 2005. Eine gleichwertige Sammlung über das Entrepreneurship ist M. Casson, B. Yeung, A. Basu und N. Wadeson (Hrs.), *The Oxford Handbook of Entrepreneurship*, Oxford University Press, 2006.
- P.A. Wickham, *Strategic Entrepreneurship*, 3. Aufl., 2004, wird zu einem europäischen Standardwerk in Bezug auf Unternehmensstrategie.

- Soziales Entrepreneurship wird sinnvoll diskutiert in A. Nicholls (Hrs.), *Social Entrepreneurship: New paradigms of sustainable social change*, Oxford University Press, 2006.
- Für eine Übersicht nützlicher finanzieller Aspekte für junge Unternehmen/Unternehmenspläne siehe G. Arnold, *Corporate Financial Management*, 3. Aufl., FT/Prentice Hall, 2005, Kap. 2.

Fallstudie
Skype: Innovatoren und Unternehmer

Einführung

Niklas Zennström und Janus Friis sind ein äußerst erfolgreiches Team im Internetgeschäft. Während der ersten Jahre nach der Jahrtausendwende war Kazaa, ihre Online-Tauschbörse für Musik, die größte Internetpräsenz auf diesem Gebiet. Nachdem sie diese Firma an Sharman Networks verkauft hatten, machten sie sich gleich im Jahr 2003 daran, Skype zu gründen, das wiederum zum weltweit führenden Anbieter auf dem VoIP- (Voice over Internet Protocol-) Telefonmarkt wurde. Skypes kostenlose VoIP-Leistungen über das Internet waren eine attraktive Alternative zu den teuren, klassischen, internationalen Telefonaten via Festnetz oder Mobilfunk. Bis 2005 wurde Skype bereits von 60 Millionen Menschen genutzt. Im gleichen Jahr verkauften die Gründer Skype für $ 2,6 Mrd. (€ 2,1 Mrd.) an eBay – eine beeindruckende Summe für ein Unternehmen, dessen Gesamteinnahmen bei nur $ 60 Mio. lagen, und das noch keinen Gewinn erwirtschaften konnte. Es sollte sich jedoch herausstellen, dass dieses Geschäft mit eBay nicht nur Vorteile bringen würde.

Abbildung 9.8: Die Skype-Mitbegründer – Niklas Zennström (links) und Janus Friis (rechts)

Zwei Unternehmer

Zennström ist der Ältere der beiden – beim Verkauf an eBay war er 40 Jahre alt. Er machte seinen ersten Universitätsabschluss im Fach Betriebswirtschaft und legte dann noch einen Master in Ingenieurwesen und Informatik an der Universität von Uppsala in Schweden nach. Dann begann er, in der Telekommunikationsbranche zu arbeiten, verbrachte neun Jahre bei Tele2, einem schnell wachsenden europäischen Konzern. 1997 traf er auf Friis, den er als Manager eines Help Desks einstellte. Friis, ein Däne, ist elf Jahre jünger als Zennström und hat noch nicht einmal einen Schulabschluss vorzuweisen. Doch ab Ende der 1990er Jahre arbeiteten beide eng zusammen und entwickelten eine Reihe neuer Projekte; außer Kazaa und Skype gehörten dazu auch Altnet, das als weltweit erstes sicheres Großhandelsnetzwerk online gehandelt wird, Joltid, ein Unternehmen, das sich mit Technologien zur Verkehrsoptimierung befasst und das Internetportal everyday.com.

Zennström ist ein bescheidener Mensch. In seinem Londoner Büro teilt er sich einen langen Schreibtisch mit einem halben Duzend Kollegen. Außerdem fliegt er trotz seiner Körpergröße von 1,93 Meter immer in der Economy class. Seine ganze Energie gilt dem Konzept zerstörender Innovationen. Der *Financial Times* sagte er: „Jeder Einzelne hat die Pflicht, Monopole zu bekämpfen und genauso auch Unternehmen, die schlechte Leistung bringen.“

Über die traditionellen Telefongesellschaften, die Festnetz- oder Mobilfunktelefonie anbieten, sagt er: „Sie verdienen es, herausgefordert zu werden. Ihre Dienstleistung ist schlecht und teuer.“

Seinen Partner Friis beschreibt er so: „Ich glaube, er hat davon profitiert, die Schule nicht abgeschlossen zu haben. Sein Denkprozess ist viel freier. Er denkt unkonventionell.“

Er lehnt jedoch die Einschätzung ab, Friis sei der Visionär und er einfach nur der Geschäftsmann: „Wir ergänzen uns hervorragend. Unsere Branche ist sehr kreativ, und es ist leichter, zu zweit kreativ zu sein. Man muss Dinge ausprobieren und sich gegenseitig herausfordern.“

Das Skype-Geschäftsmodell

Mithilfe der Skype-Software kann man das Internet nutzen, um mit anderen Skype-Nutzern auf der ganzen Welt kostenfrei zu telefonieren. Angesichts der hohen Kosten konventioneller internationaler Anrufe war dies eine sehr spannende Idee. Doch das Startkapital war nicht so leicht aufzutreiben, denn die beiden wurden immer noch von der Musikindustrie gerichtlich verfolgt, da ihr früheres Unternehmen Kazaa den illegalen Austausch von Musik online zu erleichtern schien. Aus Furcht vor diesem Prozess wagten es die beiden noch nicht einmal, in die USA einzureisen. Die meisten traditionellen Risikokapitalgeber mieden dieses neue Projekt. Außerdem war es sehr schwer, irgendjemanden davon zu überzeugen, dass mit kostenlosen Telefonaten Geld zu verdienen sei.

Natürlich ist das Geschäftsmodell um einiges komplexer. Die meisten Kunden können gratis telefonieren. Doch Skype selbst hat sehr geringe Betriebskosten, denn die Nutzer laden die benötigte Software über das Internet herunter, sodass das Skype-Netzwerk eigentlich aus den Computern und Internetverbindungen der Nutzer besteht. Es kostet nichts, mögliche Verbindungen ständig offen zu halten. Auch das Marketing ist kostengünstig, denn die Nutzer sorgen selbst dafür, dass Freunde und Bekannte auch zu Skype-Kunden werden. Angesichts der überwältigenden Anzahl an Kunden sowie der Effizienz der verfügbaren Standardfragen und -antworten gibt keine Kunden-Hotline. Geld verdient Skype mit den angebotenen, ergänzenden Dienstleistungen wie etwa SkypeOut, das es den Kunden ermöglicht, traditionelle Festnetz- oder Handynummern gegen eine häufig sehr geringe Gebühr anzuwählen. Zennström erklärt das Modell: „Wir wollen die Gebühr pro Nutzer so gering wie möglich halten. Es fallen für uns ja auch keine Kosten pro Nutzer an – wir wollen nur möglichst viele Nutzer haben.“

Dieser Ansatz bringt das Geschäftsmodell traditioneller Festnetz- und Mobilfunkbetreiber ins Wanken. Denn die Firmen beider Sparten müssen für Marketing und zur Steigerung ihrer Kapazität hohe Kosten in Kauf nehmen. Daher werden Anrufe oft je nach Distanz und pro Minute abgerechnet. Traditionell herrscht hier das Prinzip vor, die Einnahmen pro Kunde zu maximieren – also genau das Gegenteil des Skype-Ansatzes. In Business Week fasst Zennström zusammen:

> *Bei jedem traditionellen Telekommunikationsunternehmen fallen Kosten für Marketing und Kundenakquise an. Hat man einen Kunden gewonnen, so bedeutet das operative Kosten für das Netzwerk. Und auch das Rechnungssystem verursacht Kosten. Das ist das Geschäftsmodell eines traditionellen Netzwerkbetreibers.*
>
> *Unser Skype-Geschäftsmodell ist völlig anders aufgebaut. Wir haben ein Softwaremodell. Bei uns gibt es keine Marketing- oder Vertriebskosten pro Kunde – unsere Software verbreitet sich wie von selbst, quasi virusartig. Und haben wir einen neuen Kunden gewonnen, so bedeutet das Null zusätzliche Kosten, denn er nutzt ja unsere P2P- (Peer-to-peer-) Software und seinen eigenen Computer und Internetzugang. Neukunden zu gewinnen und zu betreuen verursacht uns also keinerlei Kosten. Kosten fallen bei uns nur für Unternehmens- und Softwareentwicklung an.*

Weiter verglich er beide Arten von Unternehmen wie folgt: „Was für uns ein großartiges Geschäftsmodell ist, ist für diese Firmen wahrscheinlich ganz schrecklich."

Wie die Abbildung zeigt, war Skype und seine Dienstleistung überaus beliebt. Nach dem Wendepunkt 2004 stiegen die Nutzerzahlen rasant an – im März 2010 zählte Skype bereits über 23 Millionen Nutzer an einem einzigen Tag. Natürlich ergab sich aus diesem Erfolg ein missliches Paradox. Wenn Skype zum universalen Telefonanbieter würde, wen gäbe es dann noch, den man über den gebührenpflichtigen SkypeOut-Service anrufen sollte?

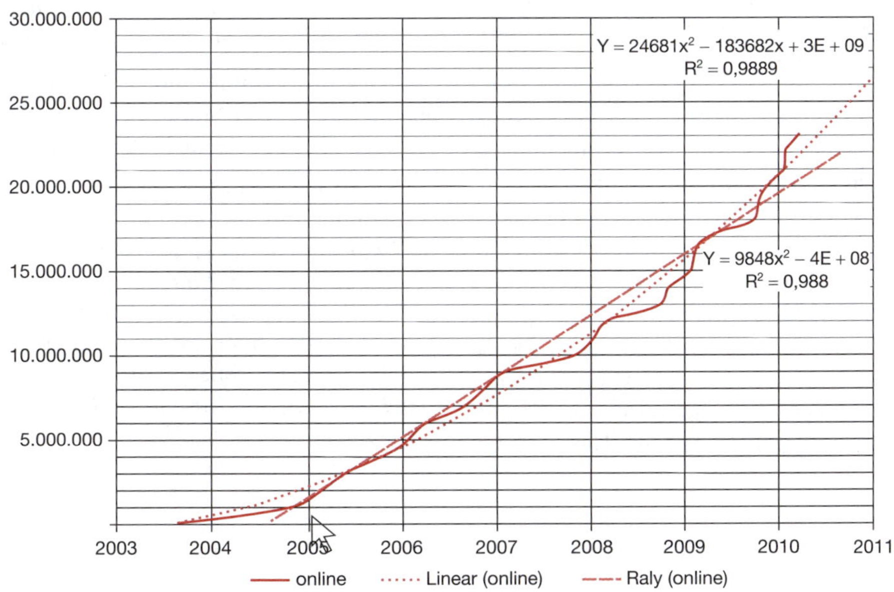

Abbildung 9.9: Skype Dialtone – Höchste Nutzerzahlen während eines einzigen Tages

Quelle: Skype Journal, 8. März 2010.

eBay wird aktiv

Ein Verkauf von Skype stand von Anfang an im Raum. Zennström und Friis hatten Kazaa sehr rasch verkauft, und auch jetzt waren Skypes frühe Geldgeber sehr an einem frühen, profitablen Ausstieg interessiert. So war es nicht verwunderlich, dass bereits 2005 die ersten Gerüchte über eine Übernahme durch einen Technologiegiganten wie Google, Microsoft oder Yahoo! die Runde machten. Am Ende war es jedoch das Online-Auktionshaus eBay, das als Käufer zuschlug, was ziemlich überraschend war, denn eBay war bislang nicht in der Telekommunikationsbranche aktiv.

Die grundlegenden Geschäftsmodelle beider Unternehmen weisen jedoch durchaus Gemeinsamkeiten auf. Beide profitieren von „Netzwerkeffekten", d.h. der Wert der Dienstleistung steigt unverhältnismäßig schnell mit der steigenden Anzahl der Netzwerkmitglieder. Ein konkreteres Argument war aus der Sicht von eBay, dass die Skype-Verbindungen direkt auf der eBay-Website platziert werden konnten. Dadurch waren eBay-Kunden potenziell in der Lage, mittels eines einzigen Mausklicks einen Verkäufer anzurufen. Außerdem konnten eBay-Verkäufer Sprachmitteilungen direkt auf der eBay-Seite platzieren, sodass Kunden diese Nachricht direkt anklicken konnten, wofür sie eBay jedes Mal eine Gebühr zahlen mussten. Skype konnte seinerseits durch die Übernahme seine Verbindungen zur eBay-Tochter PayPal stärken, die Skype bereits für das Management seiner Einnahmen für den Skype-Out-Service nutzte.

Für Zennström war eBay aber vor allem deshalb so attraktiv, weil es höchstwahrscheinlich wenig Einfluss auf die Gestaltung der Geschäfte von Skype nehmen würde. Unternehmen wie Microsoft oder Yahoo! dagegen neigen dazu, übernommene Unternehmen völlig in ihre bestehenden Geschäftsbereiche zu integrieren, sodass keinerlei Autonomie bleibt. Die Zusammenarbeit zwischen eBay, Zennström und Friis würde einige Zeit andauern. Teil ihres Vertrages war unter anderem ein ergebnisabhängiges Abkommen, wodurch der endgültige Verkaufspreis von Skype auf über $ 4 Mrd. steigen würde, wenn die gesetzten Umsatz- und Gewinnziele der nächsten Jahre erreicht würden. Und beide Unternehmer hatten ohnehin eine aufregende Vision für die Zukunft: Sie wollten der größte und beste Anbieter für alle Arten von Kommunikation (Text, Sprache oder Bild) mittels eines Geräts mit Internetzugang werden, sei es ein Computer oder ein Handy.

Welche Rolle spielt eBay?

eBay hatte einer ehrgeizigen Firma wie Skype viel zu bieten. Obwohl erst 1995 gegründet, hatte eBay es in nur zehn Jahren auf Einkünfte in Höhe von $ 4,55 Mrd. und 11.600 Mitarbeiter gebracht. Zennström sagte über Meg Whitmen, seit 1998 Firmenchefin von eBay:

> *Ich glaube, von Meg kann ich viel lernen. Wir möchten diese Sache gemeinsam schaffen, doch wir haben auch andere, eigene Ideen.*

Skype würde immer noch sein eigenes Budget, eigene Kultur und Marken besitzen. Der *Financial Times* gegenüber stellte Zennström klar:

> *Uns ist es besonders wichtig – und mit eBay zusammen auch möglich – mit einer größeren Firma zu fusionieren und gleichzeitig Skype als separates Unternehmen zu erhalten. Meg sagte: „Nutzt unser Ressourcen bei eBay für euch. Wir werden euch aber nicht sagen, was ohr zu tun habt, denn ihr seid am allerbesten dazu geeignet, euer eigenes Geschäft selbst zu führen."*

Durch das schnelle Wachstum wurde das Management vor große Herausforderungen gestellt. Zwischen 2005 und 2006 vervierfachte sich die Zahl der Mitarbeiter auf 300. Diese kamen aus 30 Ländern und waren über die ganze Welt verstreut. eBay brachte fünf seiner eigenen Führungskräfte ein, um Skype Hilfestellung zu geben, darunter einen neuen Präsidenten, der für die täglichen Geschäftsabläufe verantwortlich war, einen Finanzchef und einen Personalleiter. Doch Skype wollte unbedingt seine eigene Unternehmenskultur erhalten. Zennström, der noch immer CEO der Firma war, bestand darauf, dass Skypes leidenschaftliche, einzigartige Kultur geschützt und gefördert werden müsste:

> *Es geht darum, wie man arbeitet, wie man sich verhält. Es fängt schon damit an, wie wir neue Mitarbeiter einstellen. Sie müssen wirklich von der Skype-Idee begeistert sein und nicht nur einen Arbeitgeber suchen.*

eBays Abgang

Skype konnte zwar seine Kultur bewahren, doch es ließen sich nur schwer Synergien finden. Skypes Umsatz war 2007 auf $ 383 Mio. gestiegen, doch die eBay-Kunden nutzten die Skype-Verbindung nicht im erhofften Umfang. Man verfehlte die gesteckten Ziele. Im Oktober 2007 war Zennström gezwungen, als Vorstandsvorsitzender zurückzutreten. eBay verringerte seine Investitionen um $ 1,4 Mrd. Nachdem der Aktienkurs um 30 Prozent gefallen war, trat im März 2008 auch Meg Whitman als CEO von eBay zurück. Der neue CEO, John Jonahue, kommentierte:

> *Wenn es starke Synergien gibt, werden wir Skype in unserem Portfolio behalten. Wenn nicht, werden wir neu überlegen.*

Im September 2009 gab eBay bekannt, es verkaufe 65 Prozent seines Anteils für $ 2 Mrd. an die Silver Lake Investorengruppe. Es stellte sich jedoch heraus, dass eBay es im Jahr 2005 versäumt hatte, auch den Urhebercode der Skype-Software zu erwerben. Um sich vor rechtlichen Angriffen zu schützen und das Geschäft mit Silver Lake abschließen zu können, musste eBay Zennström und Friis 14 Prozent ihrer Firma zurückgeben.

Quellen: „Phone Service the „Zero Cost" Way", Business Week online, 7. Januar 2004; www.wikipedoa.org; The Economist, 15. September 2005; Financial Times, 17. und 19. August 2006; Financial Times, 17. September 2009.

Kontrollfragen

1. Welche Vorteile und mögliche Grenzen hat das Geschäftsmodell von Skype?
2. Welche Fehler wurden bei der Übernahme von Skype durch eBay gemacht?

Strategische Methoden und Bewertung einer Strategie

10

ÜBERBLICK

Lernziele

Nach der Lektüre dieses Kapitels sollten Sie in der Lage sein,

- die Methoden zu identifizieren, die zur Verfolgung einer Strategie angewendet werden können: *Organische Entwicklung, Fusionen und Übernahmen* und *strategische Allianzen.*
- drei Erfolgskriterien zur Bewertung strategischer Optionen anzuwenden: *Tauglichkeit*, *Akzeptabilität* und *Machbarkeit.*
- eine Reihe verschiedener *Techniken zur Bewertung strategischer Optionen* anzuwenden.

10.1 Einführung

Dieses Kapitel bildet den Abschluss von Teil II, der sich insgesamt mit den Wahlmöglichkeiten einer Organisation befasst hat, wie dies in Abbildung II.i dargestellt wurde. *Kapitel 6* bot eine große Bandbreite an Wahlmöglichkeiten, wie sich eine Organisation in Bezug auf ihre Konkurrenz positionieren könnte. Im Rahmen dieser allgemeinen Wahlmöglichkeit der Basis der Wettbewerbsstrategie gibt es noch spezifischere Wahlmöglichkeiten bezüglich der strategischen Ausrichtung der Organisation. Hier stellt sich die Frage, welche Märkte und welche Produkte am besten geeignet sind. Diese Wahlmöglichkeiten wurden in *Kapitel 7* aufgezeigt und in *Kapitel 8* und *9* vor dem Hintergrund einer internationalen Strategie und der strategischen Innovation weiterentwickelt. Es gibt jedoch noch eine dritte Ebene der Wahlmöglichkeiten, die sich mit den *Methoden* befasst, die *zur Verfolgung einer Wettbewerbsstrategie und der strategischen Ausrichtung* angewendet werden. Dies ist das Thema von *Abschnitt 10.2* und der ersten Hälfte dieses Kapitels.

Behält man im Auge, dass die Anwendung der in Teil I vorgestellten Konzepte und Instrumente auch für die Entstehung von strategischen Ideen gesorgt haben kann, die verfolgt werden könnten, so wird klar, dass ein Stratege viele mögliche Optionen in Erwägung ziehen muss. Daher befasst sich die zweite Hälfte dieses Kapitels mit den *Erfolgskriterien*, mittels derer diese Optionen bewertet werden können. Darauf aufbauend werden einige *Bewertungstechniken für strategische Optionen* erklärt.

Abbildung 10.1 fasst die Gesamtstruktur dieses Kapitels zusammen.

Abbildung 10.1: Strategiemethoden und -beurteilung: Kapitelstruktur

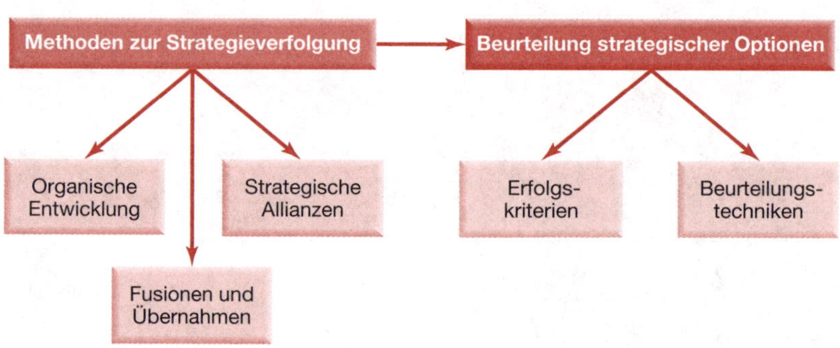

10.2 Methoden zur Verfolgung einer Strategie

Jede der in *Kapitel 6* bis *9* behandelten strategischen Ausrichtungen kann auf verschiedene Art und Weise oder mithilfe verschiedener **strategischer Methoden** in Angriff genommen werden. Das bedeutet, die *Mittel* zur Verfolgung einer Strategie sind ganz verschieden. Diese Methoden können in drei Gruppen unterteilt werden: Organisches Wachstum, Übernahme (oder Abgabe) und Allianzen.

Strategische Methoden

Strategische Methoden bezeichnen die Mittel, mit denen eine Strategie verfolgt werden kann.

10.2.1 Organisches Wachstum[1]

Organisches Wachstum (oder internes Wachstum) liegt vor, wenn eine Organisation ihre Strategien auf ihren eigenen Fähigkeiten aufbaut und diese weiterentwickelt. Für viele Organisationen ist organisches Wachstum traditionell die wichtigste Methode für die strategische Entwicklung und dafür gibt es auch eine Reihe überzeugender Gründe:

Organisches Wachstum

Organisches Wachstum liegt vor, wenn eine Organisation ihre Strategien auf ihren eigenen Fähigkeiten aufbaut und diese weiterentwickelt.

- *Hochtechnische Produkte* in Bezug auf Design oder Herstellungsmethode sind für organisches Wachstum gut geeignet, denn der Entwicklungsprozess dieser Produkte bietet die beste Möglichkeit, die nötigen Fähigkeiten zu entwickeln, um einen erfolgreichen Wettbewerb führen zu können. Natürlich können sich aus diesen Fähigkeiten wiederum neue Produkte und neue Möglichkeiten auf dem Markt ergeben.
- Die *Entwicklung von Wissen und Fähigkeiten* kann durch organisches Wachstum verbessert werden. So kann ein Unternehmen zum Beispiel der Meinung sein, dass das direkte Engagement, das nur von internen, angestellten Vertriebsmitarbeitern, nicht aber von externen Vertretern kommen kann, das Wissen über den Markt erheblich verbessert und daher einen Wettbewerbsvorteil gegenüber anderen Rivalen bietet, die weiter entfernt sind von ihren Kunden.
- *Die Streuung der Investitionen über einen längeren Zeitraum.* Die letztendlichen Kosten für internes Wachstum könnten höher liegen als die Kosten für die Übernahme anderer Firmen. Verteilt man die Kosten aber über einen längeren Zeitraum, kann dies eine noch bessere Option sein als zu einem einzigen Zeitpunkt eine große Investition zu tätigen, wie dies bei einer Übernahme der Fall wäre. Dies ist ein starkes Motiv für ein organisches Wachstum bei kleinen Firmen oder vielen Organisationen der öffentlichen Hand, die vielleicht nicht über die nötigen Ressourcen für eine einmalige große Investition verfügen.
- *Minimale Störung.* Die Tatsache, dass sich der Wandel durch organisches Wachstum langsam vollzieht, sorgt auch dafür, dass andere Aktivitäten nur minimal dadurch gestört werden. Außerdem werden die politischen und kulturellen Probleme, die aus der Integration eines übernommenen Unternehmens entstehen können, völlig umgangen (siehe *Abschnitt 10.2.2*).
- Die *Natur der Märkte* kann ein organisches Wachstum vorschreiben. In vielen Fällen sind Organisationen, die Neuland betreten, nicht in der Lage, sich durch Übernahmen oder gemeinsame Entwicklungsprojekte weiterzuentwickeln, denn sie sind ja bisher die Einzigen auf ihrem Markt. Oder aber es gibt einfach nur sehr wenige Übernahmeziele, wie etwa im Fall eines ausländischen Unternehmens, das sich den japanischen Markt erschließen will.

1 Siehe J.F. Mognetti, *Organic Growth: Cost-Effective Business Expansion from Within*, Wiley, 2002.

10.2.2 Fusionen und Übernahmen[2]

Übernahme

Bei einer Übernahme wird eine Organisation Eigentum einer anderen Organisation.

Fusion

Eine Fusion bezeichnet den Zusammenschluss oder die Verschmelzung zweier oder mehrerer Unternehmen zu einem einzigen Unternehmen.

Bei einer **Übernahme** erwirbt eine Organisation das Eigentum einer anderen Organisation wohingegen eine **Fusion** den Zusammenschluss oder die Verschmelzung zweier oder mehrerer Unternehmen zu einem einzigen Unternehmen bezeichnet. In der Praxis gibt es nur wenige feindliche Übernahmen und nur bei wenigen Fusionen schließen sich zwei gleichberechtigte Partner zusammen. Tatsächlich üben sowohl bei einer Übernahme als auch bei einer Fusion meist die Manager des einen Unternehmens strategischen Einfluss auf das andere Unternehmen aus. Internationale Fusions- und Übernahmeaktivitäten nehmen inzwischen enorme Ausmaße an, treten aber meist in Wellen auf.[3] Global gesehen verdreifachte sich die Zahl der abgeschlossenen Übernahmen zwischen 1991 und 2001. Nach 2000 kam es zu einem Rückgang, doch im Jahr 2002 lag der Gesamtwert der übernommenen Unternehmen immer noch bei $ 1,2 Billionen (etwa € 1 Billion). Seitdem steigt die Zahl der Übernahmen wieder an, und ihr Wert belief sich 2006 auf fast $ 3,8 Billionen[4] (siehe Abbildung 10.2). Die globalen Fusionsaktivitäten werden von Nordamerika und Westeuropa dominiert, in anderen Volkswirtschaften wie etwa Japan sind Fusionen weitaus seltener. Dies spiegelt die Unterschiede der verschiedenen Führungssysteme wieder (siehe *Abschnitt 4.2*).

Abbildung 10.2: Fusionen und Übernahmen weltweit nach Wert ($ Mrd.)

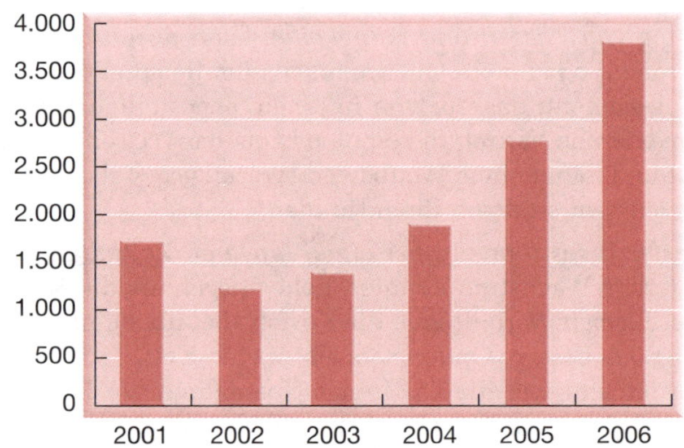

2 Es gibt zahlreiche Veröffentlichungen über Fusionen und Übernahmen, siehe P. Gaughan, *Mergers, Acquisitions and Corporate Restructurings*, 4. Auf., Wiley, 2007. Eine praktische Anleitung für Manager bieten T. Galpin und M. Herndon, *The Complete Guide to Mergers and Acquisitions*, Jossey-Bass, 2000; ebenso D. M. DePamphilis, *Mergers, acquisitions, and other restructuring activities: An integrated approach to process, tools, cases and solutions*, Elsevier, 2005. Für eine kürzere Abhandlung siehe R. Schoenberg, „Mergers and acquisitions: Motives, value creation and implementation“, *The Oxford Handbook of Corporate Strategy*, Oxford University Press, 2003, Kap. 21.

3 G. Müller-Stewens, „Catching the right wave“, *European usiness Forum*, Ausgabe 4 (Winter 2000), S. 6–7, zeigt die wichtigsten Fusionswellen der letzten 100 Jahre auf.

4 Daten aus „All aboard the M&A express“, Sunday Times Business Focus, 31. Dezember 2006, S. 5.

Motive für Übernahmen und Fusionen

Es gibt verschiedene Gründe für die Unternehmensentwicklung mithilfe von Fusionen und Übernahmen. Zuallererst kann es nötig sein, dadurch mit einem sich verändernden *Umfeld* Schritt zu halten:

- *Schneller Markteintritt*. Produkte oder Märkten können sich so schnell verändern, dass eine Übernahme vielleicht die einzige Möglichkeit ist, auf einem neuen Markt erfolgreich aktiv zu werden, da der Prozess des internen Wachstums zu lange dauert.
- Die *Wettbewerbssituation* kann eine Organisation dahingehend beeinflussen, dass sie eine Übernahme bevorzugt. Auf statischen Märkten und dort, wo die Marktanteile anderer Firmen stabil sind, kann es einem neuen Unternehmen schwerfallen, in den Markt einzutreten, denn dadurch könnten Überkapazitäten entstehen. Findet der Markteintritt in Form einer Übernahme statt, können sich die Reaktionen der Konkurrenz dadurch verringern.
- *Konsolidierungsmöglichkeiten*. Ist die Konzentration innerhalb einer Branche gering, besteht die Chance, das Gleichgewicht zwischen Angebot und Nachfrage zu verbessern, indem Firmen übernommen und Überkapazitäten abgebaut werden. In vielen Ländern hat auch die *Deregulierung* öffentlicher Unternehmen zu einer übermäßigen Fragmentierung geführt, die als suboptimal empfunden wurde. Dies stellte wiederum eine Chance für übernahmewillige Unternehmen dar, ihre Übernahmen rational zu erklären und/oder andere Vorteile zu erlangen, etwa durch die Schaffung von Multiversorgungsunternehmen, die Strom, Gas, Telekommunikation und andere Dienstleistungen anboten.
- *Finanzmärkte* können Bedingungen schaffen, die Übernahmen begünstigen. Ist der Aktienwert oder das Kurs-Gewinn-Verhältnis eines Unternehmens hoch, so kann es die Chance wahrnehmen, eine andere Firma mit geringem Aktenwert und niedrigem Kurs-Gewinn-Verhältnis zu übernehmen. Dies ist tatsächlich ein wichtiger Faktor für die Opportunisten unter den übernahmewilligen Firmen. Ein Extrembeispiel ist die sogenannte Ausschlachtung von Unternehmen, wobei hier das Hauptmotiv in der schnellen Gewinnrealisierung liegt, indem unterbewertete Unternehmensteile gekauft und Stück für Stück verkauft werden.

Es gibt auch Überlegungen bezüglich der vorhandenen *Fähigkeiten*:

- Die *Nutzung strategischer Fähigkeiten* kann das Motiv einer Übernahme sein. So werden zum Beispiel Unternehmen im Ausland gekauft, um internationale Fähigkeiten in den Bereichen Marketing und F&E zu nutzen.
- *Kosteneffizienz* ist ein häufig genannter Grund für Übernahmen. So werden etwa einzelne Geschäftsbereiche miteinander verschmolzen, um Ressourcen zu rationalisieren (z.B. die Hauptverwaltung oder die Produktionsstätten eines Unternehmens) oder Größenvorteile zu erlangen.
- Durch Übernahmen können auch *neue Fähigkeiten* erlangt werden, oder diese können zumindest ein Motiv für eine Übernahme sein. So kann eine Firma aufgrund ihrer Fachkenntnisse im Bereich F&E oder ihres Wissens über einen bestimmten Geschäftsprozess oder Markt übernommen werden.

Übernahmen können auch durch die *Erwartungen der Interessengruppen* motiviert sein:

- *Institutionelle Anleger* könnten hauptsächlich beständiges Firmenwachstum erwarten, und eine Übernahme könnte eine Möglichkeit darstellen, dieses Wachstum zu realisieren. Es besteht jedoch die Gefahr, dass ein solches Wachstum durch Übernahmen keineswegs zu einer Schaffung, sondern vielmehr zu einer Zerstörung von Werten führen kann – einige der Gründe hierfür werden in *Kapitel 7* aufgeführt. So kann es sein, dass die Zentrale nicht genügend „Gefühl" für die übernommene Firma hat und daher Werte zerstört.
- Ein *ambitioniertes Management* kann zu Übernahmen führen, denn dadurch wächst ein Unternehmen schnell. Außerdem wird dadurch der Selbstwert der Manager gestärkt, ihre Karrieremöglichkeiten erweitern sich und die monetäre Vergütung steigt meist ebenfalls.
- *Spekulative Motive* einiger Interessengruppen können Übernahmen vorantreiben, die für eine kurzfristige Steigerung des Aktienwerts sorgen. Andere Interessengruppen stehen solchen Spekulationen meist skeptisch gegenüber, da kurzfristige Gewinne langfristigere Pläne und Aussichten zerstören können.

Das Beispiel 10.7 am Ende dieses Kapitels greift die Debatte darüber auf, inwieweit Übernahmen für verschiedene Interessengruppen einer Organisation von Nutzen sind.

Übernahmen und finanzielle Leistung

Übernahmen sind kein leichter Weg und garantieren auch keineswegs eine bessere finanzielle Leistung.[5] Bis zu 70 Prozent aller Übernahmen führen am Ende zu geringeren Renditen für die Aktionäre beider Organisationen. Der häufigste Fehler ist ein überhöhter Kaufpreis, der häufig auf fehlende Erfahrung mit Übernahmen oder schlechte finanzielle Beratung (etwa durch die beteiligte Investmentbank) zurückzuführen ist. Außerdem kann es sein, dass die Manager des übernahmewilligen Unternehmens die Vorteile der Übernahme zu optimistisch einschätzen. Zu einer Übernahme gehören meist auch schlechte Ressourcen und Fähigkeiten ebenso wie die guten Fähigkeiten und Ressourcen, die der eigentliche Grund für den Kauf waren. Es kann auch sein, dass die Fähigkeiten der beiden Organisationen, die nun zusammengeführt werden müssen, nicht kompatibel sind. Dies war zum Beispiel 2004 in Großbritannien der Fall, als die Supermarktkette Safeway von ihrem Konkurrenten Morrisons übernommen wurde. Eines der Probleme war, dass Morrisons ein Jahr lang versuchte, die IT-Systeme beider Firmen zu verschmelzen, bevor dieses Projekt endlich aufgegeben wurde. Aus diesem Grund ist es häufig sinnvoller für Unternehmen, wenn möglich nur einzelne Produkte oder Prozesse anstatt ganze Firmen zu kaufen. Allenfalls braucht die übernahmewillige Firma lange Zeit, um aus der Übernahme einen konkreten finanziellen Nutzen zu ziehen.

So funktionieren Übernahmen

Die Umsetzungsagenda nach einer Übernahme oder einer Fusion variiert höchstwahrscheinlich je nach ihrem Zweck.[6] Trotzdem gibt es vier häufig auftauchende Aspekte, die Erfolg oder Misserfolg einer Fusion/Übernahme wesentlich beeinflussen:

---

5 Siehe z. B. M. Zey und T. Swenson, „The transformation and survival of Fortune 500 industrial corporations through mergers and acquisitions, 1981–1995", *Sociological Quarterly*, Bd. 42, Nr. 3 (2001), S. 461–486; und A. Gregory, „An examination of the long term performance of UK acquiring firms", *Journal of Business Finance and Accounting*, Bd. 24 (1997), S. 971–1002.

6 J. Bower, „Not all M&As are alike", Harvard Business Review, Bd. 79, Nr. 3 (2001), S. 93–101.

- *Wertschöpfung*. Zusätzliche Wertschöpfung aus dem übernommenen Unternehmen könnte der übernehmenden Firma schwerfallen (das Wertschöpfungsproblem der Unternehmenszentrale aus *Abschnitt 7.4*).
- Es ist wichtig, die *Unterstützung der mittleren Führungsebene* zu gewinnen, die für die betrieblichen Abläufe und die Kundenbetreuung im übernommenen Unternehmen zuständig sind. So werden interne Unsicherheiten vermieden und das Vertrauen der Kunden bleibt erhalten. Außerdem muss in diesem Zusammenhang auch schnell entschieden werden, welche Führungskräfte der übernommenen Firma bleiben sollen.
- *Erwartete Synergien könnten nicht realisiert werden*, weil sie entweder gar nicht im erwarteten Maß existieren oder weil es sich als schwierig erweist, die Aktivitäten des neuen Unternehmens zu integrieren. War das Motiv der Übernahme beispielsweise die Übertragung von Fähigkeiten und Wissen, kann es schwer sein, genau zu definieren, wo diese liegen (siehe *Abschnitte 3.4.3* und *3.6.2*).
- *Probleme kultureller Übereinstimmung*. Diese können sich ergeben, wenn das übernehmende Unternehmen entdeckt, dass „alltägliche", jedoch tief verwurzelte Aspekte der Unternehmenskultur (z.B. Routineabläufe im Unternehmen) so voneinander abweichen, dass die Unterschiede schwer zu überbrücken, aber dennoch vor der Übernahme kaum zu identifizieren sind. Dies kann besonders bei grenzüberschreitenden Übernahmen zum Problem werden.[7]

10.2.3 Strategische Allianzen[8]

In einer **strategischen Allianz** setzen zwei oder mehr Organisationen gemeinsam Ressourcen und Aktivitäten ein, um eine Strategie zu verfolgen.[9] Es gibt einfache Allianzen, die aus zwei Partnern bestehen, die gemeinsam ein Produkt herstellen, bis hin zu Allianzen mit mehreren Partnern, die gemeinsam komplexe Produkte oder Lösungen anbieten. Im Jahr 2000 betrieben die 500 erfolgreichsten globalen Unternehmen jeweils durchschnittlich 60 Allianzen.[10] Diese Art der gemeinsamen Entwicklung neuer Strategien wird immer beliebter. Das liegt daran, dass Organisationen nicht immer in der Lage sind, nur mithilfe interner Ressourcen und Kompetenzen mit ihrem immer komplexer werdenden Umfeld oder immer komplexeren Strategien umzugehen, wie sie etwa aus der Globalisierung heraus entstehen.[11] So müssen sie sich vielleicht Material, Fähigkeiten, Innovation, finanzielle Mittel oder Zugang zu Märkten verschaffen und

Strategische Allianz

In einer strategischen Allianz setzen zwei oder mehr Organisationen gemeinsam Ressourcen und Aktivitäten ein, um eine Strategie zu verfolgen.

7 Siehe J. Child, D. Faulkner und R. Pitkethly, *The Management of International Acquisitions*, Oxford University Press, 2003.

8 Hilfreiche Veröffentlichungen über strategische Allianzen sind Y. Doz und G. Hamel, *Alliance Advantage: The art of creating value through partnering*, Harvard Business School Press, 1998; J. Child, *Cooperative strategy*, Oxford University Press, 2005; und R. ul-Haq, *Alliances and Co-Evolution: Insights from the Banking Sector*, Palgrave, 2005. Für eine detaillierte theoretische Übersicht siehe Y. Doz, D. Faulkner und M. de Rond, *Co-operative Strategies: Economic, Business and Organisational Issues*, Oxford University Press, 2001. Ein praktisches Handbuch für Manager ist E. Rigsbee, *Developing Strategic Alliances*, Crisp, 2000.

9 ul-Haq (Fußnote 9) definiert genauer: „In einer „strategischen Allianz" werden meist viele Ressourcen benötigt, sie ist häufig von langer oder unbegrenzter Dauer und ihre Zwecke stellen eine Kernaktivität strategischer Natur für einen oder mehrere Partner dar." (S. 6)

10 D. Ernst und T. Halevy, „Give alliances their due", *McKinsey Quarterly*, Nr. 3 (2002), S. 4–5.

11 Für eine Betrachtung der speziellen Probleme globaler strategischer G. Yip, *Total Global Strategy II*, 2. Aufl., FT/Prentice Hall, 2003, S. 82–85.

erkennen schnell, dass dies nicht nur durch den eigenen Erwerb, sondern auch durch eine Kooperation mit anderen möglich ist. Viele Organisationen stehen also vor der Frage, ob eine Übernahme oder eine Allianz der geeignetere Weg ist, wie Beispiel 10.1 zeigt. Trotzdem scheitert etwa die Hälfte aller Allianzen.[12]

Beispiel 10.1 Wie Anwälte global aktiv werden

Organisationen müssen die Vorteile und Risiken von Übernahmen und Allianzen gegeneinander abwägen.

Sowohl britische als auch amerikanische Anwaltskanzleien weiten ihre Aktivitäten global aus. Sie wählen dazu jedoch unterschiedliche Ansätze. Führende amerikanische Anwaltsbüros grasen den weltgrößten Markt zuhause ab und wagen sich auch langsam auf andere Märkte vor, während die größten britischen Anwaltsbüros verstärkt auf weitverzweigte internationale Netzwerke und globale Präsenz setzen. Noch ist unklar, welche Strategie in Bezug auf die Vorlieben der internationalen Kunden am besten funktionieren wird: Ziehen sie es vor, in allen Rechtsfragen von einer international aktiven Firma beraten zu werden, oder ziehen sie die Beratung durch verschiedene spezialisierte Firmen in den einzelnen Ländern vor?

Die meisten der größten Anwaltsbüros hinsichtlich des Umsatzvolumens sind in den USA beheimatet. Die allergrößten dieser Firmen bilden jedoch den sogenannten „magischen Zirkel" und sind in London zuhause. Sie verfügen über einen relativ begrenzten Heimatmarkt. Daher entschlossen sie sich, ihre informellen Beziehungen zu Firmen in anderen Ländern auszubauen, d.h. entweder formelle Partnerschaften einzugehen, zu fusionieren oder ihre eigenen Büros zu öffnen … Drei Viertel der 25 größten britischen Anwaltsbüros verfügen über mindestens eine 100-prozentige Tochter in China, während dieser Prozentsatz 2004 noch bei 25 Prozent lag.

2007 hatten die Ergebnisse dieser neuen Strategie beeindruckende Ausmaße angenommen: Die vier größten Mitglieder des magischen Zirkels übertrafen im letzten Jahr sogar den ohnehin vorherrschenden Trend global wachsender Rentabilität

Doch es gab auch Probleme. Zum einen waren da die unterschiedlichen Rechtssysteme der einzelnen Länder. Angesichts dieses Problems „sind englische Anwälte und die juristische Gesellschaft, ihr Berufsverband, darauf bedacht, die englische Rechtsprechung auf die gesamte internationale Geschäftswelt zu übertragen". Außerdem haben die britische Regierung und der Berufsverband der Juristen eine Offensive gestartet, um andere Länder zu überzeugen, die Handlungs- und Arbeitsweise ihrer Juristen nicht mehr zu beschränken.

12 Siehe aber J. Dyer, P. Kale und H. Singh, „How to make strategic alliances work", Sloan Management Review, Bd. 42, Nr. 4 (2001), S. 37–43.

Amerikanische Anwälte konzentrieren sich eher auf ihren Heimatmarkt, wo ohnehin die meisten der großen global aktiven Firmen ansässig sind – auch wenn es Bedenken gibt, dass immer mehr Firmen aufgrund des Sarbanes-Oxley-Gesetzes zur finanziellen Offenlegung ihren Sitz ins Ausland verlegen.

Sie erhalten sich durch die Arbeit auf ihrem Heimatmarkt eine hohe Rentabilität, betreiben nur in einigen wenigen großen Städten im Ausland eigene Büros und bauen in Ländern ohne eigene Präsenz Beziehungen zu lokalen Firmen auf. Dadurch fallen weniger Betriebskosten an. Außerdem schützt diese Strategie die amerikanischen Firmen vor einem übertriebenen Engagement auf potenziell riskanten Märkten. Auch die Londoner Anwaltskanzlei Slaughter and May hat diesen Ansatz gewählt – mit Erfolg: „Die internationale Expansion wurde zugunsten der Schaffung eines Netzwerks aus „befreundeten" Kanzleien in wirtschaftlich bedeutenden Ländern aufgegeben."

Befürworter dieses Systems weisen auch auf Umfrageergebnisse hin, die belegen, dass die internationalen Fähigkeiten eines Anwaltsbüros nicht zu den zehn wichtigsten Anforderungen der Kunden gehören. Außerdem führen sie das Argument an, dass die Märkte außerhalb Europas viel weniger Gewinn abwerfen.

Zudem lässt sich beobachten, dass amerikanische und britische Anwaltsfirmen völlig unterschiedliche Ansätze wählen, wenn es um Fusionen und Übernahmen geht: Große britische Firmen sind fast ständig auf der Pirsch – wenn auch meist ohne Erfolg – nach Partnern für eine Fusion (meist in den USA), um so an den größeren Markt zu gelangen. Dies steht im scharfen Kontrast zu dem, was ein Teilhaber einer der größten amerikanischen Anwaltsbüros über Fusionen sagt:„Das ist nichts für uns. Wir haben noch niemals fusioniert, wie haben nie ein anderes Unternehmen übernommen und werden das auch nie tun."

Quelle: „Reach versus risk", Financial Times, 14. Dezember 2006, S. 15.

Kontrollfragen

1. Erklären Sie die unterschiedlichen Argumentationsketten der Anwaltsfirmen für Übernahmen oder für Allianzen. Nehmen Sie dabei Bezug auf die in *Abschnitt 10.2.2* und *10.2.3* genannten Gründe.
2. Wo liegen die Risiken beider Ansätze?

Motive für Allianzen

Ein häufiger Grund für eine Allianz liegt in der Erlangung von Ressourcen, die eine Organisation benötigt, aber selbst nicht besitzt. So brauchen Banken beispielsweise Zugang zu einem Zahlungssystem, das den Einsatz von Kreditkarten zur Zahlung in Geschäften ermöglicht (etwa Visa oder MasterCard) sowie zu den Bankautomaten, die es ihren Kunden ermöglichen, automatisch Geld abzuheben. Diese Ressourcen bieten den Mitgliedern einer Allianz aber keinerlei Wettbewerbsvorteile – und sollen dies auch gar nicht, denn sie sind lediglich Schwellenerfordernisse für das moderne Bankwesen. Solche Vereinbarungen nennen sich Infrastrukturallianzen. Hier werden Ressourcen und Mechanismen gemeinsam genutzt, ohne dass ein Wettbewerbsvorteil entsteht.[13] An dieser Stelle geht es aber hauptsächlich um die strategischen Allianzen, die einen solchen Vorteil bringen sollen.

Es gibt drei Arten von Motiven für solche Allianzen:

- Allianzen sorgen für die Bildung einer notwendigen *kritischen Masse* durch Partnerschaften mit Konkurrenten oder Anbietern von Komplementärprodukten. Das kann zu einer Kostenreduzierung und zu verbesserten Angeboten für die Kunden führen.
- Eine *Co-Spezialisierung* ermöglicht es jedem Partner, sich auf die Aktivitäten zu konzentrieren, die seinen Fähigkeiten am besten entsprechen. Dies ist der Fall, wenn neue geografische Märkte erschlossen werden sollen, wo eine Organisation lokales Wissen und Fachkenntnisse in den Bereichen Marketing, Vertrieb und Kundenbetreuung benötigt. Ähnlich häufig sind Allianzen mit Organisationen aus anderen Bereichen der Wertkette (etwa Zulieferern oder Vertriebsunternehmen).
- Auch das *Lernen* von anderen Partnern und die Entwicklung von Fähigkeiten, die anderswo ebenso eingesetzt werden können, sind starke Motive. So lassen sich zum Beispiel die ersten Schritte in Richtung E-Business leichter mithilfe eines Partners machen, der über Fachwissen zum Einrichten einer Website verfügt. Dennoch könnte ein Unternehmen langfristig planen, diese Aktivitäten intern durchzuführen. Es kann auch sein, dass Organisationen bestimmte Allianzen zum Zweck des Ausprobierens eingehen, denn dadurch teilen sie sich die Verantwortung und sind nicht nur auf die eigenen Ressourcen und Fähigkeiten angewiesen. Allianzen können die Basis für die Entwicklung strategischer Optionen sein, die sich von den intern und organisch entwickelten Optionen unterscheiden[14] (siehe die Betrachtung über reale Optionen in *Abschnitt 10.3.2*).

Arten von Allianzen

Es gibt verschiedene Arten strategischer Allianzen. Manche sind formelle Partnerschaften zwischen Organisationen. Andere können wiederum recht lose Vereinbarungen über eine Zusammenarbeit und informelles Networking von Organisationen sein, wobei Aktienbeteiligung oder gegenseitiges Eigentum keine Rolle spielen:

- *Joint Ventures* sind relativ formelle Allianzen, können aber ebenso unterschiedliche Formen annehmen. Die beteiligten Organisationen bleiben jeweils unabhängig, gründen aber gemeinsam eine neue Organisation, die beiden gehört. In China beispielsweise sind Joint Ventures sehr beliebt. Firmen vor Ort stellen Arbeitskräfte zur Verfügung und ermöglichen den Markteintritt. Von den westlichen Firmen kommen Technologie, Managementfachwissen und Finanzmittel.

13 Diese Definition basiert auf ul-Haqs Erklärung von Infrastrukturallianzen (siehe Fußnote 9, 6–9).

14 Für eine umfassendere Abhandlung über die Rolle von Allianzen und Joint Ventures zur Erforschung und/oder Ausnutzung von Ressourcen siehe W. Kummerle, „Home base and knowledge management in international ventures“, Journal of Business Venturing, Bd. 17, Nr. 2 (2002), S. 99–122.

- *Konsortien* können von zwei oder mehr Organisationen gebildet werden. Dieses Arrangement ähnelt einem Joint Venture, konzentriert sich aber meist verstärkt auf ein einzelnes Projekt. Beispiele sind große öffentliche Bauprojekte oder ehrgeizige internationale Produktionen wie etwa der Airbus. Konsortien können auch zwischen Organisationen der öffentlichen Hand gebildet werden, deren Dienstleistungen (z.B. öffentlicher Nahverkehr) administrative Grenzen überschreitet.
- *Netzwerke* sind formlose Arrangements, aus denen die beteiligten Organisationen durch ihre Zusammenarbeit Vorteile erlangen, ohne sich auf gegenseitige Beteiligungen oder formelle Verträge zu verlassen. Carlos Jarillo beschreibt die Merkmale solcher Netzwerkvereinbarungen als gegenseitige Anpassung der Arbeitsbeziehungen, gegenseitiges Vertrauen (siehe unten) und meist das Vorliegen einer „zentralen Organisation", die das Netzwerk geschaffen hat und weiter fördert.[15] Solche Netzwerkvereinbarungen können zwischen Konkurrenten in hart umkämpften Märkten bestehen, wo eine Zusammenarbeit aber dennoch allen nutzt. Ein Beispiel hierfür ist die Formel Eins[16], wo alle beteiligten Firmen ihr Fachwissen über die allerneueste Technik meist untereinander austauschen.

Weitere Formen von Allianzen basieren meist auf einem Vertragswerk und stützen sich nicht auf gegenseitige Unternehmensbeteiligungen:

- Beim *Franchising* geht es darum, dass der Franchise-Nehmer bestimmte Aktivitäten wie Fertigung, Vertrieb oder Verkauf übernimmt, während der Franchise-Geber für Markennamen, Marketing und meist auch Training verantwortlich ist. Die bekanntesten Beispiele für dieses System sind wohl Coca-Cola und McDonalds.
- *Lizenzen* werden typischerweise in wissenschaftlichen Branchen vergeben. So wird etwa das Recht, ein patentiertes Produkt herstellen zu dürfen, über die Zahlung einer Gebühr garantiert.
- Ein Unternehmen kann mittels eines *Untervertrags* bestimmte Dienstleistungen oder einen Teil eines Prozesses an eine andere Firma vergeben; so wird in Unternehmen des öffentlichen Sektors die Verantwortung für Müllentsorgung, Reinigung und IT-Dienstleistungen mehr und mehr an externe private Firmen vergeben. Dies wird auch Outsourcing genannt.

Abbildung 10.3 zeigt drei wichtige Faktoren, die die Art einer Allianz beeinflussen können:

- *Verändert sich ein Markt schnell*, so müssen auch strategische Schritte schnell vollzogen werden. Hier sind also weniger formelle und flexiblere Netzwerke meist besser geeignet als ein Joint Venture, dessen Einrichtung mehr Zeit in Anspruch nimmt.
- *Management von Ressourcen und Fähigkeiten.* Erfordert eine Strategie separate, eigens dafür reservierte Ressourcen, so ist ein Joint Venture das geeignete Arrangement. Können dagegen die strategischen Zwecke und Aktivitäten der Allianz durch die ohnehin genutzten Ressourcen der Partner verfolgt und betrieben werden, so spricht das für eine lose Partnerschaft mittels eines Vertrags oder für ein Netzwerk.

---

15 Diese Eigenschaften stammen von J. Carlos Jarillo, „On strategic networks", *Strategic Management Journal*, Bd. 9, Nr. 1 (1988), S. 31–41.

16 Siehe M. Jenkins, K. Pasternak und R. West, *Performance at the Limit: Business Lessons from Formula 1 Motor Racing*, Cambridge University Press, 2005.

Abbildung 10.3: Arten strategischer Allianzen

	ART DER BEZIEHUNG		
EINFLUSSFAKTOREN	**Nicht vertraglich (Markt)** • Netzwerke • Opportunistische Allianzen	**Vertraglich** • Lizenzen • Franchising • Unterverträge	**Eigentum** • Konsortien • Joint Ventures
Der Markt • Geschwindigkeit der Veränderungen	Schnelle Veränderung	→	Langsame Veränderung
Ressourcen • Management der Vermögenswerte	Separates Management durch die Partner	→	Gemeinsames Management
• Vermögenswerte des Partners	Nutzung der Werte der Partners	→	Für die Allianz reservierte Werte
• Risiko des Verlusts eigener Werte an den Partner	Hohes Risiko	→	Geringes Risiko
Erwartungen • Verteilung des finanziellen Risikos	Risiko bleibt	→	Risiko ist verteilt
• Politisches Klima	Negatives Klima	→	Positives Klima

- Die *Erwartungen und Motive* der Allianzpartner spielen auch eine wichtige Rolle. Sehen die Partner die Allianz etwa als ein Mittel zur Verteilung ihres finanziellen Risikos, so sorgt dies eher für formellere Abkommen wie etwa ein Joint Venture.

Bedingungen für erfolgreiche Allianzen[17]

Organisationen bilden Allianzen sicherlich aus einem oder mehreren der oben genannten Gründe, doch Vorteile und Nutzen einer solchen Allianz entwickeln sich oft weiter. Eine Allianz kann beispielsweise zu dem Zweck gebildet worden sein, eine besonders komplexe technologische Chance zu nutzen, doch daraus ergeben sich wiederum neue, unerwartete Möglichkeiten. Der Erfolg einer Allianz hängt also von ihrem Management ab und davon, wie die beteiligten Partner die neuen Entwicklungen der Partnerschaft fördern. Dementsprechend lassen sich die Erfolgsfaktoren in drei Gruppen einteilen:

- *Strategischer Zweck.* Zu Beginn einer Allianz ist es in jedem Fall hilfreich, einen klar definierten Zweck vor Augen zu haben. Allerdings haben die verschiedenen Partner meist unterschiedliche, wenn auch kompatible Gründe, eine Allianz zu bilden. Entwickelt sich diese Allianz weiter, so verändern sich höchstwahrscheinlich auch die Erwartungen und die Wahrnehmung der eigenen Vorteile – nicht zuletzt deshalb, weil Allianzen oft geschlossen werden, um mit einem dynamischen und komplexen Umfeld besser umgehen zu können. Driften die Erwartungen der Partner mit der Zeit zu weit auseinander, so wird die Allianz früher oder später aufgelöst werden. Bleiben die sich verändernden Erwartungen jedoch kompatibel und nähern sich sogar einander an, so bleibt die Allianz mit Sicherheit bestehen. Es ist auch möglich, dass sich

17 *Siehe Doz und Hamel, Fußnote 9; T. Pietras und C. Stormer, „Making strategic alliances work“, Business and Economic Review, Bd. 47, Nr. 4 (2001), S. 9–12; N. Kaplan und J. Hurd, „Realising the promise of partnerships“, Journal of Business Strategy, Bd. 23, Nr. 3 (2002), S. 38–42; A. Parkhe, „Interfirm diversity in global alliances“, Business Horizons, Bd. 44, Nr. 6 (2001), S. 2–4; ul-Haq, Fußnote 9; I. Hipkin und P. Naude, „Developing effective alliance partnerships“, Long Range Planning, Bd. 39 (2006), S. 51–69; A. Inkpen, „Learning and knowledge acquisition through international strategic alliances“, Academy of Management Executive, Bd. 2, Nr. 4 (1998), S. 69–80; and „Learning through joint ventures: A framework of knowledge acquisition“, Journal of Management Studies, Bd. 37, Nr. 7 (2000), S. 1019–1045.*

aufgrund neuer Übereinstimmungen sogar eine formellere Vereinbarung, die auch gemeinsames Eigentum beinhaltet, anbietet, etwa eine Fusion der Allianzpartner.[18]

- *Erwartungen und Vorteile einer Allianz.* Angesichts der Tatsache, dass die Erwartungen der Allianzpartner unterschiedlich sein können, ist ein gutes Management der Allianz auch in ihrer Entwicklung entscheidend. Ganz grundlegend können Erwartungen nur dann erfüllt werden, wenn die Bereitschaft besteht, Informationen auszutauschen, darunter auch Informationen über die eigene Leistung, die Organisationen normalerweise nicht gegenseitig offenlegen. Darüber hinaus geht es bei vielen Allianzen vor allem darum, zu lernen und zu experimentieren. Deshalb ist es wichtig, dass alle Allianzmitglieder diese Faktoren als Vorteile erkennen und akzeptieren. Ist einer der Partner nicht von der vorteilhaften Wirkung dieser Faktoren überzeugt und versucht, der Allianz eine „statische" Strategie zu geben, so führt dies häufig zu Problemen.[19] Es gibt auch Hinweise darauf, dass Allianzen, die Produkte und Dienstleistungen entwickeln, die vor allem auf gemeinsamem Wissen basieren (im Gegensatz zu einem Produkt, das gemeinsam gefertigt wird), die Partner meist enger verbindet, da sie ja alle vom stillschweigenden Wissen abhängig sind, das in der Entwicklung solcher Produkte und Dienstleistungen steckt.[20]
- *Management der Allianzbeziehungen.* Die Unterstützung der Allianz durch die höchste Managementebene ist sehr wichtig, denn eine Allianz braucht weitergehende Beziehungen, die aufgebaut und gefestigt werden müssen. Daraus können kulturelle und politische Hürden entstehen, die am besten mithilfe der obersten Führungsebene überwunden werden können. Natürlich sind aber auch starke persönliche Beziehungen zwischen einzelnen Mitarbeitern ausschlaggebend, um eine *Kompatibilität auf betrieblicher Ebene* zu erlangen. In internationalen Partnerschaften müssen so auch nationale kulturelle Unterschiede überwunden werden. Immer wieder zeigt sich jedoch, dass *Vertrauen* die wichtigste Voraussetzung für den Erfolg und fehlendes Vertrauen ausschlaggebend für den Misserfolg einer Allianz ist.[21] Vertrauen besteht aber aus zwei separaten Elementen. Es kann zum einen *auf Kompetenzen basieren*, d.h. jeder Partner vertraut darauf, dass die anderen Partner die richtigen Ressourcen und Fähigkeiten besitzen, um ihren Teil der Allianz zu erfüllen. Es kann aber auch *auf dem Charakter basieren*, d.h. darauf, ob die Partner den Motiven der anderen Partner trauen und ob diese in Bezug auf die Einstellung zu den Themen Integrität, Offenheit, Diskretion und Konsistenz im Verhalten kompatibel sind. Insgesamt gesehen ist es die Qualität der Beziehungen innerhalb einer Allianz, die von besonderer Wichtigkeit ist. Darauf kommt es sogar noch mehr an als auf die physischen Ressourcen einer Allianz.[22]

---

18 ul-Haq (Fußnote 9) identifiziert verschiedene Muster der Co-Evolution, die er als parallel, divergent und konvergent bezeichnet.

19 Siehe Hipkin und Naude, Fußnote 19.

20 Inkpen in the Academy of Management Executive, Fußnote 19.

21 Siehe L. Abrams, R. Cross, E. Lesser und D. Levin, „Nurturing interpersonal trust in knowledge sharing networks", *Academy of Management Executive*, Bd. 17, Nr. 4 (2003), S. 64–77. Ebenso C. Huxham und S. Vangen, *Managing to Collaborate: The Theory and Practice of Collaborative Advantage*, Routledge, 2005; oder ihr Artikel, S. Vangen, und C. Huxham, „Nurturing collaborative relations: Building trust in interorganizational relationships", *Journal of Applied Behavioural Science*, Bd. 39, Nr. 1 (2003), S. 5–31.

22 Diese Argumentation wird geführt von D. Lavie, „The competitive advantage of interconnected firms: An extension of the resource based view", Academy of Management Review, Bd. 21, Nr. 3 (2006), S. 638–658.

Immer wieder zeigt sich also, dass es zwar sehr hilfreich ist, wenn eine Allianz klare *Ziele*, eine klare *Führungsstruktur* und *organisationale Vereinbarungen* hat, die alle Aktivitäten regeln, die die Partner miteinander verbinden. Mindestens genauso wichtig ist es aber, die Allianz *flexibel* zu halten, sodass sie sich *entwickeln* und *verändern* kann.

10.3 Die Bewertung einer Strategie

In Teil II des Buches wurde eine ganze Reihe strategischer Wahlmöglichkeiten vorgestellt, die in Abbildung 10.4 zusammengefasst sind. Dieser Abschnitt befasst sich nun damit, wie diese Wahlmöglichkeiten bewertet werden können, indem man sich die Frage stellt, warum manche Strategien erfolgreicher sind als andere. Für diese Bewertung werden drei wichtige Erfolgskriterien herangezogen, die zur Beurteilung der Erfolgschancen strategischer Optionen genutzt werden können:

Abbildung 10.4: Strategische Optionen

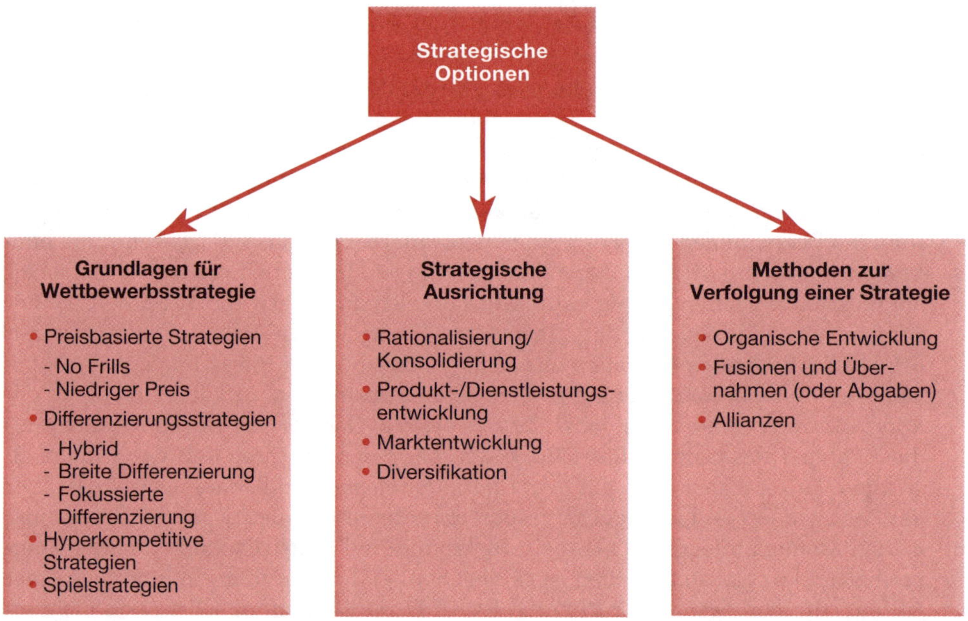

- Die *Tauglichkeit* befasst sich damit, ob eine Strategie die wichtigen Themen in Bezug auf die *strategische Position* einer Organisation aufgreift (wie in Teil I beschrieben).
- Die *Akzeptabilität* befasst sich mit den erwarteten Leistungsergebnissen (wie *Ertrag* oder *Risiko*) einer Strategie und dem Ausmaß, in dem diese den *Erwartungen* der Interessengruppen entsprechen.
- Die *Machbarkeit* befasst sich damit, ob eine Strategie auch in der Praxis funktioniert, ob sie also mit den entsprechenden Fähigkeiten auch in die Tat umgesetzt werden kann.

10.3.1 Tauglichkeit

Tauglichkeit bezieht sich darauf, ob ein Unternehmen die Fähigkeiten besitzt, eine Strategie umzusetzen. Es geht also um das *Grundprinzip* einer Strategie. Im Einzelnen erfordert dies eine Beurteilung dessen, inwieweit eine strategische Option zu den Hauptantriebskräften und den erwarteten Veränderungen des *Umfelds* passt, ob sie gegebene *strategische Fähigkeiten* nutzt und auch in Bezug auf die *Erwartungen und Beeinflussungen der Interessengruppen* sowie auf *kulturelle Einflüsse* geeignet ist. Die in *Kapitel 2* und *4* angesprochenen Konzepte können also sehr hilfreich sein, wenn es um das Verständnis der Tauglichkeit geht. Einige Beispiele sind in Abbildung 10.5 dargestellt. Ein wichtiger Punkt muss aber immer bedacht werden: Es ist sehr wahrscheinlich, dass im Rahmen der Anwendung der in Teil I beschriebenen Konzepte und Instrumente sehr viele Themen, Probleme und Aspekte angesprochen wurden; daher kommt es besonders darauf an, die wirklich wichtigen Themen aus dieser großen Fülle genau zu identifizieren. Eine wichtige Fähigkeit eines Strategen besteht tatsächlich darin, diese *strategischen Schlüsselelemente* ausfindig zu machen. Die Bewertung der Tauglichkeit einer Strategie ist nur dann wirklich möglich, wenn diese Schlüsselelemente feststehen.

Tauglichkeit
Tauglichkeit bezieht sich darauf, ob ein Unternehmen die Fähigkeiten besitzt, eine Strategie umzusetzen.

Konzept	Abbildung Beispiele	Verständnishilfe für	Inhalte angemessener Strategien (Beispiele)
PESTEL	Beispiel 2.1	Wichtige Antriebskräften des Umfelds Veränderungen der Branchenstruktur	Branchenzyklen Branchenkonvergenz Wesentliche Veränderungen des Umfelds
Szenarien	Beispiel 2.2	Ausmaß der Unsicherheit/des Risikos Ausmaß der gegenseitigen Exklusivität strategischer Optionen	Bedarf von Szenarienplänen oder „Niedrig-Kosten-Sondierung"
Fünf Kräfte	Abbildung 2.2, Beispiel 2.3	Branchenattraktivität Wettbewerbskräfte	Senkung der Wettbewerbsintensität Entwicklung von Eintrittsbarrieren
Strategische Gruppen	Beispiel 2.5	Gruppenattraktivität Mobilitätsbarrieren Strategische Freiräume	Bedarf der Neupositionierung in einer attraktiveren Gruppe oder in einem verfügbaren strategischen Freiraum
Kernkompetenzen	Abbildungen 3.1, 3.6, 3.8	Schwellenstandards der Branche Grundlagen für Wettbewerbsvorteile	Schwächen eliminieren Stärken verstärkt nutzen
Wertkette	Abbildungen 3.6, 3.7	Möglichkeiten der vertikalen Integration oder des Outsourcing	Ausmaß der vertikalen Integration oder mögliches Outsourcing
Darstellung der Interessengruppen	Abbildung 4.5, Beispiele 4.4a, b	Macht und Interessen der Interessengruppen	Welche strategischen Optionen befassen sich mit den Interessen welcher Interessengruppen?
Kulturelles Netz	Abbildung 5.7, Beispiel 5.4	Die Verbindungen zwischen Organisationskultur und aktueller Strategie	Die strategischen Optionen müssen zur vorherrschenden Kultur passen

Abbildung 10.5: Tauglichkeit strategischer Optionen in Bezug auf die strategische Position

Die Abhandlungen über die strategische Ausrichtung in den vorangegangenen Kapiteln von Teil II und über strategische Methoden in *Abschnitt 10.2* befassten sich nicht nur mit den „verfügbaren“ Ausrichtungen und Methoden einer Organisation, sondern nannten auch Gründe, warum jede Möglichkeit in Betracht gezogen werden sollte. Die Beispiele in diesen Abschnitten verdeutlichen also auch, warum Strategien als angemessen angesehen werden könnten. Tabelle 10.1 fasst die Punkte aus den vorangegangenen Abschnitten zusammen und gibt Beispiele für Gründe, warum strategische Ausrichtungen und Methoden als angemessen angesehen werden könnten.

Tabelle 10.1

Einige Beispiele für Tauglichkeit

Strategische Option	Gründe, warum diese Option angemessen ist in Bezug auf: Umfeld	Fähigkeit	Einflüsse von Interessengruppen und/oder Kultur
Ausrichtungen			
Konsolidierung	Rückzug aus schwachen Märkten Halten des Marktanteils	Stärkenaufbau durch ständige Investition und Innovation	Beibehaltung dessen, was der Organisation und den Interessengruppen vertraut ist
Marktdurchdringung	Erlangung von Marktanteilen zum eigenen Vorteil	Nutzung bester Ressourcen und Kompetenzen	
Produktentwicklung	Nutzung des Wissens über Kundenbedürfnisse	Nutzung von F&E	Minimierung des Risikos, Interessengruppen die ein Interesse daran haben, den Status Quo zu erhalten, zu verärgern Minimierung des Risikos, Entscheidungen zu treffen, die gegen die Kultur stehen
Marktentwicklung	Aktuelle Märkte gesättigt Neue Chancen für: Geografische Ausdehnung, Eintritt in neue Segmente oder Nutzungsmöglichkeiten	Nutzung aktueller Produkte und Fähigkeiten	
Diversifikation	Aktuelle Märkte gesättigt oder schwach	Nutzung von Kernkompetenzen in neuen Bereichen	Erfüllung der Bedürfnisse der Interessengruppen, die schnelleres Wachstum erwarten Aber Potenzial für Kulturkonflikt vorhanden

Strategische Option	Gründe, warum diese Option angemessen ist in Bezug auf: Umfeld	Fähigkeit	Einflüsse von Interessengruppen und/oder Kultur
Methoden			
Organische Entwicklung	Partner oder Übernahmeziele nicht vorhanden oder ungeeignet	Aufbau auf eigenen Fähigkeiten Lernen und Kompetenzentwicklung	Kulturelle/politische Leichtigkeit
Fusion/Übernahme	Geschwindigkeit Angebot/Nachfrage Kurs-Gewinn-Verhältnis	Übernahme von Kompetenzen Größenvorteile	Renditen: Wachstum oder Aktienwert Aber Potenzial für Kulturkonflikt vorhanden
Gemeinsame Entwicklung	Geschwindigkeit Branchennorm Erforderlich für Markteintritt	Komplementäre Kompetenzen Lernen von den Partnern	Risiko wird verteilt In Mode

Beurteilungen der Instrumente zur Bewertung der Tauglichkeit

Es gibt eine Reihe von Instrumenten, die zur Bewertung der Tauglichkeit von strategischen Optionen genutzt werden können, darunter:

- *Die TOWS Matrix.*[23] Sie wurde in der Einleitung zu Teil II (siehe Abbildung II.ii) als Methode zur Identifizierung strategischer Optionen auf Basis der SWOT Analyse vorgestellt. Sie kann aber auch angewendet werden, um die Tauglichkeit zu bewerten. Hierfür können Optionen in Bezug darauf „gerechtfertigt" werden, inwieweit sie die Stärken, Schwächen, Risiken und Chancen, die mit der strategischen Position einer Organisation verbunden sind, mit einbeziehen.
- Die *relative Tauglichkeit* von Optionen zählt. Vielleicht stehen einer Organisation viele Optionen zur Verfügung, die aber nicht alle gleich angemessen und geeignet sind. Es gibt nützliche Instrumente, die die relative Tauglichkeit verschiedener Optionen besser verstehen helfen.
- Definieren einer *Rangfolge* strategischer Optionen. Optionen werden anhand von wichtigen Faktoren bewertet, die sich auf die strategische Position der Organisation und eine Bewertung (oder Rangfolge) beziehen, die für jede Option festgelegt wird. Siehe Beispiel 10.2 für ein detailliertes Beispiel.

23 H. Weihrich, „The TOWS matrix – a tool for situational analysis", *Long Range Planning*, April (1982), S. 54–66.

- *Entscheidungsbäume* können auch zur Bewertung strategischer Optionen anhand vieler wichtiger Faktoren verwendet werden. Hier werden bestimmte Optionen eliminiert, während sich bevorzugte Optionen dadurch ergeben, dass immer mehr Anforderungen definiert werden, die erfüllt werden müssen (z.B. Wachstum, Investition oder Vielfalt). Siehe Beispiel 10.3.
- *Szenarien*. Hier werden strategische Optionen anhand einer Reihe möglicher zukünftiger Situationen bewertet. Dies ist besonders sinnvoll, wenn die Zukunft sehr unsicher ist (wie in *Abschnitt 2.2.2* angesprochen, siehe Beispiel 2.2). Welche Optionen hier angemessen sind, hängt von den verschiedenen Szenarien ab, sodass eine Organisation sich also mehrere Optionen offenhalten muss. Auch Szenarienpläne sind möglich. Es kann auch sein, dass eine Option für mehrere Szenarien angemessen ist.

10.3.2 Akzeptabilität

Akzeptabilität

Akzeptabilität befasst sich mit den erwarteten Erfolgswirkungen einer Strategie und damit, inwieweit diese den Erwartungen der Interessengruppen entsprechen.

Akzeptabilität befasst sich mit den erwarteten Leistungsergebnissen einer Strategie. Diese können dreierlei Form annehmen: Rendite, Risiko und Reaktionen der Interessengruppen. Tabelle 10.2 fasst einige Instrumente zusammen, die für das Verständnis der Akzeptabilität einer Strategie sinnvoll sein können und zeigt gleichzeitig deren Grenzen auf. Es ist sicher ratsam, mehr als einen Ansatz zur Bewertung der Akzeptabilität einer Strategie zu nutzen.

Ertrag

Erträge

Erträge bezeichnen die Ergebnisse, welche die Interessengruppen von einer Strategie erwarten.

Erträge bezeichnen die Ergebnisse, welche die Interessengruppen von einer Strategie erwarten. Mithilfe von Maßeinheiten für Renditen werden meist Vorschläge für neue Projekte oder größere Unternehmungen von den Managern bewertet. So könnte die Bewertung finanzieller und nicht-finanzieller Renditen, die sich höchstwahrscheinlich aus einer bestimmten strategischen Option ergeben, ein wichtiges Kriterium für die Akzeptabilität einer Strategie sein – zumindest für einige Interessengruppen.

Es gibt verschiedene Ansätze, die das Verständnis von Erträgen erleichtern. Dieser Abschnitt befasst sich kurz mit drei dieser Ansätze. Dabei muss immer bedacht werden, dass es keine absoluten Standardaussagen darüber gibt, was gute oder schlechte Erträge sind. Das kommt ganz auf die jeweiligen Branchen, Länder und die betroffenen Interessengruppen an. Außerdem gibt es verschiedene Ansichten darüber, welche Maßeinheit am besten zur Bewertung von Erträgen geeignet ist, wie sich unten zeigen wird.

Beispiel 10.2 Eine Rangfolge für Optionen: Churchill Pottery

Die Festlegung einer Rangfolge kann mithilfe einer SWOT Analyse vorgenommen werden, wobei alle strategischen Optionen anhand von wichtigen strategischen Faktoren aus der SWOT Analyse miteinander verglichen werden.

In den 1990er Jahren war Churchill Pottery (in Stoke-on-Trent, Großbritannien, beheimatet) eines der zentralen Unternehmen, die in einer BBC-Serie mit dem Titel „Troubleshooter" gezeigt wurden. Die Management-Teams mehrerer Unternehmen wurden dazu eingeladen, die strategische Entwicklung ihrer Organisationen mit Sir John Harvey-Jones (ehemaliger Vorsitzender von ICI, ein Chemieunternehmen und lange Zeit das als führend angesehene Unternehmen in Großbritannien) zu diskutieren. Wie viele traditionelle Unternehmen aus dem Bereich Fertigung sah sich auch Churchill auf seinem Heimatmarkt einem wachsenden Druck durch billigere Importe ausgesetzt. Deshalb dachte man darüber nach, in ein höheres Marktsegment zu wechseln und dazu eine neue Produktreihe einzuführen, die auf die Kunden abgestimmt war, die großen Wert auf Design legten. Die unten beschriebene Übung zur Festlegung einer Rangfolge wurde von einer Teilnehmergruppe eines Managementprogramms durchgeführt, die das Video über Churchill Pottery gesehen hatte.

Die entstandene Reihenfolge ist sehr interessant. Zunächst wird ganz klar, dass etwas geschehen muss. Zweitens stellen sich die radikalen Veränderungen der Strategie – wie etwa die Verlagerung auf den Einzelhandel oder eine Diversifikation – als unangemessen heraus. Sie gehen an den Problemen des Kerngeschäfts vorbei, passen nicht zu den Fähigkeiten von Churchill und sind auch für die Unternehmenskultur ungeeignet. Demnach bleiben Entwicklungen in verwandte Bereiche als Favoriten übrig – wie dies bei einer traditionellen Firma aus dem Fertigungsbereich eigentlich zu erwarten war. Was bleibt, ist eine beträchtliche Investition in eine Reduzierung der Kosten, um einen Marktansatz zu unterstützen, der sich auf die eigenen Grundprodukte konzentrierte (Optionen 2 und 5) oder durch erzeugten Mehrwert auf das wachsende höhere Marktsegment abzielte. Die Firma entschied sich für die letztere Strategie und war damit recht erfolgreich – was höchstwahrscheinlich mit auf ihre große Bekanntheit aufgrund der TV-Präsenz in der Serie „Troubleshooter" zurückzuführen war.

Tabelle 10.2

Ranking exercise

Strategische Optionen	Wichtige strategische Faktoren						
	Familien-besitz	Investment-fonds	Billige Importe	Fehlende Fähigkeiten in Marketing/Design	Geringe Automation	Geschmack des Kunden (Design)	Rang
1. Nichts tun	√	?	x	?	x	x	C
2. Konsolidierung in aktuelle Segmente (Investitionen/ Automation)	√	x	√	?	√	?	B
3. Expansion internationaler Verkäufe (Europa)	X	x	x	x	x	?	C
4. Starten einer neuen Reihe für das obere Marktsegment	√	√	√	x	?	√	A
5.Expansion der Produktion der „eigenen Marke" (an die Hotel-/Cateringbranche)	√	√	√	?	x	?	B
6. Eröffnung von Einzelhandelsgeschäften	x	x	?	x	?	?	C
7. Diversität	x	x	?	?	?	√	C

√ = positiv; **x** = negativ; **?** = unsicher oder irrelevant

A = am besten geeignet; **B** = möglich; **C** = ungeeignet

Kontrollfragen

1. Wurde Option 4 vor den anderen Optionen eingestuft, weil
   a. sie die meisten Häkchen aufweist?
   b. sie die meisten Kreuze aufweist?
   c. eine Kombination aus a) und b) vorliegt?
   d. andere Gründe vorliegen?

   Begründen Sie Ihre Antwort.
2. Zählen Sie die wichtigsten Stärken und Schwächen der Rangfolgeanalyse auf.

Beispiel 10.3 Ein strategischer Entscheidungsbaum für eine Anwaltsfirma

Entscheidungsbäume bewerten zukünftige Optionen, indem andere Option Schritt für Schritt durch die Einführung weiterer Kriterien ausgeschlossen werden.

Der Hauptaufgabenbereich einer Anwaltsfirma lag in der Betreuung von Eigenheimveräußerungen, wobei die zu erzielenden Gewinne immer magerer ausfielen. Daher wurden eine Reihe neuer Strategien für die Zukunft in Betracht gezogen. Mithilfe eines strategischen Entscheidungsbaums konnte die Firma bestimmte Optionen ausschließen, indem einige wichtige Kriterien identifiziert wurden, die bestimmend für die zukünftige Entwicklung sein würden wie Wachstum, Investitionen (in Geschäftsräume, Computersysteme oder Übernahmen) und Diversifikation (z.B. in den Bereich eheliches Güterrecht, das oft Eigenheimveräußerungen nach sich zieht, wenn sich Familienverhältnisse verändern).

Eine Analyse des Entscheidungsbaums zeigt Folgendes: Sehen die Partner Wachstum als wichtigen Aspekt der zukünftigen Strategie an, so werden Optionen 1-4 höher eingestuft als Optionen 5-8. Im zweiten Schritt würde der Wunsch nach einer Strategie, die wenige Investitionen vorsieht, die Optionen 3 und 4 höher einstufen als 1 und 2 und so weiter.

Die Partner waren sich dessen bewusst, dass diese Technik Schwächen hatte, da die Wahlmöglichkeiten bei jeder Verzweigungen zu grob und vereinfachend sein können. Kann man die Frage nach einer Diversifikation nur mit „ja" oder „nein" beantworten, so bleiben all die verschiedenen Alternativen außen vor, die zwischen diesen beiden Extremen liegen, z.B. die *Anpassung des „Stils" der Veräußerungsdienstleistung* (dies könnte eine wichtige Variante von Option 6 oder 8 sein). Trotzdem ist der Entscheidungsbaum ein sinnvoller erster Schritt bei der Beurteilung verschiedener Optionen.

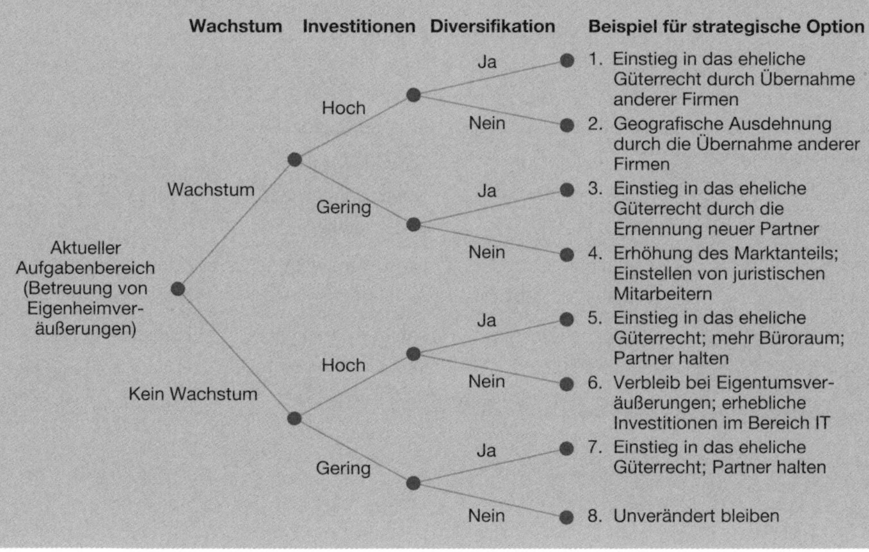

Abbildung 10.6: Strategischer Entscheidungsbaum

Kontrollfragen

1. Versuchen Sie, die Reihenfolge der drei Parameter umzukehren (zuerst kommt also Diversifikation, dann Investitionen und Wachstum) und zeichnen Sie dann den Entscheidungsbaum neu. Ergeben sich dieselben acht Optionen?
2. Fügen Sie einen vierten Parameter zum Entscheidungsbaum hinzu. Dieser Parameter soll die Entwicklung durch *interne Methoden* oder durch *Übernahmen* sein. Listen Sie Ihre 16 Optionen in der rechten Spalte auf.

Tabelle 10.3

Einige Kriterien zur Beurteilung der Eignung von strategischen Optionen

Kriterien	Verständnishilfe	Beispiele	Grenzen
Erträge			
Rentabilität	Finanzieller Ertrag aus Investitionen in große Projekte	Kapitalrendite Rückzahlungszeitraum Diskontierter Cash Flow (DCF)	Anwendbar nur auf abgegrenzte Projekte; nur tangible Kosten/ Nutzen
Kosten-Nutzen	Breiter gefasste Kosten/Nutzen (inklusive immaterielle Werte)	Große Infrastrukturprojekte	Schwierige Quantifizierbarkeit
Reale Optionen	Entscheidungsabfolge	Analyse realer Optionen	Quantifizierbarkeit
Analyse des Shareholder Value	Auswirkung neuer Strategien auf den Shareholder Value	Fusionen/Übernahmen Bewertung neuer Projekte	Technische Details häufig kompliziert
Risiko			
Darstellung finanzwirtschaftlicher Kennzahlen	Stabilität der Strategie	Break-even Analyse Auswirkung auf Verschuldungsgrad und Liquidität	
Sensitivitätsanalyse	Prüfung von Annahmen/Stabilität	„Was wäre wenn"-Analysen	Faktoren werden separat getestet
Reaktionen der Interessengruppen	Politische Dimension der Strategie	Kategorisierung der Interessengruppen	Größtenteils qualitativ

Finanzanalyse[24]

Traditionelle Finanzanalysen werden häufig zur Bewertung der Akzeptabilität verschiedener strategischer Optionen genutzt. Drei der am häufigsten verwendeten Ansätze sind (siehe Abbildung 10.6):

- Die Vorhersage der *Verzinsung des eingesetzten Kapitals* für einen speziellen Zeitraum nachdem eine neue Strategie umgesetzt wurde. Ein Beispiel ist eine Verzinsung von 15 Prozent bis zum dritten Jahr nach Einführung. Dies ist in Abbildung 10.8(a) dargestellt. Die Verzinsung ist eine Maßeinheit der Ertragskraft der zur Umsetzung einer bestimmten strategischen Option eingesetzten Ressourcen.
- Einschätzung des *Amortisierungszeitraums*. Damit ist der Zeitraum gemeint, der vergeht, bis die kumulativen Cash Flows einer strategischen Option positiv werden. Im Beispiel in Abbildung 10.8(b) beträgt der Amortisierungszeitraum 3 1/2 Jahre. Die Amortisierung wird als finanzielles Kriterium herangezogen, wenn eine erhebliche Kapitalspritze nötig ist, um ein neues Projekt auf den Weg zu bringen. Zu beurteilen ist hier, ob der Amortisierungszeitraum zu lang ist und ob die Organisation bereit ist, so lange zu warten. Amortisierungszeiträume variieren stark je nach Branche. Projekte der öffentlichen Infrastruktur wie etwa der Bau neuer Straßen werden mit einem Amortisierungszeitraum von 50 Jahren und mehr bewertet.
- Berechnung der *diskontierten Cash Flows (DCFs)*. Dies ist eine weit verbreitete Methode der Investitionsbewertung. Sie geht noch weiter als die Betrachtung des Amortisierungszeitraums. Zunächst werden die Geldzu- und -abflüsse für jedes Jahr einer strategischen Option bewertet (siehe Abbildung 10.8(c)), um dann diskontiert zu werden. Damit wird die Tatsache berücksichtigt, dass früher erzeugte Geldflüsse wertvoller sind als Geld, das später erzeugt wird. In dem Beispiel zeigen die Kapitalkosten, oder der Diskontierungssatz von zehn Prozent die Ertragsrate, die von denjenigen gefordert wird, die die Finanzmittel für das Projekt zur Verfügung stellen, also Aktionäre und/oder Kreditgeber. Die Kapitalkosten von zehn Prozent *berücksichtigen* eine Inflation in Höhe von drei bis vier Prozent. Dies wird als die „nominalen Kapitalkosten" bezeichnet. Im Gegensatz dazu betragen die „realen" Kapitalkosten sechs bis sieben Prozent nach oder *exklusive* Inflation.
- Der geplante Cash Flow nach Steuern von £ 2 Mio. zu Beginn von Jahr 2 entspricht dem Erhalt von £ 1,82 Mio. jetzt (£ 2 Mio. multipliziert mit 0,91 oder 1/10); der Betrag von £ 1,82 Mio. wird der *Barwert* der £ 2 Mio. genannt, die man am Ende von Jahr 1 bzw. zu Beginn von Jahr 2 zu Kapitalkosten von zehn Prozent erhält. Auch der Cash Flow von £ 5 Mio. nach Steuern am Ende von Jahr 2 bzw. zu Beginn von Jahr 3 hat einen Barwert von £ 4,13 Mio. (£ 5 Mio. multipliziert mit 1/1,10 im Quadrat). Der gesamte *Kapitalwert* des Projekts wird berechnet, indem man alle jährlichen Barwerte über die gesamte voraussichtliche Lebensdauer des Projekts hinweg addiert. Im Beispiel sind das sieben Jahre. Der Kapitalwert beträgt also £ 8,78 Mio. Berücksichtigt man den Zeitwert des Geldes, so ist die Summe von £ 8,78 Mio. der zusätzliche Cash Flow, der durch eine strategische Option während ihrer gesamten Lebensdauer erzeugt wird. Man muss jedoch bedenken, dass die Analyse der diskontierten Cash Flows immer nur so gut sein kann wie die Annahmen, auf denen

24 Die meisten Standardwerke über Finanzen und Buchhaltung erklären die hier zusammengefassten Finanzanalysen im Detail. Siehe zum Beispiel G. Arnold, *Corporate Financial Management*, 3. Aufl., FT/Prentice Hall, 2005, Kap. 4.

sie basiert. Stellt sich beispielsweise die Umsatzsteigerung von drei Prozent jährlich als unrealistisch heraus, so ist die Berechnung des Kapitalwerts zu optimistisch. Die *interne Verzinsung* ist diejenige Verzinsung, die einen Kapitalwert von Null ergibt. So würden in Abbildung 10.8(c) Kapitalkosten oder ein Diskontsatz von etwa 32 Prozent einen Kapitalwert von Null ergeben.

Abbildung 10.7:
Bewertung der Rentabilität

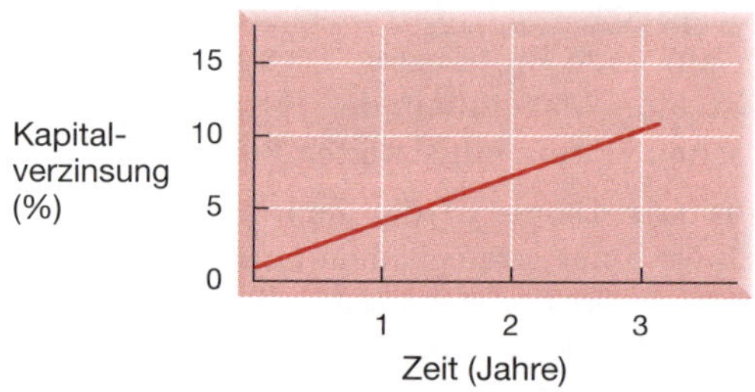

(a) Verzinsung des eingesetzten Kapitals

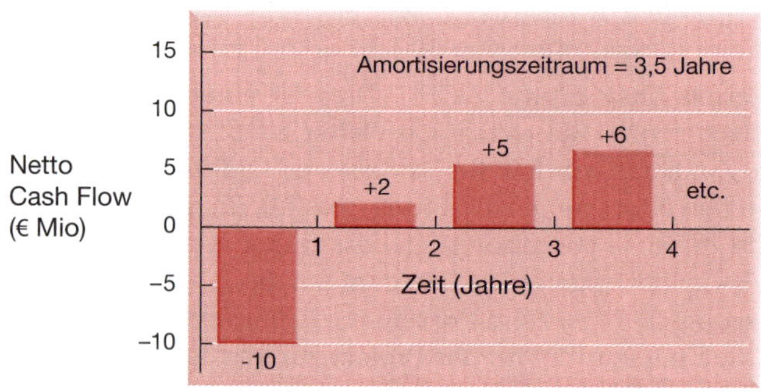

(b) Amortisierungszeitraum

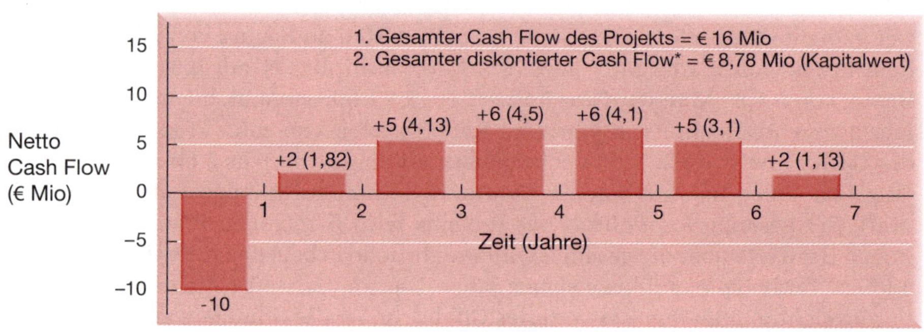

*Diskontierungsrate: 10%
Zahlen in Klammern werden um 10% jährlich diskontiert.

(c) Diskontierte Cash Flows (DCF)

Bei einer Finanzanalyse müssen aber auch noch andere Dinge bedacht werden. Insbesondere durch die scheinbare Gründlichkeit der verschiedenen Ansätze darf man sich nicht irreführen lassen. Die meisten von ihnen wurden zur Auswertung von Investitionen entwickelt. Daher konzentrieren sie sich auf abgrenzbare Projekte, für die sich zusätzliche Kapitalab- und Zuflüsse relativ leicht vorhersagen lassen. Ein Beispiel ist ein Einzelhändler, der einen neuen Laden eröffnet. Solche Annahmen gelten nicht unbedingt für viele strategische Rahmenbedingungen. Die genaue Art und Weise, in der sich eine Strategie entwickelt (und die damit verbundenen sich ergebenden Cash Flows) wird meist klarer, je weiter die Umsetzung der Strategie fortschreitet. Auch lassen sich strategische Entwicklungen und die dafür relevanten Cash Flows meist nur schwer von den aktuellen Geschäftsaktivitäten trennen.

Außerdem konzentriert sich eine solche finanzielle Auswertung häufig auf die direkten *messbaren* Kosten und Nutzen und weniger auf die Strategie als solche. So kann ein neues Produkt als einzelnes Projekt wenig gewinnbringend wirken. Strategisch gesehen kann es jedoch durchaus sinnvoll sein, denn es kann die Akzeptabilität anderer Produkte des Unternehmensportfolios steigern. Um diese Schwächen auszugleichen, wurden weitere Ansätze zur Bewertung von Erträgen entwickelt.

Kosten-Nutzen[25]

In vielen Fällen ist der Gewinn allein eine zu eng gefasste Interpretation von Ertrag, besonders dann, wenn es vor allem auf immaterielle Vorteile ankommt. Dies gilt für gewöhnlich für große Projekte für die öffentliche Infrastruktur wie etwa die Standortwahl für einen Flughafen oder eine Kläranlage, wie Beispiel 10.4 zeigt. Ebenso gilt dies für langfristige Innovationsprogramme von Unternehmen (wie etwa in der Pharmaindustrie oder der Luftfahrt). Das *Kosten-Nutzen*-Konzept geht davon aus, dass alle Kosten und Nutzen einer Strategie mit einem Geldwert belegt werden können, darunter auch die materiellen und immateriellen Erträge für Menschen und Organisationen, die dieses Projekt oder die Strategie nicht direkt sponsern.

Obwohl eine monetäre Bewertung in der Praxis oft schwierig ist, ist sie doch möglich. Trotz aller Schwierigkeiten ist eine solche Kosten-Nutzen-Analyse immer sinnvoll, wenn man sich ihrer Grenzen bewusst ist. Ihr wichtigster Vorteil liegt darin, dass Manager gezwungen werden, alle Faktoren, die ihre strategischen Entscheidungen beeinflussen, klar zu benennen. Selbst wenn man sich also nicht einig ist, welcher genaue Wert einem bestimmten Kosten- oder Nutzenfaktor zugerechnet werden soll, so kann man doch auf einer gemeinsamen Basis diskutieren und die Vorzüge verschiedener Argumente genau vergleichen.

25 Eine klassische Erklärung der Kosten-Nutzen-Analyse liefert J.L. King, „Cost-benefit analysis for decision-making", *Journal of Systems Management*, Bd. 31, Nr. 5 (1980), S. 24–39. Ein genaues Beispiel aus der Wasserwirtschaft ist zu finden bei N. Poew, „Water companies' service performance and environmental trade-off ", *Journal of Environmental Planning and Management*, Bd. 45, Nr. 3 (2002), S. 363–379.

Beispiel 10.4 Der Bau einer Abwasserkanalisation

Investitionen in Infrastrukturprojekte wie etwa Abwasserkanäle erfordern oft eine genaue Analyse aller Kosten und Nutzen des Projekts.

Private Wasserversorgungsunternehmen hielten in Großbritannien eine Monopolstellung. Sie stellten Frischwasser zur Verfügung und beseitigten das Abwasser. Eine ihrer Prioritäten lag in der Investition in neue Klärsysteme, um den immer anspruchsvolleren gesetzlichen Grenzwerten zu entsprechen. Sie verwendeten für die Bewertung neuer Projekte häufig eine Kosten-Nutzen-Analyse. Die unten aufgeführten Zahlen stammen von einer tatsächlich durchgeführten Analyse.

Tabelle 10.4

Kosten-Nutzen-Analyse

Kosten/Nutzen	£ Mio	£ Mio
Nutzen		
Multiplikatoreffekte		0,9
Überflutungsprävention		2,5
Weniger Verkehrsbehinderungen		7,2
Nutzen durch höheren Freizeitwert		4,6
Nutzen durch Investitionen		23,6
Anreize für Besucher		4,0
Gesamtnutzen		42,8
Kosten		
Baukosten	18,2	
Abzüglich ungelernte Arbeit	(4,7)	
Opportunitätskosten des Baus	(13,5)	
Kapitalwert des Nettonutzens	29,3	
Reale interne Verzinsung	15%	

Nutzen

Vorteile ergeben sich vor allem daraus, dass Flüsse weniger häufig und intensiv als Überlaufkanäle genutzt werden. Aus dem Bau des Systems ergeben sich außerdem wirtschaftliche Vorteile. Die folgenden Vorteile sind in der Tabelle quantifiziert:

- Die lokale Wirtschaft profitiert durch den Multiplikatoreffekt der höheren Ausgaben derjenigen, die mit dem Bau des Projekts beschäftigt sind.
- Die lokale Wirtschaft profitiert durch Einkäufe bei lokalen Unternehmen, darunter fällt auch der Multiplikatoreffekt der Ausgaben.
- Das Risiko einer Überflutung durch Überläufe und alte, überlastete Kanalrohre sinkt – Überflutungswahrscheinlichkeiten können anhand historischer Aufzeichnungen quantifiziert werden. Ebenso können die Kosten für Überflutungsschäden durch eine genaue Schätzung der schadensanfälligen Sachwerte kalkuliert werden.
- Störungen des Verkehrs durch Überflutungen und Straßensperrungen für die Reparatur alter Kanalrohre nehmen ab. Statistiken über die Kosten von Verspätungen für Nutzer, über Verkehrsflüsse auf den betroffenen Straßen und über die Häufigkeit vergangener Sperrungen können zur Quantifizierung der Einsparungen herangezogen werden.
- Der hohe Freizeitwert der Flüsse (zum Beispiel für Bootsport und Fischer) kann mittels Umfragen bei Besuchern gemessen werden, die nach dem für sie relevanten Wert gefragt werden. Außerdem kann berücksichtigt werden, wie sich anderswo eingeführte Gebühren auf die Nachfrage auswirken.
- Der steigende Mietwert und die zunehmende Nutzung der Flächen kann gemessen werden, durch die Einbeziehung von Bauträgern und Beobachtungen der Auswirkungen anderswo.
- Steigende Besucherzahlen von Freizeiteinrichtungen in der Nähe von Flüssen durch weniger Umweltverschmutzung.

Baukosten

Diese verstehen sich exklusive der Kosten für ungelernte Arbeitskräfte. Die Inanspruchnahme ungelernter Arbeiter ist keine Belastung für die Wirtschaft, und die Kosten dafür müssen abgezogen werden, um die Opportunitätskosten zu erhalten.

Nettonutzen

Ist die schwierige Aufgabe der Quantifizierung von Kosten und Nutzen abgeschlossen, so kann eine einfache Diskontierungsmethode angewandt werden, um den Kapitalwert und die interne Verzinsung zu berechnen. Dann kann mit der Analyse wie für konventionelle Projekte fortgefahren werden.

Quelle: G. Owen, ehemaliges Mitglied der Sheffield Business School.

Kontrollfragen

1. Schätzen Sie die aufgezählten Vorteile als angemessen ein?
2. Wie leicht oder schwer ist es, diesen Vorteilen einen monetären Wert zu geben?

Reale Optionen[26]

Die vorangegangenen Ansätze gehen davon aus, dass die Ergebnisse einer strategischen Option relativ klar ersichtlich sind. Es gibt aber auch Situationen, in denen sich der genaue Nutzen und die tatsächlichen Kosten einer Strategie erst allmählich mit ihrer Umsetzung ergeben. In diesen Fällen erfolgt durch die traditionelle, oben beschriebene Methode der Cash Flow-Diskontierung eher eine Unterbewertung eines Projekts, denn der Wert eventueller Optionen, die sich zusätzlich daraus ergeben können, wird außer Acht gelassen. Luehrmann[27] argumentiert, dass dieser zusätzliche Wert entsteht, weil

> *die praktische Umsetzung einer Strategie fast immer mit einer ganzen Reihe von Entscheidungen verbunden ist. Einige Handlungen werden sofort vorgenommen, während andere ganz bewusst aufgeschoben werden. Die Strategie setzt den Rahmen, innerhalb dessen zukünftige Entscheidungen getroffen werden, … lässt aber auch Spielraum für einen Lernprozess aufgrund aktueller Entwicklungen, sodass man auch sein Handeln auch spontan dem Gelernten anpassen kann.*

Diese Flexibilität kann also genutzt werden, um ein Projekt auszuweiten, zu verlängern, vertraglich zu verankern, aufzuschieben oder zu beenden. Demnach sollte eine Strategie als eine *Reihe* „realer" Optionen angesehen werden, als Wahlmöglichkeiten bezüglich der Ausrichtung also, die sich zu bestimmten Zeitpunkten im Laufe der Umsetzung der Strategie auftun. Dieser Ansatz hat drei wichtige Vorteile:

- *Die strategische und die finanzielle Beurteilung rücken näher zusammen.* Dieser Ansatz ermöglicht ein klareres Verständnis sowohl des strategischen als auch des finanziellen Ertrags und Risikos einer Strategie, denn jeder Schritt (jede Option) wird separat betrachtet. So ist der Wert, der sich aus der Investition in eine Technologie nach und nach ergeben wird, welche eine Plattform schafft, aus der sich wiederum mehrere Verbesserungen bezüglich Produkten oder Prozessen entwickeln können, anfangs noch nicht klar ersichtlich. Im Laufe des Projekts findet jedoch ein Lernprozess statt, und es wird klarer, in welche Richtungen es sich weiterentwickeln sollte oder ob es sogar vorzeitig beendet werden sollte.
- *Bewertung sich ergebender Strategien.* Ein solcher Ansatz macht es auch möglich, solchen Optionen einen Wert zuzuweisen, die sich durch eine ursprünglich getroffene, strategische Entscheidung ergeben haben.
- *Besserer Umgang mit Unsicherheit.* Befürworter des Ansatzes der realen Optionen führen das Argument an, dieser übertreffe die Rentabilitätsanalysen oder biete zumindest eine Alternative dazu. Denn bei diesen Analysen müssen Manager Annahmen über zukünftige Bedingungen festlegen, die eventuell nicht realistisch sein könnten.

---

26 Die Beurteilung realer Optionen kann angesichts allzu mathematischer Ansätze verloren gehen, deshalb können Leser, die mehr über die Analyse realer Optionen erfahren möchten, eine der folgenden Veröffentlichungen nutzen: T. Copeland, „The real options approach to capital allocation", *Strategic Finance*, Bd. 83, Nr. 4 (2001), S. 33–37; T. Copeland, T. Koller und J. Murrin, *Valuation: Measuring and managing the value of companies*, 3. Aufl., Wiley, 2000; T. Copeland und V. Antikarov, *Real Options: A practitioner's guide*, Texere Publishing, 2001; L. Trigeorgis, *Managerial Flexibility and Strategy in Resource Allocation*, MIT Press, 2002; P. Boer, *The Real Options Solution: Finding total value in a high risk world*, Wiley, 2002. Siehe auch M. M. Kayali. „Real options as a tool for making strategic investment decisions", *Journal of the American Academy of Business*, Bd. 8, Nr. 1 (2006), S. 282–287.

27 T. Luehrman, „Strategy as a portfolio of real options", *Harvard Business Review*, Bd. 76, Nr. 5 (1998), S. 89–99.

Der Ansatz der realen Optionen kann also als zusätzliches Hilfsmittel in Verbindung mit z.B. der Szenarienanalyse herangezogen werden, um eine unsichere Zukunft zu analysieren (siehe *Abschnitt 2.2.2*). Ein Beispiel eines angewandten Ansatzes der realen Optionen in Abbildung 10.8 zeigt, dass ein großes Ausmaß an Volatilität sich in zweifacher Hinsicht auswirken kann. Erstens werden dadurch Entscheidungen so lange wie möglich aufgeschoben, weil sich (zweitens) im Laufe der Zeit die zu erwartenden Erträge klarer darstellen werden. Dies kann sogar soweit gehen, dass sich Strategien, die zunächst unvorteilhaft erschienen, später als durchaus brauchbar erweisen (die Kategorie „vielleicht später investieren" in der Abbildung).

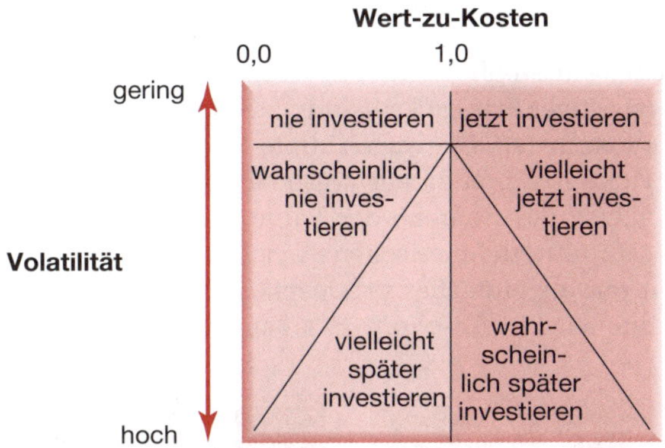

Abbildung 10.8: Ein System realer Optionen

Die Analyse des Shareholder Value[28]

Das Interesse an der Analyse des Shareholder Value und am Management für Werte steigt ständig (siehe *Abschnitt 13.4.1*). Dies liegt hauptsächlich daran, dass man sich mehr und mehr bewusst wird, dass Firmenchefs verstärkt danach streben müssen, Mehrwert für ihre Aktionäre zu schaffen (siehe *Abschnitte 4.2.1* und *4.2.2*). Eine wesentliche Einschränkung traditioneller buchhalterischer Maßeinheiten wie etwa dem Betriebsgewinn (dem Gewinn vor Zinsen und Steuern) besteht darin, dass sie die Kapitalkosten unberücksichtigt lassen. Daraus ergeben sich irreführende Signale, ob nun Mehrwert geschaffen oder zerstört wird. Dies führt wiederum zu irreführenden Ansichten über die Akzeptabilität spezieller strategischer Optionen. In diesem Zusammenhang werden immer mehr Fragen laut, inwieweit die Welle der Fusionen und Übernahmen Shareholder Value schafft (siehe *Abschnitt 10.2.2*).

Shareholder Value lässt sich auf zweierlei Arten messen, und zwar firmenintern, aber auch firmenextern:

- Der externe Messwert wird als *Gesamtertrag des Aktionärs* bezeichnet. In jedem beliebigen Bilanzjahr entspricht er dem Anstieg des Aktienkurses zuzüglich der Dividenden pro Aktie, die in diesem Jahr ausgeschüttet wurden. Dieser Wert wird dann durch den Aktienkurs zu Beginn des Bilanzjahres geteilt. Ein einfaches Beispiel ist in Abbildung 10.9(a) dargestellt.

28 Der wichtigste Verfechter dieser Analyse ist A. Rappaport, *Creating Shareholder Value: The new standard for business performance*, 2. Aufl., Free Press, 1998. Siehe auch R. Mill's chapter, „Understanding and using shareholder value analysis", in V. Ambrosini mit G. Johnson und K. Scholes (Hrs.), *Exploring Techniques of Analysis and Evaluation in Strategic Management*, Prentice Hall, 1998.

- Der interne Messwert wird als *ökonomischer Gewinn* oder *Geschäftswertbeitrag* bezeichnet. Ist das Betriebsergebnis (nach Steuern) höher als die dafür erforderlichen Kapitalkosten, dann ergibt sich ein positiver Wert. Ein Beispiel ist in Abbildung 10.9(b) dargestellt. In der Praxis zeigt sich, dass ein positiver Wert meist zu einer positiven Entwicklung des Aktienkurses führt. Aus diesem Grund ist dieser Messwert ein aussagekräftiger Anhaltspunkt für den Ertrag der Aktionäre.

Effektiv eingesetzt bringen sowohl der wirtschaftliche Gewinn als auch die daraus folgende Verbesserung des Gesamtertrags der Aktionäre die Interessen von Eigentümern und Managern einer Organisation in Einklang. Obwohl die Analyse des Shareholder Value dazu beigetragen hat, die Unzulänglichkeiten der traditionellen Finanzanalysen zu überwinden, kann sie dennoch nicht alle inhärenten Unsicherheiten rund um die strategischen Wahlmöglichkeiten beseitigen. Außerdem wird sie wegen einer Überbewertung kurzfristiger Erträge kritisiert.[29] Trotzdem verhilft die Idee der Bewertung einer Strategie den meist allzu vagen strategischen Vorteilen zu mehr Realismus und Klarheit. Die wichtigste sich daraus ergebende Lektion lautet allerdings, dass die Firmen, die die Analyse des Shareholder Value am erfolgreichsten anwenden, dies innerhalb eines gesamtunternehmerischen Ansatzes des Wertmanagements tun und diese Analyse nicht nur als einfaches technisches Hilfsmittel ansehen.[30] Die Analyse des Shareholder Value wird in *Abschnitt 13.4.1* nochmals aufgegriffen.

Abbildung 10.9: Messwerte des Shareholder Value

(a) Gesamtertrag des Aktionärs

Annahmen:
- Anfangskurs £1 pro Aktie
- Endkurs £1,20 pro Aktie
- Erhaltene Dividende während des Geschäftsjahres 5p pro Aktie

Dann gilt:
- Anstieg des Aktienkurses (20p) plus erhaltene Dividende (5p) = 25p

Der Gesamtertrag des Aktionärs beträgt:
- 25p geteilt durch Anfangskurs £1; als Prozentsatz = 25%

(b) Ökonomischer Gewinn oder Geschäftswertbeitrag

Annahmen:
- Betriebsgewinn nach Steuern £10 Mio.
- Eingesetztes Kapital £100 Mio.
- Kapitalkosten 8%

Dann gilt:
- Das Kapital, das zur Produktion des Betriebsgewinns nach Steuern erforderlich ist, ist das eingesetzte Kapital von £100 x Kapitalkosten 8% = (£8 Mio.)

Der ökonomische Gewinn beträgt:
- Betriebsgewinn (nach Steuern) £10 Mio. abzüglich der Kapitalkosten £8 Mio. = £2 Mio.

Risiko

Risiko

Risiko bezieht sich auf die Wahrscheinlichkeit und die Folgen des Scheiterns einer Strategie.

Ein weiterer Aspekt der Akzeptabilität betrifft das *Risiko*, das eine Organisation mit der Umsetzung einer Strategie eingeht. **Risiko** bezieht sich auf die Wahrscheinlichkeit und die Folgen des Scheiterns einer Strategie. Dieses Risiko kann für Organisationen besonders hoch sein, die große langfristige Innovationsprogramme betreiben, welche viele Unsicherheiten über wichtige Faktoren des Umfelds bergen. Außerdem sind Organisationen besonders betroffen, wenn sich die Öffentlichkeit sehr für deren neue

29 A. Kennedy, *The End of Shareholder Value*, Perseus Publishing, 2000.

30 Dieser Punkt wird in einer Forschungsstudie deutlich, über die P. Haspeslagh, T. Noda und F. Boulos berichten, „It´s not just about the numbers", *Harvard Business Review*, Juli–August 2001, S. 65–73.

Entwicklungen interessiert – wie etwa bei genetisch verändertem Saatgut.[31] Formale Risikobewertungen sind oft in Geschäftsplänen oder auch in Investitionsbewertungen für große Projekte enthalten. Hierbei ist vor allem wichtig, dass auch Risiken berücksichtigt werden, die keine unmittelbare finanzielle Auswirkung haben, so etwa Risiken für das Image des Unternehmens und der Marke, oder das Risiko, eine Chance zu verpassen. Die Entwicklung eines fundierten Verständnisses für die strategische Position eines Unternehmens (Teil I dieses Buches) ist das Herzstück einer jeden guten Risikobewertung. Einige der unten aufgeführten Konzepte können auch für eine detaillierte Risikoanalyse genutzt werden.

Finanzwirtschaftliche Kennzahlen[32]

Berechnungen darüber, wie sich wichtige finanzwirtschaftliche Kennzahlen verändern könnten, wenn eine bestimmte Strategie verfolgt wird, können nützliche Einsichten bezüglich des bestehenden Risikos gewähren. Auf der höchsten Ebene liefert die Bewertung der möglichen Veränderung der *Kapitalstruktur* eines Unternehmens eine wichtige Aussage über bestehende Risiken. So erhöhen Strategien, die eine Steigerung der langfristigen Schulden erfordern, auch den Verschuldungsgrad des Unternehmens und somit sein finanzielles Risiko.

Die Betrachtung des Einflusses der *Liquidität* (also des Kassenstands) einer Firma ist auch ein wichtiger Punkt der Risikoeinschätzung. So lässt sich vielleicht ein kleiner Einzelhändler, der auf schnelles Wachstum aus ist, dazu verleiten, die Kosten, die durch die Ausstattung neuer Geschäfte entstehen, dadurch zu finanzieren, dass er Zahlungen an seine Zulieferer hinauszögert und sein Konto überzieht. Wie sehr diese verminderte Liquidität tatsächlich das Überleben einer Organisation gefährdet, hängt davon ab, wie schnell Gläubiger oder Banken ihre Gelder einfordern – ein Aspekt, der gründlich abgewogen werden muss.

Die Sensitivitätsanalyse[33]

Sie wird manchmal auch *„Was-wäre-wenn“*-Analyse genannt und baut darauf auf, dass jede wichtige Annahme, die einer bestimmten Strategie zugrunde liegt, hinterfragt werden kann und muss. Es wird also getestet, wie empfindlich die vorhergesagte Leistung oder das erwartete Ergebnis (etwa der Gewinn) auf jede dieser Annahmen reagiert. So könnte die wichtigste Annahme bezüglich einer Strategie z.B. sein, dass die Marktnachfrage um fünf Prozent pro Jahr steigen wird, oder dass es in der Organisation keine Streiks geben wird, oder dass bestimmte teure Maschinen mit einer Auslastung von 90 Prozent arbeiten werden. Die Sensitivitätsanalyse fragt nach, wie sich Abweichungen von diesen Annahmen auf die Leistung (in diesem Fall auf die Rentabilität) auswirken

31 L. Levidow und S. Carr, „UK: Precautionary commercialisation“, *Journal of Risk Research*, Bd. 3, Nr. 3 (2000), S. 261–270.

32 Siehe C. Walsh, *Master the Management Metrics That Drive and Control Your Business*, 4. rev. Aufl., FT/Prentice Hall, 2005.

33 Eine kurze Beschreibung dieser Analyse findet sich bei Arnold, Fußnote 26, S. 218. Für Leser, die sich für mehr Details der Sensitivitätsanalyse interessieren, empfiehlt sich A. Satelli, K. Chan und M. Scott (Hrs.), Sensitivity Analysis, Wiley, 2000. Für eine genauere Betrachtung verschiedener Ansätze siehe A.G. Hadigheh und T. Terlaky. „Sensitivity analysis in linear optimization: Invariant support set intervals“, European Journal of Operational Research, Bd. 169, Nr. 3 (2006), S. 1158–1176.

würden. Wenn die Nachfrage beispielsweise nur um ein Prozent oder um ganze zehn Prozent jährlich steigen würde, würde dann eines dieser beiden Extreme die Entscheidung für eine bestimmte Strategie verändern? Es kann sich dadurch ein klareres Bild bezüglich der Risiken ergeben, die eine bestimmte strategische Entscheidung mit sich bringt. So können Manager ihr Vertrauen in bestimmte Entscheidungen stärken. Beispiel 10.5 zeigt die praktische Anwendung der Sensitivitätsanalyse.

Beispiel 10.5 Sensitivitätsanalyse

Die Sensitivitätsanalyse ist eine sinnvolle Methode, um einzuschätzen, inwieweit der Erfolg einer bevorzugten Strategie von den wichtigsten Annahmen abhängt, die dieser Strategie zugrunde liegen.

Im Jahr 2009 war die Dunsmore Chemical Company eine Firma mit nur einem Produkt. Ihr Markt war reif und relativ stabil. Man beabsichtigte, diese bestehende Situation als „Cash Cow" zu nutzen, um daraus Finanzmittel für ein neues Projekt zu gewinnen, bei dem es um ein verwandtes Produkt ging. Schätzungen hatten gezeigt, dass die Firma zur Realisierung dieses neuen Projekts zwischen 2010 und 2015 etwa £ 4 Mio. (€ 6 Mio.) Bargeld würde erwirtschaften müssen.

Obwohl man für die Firma einen Cash Flow von £ 9,5 Mio. für diesen Zeitraum erwartete (Basissituation), war es dem Management wichtig, den wahrscheinlichen Einfluss dreier wichtiger Faktoren einzuschätzen:

- Eine mögliche Steigerung der *Produktionskosten* (Arbeit, Verwaltungskosten und Material), was in realen Zahlen bis zu drei Prozent jährlich ausmachen könnte.
- Die *Kapazitätsauslastung*, die aufgrund älterer Maschinen und unsicherer Arbeitgeber-Arbeitnehmer-Verhältnisse um bis zu 25 Prozent reduziert werden könnte.
- Das *Preisniveau* könnte durch den angedrohten Markteintritt eines neuen Wettbewerbers beeinflusst werden. Dadurch könnten die Preise um bis zu drei Prozent in realen Zahlen gedrückt werden.

Man entschloss sich, zur Bewertung des möglichen Einflusses jeder dieser Faktoren auf die Fähigkeit der Firma, £ 4 Mio. zu erwirtschaften, eine Sensitivitätsanalyse durchzuführen. Die Ergebnisse sind in den Grafen dargestellt.

Aufgrund dieser Analyse zog das Management den Schluss, dass man das gesteckte Ziel von £ 4 Mio. auch mit einer *Kapazitätsauslastung* von lediglich 60 Prozent erreichen konnte, was mit Sicherheit erzielt werden würde. Auch mit einer Steigerung der *Produktionskosten* um drei Prozent pro Jahr würde man das Ziel der £ 4 Mio. noch erreichen können. Eine Preissenkung um drei Prozent jährlich dagegen würde zu einem Defizit von £ 2 Mio. führen.

Aus dieser Analyse schloss man wiederum, dass der wichtigste Faktor, der die Denkweise des Managements zu diesem Thema beeinflussen könnte, der wahrscheinliche Einfluss des neuen Wettbewerbers und auch das Ausmaß war, inwieweit man seine Preise halten könnte, wenn es zu einer neuen Konkurrenzsituation kam. Also entwickelte man eine aggressive Marketingstrategie, um mögliche Neueinsteiger abzuschrecken.

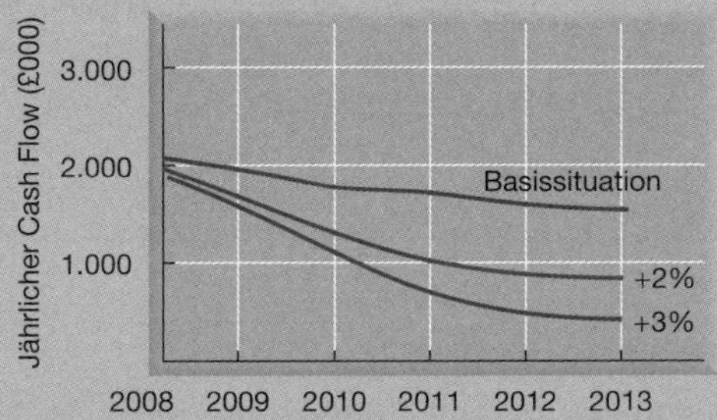

(a) Sensitivität des Cash Flow bezüglich Veränderungen der realen Produktionskosten

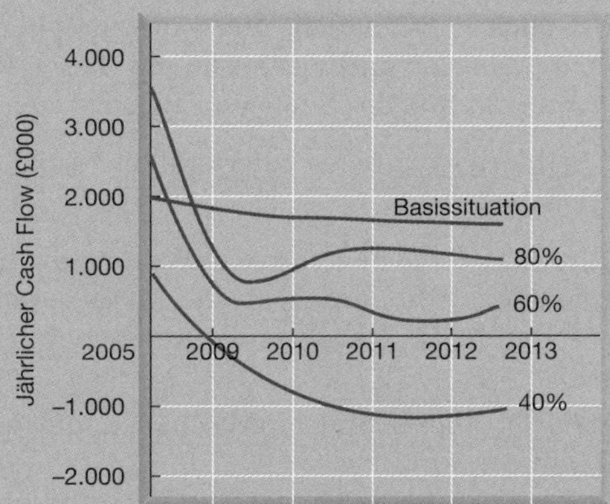

(b) Sensitivität des Cash Flow bezüglich Veränderungen der Kapazitätsauslastung

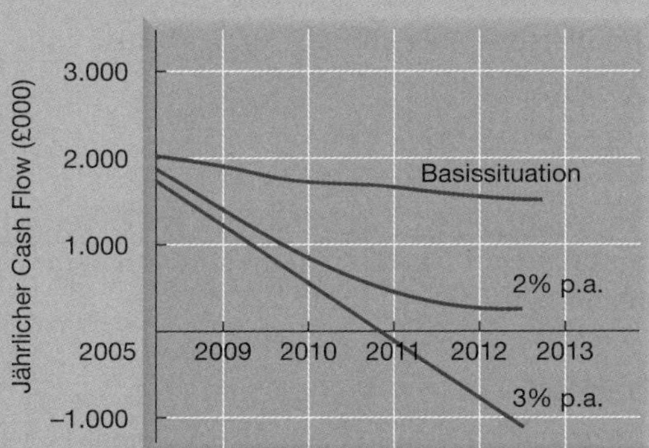

(c) Sensitivität des Cash Flow bezüglich einer Reduktion des realen Preises

Quelle: Die Berechnungen für die Sensitivitätsanalyse verwenden Computerprogramme, die in der Doman-Fallstudie von Peter Jones (Sheffield Business School) eingesetzt wurden.

Kontrollfrage

1. Was sollte das Unternehmen tun, wenn die Marketing-Kampagne eine Erosion der realen Preise nicht verhindern kann?
   a. Versuchen, ein größeres Verkaufsvolumen/höhere Kapazitätsauslastung zu erreichen?
   b. Die Stückkosten der Produktion senken?
   c. Etwas anderes?

Reaktionen der Interessengruppen

Die Betrachtung der *Kategorisierung von Interessengruppen* in *Kapitel 4* (*Abschnitt 4.4.1*) zeigte, wie diese zum Verständnis des politischen Kontexts und zur Betrachtung der politischen Agenda einer Organisation eingesetzt werden können. Eine solche Kategorisierung kann aber auch dabei helfen, die wahrscheinlichen Reaktionen der Interessengruppen auf neue Strategien einzuschätzen, mit diesen Reaktionen umzugehen und daher auch die Akzeptabilität der Strategie einzuschätzen.

Es gibt viele Situationen, in denen es ganz besonders auf die Reaktionen der Interessengruppen ankommt, zum Beispiel:

- *Finanzielle Umstrukturierung*. Eine neue Strategie könnte die finanzielle Umstrukturierung eines Unternehmens erfordern, etwa die Ausgabe neuer Aktien, was für mächtige Interessengruppen inakzeptabel sein könnte, denn es schmälert ihr Mitspracherecht.
- *Eine Übernahme oder Fusion* könnte für Gewerkschaften, die Regierung oder einige Kunden inakzeptabel sein.
- Ein *neues Geschäftsmodell* könnte bestimmte Vertriebskanäle (wie etwa Einzelhändler) ausschließen, sodass sich das Risiko eines Gegenschlags ergibt, was den Erfolg der Strategie gefährden könnte.
- *Outsourcing* führt höchstwahrscheinlich zum Verlust von Arbeitsplätzen und könnte von Gewerkschaften abgelehnt werden.

10.3.3 Machbarkeit

Machbarkeit bezieht sich darauf, ob eine Organisation die Fähigkeiten besitzt, eine Strategie umzusetzen. Eine Reihe von Ansätzen kann sinnvoll sein, um sich dem Konzept der Machbarkeit anzunähern.

Machbarkeit

Machbarkeit bezieht sich darauf, ob eine Organisation die Fähigkeiten besitzt, eine Strategie umzusetzen.

Finanzielle Machbarkeit

Sinnvolle Methoden zur Bewertung der finanziellen Machbarkeit sind *Cash Flow-Analyse* und *Prognoserechnung*.[34] Dabei werden die Geldmittel identifiziert, die für die Durchführung einer Strategie erforderlich sind, sowie die Quellen, aus denen diese Geldmittel wahrscheinlich stammen. Diese Quellen werden manchmal als *Finanzierungsquellen* bezeichnet. Sie sind in Beispiel 10.6 genauer dargestellt. Eine Prognose

34 Siehe Arnold, Fußnote 26, Kap. 3, S. 108.

des Cash Flows ist natürlich den gleichen Schwierigkeiten und Irrtümern unterworfen wie jede andere Methode, bei der es um Vorhersagen geht. Dennoch sollte sie Klarheit bringen, ob eine vorgeschlagene Strategie machbar ist oder nicht, was sowohl die Bereitstellung von Geldmitteln als auch die Verfügbarkeit und den Zeitpunkt neuer erforderlicher Geldmittel betrifft. Dieser Aspekt der Finanzierung strategischer Entwicklungen ist eine wichtige Schnittstelle zwischen einem Unternehmen und der Welt der Finanzstrategien und wird in *Abschnitt 13.4.2* nochmals genauer behandelt.

Die finanzielle Machbarkeit kann auch mithilfe der *Kostendeckungsanalyse* beurteilt werden.[35] Dies ist ein einfacher und weitverbreiteter Ansatz zur Bewertung der Machbarkeit finanzieller Zielsetzungen wie etwa der Kapitalrendite oder dem Betriebsgewinn. Zusätzlich bietet er eine Bewertung der Risiken verschiedener Strategien, besonders dort, wo unterschiedliche strategische Optionen grundlegend verschiedene Kostenstrukturen erfordern.

Beispiel 10.6 Die Cash Flow-Analyse: Ein Arbeitsbeispiel

Eine Cash Flow-Analyse kann bewerten, ob eine geplante Strategie finanziell gesehen machbar ist. Zunächst werden dabei die benötigten Geldmittel prognostiziert, woraufhin die möglichen Finanzierungsquellen zur Bereitstellung dieser Geldmittel identifiziert werden.

Kentex PLC (ein britischer Einzelhändler für Elektrogeräte) zog eine Expansionsstrategie in Betracht. Dies würde bedeuten, dass in nächster Zukunft Geschäfte in der Republik Irland eröffnet werden müssten. Um die finanzielle Machbarkeit dieses Vorhabens zu beurteilen und die Höhe der erforderlichen Geldmittel sowie mögliche Finanzierungsquellen festzulegen, entschloss sich das Unternehmen zur Durchführung einer Cash Flow-Analyse.

Phase 1: Schätzung der Einnahmen

Die Eröffnung der neuen Geschäfte würde Schätzungen zufolge die Einkünfte oder Umsätze von aktuell £ 30 Mio. (ca. € 45 Mio.) auf £ 31,65 Mio. im Laufe der drei folgenden Jahre erhöhen. Daraus ergab sich wiederum ein operativer Cash Flow von geschätzten £ 15 Mio. während des gleichen Zeitraums.

Phase 2: Schätzung der Ausgaben

Die neuen Geschäfte würden eine ganze Reihe Kosten verursachen. Zunächst wollte Kentex Läden kaufen anstatt mieten, sodass erhebliche Kapitalinvestitionen erforderlich waren, um Kauf und Ausstattung zu finanzieren. Hier lautete die Prognose £ 13,25 Mio. Dazu würde mehr Betriebskapital benötigt, um zusätzliche

35 Die Kostendeckungsanalyse wird in den meisten Standardwerken über Buchhaltung behandelt. Siehe z.B. Arnold, Fußnote 26, S. 223.

Ware, etc. zu finanzieren. Die Prognosen basierten auf einer einfachen proportionalen Schätzung. Für die aktuelle Umsatzhöhe von £ 30 Mio. wurde Betriebskapital von £ 10 Mio. benötigt, also würden zusätzliche £ 1,65 Mio. Umsatz proportional gerechnet weiteres Betriebskapital in Höhe von £ 0,55 Mio. erfordern. Steuerverbindlichkeiten und Dividendenzahlungen wurden auf jeweils £ 1,2 Mio. und £ 0,5 Mio. geschätzt.

Phase 3: Schätzung und Finanzierung des Defizits

Die Berechnungen ergeben ein Defizit von £ 0,5 Mio. Das Problem für Kentex bestand also darin, wie dieses Defizit zu finanzieren sein könnte. Die Ausgabe neuer Aktien könnte Kapital bringen, doch die Firma entschloss sich für die Aufnahme eines kurzfristigen Kredits über £ 0,65 Mio. Daraus würden sich wiederum Zinszahlungen von insgesamt £ 0,15 Mio. im Laufe des Drei-Jahres-Zeitraums ergeben, ging man von einem einfachen Jahreszinssatz von 7,5 Prozent aus. Netto würde der Kredit also £ 0,5 Mio. an Kapital bringen.

Die gesamte Cash Flow-Analyse ist unten zusammengefasst:

Tabelle 10.5

Kosten-Nutzen-Analyse

Mittelzuflüsse	Mittelabflüsse
Operativer Cash Flow, £ 15 Mio.	Kapitalinvestitionen, £ 13,25 Mio.
	Weiteres Betriebskapital, £ 0,55 Mio.
	Steuern, £ 1,2 Mio.
	Zwischensumme der Mittelablfüsse, £ 15 Mio.
	Dividende, £ 0,5 Mio.
	Mittelabflüsse gesamt, £ 15,5 Mio.

Hinweis: Das Defizit zwischen Mittelzuflüssen und Abflüssen beträgt £ 500.000.

Kontrollfragen

1. Welche Teile dieser Einschätzung bergen das größte Risiko für Fehler?
2. Welche Auswirkungen hat Ihre Antwort auf Frage 1 darauf, wie die Analyse den Entscheidungsträgern präsentiert werden sollte?
3. Wie könnte diese Unsicherheit das Management der Umsetzungsphase beeinflussen, wenn die Genehmigung für diese Strategie erteilt wird?

Verfügbarkeit von Ressourcen

Die finanzielle Machbarkeit ist zwar wichtig, man erlangt jedoch ein tieferes Verständnis der Machbarkeit, wenn man Ressourcen und Kompetenzen identifiziert, die für eine spezielle Strategie benötigt werden. Die Effektivität einer Strategie hängt sogar höchstwahrscheinlich davon ab, ob solche Fähigkeiten verfügbar sind, entwickelt oder erlangt werden können. So hängt die geografische Expansion in einen neuen Markt entscheidend von vorhandenem Fachwissen in den Bereichen Marketing und Vertrieb ab. Und natürlich spielt auch die Verfügbarkeit von Geldmitteln für die Finanzierung der höheren Lagerbestände eine Rolle. Oder eine Strategie, bei der es um die Entwicklung neuer Produkte geht, die an die aktuellen Kunden verkauft werden sollen, hängt wahrscheinlich von den Fachkenntnissen der Produktentwickler, von den verfügbaren Maschinen und vom Ruf der Firma ab, wenn es um neue Produkte geht.

Eine Einschätzung verfügbarer Ressourcen kann eingesetzt werden, um einzuschätzen, (i) inwieweit sich die aktuellen Fähigkeiten einer Organisation verändern müssen, um die *Schwellenanforderungen* für eine Strategie zu erfüllen oder beizubehalten; und (ii) ob und wie einzigartige Ressourcen und/oder Kernkompetenzen entwickelt werden können, um einen Wettbewerbsvorteil zu erhalten. Der Kernpunkt ist, ob diese Veränderungen machbar sind in Bezug auf Größe, Qualität der Ressourcen oder den gegebenen Zeitrahmen.

10.3.4 Bewertungskriterien: Drei Qualifikationen

Diese Diskussion der Bewertungskriterien muss abschließend drei Qualifikationen unterzogen werden:

- *Widersprüchliche Schlüsse und Beurteilungen des Managements.* Widersprüchliche Schlüsse können sich aus der Anwendung der Kriterien Tauglichkeit, Akzeptabilität und Machbarkeit ergeben. Eine geplante Strategie kann zwar einen besonders geeigneten Eindruck machen, für wichtige Interessengruppen aber nicht angemessen sein. Daher muss man immer bedenken, dass die besprochenen Kriterien zum Durchdenken der strategischen Optionen hilfreich sein könnten, aber keinen Ersatz für die Beurteilung des Managements darstellen. Manager, die eine Strategie beurteilen, die sie als tauglich einschätzen, die wichtige Interessengruppen aber ablehnen, müssen sich bei der Auswahl der besten Vorgehensweise auf ihr eigenes Urteilsvermögen verlassen. Durch die Analyse und die Beurteilung, die sie durchgeführt haben, verfügen sie jedoch über mehr Informationen.
- Es muss *Kontinuität zwischen den verschiedenen Elementen einer Strategie* herrschen. Aus den Kapiteln in Teil II sollte deutlich hervorgegangen sein, dass eine Strategie aus verschiedenen Elementen besteht. Eine wichtige Frage lautet also, ob die einzelnen Bestandteile auch als „Gesamtpaket" funktionieren. Also müssen *Wettbewerbsstrategie* (Niedrigpreis oder Differenzierung), strategische *Ausrichtung* (wie Produktentwicklung oder Diversifikation) und strategische *Methode* (intern, Übernahme oder Allianz) miteinander in Einklang sein. Sie müssen als Ganzes betrachtet werden und auch als Ganzes sinnvoll funktionieren. Doch es besteht das Risiko, dass dies nicht so ist. Angenommen, ein Unternehmen möchte beispielsweise eine Strategie entwickeln, die auf seinen internen Kompetenzen basiert, die sich über Jahre hinweg entwickelt haben. Diese ist die Basis für eine Differenzierung, die von Wettbewerbern nur schwer zu imitieren ist. Die Organisation könnte

davon ausgehen, dass sie dies mithilfe dieser Kompetenzen erreichen kann, indem sie neue Produkte oder Dienstleistungen für einen Markt entwickelt, den sie gut kennt. Ist dies der Fall, könnte es riskant sein, diese neuen Produkte durch die Übernahme anderer Unternehmen zu entwickeln, deren Kompetenzen und Fähigkeiten eventuell mit den Stärken des ursprünglichen Unternehmens inkompatibel sind.

- *Die Umsetzung und Entwicklung von Strategien* könnte Fragen aufwerfen, die eine Organisation dazu veranlassen können, neu zu überdenken, ob bestimmte strategische Optionen tatsächlich machbar sind. Außerdem können sich neue Faktoren ergeben, die die Tauglichkeit oder Akzeptabilität einer Strategie völlig anders erscheinen lassen. Dies kann dazu führen, dass strategische Optionen neu gestaltet oder sogar verworfen werden. Daher muss man erkennen, dass die Beurteilung einer Strategie in der Praxis oft erst im Zuge ihrer Umsetzung oder einer teilweisen Umsetzung stattfindet. Dies ist ein weiterer Grund, warum Experimente und kostengünstige Tests sinnvoll sind. Der nächste Teil des Buchs (*Kapitel 11* bis *15*) wird die speziellen Themen der Umsetzung einer Strategie in die Praxis betrachten. Man sollte auch vorsichtig sein mit der Annahme, dass eine sorgfältige und systematische Bewertung einer Strategie in einer Organisation immer die Regel ist. *Kapitel 11* und *15* erklären genauer, wie sich Strategien tatsächlich in Organisationen entwickeln und wie das Management strategischer Optionen in der Praxis aussieht.

ZUSAMMENFASSUNG

- Es gibt drei grundlegende *Methoden* strategischer Entwicklung:
  - Die *organische Entwicklung* hat den wesentlichen Vorteil, dass sie auf den strategischen Fähigkeiten einer Organisation aufbaut. Allerdings kann sie zu einer Überbeanspruchung von Ressourcen führen und erfordert wahrscheinlich die Entwicklung dieser Fähigkeiten.
  - *Fusionen und Übernahmen* können den Vorteil einer hohen Geschwindigkeit und die Möglichkeit bieten, Kompetenzen zu erwerben, die in der Organisation noch nicht vorhanden sind. Die Erfolgsgeschichte von Übernahmen ist jedoch nicht sehr positiv (siehe die Diskussion in Beispiel 10.7).
  - *In erfolgreichen Allianzen* stehen alle Partner neuen Entwicklungen der Allianz positiv gegenüber und es herrscht gegenseitiges Vertrauen.
- Erfolg oder Misserfolg einer Strategie hängt von drei wichtigen *Erfolgskriterien* ab:
  - Die *Tauglichkeit* befasst sich damit, ob eine Strategie die wichtigen Punkte in Bezug auf die strategische Position einer Organisation erfasst, wie in Teil II dieses Buches besprochen. Hier geht es um das *Grundprinzip* einer Strategie.
  - Die *Akzeptabilität* einer Strategie bezieht sich auf drei Punkte: Den erwarteten *Ertrag* einer Strategie, das *Risiko* und die wahrscheinlichen *Reaktionen der Interessengruppen.*
  - Die *Machbarkeit* befasst sich damit, ob eine Organisation die Fähigkeiten zur Umsetzung einer Strategie besitzt oder erlangen kann.
- Da eine Strategie die allgemeine *Wettbewerbsstrategie*, die *strategische Ausrichtung* und die *Methode* der Verfolgung der Strategie umfasst, müssen diese drei Elemente miteinander im Einklang sein.

ZUSAMMENFASSUNG

Beispiel 10.7 Fusionswahn?

Bei Fusionen und Übernahmen sind immer riesige Geldsummen im Spiel, doch wie klug werden diese Summen ausgegeben?

Dieses Kapitel hat die Bedeutung von Fusionen und Übernahmen als Entwicklungsmethode für Unternehmen aufgezeigt, aber auch auf einige Herausforderungen hingewiesen. Einige große Fusionen sind auf spektakuläre Weise gescheitert. Als das Medienunternehmen Time Warner 2001 mit der Internetfirma AOL fusionierte, hatten die Aktien von Time Warner einen Gesamtwert von $ 90 Mrd. (€ 78 Mrd.). Nur knapp drei Jahre später waren die Beteiligungen der Time Warner-Investoren an der neu gegründeten Firma nur noch $ 36 Mrd. wert – ein Verlust von über $ 50 Mrd. (im gleichen Zeitraum war der Wert aller Medienunternehmen allgemein um durchschnittlich 16 Prozent gefallen).

Michael Porter, Professor an der Harvard Business School, ist einer der prominentesten Kritiker von Fusionen und Übernahmen und weist darauf hin, dass die Hälfte aller übernommenen Unternehmen innerhalb weniger Jahre wieder verkauft werden. Die Abbildung zeigt den Gesamtertrag in Dollar (d.h. die Veränderung des Aktienkurses infolge der Bekanntgabe der Fusion), der durch die Übernahme von Unternehmen in den USA zwischen 1996 und 2001 entstand. Im Jahr 2000 verloren die Aktionäre der übernehmenden Firmen insgesamt über $ 150 Mrd. Die Autoren dieser Studie berechnen, dass die Aktionäre der übernehmenden Firmen im Gesamtzeitraum zwischen 1991 und 2001 pro $ 100 Kaufpreis für eine Übernahme mehr als $ 7 verloren haben.

Eine Interpretation dieser hohen Verluste läuft darauf hinaus, dass Fusionen und Übernahmen lediglich eine immense Geldverschwendung durch Manager darstellen, die sich nicht um die Interessen der Aktionäre kümmern. Allerdings zeigt sich immer wieder, dass es die Vorstandsvorsitzenden sind, die häufig die negativen Folgen mittragen müssen, denn über die Hälfte von ihnen wird innerhalb sehr kurzer Zeit ersetzt. Es könnte also angebracht sein, Fusionen und Übernahmen durch neue Gesetze erheblich zu erschweren, sodass potenzielle Übernahmekandidaten feindliche Angebote leichter ablehnen oder sich leichter dagegen wehren können. Wären feindliche Übernahmeangebote per Gesetz strenger reguliert, so könnten Übernahmen, die von vorneherein zum Scheitern verurteilt sind, erheblich eingeschränkt werden.

Allerdings hat eine strengere gesetzliche Regulierung von Fusionen und Übernahmen auch Nachteile. Auch wenn es den übernehmenden Firmen oft nicht gelingt, einen Mehrwert für ihre Aktionäre zu schaffen, so können sie doch die Rentabilität des Gesamtsystems auf zweierlei Art und Weise steigern:

- Die Gefahr, von einer anderen Firma übernommen zu werden, wenn die Aktionäre nicht zufrieden sind, bringt die Manager dazu, sich auf die eigenen Leistungsergebnisse zu konzentrieren. Die Finanzpresse berichtet regelmäßig über derartige Drohungen.

- Fusionen und Übernahmen können effektiv zu einer Umstrukturierung stagnierender Firmen und Branchen beitragen. Die Tatsache, dass in Japan keine feindlichen Übernahmeangebote gemacht werden dürfen, wird oft als Grund für den sehr langsamen Umstrukturierungsprozess japanischer Firmen seit Anfang der 1990er Jahre genannt.

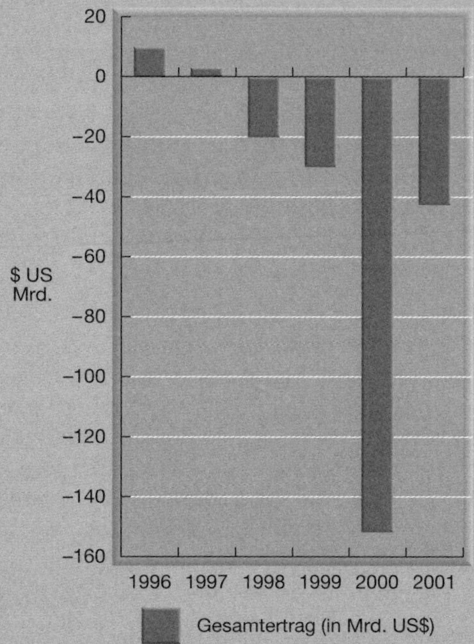

Quellen: M. Porter, „From competitive advantage to corporate strategy", Harvard Business Review, Mai-Juni 1987, S. 43–60; S.B. Moeller, F.P. Schlingermann und R.M. Stulz, „Wealth destruction on a massive scale? A study of acquiring firm returns in the recent merger wave", Journal of Finance, Bd. 60, Nr. 2 (2005), S. 757–782; K.M. Lehn und M. Zhao, „CEO turnover after acquisitions: Are bad bidders fired?", Journal of Finance, Bd. 61, Nr. 4 (2006), S. 1759–1810. „Hostile bids are back again: Who should rejoice?", The Economist, 21. Februar 2004.

Kontrollfragen

1. Verfolgen Sie mehrere Wochen lang die Aktienkurse von kürzlich von einer Fusion oder Übernahme betroffenen Firmen (z.B. auf *www.bigcharts.com*) vor und nach der Bekanntgabe. Was sagen die Bewegungen der Aktienkurse über die Vorteile der Fusion/Übernahme aus?
2. Identifizieren Sie die Androhung einer feindlichen Übernahme aus der Finanzpresse. Was taten die Manager des Übernahmekandidaten, um sich gegen die Übernahme zu wehren?

Aufgaben

*Kennzeichnet schwierigere Aufgaben.

10.1 Schreiben Sie einen kurzen Kommentar (ein Absatz) für den Chef eines Unternehmens, der um Ihren Rat bezüglich der Weiterentwicklung seiner Firma durch eine Fusion/Übernahme gebeten hat. Schreiben Sie einen ähnlichen Kommentar für den Leiter eines Krankenhauses, der mögliche Fusionen mit anderen Krankenhäusern in Betracht zieht.

*10.2 Diskutieren Sie diese Aussage in Bezug auf Allianzen auf dem öffentlichen und privaten Sektor, über die kürzlich in der Presse geschrieben wurde:

> *Strategische Allianzen halten nicht langfristig, wenn sie nur als Möglichkeit verstanden werden, „Lücken zu füllen“, was die Ressourcen- oder Kompetenzenausstattung eines Unternehmens betrifft.*

10.3 Führen Sie eine Rangfolgeanalyse der verschiedenen strategischen Wahlmöglichkeiten eines Unternehmens Ihrer Wahl durch, ähnlich wie in Beispiel 10.2 beschrieben.

*10.4 Betrachten Sie nochmals Ihre Antworten auf die Fragen zu Beispiel 10.4: a) Wie beurteilen Sie die allgemeine „Gültigkeit“ der Kosten-Nutzen-Analyse? b) Wie könnte diese verbessert werden?

10.5 Bewerten Sie unter Verwendung der Kriterien Tauglichkeit, Akzeptabilität und Machbarkeit die strategischen Optionen, die für Tesco oder eine andere Organisation Ihrer Wahl zur Verfügung stehen könnten.

*10.6 Verwenden Sie eine Ihrer Antworten einer früheren Aufgabe und bewerten Sie folgende Aussage kritisch:

> *Eine strategische Wahlmöglichkeit ist letztendlich eine sehr subjektive Sache. Es ist gefährlich, zu glauben, dass analytische Hilfsmittel in der Realität an dieser Situation wirklich etwas ändern werden.*

Beziehen Sie sich auch auf den Kommentar am Ende von Teil II.

Integrative Aufgabe

*10.7 Erklären Sie, wie die Erfolgskriterien (siehe *Abschnitt 10.3*) für private und öffentliche Organisationen voneinander abweichen können. Zeigen Sie, wie dies sowohl zur Art und Weise des Unternehmensumfelds (*Kapitel 3*) als auch zu den Erwartungen der Interessengruppen (*Kapitel 4*) in Bezug zu setzen ist.

Literaturempfehlungen

- Ein ausführliches Buch über Fusionen und Übernahmen ist P. Gaughan, *Mergers, Acquisitions and Corporate Restructurings*, 4. Aufl., Wiley, 2007.
- Ein nützliches Buch über strategische Allianzen ist J. Child, *Cooperative strategy*, Oxford University Press, 2005.
- Ein Begleitbuch über Hilfsmittel zur Strategiebewertung ist V. Ambrosini mit G. Johnson und K. Scholes (Hrs.), *Exploring Techniques of Analysis and Evaluation in Strategic Management*, Prentice Hall, 1998.
- Leser können nützliche Einblicke in Kurs-Gewinn-Verhältnis, finanzielle Motive und den finanziellen Erfolg von Übernahmen und in ähnliches Material über Akzeptabilität und Machbarkeit erlangen durch G. Arnold, *Corporate Financial Management*, 3. Aufl., FT/Prentice Hall, 2005.

Fallstudie
Beispiel Final Fantasy erobert Lara Croft: Übernahmen und Allianzen bei Computerspielen

Im Jahr 2009 startete der japanische Spielehersteller Square Enix eine Reihe radikaler neuer strategischer Initiativen. Ursprünglich war das Unternehmen mit Rollenspielen wie Final Fantasy bekannt geworden – nun schmiedete es strategische Allianzen mit den Firmen Double Helix und Gas Powered Games in den USA und Wargaming.net in Großbritannien, die alle Strategiespiele entwickeln. Der radikalste Schritt war die Übernahme der British Eidos Group, die durch die Lara Croft-Spiele berühmt geworden war. Yōichi Wada, Präsident von Square Enix, kommentierte: „Wir möchten in die Top Ten der größten Firmen in der Unterhaltungs- und Medienbranche vorstoßen. Der Spielemarkt ist international – deshalb muss auch der Kontakt zu unseren Kunden sowie unseren Spieleentwicklern international sein.“

Die japanische Spieleindustrie

Die strategischen Schritte von Enix Square fielen in eine schwierige Zeit für die japanische Spieleindustrie. Nach dem weltweit großen Erfolg japanischer Spielekonsolen wie etwa der Sony PlayStation konnte die Branche zwei Jahrzehnte lang auf dieser Grundlage aufbauen und ihre Dominanz immer weiter steigern. Doch dann bot der wachsende Erfolg der Microsoft XBox auch amerikanischen Spieleentwicklern die Chance, auf den Spielekonsolemarkt zurückzukehren. Und es stellte sich heraus, dass die Kenntnisse und Fähigkeiten der amerikanischen Spieleentwickler sich leichter auf die neuen Cross-over-Märkte übertragen ließen. Denn inzwischen mussten Spiele nicht nur für Konsolen, sondern auch für den PC und fürs Handy entwickelt werden. Außerdem waren die amerikanischen Unternehmen näher an Hollywood, wodurch sich immer neue Möglichkeiten boten, Ideen und Figuren aus Kinofilmen in die Spiele mit einzubeziehen. Gleichzeitig führte die Überalterung der japanischen Bevölkerung zu einer Verkleinerung des Marktes für traditionelle Computerspiele.

Yōichi Wada von Square Enix erkannte die Nachteile der japanischen Industrie im Vergleich zu den Amerikanern: „In den letzten fünf bis zehn Jahren hat sich die japanische Spielebranche mehr und mehr zu einem geschlossenen Umfeld entwickelt, in das weder neue Mitarbeiter noch neue Ideen vordringen – es herrscht fast eine fremdenfeindliche Atmosphäre …

Wir hinken ganz klar den Amerikanern hinterher. Früher war die Spielebranche in den USA schlecht, doch mittlerweile sind dort Computerspezialisten und auch Leute aus Hollywood aktiv, und das hat zu einem erheblichen Wachstum geführt.“[1]

Auch die wirtschaftlichen Grundbedingungen der Spieleindustrie haben sich verändert, denn aufgrund der immer größeren technischen Möglichkeiten und Anforderungen steigen die Kosten immer mehr an. Die Entwicklung eines neuen Spiels kann so zwischen $ 3.000.000 (ca. € 2.000.000) und $ 20.000.000 kosten und ein bis drei Jahre Zeit in Anspruch nehmen.[2] Und doch wirft schätzungsweise nur jedes 20. Spiel irgendwann einmal Gewinn ab. Die Risiken sind also sehr hoch, und man braucht immer mehr Grundkapital, um mithalten zu können.

Die Strategie von Square Enix

Auch die Firma Square Enix kam durch eine Fusion zustande. Square war 1983 gegründet worden und brachte 1987 das erste seiner berühmten Final Fantasy-Rollenspiele auf den Markt. Enix war bereits im Jahr 1975 gegründet worden und startete sein erstes Rollenspiel der Serie Dragon Quest 1986. Bei Firmen fusionierten 2003, nachdem ein von Square initiiertes Filmprojekt, Final Fantasy: The Spirit Within, finanziell gescheitert war. Yōichi Wada, vormals Präsident von Square, wurde nun zum Präsidenten des neuen Unternehmens.

Die Strategie von Square Enix basiert auf dem Konzept des „polymorphen Inhalts". Die vielfältigen Franchise-Produkte (Final Fantasy, Dragon Quest, etc.) werden für alle möglichen Hardware-Geräte oder Medien entwickelt und sind nicht nur auf ein bestimmtes Spielemedium ausgerichtet. Die Square Enix-Spiele können auf Konsolen, PCs, Handys oder auch online gespielt werden. Außerdem sind die Hauptfiguren der Spiele auch gleichzeitig die Helden von TV-Serien, Filmen, Comics und Romanen. 2005 kaufte Square Enix das japanische Arcade-Spieleunternehmen Tiato Corporation, das mit seinen Space Invade-Spielen berühmt geworden war. Es gibt verschiedene Versionen von Space Invaders für PlayStation, Xbox, die Wii-Konsole sowie den PC.

2008 hatte sich der Diversifikationsgrad von Yōichi Wadas Unternehmen erheblich gesteigert, der Jahresumsatz belief sich auf ¥ 136 Mrd. (ca. € 1 Mrd.), und die Zahl der Beschäftigten lag bei etwas über 3000. Trotzdem war Square Enix immer noch vor allem eine japanische Firma: 85 Prozent des Umsatzes wurde im eigenen Land erzielt. Im Vergleich zu Konkurrenten wie Electronic Arts (viermal so groß) oder Activision (dreimal so groß) war Square Enix zudem immer noch klein. Allerdings verfügte Square Enix über relativ umfangreiche finanzielle Mittel. Es hieß, für weitere Übernahmen stünden ca. ¥ 40 Mrd. (€ 300 Mio.)[3] bereit. Im Sommer 2008 gab Square Enix ein freundliches Übernahmeangebot für den japanischen Spieleentwickler Tecmo ab, dessen Kriegsspiele Ninja Garden und Dead or Alive in Nordamerika und Europa sehr beliebt waren. Tecmo lehnte die Übernahme ab, und Wada machte sich im Ausland auf die Suche.

Lara Croft fällt

Eidos ist ein britischer Spieleentwickler, dessen bekannteste Spieleserie, Tomb Raider, die außergewöhnliche Lara Croft als Hauptfigur hat. Enttäuschende Verkaufszahlen des neuen Spiels Tomb Raider: Underworld ließen den Aktienkurs 2008 jedoch von £ 5 (ca. € 5,50) auf etwa 30 Pence absacken. Die Gründerin und Vorstandsvorsitzende von Eidos, Jane Cavanagh, musste daraufhin zurücktreten. Das Unternehmen musste bei einem Umsatz von £ 119 Mio. (£ 179 Mio. noch zwei Jahre zuvor) Verluste von £ 136 Mio. (ca. € 149 Mio.) ausweisen. Im April 2009 kaufte Square Enix das Unternehmen für £ 84 Mio. (€ 92,4 Mio.), ein Betrag, der 129 Prozent des aktuellen Marktwerts von Eidos entsprach. Angesichts der schwindenden Popularität der Tomb Raider-Spiele wurde allgemein spekuliert, Square Enix habe für seine erste Auslandsübernahme zu viel Geld bezahlt.

Doch durch diese Übernahme erhielt Square Enix Zugriff auf den internationalen Markt. Eidos erwirtschaftete etwa ein Drittel seiner Umsätze in den USA und 40 Prozent in Europa, ausgenommen Großbritannien. Auch brachte Eidos Square Enix die ersten Studios außerhalb Japans in Großbritannien, Dänemark, Ungarn, den USA, Kanada und China ein. Yōichi Wada kommentierte: „Es ist sehr wichtig, dass wir hier ein Fenster für kreative Talente auf der ganzen Welt geöffnet haben."

Wada entschied sich, Phil Rogers, den neuen Vorstandschef von Eidos, in seiner Position zu belassen und auch das restliche Management-Team nicht zu verändern. Wada legte eine neue Konzernstruktur fest, wobei Square Enix, das Arcade-Unternehmen Taito und Eidos jeweils unabhängige Bereiche sein würden. „Wir möchten eine Hybridstruktur einführen, um so die beiden Extreme einer zu globalen Ausrichtung einerseits und einer zu lokalen Konzentration andererseits zu vermeiden", so Wada[4]. Weiter sagte er: „Die Verwaltungen und das Management der einzelnen Bereiche werden integriert, während unsere Produktabteilungen und Dienstleistungsbereiche in jeder Region separat etabliert werden. So sind wir näher am Kunden und können unsere Möglichkeiten optimieren."

Wada erkannte auch den neuen Schwerpunkt im Bereich Action- und Abenteuerspiele, der durch Eidos hinzugekommen war. Denn Square Enix hatte sich ja traditionell nur auf Rollenspiele konzentriert. Er erklärte, wie wichtig es ihm sei, Technologien aller Bereiche zu nutzen und gleichzeitig einzelne Stärken beizubehalten: „Einerseits werden wir Technologien und Fachwissen unter allen Studios austauschen und gemeinsam nutzen. Andererseits werden wir aber auch Produkte entwickeln, die die einzigartige eigene Identität jedes Studios widerspiegeln, gleichgültig, wo es sich befindet."

Wada äußerte sich auch dazu, welche Spieleentwickler er an Bord holen wollte: „Es ist immer schwierig, kreative Köpfe auf der ganzen Welt zu führen. Wir schätzen die Studiokultur von Eidos, möchten sie aber verändern, wo es nötig ist."5

Eine Abmachung, die Square Enix schnell beendete, war das Eidos-Vertriebsabkommen mit Warner Brothers für die Produkte in den USA. Square Enix hielt sich für stark genug, das nun selbst zu übernehmen.

Strategische Allianzen

Zeitgleich mit der Übernahme von Eidos gründete Square Enix auch drei bedeutende strategische Allianzen. In Großbritannien schloss sich Square Enix mit dem Strategiespielentwickler Wargaming.net (berühmt für seine Massive Assault-Serie) zusammen, um gemeinsam Order of War zu produzieren, ein Kriegsspiel über den Zweiten Weltkrieg. Dieses Spiel sollte Ende 2009 auf den Markt kommen und das erste weltweit erhältliche Produkt von Square Enix sein. In den USA tat sich Square Enix mit Gas Powered Games (Produzent des Strategiespiels Supreme Commander) und mit Double Helix (Produzent der Strategiespielserie Front Mission) zusammen. Neben der Übernahme von Eidos sicherten auch diese Partnerschaften dem Unternehmen eine große Bandbreite an Produkten, die weit über das traditionelle Kerngeschäft der Rollenspiele hinausging. Auch die geografische Reichweite von Square Enix steigerte sich gewaltig. Yōichi Wada dazu: „Wir sehen große Chancen für uns in Nordamerika und Europa, denn beide Märkte sollen in den kommenden Jahren stabil weiter wachsen. Deshalb ist es für uns sehr wichtig, Allianzen mit erfolgreichen Spieleentwicklern wie Gas Powered Games zu schmieden, um diese bedeutenden Märkte besser bedienen zu können. Denn nur so können wir zeitnah auf die Wünsche unserer Kunden eingehen."[6]

Alle drei Partner waren relativ klein (mit jeweils etwa 100 Mitarbeitern), alle waren Privatunternehmen, die während der 1990er Jahre gegründet worden waren. Gas Powered Games etwa war 1998 von Chris Taylor und dessen Kollegen vom Spieleentwickler Cavedog Entertainment gegründet worden. Chris Taylor hatte seine gesamte Karriere in der Spieleindustrie verbracht; sein erstes Spiel Hardball II war 1989 auf den Markt gekommen. In einem Interview erklärte Chris Taylor, was ihn dazu gebracht hatte, seine eigene Firma Gas Powered Games zu gründen: „Seit meinem ersten Arbeitstag meiner ersten Vollzeitstelle als Spieleprogrammierer hatte ich diesen Traum. Ich wollte der Boss sein … Schließlich sind wir ständig damit beschäftigt, eigenes geistiges Eigentum zu schaffen. Einiges davon ist super, manches ist weniger gut, aber es geht einfach darum, nie nachzulassen, es immer weiter zu versuchen. Man muss immer wieder sein Bestes geben, und das fällt schwer, wenn man nur ein kleiner Teil eines riesigen Unternehmens ist. …"[7]

Chris Taylor beschrieb, wie Square Enix, traditionsgemäß ein Unternehmen, das sich auf Rollenspiele konzentrierte, und Gas Powered Games, eher auf Strategiespiele ausgerichtet, nun zusammenarbeiteten, um ihr erstes gemeinsames Projekt, Supreme Commander 2, zu entwickeln: „Eines der Dinge, die wir uns von Enix abgeschaut haben, ist ihre Art und Weise, sich ganz in ihre Figuren und Geschichten hineinzuversetzen. Wir haben alle mitgemacht, das war also leicht. Als wir sie fragten, wie wir unser Spiel entwickeln sollten, damit es ihrer Philosophie entsprach, sagten sie uns: „Tut das nicht, denn wir wollen, dass ihr so weitermacht, wie vorher. Ihr macht Spiele für den westlichen Markt, und wir möchten das auch tun." Hätten wir uns also verändert, wäre das genau das Falsche gewesen. Das war großartig, denn es bedeutete, dass wir weiterhin unsere Arbeit machen konnten, die wir liebten: Tolle Strategiespiele entwickeln. Hätten wir versucht, unsere Spiele irgendwie zu verändern, hätten wir das Firmenziel verfehlt."[8]

Die Sichtweise eines Spiele-Enthusiasten

Binnen weniger Monate hatte Square Enix sein Firmenprofil völlig verändert. Ursprünglich ein japanisch geprägter Entwickler von Rollenspielen, eroberte es nun in beeindruckender Weise den Markt für Strategiespiele und Abenteuer- und Actionspiele. Es verfügte über Studios rund um die Welt. Seine verschiedenen Spiele waren in Asien, Europa und Amerika sehr erfolgreich. Der Vielspieler Randy kommentierte dies auf einer Spieler-Website: „Square Enix hat ein Spiel im westlichen Stil herausgebracht? Gibt der erfolgreiche Entwickler japanischer Rollenspiele etwa seine androgynen jungenhaften Helden mit den schaufelgroßen Schwertern zugunsten von langweiligen Weltkriegsspielen auf? Nicht ganz. Aber sie holen sich Wargaming.net ins Boot, damit die es für sie tun. Zunächst kauft sich Square Enix das Haus, das sich Lara Croft gebaut hat, und jetzt werden sie auch noch auf dem Markt für Strategie-Kriegsspiele aktiv. Nichts in diesem Leben macht mehr Sinn.“[9]

Anmerkungen

1. M. Palmer „Square Enix views Eidos as a jump to next level“, *Financial Times*, 28. April 2009.
2. „Cost of making games set so soar“, *www.bbcnews.com*, 17. November 2005.
3. „Square Enix needs to show growth scenario to market“, *Nikkei*, 9. Oktober 2007.
4. Gemeinsames Interview mit Yōichi Wada und Phil Roger, *www.square-enix.com*, 26. Mai 2009.
5. M. Palmer „Square Enix views Eidos as a jump to next level“, *Financial Times*, 28. April 2009.
6. „Square Enix and Gas Powered Games announce strategic partnership“, *Newswire Association*, 12. November 2008.
7. P. Elliott, „Foot on the gas“, *gamesindustry.biz*, 19. August 2008.
8. X. de Matos, „Interview Chris Taylor on Supreme Commander 2“, *joystiq.com*, 9. Juni 2009.
9. Randy, „Square Enix tries hard at WWI RTS with Order of War“, *Gaming Nexus*, 17. April 2009.

Kontrollfragen

1. Erklären Sie, warum Square Enix sich in manchen Fällen für Allianzen, in anderen für Übernahmen entschloss.
2. Wie sollte Square Enix mit der übernommenen Firma Eidos umgehen, um maximale Wertschöpfung zu erreichen, und wie könnte sich dieser Managementansatz im Laufe der Zeit verändern?
3. Wo liegen die Stärken und Schwächen der Allianzstrategie, und welche Probleme könnten sich für Square Enix im Laufe der Zeit ergeben?

Kommentar zu Teil II Strategische Wahlmöglichkeiten

In Teil II des Buches waren strategische Wahlmöglichkeiten das Hauptthema. In den Kapiteln wurden eine Reihe strategischer Wahlmöglichkeiten aufgezeigt ebenso wie Nachweise, warum einige scheinbar effektiver sind als andere. Ebenso wurden Kriterien eingeführt, anhand derer Manager diese Optionen bewerten können. Daraus ergeben sich allerdings zwei weitere Fragen, zu denen die vier Perspektiven unterschiedliche Einsichten gewähren:

1. Wie treffen Manager tatsächlich ihre Wahl?
2. Wie sollen sich Manager ihre strategischen Wahlmöglichkeiten vorstellen?

Auf folgende Punkte sei hingewiesen:

- Es soll hier nicht nahe gelegt werden, dass eine dieser Linsen den anderen überlegen ist. Sie gewähren jedoch unterschiedliche Einblicke in die Probleme, denen sich Manager stellen müssen und in die Art und Weise, wie mit diesen Herausforderungen umgegangen wird.

- Leser, die bisher den nach *Kapitel 1* folgenden Kommentar mit der Erklärung der vier Perspektiven *noch nicht* gelesen haben, sollten dies jetzt tun.

Gestaltungsperspektive

Strategische Wahlmöglichkeiten können logisch und objektiv auf Basis eines linearen, analytischen Prozesses bewertet werden, der von Top Managern oder anderen Managern, die mit diesen arbeiten, betrieben wird. Dazu gehört:

- Die Festlegung klarer Ziele, die die Erwartungen der Interessengruppen reflektieren und als Basis für die Bewertung aller Optionen dienen.
- Die Formulierung von Argumenten für bestimmte Optionen basierend auf einem klaren Verständnis der strategischen Position der Organisation, die man analytisch definiert hat.
- Die Bewertung aller Optionen durch die systematische Untersuchung der Vorteile in Bezug auf (i) ihre Tauglichkeit, was die strategischen Probleme der Organisation betrifft; (ii) ihre Machbarkeit, d.h. die Umsetzung der strategischen Optionen und (iii) die Akzeptabilität der strategischen Optionen für die wichtigsten Interessengruppen.

Die Demonstration dieses Ansatzes zur Bewertung strategischer Wahlmöglichkeiten ist sehr wichtig, wenn es darum geht, die Unterstützung bestimmter Interessengruppen für eine Strategie zu erlangen (z.B. Geldinstitute).

Erfahrungsperspektive

Zu diesem Thema gibt es verschiedene, aber komplementäre Erklärungen:

- Eine Strategie entwickelt sich Schritt für Schritt basierend auf Strategien und Erfahrungen aus der Vergangenheit sowie auf der Kultur der Organisation innerhalb ihres politischen Kontexts. Also werden auch alle Wahlmöglichkeiten stark durch diese Erfahrungen beeinflusst.
- Es kann dazu kommen, dass die Erfahrungen des Managements und „starke Unternehmenskulturen" Innovationen entgegenwirken oder nur solche Innovationen zulassen, die mit vorherrschenden Kulturen/Erfahrungen vereinbar sind.
- Eine Erweiterung dieser Perspektive ist die „Papierkorb"-Perspektive: Manager haben schnell fertige Lösungen an der Hand, die auf ihren Erfahrungen beruhen, und suchen dann nach Gelegenheiten und Situationen, um diese in die Tat umzusetzen.
- Strategien entwickeln sich aufgrund von Experimenten und praktischen Lernerfahrungen (eine logische, inkrementelle Perspektive).
- Politische Prozesse wie Verhandlungen spielen bei der Bewertung strategischer Wahlmöglichkeiten eine wichtige Rolle.
- Die Strategien erfolgreicher Organisationen werden von anderen imitiert.

In jedem der oben genannten Fälle werden analytische Hilfsmittel eingesetzt, um zu prüfen, *warum* es sich lohnen könnte, eine Strategie zu verfolgen oder zu entwickeln. Sie werden aber auch eingesetzt, um die Wahl einer Strategie im Nachhinein zu beurteilen.

Ideenperspektive

Hier liegt der Schwerpunkt auf der Entwicklung „strategischer Ideen" als Quelle strategischer Optionen innerhalb einer Organisation im Gegensatz zu geplanten Strategien, die von oben nach unten weitergegeben werden. Diese Perspektive ist gekennzeichnet durch

- neue Ideen, die sich durch Instabilität und „Anpassungsspannungen" ergeben, im Gegensatz zu formalen Plänen,
- Experimente und praktische Lernerfahrungen,
- die Bedeutung unvollkommener Imitation (selbst wenn erfolgreiche Strategien imitiert werden, so ist diese Imitation nie perfekt und es ergeben sich Unterschiede),
- interne und externe Netzwerke, aus denen neue Ideen entstehen.

Manager sind eine Instanz, die für die strategische Auswahl verantwortlich ist, aber nicht die einzige.

Neue Ideen werden auch ausgewählt durch

- das Einfordern von „positivem Feedback" innerhalb und außerhalb der Organisation (etwa von Managern in der Organisation oder von Kunden auf dem Markt),
- die Durchsetzung der besten Ideen im Wettbewerb mit anderen,
- die Einbettung bestimmter Abläufe in die Routine einer Organisation.

Die Diskursperspektive

Scheinbar verfügbare Wahlmöglichkeiten werden durch die Sprache der Organisation, dessen Teil auch die Manager sind, stark eingeschränkt, zum Beispiel:

- Manager beschränken ihre Vergleiche der eigenen Organisation mit der Konkurrenz meist auf Wettbewerber, die als solche formuliert werden; es findet keine objektive Analyse statt.
- Ebenso setzen sich meist nur die strategischen Optionen durch, die mit der „dominanten Unternehmenssprache" oder der Sprache innerhalb der Branche im Einklang sind.
- Auch gibt es „strategische Trends" – häufig verfolgte Strategien, die zu bestimmten Zeiten populär sind.

Auf welche Weise auch immer eine Strategie ausgewählt wird, diese Auswahl wird meist wie folgt erklärt:

- Um die Legitimierung der Strategie durch die Interessengruppen zu erlangen, verwenden Manager häufig den Begriff des „Wettbewerbsvorteils" zur Rechtfertigung ihrer Strategie, gleichgültig ob dieser Anspruch tatsächlich besteht oder nicht.
- Der strategische Erfolg wird als garantiert dargestellt.
- Ein Scheitern wird im Nachhinein schlüssig erklärt.

Um zu verstehen, welche Strategien in einer Organisation bevorzugt verfolgt werden und welche nicht, ist es also besonders wichtig, darauf zu achten, *wie* über Strategien gesprochen wird.

TEIL III

Strategie in Aktion

Strategieentwicklungsprozesse

11

ÜBERBLICK

Lernziele

Nach der Lektüre dieses Kapitels sollten Sie in der Lage sein,

- zu erklären, was unter *intendierter* und *emergenter* Strategieentwicklung zu verstehen ist.
- intendierte Prozesse der Strategieentwicklung in Organisationen zu identifizieren; dazu gehören die Rolle von Vision und Anordnung, strategische Planungssysteme und von außen aufgezwungene Strategien.
- emergente Prozesse der Strategieentwicklung zu identifizieren, etwa logischen Inkrementalismus, Ressourcenallokationsprozesse, kulturelle Prozesse und organisationale Politik.
- zu berücksichtigen, dass unterschiedliche Prozesse der Strategieentwicklung in *vielen Formen* und *unterschiedlichen Zusammenhängen* vorgefunden werden können.
- einige der Themen zu erklären, denen Manager bei der Strategieentwicklung begegnen. Zu diesen gehören die Herausforderung, *intendierte* und *realisierte Strategien* zu steuern, die Entwicklung der *lernenden Organisation* und Strategieentwicklung unter *unsicheren* und *komplexen Bedingungen*.

11.1 Einführung

Zentrales Thema von Teil I und II war es, wie strategische Akteure die strategische Position ihrer Organisation verstehen und welche strategischen Wahlmöglichkeiten zur Verfügung stehen. Dieses Kapitel behandelt nun die Frage, *wie sich Strategien entwickeln*, oder genauer, welche allgemeinen Prozesse zu organisationalen Strategien führen (in *Kapitel 15* wird detailliert erläutert, welche Mitarbeiter in diese Prozesse involviert sind, was sie bei der Entwicklung von Strategien tun und welche Methoden angewandt werden).

Es gibt zwei generelle Erklärungen der Strategieentwicklung, die sich allerdings nicht gegenseitig ausschließen. Die erste hängt mit der Idee der *intendierten Strategie* zusammen: Strategien sind das Ergebnis sorgfältiger Überlegungen, die normalerweise mit Entscheidungen des Top Managements verknüpft sind. Dies ist auch mit der Vorstellung verbunden, dass Strategien mithilfe der in diesem Buch erläuterten Konzepte und Werkzeuge entwickelt werden. Diese Erklärung wird manchmal auch als *rationale/analytische Sicht* der Strategieentwicklung bezeichnet oder, wie in den Kommentaren dieses Buches, als *Gestaltungsperspektive* der Strategieentwicklung. Die zweite Erklärung ist die der *emergenten Strategie*: Strategien entwickeln sich nicht auf der Grundlage eines umfassenden Planes, sondern kommen im Laufe der Zeit in Organisationen auf. Die in den Kommentaren dargestellte Diskussion über die Erfahrungen, Ideen und Diskursperspektiven beziehen sich auf diese Erklärung. Dieses Kapitel ist entsprechend dieser zwei Ansichten, der intendierten und emergenten Strategien, strukturiert. Abbildung 11.1 erläutert die Struktur des Kapitels:

Abbildung 11.1: Strategieentwicklungsprozesse

- Der erste *Abschnitt 11.2* befasst sich mit intendierter Strategie. Zuerst wird erklärt, wie Strategien das Resultat der *Vision, Führung oder „Anordnung“* von Einzelpersonen sein können. Dann wird erörtert, wie formelle *Planungssysteme* in Organisationen aussehen können und welche Rolle sie spielen. Der Abschnitt endet mit der Darstellung, wie Strategien von außen *aufgezwungen* werden können.
- Im zweiten Abschnitt des Kapitels (*11.3*) geht es darum, wie Strategien in Organisationen emergent werden. Den unterschiedlichen Erklärungen ist gemeinsam, dass sie Strategieentwicklung nicht als eine besondere und abgetrennte organisationale Aktivität sehen, sondern dass sich Strategien aus alltäglichen und routinemäßigen Abläufen der Organisation entwickeln. Der Abschnitt beginnt mit der Erläuterung des *logischen Inkrementalismus.* Dann wird erklärt, wie Strategien das Ergebnis von *Ressourcenallokationsprozessen* sein könnten. Auch der Einfluss *kultureller Prozesse* in Organisationen und ihre *politischen Prozesse* werden erläutert.
- *Abschnitt 11.4* zeigt auf, dass diese unterschiedlichen Erklärungen der Strategieentwicklung nicht als unabhängig oder sich gegenseitig ausschließend angesehen werden sollten. In der Tat können sie alle in unterschiedlichem Ausmaß oder zu unterschiedlichen Zeiten und in unterschiedlichen Zusammenhängen in Organisationen zutreffen. Es gibt jedoch *Muster der Strategieentwicklung*, die in diesem Abschnitt erläutert werden.
- Im letzten Abschnitt des Kapitels (*11.5*) werden *Implikationen für das Management der Strategieentwicklung* aufgezeigt, zu denen die folgenden gehören:
  - Die Unterscheidung zwischen *intendierter* und *realisierter* Strategie und die sich ergebenden Implikationen für das Management der Strategieentwicklung.
  - Die Herausforderung, eine *lernende Organisation* zu entwickeln.
  - Wie unterschiedliche Herangehensweisen an die Strategieentwicklung mehr oder weniger gut für *stabile, dynamische oder komplexe* Umgebungen geeignet sind.

11.2 Intendierte Strategieentwicklung

Intendierte Strategie

Die intendierte Strategie bezeichnet die von Managern gewünschte Strategie, die bewusst formuliert und geplant wurde.

Die **intendierte Strategie** bezeichnet eine von Managern gewünschte Strategie, die bewusst formuliert und geplant wurde. Ihre Entstehung kann auch mit dem Einsatz der in diesem Buch erläuterten Werkzeuge, Techniken und Rahmenbedingungen für strategische Analyse und Evaluation verbunden sein. Diese können in strategischen Planungssystemen, den Ansichten einzelner strategischer Führer oder Gruppen von Managern über die Strategie ihrer Organisation zur Geltung kommen (siehe *Kapitel 15*).

11.2.1 Strategieentwicklung durch strategische Führung: Die Rolle von Vision und Anordnung

Strategieentwicklung kann eng mit einem strategischen Führer verknüpft sein, also einer Einzelperson (oder einer kleinen Gruppe von Personen), von denen die Strategie abzuhängen scheint. Es handelt sich dabei um Personen, deren Persönlichkeit, Position oder Reputation dazu führen, dass andere sich ihnen bereitwillig unterordnen und ihnen die Strategieentwicklung überlassen. Sie werden daher persönlich mit der Strategie der Organisation identifiziert und sind zentral für sie. Eine solche Einzelperson kann zentral sein, weil es sich dabei um den Inhaber oder Gründer der Organisation handelt. Dies ist oft in kleinen Unternehmen oder Familienunternehmen der Fall, die auch groß und erfolgreich sein können. Es kann auch sein, dass eine Person selbst nach dem Börsengang eines Unternehmens zentral bleibt. Dies ist bei Charles Dunston von Carphone Warehouse oder Rupert Murdoch von der NewsCorp der Fall. Oder ein Firmenchef hat ein Unternehmen in schwierigen Zeiten saniert und personifiziert deshalb den Erfolg der Unternehmensstrategie, wie es bei Michael O'Leary von Ryanair der Fall ist. Oder aber das persönliche Netzwerk eines Individuums in einer Industrie oder einem Organisationsbereich wird als besonders bedeutend angesehen.[1]

In jedem dieser Fälle scheint die Strategie Ergebnis der reiflich durchdachten Intention dieser Führungspersönlichkeit zu sein oder wird zumindest als dieses angesehen. Die Entstehung einer solchen Intention kann wie folgt erklärt werden:

- *Strategische Führung als Gestaltung.* Es könnte sein, dass der strategische Führer die Strategie analytisch durchdacht hat. Dies kann mithilfe der Techniken geschehen, die mit strategischer Analyse und Bewertung assoziiert werden, aber er kann einfach auch nur bewusst, systematisch und auf Grundlage seiner Logik die Themen, denen sich die Organisation gegenübersieht, durchgearbeitet haben und zu seinen eigenen Schlussfolgerungen gelangt sein.
- *Strategische Führung als Vision.* Es kann sein, dass ein strategischer Führer eine allgemeine Vision, Mission oder strategische Intention (siehe *Abschnitt 4.5.2*) festlegt oder damit assoziiert wird, die andere motiviert, von allen geteilte Überzeugungen schafft, die eine effektive Zusammenarbeit ermöglichen, und die detaillierte Ausgestaltung der Strategie durch andere in der Organisation prägt. Einige Autoren sehen dies als die *wichtigste* Rolle eines strategischen Führers.[2]

1 Es gibt Hinweise darauf, dass das soziale Netwerk von Führern sowohl mit einer höheren Leistung als auch mit ihrem persönlichen Ruf verbunden ist. Siehe A. Mehra, A.L. Dixon, D. Brass und B. Robertson, „The social network ties of group leaders: Implications for group performance and leader reputation", *Organization Science*, Bd. 17, Nr. 1 (2006), S. 64–79.

2 Siehe z.B. W. Bennis und B. Nanus, *The Strategies for taking Charge*, Harper & Row, 1985, und J. Collins und J. Porras, *Built to Last: Successful Habits of Visionary Companies*, Harper Business, 2002.

- *Strategische Führung als Anordnung.* Die Strategie einer Organisation kann auch durch einen Einzelnen bestimmt werden. Dies ist vielleicht in inhabergeführten kleinen Unternehmen am offenkundigsten, wo dieser Einzelne alle Aspekte des Unternehmens direkt steuert und kontrolliert. Danny Miller und Isabel Le-Breton weisen darauf hin, dass dies Vor- und Nachteile mit sich bringt. Als positiv kann gesehen werden, dass strategische Anpassungen schnell vorgenommen werden können. Auch können „präzise, innovative, unorthodoxe Strategien durchgesetzt werden, die von anderen nur schwer imitiert werden können". Zu den Kehrseiten gehören dagegen „Überheblichkeit, exzessive Risikobereitschaft und schrullige, irrelevante Strategien".[3]

11.2.2 Strategische Planungssysteme

Oft wird Strategieentwicklung mit formalisierten strategischen Planungssystemen gleichgesetzt.[4] Strategische Planung kann in Form eines systematisierten, stufenweisen, chronologischen Verfahrensprozesses ablaufen, in den verschiedene Teile der Organisation involviert sind. In einer Studie über strategische Planungssysteme großer Ölgesellschaften stellte Rob Grant[5] beispielsweise die folgenden Phasen im Planungszyklus einer großen Aktiengesellschaft fest:

- *Anfängliche Leitlinien.* Den Startpunkt eines Zyklus bilden normalerweise eine Reihe von Richtlinien oder Annahmen über die externe Umwelt (z.B. Preisniveaus und Angebots- und Nachfragebedingungen) und die allgemeinen Prioritäten, Richtlinien und Erwartungen der Konzernzentrale.
- *Planung auf Geschäftsbereichsebene.* Daraufhin entwerfen Geschäftsbereiche oder Abteilungen Strategiepläne, die der Konzernzentrale unterbreitet werden. Die Geschäftsleitung der Konzernzentrale diskutiert dann die Pläne mit den Geschäftsführern, üblicherweise in persönlichen Gesprächen. Auf der Grundlage dieser Diskussionen überarbeiten die Geschäftsbereiche ihre Pläne.
- *Planung auf Gesamtunternehmensebene.* Der Unternehmensplan resultiert aus der Aggregation der Geschäftsbereichspläne. Die Abstimmung der Teilpläne kann durch eine Planungsabteilung des Konzerns erfolgen, die eine Koordinierungsrolle übernimmt. Der Vorstand muss dem Unternehmensplan dann zustimmen.
- Daraufhin werden *finanzielle und strategische Ziele* ausgewählt, um eine Grundlage für die Überwachung der Ergebnisse der Geschäftsbereiche und wichtiger strategischer Prioritäten zu schaffen.

Beispiel 11.1 ist eine schematische Darstellung von zwei unterschiedlichen strategischen Planungssystemen, die Robert Grant in einer Studie über Ölkonzerne beobachtet hat. Einige Unternehmen waren formaler und reglementierter als andere (z.B. die fran-

3 Die Rolle des Kommandostils in kleinen Unternehmen wird in „Management insights from great and struggling family businesses" von D. Miller und I. Le Breton-Miller, *Long Range Planning*, Bd. 38 (2005), S. 517–530 diskutiert. Die Zitate hier stammen von S. 519.

4 In den 70er und 80er Jahren wurden viele Bücher über formelle strategische Planungsansätze zur Strategieentwicklung geschrieben. Sie sind inzwischen weniger häufig, siehe z.B. N. Lake, *The Strategic Planning Workbook*, 2. Aufl., Kogan Page, 2006; J.M. Bryson, *Strategic Planning for Public and Nonprofit Organizations: A guide to strengthening and sustaining organizational achievement*, 3. Aufl., Jossey-Bass, 2005; und S. Haines, *The Systems Thinking Approach to Strategic Planning and Management*, St. Lucie Press, 2000.

5 „Strategic planning in a turbulent environment: Evidence from the oil majors" bezeichnet eine von Rob Grant durchgeführte Studie. Siehe Strategic Management Journal, Bd. 24 (2003), S. 491–517.

zösische Elf Aquitaine und die italienische ENI). Diese verließen sich mehr auf schriftliche Berichte und formale Präsentationen sowie festgelegte Planungszyklen, zeigten wenig Flexibilität und hatten spezifische Zielvorgaben in Bezug auf die formalen Pläne. Dort, wo es mehr Formlosigkeit/Flexibilität gab (z.B. bei BP, Texaco und Exxon) legten die Unternehmen größeres Gewicht auf allgemeine finanzielle Ziele. Die zentralen Planungsabteilungen der Unternehmen spielten ebenfalls unterschiedliche Rollen. In einigen Unternehmen agierten sie hauptsächlich als Koordinatoren von Geschäftsplänen, in anderen hatten sie eher die Rolle interner Berater.

Es muss erwähnt werden, dass wichtige strategische Entscheidungen durchaus nicht nur in solchen Planungsprozessen getroffen werden können oder deren direktes Ergebnis sind. So werden zum Beispiel Entscheidungen über Wettbewerbsstrategien auf Geschäftsbereichsebene wohl eher in Besprechungen des Managements in diesem Geschäftsbereich getroffen. Dort können die Prozesse der Strategieentwicklung den in diesem Kapitel und an anderer Stelle dieses Buches erklärten Strategien entsprechen (siehe *Kapitel 15* und die Kommentare). Diese Entscheidungen können danach jedoch in den formalen Unternehmensplan übernommen werden.

Dennoch hat ein strategisches Planungssystem viele Einsatzmöglichkeiten. Es kann etwa eine Rolle dabei spielen, wie die künftige organisationale *Strategie bestimmt* wird. Ein Planungssystem kann zum Beispiel

- dabei *helfen, Analysen und Überlegungen* über komplexe strategische Probleme *zu strukturieren.*
- ermutigen, vorherrschende Überzeugungen, die in einer Organisation einfach als gegeben angenommen werden, *infrage zu stellen und anzufechten.*
- eine *längerfristige Sicht* der Strategie *fördern* als dies sonst der Fall wäre. Planungshorizonte variieren selbstverständlich. In sich schnell verändernden Konsumgüterunternehmen können Jahrespläne über drei bis fünf Jahre angemessen sein. In Unternehmen mit langfristigen Kapitalinvestitionen wie beispielsweise in der Ölindustrie können Planungshorizonte bis zu 15 Jahre (bei Exxon) oder 20 Jahre (bei Shell) betragen.[6]
- *die Koordination von Strategien auf Geschäftsbereichsebene* innerhalb einer übergreifenden Unternehmensstrategie *verbessern.*

In jedem dieser Planungssysteme können die Werkzeuge und Techniken der strategischen Analyse und Entscheidungsfindung Anwendung finden, die in Teil I und II des Buches diskutiert wurden.

6 Ebenfalls der Forschungsarbeit von Grant entnommen, siehe Fußnote 5.

Beispiel 11.1 Strategische Planung bei Shell und ENI

Die Rolle strategischer Planungssysteme kann sich von Unternehmen zu Unternehmen unterscheiden.

Shell

Die strategische Planung bei Shell basiert (i) auf 20-Jahres-Plänen, die alle vier bis fünf Jahre neu auf Grundlage eines Szenarioplanungsprozesses überarbeitet werden, sowie auf (ii) jährlichen Geschäftsplänen mit Zeithorizonten von fünf bis zehn Jahren. Das Ziel ist es, Geschäftsbereichsstrategien weiterzuentwickeln und Strategien der multinationalen Geschäftstätigkeit zu koordinieren.

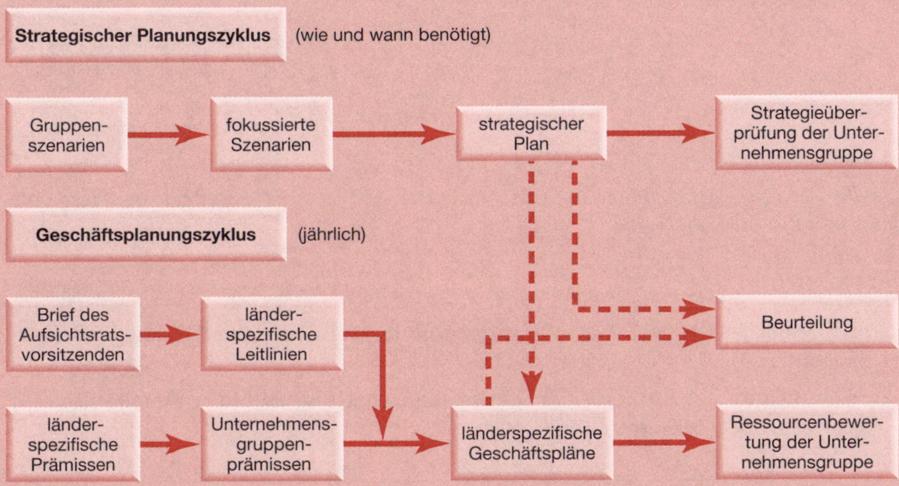

ENI

ENI hat einen jährlichen Planungszyklus mit einem Zeithorizont von vier Jahren, der jeden Geschäftsbereich, Unternehmenssektor und die ganze Gruppe einbezieht. Das erste Jahr des Plans bildet die Grundlage für das Jahresbudget und die Ergebnisziele. Der Schwerpunkt liegt auf der zentralen Unternehmenskontrolle der Geschäftsbereiche und dem Ausüben von Druck auf sie, um größere Effizienz zu erreichen.

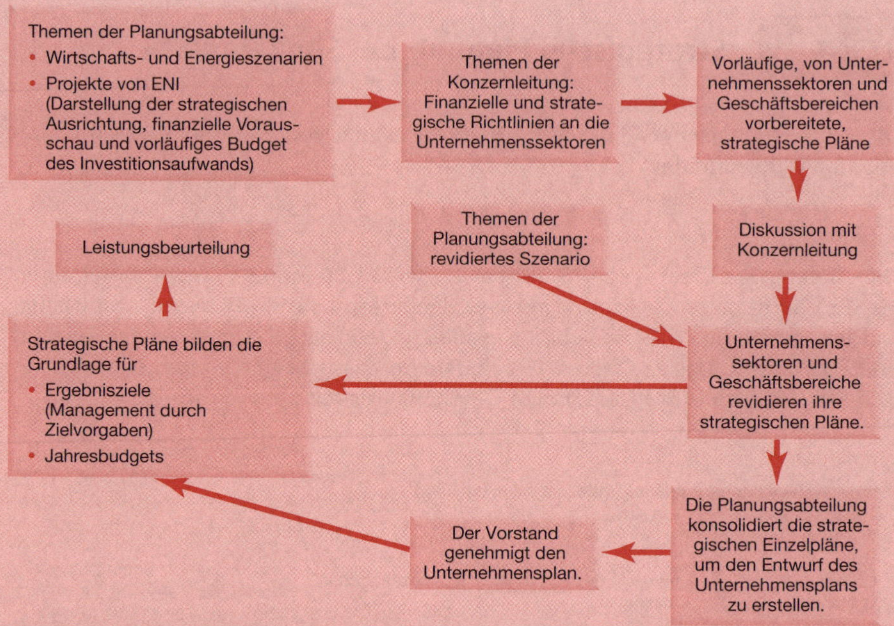

Quelle: R. Grant, „Strategic planning in a turbulent environment", Strategic Management Journal, Bd. 24 (2003), S. 498.

Kontrollfragen

1. Erklären Sie die wichtigsten Unterschiede zwischen den beiden Planungssystemen.
2. Welche anderen Prozesse der Strategieentwicklung laufen wahrscheinlich in einem großen Mineralölkonzern ab?

Ein Planungssystem kann auch die *Umsetzung einer intendierten Strategie in organisationales Handeln* erleichtern, indem es

- die intendierte Strategie von der Zentrale an die Operationseinheiten *kommuniziert*.
- *vereinbarte Zielvorgaben oder strategische Meilensteine* bereitstellt, mit denen die Leistungsergebnisse und -fortschritte überprüft werden können.
- *Ressourcen koordiniert*, die zur Realisierung der Strategie erforderlich sind.

Ein Planungssystem kann auch *psychologisch* eine Rolle spielen, indem es

- *Mitarbeiter* in die Strategieentwicklung *involviert*, wodurch ein Engagement für die Strategie geschaffen werden kann.
- ein *Gefühl der Sicherheit* und Logik für die Organisation schafft, nicht zuletzt bei den Führungskräften, die glauben, dass sie pro-aktiv die künftige Strategie bestimmen und Kontrolle über das Schicksal der Organisation ausüben sollten.

Henry Mintzberg jedoch hat das Ausmaß infrage gestellt, in dem Planung solche Vorteile mit sich bringt.[7] Es gibt vier Risiken beim Einsatz formaler Systeme strategischer Planung:

- *Verwechseln der Strategie mit dem Plan.* Führungskräfte sehen sich selbst bereits als Manager einer Strategie, während sie sich noch im Planungsprozess befinden. Strategie ist nicht das Gleiche wie „der Plan“, denn unter Strategie versteht man die langfristige Ausrichtung der Organisation und nicht nur ein schriftliches Dokument. Verbunden damit könnte es zu einer Verwechslung zwischen den *Budgetprozessen* und strategischen Planungsprozessen kommen, die beide als das Gleiche angesehen werden könnten. Das Resultat ist, dass Planung auf die Erstellung finanzieller Vorhersagen reduziert wird, anstatt die in diesem Buch diskutierten Themen zu überdenken. Natürlich ist es wichtig, die Ergebnisse der strategischen Planung in den Budgetprozess zu überführen, aber es handelt sich dabei nicht um dasselbe.
- *Abtrennung von der Realität.* Die für die Umsetzung der Strategien zuständigen Manager sind so mit den alltäglichen Abläufen beschäftigt, dass sie die Verantwortung für strategische Themen an Spezialisten oder Berater abgeben. Diese haben jedoch meist nicht die Macht, in der Organisation etwas zu bewegen. Dies kann dazu führen, dass strategische Planung zu einer intellektuellen Übung wird, die von der Realität des Betriebs abgekoppelt ist. Strategische Planung kann auch zu sehr ins Detail gehen und sich auf umfangreiche Analysen konzentrieren, die, obwohl sie technisch fundiert sind, die wichtigen strategischen Themen übersehen, denen die Organisation gegenübersteht. So ist es zum Beispiel nicht ungewöhnlich, dass Firmen über umfangreiche Informationen über ihren Markt verfügen, aber nur wenig Klarheit über die strategische Bedeutung dieser Informationen herrscht. Das Ergebnis kann eine *Informationsüberflutung* ohne klares Ergebnis sein. Im Extremfall können strategische Planer der Meinung sein, dass die zentral geplante Strategie determiniert, was in einer Organisation geschieht. Tatsächlich spielen jedoch die Mitarbeiter und die Erfahrungen, auf die sie zurückgreifen, eine sehr viel bedeutendere Rolle (siehe *Abschnitt 11.5.1* und *Kapitel 15*). Damit formale Planungssysteme sinnvoll sind, sollten die Verantwortlichen auf diese Erfahrungen zurückgreifen und auch die Mitarbeiter der Organisation einbeziehen, damit die Planung nicht von der Realität der Organisation abgetrennt wird.
- *Mangelnde Übernahme.* Die aus den Überlegungen einer Planungsabteilung oder der höheren Führungskräfte eines Unternehmens resultierende Strategie wird nicht von einer breiten Basis im Unternehmen getragen. In einem extremen Beispiel wurde einem Kollegen, der die Strategie des Unternehmens mit dem Planungsverantwortlichen diskutierte, gesagt, dass es einen Strategieplan gebe, dass dieser aber in der Schublade des Geschäftsführers eingeschlossen sei. Nur dem Planer und einigen wenigen leitenden Angestellten war es erlaubt, Einsicht zu nehmen! Es besteht auch die Gefahr, dass der Prozess der Strategieplanung so beschwerlich ist, dass Einzelne oder Gruppen nur zu Teilen beitragen und *den Plan als Ganzes nicht verstehen.* Das kann dazu führen, dass die Strategie auf Geschäftsbereichsebene nicht mit der intendierten Unternehmensstrategie übereinstimmt. Dies kann besonders in sehr großen Unternehmen zum Problem werden.
- *Dämpfung von Innovationen.* Stark formalisierte und starre Planungssysteme, insbesondere wenn diese mit sehr engen und detaillierten Kontrollmechanismen ver-

7 Viele dieser Gefahren sind dem Buch von H. Mintzberg, *The Rise and Fall of Strategic Planning*, Prentice Hall, 1994, entnommen.

bunden sind, können zu einer unflexiblen, hierarchischen Organisation führen, wodurch Ideen erstickt und die innovative Leistungsfähigkeit gedämpft werden.

Empirische Belege darüber, inwieweit ein solch systematisches Vorgehen dazu führt, dass Organisationen bessere Leistungen erbringen als andere, sind zweifelhaft[8], nicht zuletzt deshalb, weil es schwierig ist, formale Planung als dominanten oder entscheidenden Einfluss auf die Ergebnisse zu isolieren. Es gibt jedoch Hinweise, dass dies insbesondere in einer dynamischen Umwelt vorteilhaft sein kann, wo dezentralisierte Entscheidungsbefugnisse über strategische Entscheidungen erforderlich sind (siehe *Kapitel 12*), zugleich aber die Notwendigkeit besteht, die dezentral entstandenen Strategien zu koordinieren.[9]

Es gab einen Rückgang, was den Einsatz formaler Planungsabteilungen in Unternehmen[10] betrifft, sowie eine Verlagerung der Verantwortung für Strategieentwicklung und -planung auf die Führungskräfte in der Linie (siehe *Kapitel 15*). Strategische Planung vollzieht sich also mehr und mehr projektbasiert und flexibel.[11] Insofern ist die Strategieplanung nicht länger ein Vehikel für die Entwicklung einer intendierten Strategie von oben nach unten, sondern ein Vehikel für die Koordinierung emergenter Strategien (siehe *Abschnitt 11.4.1* über Ressourcenallokation).

11.2.3 Von außen aufgezwungene Strategie

Es gibt Situationen, in denen Manager der Ansicht sind, dass ihnen eine Strategie von mächtigen externen Interessengruppen aufgezwungenen würde. Strategien, die in solcher Weise aufgezwungen werden, können mithilfe der Analyse- und Evaluationsmethoden des rationalen/analytischen Ansatzes oder durch systematische strategische Planung bestimmt worden sein, oder sie könnten auf emergente Art und Weise entstanden sein (siehe *Abschnitt 11.3*). Von den Managern der Organisation, der sie aufgezwungen wurde, wird sie jedoch sicherlich als „intendierte Strategie" empfunden.

Die Regierung kann beispielsweise im öffentlichen Sektor oder in Industrien, über welche sie weitgehende Regulierungsbefugnisse hat, eine bestimmte strategische Richtung vorgeben. Oder sie entscheidet, eine Industrie oder eine Organisation zu deregulieren oder zu privatisieren, die bisher zum öffentlichen Sektor gehörte. So wurde im öffentlichen Sektor in Großbritannien zu Beginn des 21. Jahrhunderts ein interventionistischer Ansatz eingeführt. Schulen und Krankenhäusern, die als leistungsschwach galten, wurden sogenannte „Spezialmaßnahmen" auferlegt, und Manager wurden eingesetzt, um

8 Studien über die Beziehung zwischen formaler Planung und finanzieller Leistung sind größtenteils nicht beweiskräftig. Siehe z. B. P. McKiernan und C. Morris, „Strategic planning and financial performance in the UK SMEs: Does formality matter?", *Journal of Management*, Bd. 5 (1994), S. 31–S42. Einige Studien zeigen einen Nutzen in bestimmten Zusammenhängen. So wird z. B. argumentiert, dass es Vorteile für Unternehmer gibt, die neue Unternehmen gründen. Siehe F. Delmar und S. Shane, „Does business planning facilitate the development of new ventures?", *Strategic Management Journal*, Bd. 24 (2003), S. 1165–1185. Andere Studien zeigen eher den Nutzen strategischer Analyse und strategischen Denkens als die Vorteile formaler Planungssysteme; siehe C.C. Miller und L.B. Cardinal, „Strategic planning and firm performance: A synthesis of more than two decades of research", *Academy of Management Journal*, Bd. 37, Nr. 6 (1994), S. 1649–1665.

9 T.J. Andersen, „Integrating decentralized strategy making and strategic planning processes in dynamic environments", Journal of Management Studies, Bd. 41, Nr. 8 (2004), S. 1271–1299.

10 Siehe Fußnote 5.

11 Siehe M. Mankins. „Stop making plans, start making decisions", *Harvard Business Review*, Januar 2006, S. 77–84.

die maroden Organisationen zu transformieren und ihnen eine neue strategische Richtung aufzuzwingen. Auch Unternehmen des privaten Sektors können einer solchen aufgezwungenen Strategierichtung oder signifikanten Einschränkungen ihrer strategischen Wahlmöglichkeiten ausgesetzt sein. Ein multinationales Unternehmen kann in einigen Ländern der Welt behördlichen Auflagen ausgesetzt und gezwungen sein, seine Geschäfte dort nur durch Joint Ventures oder lokale Allianzen abzuwickeln. Ebenso kann ein operativer Geschäftsbereich eines multidivisionalen Unternehmens die Unternehmensstrategie der Muttergesellschaft als aufgezwungene Strategie ansehen.

11.3 Emergente Strategieentwicklung

Auch wenn Strategieentwicklung normalerweise mit Intentionalität assoziiert wird, ist dies nicht immer der Fall. Untersuchungen historischer Muster der Strategieentwicklung in Organisationen zeigen ein Muster auf, das als inkrementelle Strategieentwicklung bekannt wurde. Strategien ändern sich normalerweise nicht in bedeutenden Richtungswechseln, sondern indem sie auf Vergangenem aufbauen und es schrittweise verbessern. Frühere Entscheidungen beeinflussen die zukünftige Richtung und führen zu dem in Abbildung 11.2 beschriebenen Muster. Eine anscheinend kohärente Strategie einer Organisation kann sich auf der Grundlage strategischer Schritte entwickeln, von denen jeder im Sinne der vorangegangenen Schritte Sinn macht. Auch eine Produkteinführung oder eine Investitionsentscheidung können eine strategische Richtung begründen, die wiederum die Entscheidungen über den nächsten strategischen Schritt prägt, der vielleicht in einer Akquisition besteht. Diese wiederum trägt dazu bei, die strategischen Ausrichtung zu konsolidieren, so dass die allgemeine strategische Ausrichtung der Organisation im Laufe der Zeit fundierter wird. Mit der Zeit wird jeder strategische Schritt durch dieses sich entwickelnde Strategiemuster geprägt und verstärkt es wiederum.

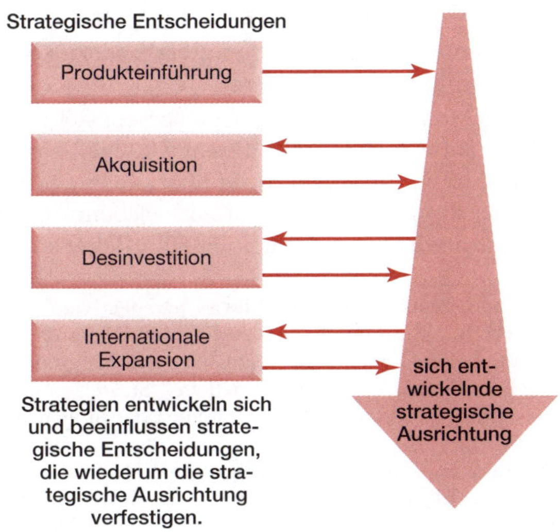

Abbildung 11.2: Strategische Ausrichtung auf Basis früherer Entscheidungen

Es wäre für eine Organisation seltsam und wohl dysfunktional, wenn sie ihre Strategie sehr häufig fundamental ändern würde. Hat eine Organisation einmal eine allgemeine strategische Richtung eingeschlagen, so sollte man erwarten, dass weitere strategische Schritte mit dieser in Einklang stehen. Somit ist ein solches Muster konsistent mit

Emergente, gewachsene Strategien

Emergente, gewachsene Strategien entwickeln sich aus alltäglichen Routineabläufen, Aktivitäten und Prozessen in Organisationen, die zu Entscheidungen führen, welche die langfristige Ausrichtung einer Organisation bestimmen.

Logischer Inkrementalismus

Logischer Inkrementalismus ist die bewusste Entwicklung einer Strategie durch Experimentieren und Lernen auf Basis begrenzter Veränderungen.

der Sichtweise von Strategieentwicklung als einem intentionalen, wohl überlegten und sorgfältig durchdachten Prozess. Jedoch kann dasselbe Muster auch als die beständige Anwendung des Vertrauten interpretiert werden: Organisationen treffen wiederholt Entscheidungen auf der Basis dessen, wo sie herkommen, anstatt auf Basis eines wohl überlegten Blicks in die Zukunft.[12] Oder das Strategiemuster kann als das Ergebnis von Routinen, Aktivitäten und Prozessen innerhalb einer Organisation angesehen werden, die zu Entscheidungen führen, welche die langfristige Ausrichtung einer Organisation[13] festlegen: Ihre Strategie. Diese kumulativen Entscheidungen können dann anschließend zum Beispiel in Jahresabschlüssen oder Strategieplänen als Strategie der Organisation formal beschrieben werden. Dieser Abschnitt erläutert die organisationalen Prozesse, die zu einer solchen **emergenten Strategieentwicklung** führen können.

11.3.1 Logischer Inkrementalismus

In einer Studie großer multinationaler Unternehmen kam James Quinn[14] zu dem Schluss, dass die von ihm beobachteten Strategieentwicklungsprozesse am besten als logischer Inkrementalismus beschrieben werden konnten. **Logischer Inkrementalismus** ist die Entwicklung einer Strategie durch Experimentieren und „Lernen auf Basis begrenzter Veränderungen statt durch die globale Formulierung ganzer Strategien."[15] Hierfür gibt es mehrere Gründe:

- *Umweltunsicherheit.* Manager erkennen, dass sie die Unsicherheit ihrer Umwelt nicht aus der Welt schaffen können, indem sie sich auf die Analyse historischer Daten oder Vorhersagen von Veränderungen verlassen. Stattdessen versuchen sie, sensibel für Umweltsignale zu sein, indem sie die gesamte Organisation dazu anregen, die Umwelt permanent zu beobachten.
- *Generelle Sicht einer Strategie.* Manager haben eher eine allgemeine als eine spezifische Vorstellung davon, was ihre Organisation in Zukunft erreichen soll, und versuchen, sich dieser Position schrittweise anzunähern. Sie sind auch zurückhaltend, präzise Zielvorstellungen zu früh zu spezifizieren, da dies sowohl Ideen unterdrücken als auch Innovation und Experimentieren verhindern könnte. Zielvorstellungen können daher sehr allgemein gehalten sein.
- *Experimentieren.* Viele Manager versuchen, ein starkes, sicheres, aber dennoch flexibles Kerngeschäft zu entwickeln. Die in diesem Geschäft gemachten Erfahrungen begründen dann sowohl ihre Entscheidungen über die weitere Entwicklung dieses Geschäfts als auch über das Experimentieren mit „Nebenprojekten". In den frühen Phasen einer Strategieentwicklung werden sie sich daher nur versuchsweise auf

12 Siehe S. Elbanna, „Strategic decision making: Process perspectives", *International Journal of Management Reviews*, Bd. 8, Nr. 1 (2006), S. 1–20 für eine Erklärung der Unterschiede zwischen einer reiflich durchdachten, geplanten Strategieentwicklung und inkrementellen Erklärungen. Siehe G. Johnson, „Re-thinking incrementalism", *Strategic Management Journal*, Bd. 9 (1988), S. 75–91 für eine Diskussion unterschiedlicher Erklärungen inkrementeller strategischer Änderungen.

13 Zwei der ersten ausführlichen Fallstudien, die zeigen, wie kulturelle und politische Prozesse zur Emergenz von Strategien führen, sind A. Pettigrew, *The Awakening Giant*, Blackwell, 1985, und G. Johnson, *Strategic Change and the Management Process*, Blackwell, 1987.

14 J.B. Quinn´s Recherchen involvierten die Untersuchung strategischer Änderungen in Unternehmen und wurde in *Strategies for Change*, Irwin, 1980, veröffentlicht. Siehe auch J.B. Quinn, „Strategic change: Logical incrementalism", in J.B. Quinn und H. Mintzberg, *The Strategy Process*, 4. Aufl., Prentice Hall, 2003.

15 Siehe J.B. Quinn, Strategies for Change, Fußnote 14, S. 58.

andere strategische Optionen festlegen. Solche Experimente liegen nicht nur im Verantwortungsbereich des Top Managements. Sie entwickeln sich auch aus dem, was Quinn als „Subsysteme“ einer Organisation beschreibt. Damit meint er Gruppen von Mitarbeitern, die zum Beispiel mit der Produktentwicklung, der Positionierung eines Produkts, der Diversifikation, den externe Beziehungen, etc. befasst sind.

- *Koordinierung emergenter Strategien.* Top Manager können eine Mischung *formaler und informaler*, sozialer und politischer Prozesse nutzen (siehe *Abschnitt 11.3.4*), um die sich aus diesen Subsystemen entwickelnden Muster von Strategien miteinander zu verbinden. Diese können dann für bestimmte Interessengruppen (z.B. Aktionäre, Finanzkommentatoren, Medien), die die Strategie der Organisation verstehen sollen, zu kohärenten Ausführungen über die Strategie zusammengefasst werden.

Quinn argumentiert, dass logischer Inkrementalismus trotz seiner emergenten Natur eine „bewusste, zielgerichtete, pro-aktive Praktik von Führungskräften“ ist, die dazu dient, die Informationsgrundlage für Entscheidungen zu verbessern und eine psychologische Identifikation der Mitarbeiter mit der Strategieentwicklung zu schaffen. In gewisser Hinsicht umfasst logischer Inkrementalismus also Prozesse, die eine Brücke zwischen Intentionalität und Emergenz schlagen. Denn sie sind wohlüberlegt und intendiert, basieren aber gleichzeitig auf sozialen Prozessen der Umweltbeobachtung durch die Organisation und Experimenten in Subsystemen, um Ideen auszuprobieren.

Diese Sichtweise der Strategieentwicklung ähnelt der von Managern, wenn sie beschreiben, wie Strategien in ihren Organisationen entstehen. In Beispiel 11.2 finden sich Beispiele von Managern, die Strategieentwicklungsprozesse in ihren Organisationen aus ihrer Sicht erklären. Sie sehen ihre Aufgabe als Strategieentwickler als fortwährendes, pro-aktives Verfolgen eines strategischen Ziels, als Reagieren auf Aktivitäten der Wettbewerber und als Adaptieren an die Umwelt, ohne dass viel Einsatz nötig ist, um Effizienz und Arbeitsleistung aufrechtzuerhalten.

Die Entwicklung von Strategien auf diese Art hat deutliche Vorteile. Fortwährendes Austesten und eine sukzessive Umsetzung der Strategie bedeuten bessere Informationen für die Entscheidungsfindung und ermöglichen eine bessere Planung der Abfolge wichtiger Entscheidungen. Da Veränderungen nach und nach stattfinden, wird die Möglichkeit erhöht, Engagement für Veränderungen in der Organisation zu schaffen und zu entwickeln. Da die unterschiedlichen Teile oder „Subsysteme“ der Organisation in einem beständigen, fortwährenden Zusammenspiel sind, können Manager voneinander etwas über die Machbarkeit bestimmter Vorgehensweisen lernen. Solche Prozesse berücksichtigen auch die politische Natur des organisationalen Lebens, da kleinere Veränderungen auf weniger Widerstand stoßen als ein großer Wandel. Zudem bedeutet diese Art der Formulierung von Strategien, dass die Implikationen der Strategie fortwährend getestet werden. Diese fortwährende Neuanpassung macht Sinn, wenn die Umwelt einen sich fortwährend ändernden Einfluss auf die Organisation ausübt.

Beispiel 11.2 **Eine inkrementalistische Sicht strategischen Managements**

Manager sehen ihre Aufgabe oft als das Management von Anpassungen, also die Strategie fortwährend mit der Umwelt in Einklang zu bringen, während die Effizienz gewahrt und die Interessengruppen bei Laune gehalten werden.

- „Es gibt eine einfache Analogie. Um sich beim Gehen vorwärts zu bewegen, schafft man ein Ungleichgewicht. Man lehnt sich nach vorne und weiß nicht, was passiert. Glücklicherweise setzt man einen Fuß nach vorne und ist wieder im Gleichgewicht. Das ist genau das, was wir die ganze Zeit tun – es ist also nie bequem."
- „Ich beginne umfassende Diskussionen mit Menschen innerhalb und außerhalb des Unternehmens. Aus diesen ergibt sich letztendlich ein Muster. Es ist wie beim Zusammensetzen eines Puzzles. Zuerst erscheint ein vager Umriss eines Ansatzpunktes wie beispielsweise das Segel eines Schiffes in einem Puzzle. Dann wird plötzlich der Rest des Puzzles ganz klar, und man wundert sich, warum man es nicht schon die ganze Zeit gesehen hat."
- „Wir haben in der Vergangenheit nicht stillgestanden, und mit unserer gegenwärtigen Aufstellung werden wir auch in Zukunft nicht stillstehen; aber was ich damit wirklich meine, ist, dass es ein Weg der Evolution und nicht der Revolution ist. Einige Firmen haben ein Erfolgsrezept und halten starr an diesem fest, weil es alles ist, was sie kennen. Firma X zum Beispiel hat sich nicht hinreichend an Veränderungen angepasst und musste deshalb eine Revolution einleiten. Wir haben uns nach und nach angepasst, und das ist meiner Meinung nach auch das, was wir tun sollten. Wir halten immer Ausschau nach neuen Möglichkeiten, ohne dabei aber unseren Weg zu verlassen."
- „In unserem Geschäft weiß man nie, was die Zukunft bringt, denn sie ändert sich sehr schnell. Deshalb beschäftige ich einige der besten Köpfe der Branche. Ihr Job ist es, zu den Ersten zu gehören, die wissen, was passiert, und durch ihre Arbeit die Zukunft zu gestalten. Ich gebe ihnen keinen Strategieplan vor, dem sie folgen müssen. Meine Aufgabe ist es, aus dem, was sie mir sagen und was sie tun, eine Strategie zu erkennen. Natürlich stimmen sie nicht immer überein – warum sollten sie auch, denn sie können die Zukunft ja auch nicht kennen –, also gibt es viele Debatten, häufige Experimente, und oftmals werden Abschätzungen vorgenommen."
- „In diesem Zusammenhang ist die Analogie mit einem Schachspiel hilfreich. Das Ziel beim Schach ist klar: Den Sieg zu erringen, indem der König des Gegenspielers erobert wird. Die meisten Spieler beginnen mit einem strategischen Spielzug, der einen Gegenzug des Gegners unterstellt. Kommt der Gegenzug zustande, folgt der nächste Zug, basierend auf der vorherigen Gewinnstrategie, automatisch. Der Reiz des Schachspiels ist jedoch die Unvorhersehbarkeit der Züge des Gegners. Es ist unmöglich, das Ergebnis eines Schachspiels vorherzusagen, und deshalb beschränken sich die Spieler darauf, an den Möglichkeiten und Wahrscheinlichkeiten der nächsten Spielzüge zu arbeiten."

Quellen:

1. Zitate aus Interviews, die von A. Bailey als Teil eines Forschungsprojekts durchgeführt wurden, die vom Economic and Social Research Council (Grant No. R000235100) gefördert wurden.

2. Auszug aus J.B. Quinn, Strategies for Change, Irwin, 1980.

3. Auszug aus G. Johnson, Strategic Change and the Management Process, Blackwell, 1987.

4. *Geschäftsführer eines Hightech-Unternehmens in einem Interview mit einem Co-Autor.*

5. *Von einem Manager in einem MBA-Studiengang.*

Kontrollfragen

1. Bezug nehmend auf diese Erklärungen der Strategieentwicklung: Worin bestehen die Hauptvorteile der inkrementellen Strategieentwicklung?
2. Führt eine inkrementalistische Strategieentwicklung in jedem Fall zu strategischer Abdrift (siehe *Abschnitt 11.6.1*)? Wie kann dies vermieden werden?

11.3.2 Ressourcenallokationsprozess

Der **Ressourcenallokationsprozess** (RAP) erklärt die Strategieentwicklung so: Die realisierte Strategie entwickelt sich als Ergebnis der Art und Weise, in der Ressourcen innerhalb einer Organisationen alloziert werden.[16] Dies wird nach zwei amerikanischen Professoren, Joe Bower und Robert Burgelman[17], die in ihren Studien ähnliche Prozesse beobachteten, auch oft als „Bower-Burgelman-Erklärung" der Strategieentwicklung bezeichnet. Andere kamen später zu dem gleichen Ergebnis.[18]

Ressourcen-allokationsprozess

Nach dem Ressourcenallokationsprozess-Ansatz entwickelt sich die realisierte Strategie als Ergebnis der Art und Weise, in der Ressourcen innerhalb einer Organisation alloziert werden.

Wie die logische inkrementelle Sicht der Strategieentwicklung räumt auch die RAP-Erklärung ein, dass es unrealistisch ist, eine Strategie von oben nach unten, präskriptiv, detailliert und unternehmensweit zu bestimmen. Dies gilt insbesondere für große, komplexe Organisationen. Eine sich verändernde und unsichere Umwelt nebst den kognitiven Einschränkungen von Managern beim Umgang damit bedeutet, dass Strategie besser als das Resultat von Problemen oder Themen erklärt wird, die dann bearbeitet werden, wenn sie auftauchen. Die RAP-Erklärung betont die formellen und informellen Prozesse, mit denen dies geschieht, insbesondere:

- *Verhandlungen über organisationale Ebenen hinweg.* Probleme und ihre Lösung sind normalerweise die Folge von Verhandlungen über die Ebenen einer Organisation hinweg. Am offensichtlichsten ist dies zwischen einer Unternehmenszentrale und Geschäftsbereichen oder aber zwischen einem Geschäftsbereich und seinen operativen Einheiten oder Funktionsbereichen. Solche Probleme oder Themen beginnen normalerweise mit einer Abweichung. Dabei kann es sich zum Beispiel um eine Diskrepanz der Erwartungen des Top Managements mit dem Aktienkurs handeln; oder auf Geschäftsbereichsebene um eine Verschlechterung des Marktanteils oder der Wettbewerbsposition; oder auch um die Unterschreitung des Gewinns im Vergleich mit den Erwartungen der Unternehmenszentrale. In jedem dieser Fälle

16 Diese Definition basiert auf der Definition auf S. 349 von J.L. Bower und C.G. Gilbert, „A revised model of the resource allocation process", in J.L. Bower und C.G. Gilbert (Hrs.), *From Resource Allocation to Strategy*, Oxford University Press, 2005, S. 439–455.

17 Die ursprünglichen Studien stammen von J.L. Bower, *Managing the Resource Allocation Process: A Study of Corporate Planning and Investment*, Irwin, 1972; und R.A. Burgelman, „A model of the interaction of strategic behaviour, corporate context and the concept of strategy", *Academy of Management Review*, Bd. 81, Nr. 1 (1983), S. 61–70; und „A process model of internal corporate venturing in the diversified major firm", *Administrative Science Quarterly*, Bd. 28 (1983), S. 223–244.

18 Siehe z. B. T. Noda und J. Bower, „Strategy as iterated processes of resource allocation", *Strategic Management Journal*, Bd. 17 (1996), S. 159–192.

ist es notwendig, sich über die Bedeutung dieser Diskrepanz auf einer Ebene (zum Beispiel der Geschäftsbereichsebene) in Bezug auf eine andere (beispielsweise der Unternehmensebene) Gedanken zu machen und die Erwartungen darüber anzugleichen, was angegangen werden soll. Das Thema wird dann meist auf der Ebene bearbeitet, die für das Problem angemessen ist. Handelt es sich zum Beispiel um ein marktbezogenes Problem, so ist die Marketingabteilung oder ein Projektteam in dem Geschäftsbereich zuständig. Es ist unwahrscheinlich, dass es im Detail vom Geschäftsbereichsleiter oder dem strategischen Planer des Geschäftsbereichs behandelt wird oder gar von der Unternehmenszentrale. Der Punkt, auf den hier nochmals ausdrücklich hingewiesen wird, ist, dass ein Großteil der Entscheidungen, worauf fokussiert und wie entschieden werden soll, oft tief unten in den Subsystemen einer Organisation stattfinden können.

- *Der Einfluss von RAP* auf die Lösung von Problemen. Alle Organisationen verfügen über Systeme, Routinen und Standards, mittels derer über neue Vorhaben, Produkte oder Dienstleistungen entschieden wird. Diese spielen eine bedeutende Rolle dabei, welche Problemlösungen vorgeschlagen werden und welchen dann Ressourcen zugewiesen werden. Ein Beispiel: Viele Unternehmen verfügen über Kriterien für die Eignung neuer Projektvorschläge, die auf Renditebasen beruhen (z.B. der Gesamtkapitalrendite). Die Höhe dieser Renditemesslatten beeinflusst zweifellos, welche neuen Ideen vorgeschlagen werden; einige werden weniger Kapitalausstattung benötigen oder das Potenzial haben, größere Erträge zu erwirtschaften als andere. Das gleiche Kriterium wird dann beeinflussen, welche Lösungsvorschläge angenommen werden. Würden andere Ressourcenallokationskriterien Anwendung finden, würden wahrscheinlich auch andere Lösungen vorgeschlagen und ausgewählt werden.

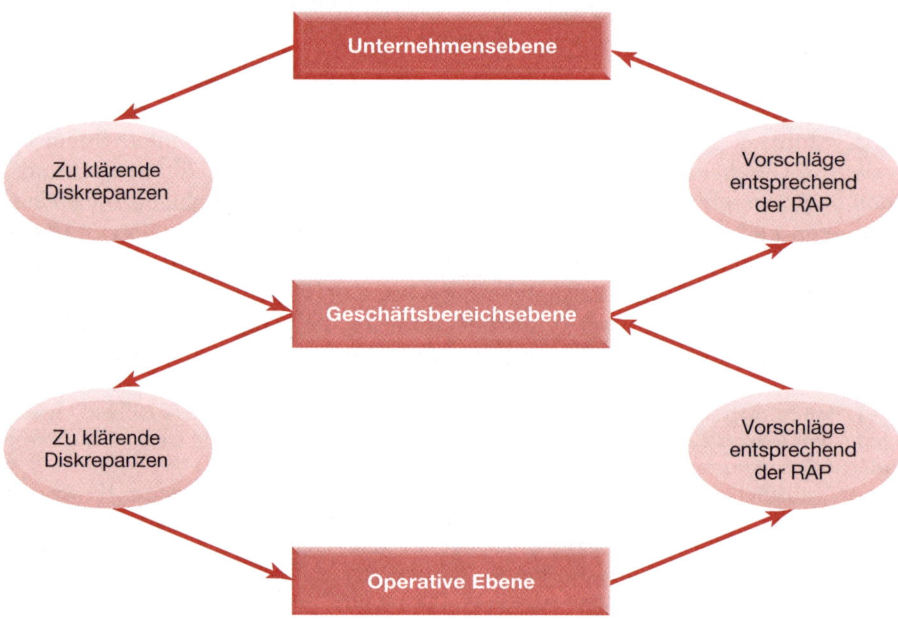

Abbildung 11.3: Strategieentwicklung durch Ressourcenallokationsprozesse

Abbildung 11.3 bietet eine Zusammenfassung der RAP-Erklärung, wie Strategien entstehen. Die Fallstudie am Ende des Kapitels zeigt, wie sie dabei hilft, die großen strategischen Veränderungen bei Intel in den 1980er Jahren zu erklären. Das Top Management der Firma sah Intel als Speicherhersteller im Bereich der Dynamic Random Access Memorys (DRAMS). Die Strategieänderung hin zu einem Mikroprozessor-Unternehmen kam damals nicht durch das Top Management zustande, sondern weil die internen Ressourcenallokationsroutinen Projekte mit höheren Gewinnmargen favorisierten. Dadurch erhielt das neu entstehende Mikroprozessorgeschäft mehr Ressourcen und damit eine Grundlage für künftige Investitionen und ein Wachstum, das größer als das des DRAMS-Geschäfts[19] war. Beispiel 11.3 zeigt jedoch, dass lokalisierte Prozesse die Strategieentwicklung zwar erklären, aber auch zu bedeutenden Problemen führen können.

Zum Schluss sollte erwähnt werden, dass die RAP-Erklärungen viele Gemeinsamkeiten mit der sich entwickelnden Rolle der strategischen Planung aufweisen (siehe *Abschnitt 11.2.2*) und der Art, wie Geschäftsbereiche oder operative Einheiten innerhalb einer Organisation mit der Zentrale zusammenarbeiten. Der Schwerpunkt der RAP liegt jedoch mehr auf den Prozessen innerhalb der Subsysteme, die eine emergente Strategie hervorbringen.

Beispiel 11.3 Viacoms europäische Strategie in den 1990er Jahren

Strategieprozesse auf Geschäftsbereichsebene können unternehmensweiten Themen nicht gerecht werden.

Nach seiner Übernahme des Unternehmens im Jahr 1987 gewann Sumner Redstone als Vorstandsvorsitzender von Viacom, einem US-amerikanischen internationalen Medienkonglomerat, Frank Biondi als CEO. Unter der Leitung von Biondi wuchs Viacom bis Mitte der 1990er Jahre kontinuierlich.

Biondis Ansatz der Unternehmensführung bestand in der Förderung einer Hochleistungskultur. Geschäftsbereiche wurden mit einem hohen Maß an operativer Autonomie ausgestattet, die durch finanzielle Anreize verstärkt wurde, welche an den Erfolg der Geschäftsbereiche gebunden waren. Dazu gehörte, dass diese die Verantwortung für ihre Strategie und die Kontrolle über Ressourcen auf Divisionsebene hatten.

Mitte der 1990er Jahre stand Viacom vor der Aufgabe, seine europäische Strategie in Anbetracht des zunehmenden globalen Wettbewerbs zu überdenken. Zu Viacoms europäischen Sparten gehörten Paramount und MTV/Nickelodeon, deren größte Konkurrenten Unternehmen waren, die Teil von Rupert Murdochs NewsCorp. waren. Die NewsCorp. wurde zentral mit einer globalen Vision geführt. Murdoch, die zentrale Figur, verfolgte einen sehr viel zentralisierteren und interventionistischen Führungsstil. Er übernahm gelegentlich auch selbst vorübergehend die Führung eines Geschäftsbereichs.

19 Die Geschichte von Intel wurde auch von Robert Burgelman aufgeschrieben, *siehe Strategy as Destiny: How strategy making shapes a company's future,* Free Press, 2002. Ebenso von Burgelman: „Fading memories: A process theory of strategic business exit in dynamic environments“, *Administrative Science Quarterly,* Bd. 39 (1994), S. 34–56.

Ende 1995 wurden bei Paramount und MTV/Nickelodeon zwei getrennte strategische Themen diskutiert, die bedeutende Investitionen erfordern würden. Paramount wollte in den Markt der satellitenbasierten Verbreitung von Programmen investieren. Die bevorzugte strategische Option war eine langfristige Partnerschaft mit der Kirch-Gruppe, die über einen solchen Service verfügte.

Andererseits plante MTV/Nickelodeon eine Marktöffnung in Europa durch die Schaffung lokal zugeschnittener Sender. MTV/Nickelodeon war der Ansicht, dass dadurch auf dem bereits etablierten Markennamen aufgebaut werden könne, während auch den begrenzten Fremdsprachenkenntnissen kleiner Kinder in den lokalen Märkten Rechnung getragen würde. Daher war die bevorzugte Strategie, anstelle einer exklusiven Partnerschaft mit der Kirch-Gruppe der Erwerb lokalisierter Inhalte durch kapitalbasierte Partnerschaften mit mehreren Unternehmen, die Satellitenfernsehen einführen wollten.

Diese strategischen Fragen wurden von den Managementteams der zwei europäischen Sparten verhandelt. Obwohl sie kooperieren wollten, um Synergien auszuschöpfen, konnten sie sich nicht auf eine Strategie einigen. Es wurde daher beschlossen, dass Paramount die Führung in Verhandlungen mit möglichen Medienpartnern in Europa übernehmen sollte, während MTV/Nickelodeon seine strategischen Präferenzen Paramount gegenüber verdeutlichen würde. Biondi nahm an diesen Verhandlungen nicht aktiv teil. Die internen Verhandlungen über die bevorzugte Strategie zogen sich über den Rest des Jahres hin, ohne dass ein Konsens erreicht wurde. Dadurch wurden die gewünschten Marktentwicklungen in Europa verzögert, was den Wettbewerb verstärkte. Das wiederum führte dazu, dass in immer kürzeren Zeiträumen auf strategische Herausforderungen reagiert werden musste, und zu der Erkenntnis, dass der dezentrale Ansatz der Unternehmensentwicklung nicht funktionierte. Im Januar 1996 entließ Redstone deshalb Biondi als CEO, übernahm selbst die Kontrolle und führte einen zentralisierteren strategischen Führungsstil ein, um Geschwindigkeit und Effizienz der strategischen Entscheidungsfindung zu beschleunigen.

(Viacom fusionierte später mit CBS, löste aber 2007 diese Verbindung wieder und operierte erneut als getrenntes Unternehmen unter der Führung von Sumner Redstone.)

Quelle: Basierend auf T.R. Eisenmann und J.L. Bower „The entrepreneurial M-form: A case study of strategic integration in a global media company“, in J.L. Bower und C.G. Gilbert (Hrs.), From Resource Allocation to Strategy, Oxford University Press, 2005, S. 307–329.

Erarbeitet von Michael Ubben, Lancaster University Management School.

Kontrollfragen

1. Wie unterschieden sich Viacoms Strategieentwicklungsprozesse von den in Beispiel 11.1 erklärten strategischen Planungsansätzen?
2. Welcher der in *Kapitel 7* erklärten Ansätze des „Corporate Parenting“ wurde von Biondi übernommen?
3. Wie hätten die 1995 bei Viacom auftretenden Probleme vermieden werden können?

11.3.3 Politische Prozesse

Politische Perspektive

Die politische Perspektive der Strategieentwicklung besagt, dass sich Strategien aus Verhandlungsprozessen zwischen mächtigen internen und externen Interessengruppen entwickeln.

Die RAP-Erklärung betont die Bedeutung von Verhandlungen zwischen organisationalen Ebenen der Strategieentwicklung. Dies signalisiert, wie wichtig hier politische Prozesse sind. Manager behaupten oft, die von ihrer Organisation verfolgte Strategie sei das Ergebnis von Verhandlungen und Machtpolitik zwischen Führungskräften oder zwischen Koalitionen innerhalb der Organisation und wichtigen Interessengruppen. Führungskräfte oder Koalitionen versuchen sich immer wieder so zu positionieren, dass sich ihre Ansichten durchsetzen oder dass sie die Ressourcen der Organisation kontrollieren, die für den künftigen Erfolg ausschlaggebend sind. So waren zum Beispiel Motorolas Unfähigkeit, schnell genug von der anlogen zur digitalen Technologie für Mobiltelefone zu wechseln und der folgende Verlust der Marktdominanz (siehe Beispiel 5.1) im Wesentlichen das Ergebnis von Machtkämpfen zwischen Geschäftsbereichen, die versuchten, ihre jeweils eigenen Interessen zu wahren.[20] Die **politische Perspektive**[21] der Strategieentwicklung besagt, dass sich Strategien aus Verhandlungsprozessen zwischen mächtigen internen und externen Interessengruppen entwickeln. Dies ist die Welt der Kämpfe in Vorstandsetagen, wie sie oft in Filmen porträtiert werden. Beispiel 11.4 zeigt, wie Vodafone 2006 in die Schlagzeilen geriet, als die Interessen unterschiedlicher geschäftsführender Vorstandmitglieder, Aufsichtsräte und verschiedener Interessengruppen über die Strategieentwicklung des Unternehmens aufeinander prallten.

Politische Aktivität wird oft als ein negativer, aber unvermeidlicher Einflussfaktor auf die Strategieentwicklung angesehen, der einer gründlichen Analyse und rationalem Denken im Wege steht. Eine politische Perspektive auf strategisches Management weist darauf hin, dass die rationalen und analytischen Prozesse, die oft mit der Entwicklung einer Strategie in Verbindung gebracht werden (siehe *Abschnitt 11.2.1*), nicht so objektiv und leidenschaftslos sind wie es den Anschein hat. Zielvorgaben können etwa die Ambitionen mächtiger Individuen widerspiegeln. In strategischen Debatten verwendete Informationen sind nicht immer politisch neutral. Vielmehr können Daten und Informationen, die hervorgehoben oder heruntergespielt werden, eine Quelle der Macht für diejenigen sein, die kontrollieren, was als wichtig angesehen wird. In der Tat können Manager oder Koalitionen Einfluss aufeinander ausüben, weil sie wichtige

20 Siehe S. Finkelstein, „Why smart executives fail: Four case histories of how people learn the wrong lessons from history“, *Business History*, Bd. 48, Nr. 2 (2006), S. 153–170.

21 Für politische Perspektiven über Management siehe J.R. DeLuca. *Political Savvy: Systematic Approaches to Leadership Behind the Scenes*, 2. Aufl., Evergreen Business Group, 1999; und G.J. Miller. *Managerial Dilemmas: The Political Economy of Hierarchy*, Cambridge University Press, 2006.

Informationsquellen kontrollieren. Mächtige Personen oder Gruppen können auch die Identifikation von Schlüsselthemen beeinflussen sowie die letztlich gewählten Strategien oder die Art, wie diese ausgewählt werden.[22] Unterschiedliche Sichtweisen werden nicht nur deshalb verfolgt, weil sie die Herausforderungen der Umwelt oder des Wettbewerbs reflektieren, sondern auch, weil sie Auswirkungen auf den Status und den Einfluss verschiedener Interessengruppen haben.

Nichts von alledem dürfte überraschen. In der Art und Weise, wie Organisationsmitglieder strategische Fragen angehen, bewegen sie sich zwar innerhalb einer einheitlichen organisationalen Kultur (siehe *Kapitel 4*), sie werden aber gleichzeitig durch die folgenden Faktoren in unterschiedlicher Weise beeinflusst, nämlich durch

- *persönliche Erfahrungen*, die mit ihrer Rollen innerhalb der Organisation verbunden sind.
- *Konkurrenz um Ressourcen und Einfluss* zwischen den verschiedenen Subsystemen der Organisation und mächtigen Mitarbeitern, die daran interessiert sind, die Macht ihrer Positionen zu bewahren oder zu erhöhen.[23]
- *den relativen Einfluss von Interessengruppen* auf verschiedene Teile der Organisation; so kann eine Finanzabteilung zum Beispiel besonders sensibel auf den Einfluss von Finanzinstitutionen reagieren, während Vertrieb oder Marketing stark durch Kunden beeinflusst werden.[24]
- *unterschiedlichen Zugang zu Informationen* oder die Wichtigkeit dieser Informationen für eine bestimmte Rolle und Funktion.

Beispiel 11.4 Kämpfe in der Vorstandsetage bei Vodafone

Politische Prozesse in Organisationen können die Strategieentwicklung beeinflussen.

Vodafone wurde unter der Führung von Sir Christopher Gent, dem „Präsidenten auf Lebenszeit" des Unternehmens, zum Global Player in der Telekommunikationsbranche. Nach der Übernahme von Mannesmann im Jahr 2000 schien Vodafone jedoch vom Weg abgekommen zu sein. Einige der getätigten Auslandsakquisitionen waren erfolglos, Investoren forderten höhere Renditen, und Beobachter argumentierten, dass die Gents Strategie anhängende „alte Garde" die Konvergenz von Technologien wie Breitband, Informationstechnologie, Fernsehen und Internet nicht berücksichtigt habe.

22 Für eine Diskussion und ein Erklärungsmodel dieser politischen Perspektive siehe V.K. Narayanan und L. Fahey, „The micro politics of strategy formulation", *Academy of Management Review*, Bd. 7, Nr. 1 (1982), S. 25–34.

23 Für ein Beispiel über den Einfluss verschiedener politischer Koalitionen siehe S. Maitlis und T. Lawrence, „Orchestral manoeuvres in the dark: Understanding failure in organizational strategizing", *Journal of Management Studies*, Bd. 40, Nr. 1 (2003), S. 109–140.

24 Dies wird manchmal auch als „Ressourcenabhängigkeitsperspektive" der Strategieentwicklung genannt. Für die ursprüngliche Argumentation siehe J. Pfeffer und G.R. Salancik, *The External Control of Organisations: A Resource Dependence Perspective*, Harper & Row, 1978.

Mitte 2006 wurde bekannt, dass Vorstandschef Arun Sarin in Verhandlungen über den Verkauf von Vodafones Mehrheitsbeteiligung an seinem japanischen Geschäftsbereich stand. In den USA war die Rede davon, dass Verizon daran interessiert sei, Vodafones 45-prozentigen Anteil an Verizon Wireless aufzukaufen. Es wurde auch berichtet, dass Sarin den Verkauf von Arcor, Vodafones deutscher Festnetzsparte, in Betracht ziehe. In all diesen Geschichten wurde Sarin als „Freund der Aktionäre" dargestellt, der versuche, Anlagevermögen zu liquidieren, um die Dividenden zu verbessern und eine Expansion in das Breitbandgeschäft zu finanzieren.

Dies führte in der Vorstandsetage zu einem Bruch zwischen den Unterstützern von Sarin und der alten Garde, die die globale Entwicklungsstrategie der Gent-Ära unterstützten. Die *Financial Times* berichtete am 6. März 2006, dass Lord Maclaurin, Vodafones Board-Vorsitzender, „die Geduld mit Herrn Sarin verliere." Der *Observer* meldete am 12. März 2006, dass Maclaurin angestrebt habe, „das Thema der Amtszeit Sarins ... im Board zur Abstimmung zu bringen, aber nach Beratungen mit den nicht in die operative Geschäftsführung eingebundenen Mitgliedern des Boards wurde klar, dass er keine Mehrheit erhalten würde".

Sarins Anhänger argumentierten, dass er sich mit strategischen Themen auseinandersetze, die schon früher hätten behandelt werden sollen.

Es gab auch Berichte, dass Investoren Druck auf Unterstützer der alten Garde einschließlich Lord Maclaurin ausübten, damit er früher als geplant ausscheide, um Platz für einen neuen Board-Vorsitzenden, Sir John Bond, zu machen. Ein Großinvestor wurde im *Observer* damit zitiert, er hoffe, dass Sir John Bond dazu beitragen werde, die Angelegenheit zu klären. Er fügte hinzu:

> *Ich weiß nicht, was Gent hier immer noch tut. Diese Positionen machen immer Ärger. Ob ich glaube, dass er immer noch hier sein sollte? Nein.*

Im März 2006 gab Sir Christopher sein Amt als lebenslanger Präsident der Vodafone-Gruppe auf.

Investoren setzten sich auch für das Ausscheiden von nicht für die operative Geschäftsführung verantwortlichen Board-Mitgliedern ein, die als nicht hinreichend unabhängig angesehen wurden und entweder dem Camp von Sarin oder dem Camp der alten Garde zugerechnet wurden.

Zudem berichtete der *Observer*, dass Sarin Peter Bamford, den Chief Marketing Officer, abgesetzt habe, weil er als „zu Pro-Gent und Pro-Maclaurin" eingeschätzt wurde, und fügte hinzu, dass „Sarin das Unternehmen fester in den Griff genommen hat; er hat in den letzten zwölf Monaten 90 Prozent der Führungskräfte des Unternehmens ersetzt."

Im Juli 2006, als Sir John Bond sein Amt als neuer Vorsitzender des Boards antrat, brachte er seine Unterstützung für Sarin zum Ausdruck, warnte jedoch, dass dessen Leistung „unter fortwährender Überprüfung" stehe. Als Lord Maclaurin in der Hauptversammlung an Sir John übergab, gab er zwar zu, dass die vergangen sechs Monate nicht leicht gewesen seien, beharrte aber darauf, dass es „keine – ich wiederhole – keine Meinungsverschiedenheiten im Board gegeben hat".

Mitte 2007 gab es kaum noch Berichte über Meinungsverschiedenheiten im Board. Im Gefolge schwächerer Gewinnaussichten tauchten jedoch Berichte über mögliche Übernahmen oder sogar eine Zerschlagung der Unternehmensgruppe auf. Solche Berichte entbehrten laut Sarin jedoch jeglicher Grundlage.

Quelle: Daily Telegraf, 7. März 2006; Financial Times, 6. und 8. März, 26. Juli 2006, 29. Mai, 1. Juni 2007; Observer, 12. März 2006.

Kontrollfragen

1. Identifizieren Sie die wichtigsten Interessengruppen sowie deren Ansichten und Einfluss auf die Geschehnisse von 2006.
2. Halten Sie Ereignisse bei Vodafone für außergewöhnlich?
3. Welche Strategie verfolgt Vodafone seit 2006? Weist dies darauf hin, dass sich eine der rivalisierenden Gruppen durchgesetzt hat?

Unter solchen Bedingungen sind emergente und inkrementelle Muster der Strategieentwicklung wahrscheinlich. Emergent meint hier, dass sich die Strategie aus Feilschen und Verhandeln entwickelt und nicht aus einer sorgfältig analysierten und reiflich durchdachten Intention. Inkrementelle Muster entwickeln sich aus zwei Gründen. Zum einen ist ein Kompromiss unvermeidlich, wenn unterschiedliche Meinungen in der Organisation aufeinandertreffen und verschiedene Parteien ihre politischen Muskeln spielen lassen. Zum anderen ist es gut möglich, dass diejenigen, die Macht ausüben, diese durch die bestehende Strategie gewonnen haben. In der Tat könnte es ihre Macht gefährden, wenn bedeutende Änderungen der Strategie vorgenommen würden. Unter solchen Umständen ist es wahrscheinlich, dass die Suche nach einer Kompromisslösung, die unterschiedlichen Machtansprüchen Rechnung trägt, zu einer Strategie führt, die eine Anpassung der bislang verfolgten beinhaltet.

Es gibt jedoch auch alternative Perspektiven, unter denen der Einfluss politischer Prozesse betrachtet werden kann. So könnten die Konflikte und Spannungen, die den unterschiedlichen Erwartungen und Interessen entspringen und sich in politischer Aktivität manifestieren, eine Quelle neuer Ideen sein oder alte Herangehensweisen infrage stellen (siehe die Diskussionen über die „Ideenperspektive“ in den Kommentaren).[25] Neue Ideen können von verschiedenen „Champions“, die um die beste Idee oder den besten Zukunftsweg kämpfen, unterstützt oder abgelehnt werden. Ohne solche Konflikte und Spannungen gäbe es auch keine Innovation. Das produktive Management solcher Spannungen kann Ausdruck einer gelernten Kompetenz oder einer dynamischen Fähigkeit einer Organisation sein (siehe *Abschnitt 3.4.5*), die ihr einen Wettbewerbsvorteil verschafft. Zudem kann die Ausübung von Macht beim Management eines strategischen Wandels wichtig sein, wie *Kapitel 14* (*Abschnitt 14.4.5*) zeigt.

25 Hierbei handelt es sich um das von J.M. Bartunek, D. Kolb und R. Lewicki vorgebrachte Argument in „Bringing conflict out from behind the scenes: Private informal, and nonrational dimensions of conflict in organizations“, in D. Kolb und J. Bartunek (Hrs.), *Hidden Conflict in Organizations: Uncovering Behind the Scenes Disputes*, Sage, 1992.

All dies legt nahe, dass politische Aktivität als Einfluss auf die Strategieentwicklung ernst genommen werden sollte. Welche Überlegungen auch immer Eingang in eine Strategie finden, sie müssen Hand in Hand mit Aktivitäten gehen, welche sich auf die ablaufenden politischen Prozesse beziehen. Dies wird insbesondere in den *Abschnitten 4.4.1 - 4.4.2* und *14.4.5* dieses Buches sowie in den Kommentaren erläutert.

11.3.4 Kulturelle Prozesse

Die Bedeutung der Unternehmenskultur wurde an anderer Stelle des Buches (siehe insbesondere *Kapitel 5*) bereits angesprochen. Unter Organisationskultur versteht man, was in einer Organisation als selbstverständlich angesehen wird. Dazu gehören die von den Mitgliedern einer Organisation geteilten grundlegenden Annahmen und Überzeugungen (in diesem Buch Paradigmen genannt) und die unhinterfragt als gegeben angenommene Art und Weise, wie Dinge getan werden, sowie Strukturen, die in den äußeren Ringen des kulturellen Netzes zusammengefasst sind (siehe *Abschnitte 5.4.5* und *4.4.6* und Abbildung 5.7). Die **kulturelle Erklärung der Strategieentwicklung** lautet, dass sich die Strategie aus den in Organisationen unhinterfragt als gegeben angenommenen Annahmen und Verhaltensweisen ergibt. Es sollte betont werden, dass dieses Nicht-Hinterfragte definiert oder zumindest steuert, wie die Mitarbeiter einer Organisation diese und ihre Umwelt wahrnehmen. Es schränkt auch ein, was als angemessenes Verhalten und Aktivität angesehen wird. *Kapitel 5* und *Abschnitt 14.3* geben hierfür Beispiele. Es ist wichtig, die Auswirkungen dieser Prozesse auf die emergente und inkrementelle Strategieentwicklung zu erkennen sowie mögliche Konsequenzen, die hieraus erwachsen.

Kulturelle Erklärung der Entwicklung einer Strategie

Die kulturelle Erklärung der Entwicklung einer Strategie lautet, dass sich die Strategie aus den in Organisationen als unhinterfragt als gegeben angenommenen Annahmen und Verhaltensweisen ergibt.

In gewisser Hinsicht bietet dies eine grundlegende Dimension der vorangegangenen Erklärungen der Strategieentwicklung. Das beobachtete Muster inkrementeller Strategieentwicklung kann zum Beispiel mittels beabsichtigten logischen Inkrementalismus erklärt werden (siehe *Abschnitt 11.3.1*). Es kann jedoch auch als Ergebnis der organisationalen Kultur erklärt werden.[26] In ähnlicher Weise hebt das kulturelle Netz den starken Einfluss von unhinterfragten organisationalen Routinen und Machtstrukturen hervor. Zu den Routinen zählen auch die RAP, die zentral für die RAP-Erklärung der Strategieentwicklung sind; Machtstrukturen sind zentral für die oben erläuterten politischen Prozesse.

11.4 Muster der Strategieentwicklung

Die Diskussion der unterschiedlichen Strategieentwicklungsprozesse in den *Abschnitten 11.2* und *11.3* spricht weitere wichtige Punkte an:

- *Multiple Strategieentwicklungsprozesse.* Es besteht die Gefahr, dass die Beschreibung der oben erläuterten Prozesse suggeriert, dass diese separat bestehen oder sich gegenseitig ausschließen. Dies ist jedoch nicht der Fall. In der Tat ist es wahrscheinlich, dass mehrere der Prozesse in einer Organisation wirken. Wie bereits angedeutet, können die hier erklärten unterschiedlichen Prozesse auch quasi ineinander existieren. Gibt es beispielsweise in einer großen Organisation ein Planungssystem, dann verfügt diese Organisation auch über RAP. In diesen finden zweifellos auch

26 Dies wird von Gerry Johnson in „Re-thinking incrementalism", Fußnote 12, detaillierter erklärt.

politische Aktivitäten statt, sogar das Planungssystem selbst kann für Verhandlungszwecke genutzt werden. Wenn es ferner in einer Organisation eine dominierende Art der Strategieentwicklung gibt, dann ist es sehr wahrscheinlich, dass auch andere Prozesse vorkommen. Es gibt Belege, dass Organisationen, die mehrere Prozesse der Strategieentwicklung anwenden, bessere Ergebnisse aufweisen als solche, die vorwiegend einzelne Ansätze nutzen.[27] Es sollte daher anerkannt werden, dass es *nicht die eine richtige oder falsche Art der Strategieentwicklung* gibt. Die Herausforderung für Manager besteht also darin, die potenziellen Vorteile unterschiedlicher Prozesse der Strategieentwicklung zu erkennen, so dass sie Organisationen schaffen können, die innerhalb einer sich ändernden Umwelt anpassungsfähig und innovativ sind, und dennoch die Vorteile formeller Prozesse der Planung und Analyse, die hierfür notwendig sind, zu nutzen.[28]

- *Kontextabhängige Unterschiede.* Prozesse der Strategieentwicklung unterscheiden sich *im Zeitverlauf und in unterschiedlichen Zusammenhängen.* Eine Organisation, die aufgrund einer turbulenten Umwelt oder der Notwendigkeit eines internen strategischen Wandels rasante Änderungen durchlebt, wird andere Strategieentwicklungsprozesse aufweisen als eine Organisation in einer stabilen Umwelt. Die Fallstudie am Ende des Kapitels zeigt dies am Beispiel von Intel von den 80er Jahren bis zur Jahrtausendwende. Unterschiedliche Strategieentwicklungsprozesse tendierten dazu, in einigen Entwicklungsstufen des Unternehmens ausgeprägter zu sein als in anderen, was sich anscheinend als vorteilhaft erwies.

Tabelle 11.1 verknüpft diese beiden Beobachtungen und zeigt einige typische Muster der Strategieentwicklungsprozesse in unterschiedlichen organisationalen Kontexten.[29]

27 Siehe S. Hart und C. Banbury, „How strategy making processes can make a difference“, *Strategic management Journal*, Bd. 15, Nr. 4 (1994), S. 251–269.

28 Diese Idee einer Balance zwischen analytischer Starre und Intuition und Vorstellungskraft ist das Thema von G. Szulanski und K. Amin, „Learning to make strategy: Balancing discipline and imagination“, *Long Range Planning*, Bd. 34 (2001), S. 537–556.

29 Zwei Ansätze zur Analyse von Prozessen der Strategieentwicklung siehe A. Bailey, K. Daniels und G. Johnson, „Validation of a multi-dimensional measure of strategy development processes“, British Journal of Management, Bd. 11 (2000), S. 151–162 und S.L. Hart, „An integrative framework for strategy-making processes“, Academy of Management Review, Bd. 17, Nr. 2 (1992), S. 327–351.

Tabelle 11.1

Konfigurationen von Strategieentwicklungsprozessen

Dominierende Dimensionen	Merkmale	Und nicht	Typische Kontexte
Planung Inkrementalismus (logischer Inkrementalismus)	standardisierte Planungsverfahren systematische Datensammlung und Analysen Fortwährendes Überwachen des Umfelds Laufende Anpassung der Strategie versuchsweise Festlegung der Strategie schrittweise, eng begrenzte Änderung	Eingriffe des externen Umfelds dominante Individuen politische Prozesse Machtvolle Einflussgruppen	Produktions- und Dienstleistungsorganisationen Stabile oder wachsende Märkte Reife Märkte Freundliches Umfeld
Inkrementell Kulturell Politisch	Verhandlungen und Kompromisse zwischen Gruppen mit konträren Interessen Größere Wahrscheinlichkeit, dass Gruppen, die kritische Ressourcen kontrollieren, Einfluss auf die Strategie haben Standardisierte Vorgehensweisen In die Geschichte der Organisation eingebettete Routinen und Verfahren Graduelle Anpassungen der Strategie	Bewusster, beabsichtigter Prozess Eindeutig definierte Verfahren Analytische Evaluation und Planung Bewusste Absicht des Managements	Professionelle Dienstleistungsunternehmen (z.B. Unternehmensberatungen oder Anwaltskanzleien) Instabiles, turbulentes Umfeld Neue und wachsende Märkte
Aufgezwungen Politisch	Strategie wird von außen aufgezwungen (z.B. durch Gesetzgebung, Mutterkonzern) Wahlfreiheit erheblich eingeschränkt Politische Aktivität innerhalb der Organisation und zwischen externen Akteuren	Strategie wird innerhalb der Organisation bestimmt Planungssysteme beeinflussen die Strategieentwicklung Einfluss auf die strategische Ausrichtung hauptsächlich durch Manager innerhalb der Organisation	Organisationen des öffentlichen Sektors, größere Tochtergesellschaften von Produktions- und Finanzdienstleistungsunternehmen Bedrohliche, rückläufige, instabile und feindliche Umwelten

Die Ergebnisse basieren auf einer Erhebung über die Wahrnehmung von Strategieentwicklungsprozessen, die in den 1990er Jahren an der Cranfield School of Management durchgeführt wurde.

- *Wie sich Strategien entwickeln, wird von verschiedenen Personen unterschiedlich wahrgenommen.* Tabelle 11.2 zeigt beispielsweise, dass höhere Führungskräfte Strategieentwicklung eher als intendierten, rationalen, analytisch geplanten Prozess sehen, während mittlere Führungskräfte Strategieentwicklung eher als das Ergebnis kultureller und politischer Prozesse wahrnehmen. Manager von Organisationen des öffentlichen Sektors nehmen Strategien eher als von außen aufgezwungen wahr als Manager kommerzieller Unternehmen, was vor allem daran liegt, dass ihre Organisationen Regierungsbehörden verantwortlich sind.[30] Mitarbeiter in Familienunternehmen neigen dazu, eher den Einfluss mächtiger Einzelpersonen wie etwa der Firmeneigner wahrzunehmen. Beispiel 11.6 enthält sehr unterschiedliche Sichtweisen der Entwicklung einer äußerst erfolgreichen Strategie.

Tabelle 11.2

Strategieentwicklungsprozesse in der Wahrnehmung von Managern

	Ebene in der Organisation		Stabilität des Umfelds	
Wahrnehmung darüber, dass Folgendes gegeben ist:	**CEO**	**Mittleres Management**	**Höher**	**Niedriger**
Präzision der Zielvorgaben	Ja	Nein	Ja	Nein
Detaillierte Planung	Ja	Nein	Ja	Nein
Systematische Analyse des Umfelds	Ja	Nein	Ja	--
Sorgfältige Evaluation strategischer Optionen	Ja	Nein	--	--

Die Ergebnisse basieren auf einer Erhebung über die Wahrnehmung von Strategieentwicklungsprozessen, die in den 1990er Jahren an der Cranfield School of Management durchgeführt wurde. Die Ergebnisse zeigen die statistisch signifikanten Unterschiede.

11.5 Herausforderungen der Strategieentwicklung

Die Diskussion in diesem Kapitel spricht wichtige Herausforderungen an und hat Auswirkungen darauf, wie Manager den Strategieentwicklungsprozess steuern.

30 Für eine Diskussion über die Unterschiede der Strategieentwicklung im öffentlichen und privaten Sektor siehe N. Collier, F. Fishwick und G. Johnson, „The processes of strategy development in the public sector“, in G. Johnson and K. Scholes (Hrs.), *Exploring Public Sector Strategy*, Pearson Education, 2001.

auf best. Resultat zielend

11.5.1 Das Management intendierter und realisierter Strategie

Bisher wurde in diesem Kapitel zwischen intendierter und emergenter Strategie unterschieden. Es wurde auch darauf hingewiesen, dass sich die unterschiedlichen Prozesse der Strategieentwicklung nicht gegenseitig ausschließen; es laufen vielmehr mehrere Prozesse in Organisationen ab. Ein Problem, dem sich Manager demzufolge gegenübersehen, ist, dass es nicht unüblich für eine Organisation ist, über eine intendierte Strategie zu verfügen, die das Ergebnis eines strategischen Planungsprozesses ist, während tatsächlich eine andere Strategie realisiert wird, die vielleicht das Ergebnis politischer und kultureller Prozesse ist. Wir alle erfahren dies als Kunden von Organisationen, deren festgelegte Strategien sich sehr von dem unterscheiden, was wir erleben: Behörden, die vorgeben, unseren Interessen zu dienen, aber als bürokratisches Beamtenwesen agieren; Firmen, die behaupten, sie würden einen ausgezeichneten Kundendienst anbieten, aber Call-Center einsetzen, welche die Kunden frustrieren, anstatt Probleme zu lösen; Universitäten, die behaupten, Spitzenleistungen in der Lehre zu bieten, aber sich mehr um die Forschung ihrer Mitarbeiter kümmern oder umgekehrt (siehe auch Abbildung 11.4). Es kann durchaus eine von den höheren Führungskräften verabschiedete *intendierte Strategie* geben, die auf sorgfältigen Analysen basiert und in einem formellen Dokument mit dem Ziel der Implementierung festgehalten wird (Route 1). Aber vieles von dem, was intendiert ist, folgt Route 2 und wird *nicht realisiert;* das heißt, es wird in der Praxis nicht oder nur teilweise umgesetzt. Dafür kann es viele Gründe geben. So sind die Pläne vielleicht unausführbar, die Umwelt verändert sich, nachdem der Plan aufgesetzt wurde, und Manager beschließen, dass die Strategie nicht so wie geplant umgesetzt werden soll. Es kann auch sein, dass Mitarbeiter der Organisation oder einflussreiche Interessengruppen dem Plan nicht folgen. (Siehe auch die Ausführungen über die Nachteile von Planungssystemen in *Abschnitt 11.2.2*) Es könnte jedoch auch sein, dass die Prozesse, die zu einer emergenten Strategie führen, eine **realisierte Strategie** zur Folge haben, also eine Strategie, die von einer Organisation tatsächlich praktisch verfolgt wird (Route 3) anstatt im Voraus geplant zu sein. All dies hat mindestens drei wichtige Implikationen für strategische Akteure:

Realisierte Strategie

Eine realisierte Strategie ist diejenige Strategie, die von einer Organisation tatsächlich praktisch verfolgt wird.

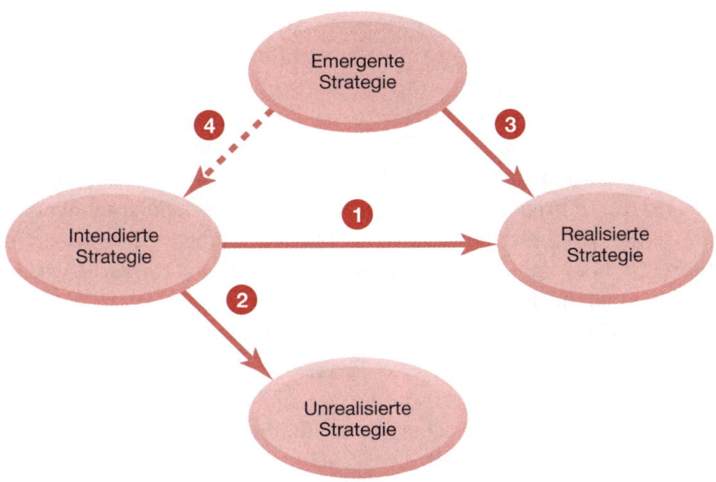

Abbildung 11.4: Pfade der Strategieentwicklung

- *Bewusstheit.* Haben die Manager Schritte unternommen, um zu prüfen, ob die intendierte und die realisierte Strategie unterschiedlich sind? Es sollte nicht davon ausgegangen werden, dass das Top Management von Organisationen immer nahe genug am Kunden ist oder immer ausreichend Rückmeldung erhält, um das Ausmaß der Differenz zwischen der intendierten und der realisierten Strategie zu erkennen.
- *Die Rolle strategischer Planung.* In *Abschnitt 11.2.2* wurde ausgeführt, dass strategische Planung nicht so sehr dazu dient, Strategien zu formulieren, sondern eher die nützliche Rolle spielt, die emergenten Strategien in einer Organisation zu koordinieren (Route 4 in Abbildung 11.4). Dies birgt allerdings die Gefahr, dass dies in nicht mehr als der Zusammenfassung „herkömmlicher Überzeugungen" resultiert, die sich im Laufe der Zeit in einer Organisation aufgebaut haben, so dass Planungssysteme nur im Nachhinein den Entwicklungsweg von Organisationen rationalisieren. Wenn strategische Planungssysteme angewandt werden sollen, müssen Manager die folgenden zwei Kernlektionen lernen:
  - Planungssysteme sind kein Ersatz für andere Prozesse der Strategieentwicklung. Diese anderen Prozesse müssen ebenfalls gesteuert werden (siehe weiter unten).
  - Es bedarf realistischer Erwartungen über die Rolle der strategischen Planung. Ist die primäre Rolle strategischer Planung beispielsweise die Koordination emergenter Strategien, oder wird erwartet, dass sie aktiv zur Entwicklung der Strategie beiträgt, indem sie beispielsweise die überkommenen Überzeugungen und Handlungsweisen infrage stellt? Handelt es sich um letzteres, ist die Rolle des strategischen Planers eher die eines internen Beraters als eines spezialisierten Analysten und Koordinators.
- *Die Herausforderung strategischer Drift.* Eine der großen strategischen Herausforderungen, denen Manager gegenüberstehen, wurde in *Kapitel 5* als die Tendenz identifiziert, dass inkrementelle Strategieentwicklung zu strategischer Drift führt (siehe *Abschnitt 5.1*). Die Diskussion in *Abschnitt 11.3* zeigt, dass inkrementelle Strategieentwicklungsprozesse, die in der Herausbildung einer Strategie resultieren, ein natürliches Ergebnis der Einflüsse organisationaler Kultur, individueller und kollektiver Erfahrungen, politischer Prozesse und früherer Entscheidungen sind. Dies stellt heraus, dass Strategieentwicklungsprozesse in Organisationen die Mitarbeiter ermuntern sollten, die Fähigkeit und Bereitschaft zu entwickeln, ihre Kernannahmen und Handlungsweisen zu hinterfragen und zu ändern. Dies wiederum führt zur Idee der „lernenden Organisation", die im nächsten Abschnitt erläutert wird. So erstrebenswert dies sein mag, es deutet vieles darauf hin, dass es nicht leicht ist. Es betont auch, wie schwierig es für eine Organisation ist, bei der Entwicklung ihrer Strategie die richtige Balance zu finden. So kann es beispielsweise interne kulturelle Kräfte der Trägheit geben, die die Tendenz haben, die Strategieentwicklung einzuschränken, aber zugleich ebenfalls in der Kultur verankerte Verhaltensweisen und Routinen, welche möglicherweise Fähigkeiten beinhalten, die einen Wettbewerbsvorteil begründen könnten (siehe *Abschnitt 3.4.3*).
- *Steuerung emergenter Strategie.* Die Prozesse der Strategieentwicklung, die zu emergenten Strategien führen, können zwar tief in den organisationalen Routinen und der Kultur verwurzelt sein, aber sie entziehen sich nicht der Steuerung. Es geht hier sowohl um das Management der Strategie wie auch die strategische Planung. RAPs können geändert, politische Prozesse analysiert und gesteuert werden (siehe *Abschnitt 4.4.1* über die Analyse der Interessengruppen); das Hinterfragen von Nor-

men und Routinen organisationaler Kultur kann gefördert werden (siehe *Abschnitt 11.5.1*). Nicht zuletzt geht es hier um die Aufgabe des Managements, eine klare Vision der künftigen Strategie zu entwickeln.

11.5.2 Die lernende Organisation

Traditionell werden Organisationen als Hierarchien und Bürokratien verstanden, die für Ordnung und Kontrolle sorgen und somit Strukturen aufweisen, die eher für Stabilität als für Veränderung stehen. Eine **lernende Organisation** ist jedoch in der Lage, sich beständig zu erneuern, indem sie auf die gesamte Bandbreite des Wissens, der Erfahrungen und Fähigkeiten der Organisationsmitglieder zurückgreift und auf eine Kultur, die auf Basis eines gemeinsamen Zwecks oder einer Vision gegenseitiges Fragen und In-Frage-Stellen fördert. Sie betont die potenzielle Kompetenz und Fähigkeit einer Organisation, sich von innen heraus zu erneuern, so dass sich dynamische Strategien auf natürliche Weise herausbilden.

Lernende Organisation

Eine lernende Organisation ist in der Lage, sich beständig zu erneuern, indem sie auf die Bandbreite des Wissens, der Erfahrung und Fähigkeiten der Organisationsmitglieder zurückgreift, und auf eine Kultur, die auf Basis eines gemeinsamen Zwecks oder einer Vision gegenseitiges Fragen und Infragestellen fördert.

Verfechter der lernenden Organisation[31] weisen darauf hin, dass das kollektive Wissen aller Individuen einer Organisation das Wissen „der Organisation" und deren Handlungsvermögen üblicherweise übertrifft, da die formellen Strukturen von Organisationen organisationales Wissen und Kreativität unterdrücken. Sie argumentieren, dass es das Ziel des Managements sein sollte, Prozesse zu unterstützen, die das Wissen einzelner freisetzen und den Austausch von Informationen und Wissen fördern, so dass jeder Mitarbeiter sensibel für stattfindende Veränderungen wird und dazu beiträgt, Opportunitäten und erforderliche Veränderungen zu identifizieren. Dies betont die Wichtigkeit, Organisationen als soziale Netzwerke[32] zu sehen, wo der Schwerpunkt nicht so sehr auf den Hierarchien, sondern auf unterschiedlichen Interessensgruppen liegt, die miteinander kooperieren müssen und potenziell voneinander lernen können. So wird das Risiko reduziert, dass aufkommende Ideen aus Mangel an Interesse im Sande verlaufen.

Die zentralen Grundsätze des organisationalen Lernens lauten:

- *Manager unterstützen* anstatt anzuweisen.
- *Informationsflüsse und Beziehungen zwischen Mitarbeitern verlaufen lateral* und gleichzeitig auch vertikal.
- *Organisationen sind pluralistisch*, d.h. hier sind konfligierende Ideen und Ansichten erwünscht, werden geäußert und diskutiert.
- *Experimentieren* ist die Regel; Ideen werden ausprobiert und werden so Teil des Lernprozesses.

All dies hängt mit anderen, in diesem Buch diskutierten Konzepten zusammen. Manche Aspekte gleichen dem in *Abschnitt 11.3.1* beschriebenen logischen Inkrementalis-

31 Das Konzept der lernenden Organisation wird von P. Senge in *The Fifth Discipline: The art and practice of the learning organisation*, Doubleday/Century, 1990, erklärt. Ebenso M. Crossan, H.W. Lane und R.E. White, „An organizational learning framework: From intuition to institution", *Academy of Management Review*, Bd. 24, Nr. 3 (1999), S. 522–537. Siehe auch J. Coopey, „The learning organization, power, politics and ideology", *Management Learning*, Bd. 26, Nr. 2 (1995), S. 193–213.

32 Das Konzept einer Organisation als Set sozialer Netzwerke wird z. B. von M.S. Granovetter in „The strength of weak ties", *American Journal of Sociology*, Bd. 78, Nr. 6 (1973), S. 1360–1380 und von G.R. Carroll und A.C. Teo, „On the social networks of managers", *Academy of Management Journal*, Bd. 39, Nr. 2 (1996), S. 421–440 diskutiert.

mus und Erkenntnissen aus der in den Kommentaren diskutierten Ideenperspektive. Es sind auch Entsprechungen mit dem zu erkennen, was Gary Hamel als „unverwüstliche“ Organisationen beschreibt, die sich beständig neu erfinden, indem sie sich weigern, ihren Erfolg als garantiert anzusehen und die Fähigkeit entwickeln, sich neue Unternehmensmodelle auszudenken.[33]

11.5.3 Strategieentwicklung unter unsicheren und komplexen Bedingungen

Nicht alle Organisationen sehen sich ähnlichen Umwelten ausgesetzt. Diese unterscheiden sich in Form und Komplexität, weshalb unterschiedliche Arten, über Strategieentwicklung nachzudenken, und unterschiedliche Prozesse der Steuerung einer Strategie unter unterschiedlichen Bedingungen sinnvoll sind. Abbildung 11.5 zeigt, wie Organisationen versuchen können, mit Bedingungen zurechtzukommen, die mehr oder weniger stabil oder dynamisch und einfach oder komplex sind.[34]

Abbildung 11.5: Strategieentwicklung in unterschiedlichen Umweltkontexten

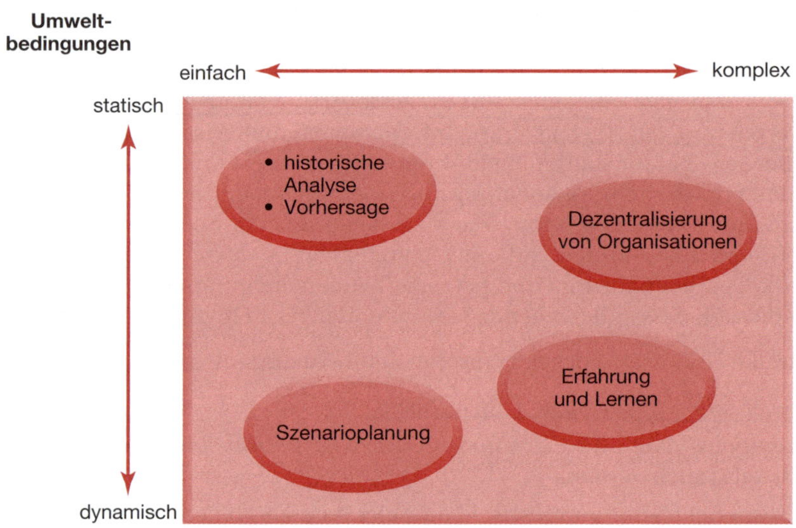

- Unter *einfachen/statischen Bedingungen* ist die Umwelt relativ leicht zu verstehen und keinen großen Veränderungen unterworfen. Beispiele dafür waren, zumindest in der Vergangenheit, Rohstofflieferanten und einige Unternehmen mit Massenproduktion. Die technischen Prozesse sind hier relativ einfach, und Wettbewerb und Märkte bleiben im Zeitverlauf gleich. Tritt unter solchen Umständen eine Veränderung der Umwelt ein, könnte diese prognostizierbar sein; es könnte daher Sinn machen, die historische Entwicklung der Umwelt extensiv zu analysieren, um auf dieser Basis zu versuchen, wahrscheinliche künftige Bedingungen vorherzusagen. In Situationen von relativ geringer Komplexität kann es auch möglich sein, einige

33 Siehe G. Hamel und L. Valikangas, „The quest for resilience“, *Harvard Business Review*, September 2003, S. 52–63.

34 R. Duncan´s Untersuchungen, auf denen diese Klassifikation basiert, findet sich in „Characteristics of organisational environments and perceived environmental uncertainty“, Administrative Science Quarterly, Bd. 17, Nr. 3 (1972), S. 313–327.

Vorhersagefaktoren für umweltbedingte Einflüsse zu identifizieren. So können zum Beispiel im Bereich öffentlicher Dienstleistungen demografische Daten wie die Geburtenraten als Vorhersagefaktoren genutzt werden, um den Bedarf an Schulausbildung, Gesundheitsvorsorge oder Sozialleistungen zu bestimmen. Unter einfachen/statischen Bedingungen kann es daher sinnvoll sein, Strategieentwicklung in Form formeller Planungssysteme zu betreiben. Es kann auch sehr verlockend sein, sich auf Erfahrungen und vorangegangene Entscheidungen zu stützen, da sich nur wenig verändert. Es gibt hierbei jedoch zwei Probleme. Erstens könnten Konkurrenten in gleichartigen Umwelten den gleichen Strategien folgen; dies könnte ein Rezept für hohen Wettbewerbsdruck und niedrige Gewinne sein (siehe *Kapitel 6*). Zweitens können sich die Umweltbedingungen ändern. Viele Organisationen sehen sich zunehmend dynamischen und/oder komplexen Bedingungen gegenüber. Wenn dies eintritt, könnte es sein, dass die Organisationen Schwierigkeiten haben sich den geänderten Bedingungen anzupassen, weil ihre Strategieentwicklungsprozesse nicht für diese geeignet sind.

- Unter *dynamischen Bedingungen* sollten Manager die zukünftige und nicht nur die vergangene Umwelt bedenken. Das Ausmaß der Unsicherheit nimmt daher zu. Sie können in strukturierter Weise versuchen, sich ein Bild der Zukunft zu machen, beispielsweise mittels der in *Kapitel 2* (siehe *Abschnitt 2.2.2*) diskutierten *Szenarienplanung*; oder Manager können die organisationalen Bedingungen schaffen und fördern, die notwendig sind, damit einzelne Personen und Gruppen vorausschauend überlegen, intuitiv über mögliche Zukunftsszenarien nachdenken und diese infrage stellen, was dem oben erwähnten *organisationalen Lernen* entspricht.
- Unter *komplexen Bedingungen* sind Manager einer Umwelt ausgesetzt, die schwer zu verstehen ist. Dies kann an der Komplexität des Wissens in einer Branche oder an der organisationalen Komplexität liegen. Die Unternehmenszentrale eines großen multinationalen Unternehmens mit mehreren Geschäftsbereichen oder ein großer öffentlicher Dienstleister wie eine örtliche Behörde, die viele Leistungen anbietet, können aufgrund ihrer Vielfalt beispielsweise eine solche Komplexität aufweisen. Solche Organisationen stehen ebenfalls dynamischen Bedingungen gegenüber und sehen sich daher einer Kombination aus Komplexität und Unsicherheit ausgesetzt. Die Elektronikindustrie befindet sich in dieser Situation. Unter solchen Bedingungen muss das Top Management erkennen, dass die Möglichkeit der Planung detaillierter Strategien von oben begrenzt ist und sogar gefährlich sein kann, da Spezialisten in den unteren Hierarchieebenen der Organisation mehr über die Umwelt wissen, in der die Organisation operiert, als sie. Das Top Management sollte daher eher die allgemeine Strategierichtung festlegen und die von unten emergenten Strategien koordinieren und formen. Erkenntnisse der Ideenperspektive (siehe Kommentare) und des organisationalen Lernens können auch hier hilfreich sein.

Beispiel 11.5 Honda und der amerikanische Motorradmarkt in den 60er Jahren

Es gibt unterschiedliche Erklärungen dafür, wie erfolgreiche Strategien entstehen.

1984 veröffentliche Richard Pascale einen Artikel, der den Erfolg von Honda bei Einführung seiner Motorräder auf dem amerikanischen Markt in den 60er Jahren beschrieb. Es ist ein Artikel, der seither für Diskussionen über Strategieentwicklungsprozesse gesorgt hat. Zuerst zitierte er Erklärungen, welche von der Boston Consulting Group (BCG) angeboten wurden:

> *Der Erfolg der japanischen Hersteller gründete in dem Wachstum ihres heimischen Marktes in den 50er Jahren. Dies führte zu einer äußerst wettbewerbsfähigen Kostenposition, die die Japaner zu Beginn der 60er Jahre als Sprungbrett für das Eindringen in die Weltmärkte mit kleinen Motorrädern nutzten. … Die grundlegende Philosophie der japanischen Hersteller lautet: Ein hohes Produktionsvolumen pro Modell bietet das Potenzial hoher Produktivität, weil kapitalintensive und hoch automatisierte Arbeitstechniken genutzt werden können. Ihre Marktstrategien sind daher auf die Entwicklung hoher Umsätze pro Modell ausgerichtet, was erklärt, warum sie so großen Wert auf Wachstum und Marktanteil legen, wie wir es beobachtet haben.*

Die Darstellung von BCG bietet eine rationale Erklärung, die auf dem bewussten Aufbau von Kostenvorteilen gründet, die sich aus Volumina ergeben.

Pascales zweite Version der Geschehnisse basierte auf Interviews mit den japanischen Führungskräften, die die Motorräder auf dem amerikanischen Markt eingeführt hatten:

> *Unsere Strategie bestand in Wahrheit nur darin, dass wir herauszufinden wollten, ob wir in den Vereinigten Staaten etwas verkaufen könnten. Es war eine neue Grenze, ein neue Herausforderung, die zu der von Herrn Honda kultivierten Unternehmenskultur „Erfolg entgegen aller Wahrscheinlichkeit" passte. Wir diskutierten weder Gewinne noch Zeitspannen für Gewinnschwellen. … Wir wussten, dass unsere Produkte … gut, aber nicht weit überlegen waren. Herr Honda war vor allem von den 250cc- und 305cc-Maschinen überzeugt. Die Lenker dieser größeren Maschinen hatten die Form von Buddha's Augenbraue, was seiner Meinung nach ein starkes Verkaufsargument war … Unser Anfangsbestand setzte sich aus je 25 Prozent der vier Produkte – der 50cc-Supercub, der 125cc-, 250cc- und der 305cc-Maschinen – zusammen. Wertmäßig war der Bestand daher eher zugunsten den größeren Maschinen gewichtet … Im ersten Jahr tappten wir völlig im Dunkeln. Herrn Hondas und unseren Instinkten folgend hatten wir nicht versucht, die 50cc-Supercubs umzuschlagen. … Sie schienen für den US-Markt, auf dem alles größer und luxuriöser war, völlig unpassend. … Wir nutzten die 50cc, selbst wenn wir für Botengänge durch Los Angeles fuhren. Sie erregten viel Aufmerksamkeit. Aber wir zögerten immer noch, die 50cc in den Markt zu drücken, da wir Angst hatten, unser Image in einem Macho-Markt zu gefährden. Aber als für die größeren Motorräder der Durchbruch kam, hatten wir keine Wahl mehr.*

Zu unserer Überraschung handelte es sich bei den Händlern, die sie verkaufen wollten, nicht um Motorradhändler, sondern um Sportartikelgeschäfte.

Zwei sehr unterschiedliche Berichte, und doch beschreiben sie den gleichen Markterfolg. Seit der Veröffentlichung des Artikels haben viele Autoren der Strategieentwicklung darüber debattiert, was diese Berichte bedeuten. Henry Mintzberg zum Beispiel bemerkte: „Die Konzipierung einer neuen Strategie ist ein kreativer Prozess (der Synthese), für den es keine formellen Techniken (der Analyse) gibt." Er argumentierte, dass jedwede formale Planung sich auf die Implementierung der Strategie beziehe: „Strategie muss informell konzipiert werden, bevor sie formell festgelegt werden kann." Er fügte hinzu: „Während wir herumrennen und „rational" sind, setzen sie ihren gesunden Menschenverstand ein … sie kamen nach Amerika mit der Bereitschaft, zu lernen."

Michael Goold, der Autor des ursprünglichen Berichts von BCG, verteidigte den Bericht mit der Begründung, dass

es das Ziel des Berichtes war, die Hintergründe aufzuhellen, die für Hondas Erfolg verantwortlich waren, und das auf eine Art und Weise, die anderen helfen würde, herauszufinden, welche Strategien wahrscheinlich funktionieren würden. Er versucht, Muster in den strategischen Entscheidungen und Aktionen von Honda zu erkennen, und anhand dieser Muster zu identifizieren, was gut funktioniert und was weniger gut.

Richard Rumelt folgerte:

… Die „Gestaltungperspektive" hält zu Recht an der Realität von Kräften wie Skaleneffekten, angesammelten Erfahrungen und der im Laufe der Zeit akkumulierenden Entwicklung von Kernkompetenzen fest … Aber meine eigene Erfahrung ist die, dass kohärente Strategie, die auf Analysen und dem Verständnis dieser Kräfte basiert, viel öfter unterstellt als tatsächlich beobachtet wird.

Und Pascale selbst folgerte, dass die glückliche Entwicklung von Hondas Strategie die Bedeutung des Lernens zeige und dass die wichtige Lektion bei der Entwicklung einer Strategie die Bedeutung der Agilität einer Organisation ist, die eher in ihrer Kultur als in ihren Analysen zu finden ist.

Quelle: Dieses Fallbeispiel basiert auf R.T. Pascale „Perspectives on strategy: The real story behind Honda's success", California Management Review, Bd. 26, Nr. 3 (Frühjahr 1984), S. 47–72; und H. Mintzberg, R.T. Pascale, M. Goold und R.P. Rumelt, „The Honda effect revisited", California Management Review, Bd. 38, Nr. 4 (1996), S. 78–116.

Kontrollfragen

1. Schließen sich die unterschiedlichen Berichte gegenseitig aus?
2. Welche der in dem Kapitel erläuterten Erklärungen der Strategieentwicklung erkennen Sie in der Geschichte von Honda?
3. Sind Sie der Meinung, dass Honda mehr oder weniger erfolgreich gewesen wäre, wenn es einen formalisierteren strategischen Planungsansatz für die Markteinführung gehabt hätte?

ZUSAMMENFASSUNG

Dieses Kapitel hat sich mit unterschiedlichen Arten der Strategieentwicklung in Organisationen beschäftigt (siehe auch Beispiel 11.5). Die wichtigsten Lektionen des Kapitels sind die folgenden:

- Es ist wichtig, zwischen intendierter Strategie, einer von Managern bewusst geplanten und gewünschten Strategierichtung und emergenter Strategie zu unterscheiden, die sich in weniger vorsätzlicher Weise aus den Verhaltensweisen und Aktivitäten einer Organisation entwickeln.
- Meist wird der Strategieentwicklungsprozess als intendierte Strategie beschrieben, die sich als Ergebnis von Planungssystemen ergibt, welche objektiv und leidenschaftslos durchgeführt werden. Formale strategische Planungssysteme haben Vor- und Nachteile. Vieles weist jedoch darauf hin, dass solch formale Systeme keine adäquate Erklärung dafür bieten, wie sich Strategieentwicklung in der Praxis vollzieht.
- Intendierte Strategie kann auch auf Grundlage einer zentralen Anordnung oder der Vision strategischer Führer und der Aufzwingung von Strategien durch externe Interessengruppen zustande kommen.
- Strategien können sich auch in Organisationen allmählich herausbilden (Emergenz). Dafür gibt es folgende Erklärungen:
  - *Organisationen versuchen, pro-aktiv durch Prozesse logischen Inkrementalismus ihre Probleme zu lösen.*
  - *Durch den in Organisationen angewandten Ressourcenallokationsprozess werden einige Strategieprojekte anderen vorgezogen.*
  - *Politische Verhandlungsprozesse resultieren in einer ausgehandelten Strategie.*
  - *Die unhinterfragt akzeptierten Elemente organisationaler Kultur begünstigen eine bestimmte Strategie.*
- Multiple Prozesse der Strategieentwicklung sind erforderlich, wenn Organisationen das In-Frage-Stellen unhinterfragt akzeptierter Annahmen und Arbeitsgewohnheiten fördern und unterstützen, eine lernende Organisation schaffen und mit zunehmend dynamischen und komplexen Bedingungen zurechtkommen möchten.

ZUSAMMENFASSUNG

Aufgaben

*Kennzeichnet schwierigere Aufgaben.

11.1 Lesen Sie den Jahresabschluss eines Unternehmens, mit dem Sie als Kunde vertraut sind (zum Beispiel eines Einzelhandels- oder Transportunternehmens). Identifizieren Sie die Hauptmerkmale der im Jahresabschluss erläuterten intendierten Strategie sowie die Merkmale der realisierten Strategie, wie Sie sie als Kunde wahrnehmen.

11.2 Beschreiben Sie anhand der unterschiedlichen Erklärungen in den *Abschnitten 11.3* und *11.4*, wie Strategien in unterschiedlichen Organisationen entstanden sind (z.B. bei Intel, Honda).

*11.3 Planungssysteme existieren in vielen unterschiedlichen Organisationen. Welche Rolle sollte Planung in einer Organisation des öffentlichen Sektors wie einer Gemeindeverwaltung oder dem staatlichen Gesundheitsdienst im Vergleich zu einem multinationalen Unternehmen spielen?

*11.4 Inkrementelle Muster der Strategieentwicklung sind in Organisationen üblich und Manager sehen darin Vorteile. Es gibt jedoch auch das Risiko der strategischen Drift. Schlagen Sie unter Verwendung der verschiedenen Erklärungen in den *Abschnitten 11.2* und *11.3* vor, wie ein Abdriften vermieden werden kann.

11.5 Zeigen Sie auf, warum unterschiedliche Ansätze der Strategieentwicklung in verschiedenen Organisationen wie einer Universität, einem Modeeinzelhändler, einem diversifizierten multinationalen Unternehmen und einer Hochtechnologiefirma angemessen sind.

Integrative Aufgabe:

*11.6 Wie kann das Konzept der „lernenden Organisation" (nicht nur auf Strategieentwicklung bezogen werden, sondern auch auf (a) strategische Fähigkeiten, dynamische Fähigkeiten und organisationales Wissen (*Kapitel 3*), (b) organisationale Kultur (*Kapitel 5*) und (c) strategischen Wandel (*Kapitel 14*)? Dies berücksichtigend, worin bestehen die besonderen Herausforderungen, in einem großen internationalen Unternehmen eine lernende Organisation zu entwickeln?

Literaturempfehlungen

- Eine vielzitierte Arbeit, die die verschiedenen Muster der Strategieentwicklung beschreibt, stammt von H. Mintzberg und J.A. Waters, „Of strategies, deliberate and emergent", *Strategic Management Journal*, Bd. 6, Nr. 3 (1985), S. 257–272.
- Die sich ändernde Rolle strategischer Planung in der Ölindustrie wird von Rob Grant erklärt; „Strategic planning in a turbulent environment: Evidence from the oil majors", *Strategic Management Journal*, Bd. 24 (2003), S. 491–517. Siehe auch M. Mankins, „Stop making plans, start making decisions", *Harvard Business Review*, Januar 2006, S. 77–84.
- Für eine Erklärung des logischen Inkrementalismus siehe J.B. Quinn, *Strategies for Change: Logical incrementalism*, Irwin, 1980; auch zusammengefasst in *The Strategy Process*, 4. Aufl., Prentice Hall, (2003) von J.B. Quinn und H. Mintzberg. Vergleichen Sie diese mit unterschiedlichen Erklärungen der inkrementellen Änderung und der Erklärung der strategischen Abdrift von G. Johnson, „Rethinking incrementalism", *Strategic Management Journal*, Bd. 9, Nr. 1 (1988), S. 75–91.
- Wie durch Ressourcenallokationsprozesse Strategien entwickelt werden, wird von J.L. Bower und C.G. Gilbert in „A revised model of the resource allocation process" erklärt sowie in *From Resource Allocation to Strategy*, Oxford University Press,

2005, S. 439–455, von J.L. Bower und C.G. Gilbert (Hrs.). Das Buch enthält auch viele Fallstudien. Eine faszinierende Fallstudie von Robert Burgelman über die Auswirkungen der Ressourcenallokationsroutinen auf die Entwicklungsstrategie von Intel findet sich in „Fading memories: A process theory of strategic business exit in dynamic environments", *Administrative Science Quarterly*, Bd. 39 (1994), S. 34–56.

- Erkenntnisse über die Bedeutung multipler Prozesse der Strategieentwicklung finden sich in „An integrative framework for strategy-making processes", *Academy of Management Review*, Bd. 17, Nr. 2 (1992), S. 327–351 von S.L. Hart.

Fallstudie
Beispiel Google: Wer ist für die Strategie verantwortlich?

Phyl Johnson, Strategy Explorers

In weniger als 15 Jahren wird aus einer neuen Idee ein neues Verb: „googeln" – das Internet durchsuchen.

Was tut man, wenn man die Antwort auf eine Frage sucht und ein Computer in der Nähe ist? Man googelt. Es ist nicht nur schwer, sondern eigentlich unmöglich, ein weiteres Beispiel für eine Organisation zu finden, deren Markenname so zum vollkommenen Synonym für die damit verbundene Tätigkeit geworden ist, dass daraus ein allgemein genutztes Verb entstand. Google hat dies in nur wenigen Jahren erreicht, in denen es mit atemberaubender Geschwindigkeit auf seine jetzige Größe gewachsen ist und im Bereich Internetsuche seine international dominierende Position erreicht hat. Googles Strategie ist wohl eine der bisher erfolgreichsten Strategien überhaupt. Wie hat es das geschafft?

Es überrascht nicht, dass Google die Aufmerksamkeit von Analysten, Wissenschaftlern und auch anderen Organisation auf sich zieht, die versuchen, deren Erfolgsformel zu entschlüsseln. Diesem immens erfolgreichen Unternehmen liegt bekanntlich ein höchst unstrukturierter Betriebsablauf zugrunde. Der CEO sagt, seine Strategie basiere einfach auf Versuch und Irrtum. Kann das wirklich wahr sein? *Google ist ungewöhnlich, denn wir sind wirklich von unten nach oben organisiert. Oft fühlt es sich so an, als würden die einzelnen Mitarbeiter einfach das tun, was ihnen am besten erscheint, während sie uns – das Management – einfach dulden Wir haben eigentlich keinen Fünf-Jahres-Plan Wir konzentrieren uns einfach auf alles Neue und Aufregende und überlegen, wie man schnell aus einer neuen Idee Gewinn schlagen kann.*

Quelle: Eric Schmidt, Google CEO.

Über Google

Die Idee zu Google stammte von Larry Page und Sergey Brin, als diese noch an der Elite- Universität Stanford, USA, studierten. Beide besuchten 1998 einen gemeinsamen Kurs und arbeiteten an einem Projekt zur Verbesserung der Ergebnisse von Internet-Suchmaschinen. Nach Abschluss der Universität starteten Page und Brin ihre eigene Suchmaschine im Netz, die auch schnell viele Nutzer und Anhänger fand, Finanzmittel anzog und es ihnen ermöglichte, 2004 an die Börse zu gehen, wodurch Google eine Aktiengesellschaft wurde.

Google war von Anfang an anders. Page und Brin bestanden darauf, dass der Börsengang ihrer Firma anders ablief als üblich: Sie ließen sich den Einstiegskurs ihrer Aktie nicht von Investment-Banken diktieren, sondern wagten einen völlig offenen Börseneinstieg. Das hieß, dass allein die Käufer und nicht die Investmentbanker entschieden, welcher Aktienkurs angemessen war. Dies war ein sehr eigenwilliger Weg, der von einigen als arrogant angesehen wurde und Google von Anfang an den Ruf einbrachte, traditionelle Regeln zu brechen. Dieser Trend setzte sich auch fort, als Google seine Führungsstruktur in Form von zwei Führungsgremien festlegte, wie es in einigen europäischen Ländern, darunter Deutschland, durchaus üblich ist, in den USA aber nur höchst selten vorkommt. Für Page und Brin hatte dieses zweigliedrige System den Vorteil, zwischen sich und den Aktionären zusätzliche Distanz zu schaffen. Außerdem hatten sie mehr Freiheit bei der Unternehmensführung. Page unterstrich dies in einem offenen Brief an alle Aktionäre, in dem er klarstellte, dass Google keine konventionelle Firma war und auch nicht die Absicht hatte, jemals eine zu werden.

2001 unternahmen Page und Brin einen weiteren außergewöhnlichen Schritt und holten den erfolgreichen Vorstandsvorsitzenden Eric Schmidt von Novell Inc. als gleichberechtigten dritten CEO in ihr Führungsteam. Schmidt kümmerte sich um die Verwaltung und um die Aktionäre der Firma und hatte so die traditionellste Rolle eines CEO. Pages befasste sich hauptsächlich mit den sozialen Strukturen des Unternehmens, während sich Brin auf das Thema Ethik konzentrierte. Die Geschichte kennt nur sehr wenige erfolgreiche Triumvirate, dafür aber zahlreiche spektakuläre Fehlschläge. Politische oder andere Probleme und Turbulenzen sorgen in der Regel dafür, dass aus Dreien irgendwann Zwei und aus Zwei schließlich ein Anführer wird. Oder alle drei Machthaber sind sich zu einig, und es kommt zum Stillstand. Dennoch ging es im Fall Google gut.

Mit 132 Millionen Kunden und einem Netzwerk von einer Million Computer weltweit ist Google zweifellos der Platzhirsch unter den Internet-Suchmaschinen und liegt mit seinem Marktanteil von 67,5 Prozent weit vor Yahoo! (8,4 Prozent). Doch dank der regen Übernahmeaktivitäten ist Google auch ein sehr diversifiziertes Unternehmen, das auch noch in den Bereichen Blogging, Radio- und Fernsehwerbung, Online-Bezahlung, Social Networks und Handy-Betriebssysteme tätig ist. Was Firmenübernahmen betrifft, so scheint Googles Motto zu lauten: Wenn wir eine Innovation nicht firmenintern erreichen können, dann kaufen wir sie uns. So kaufte sich Google ein neues Produkt zusammen mit technischem Fachwissen und meist auch gleich einer Fan-Gemeinde, die es als erste anwenden wollten. Dieser Ansatz unterscheidet sich grundlegend beispielsweise von Apples Strategie, welches lediglich innerhalb des eigenen Unternehmens innovativ tätig ist. Zwischen 2001 und 2009 übernahm Google etwa 50 Fremdfirmen. Viele davon waren kleine Start Ups, einige waren jedoch durchaus etablierte Unternehmen, die sich bereits eine stattliche Internet-Fan-Gemeinde aufgebaut hatten und dadurch durchaus attraktive Übernahmeziele darstellten. Die bekannteste von Google übernommene Firma war YouTube, 2001 für $ 1,65 Mrd. (ca. € 1,15 Mrd.) gekauft.

2001 expandierte Google noch immer mit atemberaubendem Tempo* und verfolgte eine zweigleisige operative Strategie, denn man konzentrierte sich einerseits auf Suchmaschinen, andererseits aber auch auf Möglichkeiten zur Produktivitätssteigerung. Googles Ziel, die Position als den Markt dominierende Suchmaschine zu halten, gleichzeitig aber immer dem gleichen Mantra treu zu bleiben, wurde in zahlreichen YouTube-Beiträgen von Googles Führungskräften vermittelt: „Die Organisation aller Informationen weltweit.“

Die Organisation der Unorganisation

In vielerlei Hinsicht gleicht das Leben innerhalb des Googleplex (Googles Firmenzentrale) einer unorganisierten Organisation, wo nur schwer auszumachen ist, wer wofür verantwortlich ist. Ein Beispiel hierfür war, dass Google es nicht schaffte, 2007 seinen eigenen Domain-Namen für den deutschen Markt zu erneuern. Außerdem erschien zu einer Gerichtsverhandlung in Belgien einmal kein einziger rechtlicher Vertreter der Firma.

Google ist berühmt dafür, halbfertige Produkte auf den Markt zu bringen. Es gibt auch keine Kontrollen des Informationsflusses über ihre Produkte durch Werbung; Werbung gibt es bei Google eigentlich überhaupt nicht. Im Hinblick auf die Produktentwicklung verfolgt man die Strategie, teilweise fertige (Beta-) Produkte zu veröffentlichen, damit Google-Fanatiker damit herumexperimentieren können – so werden sie automatisch auf Herz und Nieren geprüft, und alle Schwachstellen werden entdeckt. Zwar setzt Google so die Endverbraucher für seine Zwecke ein, gibt aber auch einen großen Teil seiner Kontrolle ab.

Googles schnelles Wachstum hat dazu geführt, dass das Unternehmen weniger feste Strukturen aufweist als man dies angesichts seiner Größe und Bandbreite erwarten würde. Die Kontrolle der Arbeitsabläufe, der Qualität und zum Großteil auch die Entscheidungen, welche Projekte verfolgt werden, liegt in der Hand der Mitarbeiter und nicht des Managements. Google ist bekannt für sein dünn besetztes Management. Das Verhältnis von Mitarbeitern zu Managern liegt bei 20:1. Bei anderen amerikanischen Durchschnittsfirmen gibt es doppelt so viele Manager (Verhältnis 10:1), in Europa sogar noch erheblich mehr (Frankreich: Verhältnis 7,5:1).

Die Ingenieure arbeiten in kleinen autonomen Teams; die Qualität ihrer Arbeitsergebnisse wird nicht durch klassische Supervision, sondern durch Überprüfungen durch andere Mitarbeiter sichergestellt. Es ist allerdings durchaus möglich, dass in diesen kleinen Teams, die die Freiheit besitzen, selbst zu entscheiden, an welchen Projekten sie arbeiten, viel zu viele Projekte gestartet werden, sodass ein Großteil der verfolgten Aktivitäten gar nicht zur strategischen Ausrichtung passen, die in der Führungsetage angestrebt wird. Zudem haben die Ingenieure bei Google das Recht, 20 Prozent ihrer Arbeitszeit eigenen Projekten zu widmen, die ihr Interesse wecken. Dadurch sollen Innovationen stimuliert und neues Wissen sowie potenzielle neue Produkte geschaffen werden. Einige Beobachter gehen jedoch davon aus, dass Google-Mitarbeiter internen Berichten zufolge eher an die 30 Prozent ihrer Arbeitszeit mit selbst gewählten Themen verbringen – dies kann viele neue Chancen bringen, aber auch zu heillosem Chaos führen.

Diese Form der hochgradig organischen Organisation (die manchmal auch als Ökosystem bezeichnet wird) kommt meist in sehr viel kleineren Unternehmen mit bis zu 300 Mitarbeitern vor, die in kreativen Branchen wie etwa der Werbung tätig sind. Google allerdings, mit mehr als 16.000 Mitarbeitern, vertritt mit sehr viel Stolz diesen unorganisierten und anti-bürokratischen Ansatz.

Google wird von seiner eigenen Kultur geleitet und nicht von mir Es ist sehr viel einfacher, eine Mitarbeiterbasis zu haben, bei der jeder jeden Tag genau das tut, was er tun möchte. Solche Mitarbeiter lassen sich viel leichter führen, denn es gibt eigentlich nie irgendwelche Probleme. Sie sind immer voll dabei und arbeiten an einer Sache, die ihnen am Herzen liegt Dieser Ansatz unterscheidet sich jedoch sehr stark von dem traditionellen, hierarchischen Modell, in dem der CEO die strategische Richtung vorgibt und genau vorschreibt, was jeder zu tun hat. Für alles gibt es einen genauen Plan. Wir dagegen nehmen gern ein gewisses Maß an Chaos in Kauf. Eric Smith, CEO

Die starre Organisation

Trotz Googles liberalem Image als eine Organisation, die ihren Nutzen daraus zieht, nur wenig Kontrolle durch das Management auszuüben und keine starre strategische Richtung vorzugeben, gibt es auch in diesem System sehr starre Bereiche.

Einer dieser Bereiche sind die Neueinstellungen. Da Google ein außerordentlich begehrter Arbeitgeber ist, kann es sich das Unternehmen leisten, wählerisch zu sein. Um jede freie Stelle im Googleplex bewerben sich an die 100 talentierte Aspiranten. Die Bezahlung ist angemessen, übersteigt aber nicht das Niveau der Konkurrenz. Kleine Extras wie etwa der kostenlose Mittagstisch, ein Schwimmbad und Massagen haben eine sehr anziehende Wirkung auf potenzielle neue Mitarbeiter. Dies gilt natürlich auch für die Möglichkeit, 20 Prozent der Arbeitszeit für eigene Interessen aufwenden zu dürfen. Im Austausch dafür legt Google sehr strenge Einstellungskriterien an und gibt sich ganz offen elitär.

Googles Ingenieure müssen entweder über ein Diplom oder einen Doktortitel von einer Elite-Universität verfügen und eine Reihe Auswahltests und Interviews überstehen. Hier sind die Auswahlkriterien streng wissenschaftlich abgeleitet – bei Google wird schließlich alles mit Messzahlen versehen. Das Endergebnis dieses Verfahrens ist, dass Google ein regelrechtes Persönlichkeitsprofil des idealen Mitarbeiters entworfen hat und daher in sehr vorhersehbarer Weise neue Mitarbeiter einstellt, was das Management wiederum leichter macht.

Googles liberale Einstellung, was das Mitarbeitermanagement betrifft, kann man sowohl als Kontrolle wie auch als Freiheit verstehen. Denn die Überprüfung durch Kollegen ist bekanntermaßen viel strenger als eine herkömmliche Beurteilung. Unter Fachleuten ist die Reputation ein wichtiger Faktor; wird also jemand von den eigenen Kollegen beurteilt, so werden meist strengere Maßstäbe angelegt und mehr Qualität verlangt. Die Art und Weise, wie Mitarbeiterprüfungen und auch viele andere Abläufe bei Google durchgeführt werden, ist sehr streng und folgt festen Regeln. So ist die Anzahl der Mitarbeiter in einem Projektteam immer auf maximal sechs beschränkt. Die Dauer eines Projekts ist genau festgelegt, und es gibt strenge, schnelle Abgabetermine (weniger als sechs Wochen). Und wie immer wird alles gemessen und bewertet.

Jedem, der Sergey Brin kennenlernt, fallen sofort seine mathematischen Fähigkeiten ins Auge. Überall bei Google begegnet man Mathematik: Bei der Preispolitik, bei den Diskussionen der Ingenieure, bei den Entscheidungen über die Entwicklung neuer Produkte, bei Neueinstellungen und auch bei der Bewertung der Leistungen der Mitarbeiter. Bei Google wird alles gemessen und analysiert. Girard (2009, S. 97-98)

Wir sind sehr analytisch. Wir messen alles und systematisieren jeden Aspekt der Arbeit unseres Unternehmens. So haben wir zum Beispiel diese Woche eine neue mathematische Anwendung eingeführt. Ich bekomme stündlich aktuelle Daten über die Anzahl der Anträge von Mitarbeiten für die Nutzung dieser Anwendung, die Anzahl der Mitarbeiter, die sie nutzen und die Größe des Programms. Eric Schmidt

Googles interne technische Plattform macht einen Großteil des Firmenerfolgs aus. Diese verfügt über erhebliche Kapazitäten zur Erfassung und Analyse großer Datenmengen von Nutzer- und Kundengruppen. Zusätzlich gibt es ein firmeninternes Intranet mit dem Namen „Moma", das große Datenmengen in Echtzeit speichert. Bei Google geht es immer um Information. Daten werden erfasst, verfolgt und höchst systematisch und organisiert angewendet. Die Technologie selbst ist Googles Strategie und die Strategie ist die Technologie.

Google steuert zwar weiterhin mit hoher Geschwindigkeit die Zukunft an, doch einige wichtige Entscheidungen mussten immer wieder und müssen auch weiterhin getroffen werden. Wer traf beispielsweise die Entscheidung, YouTube und andere große Firmen zu übernehmen? Wen können die Aktionäre bezüglich strategischer Erfolge oder Misserfolge zur Verantwortung ziehen? Anfang 2010 gab Google nachträglich einige Einblicke in ein Geschäft, das mit China abgeschlossen worden war, um den chinesischen Behörden die Möglichkeit zu geben, einige Inhalte zu zensieren. Nach einer Sicherheitspanne innerhalb des Gmail-Systems jedoch änderte Google seinen Kurs radikal. Wer traf diese Entscheidungen? Je weiter die technischen Möglichkeiten der Datenerfassung der Nutzer und der Personalisierung von Suchmaschinen fortschreiten, desto stärker wächst auch das Interesse von Organisationen oder gar Regierungen an diesen Daten und Informationen. Das Triumvirat an der Spitze von Google hat einige sehr wichtige strategische Entscheidungen zu treffen, die sich auf Googles Welt sehr stark auswirken werden.

Wichtigste Quelle: Girard B. (2009) The Google Way: How one company is revolutionizing management as we know it. No Starch Press, San Francisco, CA.

Anmerkungen

1. Interview durch Nicholas Carlson von Google CEO Eric Schmidt: „We Don't really have a Five-Year-Plan" *Washington Post Leadership series*, 20. Mai 2009.
2. Zitiert aus Web Ultimatum shakes the great firewall of China to ist foundations, *The Times*, 14. Januar 2010.
3. Siehe oben.
4. Zitiert von S. 97 von Girard (2009).

*Ein Beispiel dafür sind die Mitarbeiterzahlen, die von 1.628 im Jahr 2003 auf stattliche 19.604 im Jahr 2008 anstiegen.

Kontrollfragen

1. Wer beeinflusst die Strategieentwicklung bei Google?
2. Wo liegen die Stärken und Schwächen dieses Ansatzes?
3. Lässt sich Googles Ansatz auf andere Organisationen übertragen?

Organisieren für den Erfolg

12

ÜBERBLICK

Lernziele

Nach der Lektüre dieses Kapitels sollten Sie in der Lage sein,

- die wichtigsten Herausforderungen der Organisation für den Erfolg zu identifizieren, darunter das Sicherstellen einer Steuerung, das Management von Wissen, der Umgang mit Veränderungen und die Reaktion auf die Internationalisierung.
- die wichtigsten strukturellen Formen von Organisationen in Bezug auf ihre Stärken und Schwächen zu analysieren.
- zu erkennen, wie wichtig es ist, dass organisationale Prozesse (wie etwa Planungssysteme und Erfolgsziele) genau auf die jeweiligen Umstände abgestimmt werden.
- einzuschätzen, wie interne und externe Beziehungen Wissen und Ressourcen innerhalb einer Organisation und zwischen Organisationen integrieren können.
- zu erkennen, wie die drei Stränge Struktur, Prozesse und Beziehungen sich in der organisationalen Konfiguration gegenseitig stärken sollten und welche Dilemmata sich daraus für das Management ergeben können.

12.1 Einführung

Die vielleicht wichtigste Ressource einer Organisation sind *ihre Menschen*. Die strukturellen Rollen, die diese Menschen übernehmen, die Prozesse, durch die sie interagieren und die Beziehungen, die sie knüpfen, sind entscheidend für den Erfolg einer Strategie. Dies sind alles Aspekte der „organisationalen Gestaltung". Ruft man sich Yahoo!`s Erdnussbutter Manifest aus *Kapitel 1* nochmals ins Gedächtnis, so wird klar, dass diese organisationale Gestaltung Erfolg oder Scheitern einer Organisation maßgeblich beeinflusst. Yahoo!`s Misserfolg war zum Teil auf die Struktur der einzelnen Geschäftsbereiche zurückzuführen, denn durch sie ergaben sich überlappende Verantwortungsbereiche. Außerdem konnten aufgrund von isolierten Unternehmensbereichen keine internen gesamtunternehmerischen Beziehungen entstehen, sodass Organisationsprozesse schlecht koordiniert und die zuständigen Manager nur schwer zur Verantwortung gezogen werden konnten.

Die Ansichten über die richtige organisationale Gestaltung sind dabei, sich zu verändern. Wirtschaftswissenschaftler, die sich mit dem Thema Management beschäftigen, haben traditionell ihr Hauptaugenmerk meist auf formale Strukturen gelegt.[1] Dieser formale Ansatz entsprach einer Unternehmensstrategie, die von oben nach unten weitergegeben wurde und auf einem System von Befehl und Kontrolle aufbaute. Die Manager an der Spitze einer Organisation fällten hier die Entscheidungen, die dann von den übrigen Mitarbeitern einfach nur umgesetzt wurden. Im Beispiel 12.6 wird infrage gestellt, ob sich solche formalen Strukturen wirklich auf diese Weise einer Strategie anpassen können. In einer Welt, in der Mitarbeiter auf allen Ebenen einer Organisation

---

1 Einige dieser frühen Veröffentlichungen sind zu finden bei D. Pugh, *Organisation Theory*, Penguin, 1984.

über entscheidendes Wissen verfügen, und die von ständigem Wandel geprägt ist, kann es nicht mehr ausreichen, sich nur auf formale Kontrollstrukturen zu verlassen.

In einer sich schnell verändernden Welt, die stark von Wissen geprägt ist, ergeben sich für eine Organisation zwei Probleme. Zunächst gilt, dass ein statischer Ansatz formaler Strukturen immer weniger geeignet ist, denn eine Organisation muss sich angesichts sich ständig verändernder Bedingungen immer neu definieren und ausrichten. Aus diesem Grund schlagen einige Fachautoren vor, anstelle des *Begriffs* „Organisation" vermehrt die *verbale Konstruktion* des „Organisierens" zu verwenden.[2] Außerdem erfordert die effektive Nutzung des wertvollen Wissens, das überall innerhalb einer Organisation existiert, mehr als nur formale Hierarchien, die sich von oben nach unten orientieren. Informelle Prozesse und Beziehungen tragen entscheidend dazu bei, das tief liegende Wissen innerhalb einer Organisation freizulegen und auszutauschen. Denn dieses Wissen ist heute entscheidend für einen Wettbewerbsvorteil.

Dieses Kapitel wendet sich völlig neuen Denkweisen bezüglich der organisationalen Gestaltung zu, die zum einen den Wandel in den Vordergrund stellen und zum anderen nicht nur die formalen, sondern auch die informellen Prozesse und Beziehungen in einer Organisation mit einbeziehen. Ein wichtiger Gedanke ist hierbei, dass die formalen Strukturen und Prozesse mit den informellen Prozessen und Beziehungen in Einklang gebracht werden müssen, um kohärente *Konfigurationen* zu bilden. Die **Konfiguration** einer Organisation besteht aus den Strukturen, Prozessen und Beziehungen mit deren eine Organisation arbeitet[3] – wie in Abbildung 12.1 dargestellt. Die richtige Konfiguration für eine Organisation zu schaffen, sodass all diese Elemente sowohl zueinander als auch zu den wichtigen strategischen Herausforderungen passen, ist eine entscheidende Voraussetzung für den Erfolg einer Organisation.

Konfiguration

Die Konfiguration einer Organisation besteht aus den Strukturen, Prozessen und Beziehungen, mit denen eine Organisation arbeitet.

Abbildung 12.1 zeigt die drei Stränge der Konfiguration einer Organisation, die sich zu einem „virtuosen Kreis" zusammenfügen. Diese drei Stränge geben die Struktur der ersten Teile dieses Kapitels vor und beziehen sich jeweils auf

- die *strukturelle Gestaltung* (die Beschreibung formaler Rollen, Verantwortlichkeiten und Berichtszuständigkeiten) der Organisation. Die strukturelle Gestaltung kann die Grundlagen der Wettbewerbsvorteile einer Organisation massiv beeinflussen, besonders in Bezug auf das Management des vorhandenen Wissens; gelingt es einer Organisation nicht, ihre Strukturen entsprechend anzupassen, kann das die Umsetzung einer Strategie völlig vereiteln. Eine gute Struktur allein genügt aber noch nicht, um erfolgreich zu sein.

2 Dieses Argument wird von R. Whittington und L. Melin vertreten, „The challenge of organizing/strategizing", in A. Pettigrew, R. Whittington, L. Melin, C. Sanchez-Runde, F. Van den Bosch, W. Ruigrok und T. Numagami (Hrs.), *Innovative Forms of Organizing*, Sage, 2003; und auch von R. Whittington, E. Molloy, M. Mayer und A. Smith, „Practices of strategising/organising", *Long Range Planning*, Bd. 39, Nr. 6 (2006), S. 615–630.

3 Dieses Konzept der Konfiguration ähnelt dem Begriff der strategischen Architektur, beschrieben von G. Hamel und C.K. Prahalad, Competing for the Future, Harvard Business School Press, 1994, Kap. 10, und Ergänzungen wie von R. Whittington, A. Pettigrew, S. Peck, E. Fenton und M. Conyon diskutiert in „Change and complementarities in the new competitive landscape", Organization Science, Bd. 10, Nr. 5 (1999), S. 583–600.

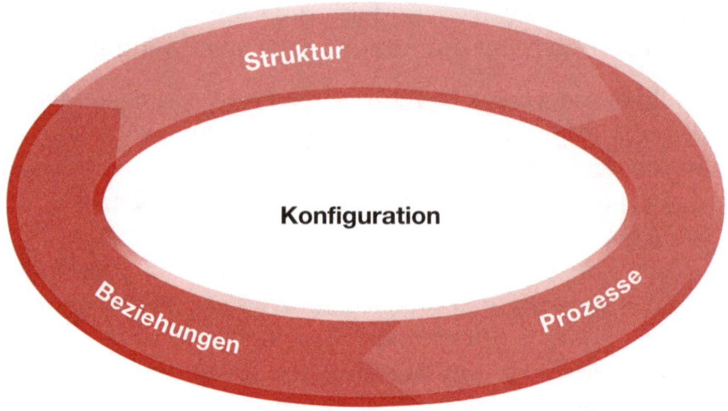

Abbildung 12.1: Organisationale Konfigurationen: Struktur, Prozesse und Beziehungen

- die *Prozesse*, innerhalb derer sich die Menschen in und um eine Organisation bewegen. Auch diese Prozesse können sich entscheidend auf Erfolg oder Misserfolg auswirken, denn sie legen fest, wie Strategien entstehen und kontrolliert werden und wie Manager und andere Mitarbeiter interagieren und diese Strategie in die Tat umsetzen.
- die *Beziehungen*, die die Menschen in und um eine Organisation miteinander verbinden, insbesondere
  - Beziehungen zwischen Geschäftsbereichen und der Zentrale (dies bezieht sich auf Themenbereiche aus *Kapitel 7* über die Rolle der Unternehmenszentrale).
  - Beziehungen außerhalb des Unternehmens, die Themen wie *Outsourcing* (siehe *Kapitel 3*) und *strategische Allianzen* (siehe *Kapitel 8*) betreffen.

Die verschiedenen Strukturen, Prozesse und Beziehungen werden mit drei wichtigen Herausforderungen für eine Organisation im 21. Jahrhundert in Zusammenhang gebracht:

- Die *Geschwindigkeit des Wandels* und das hohe Maß an *Unsicherheit* im Unternehmensumfeld, wie in *Kapitel 2* beschrieben. Folglich müssen Organisationen in ihrer Gestaltung flexibel sein und schnell und gut reorganisieren können.
- Die wichtige Bedeutung des *Schaffens und Austausches von Wissen* als grundlegender Baustein des strategischen Erfolgs, wie in *Kapitel 3* beschrieben. Organisationale Gestaltung sollte die Konzentrationen von Fachwissen fördern und gleichzeitig die Menschen dazu ermutigen, ihr Wissen an andere weiterzugeben.
- Die zunehmende Bedeutung der *Internationalisierung*, wie in *Kapitel 8* beschrieben. Das Organisieren eines internationalen Unternehmens birgt viele Herausforderungen: Die Kommunikation über große Distanzen hinweg, die Koordination einer größeren Vielfalt und die Knüpfung von Beziehungen zwischen verschiedenen Kulturen sind einige Beispiele. Die Internationalisierung macht auch auf verschiedene Formen des Organisierens in verschiedenen Teilen der Welt aufmerksam.

12.2 Unternehmensstrukturen

Manager beschreiben ihre Organisation häufig, indem sie dessen formale Strukturen in Form eines Diagramms darstellen. Diese strukturellen Diagramme definieren die Ebenen und Rollen innerhalb einer Organisation. Diese sind für Manager wichtig, denn sie legen fest, wer wofür verantwortlich ist. Doch es gibt mindestens zwei weitere Gründe, warum formale Strukturen wichtig sind. Zum einen prägen strukturelle Berichtszuständigkeiten Kommunikationsmuster und Wissensaustausch: Die meisten Menschen neigen dazu, mit Mitarbeitern, die in der Hierarchie weit über oder weit unter ihnen stehen oder in anderen Teilen der Organisation arbeiten, nur wenig zu kommunizieren. Zum zweiten lässt die Art der strukturellen Positionen an der Spitze der Organisation Schlussfolgerungen bezüglich der Fähigkeiten zu, die man benötigt, um in der Organisation die Karriereleiter zu erklimmen: Eine Struktur mit funktionalen Spezialisten etwa im Bereich Marketing oder Produktion auf Spitzenpositionen weist darauf hin, dass es hier wichtig ist, in spezialisierten funktionalen Bereichen erfolgreich zu sein anstatt allgemeine Managementerfahrung mitzubringen. Formale Strukturen können kurz gesagt eine ganze Menge darüber verraten, welche Rolle Wissen und Fähigkeiten innerhalb einer Organisation spielen. Oft sind daher Unternehmensstrukturen ein heiß umkämpftes Thema (siehe Beispiel 12.1).

Dieses Kapitel betrachtet zunächst fünf verschiedene Grundstrukturen: Funktionale, multidivisionale, Matrix-, transnationale und projektbasierte Strukturen.[4] Grob gesagt betonen die ersten beiden dieser Strukturen eher eine bestimmte strukturelle Dimension – entweder die funktionale Spezialisierung oder die Geschäftseinheit. Die drei folgenden Strukturen vermischen die strukturellen Strukturen eher und versuchen beispielsweise, Produkteinheiten und geografischen Einheiten gleich viel Gewicht zu geben. Keine dieser Strukturen ist jedoch eine allgemeingültige Lösung für die Herausforderungen des Organisierens. Vielmehr wird die richtige Struktur von den jeweiligen Herausforderungen bestimmt, denen sich jede einzelne Organisation stellen muss.

Wissenschaftler weisen hier auf eine große Bandbreite wichtiger Herausforderungen hin (die häufig auch als „Zufälligkeiten“, „Eventualitäten“ bezeichnet werden), die die organisationale Struktur prägen, darunter die Größe der Organisation, der Grad der Diversifikation und die Art der verwendeten Technologie.[5] Dieses Kapitel konzentriert sich insbesondere darauf, wie die fünf Strukturformen sich sowohl an die traditionelle Herausforderung des Kontrollbedarfs als auch an die drei neuen Herausforderungen Wandel, Wissen und Internationalisierung anpassen lassen. Dies legt nahe, dass der erste Schritt der organisationalen Gestaltung darin besteht, die wichtigsten Herausforderungen der betreffenden Organisation zu definieren. Wie wir später sehen werden, betont der Konfigurationsansatz die Tatsache, dass jede gewählte Strategie, gleichgültig welche das ist, auch mit den entsprechenden Prozessen und Beziehungen in Einklang gebracht werden sollte.

4 Eine gute Übersicht über traditionelle und neue Strukturen bietet G. Friesen, „Organisation design for the 21st century“, *Consulting to Management – C2M*, Bd. 16, Nr. 3 (2005), S. 32–51.

5 Die Ansicht, dass Organisationen ihre Strukturen an ihre wichtigsten Herausforderungen („Eventualitäten“) anpassen sollten, wird in Zusammenhang gebracht mit der langen Tradition der Eventualitätstheorie; siehe L. Donaldson, The Contingency Theory of Organizations, Sage, 2001 oder R. Whittington, „Organisational structure“, in The Oxford Handbook of Strategy, Bd. 2, Oxford University Press, 2003, Kap. 28 für eine Zusammenfassung.

12.2.1 Die funktionale Struktur

Funktionale Struktur

Die funktionale Struktur gliedert die formale Aufbaustruktur einer Organisation nach Verrichtungen wie beispielsweise Produktion, Finanz- und Rechnungswesen, Marketing, Personal sowie Forschung und Entwicklung.

Wächst eine Organisation und übersteigt sie eine gewisse minimale Größe und Komplexität, so muss damit begonnen werden, Verantwortlichkeiten aufzuteilen. Eine grundlegende Strukturform ist hier die **funktionale Struktur**, die die Verantwortlichkeiten gemäß den Primäraktivitäten wie Produktion, Forschung oder Verkauf aufteilt. Abbildung 12.4 zeigt ein typisches Organisationsdiagramm eines solchen Unternehmens. Diese Struktur findet man meist in kleineren Firmen oder in Organisationen, die eine begrenzte, kaum diversifizierte Produktpalette anbieten. Auch innerhalb einer multidivisionalen Struktur (siehe unten) können die einzelnen Unternehmensbereiche in funktionale Abteilungen unterteilt sein (wie in Abbildung 12.5 unten dargestellt).

Abbildung 12.4 fasst auch die potenziellen Vor- und Nachteile einer funktionalen Struktur zusammen. Zu den Vorteilen zählt, dass das führende Management direkt an den Betriebsabläufen beteiligt ist und so eine genauere operative Kontrolle von oben möglich wird. Die funktionale Struktur gibt eine klare Definition der Rollen und Aufgaben vor, wodurch sich die Verantwortlichkeit der Mitarbeiter erhöht. In funktionalen Abteilungen liegt auch Fachwissen in hoch konzentrierter Form vor, sodass die Entwicklung zusätzlichen Wissens auf den jeweiligen Fachgebieten gefördert wird.

Eine solche Struktur hat aber auch Nachteile, besonders wenn die betreffende Organisation noch größer oder diversifizierter wird. Das größte Problem in dieser sich schnell verändernden Welt liegt allerdings wohl darin, dass sich die Führungsebene nur auf ihre funktionalen Verantwortlichkeiten konzentriert und sich zu sehr mit Routineabläufen und eng definierten funktionalen Interessen beschäftigt. Folglich fällt es den Managern schwer, die gesamte Organisation aus einer strategischen Perspektive zu betrachten oder auch schnell koordiniert zu reagieren. Eine funktionale Organisation kann also sehr unflexibel sein. Die einzelnen funktionalen Abteilungen neigen außerdem dazu, sich nach innen zu orientieren – und zu sogenannten „funktionalen Silos“ zu werden –, sodass das Wissen verschiedener funktionaler Spezialisten nur schwer integriert werden kann. Funktionale Strukturen, die sich jeweils an bestimmten Funktionen ausrichten, sind außerdem sehr ungeeignet für Unternehmen mit hoher geografischer oder produktbezogener Diversität. So kann eine zentral organisierte Marketingabteilung etwa versuchen, einen einheitlichen Marketingstil durchzusetzen, ohne auf die speziellen Anforderungen der einzelnen Geschäftseinheiten der Organisation auf der ganzen Welt zu achten.

Beispiel 12.1

Volkswagen: Eine Geschichte der Zentralisierung

Ein neuer Vorstandsvorsitzender führt eine zentral organisierte Struktur für diesen Großkonzern mit seinen vielen Marken ein.

Im Jahr 2007, nachdem der Autohersteller Porsche bei Volkswagen eine Kontrollmehrheit erlangt hatte und ein neuer Vorstandvorsitzender an die Spitze des Unternehmens gekommen war, kündigte der deutsche Autobauer Volkswagen eine groß angelegte Reorganisation an. In den Jahren zuvor war das Unternehmen in zwei Gruppen organisiert gewesen – eine Gruppe unter dem Markennamen Volkswagen, die zweite unter dem Namen Audi (siehe Abbildung 12.2), wobei das Fachwissen in den Bereichen Technologie und Marketing sich rund um die Markenprodukte innerhalb dieser beiden Gruppen konzentrierte. Nun sollte das Unternehmen umstrukturiert werden, wobei wieder zwei Gruppen entstehen sollten: Eine Produktgruppe für den Massenmarkt (VW, Skoda, SEAT) und eine Gruppe luxuriöserer Marken (Audi, Bentley, Bugatti und Lamborghini). Außerdem hielt Volkswagen eine große Beteiligung am LKW-Hersteller Scania. Auf diese Weise wäre die Firma zentraler organisiert mit neuen gesamtunternehmerischen Zuständigkeitsbereichen für Produktion, Marketing, Vertrieb und Forschung und Entwicklung. (siehe Abbildung 12.3). Der neue CEO, Martin Winterkorn, würde gleichzeitig die Leitung des Bereichs Forschung und Entwicklung übernehmen und auch für die Marken von VW direkt verantwortlich sein.

Das erklärte Ziel dieser zentraleren Struktur war eine Steigerung der Synergien zwischen den einzelnen Marken. Eine zentraler organisierte Abteilung für Forschung und Entwicklung könnte dazu beitragen, Motoren und andere Einzelteile gemeinsam zu nutzen. Ebenso könnte die Zentralisierung der Produktion für eine Optimierung der Werksauslastungen firmenweit sorgen. Der scheidende Vorstand von Volkswagen war allerdings anderer Meinung. Er stellte fest, dass das jeweilige Fachwissen immer direkt mit der jeweiligen Marke assoziiert werden müsse, um eine Integration und Motivation über alle Funktionen hinweg zu gewährleisten. Er glaubte außerdem, die neue Struktur sei eine Kopie der zentralisierten Struktur von Porsche, doch Porsche war ein viel kleineres Unternehmen, das nur eine Marke im Programm hatte. Sprecher von Porsche reagierten, indem sie darauf hinwiesen, dass Porsche der profitabelste Autohersteller weltweit war, während Volkswagen einer der am wenigsten profitablen Autobauer war.

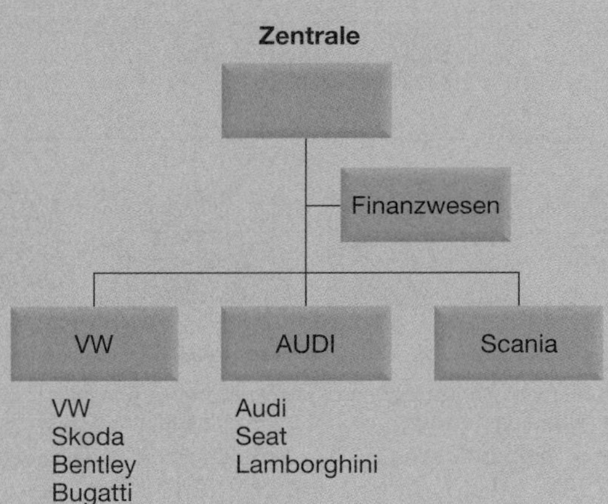

Abbildung 12.2: Volkswagen, November 2006 (vereinfacht)

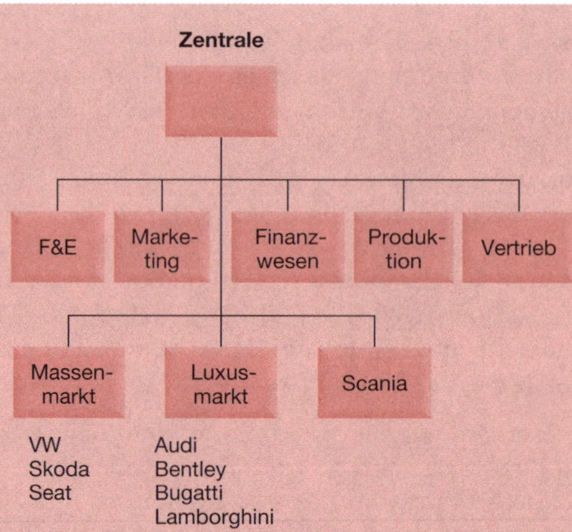

Abbildung 12.3: Volkswagen, Januar 2007 (vereinfacht)

Kontrollfragen

1. Welcher Strukturform entsprach die alte dezentralisierte Struktur am ehesten, und welcher Strukturform nähert sich Volkswagen nun an?
2. Welche Vor- und Nachteile sehen Sie in der neuen Volkswagen-Struktur?

Abbildung 12.4: Eine funktionale Struktur

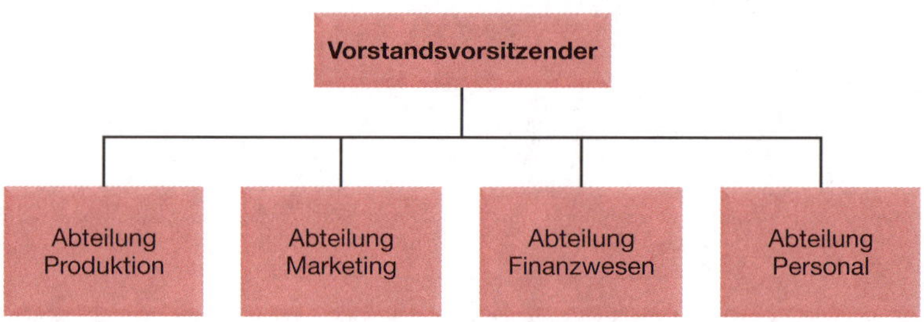

Vorteile:

- Vorstandsvorsitzender ist an allen operativen Abläufen beteiligt
- Kontrollmechanismen werden reduziert/vereinfacht
- Verantwortlichkeiten sind klar definiert
- Spezialisten auf der oberen und mittleren Führungsebene

Nachteile:

- Führungsebene ist zu sehr mit Routineabläufen beschäftigt
- Strategische Aspekte werden vernachlässigt
- Schwieriger Umgang mit Diversität
- Koordination zwischen den Funktionen ist schwierig
- Anpassung ist schwerfällig

12.2.2 Die multidivisionale Struktur

Die **multidivisionale Struktur** besteht aus einzelnen Divisionen, die nach Produkten, Kundengruppen oder geografischen Regionen gegliedert sind (siehe Abbildung 12.5). Die Divisionalisierung ergibt sich oft aus dem Versuch, die Probleme der funktionalen Struktur bezüglich größerer Diversität (siehe oben) zu überwinden.[6] Jede Division kann auf die spezifischen Anforderungen ihrer Produkt-/Marktstrategie reagieren und verfügt über eigene funktionale Abteilungen. Eine ähnliche Struktur herrscht vielfach in Organisationen der öffentlichen Hand, die sich rund um *Servicebereiche* wie Freizeitangebote, Sozialdienste und Bildung strukturieren.

Multidivisionale Struktur

Die multidivisionale Struktur besteht aus einzelnen Divisionen die nach Produkten, Kundengruppen oder geografischen Regionen gegliedert sind.

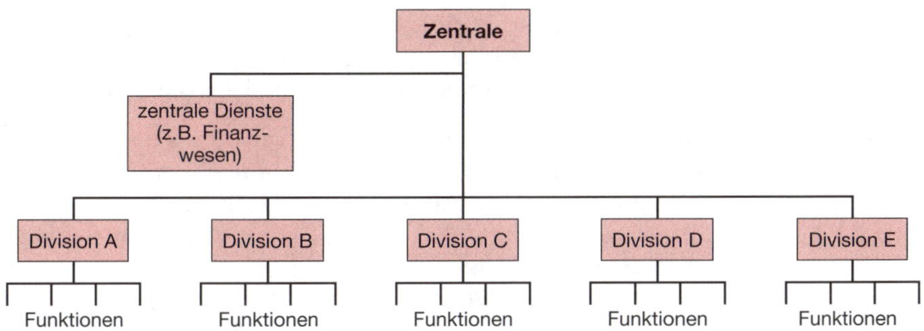

Vorteile:

- Flexibel (Divisionen können leicht hinzugefügt oder abgestoßen werden)
- Kontrolle durch Leistung
- Eigenverantwortliche Strategie
- Spezialisierung der Kompetenzen
- Training strategischer Perspektiven

Nachteile:

- Duplikation zentraler und divisionaler Funktionen
- Fragmentierung und fehlende Kooperation
- Gefahr des zentralen Kontrollverlusts

Abbildung 12.5: Eine multidivisionale Struktur

Divisionale Strukturen haben einige potenzielle Vorteile. Sie sind flexibel, denn Organisationen können Divisionen leicht hinzufügen, schließen oder verschmelzen, wenn sich die Umstände ändern. Die unabhängigen Geschäftseinheiten können aus der Entfernung durch eine Leistungsüberwachung kontrolliert werden. So sind die Manager der einzelnen Divisionen in größerem Umfang für ihre eigenen Strategien verantwortlich und verinnerlichen diese dadurch mehr. Geografische Divisionen (etwa eine europäische oder eine nordamerikanische Division) bieten auch die Möglichkeit eines internationalen Managements. Auch die Spezialisierung innerhalb einer Division kann von Vorteil sein, denn hier können sich die jeweils vorliegenden Kompetenzen in Richtung einer klar definierten Produkt- oder Kundengruppe oder einer Technologie entwickeln. Die Verantwortung des Managers für eine gesamte Division stellt ein gutes Training strategischer Perspektiven dar, falls ein Manager einen weiteren Karriereaufstieg anstrebt.

Divisionale Strukturen können jedoch auch von Nachteil sein und zwar im Wesentlichen auf dreierlei Weise: Zunächst können einzelne Divisionen so selbstständig

6 Diese Perspektive der Divisionalisierung als Reaktion auf Diversität wurde ursprünglich vertreten von A.D. Chandler, *Strategy and Structure*, MIT Press, 1962. Siehe R. Whittington und M. Mayer, *The European Corporation: Strategy, Structure and Social Science*, Oxford University Press, 2000 für eine Zusammenfassung der Argumentation von Chandler und den Erfolg der divisionalen Organisation im heutigen Europa.

werden, dass sie *de facto* unabhängige Unternehmen sind, die jedoch die Funktionen und Kosten der Unternehmenszentrale duplizieren. In diesem Fall kann es also sinnvoller sein, das Unternehmen in unabhängige Firmen aufzuspalten, was auch häufig praktiziert wurde und wird. Zum zweiten trägt eine Divisionalisierung meist nicht zur besseren Kooperation und zum besseren Wissensaustausch zwischen Geschäftseinheiten bei: Die Divisionen sind nun einmal getrennte Einheiten. So wird auch das Fachwissen fragmentiert, und die Erfolgsziele der einzelnen Divisionen bieten überdies nur wenig Anreiz zur Zusammenarbeit mit anderen Divisionen. Und zum dritten werden manche Divisionen allmählich zu autonom, besonders dort, wo Joint Ventures und Partnerschaften die Eigentumsverhältnisse verwässern. In solchen Fällen zerfallen multidivisionale Unternehmen zu *Holdings*, wobei hier die Unternehmenszentrale die einzelnen Geschäftsbereiche nur noch im finanziellen Sinne „hält", wenig Kontrolle ausübt und auch wenig Mehrwert generiert. Abbildung 12.5 fasst diese potenziellen Vor- und Nachteile einer multidivisionalen Struktur nochmals zusammen.

Große und komplexe multidivisionale Unternehmen verfügen oft noch über eine zweite Ebene an *Subdivisionen* innerhalb ihrer Hauptdivisionen. Indem kleinere Geschäftsbereiche als Subdivisionen innerhalb einer Hauptdivision eingestuft werden, wird die Gesamtzahl der Geschäftseinheiten, mit denen sich die Zentrale direkt auseinandersetzen muss, reduziert. Subdivisionen können auch dazu beitragen, dass komplexe Organisationen auf widersprüchliche Anforderungen von außen besser reagieren können. So könnte eine Organisation geografische Subdivisionen innerhalb einer Reihe von globalen Produktdivisionen einrichten.

12.2.3 Die Matrixstruktur

Matrixstruktur

Die Matrixstruktur kombiniert zwei unterschiedliche Gliederungsformen, Produktabteilungen und geografische Abteilungen oder funktionale und divisionale Strukturen, die gleichberechtigt nebeneinander bestehen.

Eine **Matrixstruktur** kombiniert simultan verschiedene strukturelle Dimensionen wie etwa Produktdivisionen und geografische Gebiete oder Produktdivisionen und funktionale Spezialisierungen.[7] Abbildung 12.6 gibt Beispiele für eine solche Struktur.

Auch Matrixstrukturen haben mehrere Vorteile. Sie ermöglichen ein effektives Wissensmanagement, denn durch sie können separate Wissensbereiche über organisationale Grenzen hinweg integriert werden. Besonders in Organisationen, die professionelle Dienstleistungen anbieten, kann eine Matrixstruktur dazu beitragen, ein bestimmtes Fachwissen auf verschiedene Markt- oder geografische Segmente anzuwenden. Um beispielsweise einem bestimmten Kunden behilflich zu sein, könnte eine Unternehmensberatung Mitarbeiter aus verschiedenen Gruppen mit unterschiedlichen Wissensfachgebieten (z.B. Strategie oder organisationale Gestaltung) oder aus anderen nach Märkten gruppierten Bereichen (Branchen oder geografische Regionen) mit einbeziehen.[8] Abbildung 12.6 zeigt, wie eine Schule das separate Wissen verschiedener fachlicher Spezialisten kombinieren könnte, um Studienprogramme zusammenzustellen, die genau auf die unterschiedlichen Altersgruppen abgestimmt sind. Matrixorganisationen sind flexibel, denn sie ermöglichen die Kombination verschiedener organisationaler Dimen-

7 Für eine Übersicht aktueller Erfahrungen mit Matrixstrukturen siehe S. Thomas und L. D'Annunzio, „Challenges and strategies of matrix organisations: Top-level and midlevel managers' perspectives", *Human Resource Planning*, Bd. 28, Nr. 1 (2005), S. 39–48.

8 Für eine Diskussion über Matrixstrukturen in wissensintensiven, auf F&E beruhenden Branchen siehe P. Rizova, „Are you networked for successful innovation?", Sloan Management Review, Bd. 47, Nr. 3 (2006), S. 49–55.

sionen. Sie sind besonders für Organisationen attraktiv, die global agieren, denn durch sie können lokale und internationale Dimensionen kombiniert werden. So könnte eine global agierende Firma eher geografisch definierte Divisionen als Betriebseinheiten für lokales Marketing vorziehen (denn hier liegt Spezialwissen über lokale Kunden vor). Gleichzeitig kann diese Firma aber auch globale Produktdivisionen einrichten wollen, die für die weltweite Koordination von Produktentwicklung und -fertigung zuständig sind, denn daraus ergeben sich Größenvorteile und Vorteile durch Spezialisierung.

Eine Matrixstruktur ersetzt allerdings formale Autoritätsstrukturen durch Beziehungen, die sich quer durch die Matrix ziehen, was auch zu Problemen führen kann. So kann es beispielsweise *länger dauern, Entscheidungen zu treffen,* da die Manager verschiedener Divisionen sich erst einigen müssen. Es können auch *Konflikte* auftreten, wenn manche Mitarbeiter an Manager aus verschiedenen strukturellen Dimensionen berichten müssen. Matrixstrukturen sind kurz gesagt schwer zu kontrollieren.

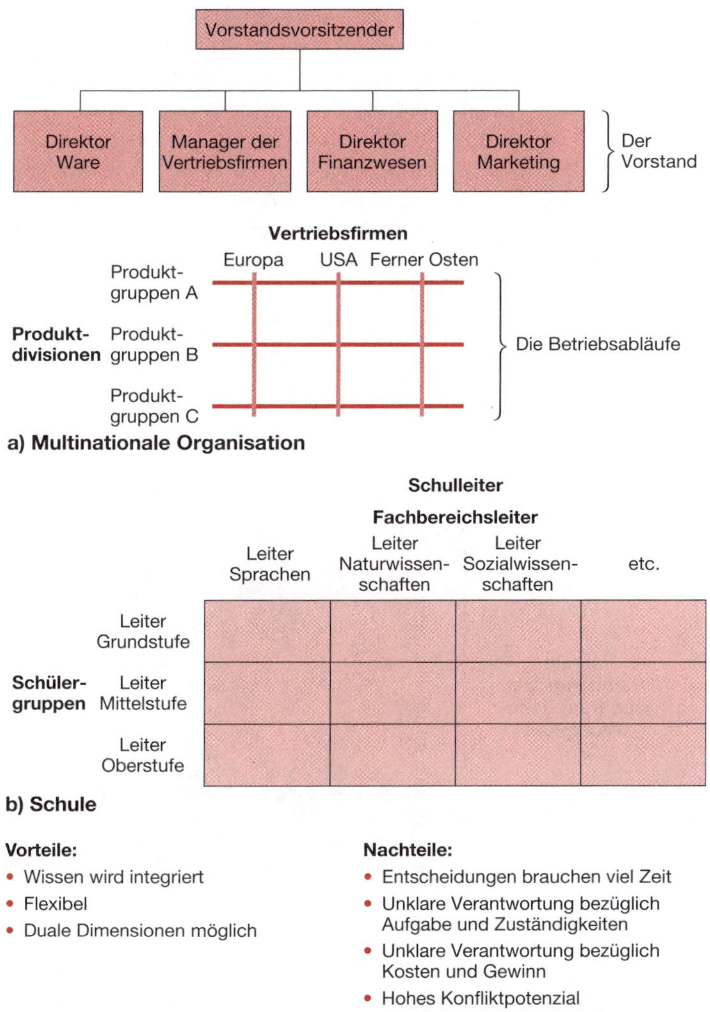

Abbildung 12.6: Zwei Beispiele einer Matrixstruktur

Wie bei jeder Struktur, so ist auch besonders bei der Matrixstruktur die wirklich entscheidende Frage, ob und wie sie (also ihre Prozesse und Beziehungen) in der Praxis funktioniert. Die wichtigsten Voraussetzungen für eine erfolgreiche Matrixstruktur sind Führungskräfte, die kollaborative Beziehungen (innerhalb der gesamten Matrix) knüpfen und pflegen und auch mit der Unordnung und Zweideutigkeit gut umgehen können, die diese Struktur mit sich bringt. Aus diesem Grund beschreiben Christopher Bartlett und Sumantra Ghoshal die Matrix nicht nur als formale Struktur sondern auch als „Geisteszustand".[9]

12.2.4 Die transnationale Struktur

Transnationale Struktur

Die transnationale Struktur kombiniert die lokale Anpassungsfähigkeit einer nationalen Tochtergesellschaft mit den Koordinationsvorteilen, welche durch internationale Produktdivisionen realisiert werden können.

Die **transnationale Struktur** eignet sich für das internationale Management, denn sie ist besonders effektiv, wenn es darum geht, Wissen über Grenzen hinweg gemeinsam zu nutzen. Die transnationale Struktur möchte das Beste aus zwei extremen internationalen Strukturen kombinieren, der multinationalen Strategie und der globalen Strategie (siehe *Kapitel 8*). Wie in Abbildung 12.7 dargestellt, würde eine globale Strategie wohl durch globale Produktdivisionen gestützt (etwa eine weltweit aktive Automobildivision und eine weltweit aktive LKW-Division); eine multinationale Strategie würde gestützt durch lokale Tochtergesellschaften, die über viel Autonomie in den Bereichen Entwurf, Fertigung und Marketing für alle Produktgruppen verfügen (etwa die lokale Tochter, die für Pkws und Lkws zuständig ist). In der Abbildung sind die internationalen Divisionen eigenständige Divisionen, die mit den Strukturen der großen Unternehmenszentrale zuhause verbunden sind. Dies wird oft von großen amerikanischen Konzernen so gehandhabt, wenn sie beginnen, international aktiv zu werden. (In Nordamerika gibt es beispielsweise eine Pkw- und eine Lkw-Division, während im Ausland beide Geschäftsbereiche von der internationalen Division geleitet werden.) Die transnationale Struktur möchte jedoch sowohl eine hohe lokale Reaktionsfreudigkeit als auch ein hohes Maß an globaler Koordination erreichen.

Abbildung 12.7: Multinationale Strukturen

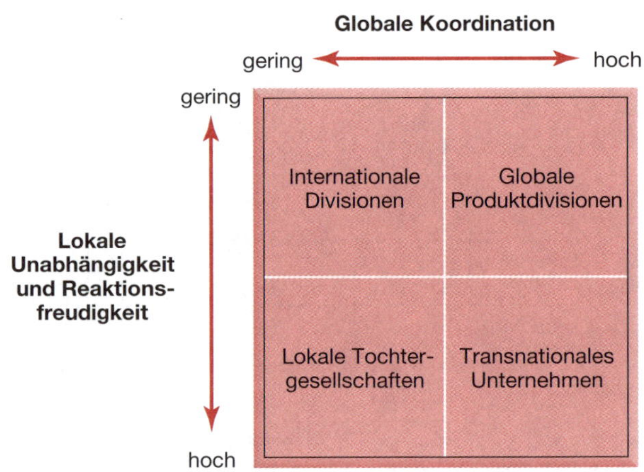

9 Matrixstrukturen werden diskutiert von C. Bartlett und S. Ghoshal, „Matrix management: Not a structure, more a frame of mind", *Harvard Business Review*, Bd. 68, Nr. 4 (1990), S. 138–145.

Gemäß der Beschreibung von Bartlett und Ghoshal entspricht die transnationale Struktur der Matrixstruktur, hat aber zwei besondere Merkmale: Zum einen ist sie auf die speziellen Herausforderungen der Internationalisierung zugeschnitten, zum anderen sind in ihren grenzüberschreitenden Divisionen Verantwortlichkeiten meist genauer festgeschrieben.[9] Folgende Eigenschaften zeichnen die transnationale Struktur aus:

- Jede nationale Einheit operiert unabhängig, ist aber eine *Quelle für Ideen und Fähigkeiten* für das gesamte Unternehmen. So befindet sich etwa bei Unilever das Zentrum für Innovationen im Bereich Haarpflegeprodukte weltweit in Frankreich.
- Nationale Einheiten erreichen mehr Größenvorteile aufgrund von *Spezialisierung*, denn sie operieren für die gesamte Firma oder zumindest für große Bereiche. So hat Unilever sein Netzwerk kleiner nationaler Lebensmittelhersteller in Europa durch einige wenige große spezialisierte Fabriken ersetzt, die ihre Produkte in andere europäische Länder exportieren.
- Die *Unternehmenszentrale* verwaltet dieses globale Netzwerk, indem zunächst die Rolle jeder einzelnen Geschäftseinheit festgelegt wird. Weiter wird das System mit seinen Beziehungen und seiner Kultur gepflegt, damit es effektiv funktionieren kann. Unilever hat ein „Forensystem“ eingerichtet, das internationale Manager zusammenbringt, um Erfahrungen auszutauschen und ihre Anforderungen zu koordinieren.

Der Erfolg eines transnationalen Konzerns hängt von seiner Fähigkeit ab, *gleichzeitig* globale Kompetenz, lokale Reaktionsfreudigkeit und unternehmensinterne Innovation und Lerneffekte zu erreichen. Dazu müssen die Grenzen, Beziehungen und die Positionen der einzelnen Manager genau definiert sein. Zum Beispiel:

- Die *Manager globaler Geschäftseinheiten* haben die Verantwortung dafür, die globale Wettbewerbsfähigkeit des gesamten Unternehmens zu fördern, wodurch sowohl nationale als auch funktionale Grenzen überschritten werden. Sie müssen als *Produkt- und Marktstrategen*, als *Architekten* der Unternehmensressourcen und Kompetenzen, als *Innovationsförderer* und als *Koordinatoren* transnationaler Transaktionen fungieren.
- *Manager nationaler oder regionaler Einheiten* haben potenziell eine doppelte Verantwortung anderen Teilen des transnationalen Unternehmens gegenüber. Zunächst müssen sie als *Sensor* für lokale Bedürfnisse fungieren und diese an diejenigen weitergeben, die auf internationaler Ebene für neue Produkte und Dienstleistungen verantwortlich sind. Weiter sollten sie sich bemühen, einzigartige Kompetenzen zu *entwickeln*, d.h. ein Kompetenzzentrum zu werden, das es ihnen ermöglicht, einen Beitrag für das Unternehmen als Ganzes zu leisten, etwa in den Bereichen Fertigung oder F&E.
- *Funktionale Manager*, etwa der Bereiche Finanzwesen oder IT, sind dafür verantwortlich, dass der Innovations- und Lernprozess innerhalb der gesamten Organisation niemals endet. Das erfordert die Fähigkeit, Best Practice-Standards zu erkennen und innerhalb der Organisation zu verbreiten. Sie müssen also in der Lage sein, die Organisation nach Best Practice-Standards *abzusuchen*, sie zu *verbreiten* und gleichzeitig immer Innovationen zu *fördern*.
- *Manager der Unternehmenszentrale* integrieren all diese anderen Rollen und Verantwortlichkeiten. Sie sind nicht nur *Führungspersönlichkeiten*, sondern fungieren auch als *Talentsucher* bei den anderen Managern und erleichtern deren Kooperation. So müssen sie etwa Innovationsprozesse und Prozesse zur Schaffung neuen Wissens fördern. Sie sind verantwortlich für die *Entwicklung* eines starken Managementzentrums in der Organisation.

Die transnationale Struktur hat auch einige Nachteile. Sie verlangt sehr viel von den betreffenden Managern, denn sie müssen bereit sein, nicht nur innerhalb ihres unmittelbaren Verantwortungsbereichs zu arbeiten, sondern sich auch um das Wohl des gesamten Unternehmens kümmern. Diffuse Verantwortlichkeiten sorgen außerdem für ähnliche Komplexität und Kontrollschwierigkeiten wie bei der Matrixstruktur. Die schweizerisch-schwedische Baukonzern ABB wurde in den 1990er Jahren oft als Beispiel für die transnationale Struktur herangezogen, doch zu Beginn des neuen Jahrtausends führte das Unternehmen eine grundlegende Umstrukturierung durch und orientiert sich nun an klaren Produktdivisionen. Eine Aufwertung der Produktdivisionen gegenüber den nationalen Managern sollte interne Querelen beenden und die internationale Koordination vereinfachen.

12.2.5 Projekt basierte Strukturen[10]

Projektbasierte Struktur

Bei der projektbasierten Struktur werden Teams gebildet, die an einem bestimmten Projekt arbeiten und danach wieder aufgelöst werden.

Viele Organisationen setzen vermehrt auf Projektteams mit begrenzter Lebensdauer. Bei der **projektbasierten Struktur** werden Teams gebildet, die an einem bestimmten Projekt arbeiten (gebunden etwa durch interne oder externe Verträge) und danach wieder aufgelöst werden.[11] Diese Struktur kann besonders geeignet sein für Organisationen, die große, teure Produkte oder Dienstleistungen anbieten (öffentliche Bauprojekte, Informationssysteme, Filme) oder wenn es um zeitlich begrenzte Veranstaltungen geht (Konferenzen, Sportereignisse oder Beratungsaufträge). Hier besteht die Organisationsstruktur aus einer sich ständig verändernden Reihe von Projektteams, die von einer kleinen Unternehmenszentrale zusammengefügt und lose gesteuert werden. Überdies verwenden viele Organisationen solche Teams auch spontan als Ergänzung ihrer Hauptstruktur. So werden etwa *Taskforces* gebildet, um eine neue Strategie voranzutreiben oder um neue Energie zu liefern, wo die Hauptstruktur der Organisation nicht effektiv genug ist.

Solche projektbasierten Strukturen können sehr flexibel sein, Projekte können je nach Bedarf definiert oder aufgelöst werden. Da ein Projektteam immer eine klare Aufgabe und einen genauen Zeitrahmen braucht, funktionieren Verantwortlichkeit und Kontrolle gut. Außerdem kommen die Mitglieder eines Teams häufig aus verschiedenen Abteilungen innerhalb einer Firma, sodass im Rahmen solcher Projekte auch Wissen ausgetauscht wird. Auch internationale Mitarbeiter können in den Teams vertreten sein; und da die Lebensdauer solcher Projekte meist eher kurz ist, sind die Teams auch häufig bereit, vorübergehend im Ausland zu arbeiten. Es gibt jedoch auch Nachteile. Ohne ein starkes Management, das über die gesamtunternehmerische strategische Kontrolle verfügt, neigt eine Organisation dazu, zahllose Projekte zu beginnen, die schlecht koordiniert sind. Die Tatsache, dass die Projektteams nach relativ kurzer Zeit wieder aufgelöst werden, kann auch verhindern, dass Wissen auf konstante Weise und vorbehaltlos aufgebaut wird.

10 Dieser klassische Artikel über projektbasierte Organisationen stammt von R. DeFillippi und M. Arthur, „Paradox in project-based enterprise: The case of film-making“, *California Management Review*, Bd. 40, Nr. 2 (1998), S. 125–145. Zu einigen Schwierigkeiten siehe M. Bresnen, A. Goussevskaia und J. Swann, „Organizational routines, situated learning and processes of change in project-based organisations“, *Project Management Journal*, Bd. 36, Nr. 3 (2005), S. 27–42.

11 Für eine Abhandlung über dauerhafte Teamstrukturen siehe T. Mullern, „Integrating the team-based structure in the business process: The case of Saab Training Systems“, in A. Pettigrew und E. Fenton (Hrs.), *The Innovating Organisation*, Sage, 2000.

Insgesamt gesehen gewinnen projektbasierte Strukturen an Bedeutung, denn sie sind von Natur aus flexibel. Und eine solche Flexibilität kann in unserer schnelllebigen Zeit eine grundlegende Voraussetzung für den Erfolg sein, denn individuelle Fachkenntnisse und Kompetenzen müssen heute schnell und immer wieder neu umgesetzt und integriert werden.

12.2.6 Die Auswahl der richtigen Struktur

Zu Beginn dieses Kapitels wurden die Herausforderungen hervorgehoben, denen sich die organisationale Gestaltung heute stellen muss: Kontrolle, Wandel, Wissen und Internationalisierung. Aus der bisherigen Diskussion sollte klar hervorgegangen sein, dass jede Strukturform, die funktionale, die multidivisionale, die Matrix, die transnationale und auch die projektbasierte Struktur in Bezug auf diese vier Herausforderungen ihre eigenen Vor- und Nachteile hat. Die Gestalter einer Organisation müssen also die geeignete Struktur anhand der jeweiligen speziellen strategischen Herausforderungen (oder „Eventualitäten") ihrer Organisation wählen.

Tabelle 12.1 fasst zusammen, wie die fünf Grundformen der Organisationsstruktur mit den Herausforderungen Kontrolle, Wandel, Wissen und Internationalisierung vereinbar sind, die zu Beginn des Kapitels vorgestellt wurden. Keine Struktur ist für alle vier Herausforderungen gleichermaßen gut geeignet. Die Gestalter einer Organisation haben auch hier die Wahl. Möchten sie viel Kontrolle ausüben und legen sie weniger wert auf Flexibilität bezüglich eines Wandels oder auf globale Ausdehnung, so wählen sie womöglich eine funktionale Struktur. Wollen sie Wissen und Flexibilität auf globaler Ebene fördern, so ist vielleicht die Matrix- oder die transnationale Struktur am besten geeignet. Die Wahl der Struktur hängt von den strategischen Herausforderungen des betroffenen Unternehmens ab.

Tabelle 12.1

Strukturenvergleich

Herausforderung	Funktional	Multidivisional	Matrix	Transnational	Projekt
Kontrolle	***	**	*	**	**
Wandel	*	**	***	***	***
Wissen	**	*	***	***	**
Internationalisierung	*	**	***	***	**

*Sterne weisen auf typische Kapazitäten im Umgang mit jeder Herausforderung hin, wobei drei Sterne eine hohe, zwei Sterne eine mittlere und ein Stern eine geringe Bewertung sind.

In der Praxis wählen aber nur sehr wenige Organisationen eine Strukturform, die genau einer der reinen Formen entspricht, die oben beschrieben wurden. Praktische Strukturen mischen oft verschiedene Formen und müssen sich der jeweiligen Kombination an Herausforderungen einer Organisation ganz genau anpassen. Michael Goold und Andrew Campbell geben *neun Gestaltungstests* vor, die zur Überprüfung der Eignung speziell angepasster Strukturlösungen herangezogen werden können.[12] Die ersten vier Tests konzentrieren sich dabei auf die Übereinstimmung der Struktur mit den Hauptzielen und den wichtigsten Beschränkungen der Organisation:

- *Der Marktvorteilstest.* Dieser Test bewertet die Übereinstimmung mit der Marktstrategie und ist von grundlegender Bedeutung, wenn man von Alfred Chandlers Grundprinzip ausgeht, dass „die Struktur von der Strategie bestimmt wird".[13] Ist beispielsweise die Koordination zweier Schritte in einem Produktionsprozess für den Marktvorteil besonders wichtig, so sollten diese Schritte am besten in die gleiche strukturelle Einheit eingegliedert werden.
- *Der Konzernvorteilstest.* Die strukturelle Gestaltung sollte mit der Managementrolle übereinstimmen, die die Unternehmenszentrale für sich gewählt hat (siehe *Kapitel 7*). Möchte die Zentrale beispielsweise als Synergiemanager zur Wertsteigerung beitragen, so sollte eine Struktur gewählt werden, die integrative Spezialisierung, z.B. Marketing oder Forschung, in den Mittelpunkt stellt.
- *Der Mitarbeitertest.* Die strukturelle Gestaltung muss auch zu den vorhandenen Mitarbeitern passen. Es ist gefährlich, von einer funktionalen Struktur plötzlich auf eine multidivisionale Struktur umzuschalten, wenn der Organisation Manager fehlen, die auch dezentralisierte Geschäftseinheiten kompetent leiten können.
- *Der Machbarkeitstest.* Dies ist eine organisationsübergreifende Kategorie, die beurteilt, ob die Struktur zu den Einschränkungen passt, die Gesetz, Interessengruppen, Gewerkschaften oder ähnliches der Organisation verursachen. Nach Skandalen wegen voreingenommener Forschungsarbeit schreiben Regulierungsbehörden den Investmentbanken nun vor, ihre Forschungs- und Analystenabteilungen von den Abteilungen zu trennen, in denen finanzielle Abschlüsse perfekt gemacht werden.

Goold und Campbell schlagen dann die folgenden fünf weiteren Tests vor, die auf guten allgemeinen Gestaltungsprinzipien basieren:

- *Der Test spezialisierter Kulturen.* Dieser Test sagt aus, ob es wertsteigernd ist, verschiedene Spezialisten zusammenzubringen, sodass diese ihr Fachwissen in enger Zusammenarbeit miteinander weiter steigern können. Eine Struktur ist gescheitert, wenn durch sie wichtige spezialisierte Kulturen zerstört werden.
- *Der Test schwieriger Verbindungen.* Dieser Test fragt nach, ob eine vorgeschlagene Struktur Verbindungen zwischen Teilen der Organisation schafft, die zwar wichtig sind, aber dadurch häufig auch in ihrer Arbeit eingeschränkt werden. So werden wahrscheinlich durch eine extreme Dezentralisierung von Geschäftseinheiten, die bezüglich ihres Gewinns rechenschaftspflichtig sind, die Beziehungen zu einer zentral organisierten F&E-Abteilung sehr belasten. Werden keine entsprechenden Kompensationsmechanismen eingerichtet, so ist diese Struktur wohl zum Scheitern verurteilt.
- *Der Test redundanter Hierarchien.* Bei jeder strukturellen Gestaltung sollte überprüft werden, ob sie eventuell zu viele Managementschichten aufweist und so Blockaden

12 M. Goold und A. Campbell, *Designing Effective Organisations*, Jossey-Bass, 2002. Siehe auch M. Goold und A. Campbell, „Do you have a well-designed organisation?", *Harvard Business Review*, Bd. 80, Nr. 3 (2002), S. 117–224.

13 A.D. Chandler, Strategy and Structure: Chapters in the History of American Enterprise, MIT Press, 1962.

oder übermäßige Ausgaben verursacht. Der Abbau von Managementebenen aufgrund redundanter Hierarchien ist in den letzten Jahren ein wichtiger struktureller Trend.

- *Der Rechenschaftstest.* Dieser Test betont die Bedeutung klarer Berichtszuständigkeiten, sodass Kontrolle und Engagement aller Manager der gesamten Struktur sichergestellt ist. Da es in einer Matrixstruktur duale Berichtszuständigkeiten gibt, steht sie oft in der Kritik, keine klaren Zuständigkeiten zu definieren.
- *Der Flexibilitätstest.* In einer sich schnell verändernden Welt bewertet ein wichtiger Test, inwieweit die Gestaltung einer Organisation einen zukünftigen Wandel berücksichtigen wird. Divisionale Einheiten beispielsweise sollten breit genug angelegt sein, damit divisionale Manager auch sich neu ergebende Chancen und Möglichkeiten verfolgen können. Kathleen Eisenhardt sagt in diesem Zusammenhang, dass Strukturen ausreichend „Modularität" (d.h. Standardisierung) brauchen, damit die einzelnen Teile einer Organisation leicht miteinander verbunden oder gegeneinander ausgetauscht werden können, wenn sich die Märkte entsprechend verändern.[14]

Goolds und Campbells neun Tests ermöglichen eine strenge Bewertung effektiver Strukturen. Doch auch wenn die strukturelle Gestaltung alle Tests besteht, muss diese zusätzlich auf die anderen Stränge der organisationalen Konfiguration abgestimmt werden, ihre Prozesse und Beziehungen nämlich. Alle Stränge müssen sich gegenseitig bestärken. Die folgenden beiden Abschnitte behandeln jeweils Prozesse und Beziehungen.

12.3 Prozesse

Die Struktur ist eine Grundvoraussetzung für erfolgreiches Organisieren. Doch es sind die formalen und informellen organisationalen Prozesse innerhalb dieser Struktur, die bestimmen, ob eine Organisation funktioniert oder nicht.[15] Diese können als Steuerungsprozesse der betrieblichen Abläufe einer Organisation verstanden werden, die die Umsetzung der Strategie in die Praxis folglich fördern oder behindern können.

Steuerungsprozesse können in zweierlei Hinsicht unterschieden werden. Zunächst konzentrieren sie sich entweder auf die Kontrolle von Inputs oder die Kontrolle von Outputs. Input-Steuerungsprozesse befassen sich mit *Ressourcen*, die für die Strategieumsetzung gebraucht werden, insbesondere finanzielle Ressourcen und das Engagement der Mitarbeiter. Output-Steuerungsprozesse konzentrieren sich darauf, zufriedenstellende *Ergebnisse* zu ermöglichen, etwa das Erreichen zuvor festgelegter Ziele oder das Erlangen einer Wettbewerbsfähigkeit auf dem Markt. Die zweite Unterscheidung lässt sich zwischen direkter und indirekter Steuerung treffen. Direkte Steuerung meint *unmittelbare Überwachung*. Indirekte Steuerung ist *weiter entfernt* und legt nur die Bedingungen fest, durch welche erwünschtes Verhalten quasi halb-automatisch erreicht wird. In welcher Weise die sechs Prozesse, die hier behandelt werden, eher Input- oder Output-Steuerung, direkte oder indirekte Steuerung in den Mittelpunkt stellen, wird in Tabelle 12.2 zusammengefasst.

14 Diese Praxis, verschiedene Unternehmensteile je nach Marktlage miteinander zu verbinden, wird beschrieben bei K. Eisenhardt und S. Brown, „Patching: Restitching business portfolios in dynamic markets", *Harvard Business Review*, Bd. 25, Nr. 3 (1999), S. 72–80.

15 Dieser Punkt wird vertreten von E. Fenton und A. Pettigrew, „Theoretical perspectives on new forms of organising", in A. Pettigrew und E. Fenton (Hrs.), *The Innovating Organisation*, Sage, 2000, Kap. 1.

Tabelle 12.2

Tabelle 12.2: Formen von Steuerungsprozessen

	Input	Output
Direkt	Direkte Überwachung Planungsprozesse	Leistungsziele
Indirekt	Kulturelle Prozesse Selbstkontrolle	Interne Märkte

Organisationen setzten normalerweise eine Mischung verschiedener Steuerungsprozesse ein, wobei je nach den jeweiligen strategischen Herausforderungen manche stärker vertreten sind als andere. Wieder ist es wichtig, mit Wandel, Wissen und Internationalisierung gut umgehen zu können. Wie wir sehen werden, erfordern es Maßnahmen zur Input-Kontrolle meist, dass die Kontrolleure über ein großes Wissen darüber verfügen, was die Aufgabe derer ist, die kontrolliert werden sollen. In vielen wissensintensiven Organisationen, besonders dort, wo Wandel und Innovation entsteht, fehlt diesen Kontrolleuren allerdings das genaue Verständnis dafür, was ihre Experten genau tun, was dazu führt, dass man sich hier eher auf die Output-Kontrolle verlässt. Denn es lässt sich leicht überwachen, ob und wann eine Einheit ihre Ziele bezüglich Einnahmen und Rentabilität erreicht. Die direkte Steuerung beruht zum Großteil auf der physischen Präsenz des Managements, obwohl diese heutzutage auch durch Computerüberwachung ersetzt werden kann. Aus diesem Grund wenden viele internationale Organisationen eher die indirekte Steuerung an, denn ihre Tochtergesellschaften liegen oft weit voneinander entfernt. Für kleine Organisationen mit nur einer Geschäftsstelle andererseits können direkte Steuerungsprozesse sehr effektiv sein.

12.3.1 Direkte Überwachung

Direkte Steuerung

Direkte Steuerung umfasst die unmittelbare, persönliche Steuerung und Überwachung strategischer Entscheidungen durch eine oder mehrere Einzelpersonen.

Direkte Steuerung umfasst die unmittelbare, persönliche Steuerung und Überwachung strategischer Entscheidungen durch eine oder mehrere Einzelpersonen. Sie wird vermehrt in kleinen Organisationen praktiziert. Auch in größeren Organisationen findet sie Verwendung, wo es nur zu geringen Veränderungen kommt und wo die geringe Komplexität der Organisation es zulässt, dass einige wenige Manager die Strategie *im Detail* von der Zentrale aus steuern können. Oft wird die direkte Steuerung in Familienunternehmen angewandt sowie in Teilen des öffentlichen Sektors, die traditionell von direkter politischer Einmischung geprägt sind. (Meist dominiert in solchen Fällen eine einzige politische Partei über einen langen Zeitraum hinweg.)

Die direkte Steuerung erfordert es, dass die Kontrolleure im gesamten Unternehmen alle Aufgabenbereiche, die sie überwachen, genau verstehen. Sie müssen in der Lage sein, Fehler zu korrigieren, ohne innovative Experimente im Keim zu ersticken. Gibt es nur eine Geschäftsstelle, so ist die direkte Steuerung am einfachsten, obwohl auch die Überwachung über große Entfernungen hinweg (etwa die Überwachung von Handelsstrategien im Bankwesen) heutzutage durch elektronische Hilfsmittel möglich ist. Auch während einer *Krise* kann die direkte Steuerung hilfreich sein, wenn autokratische

Kontrollen erforderlich werden, um schnelle Ergebnisse zu erzielen. Manager, die die Geschäfte in Krisenzeiten übernehmen, haben oft einen autokratischen Führungsstil.

12.3.2 Planungsprozesse

Planungsprozesse sind die Urform administrativer Kontrolle; hier wird die erfolgreiche Umsetzung einer Strategie durch Prozesse erreicht, die die Ressourcenallokation planen und steuern und deren Einsatz überwachen (siehe auch *Kapitel 11*). Der Fokus liegt hier auf der Kontrolle der Inputs einer Organisation, wobei insbesondere die finanziellen Inputs gemeint sind. Ein solcher Plan deckt alle Teile der Organisation ab und zeigt klar an, welche Ressourcen – finanziell gesehen – welchem Bereich zugeordnet sind (seien dies nun funktionale Einheiten, Divisionen oder Geschäftsbereiche). Auch legt der Plan fest, wie genau diese Ressourcen eingesetzt werden. Er liegt für gewöhnlich in Form eines *Budgets* vor. So erhält die Marketingabteilung beispielsweise € 5 Mio., muss aber genau aufzeigen, wie dieses Geld verwendet wird, also welcher Anteil für Personalkosten, Werbung, Ausstellungen, etc. ausgegeben wird. Diese Kostenstellen werden dann regelmäßig überwacht, um Realität und Budget zu vergleichen.

Planungsprozesse

Planungsprozesse planen und kontrollieren die Allokation von Ressourcen und überwachen ihren Einsatz.

Ein Vorteil dieses Planungsansatzes der strategischen Kontrolle ist die Möglichkeit, dadurch die Umsetzung einer Strategie überwachen zu können. Wie genau aber Planungsprozesse eine Strategie unterstützen können, ist sehr unterschiedlich:

- Eine Planung kann durch *die Standardisierung von Arbeitsabläufen (wie etwa Produkt- oder Dienstleistungsmerkmalen)* erreicht werden. Manchmal sind solche Arbeitsabläufe zur Bewertung und Überprüfung strengen Regelwerken unterworfen und müssen beispielsweise extern überwachte Qualitätsstandards (wie etwa ISO 9000) erfüllen. In vielen Serviceunternehmen wurde eine solche Standardisierung durch die Einführung von IT-Systemen erlangt, sodass für die Bereitstellung der Dienstleistung weniger Fachwissen benötigt wird und sich die Kosten erheblich verringern. Dies kann zu einem Wettbewerbsvorteil führen, wenn sich die betreffenden Organisationen auf dem Niedrigpreissegment positionieren und Produkte oder Dienstleistungen anbieten, die wie Rohstoffe behandelt werden können. So betragen beispielsweise die Kosten für Internet-Banking nur einen Bruchteil der Kosten, die in Bankfilialen anfallen.
- *Warenwirtschaftssysteme*[16], die Softwarespezialisten wie SAP oder Oracle zur Verfügung stellen, nutzen ausgeklügelte IT-Systeme, um geplante Kontrolle zu erreichen. Diese Systeme zielen darauf ab, den gesamten Betriebsablauf inklusive Personalwesen, Finanzwesen, Fertigung, Lagerung, etc. zu integrieren. Es begann mit der Nutzung elektronischer Kassensysteme im Einzelhandel, die eine Verbindung zum Lager herstellten. Es können sich weitere Vorteile ergeben, wenn solche Systeme noch weiter auf das Wertesystem der Organisation bis jenseits ihrer Grenzen in die Zulieferer- und Vertriebsketten hinein ausgedehnt werden können. So könnten Vorräte etwa automatisch bestellt werden, sodass immer genug Ware vorrätig ist. Der Internethandel geht mit diesen integrativen Kapazitäten noch einen Schritt weiter (siehe *Kapitel 9* für mehr Details). Beispiel 12.2 erläutert ein Warenwirtschaftssystem anhand eines konkreten Fallbeispiels.

16 Leser, die mehr über ERP erfahren möchten, werden hier fündig: P. Binngi, M. Sharma und J. Godia, „Critical issues affecting an ERP implementation", *Information Systems Management*, Bd. 16, Nr. 3 (1999), S. 7–14; T. Grossman und J. Walsh, „Avoiding the pitfalls of ERP system implementation", *Information Systems Management*, Bd. 21, Nr. 2 (2004), S. 38–42.

- Zentralisierte Planungssysteme nutzen häufig eine *Formel* zur Kontrolle der Ressourcenallokation innerhalb des Unternehmens. So werden in Unternehmen der öffentlichen Hand Budgets häufig auf Pro-Kopf-Basis zugeteilt (etwa die Anzahl der Patienten pro niedergelassenem Arzt).

Planungsprozesse funktionieren am besten unter einfachen und stabilen Bedingungen, wo man ein Budget oder eine Formel gleich gut auf alle Geschäftseinheiten einer Organisation anwenden kann und wo man einheitliche Annahmen für den gesamten zu planenden Zeitraum definieren kann. Sind die Anforderungen der einzelnen Einheiten aber verschieden, profitieren meist manche Einheiten von standardisierten Formeln oder Budgets, während andere benachteiligt werden. So wird in Großbritannien häufig gefordert, dass die Regierung alle Krankenhäuser und Universitäten nicht länger gleich behandeln soll: Jede Organisation birgt schließlich ganz eigene Herausforderungen und Chancen. Auch können Budgets und Formeln sehr unflexibel sein, wenn sich Veränderungen ergeben, die den ursprünglich getroffenen Annahmen widersprechen. Organisationen können auf diese Weise unfair bestraft werden, wenn sich die Umstände ändern, oder ihnen fehlen die Ressourcen, um im Budget nicht eingeplante Chancen nutzen zu können.

Aufgrund dieses Risikos fehlender Reaktionsfähigkeit bezüglich unterschiedlicher Anforderungen der Organisation ist es oft sinnvoll, diejenigen am Planungsprozess zu beteiligen, die direkt betroffen sind, also *von unten nach oben* zu planen. Bei diesem Planungsansatz von unten nach oben stellen lokale Geschäftsbereiche einer Organisation (die untere Ebene also) Pläne auf, die dann der Zentrale vorgelegt werden. Die Aufgabe der Zentrale besteht darin, Richtlinien für diese Pläne aufzustellen und die fertigen Pläne zu überprüfen. Diese ursprünglich vorgelegten Pläne sind häufig unvereinbar mit den Plänen anderer Einheiten sowie mit den Erwartungen und Kapazitäten der Zentrale. Solche Diskrepanzen werden durch *Harmonisierungsprozesse* ausgeräumt, in denen verhandelt wird und die Richtlinien der Zentrale erneut herangezogen werden. Häufig werden solche Pläne mehrmals überarbeitet und können so zwar die Anforderungen der einzelnen Geschäftseinheiten besser berücksichtigen, sind aber auch sehr zeitaufwändig und politisch schwierig.

Beispiel 12.2 Warenwirtschaftssysteme bei Bharat Petroleum

Warenwirtschaftssysteme waren das Herzstück der strategischen Umwandlung von Bharat Petroleum, als sich das Unternehmen auf die Deregulierung der indischen Ölindustrie vorbereitete.

Bharat Petroleum ist eine von Indiens drei führenden Ölkonzernen. 4.854 Tankstellen gehören ebenso zum Konzern wie 1.000 Kerosinvertriebsgesellschaften und 1.828 Vertriebshändler für Autogas, die über ganz Indien verstreut sind. Als sich Bharat Petroleum mit der Deregulierung seiner Märkte und einer möglichen Teilprivatisierung auseinandersetzen musste, entschloss man sich, durch die Einführung eines SAP-gestützten Warenwirtschaftssystems alle Geschäftsbereiche zu integrieren. Dadurch wollte man mithilfe eines verbesserten Informationsaustauschs in Bereichen wie Lagerverwaltung und Produktauslieferung mehr Kontrolle über die Betriebsabläufe des Unternehmens erlangen und im Endeffekt eine Verbesserung des Kundendienstes und der Kundenzufriedenheit erreichen. Das neue System sollte 200 Geschäftsstellen mit einschließen und eine große Bandbreite verschiedener Prozesse umfassen – von der Finanzbuchhaltung über Personalverwaltung und Qualitätsmanagement bis hin zu Wartung, Werksleitung und Verkauf. Der Leiter der Finanzabteilung prognostizierte Kosteneinsparungen von € 7,5 Mio. jährlich.

Die Einführung des Warenwirtschaftssystems wurde nicht einfach als reines IT-Projekt verstanden. Ihr ging eine Verschlankung und Umstrukturierung der Managementebenen der gesamten Firma voraus, die sich danach um sechs neue strategische Geschäftseinheiten gruppierte. Die Einführung des Warenwirtschaftssystems selbst erhielt den Projektnamen ENTRANS, eine Abkürzung für Enterprise Transformation (englisch: Unternehmensumwandlung). Der Leiter des Projektteams war kein IT-Spezialist, sondern kam aus dem Personalwesen. Nur zehn Mitglieder des 60-köpfigen Teams kamen aus dem IT-Bereich. Eine Projektsteuerungsgruppe, die sich mindestens einmal monatlich traf, überwachte gemeinsam mit den Leitern aller sechs Geschäftseinheiten sowie der Bereiche Finanzwesen, Personal und IT den gesamten Einführungsprozess. Der Leiter des IT-Bereichs von Bharat Petroleum kommentierte: „Das Einzigartige an dem Einführungsprozess des Warenwirtschaftssystems bei Bharat Petroleum ist, das das gesamte Projekt von Beginn an eine Initiative des gesamten Unternehmens war. Wir (IT) übernahmen nur die Rolle eines Katalysators."

Berater von PricewaterhouseCoopers, 24 SAP-Berater sowie ein Team aus 70 betriebsinternen SAP-geschulten Beratern und sechs Vollzeitberater für Unternehmensveränderungen unterstützen die Einführung des Systems. Alle Nutzer wurden professionell geschult, wobei man sich auf die Verbesserung des „organisationalen Lernprozesses", auf visionäre Führerschaft und auf Planungsprogramme konzentrierte. Der Vorstandsvorsitzende von Bharat Petroleum erklärte, die Einführung des Systems habe keinen direkten Stellenabbau zur Folge, obwohl auch geringere Personalkosten als Vorteil des Systems genannt wurden.

Für die Einführung war ein Zeitraum von 24 Monaten vorgesehen, wobei Pilotprojekte sorgfältig nach lokaler Nähe zum Projektteam (in Mumbai), Art der benötigten Prozesse und IT-Ausstattung der Einheiten ausgewählt wurden. Natürlich stieß man am Anfang auf viele Probleme. Informelle Prozesse waren nicht immer vollständig durch das SAP-System erfasst worden, was heikle Konsequenzen hatte. Die Leiter der einzelnen Bereiche waren jedoch davon überzeugt, dass die Formalisierung der Prozesse mithilfe des Warenwirtschaftssystems letztendlich die Disziplin der Mitarbeiter erheblich steigerte. Im Jahr nach Abschluss der Einführung konnte Bharat Petroleum ein Umsatzwachstum von 24 Prozent verzeichnen. SAP stufte Bharat Petroleum im obersten Quartil aller SAP-gestützten Einführungsprozesse von Warenwirtschatsystemen ein.

Quelle: A. Teltumbde, A. Tripathy und A. Sahu, „Bharat Petroleum Corporation Limited", Vikalpa, Bd. 27, Nr. 3 (2002), S. 45–58.

Kontrollfragen

1. Welche Bedeutung hat es, dass die Einführung des Warenwirtschaftssystems nicht von einem IT-Experten geleitet wurde?
2. Welche möglichen Gefahren birgt die Formalisierung und Einbettung genauer Betriebsabläufe in ein Warenwirtschaftssystem?
3. Was sollte ein Unternehmen wie Bharat Petroleum nach Abschluss der Einführung des Systems mit einem großen Team an betriebsinternen spezialisierten Beratern anfangen?

12.3.3 Kulturelle Prozesse

Angesichts des raschen Wandels, einer wachsenden Komplexität und des steigenden Bedarfs an neuem Wissen wird die Motivation der Mitarbeiter immer wichtiger für den Erfolg eines Unternehmens. Firmen, die diesem Druck ausgesetzt sind, sehen eine Förderung der *Selbstkontrolle* und der persönlichen Motivation oft als effektive Kontrollmethode, denn dadurch können sie die Qualität des Mitarbeiterinputs ohne direkte Intervention beeinflussen. Viele Mitarbeiter verfügen von sich aus über ein hohes Maß an Selbstkontrolle und Motivation, wodurch angemessene Leistungen für eine erfolgreiche Strategie sichergestellt werden. Musiker oder Ärzte, die über eine spezielle Begabung verfügen und hohe Professionalität an den Tag legen müssen, sind ein Beispiel hierfür. Professionalität und Begabung können aber auch von dem ablenken, was die Strategie einer Organisation eigentlich verlangt. Zudem lassen manche Mitarbeiter immer das nötige Engagement vermissen. In solchen Fällen können Manager mithilfe kultureller Prozesse angemessene Leistungen sicherstellen.[17]

Kulturelle Prozesse befassen sich mit der Unternehmenskultur und der *Standardisierung von Normen* (wie in *Kapitel 5* beschrieben). Kontrolle findet hier in indirekter, integrierter Weise statt, wenn die Mitarbeiter Teil der Kultur werden. Es werden die Inputs der Mitarbeiter kontrolliert, denn die Kultur definiert angemessene Normen für Motivation und Initiative. Drei Prozesse sind für die Formung einer angemessenen Kultur besonders wichtig: Erstens die *Personalbeschaffung*, also die Auswahl geeigneter Mitarbeiter, zweitens die *Sozialisierung*, d.h. die Integration neuer Mitarbeiter durch Training, Einführung und Mentorenprogramme; hier sind aber auch informelle Einflüsse wie etwa bestimmte Vorbilder gemeint. Der dritte wichtige Prozess ist die *Belohnung*, d.h. die Anerkennung angemessenen Verhaltens durch finanzielle Entlohnung, Beförderung oder symbolische Prozesse (wie öffentliches Lob). Mitarbeiter begegnen diesen kulturellen Prozessen häufig mit subtiler Ablehnung, etwa mit Zynismus oder mechanischer Anpassung. Sind sie aber einmal Teil der Kultur, ändern sie sich nur noch mühsam und lassen sich schwer einer sich wandelnden Strategie anpassen. In Organisationen gibt es viele kulturelle Prozesse, die keiner formalen Kontrolle durch das Management unterliegen wie etwa der Druck anderer Mitarbeiter, sich einer Strategie zu widersetzen.

17 C. Casey, „Come, join our family: Discipline and integration in corporate organizational culture“, *Human Relations*, Bd. 52, Nr. 2 (1999), S. 155–179; Informationen über die Sozialisierung von Auszubildenden liefern A.D. Brown und C. Coupland, „Sounds of silence: Graduate trainees, hegemony and resistance“, *Organization Studies*, Bd. 26, Nr. 7 (2005), S. 1049–1070.

Dennoch sind kulturelle Prozesse für Organisationen besonders wichtig, die in einem komplexen, dynamischen Umfeld agieren. Oft vollziehen sich diese positiven kulturellen Prozesse ohne intendiertes Eingreifen des Managements. Kollaborative Kulturen können zur Bildung von „Praxisgemeinschaften" führen, in denen Experten innerhalb oder auch außerhalb der Organisation ihr Wissen zur Verfügung stellen, um aus eigenem Antrieb innovative Lösungen für Probleme zu finden.[18] Diese informellen Initiativgemeinschaften existieren in den verschiedensten Unternehmen, so etwa bei Xerox, dem Hersteller von Kopiergeräten, wo Ingenieure sich zum Frühstück trafen, um über Probleme und deren Lösungen zu diskutieren. Auch Programmierer bilden Netzwerke, die die Entwicklung von Linux „Freeware" im Internet auf internationaler Ebene unterstützten.

12.3.4 Leistungsorientierte Prozesse

Leistungsziele beziehen sich auf die *Leistungsergebnisse*, die eine Organisation (oder ein Teil einer Organisation) erzielt wie Produktqualität, Preis oder Gewinn. Diese Ziele werden häufig als Schlüsselindikatoren für Leistung bezeichnet. Die Leistung einer Organisation wird – intern oder extern – anhand ihrer Fähigkeit beurteilt, diese Ziele zu erreichen. Innerhalb gewisser Grenzen aber kann die Organisation frei entscheiden, auf welche Weise diese Ziele erreicht werden sollen. In bestimmten Situationen ist dieser Ansatz besonders gut geeignet:

Leistungsziele

Leistungsziele beziehen sich auf die Leistungsergebnisse, die eine Organisation (oder ein Teil einer Organisation) erzielt wie Produktqualität, Preis oder Gewinn.

- Unternehmenszentralen *großer Konzerne* entscheiden sich oft für Leistungsziele zur Kontrolle ihrer Unternehmenseinheiten, denn so müssen sie sich nicht darum kümmern, wie diese im Detail erreicht werden können. Solche Ziele werden häufig in der Organisation von oben nach unten weitergegeben, wobei für Untereinheiten, Funktionen und sogar für Einzelpersonen spezifische Ziele festgelegt werden.
- Auf *regulierten Märkten* wie etwa bei privatisierten Versorgungsunternehmen in Großbritannien oder auch in anderen Ländern kontrollieren von der Regierung eingesetzte Kontrolleure immer häufiger die Leistung der Unternehmen anhand vorher vereinbarter *Leistungsindikatoren*, z.B. Dienstleistungs- oder Qualitätsniveaus, um eine „wettbewerbsfähige" Leistung sicherzustellen.[19]
- Im *öffentlichen Sektor*, wo historisch gesehen immer die Kontrolle der Ressourcen-Inputs am wichtigsten war, bemühen sich viele Regierungen nun, ihre Kontrollprozesse in Richtung der Outputs (wie etwa der Servicequalität) und noch wichtiger in Richtung konkreter Ergebnisse (z.B. Sterberaten von Patienten innerhalb des Gesundheitssystems; siehe dazu Beispiel 7.4) zu verlagern.

Vielen Managern fällt es schwer, sinnvolle Leistungsziele festzulegen. Das liegt mit daran, dass jede beliebige Kombination aus Leistungszielen immer nur einen Teil der gesamten Organisation abdecken kann. Außerdem werden einige wichtige Indikatoren (wie etwa die Kundenzufriedenheit) gerne vernachlässigt, da sie so schwer zu messen sind. Damit wird der Schwerpunkt meist auf leicht erhältliches Datenmaterial wie

18 E.C. Wenger und W.M. Snyder, „Communities of practice: The organized frontier", *Harvard Business Review*, Bd. 78, Nr. 1 (2000), S. 139–146.

19 D. Helm und T. Jenkinson, *Competition in Regulated Industries*, Clarendon Press, 1999 bietet eine Reihe von ausführlichen Fallstudien über die Auswirkungen der Deregulierung auf den Wettbewerb. Siehe auch A. Lomi und E. Larsen, „Learning without experience: Strategic implications of deregulation and competition in the international electricity industry", *European Management Journal*, Bd. 17, Nr. 2 (1999), S. 151–164.

Balanced Scorecards

Balanced Scorecards kombinieren qualitative und quantitative Kennzahlen, berücksichtigen die Erwartungen verschiedener Interessengruppen und verbinden die gewählte Strategie mit dem Unternehmenserfolg.

etwa Finanzkennzahlen gelegt. Seit etwa zehn Jahren werden aber auch immer häufiger sogenannte *Balanced Scorecards* eingesetzt, denn sie vergrößern die Reichweite der Leistungsindikatoren.[20] **Balanced Scorecards** kombinieren qualitative und quantitative Kennzahlen, berücksichtigen die Erwartungen verschiedener Interessengruppen und verbinden die gewählte Strategie mit dem Unternehmenserfolg (wie in Abbildung 12.8 und Beispiel 12.3 gezeigt). Dabei ist wichtig, dass die Leistung nicht nur anhand kurzfristiger Outputs gemessen wird, sondern dass das Management der Prozesse berücksichtigt wird. Beispiele sind die Innovations- und Lernprozesse, die für langfristigen Erfolg entscheidend sind.

Abbildung 12.8 zeigt ein Beispiel einer Balanced Scorecard für ein kleines Start Up-Unternehmen, das Standardwerkzeuge und Lichtanlagen für Ingenieure herstellt. Die finanzielle Perspektive des Besitzers/Managers beschränkt sich in der Anfangsphase seines Geschäfts einfach nur aufs Überleben, wozu ein positiver Cash Flow nötig ist (nach den Anfangsinvestitionen für Maschinen, Lagerbestände und Geschäftsräume). Seine Strategie besteht darin, auf Basis eines guten Kundendienstes, von der ersten Lieferung bis hin zur Wartung der Produkte, wettbewerbsfähig zu sein. Dazu sind Kernkompetenzen bei der Bestellungsverarbeitung und der Wartungsplanung erforderlich, die vom IT-System der Firma gestützt werden. Da diese Kernkompetenzen leicht imitiert werden können, ist auch die Fähigkeit, diese Servicestandards beständig zu verbessern, ein entscheidender Faktor für den Erfolg.

Abbildung 12.8: Die Balanced Scorecard: Ein Beispiel

Finanzielle Perspektive	
Kritischer Erfolgsfaktor	**Messgrößen**
Überleben	Cash Flow

Kundenperspektive	
Kritischer Erfolgsfaktor	**Messgrößen**
Kundendienst (Standardprodukte)	• Lieferzeit • Wartungsreaktionszeit

Interne Perspektive	
Kritischer Erfolgsfaktor	**Measures**
Entwicklung von IT-Systemen • Merkmale • Kosten	Leistung pro investiertem € (im Vergleich zu Wettbewerbern)

Innovations- und Führungsperspektive	
Kritischer Erfolgsfaktor	**Messgrößen**
Führungsposition beim Service	• Schnelle Marktreife (neue Standards) • Schnelle Imitation (Widerstandsfähigkeit)

20 Siehe R. Kaplan und D. Norton, „The balanced scorecard: Measures that drive performance", Harvard Business Review, Bd. 70, Nr. 1 (1992), S. 71–79; für Informationen über neue Entwicklungen siehe R. Kaplan und D. Norton, „Having trouble with your strategy? Then map it", Harvard Business Review, Bd. 78, Nr. 5 (2000), S. 167–176, sowie R. Kaplan und D. Norton, Alignment: How to Apply the Balanced Scorecard to Strategy, Harvard Business School Press, 2006.

Beispiel 12.3 Die Balanced Scorecard: Philips Electronics

Balanced Scorecards spiegeln die gegenseitige Abhängigkeit verschiedener Leistungsfaktoren wider, die alle gemeinsam für Erfolg oder Misserfolg eines Unternehmens verantwortlich sind.

Philips Electronics mit über 250.000 Mitarbeitern in 150 Ländern, setzt die Balanced Scorecard ein, um seine vielfältigen Produktlinien und Divisionen weltweit zu verwalten. Die Firma hat vier kritische Erfolgsfaktoren für die Organisation als Ganze definiert:

- Kompetenz (Wissen, Technologie, Führerschaft und Teamarbeit)
- Prozesse (Antriebskräfte für Leistung)
- Kunden (Wertvorschläge)
- Finanzen (Unternehmenswert, Wachstum und Produktivität)

Philips setzt diese Kriterien der Scorecard auf vier verschiedenen Ebenen ein: Zur Überprüfung der Strategie, zur Überprüfung der Betriebsabläufe, bei den Geschäftseinheiten und für den einzelnen Mitarbeiter. Die Kriterien einer Ebene werden anhand detaillierter definierter Kriterien an untere Ebenen weiter gegeben. Auf diese Weise verstehen die Mitarbeiter, wie ihre tägliche Arbeit schlussendlich dazu beiträgt, die Leistungsziele des gesamten Konzerns zu erreichen. So legt das Managementteam auf der Ebene der Geschäftsbereiche die lokalen kritischen Erfolgsfaktoren fest und definiert passende Indikatoren für jeden Faktor. Anhand der Lücke zwischen der aktuellen Leistung und der gewünschten Leistung für das laufende Jahr sowie für die kommenden zwei bis vier Jahre werden dann Zielsetzungen für jeden Indikator formuliert. Diese Zielsetzungen leiten sich von einer Marktanalyse und vom Maßstab erstklassiger Leistung ab.

Natürlich müssen diese Ziele spezifisch definiert, gut messbar, ehrgeizig, realistisch und zeitlich verankert sein.

Beispiele für Indikatoren auf Geschäftsbereichsebene sind:

Finanziell:

- Wirtschaftlicher Gewinn
- Einkommen aus Betriebsabläufen
- Betriebskapital
- Operationaler Cash Flow
- Bestandskontrollen

Prozesse:

- Prozentuale Reduzierung der Prozesszykluszeit
- Anzahl der technischen Veränderungen
- Kapazitätsauslastung

- Reaktionszeit auf Aufträge
- Prozesstauglichkeit

Kunden:
- Einstufung bei Kundenbefragungen
- Marktanteil
- Wiederholungsrate bei Bestellungen
- Beschwerden
- Markenindex

Kompetenz:
- Führungskompetenz
- Prozentualer Anteil patentgeschützten Umsatzes
- Trainingstage pro Mitarbeiter
- Teammitarbeit bezüglich Qualitätsverbesserung

Quelle: A. Gumbus und B. Lyons, „The balanced scorecard at Philips Electronics", Strategic Finance, November 2002, S. 45–49.

Kontrollfragen

1. Schlüpfen Sie in die Rolle des Vorstandsvorsitzenden von Philips und stellen Sie eine Tabelle zusammen, die aufzeigt, in welchen verschiedenen Bereichen die Balanced Scorecard für das Management ihrer Organisation eingesetzt werden könnte.
2. Schlüpfen Sie in die Rolle eines normalen Mitarbeiters bei Philips und stellen Sie mögliche Argumente für und gegen die Anwendung einer Balanced Scorecard auf Sie persönlich zusammen.
3. Welche potenziellen Risiken oder Gefahren könnten sich durch die Anwendung einer Balanced Scorecard für Organisationen ergeben?

12.3.5 Marktprozesse

Interne Märkte

Interne Märkte sind durch ein formalisiertes System der „vertraglichen" Übertragung von Ressourcen innerhalb einer Organisation gekennzeichnet.

Marktprozesse (oder *interne Märkte*) können in die Organisation integriert werden, um Aktivitäten intern zu kontrollieren.[21] Hier beinhalten Marktprozesse meist ein formalisiertes „Vertrags"-System, das die Zurverfügungstellung von Ressourcen oder Inputs aus anderen Teilen einer Organisation oder die Lieferung von Outputs an bestimmte Organisationsteile regelt. Kontrollen konzentrieren sich hier auf Outputs, etwa auf Einkünfte aus dem erfolgreich geführten Wettbewerb und interne Verträge. Die Kontrolle ist indirekt: Geschäftsbereiche müssen keine extern definierten detaillierten Leistungsziele akzeptieren, sondern müssen lediglich ihre Position auf den kompetitiven internen Märkten behaupten.

21 Unternehmen wie Royal Dutch Shell experimentieren mit dem Konzept interner Märkte, um Innovationen zu fördern. Siehe G. Hamel, „Bringing Silicon Valley inside", *Harvard Business Review*, Bd. 77, Nr. 5 (1999), S. 70–84. Für eine Diskussion über die Herausforderungen interner Märkte siehe A. Vining, „Internal market failure", *Journal of Management Studies*, Bd. 40, Nr. 2 (2003), S. 431–457.

Interne Märkte können auf vielfältige Weise genutzt werden. So kann es einen *kompetitiven Bietprozess* geben, etwa durch die Schaffung einer internen Investmentbank in der Unternehmenszentrale, die neue Initiativen fördert. Auch kann sich zwischen einer zentralen Serviceabteilung, etwa Training oder IT, und den Geschäftseinheiten ein Verhältnis Kunde-Zulieferer bilden. Meist sind solche internen Märkte sehr stark reguliert. So kann die Zentrale etwa Regeln für den *Preistransfer* zwischen den internen Geschäftseinheiten aufstellen, um ruinösen Preispraktiken vorzubeugen. Die Zentrale könnte auch auf dem *Abschluss von Serviceverträgen* bestehen, um sicherzustellen, dass ein wichtiger interner Zulieferer, etwa die IT-Abteilung, mehreren Bereichen gute Dienstleistungen liefert, die davon abhängig sind.

Interne Märkte funktionieren dann gut, wenn die direkte Kontrolle oder die Input-Kontrolle aufgrund hoher Komplexität und raschen Wandels nicht praktikabel ist. Doch auch hier können Probleme entstehen. So können sie Verhandlungen zwischen den Geschäftsbereichen fördern, sodass wichtige Managementzeit geopfert werden muss. Außerdem kann durch die Überwachung aller internen Ressourcentransfers eine neue Bürokratie entstehen. Zum dritten kann ein übermäßiger Einsatz von Marktmechanismen zu dysfunktionalem Wettbewerb und einer vertraglichen Überregulierung führen, sodass eine Kultur der Zusammenarbeit und informelle Beziehungen zerstört werden. All diese Punkte wurden als Beschwerden gegen interne Märkte und halbselbstständige Stiftungskrankenhäuser in Großbritannien vorgebracht, die vom britischen Gesundheitsdienst eingeführt wurden. Befürworter interner Märkte geben jedoch an, dass solche Marktprozesse das traditionell überzentralisierte Gesundheitswesen freier machen, sodass es innovativer sein und leichter auf lokale Bedürfnisse eingehen kann, denn die allgemeine Kontrolle ist durch die Marktsituation gewährleistet. Beispiel 12.4 zeigt eine Kombination aus internen Märkten und anderen Kontrollmechanismen in der erfolgreichen Investmentbank Macquarie.

Beispiel 12.4 Kontrolle in einer Investmentbank

Die Investmentbank Macquarie, oft auch als „Millionärsfabrik" bezeichnet, macht ihre Geschäfte rund um die Welt. Jetzt hat sie einen neuen CEO.

Die Macquarie Bank, die ihren Hauptsitz in Sydney hat, ist die größte Investmentbank Australiens, deren erfolgreichste Division, die Infrastructure Group, der weltweit größte Betreiber mautpflichtiger Straßen ist. Die Fonds der Bank halten Mehrheitsbeteiligungen am Kopenhagener Flughafen sowie an der Firma Thames Water. Im Jahr 2006 gab die Bank ein wagemutiges und letztendlich erfolgloses Übernahmeangebot für die Londoner Börse ab. Trotz dieses Rückschlags entwickelte sich das Jahr 2006 dennoch zu einem weiteren Rekordjahr für Macquarie. Die Personalzahlen haben sich inzwischen von knapp 5.000 im Jahr 2003 auf knapp 10.000 im Jahr 2007 gesteigert; auf internationaler Ebene steigerten sich die Personalzahlen von weniger als 1.000 auf 3.200 im selben Zeitraum.

Der Vorstandvorsitzende der Bank, Allan Moss, kam schon 1977 zu Macquarie, als diese noch eine Tochtergesellschaft der britischen Handelsbank Hill Samuel mit weniger als 50 Beschäftigten war. Als Harvard-Absolvent mit MBA-Abschluss (er war unter den besten fünf Prozent seines Jahrgangs) stieg Moss 1993 zum Vorstandsvorsitzenden auf und brachte seine Bank 1995 an die australische Börse. Der *Financial Times* zufolge entsprach Moss genau dem Bild eines „zerstreuten Professors", der ständig Kaffee verschüttet und über Telefonkabel stolpert. Er liebt Auslandsreisen nicht besonders und bleibt lieber in Sydney. Außerdem ist sein Arbeitstag, gemessen an branchenüblichen Standards, recht kurz, denn er arbeitet nur von 8:30 Uhr bis 19:30 Uhr.

Moss beschreibt die Unternehmenskultur der Bank als eine Kultur „der Freiheit mit Grenzen". Für ihn ist Macquarie eine Föderation an Geschäftseinheiten, innerhalb derer sich Unternehmer frei entfalten können. „Wir stellen Infrastruktur, Kapital, Markennamen und einen Kontrollrahmen zur Verfügung – die Mitarbeiter liefern die Ideen." Intern ist die Kultur stark wettbewerbsorientiert, alle Kollegen konkurrieren um „Mandate" (die Verantwortung für einen Teil ein Projekt eines Unternehmensteils). Ein ehemaliger Mitarbeiter kommentiert: „In der Bank fühlt man sich wie auf einem türkischen Bazar. Jeder hat den gleichen Teppich, und alle bemühen sich darum, diesen einen Teppich zu verkaufen." Tatsächlich aber entwickeln sich durch diesen internen Wettbewerb viele innovative Ideen – so etwa der Vorschlag, dass die Bank Krankenhauspatienten Finanzierungen für Operationen, etwa plastische Chirurgie wie Brustvergrößerungen, anbieten sollte. Die Voraussetzung für eine Beförderung auf eine der begehrten – und lukrativen – 250 Positionen der oberen Führungsebene ist die Generierung eines persönlichen Jahresgewinns von A$ 5 Mio. (€ 3 Mio.). Die Bank erhält jedes Jahr 70.000 Initiativbewerbungen von potenziellen neuen Mitarbeitern. Alle Bewerber durchlaufen dabei dasselbe strenge und anspruchsvolle psychologische Auswahlverfahren.

Natürlich gibt es auch Zweifler, die infrage stellen, ob Macquarie auf Dauer so erfolgreich bleiben kann. Die *Financial Times* zitiert einen Beobachter der Bank: „Allmählich entdecke ich bei der Bank eine gewisse Hybris. Der Erfolg ist inzwischen selbstverständlich geworden. Allan (Moss) verhält sich all denen gegenüber loyal, denen er vertraut, und nur die Zeit kann zeigen, ob er seinen Getreuen etwas zu sehr vertraut." 2008 trat Moss von seinem Posten zurück. Sein Nachfolger, der neue CEO Nicholas Moore, verkündete: „Ich arbeite seit 22 Jahren für dieses Unternehmen und bin quasi mit ihm aufgewachsen. Ich konnte sehen, dass die Organisationskultur über diese vielen Jahre hinweg immer funktioniert hat. Deshalb glaube ich, wir haben unsere Erfolgsformel gefunden."

Der neue CEO musste sich mit der aktuellen Bankenkrise auseinandersetzen. Macquaries Aktienkurs fiel von $ 66 AUS im Mai 2008 auf unter $ 16 in der Talsohle der Krise im März 2009. Schon Anfang 2010 wurden die Macquarie-Aktien zwar wieder für $ 55 gehandelt, doch die Millionärsfabrik hatte einen Großteil ihres alten Glanzes verloren.

Wichtigste Quellen: Financial Times, 17. Dezember 2005; Sydney Morning Herald, 19. August 2006.

Kontrollfragen

1. Welche der genannten Kontrollprozesse sind für Macquarie besonders wichtig?
2. Auf welche Weise werden diese Prozesse bedroht?

12.4 Beziehungen

Ein wichtiger Aspekt jeder Konfiguration einer Organisation ist die Fähigkeit, das Wissen und die Aktivitäten verschiedener Teile der Organisation (sowohl horizontal als auch vertikal) zu integrieren und mit anderen Organisationen (besonders innerhalb der Wertkette, siehe *Kapitel 3*) zu interagieren. Strukturen und Prozesse leisten hierzu einen wichtigen Beitrag, wie oben beschrieben. Es geht aber auch besonders darum, wie interne und externe *Beziehungen* angelegt und gepflegt werden, sodass man insbesondere auf Unsicherheiten des Umfelds reagieren kann. Dieser Abschnitt befasst sich mit folgenden Themen (siehe Abbildung 12.9):

- Interne Beziehungen, besonders bezüglich der Verantwortung und Autorisierung operativer und strategischer Entscheidungen, sollten innerhalb einer Organisation angelegt werden.
- Externe Beziehungen, etwa in Form von Outsourcing, Allianzen, Netzwerken und Virtualität.

12.4.1 Interne Beziehungen

Beziehungen zur Unternehmenszentrale

Eine wichtige, altbekannte Debatte für Organisationen des öffentlichen[22] wie des privaten Sektors befasst sich mit dem Thema Delegation. **Delegation** bezeichnet das Ausmaß, in dem die Unternehmenszentrale Entscheidungsrechte an Geschäftseinheiten und Manager niedrigerer Führungsebenen abtritt.

> **Delegation**
> Delegation bezeichnet das Ausmaß, in dem die Unternehmenszentrale Entscheidungsrechte an Geschäftseinheiten und Manager niedrigerer Führungsebenen abtritt.

Delegation ist dort besonders effektiv, wo wichtiges Wissen auf die gesamte Organisation verteilt vorliegt und wo es besonders auf schnelle Reaktionen auf neue Bedürfnisse verschiedener Kundensegmente ankommt. Unter solchen Bedingungen kann es vorkommen, dass Top Manager zu weit vom eigentlichen Geschehen entfernt sind, um die Ressourcen und Chancen der Organisation wirklich zu verstehen. Auf flexiblen, sich schnell verändernden Märkten ist es daher oft besser, die Entscheidungsverantwortung *nahe am Geschehen* zu belassen. So müssen Entscheidungen keine entfernten, langsamen Hierarchien durchlaufen.

Trotz dieser Argumente, die für ein hohes Maß an Delegation sprechen, kann diese aber auch zu einer Art „Marotte“ werden oder lediglich die Reaktion auf eine frühere Phase der übermäßigen Zentralisierung sein. Um dieses Risiko zu vermeiden, muss das

22 Für eine Diskussion dieser Themen im Kontext öffentlicher Organisationen siehe K. Scholes, „Strategy and structure in the public sector“, in G. Johnson und K. Scholes (Hrs.), *Exploring Public Sector Strategy*, Financial Times/Prentice Hall, 2001, Kap. 13; T. Forbes, „Devolution and control within the UK public sector: National Health Service Trusts“, Kap. 16.

Thema der Delegation und der Zentralisierung als *fließender Übergang* zwischen einer hochgradigen Zentralisierung und einem hohen Maß an Delegation und nicht als Wahl zwischen schwarz und weiß angesehen werden.

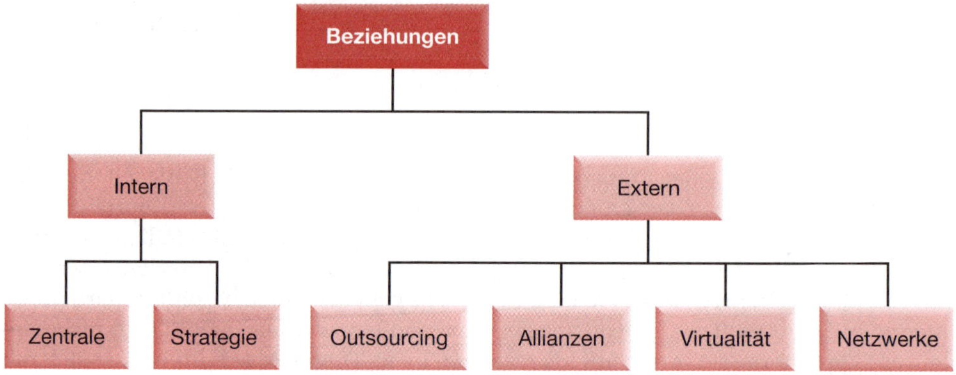

Abbildung 12.9: Interne und externe Beziehungen

Beziehungen bezüglich der Strategie

Abschnitt 7.4 erörterte die Frage, ob und wie eine Unternehmenszentrale zur Wertsteigerung ihrer Geschäftseinheiten beitragen kann. Ein bestimmender Faktor des Organisierens für den Erfolg ist Klarheit, wenn es um die Verantwortung für strategische Entscheidungen und deren *Aufteilung* zwischen der Zentrale und den Einheiten geht. Goold und Campbell[23] geben drei *Strategiestile* vor, die typische Aufteilungen dieser Verantwortlichkeit definieren. Die organisationalen Prozesse und die Art und Weise, wie Beziehungen funktionieren, sind dabei immer sehr verschieden.

Strategische Planung

Strategische Planung

Strategische Planung kann in Form eines systematisierten, stufenweisen, chronologischen Verfahrensprozesses ablaufen, welcher die Strategie einer Organisation entwickelt oder koordiniert.

Der Steuerungsstil der **strategischen Planung** (Abbildung 12.10) ist der zentralisierteste der drei Stile. Hier bezieht sich die strategische Planung nicht auf Planung im Allgemeinen, sondern auf einen bestimmten Beziehungsstil zwischen der Zentrale und den Geschäftseinheiten. Die Zentrale ist der *Hauptplaner*, der den untergeordneten Abteilungen und Geschäftseinheiten detaillierte Rollen und Aufgaben zuweist. Deren Aufgabe ist es wiederum, den Plan operativ umzusetzen. Die Extremform dieses Stils verlangt von der Zentrale, den Wert ihrer Einheiten in Hinblick auf jeden der Aspekte zu steigern, die in Abbildung 7.6 erklärt wurden. Die Zentrale führt, koordiniert und kontrolliert alle Aktivitäten ihrer Geschäftsbereiche durch den intensiven Einsatz formaler Planungsprozesse und Kontrollsysteme (wie in *Abschnitt 12.3.2* beschrieben). Dies ist in Abbildung 12.10 dargestellt. Die Zentrale ist auch für das direkte Management der Infrastruktur zuständig und stellt viele zentrale Dienstleistungen zur Verfügung. Dieser Stil entspricht der klassischen Bürokratie, die vielen Managern großer Organisation des öffentlichen Sektors bestens vertraut sind.

23 M. Goold und A. Campbell, *Strategies and Styles*, Blackwell, 1987.

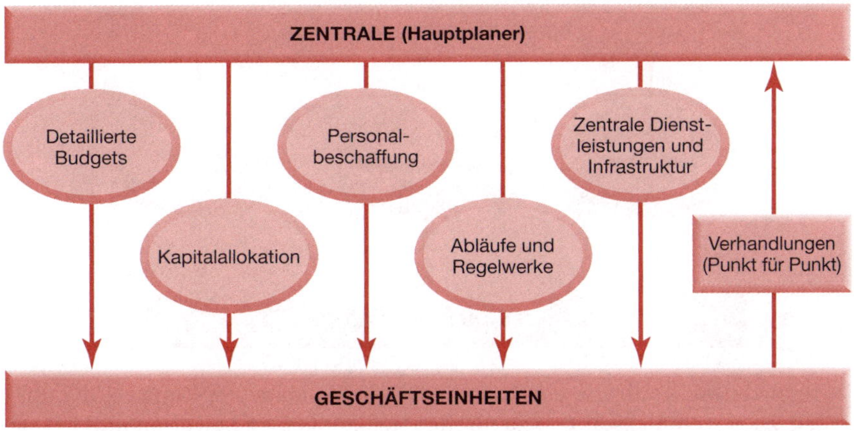

Abbildung 12.10: Strategische Planung

Der Steuerungsstil der strategischen Planung eignet sich am besten, wenn Unternehmenszentralen die Rolle eines Synergiemanagers oder eines zentralen Geschäftsentwicklers übernehmen, wie in *Abschnitt 6.4* beschrieben. Er passt besonders dann, wenn Manager über detailliertes praktisches Wissen über jede einzelne ihrer Geschäftseinheiten verfügen, und wenn die Strategien der Geschäftseinheiten von so großer Bedeutung und so großem Ausmaß sind, dass sie sich auch auf das gesamte Unternehmen auswirken. Fehlt der Zentrale solch detailliertes Wissen, kann der Steuerungsstil der strategischen Planung eher schädlich sein. Manager der Zentrale könnten dadurch die Entwicklung von Geschäftsbereichen behindern, die sie nicht verstehen, oder sie in die falsche Richtung lenken. Außerdem verursacht eine solche Zentralisierung hohe bürokratische Kosten und kann auch zu einer Demotivierung der Manager der Geschäftseinheiten führen, die sich persönlich häufig kaum mit der Strategie identifizieren, die von oben an sie weitergegeben wird. Goold und Campbell geben ebenso wie viele andere zahlreiche Beispiele für Unternehmen des privaten Sektors, die diesen Steuerungsstil aufgegeben haben.[24]

Finanzielle Kontrolle

Der Steuerungsstil der **finanziellen Kontrolle** (Abbildung 12.11) ist die Extremform der Delegation, der die Organisation in fast völlig autonome Geschäftseinheiten aufteilt. Die Beziehung zwischen Zentrale und Einheiten entspricht der einer Elterneinheit, die als *Aktionär oder Bank* für die Geschäftseinheiten fungiert. Der Name sagt schon aus, dass es sich hier um eine finanzielle Beziehung handelt, die sich nur wenig um die detaillierten Produkt- oder Marktstrategien der Geschäftseinheiten kümmert. Dies geht sogar so weit, dass die Einheiten offen miteinander konkurrieren können, vorausgesetzt, sie erfüllen die gestellten finanziellen Vorgaben. Sie können sogar die Berechtigung haben, unternehmensexterne Finanzmittel zu beschaffen. Dieser Steuerungsstil wird meist durch eine Holding-Struktur umgesetzt, wie in *Abschnitt 12.2.2* beschrieben, und eignet sich für Unternehmenszentralen, die als Portfoliomanager oder Umstrukturierer (siehe *Abschnitt 7.4*) auftreten.

Finanzielle Kontrolle

Beim Management der finanziellen Kontrolle beschränkt sich die Unternehmenszentrale darauf, finanzielle Ziele zu setzen, Ressourcen zuzuteilen und Leistung zu bewerten, und greift operativ nur ein, um schlechte Leistungen zu verhindern oder zu korrigieren.

24 Siehe M. Goold, A. Campbell und K. Lucks, „Strategics and styles revisited: Strategic planning and financial control“, *Long Range Planning*, Bd. 26, Nr. 6 (1993), S. 49–61; R. Grant, „Strategic planning in a turbulent environment: Evidence from the oil majors“, *Strategic Management Journal*, Bd. 24, Nr. 6 (2003), S. 491–517.

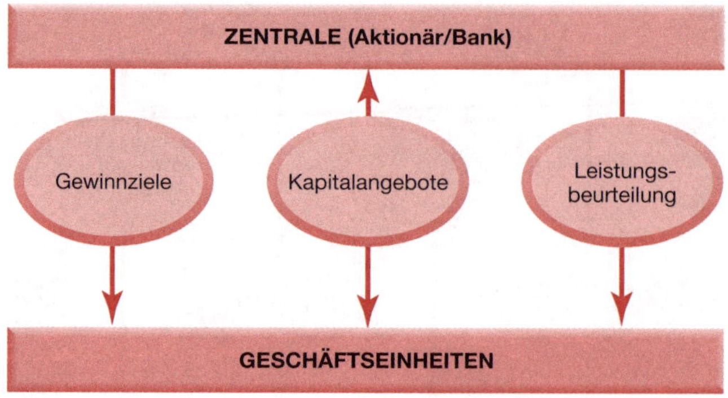

Abbildung 12.11: Finanzielle Kontrolle

Bei der finanziellen Kontrolle beschränkt sich die Aufgabe der Zentrale darauf, finanzielle Ziele zu setzen, Ressourcen zuzuteilen, Leistungen zu bewerten und bei schlechter Leistung einzugreifen. Dabei ist es wichtig, dass im Rahmen solcher Eingriffe meist keine strategischen Änderungen angeregt, sondern die Manager der betroffenen Geschäftseinheit ausgetauscht werden. Die dominanten Prozesse sind hier also Leistungsziele, wie in *Abschnitt 12.3.5* beschrieben, wobei die Manager der Geschäftseinheiten in vollem Umfang für das Erreichen dieser Ziele verantwortlich sind.

Auf dem öffentlichen Sektor findet sich ein solcher, von vollständiger Delegation geprägter Steuerungsstil nur selten, denn hier spielen politische Verantwortlichkeiten eine große Rolle: Letztendlich ist immer der betreffende Minister verantwortlich. Auf dem privaten Sektor eignet sich dieser Stil aber vor allem für Organisationen, die auf stabilen Märkten mit ausgereiften Technologien agieren. Auch dort, wo der zeitliche Abstand zwischen Entscheidungen des Managements und den finanziellen Konsequenzen nur kurz ist, passt dieser Stil. Beispiele hierfür sind Organisationen, die mit Rohstoffen oder Grundprodukten handeln. Auch für Unternehmen mit sehr verschiedenartigen Geschäftseinheiten eignet sich dieser Stil – denn die beiden anderen Steuerungsstile setzen ein gewisses Maß an Verbundenheit zwischen den Geschäftseinheiten voraus. Ein großes Problem der finanziellen Kontrolle besteht in der Dominanz kurzfristiger Belange. Hier ist niemand für die Förderung von Innovationen und organisationalem Lernen zuständig. Die Geschäftseinheiten müssen sich darauf konzentrieren, ehrgeizige kurzfristige Ziele zu erreichen, die von einer Zentrale festgelegt werden, die weder über die nötigen Ressourcen noch die nötigen Kompetenzen verfügt, um die Prozesse der Wissensschaffung und Integration zu verwalten. Eine Entwicklung neuer Kompetenzen kann sich also nur durch Übernahmen anderer Unternehmen oder durch Allianzen vollziehen.

Strategische Kontrolle

Der Stil der strategischen Kontrolle (Abbildung 12.12) liegt zwischen den beiden Extremen strategische Planung und finanzielle Kontrolle und wird von den meisten Organisationen angewendet. Die Beziehung der Zentrale zu den Geschäftseinheiten entspricht der einer Elterneinheit, die als *strategischer Former* auftritt und so das *Verhalten* der Einheiten beeinflusst[25] und den *Kontext* definiert, innerhalb dessen die Manager ope-

25 C. Bartlett und S. Ghoshal, „Changing the role of top management: Beyond strategy to purpose“, *Harvard Business Review*, Bd. 72, Nr. 6 (1994), S. 79–88.

rieren. Ebenso wie der Steuerungsstil der strategischen Planung eignet sich dieser Stil für Zentralen, die die Rolle eines Synergiemanagers oder eines zentralen Geschäftsentwicklers übernehmen, wie in *Abschnitt 7.4* beschrieben. Da dieser Stil aber weiter unten in den Organisation ein größeres Maß an Diskretion ermöglicht, passt er dort besser, wo die Zentrale nur über geringe Kenntnisse über die Betriebsabläufe in den Geschäftseinheiten verfügt, und wo die Strategien dieser Einheiten sich nur geringfügig auf die Organisation als Ganzes auswirken. Die Zentrale könnte durch folgende Maßnahmen den Wert der Geschäftseinheiten steigern:

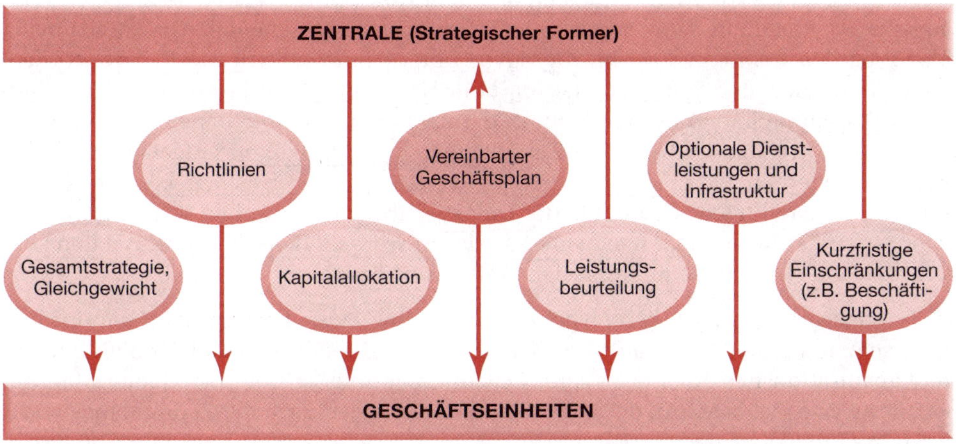

Abbildung 12.12: Strategische Kontrolle

- Definition und Auslegung der *Gesamtstrategie* der Organisation
- Entscheidung über das *Gleichgewicht* der Aktivitäten und die Rolle jeder Geschäftseinheit
- Festlegung und Kontrolle organisationaler *Richtlinien* (für die Personalbeschaffung, die Marktabdeckung, die Interaktion der Einheiten, etc.)
- Förderung des *organisationalen Lernens* der Einheiten voneinander
- Festlegung von Leistungsstandards und Bewertung der *Leistung* der separaten Einheiten; ggf. Eingreifen zur Leistungsverbesserung (d.h. zur Verbesserung des Prozesses der Festlegung von Leistungszielen, wie in *Abschnitt 12.3.5* beschrieben)

Diese Aufgaben werden vom Zentrum jedoch nicht mithilfe eines vorher entworfenen Masterplans erfüllt. Die strategische Kontrolle baut vielmehr auf den Prozessen auf, die zur Abstimmung der Strategien mit den Geschäftseinheiten durchlaufen werden (die vielleicht ihrerseits über Geschäftspläne verfügen) und die innerhalb zentraler Grenzen und Richtlinien ablaufen. Das größte Risiko, das dieser Steuerungsstil birgt, ist vielleicht die Tatsache, dass die Zentrale versuchen könnte, Strategien zu formulieren, ohne sich über die „Unternehmenslogik" im Klaren zu sein und ohne wirklich über die notwendigen Kompetenzen zur Wertsteigerung zu verfügen.

12.4.2 Externe Beziehungen

Organisationen unterhalten auch außerhalb der organisationalen Grenzen wichtige Beziehungen, etwa mit Kunden, Zulieferern, Unterhändlern und Partnern. Dieser Abschnitt befasst sich mit vier der wichtigsten externen Beziehungen, die sich alle in der jüngsten Vergangenheit erheblich verändert haben.

Outsourcing

In *Kapitel 3* wurde Outsourcing als wichtiger Aspekt im Zusammenhang mit strategischen Fähigkeiten vorgestellt, die sich aus dem Konzept der Wertkette ergeben. Zum Outsourcing kommt es dann, wenn sich Organisationen entscheiden, Dienstleistungen oder Produkte fremdzuvergeben, die zuvor unternehmensintern produziert wurden. Beispiele hierfür sind Lohnbuchhaltung, die Herstellung von bestimmten Einzelteilen, IT-Betreuung und Training. Wenn es darum geht, bestimmte Bereiche nach außen zu verlagern, wurden im Laufe der Zeit zwei wichtige Prinzipien festgelegt: Zunächst muss ein externen Lieferant eine größere Wertsteigerung erreichen können als die interne Bereitstellung des Produkts/der Dienstleistung; zum zweiten sollten Kernkompetenzen in der Regel nicht nach außen verlagert werden, denn diese Aktivitäten sind von entscheidender Bedeutung für den Wettbewerbsvorteil.

Viele Manager beherzigen beim Thema Outsourcing zwar diese beiden Grundprinzipien, achten aber zu wenig auf die Auswirkungen, die eine solche Entscheidung auf die Organisation hat. Kommt es zum Outsourcing, müssen die betroffenen Manager beispielsweise viel besser in der Lage sein, ihr Leistungsniveau durch das Management der *Beziehungen* zu den Zulieferern (oder zu Vertriebspartnern) zu halten, denn in diesem Fall kommt es weniger auf Managementkontrollsysteme innerhalb der eigenen Organisation an. Dies erfordert sehr viel Zeit und Aufmerksamkeit. Denn Zulieferer und Vertriebspartner müssen erst mit den Strategien, den Prioritäten, den Standards und den Auswirkungen ihrer eigenen Arbeit auf die letztendliche Qualität des Produkts oder der Dienstleistung vertraut gemacht werden. Sie müssen motiviert werden, diesen Anforderungen langfristig zu entsprechen. Aus *Abschnitt 12.3* sollte klar hervorgegangen sein, dass dies durch verschiedene Prozesse erreicht werden kann. Ein Extrem besteht darin, die Zulieferer mittels eines Warenwirtschaftssystems einzubinden. Dies ist dort wünschenswert und angemessen, wo die Anforderungen an den Zulieferer klar definiert sind und langfristig unverändert bleiben. Das andere Extrem sieht eine Beziehung durch kulturelle Prozesse und Normen vor, so etwa die Arbeit mit Zulieferern, die das Unternehmen gut kennen und auch mit dessen kulturellen Normen vertraut sind. Dies kommt vor allem in Situationen zum Tragen, wo Zulieferer kreative Inputs für Produkte oder Dienstleistungen liefern (wie etwa Designer), denn hier muss die Interaktion zwischen beiden Seiten flüssiger und intensiver sein. Zwischen diesen beiden Extremen können Marktmechanismen Anwendung finden, wenn ein vertraglicher Ansatz für diese Beziehung als angemessen empfunden wird – so etwa im Fall eines einmaligen Projekts oder falls es mehrere potenzielle Zulieferer gibt.

Strategische Allianzen

Das Management von Beziehungen mit anderen Organisationen (oder anderen Teilen der gleichen Organisation) ist ein Thema, das bereits in *Kapitel 8* im Zusammenhang mit strategischen Allianzen erwähnt wurde. Hier geht es für die betroffene Organisation um dieselben Themen wie beim Outsourcing, nur dass bei einer strategischen Allianz aufgrund ihrer Konstruktion das Thema Beziehung noch stärker im Vordergrund steht (während es sich bei vielen Kunden-Zulieferer-Beziehungen eher um ein vertragliches Verhältnis handelt). Abbildung 10.3 zeigt passend dazu das Spektrum verschiedener Formen strategischer Allianzen, angefangen von lose geknüpften Netzwerken bis hin zu Joint Ventures. Wichtig für die Organisation ist es hierbei, die richtige Balance zwischen den besten Quellen für Fachwissen (was für viele Beteiligte an der Allianz spricht) und der Kompetenz zu finden, die all diese Fachwissensstränge integriert, um ein Produkt oder eine Dienstleistung zu schaffen, die dem Kunden den größten Wert vermitteln. Je mehr Mitglieder eine Allianz hat, umso komplexer gestaltet sich dieser Integrationsprozess und umso sorgfältiger müssen die Zutaten für eine erfolgreiche Allianz – wie etwa Vertrauen – eingesetzt werden, wie bereits in *Abschnitt 10.2.3* beschrieben. Dieses Thema wird im Folgenden nochmals angesprochen, diesmal im Zusammenhang mit Netzwerken und der Fähigkeit einiger Organisationen, in einem Netzwerk mit verschiedensten Partnern eine zentrale Position zu erlangen.

Netzwerke[26]

Outsourcing, Allianzen und Virtualität sind allesamt beispielhaft dafür, dass Organisationen zunehmend auf Netzwerkbeziehungen mit Partnern außerhalb ihrer organisationalen Grenzen bauen. Zusammenfassend kann man sagen, dass der Erfolg von immer mehr Organisationen von internen und externen Netzwerken abhängt (siehe Beispiel 12.5, das auf den öffentlichen Sektor Bezug nimmt). So ist die *Kooperation* mittlerweile zu einer zentralen Voraussetzung für erfolgreiches Organisieren geworden. Andere wichtige Netzwerke sind zum Beispiel:

- *Teleworking*. Hier erledigen die Mitarbeiter ihre Aufgaben *unabhängig*, bleiben aber trotzdem mit den wichtigsten Unternehmensressourcen (wie Datenbanken und unternehmerisches Fachwissen) sowie mit Kollegen, Zulieferern und Kunden durch eine Infrastruktur aus Telekommunikation und Computer verbunden. Da die intensive Nutzung des Internets weiterhin für viele Organisationen ein wichtiger strategischer Aspekt bleibt (siehe *Kapitel 9*), ist es besonders wichtig, neue Formen des Organisierens zu entwickeln. Durch das Internet lassen sich viele formale Strukturen auflösen und durch gut funktionierende Netzwerke ersetzen, die durch diese Informationsinfrastruktur gestützt werden.

26 Siehe W. Ruigrok, L. Achtenhagen, M. Wagner und J. Ruegg-Sturm, „ABB: Beyond the global matrix towards the network organisation", in A. Pettigrew and E. Fenton (Hrs.), *The Innovating Organisation*, Sage, 2000, Kap. 4; ebenso J.C. Jarillo, *Strategic Networks: Creating the borderless organisation*, Butterworth–Heinemann, 1993.

Beispiel 12.5 Die Entwicklung von Führungspersönlichkeiten für Schulen durch Netzwerke

Das britische National College for School Leadership setzt nicht mehr auf traditionelle bürokratische Strukturen, sondern auf Netzwerke, um Führungskräfte für Schulen aufzubauen.

Im ersten Jahrzehnt nach der Jahrtausendwende herrschte in Großbritanniens Schulen eine Führungskrise. Die Anforderungen an Schulleiter stiegen stetig, denn zum einen wurden die Verantwortungsbereiche der Schulen immer weiter dezentralisiert und zum anderen stiegen die Leistungsanforderungen rasant an. Es gab jedoch einen akuten Mangel an gut ausgebildeten Lehrern, die bereit waren, die Aufgaben eines Schulleiters zu übernehmen.

Traditionell oblag es den lokalen Schulbehörden, Schulleiter für ihre jeweilige Region auszuwählen und entsprechend zu fördern. Dazu hatten sie oft in regionalen Ausschüssen mit lokalen Universitäten zusammengearbeitet, um geeignete Ausbildungssysteme zu entwickeln. Meist konnten die Schulbehörden eine große Konzentration an relevantem Fachwissen in verschiedensten Gebieten zur Verfügung stellen, das die Basis für Beratung und Entwicklung der Schulen in ihrer Region bildete. Außerdem wurden diese Behörden von demokratisch gewählten Beiräten kontrolliert und waren so ihrer Wählerschaft rechenschaftspflichtig. In den letzten beiden Jahrzehnten jedoch standen Rollenverständnis und Budgets der lokalen Schulbehörden zunehmend unter Beschuss und wurden als zu kostspielig und zu bürokratisch kritisiert. Die Budgets wurden mittlerweile fast gänzlich auf die Schulen übertragen, und einigen Schulen war es sogar gestattet, aus dem Kontrollsystem durch die Schulbehörde ganz auszusteigen. Außerdem waren die Universitäten, die ihrerseits unter dem Druck standen, mehr Forschung zu betreiben, immer weniger dazu bereit, sich an der Entwicklung von Trainingsprogrammen für Lehrer zu beteiligen.

Im Jahr 2002 wurde schließlich das National College of School Leadership (NCL) gegründet. Diese Institution hatte ihren Sitz auf dem Campus der Nottingham University und war ausdrücklich auf die Nutzung von Netzwerken anstelle traditioneller Strukturen ausgelegt, um für Schulleiter und spätere Führungspersönlichkeiten Trainingsmethoden und Hilfestellungen zu entwickeln. Das NCL brachte die Networked Learning Community auf den Weg, ein Netzwerk, in dem Lehrer ihre Erfahrungen austauschen und voneinander lernen konnten. Neue Informationstechnologien boten Plattformen für Initiativen wie „TalkingHeads“ und „VirtualHeads“. David Jackson, Leiter der Networked Learning Community, kommentierte: „Im 20. Jahrhundert bauten wir große Organisationen (mit Silos und Hierarchien) auf, um Leistung für die Menschen zu erbringen. Im 21. Jahrhundert dagegen helfen wir den Menschen, sich gegenseitig zu helfen.“

Den lokalen Schulbehörden fiel nun eine neue Rolle zu: Netzwerkvermittler. Ihre Aufgabe war es nun, ihr Wissen über lokale Schulen, andere Dienste und Gemeinden zu nutzen, um die richtigen Menschen in den geeigneten Netzwerken zusammenzubringen. Die NCL formulierte es so: „Netzwerke bieten die Möglichkeit, neue – lateralere und dezentralisiertere – Führungsmöglichkeiten zu entwickeln. Sie bieten den Schulbehörden und Schulen neue Chancen, gemeinsam Führungsarbeit zu leisten." Der Kommentar einer Schulbehörde dazu:

> *Wir lernen schnell, dass wir unseren Blick über den Bereich Bildung hinaus richten müssen, wenn wir für die Kinder an unseren Schulen wirklich etwas erreichen möchten. Die Arbeit mit Sozialdienst, Polizei und Gesundheitsdienst ist zwar schwierig, doch unsere Behörde ist der einzige Ort, wo diese Zusammenarbeit stattfinden kann – also halten wir durch.*

David Jackson, der Leiter des NLC, war sich über die Herausforderungen für die lokalen Schulbehörden durchaus im Klaren:

> *Früher betreute eine lokale Schulbehörde vielleicht 100 Schulen, heute betreibt sie zehn Netzwerke – welche Chancen das bietet! Doch diese müssen sich auch grundlegend verändern. Ihre Denkweise, die Art wie sie Maßnahmen festlegen, Anreize schaffen, Verantwortlichkeit einfordern und Ressourcen einsetzen, muss ganz neu überdacht werden. Alles muss sich ändern.*

Quellen: „What does a Local Authority broker do?", National College for School Leadership; "Cracking the concrete: David Jackson, in conversation with Madeline Church, reflects on how networks work across, around and within standard structures", National College for School Leadership.

Kontrollfragen

1. Welche Vorteile hat ein Lernnetzwerk in diesem Zusammenhang? Gibt es auch Nachteile?
2. Warum könnte es für lokale Schulbehörden schwierig sein, die neue Rolle als Netzwerkvermittler zu übernehmen?

Netzwerke:

- *Expertengremien*, die freiwillig zusammenkommen, um ihr Fachwissen zu integrieren und so Produkte und Dienstleistungen zu kreieren. In der Unterhaltungsindustrie treffen sich Musiker, Schauspieler und andere kreative Künstler auch manchmal auf diese informelle Art und Weise, wobei hier auch formale Prozesse mittels Verträgen und Agenten eine wichtige Rolle spielen. Die Hauptarbeit einiger Organisationen besteht in der Pflege von Datenbanken über Ressourcen (Menschen) in einem Netzwerk sowie in der Ermöglichung sozialer Kontakte durch die Organisation von Netzwerkveranstaltungen.
- *One stop-Shops* sind die Lösung für das Problem der Koordination der verschiedenen Netzwerkmitglieder, sodass der Kunde eine kohärente, in sich stimmige Dienstleistung erhält. Ein solcher One stop-Shop schafft eine physische Präsenz, durch die alle Kundenanfragen geleitet werden (siehe Abbildung 12.13). Die Funktion eines solchen Shops ist es, das jeweilige Produkt oder die Dienstleistung als Komplettpaket von verschiedenen Netzwerkmitgliedern anbieten zu können. Ein Bauunternehmer, der „schlüsselfertig" baut, kann auf diese Weise arbeiten – er setzt sein eigenes Fachwissen im Bereich Projektmanagement und Betreuung eines Netzwerks aus vielen Zulieferern ein, führt aber keine Arbeiten am Bau selbst aus. Heute, da

Geschäfte via E-commerce immer mehr an Bedeutung gewinnen, kann der One-Stop-Shop auch durchaus *virtueller Natur* sein. Die Kunden nehmen per Internetseite Kontakt zu einem Anbieter auf, doch die einzelnen Produkte und Dienstleistungen, die zu dem Produkt oder der Dienstleistung integriert werden, an dem/der der Kunde interessiert ist, kommen (physisch gesehen) von verschiedenen Stellen. Für den Kunden aber – und darauf kommt es an – fühlt es sich so an, als käme sein Produkt aus einer Hand, denn all seine Anforderungen kann er auf einer Internetseite klären und befriedigen.

- In einem *Servicenetzwerk* sind alle im Netzwerk angebotenen Dienstleistungen für den Kunden über jedes Netzwerkmitglied zugänglich. Es kann allerdings kompliziert sein, ein gut funktionierendes Servicenetzwerk aufzubauen, da alle Mitglieder voll informiert und auch bereit und in der Lage sein müssen, selbst die Produkte anderer Anbieter zu verkaufen und immer zu kooperieren. Am wichtigsten sind hierbei gegenseitiges *Vertrauen und Respekt* füreinander. Einige Servicenetzwerke bieten auch die Möglichkeit, überall innerhalb des Netzwerks weitere Dienstleistungen zu kaufen oder zu buchen. So können Kunden der Best Western-Hotels, ein internationales Netzwerk unabhängiger Hotels, bei jedem Hotel des Netzwerks Informationen über die anderen Mitglieder erhalten oder auch Buchungen vornehmen. Dies bietet den Netzwerkmitgliedern den Vorteil, dass Kunden dazu angeregt werden, immer wieder bei Best Western zu buchen.

Abbildung 12.13: „Verbundene" Dienstleistungen: Die Harmonisierung des Netzwerkes

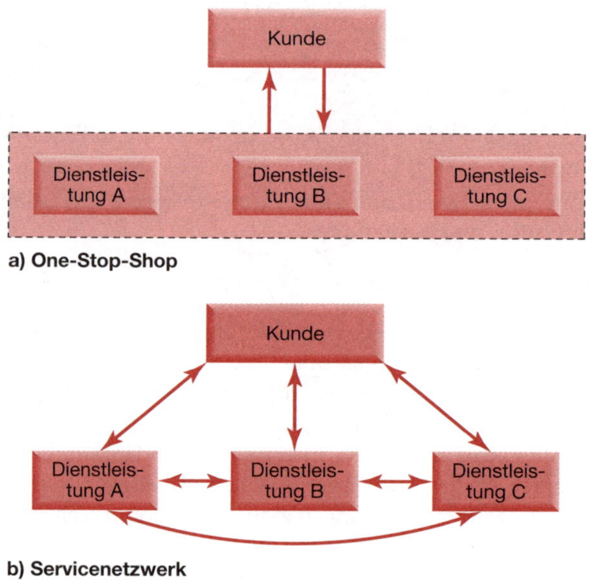

Immer wieder wird klar, dass die Koordination innerhalb des Netzwerks von zentraler Bedeutung ist. Diese zahlt sich auch besonders aus, denn Organisationen, die eine *zentrale Position* innerhalb eines Netzwerks erlangen, die viele andere Mitglieder miteinander verbindet, sind potenziell sehr effizient.[27] Um diese Schlüsselposition übernehmen zu können, müssen Organisationen über drei Stärken verfügen:

27 Y. Doz und G. Hamel, Alliance Advantage, Harvard Business School Press, 1998, S. 235.

- Eine *überzeugende Vision*, die die Notwendigkeit des Netzwerks legitimiert und auf die Partner motivierend wirkt. Auf dem öffentlichen Sektor könnte dies auch eine Vision mehrerer Politiker sein, die zu deren Umsetzung dann ein Netzwerk aufbauen – dabei kann es zum Beispiel um Drogenbekämpfung, Verbrechensbekämpfung, soziale Isolation, etc. gehen.
- *Einzigartige Ressourcen oder Kernkompetenzen*, um die Schlüsselposition zu erlangen und zu halten wie etwa ein Markensystem, wie es Apple mit ITunes oder Windows mit seinem Betriebssystem aufgebaut hat.
- Fähigkeiten zur *Netzwerkpflege*, um das Netzwerk aufrechtzuerhalten und weiterzuentwickeln.

Die virtuelle Organisation[28]

Die logische Fortführung von Netzwerken, Outsourcing und Allianzen wäre eine Organisation, die interne Ressourcen (die sie besitzt) und Aktivitäten auf ein Minimum beschränkt und fast alle Ressourcen und Aktivitäten von außen einholt. Diese sogenannten **virtuellen Organisationen** werden nicht durch formale Strukturen und die örtlichen Nähe der Mitarbeiter zusammengehalten, sondern durch Partnerschaft, Zusammenarbeit und Netzwerke. Wichtig ist aber, dass sich solche Organisationen für den Kunden durchaus „real" anfühlen und seine Wünsche mindestens genauso gut erfüllen können wie andere Organisationen. Immer wieder wird argumentiert, dass solche extremen Formen des Outsourcing langfristig häufig zu einer ausgeprägten strategischen Schwäche führen, denn die Organisation verliert nach und nach all ihre Kernkompetenzen, und es finden auch keine neuen Lernprozesse statt, da keine Aktivitäten mehr intern ablaufen. In vielen Branchen ist dies ein sehr aktuelles und wichtiges Thema, etwa im öffentlichen Bauwesen, im Verlagswesen und bei spezialisierten Reiseveranstaltern, die alle in hohem Maß vom Outsourcing bestimmter Bereiche abhängig sind, die früher als Kernbereiche angesehen wurden. Die Hauptangst dieser Organisationen besteht darin, dass kurzfristige Verbesserungen eventuell auf Kosten von Innovationskapazitäten erzielt werden. Die Gefahr der „Virtualität" besteht dagegen darin, dass die Generierung von Wissen und Innovation innerhalb spezialisierter „Boxen" stattfindet, die von verschiedenen Partnern betrieben werden. Es gibt niemanden, der die Kompetenz oder Autorität besitzt, diese „Wissensboxen" zu integrieren.

Virtuelle Organisationen

Virtuelle Organisationen werden nicht durch formale Strukturen und die örtlichen Nähe der Mitarbeiter zusammengehalten, sondern durch Partnerschaft, Zusammenarbeit und Netzwerke.

12.4.3 Dilemmata bestimmter Konfigurationen

Zu Beginn dieses Kapitels wurde betont, dass erfolgreiches Organisieren nur mithilfe kompatibler Strukturen, Prozessen und Beziehungen möglich ist, die alle in sich gegenseitig bestärkender Art und Weise auf die wichtigsten strategischen Herausforderungen ausgerichtet sind. Diese gegenseitige Kompatibilität wird als die *Konfiguration* einer Organisation beschrieben (siehe Abbildung 12.1). So eignet sich etwa die multidivisionale Struktur für Prozesse des internen Marktes (etwa indem die Divisionen mit einer zentralen F&E-Einheit Verträge abschließen) und ist kompatibel mit bestimmten Strategiestilen, insbesondere mit den Steuerungsstilen der finanziellen Kontrolle und der strategischen Kontrolle. Projektbasierte Strukturen bauen häufig auf kulturellen Prozes-

28 Virtuelle Organisationen und die ausgiebige Nutzung von Unterverträgen waren und sind Thema vieler Debatten. So z. B. W. Davidow und M. Malone, *The Virtual Corporation*, Harper Business, 1992. Für eine vorsichtige Einschätzung siehe H. Chesborough und D. Teece, „Organising for innovation: When is virtual virtuous?", *Harvard Business Review*, Bd. 80, Nr. 2 (2002), S. 127–136; siehe auch Jarillo, Fußnote 26.

sen auf, die eine Gemeinsamkeit für sich rasch verändernde Projektteams darstellen, und lassen sich gut mit externen Beziehungen wie Netzwerken oder virtuellen Organisationen in Einklang bringen. Erfolgreiche Organisationen funktionieren also gemäß einiger weniger intern konsistenter Muster, die alle auf die Integration von Strukturen, Prozessen und Beziehungen ausgerichtet sind.[29]

Ein perfekt passendes System für alle drei Dimensionen der Konfiguration kann jedoch sehr schwer zu definieren sein. Oft müssen große Kompromisse zur Optimierung eines Elements auf Kosten der Optimierung eines anderen Elements eingegangen werden. Manager müssen sich den Dilemmata stellen, die sich aus der Kombination von Kontrolle mit Flexibilität und Eigenverantwortung ergeben. Zum Abschluss dieses Kapitels werden die wichtigsten praktischen Dilemmata betrachtet sowie die Art und Weise, wie ihnen begegnet werden kann.[30]

Abbildung 12.14 fasst fünf der wichtigsten Dilemmata des Organisierens zusammen. Oft werden Hierarchien benötigt, um Kontrolle und Aktion sicherzustellen, die sich aber mit Netzwerken nicht sehr gut vereinbaren lassen, die wiederum Wissensaustausch und Innovation fördern. Vertikale Verantwortlichkeiten sorgen für maximale Leistungen der Untergebenen, können aber Manager dazu verleiten, auch ihre eigenen Interessen in den Vordergrund zu stellen – auf Kosten horizontaler Beziehungen. Selbstverantwortlichkeit von Mitarbeitern auf den unteren Ebenen der Organisation gibt neuen Initiativen viel Raum, kann aber langfristig zu internen Widersprüchen führen. Eine Standardisierung kann die Zentralisierung erfordern, die aber wiederum die Initiative und Flexibilität ausbremst, die durch eine dezentrale Struktur gefördert wird. Über die Best Practice-Standards bezüglich eines einzelnen Elements der Organisation zu verfügen, etwa bezüglich der finanziellen Kontrolle, kann tatsächlich sogar negativ sein, wenn sich dieses Element nicht harmonisch in die Gesamtorganisation einfügt.

Abbildung 12.14: Einige Dilemmata des Organisierens für den Erfolg

29 H. Mintzberg beschreibt häufig vorkommende Konfigurationen in seinem Klassiker *The Structuring of Organisations*, Prentice Hall, 1979.

30 A. Pettigrew und E. Fenton, „Complexities and dualities in innovative forms of organising", in A. Pettigrew und E. Fenton (Hrs.), The Innovating Organisation, Sage, 2000, Kap. 10.

Manager sollten erkennen, dass sich bei jeder organisationalen Gestaltung solche Dilemmata ergeben können und dass sie sich nur schwer in all ihren Dimensionen optimieren lässt. Es gibt jedoch mindestens drei Möglichkeiten, um das Management dieser Dilemmata zu erleichtern:

- Durch eine *Aufteilung der Organisation in Subdivisionen*, sodass ein Teil der Organisation abgestimmt auf die eine Seite der Dilemmata optimal organisiert werden kann, während die restliche Organisation sich der anderen Seite anpasst. So schuf IBM beispielsweise den PC in einer separaten Division, die auf neue Projekte spezialisiert war und von den traditionellen Großrechneraktivitäten getrennt gehalten wurde. Diese waren stark von hierarchischem Denken und vertikalen Verantwortlichkeiten geprägt und hätten so keinerlei radikale Innovation zugelassen.[31]
- Durch eine *Kombination verschiedener Organisationsprinzipien*, zum Beispiel der gleichzeitige Einsatz von Netzwerken und traditionellen Hierarchien. Natürlich ist ein simultanes Management gemäß sich widersprechender Prinzipien sehr anspruchsvoll. Trotzdem wird immer wieder argumentiert, dass Organisationen wie ABB und Unilever heute „vernetzte multidivisionale Organisationen“ sind, die Netzwerkprinzipien mit dem Schwerpunkt horizontale Integration mit divisionalen Strukturen kombinieren, die eher auf vertikale Verantwortlichkeit ausgelegt sind.[32]
- Durch eine *häufige Reoganisation*, sodass sich keine einzelne Seite des Dilemmas zu sehr verfestigen kann. Die Reorganisationsrate großer britischer Unternehmen steigerte sich im Laufe des letzten Jahrzehnts von einer Reorganisation alle vier Jahre auf eine Reorganisation alle drei Jahre.[33] Angesichts dieser Reorganisationsrate sind viele Organisationen wie Pendel, die ständig zwischen Zentralisierung und Dezentralisierung hin und her schwingen, ohne lange auf einer Seite zu verweilen.[34]

Ein letztes Dilemma, das sich aus den gegenseitigen Abhängigkeiten der Konfigurationen ergibt, lautet: Welches Element ist Antrieb für die anderen Elemente? Das Beispiel 12.6 am Ende dieses Kapitels erläutert, inwieweit die strategischen Elemente Antrieb für die strukturellen Elemente sind.

31 R.A. Burgelman, „Managing the new venture division: Implications for strategic management“, *Strategic Management Journal*, Bd. 6, Nr. 1 (1985), S. 39–54.

32 R. Whittington und M. Mayer, The European Corporation: Strategy, Structure and Social Science, Oxford University Press, 2000; und Ruigrok et al., Fußnote 26.

33 R. Whittington und M. Mayer, *Organising for Success: A Report on Knowledge*, CIPD, 2002.

34 Für eine Analyse dieses Prozesses bei einem führenden Pharmaunternehmen siehe S. Karim und W. Mitchell, „Innovating through acquisition and internal development: A quartercentury of boundary evolution at Johnson & Johnson“, *Long Range Planning*, Bd. 37, Nr. 6 (2004), S. 525–538.

ZUSAMMENFASSUNG

- Beim Organisieren für den Erfolg geht es um die Konfiguration einer Organisation. Diese ergibt sich aus drei miteinander verbundenen Strängen: Strukturen, Prozessen und Beziehungen.
- Erfolgreiches Organisieren bedeutet, auf die wichtigsten Herausforderungen der Organisation reagieren zu können. In diesem Kapitel wurden Kontrolle, Wandel, Wissen und Internationalisierung betont.
- Es gibt viele Strukturformen (etwa funktional, divisional oder Matrix). Jede Strukturform hat ganz eigene Stärken und Schwächen und geht unterschiedlich auf die Herausforderungen Kontrolle, Wandel, Wissen und Internationalisierung ein.
- Es gibt eine Reihe verschiedener organisationaler Prozesse, die die Strategie erleichtern. Diese Prozesse können sich entweder auf Inputs oder auf Outputs konzentrieren und direkt oder indirekt sein.
- Auch Beziehungen sind wichtig für den Erfolg. Wichtige organisationsinterne Aspekte sind hier Zentralisierung versus Dezentralisierung und der Strategiestil. Extern gibt es Wahlmöglichkeiten bezüglich Outsourcing, Allianzen, Virtualität und Netzwerke, die den Erfolg entweder fördern oder behindern können.
- Die separaten organisationalen Stränge sollten gemeinsam einen kohärenten, sich selbst stärkenden Kreis bilden. Doch aus diesen sich selbst stärkenden Kreisen entstehen auch schwierige Dilemmata, denen durch Unterteilung, Kombination und Reorganisation begegnet werden kann.

ZUSAMMENFASSUNG

Beispiel 12.6 Folgt die Struktur der Strategie?

Eine wichtige Botschaft dieses Kapitels lautet, dass Strategie und Struktur zusammenpassen sollten. Welche der beiden ist aber der bestimmende Faktor?

Alfred Chandler, Professor für Wirtschaftsgeschichte an der Harvard Business School, stellt eine der grundlegenden Regeln für strategisches Management auf: „Wenn die Struktur nicht von der Strategie bestimmt wird, kommt es zu Ineffizienz.“[1] Diese logische Folge entspricht der Gestaltungsperspektive der Strategie, geht aber nicht davon aus, dass die Struktur sehr viel weniger wichtig ist als die Strategie, denn die Struktur lässt sich leicht festlegen, sind erst einmal die wichtigsten strategischen Entscheidungen getroffen. Einige Autoren warnen jedoch, dass diese Ansicht die Rolle der Struktur in gefährlicher Weise unterschätzt. Manchmal bestimmt auch die Struktur die Strategie.

Chandlers Regel basiert auf der historischen Erfahrung von Unternehmen wie General Motors, Exxon und DuPont. So stellte DuPont ursprünglich Sprengstoff her. Während des Ersten Weltkriegs jedoch ahnte DuPont den kommenden Frieden voraus und diversifizierte seine Aktivitäten bewusst weg von Sprengstoffen in Richtung neuer ziviler Märkte wie Plastikprodukte und Farben. Und dennoch stürzte DuPont nach Ende des Krieges in eine tiefe Krise. Alle neuen Geschäftseinheiten produzierten Verluste – lediglich mit den Sprengstoffen verdiente man nach wie vor Geld. Das Problem lag hier nicht in der Diversifikationsstrategie, sondern in der Struktur, die DuPont zum Management der neuen zivilen Geschäftsbereiche eingerichtet hatte. Das Unternehmen hatte nämlich seine alte funktionale Struktur beibehalten, sodass die Verantwortlichkeiten für Produktion und Marketing aller neuen Geschäftsbereiche immer noch zentralisiert bei den Leitern der jeweiligen Funktionen lagen. Diese konnten aber mit der größeren Diversität nicht umgehen. Die Lösung lag demnach nicht darin, die Diversifikationsstrategie aufzugeben, sondern in der Umstrukturierung des Unternehmens. Für jede einzelne Geschäftseinheit mussten neue dezentralisierte Divisionen geschaffen werden. Heute ist DuPont mit einer Variante dieser mutidivisionalen Struktur sehr erfolgreich.

D. Hall und M. Saias räumen zwar ein, dass die Strategie für die Struktur sehr wichtig ist, warnen aber, dass die Kausalität auch anders herum funktionieren kann.[2] Die bestehende Struktur einer Organisation bestimmt sehr stark, welche strategischen Chancen das Management wahrnehmen kann und will. Ein Unternehmen mit dezentralisierter, multidivisionaler Struktur kann leicht Übernahmen vornehmen oder Geschäftsbereiche abstoßen; dazu muss es schließlich nur Divisionen zu seinem Portfolio hinzufügen oder abstoßen. Dies hat auf die übrigen Divisionen im Portfolio nur wenig Einfluss. Andererseits kann es für das Top Management einer dezentralen multidivisionalen Organisation sehr schwierig sein, Chancen für Innovation und Wissensaustausch innerhalb der Aktivitäten einer Division wahrzunehmen. Den von den eigentlichen Geschäftsabläufen sind sie sehr weit entfernt. Anders ausgedrückt können Strukturen auch Strategien beeinflussen.

T. Amburgey und T. Dacin haben den relativen gegenseitigen Einfluss von Strategie und Struktur überprüft, indem sie die strategischen und strukturellen Veränderungen von über 200 amerikanischen Unternehmen im Laufe von fast 30 Jahren analysierten.[3] Sie fanden heraus, dass auf Schritte in Richtung einer dezentralisierten Struktur häufig Schritte in Richtung einer zunehmend diversifizierten Strategie folgten. Hier bestimmte also die Struktur die Strategie. Insgesamt gesehen aber war die Wahrscheinlichkeit doppelt so hoch, dass auf eine gesteigerte Diversifikation eine strukturelle Dezentralisierung folgte als umgekehrt. Man kann also sagen, dass die Struktur tatsächlich der Strategie folgt – aber nur meistens.

Henry Mintzberg zieht den Schluss, dass „die Struktur der Strategie ebenso folgt wie der rechte Fuß dem linken“[4]. Die Beziehung zwischen Strategie und Struktur ist also nicht nur einseitig, sondern reziprok. Mintzberg warnt, dass ein einfacher „Gestaltungsansatz“ für Strategie und Struktur irreführend sein kann. Es ist nicht immer leicht, eine geeignete Struktur festzulegen, nachdem die wichtigen strategischen Entscheidungen gefallen sind. Strategen sollten darauf achten, dass ihre bestehenden Strukturen die Strategien, die sie in Erwägung ziehen, nicht behindern.

Anmerkungen

1. A. Chandler, *Strategy and Structure: Chapters in the History of American Enterprise*, MIT Press, 1962, S. 314.
2. D.J. Hall und M.A. Saias, „Strategy follows structure!“, *Strategic Management Journal*, Bd. 1, Nr. 2 (1980), S. 149–163.
3. T Amburgey und T. Dacin, „As the left foot follows the right? The dynamics of strategic and structural change“, *Academy of Management Journal*, Bd. 37, Nr. 6 (1994), S. 1427–1452.
4. H Mintzberg, „The Design School: Reconsidering the basic premises of strategic management“, *Strategic Management Journal*, Bd. 11 (1990), S. 171–195.

Kontrollfrage

1. Hall und Saias legen nahe, dass organisationale Strukturen beeinflussen, welche Strategien ein Managementteam verfolgen wird. Welche Art von Organisationen ist besonders „empfindlich“, was strukturelle Einschränkungen ihrer Strategien angeht?

Aufgaben

*Kennzeichnet schwierigere Aufgaben.

12.1 Besuchen Sie die Internetseite einer großen Organisation, die Ihnen vertraut ist, und suchen Sie deren Organigramm (nicht alle Organisationen veröffentlichen dieses). Warum hat die Organisation diese organisationale Struktur gewählt?

12.2 Beziehen Sie sich auf *Abschnitt 12.2.2* über multidivisionale Struktur und erwägen Sie, welche Vor- und Nachteile die Schaffung verschiedener Divisionen gemäß verschiedener Organisationsordnungen hat – etwa gemäß Produkten, Geografie oder Technologie. Beziehen Sie sich dabei auch auf eine große Organisation, mit der Sie vertraut sind.

*12.3 Beziehen Sie sich auf Abbildung 12.9 und die Balanced Scorecard und schreiben Sie einen kurzen Aufsatz, in dem Sie erklären, wie die Balanced Scorecard im Managementprozess sinnvoll eingesetzt werden kann, um die Leistung von Geschäftseinheiten zu überwachen und zu kontrollieren. Beziehen Sie dabei auf jeden Fall sowohl die Vorteile als auch mögliche Nachteile dieses Ansatzes mit ein.

12.4 Welchen „strategischen Steuerungsstil“ (*Abschnitt 12.4.1*) würden Sie als mittlere Führungskraft mit Verantwortung für einen kleinen Geschäftsbereich bevorzugen? Unter welchen Umständen oder in welchen Organisationen würde dieser Stil nicht so gut funktionieren?

12.5 Erklären Sie die Aussage: „Wenn die organisationale Struktur nicht funktioniert, so ist daran ebenso oft die Strategie schuld wie die Struktur.“

Integrative Aufgabe

12.6 Beziehen Sie sich auf eine kürzlich stattgefundene Fusion oder Übernahme (siehe *Kapitel 10*), bei der es idealerweise um zwei Organisationen etwa gleicher Größe geht, und analysieren Sie, wie dies die organisationale Struktur der fusionierten oder übernommenen Unternehmen verändert hat. Welche Rückschlüsse ziehen Sie für die zukünftig gewählte Strategie aus dem (fehlenden) strukturellen Wandel?

Literaturempfehlungen

- Die beste Veröffentlichung, die alle Themen dieses Kapitels behandelt, ist R. Daft, *Organisation Theory and Design*, 9. Aufl., South-Western, 2006.
- M. Goold und A. Campbell, *Designing Effective Organizations*, Jossey-Bass, 2002, liefert eine praktische Anleitung für Themen der organisationalen Gestaltung.
- Eine Sammlung aktueller Aspekte und Fallstudien zum Thema Organisieren ist A. Pettigrew, R. Whittington, L. Melin, C. Sanchez-Runde, F. van den Bosch, W. Ruigrok und T. Numagami (Hrs.), *Innovative Forms of Organizing*, Sage, 2003. Für eine Sammlung aktueller, relevanter Artikel siehe die Sonderausgabe „Learning to design organizations", R. Dunbar und W. Starbuck (Hrs.), *Organization Science*, Bd. 17 (2006), Nr. 2.
- Leser können nützliche Einblicke in die finanziellen Aspekte der Strategieimplementierung, in das Management zur Wertsteigerung, die Erwartungen der Interessengruppen und in die strategische Kontrolle gewinnen von in G. Arnold, *Corporate Financial Management*, 3. Aufl., FT/Prentice Hall, 2005, *Kapitel 15* und *16*.

Fallstudie
Beispiel Der Hurrikan Katrina: Eine Katastrophe von Menschen verursacht?

Einführung

Am frühen Montagmorgen, dem 29. August 2005, brach der Hurrikan Katrina über den Bundesstaat Louisiana im Süden des Landes herein und bewegte sich dann schnell ins Landesinnere weiter und auf die Stadt New Orleans zu. Bei Windgeschwindigkeiten von 200 km/h brachen die Deiche an mehreren Stellen. In den nächsten Tagen sah die Welt mit Entsetzen, wie New Orleans und die umliegenden Gebiete mit dem Chaos kämpften. Der Hurrikan forderte 1836 Todesopfer und hinterließ schreckliche Bilder: In den Straßen trieben Leichen umher, viele Familien saßen auf ihren Hausdächern fest und 25.000 Menschen waren tagelang im Superdome, dem Football-Stadion von New Orleans, eingeschlossen und litten Hunger und Durst. Sechs Monate nach dem Hurrikan war über die Hälfte der Bevölkerung von New Orleans noch nicht in ihre Stadt zurückgekehrt.

Natürlich war Katrina vor allem eine Naturkatastrophe. Doch alles spricht dafür, dass die Schäden und auch das Leid der Menschen durch organisatorische Fehlentscheidungen erheblich verschlimmert wurden. Die gesamte Katastrophe war teilweise die Folge organisatorischer Gestaltung.

Eine neue Organisation

Die Regierungsorganisation, die letztendlich für die Koordination der Reaktion auf Katrina verantwortlich war, war das US-Heimatschutzministerium. Dieses Ministerium war erst wenige Jahre zuvor als Reaktion auf die Terroranschläge des 11. September 2001 neu geschaffen worden. Eine Erkenntnis aus den Untersuchungen bezüglich der Ereignisse rund um den 11. September war die Tatsache, dass die Koordination aller Informationen zu den Terroranschlägen sehr schwierig gewesen war. So hatte etwa vor den Anschlägen eine Flugschule die lokalen Behörden auf einen Studenten aufmerksam gemacht, der weder an Start noch Landung interessiert schien, sondern nur lernen wollte, wie man ein Passagierflugzeug flog. Diese Information war aber nicht an das Federal Bureau of Investigation (FBI) weitergegeben worden – der Student war später einer der Flugzeugentführer der Terroranschläge.

Die US-Regierung reagierte auf die Anschläge des 11. September, indem sie dem Terrorismus höchste Priorität einräumte. Man glaubte, dass sich die Koordination der Reaktionen auf potenzielle Terrorgefahren unter anderem dadurch verbessern ließ, dass man eine zentrale verantwortliche Regierungsbehörde einrichtete. Neun Tage nach den Anschlägen berief Präsident Bush den Gouverneur von Pennsylvania, Tom Ridge, der außerdem ein hochdekorierter Vietnam-Veteran war, zum Organisator und Leiter der neuen Behörde. Das Weiße Haus lehnte einige der radikalen Vorschläge Ridge´s ab, sodass sowohl das Justizministerium als auch das FBI unabhängig blieben. Schließlich wurden im Jahr 2002 22 Regierungsbereiche und -zuständigkeiten zu dem neuen Heimatschutzministerium zusammengefasst (siehe Organigramm in Abbildung 12.15).

An dieser Umstrukturierung waren über 180.000 Mitarbeiter beteiligt, was sie zur größten Umstrukturierung in der Geschichte der US-Regierung seit der Schaffung des Pentagon im Jahr 1947 machte. Einige der wichtigsten Bereiche, die Ridge´s Leitung unterstellt wurden, waren Zollwesen, Immigration, Drogenbekämpfung, Küstenwache, Geheimdienst und – vielleicht am allerwichtigsten – die Federal Emergency Management Agency (FEMA), die Behörde, die für den Katastrophenschutz zuständig war. All diese Behörden hatten das gemeinsame Ziel der Terrorbekämpfung. Der Leiter der amerikanischen Zollbehörde drückte es so aus: „Der Terrorismus hat für uns höchste Priorität. 98 Prozent meiner Aufmerksamkeit widme ich … diesem einen Thema." Tom Ridge rechnete zwar mit Konkurrenzkämpfen der neu verschmolzenen Behörden, meinte aber: „Wir alle haben das gemeinsame Ziel, unser Land zu schützen."

Die FEMA wehrte sich jedoch gegen die Neuorganisation. Als verantwortliche Behörde, wenn es um die Reaktion auf Naturkatastrophen wie Erdbeben und Wirbelstürme ging, war FEMA seit 1993 direkt im Kabinett des Präsidenten vertreten. Durch die Verschmelzung mit dem neuen Heimatschutzministerium wurde aus der FEMA eine rein interne Division ohne Repräsentanten im Kabinett. Der damalige Leiter der FEMA äußerte seinen Protest gegenüber dem Stabschef des Präsidenten: „Ich sagte ihm, das sei ein großer Fehler. Die FEMA war eben deshalb so effektiv, weil sie direkt an den Präsidenten – gleichgültig ob Demokrat, Republikaner oder Unabhängiger – berichten konnte. Direkt nach den Anschlägen des 11. September klang dies allerdings sehr nach dem Floriani-Prinzip."

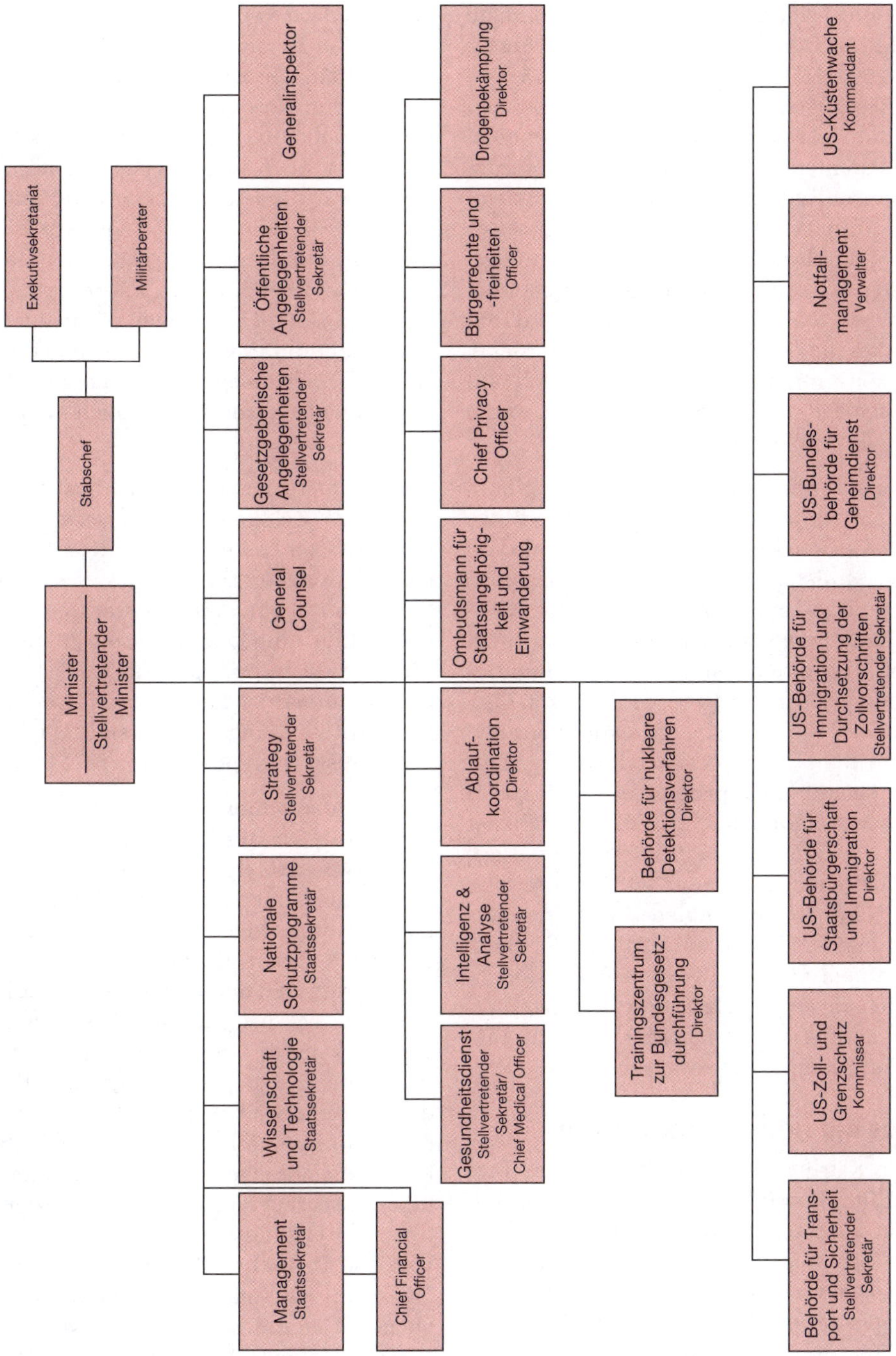

Abbildung 12.15: Organigramm des Heimatschutzministeriums

Quelle: www.dhs.gov/xabout/structure/editorial_0644.shtm.

Die Reaktion auf Naturkatastrophen war innerhalb des neuen Ministeriums nur von untergeordneter Bedeutung. 2004 stellte das Ministerium 15 verschiedene Planungsszenarien von Katastrophen zusammen, die viele Todesopfern fordern könnten. Zwölf davon drehten sich um dubiose Terrorgruppen, wobei Anschläge mit Senfgas, Sarin, Nuklearwaffen und Anthrax sowie viele andere kreative Möglichkeiten durchgespielt wurden. Ein Planungsszenario bezog sich auf die Gefahr der Überflutung einer namenlosen Stadt im Süden des Landes durch einen Hurrikan, die über 1000 Todesopfer forderte. Doch man konzentrierte sich hauptsächlich auf die Terroranschläge, und sie waren es auch, deren Bekämpfung die größten Budgets erhielt.

Die für den Schutz vor Naturkatastrophen bestimmten Ressourcen wurden immer weniger. Tom Ridge trat schließlich seinen Ruhestand an und wurde von einem neuen Minister für Heimatschutz abgelöst, Michael Chertoff, einem ehemaligen Richter. Mehrere FEMA-Funktionen wurden von der ursprünglichen Behörde abgetrennt und anderen Teilen des Ministeriums zugeordnet. So verlor FEMA $ 80 Mio. (€ 64 Mio.) seines Funktionsbudgets von ursprünglich $ 550 Mio. Man kämpfte darum, Ressourcen für eine Katastrophenübung im Fall eines Hurrikans in New Orleans zu erhalten, doch ein diesbezüglicher Antrag wurde mit dem Verweis auf Wiedervorlage abgelehnt. Zwischen 2000 und 2005 wurde das Budget des New Orleans Engineering Corps, das für die Wartung der Deiche zum Schutz der Stadt zuständig war, um 44 Prozent beschnitten. Gleichzeitig erhielten die Feuerwehren von Ohio Geldmittel zur Finanzierung schusssicherer Westen für ihre Hunde für den Fall eines Terroranschlags.

Ein Test für die neue Organisation

Der Hurrikan Katrina kündigte sich mehrere Tage vor seinem Eintreffen in den USA an, denn er bildete sich am 23. August über den Bahamas und brach zwei Tage später über Florida herein. Am frühen Samstagmorgen, dem 27. August, setzte ein FEMA-Wachposten eine Warnung für die Region New Orleans bezüglich eines drohenden schweren Hurrikans ab, der möglicherweise tausende Todesopfer fordern könnte. Michael Chertoff verbrachte diesen Tag zuhause, um an Einwanderungsthemen zu arbeiten. Am Samstagabend ordnete der Bürgermeister von New Orleans, Ra Nagin, eine Evakuierung der 400.000 Einwohner der Stadt an. Doch da überhaupt noch nicht sicher war, ob und mit welcher Stärke der Hurrikan überhaupt die Stadt erreichen würde, wollte aus Angst vor Plünderungen niemand sein Haus verlassen. Außerdem verfügten viele nicht über ein Auto, darunter tragischerweise auch viele ältere Menschen, die später ohne Wasser und Strom in ihren Altenheimen festsitzen sollten. Als der Hurrikan am Montagmorgen über die Stadt hereinbrach, waren immer noch 60.000 Menschen in New Orleans.

Die Stadt war keineswegs vorbereitet. Die Planungen der FEMA sahen für den gesamten Bundesstaat Louisiana 69 Lastwagenladungen Wasser, 69 Lastwagenladungen Eis und 34 Lastwagenladungen Lebensmittel vor. Außerdem waren 400 Busse und 800 Fahrer eingeplant, um die Menschen in Notunterkünfte zu bringen. Am Samstag aber standen gerade einmal 30 Ladungen Wasser, 17 Ladungen Eis und 15 Ladungen Lebensmittel bereit. Es waren keine Busse verfügbar.

Am Sonntag schickte die FEMA einen Beauftragten nach New Orleans, war aber ansonsten nicht vor Ort präsent. Als die Flut kam, brach die Kommunikation zusammen. Die verschiedenen Hilfsdienste hatten unterschiedliche Kommunikationssysteme und auch ihnen gingen bald die Batterien aus – Strom zum Wiederaufladen gab es nicht. FEMAs mobiles, technisch ausgefeiltes Kommunikationssystem kam erst am Freitag nach New Orleans (lange nach den Journalisten aus aller Welt). In der Zwischenzeit war ein Team von Bürgermeister Nagin in eine Filiale des Büroausstatters Office Depot eingebrochen, um funktionierende Kommunikationsgeräte zu stehlen. Der einzige FEMA-Vertreter vor Ort musste sich einen Platz in einem der wenigen Hubschrauber erkämpfen, um am ersten Tag nach der Katastrophe die Tatsache der gebrochenen Dämme bestätigen zu können. Die Zentrale des Heimatschutzministeriums in Washington DC bestand – um panikartigen Aktionismus zu verhindern – auf einer Bestätigung durch eine zweite Quelle, bevor diese Nachricht nach oben weitergegeben wurde, doch es war keine zweite Quelle verfügbar. Minister Chertoff informierte den Präsidenten am Montagmorgen kurz über anstehende Immigrationsthemen und erwähnte den Hurrikan mit keinem Wort.

Während der folgenden Tage kämpfte das Heimatschutzministerium darum, die Kontrolle nicht zu verlieren. Michael Brown, Leiter der FEMA, flog nach Baton Rouge nahe New Orleans, wurde aber nicht umfassend genug informiert und durch Minister Michael Chertoff immer öfter umgangen. Die Evakuierung des Superdome begann erst am Freitag, nachdem man begonnen hatte, Nahrungsmittel zu rationieren und nachdem die Zentrale in Washington tagelang 20.000 Flüchtlinge im Kongresszentrum von New Orleans überwacht hatte, das man für den Superdome hielt. Flugzeuge waren verspätet, da die Richtlinien zur Terrorbekämpfung zu viele Air Marshalls beanspruchten. Das Heimatschutzministerium bestand darauf, dass alle evakuierten Menschen sicherheitsüberprüft werden mussten, bevor sie an Bord gehen durften. Es dauerte acht Stunden, bis das entsprechende Sicherheitspersonal eingeflogen werden konnte. Ein große Hilfslieferung mit Lebensmittelpaketen aus Großbritannien wurde abgelehnt aus Angst vor dem Rinderwahnsinn.

Während einer Pressekonferenz in Washington am Donnerstag lobte Michael Chertoff „die herausragende Leistung der FEMA“ bezüglich ihrer Reaktion auf die Katastrophe. „Ich glaube, ich kann sehr stolz darauf sein, mit den Menschen zusammenarbeiten zu dürfen, die diese außergewöhnliche Aktion auf die Beine gestellt haben.“ Fernsehbilder direkt aus New Orleans widersprachen dieser Darstellung jedoch. Das Scheitern der FEMA und das Scheitern lokaler Behörden wurden immer offensichtlicher. Nach schwerer Kritik musste der Leiter der FEMA, Michael Brown, am 13. September zurücktreten. Michael Chertoff behielt seinen Posten.

Quellen: C. Cooper und R. Block, Disaster: Hurricane Katrina and the Failure of Homeland Security, Times Books, 2006; I. Daaddler und I. Destier, „Advisors, Czars and Councils“, The National Interest, 1. Juli 2002.

Kontrollfragen

1. Welche „Strategie“ verfolgte das Heimatschutzministerium in den Tagen unmittelbar vor dem Hurrikan Katrina?
2. Sollte man angesichts dieser Strategie die organisationale Struktur des Ministeriums nach dem Hurrikan ändern, und wenn ja, wie?
3. Wer war für das organisationale Scheitern im Zusammenhang mit den Reaktionen auf den Hurrikan verantwortlich?

Ressourcenbezogene Strategien

13

ÜBERBLICK

Lernziele

Nach der Lektüre dieses Kapitels sollten Sie in der Lage sein:

- die Aspekte des Ressourcenmanagements zu analysieren, die in den vier wichtigen Ressourcenbereichen für den strategischen Erfolg entscheidend sind:
  - *Das Mitarbeitermanagement.* Dazu zählt die Entwicklung ihrer Kompetenzen, das Management ihres Verhaltens und die jeweils dafür geeigneten organisationalen Strukturen und Prozesse.
  - Zugang zu und Verarbeitung von *Informationen*, um Fähigkeiten zu entwickeln und Geschäftsmodelle und/oder Managementprozesse zu verändern.
  - Das *Finanzmanagement*, um finanziellen Wert zu generieren, die Entwicklung von Strategien zu finanzieren und auf die unterschiedlichen finanziellen Erwartungen der Interessengruppen einzugehen.
  - Das *Technologiemanagement*, um auf die sich wandelnden Wettbewerbskräfte reagieren zu können, die auf eine Organisation wirken und um strategische Fähigkeiten zu verbessern.
- Die *Integration* von Ressourcen und Kompetenzen über die Ressourcenbereiche hinweg zur Erfolgssicherung einer Strategie zu verstehen.

13.1 Einführung

Die meisten Manager sind in einem *Teil* ihrer Organisation tätig, wo ihre alltäglichen Aufgaben von Themen und Problemen bestimmt werden, die sich genau auf ihre Funktion, Abteilung, Division oder auf ihr Projektteam beziehen. Aus den Abhandlungen in früheren Kapiteln dieses Buchs sollte klar hervorgegangen sein, dass diese Form der *Spezialisierung* in allen Organisationen, mit Ausnahme sehr kleiner Betriebe, ein entscheidender Faktor ist, der mit verantwortlich ist für den Erfolg. Manager und andere Mitarbeiter auf dieser Ebene kontrollieren Ressourcen, Aktivitäten und Geschäftsprozesse, die über den Erfolg der gesamten Organisation mitentscheiden. Sie sind es auch, die bezüglich der Unternehmensbereiche und des Umfelds, in dem sie aktiv sind, wahrscheinlich über das umfangreichste Wissen verfügen. So sollten Spezialisten aus dem Bereich Personalwesen den Arbeitsmarkt verstehen, Finanzfachleute sollten sich auf den Geldmärkten auskennen, F&E-Spezialisten sollten ihr technisches Umfeld beherrschen, etc. Also haben viele der Themen und Probleme, die in verschiedenen Teilen der Organisation auftauchen, strategische Relevanz. Also müssen diese Manager auch verstehen, wie die Fähigkeiten in „ihren" Ressourcenbereichen zum Erfolg gesamtunternehmerischer Strategien beitragen, und sie müssen in der Lage sein, *strategisches* Management dieser Ressourcen zu betreiben.

Dieses Kapitel betrachtet vier wichtige Ressourcenbereiche, Mitarbeiter, Information, Finanzen und Technologie, sowie die Art und Weise, wie diese Ressourcen den strategischen Erfolg unterstützen können. Dabei werden immer zwei miteinander verwandte Fragen mit einbezogen (siehe Abbildung 13.1):

- Sind alle verschiedenen Ressourcenbereiche in der Lage, die Unternehmensstrategie der Organisation *aktiv mit zu tragen*? Dazu muss die Strategie in allen Ressourcenbereichen verstanden werden, und diese müssen ihre Fähigkeiten und ihr Verhalten entsprechend anpassen können. Nutzt die Organisation beispielsweise angesichts des Risikoniveaus ihrer Geschäftsstrategie die richtige Mischung an Finanzierungsquellen?

Aber ebenso …

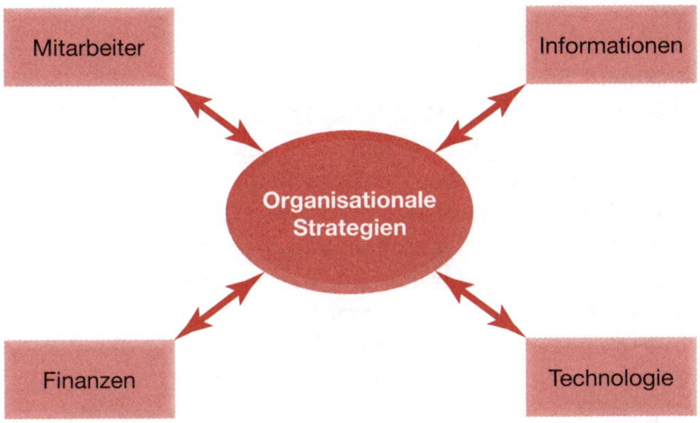

Abbildung 13.1: Ressourcenbezogene Strategien

- Können die festzulegenden Unternehmensstrategien der Organisation das *Fachwissen* jedes Ressourcenbereichs *optimal ausnutzen*? Dazu müssen die Manager der Führungsebene verstehen, welche Unternehmensstrategien durch bestimmte Stärken in einzelnen Ressourcenbereichen realisiert werden können. So kann spezielles Fachwissen im Bereich IT dafür sorgen, dass die Geschäftsmodelle der Organisation besser sind als die der Konkurrenz. Der in *Kapitel 3* eingeführte ressourcenorientierte Ansatz der Strategie befasst sich besonders mit dieser Frage.

Ressourcenbezogene Strategien beziehen sich also auf die Beziehung zwischen Gesamtunternehmensstrategien und den Strategien in Bezug auf einzelne Ressourcen, wie etwa der Bereitstellung von Personal, Finanzen, Informationen und Technologie.

Ressourcenbezogene Strategien

Ressourcenbezogene Strategien beziehen sich auf die Beziehung zwischen Gesamtunternehmensstrategien und den Strategien in Bezug auf einzelne Ressourcen wie etwa Personal, Finanzen, Informationen und Technologie.

13.2 Mitarbeitermanagement[1]

Das Wissen und die Erfahrung der Mitarbeiter können den Erfolg einer Strategie entscheidend beeinflussen. Also sollten Fragen des Personalmanagements für die meisten Manager einer Organisation höchste Priorität besitzen und nicht nur rein einer spezialisierten Abteilung Personal überlassen werden. Die Schaffung eines Klimas, das die Mitarbeiter motiviert, erfolgreich zu sein, ist auch eine wichtige Aufgabe jedes Managers. Natürlich sind formale Personalsysteme und -strukturen von großer Bedeutung, wenn

1 Eine gute allgemeine Informationsquelle über Mitarbeitermanagement ist L. Mullins, *Management and Organisational Behaviour*, 7. Aufl., FT/Prentice Hall, 2005. Zwei nützliche Beiträge sind J. Pfeffer und J. Veiga, „Putting people first for organisational success", *Academy of Management Executive*, Bd. 13, Nr. 2 (1999), S. 37–50; B. Beckerund M. Huselid, „Overview: Strategic human resource management in five leading firms", *Human Resource Management*, Bd. 38, Nr. 4 (1999), S. 287–301.

es um die erfolgreiche Umsetzung von Strategien geht, es ist aber auch möglich, dass sie diese behindern, wenn sie ihnen nicht genau angepasst werden. Es ist hilfreich, die Mitarbeiterdimension der Strategie aus drei miteinander verbundenen Richtungen zu betrachten:

- Mitarbeiter als *Ressource* (dies nimmt Bezug auf *Kapitel 3*);
- Mitarbeiter und *Verhalten* (dies nimmt Bezug auf *Kapitel 5*);
- Die Notwendigkeit, Mitarbeiter zu *organisieren* (dies nimmt Bezug auf *Kapitel 12*).

13.2.1 Mitarbeiter als Ressource[2]

Eine wichtige Botschaft aus *Kapitel 3* dieses Buches lautet, dass der alleinige Besitz von Ressourcen (darunter auch die Mitarbeiter) noch keinen strategischen Erfolg garantiert. Bei den strategischen Fähigkeiten geht es darum, wie diese Ressourcen eingesetzt, verwaltet, kontrolliert und – im Falle der Mitarbeiter – motiviert werden können, um die Aktivitäten und Geschäftsprozesse kompetent durchzuführen, die für das Unternehmen entscheidend sind. Dies ist eine anspruchsvolle Aufgabe in einem sich rasch verändernden Umfeld, denn die Messlatte für den Erfolg wird ständig höher gelegt. Ein großer Teil dieser „konkreten" Seite des Personalmanagements befasst sich mit diesen Themen des Erfolgsmanagements. Traditionelle Aktivitäten des Personalwesens können also erfolgreiche Strategien in folgender Weise unterstützen:

- *Überprüfung* der personellen Anforderungen zur Unterstützung gewählter Strategien und/oder zur Identifizierung von Kernkompetenzen der Mitarbeiter, auf denen zukünftige Strategien aufbauen könnten.
- *Bewertung der Leistung und Zielorientiertheit* von einzelnen Mitarbeitern und von Teams. Von den meisten Führungskräften des mittleren Managements wird diese Arbeit erwartet, die meist innerhalb eines zentral festgelegten Bewertungsschemas vorgenommen wird. So kann man die Einschätzungen leichter mit der Unternehmensstrategie in Verbindung setzen. Außerdem wenden mehr und mehr Unternehmen die so genannte 360º Bewertung an. Hier wird die Leistung eines Mitarbeiters aus verschiedenen Perspektiven bewertet – es kommt nicht nur der Vorgesetzte zu Wort, sondern auch andere Teile des Unternehmens, auf die sich die Arbeit des Mitarbeiters und/oder seines Teams auswirkt. Sogar externe Interessengruppen bewerten mit. So wird versucht, die Auswirkung der Arbeit eines Mitarbeiters auf den Erfolg einer Strategie in vollem Umfang zu bewerten.

---

2 Siehe Mullins (Kap. 19, 20 und 21), Fußnote 1.

Abbildung 13.2: Strategie und Mitarbeiter

- Viele Organisationen mussten in ihr Planungssystem der *Belohnungen* die Tatsache berücksichtigen, dass an der Umsetzung von Strategien immer mehr Teams beteiligt sind. Allzu verlockende Anreize für einzelne Mitarbeiter (wie sie im Außendienst üblich sind) können eine solche Teamarbeit untergraben.
- *Personalbeschaffung und –bindung* im Unternehmen sind wichtige Möglichkeiten zur Verbesserung strategischer Fähigkeiten. So mussten viele Organisationen des öffentlichen Sektors beispielsweise Mitarbeiter aus den Fachbereichen Marketing und IT rekrutieren und halten, weil sie versuchen mussten, näher an ihre Kunden heranzukommen und ihre IT Infrastruktur auszubauen. Angesichts immer schnellerer Veränderungen musste man sich bei der *Nachfolgeplanung* neu orientieren. Es geht nicht mehr darum, Mitarbeiter auf bestimmte Aufgaben vorzubereiten, sondern es ist nur wichtig, talentierte Mitarbeiter in ausreichender Zahl verfügbar zu haben, damit zukünftige Managementanforderungen erfüllt werden können.[3] In manchen Fällen benötigt eine Organisation zur Umsetzung ihrer Strategie Mitarbeiter mit *einzigartigen Kompetenzen*, wie etwa einen herausragenden Chirurgen, einen fähigen Anwalt oder einen Top Akademiker. Anderswo dagegen könnte es nötig sein, zur Umsetzung einer Strategie *Umbesetzungen* und *Redundanzen* einzuplanen.
- Viele *Ausbildungs- und Entwicklungspläne* setzen immer weniger auf formelle Programme und immer mehr auf persönliche Betreuung durch Mentoren, die den Mitarbeitern helfen, sich selbst zu entwickeln.

3 Eine Entwicklung zukünftiger Talente innerhalb der Organisation könnte weniger riskant sein als Neueinstellungen. Siehe B. Groysberg, A. Nanda und N. Nohria, „The risky business of hiring stars", *Harvard Business Review*, Bd. 82, Nr. 5 (2004), S. 92–100.

Um Personalstrategien in all diesen Bereichen entwerfen und umsetzen zu können, müssen Manager und Fachkräfte aus dem Personalwesen mit den Strategien einer Organisation vertraut sein und wissen, wie sich diese in Zukunft verändern könnten und welche Auswirkungen das auf die benötigten Kompetenzen der Mitarbeiter haben könnte.[4] Viele Unternehmen versuchen, diese Bereiche durch formalisierte Ansätze des Erfolgsmanagements zu vereinbaren – gestützt durch Computersysteme.[5]

Es reicht jedoch nicht aus, einfach nur die Prozesse des Erfolgsmanagements anzugleichen, um sich verändernde Strategien zu stützen. Manager müssen willens und in der Lage sein, sich eine Zukunft vorzustellen, in der sich Strategie und Erfolg der Organisation dadurch verändern, dass diese Organisation ihre Fähigkeiten des Erfolgsmanagements effektiver nutzen kann als die Konkurrenz. So können besondere Fähigkeiten im Bereich Coaching und persönliche Mitarbeiterbetreuung ein Umfeld schaffen, das kreative Menschen anzieht, die sich gerne neuen Herausforderungen stellen und daraus lernen. Die sich daraus entwickelnde Belegschaft der Organisation wiederum ist so viel eher in der Lage, über den eigenen Tellerrand hinauszuschauen und innovative Produktmerkmale und neue Wettbewerbsmöglichkeiten auf dem Markt zu entwickeln. Um dies zu erreichen, müssen die Strukturen und Prozesse der Organisation solches Verhalten fördern, wie in *Kapitel 12* bereits erklärt. Auch im Folgenden wird nochmals auf diesen Punkt eingegangen.

13.2.2 Mitarbeiter und Verhalten[6]

Mitarbeiter sind nicht mit anderen Ressourcen zu vergleichen. Sie beeinflussen die Unternehmensstrategie sowohl durch ihre Kompetenzen (siehe *Abschnitt 13.2.1*) als auch durch ihr kollektives Verhalten (Kultur), wie in *Kapitel 5* beschrieben. Auch *Kapitel 14* wird erläutern, dass viele Probleme, die das Management von Veränderungen mit sich bringt, daraus entstehen, dass die Unternehmenskultur nicht verstanden, angesprochen oder verändert wird. Diese „soziale" Seite des Personalmanagements befasst sich mit dem – individuellen sowie kollektiven – Verhalten der Mitarbeiter. Dieser Bereich wird häufig zu Gunsten der formalen, messbaren Belange, die oben angesprochen wurden, vernachlässigt. Beispiele für solche „sozialen" Themen sind:

- Das Verständnis dafür, wie man das *Paradigma*[7] der Organisation verändert, wie in *Kapitel 5* beschrieben. Dies ist besonders wichtig im Fall eines sich schnell verändernden Geschäftsumfelds.
- Ein Selbstverständnis als mitarbeiterorientierte „Former des Kontexts"[8] und nicht als bloße „Unternehmensanalysten". Dazu muss man verstehen, wie diese „sozialen, intuitiven" Aspekte der Strategie den strategischen Erfolg fördern oder behindern.

---

4 Wie wichtig es ist, dass Mitarbeiter der Personalabteilung die Unternehmensstrategie verstehen, wird betont bei D. Ulrich und W. Brockbank, „Higher knowledge for higher aspirations", *Human Resource Management*, Bd. 44, Nr. 4 (2005), S. 489–504.

5 Siehe D.D. Van Fleet, T.O. Peterson und E.W. Van Fleet, „Closing the performance feedback gap with expert systems", *Academy of Management Executive*, Bd. 19, Nr. 3 (2005), S. 9–12.

6 Siehe Mullins (Kap. 4, 13 und 14), Fußnote 1.

7 In diesem Buch wird der Begriff „Paradigma" verwendet, doch das „mentale Modell" ist ein ähnliches Konzept. Siehe dazu J. Pfeffer, „Changing mental models: HR's most important task", *Human Resource Management*, Bd. 44, Nr. 2 (2005), S. 123–128.

8 C. Bartlett und S. Ghoshal, „Building competitive advantage through people", *Sloan Management Review*, Bd. 43, Nr. 2 (2002), S. 34–41.

- Das Verständnis für die *Beziehung zwischen Verhaltensweisen und strategischen Wahlmöglichkeiten*. Dies ist sehr wichtig, wenn Manager in der Lage sein wollen oder müssen, bei ihren Bemühungen im Bereich des Managements des organisationalen Verhaltens die richtigen Prioritäten zu setzen.
- Eine realistische Einstellung bezüglich der auftretenden *Schwierigkeiten und des zeitlichen Rahmens*, wenn Verhaltensänderungen erreicht werden sollen. Die Veränderung der Kultur ist ein langer Prozess, der von Verhaltensänderungen geprägt ist. Die konkreten Hilfsmittel, um diesen Wandel zu erreichen (Strukturen und Systeme), werden, wenn sie überhaupt eingesetzt werden, höchstwahrscheinlich nicht den gewünschten Erfolg bringen, wie in *Kapitel 14* ersichtlich wird.
- Die Fähigkeit, den *Managementstil* des Wandels je nach den aktuellen Gegebenheiten zu verändern, wie in *Kapitel 14* erläutert wird. Die Führungsqualitäten und die Beziehungen eines Managers bezüglich interner und externer Interessengruppen sind also gleichermaßen wichtig. Auch *Teams* müssen in der Lage sein, gleichzeitig mit verschiedenen Stilen zu arbeiten. Die Fähigkeit des Managers, Teams mit Mitarbeitern mit verschiedenen Persönlichkeiten aufzubauen und zu halten, ist ebenso wichtig, wie die richtige Kombination an Kompetenzen innerhalb dieser Teams.[9]

Beispiel 13.1 zeigt, wie wichtig das Verhalten der Mitarbeiter an vorderster Front ist – ganz besonders in Dienstleistungsorganisationen. In diesem Beispiel zeigten sie ganz klar ein unangemessenes Verhalten, was die erklärte Unternehmensstrategie „der Kunde ist König" betraf. Also stimmten die intendierte und die tatsächliche (realisierte) Strategie nicht miteinander überein. Grundsätzlich sind es die alltäglichen Aktivitäten und Verhaltensweisen der Manager, die das Verhalten der Frontmitarbeiter prägen und verändern. Doch auch bestimmte Richtlinien und Rahmenbedingungen des Personalwesens können diese „sozialeren" Aspekte beeinflussen. So kann etwa auf dem High Tech Sektor die Fähigkeit von Mitarbeitern und Managern, interne und externe Netzwerke aus persönlichen Kontakten aufzubauen, entscheidend dazu beitragen, immer auf dem neuesten Wissensstand zu bleiben. Diese Verhaltensweisen können außerdem von formaleren Aktivitäten der Personalabteilung wie Mentorenprogramme oder Belohnungssysteme unterstützt werden.[10]

13.2.3 Steuerung der Mitarbeiter[11]

Kapitel 12 befasste sich mit dem Thema des Organisierens für den Erfolg, wobei besonders darauf eingegangen wurde, wie sich hier im 21. Jahrhundert die Schwerpunkte verschieben. Die folgenden Ausführungen sollen keine Wiederholung sein, doch es sollen einige Auswirkungen dieser Verschiebungen darauf hervorgehoben werden, wie die Mitarbeiter zum strategischen Erfolg beitragen können.

9 Die bahnbrechende Arbeit zum Thema ausgewogener Teams lieferte R. Belbin, *Management Teams: Why they succeed or fail*, Heinemann, 1981.

10 Siehe C. Collins und K. Clark, „Strategic human resource practices, top management team social networks and firm performance: The role of human resource practices in creating organisational competitive advantage", Academy of Management Journal, Bd. 46, Nr. 6 (2003), S. 740–751.

11 Siehe Mullins (Kap. 6, 15 und 16), Fußnote 1.

Die Funktion des Personalwesens

Hier müssen einige wichtige Punkte angesprochen werden. Am wichtigsten ist wohl die Frage, ob überhaupt eine spezialisierte Personalfunktion benötigt wird, oder zumindest ob deren traditionelle Form und die übernommenen Aufgaben angemessen sind. Im Prinzip (und in vielen Organisationen auch in der Praxis) benötigt man für das strategische Personalmanagement keine spezialisierte Personalabteilung. Dies ist für manche Aspekte des Personalwesens durchaus sinnvoll – etwa zur Vereinfachung und Standardisierung unternehmensweiter Bewertungs- und Entlohnungssysteme bei globalen Unternehmen. Für andere Aspekte jedoch gilt das Gegenteil. So besteht ein großes Problem dezentral organisierter Unternehmen häufig darin, dass die Manager der unteren Führungsebenen oft mit der Gesamtunternehmensstrategie nicht vertraut und extrem beschäftigt sind und zudem über kein Fachwissen in Personalmanagement verfügen.

Ist die Einrichtung einer spezialisierten Personalabteilung sinnvoll, so muss ganz klar sein, welche Rolle und welche Aufgaben diese übernehmen soll. Es gibt vier grundsätzliche Rollen, die eine Personalabteilung übernehmen kann, und die zu einer erfolgreichen Unternehmensstrategie beitragen:[12]

- *Dienstleister* (die etwa Personalbeschaffung vornehmen oder Trainingsprogramme anbieten) für Führungskräfte, die die strategische Verantwortung für das Personalmanagement tragen.
- *Regulatoren*, die „die Spielregeln festlegen", innerhalb derer die Führungskräfte operieren, etwa in Bezug auf Entlohnung und Beförderung.
- *Berater* zu Themen der Personalstrategie für Führungskräfte (die sicherstellen, dass Personalrichtlinien und –praktiken mit Best Practice Standards übereinstimmen).
- *Change Agent*, der die Organisation voran bringt.

Welche Rolle für eine bestimmte Personalabteilung am besten geeignet ist, ergibt sich aus dem Kontext der Organisation.[13] Die Mitarbeiter, die Art der Strategie und die allgemeinen strukturellen Systeme der Organisation – dies alles sind wichtige Faktoren. Natürlich kann es für ein und denselben Personalspezialisten schwierig sein, all diese Rollen gleichzeitig zu übernehmen. So kann es zwischen der Rolle des Regulators und der des Beraters oder Change Agents, der eine Mitarbeitergruppe in der Organisation verändern möchte, zu Konflikten kommen.

---

12 J. Storey, *Developments in the Management of Human Resources*, Blackwell, 1992, verwendete diese Rolleneinteilung der Personalabteilung. D. Ulrich, *Human Resource Champion*, Harvard Business School Press, 1997, stellt eine etwas andere Einteilung vor, die auf den beiden Dimensionen Wandel versus Beständigkeit und Mitarbeiter versus Prozesse basiert.

13 Die folgenden Artikel aus derselben Ausgabe von Human Resource Management behandeln dieses Thema: W.F. Cascio, „From business partner to driving business success: The next step in the evolution of HR", Human Resource Management, Bd. 44, Nr. 2 (2005), S. 159–163; G. Armstrong, „Differentiation through people: How can HR move beyond business partner?", Human Resource Management, Bd. 44, Nr. 2 (2005), S. 195–200; E.E. Lawler III, „From human resource management to organisational effectiveness", Human Resource Management, Bd. 44, Nr. 2 (2005), S. 165–169.

Beispiel 13.1

Kundenbeziehungen bei KLM: Die Zuverlässige Fluggesellschaft

Die Aktivitäten der Mitarbeiter im Bereich Kundenservice müssen mit der Strategie der Organisation übereinstimmen.

Der Cityhopper Flug KL1481 sollte planmäßig von Amsterdam nach Glasgow fliegen. Als die Zeit zum Einsteigen kam, wurde den Passagieren gesagt, sie könnten diese Maschine nicht besteigen, ohne dass ihnen klar erklärt wurde, warum. Später erfuhren sie, dass das Flugzeug nach Leeds umgeleitet worden war. Sie erhielten jedoch die Information, dass ein weiteres Flugzeug um 21:30 nach Glasgow abfliegen würde. Das Flugzeug landete um 21 Uhr in Amsterdam, und um 21:20 begann man mit dem Einsteigen, was 30 Minuten dauerte. Um 22 Uhr meldete der Pilot, dieses Flugzeug habe Probleme mit der Hydraulik. Weiter erklärte er: „Heute war kein guter Tag. Fünf unserer Cityhopper machten Probleme, sodass wir jetzt nicht mehr genug Flugzeuge zur Verfügung haben.“ Die Passagiere fragten sich zu Recht, was das wohl über die Wartungsstandards bei KLM aussagte. Einige Minuten später wurden sie darüber informiert, dass keine Ersatzmaschine zur Verfügung stand – sie würden über Nacht in Amsterdam bleiben müssen. Beim Aussteigen zeigte sich, dass es noch weitere Probleme geben würde. Die Passagiere wurden gebeten, sich zu einem Transferschalter zu begeben, wo man ihnen dann mitteilen würde, was weiter mit ihnen geschehen würde. Als sie den Schalter erreichten, saßen dort lediglich fünf KLM Mitarbeiter des Bodenpersonals, und es hatten sich bereits lange Schlangen gebildet. Es gab keine Informationen darüber, was am nächsten Tag geschehen würde. Einer der KLM Mitarbeiter sagte, dass weitere Kollegen bald eintreffen würden, also bildeten die letzten Wartenden neue Schlangen in Erwartung der Verstärkung. Diese kam zwar tatsächlich, konnte aber den Passagieren nicht helfen, denn die Computerbildschirme blieben schwarz. Im Laufe der Zeit kam es zwischen den wartenden Passagieren und den KLM Mitarbeitern zu hitzigen und erbitterten Wortwechseln. So sagte ein Passagier: „Man gibt mir hier das Gefühl, das Ganze sei meine Schuld!“ Schließlich kam ein leitender Angestellter. Doch auch dieser gab den Passagieren keinerlei Informationen oder kommunizierte überhaupt mit ihnen. Nach 15 Minuten verschwand er wieder. Später stellte sich heraus – wurde aber nie offiziell erklärt – dass KLM keinen weiteren Flieger nach Glasgow schickte, sondern stattdessen frei Plätze auf verschiedenen anderen Flügen nach Schottland auffüllte.

Erst nach Mitternacht konnten die letzten Passagiere in ihre Hotels rund um den Flughafen fahren. Viele Passagiere waren unzufrieden und sagten, sie würden nie wieder mit KLM fliegen.

Wir bedauern die Probleme, die sich für unsere Passagiere auf diesem Flug ergaben. Aus diesem Fall haben wir sicherlich gelernt, dass trotz der Tatsache, dass technische Probleme in unserer Branche natürlich vorkommen können – was sowohl Flugzeuge als auch Computersysteme betrifft – die Anzahl unserer Bodenpersonalmitarbeiter nicht ausreichte, um unsere Kunden zu diesem speziellen Zeitpunkt zufrieden stellen zu können. Folglich war die Einstellung unserer Mitarbeiter den Kunden gegenüber nicht angemessen und es fand auch keine ausreichende Kommunikation statt.

Wir lernen jeden Tag von den negativen Reiseerfahrungen unserer Kunden, indem wir diese Informationen in Wissen und Aktion umwandeln, um zu verhindern, dass solche Dinge anderen Passagieren erneut passieren. Unsere Produkte und Dienstleistungen werden an allen Kundenkontaktpunkten regelmäßig überwacht, so etwa bei der Reservierung, beim Einchecken, im Transfer zum Flugzeug, und während des Fluges, und anhand von Standardumfragen und anderen Messsystemen genau bewertet. Der Prozess zur Verarbeitung dieser Informationen ist so organisiert, dass die Ursache des Problems aufgezeichnet wird. Es wird eine Verbesserung angeordnet und auch umgesetzt, wobei die Situation auch danach weiter durch regelmäßige Umfragen überwacht wird.

Kontrollfragen

1. Inwiefern waren KLMs Personalrichtlinien und -systeme angemessen oder auch nicht, um das Versprechen der zuverlässigen Fluggesellschaft einzuhalten?
2. Wie beeinflusste das Verhalten der Kundenservice-Mitarbeiter die eigentliche Bereitstellung der Dienstleistung?
3. Was könnte verändert werden, um die Zuverlässigkeit der Dienstleistung zu verbessern?

Der Leiter des Bereichs Kundenservice bei KLM kommentierte:

Manager der mittleren Ebene

Oben wurde bereits erwähnt, dass Manager und Vorgesetzte die Betreuung ihrer Mitarbeiter mehr und mehr selbst übernehmen. Dies hat den klaren Vorteil des besseren Bezugs zu den Mitarbeitern und der besseren Möglichkeit, mitarbeiterbezogene Probleme mit Unternehmensstrategien in Einklang zu bringen. Doch es werden auch Bedenken laut, und die Forschung[14] bestätigt, dass die Umstände, unter denen Vorgesetzte arbeiten, sie nicht immer zu guten Personalmanagern machen:

14 So ergeben sich zum Beispiel aus der Verschlankung eines Unternehmens Probleme dieser Art. Siehe. R. Thomas und D. Dunkerley, „Careering downwards? Middle managers' experience in the downsized organisation", *British Journal of Management*, Bd. 10 (1999), S. 157–169.

- Ist es realistisch, von Vorgesetzten zu erwarten, *kompetente Personalmanager* zu sein? Wird mit diesem Problem nicht richtig umgegangen, so ist eine Mittelmäßigkeit vorbestimmt. Natürlich lässt sich dieses Problem auch auf andere Unternehmensbereiche wie etwa das Informationsmanagement (siehe *Abschnitt 13.3*) übertragen.
- Der *kurzfristige Druck*, gesetzte Ziele erreichen zu müssen, trägt nicht dazu bei, dass Vorgesetzte mitarbeiterbezogene Probleme aus einer eher strategischen Perspektive betrachten. Durch Verschlankung und den Abbau von Managementebenen sind die übrig gebliebenen Manager ohnehin viel zu beschäftigt.
- Viele Gewerkschaften und Berufsverbände *lehnen eine Streuung der Verantwortung für Personalstrategien ab*. Aus Sicht einer Gewerkschaft ist es viel einfacher, einen zentral verantwortlichen Ansprechpartner zu haben. Berufsverbände sehen dies ähnlich.
- Managern fehlt vielleicht der *Anreiz*, zusätzliche formale Personalaktivitäten zu übernehmen. Dies kann direkte Ursachen haben, die mit Bezahlung oder Rang der Manager zu tun haben, aber auch indirekt dadurch begründet sein, dass sie nicht beurteilen können, welche Kompetenzen ihren Marktwert außerhalb ihres Unternehmens steigern.

Trotz dieser Bedenken ist es wichtig, die zentrale Bedeutung des mittleren Managements für die tägliche Leistung und das Verhalten der Mitarbeiter in ihrer Organisation zu erkennen. Die Implikation für das Top Management lautet daher nicht, die Manager der mittleren Ebene beim Strategieentwicklungsprozess zu umgehen, denn sonst setzen sich die Veränderungen bei den Mitarbeitern der Organisation womöglich nicht durch.

Strukturen und Prozesse

Viele Mitarbeiter können vielleicht gar keinen Beitrag zum strategischen Erfolg ihres Unternehmens leisten, da die traditionellen Strukturen und Rollenmodelle nicht mit den Strategien der Zukunft übereinstimmen. Auch müssen Organisationen angesichts sich verändernder Umstände und Strategien auch ihre Prozesse und Beziehungen entsprechend anpassen, wie in *Kapitel 12* angesprochen.

Eine weitere Herausforderung bezieht sich darauf, ob manche Personalaktivitäten (etwa die Personalbeschaffung oder Trainingsprogramme) innerhalb der Organisation stattfinden oder von spezialisierten Dienstleistern außerhalb übernommen werden sollten (z.B. von Personalberatern). Externe Anbieter verfügen zwar über mehr Erfahrung und kennen die Best Practice Standards, sind aber mit den genauen Umständen und Bedürfnissen spezieller Unternehmen nicht so gut vertraut.

13.2.4 Implikationen für Manager

Die verschiedenen Einzelpunkte zur Beziehung zwischen Unternehmensstrategien und Mitarbeitern sind in dem in Abbildung 13.3 dargestellten Modell zusammengefasst:

Abbildung 13.3: Wettbewerbsvorteil durch Mitarbeiter

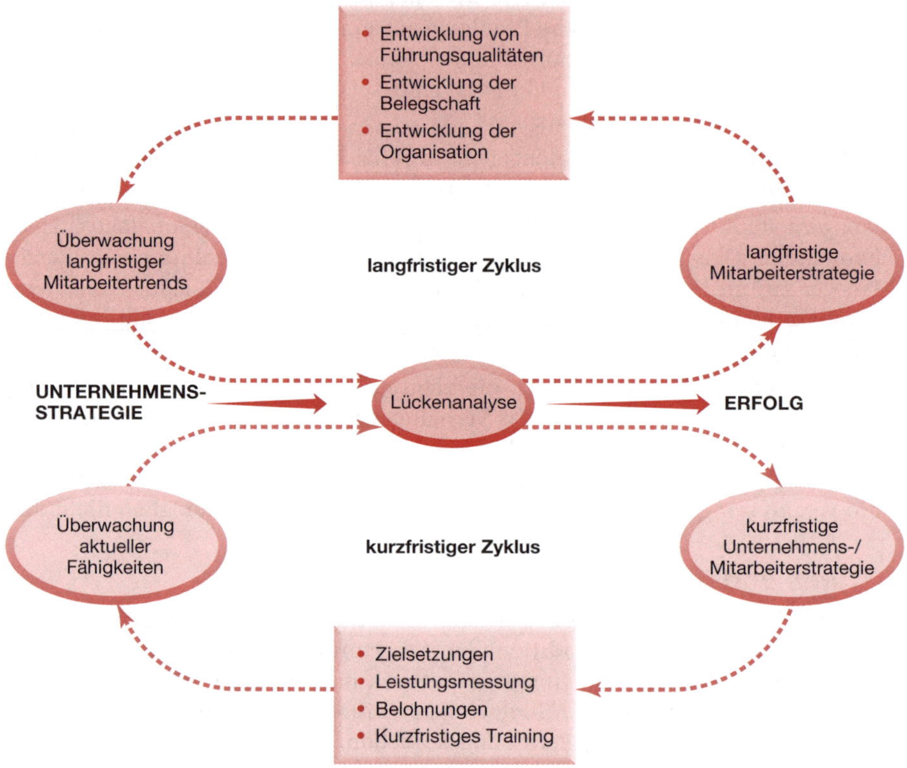

- Es muss Aktivitäten geben, die dafür sorgen, dass die Wettbewerbsfähigkeit *erhalten bleibt*. Dabei geht es darum, sicher zustellen, dass die Mitarbeiter in der Lage sind, die Strategien einer Organisation kurzfristig zu unterstützten. Beispiele für solche Aktivitäten sind Zielsetzungen, Leistungsbewertung, Belohnung und Training.
- Gleichzeitig muss es Aktivitäten geben, die eine *Plattform schaffen, auf der neue Strategien langfristig aufgebaut werden können*. So etwa Führungsqualitäten, Kultur, Kompetenzen und Wachstum. Das Management dieser langfristigen Belange kann Chancen für erhebliche *Umwandlungen* bieten, was sowohl die Strategie als auch die Wettbewerbsfähigkeit betrifft.
- Diese beiden „Aktivitätszyklen" müssen *miteinander verbunden* sein. Das Erreichen kurzfristiger Leistungsziele darf nicht auf Kosten langfristiger Fähigkeiten gehen. So kann der Einsatz von Belohnungssysteme als Hauptanreiz für den kurzfristigen Erfolg – etwa durch individuelle Bonussysteme – die Fähigkeit beeinträchtigen, radikale und strategische Interventionen vorzunehmen, wie z.B. die Schaffung neuer Rollen und Beziehungen, um die Organisation innovativer zu machen.

- Diejenigen Organisationen, die *diese Prozesse kompetent managen* können, erzielen mit großer Wahrscheinlichkeit einen Wettbewerbsvorteil.[15] Andere riskieren, aus einem oder mehreren der unten angeführten Gründe bei der Umsetzung ihrer Unternehmensstrategien zu scheitern:
  - Die *Personalstrategien* sind nicht im Einklang mit der gesamten Unternehmensstrategie.
  - Die *Kompetenzen und/oder das Verhalten der Mitarbeiter* entsprechen nicht den Personal- und/oder Unternehmensstrategien.
  - Die *Unternehmensstrategien* können die Stärken und Fähigkeiten (siehe *Kapitel 3*) der Organisation und/oder ihre Kultur (Verhalten, siehe *Kapitel 5*) nicht ausnutzen.

13.3 Informationsmanagement[16]

Die Schaffung von Wissen und das Informationsmanagement sollten für den Manager immer als mögliche Grundlagen für eine verbesserte Wettbewerbsfähigkeit – wie in *Kapitel 3* beschrieben – mental präsent sein. Innerhalb dieses weiten Themenfelds konzentrierten sich die Überlegungen natürlich auf die Informationstechnologie und die Art und Weise, wie diese die Wettbewerbsfähigkeit verändern kann. Dieser Abschnitt befasst sich mit drei wichtigen Verbindungen zwischen Information, IT Entwicklungen und Strategie (siehe Abbildung 13.4):

- Information und *strategische Fähigkeiten* (Verbindung zu *Kapitel 3*);
- Information und *sich verändernde Geschäftsmodelle* innerhalb Branchen und Sektoren und über diese hinaus;
- Information und *Strukturen/Managementprozesse* (Verbindung zu *Kapitel 12*).

13.3.1 Information und strategische Fähigkeiten

In *Kapitel 3* wurde das Konzept der strategischen Fähigkeiten erklärt. Informationsstrategien können die Schaffung und Zerstörung[17] der Fähigkeiten einer Organisation maßgeblich beeinflussen und somit auch ihren Wettbewerbsvorteil. Dies wird anhand eines Beispiels gezeigt, das darstellt, welchen Einfluss Information und IT auf drei wichtige

---

15 Siehe J.M. Hiltrop, „Creating HR capability in highperformance organisations“, *Strategic Change*, Bd. 14, Nr. 3 (2005), S. 121–131.

16 Drei gute Bücher über Informationsmanagement sind: P. Bocij, D. Chaffey, A. Greasley und S. Hickie, *Business Information Systems: Technology, Development and Management for the E-Business*, 3. Aufl., FT/Prentice Hall, 2006 (besonders Kap. 13 und 14); J. Ward und J. Peppard, *Strategic Planning for Information Systems*, 3. Aufl., Wiley, 2002; D. Chaffey und S. Wood, *Business Information Management*, FT/Prentice Hall, 2005. P. Timmers, *Electronic Commerce*, Wiley, 2000, wurde als Hintergrund für die Themen Informationsmanagement und die Macht der IT verwendet. Leser könnten auch an Folgendem Interesse haben: C. Prahalad und M. Krishnan, „The dynamic synchronisation of strategy and information technology“, *Sloan Management Review*, Bd. 43, Nr. 4 (2002), S. 24–31; M. Porter, „Strategy and the Internet“, *Harvard Business Review*, Bd. 79, Nr. 2 (2001), S. 63–78; J. Brown and J. Hagel, „Does IT matter?“, *Harvard Business Review*, Bd. 81, Nr. 7 (2003), S. 109–112; G. Carr, „IT doesn't matter“, *Harvard Business Review*, Bd. 81, Nr. 5 (2003), 41–50.

17 Die Gefahren einer möglichen Zerstörung von Wettbewerbsvorteilen durch IT werden behandelt bei N. Carr, „The corrosion of IT advantage: Strategy makes a comeback“, *Journal of Business Strategy*, Bd. 25, Nr. 5 (2004), S. 10–15.

„Elemente" einer Kernfähigkeit (siehe *Kapitel 3*) ausüben können. Diese Elemente sind: Die Sicherstellung, dass die Produkte/Dienstleistungen *vom Kunden wertgeschätzt* werden, das *Übertreffen der Konkurrenten* und die *schwierige Nachahmbarkeit* der Fähigkeiten. Eine größere Verfügbarkeit von Informationen beschleunigt aber auch den Lernprozess der Konkurrenz, wodurch durch Erfahrung gewonnene Wettbewerbsvorteile kurzlebiger sein können als früher. Das bedeutet zwangsläufig, dass Organisationen die Basis ihrer Wettbewerbsfähigkeit häufiger überdenken und neu definieren, wie in *Kapitel 2* und *6* beschrieben.

Abbildung 13.4: Strategie und Information

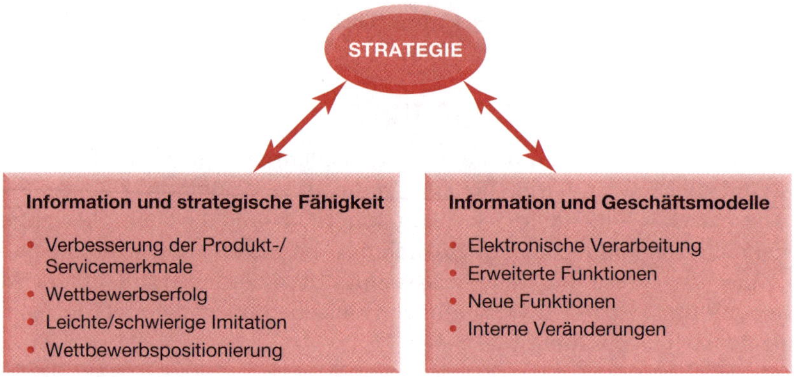

Information und die Merkmale von Produkten/Dienstleistungen

Die erweiterten Möglichkeiten der Informationstechnologie unterstützen Organisationen bereits bei der Bereitstellung von Produkt- oder Dienstleistungsmerkmalen, die von Kunden wertgeschätzt werden:

- *Niedrigere Preise* (durch reduzierte Kosten) – besonders dort, wo es um das Produkt Information geht, wie etwa bei Finanzdienstleistungen.
- *Verbesserte Information vor dem Kauf* (durch Internetsuche, Kundenforen online, etc.).
- *Leichtere und schnellere Kaufprozesse* und Lieferung (etwa durch online Bestellung). Dadurch können sich Kunden bei *ihren eigenen* Geschäftsprozessen einer just-in-time Produktion mehr und mehr annähern.
- *Kürzere Entwicklungszeiten* neuer Merkmale. Auch daraus könnten sich für die Käufer Vorteile bei *ihren* Kunden ergeben.
- Die *Zuverlässigkeit von Produkten oder Dienstleistungen* werden ebenso wie die Fehleranalyse immer weiter verbessert (etwa durch Motorenmanagementsysteme beim Auto).
- *Personalisierte* Produkte oder Dienstleistungen ohne Preisaufschlag (etwa eine persönlich abgestimmte Computerarchitektur für jeden Kunden).
- Verbesserter *Kundendienst*, etwa durch automatische Dienstleistungserinnerungen.

Eine der wichtigsten Implikationen für Organisationen, die physische Produkte herstellen oder vertreiben, besteht darin, dass sich ein Wettbewerbsvorteil eher durch gute Serviceleistungen (etwa schnelle und zuverlässige Lieferung oder gute Wartung) erlangen lässt als durch die reinen Produktmerkmale. Manager dieser Organisationen müssen also ihr Unternehmen nicht als reines Fertigungsunternehmen wahrnehmen, das zusätzlich Dienstleistungen anbietet, sondern als Dienstleistungsunternehmen, das ein Produkt bereitstellt. Dies erfordert ein grundlegendes Umdenken bei vielen Managern, wenn sie überlegen, welche Kompetenzen für ihren Wettbewerbserfolg am wichtigsten sind.

Information und Wettbewerbserfolg

Wenn die Kunden einige oder alle oben aufgeführten Merkmale wertschätzen, dann ist es sehr wahrscheinlich, dass auch die Wettbewerber schnell lernen, wie sie diese Merkmale anbieten können. Daher werden die Schwellenstandards, die zum Überleben auf einem Markt erfüllt werden müssen auch rasch steigen. Anbieter, die diese höheren Standards nicht erfüllen können, werden schnell vom Markt verdrängt werden. *Kapitel 3* erinnert den Leser auch daran, dass Wettbewerbsfähigkeit und Leistungsstandards nicht nur innerhalb einer bestimmten Branche oder eines Sektors festgelegt werden. Die Erwartungen der Kunden, was Dienstleistungsstandards betrifft, etwa in Bezug auf Schnelligkeit oder Zuverlässigkeit, werden zu universellen Maßstäben über alle Branchen und öffentlichen Sektoren hinweg.

Den Markt genau zu kennen, ist also in jeder Branche und auf jedem Sektor sehr wichtig. Dazu müssen Organisationen die Fähigkeit besitzen, feinste Unterschiede zwischen den Kundenbedürfnissen in unterschiedlichen Marktbereichen zu analysieren und ihre Produkt- oder Dienstleistungsmerkmale so zu gestalten, dass genau diese Bedürfnisse erfüllt werden (wie bereits in *Kapitel 2* und *6* erwähnt). Die meisten Organisationen verfügen über erhebliche Mengen an Rohdaten zu diesem Thema und besitzen auch die entsprechenden computergestützten Verarbeitungskapazitäten, um diese Datenmengen analysieren zu können (diese beiden Punkte sind sehr wichtig). Diesen Data-Mining-Prozess, der Rohdaten in Marktwissen verwandelt, beherrschen die Organisationen allerdings nur ungenügend. **Data mining**[18] ist der Prozess, durch welchen Trends, Muster und Verbindungen von Daten identifiziert werden, die genutzt werden können, um die Wettbewerbsfähigkeit zu verbessern. Beispiele sind die Zusammenstellung der aller Daten über vergangene Käufe einzelner Kunden als Basis für zielgerichtete Marketingaktionen; die Identifizierung verbundener Käufe (so zeigen etwa die Leser bestimmter Zeitungen oder Zeitschriften ähnliches Kaufverhalten bei anderen Gütern oder Dienstleistungen); oder einfach die Identifizierung von nicht sofort offensichtlichen Antriebskräften der Nachfrage (etwa demografischen Faktoren, siehe *Kapitel 2*). Data mining kann auch die Rentabilitätsanalyse vereinfachen, die als Basis für eine Prioritätenbestimmung zur Kundenbindung herangezogen wird. Im Bereich Finanzdienstleistungen kann data mining auch die Einschätzung des Kreditrisikos, Vorhersagen über Kundenverluste oder die Entdeckung von Betrug erleichtern.

Data mining

Data mining ist der Prozess, durch welchen Trends, Muster und Verbindungen von Daten identifiziert werden, die genutzt werden können, um die Wettbewerbsfähigkeit zu verbessern.

18 Details darüber, wie *data mining* in verschiedenen Sektoren betrieben wird, werden beschrieben bei C. Carmen und B. Lewis, „A basic primer on data mining“, *Information Systems Management*, Bd. 19, Nr. 4 (2002), S. 56–60; J. Firestone, „Mining for information gold“, *Information Management Journal*, Bd. 39, Nr. 5 (2005), 47–52; J. Xu und H. Chen, „Criminal network analysis and visualization“, *Communications of the ACM*, Bd. 48, Nr. 6 (2005), S. 101–107; A. Hormozi, Amir M. und S. Giles, „Data mining: A competitive weapon for banking and retail industries“, *Information Systems Management*, Bd. 21, Nr. 2 (2004), S. 62–71.

Information und Imitation

Kapitel 3 betrachtete mehrere Gründe, warum die Imitation von Ressourcen und Kompetenzen sich schwierig gestalten könnte. Die Fähigkeit der Informationsverarbeitung kann sich auf einige/alle der folgenden Punkte auswirken:

- Zunächst kann eine Ressource oder eine Kompetenz *selten* sein. Als die Kosten für IT Infrastruktur noch hoch waren, konnten sich große Organisationen durch die Einrichtung einer eigenen IT Infrastruktur einen Vorteil gegenüber anderen verschaffen, die sich die Investitionskosten nicht leisten konnten. Insgesamt gesehen gilt dies heute nicht mehr. Auch kleine Unternehmen verfügen heute über ausreichende IT Infrastrukturen.
- Fähigkeiten können auch aufgrund ihrer *Komplexität* schwer zu imitieren sein. Der richtige Umgang mit der Hardware und der Standardsoftware, die zum Aufbau von Informationssystemen nötig waren, war früher sehr komplex – heute ist das anders. Aktuell liegt die Komplexität eher in Aktivitäten des data mining (siehe oben) und in Aktivitäten, die für einen schnellen Markteintritt sorgen. Das Management von Beziehungen innerhalb des Wertnetzwerks (siehe *Abschnitt 3.6.1*) ist ein Bereich, in dem das Management von „e-relationships“[19] mit Kunden von besonderer Bedeutung sein kann (indem etwa sämtliche verschiedene Kommunikationsmöglichkeiten des Kunden mit dem Unternehmen zusammengefasst werden).
- Auch die *kausale Mehrdeutigkeit* kann dafür sorgen, dass sich Fähigkeiten schwer imitieren lassen – für Wettbewerber ist der Erfolg einer anderen Organisation schwer zu durchschauen. Das liegt daran, dass die Kompetenzen in der *Unternehmenskultur eingebettet* sind und nicht ausdrücklich vorliegen. Viele Entwicklungen im Bereich IT – besonders intelligente Systeme – versuchen, das stillschweigende Wissen, das in Organisationen existiert zu kodifizieren, um es offensichtlich zu machen. So verwenden etwa IT Hotlines jede Kundenfrage und die entsprechende Antwort, um das Wissen darüber, welche Fehler bei einem Produkt auftreten können und wie diese sich lösen lassen, ständig zu erweitern. Diese Möglichkeit, ehemals stillschweigendes Wissen offen zulegen, baut Imitationsbarrieren ab und schwächt Kernfähigkeiten. Es besteht jedoch auch das Risiko, eine zu große Abhängigkeit von Informationssystemen zu entwickeln und stillschweigendes Wissen einfach deshalb zu ignorieren, weil es schwer zu kodifizieren und in die bestehenden Systeme zu integrieren ist. Doch genau darin liegt ja der Grund, warum dieses Wissen so schwer zu imitieren und daher wahrscheinlich ausschlaggebend für den Wettbewerbsvorteil ist.

Information und Wettbewerbsposition

Die strategische Rolle der Information in Organisationen hängt stark davon ab, wie diese Organisation ihre Produkte oder Dienstleistungen auf dem Markt positioniert (wie in der strategischen Uhr in *Kapitel 6* beschrieben – siehe Abbildung 6.2):

- *Routinisierung* (Positionen 1 und 2 auf der strategischen Uhr) – wo die Rolle der Information (meist in Form von IT Systemen) darin besteht, die Kosten von Transaktionen mit Kunden, Zulieferern oder Kanälen drastisch zu reduzieren. Dies lässt

19 Der notwendige Zusammenschluss der verschiedenen Kommunikationsmöglichkeiten mit dem Kunden (etwa über Vertriebsmitarbeiter, Internetseiten oder Call Center) wird diskutiert bei *Customer Essentials*, CBR Special Report, 1999, S. 7–20.

sich zum Beispiel erreichen, indem man die Kunden immer mehr in Richtung Selbstbedienung führt (Websites ersetzen persönliche Bedienung).

- *Individuelle Gestaltung für den Massenmarkt* (Position 3 auf der strategischen Uhr) – hier können Informationssysteme zum gleichen geringeren Preis mehr Produkteigenschaften erzeugen, die Kunden wertschätzen (wie oben beschrieben). Dieser Bereich ist in vielen Branchen derzeit hart umkämpft – wie etwa auf dem Markt für Unterhaltungselektronik.
- *Individualisierung* (Positionen 4 und 5 auf der strategischen Uhr) – hier können dem Kunden noch vor einem persönlichen oder telefonischen Kontakt Informationen vermittelt werden (etwa durch Internetseiten). Im persönlichen Kontakt können dann potenzielle Kunden beraten werden, die bereits gut informiert sind.

Man darf allerdings nicht vergessen, dass in den meisten Branchen große Teile des Marktes aus Kunden bestehen, die die Merkmale, die computergestützte Systeme bieten können, nicht wertschätzen. Besteht die Zielgruppe also aus diesen *IT Nachzüglern*, so stellt dies eine beständige Möglichkeit für solche Anbieter dar, die besonders gut darin sind, Informationen auf herkömmliche Art und Weise anzubieten, etwa durch persönliche Bedienung.

13.3.2 Informationen und sich verändernde Geschäftsmodelle

Aus der Fähigkeit zur Informationsverarbeitung hat sich die Möglichkeit ergeben, die Art und Weise, wie Organisationen Beziehungen zu anderen Teilen ihres Wertnetzwerks knüpfen und pflegen, zu verändern (siehe *Abschnitt 3.6.1*). Dabei geht es darum, wie sich Geschäftsmodelle[20] bei Privatunternehmen und auf dem öffentlichen Sektor verändert haben. Ein **Geschäftsmodell** beschreibt die Struktur des Produkt-, Dienstleistungs- und Informationsflusses und der Rollen der beteiligten Parteien. Dazu gehören auch potenzielle Vorteile und Einkommensquellen für alle beteiligten Parteien. Das Konzept des Wertnetzwerks, beschrieben in *Abschnitt 3.6.1*, kann hier verwendet werden, um viele traditionelle Geschäftsmodelle zu identifizieren. Ein Beispiel ist die lineare Zuliefererkette vom Hersteller von Einzelteilen bis hin zum Monteur des fertigen Produkts, dem Primärvertrieb, Einzelhändler und schließlich dem Kunden. Selbst in diesem Fall, wo das Produkt sich linear durch die Zuliefererkette bewegt, können Informationen und andere Dienstleistungen in verschiedenen Abzweigungen der Kette bestehen. So könnten Marktforschung und Kundendienst von Partnern außerhalb der linearen Kette übernommen werden. Bei komplexeren Modellen des E-Commerce lautet eine kritische Frage, wie jeder Beteiligte des Wertnetzwerks seine Einkünfte erzielt. Dies könnte durch den Verkauf eines Produkts/einer Dienstleistung geschehen oder durch die Vermietung oder Bereitstellung von Werbefläche. Abbildung 13.5 zeigt, wie E-Commerce Modelle sich aus traditionellen Geschäftsmodellen entwickelt haben – Grundlagen hierfür waren der *Innovationsgrad* ausgehend von traditionellen Ansätzen und die *Komplexität* (hauptsächlich das Integrationsniveau verschiedener Aktivitäten). Es haben sich drei wichtige Veränderungen ergeben:

Geschäftsmodell

Ein Geschäftsmodell beschreibt die Struktur des Produkt-, Dienstleistungs- und Informationsflusses und der Rollen der beteiligten Parteien.

20 Siehe Timmers, Fußnote 16, Kap. 3. Nützliche Hintergrundinformationen liefert auch N. Sheehan, „Why old tools won't work in the „new" knowledge economy", *Journal of Business Strategy*, Bd. 26, Nr. 4 (2005), S. 53–60.

Abbildung 13.5: Sich verändernde Geschäftsmodelle

Integrationsgrad	Innovationsgrad →	Unverändert	Erweitert	Neu
	Einzelne Funktion	E-Shop E-Procurement	E-Auction Dienstleistungen der Wertkette (z.B. Zahlungssysteme, Logistik) Trust Services	Informationsvermittlung (z.B. Suchmaschinen)
	Integrierte Funktionen	E-Mall	Separater Markt (z.B. Web Hosting)	Virtuelle Gemeinden Kollaborationsplattformen Wertkettenintegration

- *Elektronische Prozesse haben physische Prozesse und Prozesse in Schriftform ersetzt.* So verlagert sich in *e-shops* Marketing und Anpreisung der Produkte auf die Internetseite. Auch Aktivitäten der *Auftragsbeschaffung* verlagern sich auf die Internetseite, so etwa die Abgabe von Angeboten, Verhandlungen und Kaufprozesse. In beiden Fällen bietet das die Vorteile geringerer Kosten und einer größeren Auswahl. Eine *e-mall* geht sogar noch einen Schritt weiter und vereint eine Anzahl verschiedener E-shops unter einem Dach – einer Marke sozusagen. Auch auf dem öffentlichen Sektor zeichnet sich eine ähnliche Entwicklung ab. Die Beweisaufnahme am Tatort wird nun von Bürgern und ihren digitalen Kameras/Telefonen unterstützt.
- Eine erhebliche *Ausweitung der Funktionen*, die traditionelle Geschäftsmodelle bieten können. So ist etwa die Mittelbeschaffung oder der Verkauf durch *e-auctions* einfach und billig und kann zu einer erheblichen Reduzierung der Einkaufskosten oder einer Steigerung der Einnahmen führen. *Trust Services* (wie etwa die Zertifizierung von Lieferanten oder Kunden oder Sicherheitsüberprüfungen) weiten die Formen verfügbarer Informationssysteme auf Mitglieder von Handelsverbänden aus. Andere Informationsfunktionen innerhalb des Wertnetzwerks können von *Servicespezialisten der Wertkette* effektiver und effizienter angeboten werden – Beispiele hierfür sind etwa Zahlungen oder Logistik. Einige Organisationen sehen Vorteile darin, eine Reihe von wertschöpfenden Aktivitäten Spezialisten zu überlassen, die dafür *separate Märkte* kreieren und Internet-basiertes Marketing und Branding ebenso wie Zahlungssysteme und Logistik, etc. online anbieten. Dies könnte weniger als völliger Ersatz als vielmehr als komplementärer Markt angesehen werden.
- *Transformationsmodelle*, die bedeuten, dass das Unternehmen seine Aktivitäten nur noch elektronisch durchführen kann. Das vielleicht bekannteste Beispiel einer solchen Transformation ist die Aufgabe der *Informationsvermittlung* von Unternehmen wie Yahoo! oder Google über ihre Suchmaschinen. *Virtuelle Gemeinden* können mit Hilfe von IT aufgebaut und unterstützt werden – Amazon versucht dies, indem es Autoren, Lesern und Verlagen auf seiner Internetseite ein Forum für den gegenseitigen Austausch anbietet. Manchmal kann IT eine *kollaborative Plattform* bieten, die es zum Beispiel Kunden und Zulieferern ermöglicht, mit Hilfe von spezialisierten Designprogrammen gemeinsam ein Produkt zu entwerfen. IT kann auch die *Integration der Wertkette* ermöglichen, wenn getrennte Aktivitäten durch schnelleren und zuverlässigeren Informationsfluss miteinander verbunden werden

können. So können zum Beispiel Vertriebsmitarbeiter mit ihren Kunden über Wünsche und Anforderungen diskutieren und dazu sowohl Echtzeit-Informationen über Fertigungskapazitäten, Verfügbarkeit und Produktionsplanung verwenden, als auch „Straight-Through- Informationen" über dieselben Themen aus der Zuliefererkette. Oft ermöglicht eine solche Integration den Kunden, ihre eigenen Spezifizierungs- und Lieferpläne zu verändern – was wiederum zu veränderten Anforderungen innerhalb der Zuliefererkette führt.

- Zusätzlich dazu kann es wichtige Implikationen bezüglich der Funktionsweise des internen „Geschäftsmodells" geben. So können bessere und umfangreichere Informationen es Managern und externen Interessengruppen ermöglichen, *einige der traditionellen* **„Torwächter"** *zu umgehen*, die durch ihre Kontrolle von Informationen Macht erlangt haben. Durch computergestützte Systeme kann eine direkte Kommunikation zwischen der obersten und der untersten Ebene einer Organisation entstehen, und viele Führungskräfte nutzen das Intranet für diesen Zweck. Dasselbe gilt auch, wenn es darum geht, Gewerkschaften als Informationskanäle für Mitarbeiter zu umgehen. Auch extern sind die Vertriebsmitarbeiter für den Kunden nicht mehr die wichtigste Bezugsquelle von Produktinformationen oder die Hauptansprechpartner wenn es um Bestellungen geht. Oft hat sich ihr Aufgabenbereich verschoben, denn sie sind nicht mehr dafür zuständig, Geschäfte abzuschließen, sondern zu beraten und ein gutes Kundenverhältnis zu pflegen. Auf dem öffentlichen Sektor können Politiker direkt mit ihrer Wählerschaft kommunizieren und müssen sich nicht mehr auf Manager oder Berater verlassen, die als Sprachrohr oder Filter auftreten. Schon zeigen sich schwierige Implikationen bezüglich der Art und Weise, wie politische und Dienstleistungsprozesse sich dadurch verändern.[21]

Torwächter

Torwächter sind Einzelpersonen oder Gruppen, die durch ihre Kontrolle von Informationen Macht erlangen.

Aus strategischer Sicht beziehen sich die wichtigsten Betrachtungen bezüglich jedes dieser e-commerce Geschäftsmodelle darauf, inwieweit sie in der Lage sind, für eine größere Wertschöpfung für Kunden und/oder Zulieferer zu sorgen, wie in Beispiel 13.2 deutlich wird.

13.3.3 Implikationen für Manager[22]

Die oben behandelten Aspekte wirken sich auch auf Manager und auf diejenigen aus, die für die Informationsstrategie in Organisationen zuständig sind:

- Manager müssen erkennen, dass die Fähigkeit, Informationen zu verarbeiten, ihre Organisation grundlegend *verändern* kann und nicht nur die aktuellen Strategien und Prozesse minimal beeinflusst. Sie müssen beginnen, Informationsmanagement nicht mehr nur als rein unterstützende Funktion anzusehen, sondern es mit anderen Unternehmensfunktionen gleichsetzen.

21 Viele Regierungen investieren verstärkt in so genannte „E-government"-Informationssysteme. Für Großbritannien siehe „Two years on: Realizing the benefits from our investment in e-government", *Office of the Deputy Prime Minister*, März 2005. Für die USA: Siehe J. Young, „Oracle solutions transform state and local governments", *IDC*, September 2003.

22 Der folgende Artikel ist für die Leser interessant: G. Rifkin und J. Kurtzman, „Is your e-business plan radical enough?", *Sloan Management Review*, Bd. 43, Nr. 3 (2002), S. 91–95.

- Gleichzeitig müssen auch die Informationsmanager[23] das *volle Potenzial der Informationstechnologie* verstehen, das sie durch ihr Fachwissen und durch externe Netzwerke (d.h. als Maßstabsetzer für die Firma) realisieren können. Sie müssen auch die Grenzen formaler Informationssysteme kennen, die bestimmte Formen des Wissens nicht ersetzen können (wie etwa Intuition). Auch können sie kein Ersatz sein für die gemeinsame Nutzung von Wissen, die von sozialen Kontakten bestimmt wird. Informationsmanager müssen als Teil des Führungsteams des Unternehmens an der Unternehmensstrategie beteiligt werden und diese glaubhaft vertreten (sie dürfen nicht außen vorgelassen werden). So sehen sie neue Chancen für das Unternehmen, die sich durch die Informationstechnologie bieten. Sie müssen auch die Fähigkeit besitzen, ranghöhere Kollegen von diesen Chancen zu überzeugen und sie entsprechend anzuleiten.

Beispiel 13.2 Die Do-It-Yourself-Welle erfasst auch Bankkredite

Informationstechnologie kann neue Geschäftsmodelle unterstützen, die es neuen Mittlern ermöglichen, etablierte Marktteilnehmer abzulösen.

Ein Artikel in der *Financial Times* vom November 2005 beschreibt die Aktivitäten neuer Finanzdienstleister, die ihren Service über das Internet anbieten:

> *Zopa (www.zopa.com) möchte Kreditnehmer und Kreditgeber zusammenbringen, ohne, dass diese dafür eine Bank oder ein anderes Finanzinstitut benötigen. Zopa kam Anfang dieses Jahres auf den Markt. Das Geschäftsmodell der Firma ist relativ einfach. Jeder, der sich Geld leihen möchte, stellt die Details seines Kreditwunsches auf der Internetseite von Zopa ein. Wichtige Informationen sind dabei, wie viel Geld man leihen möchte, und über welchen Zeitraum das Geld zurückgezahlt werden kann. Zopa analysiert dann die finanzielle Situation des Kreditnehmers und nimmt eine Bonitätsbeurteilung vor, die sich an dessen voraussichtlicher Fähigkeit orientiert, die fälligen Raten zurückzuzahlen. Nach Angaben der Firma ermöglicht es dieses Modell nicht nur, den meisten Kreditnehmern einen sehr viel attraktiveren Zinssatz anzubieten, als es jede Bank könnte. Auch die Kreditgeber die ihr Geld über Zopa verleihen, erhalten eine viel bessere Rendite als auf einem gewöhnlichen Bankkonto. Natürlich gibt es auch Risiken. …*
>
> *Im Rahmen des Zopa Modells entspricht der Zinssatz, den der Kreditgeber verlangt, genau dem Satz, den der Kreditnehmer bezahlt. Zopa als Vermittler behält also keinen eigenen Anteil ein. Der durchschnittliche Zinssatz ist so für Kreditnehmer- und –geber besser als über traditionelle Banken. …*

23 M. Vernon, „The smartest CIOs“, *Management Today*, Mai 2006, behandelt den strategischen Beitrag, den Informationsmanager leisten sollten.

Sie fragen sich jetzt sicher: „Wie verdient denn Zopa sein Geld?" Für Zopa gibt es zwei Haupteinnahmequellen. Zum einen verkauft die Firma Ratenversicherungen an manche Kreditnehmer. Sind diese aufgrund von Krankheit oder Arbeitsplatzverlust nicht mehr in der Lage, ihre Kreditraten zurückzuzahlen, übernimmt die Versicherung die Rückzahlung. Ab Anfang nächsten Jahres wird Zopa außerdem von jedem Kreditnehmer im Voraus eine Gebühr in Höhe von 1 Prozent der Kreditsumme verlangen. Für Kreditgeber fällt keine Gebühr an. …

Für diese sind aber die enthaltenen Risiken weniger klar abzusehen. Jeder Kreditgeber über Zopa trägt das vollständige Ausfallrisiko des Kreditnehmers. Kann dieser also nicht mehr bezahlen, so riskiert der Kreditgeber den Verlust seines Geldes. Zopa versucht allerdings, dieses Risiko auf ein Minimum zu reduzieren. Dazu überprüft es zunächst die Kreditwürdigkeit aller Kreditnehmer mit Hilfe von drei verschiedenen Agenturen. Außerdem müssen diese einen umfangreichen Fragenkatalog bezüglich ihres finanziellen Status beantworten.

Zum zweiten werden alle Kredite auf 50 verschiedene Kreditnehmer mit der gleichen Bonität verteilt. Fällt also einer davon bei der Rückzahlung aus, so kann der Geber eines Kredits in Höhe von £ 5000 (€ 7.500) maximal £ 100 verlieren. … Kommt es zu einem solchen Rückzahlungsausfall, so beauftragt Zopa außerdem Schuldeneintreiber im Namen der Kreditgeber. Zudem besteht natürlich auch für Zopa selbst das Risiko unterzugehen. Zopa versichert, dass es genügend Bargeld zur Verfügung hat, um seine Geschäftsidee weiter zu verfolgen, bis sie Gewinn abwirft. Für den unwahrscheinlichen Fall eines Zusammenbruchs habe man laut Zopa außerdem genügend Bargeld beiseite gelegt, um weiter als Vermittler tätig zu sein.

Das klingt recht beruhigend. Wenn man aber wirklich als Kreditgeber über Zopa agiert, sollte die Rendite angesichts all dieser unbekannter Risiken weitaus höher sein als die eines gewöhnlichen Bankkontos.

Quelle: Robert Budden, Financial Times, 26. November 2005.

Kontrollfragen

1. Wie hat Zopa das Geschäftsmodell für Kreditnehmer und -geber im Vergleich zum Modell einer traditionellen Bank verändert? (Beziehen Sie sich in Ihrer Antwort auf Abbildung 13.5.)
2. Nennen Sie die Vor- und Nachteile für Kreditnehmer und -geber, die sich über Zopa im Vergleich zu einer traditionellen Bank ergeben.
3. Wie könnten die Banken reagieren?

13.4 Finanzmanagement[24]

Die Finanzen und die Art und Weise, wie diese verwaltet werden, sind bestimmende Faktoren des strategischen Erfolgs. Aus Sicht der Aktionäre kommt es vor allem auf die Fähigkeit der Organisation an, Bargeld zu generieren, denn daraus leitet sich wiederum die Fähigkeit ab, kurzfristig Dividenden auszahlen zu können, und langfristig in die Zukunft zu investieren (was gleichzeitig zukünftige Dividendenzahlungen sichert). Auf dem öffentlichen Sektor müssen sich die Organisationen entsprechend der Anforderung stellen, innerhalb ihrer finanziellen Grenzen, die besten Dienstleistungen mit dem höchsten Wert für die Kunden zu liefern. Hierbei ergeben sich drei Hauptprobleme, denen sich Organisationen aller Art stellen müssen (siehe Abbildung 13.6):

Abbildung 13.6: Strategie und Finanzen

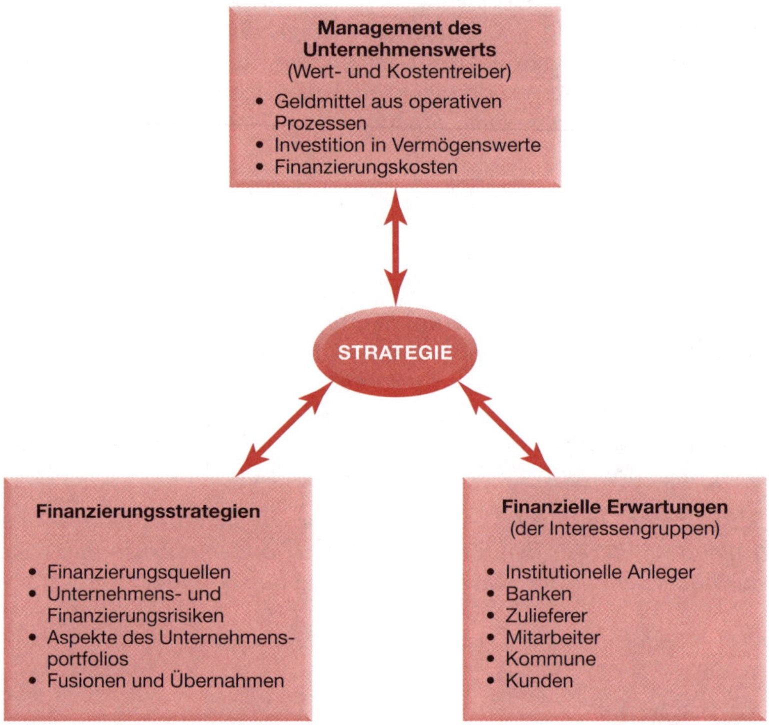

- *Management zur Wertsteigerung* ist für alle Manager eine Hauptverantwortung. Dabei ist es gleichgültig, ob es sich dabei um Wertsteigerung für den Aktionär handelt, oder darum, sicherzustellen, dass öffentliche Gelder bestmöglich verwendet werden. Die Art und Weise jedoch, wie Finanzen verwaltet und kontrolliert werden, wirkt sich stark auf diesen Punkt aus.
- Auch die *Finanzierung strategischer Entwicklungen* ist ganz klar von Bedeutung: Besonders wichtig ist hierbei, dass die Art der Finanzierung der Art der gewählten Strategie entspricht – und umgekehrt. Dazu gehört auch das Finden eines Gleichgewichts zwischen unternehmerischen und finanziellen Risiken.

24 Leser könnten hier mehrere Standardwerke über Finanzwesen nützen. Zum Beispiel: G. Arnold, *Corporate Financial Management*, 3. Aufl., FT/Prentice Hall, 2005; und P. Atrill, *Financial Management for Decision Makers*, 4. Aufl., FT/Prentice Hall, 2006.

- Die *finanziellen Erwartungen* der Interessengruppen variieren – auch in Bezug auf unterschiedliche Strategien. Dies sollte sowohl die Festlegung als auch die Umsetzung der Strategien durch die Manager beeinflussen.

13.4.1 Management des Unternehmenswerts[25]

Durch das ganze bisherige Buch zog sich wie ein roter Faden das Thema, dass der langfristige Erfolg einer Strategie davon abhängt, wie sehr sie in den Augen der wichtigsten Interessengruppen zu einer Wertsteigerung beiträgt. Zwei Beispiele für eine solche Wertsteigerung sind die Wettbewerbsfähigkeit auf dem Markt (d.h Wertsteigerung für den Kunden) und die Fähigkeit, Wert für die Aktionäre zu generieren (durch die Erträge, die sie in Form von Dividenden und Aktienkursbewegungen erhalten). Auf Wettbewerbsmärkten sind diese beiden Aspekte auf lange Sicht meist eng miteinander verknüpft, da die Erträge der Aktionäre durch den Erfolg auf dem Markt ansteigen. Diese allgemeine Verbindung zwischen Wettbewerbsfähigkeit und Shareholder Value muss eingehender betrachtet werden. Es ist wichtig, dass jeder Manager versteht, was mit dem Management des Unternehmenswerts gemeint ist und wie dies erreicht werden kann.[26] Dies ist ein wichtiger Beitrag, den Finanzstrategien zum gesamtunternehmerischen Erfolg beitragen sollten. **Wertorientiertes Management** befasst sich mit der Maximierung der Fähigkeit einer Organisation, langfristig Barvermögen zu erzeugen. Wie in Abbildung 13.7 gezeigt, wird die Wertschöpfung durch drei wichtige finanzielle Aspekte bestimmt: Finanzmittel aus operativen Prozessen, Investitionen in (oder Abstoßen von) Vermögenswerte(n), und Finanzierungskosten.

Wertorientiertes Management

Wertorientiertes Management befasst sich mit der Maximierung der Fähigkeit einer Organisation, langfristig Barvermögen zu erzeugen.

ANTRIEBSKRÄFTE

	Werttreiber (steigern den Shareholder Value)	**Kostentreiber** (reduzieren den Shareholder Value)
Operative Aktivitäten	Einnahmen < Umsatzvolumen, Preise	Operationale Kosten < Direkte Kosten, Overhead
Investitionen	Abstoßen von Anlagevermögen Reduktion des Umlaufvermögens • Lagerbestand • Schuldner	Kapitelinvestitionen (Anlagevermögen) Reduktion von kurzfristigen Verbindlichkeiten • Kreditoren
Finanzierung		Kapitalkosten < Eigenkapital, Kredite

Abbildung 13.7: Finanzielle Aspekte der Wertschöpfung

25 Das bahnbrechende Werk über das Management des Unternehmenswerts für den Aktionär wurde aktualisiert: A. Rappaport, *Creating Shareholder Value*, 2. Aufl., Free Press, 1998. Siehe auch J. Barlow, R. Burgman und M. Molna, „Managing for shareholder value: Intangibles, future value and investment decisions", *Journal of Business Strategy*, Bd. 25, Nr. 3 (2004), S. 26–34. T. Grundy (mit G. Johnson und K. Scholes), *Exploring Strategic Financial Management*, Prentice Hall, 1998, Kap. 2 ist auch ein sinnvolles Nachschlagewerk zum Thema Management des Unternehmenswerts.

26 Siehe J. Martin und W. Petty, „Value based management", Baylor Business Review, Bd. 19, Nr. 1 (2001), S. 2–3 für eine kurze Abhandlung dieser Argumente.

- *Finanzmittel aus operativen Prozessen* tragen ganz offensichtlich viel zur Wertschöpfung bei. Langfristig gesehen ist damit gemeint, ob die Organisation rentabel operiert oder nicht. Dies wird bestimmt von:
  - den Umsätzen, die sich zusammensetzen aus dem Absatzvolumen und den Preisen, die die Organisation auf dem Markt verlangen kann.
  - den Produktions- und Verkaufskosten, die sich aus Fixkosten und variablen Kosten zusammensetzen.
  - den indirekten oder Overhead-Kosten.
- *Investitionen in Vermögenswerte* – bis zu welchem Grad Vermögenswerte und Betriebskapital gestreckt werden, ist auch eine wichtige Frage. Dies beeinflusst die Wertschöpfung wie folgt:
  - durch die Kosten der Kapitalinvestitionen oder – in manchen Fällen – durch das Abstoßen redundanter Vermögenswerte.
  - durch das Management der Elemente des Betriebskapitals, wie Lagerbestände, Debitoren und Kreditoren erhöht oder vermindert sich der Shareholder Value wie angezeigt.

Einige Organisationen haben Kompetenzen entwickelt, die sich darauf beziehen, ausgehend von der gleichen Vermögensbasis mehr Unternehmensaktivitäten zu finanzieren als andere.

- *Finanzierungskosten* – die Kapitalmischung des Unternehmens, d.h. die Mischung aus Schulden (die Zinszahlungen erfordern) und Eigenkapital bestimmt die Kapitalkosten (und auch das finanzielle Risiko, wie aus dem nächsten Abschnitt ersichtlich).

Auch auf dem öffentlichen Sektor gibt es ähnliche Probleme. Für die meisten Manager des öffentlichen Sektors besteht ein großes Problem darin, dass sich ihr Verantwortungsbereich bezüglich Finanzen meist auf das Management ihres Budgets beschränkt (d.h. die Geldabflüsse aus dem operativen Geschäft). Dabei fehlt ihnen häufig außerdem das Verständnis für die anderen finanziellen Aspekte und Probleme aus dem Diagramm, die von der Finanzabteilung verwaltet werden. Manager müssen sich unbedingt mehr mit den Auswirkungen ihrer täglichen Managemententscheidungen auf den finanziellen Gesundheitszustand des gesamten Unternehmens vertraut machen. Beispiele solcher Entscheidungen sind der Einsatz von Sachanlagen und das Anhäufen von uneinbringlichen Forderungen.

Zentrale Wert- und Kostentreiber

> **Zentrale Wert- und Kostentreiber**
>
> Zentrale Wert- und Kostentreiber sind die Faktoren, die den größten Einfluss auf die Fähigkeit einer Organisation haben, Barvermögen zu generieren.

Dieses Buch möchte nicht alle Aspekte und Probleme im Detail behandeln, die sich aus dem Management jedes einzelnen in Abbildung 13.7 gezeigten Punktes ergeben können. Aus unternehmensstrategischer Sicht besteht der wichtigste Punkt darin, zu verstehen, welches die **zentralen Wert- und Kostentreiber** sind. Dies sind die Faktoren, die den größten Einfluss auf die Fähigkeit einer Organisation haben, Barvermögen zu generieren. Das Konzept des Wertnetzwerks (siehe *Abschnitt 3.6.1*) kann den Managern dabei helfen, zu verstehen, wo und wie Wert innerhalb einer Organisation und innerhalb des größeren Wertnetzwerks generiert wird. Dabei gilt es zu beachten, dass Kosten und Wertschöpfung häufig *ungleich* auf die Aktivitäten von Wertkette und Wertnetzwerk verteilt sind. Einige Aktivitäten sind also für die Generierung von Wert (oder

Kosten) entscheidender als andere. Dies hängt aber natürlich von der Art des Unternehmens und von seinem Geschäftsumfeld ab, wie sich unten zeigen wird.

Einige Beispiele zeigen, wie wichtig es ist, die zentralen Wert- und Kostentreiber zu identifizieren:[27]

- *Kapitalquellen* sind häufig die größten Kostentreiber, die aber je nach Quelle variieren können. Also sind die relativen Cash-Outflows durch die Rückzahlung von Krediten im Vergleich mit dem Eigenkapital ein wichtiger strategischer Aspekt.
- *Kapitalausgaben* können auch für große Cash-Outflows sorgen, die Sharehoder Value zerstören können, außer sie tragen anderswo in Abbildung 13.7 zur Verbesserung der Einnahmen oder zur Kostenreduktion bei. Auswahlverfahren und Fallstudien bezüglich neuer Kapitalausgaben sollten sich mit diesem Thema befassen, bevor neue Ausgaben genehmigt werden. Argumente für neue Kapitalausgaben beziehen sich meist auf verbesserte Produkteigenschaften, die Absatz und/oder Preis steigern, auf Kostenreduktion (z.B. durch höhere Produktivität) oder auf eine Senkung des Arbeitskapitals (etwa durch eine Reduzierung der Lagerbestände aufgrund einer effektiveren Produktion oder eines effektiveren Vertriebs).
- Die detaillierte *Kostenstruktur* von Unternehmen variiert erheblich von Sektor zu Sektor, und somit gilt dasselbe auch für die relative Bedeutung spezifischer Kostenfaktoren. So benötigen beispielsweise Dienstleistungsunternehmen im Allgemeinen mehr Arbeitskräfte als ein Fertigungsbetrieb – hier spielt also das Lohnniveau eine sehr große Rolle. Für Einzelhändler geht es hauptsächlich um die Umsetzung von Lagerbeständen und das Umsatzvolumen pro Quadratmeter – dies sind in diesem Bereich zwei zentrale Kostentreiber.
- Manchmal befinden sich die zentralen Wert- und Kostentreiber auch *außerhalb der Organisation* (in der Zulieferer- oder der Vertriebskette). Hier lautet die strategische Implikation, dass solche Organisationen Kompetenzen entwickeln müssen, die darauf abzielen, die Leistung wichtiger Zulieferer oder Vertriebspartner stabil zu halten. Diese beinhalten die Fähigkeit, Zulieferer und Vertriebspartner auszuwählen, zu motivieren und „zu steuern". Auch muss immer wieder überdacht werden, ob manche dieser Aktivitäten wieder intern übernommen werden sollten, da sie für die Generierung von Wert und Kosten eine so zentrale Rolle spielen. Dieser Punkt wurde in *Kapitel 3* und *12* näher behandelt (Outsourcing).
- Die zentralen Wert- und Kostentreiber können sich *mit der Zeit* verändern. In der Einführungsphase eines neuen Produkts beispielsweise ist ein wichtiger Faktor, ein *hohes Umsatzvolumen* aufzubauen. Hat sich das Produkt aber einmal auf dem Markt etabliert, so rücken *Preis und Stückkosten* eher in den Mittelpunkt. Sobald die Absatzzahlen rückläufig werden, geht es darum, durch einen *Abbau der Lagerbestände und der Schuldner*, den Cashflow zu optimieren, um vielleicht die Einführung der nächsten Generation des Produkts zu unterstützen.

Manager können also in jeder Hinsicht erheblich von einer detaillierten Kenntnis des Wertschöpfungsprozesses innerhalb ihrer Organisation und innerhalb des größeren Wertnetzwerks profitieren. Dadurch können sie strategischer denken und entscheiden, wenn es darum geht, in ihren Bemühungen um eine Leistungssteigerung Prioritäten zu setzen.

27 S. Williams, „Delivering strategic business value", *Strategic Finance*, Bd. 86, Nr. 2 (2004), S. 41–48.

13.4.2 Die Finanzierung der Unternehmensentwicklung

Geldmittelquellen

Manager müssen sich der Vor- und Nachteile verschiedener Geldmittelquellen bewusst sein, die in Standardwerken zum Thema Finanzwesen umfassend erklärt werden.[28] Entscheidungen bezüglich der zu nutzenden Quellen werden von der aktuellen finanziellen Situation der Organisation, etwa den Eigentumsverhältnissen (Privatunternehmen oder börsennotiertes Unternehmen) ebenso beeinflusst wie von den gesamtunternehmerischen Zielen und strategischen Prioritäten der Organisation. Strebt ein Unternehmen beispielsweise schnelles Wachstum durch Übernahmen an, so wird es andere finanzielle Bedürfnisse haben als ein Unternehmen, das seine Erfolge aus der Vergangenheit konsolidieren möchte. Ein wichtiger Punkt bezieht sich darauf, wie die Finanzstrategien mit den finanziellen und unternehmerischen Risiken verschiedener Finanzierungsquellen umgehen. Dies ist Thema der folgenden Abschnitte.

Abwägung finanzieller und unternehmerischer Risiken

Dieser Abschnitt bezieht sich auf die Marktwachstums-/Marktanteilsmatrix (siehe Abbildung 7.7), um zu zeigen, wie Finanzstrategien variieren müssen, um die verschiedenen Entwicklungsphasen eines Unternehmens optimal zu unterstützen – siehe Abbildung 13.8.

Abbildung 13.8: Abwägen des unternehmerischen und des finanziellen Risikos

Wachstum (Stars)	**Markteinführung (Fragezeichen)**
Unternehmerisches Risiko: *hoch* Finanzielles Risiko muss sein: *gering* Finanzierung durch: *Eigenkapital* Dividenden: *nominal*	Unternehmerisches Risiko: *sehr hoch* Finanzielles Risiko muss sein: *sehr gering* Finanzierung durch: *Eigenkapital (Risikokapital)* Dividenden: *null*
Reife (Cash Cows)	**Rückgang (Dogs)**
Unternehmerisches Risiko: *mittel* Finanzielles Risiko kann sein: *mittel* Finanzierung durch: *Schulden und Eigenkapital (einbehaltene Gewinne)* Dividenden: *hoch*	Unternehmerisches Risiko: *gering* Finanzielles Risiko kann sein: *hoch* Finanzierung durch: *Schulden* Dividenden: *gesamt*

Je größer das Risiko für Aktionäre oder Schuldner ist, desto höher muss auch der Ertrag für diese Investoren ausfallen. Daher kommt es aus Sicht der Organisation vor allem darauf an, wie zwischen finanziellem und unternehmerischem Risiko für die Organisation abgewägt werden soll. Allgemein gilt, je höher das unternehmerische Risiko, desto geringer sollte das von der Organisation übernommene finanzielle Risiko sein.

28 Siehe P. Atrill, *Financial Management for Decision Makers*, 4. Aufl., FT/Prentice Hall, 2006, Kap. 6 und 7; G. Arnold, *Corporate Financial Management*, 3. Aufl., FT/Prentice Hall, 2005, Teil 4.

Die Marktwachstums-/Marktanteilsmatrix stellt eine praktische Möglichkeit dar, dies zu veranschaulichen:

- *Fragezeichen (oder Problemkinder*[29]*)* stellen ganz klar ein hohes Risiko für das Unternehmen dar. Sie befinden sich am Anfang ihres Lebenszyklus und haben sich noch nicht auf ihrem Markt etabliert; außerdem erfordern sie meist hohe Investitionen. Ein Einzelunternehmen in dieser Situation könnte beispielsweise versuchen, ein solches Wachstum durch Spezialisten für solche Investitionen zu finanzieren, etwa durch Risikokapitalgeber, die selbst ihre Risiken dadurch ausgleichen, dass sie in verschiedene Projekte investieren. Auch die Finanzierung durch private Investoren (so genannte Business Angels) wird immer beliebter.
- Bei den *Stars* bleibt das unternehmerische Risiko in diesen Situationen starken Wachstums hoch, auch wenn relativ hohe Marktanteile erzielt werden. Denn hier bleibt die Marktposition volatil und der Markt ist zudem meist hart umkämpft. Da die attraktivsten Punkte für potenzielle Investoren hier das Produkt oder das Unternehmenskonzept sowie die Aussichten zukünftiger Einkünfte sind, eignet sich hier für die Finanzierung meist Eigenkapital am besten, etwa durch einen Börsengang.
- Geschäftsbereiche, die auf reifen Märkten mit hohem Marktanteil operieren *(Cash Cows)* sollten regelmäßige und erhebliche Überschüsse generieren. Hier ist das unternehmerische Risiko geringer und die Chance für einbehaltene Gewinne ist hoch. Unter diesen Umständen kann es sinnvoll sein, solche Bereiche durch Schulden und durch Eigenkapital zu finanzieren, da zur Schuldentilgung zuverlässig erzielte Erträge verwendet werden können. Vorausgesetzt eine zu hohe Schuldenlast *(hoher Verschuldungsgrad)* führt nicht zu einem inakzeptabel hohem Risiko, so steigert diese billigere Finanzierung über Schulden zudem die Restgewinne, die ein Geschäftsbereich in dieser Lage erzielen kann.
- Ist ein Geschäftsbereich rückläufig, also ein *Dog*, so lässt sich eine Finanzierung durch Eigenkapital schwer durchsetzen. Es kann jedoch möglich sein, eine Schuldenfinanzierung zu erreichen, wenn diese durch Restgewinne des Geschäftsbereichs abgesichert ist. In dieser Phase liegt das Hauptaugenmerk des Unternehmens wahrscheinlich auf einer Reduzierung der Kosten, und die Cashflows könnten in dieser Phase auch sehr hoch sein. Also können solche Geschäftsbereiche relativ risikoarme Investitionsmöglichkeiten bieten.

Beispiel 13.3 zeigt, wie Finanzierungsquellen auf die gegebenen Umstände abgestimmt werden müssen.

---

29 Die Finanzierung dieser Start-Up-Phase wurde eingehend erforscht und beschrieben. Siehe z B. D. Champion, „A stealthier way to raise money“, Harvard Business Review, Bd. 78, Nr. 5 (2000), S. 18–19; Q. Mills, „Who's to blame for the bubble?“, Harvard Business Review, Bd. 79, Nr. 5 (2001), S. 22–23; H. Van Auken, „Financing small technology-based companies: The relationship between familiarity with capital and ability to price and negotiate investment“, Journal of Small Business Management, Bd. 39, Nr. 3 (2001), S. 240–258; M. Van Osnabrugge und R. Robinson, „The influence of a venture capitalist's source of funds“, Venture Capital, Bd. 3, Nr. 1 (2001), S. 25–39.

Die Finanzierung eines Unternehmensportfolios

Auf Gesamtunternehmensebene kann bei *diversifizierten* Unternehmen ein Problem entstehen, wenn es um den Entwurf einer Finanzstrategie für ein Portfolio geht, das aus einer Mischung verschiedener Geschäftsbereiche besteht, die unterschiedlich schnell wachsen und unterschiedlich große Marktanteile innehaben. Hier muss die Organisation ihre *Gesamtposition* in Bezug auf Risiken und Erträge betrachten. Ein Unternehmen, das beispielsweise regelmäßig *neue und innovative Geschäftsbereiche* entwickeln möchte, kann so eigentlich als sein eigener Risikokapitalgeber agieren, der einerseits hohe unternehmerische Risiken eingeht, und diese an anderer Stelle des Portfolios durch Cash Cows auszugleichen versucht. Auch Manager des öffentlichen Sektors kennen dieses Vorgehen. Sie brauchen bei ihren Dienstleistungen einen stabilen Kern, der vorgegebene Budgets zuverlässig erfüllt und so das finanzielle Risiko spekulativerer Aspekte ihrer Dienstleistung reduziert. Einige Unternehmen sind vielleicht gezwungen, bestimmte Unternehmensbereiche, die sich in der Reifephase befinden, zu verkaufen, um Kapital für weitere Investitionen in neue Projekte zu erhalten.

Die Finanzierung von Fusionen und Übernahmen

Abschnitt 10.2.2 betrachtete die Vor- und Nachteile der Strategieentwicklung durch Fusionen und Übernahmen. Dabei wurden besonders einige Warnungen ausgesprochen bezüglich potenzieller Konflikte zwischen langfristigen strategischen Gründen und kurzfristigeren finanziellen Gründen für eine Fusion oder Übernahme. Eine wichtige Entscheidung bezieht sich darauf, wie eine Fusion finanziert werden soll. Hier sind erneut einige allgemeine Prinzipien von Nutzen, wenn man Finanz- und Unternehmensstrategie miteinander verbinden möchte:

- Für die Aktionäre des Übernahmeziels ist die Zahlung mit *Barvermögen* wahrscheinlich sehr attraktiv; außerdem wird die Kontrolle der Aktionäre über das bietende Unternehmen nicht durch neue Aktien geschwächt. Den meisten bietenden Unternehmen wird es allerdings schwer fallen, genügend Barvermögen aufzubringen. Die Gefahr für zahlungskräftige Bieter besteht wiederum darin, dass sie ihr Geld für die falsche Übernahme ausgeben und Unternehmensimperien ohne strategische Logik aufbauen, deren Management sich schwierig gestaltet und immer mit Wertverlusten in einigen der übernommenen Unternehmen einhergeht.
- Die Ausgabe von *Aktien* könnte für die Aktionäre des Übernahmeziels interessant sein, denn sie können ihre alten Aktien gegen Aktien des bietenden Unternehmens tauschen. Dies muss jedoch mit Bedacht abgewickelt werden, damit der Aktienkurs nicht vor Abschluss des Geschäfts fällt. Aus strategischer Sicht verändert sich bei dieser Option die Kapitalstruktur der fusionierten Unternehmen am wenigsten, sodass auch das finanzielle Risiko am geringsten ausfällt.
- Ein bietendes Unternehmen kann an die Aktionäre des Übernahmeziels *Anleihekapital* ausgeben. Das könnte für diese attraktiv sein, wenn sie Zweifel bezüglich der zukünftigen finanziellen Leistung des fusionierten Unternehmens hegen. Die Aktionäre des bietenden Unternehmens vermeiden eine Schwächung ihrer Kontrolle, jedoch erhöht sich der Verschuldungsgrad und damit gleichzeitig das finanzielle Risiko.
- Bietende Unternehmen nutzen häufig externe *Kredite*, um den Aktionären des Übernahmeziels Barvermögen zu bieten. Dieser Punkt wird kontrovers diskutiert, denn aggressive Übernahmeangebote durch Einzelpersonen für börsennotierte Unternehmen sind immer wieder erfolgreich, sodass diese Unternehmen dann privatisiert werden. Doch der Verschuldungsgrad ist extrem hoch.

Beispiel 13.3 Erneuerbare Energie

Veränderungen im Unternehmensumfeld schaffen neue Marktchancen. Wer aber finanziert die Entwicklung neuer Kapazitäten?

Energie ist die Lebensgrundlage jedes Industrielands, doch Alternativen zu Öl, Gas und Kohle – so genannte erneuerbare Energien wie etwa Windenergie oder Energie durch die Gezeiten – werden immer noch nicht für voll genommen und nur von Umweltaktivisten oder ethischen Investoren als lohnende Investitionsmöglichkeit in Betracht gezogen. …

Doch das ändert sich. Das Londoner Flussmündungsprojekt - der Bau von geplanten 270 Turbinen vor der Küste von Kent soll £ 1,5 Mrd. (€ 2,2 Mrd.) kosten – ist das neueste Anzeichen dafür, dass saubere Energie sich ganz allmählich als seriöse Branche etabliert. Zugegeben, es war ein kleiner Fisch, die englisch-dänische Firma Core nämlich, die die Pläne für dieses Projekt vorgelegt hat, die Geldgeber aber sind die Energieriesen Shell und E.on.

„Wir nähern uns dem Punkt, an dem es kein Zurück mehr gibt“, sagt Peter Shortt, Leiter der Abteilung Innovation und Investment bei Carbon Trust, einem halbstaatlichen Unternehmen, das Risikokapital in Höhe von £ 1-2 Mio. in Projekte für erneuerbare Energie investiert. „Hat der Bau dieser riesigen Windfarm vor der Küste erst einmal begonnen, so ist das der Wendepunkt, der nächste Schritt einer bemerkenswerten Entwicklung.“ …

Wind ist aber nur eines der Elemente. Pioniere aus verschiedenen zukunftsorientierten Bereichen erneuerbarer Energiequellen haben die neueste Welle neuer Börsengänge auf dem Alternative Investment Market (AIM), dem Markt für alternative Investitionen, vorangetrieben. … Noch vor wenigen Jahren hatten nur eine kleine Anzahl ethisch orientierter Banken ein offenes Ohr für die Anliegen von Start up Firmen auf dem Gebiet erneuerbarer Energien. Mittlerweile haben aber auch die ehrwürdigsten Londoner Banken, Private-Equity-Häuser und Risikokapitalgeber wie Fidelity, Fleming, Nikko, New Star und Cazenove diesen Markt entdeckt.

Wie groß ist das Potenzial, das sich hier auftut? Ziel der Regierung ist es, dass bis zum Jahr 2010 10 Prozent des benötigten Stroms von erneuerbaren Energiequellen kommt, (aber) … Kritiker äußern auch die Bedenken, dass die Branche ohne staatliche Subventionen nicht überleben könnte … , die sich auf £ 700 Mio. jährlich belaufen.

Skeptiker sehen den Markt für erneuerbare Energien bereits am Ende – und nur noch für diejenigen Investoren und Unternehmer interessant, die sich selbst ins Abseits manövrieren wollen. Langfristig gesehen gibt es aber Megatrends, die die Investitionen auf diesem Sektor vorantreiben: Der explodierende Energiebedarf, steigende Ölpreise und die allgemeinen Bemühungen, Kohlendioxidemissionen zu reduzieren. ... All diese Faktoren sorgen dafür, dass alternative Energiequellen immer attraktiver werden. Gleichzeitig werden aufgrund technischer Fortschritte Technologien, die auf saubere Energie bauen, immer effizienter. ... Natürlich können es sich die heute etablierten Energieriesen nicht leisten, ihre bestehende Infrastruktur aus Pipelines, Öltankern, Raffinerien und Transportleitungen einfach abzuschreiben. Einige von ihnen warten bis zum letzten Moment, bevor sie neue Technologien übernehmen und versuchen, buchstäblich aus ihren besehenden Vermögenswerten noch den letzten Tropfen herauszupressen. Während sie damit beschäftigt sind, gewinnen kleine Firmen immer mehr an Einfluss: Firmen wie Vestas Wind Systems aus Dänemark und Iberdrola aus Spanien, die früh innovativ tätig waren, sind mittlerweile international aktiv.

Doch gerade in der Energiebranche gibt es viele mächtige etablierte Unternehmen. In Großbritannien beispielsweise beherrschen die „Big Six" - British Gas, Powergen, npower, Scottish Power, Scottish and Southern und EDF – 95,5 Prozent des gesamten Strommarkts. Werden sich die Machtverhältnisse ändern? Das ist unwahrscheinlich, denn die Klügeren unter den großen Unternehmen verlagern ihren Schwerpunkt bereits mehr und mehr. Jeroen van der Veer, Vorstandsvorsitzender von Shell, gibt an, man investiere verstärkt in alle erneuerbare Energien, die Potenzial zeigten. „Die Philosophie lautet, viele Eisen im Feuer zu haben: Jetzt probieren wir alles aus, und bis zum Jahr 2015 müssen wir uns entscheiden", sagte er Journalisten im Juni.

Wer kann vorhersagen, welche Energiequelle für Großbritannien die Zukunft sein wird? Nur die Unternehmer und Investoren, die sie groß machen.

Quelle: Ian Wylie, „New Power Generation", Management Today, Dezember 2005, S. 48–53. Reproduziert vom Management Today Magazine mit Erlaubnis des Urheberrechtsinhabers Haymarket Business Publications Limited.

Kontrollfrage

1. Beziehen Sie sich auf *Abschnitt 13.4.2* und Abbildung 13.8 und beschreiben Sie, wie Sie zwischen finanziellen und unternehmerischen Risiken abwägen würden, wenn Sie folgende Rollen innehätten:
   a. Eine neue Start-up Firma auf dem Gebiet erneuerbarer Energien;
   b. eine der „Big Six" Energieunternehmen;
   c. die britische Regierung.

13.4.3 Die finanziellen Erwartungen der Interessengruppen

Abschnitt 13.4.1 befasste sich damit, wie Unternehmensstrategien für die Aktionäre Wert schaffen oder zerstören können. Auf dem öffentlichen Sektor entspricht dies dem Ausmaß, in dem öffentliche Gelder nach Meinung von Politikern (als den Eignern oder Verwaltern öffentlicher Gelder) sinnvoll ausgegeben werden. Aus *Kapitel 4* ging jedoch hervor, dass die Eigentümer nicht die einzigen sind, die bei Organisationen etwas zu sagen haben. Auch andere Interessengruppen haben finanzielle Erwartungen an die Organisation. Die Frage lautet, inwieweit die Unternehmensstrategien diese anderen finanziellen Erwartungen berücksichtigen sollten, und wie diese mit der Wertschöpfung für die Eigentümer in Einklang gebracht werden können. Zum Beispiel:

- In *Kapitel 4* wurde darauf hingewiesen, dass es die *institutionellen Anleger* sind (wie etwa Fondsmanager von Pensionsfonds), die für gewöhnlich die Interessen der Nutznießer des unternehmerischen Erfolgs vertreten. Dieses Konzept entspricht den Corporate Governance Strukturen. Also wird auch die Strategie sehr stark von den finanziellen Erwartungen dieser Mittler beeinflusst, die so zu den wichtigsten Einflussnehmern eines großen strategischen Wandels – etwa einer Fusion oder Übernahme – werden können. Es wächst die Besorgnis, dass viele Manager die langfristigen Strategien ihrer Unternehmen verzerren, weil sie verstärkt dem kurzfristigen Druck hoher Gewinne nachgeben, der durch Börsenanalysten und institutionelle Anleger auf sie ausgeübt wird.[30]
- *Banken* und andere Institutionen, die verzinste Kredite gewähren, sorgen sich um das mit der Kreditgewährung verbundene *Risiko* und die Kompetenz der Risikomanager. Risikomanager, die beständig gute Ergebnisse vorzuweisen haben, können allein deshalb für Banken ein Grund sein, bei Investitionen deren Unternehmen treu zu bleiben und nicht zu anderen zu wechseln. Das Risiko wird auch durch die Kapitalstruktur des Unternehmens beeinflusst – besonders durch den Verschuldungsgrad (d.h. die Eigenkapitalausstattung), der bestimmt, wie sensibel die Bonität des Unternehmens auf Veränderungen ihrer Gewinnposition reagiert. Die Abdeckung der Zinszahlungen ist eine ähnliche Messgröße, die diese Zinszahlungen zum Gewinn in Bezug setzt.
- Für *Zulieferer und Mitarbeiter* kommt es meist vor allem auf gute Preise und Löhne an, doch auch die *Liquidität* des Unternehmens spielt für sie eine große Rolle, denn daraus lässt sich dessen Fähigkeit ableiten, kurzfristige Verbindlichkeiten an Kreditoren sowie Lohnforderungen übernehmen zu können. Auch für Banken ist die Liquidität wichtig, denn verschlechtert sich diese, so müssen eventuell zur Korrektur zusätzliche Kredite gewährt werden, was wie oben beschrieben zu einer Steigerung des Risikoprofils führt. Hat ein Unternehmen hier viel Positives vorzuweisen, so könnte dies allein schon für gute Beziehungen zu Zulieferern sorgen, was wiederum zu Preisnachlässen und hoher Kreditwürdigkeit führen könnte.
- Für die *Allgemeinheit* geht es um Arbeitsplätze sowie um die *sozialen Kosten* der von der Organisation gewählten Strategien – z.B. in Bezug auf Umweltverschmutzung oder Marketing. Diese Punkte werden bei traditionellen Finanzanalysen selten mit einbezogen, gewinnen jedoch immer mehr an Bedeutung. Aspekte ethischer

30 Siehe A. Kennedy, *The End of Shareholder Value: Corporations at the crossroads*, Perseus Publishing, 2000; und H. Collingwood, „The earnings game“, *Harvard Business Review*, Bd. 79, Nr. 6 (2001), S. 65–72.

und sozialer Verantwortung wurden in *Kapitel 4* (*Abschnitt 4.3*) angesprochen. Gehen Unternehmen nicht in ausreichendem Maß auf diese Punkte ein, so kann dies zu einer strategischen Schwäche führen.

- Für *Kunden* kommt es vor allem darauf an, Produkte oder Dienstleistungen mit dem höchsten Wert zu erhalten. Auch dies wird in traditionellen Finanzanalysen selten berücksichtigt, denn man geht davon aus, dass Unternehmen, die in einem von Wettbewerb geprägten Umfeld überleben und Gewinn machen, einfach wertvolle Produkte und Dienstleistungen bieten *müssen*.

Insgesamt gesehen müssen sich Manager der finanziellen Auswirkungen ihrer Strategien, die sie verfolgen oder planen zu verfolgen, auf verschiedene Interessengruppen bewusst sein. Sie müssen auch verstehen, dass sie ihre Strategien noch erfolgreicher verfolgen können, indem sie mehr auf diese unterschiedlichen Interessen eingehen, und dass diese Interessen im Gegenzug den Erfolg anderer Strategien erheblich einschränken können.

13.5 Technologiemanagement[31]

Dieser Abschnitt befasst sich mit der Beziehung zwischen Technologie und strategischem Erfolg. Wie in *Kapitel 3* bereits erwähnt, kann es für Konkurrenten sehr leicht sein, sich neue Technologien anzueignen, also sind diese allein noch keine Grundlage für einen Wettbewerbsvorteil. Vorteile entstehen, wenn diese Technologien optimal eingesetzt und genutzt werden. *Kapitel 7* zeigte Beispiele dafür, wie viele Innovationen durch neue Nutzungen bestehender oder auch neuer Technologien zustande kamen. Dieses Kapitel befasst sich mit den folgenden Themen, die sich mit der Beziehung zwischen Unternehmensstrategien und Technologiestrategien auseinandersetzen. Auch wird darauf eingegangen, wie strategische Erfolge durch Technologie untermauert werden können (siehe Abbildung 13.9):

- Technologie verändert die *Wettbewerbssituation*;
- Technologie und *strategische Fähigkeiten*;
- *Organisation* der Technologie, um Vorteile zu erreichen.

13.5.1 Technologie und die Wettbewerbssituation

Wettbewerbskräfte

In *Kapitel 2* wurde das Five-Forces-Modell als Checkliste eingeführt, um das Verständnis der Wettbewerbskräfte innerhalb einer Branche zu erleichtern und zu erklären, wie diese die Wettbewerbsposition verschiedener Unternehmen bestimmen könnten. Bevor man über die Technologiestrategie einer einzelnen Organisation entscheidet, muss man verstehen, welche wichtigen Auswirkungen die Technologie auf diese Kräfte haben

31 Die wichtigste Quelle für diesen Abschnitt ist J. Tidd, J. Bessant und K. Pavitt, *Managing Innovation: Integrating technological, market and organisational change*, 3. Aufl., Wiley, 2005. Siehe auch P.H. Antiniou und H.I. Ansoff, „Strategic management of technology", *Technology Analysis and Strategic Management*, Bd. 16, Nr. 2 (2004), S. 275–291.

kann – dies gilt besonders für Branchen, die eine Globalisierung[32] anstreben, wie die folgenden Beispiele zeigen:

- *Eintrittsbarrieren* für potenzielle Neueinsteiger könnten durch eine Reduktion von Größenvorteilen (Beispiel im Verlagswesen) oder durch eine Reduktion des erforderlichen Kapitals für die Einrichtung bestimmter Computerinfrastrukturen gesenkt werden. In manchen Fällen können diese Eintrittsbarrieren aber auch höher werden, wenn neue Technologien immer ausgefeilter und komplizierter zu handhaben sind und neue Produkte immer komplexer werden (Beispiel Luftfahrtindustrie).

Abbildung 13.9: Strategie und Technologie

- Neue Technologien können eine *Substitution* auf mehreren Ebenen vereinfachen. So werden alte Produkte (Beispiel Videokassetten) durch neue (DVDs) ersetzt. Auch bestimmte Anforderungen können dadurch verschwinden. So setzt man heute häufig Videokonferenzen ein, was lange Reisen zu Meetings überflüssig macht. Technologische Entwicklungen in anderen Bereichen könnten auch dafür sorgen, dass sich die Kundennachfrage aufgrund einer Reihe spannender neuer Produkte dorthin verlagert. So sorgen neue elektronische Produkte dafür, dass die Ausgaben für gewöhnliche Haushaltsausstattung, etwa Küchen oder Teppiche, sinken. Manchmal kann eine neue Technologie aber auch die Substitution aufhalten, indem die Nutzung eines Produkts mit der Nutzung eines anderen verbunden wird. Ein Beispiel ist hier Microsofts erfolgreiche Verbindung zwischen der eigenen Software und dem Betriebssystem Windows.

32 Ein sinnvoller internationaler Vergleich von F&E-Strategien findet sich bei E. Roberts, „Benchmarking global strategic management of technology“, *Research Technology Management*, Bd. 44, Nr. 2 (2001), S. 25–36.

- Auch die *relative Macht von Zulieferern und Käufern* kann such durch neue Technologien verschieben. Auch hier findet das Microsoft-Beispiel Verwendung, denn schließlich ging es in den angestrengten Gerichtsprozessen darum, inwieweit Microsoft (als Zulieferer für die meisten Unternehmen und Privathaushalte) über unangemessen große Macht über seine Kunden verfügte. Technologische Entwicklungen können sich aber auch für Kunden positiv auswirken, wenn sie für größere Auswahl an Zulieferern sorgen. Dies geschieht oft, wenn man sich auf internationale Regeln und Standards einigt (etwa in der Stahlindustrie).
- *Wettbewerbsrivalität* zwischen Organisationen kann durch diesen Prozess der Festlegung generischer Standards verschärft aber auch vermindert werden, falls ein Unternehmen ein Produkt oder einen Prozess entwickeln kann, auf die es ein Patent erhält. Auf dem Markt für generische pharmazeutische Produkte ist die Wettbewerbsrivalität ungleich höher als auf dem Markt für ethische (geschützte) pharmazeutische Erzeugnisse.

Für die einzelne Organisation ergeben sich aus diesen Beispielen zweierlei strategische Aspekte. Zunächst nehmen einige Organisationen im Bereich Technologie eher eine Führungsposition ein und versuchen, auf die eine oder andere oben beschriebene Weise daraus einen Wettbewerbsvorteil zu erlangen. Andere Organisationen wiederum müssen eher überlegen und abschätzen, wie sich neue technologische Entwicklungen, die von aktuellen oder potenziellen Konkurrenten angeführt werden, auf ihre eigene Wettbewerbsposition auswirken könnten.

Anpassung der Technologiestrategien an die Märkte

Es hängt stark von den Eigenschaften der jeweiligen Technologien und der Märkte ab, ob und wie technologische Entwicklungen die Wettbewerbsfähigkeit fördern können (siehe Abbildung 13.10):

Abbildung 13.10: Anpassung technologischer Strategien an Märkte

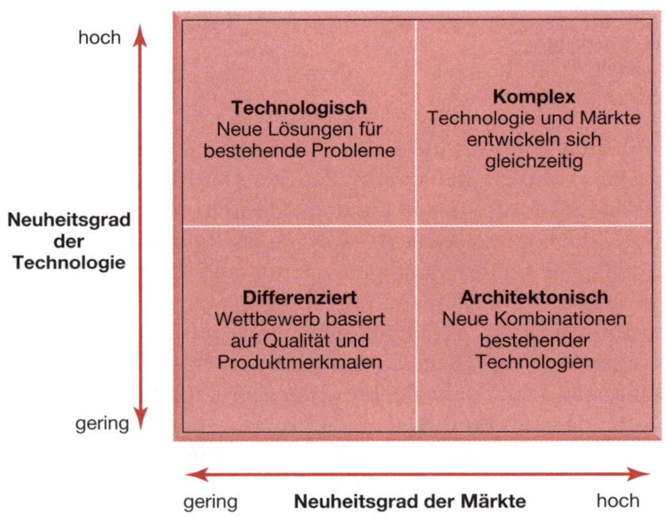

- *Differenzierte Strategien* eignen sich dort, wo sowohl die eingesetzten Technologien als auch die Märkte reif sind. Verbesserungen bei Produkten und Dienstleistungen werden erreicht, indem man bestehende Technologien einsetzt, um bekannte Kundenwünsche zu erfüllen. Dies betrifft oft die Verbesserung der Qualität – ein Beispiel ist die japanische Autoproduktion, die eine erhebliche Steigerung der Zuverlässigkeit ihrer Fahrzeuge erreichen konnte. Die Gefahr besteht darin, dass solche Märkte für Nachahmer sehr attraktiv sind, die etablierte Technologien ausnutzen können, um Produkteigenschaften noch weiter zu verbessern oder die Kosten zu senken.
- *Architektonische Strategien* funktionieren dort, wo bestehende Technologien miteinander kombiniert werden können, um neue Produkte, Dienstleistungen oder Anwendungen zu kreieren. So wurden Technologien zur Glasherstellung und zur Oberflächenbeschichtung von Glasherstellern kombiniert, die so eine ganze Reihe neuer Eigenschaften anbieten konnten, etwa Energiesparglas, reflektierendes und selbst reinigendes Glas.
- *Technologische Strategien* setzen neue Technologien zur Erfüllung von Kundenwünschen ein. Produkte und Dienstleistungen konkurrieren hier auf der Basis einer besseren Leistung gegenüber bestehenden Produkten. Besonders erfolgreich sind solche Strategien, wenn es um die Entwicklung neuer „Wunderheilmittel" oder sogar um Speichermöglichkeiten für elektrische Energie geht, die die traditionellen Batterien bezüglich Kapazität, Gewicht und Preis um Längen schlagen. Auch hier sind die Gefahren die leichte Imitierbarkeit sowie die hohen Entwicklungskosten. Eine solche Strategie erfordert also für gewöhnlich einen Schutz der eingesetzten Technologien (durch Patente).
- *Komplexe Strategien* werden dort gebraucht, wo sowohl die Technologien als auch die Märkte neu sind und beide gleichzeitig entwickelt werden müssen. Zu Beginn gibt es keine klar umrissenen Verwendungszwecke für die neue Technologie. Hier kommt es also ganz besonders darauf an, die Prozesse der Diffusion neuer Produkte (siehe *Abschnitt 9.3*) zu verstehen. So müssen die Entwickler der neuen Technologie unbedingt mit den Kunden zusammenarbeiten, die Innovationen früh annehmen, um neue Anwendungen zu kreieren. Die Entwicklung neuer Multimediaprodukte und -dienstleistungen liefert hierfür immer neue Beispiele.

Beispiel 13.4 zeigt, wie sich bei Veränderungen von Technologie und Märkten auch die Wahl der Strategie entsprechend verändern muss.

13.5.2 Technologie und strategische Fähigkeiten

Kernfähigkeiten

Kapitel 3 geht darauf ein, wie wichtig es ist, Kernfähigkeiten als Grundlage des Wettbewerbsvorteils einer Organisation zu identifizieren. Aus strategischer Sicht liegt die besondere Bedeutung der Technologie diesbezüglich in ihrem Potenzial, solche Kernfähigkeiten sowohl schaffen als auch zerstören zu können (wie aus dem Beispiel über Informationstechnologie in *Abschnitt 13.3.1* hervorging). Soll die Technologie also den Erfolg einer Organisation untermauern, so gilt es einige wichtige Implikationen bezüglich der unternehmerischen wie auch der technologischen Strategie zu beachten:

- Macht man die zukünftige Entwicklung einer Organisation von *einer einzigen Technologie* abhängig, die diese Organisation beherrscht, so kann das sowohl unangebracht als auch übermäßig riskant sein. So war etwa Edelstahl das Wundermaterial der 1960er Jahre, das viele andere Materialien bei der Herstellung von Industrie- und Verbraucherprodukten ersetzte. Später wurde Edelstahl jedoch seinerseits erneut durch neu entwickelte Produkte wie Polymere, Keramikprodukte und andere Kombinationsprodukte ersetzt.

- Kernkompetenzen können sich auch auf die *Kombinationsprozesse verschiedener Technologien* beziehen und mit den Technologien selbst gar nichts zu tun haben. Viele Fortschritte im Bereich der Fertigung wurden durch eine optimale Abstimmung der computergesteuerten Prozesskontrolle mit den Technologien von Werk und Maschinen erreicht und basieren nicht auf der Optimierung einer einzelnen Technologie.
- *Dynamische Fähigkeiten* (siehe *Kapitel 3*) können auf einem sich schnell wandelnden, wettbewerbsintensiven Markt von großer Bedeutung sein. Die Vorteile, die aus einer neuen Entwicklung gezogen werden können, sind kurzlebiger als früher. Also muss ein Wettbewerbsvorteil durch Prozesse untermauert werden, die für einen konstanten Strom an Verbesserungen sorgen, wobei auch die Fähigkeit zählt, solche Verbesserungen schnell auf den Markt zu bringen. Dies kann zu einem First-Mover-Vorteil führen. Studien belegen jedoch, dass in manchen Fällen die kommerziellen Vorteile einer technologischen Entwicklung auch den schnellen Folgern zugute kommen können und nicht den Pionieren.[33]

Beispiel 13.4 Psion Chef warnt Tech-Möchtegerns

Der Markt richtet über den Wert aller Produkte, die aus technologischen Entwicklungen hervorgegangen sind. Doch Firmen und Unternehmer ignorieren die Gefahr.

In einem Interview mit der *Financial Times* warnte Sir David Potter, Firmengründer und Vorsitzender von Psion, dem britischen Unternehmen für Handheld-Computer, Start-up Firmen in der Technologiebranche müssten mehr Verstand beweisen, wenn sie in Zukunft überleben wollten. Sir David, in Großbritannien einer der ersten Akademiker, der zum Unternehmer wurde, hatte seine Professur am Imperial College 1980 aufgegeben, um Psion zu gründen. Außerdem forderte er die britische Regierung auf, ihre Bemühungen bezüglich eines verbesserten Transfers von neuen Technologien aus Universitätslabors in die Wirtschaft zu verstärken.

> *Die Wissenschaft lässt sich nicht so ohne weiteres in die Welt der Unternehmen integrieren. Das ist sehr kompliziert. In Großbritannien hängen wir immer noch dem romantischen, jedoch längst überholten Glauben an, dass jeder der in seinem Labor eine gute Idee hat, dafür auch einen geeigneten Markt finden wird. So läuft das aber nicht ab.*

33 W. Boulding und M. Christen, „First mover disadvantage", *Harvard Business Review*, Bd. 79, Nr. 9 (2001), S. 20–21.

Wir müssen sehr viel näher am Marktgeschehen dran sein und dürfen uns nicht darauf verlassen, dass die Universität von Cambridge oder das Imperial College allein Unternehmen hervorbringen können, die die internationale Konkurrenz dominieren können.

Seiner Meinung nach sollten 10 bis 12 nationale Institute gegründet werden, die die kommerzielle Nutzung neuer Technologien, wie etwa der Halbleiter- oder der Nanotechnologie, mit vorantreiben könnten. Abgesehen von diesem Vorschlag betont Sir David auch, dass britische Start-up Firmen im Bereich Technologie viel mehr auf die Bedürfnisse des Marktes hören müssen.

Mein wichtigster Ratschlag lautet, unbedingt dem Markt zu folgen. Man sollte nicht an seine Technologie denken. Wenn man Fähigkeiten und Vorteile auf einem bestimmten Gebiet besitzt, sollte man sich darauf konzentrieren, wobei jedoch die Technologie dem Markt angepasst werden muss und nicht umgekehrt. Man sollte nicht versuchen, einen Markt für die Technologie zu schaffen.

Psion selbst ist das beste Beispiel. Die Firma hat in den letzten 25 Jahren auf dem geradezu brutalen Technologiemarkt hauptsächlich dadurch überlebt, dass sie sich beständig neu erfunden hat. Psion, das mit Sir Davids privaten Ersparnissen von £ 100.000 (€ 145.000) gegründet wurde, begann als Vertriebsfirma fremder Software und entwickelte im Laufe der Jahre allmählich eigene Softwareprogramme. 1983 hatte es sich zu Großbritanniens führendem Softwareentwickler für den neuen Markt für Computerspiele gemausert. Hauptzugpferd war ein sehr beliebtes Flugsimulationsspiel.

In einem Paralleluniversum wäre aus Psion vielleicht eine Firma wie Eidos oder Electronic Arts geworden. Doch Sir David wusste sehr bald, dass Computerspiele nicht der Markt war, auf dem er bleiben wollte.

Es hätte Spaß gemacht. Wahrscheinlich wäre ich irgendwann mit lila Haaren und einem Pferdeschwanz herumgelaufen – wer weiß. Aber das entsprach einfach nicht unserer Firmenkultur.

Bald entdeckten Sir David und sein Team eine neue Marktchance, verlegten sich auf die Produktion von Hardware und entwickelten den weltweit ersten Handheld-Computer – den Organizer – der 1986 auf den Markt kam. Darauf folgten mehrere goldene Jahre, in denen Psions ikonische Computer den Markt beherrschten und man angesichts einer schnellen Folge immer neuer Innovationen jeden Konkurrenten mit Leichtigkeit abschmettern konnte.

Mitte der 1990er veränderten die neuen Produkte der amerikanischen Firmen Palm und Compaq den Markt drastisch. Plötzlich kam es nicht mehr auf Differenzierung sondern auf Produktionsvolumen an – Psion konnte nicht mehr mithalten. 2001 war die Zeit für den strategischen Rückzug gekommen. Psion nahm umfangreiche Entlassungen vor und verließ den Verbrauchermarkt, um sich auf den bisher kleinen Geschäftsbereich der Unternehmen zu konzentrieren.

Sir David gibt zwar zu, dass er bedauert, wie sich die Dinge entwickelt haben, doch ist seiner Meinung nach der wichtigsten Punkt, dass es Psion noch gibt, während viele andere Unternehmen ganz von der Bildfläche verschwunden sind.

Quelle: Maija Palmer, Financial Times, 26. Dezember 2005.

Kontrollfragen

1. Bestimmen Sie Psions Positionen auf der Technologie-Markt-Matrix (Abbildung 13.10) während der einzelnen Phasen seiner Entwicklung.
2. Machen Sie Vorschläge, wie Psion erfolgreicher hätte handeln können.

Abbildung 13.11: Technologie entwickeln oder übernehmen

		Bedeutung der Technologie	Vorheriger Wissensstand und Reputation	Komplexität	Risikobereitschaft	Absicht zu führen oder zu folgen	Geschwindigkeit
Methode	Intern	Zentral	Hoch	Gering/Mittel	Hoch	Führen	Langsam
	Allianzen	Schwelle	Gering	Hoch	Mittel	Folgen	Mittel
	Akquisition	Zentral oder Schwelle	Sehr gering	Hoch	Gering	Folgen	Hoch

Technologie entwickeln oder übernehmen

Der Erfolg oder Misserfolg gewählter Strategien kann maßgeblich davon abhängen, ob Technologien intern entwickelt oder extern übernommen werden. Dies ist ein sehr komplexes Thema, denn viele verschiedene Variable können diese Entscheidung beeinflussen.[34] Zur Verdeutlichung der Verbindung zwischen unternehmerischen und technologiebezogenen Strategien seien einige allgemeine Prinzipien hier genannt:

- Eine *interne Technologieentwicklung* wird bevorzugt, wenn diese Technologie entscheidend zum Wettbewerbsvorteil beiträgt und die Organisation davon ausgeht, einen First-Mover-Vorteil zu erlangen. Dies ist dann machbar, wenn die Organisation bereits über umfangreiche Kenntnisse bezüglich der Technologie und der Marktchancen verfügt und wenn die Komplexität nicht zu groß ist. Dies gilt für *differenzierte* Strategien und möglicherweise auch für *architektonische* Strategien, wie in Abbildung 13.10 gezeigt. Wichtig ist auch, dass die Organisation bereit ist, unternehmerische und finanzielle Risiken einzugehen.
- *Allianzen* eignen sich eher für „Schwellentechnologien" und weniger für Technologien, auf denen ein Wettbewerbsvorteil basiert. So kann ein Hersteller von Markengetränken etwa einen Partner suchen, um seine Abfüll- und Vertriebsprozesse

34 J. Tidd, J. Bessant und K. Pavitt, *Managing Innovation: Integrating technological, market and organisational change*, 2. Aufl., Wiley, 2001, S. 222; und J. Tidd und M. Trewhella, „Organisational and technological antecedents for knowledge acquisition", *R&D Management*, Bd. 27, Nr. 4 (1997), S. 359–375.

zu verbessern. Dies sind zwei wichtige Aktivitäten, doch der Wettbewerbsvorteil der Organisation bezieht sich auf das Produkt selbst und auf die Bekanntheit des Markennamens. Allianzen sind auch für Unternehmen angebracht, die nicht First Mover sondern Folger oder Nachahmer sein wollen. Dies trifft besonders dann zu, wenn die Komplexität des Produkts oder des Marktes den aktuellen Wissensstand übersteigt – organisationales Lernen ist also ein wichtiges Ziel (siehe *Komplexitätsstrategien* in Abbildung 13.10 oben). Allianzen grenzen auch das finanzielle Risiko ein.

- Die *Übernahme aktuell aktiver Unternehmen oder aktueller Rechte* ist dort besonders geeignet, wo es auf die Geschwindigkeit ankommt, und wo keine Zeit zum Lernen bleibt. Auch ist eine solche Maßnahme dort besonders wichtig, wo in Bezug auf Technologie und Marktanwendung hohe Komplexität vorherrscht, die den gegenwärtigen Wissensstand der Organisation übersteigt (siehe *technologische und Komplexitätsstrategien* in Abbildung 13.10 oben). Auch dort könnten Übernahmen besonders gut geeignet sein, wo der Erfolg der Organisation insbesondere von der Glaubwürdigkeit der Technologie abhängt – wo also die Quelle der Technologie eine wichtige Rolle spielt. Die Produktion über eine Lizenz einer gut etablierten Technologie kann also durchaus erfolgreicher sein als die Entwicklung einer eigenen Alternative. Organisationen, die Technologien übernehmen, müssen aber die technologischen Anforderungen ihrer Produktlinien sehr genau kennen, sie müssen in der Lage sein, geeignete externe Technologien zu identifizieren und zu bewerten und sie müssen das Geschick besitzen, mit den Eignern der Rechte an diesen Technologien ein gutes Geschäft abzuschließen.[35]

Ob die Wahl nun auf interne Entwicklung, auf Allianzen oder auf Übernahmen fällt, wird auch von der Position innerhalb des Lebenszyklus[36] der benötigten Technologie beeinflusst. Denn die Probleme der betreffenden Organisation drehen sich zunächst um Themen wie Produktfunktionalität und Marktanteil, gehen dann über in die Etablierung branchenweiter Qualitätsstandards und beschäftigen sich schließlich mit einer Weiterentwicklung der Technologie. Unternehmen, die sehr lange auf einem Markt aktiv sind, müssen also auf ihrem Weg durch den Lebenszyklus der Technologie unter Umständen alle drei oben beschriebenen Methoden anwenden.

13.5.3 Die Organisation der technologischen Entwicklung

Standort und Finanzierung der technologischen Entwicklung

In großen Organisationen wird viel darüber debattiert, wer innerhalb der Organisation die technologische Entwicklung vorantreiben und wer sie finanzieren soll.[37] Dies ist Teil der groß angelegten strategischen Debatte über die richtige Aufteilung der strategischen Verantwortung zwischen der Unternehmenszentrale und den Divisionen/Abteilungen einer Organisation, wie oben bereits besprochen.

35 Siehe z. B. G. Slowinski, S. Stanton, J. Tao, W. Miller und D. McConnell, „Acquiring external technology", Research Technology Management, Bd. 43, Nr. 5 (2002), S. 29–35.

36 E. Roberts und W. Lui, „Ally or acquire? How technology leaders decide", *Sloan Management Review*, Bd. 43, Nr. 1 (2001), S. 26–34.

37 R. Buderi, „Funding central research", *Research Technology Management*, Bd. 43, Nr. 4 (2000), S. 18–25 gibt einige gute Beispiele, darunter Siemens, NEC, Hewlett Packard und IBM.

Abbildung 13.12 zeigt, dass verschiedene Arrangements sich für unterschiedliche Aspekte der strategischen Entwicklung meist am besten eigenen. In einem Extremfall liegt die Bewertung und Finanzierung neuer Technologien beispielsweise bei der Zentrale, während im anderen Extremfall inkrementelle Verbesserungen von Produkten oder Prozessen am besten lokal durchgeführt und finanziert werden. Zwischen diesen beiden Extremen wird die Kommerzialisierung neuer Technologien am besten lokal durchgeführt aber von der Zentrale finanziert, da andere Teile der Organisation von den Erfahrungen der technologischen Pioniere lernen und profitieren können. Experimente mit neuen Technologien könnten dagegen auf zentraler Ebene durchgeführt, aber von der Division finanziert werden, deren kommerzielles Potenzial im betroffenen Gebiet am größten ist.

Abbildung 13.12: Finanzierung und Standort von Forschung und Entwicklung

Finanzierung \ Standort	Zentrale	Division
Zentrale	Bewertung neuer Technologien	Kommerzialisierung neuer Technologien
Division	Sondierende Entwicklung neuer Technologien	Inkrementelle Produkt- und Prozessverbesserungen

Eben diese Prinzipien können Organisationen zu der Entscheidung bewegen, manche technologische Entwicklung nach außen zu verlagern[38]. Dies gilt dort, wo das technologische Fachwissen in den Divisionen und der Zentrale nicht ausreichend vorhanden ist, wo aber die Entwicklung und Anwendung einer bestimmten Technologie unbedingt notwendig ist, um aktuell und in Zukunft das Überleben der Organisation zu sichern. Auch die verschiedenen Entwicklungsphasen können auf unterschiedliche Weise durchgeführt werden: So können Ideensammlung und erste Untersuchungen intern durchgeführt werden, während Prototypen und Testmarketingaktionen von externen Organisationen entwickelt werden.[39]

Manchmal ist das in einer Organisation vorliegende technologische Fachwissen aber auch umfangreicher, als es für die gegenwärtigen Geschäftsaktivitäten nötig ist. Dies führt zu Überlegungen, die Forschungs- und Entwicklungsbereiche (ganz oder teilweise) in Form eines Spinn-offs abzutrennen, denn so ergeben sich neue kommerzielle Möglichkeiten (neue Technologien können beispielsweise per Lizenz an Dritte vergeben werden).

Globale oder lokale technologische Entwicklung

International tätige Organisationen müssen sich auch entscheiden, in welchem Land sie ihre F&E-Aktivitäten ansiedeln möchten. Die Tatsache, dass große Konzerne momentan häufig nur kleine Teile ihrer F&E-Bereiche (verglichen mit der Produktion) im Ausland

38 Siehe C. Kimzey und S. Kurokawa, „Technology outsourcing in the US and Japan", *Research Technology Management*, Bd. 45, Nr. 4 (2002), S. 36–42.

39 E. Kessler und P. Bierly, „Internal vs. external learning in product development", *R&D Management*, Bd. 30, Nr. 3 (2000), S. 213–223.

ansiedeln, zeigt, dass diese Entscheidung nicht leicht fällt. Manager müssen die folgenden Faktoren bedenken, wenn es darum geht, F&E ins Ausland zu verlagern:

- *Effizienzverluste* – etwa durch langsameres Lösen von Problemen.
- Der Verlust einer *kritischen Masse* an F&E Mitarbeitern an allen Standorten, wodurch sich auch weniger stillschweigendes Wissen bildet, da der direkte Austausch fehlt. Außerdem geht die *Nähe* zu Forschungs- und Testeinrichtungen unter Umständen verloren.
- F&E lässt sich schwerer in die Produktions- und Marketingprozesse *integrieren*. Einige große Organisationen können auch Schwierigkeiten damit haben, verschiedene Technologien zu integrieren, besonders dann, wenn sie für jede Technologie „Kompetenzzentren" an verschiedenen Standorten geschaffen haben.
- F&E-Aktivitäten müssen unter Umständen aufgeteilt werden, wenn unterschiedliche *Volkswirtschaften* erfordern oft auch unterschiedliche Technologien.[40]

Diese Überlegungen beziehen sich in der Regel auf die Fähigkeit einer Organisation, große Innovationen auf den Weg zu bringen – etwa neue Produkte oder Prozesse. Weniger problematisch ist es dagegen, Teil eines globalen Wissensnetzwerks zu sein oder zu bleiben. Wissenschaftler und Technologen pflegen einen solchen Austausch in der Regel sogar sehr intensiv, und dieser wird durch die neuen Entwicklungen im Bereich IT sogar noch vereinfacht.

Organisationale Prozesse

In *Kapitel 12* wird die Bedeutung organisationaler Prozesse betont, die den Erfolg einer Strategie untermauern. Dies gilt besonders für die technologische Entwicklung, wo eine Organisation wirklich Gefahr läuft, ihre technologischen Kompetenzen nicht wirtschaftlich nutzen zu können. Da sich das Management solcher organisationalen Prozesse häufig schwierig gestaltet, könnten sie sich zu Kernkompetenzen entwickeln, die den Wettbewerbsvorteil einer Organisation erst ermöglichen, wie oben beschrieben. Sollen Technologien erfolgreich sein, so kommt es insbesondere auf einige der folgenden Prozesse an:

- *Überprüfung des Unternehmensumfelds* (bezüglich technologischer und Marktentwicklungen) und Identifizierung neuer Chancen zur Erlangung eines Vorteils und potenzieller Gefahren für aktuelle Aktivitäten. Dies beinhaltet auch die Fähigkeit, Projekte oder Entwicklungen auszuwählen, die aus strategischer Sicht gut in das Unternehmen passen würden. Dies ist jedoch schwieriger als es zunächst klingt. Denn es könnte bedeuten, dass man Transformationstechnologien vorziehen muss – die die Kompetenzen und die Kultur einer Organisation vor große Herausforderungen stellen könnten.
- Die *angemessene Ausstattung der Entwicklungen mit Ressourcen*, die jedoch auch nicht zu großzügig ausfallen darf, damit der Investitionsertrag positiv ausfällt. Dies ist im Rückblick immer leichter zu beurteilen als im Vorhinein, doch Erfahrungen aus der Vergangenheit, gute Referenzwerte und die Bereitschaft, angemessene Verfahren zur Prüfung von Investitionen[41] einzusetzen, können hier helfen. Dazu zählt

40 R. Grieve, „Appropriate technology in a globalising world", International Journal of Technology Management and Sustainable Development, Bd. 3, Nr. 3 (2004), S. 173–187.

41 A. Lloyd, „Technology, innovation and competitive advantage: Making a business process perspective part of investment appraisal", *International Journal of Innovation Management*, Bd. 5, Nr. 3 (2001), S. 351–376.

Meilenstein-Phasen-Prozess

Der Meilenstein-Phasen-Prozess ist ein strukturierter Steuerungs- und Kontrollprozess der Produktentwicklung, der während der Entwicklungsphase überwacht, inwieweit ein Produkt gewünschte Leistungskriterien erfüllt, und sicherstellt, dass diese Kriterien mit den Marktanforderungen übereinstimmen.

auch die Fähigkeit, Projekte über ihre jeweiligen Entwicklungsphasen hinweg zu überwachen und immer wieder zu überprüfen – viele Organisationen setzen dazu inzwischen sehr erfolgreich einen **Meilenstein-Phasen-Prozess** ein[42]. Dies ist ein strukturierter Steuerungs- und Kontrollprozess der Produktentwicklung, der während der Entwicklungsphase überwacht, inwieweit ein Produkt gewünschte Leistungskriterien erfüllt und sicherstellt, dass diese Kriterien mit den Marktanforderungen übereinstimmen. Solche Prozesse müssen auch sicherstellen, dass Projekte nach Bedarf beendet oder beschleunigt werden können, um aus Erfolgen wie auch aus Misserfolgen lernen zu können und um gute Resultate und Best-Practice-Standards optimal nutzen zu können.

Hinter diesen Prozessen steht natürlich eine Reihe detaillierterer Aktivitäten, die deren Erfolg oder Misserfolg bestimmen. Solche Aktivitäten sind Prognosenerstellung, Konzeptüberprüfung und Optionsprüfung zur Kommunikation, Verhandlung und Motivation.

13.5.4 Implikationen für Manager[43]

In den vorangegangenen Abschnitten wurde immer wieder darauf hingewiesen, wie wichtig es ist, Unternehmens- und technologische Strategien miteinander in Einklang zu bringen, um so strategische Erfolge zu erzielen. Ein Merkmal erfolgreicher Organisationen ist ein starkes Engagement der oberen Führungsebenen für Innovationen durch Technologie und ein guter Geschäftssinn, der auf dem Verständnis der Beziehung zwischen unternehmerischer und technologischer Strategie basiert.

Es muss ein kreatives Klima vorherrschen, das Innovationen fördert, und extensive Kommunikation zulässt. Die Kultur muss der einer lernenden Organisation entsprechen. Strukturen und Prozesse müssen die Schaffung eines solchen Umfelds erleichtern und die Entwicklung einzelner Mitarbeiter aber auch die Entwicklung von Teams fördern. Besonders Einzelpersonen, die Schlüsselpositionen innehaben, müssen gefördert werden, denn sie beherrschen und erleichtern die optimale Nutzung der Technologie für den strategischen Erfolg.

13.6 Die Integration der Ressourcen

Die Abschnitte oben befassten sich damit, wie einzelne Ressourcenbereiche die Strategien einer Organisation unterstützen müssen und/oder die Basis liefern müssen, auf der neue Strategien aufbauen können. Es gibt jedoch noch eine dritte Dimension, die aus den oben erwähnten Überlegungen bezüglich der separaten Ressourcenbereiche nur teilweise hervorgegangen ist. Wie in *Kapitel 3* besprochen erfordern die meisten organisationalen Strategien nicht nur Fähigkeiten auf verschiedenen Ressourcegebieten. Es ist außerdem nötig, dass eine Reihe unterschiedlicher Ressourcen und Kompetenzen gut kombiniert werden muss – sowohl innerhalb der Organisation als auch

42 Der Meilenstein-Phasen-Prozess wird behandelt bei R. Thomas, *New Product Development: Managing and forecasting for strategic success*, Wiley, 1993; und R. Cooper, S. Edgett, J. Kleinschmidt und J. Elko, „Optimising the stage-gate process: What best practice companies do", *Research Technology Management*, Bd. 45, Nr. 5 (2002), S. 21–26 und Bd. 45, Nr. 6 (2002), S. 43–49.

43 Siehe Tidd et al., Fußnote 33, Teil 5, S. 465.

innerhalb des größeren Wertnetzwerks.[44] So zeigt Abbildung 13.13 beispielsweise einige Ressourcen und Aktivitäten, die von einer Organisation integriert werden müssen, die sich einen Wettbewerbsvorteil daraus erhofft, neue Produkte schneller auf den Markt zu bringen als die Konkurrenz. Um eine solche schnelle Marktfähigkeit zu entwickeln, muss man die einzelnen Aktivitäten der Bereiche F&E, Fertigung, etc. integrieren und koordinieren können – wobei all diese Aktivitäten wiederum eine komplexe Mischung aus verschiedensten Ressourcen bedeuten. Dies kann eine sehr komplizierte Angelegenheit sein, und bildet genau aus diesem Grund auch in manchen Fällen die Grundlage für einen Wettbewerbsvorteil. Beispiel 13.5 zeigt ebenfalls, wie kompliziert für Regierungen und den öffentlichen Dienst die Ressourcenversorgung und Koordination klar favorisierter Strategien sein kann – in diesem Fall geht es um den Abbau antisozialen Verhaltens. Beispiel 13.6 erinnert an ein wichtiges Thema, das immer wieder in diesem Kapitel zur Sprache kam: Zu wenig oder zu viel Veränderung bezüglich der Versorgungsstrategien einer Organisation kann zu Schwierigkeiten führen, wenn es um die Umsetzung strategischer Veränderungen auf Gesamtunternehmensebene geht.

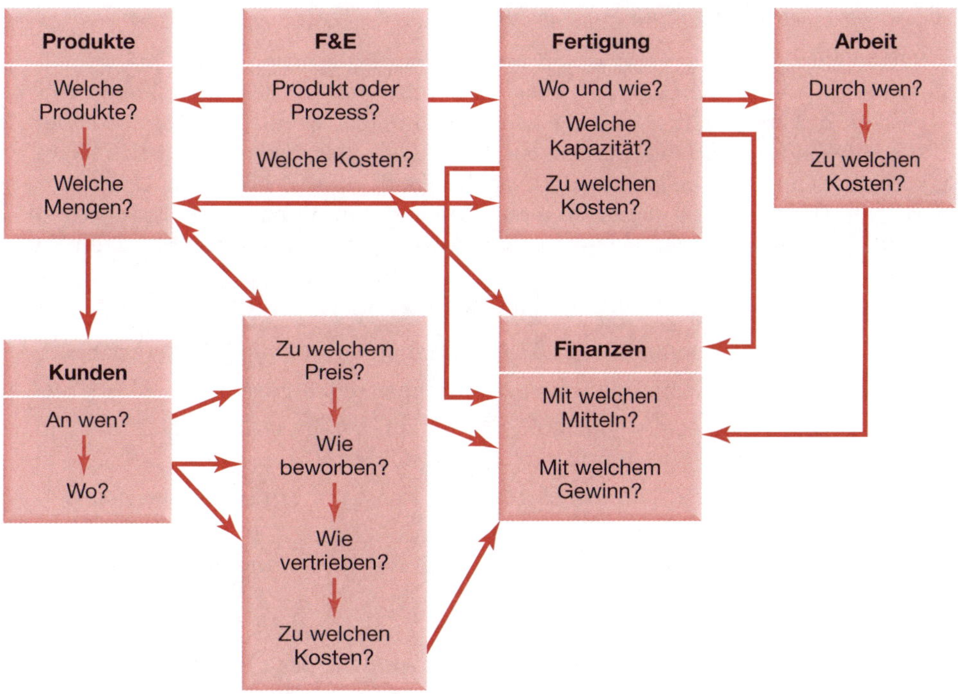

Abbildung 13.13: Ressourcenintegration zur Markteinführung eines neuen Produktes

44 L. Gratton, „Managing integration through cooperation", *Human Resource Management*, Bd. 44, Nr. 2 (2005), S. 151–158 unterstreicht die Bedeutung der kooperativen Zusammenarbeit über interne und externe Grenzen hinweg.

Beispiel 13.5 Antisoziales Verhalten – lästige Nachbarn

Eine wichtige Funktion der Regierung besteht darin, die Lebensqualität ihrer Bürger zu verbessern. Dies setzt jedoch die Fähigkeit voraus, viele Ressourcen von innerhalb und außerhalb der Regierung zusammenzubringen und zu integrieren.

Together war der Titel einer nationalen Kampagne, die das britische Innenministerium 2004 startete. Die Kampagne und die daraus inspirierten Aktionspläne konzentrierten sich auf die Bekämpfung antisozialen Verhaltens (ASV). Die Regierung war der Meinung, dass

> *jeder Bürger das Recht hat, ohne Angst und Sorge zu leben. Im Gegenzug obliegt jedem die Verantwortung, für niemand anderen Angst oder Sorgen zu verursachen ... Allerdings verhält sich eine kleine Minderheit ständig so, dass das Leben der Menschen in ihrem Umfeld ruiniert wird – und dies hat unverhältnismäßig große Auswirkungen.*

Solche Aussagen und Versprechen werden von Regierungen leicht und schnell formuliert, sie einzuhalten fällt aber umso schwerer. In diesem konkreten Fall bestand der erste Schritt darin, genau zu definieren, woraus ASV bestand. Der anschließend entworfene Aktionsplan bestand aus vier Bereichen: Lästige Nachbarn; Bettelei; Kriminalität in der Nachbarschaft; und Priorität für Opfer und Zeugen. Die Regierung sah dabei ihre Aufgabe darin, nützliche Ressourcen und Fachwissen aus allen Ministerien und externen Einrichtungen zusammenzubringen, um den „Praktikern" zu helfen, die oben definierten Bereiche anzugehen. So wurden unter anderem entwickelt und zur Verfügung gestellt:

- die *Together* Telefonhotline und Internetseite, die Hilfe und Beratung anbot.
- die *Together* Akademie, die Trainingsprogramme und Konferenzen veranstaltete.
- zusätzliche *finanzielle Unterstützung* für die bereits etablierten *Crime and Disorder Partnerships*, um deren Reaktionsfähigkeit zu stärken.
- *ASV Staatsanwälte* – ein neues Team innerhalb der britischen Staatsanwaltschaft.
- *Neue Richtlinien* bezüglich Art und Maß der Bestrafung von ASV für die Gerichte.

Natürliche musste für jeden der vier Bereiche mit Priorität (siehe oben) ein detaillierter Aktions- und Ressourcenplan erstellt werden. Der Plan für den Bereich der lästigen Nachbarn konzentrierte sich darauf, wie Familien funktionierten und sich verhielten:

> *Die Regierung möchte Familien in jeder Phase ihrer Entwicklung die benötigte Hilfe und Unterstützung zukommen lassen, um sie zu stärken: Angefangen von einer verbesserten vorgeburtlichen Versorgung, über Starthilfe für die Schule und ein gutes Bildungssystem bis hin zu Trainingsprogrammen für Eltern. Die Regierung hat erkannt, welche Herausforderungen das Leben als Familie birgt und wie wichtig, Hilfe und Unterstützung hier sind.*

Dann stellte der Plan dar, wie die Regierung zur Stärkung von Familien beitragen würde:

- *Es kommt auf jedes einzelne Kind an* – wir wollen uns dafür engagieren, dass jedes Kind sein Potenzial nutzen kann. Es müssen mehr Ressourcen für die Erziehung im Kindergarten, die Kinderbetreuung in Krippen, die Bekämpfung von Kinderarmut, die Unterstützung der Eltern und die Verbesserung des Schulniveaus bereitgestellt werden.
- *Programme zur Verhaltensverbesserung* – Geldmittel zur Verbesserung des Verhaltens und für regelmäßige Anwesenheit in der Schule in ausgewählten Regionen.
- *Positive Aktivitäten für junge Menschen* – eine Reihe von Programmen, um Kinder von der Straße zu holen.
- *Maßnahmen für Familien und Eltern* – darunter Geldmittel für Freiwillige, die Familien in Schwierigkeiten unterstützten und direkte Hilfe für Jugendliche, die das Gesetz übertreten.
- *Jugendgerichtshilfe* – mit Action Teams, um die Zahl der von Jugendlichen begangenen Straftaten zu reduzieren und zu verhindern, dass jüngere Kinder auf die schiefe Bahn geraten.
- *Belästigung durch Lärm und Feuerwerke* – neue Werbekampagnen und Gesetze, die den Verkauf von Feuerwerkskörpern regeln, sollen dieses Ärgernis eindämmen.
- *Wohnraum und Sozialleistungen* – darunter Lizenzen für Vermieter und Entzug staatlicher Leistungen für Wiederholungstäter.

Diese Initiativen wurden von verschiedenen Regierungsbehörden übernommen (darunter Bildung, Justiz, Lokalpolitik, Umwelt, Handel und Industrie und Soziales). Daraus ergab sich wiederum die Schwierigkeit, dass eine gemeinsame Anstrengung unternommen und koordiniert werden musste, denn die einzelnen Regierungsbehörden waren häufig geprägt von völlig verschiedenen Kulturen und hatten außerdem ganz verschiedene Prioritäten.

Quelle: www.together.gov.uk. Reproduziert gemäß der Bedingungen der Click-Use-Lizenz.

Kontrollfragen

1. Identifizieren Sie die wichtigsten Ressourcen und Aktivitäten, die zu einer Minderung des Problems antisozialen Verhaltens durch „lästige Nachbarn“ beitragen würde.
2. Zeigen Sie verschiedene Möglichkeiten auf, wie diese koordiniert werden könnten. Nennen Sie dabei Vor- und Nachteile jedes gewählten Ansatzes.

Beispiel 13.6 Ressourcen oder Revolution

Wie weit kann eine Organisation bei der Bestimmung ihrer Strategie über ihre ursprünglichen Ressourcen hinausgehen?

Dieses Kapitel betonte immer wieder, wie wichtig Ressourcen für die Unterstützung der Strategie einer Organisation sind. Nach Meinung des Strategiegurus Gary Hamel, Vorsitzender des internationalen Beratungsunternehmens Strategos, kann es jedoch schnell gefährlich werden, wenn man sich zu sehr auf seine Ressourcen verlässt. Ebenso wie Dorothy Leonard-Barton vor „Kernrigiditäten" (siehe *Kapitel 3*) warnt, so macht auch Hamel bestehende Ressourcen und Märkte dafür verantwortlich, dass viele Organisationen sich viel zu konservativ verhalten. Die Tatsache allein, dass man sich bereits auf einem Markt etabliert hat, wird zunehmend wertlos. Stattdessen drängt Hamel darauf, die große Bedeutung strategischer „Revolutionen" wahrzunehmen, die neue Märkte schaffen und neue Geschäftsmodelle generieren. Wir leben heute in einer Zeit, wo uns nur unsere Phantasie Grenzen setzt.[1, 2]

Für Hamel braucht eine Organisation, die in der heutigen Zeit, die von schnellem technologischem Wandel, sich verschiebenden Märkten und globalem Wettbewerb geprägt ist, ständige, revolutionäre Innovationen. Solche Innovationen ergeben sich allerdings kaum aus traditionellen strategischen Prozessen, die auf die Anpassung von Ressourcen an vorhandene Märkte geprägt sind. Wie in seinem früheren Werk mit C.K. Prahalad, betont Hamel auch jetzt die „Ausweitung" im Gegensatz zur „Anpassung". Dieses Mal werden auch noch die „Revolutionäre" im Gegensatz zu den „Planern" hervorgehoben.

Als Beispiel nennt Hamel Pierre Omidyar, Gründer der Firma eBay (im Jahr 1995), die sich rasch zur weltweit führenden Firma für Internetversteigerungen entwickelte. Omidyar wollte nicht zuallererst vorhandene Ressourcen an bestehende Märkte anpassen, sondern wollte einfach nur seiner Verlobten helfen, ihre Sammlung an Pez Süßigkeitenspendern zu erweitern. Omidyar behielt zunächst seinen Bürojob und begann parallel dazu mit seinen Internetauktionen, ohne über die Ressourcen eines traditionellen Auktionshauses zu verfügen. Er passte sich keinem Markt an, sondern kreierte ganz im Gegenteil einen völlig neuen Markttyp. Hätte Omidyar allein auf traditionelle strategische Prozesse vertraut, so hätte es eBay nie gegeben.

Ein weiteres von Hamel genanntes Beispiel – Enron – erinnert den Leser jedoch daran, dass bestehende Ressourcen nicht völlig bedeutungslos sind. Zwar lobt Hamel die revolutionäre Fähigkeit des Unternehmens, auf den sehr verschiedenen Märkten für Gas, Strom, Breitband und Rohstoffen aktiv und kreativ tätig zu sein. Es war jedoch letztendlich auch der Mangel an einzigartigen und schwer imitierbaren Ressourcen, der das Unternehmen schließlich scheitern ließ. Auf den hart umkämpften Märkten, die Enron geschaffen hatte und auf denen es aktiv war, gab es für Enron selbst nur wenige Grundlagen für nachhaltige Vorteile.[3] Daraus ergaben sich hohe Verluste, die zum damals spektakulärsten und größten Konkurs der Wirtschaftsgeschichte führten. Hier kam es sehr wohl auf die Ressourcen an.

Hamel spricht eine bedeutende wahre Tatsache über bestehende Ressourcen aus: Sie können behindernd und einschränkend wirken. Gleichzeitig aber scheint der Aufbau einer soliden Ressourcenbasis Grundvoraussetzung für nachhaltigen Erfolg zu sein. Selbst für eBay holte Omidyar rasch die MBA und Harvard Absolventin Meg Whitman als Firmenchefin mit ins Boot, die umgehend in die nötigen Ressourcen für Management, Finanzen und Infrastruktur investierte, um im 21. Jahrhundert überlebensfähig zu sein. Es scheint, dass das von David Teece[4] entworfene Konzept „dynamischer Fähigkeiten“, das die Fertigkeit meint, Kompetenzen immer neu zu entwickeln und zu verändern (siehe *Kapitel 3*), eine wichtige Brücke schlägt zwischen den Hemmnissen bestehender Ressourcen und der sehr freien aber nicht belegten Phantasie von Gary Hamels „Revolutionären“.

Anmerkungen

1. G. Hamel, *Leading the Revolution*, Harvard Business School Press, 2000.
2. G. Hamel und C.K. Prahalad, *Competing for the Future*, Harvard Business School Press, 1994.
3. S. Chatterjee, „Enron's incremental descent into bankruptcy: A strategic and organisational analysis“, *Long Range Planning*, Bd. 36, Nr. 2 (2003), S. 133–149.
4. D. Teece, G. Pisano und A. Shuen, „Dynamic capabilities and strategic management“, *Strategic Management Journal*, Bd. 18, Nr. 7 (1997), S. 509–533.

Kontrollfragen

In seinem Buch *Leading the Revolution* stellt Gary Hamel fest, dass der aktuelle Trend neuer Kaffeebars von Starbucks kreiert wurde, einer kleinen Kaffeefirma aus Seattle, die 1971 gegründet wurde. Erst 1984 eröffnete Starbucks die erste seiner mittlerweile 7.500 Kaffeebars. Hamel fragt: Warum wurde dieser Trend nicht von dem milliardenschweren Unternehmen Nestlé gestartet, dem unter anderem Nescafé gehört, der meistverkaufte Kaffee weltweit?

1. Vergleichen Sie die Ressourcen von Nestlé und Starbucks in den späten 1980er und frühen 1990er Jahren (siehe *www.nestle.com* und *www.starbucks.com*) Warum hat Nestlé den Kaffeebar-Trend nicht gestartet?
2. Welche Implikationen ergeben sich aus diesem Versäumnis durch Nestlé für andere mächtige etablierte Unternehmen auf deren aktuellen Märkten?

Z U S A M M E N F A S S U N G

- Es ist wichtig, die Beziehung zwischen Ressourcenmanagement und strategischem Erfolg zu erkennen. Diese Beziehung ist gegenseitig. Das Ressourcenmanagement muss die Unternehmensstrategien einer Organisation unterstützen. Doch die Entwicklung einzigartiger Ressourcen und Kernkompetenzen in einzelnen Teilen der Organisation kann als „Sprungbrett" für die Entwicklung neuer Unternehmensstrategien dienen.
- Die *„konkrete" Seite* des Ressourcenmanagements – d.h. Systeme und Abläufe – ist für die Ermöglichung des Erfolgs von zentraler Bedeutung. In allen Ressourcebereichen lautet jedoch die kritische Frage, wie diese Systeme zur Schaffung und Integration von Wissen beitragen. Nur ein Teil dieses Wissens kann in Systemen erfasst werden. Und tatsächlich ergibt sich ein Wettbewerbsvorteil meist häufiger aus dem Wissen, das nicht kodifiziert werden kann, da es durch Konkurrenten schwerer zu imitieren ist.
- Das Verständnis dafür, wie *Menschen* den Erfolg einer Organisation unterstützen können, bezieht sich sowohl auf die formalen Systeme und Abläufe als auch auf die informellen Verhaltensweisen von Menschen. Auch die verschiedenen Möglichkeiten, Menschen für den Erfolg zu organisieren sind hier von Bedeutung – die in *Kapitel 12* behandelten Strukturen und Prozesse.
- *Information* ist eine zentrale Ressource, die angesichts des stetigen Fortschritts der Informationstechnologie immer mehr an Bedeutung gewinnt. Diese gesteigerte Fähigkeit, Information zu erlangen und zu verarbeiten, kann die Kernfähigkeiten einer Organisation, die so wichtig für den Wettbewerbsvorteil sind, sowohl aufbauen als auch zerstören. Auch durch die Informationstechnologie ergeben sich neue Geschäftsmodelle – traditionelle „Wertnetzwerke" werden neu konfiguriert. Dies stellt für manche Organisationen eine ernste Bedrohung, für andere wiederum eine große Chance dar.
- *Finanzmittel* sind für alle Organisation von großer Bedeutung. Dabei muss man vor allem verstehen, wie Unternehmensstrategien für Aktionäre und Eigentümer zur Wertsteigerung beitragen können. Die meisten strategischen Entwicklungen erfordern finanzielle Mittel, wodurch sich wiederum Risiken ergeben. Also muss die Art der Finanzierung der jeweiligen Strategie angepasst werden. Nicht nur die Erwartungen der Eigentümer sondern auch die Erwartungen anderer Interessengruppen beeinflussen dabei die Unternehmensstrategien einer Organisation.
- Der letzte Ressourcebereich, der in diesem Kapitel angesprochen wird, ist die Entwicklung von *Technologie*. Dies beeinflusst, die Wettbewerbskräfte, die auf eine Organisation wirken ebenso wie deren strategische Fähigkeiten. Die Art und Weise wie Technologien entwickelt, genutzt, organisiert und finanziert werden, wirken sich allesamt auf Erfolg und Misserfolg einer Strategie aus.
- Organisationen müssen in der Lage sein, *Ressourcen und Kompetenzen als allen Bereichen zu integrieren*, um aktuell verfolgte Strategien zu unterstützen oder neue Strategien zu entwickeln. Fähigkeiten auf einzelnen isolierten Ressourcengebieten zu besitzen, reicht nicht aus.

Z U S A M M E N F A S S U N G

Aufgaben

*Kennzeichnet schwierigere Aufgaben.

13.1 Wählen Sie eine strategische Entwicklung einer Organisation, mit der Sie vertraut sind, und zählen Sie die wichtigsten Veränderungen in Bezug auf die Mitarbeiter auf, die für den Erfolg dieser Entwicklung erforderlich sind (Beziehen Sie sich dabei auf Abbildung 13.2).

*13.2 Schreiben Sie einen Bericht an den Chef Ihrer Firma, und geben Sie darin eine Empfehlung ab, ob die Personalabteilung geschlossen und die Personalverantwortung den Managern der mittleren Führungsebene übertragen werden sollte. Stützen Sie Ihre Argumentation auf die Auswirkungen dieser Entscheidung auf den strategischen Erfolg der Organisation.

*13.3 a) Wählen Sie eine Organisation, die ihre generische Wettbewerbsstrategie von einer Niedrigpreisstrategie hin zu einer Differenzierung verlagert (auf der strategischen Uhr). Beschreiben Sie, wie sich die Informationsstrategien verändern müssen, um diesen Strategiewechsel optimal zu unterstützen.

b) Wählen Sie eine Organisation, die einen Strategiewechsel in die andere Richtung anstrebt (von Differenzierung zu Niedrigpreisstrategie) und führen Sie die gleiche Analyse durch.

13.4 Nennen Sie Beispiele für alle in Abbildung 13.5 aufgeführten Geschäftsmodelle. Erklären Sie, auf welchen Sektoren jedes Geschäftsmodell Ihrer Meinung nach besonders großen Einfluss haben wird und begründen Sie Ihre Antwort.

13.5 Beziehen Sie sich auf Abbildung 13.7 und nennen Sie möglichst viele Gründe, wie und warum rentable Unternehmen Shareholder Value zerstören könnten (mit Beispielen). Wiederholen Sie nun diese Aufgabe mit Unternehmen, die nicht weniger rentabel operieren, trotzdem aber Shareholder Value generieren (ebenfalls mit Beispielen).

*13.6 Schreiben Sie einen Bericht darüber, wie sich verschiedene Finanzierungsquellen der Art der Branche sowie den verschiedenen Strategien anpassen müssen, die eine Organisation verfolgt.

*13.7 Beziehen Sie sich auf Abbildung 13.11 und schreiben Sie einen Bericht, in dem Sie Ihrem Firmenchef eine Empfehlung abgeben, wie Technologie durch Ihr Unternehmen übernommen werden sollte. Begründen Sie Ihre Argumentation.

13.8 Beziehen Sie sich auf das Beispiel der Markteinführung eines neuen Produkts in Abbildung 13.13. Wenn Sie bei dieser Einführung als Projektmanager tätig wären, wie genau würden Sie sicherstellen, dass die verschiedenen Ressourcebereiche integriert werden können? Identifizieren Sie dabei sowohl „konkrete" als auch „intuitive" Integrationsmöglichkeiten.

Integrative Aufgaben

13.9 Diskutieren Sie unter Anführung von Beispielen die Aussage, dass „IT als Diener aktueller Strategien und Geschäftsmodelle angesehen wird und nicht als Möglichkeit, die Unternehmensaktivitäten einer Organisation und ihre Wege zur Vorteilserlangung zu revolutionieren". Beziehen Sie sich in Ihrer Antwort sowohl auf das Wertnetzwerk (siehe *Kapitel 3*) als auch auf die Unternehmenskultur (siehe *Kapitel 5*).

13.10 Das Wissen einer Organisation verteilt sich auf die wichtigsten Ressourcenbereiche, die in diesem Kapitel angesprochen wurden. Wie kann eine Organisation nun diese Bereiche integrieren und daraus einen Vorteil erlangen? Beziehen Sie sich in Ihrer Antwort auf *Kapitel 3* und *5*.

Literaturempfehlungen

- Ein gutes allgemeines Nachschlagewerk aus dem Bereich Personalwesen ist L. Mullins, *Management and Organisational Behaviour*, 7. Aufl., FT/Prentice Hall, 2005.
- Drei allgemeine Bücher über Informationsmanagement sind: P. Bocij, D. Chaffey, A. Greasley und S. Hickie, *Business Information Systems: Technology, Development*

and Management for the E-Business, 3. Aufl., FT/Prentice Hall, 2006 (besonders Kap. 13 und 14); J. Ward und J. Peppard, *Strategic Planning for Information Systems*, 3. Aufl., Wiley, 2002; D. Chaffey und S. Wood, *Business Information Management*, FT/Prentice Hall, 2005.

- Einige Standardwerke zum Thema Finanzwesen sind immer nützlich, so etwa G. Arnold, *Corporate Financial Management*, 3. Aufl., FT/Prentice Hall, 2005; P. Atrill, *Financial Management for Decision Makers*, 4. Aufl., FT/Prentice Hall, 2006.
- Die Beziehung zwischen Technologie und Strategie wird ausführlich diskutiert bei J. Tidd, J. Bessant und K. Pavitt, *Managing Innovation: Integrating technological, market and organisational change*, 3. Aufl., Wiley, 2005.

Fallstudie
Beispiel Videospiele

Anfang des 21. Jahrhunderts war die Entwicklung computergestützter Videospiele zu einer bedeutenden internationalen Branche herangewachsen, die von Unternehmen in Großbritannien, Nordamerika und Japan dominiert wurde. Als diese Branche aber noch in den Kinderschuhen steckte (Ende der 1980er Jahre) waren es vor allem einzelne Programmierer, die zuhause an ihren PCs Programme schrieben – eine Hinterzimmerindustrie. Die Entwicklung eines Videospiels kostete damals nur € 6.000 ($ 6.250) und erforderte nur zwei Fachleute – einen Programmierer und einen Künstler. Ende der 1990er Jahre gab es in Großbritannien allein bereits über 300 Firmen, die Videospiele entwickelten. Doch schon in den ersten Jahren dieses Jahrhunderts kostete die Entwicklung eines neuen Spiels bis zu € 3 Mio. und beschäftigte ein Team von 30 oder mehr Programmierern, Künstlern, Tontechnikern und Produzenten. Viele Beobachter gingen davon aus, dass die Entwicklungskosten auf bis zu € 15 Mio. pro neuem Spiel steigen würden. Diese Entwicklung wirkte sich natürlich ganz massiv auf die Struktur der Branche und auf die Finanzierung der betroffenen Unternehmen aus. Unternehmen mussten eine gewisse Größe haben, um überleben zu können. Viele Firmengründer entschlossen sich daher zum Verkauf ihres kleinen Unternehmens oder gingen mittels einer Flotation von Aktien an die Börse. Andere Unternehmen, wie etwa Rock Star, die in Großbritannien gegründet worden waren, zogen nach USA.

Die *Irish Times* kommentierte die Finanzlage der Unternehmen in dieser Branche in den ersten Jahren des neuen Jahrtausends:

> *Im Augenblick kommt das Geld für die Schaffung neuer erfolgreicher Videospiele bis auf ganz wenige Ausnahmen von den Softwareverlagen (publishers) der Spiele, einer kleinen Gruppe international tätiger Firmen wie etwa Vivendi und Electronic Arts, deren Stärke auf dem Markt sich auf erfolgreich ausgehandelten Lizenzverträgen mit bestehenden Medienunternehmen gründet (Videospiele zu Kinofilmen, wie etwa Spiderman, Sportstars, und Adaptionen zu Arcade-Spielen). Wichtig sind darüber hinaus auch gute Beziehungen zu Konsolenherstellern wie z.B. Sony und Microsoft und – vielleicht der zentralste Punkt – die direkte Kontrolle über den Vertrieb der Spiele. Die meisten Spiele werden auf die ganz altmodische Art verkauft: Sie stehen in Zellophan verpackt in den Läden und werden durch die Marketinginfrastruktur des Publishers beworben.*

Rund um diese Publisher gruppieren sich die Entwickler und Designer der Spiele. Gleichgültig ob sie nun als Angestellte dieser Unternehmen oder für kleine unabhängige Firmen arbeiten – in jedem Fall sind sie in Bezug auf die im Voraus anfallenden Produktionskosten fast vollständig auf die Publisher angewiesen. Denn ein neues Spiel bekommt nur dann grünes Licht für die Produktion, wenn es einen Vertrag mit einem Softwareverlag gibt. Übernimmt dieser nicht die Kosten, so schafft es ein neues Spiel kaum in die Regale der Händler. Und da die Durchschnittskosten für Entwicklung und Herstellung neuer Spiele stetig steigen, wächst auch die Kontrolle der Publisher über den Entwicklungsprozess. Die Zahl der unabhängigen Spieleentwickler wird immer geringer – und die Publisher werden immer konservativer. …

Warum aber explodieren die Kosten derart? Zum Teil ist dafür die wachsende Komplexität der Ausstattung der modernen Spiele verantwortlich. Es spielt keine Rolle, ob ein neues Spiel für den PC oder die Spielekonsole entwickelt wird, in jedem Fall erfordern die Hardware und das kreative Input, die für einen solchen atemberaubend schnellen, unendlich detaillierten, aufwändig bebilderten 3D Actionfilm nötig sind, viel Geld, Zeit und Arbeit. Doch auch das System ist teilweise schuld an den hohen Kosten. Es heißt, dass vier von fünf Spielen kein Geld abwerfen. Die Publisher investierten Unsummen im Bereich Marketing und finanzieren ein erstaunlich altmodisches Vertriebssystem, denn die Spiele werden einfach in Schachteln verpackt und ins Regal gestellt. Davon profitieren weder die Programmierer noch die Spiele.

Selbst diejenigen, die mit erfolgreichen Spielen schon Millionen verdient haben, werden dieses Systems langsam überdrüssig. Valve, Schöpfer des Bestsellers Half-Life 2 (2004), entschlossen sich zur Gründung des internetgestützten Vertriebssystems Steam, da sie sich für Transport und Lieferung ihrer Produkte nicht mehr auf die etablierten Softwareverlage verlassen wollten. Daraufhin verzögerte sich der Erscheinungstermin von Half Life, denn der Publisher Vivendi verklagte Steam, um zu erreichen, dass diese den Vertrieb einstellte. Grundlage der Klage war angeblicher Vertragsbruch. Am anderen Ende des Entwicklungsprozesses schlug der weltberühmte britische Spieleentwickler Peter Molyneux ein Finanzierungsangebot der Publisher aus und wandte sich an Risikokapitalgeber, um sein neuestes Spiel zu finanzieren.

Auf der Games Developers Conference (GDC), einer Tagung für Spieleentwickler, im Jahr 2005 in San Francisco schien es, als fänden solche Ausbruchversuche aus dem Publisher-System der Videospielebranche viel Zuspruch. „Kann es uns schlechter gehen, wenn wir unser ganzes Vertrauen auf die kreativen Köpfe anstatt auf die Publisher setzen?“ fragte Branchenveteran Warren Spector. Es ist schwer zu sagen, ob die angespannte Atmosphäre der GDC dazu führen wird, dass die Spieleentwickler sich gegen ihre Meister erheben und ihre eigenen innovativen Vertriebs- und Finanzierungssysteme entwickeln. Selbst wenn es sich hier um mehr als um bloße Drohgebärden handelt, kann es doch sein, dass diese ganze Entwicklung lediglich ein Teil eines langen, sich ständig wiederholenden Kreislaufs ist – zumindest dann, wenn sich die Parallelen mit dem System Hollywood weiter fortsetzen. Schließlich waren die Softwareverlage – genauso wie Filmstudios, etwa United Artists oder Dreamworks, früher einmal kleine Firmen ohne jeden Einfluss. Werden die Einnahmen über Steam, die es Valve ermöglichen, für das Spielen seiner Spiele eine monatliche Abonnementgebühr zu verlangen, die Programmierer ebenso gründlich korrumpieren, wie dies nach Meinung der Spieleentwickler mit den Publisherfirmen geschehen ist? Werden die Risikokapitalgeber, die Molyneux finanzieren, ebenso nachsichtig sein wie die Publisher, wenn seine Spiele nicht sofort den geplanten Erfolg bringen? Vielleicht ist die Welt der Videospiele ja ganz anders.

Wie die meisten Entwicklungen in der IT sowie auch in der Unterhaltungsbranche, so schuf die schnelle Geschwindigkeit des Wandels auch in diesem Fall große Risiken für viele Unternehmen, aber auch neue Möglichkeiten für andere. 2005 unterschrieb der Publisher Electronic Arts einen Vertrag mit Steven Spielberg, Regisseur von *Schindlers Liste*, *Der Soldat James Ryan*, *Krieg der Welten* und vielen anderen Hollywood Blockbustern, über die Schaffung von drei neuen Videospielen. Zur gleichen Zeit führte die Screen Actors Guild (die größte Gewerkschaft der Schauspieler in den USA) harte Verhandlungen über die Erhöhung von Honoraren für Schauspieler, die ihre Stimmen den Figuren in Videospielen liehen. Die horrenden Entwicklungskosten zwangen Publisher und Spieleentwickler dazu, sich neue Bezugsquellen für Spielesoftware zu suchen, was dazu führte, dass neue Unternehmen auf diesem Gebiet in Regionen wie etwa Indien schnell wuchsen. Die Vorteile einer teilweisen oder kompletten Auslagerung der Spieleentwicklung nach Indien sind das unglaubliche kreative Talent und die Programmierfähigkeiten verbunden mit den geringen Lohnkosten dort. Dies kann eine Reduzierung der Entwicklungskosten um bis zu 40 Prozent bringen. Doch der vielleicht wichtigste Faktor, der auch die Popularität eines Videospiels beim Verbraucher bestimmt, sind die Fähigkeiten der Hardware – sei dies nun eine Konsole, ein PC oder sogar ein Handy. 2005 war ein bedeutendes Jahr für den Kampf um die Dominanz auf dem Hardware Markt, wie die *Financial Times* berichtete:

> *Sony und Microsoft stehen kurz davor, Produkte auf den Markt zu bringen, die mit der gleichen atemberaubenden Geschwindigkeit arbeiten können. … Diese Geräte verfügen über eine unhemlich hohe Prozessorleistung, können bewegte Bilder in HD darstellen – und werden bald für einige hundert Dollar als Hardware für Videospiele zu kaufen sein. Doch hier geht es um weit mehr als um das Abschließen von Außerirdischen. Die Spieleindustrie ist ihren Kinderschuhen zwar schon längst entwachsen – doch diese Entwicklung ist verschwindend gegen das, was jetzt auf uns zukommt. Diese Hochleistungsgeräte sind die Waffen eines viel größeren Krieges: Dies ist der Kampf um Dominanz in allen Formen des Home Digital Entertainment. „Der Einsatz für eine Führungsposition bei der Hardware der nächsten Generation ist enorm hoch." meint Warren Jenson, Finanzleiter von Electronic Arts, dem größten Softwareverlag für Videospiele. „Hier geht es um den kleinen schwarzen Kasten, der letztendlich das heimische Wohnzimmer mit dem Internet verbindet."…*
>
> *Im Bereich der Hardware für Videospiele markierten solche periodischen Übergänge zu einer neuen Generation der Technologie schon immer große Verlagerungen bezüglich der Führungspositionen in der Branche. Atari wurde von Sega abgelöst, das seine Führungsposition schließlich an Nintendo abgeben musste. Schließlich stieg dann Sony zum führenden Unternehmen auf. Und dieses Mal ist es Microsoft, das das Tempo verschärfen möchte. Microsoft weiß, was es bedeutet, zu spät dran zu sein, denn seine erste Xbox kam ganze 18 Monate nach Sonys PlayStation 2 auf den Markt; und obwohl man großes Lob für dessen technisches Können erntete, konnte man den verlorenen Boden bei Kunden und Spieleentwicklern, ohne deren Unterstützung sich die Hardware nicht verkaufen lässt, nicht mehr aufholen. … Ebenso wie sich in einer früheren Zeitrechnung der Mikrocomputer irgendwann gegen den Großrechner durchsetzte und zur neuen Quelle für Innovationen der Computerwelt wurde, nur um später dem PC Platz zu machen, so bringen heute Spielekonsolen bahnbrechende neue technologische Entwicklungen. Natürlich verliert der PC dadurch keineswegs seine zentrale Stellung als digitales Gehirn unseres Zuhauses. Nach Angaben der Technologieüberwachungsfirma IDC wurden allein im letzten Jahr etwa 64 Mio. PCs für den privaten Gebrauch verkauft, verglichen mit nur 24 Mio. Spielekonsolen. Dennoch rückt angesichts all der Energien und Gelder, die nun in die Entwicklung dieser Konsolen fließen, der PC etwas in den Hintergrund – und das Kästchen, das mit größter Wahrscheinlichkeit bald an den Familienfernseher angeschlossen werden kann, wird wohl die Spielekonsole und nicht der PC sein.*

Das Unternehmen, das als Marktführer in diese nächste Runde der Neuentwicklungen im Bereich digitaler Unterhaltung einzieht, ist sich sehr wohl bewusst, was auf dem Spiel steht. Für Sony waren und sind Videospiele ein seltener und dadurch umso dringender benötigter Lichtblick. In den vier Jahren seit dem Beginn des Erfolgs der PlayStation 2 trägt das Geschäft mit Videospielen durchschnittlich fast 60 Prozent zum jährlichen Betriebsgewinn bei. Doch die Verluste, die Microsoft mit seinem Unternehmensbereich Videospiele erleiden musste, sind allerdings noch größer als Sonys Gewinne. Im Laufe der letzen vier Jahre brachte der Geschäftsbereich Videospiele Sony Einnahmen von $ 2,6 Mrd. (€ 2,1 Mrd.) ein. In etwa dem gleichen Zeitraum verbuchte die Sparte Home and Entertainment bei Microsoft – die Xbox also – Verluste in Höhe von $ 3,7 Mrd. Für den Softwarekonzern war dies allerdings das Eintrittsgeld in die Spielebranche und in den dort allmählich einsetzenden neuen Wettbewerb. Bill Gates, Vorstandsvorsitzender von Microsoft, formulierte dies letzte Woche so: „In dieser Runde haben wir – zu einem beträchtlichen Preis – die Chance bekommen, noch mal würfeln zu dürfen."

Trotz ihrer großen Ambitionen sind sich sowohl Microsoft als auch Sony wohl bewusst, dass die Verkaufszahlen ihrer Konsolen ganz wesentlich davon abhängen werden, wie gut es ihnen gelingt, ihre neuen digitalen Zugpferde einzuspannen, um immer spannendere und interessantere Spiele zu ermöglichen. Dabei geht es nicht nur um die gestochen scharfen Bilder, die das HD Fernsehen möglich macht oder um die Möglichkeit, anspruchsvolle Grafiken in Echtzeit zu liefern: Durch die höhere verfügbare Rechenleistung sind die künstliche-Intelligenz-Algorithmen in den Rechnern in der Lage, weitaus komplexere und unerwartetere Interaktionen als bisher zu produzieren.

Da immer mehr Medien- und Unterhaltungsbereiche heute in digitaler Form angeboten werden, müssen diese Maschinen auch eine breiter definierte Rolle übernehmen. Sie sind darauf ausgelegt, als allgemeiner Zugang zu fungieren, durch den man seine Familienfotos abrufen, digitale Musik hören oder aus einem großen Fundus an Spielfilmen auswählen kann – sei es nun durch eine direkte Verbindung ins Internet oder in Form eines Heimnetzwerks, das sie mit einem PC verbindet. Die Internetverbindung erleichtert es Familienmitgliedern oder Freunden, Fotos und Musik auszutauschen oder gemeinsam zu spielen.

Sony ... geht davon aus, dass der (Zell-)Chip die technologischen Barrieren einreißen könnte, die bisher Spiele und Filme voneinander trennten, denn Animationen und Spezialeffekte werden bisher mithilfe verschiedener Technologien erzeugt. Der Zell-Chip aber kann lebensechte Bilder liefern, die dadurch sowohl für Videospiele als auch für Filme verwendet werden können. „Die Konvergenz von Spielen und Filmen birgt ein unglaubliches Potenzial – und die Chance für etwas ganz Neues, das sich daraus entwickeln könnte," so Sony.

„Wir betrachten unsere Plattform nun ganzheitlich" meint Dean Lester, Leiter der Sparte Games for Windows bei Microsoft. „Früher mussten die Publisher die Kontrollsysteme neu entwerfen, jetzt können sie ihr Spiel direkt für die Plattform entwerfen."

Microsoft möchte also im Grunde seine Position im Bereich Videospiele stärken, um so für Publisher attrakTabeltiv zu sein und Lizenzen für Spiele erlangen, die ihren Konsolen zum Erfolg verhelfen sollen.

Quellen: Sunday Times, 12. Oktober 2003, „Developers of video games feel disillusioned" von D. O'Brien, Irish Times, 18. März 2005; Financial Times (US Ausgabe), 11. Mai 2005.

Kontrollfragen

1. Erklären Sie, wie sich das „Geschäftsmodell“ für die Branche mit der Verbesserung der Informationstechnologie verändert hat. Wie könnten die nächsten Veränderungen aussehen?
2. Wie wirkte sich die neue „Form“ der Spielebranche in Bezug auf Personalfragen auf die verschiedenen „Mitspieler“ aus?
3. Formulieren Sie mithilfe von Abbildung 13.8 eine Kritik der Finanzstrategien und ihrer Angemessenheit für die Branche.

Das Management des strategischen Wandels

14

ÜBERBLICK

Lernziele

Nach der Lektüre dieses Kapitels sollten Sie in der Lage sein,

- die Reichweite eines erforderlichen strategischen Wandels zu identifizieren.
- zu analysieren, wie das organisationale Umfeld die Gestaltung strategischer Wandlungsprogramme beeinflussen kann.
- eine Kraftfeldanalyse durchzuführen, um Kräfte zu identifizieren, die einen Wandel blockieren oder erleichtern.
- den Einfluss der Rolle und der Managementstile von Change Agents zu bewerten.
- den Wert verschiedener Instrumente des strategischen Wandels zu beurteilen, darunter das Management organisationaler Routinen, politische und symbolische Prozesse sowie andere Wandlungstaktiken.
- die Probleme des Managements von Wandlungsprogrammen zu erkennen.

14.1 Einführung

Dieses Kapitel befasst sich mit den Managementaktivitäten, die ein Strategiewechsel erfordert. *Kapitel 12* und *13* sprachen wichtige Punkte in Bezug auf die Strukturierung von Organisationen und die Ressourcenversorgung von Strategien an – beide Themen sind auch für die Durchführung eines strategischen Wandels von großer Bedeutung. Der Entwurf einer Struktur und die Versorgung mit angemessenen Ressourcen garantieren für sich genommen allerdings noch nicht, dass die beteiligten Mitarbeiter eine Strategie in die Tat umsetzen können. Managerberichten zufolge liegt das Hauptproblem beim Management eines Wandels darin, dass die meisten Menschen zu *Trägheit* neigen und einen *Wandel ablehnen*.[1] Wie in *Kapitel 5* (siehe *Abschnitt 5.1*) erklärt, kann dies zu einer *strategischen Drift* führen. Auch die Diskussion der Erfahrungsperspektive im Kommentar am Ende dieses Buches sowie die Erklärungen in *Kapitel 11*, wie sich Strategien entwickeln, weisen immer wieder auf dieselbe Tendenz hin. Das Management des strategischen Wandels stellt also für Manager eine große Herausforderung dar. Dieses Kapitel stellt drei wichtige Behauptungen auf, die dabei helfen sollen, sich dieser Herausforderung zu stellen:

- *Es kommt auf die Strategie an.* Man darf nie vergessen, dass beim Management des strategischen Wandels viele der in den vorherigen Kapiteln angesprochenen Themen als wichtige Vorboten verstanden werden sollten, wenn es darum geht, herauszufinden, ob ein strategischer Wandel notwendig ist und in welche Richtung dieser gehen soll. Keines der bereits besprochenen Themen soll hier im Detail

1 Viele Bücher und Artikel über strategischen Wandel bauen auf der Vorstellung auf, dass der aktuelle Zustand einer Organisation wahrscheinlich von Trägheit und der Ablehnung des Wandels geprägt ist und dass folglich Bedarf besteht, diese Blockade aufzuheben. Die Dominanz dieser Vorstellung kann zurückverfolgt werden bis zu den Arbeiten von K. Lewin; siehe „Group decision and social change", in E.E. Maccoby, T.M. Newcomb und E.I. Hartley (Hrs.), *Readings in Social Psychology*, Holt, Reinhart & Winston, 1958, S. 197–211.

wiederholt werden, es sei lediglich darauf hingewiesen, das das Verständnis der folgenden Punkte von großer Bedeutung ist:

– warum ein strategischer Wandel notwendig ist (siehe *Kapitel 2*, *3*, *4* und *5*)
– die Grundlagen der Strategie, d.h. der strategische Zweck, der eventuell in Form einer Mission oder einer Vision vorliegt (siehe *Kapitel 4*) sowie die Grundlagen für einen Wettbewerbsvorteil (siehe *Kapitel 6*)
– die spezifischeren Wahlmöglichkeiten in Bezug auf die strategische Ausrichtung und die strategischen Methoden

- *Es kommt auf das Umfeld an.* Die Entscheidung, welcher Managementansatz des strategischen Wandels gewählt wird, muss vom Umfeld abhängen. Es gibt also nicht nur einen „richtigen Weg", wenn es um das Management des strategischen Wandels geht. Manager müssen bei ihrer Abwägung und Berücksichtigung verschiedener Ansätze immer die speziellen Umstände ihrer Organisation im Auge behalten.
- *Verschiedene Rollen beim Management des strategischen Wandels.* Bei vielem, was über den strategischen Wandel geschrieben wurde, wird vorausgesetzt, dass sich dieser Wandel immer *von oben nach unten* vollzieht, dass also die oberste Führungsebene einen erforderlichen Wandel durchsetzt und durchführt. Natürlich ist es eine Hauptaufgabe von Führungskräften der oberen Ebene, die strategische Ausrichtung ihrer Organisation mit zu bestimmen. Es ist jedoch unrealistisch, anzunehmen, dass sie alles kontrollieren können. Eine Organisation besteht nämlich aus vielen anderen Mitarbeitern – Manager der mittleren Führungsebene und auch einfache Mitarbeiter –, die das Management des Wandels wesentlich mittragen. So zeigt *Kapitel 11* (siehe *Abschnitt 11.3*), dass ein strategischer Wandel auch von den unteren Ebenen einer Organisation ausgehen kann.

Abbildung 14.1 gibt einen Überblick über die Struktur dieses Kapitels. *Abschnitt 14.2* beginnt mit einer Erklärung wichtiger Themen, die bei der *Diagnose der Situation*, in der sich eine Organisation befindet, für die ein Wandel ansteht, berücksichtigt werden müssen. Dabei geht es besonders darum, *wie dieser Wandel aussehen soll*, um die *Vielfalt der zu berücksichtigenden umfeld- und kulturabhängiger Faktoren* sowie um die *Kräfte, die diesen Wandel erleichtern oder blockieren. Abschnitt 14.3* wendet sich dem Management des strategischen Wandels zu und behandelt die verschiedenen *Managementstile* und die Rollen, die *strategische Anführer* und andere *Change Agents* in dieser Situation übernehmen. *Abschnitt 14.4* befasst sich dann mit verschiedenen *Instrumenten des Wandels* wie etwa Wandel im Bereich *Struktur und Kontrolle* oder bei organisationalen *Routinen, Systemen und Symbolen*. Weiterhin geht es um die Rolle *politischer Aktivitäten* und um spezifischere *Taktiken. Abschnitt 14.5* schließlich fasst all diese Themen nochmals zusammen und diskutiert, wie sich ein Wandel effektiv vollziehen kann und welche allgemeinen Schlüsse man bezüglich bestehender *Programme für das Management des Wandels* ziehen kann.

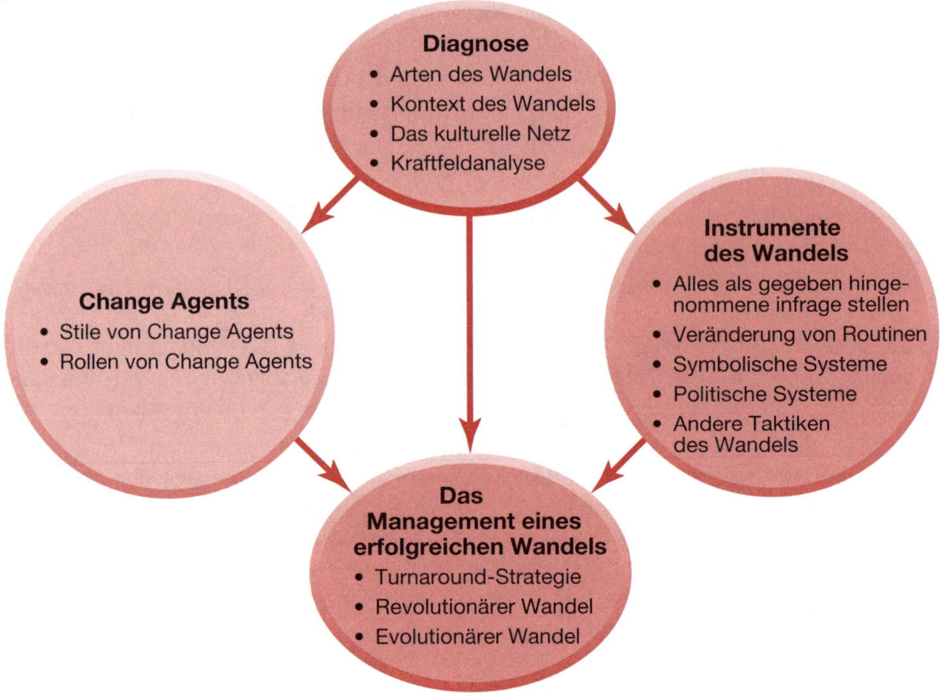

Abbildung 14.1: Zentrale Elemente des Managements des strategischen Wandels

14.2 Die Analyse des Wandels

Wie das Management eines Wandels konkret aussieht, hängt davon ab, wie groß die Herausforderung ist, die mit der Durchsetzung eines solchen Wandels verbunden ist. Um dies besser zu verstehen, muss man zuerst erkennen, welche *Art des Wandels* erforderlich ist; zudem muss man das allgemeine *Umfeld*, innerhalb dessen sich dieser Wandel vollziehen soll, die spezifischen *Hindernisse*, die diesen Wandel blockieren können, sowie die Kräfte, die den Wandlungsprozess *erleichtern*, kennen.

14.2.1 Arten des strategischen Wandels

Wie bereits in *Kapitel 11* erwähnt, vollzieht sich eine strategische Entwicklung meist *inkrementell.* Sie baut auf vorher verfolgten Strategien auf; zudem sie adaptiv und umfasst nur gelegentlich weitere *transformative* Veränderungen. Julia Balogun und Veronica Hope Hailey[2] entwickeln diese Punkte weiter und identifizieren vier Arten des strategischen Wandels (siehe Abbildung 14.2), die sich auch auf das Management des jeweiligen Wandels auswirken.

2 *Exploring Strategic Change* von J. Balogun und V. Hope Hailey, 3. Aufl., Prentice Hall, 2007, ist ein Schwestertext zu diesem Buch; Dieser Teil des Kapitels entspricht Kap. 3 über das Umfeld des strategischen Wandels.

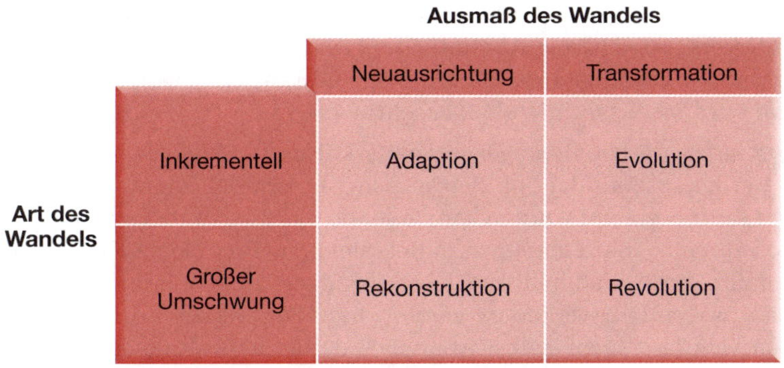

Abbildung 14.2:
Arten des Wandels

Natürlich wirkt es sich positiv auf eine Organisation aus, wenn sich dort ein Wandel *inkrementell* vollzieht, da ein solcher Wandel immer auf den Fähigkeiten, Routinen und Überzeugungen der Mitarbeiter der Organisation aufbauen sollte. Dadurch wird der Wandel leichter zu verstehen und erhält mehr Unterstützung. Manchmal ist es jedoch notwendig, eine *drastische Umkehr (Turnaround)* zu vollziehen, wenn sich eine Organisation beispielsweise in einer Krise befindet oder sich schnell verändern muss. Die Frage bezüglich des Ausmaßes des Wandels lautet, ob sich der Wandel innerhalb der gegenwärtigen Unternehmenskultur als *Neuausrichtung* einer bestehenden Strategie vollziehen kann, oder ob sich die Kultur verändern muss. In diesem Fall handelt es sich eher um einen *transformativen* Wandel. Kombiniert man diese beiden Dimensionen, so ergeben sich vier Arten des strategischen Wandels:

- Eine *Adaption* ist ein Wandel, der innerhalb der bestehenden Kultur vollzogen werden kann und inkrementell geschieht. Dies ist die häufigste Form des Wandels innerhalb von Organisationen.
- Eine *Rekonstruktion* beschreibt einen schnellen Wandel, der oftmals viel Unruhe in einer Organisation auslöst, die Unternehmenskultur jedoch nicht wesentlich verändert. Hier könnte es sich um einen *Turnaround* handeln, der wesentliche strukturelle Veränderungen oder erhebliche Kostensenkungsprogramme erfordert, um sinkenden Gewinnen oder sich verändernden Marktbedingungen entgegenzuwirken. Wie sich hier das Management gestalten könnte, wird in *Abschnitt 14.5.1* besprochen.
- Eine *Revolution* ist ein Wandel, der sowohl tief greifende strategische als auch kulturelle Veränderungen erfordert. In einer solchen Situation war die Strategie vielleicht so stark an die bestehende Unternehmenskultur gebunden, dass die Organisation nicht reagieren konnte, obwohl externe Faktoren oder steigender Wettbewerbsdruck dies angezeigt hätten. Ein solcher Prozess kann sich über viele Jahre erstrecken (siehe die Abhandlung über die strategische Drift in *Abschnitt 5.1*) und zu Situationen führen, in denen der Druck auf die Organisation bezüglich eines Wandels extrem stark wird – so könnte eine drohende Übernahme zum Beispiel das Fortbestehen der Organisation gefährden. Das erforderliche Management in dieser Situation wird in *Abschnitt 14.5.2* besprochen.
- Eine *Evolution* ist ein strategischer Wandel, der auch einen kulturellen Wandel notwendig macht, welcher sich aber über einen längeren Zeitraum hinweg vollziehen kann. In solchen Fällen kann es sein, dass Manager einen erforderlichen transformativen Wandel bereits vorhersehen. Das versetzt sie in die Lage, einen geplanten evolutionären Wandel durchführen zu können, denn sie haben dazu genügend Zeit.

> Eine andere Erklärung für die Evolution setzt diese in Bezug zum Konzept der *lernenden Organisation* (siehe *Abschnitt 11.5.2*), die ihre Strategie ständig den Veränderungen ihres Umfelds anpasst. Das angemessene Management in einer solchen Situation wird in *Abschnitt 14.5.3* beschrieben.

Die in *Abschnitt 5.4.6* bereits angesprochene kulturelle Analyse kann auch hier hilfreich sein, um herauszufinden, ob der angestrebte Wandel innerhalb der Grenzen der bestehenden Kultur erreicht werden kann oder ob eine markante kulturelle Veränderung nötig ist. So kann ein Unternehmen zum Beispiel neue Produkte auf den Markt bringen, ohne dass dafür die Annahmen und Überzeugungen, die innerhalb der Organisation vorherrschen, wesentlich verändert werden müssen. Andererseits erfordern manche strategischen Veränderungen, selbst wenn sich dadurch das Produktangebot der betroffenen Organisation nicht wesentlich verändert, dennoch grundlegende Veränderungen der Kernannahmen einer Organisation. Verlagert sich die Konzentration eines Produktionsunternehmens beispielsweise von der reinen Fertigung hin zu einer kundenorientierten, von Dienstleistung geprägten Überzeugung, so bleiben zwar die angebotenen Produkte gleich, doch die Unternehmenskultur muss sich sehr stark verändern.

14.2.2 Die Bedeutung des Umfelds

Das Management des Wandels in einem kleinen Unternehmen, wo ein motiviertes Team diesen Wandel begrüßt und vorantreibt, unterscheidet sich ganz wesentlich vom Management des Wandels in einem großen Konzern oder in einer seit langem bestehenden Organisation des öffentlichen Sektors. Hier gibt es festgefahrene Routineabläufe, formale Strukturen und vielleicht auch großen Widerstand gegen einen Wandel. Außerdem ist es problematisch, anzunehmen, dass sich Managementansätze für den Wandel so einfach von einem Umfeld auf das andere übertragen lassen. So versuchen viele Regierungsbehörden überall auf der Welt immer wieder, Praktiken für das Management des Wandels, die von Beratungsfirmen oder Personalmanagern für Unternehmen der Privatwirtschaft empfohlen werden, in ihre Organisationen zu importieren – doch der Erfolg bleibt oft aus.[3] Beispiel 14.1 zeigt, mit welchen Problemen das britische Verteidigungsministerium in diesem Zusammenhang zu kämpfen hatte.[4]

Managementansätze für einen Wandel müssen daher unbedingt dem jeweiligen Umfeld angepasst werden.[5] Balogun und Hope Hailey stützen sich auf diesen Punkt, um wichtige Faktoren des Umfelds hervorzuheben, die bei der Gestaltung von Wandlungsprogrammen berücksichtigt werden müssen. Abbildung 14.3 fasst diese zusammen.

Im Folgenden sind einige Beispiele aufgeführt, wie die in Abbildung 14.3 dargestellten Umfeldfaktoren die Managementansätze für den Wandel beeinflussen und verändern können:

---

3 Für eine Diskussion der Probleme der Übertragung von Wandlungsprogrammen vom privaten auf den öffentlichen Sektor siehe F. Ostroff, „Change management in government", *Harvard Business Review*, Bd. 84, Nr. 5 (Mai 2006), S. 141–147.

4 Dieses Beispiel basiert auf D. Neal und T. Taylor, „Spinning on dimes: The challenges of introducing transformational change into the UK Ministry of Defence", *Strategic Change*, Bd. 15 (2006), S. 15–22.

5 Für ein interessantes Beispiel über den Einfluss, den verschiedene Faktoren des Umfelds auf die Umsetzbarkeit eines Wandels haben, siehe J. Newton, J. Graham, K. McLoughlin und A. Moore, „Receptivity to change in a general medical practice", British Journal of Management, Bd. 14, Nr. 2 (2003), S. 143–153.

- Die für den Wandel verfügbare *Zeit* kann erheblich variieren. Ein Unternehmen, das sich aufgrund großer Veränderungen seiner Märkte mit einem unmittelbaren Rückgang seiner Umsätze und Gewinne konfrontiert sieht, operiert in einem Wandlungsumfeld, das sich von dem eines Unternehmens ganz wesentlich unterscheidet, in dem die Manager einen in der Zukunft notwendigen Wandel vorhersehen, der aber auch noch viele Jahre entfernt sein kann. Hier haben sie Zeit, diesen Wandel sorgfältig als inkrementellen Prozess zu planen.
- Auch das *Ausmaß* des Wandels kann sich sowohl bezüglich seiner *Breite* über die Organisation hinweg als auch bezüglich seiner *Tiefe* als Eingriff in die Organisationskultur unterscheiden. Der im Verteidigungsministerium in Beispiel 14.1 erforderliche Wandel umfasst in Breite und Tiefe ein weitaus größeres Maß, und stellt demnach sicher auch eine erheblich größere Herausforderung dar als ein adaptiver Wandel in einer kleinen privaten Firma.

Beispiel 14.1

Die Herausforderungen des Wandlungsmanagements im britischen Verteidigungsministerium

Will man die Herausforderungen des Managements eines strategischen Wandels verstehen, so muss man zunächst das Umfeld dieses Wandels begreifen.

Das britische Verteidigungsministerium (VM) tut sich seit jeher schwer mit grundlegenden Veränderungen. So war bis zum Jahr 2004 beispielsweise lediglich eines der sieben Prinzipien zur Unterstützung der Smart Procurement Initiative, einer Initiative für effektivere Mittelbeschaffung, die bereits 1998 begonnen worden war, konkret umgesetzt worden. Die restlichen sechs waren zum Großteil unbeachtet geblieben. Im Jahr 2000 hatte das VM außerdem die Defence Logistics Organisation (DLO) ins Leben gerufen, um eine bessere Organisation aller Streitkräfte der Armee, der Kriegsmarine und der Luftwaffe zu ermöglichen. Erst 2005 musste man sich eingestehen, dass dieser Plan fehlgeschlagen war. Derrick Neal und Trevor Tayler von der Defence Academy in Shrivenham haben einige der Gründe für diese Entwicklung zusammengestellt, wobei sie sich auf veröffentlichte Studien sowie auf ihre eigenen Erfahrungen als Mitarbeiter des VM beziehen.

Größe und Komplexität

Das VM umfasst 300.000 Mitarbeiter, von denen 200.000 dem Militär angehören. Außerdem arbeitet es mit weiteren 300.000 Personen innerhalb der umfangreichen Zuliefererkette zusammen. Zudem besteht das Ministerium aus vielen unterschiedlichen Bereichen und Abteilungen. Eine Veränderung, die von einer Abteilung ausgeht, stößt in einer anderen auf Widerstand und Schwierigkeiten oder wirkt sich in einer Weise auf andere Teile des Ministeriums aus, die die Initiatoren der ursprünglichen Veränderung nicht vorhergesehen hatten Außerdem ist es schwierig, alle Systeme gleichzeitig zu verändern.

Verantwortung

Das VM kann keine Entscheidungen über die allgemeine Verteidigungsstrategie treffen, denn darüber entscheiden die Politiker. Dennoch besitzt das VM große Autonomie in vielen Bereichen. Es gibt 13 Budgetverantwortliche auf höchster Ebene, die verschiedene Verantwortungsbereiche delegieren. Das Ergebnis dieser Struktur sind etwa 36 Verteidigungsbehörden, die wiederum in 120 „integrierte Projektteams" aufgeteilt sind. Versucht also die Leitung des VM, einen Wandel herbeizuführen, so generieren lokal verantwortliche Projektteamleiter nicht selten ihre eigenen Versionen des Wandlungsprogramms. 2003 gab es innerhalb der DLO ganze 150 unkoordinierte Initiativen für einen Wandel.

Personalsysteme

Das VM beschäftigt sowohl militärisches als auch ziviles Personal. Angehörige des Militärs sind darauf vorbereitet, häufig den Einsatzort zu wechseln. Es ist gut möglich, dass ein Soldat innerhalb von 35 Jahren Militärdienst 20-mal umgezogen ist. Es herrscht hier also eine „Macher-Kultur" mit kurzen Zeithorizonten. Wer schnell viel erreichen will, tut dies, indem er eine Initiative für eine Veränderung in die Wege leitet. Bevor diese Initiative aber abgeschlossen ist, hat er höchstwahrscheinlich schon wieder den Einsatzort gewechselt. Solche Initiativen bleiben auch meist unvollendet, denn man macht sich keinen Namen, indem man die Wandlungsinitiative seines Vorgängers umsetzt. Die Zahl der zivilen Beamten, die in dieser Art und Weise quasi „auf der Überholspur" arbeiten und mehrmals in schneller Folge den Arbeitsplatz wechseln, ist weitaus geringer; die meisten bleiben lange an einem Arbeitsplatz. Also gelten für sie auch andere Zeithorizonte.

Zögerliche Investition in den Wandel

Das VM sieht einen Wandel als „budgetneutrale Aktivität" an, d.h. es müssen Einsparungen vorgenommen werden, um einen Wandel zu finanzieren, anstatt umgekehrt einen Wandel zu finanzieren, um Einsparungen realisieren zu können. So erkannte das VM beispielsweise erst nach der gescheiterten DLO-Initiative, dass Investitionen in dieses Wandlungsprogramm vonnöten waren und erhielt auch finanzielle Unterstützung vom Finanzministerium, um dieses Problem lösen zu können.

Zu wenig Dringlichkeit

Im VM gibt es keine Krisenstimmung. Paradoxerweise sehen gerade diejenigen, die sich oft sehr ernsten Risiken ausgesetzt sehen, die Institutionen, die sie umgeben, als sichere und unumstößliche Festung an. Das einzige Signal für einen erforderlichen Wandel geht von den finanziellen Initiativen des Finanzministeriums aus, das aber eher als Bedrohung angesehen wird.

Source: Basiert auf D. Neal und T. Taylor, „Spinning on dimes: The challenges of introducing transformational change into the UK Ministry of Defence", Strategic Change, Bd. 15 (2006), S. 15–22.

Kontrollfragen

1. Verwenden Sie die Checkliste des Wandlungskaleidoskops in *Abschnitt 14.2.2* und identifizieren Sie alle umfeldbezogenen Probleme, die ein mögliches Wandlungsprogramm des VM in Betracht ziehen muss.
2. Welcher Managementansatz für den Wandel sollte hier gewählt werden, um die Managementfähigkeiten für einen Wandel innerhalb des VM zu verbessern?

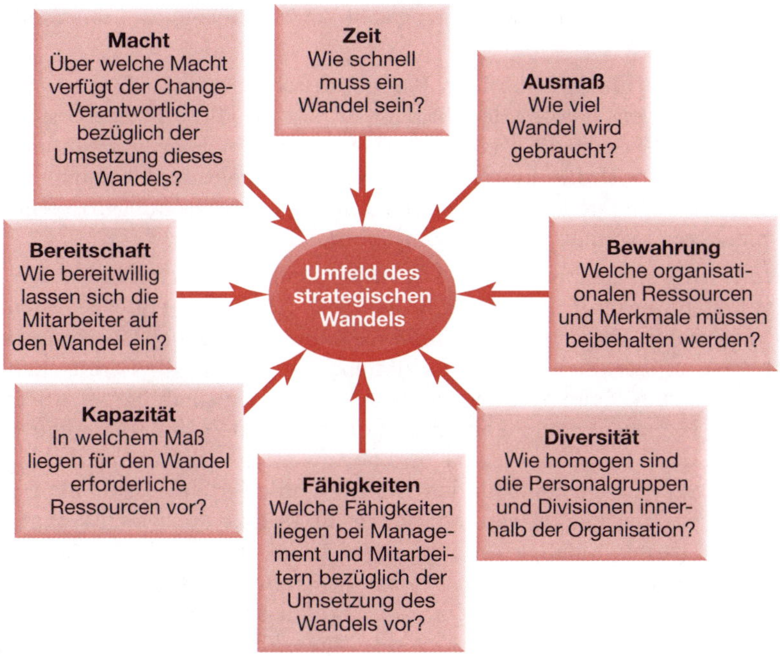

Abbildung 14.3: Umfeldbezogene Merkmale strategischer Wandlungsprogramme

- Einige Aspekte einer Organisation müssen meist auch beibehalten und *bewahrt* werden; dies gilt besonders für Kompetenzen, auf denen Veränderungen aufbauen sollen. Angenommen, ein Unternehmen, das PC-Software produziert, muss formal straffer organisiert werden, da es sehr erfolgreich und schnell wächst. Dies könnte die dort arbeitenden technischen Experten durchaus verärgern, die es bisher gewohnt waren, jederzeit mit der Führungsebene kommunizieren zu können. Ihr Fachwissen und ihre Motivation sind jedoch überlebenswichtig für das Unternehmen.
- *Diversität* bezüglich der Erfahrungen, Ansichten und Meinungen innerhalb einer Organisation könnte den Wandlungsprozess erleichtern. Verfolgt eine Organisation eine Strategie jedoch bereits seit mehreren Jahrzehnten, so kann dies zu einer sehr homogenisierten Sichtweise aller Beteiligten führen. Dies könnte einen Wandel erschweren. Also ist es wichtig, einzuschätzen, wie viel Diversität vorliegt.

- Liegen in der Organisation die richtigen *Fähigkeiten* oder einschlägige Erfahrungen über das Management eines Wandels vor?[6] Es kann sein, dass einige Manager bereits in der Vergangenheit effektiv einen Wandlungsprozess umgesetzt haben. Vielleicht haben aber auch die Mitarbeiter bereits einen Wandel akzeptiert und erfolgreich mitgetragen. In anderen Organisationen fehlen hingegen eventuell solche Erfahrungen.
- Auch kommt es auf die *Wandlungskapazität* in Bezug auf die dafür zur Verfügung stehenden Ressourcen an. Ein Wandel kann zum Beispiel sehr kostspielig sein, was sich nicht nur auf finanzielle Kosten sondern auch auf die Zeit der Manager bezieht.
- Wie ist es um die *Bereitschaft* für einen Wandel bestellt? Fühlt die Organisation, dass ein Wandel ansteht? Herrscht großer Widerstand, oder sträubt man sich nur in einzelnen Unternehmensbereichen gegen Veränderungen, während andere einen Wandel begrüßen?[7]
- Wer verfügt über die *Macht*, einen Wandel durchzusetzen? Oft wird automatisch davon ausgegangen, dass es der Firmenchef ist, der diese Macht besitzt; sieht er sich aber dem Widerstand seiner Mitarbeiter oder auch externer Interessengruppen gegenüber, so ist dies nicht der Fall. Vielleicht geht der Firmenchef aber auch davon aus, dass andere innerhalb der Organisation die Macht besitzen, einen Wandel umzusetzen, wenn er selbst dazu nicht in der Lage ist.

Diese Betrachtungen über das Umfeld müssen auch für die verbleibenden Themen dieses Kapitels immer mit berücksichtigt werden. Außerdem ergibt sich daraus eine wichtige allgemeine Frage: *Ist ein einmaliger Wandel möglich?* Verfügt die betroffene Organisation über die nötigen Kapazitäten, Fähigkeiten, die Bereitschaft und die Machtstrukturen, um einen Wandel im erforderlichen Ausmaß herbeizuführen? Eine Studie über die Managementversuche eines nötigen Wandels in Krankenhäusern[8] ergab beispielsweise, dass deren Governance und Organisationsstrukturen jede klare Autorität bezüglich eines Managements für den Wandel verhinderten. Dieser Faktor in Verbindung mit den knappen Ressourcen, mit denen die Krankenhäuser zu kämpfen hatten, bedeutete, dass große einmalige Veränderungen kaum erfolgreich sein konnten. Unter solchen Umständen muss eventuell zunächst das Umfeld verändert werden, bevor ein strategischer Wandel eingeleitet werden kann. So müssen vielleicht erst neue Manager mit einschlägigen Erfahrungen bezüglich des Managements von Wandlungsprozessen ins Boot geholt werden, damit sich die Fähigkeiten und die Bereitschaft für den Wandel erhöhen. So bewegt sich die Organisation dann allmählich auf einen Punkt zu, an dem sie bereit ist für umfassendere strategische Wandlungsprogramme. Vielleicht müssen

6 Frühere Erfahrungen mit Wandlungsprozessen sind ein wichtiger Erfolgsfaktor für einen Wandel, der von S. Miller, D. Wilson und D. Hickson hervorgehoben wird, „Beyond planning strategies for successfully implementing strategic change", *Long Range Planning*, Bd. 37, Nr. 3 (2004), S. 201–218.

7 Das Ausmaß der Wandlungsbereitschaft ist ein weiterer Faktor, der von Miller et al. hervorgehoben wird, siehe Fußnote 6.

8 Siehe J.-L. Denis, L. Lamothe und A. Langley, „The dynamics of collective change leadership and strategic change in pluralistic organizations", Academy of Management Journal, Bd. 44, Nr. 4 (2001), S. 809–837.

aber auch Mitarbeiter in die Organisation geholt werden, die über unterschiedliche Erfahrungen verfügen, die mit der zukünftigen strategischen Ausrichtung der Organisation zusammenpassen. Eventuell muss man auch erkennen, dass ein Wandel unter manchen Umständen phasenweise umgesetzt werden muss. Die Verfasser der oben erwähnten Krankenhausstudie stellten fest, dass sich hier ein Wandel meist immer so vollzog, dass eine erste Initiative in diese Richtung eher geringe Fortschritte machte, während eine spätere Initiative in die gleiche Richtung erfolgreicher war.

14.2.3 Die Analyse des kulturellen Umfelds

Versteht man die vorherrschende Kultur innerhalb einer Organisation, so kann man auch besser beurteilen, welche Art des Wandels hier gebraucht wird und wie es um die Wandlungsbereitschaft steht. *Kapitel 5* führte den Begriff des *kulturellen Netzes* ein (siehe *Abschnitt 5.4.6*), der sowohl zur Erklärung der Kultur sehr hilfreich ist, als auch zur Analyse der Kultur einer Organisation herangezogen werden kann. Beispiel 5.4 zeigt das kulturelle Netz, das Manager und Mitarbeiter zur Analyse der bestehenden Kultur der britischen Behörde für Forstwirtschaft erstellten.[9] Der Einbruch des Holzpreises weltweit bedeutete, dass andere Einnahmequellen gefunden werden mussten. Außerdem gingen die politischen Bestrebungen und Maßnahmen der Regierung in Richtung einer Steigerung des Freizeitwerts des Waldes und konzentrierten sich nicht mehr nur auf die Holzproduktion. Die Analyse des kulturellen Netzes ergab jedoch, dass sich aus der gegenwärtigen Kultur der Organisation (Beispiel 5.4) Probleme ergaben, die die Verlagerung in die angestrebte Richtung erschweren würden. Die Mitarbeiter der Behörde sahen sich selbst als „die" Experten für Forstwirtschaft, was zu einer gewissen Überheblichkeit führte und sie dazu verleitete, die Wälder als „ihr" Territorium anzusehen, in dem die Öffentlichkeit nur störte und eine effiziente Holzproduktion behinderte. Auch herrschte in der Behörde der Ethos des öffentlichen Sektors – man leistete einen Beitrag zum Gemeinwesen und arbeitete nicht für kommerziellen Gewinn. Der autoritäre und kontrolllastige Managementstil hatte zudem dazu geführt, dass der obersten Führungsebene große Ehrerbietung entgegengebracht wurde; außerdem gab es noch die umfangreiche Bürokratie des öffentlichen Sektors zu bewältigen. Und natürlich dauerte es mindestens 50 Jahre, bis ein Baum herangewachsen war. Diese Tatsache allein führte zu einem tief verwurzelten Traditionsbewusstsein innerhalb der Behörde und machte sie konservativ und träge.

9 Ansätze zur Nutzung des kulturellen Netzes für die hier beschriebenen Zwecke werden im Detail beschrieben im Kapitel „Mapping and re-mapping organisational culture", in V. Ambrosini mit G. Johnson und K. Scholes (Hrs.), *Exploring Techniques of Analysis and Evaluation in Strategic Management*, Prentice Hall, 1998, sowie im ähnlichen Kapitel in G. Johnson and K. Scholes (Hrs.), *Exploring Public Sector Strategy*, Prentice Hall, 2000.

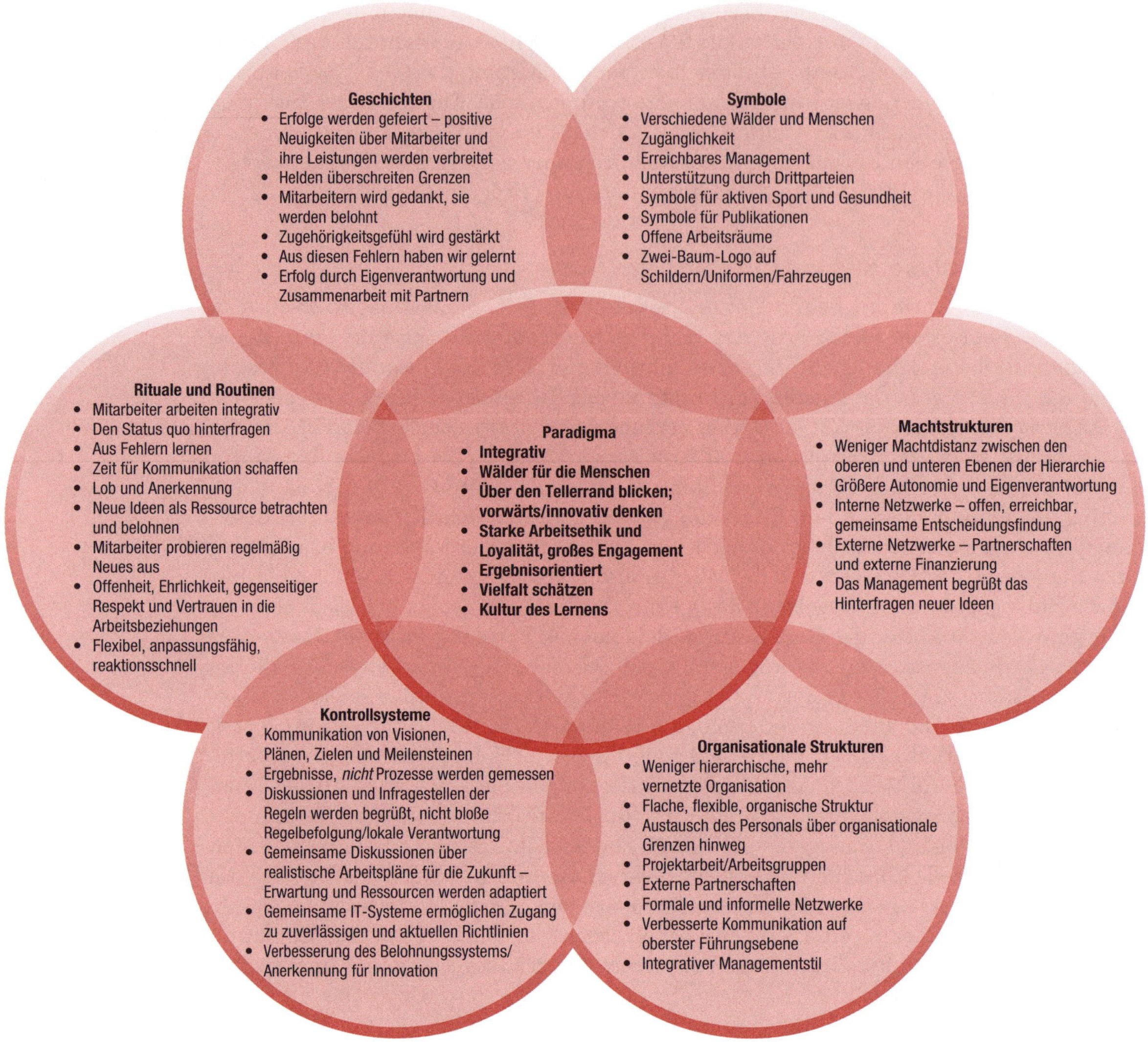

Wie Beispiel 14.2 zeigt, kann diese Analyse der gegenwärtigen Kultur aber auch ausgeweitet werden, sodass erforderliche Wandlungsprozesse mit berücksichtigt werden, wenn die für die Zukunft angestrebte Strategie erfolgreich umgesetzt werden soll. In Verbindung mit dem Verständnis des Organisationsumfelds kann man mit dieser Analyse klar definieren, welche Veränderungen erforderlich sind. Soll innerhalb der Behörde für Forstwirtschaft mehr auf den Wald als sozialer Faktor oder auf „Wald für die Gemeinschaft" eingegangen werden, soll die Zusammenarbeit mit anderen Organisationen zu diesem Zweck ausgeweitet, und sollen die Mitarbeiter von dieser Mission überzeugt werden – wie müsste dann die zukünftige Kultur der Behörde aussehen? Beispiel 14.2 zeigt, wie sich die jetzigen Mitarbeiter der Forstwirtschaftsbehörde ihr neues kulturelles Netz der Zukunft vorstellen. In Verbindung mit dem Verständnis ihrer gegenwärtigen Kultur (siehe Beispiel 5.4) hilf ihnen dies, Probleme ihrer bestehenden Kultur zu erkennen und zu benennen, aber auch zu erkennen, welche Faktoren vermindert oder neu eingeführt werden müssen, wenn es zu einem Wandel kommen soll. Dies ist in diesem Zusammenhang besonders sinnvoll, denn es werden sowohl die „intuitiven“ kulturellen Aspekte wie etwa bestimmte Symbole der Organisation als auch relevante politische Prozesse und „konkretere“ Aspekte der Organisation wie Routineabläufe, Strukturen und Kontrollsysteme berücksichtigt. Ergebnis einer solchen Übung ist in der Regel, dass all diese Aspekte einer Organisationskultur einen Wandel entweder erleichtern oder aber behindern können. Die Entscheidung, welche Aspekte nun zu Blockaden führen und welche nicht, kann durch eine Kraftfeldanalyse erleichtert werden.

Beispiel 14.2 **Die Forstwirtschaftsbehörde der Zukunft**

Das kulturelle Netz kann zur Identifikation der angestrebten Kultur einer Organisation angewendet werden.

Kontrollfragen

1. Wie kann das kulturelle Netz das Management des Wandels unterstützen?
2. Welche Probleme könnten sich aufgrund dieses für die Zukunft definierten Netzes für das Management des Wandels ergeben?

Quelle: Adaptiert von der Fallstudie über die Forstwirtschaftsbehörde von Anne McCann.

14.2.4 Die Kraftfeldanalyse

Eine **Kraftfeldanalyse** analysiert die Kräfte, die einen Wandel unterstützen oder behindern, und identifiziert damit Themen des Wandels, die bei dessen Gestaltung in Angriff genommen werden müssen – dazu zählt auch die bestehende Organisationskultur. Mit ihrer Hilfe können einige zentrale Fragen gestellt werden:

- Welche Aspekte der aktuellen Situation würden einen Wandel behindern, und wie können sie überwunden werden?
- Welche Aspekte der aktuellen Situation können einen Wandel in die angestrebte Richtung unterstützen, und wie können sie gestärkt werden?
- Welche Faktoren müssen entwickelt oder eingeführt werden, um einen Wandel zu erleichtern?

Kraftfeldanalyse

Eine Kraftfeldanalyse analysiert die Kräfte, die einen Wandel unterstützen oder behindern, und identifiziert damit Themen des Wandels, die bei dessen Gestaltung in Angriff genommen werden müssen.

Abbildung 14.4 zeigt eine Kraftfeldanalyse der britischen Forstwirtschaftsbehörde. Während die aufgezeigten Hindernisse ein ernstes Problem darstellten, ergab die Kraftfeldanalyse aber auch Aspekte der Organisation und ihrer Kultur, die einen Wandel unterstützen könnten. Die machtvolle Unterstützung eines Wandels durch den „Generaldirektor“, das Engagement der Mitarbeiter für ihre Organisation, der Ethos harter Arbeit und die potenzielle Flexibilität gepaart mit dem Wunsch der Organisation, ihre autoritäre und kontrolllastige Kultur zu verändern, waren allesamt positive Signale. Darauf musste nun aufgebaut werden: So könnte eine groß angelegte Beteiligung an der Gestaltung der Wandlungsprogramme dafür sorgen, dass sich die gesamte Organisation eine klar formulierte Vision über ihre Zukunft zueigen machte; eine gesteigerte Diversität des Personals ebenso wie ein organischer Managementstil könnten Innovationen fördern. Es war jedoch auch unübersehbar, dass es viele Hindernisse gab, die beseitigt werden mussten.

Veränderungen bezüglich der Struktur, der Gestaltung und der Kontrollsysteme einer Organisation wurden bereits in *Kapitel 12* ausführlich besprochen. In den nächsten beiden Abschnitten (*14.3* und *14.4*) geht es um unterschiedliche Rollen und Stile innerhalb des Wandlungsprozesses ebenso wie um andere Instrumente des Managements eines Wandels.

Abbildung 14.4: Eine Kraftfeldanalyse

Unterstützend

- Positive Einstellung zu harter, ergebnisorientierter Arbeit
- Engagement der Mitarbeiter
- Vielfältige Prioritäten/potenzielle Flexibilität
- Know-how im Bereich Forstwirtschaft
- Unterstützung des Wandels von oben
- Feedback aus Mitarbeiterbefragung – Mitarbeiter möchten anders behandelt werden

Zusätzlich

- Neue Arbeitsweisen werden unterstützt
- Größere Diversität der Mitarbeiter
- Klare Artikulation einer Vision für die Zukunft
- Beteiligung am Wandlungsprozess
- Identifikation mit der zukünftigen Strategie
- Entwicklung neuer Fähigkeiten

Blockierend

- Traditionelle Strukturen/Arbeitsweisen
- Bürokratie
- Abteilungen als Silos
- Hohes Arbeitspensum/starker Druck
- Homogene Belegschaft
- Konservativ/risikoscheu/träge
- Sündenbock-Kultur
- Autoritärer, kontrollastiger Managementstil
- Fehlende Identifikation mit dem Wandel (Not-invented-here-Syndrom)
- Fehlende lokale Führung/Kommunikation
- Ehrerbietung gegenüber obersten Führungskräften
- Keine frühere Erfahrung mit einem Wandel

14.3 Das Management des Wandels: Stile und Rollen

Dieser Abschnitt des Kapitels befasst sich mit den Rollen, die Mitarbeiter beim Management eines strategischen Wandels übernehmen können und damit, wie sie diese übernehmen. Zunächst werden die Rollen strategischer Führer und mittlerer Manager sowie die Rollen von Veränderungsteams und der Einfluss von Außenstehenden wie etwa Beratern und externen Interessengruppen betrachtet. Im Anschluss werden verschiedene Managementstile des Wandels beschrieben.

14.3.1 Rollen beim Management des Wandels

Change Agent

Ein Change Agent ist eine Einzelperson oder Gruppe, die einen strategischen Wandel in einer Organisation durchführt.

Geht es um das Management eines strategischen Wandels, so wird die Rolle einzelner Führungskräfte an der Spitze einer Organisation allzu oft zu sehr in den Vordergrund gestellt – beim Thema Wandel muss man aber viel allgemeiner ansetzen. Ein **Change Agent** ist eine Einzelperson oder Gruppe, die einen strategischen Wandel in einer Organisation durchführt. Dieser Change Agent kann – muss aber nicht – auch derjenige sein, der für die Festlegung der Organisationsstrategie zuständig ist. Manchmal muss er die Führungsrolle bei der Umsetzung einer strategischen Veränderung anderen überlassen. Unter bestimmten Umständen kann ein Manager der mittleren Führungsebene ein Change Agent sein, vielleicht aber auch ein externer Berater, der mit Managern innerhalb der Organisation zusammenarbeitet.

Strategische Führung

Das Management des Wandels steht jedoch in vielen Fällen mit der Rolle eines strategischen Führers in direktem Zusammenhang.[10] Allgemeiner ausgedrückt bezeichnet **Führung** den Prozess der Beeinflussung einer Organisation (oder einer Gruppe innerhalb einer Organisation) in ihren Bemühungen, ein Ziel zu erreichen.[11] Ein Anführer befindet sich also nicht zwangsläufig an der Spitze einer Organisation, sondern hält eine einflussreiche Position.

Führung

Führung bezeichnet den Prozess der Beeinflussung einer Organisation (oder einer Gruppe innerhalb einer Organisation) in ihren Bemühungen, ein Ziel zu erreichen.

Anführer werden häufig in zwei Gruppen eingeteilt:

- *Charismatische Anführer*, denen es vor allem darum geht, für ihre Organisation eine Vision aufzubauen und ihre Mitarbeiter zu motivieren, diese zu erreichen. Forschungsergebnisse legen nahe, dass diese Art der Führung sich besonders positiv auf die Leistung auswirkt, wenn die Mitarbeiter ihre Organisation mit großen Unsicherheiten konfrontiert sehen.[12]
- *Instrumentale oder auf Transaktion fokussierte Anführer*, die sich mehr auf die Gestaltung von Systemen und die Steuerung der Aktivitäten der Organisation konzentrieren.

Idealerweise sollte der strategische Führungsstil genau auf das organisationale Umfeld abgestimmt werden können, und es ist erwiesen[13], dass die erfolgreichsten strategischen Anführer genau dazu in der Lage sind. Gerade in Bezug auf das Management des Wandels, würde es ein Problem darstellen, wenn sie dies nicht vermögen würden.[14] Schließlich geht es bei manchen Ansätzen mehr um die Schaffung oder Steuerung von Strategien und nicht um tatsächliches Management für den Wandel, was wiederum auch dazu führen kann, dass sich manche Ansätze des Wandels für bestimmte Anforderungen eines spezifischen Wachstumsumfelds nicht eignen.

Es ist jedoch sehr wahrscheinlich, dass die Führungskräfte, die an der Spitze einer Organisation stehen, von anderen (z.B. von ihren eigenen Mitarbeitern, aber auch von anderen Interessengruppen und externen Beobachtern) als diejenigen angesehen werden, die mit strategischen Wandlungsprogrammen und deren Umsetzung am engsten in Kontakt stehen. In diesem Sinne haben diese Führungskräfte innerhalb des Wandlungsprozesses eine hohe Symbolkraft (siehe *Abschnitt 14.4.4* unten über symbolische Instrumente des Wandels).

---

10 Für John Kotter steht strategische Führung sogar ganz im Zusammenhang mit dem Management des Wandels: Siehe J. Kotter, „What leaders really do", *Harvard Business Review*, Dezember 2001, S. 85–96.

11 Diese Definition des Begriffs Führung basiert auf der von R.M. Stodgill angebotenen Definition, „Leadership, membership and organization", *Psychological Bulletin*, Bd. 47 (1950), S. 1–14. Für eine neuere und umfassendere Diskussion zum Thema Führung siehe G.A. Yukl, *Leadership in Organizations*, 6. Aufl., Prentice Hall, 2005.

12 Für Beweise dieser These siehe D.A. Waldman, G.G. Ramirez, R.J. House und P. Puranam, „Does leadership matter? CEO leadership attributes and profitability under conditions of perceived environmental uncertainty", *Academy of Management Journal*, Bd. 44, Nr. 1 (2001), S. 134–143.

13 Diese Diskussion über verschiedene Ansätze strategischer Anführer und über Nachweise bezüglich der Effektivität der Anwendung verschiedener Ansätze findet sich bei D. Goleman, „Leadership that gets results", *Harvard Business Review*, Bd. 78, Nr. 2 (März-April 2000), S. 78–90; und C.M. Farkas und S. Wetlaufer, „The ways chief executive officers lead", *Harvard Business Review*, Bd. 74, Nr. 3 (Mai-Juni 1996), S. 110–112.

14 Eine Studie, die erfolgreiche Anführer einer Firma begleitete, die dann eine Führungsposition in einem anderen Unternehmen übernahmen, fand heraus, dass es vielen schwer fiel, sich dem neuen Umfeld anzupassen. Siehe B. Groysberg, A.N. McLean und N. Nohria, „Are leaders portable?", *Harvard Business Review*, Mai 2006, S. 92–100.

Manager der mittleren Führungsebene

Der Ansatz des Managements von Strategie und strategischem Wandel ist von oben nach unten gerichtet und sieht in den Managern der mittleren Führungsebene die Umsetzer der Strategie. *Kapitel 15* zeigt aber (siehe *Abschnitt 15.2.3*), dass sie in Wahrheit viele verschiedene Rollen inne haben, wenn es um das Management einer Strategie geht.[15] In diesem Kontext übernehmen sie sogar fünf verschiedene Rollen:

- *Implementierung und Steuerung.* Hier sind sie tatsächlich die Umsetzer der Pläne der obersten Managementebene, die sicherstellen, dass die entsprechenden Ressourcen zugeteilt und angemessen kontrolliert werden, die die Leistung und das Verhalten der Mitarbeiter überwachen und, wo nötig, die Strategie denjenigen erklären, die an sie berichten.
- Der Strategie *einen „Sinn" geben.* Die Manager der obersten Führungsebene geben zwar die strategische Richtung vor, doch wie kann diese sinnvoll im jeweiligen konkreten Kontext umgesetzt werden (etwa in einer bestimmten Region bei einem internationalen Unternehmen oder einer funktionalen Abteilung)? Dies umzusetzen wird, absichtlich oder auch nicht, meist den Managern der mittleren Ebene überlassen. Soll eine Fehlinterpretation der angestrebten Strategie vermieden werden, so ist es besonders wichtig, dass gerade die Manager der mittleren Führungsebene diese voll und ganz verstehen und vertreten.
- *Neuinterpretation und Anpassung* der strategischen Reaktion, wenn sich die Dinge weiterentwickeln (etwa im Zusammenhang mit Beziehungen zu Kunden, Zulieferern, Mitarbeitern etc.). Dies ist eine entscheidende Rolle, für die besonders die mittleren Manager außergewöhnlich gut qualifiziert sind, denn sie haben täglich mit den oben genannten Aspekten der Organisation und ihrem Umfeld zu tun.
- Eine entscheidende *Brückenfunktion* zwischen dem Top Management und den Mitarbeitern der Organisation auf niedrigeren Ebenen. Sie befinden sich in einer Position, aus der heraus sie Initiativen für einen Wandel direkt in Botschaften umwandeln und umsetzen können, die lokal gesehen relevant sind.
- *Berater* der oberen Führungsebene, was die eventuellen Blockaden und Anforderungen des Wandels betrifft.

Wenn es um den strategischen Wandel geht, befinden sich die Manager der mittleren Führungsebene also in einer zentralen „Vermittlerrolle" zwischen denjenigen, die den Wandel von oben her veranlassen möchten, und denjenigen, die ihn umsetzen sollen. Einige Wissenschaftler haben bereits darauf hingewiesen, dass die Art und Weise, wie die mittleren Manager die von oben kommende Strategie mit Sinn füllen und wie sie darüber sprechen und sie anderen erklären, von ganz zentraler Bedeutung ist.[16] Beispiel 14.6 am Ende des Kapitels betrachtet den strategischen Wandel in Bezug auf eine von oben nach unten gerichtete Perspektive sowie in Bezug auf die von den mittleren Managern übernommenen Rollen.

---

15 Siehe S. Floyd und W. Wooldridge, The Strategic Middle Manager: How to create and sustain competitive advantage, Jossey-Bass, 1996.

16 Siehe z. B. J. Balogun und G. Johnson, „Organizational restructuring and middle manager sensemaking", *Academy of Management Journal*, Bd. 47, Nr. 4 (2004), S. 523–549; J. Balogun, „Managing change: Steering a course between intended strategies and unanticipated outcomes", *Long Range Planning*, Bd. 39 (2006), S. 29–49; J. Sillence und F. Mueller, „Switching strategic perspective: The reframing of accounts of responsibility", *Organization Studies*, Bd. 28, Nr. 2 (2007), S. 155–176.

Außenstehende

Zwar haben besonders die Manager innerhalb der Organisation wichtige Rollen zu übernehmen, doch auch Außenstehende können von zentraler Bedeutung sein. Folgende Funktionen können diesbezüglich wichtig werden:

- Ein *neuer Firmenchef* kann von außerhalb der Organisation ins Boot geholt werden, um die Fähigkeiten für Veränderungen zu stärken. Dies ist besonders häufig in Situationen der Fall, in denen es zu einer grundlegenden Umkehr kommt (siehe *Abschnitt 14.5.1*). Er verändert das Umfeld des Wandels, indem die Organisation aus einer ganz neuen Perspektive betrachtet wird, er ist durch eventuelle Altlasten aus der Vergangenheit nicht eingeschränkt und kennt auch die tief verwurzelten Routineabläufe nicht, die einen strategischen Wandel verhindern könnten.
- Ein *neues Management* von außerhalb der Organisation kann auch die Vielfalt neuer Ideen steigern, dazu beitragen, dass kulturelle Barrieren, die einen Wandel verhindern, abgebaut werden und Erfahrungen über Wandelungsprozesse und so neue Fähigkeiten für einen Wandel einbringen. Ob diese Manager jedoch erfolgreich Einfluss nehmen können, hängt höchstwahrscheinlich davon ab, wie sehr und wie *sichtbar* sie von der Unternehmensführung *unterstützt* werden. Fehlt diese Unterstützung, fehlt den neuen Managern auch die nötige Autorität und der nötige Einfluss.
- *Berater* werden häufig eingesetzt, um bei der Formulierung einer Strategie oder der Planung des Wandlungsprozesses zu helfen. Auch für die Umsetzung eines Wandels werden sie immer öfter eingesetzt; sie übernehmen etwa eine koordinierende Funktion, sind Projektplaner für Wandlungsprogramme, sind Moderatoren in Projektteams, die einen Wandel umsetzen sollen oder in Workshops zur Strategieentwicklung und Planung eines strategischen Wandels. Berater sind dabei in dreifacher Hinsicht wertvoll: Erstens sind auch sie nicht durch das kulturelle Erbe der Organisation vorbelastet und bringen daher eine neutrale Sichtweise auf den Wandlungsprozess mit. Zweitens stellen sie dadurch Fragen und führen Analysen durch, die als gegeben hingenommene Sichtweisen und Einstellungen infrage stellen können. Drittens sind sie ein sichtbares Symbol dafür, wie wichtig ein Wandlungsprozess ist, nicht zuletzt deshalb, weil die von ihnen verlangten Honorare erheblich sein können.
- Auch *andere Interessengruppen* können einen Wandel erheblich beeinflussen. So können etwa Regierungen, Investoren, Kunden, Zulieferer und Unternehmensanalysten potenziell als Change Agents einer Organisation fungieren.

14.3.2 Stile beim Management des Wandels

Wer auch immer als Change Agent fungiert, muss immer genau überlegen, welchen Managementstil er wählt. Denn es gibt verschiedene Stile, die sich besser oder schlechter für das jeweilige Umfeld eignen. Diese Stile sind in Tabelle 14.1 zusammengefasst.[17]

17 Verschiedene Autoren haben unterschiedliche Erklärungen für Wandlungsstile. Dieser Abschnitt basiert auf der Typologie von J. Balogun und V. Hope Haley (siehe Fußnote 2, *Abschnitt 2.4*, S. 31– 36) sowie D. Dunphy und D. Stace, „The strategic management of corporate change", Human Relations, Bd. 46, Nr. 8 (1993), S. 905–920. Eine alternative Einteilung liefert R. Caldwell, „Models of change agency: A fourfold classification", British Journal of Management, Bd. 14, Nr. 2 (2003), S. 131–142.

Tabelle 14.1

Managementstile des strategischen Wandels

Stil	Mittel/Umfeld	Nutzen	Probleme	Bedingungen für die Effektivität
Überzeugung	Gruppenbesprechungen gehen von einer Internationalisierung der strategischen Logik und vom Vertrauen in das Top Management aus	Überwindung von Fehl- oder Falschinformationen	Zeitaufwändig Richtung oder Fortschritt können unklar sein	Inkrementeller Wandel oder transformativer Wandel mit langem Zeithorizont
Partizipation	Beteiligung an der Definition der strategischen Agenda und/oder Lösung strategischer Probleme durch Taskforces oder Gruppen	Unterstützung von Entscheidungen und Prozessen wird gesteigert Eventuelle qualitative Verbesserung der Entscheidung	Zeitaufwändig Lösungen/ Ergebnisse innerhalb bestehender Paradigmen	Inkrementeller Wandel oder transformativer Wandel mit langem Zeithorizont
Intervention	Change Agent behält Kontrolle/ Koordination; Elemente des Wandels werden delegiert	Prozess wird kontrolliert/geführt, Beteiligung findet aber statt	Risiko empfundener Manipulation	Inkrementeller oder transformativer Wandel ohne Krisensituation
Anweisung	Einsatz von Autorität, um Richtung und Mittel des Wandels festzulegen	Klarheit und Schnelligkeit	Gefahr fehlender Akzeptanz und missverstandener Strategie	Transformativer Wandel
Zwang	Ausdrücklicher Einsatz von Macht durch Erlass	Kann in Krisensituationen erfolgreich sein	Ausschließlich in Krisensituationen erfolgreich	Krise, schneller transformativer Wandel in etablierter autokratischer Struktur

Überzeugung

Überzeugung ist ein Managementstil in Wandelprozessen, der darauf setzt, die Gründe für den strategischen Wandel und die eingesetzten Mittel zu erklären.

- **Überzeugung** ist ein Managementstil in Wandelprozessen, der darauf setzt, die Gründe für den strategischen Wandel und die eingesetzten Mittel zu erklären. Dieser Stil ist dann angemessen, wenn das Problem beim Management eines Wandels auf falschen oder fehlenden Informationen beruht und wenn genügend Zeit zur Verfügung steht, um die beteiligten Mitarbeiter von der Notwendigkeit des Wandels zu überzeugen. Doch es ergeben sich Probleme. Die Annahme, dass vernünftige Argumente, die von oben nach unten in einer Organisation eingebracht und vorgebracht werden, jahrelang gepflegte Annahmen verändern können, ist naiv. Ein Wandel kann dann effektiver sein, wenn diejenigen, die er betrifft, aktiv an seiner Entwicklung und Planung beteiligt werden.

- **Partizipation** in einem Wandelsprozess bezeichnet die Beteiligung derer, die von einem strategischen Wandel betroffen sein werden, an der Gestaltung des Wandels. Eine solche Beteiligung kann beispielsweise die Identifikation strategischer Themen und Probleme, den strategischen Entscheidungsprozess, die Festlegung von Prioritäten, die Planung des strategischen Wandels oder die Erstellung eines Aktionsplans betreffen. Durch die aktive Beteiligung entsteht eine positivere Einstellung zum Wandel. Die Mitarbeiter messen den Hindernissen, vor denen ihre Organisation steht, weniger Bedeutung bei[18] und engagieren sich persönlich für eine getroffene Entscheidung oder einen Wandlungsprozess. So lassen sich Bereitschaft und Fähigkeiten für den Wandel steigern. Doch auch hier gibt es das unvermeidliche Risiko, dass Lösungen aus der bestehenden Kultur heraus gefunden werden können. Jeder Manager, der diesen Stil wählt, muss sich unter Umständen die Möglichkeit offen halten, von außen in den Prozess eingreifen zu können.

Partizipation

Partizipation in einem Wandelsprozess bezeichnet die Beteiligung derer, die von einem strategischen Wandel betroffen sein werden, an der Gestaltung des Wandels.

- **Intervention** bezeichnet die Koordination von und die Autorität über Wandlungsprozesse, die von einem Change Agent ausgeübt wird, der einzelne *Aufgaben* des Wandlungsprozesses delegiert. So können bestimmte Phasen des Wandels wie etwa Ideenfindung, Datensammlung, detaillierte Planung die Entwicklung von Argumentationen für einen Wandel oder die Identifikation zentraler Erfolgsfaktoren an Projektteams oder Task Forces delegiert werden (siehe *Abschnitt 15.4.2*). Solche Teams werden zwar nicht die volle Verantwortung für den Wandlungsprozess übernehmen, sich aber dennoch aktiv daran beteiligen und erkennen, dass ihre Arbeit zum Gelingen des Projekts beiträgt. Der Change Agent behält die Gesamtverantwortung für den Wandel und stellt sicher, dass die Fortschritte überwacht werden und dass sich der Wandel tatsächlich sichtbar vollzieht.[19] Ein Vorteil dieses Ansatzes besteht darin, dass die Mitarbeiter der Organisation nicht nur an der Ideenfindung beteiligt werden, sondern auch an der *teilweisen Umsetzung* von Lösungen, sodass sie größeres Engagement für den Wandel fühlen und zeigen können.

Intervention

Intervention bezeichnet die Koordination von und die Autorität über Wandlungsprozesse, die von einem Change Agent ausgeübt wird, der einzelne Aufgaben des Wandlungsprozesses delegiert.

- Eine **Anweisung** bezeichnet den Einsatz persönlicher Autorität eines Managers bei der Festlegung einer Strategie oder eines Veränderungsprozesses. Sie entspricht einem Managementstil von oben nach unten, der eine klare Vision oder strategische Absicht verfolgt und von großer Klarheit bezüglich der kritischen Erfolgsfaktoren und Prioritäten geprägt ist.

Anweisung

Eine Anweisung bezeichnet den Einsatz persönlicher Autorität eines Managers bei der Festlegung einer Strategie oder eines Veränderungsprozesses.

- **Zwang** ist die extremste Form der Anweisung. Hier wird ein Wandel auferlegt oder durch Verordnung angewiesen. Außerdem wird ausdrücklich vorhandene Macht eingesetzt, was auch notwendig werden kann, wenn sich die Organisation z.B. in einer schweren Krise befindet.

Zwang

Im Falle von Zwang wird ein Wandel auferlegt oder durch Verordnung angewiesen.

18 Beweise für die positive Auswirkung einer aktiven Beteiligung am Strategieentwicklungsprozess siehe N. Collier, F. Fishwick und S.W. Floyd, „Managerial involvement and perceptions of strategy process“, *Long Range Planning*, Bd. 37, Nr. 1 (2004), S. 67–83.

19 Der Interventionsstil wird ausführlicher diskutiert bei P.C. Nutt, „Identifying and appraising how managers install strategy“, Strategic Management Journal, Bd. 8, Nr. 1 (1987), S. 1–14.

Über die Angemessenheit dieser verschiedenen Stile in unterschiedlichem Umfeld lassen sich einige allgemeine Beobachtungen formulieren:

- *Verschiedene Stile für verschiedene Phasen.* Es kann sein, dass der Managementstil für einen Wandel der jeweiligen Phase angepasst werden muss, in der sich der Wandlungsprozess befindet. Soll der Wunsch nach und die Bereitschaft für einen Wandel erzeugt werden, so bedarf es vielleicht einer klaren Anweisung; Partizipation oder Intervention können dazu beitragen, das Engagement innerhalb der Organisation zu steigern und zur Entwicklung von *Fähigkeiten* führen, um Hindernisse für einen Wandel zu identifizieren und spezifische Aktionsprogramme zu planen und zu implementieren.
- *Zeit und Ausmaß.* Partizipative Stile eignen sich am besten für inkrementelle Wandlungsprozesse. Ist jedoch ein transformativer Wandel nötig, sind Anweisungen vielleicht angemessen. (Hier ist anzumerken, dass auch dort, wo das Management den eigenen Führungsstil als partizipativ ansieht, die Untergebenen diesen trotzdem als anweisend empfinden können und solche Anweisung auch begrüßen.[20])
- *Macht.* In Organisation mit *hierarchischen Machtstrukturen* ist vielleicht ein anweisender Führungsstil ganz normal und kann schwer zu verändern sein – nicht zuletzt deshalb, weil die Mitarbeiter ihn erwarten. Herrschen dagegen *flachere Machtstrukturen* (oder eine flexible Organisationsform, also eine vernetzte, lernende Organisation, die an anderer Stelle dieses Buches beschrieben wird) vor, sind Zusammenarbeit und Partizipation eher normal und erwünscht.
- *Verschiedene Persönlichkeiten.* Die unterschiedlichen Stile passen natürlich auch zu unterschiedlichen Persönlichkeiten der Manager. Manager, die vielleicht über die größten Fähigkeiten für einen Wandel verfügen, können jedoch auch je nach Umfeld und Umständen verschiedene Stile annehmen (sieh *Abschnitt 14.3.2*).
- *Verschiedene Managementstile des Wandels schließen sich nicht gegenseitig aus.* So können klare Anweisungen bezüglich einer gesamtunternehmerischen Vision dazu führen, dass die Strategieentwicklung im Detail viel kollaborativer abläuft. Ein Stil der Überzeugung und Kommunikation eignet sich für bestimmte Interessengruppen wie etwa Finanzinstitute, während sich die Partizipation eher für Gruppen innerhalb der Organisation eignet, wo Fähigkeiten und Bereitschaft noch gesteigert werden müssen; muss sich der Wandel in bestimmten Teilen der Organisation jedoch sehr rasch vollziehen, so erfordert der Zeitdruck vielleicht wiederum mehr Anweisungen.

Beispiel 14.3 zeigt, wie Firmenchefs unter unterschiedlichen Umständen verschiedene Managementstile einsetzen.

20 Nachweise dafür liefern Dunphy und Stace, Fußnote 18; siehe auch Collier et al., Fußnote 19.

Beispiel 14.3

Führungsstile für das Management des Wandels

Erfolgreiche Führungskräfte haben unterschiedliche Führungsstile.

Keine Grübelei

Terry Lundgren, CEO von Federated Department Stores:

„Ich war immer schon ein recht guter Zuhörer, und ich gebe gerne zu, dass ich nicht für jedes Problem die richtige Lösung kenne. Also höre ich zu. Doch unmittelbar nach dem Zuhören wird gehandelt. Mitarbeiter wollen endgültige Entscheidungen. Wenn man erst zuhört und dann lange herumgrübelt, werden die Mitarbeiter verwirrt – das ist kein effektiver Führungsstil.“[1]

Das gelobte Land

James Strachan, ehemaliger Vorsitzender der Audit Commission UK über die Erfahrungen eines anderen CEO:

„Man muss nur ganz genau wissen, was man erreichen will, und dieses „gelobte Land“ in verlockendster Art und Weise schildern können. Dann muss man abwägen, ob man die richtigen Mitarbeiter für diesen Weg hat – besonders an der Spitze. Ist das nicht der Fall, muss man das Team morgen – ja morgen – neu besetzen. Als nächstes muss man delegieren, ohne aber sich selbst dabei alle Verantwortung abzuerkennen. Nach wie vor ist der Chef letztendlich für alles verantwortlich. Die Kunst liegt aber darin, gezielt Aufgaben an Mitarbeiter zu delegieren, die dann daran wachsen können und das Beste aus sich herausholen können. Und schließlich muss man deren Erfolge gebührend loben.“[2]

Und er fährt fort:

„Für mich geht es hauptsächlich darum, zu lernen, dass ein Wandel immer mit viel Wirbel, Verwirrung und Sorge verbunden ist. Das ist ganz natürlich. Alle Mitarbeiter wünschen sich also auch ganz natürlich einen Führungsstil, der diese Verwirrung beseitigt und in einfachen Worten beschreiben kann, warum was getan wird, wie das „gelobte Land“, das wir anstreben, genau aussehen wird, und warum sich diese ganze Plackerei letztendlich lohnen wird. Beim Thema Wandel geht es vor allem um Einfachheit und Überzeugung.“

Betreuen, aber nicht verwöhnen

Allan G. Laffley, Chief Executive von Procter & Gamble:

„Mein Führungsstil besteht darin, Ehrgeiz zu wecken und dann große Leistungen zu erzielen ... Prioritäten müssen klar, einfach und häufig kommuniziert werden ... Die Leiter unserer Divisionen sind zum Großteil für ihre berufliche Zukunft selbst verantwortlich. Ich bin der Coach, der Betreuer; betreuen heißt aber nicht verwöhnen. Ich erwarte von unseren Managern, dass sich Entscheidungen treffen … Um den Managern zu helfen, solche strategischen Entscheidungen zu treffen, müssen Führungskräfte manchmal tief verwurzelte Annahme infrage stellen … Die Vorbildfunktion ist ganz entscheidend … Ich weiß, dass ich für Momente der Wahrheit bereit sein muss, die die Mitarbeiter von meinem Engagement überzeugen.“[3]

Zeige Engagement und sei kollegial

Sir Terry Leahy von Tesco leitete eine der umfangreichsten Umgestaltungen im Einzelhandelsbereich weltweit. Dennoch ist er

> *entwaffnend normal … Er spricht ernsthaft und gerade heraus. Er macht keine Show … Man begegnet keinem Mann mit umwerfender Aura … Er spricht nur über Tesco … Es ist fast so, als träfe man einen Religionsführer, der immer wieder seine Botschaft aufsagt … Seine Mitarbeiter respektieren ihn wegen seiner Entscheidungsstärke, doch er entscheidet nicht leichtfertig … Alles wird analysiert, auseinandergenommen, diskutiert und wieder zusammengesetzt … Er hat erfahrene Führungskräfte um sich geschart, die schon seit Jahren für ihn und sein Unternehmen arbeiten. Er hat die Verantwortung, ist aber gleichzeitig kollegial.*[4]

Leahy spricht auch gerne mit den Menschen in seinen Geschäften und hört ihnen zu:

> *Ihn zeichnet besonders aus, dass er so häufig und intensiv mit den einfachen Mitarbeiten spricht und sich ihre Ansichten aneignet; außerdem achtet er sehr auf seine Kunden.*

Anmerkungen

1. Interview von Matthew Boyle, in *Fortune*, 12. Dezember 2005, Bd. 152, Nr. 12, S. 126–127.
2. Lessons Learned: Straight Talk from the World's Top Business Leaders: Managing Change, Harvard Business School Press, 2007.
3. Leadership Excellence, November 2006, Bd. 23, Nr. 11, S. 9–10.
4. Chris Blackhurst, „Sir Terry Leahy“, *Management Today*, Februar 2004, S. 32. Reproduziert von *Management Today* mit Erlaubnis des Inhabers der Urheberrechte, Haymarket Business Publications Limited.

Kontrollfragen

1. Wie würden Sie jeden der hier beschriebenen Führungsstile in Bezug auf die Ausführungen des *Abschnitts 14.3.2* beschreiben?
2. Welche Vor- und Nachteile können sich aus den oben beschriebenen Führungsstilen ergeben? Unter welchen Umständen?
3. Die Beispiele nennen nur einige Interessengruppen. Bedeutet das, dass für alle Interessengruppen einer Organisation der gleiche Führungsstil angewendet werden sollte?

14.4 Stellhebel des strategischen Wandels

Das restliche Kapitel beschäftigt sich mit verschiedenen „Hebeln" des Managements eines strategischen Wandels. Change Agents müssen überlegen, welche dieser Hebel in welchem Wandlungsumfeld besonders hervorgehoben werden sollen. Michael Beer und Nitin Nohria haben nach jahrelangem Studium verschiedener Wandlungsprogramme von Unternehmen festgestellt, dass es insgesamt gesehen zwei Ansätze gibt, die sie als „Theorie E" und „Theorie O" beschreiben[21]:

- *Theorie E* ist ein Wandel, der auf dem Streben nach wirtschaftlichem Wert beruht und typischerweise mit den von oben nach unten orientierten, programmatischen „harten" Hebeln des Wandels assoziiert wird. Hier kommt es vor allem auf einen Wandel von Strukturen und Systemen oder finanziellen Anreizen an, die oft mit einer Veränderung des Unternehmensportfolios, mit einer Verschlankung und folglich auch mit Arbeitsplatzverlusten einhergehen.
- *Theorie O* ist ein Wandel, der auf der Entwicklung organisationaler Fähigkeiten basiert. Hier strebt man vor allem nach einer Veränderung der Unternehmenskultur und möchte von den Wandlungsprogrammen lernen, daran partizipieren und experimentieren.

Beer und Nohria weisen jedoch darauf hin, dass diese Alternativen zwar auf den ersten Blick sehr eindeutig zu sein scheinen, dass es aber dennoch erforderlich und sogar hilfreich sein kann, Instrumente oder Hebel des Wandels zu verwenden, die beide Ansätze kombinieren. Eine solche Kombination könnte zum Beispiel so aussehen:

- *Wandel in mehreren Phasen,* die zunächst mit Ansätzen zu Theorie E beginnen, um dann zu Ansätzen zu Theorie O zu wechseln.
- *Gleichzeitiges Anwenden beider Ansätze,* was den Mitarbeitern der Organisation und auch externen Interessengruppen klar kommuniziert wird.
- *Eine Kombination aus Anweisungen von oben und Partizipation von unten.* So erreicht man sowohl die Klarheit gesamtstrategischer Anweisungen als auch die potenzielle Spontaneität der Mitarbeiter.
- *Anwendung von Anreizen,* um den Wandel zu verstärken, statt den Wandel direkt voranzutreiben.

Einige der Hebel des Wandels wurden bereits in *Kapitel 11* in Bezug auf die Auswirkungen eines Wandels auf die Strukturen und Kontrollsysteme einer Organisation angesprochen. An dieser Stelle werden nun andere mögliche Instrumente des Wandels diskutiert. In diesem Zusammenhang sei darauf hingewiesen, dass viele dieser Hebel den Elementen des kulturellen Netzes entsprechen. Daraus ergibt sich, dass die Kräfte, die eingefahrene und eingespielte Verhaltensweisen bekräftigen und schützen, auch Grundlagen für einen Wandel sein können.

14.4.1 Das Infragestellen des Selbstverständlichen

Eine der größten Herausforderungen bei der Umsetzung eines strategischen Wandels ist die Notwendigkeit, oft jahrelang gepflegte Überzeugungen und selbstverständliche Annahmen – Paradigmen also – verändern zu müssen (siehe *Abschnitt 5.4.6*). Es gibt verschiedene Ansätze, um dies zu erreichen.

21 Siehe M. Beer und N. Nohria, „Cracking the code of change", *Harvard Business Review*, Bd. 78, Nr. 3 (Mai–Juni 2000), S. 133–141.

Ein Ansatz besagt, dass genügend Beweise, vielleicht in Form einer sorgfältigen strategischen Analyse, ausreichen, um das Paradigma infrage zu stellen und so zu verändern. Überall, wo angestammte Überzeugungen über einen langen Zeitraum hinweg vertreten wurden, besteht auch großer Widerstand gegen einen Wandel. Mitarbeiter finden Mittel und Wege, um eine Analyse wiederum zu hinterfragen, neu auszulegen und so zu interpretieren, dass sie dem bestehenden Paradigma entspricht. Um solche Überzeugungen zu überwinden, ist viel Stehvermögen notwendig. Andere argumentieren, dass solche Selbstverständlichkeiten ins Wanken gebracht werden können, indem sie analytisch offengelegt und die Mitarbeiter dazu angeregt werden, die eigenen Überzeugungen und die Überzeugungen der Kollegen infrage zu stellen.[22] Es geht darum, dass eine Sichtbarmachung solcher Annahmen dazu führt, dass diese eher hinterfragt werden. Auch die Planung von Szenarien (siehe *Abschnitt 2.2.2*) wird als Möglichkeit angesehen, individuelle Voreingenommenheit und angestammte Annahmen zu überwinden, indem man die Mitarbeiter dazu bringt, mögliche andere zukünftige Entwicklungen und die sich daraus ergebenen Implikationen für ihr Unternehmen zu sehen.[23]

Andere gehen davon aus, dass besonders die höchsten Führungskräfte meist zu weit von den Realitäten ihrer Organisation entfernt sind und daher wieder mit diesen konfrontiert werden müssen. Sie sprechen wahrscheinlich kaum direkt mit ihren Kunden und kennen auch die Dienstleistungen gar nicht, die ihre eigene Firma anbietet. Eine Führungskraft einer Eisenbahngesellschaft erklärte, dass die Mitglieder der Führungsebene seiner Firma früher immer nur erster Klasse oder im Auto mit Chauffeur gereist seien. Kaum einer kannte die beengten Verhältnisse in einem überfüllten Zugabteil. Er führte daraufhin die Regel ein, dass alle Führungskräfte wenn möglich zweiter Klasse reisen mussten.

14.4.2 Veränderung von operativen Prozessen und Routinen

Strategien werden letztendlich durch die täglichen operativen Prozesse und Routinen einer Organisation umgesetzt. Diese können formalisiert und kodifiziert sein oder einfach formlos gelten, weil „wir das hier immer schon so gemacht haben“[24]. In jedem Fall bleiben solche Abläufe lange bestehen und prägen das Verhalten der Mitarbeiter. Wie aus den Diskussionen in *Kapitel 3* und *6* hervorgegangen ist, können solche Routineabläufe die Grundlage für die Kernkompetenzen einer Organisation und damit ihres Wettbewerbsvorteils sein. Gleichzeitig können sie aber auch einen Wandel ernsthaft

22 Beispiele zu diesem Ansatz liefern J.M. Mezias, P. Grinyer und W.D. Guth, „Changing collective cognition: A process model for strategic change“, *Long Range Planning*, Bd. 34, Nr. 1 (2001), S. 71–95. Für einen systematischen Ansatz zur Strategiefindung und zum Wandel basierend auf dieser Offenlegung siehe F. Ackermann und C. Eden with I. Brown, The Practice of Making Strategy, Sage, 2005.

23 Für eine Diskussion über den psychologischen Kontext, Denkfallen und die Auswirkungen, die diese auf Manager haben, die die Zukunft planen, siehe K. van der Heijden, R. Bradfield, G. Burt, G. Cairns und G. Wright, *The Sixth Sense: Accelerating organisational learning with scenarios*, Wiley, 2002, Kap. 2.

24 T. Deal und A. Kennedy erwähnen, dass „wir das hier immer schon so gemacht haben“ in *Corporate Cultures: The rights and rituals of corporate life*, Addison-Wesley, 1984. Routinen sind aber mittlerweile auch in den Diskussionen vieler Forscher in den Mittelpunkt gerückt, die einen ressourcenorientierten Ansatz vertreten (siehe Kap. 3), denn diese sind wohl die Basis für organisationale Kompetenzen. Siehe zum Beispiel A.M. Knott, „The organizational routines factor market paradox“, *Strategic Management Journal*, Bd. 24, Nr. 10 (2003), S. 929–943.

blockieren; Dorothy Leonard-Barton[25] weist darauf hin, dass sie zu „Kernrigiditäten" werden können. Die Beziehung zwischen strategischem Wandel und den täglichen Prozessen und Routinen ist daher in vielerlei Hinsicht wichtig:

- *Planung eines operativen Wandels.* Die Planung der Umsetzung einer angestrebten Strategie erfordert die Identifikation wichtiger Veränderungen der Routineabläufe der Organisation. Ein strategischer Wandel muss immer im Zusammenhang mit einer Umstrukturierung organisationaler Prozesse gesehen werden.[26] Bei Shell Lubricants waren beispielsweise bis 2002 sieben Mitarbeiter an verschiedenen Bereichen der Auftragsabwicklung beteiligt. Als man die Effizienz steigern und den Kundendienst verbessern wollte, wurde einer Person die Gesamtverantwortung für einen Auftrag übertragen, sodass die Bearbeitungszeit um 75 Prozent und die Bearbeitungskosten um 45 Prozent sanken, während die Kundenzufriedenheit stark anstieg.[27]
- *Infragestellen operativer Annahmen.* Verändert man organisationale Prozesse und Routinen, so führt das vielleicht auch dazu, dass die ihnen zugrunde liegenden, selbstverständlichen Annahmen ebenfalls hinterfragt werden. Dies kann sehr wichtig sein, da es Mitarbeiter dazu bringt, tief verwurzelte Überzeugungen und Annahmen innerhalb der Organisation zu hinterfragen. Richard Pascal argumentiert: „Es ist leichter, zu handeln, um dadurch sein Denken positiv zu verändern, als nachzudenken, um dadurch positiver handeln zu können."[28] Anders ausgedrückt ist es seiner Meinung nach leichter, sein Verhalten zu ändern und so gleichzeitig auch selbstverständliche Annahmen mit zu verändern, als zu versuchen, diese Annahmen zu ändern, um dadurch auch das Verhalten zu verändern. Stimmt diese Aussage, muss man sie auch bei der Wahl des Managementstils für den Wandel berücksichtigen (siehe *Abschnitt 14.3.2*): Sie sagt aus, dass Überzeugung und Kommunikation, um die Mitarbeiter dazu zu bringen, einen Wandel zu unterstützten, weniger wirkungsvoll sind als eine direkte Beteiligung der Mitarbeiter an Aktivitäten des Wandels.
- *Operativ motivierter Wandel*. Ein operativer Wandel kann manchmal nicht nur das Ergebnis eines geplanten strategischen Wandels sein; es kann auch sein, dass Chancen, die sich aus einem operativen Wandel ergeben, Innovationen und neue strategische Denkweisen hervorbringen. Michael Hammer[29] argumentiert, dass die meisten Manager Veränderungen auf operativer Ebene zu wenig Beachtung schenken. Sie verwenden meist Best Practice-Standards mit Branchenstandards und versäumen es, nach Best Practice-Standards an anderen Stellen ihrer Organisation zu suchen (siehe *Abschnitt 3.6.3*). Als Beispiel nennt er Taco Bell in den USA, ein Fast Food-Unternehmen, dass seine Kosten senkte und die Qualität seines Angebots steigerte, indem operative Prozesse in Bezug auf Best Practice-Standards im Bereich Fertigung neu überdacht und gestaltet wurden.

---

25 Für eine umfassende Erklärung von „Kernrigiditäten" siehe D. Leonard-Barton, „Core capabilities and core rigidities: A paradox in managing new product development", Strategic Management Journal, Bd. 13, Nr. 5 (Sommer 1992), S. 111–125.

26 Siehe M. Hammer und J. Champy, *Reengineering the Corporation: A manifesto for business revolution*, Harper Collins, 2004.

27 Dieses Beispiel stammt von Michael Hammer in „Deep change: How operational innovation can transform your company", *Harvard Business Review*, Bd. 82, Nr. 4 (April 2004), S. 84–93.

28 Dieses Zitat findet sich auf Seite 135 bei R. Pascale, M. Millemann und L. Gioja, „Changing the way we change", *Harvard Business Review*, Bd. 75, Nr. 6 (November–Dezember 1997), S. 126–139.

29 Siehe Fußnote 27.

- *Veränderungen von Routinen von unten nach oben.* Selbst dort, wo Veränderungen von Routineabläufen nicht von oben geplant werden, werden sie häufig von Mitarbeitern verändert, was wiederum zu einem breiter angelegten strategischen Wandel führen kann. Martha Feldman[30] zeigt, dass selbst dort, wo es formalisierte (sie nennt sie „ostentative") Routineabläufe gibt, diese sich von selbst verändern können, denn es sind ja die Mitarbeiter, die sie ausführen (sie nennt diese Abläufe „Ausübungsroutinen"). Also kann das „Ostentative" im Laufe der Zeit durch die „Ausübung" verändert werden. Weitere Forschungsergebnisse zeigen, dass sich dies auch aktiver durch die bewusste Anpassung von Routinen vollziehen kann. Manager können ihre „Spielregeln" ganz bewusst ein wenig verändern. Dies könnte zunächst natürlich auf Widerstand stoßen, bleibt man jedoch längere Zeit bei der Anpassung, so erhält sich mit der Zeit immer mehr Unterstützung von verschiedenen Interessengruppen und wird irgendwann als neue Routine akzeptiert. Wird der Status quo von genügend Mitarbeitern infrage gestellt, können Change Agents bestimmte Routineabläufe ganz aktiv und *plötzlich verändern*, um einen klaren Wandel im Vergleich zur Vergangenheit zu verdeutlichen. Manager der mittleren Ebene könnten beispielsweise so vorgehen, wenn sie höher gestellte Manager oder Untergebene von ihrem Wandel überzeugen wollen, die sich einem Wandel widersetzen. Dies ist ein inkrementeller, experimenteller Prozess, der meist von Rückschlägen und politischem Ränkespiel geprägt ist.

Insgesamt lässt sich ableiten, dass Veränderungen von Routineabläufen zwar zunächst ganz alltäglich erscheinen, aber dennoch erhebliche Auswirkungen haben können. Beispiel 14.4 nennt einige Beispiele für veränderte Routineabläufe, die mit strategischem Wandel in Verbindung stehen.

14.4.3 Symbolische Prozesse[31]

Symbole

Symbole sind Objekte, Ereignisse, Handlungen oder Menschen, die über ihren funktionalen Zweck hinaus eine besondere Bedeutung vermitteln, pflegen oder erzeugen.

Instrumente des Wandels sind nicht immer offensichtlich oder formal definiert, sondern können durchaus auch symbolischer Natur sein. In *Kapitel 5* (*Abschnitt 5.4.6*) wurde erklärt, wie die Symbole einer Organisation zur Bewahrung eines Paradigmas beitragen können. An dieser Stelle geht es um ihre Rolle beim Management des Wandels. **Symbole** sind Objekte, Ereignisse, Handlungen oder Menschen, die über ihren funktionalen Zweck hinaus eine besondere Bedeutung vermitteln, pflegen oder erzeugen. Dies können alltägliche Dinge sein, die dennoch im Zusammenhang mit einer besonderen Situation oder Organisation von großer Bedeutung sind. (So gesehen sind auch die oben erwähnten organisationalen Prozesse und Routinen symbolischer Natur.) Die Veränderung von Routinen kann auch zu einer Neuprägung von Überzeugungen und Erwartungen führen, denn ihre Bedeutung zeigt sich in den täglichen Erfahrungen, die Mitarbeiter in ihren Organisationen machen, etwa mit den Symbolen, die sie umgeben

30 Martha Feldman hat eine ganze Reihe von Artikeln über die Beziehung zwischen Routinen und Veränderungen geschrieben. Siehe zum Beispiel M. Feldman, „Resources in emerging structures and processes of change", *Organization Science*, Bd. 15, Nr. 3 (2004), S. 295–309, sowie M. Feldman, und B. Pentland, „Reconceptualizing organizational routines as a source of flexibility and change", *Administrative Science Quarterly*, Bd. 48, Nr. 1 (2003), S. 94–118.

31 Für eine umfassendere Diskussion zu diesem Thema siehe G. Johnson, „Managing strategic change: The role of symbolic action", *British Journal of Management*, Bd. 1, Nr. 4 (1990), S. 183–200. Siehe auch J.M. Higgins und C. McCallaster, „If you want strategic change don´t forget your cultural artefacts", *Journal of Change Management*, Bd. 4, Nr. 1 (2004), S. 63–73.

(z.B. Gestaltung der Büros), mit der Art der Sprache, der eingesetzten Technologie und den organisationalen Ritualen. Nachfolgend einige Beispiele:

- *Viele Rituale*[32] von Organisationen befassen sich mit der Umsetzung und Konsolidierung von Veränderungen. Tabelle 14.2 zeigt solche Rituale, gibt Beispiele und sagt aus, welche Rolle diese innerhalb von Veränderungsprozessen spielen könnten.[33] Um einen Wandel anzuzeigen oder zu unterstützen, können neue Rituale eingeführt oder alte Rituale abgeschafft werden.
- *Veränderungen physischer Aspekte* des Arbeitsumfelds sind starke Symbole eines Wandels. Typisch ist hier etwa die Verlegung des Standorts der Zentrale, Transfer von Personal, Veränderungen der Kleidung oder Uniform und Veränderungen in Büros oder der Bürogröße.
- Das *Verhalten von Change Agents*, vor allem von strategischen Anführern, ist das vielleicht stärkste Symbol in Bezug auf einen Wandel. Hat man also einmal angekündigt, dass ein Wandel vonnöten ist, so ist es ganz entscheidend, dass das sichtbare Verhalten der Change Agents auch diesem Wandel entspricht.
- Die von Change Agents verwendete *Sprache* ist ebenso von großer Bedeutung. Ein Change Agent kann – bewusst oder unbewusst – eine Sprache oder Metaphern verwenden, die einen Wandel fördern können. Aber natürlich besteht auch hier das Risiko, dass ein Change Agent dies nicht erkennt und sich zwar für einen Wandel einsetzt, gleichzeitig aber mit seiner Sprache signalisiert, dass man am Status quo festhalten sollte, oder dass er persönlich dem Wandel nicht zustimmt.

Beispiel 14.4

Veränderungen von Routinen und Symbolen

Veränderungen organisationaler Routinen und Symbole können ein machtvolles Signal und ein Antrieb des Wandels sein.

Veränderungen von Routinen

- Ein Medikament kann bei seiner Markteinführung nur durch klinisch belegte Angaben beworben werden; es ist also von strategisch entscheidender Bedeutung, wie Pharmafirmen ihre klinischen Versuchsreihen durchführen. Der traditionell verwendete Ansatz sieht vor, eine umfangreiche Datensammlung auf der Grundlage eines wissenschaftlichen Forschungsprotokoll zu erstellen, um dann einen Bericht zu verfassen, der erklärt, warum all diese Daten gesammelt wurden – ein höchst zeitaufwändiger und kostspieliger Prozess. Einige Unternehmen änderten daher ihre Vorgehensweise, um sicherzustellen, dass wissenschaftliche Tests die gesetzlich festgelegten Regeln sowie auch die

32 Für eine Diskussion über die Rolle von Ritualen bei Veränderungen siehe D. Sims, S. Fineman und Y. Gabriel, *Organizing and Organizations: An introduction*, Sage, 1993.

33 Siehe H.M. Trice und J.M. Beyer, „Studying organisational cultures through rites and ceremonials", Academy of Management Review, Bd. 9, Nr. 4 (1984), S. 653–669; H.M. Trice und J.M. Beyer, „Using six organisational rites to change culture", in R.H. Kilman, M.J. Saxton, R. Serpa and associates (Hrs.), Gaining Control of the Corporate Culture, Jossey-Bass, 1985.

medizinischen Anforderungen erfüllten. Sie erstellten eine Idealliste aller Anforderungen und entwarfen die Berichte, die sie benötigen würden. Erst im Anschluss daran wurden Forschungsprotokolle und Formulare zur Datensammlung zusammengestellt, die genau auf die geforderten Daten zugeschnitten waren, die zur Belegung der vorher getroffenen Aussagen benötigt wurden.

- In einem Einzelhandelsunternehmen, das sich ganz einer Strategie verschrieben hatte, bei der der Kunde im Mittelpunkt stand, neigte der Firmenchef bei seinen Besuchen in den Geschäften dazu, sowohl die Kunden als auch die Mitarbeiter dort einfach zu ignorieren. Er schien sich ausschließlich für die finanziellen Informationen zu interessieren, die er im Büro des Geschäftsführers erhielt. Allerdings wurde er sich dessen erst bewusst, als er direkt darauf hingewiesen wurde; die Änderung seines Verhaltens (nun da er unbedingt mit seinen Mitarbeitern sprechen und seinen Kunden zuhören wollte) wurde zu einer „Story", die sich überall in der Firma herumsprach und die strategische Marschrichtung des Unternehmens stärkte.

Sprache, die in Frage stellt und herausfordert

- Ein Firmenchef spricht im Angesicht einer Krise zu seinem Vorstand: „Ich schlage vor, wir betrachten uns selbst als Stiere, die die Wahl haben zwischen dem Schlachthof oder der Stierkampfarena. Ich habe meine Wahl schon getroffen – wie steht es mit Ihnen?"
- Als das neue Managementteam (Gordon Bethune als Vorstandsvorsitzender und Greg Brennemaan als leitender Geschäftsführer) die Leitung der maroden Continental Airlines übernahm, wählte es seine Sprache sehr sorgfältig aus. Die positive Einstellung in Bezug auf die Zukunft der Firma wurde immer wieder betont. Die Gesamtstrategie erhielt den Namen „Go forward plan", der Marketingplan hieß „Fly to win" und der Finanzplan „Fund the future". Diese Sprache bestätigte sich auch in der Art und Weise, wie Brennemaan die Entschlossenheit zum Erfolg beschwor: „Wussten Sie, dass ein Flugzeug keine Rückspiegel hat? Die Bahn, die hinter einem liegt, ist irrelevant."

Quelle: J.M. Higgins und C. McCallaster, „If you want strategic change don't forget your cultural artefacts", Journal of Change Management, Bd. 4, Nr. 1 (2004), S. 63–73.

Physische Objekte als Symbole des Wandels

- In einer Textilfirma wurden alte Maschinen und andere Ausstattung, die damit in Verbindung gebracht wurde, „wie die Dinge früher gemacht wurden“, in einen Hof auf der Rückseite des Firmengebäudes gebracht und vor den Augen der Belegschaft zertrümmert.
- Die leitende Krankenschwester einer Krankenstation, auf der sich Patienten von sehr schweren Krankheiten erholten, beschloss, dass Krankenschwestern, die ihre Alltagskleidung anstelle der Schwesterntracht trügen, den Patienten signalisieren würden, sie befänden sich auf dem Weg der Besserung und zurück ins normale Leben. Den Krankenschwestern ihrerseits würde deutlich werden, dass sie es mit Rehabilitation zu tun hatten. Allerdings hatte diese Entscheidung noch weitere Implikationen für die Schwestern. Die Unterscheidung zwischen ihnen und anderen nicht-professionellen Mitarbeitern wurde erschwert, sodass es die Schwestern schließlich vorzogen, doch wieder ihre Tracht zu tragen. Sie erkannten zwar, dass dadurch den Patienten eine medizinisch gesehen schwache Position vermittelt wurde, jedoch unterstrich die Schwesterntracht ihren professionellen Status als Mitarbeiter der Akutversorgung.

Quelle: M.G. Pratt und E. Rafaeli, „Organisational dress as a symbol of multi-layered social idealities“, Academy of Management Journal, Bd. 40, Nr. 4 (1997), S. 862–898.

Kontrollfragen

Beantworten Sie folgende Fragen für eine Organisation, mit der Sie vertraut sind:

1. Identifizieren Sie mindestens fünf wichtige Routinen, Symbole oder Rituale der Organisation.
2. Wie könnten diese verändert werden, um eine andere Strategie zu stützen? Beschreiben Sie genau, wie die Symbole in der neuen Strategie eingesetzt werden könnten?
3. Warum werden diese potenziellen Instrumente des Wandels häufig von Change Agents ignoriert?

Beispiel 14.4 gibt einige konkrete Beispiele solcher symbolischen Hinweise auf einen Wandel. Die Vorstellung, dass die Manipulation von Symbolen auch ein nützliches Instrument für das Management des Wandels sein kann, ist allerdings sehr interessant. Die Bedeutung von Symbolen hängt davon ab, wie sie interpretiert werden. So können die Absichten eines Change Agent, was die Nutzung symbolischer Instrumente betrifft, falsch interpretiert werden (siehe das Beispiel der Krankenschwesterntracht in Beispiel 14.4). Ein symbolischer Wandel ist zwar wichtig, doch es ist nicht so leicht, seine Auswirkungen vorherzusagen.

Tabelle 14.2

Organisationale Rituale und Veränderungen der Kultur

Art des Rituals	Rolle	Beispiele
Übergangsrituale	Konsolidieren und fördern soziale Rollenverteilung und Interaktion	Einführungsprogramme Trainingsprogramme
Bestätigungsrituale	Erkennen Bemühungen an, von denen die Organisation profitiert und motivieren gleichzeitig zur Nachahmung	Belohungszeremonien Beförderungen
Erneuerungsrituale	Stellen sicher, dass etwas getan wird Fokussieren die Aufmerksamkeit auf Sachthemen	Berufung von Beratern Projektteams
Integrationsrituale	Ermuntern zu gemeinsamem Engagement Stärken die Gültigkeit von Normen	Weihnachtsfeiern
Rituale zum Konfliktabbau	Reduzieren Konflikte und Aggression	Verhandlungsausschüsse
Degradierungsrituale	Öffentliche Anerkennung von Problemen Schwächung/Auflösung politischer oder sozialer Rollen	Entlassung führender Mitarbeiter Degradierung oder „Übergehen"
Sinn gebende Rituale	Austausch von Interpretationen und Erklärungen	Gerüchte Umfragen zur Bewertung neuer Praktiken
Rituale der Herausforderung	Das Werfen des „Fehdehandschuhs"	Andere Verhaltensweisen des neuen Firmenchefs
Rituale des Gegenangriffs	Widerstand gegen neue Vorgehensweisen	Murren Dienst nach Vorschrift

14.4.4 Macht und politische Prozesse[34]

Kapitel 4 befasste sich mit der Bedeutung des Verständnisses des politischen Umfelds in und rund um eine Organisation. Das Management des strategischen Wandels muss nun auch innerhalb dieses Umfelds betrachtet werden. Dies kann von großer Bedeutung sein, da der Aufbau eines politischen Umfelds eventuell nötig wird, um einen

34 Diese Diskussion basiert auf Beobachtungen der Rolle, die politische Aktivitäten in Organisationen spielen, siehe insbesondere H. Mintzberg, *Power in and around Organisations*, Prentice Hall, 1983, und J. Pfeffer, *Power in Organisations*, Pitman, 1981. Das vielleicht interessanteste Buch über politisches Management ist und bleibt aber Niccolo Machiavellis *The Prince*, Penguin Books, 2003. Darauf basiert auch ein Managementbuch von Gerald Griffin, *Machiavelli on Management: Playing and winning the corporate power game*, Praeger, 1991.

Wandel zu erreichen (siehe *Abschnitt 14.2.2*). Auch kann dieser Aspekt wichtig sein, da zur Durchsetzung des Wandels vielleicht die uneingeschränkte Unterstützung von einzelnen Mitarbeitern oder Gruppen erforderlich ist. Dies könnte der Firmenchef sein, ein mächtiges Vorstandsmitglied oder ein einflussreicher Außenstehender. Das Management des Wandels kann aber auch eine Neukonfiguration von *Machtstrukturen* erfordern, besonders wenn es eines transformativen Wandels bedarf. Tabelle 14.3 zeigt einige der Mechanismen in Verbindung mit dem Management des Wandels aus einer politischen Perspektive:

- Die *Übernahme von Ressourcen* oder die Kontrolle des Zugangs zu wichtigen Ressourcebereichen oder Fachwissensbereichen. Insbesondere die Fähigkeit, solche Ressourcen zu entziehen oder zuzuteilen, kann ein wirkungsvolles Instrument sein, um Widerstände zu überwinden, andere von einem Wandel zu überzeugen oder ihre Bereitschaft dazu zu steigern.
- Die *Verbindung zu mächtigen Interessengruppen (Eliten)* oder deren Unterstützern kann zum Aufbau einer Machtgrundlage beitragen. In ähnlicher Weise kann auch die Verbindung zu einem Change Agent, der respektiert wird und sichtbare Erfolge erzielt, einem Manager dabei helfen, Widerstände gegen den Wandel abzubauen. Es kann auch sein, dass es einem mit Widerstand konfrontierten Change Agent gelingt, zu einem angesehenen Mitglied der Gruppe, die Widerstand leistet, Kontakt aufzunehmen und dieses für seine Sache zu gewinnen. Natürlich kann es auch sein, *dass Einzelpersonen oder Gruppen, die kontinuierlich Widerstand leisten, entfernt werden müssen.* Wen dies betrifft, ist sehr variabel – es können mächtige Einzelpersonen in hohen Positionen oder auch ganze Unternehmensebenen sein, die sich dem Wandel widersetzen, weil sie beispielsweise ihre Funktion oder ihre Dienstleistung bedroht sehen.
- Zur Überwindung von Widerständen mächtigerer Gruppen kann es notwendig sein, *Allianzen und Netzwerke* aus Kontakten und Sympathisanten zu bilden. Es ist schwierig, eine gesamte Organisation dazu bringen zu wollen, einen Wandel zu akzeptieren, doch es gibt vielleicht einzelne Unternehmensteile oder Personen, die dem Wandel positiver gegenüberstehen als andere, und diese könnte der Change Agent zu seiner Unterstützung heranziehen. Er könnte auch versuchen, die Gruppen, die Widerstand leisten, eher an den Rand zu drängen. Die Gefahr dabei besteht jedoch darin, dass mächtige Gruppen innerhalb der Organisation diese Teambildung und Abdrängung als Bedrohung ihrer eigenen Machtposition auslegen könnten, was ihren Widerstand noch verstärken wird. Eine Analyse vorhandener Macht und Interessen der einzelnen Interessengruppen (siehe *Abschnitt 4.4.1*) kann daher sehr hilfreich sein, um Grundlagen für Allianzen und mögliche Widerstände zu identifizieren.
- Auch hier ist der *symbolische Wandel* von potenziell großer Bedeutung. Um Macht aufzubauen kann es nötig sein, zunächst genau die *Symbole* zu identifizieren, die das vorhandene Paradigma bewahren und bestätigen – durch die Arbeit innerhalb der bestehenden Struktur, eine Identifikation mit den Ritualen oder Geschichten der Organisation, etc. Die Beseitigung oder das Infragestellen von Ritualen oder Symbolen kann wiederum ein wichtiges Mittel sein, um vorhandene Widerstände zu brechen und die Mitarbeiter dazu zu bringen, das Selbstverständliche zu hinterfragen.

Tabelle 14.3

Politische Mechanismen in Organisationen

Aktivitäts-bereiche	Mechanismen: Ressourcen	Eliten	Unter-systeme	Symbole	Zentrale Probleme
Aufbau der Macht-grundlage	Kontrolle von Ressourcen Übernahme von/Identi-fikation mit Fachwissen Übernahme zusätzlicher Ressourcen	Unterstüt-zung durch eine Elite Verbindung mit einer Elite	Bildung von Allianzen Bildung von Teams	Aufbau auf Legitimie-rung	Großer Zeit-aufwand Empfundene Zweideutigkeit von Idealen Empfundene Bedrohung bestehender Eliten
Überwindung von Wider-ständen	Entzug von Ressourcen Einsatz von „Gegen-Intelligenz"	Aufbrechen von Eliten Verbindung mit Change Agents Verbindung mit res-pektierten Außenste-henden	Antrieb für den Wandel Unterstützung/ Belohung für Change Agents	Angriff auf oder Entzug von Legiti-mierung Verwirrung und Kon-flikte wer-den geschürt	Macht kann nicht ausrei-chend sein Potenziell destruktiv: Schneller Wiederaufbau nötig
Unterstützung erlangen	Gewährung von Ressourcen	Entfernung resistenter Eliten Sichtbarer „Held des Wandels" nötig	Teilweise Imple-mentierung und Kollaboration Implantation von „Disziplinen" Unterstützung für „Umstürzler"	Beifall/ Belohnung Unter-stützung Symbolische Bestätigung	Umwandlung des „Unter-baus" der Organisation Rückschritte

Die politischen Aspekte des Managements eines Wandels sind jedoch potenziell sehr gefährlich. Tabelle 14.3 fasst einige der Probleme zusammen. Das Hauptproblem bei der Überwindung eines Widerstands gegen den Wandel kann einfach darin bestehen, dass die nötige Macht fehlt, um dies zu erreichen. Der Versuch, den Status quo zu verändern, kann irgendwann regelrecht zerstörerisch wirken und so viel Zeit kosten, dass sich die Organisation nicht wieder davon erholt. Muss sich ein solcher Prozess aber unbedingt vollziehen, so ist die Einführung neuer Überzeugungen und einer neuen Strategie zwingend erforderlich und muss schnell geschehen. Außerdem reicht es nicht, nur die wenigen Manager der obersten Führungsebene von der Notwendigkeit des Wandels zu überzeugen – auch der gesamte „Unterbau“ der Organisation muss dazu gebracht werden, sehr signifikante Veränderungen zu akzeptieren.

14.4.5 Taktiken des Wandels

Es gibt auch spezifischere Taktiken des Wandels, die eingesetzt werden können, um den Wandlungsprozess zu erleichtern.

Die zeitliche Koordination

Die zentrale Bedeutung der zeitlichen Koordination wird bei der Betrachtung eines strategischen Wandels häufig vernachlässigt. Die taktisch koordinierte Wahl des richtigen Zeitpunkts ist aber ganz entscheidend, um einen Wandel erfolgreich umzusetzen. Zum Beispiel:

- Die *Nutzung einer tatsächlichen oder empfundenen Krisensituation* ist umso sinnvoller, je umfangreicher der nötige Wandel ist. Wird das Risiko einer Beibehaltung des Status quo als riskanter empfunden als seine Veränderung, wird ein Wandel wahrscheinlicher. Es wird sogar behauptet, dass manche Führungskräfte vorhandene Probleme überzeichnen, um eine Krisenstimmung zu erzeugen, die dann den Wandel beschleunigt. So kann eine angedrohte Übernahme als Katalysator für einen strategischen Wandel eingesetzt werden.
- *Wandlungsprozesse bieten auch Chancen.* Die Ankunft eines neuen Firmenchefs, die Einführung eines neuen, sehr erfolgreichen Produkts oder das Auftauchen einer Wettbewerbsbedrohung können auch die Chance bieten, größere Wandlungsprozesse in Gang zu bringen, als dies unter normalen Umständen möglich wäre. Da man einem Wandel aber immer mit großer Nervosität begegnet, kann es auch wichtig sein, den Zeitpunkt zur Umsetzung dieses Wandels mit Bedacht zu wählen, um unnötige Angst und Unsicherheit zu vermeiden. Müssen beispielsweise Führungskräfte entlassen werden, so sollte dies am besten vor dem Beginn des Wandlungsprogramms geschehen. So wird dieses Programm als potenzielle Verbesserung für die Zukunft wahrgenommen und nicht als Ursache für solche Verluste.
- *Ein symbolisches Zeichen für den zeitlichen Rahmen* kann auch wichtig sein. Change Agents sollten unklare Informationen bezüglich der zeitlichen Koordination des Wandels vermeiden. Ist beispielsweise ein schneller Wandel vonnöten, so sollten Abläufe und Signale vermieden werden, die auf lange Zeithorizonte hinweisen wie etwa die Beibehaltung seit langem etablierter Kontroll- oder Belohnungsprozesse oder Routinen.

Sichtbare kurzfristige Erfolge

Ein strategisches Wandlungsprogramm erfordert viele detaillierte Aktionen und Aufgaben. Dabei ist es wichtig, dass einige dieser Aktionen schnelle Erfolge bringen. So könnte eine Einzelhandelskette beispielsweise ein neues Konzept für seine Geschäfte entwickeln, dessen Erfolg sich schnell auf dem Markt bemerkbar macht; der effektive Abbau alter Routinen und der deutliche Erfolg neuer Arbeitsabläufe; die Beschleunigung von Entscheidungsprozessen durch die Abschaffung von Ausschüssen und die Einführung klar definierter Arbeitsprofile, etc. Diese Punkte sind alleine für sich genommen vielleicht keine wichtigen Aspekte einer neuen Strategie, sie sind jedoch sichtbare Indikatoren eines neuen Ansatzes. Die Demonstration solcher Erfolge sorgt mit Sicherheit für ein höheres Engagement für die neue Strategie.

Ein immer wieder genannter Grund für die Unfähigkeit, sich zu verändern, ist, dass die dafür nötigen Ressourcen fehlen. Dieses Problem könnte überwunden werden, wenn es möglich wird, „Hot Spots" zu identifizieren, in die dann verstärkt Ressourcen und auch Arbeitskraft investiert werden. William Bratton beispielsweise, der die inzwischen berühmte *Zero Tolerance*-Politik der New Yorker Polizei einführte, begann damit, vorhandene Ressourcen und Bemühungen auf die Bekämpfung von Verbrechen zu konzentrieren, die mit Drogenmissbrauch zu tun hatten. Obwohl sie 50 bis 70 Prozent aller registrierten Verbrechen ausmachten, waren für ihre Bekämpfung ursprünglich nur fünf Prozent aller Ressourcen des NYPD vorgesehen. Als er in diesem Bereich erfolgreich war, konnte er sein Programm auf andere Bereiche ausdehnen und dafür auch entsprechende Ressourcen erlangen.[35]

14.5 Das Management strategischer Wandlungsprogramme

Es gibt also eine Reihe strategischer Hebel oder Instrumente für den Wandel, unter denen Change Agents auswählen können. Dabei ist es von zentraler Bedeutung, die geeigneten Hebel auszuwählen anstatt einer vorher festgelegte Formel für das Management des strategischen Wandels zu folgen. Dies hängt vom Umfeld und den Fähigkeiten und Stilen derjenigen ab, die für das Management des Wandels verantwortlich sind. Müssen etwa – um eine Extremsituation zu nennen – Widerstände gegen einen Wandel rasch überwunden und schnelle Ergebnisse erzielt werden, so kann der Fokus darauf liegen, die Mitarbeiter dazu zu bringen, die Regeln des Wandlungsprogramms zu befolgen. Ist andererseits genügend Zeit vorhanden, um die „Herzen" der Mitarbeiter zu gewinnen, so muss der Fokus darauf liegen, deren Wertvorstellungen zu verändern. Auch müssen sie in viel stärkerem Maße an einer Veränderung ihrer Unternehmenskultur beteiligt werden, wie Beispiel 14.5 zeigt. Es ist jedoch wahrscheinlich, dass die meisten Initiativen für einen Wandel Elemente sowohl der Theorie E als auch der Theorie O enthalten. Die meisten erfolgreichen Wandlungsprogramme setzen sogar auf mehrere verschiedene Hebel des Wandels[36], was ebenso aus Beispiel 14.5 hervorgeht.

Dieser Abschnitt befasst sich zunächst erneut mit drei Arten des Wandels, die bereits in *Abschnitt 14.2.1* identifiziert wurden, und geht darauf ein, welche Instrumente die verantwortlichen Manager unter welchen Umständen einsetzen. Dann werden einige allgemeine Hinweise zum Management von Wandlungsprogrammen gegeben.

35 Für eine umfassendere Diskussion dieses Ansatzes von Bratton und anderen Change Agents siehe W.C. Kim and R. Mauborgne, „Tipping point leadership", *Harvard Business Review*, Bd. 81, Nr. 4 (April 2003), S. 60–69.

36 Für eine Übersicht über Forschungsergebnisse, die diesen Punkt bestätigen, siehe D. Buchanan, L. Fitzgerald, D. Ketley, R. Gallop, J.L. Jones, S.S. Lamont, A. Neath und E. Whitby, „No going back: A review of the literature on sustaining organizational change", *International Journal of Management Reviews*, Bd. 7, Nr. 3 (2005), S. 189–205.

14.5.1 Strategierekonstruktion und die Turnaround-Strategie

Es gibt Umstände, die eine schnelle Rekonstruktion erfordern, denn ohne sie könnte es zu einer Schließung des betroffenen Unternehmens kommen, es könnte immer tiefer in die roten Zahlen rutschen oder Ziel einer Übernahme werden. Hier spricht man gemeinhin von einer **Turnaround-Strategie (Umkehr-Strategie)** wobei die Betonung auf schnellem Wandel und einer schnellen Senkung der Kosten und/oder Umsatzsteigerung liegt. Dabei müssen die Manager diejenigen Dinge bevorzugt behandeln, die schnelle und umfassende Verbesserungen bringen. In solchen Situationen bedarf es meist klarer Anweisungen für den Wandel (siehe *Abschnitt 14.3.1*). Einige der wesentlichen Elemente der Turnaround-Strategie sind folgende[37]:

Turnaround-Strategie (Umkehr-Strategie)

Bei der „Turnaround"-Strategie (Umkehr-Strategie) liegt die Betonung auf schnellem Wandel und einer schnellen Senkung der Kosten und/oder Umsatzsteigerung.

- *Stabilisierung in der Krise.* Hier geht es zunächst darum, die Kontrolle über die sich verschlechternde Situation wiederzuerlangen. Dazu muss man sich kurzfristig auf Kostensenkungen und/oder Einnahmensteigerungen konzentrieren, was meist einige der in Abbildung 14.5 erwähnten Schritte beinhaltet; viele dieser Schritte entsprechen ohnehin allgemeinen Managementpraktiken. Der Unterschied besteht lediglich darin, dass diese Schritte hier schneller vollzogen werden und ganz im Fokus der Aufmerksamkeit des Managements stehen. Die erfolgreichsten Turnaround-Strategien konzentrieren sich auch auf eine Senkung der direkten operativen Kosten sowie auf Produktivitätssteigerung. Weniger effektive Ansätze zielen weniger auf diese Aspekte und mehr auf eine Reduktion von Overhead-Kosten ab.[38]
- Solche Umkehrprogramme werden allerdings allzu oft nur als Übungen zur Kostensenkung verstanden, obwohl es wichtig wäre, die großen Zusammenhänge zwischen den Ursachen für den Rückgang und geeigneten Lösungen aufzuzeigen und zu verstehen. Lässt sich der Niedergang eines Unternehmens nämlich vor allem durch Veränderungen des externen Umfelds erklären, so ist es unsinnig, zu glauben, dass Kostensenkungen allein für erneutes Wachstum sorgen werden. Daher sind auch andere Elemente der Turnaround-Strategie wichtig.
- *Veränderungen des Managements.* Solche Veränderungen können besonders an der Spitze eines Unternehmens erforderlich sein. Dabei wird meist sowohl ein neuer Firmenchef oder Vorstandsvorsitzender berufen als auch die Besetzung des Vorstands verändert, was besonders die Funktionen Marketing, Vertrieb und Finanzwesen betrifft. Dafür gibt es drei Gründe. Zunächst ist es höchstwahrscheinlich gerade die alte Managementriege, die für das Unternehmen zu der Zeit verantwortlich war, als sich die aktuellen Probleme entwickelten, und die folglich von wichtigen Interessengruppen als Verursacher dieser Probleme angesehen werden. Zum zweiten kann es notwendig sein, neue Manager ins Boot zu holen, die mit dem Management solcher Turnaround-Strategien bereits Erfahrung haben. Und zum dritten bringen Manager von außerhalb der Organisation neue Perspektiven auf die bisherige Arbeitsweise des Unternehmens mit.

37 Die „Turnaround"-Strategie wird ausführlicher erklärt bei D. Lovett und S. Slatter, *Corporate Turnaround*, Penguin Books, 1999; sowie P. Grinyer, D. Mayes und P. McKiernan, „The Sharpbenders: Achieving a sustained improvement in performance", *Long Range Planning*, Bd. 23, Nr. 1 (1990), S. 116–125. Siehe auch V.L. Barker und I.M. Duhaime, „Strategic change in the turnaround process: Theory and empirical evidence", *Strategic Management Journal*, Bd. 18, Nr. 1 (1997), S. 13–38.

38 Siehe die „Sharpbenders" Studie, Fußnote 38.

Beispiel 14.5 Wertestau bei IBM

Die Veränderung der Strategie durch „wertebasiertes Management"

Im Jahr 2002 übernahm Sam Palmisano die Position des Vorstandsvorsitzenden von IBM von seinem Vorgänger Lou Gerstner, der IBM in den 1990er Jahren erfolgreich durch ein umfangreiches Turnaround-Programm geführt hatte. Die Herausforderungen, die sich nun Palmisano stellten, unterschieden sich gewaltig von der Herausforderung für Gerstner. Damals stand, wie er erklärte, das gesamte Unternehmen „in Flammen". Heute muss der Wandel fortgeführt werden, auch wenn es keine akuten Brandherde mehr gibt. „Heute muss die Motivation der Mitarbeiter nicht mehr die Angst vor dem Untergang der Firma sein, man muss sie mit Hoffnung und Ehrgeiz motivieren." Palmisanos Antwort auf diese Situation lautete „wertebasiertes Management". Seiner Überzeugung nach war es unmöglich, ein so komplexes Unternehmen wie IBM mit nahezu 70 Hauptproduktlinien und Dutzenden von Kundensegmenten, das in 170 Ländern aktiv war, nur mithilfe von Strukturen und Kontrollsystemen zu leiten. Hier kam es vor allem auf die Werte des Unternehmens an. Wie konnten aber die Kernwerte identifiziert und die Mitarbeiter dazu gebracht werden, nicht nur an sie zu glauben, sondern sie auch aktiv zu leben?

Palmisanos Ansatz basierte auf einer Neuerfindung der Unternehmenswerte von IBM von unten nach oben. Im Juli 2003 beteiligten sich über 50.000 Mitarbeiter an einer dreitätigen Intranetdiskussion über Unternehmenswerte und über den sogenannten „Wertestau" (siehe Beispiel 15.2). Viele Mitarbeiter äußerten scharfe Kritik. So sprach IBM häufig von Vertrauen, verbrachte aber gleichzeitig viel Zeit damit, seine Mitarbeiter zu kontrollieren; niemand stellte die Ansichten hoher Führungskräfte infrage; Fehler wurden nicht toleriert oder als Lernprozess angesehen. Die Kritik war sehr unangenehm, sodass manche Führungskräfte diese Übung schon beenden wollten. Palmisano bestand aber nicht nur darauf, die Diskussion fortzusetzen, er beteiligte sich sogar selbst daran und äußerte seine persönliche Meinung, wobei er einige der Probleme anerkannte.

Die Kommentare aus dem Wertestau wurden analysiert, und es entstanden Wertaussagen: „Engagement für den Erfolg jedes einzelnen Kunden", „Innovation, die etwas verändert – in unserem Unternehmen und auf der ganzen Welt", „Vertrauen und persönliche Verantwortung in jeder Beziehung". Palmisano erkannte, dass diese Werte in vielerlei Hinsicht das fortführten und vertieften, wofür IBM schon in der Vergangenheit eingetreten war. Der zentrale Punkt war aber, dass diese Werte nicht umgesetzt und gelebt wurden. Im nächsten Schritt wurden die Mitarbeiter nun beauftragt, Stellen und Arbeitsschritte zu identifizieren, wo diese Werte nicht umgesetzt wurden. Man begann in der obersten Führungsebene, führte aber rasch wieder eine Online-Diskussion (siehe Beispiel 15.2) für alle Mitarbeiter ein. So wurden zahllose Prozesse und Routinen aufgezeigt, die den Werten widersprachen.

Palmisano konzentrierte seine Aufmerksamkeit schließlich darauf, genau diese Routineabläufe und Prozesse zu verändern, um sie mit den zuvor definierten Werten in Einklang zu bringen. Er veränderte das Anreizprogramm der Geschäftsbereichsleiter von IBM. Dies basierte zwar schon auf einer Kundenbewertung der Leistung, beschränkte sich aber lediglich auf ein Jahr. Nach der Anpassung basierte das Anreizsystem auf einer Mischung aus Projektrentabilität, Jahreszielen und langfristiger Kundenzufriedenheit. Andere Veränderungen schienen dagegen auf den ersten Blick eher gering zu sein: So wurden den Managern aller Produktlinien jährlich $ 5000 (€ 4000) zur Verfügung gestellt, die sie nach eigenem Ermessen für neue Geschäftsideen oder zur Verbesserung der Kundenbeziehungen einsetzen konnten. Angesichts der stattlichen Anzahl von 22.000 Produktlinien entsprach diese Entscheidung jedoch einem großen Zugeständnis von IBM. Eine weitere Veränderung betraf die Preisstrategien. Die Festlegung der Preise bei IBM war alles andere als kundenfreundlich, besonders was Produkte und Dienstleistungen anging, die sich über mehrere IBM-Geschäftsbereiche erstreckten. Palmisano bestand darauf, diesen Prozess dahingehend zu verändern, dass die Preise für den Kunden immer nachvollziehbar waren. Dazu mussten die Preisbildungsabläufe von IBM grundlegend verändert werden, um diesem Kundenwunsch zu entsprechen.

Quelle: Basiert auf Paul Hemp, „Leading change when business is good", Harvard Business Review, Bd. 82, Nr. 12 (2004), S. 60–70.

Kontrollfragen

1. Welche in diesem Kapitel beschriebenen Instrumente des Wandels werden hier eingesetzt? Welche anderen hätten noch verwendet werden können?
2. Vergleichen Sie Palmisanos Ansatz mit dem Ansatz von John Howie bei Faslane (siehe Beispiel am Ende des Kapitels).
3. Vergleichen Sie diesen wertebasierten Ansatz mit einem Programm eines revolutionären Wandels oder einer Rekonstruktion.

Abbildung 14.5:
Turnaround: Schritte zur Umsatzsteigerung und zur Kostensenkung

Steigerung des Umsatzes	Senkung der Kosten
• Wahl des geeigneten Marketing-Mix für die wichtigen Marktsegmente • Überprüfung der Preisbildungsstrategie zur Maximierung der Einnahmen • Konzentration der Unternehmens-aktivitäten auf die Anforderungen der Kunden der Zielmärkte • Nutzung zusätzlicher Möglichkeiten zur Generierung von Einkommen in Verbindung mit Zielmärkten • Investition der durch Kostensenkung gewonnenen Finanzmittel in Wachstumsbereiche	• Senkung der Arbeitskosten und der Kosten für die oberen Führungsebenen • Konzentration auf Produktivitäts-verbesserungen • Strengere finanzielle Überwachung • Strengere Überwachung der Verwendung von Barvermögen • Einführung eines Zuliefererwettbewerbs; Rückzahlungen an Gläubiger hinauszögern; Rückzahlung von Schuldnern beschleunigen • Reduzierung der Lagerbestände • Abschaffung unrentabler Produkte/ Dienstleistungen

- *Sicherung der Unterstützung wichtiger Interessengruppen.* Vielleicht wurden wichtige Interessengruppen nur mit schlechten oder unzureichenden Informationen versorgt. In einer Turnaround-Situation ist es aber von zentraler Bedeutung, dass wichtige Interessengruppen wie etwa Banken oder wichtige Aktionäre, aber auch die Mitarbeiter immer alle Informationen über die aktuelle Situation sowie über Verbesserungen erhalten, sobald sie erzielt werden.[39] Auch ist es wahrscheinlich, dass eine klare Einschätzung der Macht verschiedener Interessengruppen (siehe *Abschnitt 4.4.1*) beim Management einer Turnaround-Strategie von zentraler Bedeutung ist.
- *Klare Einordnung von Zielmärkten.* Für den Erfolg einer Turnaround-Strategie ist es besonders wichtig, dass ganz klar ist, welcher Zielmarkt oder welche Marktsegmente am ehesten Einnahmen generieren oder Gewinne abwerfen werden. Im Rahmen einer erfolgreichen Turnaround-Strategie rückt ein Unternehmen näher an seine Kunden heran und verbessert den Informationsfluss im Bereich Marketing, insbesondere für die Manager der oberen Führungsebenen, damit die Aktivitäten, die Einkommen generieren, auf die wichtigsten Marktsegmente konzentriert werden. Ein Grund für die schlechten Ergebnisse der Organisation könnte sein, dass es seine richtigen Zielmärkte nicht kennt.
- *Neuausrichtung des Fokus.* Kennt man seine Zielmärkte genau, so bietet das auch die Chance, Produkte und Dienstleistungen durch Outsourcing auszulagern, die mit diesen Märkten nichts zu tun haben und die Manager nur viel Zeit kosten, ohne dass sie einen ausreichenden finanziellen Beitrag zum Unternehmenserfolg leisten.
- *Finanzielle Umstrukturierung.* Auch die finanzielle Struktur der Organisation bedarf vielleicht einer Veränderung. Dies bedeutet meist auch, dass man die bestehende Kapitalstruktur ändern, zusätzliche Finanzmittel aufbringen oder bestehende Abkommen mit Gläubigern, besonders mit Banken, neu verhandeln muss.
- *Kritische Verbesserungsbereiche haben Priorität.* Um all dies umzusetzen, müssen Manager in der Lage sein, den Bereichen Priorität zu geben, die für schnelle und bedeutende Verbesserungen sorgen.

39 Siehe K. Pajunen, „Stakeholder influences in organizational survival", *Journal of Management Studies*, Bd. 43, Nr. 6 (2006), S. 1261–1288.

14.5.2 Das Management eines revolutionären strategischen Wandels

Ein revolutionärer Wandel unterscheidet sich von einer Rekonstruktion in zweierlei Hinsicht: Erstens bedarf es nicht nur eines raschen, sondern auch eines kulturellen Wandels. Zweitens kann es für die Mitarbeiter der betroffenen Organisation keineswegs offensichtlich sein, dass ein Wandel notwendig ist, wie dies in einer Turnaround-Situation der Fall ist. Sie könnten sogar einige Gründe sehen, die bestätigen, dass ein Wandel ganz und gar nicht nötig ist. Eine solche Situation kann sich im Laufe vieler Jahre entwickeln, in denen es auf dem Markt (relativ gesehen) in kleinen Schritten immer weiter bergab ging, wobei die Organisation zu lange von angestammten Produkten oder Dienstleistungen überzeugt war, die von den Kunden nicht länger geschätzt wurden – das Problem der strategischen Drift. Es kann natürlich auch sein, dass die Mitarbeiter einer Organisation ihre Probleme sehen und verstehen, aber dennoch keinen Ausweg erkennen. Beim Management eines solchen Wandels sind folgende Punkte wichtig:

- *Eine klare strategische Ausrichtung.* Unter solchen Umständen ist die Artikulation einer klaren strategischen Ausrichtung und entschiedenes Handeln im Einklang mit dieser Ausrichtung sehr wichtig. Bei dieser Art Wandel fällt einem einzelnen Vorstandsvorsitzenden häufig eine zentrale Rolle zu, denn er gibt die Richtung vor und ihm wird auch häufig der Erfolg eines Wandels zugerechnet. Er kann auch – sowohl unternehmensintern als auch extern – zum Symbol für diesen Wandel werden.
- *Eine Kombination wirtschaftlicher und symbolischer Instrumente.* Einige der oben beschriebenen schwierigen Entscheidungen im Rahmen einer Rekonstruktion (oder eines Turnaround) müssen zweifellos auch hier getroffen werden; dies betrifft etwa Veränderungen des Portfolios, stärkere Marktausrichtung, Veränderungen des Top Managements und vielleicht auch eine finanzielle Umstrukturierung. Solche Entscheidungen werden aber auch oft herangezogen, um starke symbolische Botschaften des Wandels zu vermitteln. So war in der Zeitungsbranche der 1970er Jahre Rupert Murdochs Entscheidung, sein Büro in der Fleet Street, Londons traditioneller Medienmeile, zu schließen und in einen modernen Zweckbau im Außenbezirk Wapping umzuziehen, ein entscheidendes Signal der Modernisierung nicht nur seiner eigenen Zeitung, sondern der gesamten Branche.
- *Eine Perspektive von außen.* Sehr häufig werden in einer solchen Situation neue Manager von außerhalb der Organisation ins Boot geholt. So wurden im Rahmen der Reform vieler Organisationen der öffentlichen Hand immer wieder Manager mit Erfahrungen auf dem privaten Sektor eingestellt. Auch Berater werden oft hinzugezogen, um eine neutrale Analyse bezüglich eines notwendigen Wandels zu erstellen oder den Wandlungsprozess zu unterstützen.
- *Verschiedene Managementstile des Wandels.* Während ein *anweisender Managementstil* für den Wandel wahrscheinlich sehr offensichtlich und auch angebracht ist, muss dieser dennoch häufig mit anderen Managementstilen kombiniert werden. Begleitend können Bemühungen unternommen werden, die Mitarbeiter von der Notwendigkeit des Wandels zu *überzeugen.* Auch der *Interventionsstil* kann eingesetzt werden, um die Mitarbeiter an einzelnen Aspekten des Wandels zu beteiligen, die ihren Fachkenntnissen entsprechen. So lässt sich auch ihr eventueller Widerstand überwinden.
- *Arbeit mit der bestehenden Kultur.* Es kann möglich sein, mit Elementen der bestehenden Kultur zu arbeiten, sodass nicht die gesamte Kultur verändert werden muss. Dazu müssen diejenigen Aspekte der Kultur identifiziert werden, auf die man

aufbauen kann, und solche, die verändert werden müssen. Als beispielsweise Ed Zander 2004 zum Vorstandsvorsitzenden der kränkelnden Firma Motorola ernannt wurde, entwarf er ein Wandlungsprogramm, das zwar verstärkt auf Innovation und eine Neuorientierung auf bestehende Märkte baute, sich aber ganz klar auch auf die seit langem gültigen Werte Qualität und Zuverlässigkeit stützte.[40]

- *Überwachung des Wandels.* Ein revolutionärer Wandel erfordert wahrscheinlich die Festlegung und Überwachung eindeutiger Ziele, die von den Mitarbeitern erreicht werden müssen. Oft sind diese mit finanziellen Zielen und somit auch mit besseren Erträgen für die Aktionäre verbunden.

14.5.3 Das Management eines evolutionären strategischen Wandels

Das Management eines Wandels in Form einer Evolution bedeutet sehr wohl einen transformativen Wandel, der sich jedoch inkrementell vollzieht. Diesen kann man aus zweierlei Perspektiven betrachten. Zunächst kann man sich die Schaffung einer Organisation vorstellen, die dazu fähig ist, sich beständig zu wandeln: Eine lernende Organisation. Die Merkmale einer solchen Organisation wurden in *Abschnitt 11.5.2* beschrieben. Einblicke, wie eine solche Organisation geschaffen werden kann, lassen sich am besten aus den Erläuterungen zur Ideenperspektive in den Kommentaren gewinnen. Der Versuch, eine lernende Organisation in der Praxis umzusetzen, ist für das Management nicht zuletzt deshalb eine so große Herausforderung, weil sie Folgendes erfordert:

- *Eigenverantwortung für die Organisation.* Hier dürfen Managemententscheidungen nicht von oben nach unten erfolgen, denn alle Mitarbeiter der Organisation müssen Verantwortung dafür tragen und auch übernehmen wollen, dass strategische Ideen entwickelt werden, dass Innovation stattfindet und dass Veränderungen als unvermeidbar und wünschenswert akzeptiert werden. Dies erfordert ganz klar ein hohes Maß an Partizipation im Fall eines Wandels.
- *Eine klare strategische Vision.* Das Top Management trägt die Verantwortung für die Schaffung eines Umfelds, das viele neue Ideen auch von unteren Ebenen der Organisation zulässt und in dem es gemeinsame, klar definierte langfristige Ziele gibt. Dazu müssen klare Richtlinien vorgegeben werden – Vision, Mission, oder „einfache Regeln" – die als Grundlage der neuen Ideen dienen. Das Management muss also das richtige Gleichgewicht finden und einerseits eine klare Vision vorgeben, damit die Mitarbeiter genau wissen, wie sie zu der zukünftigen Strategie beitragen können. Andererseits darf diese Strategie nicht zu genau spezifiziert werden, denn so schränkt man die Mitarbeiter ein und nimmt ihnen die nötige Begeisterung für Mitarbeit und Innovation (siehe die Erläuterungen zur Ideenperspektive in den Kommentaren).
- *Beständiger Wandel und ein Engagement für Experimente* in Bezug auf alle organisationalen Prozesse.

40 Der Wert der Arbeit mit Aspekten der bestehenden Kultur ist ein Ergebnis der Forschungsarbeit von S. Finkelstein, C. Harvey und T. Lawton, documented in *Breakout Strategy*, McGraw-Hill, 2007.

Die zweite Perspektive, aus der sich ein strategischer Wandel als Evolution betrachten lässt, bezieht sich auf die Verlagerung von einer Strategie auf eine veränderte Strategie, die sich aber über einen längeren Zeitraum, vielleicht sogar über viele Jahre hinweg, vollzieht. Hier könnten folgende Prinzipien den Managern als Leitlinien dienen:

- *Übergangsphasen.* Es ist wichtig, in einem solchen Wandlungsprozess Phasen des Übergangs zu identifizieren. So kann es sein, dass in Bezug auf das Wandlungsumfeld (siehe *Abschnitt 14.2.2*) keine ausreichende Bereitschaft besteht oder dass nicht die entsprechenden Fähigkeiten vorliegen, um große Veränderungen anzustoßen. Es ist also entscheidend, das Umfeld entsprechend vorzubereiten, bevor weitere bedeutende Schritte unternommen werden.
- *Irreversible Veränderungen.* Vielleicht ist es möglich, Veränderungen zu identifizieren, die zwar keine unmittelbaren, dafür aber langfristig irreversible Auswirkungen haben. So legte etwa KPMG, als es Anfang der 1990er Jahre eine neue strategische Ausrichtung für das neue Jahrtausend entwarf, neue Einstellungskriterien für Universitätsabsolventen sowie neue Kriterien für die Ernennung weiterer Partner fest. Der Zeithorizont, bis die Auswirkungen dieser neuen Kriterien zu spüren waren, lag bei fünf bis zehn Jahren. Waren die Kriterien aber einmal festgelegt, ließen sich die späteren Auswirkungen auch nicht mehr verändern.
- *Nachhaltige Unterstützung des Top Managements.* Das Risiko besteht hier darin, dass der Wandel irgendwann an Schwung verliert, da die oberste Führungsebene den Mitarbeitern keine nachhaltige Unterstützung des Wandels vermittelt.
- *Die Gewinnung von Herz und Verstand der Mitarbeiter.* Um einen transformativen Wandel durchzusetzen, bedarf es fast immer auch eines kulturellen Wandels. Dies kann sich problematischer gestalten als im Fall eines revolutionären Wandels, da viele Mitarbeiter einfach nicht erkennen, dass der aktuelle Status quo mit großen Problemen verbunden ist. Es müssen also konsequent verschiedene Instrumente des Wandels eingesetzt werden: Überzeugung und Partizipation als Managementstile des Wandels, damit die Mitarbeiter die Notwendigkeit eines Wandels erkennen und ihren Beitrag dazu leisten; Signale für die Bedeutung des Wandels, die alle Mitarbeiter der Organisation sowohl rational als auch emotional verstehen; sowie Instrumente, die eine bessere wirtschaftliche Leistung signalisieren und bewirken.

14.5.4 Einige allgemeine Lehren für das Management von Wandlungsprogrammen

In diesem Abschnitt werden einige allgemeine Lehren bezüglich des Managements von Wandlungsprogrammen zusammengetragen. Zunächst kann man wichtige Lehren aus dem Verständnis der Aspekte ziehen, die Probleme verursachen:[41]

- *Überfrachtete Programme.* Viele Change Agents müssen erkennen, dass sich ein Wandel meist nicht als einmaliger Prozess verwirklichen lässt, sondern eine Reihe immer neuer Initiativen erfordert, die sich vielleicht über einen Zeitraum von Jahren erstrecken. Dabei besteht allerdings das Risiko, dass diese Initiativen von anderen irgendwann als „Rituale des Wandels" angesehen werden, die nur wenig bedeuten.

41 Die hier erwähnten Beobachtungen und Beispiele basieren größtenteils auf L.C. Harris und E. Ogbonna, „The unintended consequences of culture interventions: A study of unexpected outcomes", *British Journal of Management*, Bd. 13, Nr. 1 (2002), S. 31–49.

Außerdem besteht die Gefahr, dass die ursprüngliche Intention eines Wandlungsprogramms allmählich in Vergessenheit gerät und von anderen Ereignissen wie etwa einem Redundanzprogramm verdrängt werden.

- *Missbrauch von Prozessen.* Gut gemeinte Wandlungsbemühungen können von anderen für andere Zwecke missbraucht werden. So wurde in einer Versicherungsgesellschaft die Einführung computergestützter Telefonsysteme zur Verbesserung des Kundendienstes auch zum Anlass genommen, die Anzahl der Mitarbeiter zu reduzieren, die sich um Kundenanfragen kümmerten. Das Ergebnis war keineswegs ein besserer Kundendienst; außerdem blieb eine überaus skeptische Belegschaft zurück, die dieser und jeder weiteren zukünftigen Initiative für einen Wandel misstraute.
- *Neuerfindung.* Hier wird ein versuchter Wandel einfach im Sinne der alten Kultur umgedeutet. So wurde die intendierte Strategie eines Ingenieurbüros, für die Kunden Produkte mit höherem Wert abzuliefern, von den Ingenieuren innerhalb der Firma so interpretiert, als wolle das Unternehmen ein höheres Maß an technischen Spezifikationen anbieten.
- *Fehlender Bezug.* Den Mitarbeitern, die vom Wandel betroffen sind, könnte der entsprechende Bezug des Wandlungsprogramms zu ihrer Realität fehlen. Managern der oberen Führungsebene, den Befürwortern des Wandels, könnte die Glaubwürdigkeit fehlen, schließlich fehlt ihnen das Verständnis für die Realitäten des Wandels in den unteren Ebenen der Organisation. Es kann auch sein, dass neu eingeführte Systeme und Initiativen als mit den Intentionen des Wandels unvereinbar angesehen werden.
- *Befolgung der Regeln des Wandels.* Es besteht die Gefahr, dass die Mitarbeiter scheinbar die Regeln des Wandels befolgen, die ihnen das Wandlungsprogramm vorgibt, ohne jedoch wirklich davon überzeugt zu sein. Das kann dazu führen, dass ein Change Agent einen Wandel zu beobachten glaubt, obwohl tatsächlich nur oberflächliche Regelbefolgung stattfindet.

Seit 1994 setzt die Boston Consulting Group[42] vier zentrale Faktoren beim Management strategischer Wandlungsprogramme ein und stellt entsprechende Wandlungsteams zusammen. Den Angaben der Beraterfirma zufolge erhöht sich die Erfolgsquote solcher Programme erheblich, wenn folgende Punkte beachtet werden:

- *Meilensteine zur Überwachung des Fortschritts.* Wandlungsprogramme sollten mindestens alle zwei Monate durch Manager der obersten Führungsebene kontrolliert und mit wichtigen Aufgaben abgeglichen werden, die erfüllt werden müssen. Auch die Kriterien solcher Kontrollen sollten klar formuliert und allgemein bekannt sein.[43]
- *Ein Wandlungsteam mit hoher Integrität,* d.h. es verfügt über die richtigen Fähigkeiten – die in regelmäßigen Kontrollen überprüft werden –, um das Wandlungsprogramm umzusetzen. Die Auswahl und Zusammenstellung des richtigen Teams mit der erforderlichen Kombination aller Fähigkeiten ist eine zentrale Verantwortung der obersten Führungsebene.

---

42 Siehe H.L. Sirkin, P. Keenan und A. Jackson, „The hard side of change management", *Harvard Business Review*, Bd. 83, Nr. 10 (Oktober 2005), S. 109–118.

43 Die Überwachung von Wandlungsprogrammen wird ausführlicher beschrieben bei L. Gratton, V. Hope Hailey, P. Stiles und C. Truss, *Strategic Human Resource Management*, Oxford University Press, 1999.

- *Sichtbares Engagement für den Wandel* durch das Top Management und Konsequenz bei der Erklärung des Wandels. Dazu kommt noch, dass diejenigen, die der Wandel betreffen wird, klar und offen informiert werden müssen.
- *Zeit und Arbeitsaufwand für das Management des Wandels*, die vom Wandlungsteam aufgebracht werden müssen. Das Top Management muss sicherstellen, dass dem Team ausreichend Zeit und Ressourcen zur Verfügung stehen, um ihre Aufgaben erfüllen zu können.

Viele der Probleme und Herausforderungen beim Management eines strategischen Wandels werden in Beispiel 14.6 am Ende dieses Kapitels nochmals aufgegriffen.

ZUSAMMENFASSUNG

Ein immer wiederkehrendes Thema dieses Kapitels ist die Tatsache, dass die Ansätze, Stile und Mittel des Wandels dem Umfeld des Wandels angepasst werden müssen. Vor dem Hintergrund dieses zentralen Aspekts wurden einige wichtige Punkte angesprochen:

- Es gibt verschiedene Arten des strategischen Wandels, die je nach dem Ausmaß des notwendigen kulturellen Wandels variieren. Auch ist entscheidend, ob der Wandel inkrementell erreicht werden kann oder ob dringender Handlungsbedarf besteht (der „Urknall-Ansatz"). Verschiedene Arten des Wandels erfordern meist auch verschiedene Ansätze und Mittel für das Management des Wandels.
- Wichtig ist auch, allgemeine Aspekte des organisationalen Umfelds zu betrachten, etwa Ressourcen und Fähigkeiten, die erhalten werden müssen, das Ausmaß an Homogenität oder Diversität in der Organisation, die Fähigkeit, Kapazität und Bereitschaft für einen Wandel und die Macht, diesen durchzusetzen.
- Das kulturelle Netz und die Kraftfeldanalyse sind sinnvolle Mittel zur Identifikation von Blockaden und möglichen Instrumenten des Wandels.
- Change Agents müssen meist verschiedene Managementstile des strategischen Wandels anwenden, je nachdem, welches Umfeld sie vorfinden und je nach Interessen und Partizipation verschiedener betroffener Gruppen.
- Je nachdem, um welche Art des Wandels und um welches Umfeld es sich handelt, müssen verschiedene Instrumente des Managements des strategischen Wandels in Betracht gezogen werden. Solche Instrumente sind etwa das Aufdecken und Hinterfragen des Selbstverständlichen, die Notwendigkeit, operative Prozesse, Routinen und Symbole zu verändern, die Bedeutung politischer Prozesse und andere Taktiken des Wandels.

ZUSAMMENFASSUNG

Beispiel 14.6 Das Management des Wandels von oben nach unten

Ein strategischer Wandel wurde immer als Verantwortungsbereich des Top Managements angesehen; inwieweit kann das Top Management aber einen solchen Wandel durchführen?

John Kotter, einer der weltweit führenden Experten zum Thema Führung und Wandel, argumentiert, dass Probleme des strategischen Wandels deshalb entstehen, weil Manager der oberen Führungsebene das Management eines solchen Wandels falsch anpacken. Folgende Schritte müssen seiner Meinung nach unternommen werden:

- Schaffung eines Dringlichkeitsbewusstseins basierend auf Marktchancen und -bedrohungen
- Bildung einer starken Koalition aller Interessengruppen für den Wandel
- Schaffung und Kommunikation einer klaren Vision und Strategie, um den Wandel anzuleiten und sicherzustellen, dass das Verhalten der leitenden Koalition mit der Vision im Einklang ist
- Entfernung von Hindernissen für den Wandel, Veränderungen von Systemen, die die Vision unterstützen sowie Förderung nicht-traditioneller Ideen und Aktivitäten
- Schaffung kurzfristiger Erfolge
- Konsolidierung von Verbesserungen, aber auch Fortführung des Wandlungsprozesses

Julia Balogun untersuchte eine Wandlungsinitiative eines Top Managementteams und konzentrierte sich dabei auf die Interpretation dieser Initiative durch die Manager der mittleren Führungsebene. Sie fand heraus, dass die Top Manager zwar der Meinung waren, ihre beabsichtigte Strategie klar zu kommunizieren, dass es aber eigentlich die Manager der mittleren Ebene waren, die den Wandel vollzogen und die Wandlungsinitiativen gemäß ihrer eigenen *mentalen Modelle* und in Bezug auf ihre eigenen *lokalen Verantwortlichkeiten und Bedingungen* interpretierten. Diese basierten zum Großteil auf Gerüchten und dem Austausch mit Gleichgestellten. Das Top Management war ganz zwangsläufig zu weit von dieser Dynamik entfernt; man konnte von den Top Managern nicht erwarten, diese im Detail zu verstehen oder gezielt eingreifen zu können. Balogun argumentiert, dass „leitende Manager zwar einen Wandel anstoßen und seine Richtung beeinflussen, ihn jedoch nicht leiten und durchführen können". Sie können jedoch

- überwachen, wie die Mitarbeiter auf die Wandlungsinitiative reagieren.
- sich so weit wie möglich mit der Denkweise der Mitarbeiter bezüglich des Wandels vertraut machen und mit deren Realitäten arbeiten, sodass sie auf ihre Probleme und Interpretationen eingehen können.
- die Veränderungen vorleben, die sie anderen vermitteln möchten, um so Diskrepanzen zwischen ihren Handlungen und Aussagen zu vermeiden.

- sich darauf konzentrieren, das Verständnis für allgemeine Wandlungsprinzipien zu steigern und sich nicht in Details verlieren.

Hari Tsoukas und Robert Chia gehen noch weiter. Sie argumentieren, dass ein Wandel ein inhärentes Eigentum einer Organisation ist. Hierarchien und Kontrollen durch das Management hemmen diesen natürlichen Prozess.

Wandlungsprogramme lösen ständige Veränderungen aus: Durch sie werden die allgemeinen Ressourcen zur Verfügung gestellt, die bestimmte Dinge ermöglichen, obwohl zu Beginn einer Wandlungsinitiative meist noch unklar ist, was genau geschehen wird. Zunächst müssen entsprechende Erfahrungen gemacht werden, erst dann können die sich bietenden Möglichkeiten bewertet und (gegebenenfalls) umgesetzt werden. Wandlungsprogramme sind den lokalen Umständen angepasst, werden manchmal improvisiert und meist sorgfältig ausgearbeitet … Was aber bedeutet dann ein „geplanter Wandel"? ... Ein Wandel wird inzwischen meist als Ergebnis bewusster Handlungen durch das Management verstanden. Unserer Perspektive folgend hat dieser Ansatz seine Grenzen. Natürlich möchten Manager bestimmte Denk- und Handlungsweisen mittels der Umsetzung sorgfältiger Pläne erreichen, doch ein Wandel kann sich in einer Organisation auch ohne absichtliches Handeln des Managements entwickeln, wenn Einzelpersonen beispielsweise neue eigene Erfahrungen einbringen und dadurch neue Chancen wahrnehmen. Folgt man der hier vorgestellten Perspektive, birgt eine zu intensive Beschäftigung mit einem geplanten Wandel das Risiko, das inhärente, immer bereite Wandlungspotenzial einer Organisation zu übersehen

Quellen: J. Kotter, „Leading change: Why transformation efforts tail", Harvard Business Review, März-April 1995, S. 59–67; J. Balogun und G. Johnson, „Organizational restructuring and middle manager sensemaking", Academy of Management Journal, Bd. 47, Nr. 4 (2004), S. 523–549; J. Balogun, „Managing change: Steering a course between intended strategies and unanticipated outcomes", Long Range Planning, Bd. 39 (2006), S. 29–49; H. Tsoukas und R. Chia, „On organizational becoming: Rethinking organizational change", Organization Science, Bd.13., Nr. 5 (2002), S. 567–582.

Kontrollfragen

1. Welche Probleme gibt es im Zusammenhang mit den beiden Perspektiven von oben nach unten oder von unten nach oben bezüglich des Managements eines Wandels?
2. Wenn Sie eine Führungsposition innehätten, welchen Ansatz würden Sie wählen und unter welchen Bedingungen?
3. Sind die verschiedenen Ansichten unvereinbar miteinander?

(Die verschiedenen Perspektiven auf strategisches Management, die in den Kommentaren erläutert werden, sind hier eine hilfreiche Hintergrundlektüre.)

Aufgaben

*Kennzeichnet schwierigere Aufgaben.

14.1 Beziehen Sie sich auf *Abschnitt 14.2.2* und beurteilen Sie die zentralen, das Umfeld betreffenden Dimensionen einer Organisation (wie dies in dem Fallbeispiel über den Atomwaffenstützpunkt Faslane gemacht wird) und überlegen Sie, wie diese die Gestaltung eines Programms für einen strategischen Wandel beeinflussen könnten.

*14.2 Stellen Sie ein kulturelles Netz zusammen und setzen Sie die Kraftfeldanalyse ein, um behindernde und unterstützende Faktoren eines Wandels einer Organisation zu identifizieren(z.B. die gleiche Organisation, die Sie für die Aufgabe oben gewählt haben). Erstellen Sie das Netz erneut, nun im Hinblick darauf, was die Organisation angesichts der neuen Strategie anstreben sollte. Identifizieren Sie mithilfe der kulturellen Netze und der Kraftfeldanalyse, welche Aspekte des Wandels von einem Change Agent übernommen werden können und wie.

14.3 Vergleichen Sie die unterschiedlichen Managementstile des Wandels verschiedener Führungspersönlichkeiten, über die Sie in der Presse oder in diesem Buch gelesen haben, und stellen Sie diese einander gegenüber (z.B. John Howie in Faslane, etc.).

*14.4 Betrachten Sie einen strategischen Wandlungsprozess, an dem Sie selbst beteiligt waren oder den Sie beobachten konnten. Stellen Sie die einzelnen Schritte des Wandlungsprozesses in Bezug auf folgende Themen dar: Neu eingeführte Rituale oder Abschaffung alter Rituale sowie die Auswirkung dieser Veränderungen.

*14.5 Inwieweit stimmen Sie in Bezug auf das Management eines strategischen Wandels in einem großen Konzern oder einer Organisation des öffentlichen Sektors mit dem Argument Richard Pascales überein, dass es uns leichter fällt, zunächst zu handeln, um dadurch eine bessere Denkweise zu erlangen, als zuerst umzudenken, um dann besser handeln zu können? (Fußnoten 29 bis 34 sind hier hilfreich.)

*14.6 Es gibt eine Reihe von Büchern von bekannten Führungskräften, die in ihren Organisationen umfangreiche Wandlungsprogramme durchgesetzt haben. Lesen Sie eines dieser Bücher und identifizieren Sie die Instrumente und Mechanismen des Wandels, die die Change Agents angewendet haben. Verwenden Sie dabei die in diesem Kapitel erklärten Ansätze als Checkliste. Wie effektiv waren diese Instrumente Ihrer Meinung nach angesichts des Umfelds, mit dem sich die Change Agents konfrontiert sahen? Hätten andere Mechanismen eingesetzt werden können?

Integrative Aufgabe

*14.7 Welchen Hauptproblemen sieht sich die Zentrale eines diversifizierten Unternehmens mit einer multinationalen internationalen Strategie gegenüber (siehe *Kapitel 8*), dass ein verbundenes Portfolio erreichen möchte? Beantworten Sie diese Frage in Bezug auf (a) die strategischen Fähigkeiten, die die Zentrale brachen wird (siehe *Kapitel 3* und *7*); (b) die Implikationen auf die Organisation und Kontrolle der Tochtergesellschaften (siehe *Kapitel 12*); (c) die potenziellen Hindernisse eines solchen Wandels und (d) die mögliche Überwindung dieser Hindernisse (siehe *Kapitel 14*).

Literaturempfehlungen

- J. Balogun, V. Hope Hailey (mit G. Johnson und K. Scholes), *Exploring Strategic Change*, 3. Aufl., Prentice Hall, 2007, baut auf den in diesem Kapitel erwähnten Ideen auf und führt sie weiter. Es wird besonders betont, wie wichtig es ist, Wandlungsprogramme dem jeweiligen Unternehmensumfeld anzupassen; außerdem werden viele der hier beschriebenen Instrumente des Wandels genauer beschrieben.
- Der von John Kotter veröffentlichte Artikel, „Leading change: Why transformation efforts fail“, *Harvard Business Review*, März-April 1995, S. 59–67 (siehe auch Beispiel 14.6), liefert eine sinnvolle Perspektive auf ein Wandlungsprogramm. Eine alternative, aber komplementäre Perspektive bietet Julia Balogun, „Managing change: Steering a course between intended strategies and unanticipated outcomes“, *Long Range Planning*, Bd. 39 (2006), S. 29–49.
- Für ein besseres Verständnis der verschiedenen Ansätze des Managements eines Wandels: M. Beer und N. Nohria, „Cracking the code of change“, *Harvard Business Review*, Bd. 78, Nr. 3 (Mai-Juni 2000), S. 133–141.
- Martha Feldman hat beschrieben, welche Rolle organisationale Routinen bei der Schaffung einer organisationalen Trägheit spielen können, dass sie aber auch dabei helfen können, einen Wandel einer Organisation zu erklären. Siehe M. Feldman, „Resources in emerging structures and processes of change“, *Organization Science*, Bd. 15, Nr. 3 (2004), S. 295–309; sowie M. Feldman und B. Pentland, „Reconceptualizing organizational routines as a source of flexibility and change“, *Administrative Science Quarterly*, Bd. 48, Nr. 1 (2003), S. 94–118.
- Die Studie über Wandlungsprogramme von L.C. Harris und E. Ogbonna, „The unintended consequences of culture interventions: A study of unexpected outcomes“, *British Journal of Management*, Bd. 13, Nr. 1 (2002), S. 31–49, bietet wertvolle Einblicke in die Problematik des Managements von Wandlungsprozessen innerhalb von Organisationen.

Fallstudie
Beispiel Das Management des Wandels bei Faslane

Etwa 30 Meilen (48 km) westlich von Glasgow befindet sich die Königliche Marinebasis Clyde (Faslane), Standort der britischen Atom-U-Boote, die mit dem Trident-Waffensystem ausgerüstet sind. Dies ist eine Einrichtung des britischen Verteidigungsministeriums (MOD), die aber von Babcock Naval Services (BNS), einem Unternehmen des privaten Sektors und Teil von Babcock International, betrieben und verwaltet wird. 2006 wurde der leitende Direktor der Firma, John Howie, zum BNS-Wandlungsprogramm in Faslane befragt.

Von den Babcock-Bürogebäuden hat man einen guten Blick auf den Meeresarm Gareloch, wo sich die Marinebasis befindet und wo auch alle Schiffe und U-Boote gewartet werden. Auf der rechten Seite sieht man die Liegeplätze der Trident-U-Boote, jedes von ihnen 148 Meter lang, sowie die gigantische Hebeanlage, eine überdachte Einrichtung, die die 16.000 Tonnen schweren U-Boote zur Wartung aus dem Wasser hebt. Links befinden sich Bürogebäude der Marinebasis und die Unterkünfte der Seeleute, wenn sie nicht im Einsatz sind. Hinter den Bürogebäuden fällt der Blick auf den massiven, schwer bewachten Stacheldrahtzaun rund um das Gelände. Jenseits der Halbinsel befindet sich Coulport, ebenfalls Teil der Marinebasis. Dort werden die nuklearen Sprengkörper weiter verarbeitet und auf die U-Boote geladen.

John Howie war von 2002 bis 2006 leitender Direktor von Babcock.

John, wie kam die Verbindung zwischen BNS und Faslane zustande?

„Ursprünglich lag die Leitung und Verwaltung von Faslane ganz beim MOD und der Royal Navy, der britischen Marine. Im Jahr 2000 schließlich entschloss sich das MOD jedoch zur Durchsetzung einer erheblichen Kostenreduzierung sowie zu einer Verbesserung der operativen Effektivität ihrer Marinebasen. Gleichzeitig erkannte man, dass das interne Management des MOD diese Schritte nur schwer würde durchführen können, da es als Teil des öffentlichen Sektors mit erheblichen Einschränkungen zu kämpfen hatte. Also wurden Partnerschaften mit Unternehmen der Privatwirtschaft aufgebaut. Im Mai 2002 unterschrieben wir einen Vertrag mit fünf Jahren Laufzeit, in dem wir zusagten, innerhalb dieses Zeitraums Einsparungen von £ 76 Mio. (€ 110 Mio.) zu erreichen, ohne dass dadurch die Dienste der Royal Navy irgendwie beeinträchtigt würden. Einen gewissen Prozentsatz dieser Einsparungen würden wir als Gewinn erhalten, der Großteil sollte jedoch in Form von Kostensenkungen den Kunden zugute kommen. Unser gesamter Gewinn war ein Anteil der Einsparungen; blieben diese aus, würde es auch keinerlei Gewinn geben. Der Vertrag verpflichtete uns aber dazu, die Einsparungen ohne eine Beeinträchtigung der Dienstleistungen zu erreichen."

„Ab September 2002 wurden über 1.700 Beamtenstellen und nahezu 300 Mitglieder und Beamte der Royal Navy auf uns übertragen. Über Nacht wurde aus der kleinen Firma BNS mit 20 Mitarbeitern ein Großunternehmen mit 2.000 Beschäftigten. Zusätzlich blieben weitere 1.000 Beamten vor Ort, darunter Sicherheitspersonal, Polizeibeamte und der Sicherheitsdienst des MOD, Mitglieder der Royal Marines sowie Seeleute, Schiffe und U-Boote. In Faslane und Coulport leben mittlerweile etwa 7500 Menschen."

Wie war es, als sie ankamen?

„Es fehlte die Kundenorientierung. Obwohl es sich um eine Marinebasis handelte, waren den Mitarbeitern Gebäude und Infrastruktur wichtiger als die Unterstützung der Navy. Man blickte vom Wasser aufs Land anstatt sich nach draußen auf die Schiffe und U-Boote zu konzentrieren. Ich glaube, das lag daran, dass die Mitarbeiter, die sich um den Standort kümmerten, zum Großteil Zivilisten waren, die schon viel länger hier wohnten als die Leute von der Navy, die wegen der Schiffe und U-Boote hierher kamen und spätestens nach zwei bis drei Jahren wieder wegzogen. Die Zivilisten dagegen blieben lange genug, um eigene Imperien aufzubauen. Die Herausforderung bestand also darin, den Fokus auf die Dienstleistung für den Kunden, die Navy nämlich, zu legen."

„Zudem fehlten den Managern des öffentlichen Sektors, die umfangreiche Verantwortung hatten und über ein relativ großes Budget verfügen konnten, jeglicher Anreiz, die Kosten zu senken. Sie selbst profitierten nicht von den Vorteilen, die dies bringen würde und waren an ein System gewöhnt, in dem ihnen das nächste Budget gekürzt wurde, falls sie das Budget für das aktuelle Jahr nicht voll und ganz ausschöpften. Wir waren also der Meinung, dass wir eine gute Chance auf Veränderung und Wandel hätten, wenn wir bestehende Denkmuster ändern könnten: Die Manager sollten erkennen, dass ihre Aufgabe nicht darin bestand, das ihnen zugeteilte Geld auszugeben, sondern ihre Arbeit mit dem kleinstmöglichen finanziellen Aufwand zu erledigen."

„Eine weitere Schwierigkeit bestand darin, dass Beamte auch eine politische Verantwortung tragen. Jede wichtige Entscheidung, die sie treffen, könnte von einem gewählten Politiker infrage gestellt werden. Dadurch wird man automatisch sehr konservativ. Außerdem entwickeln sich in einer Organisation viele, viele Ebenen, wo unzählige Mitarbeiter nur begrenzte Autonomie und Verantwortung haben und sich darauf konzentrieren, Dinge zu tun, die in ihrem begrenzten Kontrollbereich liegen. Dadurch werden die Abläufe zur Routine, und jeder einzelne ist nur ein Rädchen im großen Getriebe."

„Angesichts dieser politischen Relevanz ist es auch wichtig, für jede getroffene Entscheidung einen „Prüfungspfad" vorweisen zu können. Schnelle Entscheidungen sind also im Vergleich zur Belegbarkeit und Begründbarkeit der Entscheidung nur zweitrangig."

Wie sah es mit dem Management hier aus, bevor BNS kam?

„Kommodore John Borley trug die Gesamtverantwortung. Er wurde zu Beginn dieses gesamten Wandlungsprozesses eingesetzt und zeigte eine große Bereitschaft für Veränderungen, die einige seiner Vorgänger hatten vermissen lassen. Auch er war der Meinung, dass man die Ausrichtung der Marinebasis verändern, und sich weniger auf die Infrastruktur und mehr auf die Navy konzentrieren müsse. In der Partnerschaft mit der Privatwirtschaft sah er die Chance, eine bessere Mitarbeiterbetreuung und -steuerung zu erreichen. Dann gab es da noch das Managementteam des Kommodores. Das war eine bunte Mischung an Mitarbeitern, von denen einige an die Notwendigkeit des Wandels glaubten und der neuen Partnerschaft eine Chance geben wollten. Andere sahen sich durch diese Partnerschaft persönlich benachteiligt und demnach weniger positiv eingestellt."

Wie sah es mit der Belegschaft aus?

„Allgemein herrschte die Meinung vor, dass die Basis aufgrund ihrer Position als Stützpunkt nuklearer Abwehrmittel keinerlei radikalen Veränderungen unterworfen werden könne. Außerdem war man der Ansicht, dass auf der Basis sehr gute Arbeit geleistet wurde – warum sollte es also einen Wandel geben? Man nahm keinerlei finanziellen Druck wahr, also gab es auch keinen Grund, Geld zu sparen. Außerdem gibt es auf der Basis einen extrem langen Zeithorizont. Man hat nie das Gefühl, am Abgrund zu stehen. Man hatte eine ganze Reihe von Wandlungsprogrammen des MOD durchlaufen, darunter nicht zuletzt umfangreiche Outsourcing-Programme. All diese Wandlungsprogramme fühlten sich für die Mitarbeiter inzwischen recht willkürlich an, sie alle wurden als sehr störend und negativ empfunden, eine persönliche Identifikation fehlte völlig. Wir hatten es also mit einer Belegschaft zu tun, die in ein Unternehmen der Privatwirtschaft zwangsversetzt worden war und jeder möglichen Veränderung nun recht ängstlich entgegensah."

Wie gingen Sie also bei der Umsetzung des Wandels vor?

„Wir brachten eigene Mitarbeiter von Babcock auf die Basis, die ähnliche Wandlungsprogramme schon einmal erlebt hatten. Natürlich fehlte ihnen das nötige Fachwissen für das Management einer Marinebasis, doch vom MOD bekamen wir Leute geschickt, die sich damit auskannten. Unsere Aufgabe war es, beide Gruppen auf unterschiedliche Weise zu führen und zu betreuen."

„Über allem stand der Aspekt, dass wir sichtbar machen wollten, wie das Geld ausgegeben wurde, während gleichzeitig eine Rückbesinnung stattfinden sollte auf die Dinge, die dem Kunden am wichtigsten waren. Dazu mussten wir vorhandene Strukturen und Prozesse sorgfältig untersuchen, um herauszufinden, wie sie sich aktuell vollzogen, und uns gleichzeitig fragen, wie sie anders gestaltet werden könnten. Nehmen wir als Beispiel einen Prozess, der irgendwie verändert werden musste, etwa in seiner Managementstruktur. Diese Veränderung musste dokumentiert werden und eine ganze Reihe Überprüfungen durchlaufen. Schließlich muss man sich auf einer nuklearen Marinebasis sicher sein, dass eine Veränderung, die sich auch auf die Sicherheit auswirkt, ohne inakzeptable Risiken abläuft. In jeder Phase dieses Prozesses hatten die jeweiligen Mitarbeiter maximal 14 Tage für ihre Überprüfung Zeit – und natürlich lief es darauf hinaus, dass jeder von ihnen erst am Tag 13 mit der Überprüfung begann. Also dauerte der gesamte Prozess etwa 56 Tage. Es stellte sich heraus, dass einige dieser Überprüfungen nicht wesentlich zur Wertsteigerung beitrugen, sondern dass die Logik dabei eher lautete: „Du darfst Dir das ansehen, weil es dich vielleicht interessiert, und nicht, weil eine Beteiligung dieses speziellen Mitarbeiters von entscheidender Bedeutung war." Schafft man diese überflüssigen Schritte ab, so befreit man die Mitarbeiter von einer großen bürokratischen Last. Außerdem muss man die Frist für die Überprüfung kürzen, sodass sie nicht mehr 14, sondern nur noch zwei Tage Zeit haben, denn die eigentliche Überprüfung fand ja sowieso erst am Tag 13 und 14 statt. So werden aus den vorher benötigten 56 Tagen schnell sechs Tage. Ein einfaches Beispiel der Neugestaltung eines Prozesses."

Das klingt alles sehr mechanisch.

„So ist es aber nicht. Unsere Organisation besitzt keine physischen Ressourcen – es gibt nur die Mitarbeiter, die täglich ihre Arbeit tun. Bei einer Veränderung geht es also zuallererst um Menschen. Bei einer Mitarbeiterzahl von 2.000 ergibt sich eine Vielzahl an Ideen und Wandlungsinitiativen, an die wir selbst nie gedacht hätten, da wir ja noch nie zuvor in einem solchen Umfeld gearbeitet hatten. Teil unserer Arbeit war es also, den Mitarbeitern ihre Scheuklappen abzunehmen, sodass sie ihre eigenen Ideen bezüglich eines Wandels entwickeln konnten. Kulturell gesehen stellt dies allerdings eine große Herausforderung dar, wenn vielen Mitarbeitern der Anreiz fehlt, solche Ideen für einen Wandel zu entwickeln, denn das könnte ja bedeuten, dass der Kollege am Nebentisch plötzlich überflüssig wird."

Wie gingen Sie also vor?

„Es hatte sich schnell herausgestellt, dass die bestehende Managementstruktur keinen Wandel bringen würde. Sie bestand aus sieben Ebenen. Mittlerweile (2006) haben wir daraus vier Ebenen gemacht und alle Positionen neu besetzt. Wir haben auch andere Unternehmen befragt, die umfangreiche Wandlungsprogramme durchlaufen hatten: „Welche wichtigste Lehre können wir aus dem ziehen, was Ihr gemacht habt?" Die Antwort lautete: „Setzt die strukturellen Veränderungen des Managements früher um als wir es taten." Viele Unternehmen versuchten, einen transformativen Wandel mit dem bestehenden Managementteam durchzuführen und arbeiteten zwei bis drei Jahre an diesem Projekt, nur um festzustellen, dass es nicht funktionierte, und veränderten dann erst die Struktur. Wir machen es jetzt genau anders herum. Zu Beginn haben wir alle nötigen Veränderungen auf den unteren Ebenen durchgeführt, denn die waren relativ einfach. So konnten wir im ersten Jahr bereits Einsparungen von £ 14 Mio. erzielen bei einem Zielwert von £ 3 Mio. Geht es aber erst einmal darum, einen Wandel umzusetzen, der mehr in Richtung Transformation geht – etwa eine Strategie umzusetzen, die darauf abzielt, als beste, rentabelste Organisation die U-Boot-Flotte Großbritanniens zu unterstützten –, benötigen wir schnell ganz andere Fähigkeiten. Also haben wir die Struktur verändert. Ursprünglich bestand das Managementteam aus 250 Mitarbeitern; jetzt sind es nur noch etwa die Hälfte."

„Das Problem ist, dass wir uns nun von den relativ mechanistisch funktionierenden Veränderungen auf sehr viel komplexere Veränderungen zubewegen müssen."

Auch die politische Situation scheint schwierig zu sein.

„Zunächst muss man verstehen, welche Verbündete man auf seiner Seite haben muss, etwa den Kommandanten der Marinebasis. Unsere Schicksale sind eng miteinander verbunden. Ich muss eine Unternehmenszentrale zufrieden stellen, während Kommodore Carolyn Stiat, die derzeitige Kommandantin der Marinebasis, gute Beziehungen zum MOD und auch zur Leitung der Navy pflegen muss. Darüber hinaus muss man auch allgemeinere Interessengruppen im Auge behalten, so etwa die befehlshabenden Offiziere der Schiffe und U-Boote auf der Basis: Würden sie sagen, dass unsere Dienstleistung schlecht ist, hätten wir schwer zu kämpfen. Das Gleiche gilt auch, wenn die Sicherheitsleute der Meinung wären, wir seien nicht an der nationalen Sicherheit interessiert. Eine weitere wichtige Interessengruppe war auch die Bevölkerung der lokalen Gemeinde. Wir leisteten einen großen Teil der Arbeit vorab mit zwei lokalen Gremien, denn die Basis war Arbeitgeber für 9,5 Prozent der gesamten Region Dunbartonshire und wir mussten etwa 400 Vollzeitstellen streichen. Einige dieser Stellen waren natürlich durch Marinesoldaten besetzt und nicht durch Menschen aus der Region. Außerdem gelang es uns, etwa 98 Prozent der Kürzungen auf freiwilliger Basis durchzuführen, wobei wir attraktive Redundanzbedingungen bieten konnten; viele ehemalige Angestellte verließen die Basis also, ohne auf staatliche Unterstützung angewiesen zu sein; manche konnten sogar ihre eigenen Firmen gründen. Schließlich fanden bald auch keine Treffen mit den lokalen Gremien mehr statt, denn die Mitglieder hatten erkannt, dass sie sich darauf verlassen konnten, dass wir die Dinge in ihrem Sinne regelten."

Nun, was wurde bisher erreicht?

„Im ersten Jahr lag das Einsparungsziel bei £ 3 Mio. – wir haben £ 14 Mio. erreicht. Im zweiten Jahr erreichten wir £ 16 Mio. bei einem Ziel von £ 12 Mio. Zum Ende von Jahr 5 haben wir Einsparungen von etwa £ 100 Mio. erreicht, und unser Ziel waren £ 76 Mio. Bis zum Ende von Jahr 10 müssen die erreichten Einsparungen £ 280 Mio. betragen; das ergibt einen Rückgang der jährlichen laufenden Kosten um 38,2 Prozent. Bis zum Ende von Jahr 5 haben wir bereits 20 Prozent dieses Ergebnisses erreicht. Und die Navy war ausdrücklich der Meinung, dass die Dienstleistungen, die sie von uns erhielten, sich verbessert hatten und dass auch Einstellung, Kommunikation und Reaktionszeit besser waren. Also konnten wir Kosten reduzieren und Dienstleistungen verbessern."

Craig Lockhart übernahm John Howies Position im Jahr 2006. Er fährt mit seinem Bericht im Jahr 2009 fort:

„Seit zwei Jahren besitzen wir nun eine Performance Scorecard. Wir haben damit begonnen, Ergebnisse zu bewerten. Jede Führungskraft bis hin zum einfachen Teamleiter ist sich nun dessen bewusst, dass man die eigenen Erfolge und Leistungen nicht verstecken darf. Alles muss transparent sein. Doch geht es nicht allein ums Messen und Bewerten. Die Unternehmensplanung wurde traditionell von oben nach unten weitergegeben. Als wir uns allmählich weiterentwickelten, erkannten wir jedoch, dass es sich dabei um eine echte Herzensangelegenheit handelte. Wir mussten die gesamte Belegschaft davon überzeugen, dass wir gemeinsame Ziele verfolgten. Wir organisierten große Arbeitstreffen, bei denen bis zu 3.000 Mitarbeiter sich an stundenlangen Diskussionen beteiligten, in denen sie ihre Sichtweise über den Wandel der Marinebasis Clyde darlegen und andere hinterfragen konnten."

„So konnten sie wichtige Fragen stellen und bemerkten auch schnell, dass sie echte, wichtige Antworten bekamen. Wenn es schlechte Neuigkeiten gab, gaben wir sie weiter, gab es Gutes zu berichten, erzählten wir es weiter. Wir waren also immer ehrlich und gewannen so allmählich das Vertrauen der Belegschaft. Jetzt sprechen die Gewerkschaften von „unserer Firma". Als nächsten Schritt gaben wir leere Geschäftspläne aus und sagten: „Wir haben euch grobe Richtlinien und Ziele aus Sicht des Unternehmens an die Hand gegeben. Nun ist es uns wichtig, zu sehen, wo Sie als Mitarbeiter Ihren Platz und Ihre Aufgabe sehen." Wir baten alle Mitarbeiter, eigene Teams zu bilden und eigene Unternehmenspläne zu erstellen."

„2009 erstellten wir auch einen gemeinsamen Unternehmensplan mit dem Kunden. Dies ist kein Plan von Babcock Marine oder des Verteidigungsministeriums. Es geht einzig um die Belange von Clyde. Ende des Jahres werden außerdem der Kommodore und sein Team zu uns umziehen. Wir werden zusammenarbeiten."

Im April 2010 konnte Craig bekannt geben, dass Faslane nicht nur für Atom-U-Boote sondern für die gesamte U-Bootflotte Großbritanniens zur Heimatbasis werden sollte. Angesichts der Anzahl an U-Booten und der Ausbildungsstätten könnte das bedeuten, dass bis 2014 bis zu 2.000 neue Arbeitsplätze entstehen.

Kontrollfragen

1. Beziehen Sie sich auf *Abschnitt 14.2.1* und *14.5* und beurteilen Sie, welche Art des Wandels in Faslane durchgeführt wird.
2. Beschreiben Sie die Wandlungsstile von John Howie und Craig Lockhart.
3. Welche Instrumente des Wandels werden benutzt (siehe *Abschnitt 14.4*)? Welche anderen könnten außerdem hilfreich sein?
4. Bewerten Sie die Effektivität dieses Wandlungsprogramms.

Die Praxis der Strategie

15

ÜBERBLICK

Lernziele

Nach der Lektüre dieses Kapitels sollten Sie in der Lage sein,

- *die wichtigsten Menschen zu identifizieren, die an der Entwicklung einer Strategie beteiligt sind*, darunter das Top Management, Strategieberater, strategische Planer und Manager der mittleren Führungsebene.
- zu beurteilen, welche Menschen je nach vorliegenden Problemen und Themenbereichen an der Strategieentwicklung beteiligt werden sollten.
- verschiedene Ansätze strategischer Aktivitäten zu beurteilen, darunter *Analyse*, *Platzierung strategischer Themen*, *Entscheidungsfindung* und *Kommunikation*.
- zentrale Elemente der verschiedenen, häufig zur Strategieentwicklung eingesetzten Methoden zu erkennen wie etwa *Strategieworkshops*, *Projekte*, *Hypothesentests* und das Verfassen von *Fallstudien und Strategieplänen*.

15.1 Einführung

Im letzten Kapitel dieses Buches wird untersucht, wie die eigentliche Praxis der Strategie abläuft, wobei die theoretischen Konzepte, Instrumente und Techniken, die in früheren Kapiteln vorgestellt wurden, erneut zum Einsatz kommen. Nun geht es um praktische Handlungen und Entscheidungen, z.B. wie ein Manager bei der Entwicklung und Umsetzung einer Strategie konkret vorgeht. Während in *Kapitel 11* der gesamte organisationale Prozess der Strategieentwicklung behandelt wurde, geht dieses Kapitel mehr ins Detail: Jetzt geht es darum, was *innerhalb* dieses Prozesses geschieht. Ziel ist es, zu untersuchen, wie und was die einzelnen Beteiligten tatsächlich zur konkreten, praktischen Strategieentwicklung und -umsetzung beitragen, seien dies nun Top Manager, Spezialisten für strategische Planung, Strategieberater oder Manager weiter unten in der Organisation. Beim strategischen Erfolg geht es nicht nur darum, über eine gute Strategie zu *verfügen*, man muss diese auch umsetzen können, d.h. die richtigen Menschen müssen zur richtigen Zeit das Richtige tun.

Das Kapitel teilt sich in drei Kernbereiche:

- *Die Strategen.* Zunächst werden die verschiedenen Rollen vorgestellt, die alle an der Entwicklung und Umsetzung einer Strategie beteiligt sind. Denn dies sind keineswegs nur die Top Manager. Wie in *Kapitel 11* bereits erwähnt, ist eine Strategie häufig emergent, wobei Menschen aus allen Bereichen der Organisation und sogar von außerhalb der Organisation beteiligt sind. Beispiel 15.6 am Ende des Kapitels befasst sich mit dem kontroversen Thema der Rolle externer Strategieberater. Der Leser kann für sich feststellen, wie und wo er bereits Teil dieser strategischen Rollen ist, oder welche Rolle er in der Zukunft ausfüllen möchte.
- *Aktivitäten des Strategieentwicklung und -umsetzung.* Zudem werden die Aktivitäten und Arbeitsschritte betrachtet, die Strategen ausführen. Dies beinhaltet nicht nur die strategische Analyse, die ein zentrales Thema dieses Buches ist, sondern auch das Management strategischer Themen und Probleme im Laufe der Zeit, die

Realitäten strategischer Entscheidungsfindung und die wichtige Aufgabe, getroffene strategische Entscheidungen der gesamten Organisation zu kommunizieren.

- *Methoden der Strategieentwicklung und -umsetzung.* Der letzte Abschnitt befasst sich mit einigen praktischen Methoden, die Managern bei der Umsetzung ihrer strategischen Entscheidungen zur Verfügung stehen. Darunter finden sich Strategie-Workshops zur Formulierung oder Kommunikation einer Strategie, Strategieprojekte und strategische Beraterteams, Hypothesentests, die der strategischen Arbeit eine Richtung geben können, sowie das Verfassen strategischer Pläne und Fallstudien.

Abbildung 15.1 integriert diese drei Bereiche innerhalb der *Pyramide der Praxis*[1]. Die Pyramide konzentriert sich auf drei Fragen, die sich durch das gesamte Kapitel ziehen: *Wer* soll an der Entwicklung und Umsetzung einer Strategie beteiligt werden? *Wie* sollen strategische Aktivitäten konkret ausgeführt werden? *Welche* Methoden sollten zur Organisation dieses strategischen Prozesses zum Einsatz kommen? Die Pyramide platziert die Strategen an die Spitze dieses Prozesses. Dies hebt den Einfluss und die Fähigkeiten der Strategen in Bezug auf die Strategieentwicklung und -umsetzung hervor. Sie sind es, die die Aktivitäten und Methoden auswählen und umsetzen, die die Basis der Pyramide bilden. Die Entscheidungen und die Fähigkeiten der Strategen können also das Endergebnis maßgeblich beeinflussen. Das restliche Kapitel möchte Strategen, die mit der Praxis der Strategie zu tun haben, eine Hilfestellung geben für die wichtigsten Entscheidungen, die sie bei ihrer Arbeit treffen müssen.

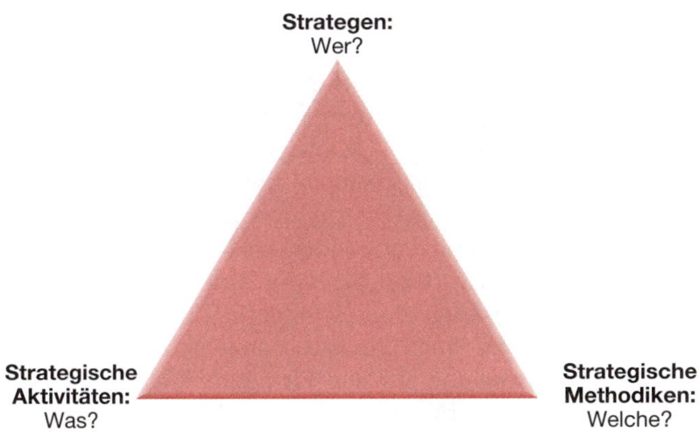

Abbildung 15.1: Die Pyramide strategischer Praxis

15.2 Die Strategen

Dieser Abschnitt stellt die verschiedenen Menschen vor, die an einem strategischen Prozess beteiligt sind. Dabei wird beim Top Management begonnen, doch es wird insgesamt eine viel größere Bandbreite an potenziellen Beteiligten berücksichtigt, von Strategieplanern und Beratern bis hin zu Managern der mittleren Ebenen. Ein zentraler

1 Eine theoretische Basis für diese Pyramide findet sich bei R. Whittington, „Completing the practice turn in strategy research", *Organization Studies*, Bd. 27, Nr. 5 (2006), S. 613–634; und P. Jarzabkowski, J. Balogun und D. Seidl, „Strategizing: The challenges of a practice perspective", *Human Relations*, Bd. 60, Nr. 1 (2007), S. 5–27.

Aspekt ist dabei, wie die Manager der mittleren Ebenen ihren Einfluss auf die Strategie ausweiten können.[2]

15.2.1 Top Manager und Geschäftsbereichsleiter

Die konventionelle Sichtweise geht davon aus, dass die Strategieentwicklung Sache des Top Managements ist. Dafür ist es unbedingt notwendig, dass die Funktionen des Top Managements klar von den operativen Verantwortlichkeiten getrennt sind, sodass die Manager sich auf die Gesamtunternehmensstrategie konzentrieren können.[3] Sind Top Manager direkt an den operativen Belangen eines Unternehmens beteiligt wie etwa an den Bereichen Marketing oder Bereitstellung der Produkte oder Dienstleistungen, laufen sie Gefahr, aufgrund ihrer Verantwortung für das Tagesgeschäft die langfristigen strategisch wichtigen Themen aus den Augen zu verlieren und nur noch die Interessen ihrer jeweiligen Abteilungen oder Geschäftseinheiten zu vertreten, sodass die Interessen des Unternehmen als Ganzes auf der Strecke bleiben. Zumindest auf dem privaten Sektor unterstreichen die Titel und Berufsbezeichnungen der Top Manager ihre Verantwortung im Bereich Strategie: Geschäftsbereichsleiter steuern und leiten, Manager managen.

In der Realität umfasst der Aufgabenbereich eines Top Managers natürlich viel mehr als nur anzuleiten und Anweisungen zu geben. Zudem übernehmen verschiedene Mitglieder der obersten Führungsriege eines Unternehmens auch unterschiedliche Rollen, je nachdem, ob es sich um den *Vorstandsvorsitzenden*, um das *Top Managementteam* oder um *Aufsichtsratsmitglieder* handelt:

- Der *Vorstandsvorsitzende* eines Unternehmens wird häufig als „Chefstratege" gesehen, der letztendlich die Verantwortung für alle strategischen Entscheidungen trägt. Die Vorstandsvorsitzenden großer Firmen verbringen meist etwa ein Viertel ihrer Arbeitszeit mit dem Thema Strategie.[4] Michael Porter betont, wie wichtig es für ein Unternehmen ist, einen klaren strategischen Führer zu haben, der disziplinierte Entscheidungen darüber trifft, was zur Unternehmensstrategie passt und was nicht.[5] So gesehen steht der Vorstandsvorsitzende (oder der Geschäftsführer) als Person für die Strategie und ist auch verantwortlich für deren Erfolg. Die klare Zuweisung dieser individuellen Verantwortung sorgt ohne Zweifel für eine eindeutige Fokussierung auf dieses Thema. Doch dies birgt auch Risiken. Zunächst kann eine so ausschließliche Zuweisung dieser Verantwortung auf den Firmenchef allein zu einer übermäßigen Konzentration auf seine Person führen. In einer solchen Organisation reagiert man auf Rückschläge einfach, indem man die Position des Firmenchefs neu besetzt, anstatt die internen Ursachen des Misserfolgs zu ergründen. Zudem können erfolgreiche Firmenchefs ein übergroßes Selbstvertrauen entwickeln, sich als die Retter und Helden ihrer Organisation betrachten und so immer ehrgeizigere strategische Initiativen

2 Eine gute Übersicht über die Rolle verschiedener Manager in Bezug auf die Strategie gemäß der sich weiterentwickelnden Vorstellung von strategischem Management liefert T. O´Shannassy, „Modern strategic management: Balancing strategic thinking and strategic planning for internal and external stakeholders", *Singapore Management Review*, Bd. 25, Nr. 1 (2003), S. 53–67.

3 Die klassische Aussage hierzu liefert A. Chandler, *Strategy and Structure: Chapters in the History of American Enterprise*, MIT Press, 1962.

4 S. Kaplan und E. Beinhocker, „The real value of strategic planning", *MIT Sloan Management Review*, Winter (2003), S. 71–76.

5 M.E. Porter, „What is strategy?", *Harvard Business Review*, November–Dezember 1996, S. 61–78.

auf den Weg bringen wollen.[6] Die Selbstüberschätzung solch heroischer Anführer führt nicht selten zu spektakulären Fehlschlägen. Jim Collins` Nachforschungen über „große" amerikanische Unternehmen, die ihre Konkurrenz langfristig ausstechen konnten, ergab, dass deren Vorstandvorsitzende zumeist bescheidene und bodenständige Persönlichkeiten waren, die ihre Position schon sehr lange innehatten.[7]

- Das *Top Managementteam*, häufig die Vorstandsmitglieder eines Unternehmens, tragen auch Verantwortung für die Strategie. Natürlich bringen sie ihre persönlichen Erfahrungen und Ansichten mit. In der Theorie sollten sie in der Lage sein, den Vorstandsvorsitzenden herauszufordern, um so die Strategiedebatte zu bereichern. In der Praxis jedoch sehen sich die Vorstandsmitglieder diesbezüglich mindestens drei verschiedenen Einschränkungen gegenüber. Erstens tragen sie in den allermeisten Firmen, mit Ausnahme der großen multinationalen Konzerne, operative Verantwortung, die sie entweder von der Gesamtstrategie ablenkt oder ihr Denken beeinflusst. So befasst sich der Marketingleiter natürlich hauptsächlich mit Themen des Marketings, für den Produktionsleiter steht die Produktion im Vordergrund, etc. Zum zweiten wird das Top Managementteam meist durch den Vorstandvorsitzenden bestimmt, was natürlich dazu führt, dass ihm die nötige Unabhängigkeit fehlt, um wirklich unbequeme Fragen zu stellen. Und schließlich kommt es in vielen Top Managementteams, besonders dort, wo die Mitglieder einen ähnlichen Hintergrund haben oder von einem dominanten Anführer geleitet werden, häufig zu einer „Gruppendenkweise", wobei man innerhalb der Gruppe auf Einigkeit Wert legt und große Konflikte eher meidet.[8] Top Managementteams können dieses Phänomen vermeiden, indem sie möglichst verschiedene Mitglieder in ihr Team holen (etwa Manager unterschiedlichen Alters, Geschlechts oder mit unterschiedlicher Laufbahn) und indem sie Meinungen, die von außen – zum Beispiel von Aufsichtsratsmitglieder – kommen, immer offen begegnen.[9]
- *Aufsichtsratsmitglieder* tragen keine exekutive Managementverantwortung innerhalb der Organisation und sollten daher theoretisch in der Lage sein, eine externe und objektive Perspektive der angestrebten Strategie beizusteuern. Meist besteht der Aufsichtsrat eines börsennotierten Unternehmens zu einem gewissen Teil aus unternehmensexternen Mitgliedern, obwohl die Corporate Governance-Systeme je nach Land stark variieren (siehe *Kapitel 4*). Oft arbeiten gerade diese externen Mitglieder eng mit dem Vorstandsvorsitzenden zusammen, wenn es um die Strategieentwicklung geht, denn sie stellen ein wichtiges Bindeglied zu den Investoren des Unternehmens dar. Dennoch kann ihre Möglichkeit, einen echten Beitrag zur Strategieentwicklung zu leisten, ebenfalls begrenzt sein. Denn Aufsichtsratsmitglieder üben ihr Amt nur in Teilzeit aus. Daher haben sie hauptsächlich eine beratende Funktion und hinterfragen Strategieansätze des Top Managements. Eine ihrer Hauptfunktionen besteht auch darin, sicherzustellen, dass es in ihrer Organisation

6 M. Haywood und D. Hambrick, „Explaining the premium paid for large acquisitions: Evidence of CEO hubris", *Administrative Science Quarterly*, Bd. 42, Nr. 1 (1977), S. 103–128.

7 J. Collins, *Good to Great*, Random House, 2001.

8 I. Janis, Victims of Groupthink: A Psychological Study of Foreign-Policy Decisions and Fiascoes, Houghton Mifflin, 1972; R.S. Baron, „So right it´s wrong: Groupthink and the ubiquitous nature of polarized group decision making", in Mark P. Zanna (Hrs.), Advances in experimental social psychology, Bd. 37, S. 219–253, Elsevier Academic Press, 2005.

9 C. Boone, W. Von Olffen, A. Van Witteloostuijn und B. De Brabander, „The genesis of top management team diversity: Selective turnover among top management teams in Dutch newspaper publishing", *Academy of Management Journal*, Bd. 47, Nr. 5 (2004), S. 633–656.

ein klares System zur Entwicklung, Umsetzung und Neudefinition von Strategie gibt. Aufsichtsratsmitglieder verfügen meist über viel Autorität und Erfahrung, sind wirklich unabhängig vom Top Managementteam und werden vor jeder Aufsichtsratssitzung umfassend informiert.[10]

Man darf nicht automatisch davon ausgehen, dass das Top Management über alle nötigen Fähigkeiten zur Strategieentwicklung und -umsetzung verfügt. Oft werden fähige Mitarbeiter aufgrund ihres operativen Erfolgs oder ihrer Fachkenntnisse auf einem bestimmten Gebiet zum Manager befördert, der nun eine strategische Rolle übernehmen muss. Doch solche Erfahrungen bereiten einen Manager nicht notwendigerweise auf die analytische und leitende Tätigkeit vor, die er nun bei der Strategieentwicklung ausführen muss. Führende Manager müssen über mindestens drei zentrale Eigenschaften verfügen, wenn sie einen wertvollen Beitrag zur gesamtunternehmerischen Strategie leisten wollen:

- Die *Beherrschung analytischer Konzepte und Techniken*, wie sie etwa in diesem Buch vorgestellt wurden, ist ein sehr wichtiger Aspekt, der nicht als selbstverständlich vorausgesetzt werden kann. Dies gilt besonders für öffentliche oder Non-profit-Organisationen, in denen strategisches Denken noch recht neu ist.[11] In manchen Fällen kann ein Trainingsprogramm das Verständnis strategischer Konzepte und Techniken erweitern und unterstützen.
- Auch *soziale Fähigkeiten* sind notwendig, wenn es darum geht, Kollegen in anderen Führungspositionen angewandte Analysen zu erklären und sie davon zu überzeugen. Wieder kann man nicht automatisch davon ausgehen, dass alle Manager solche Fähigkeiten perfekt beherrschen, doch auch hier können professionelle Berater helfen.[12]
- Die *Akzeptanz der Gruppe* als Teilnehmer an strategischen Diskussionen. Ein Vorstand ist ebenso wie ein Managementteam eine soziale Gruppe, in der sich die Mitglieder den Respekt der anderen erwerben müssen.[13] Klare, eindeutige Erfolge im eigenen Verantwortungsbereich sind normalerweise Voraussetzung, um als Teilnehmer an strategischen Diskussionen der gesamten Organisation anerkannt zu werden.

10 Im angelsächsischen System siehe T. McNulty und A. Pettigrew, „Strategists on the board", *Organization Studies*, Bd. 20, Nr. 1 (1999), S. 47–74; P. Stiles und B. Taylor, *Boards at Work: How Directors view their roles and responsibilities*, Oxford University Press, 2001.

11 Eine aufschlussreiche Fallstudie über den Leiter eines Orchesters und dessen Unvermögen in Bezug auf Methoden der Strategieentwicklung siehe S. Maitlis, „Taking it from the top: How CEOS influence (and fail to influence) their boards", *Organization Studies*, Bd. 25, Nr. 8 (2004), S. 1275–1313.

12 Für eine ausführliche Analyse eines Managers, der seine Kollegen nicht überzeugen konnte, siehe D. Samra-Fredericks, „Strategizing as lived experience and strategists´ everyday efforts to shape strategic direction", *Journal of Management Studies*, Bd. 42, Nr. 1 (2003), S. 1413–1442.

13 Für eine Analyse von Top Managementteams als „Praxisgemeinschaften", in denen Praktiker erst die eigene Legitimierung erlangen müssen, bevor sie als Mitglieder akzeptiert werden, siehe R. Whittington, „Learning to Strategise", *SKOPE Working Paper*, Nr. 23, University of Oxford, 2002.

15.2.2 Strategische Planer

Strategische Planer, manchmal auch als Manager für Unternehmensentwicklung oder ähnliches bezeichnet, sind *Manager, welche die formale Verantwortung haben, einen Beitrag zu Strategieprozessen zu leisten* (siehe *Kapitel 11*). Obwohl kleine Unternehmen nur sehr selten einen strategischen Planer in Vollzeit beschäftigen, sind diese in großen Firmen häufig anzutreffen und werden auch auf dem öffentlichen Sektor und in Non-profit-Organisationen immer beliebter. Wie in Beispiel 15.1 gezeigt, schreiben solche Organisationen oft Stellen für strategische Planer aus. Die Spezifikationen dieser Positionen in einer strategischen Einheit der britischen Regierung geben ein klares Bild der Fähigkeiten, die von einem strategischen Planer erwartet werden. Ein solcher Stratege entwickelt nicht nur die Strategie, sondern unterstützt auch andere Abteilungen dabei, eigene Fähigkeiten im Strategiebereich zu entwickeln. Strategisches Denken und analytische Fähigkeiten sind hier ganz klar von zentraler Bedeutung, doch auch die Fähigkeit klar zu kommunizieren und gut im Team zu arbeiten, ist sehr wichtig. Die Rolle des Strategen beschränkt sich nicht nur auf theoretische Analysen im Back-Office.

Strategische Planer

Strategische Planer, manchmal auch als Manager für Unternehmensentwicklung oder ähnliches bezeichnet, sind Manager, welche die formale Verantwortung haben, einen Beitrag zu Strategieprozessen zu leisten.

Auch wenn die in Beispiel 15.1 beschriebene Arbeitsstelle extern ausgeschrieben ist, so werden strategische Planer doch zumeist intern aus der Organisation rekrutiert. Denn interne strategische Planer verfügen höchstwahrscheinlich über einen Vorteil in den wichtigen Aufgabenbereichen, die mit reiner Analyse nichts zu tun haben. Sie bringen ein intuitives Verständnis für das Unternehmen, bestehende Netzwerke mit wichtigen Personen der Organisation und Glaubwürdigkeit gegenüber ihren Kollegen mit. Außerdem kann eine interne Besetzung einer strategischen Planungsposition für den betroffenen Manager eine wichtige Entwicklungs- und Karrierestufe auf dem Weg in die oberste Führungsebene sein.[14] Eine Teilnahme an strategischen Diskussionen ermöglicht ambitionierten Managern den Zugang zu wichtigen Führungskräften und verschafft ihnen einen Überblick über die Organisation als Ganzes.

Strategische Planer treffen selbst keine strategischen Entscheidungen. Sie haben aber zumeist drei wichtige Aufgaben:[15]

Beispiel 15.1 Gesucht: Teammitglied für Strategieeinheit

Die folgende Stellenausschreibung erschien auf der Internetseite des britischen Kabinettsbüros. Sie gewährt einen Einblick in die Aufgabenbereiche strategischer Planer und die erforderlichen Fähigkeiten sowie den geforderten beruflichen Hintergrund.

14 *R.M. Grant, „Strategic planning in a turbulent environment: Evidence from the oil majors", Strategic Management Journal, Bd. 24, Nr. 6 (2003), S. 491–517.*

15 E. Beinhocker und S. Kaplan, „Tired of strategic planning?", *McKinsey Quarterly*, Sonderausgabe über Risiko und Risk and Resilienz (2002), S. 49–57; S. Kaplan and E. Beinhocker, „The real value of strategic planning", *MIT Sloan Management Review*, Winter 2003, S. 71–76.

Stellenbeschreibung für ein Teammitglied: Bereich A

Über die Strategieeinheit

Die PMSU erfüllt drei wichtige Aufgaben:

- Durchführung von Strategieprüfungen und Formulierung beratender Hinweise gemäß den Prioritäten der Politik des Premierministers;
- Unterstützung der Regierungsministerien bei der Entwicklung effektiver Strategien und politischer Maßnahmen – Hilfestellung bei der Entwicklung ihrer strategischen Fähigkeiten;
- Identifizierung und effektive Verbreitung von Denkanstößen zu aktuellen Problemen und Herausforderungen Großbritanniens, z.B. durch regelmäßige strategische Prüfungen.

Der Inhaber dieser Stelle wird kleinen Teams angehören, die sich mit Problemen und Themen befassen, die innovatives, unkonventionelles Denken erfordern, damit die Ziele der britischen Regierung erreicht werden können. Diese Teams setzen sich aus Mitgliedern innerhalb und außerhalb des Staatsdienstes zusammen und arbeiten für einen Zeitraum von drei bis vier Wochen oder drei bis vier Monaten oder auch länger intensiv an den jeweiligen Problemen.

Kandidaten müssen über intensive Erfahrungen im Bereich Politik oder Strategie sowie über exzellente interpersonelle Fähigkeiten verfügen. Außerdem sollten sie klare und ansprechende Texte verfassen können. Herausragende Fähigkeiten im Bereich Analyse und Problemlösung sind für diese Position absolut unerlässlich.

Wichtige Kompetenzen für die Strategieeinheit

Strategisches Denken

1. Kenntnis und Verständnis für die Prioritäten der Regierung
2. Kenntnis des weiten politischen Umfelds, das auch politische und institutionelle Einschränkungen umfassen sollte
3. Fähigkeit, aus komplexen Informationen klare Zielsetzungen und Strategien ableiten zu können

Analyse und Einsatz von Daten

1. Kenntnis und Verwendung verschiedener analytischer Instrumente
2. Verwendung verschiedener Instrumente zur Sammlung und Auswertung von Informationen
3. Teamarbeit mit verschiedensten analytischen Experten, um Projektziele zu erreichen
4. Verständnis komplexer statistischer Daten
5. Verständnis für die Kriterien guter und nützlicher Daten

Mitarbeitermanagement

1. Fähigkeit, Einzelpersonen zu Höchstleistungen zu motivieren
2. Praktizierung von Gleichbehandlung und Diversität, Förderung von Best Practice-Standards
3. Fähigkeit, sinnvolles Feedback zu geben, das die Mitarbeiter umsetzen können

Mitarbeitermanagement

1. Fähigkeit, Einzelpersonen zu Höchstleistungen zu motivieren
2. Praktizierung von Gleichbehandlung und Diversität, Förderung von Best Practice-Standards
3. Fähigkeit, sinnvolles Feedback zu geben, das die Mitarbeiter umsetzen können

Programm- und Projektmanagement

1. Fähigkeit, im Team einen Projektplan auszuarbeiten
2. Management und Überwachung von Programm- oder Projektrisiken
3. Sicherstellung einer effektiven Kommunikation mit wichtigen Interessengruppen

Spezielle Fachkenntnisse

Erforderlich

1. Aussagekräftige Qualifikationen oder Abschlüsse in den Bereichen Volkswirtschaft, Sozialpolitik, operative Forschung oder ähnliches
2. Exzellente quantitative und qualitative analytische Fähigkeiten
3. Kenntnis des Sektors – ein Verständnis sozialer politischer Maßnahmen ist von Vorteil

Wünschenswert

1. Erfahrung im Bereich der Arbeit in einem beratenden Forschungsinstitut oder einer führenden Unternehmensberatung oder dem analytischen Arm einer Regierungsbehörde.

Quelle: Auszüge aus Strategy Unit Job Description for a Team Member: Band A from www.cabinetoffice.gov.uk/strategy/jobs/band_a.asp. Reproduziert gemäß den Bestimmungen der Click-Use Lizenz.

Kontrollfragen

1. Warum wäre diese Position für Sie attraktiv? Wo liegen die Nachteile?
2. Welche relevanten Fähigkeiten und Erfahrungen bringen Sie bereits mit und welche Fähigkeiten und Erfahrungen brauchen Sie noch, damit Sie sich um diese Stelle bewerben könnten?

- *Information und Analyse.* Strategische Planer verfügen über die Zeit, die Fähigkeiten und die Ressourcen, um den Entscheidungsverantwortlichen alle nötigen Informationen und Analysen zur Verfügung zu stellen. Dies kann sich aufgrund irgendeines „auslösenden Moments“ ergeben – wie etwa einer möglichen Fusion –, kann aber auch Teil eines regelmäßigen Planungszyklus sein. Verfügt eine Organisation über fundierte Informationen und Analysen, kann sie schneller und selbstsicherer auf unvorhergesehene Ereignisse reagieren. Strategische Planer können diese Informationen und Analysen auch in Formate verpacken, die eine klare Kommunikation strategischer Entscheidungen sicherstellen.

- *Manager des strategischen Prozesses.* Strategische Planer können sowohl in der Unternehmenszentrale als auch in einzelnen Geschäftseinheiten Manager durch strategische Planungszyklen begleiten. Strategische Planer können Instrumente, analytische Techniken und strategisches Training anbieten, um die Manager eines Geschäftsbereichs bei der Entwicklung ihrer Strategien zu unterstützen. Sie können auch Vorstandsvorsitzenden helfen, Strategien zu entwerfen, die auf ihre jeweiligen Probleme und Erfordernisse eingehen.
- *Sonderprojekte.* Strategische Planer können das Top Management auch bei Sonderprojekten recht effektiv unterstützen, etwa wenn es um Übernahmen oder organisationalen Wandel geht. In diesem Fall arbeiten strategische Planer meist in Projektteams mit Managern der mittleren Ebene und häufig auch mit externen Beratern zusammen. Erfahrung im Bereich Projektmanagement ist hier sehr wichtig (siehe *Abschnitt 15.4.4*).

15.2.3 Manager der mittleren Führungsebene

Wie bereits in *Abschnitt 15.2.1* erwähnt, schließt ein Großteil der konventionellen Managementtheorie die Manager der mittleren Führungsebene von der Entwicklung und Umsetzung von Strategien aus. Ihnen fehlt nach allgemein vorherrschender Meinung ein geeignetes Ziel ebenso wie die nötige langfristige Perspektive, denn sie sind zu sehr mit dem Tagesgeschäft befasst.[16] Dieser Sichtweise folgend setzen die Manager der mittleren Führungsebene eine Strategie lediglich in die Praxis um. Eine Beteiligung dieser Manager am strategischen Entwicklungsprozess selbst kann jedoch in mindestens zweierlei Hinsicht von Vorteil sein. Erstens verbessern sich dadurch häufig die Entscheidungen, denn die Manager der mittleren Ebene kennen die Realitäten der Organisation und ihres Marktes aus erster Hand und verfügen über die aktuellsten Informationen. Zweitens verbessert sich durch ihre Beteiligung auch die Umsetzung der Strategie. Manager der mittleren Ebene, die auch am ursprünglichen Formulierungsprozess der Strategie beteiligt waren, können die strategischen Absichten besser in die Praxis umsetzen, fühlen sich den festgelegten strategischen Zielen eher persönlich verpflichtet und kommunizieren diese auch effektiver an ihr Team.[17]

Heutzutage zeichnen sich drei Trends ab, die für eine stärkere Beteiligung des mittleren Managements an der Strategieentwicklung sorgen.[18] Erstens gestalten viele Organisationen ihre Strukturen immer dezentraler, um in einem immer schnelllebigeren und wettbewerbsintensiven Umfeld schneller reagieren zu können. Folglich wird auch strategische Verantwortung weiter unten in der Hierarchie der Organisation angesiedelt. Zum zweiten sind Manager der mittleren Ebene durch umfangreichere betriebswirtschaftliche Ausbildungsprogramme heute besser qualifiziert und trauen sich auch strategische Entscheidungen eher zu als in der Vergangenheit. Solche hochqualifizierten Manager der mittleren Ebene sind heute besser in der Lage und auch willens, sich am Strategieprozess zu beteiligen. Zum dritten bedeutet die Verlagerung des wirtschaftlichen Schwerpunkts von der traditionellen Fertigung hin zu professionellen Dienstleistungen (wie etwa Gestaltung, Beratung, Finanzdienste), dass die wichtigen Quellen eines Wett-

16 A. Chandler, *Strategy and Structure: Chapters in the History of American Enterprise*, MIT Press, 1962.

17 S. Floyd and B. Wooldridge, *Building Strategy from the Middle*, Sage, 2000.

18 G. Johnson, L. Melin und R. Whittington, „Micro-strategy and strategising: Towards an activity-based view", *Journal of Management Studies*, Bd. 40, Nr. 1 (2003), S. 3–22.

bewerbsvorteils nicht länger Ressourcen wie etwa Kapital sind, das von der Zentrale zugeteilt wird, sondern vielmehr das Wissen der Mitarbeiter, die die tatsächliche operative Arbeit leisten. Manager der mittleren operativen Führungsebene verstehen diese auf Fachwissen basierenden Quellen des Wettbewerbsvorteils viel effektiver als die weiter entfernten Top Manager. Aus diesen drei Gründen werden mittlere Manager heute verstärkt in den Prozess der Strategieformulierung eingebunden (siehe auch Beispiel 11.5).

Selbst dort, wo die Manager der mittleren Ebene formell nicht am strategischen Prozess beteiligt sind, können sie ihren informellen Einfluss steigern, wenn sie über folgende Faktoren verfügen:

- *Zentrale organisationale Positionen.* Mittlere Manager, die Verantwortung für strategisch wichtige Bereiche der Organisation tragen, können informell großen Einfluss ausüben, denn sie verfügen höchstwahrscheinlich über wichtiges Fachwissen und ihre uneingeschränkte Unterstützung der Strategie ist besonders wichtig. Es ist also nicht verwunderlich, dass Manager der mittleren Führungsebene, die für große Abteilungen oder Geschäftseinheiten Verantwortung tragen, auch großen Einfluss auf strategische Entscheidungen haben.[19] Ebenso haben Manager von Unternehmensbereichen, die sich nach außen orientieren (wie etwa der Bereich Marketing) meist mehr Einfluss als Manager von Unternehmensbereichen, die nach innen gerichtet sind (wie etwa Qualitätsmanagement oder Betriebsabläufe).[20] Manager der mittleren Ebene, die Einfluss auf die Strategie ihres Unternehmens nehmen wollen, müssen sich also an der richtigen Stelle innerhalb der Organisation positionieren.
- *Zugang zu Netzwerken der Organisation.* Manager der mittleren Führungsebene verfügen vielleicht nicht über hierarchische Macht, können aber ihre Einflussmöglichkeiten dennoch steigern, indem sich ihre internen organisationalen Netzwerke nutzen. Können sie Informationen von verschiedenen Mitgliedern dieser Netzwerke sammeln, so erhalten sie dadurch wahrscheinlich einen umfassenden, integrativen Einblick in die Geschehnisse ihrer Organisation. Ein solcher Einblick ist für andere, die eine spezialisierte Position innerhalb der Organisation innehaben, eher schwer zu erlangen. Können Netzwerke mobilisiert werden, um Probleme aufzudecken oder anzusprechen und bestimmte Vorschläge zu unterstützen, so wird dadurch mehr Einfluss ausgeübt als dies ein einzelner Manager der mittleren Ebene alleine vermögen würde.[21] Strategisch einflussreiche mittlere Manager sind daher meist auch gut im Umgang mit Netzwerken.
- *Zugang zur „strategischen Konversation“ der Organisation.* Strategien werden nicht in isolierten, formalen Abläufen entworfen und umgesetzt, sondern entwickeln sich als Teil einer fortlaufenden strategischen Konversation zwischen respektierten Managern.[22] Eine Organisation, die auch die Manager der mittleren Führungsebene an diesem Austausch beteiligen möchte, sollte eine offene strategische Kultur pflegen, d.h. auch diese Manager in Strategieworkshops (siehe *Abschnitt 15.4.1*)

19 A. Watson und B. Wooldridge, „Business unit manager influence on corporate-level strategy formulation“, *Journal of Managerial Issues*, Bd. 18, Nr. 2 (2005), S. 147–161.

20 S. Floyd und B. Wooldridge, „Middle management´s strategic influence and organizational performance“, *Journal of Management Studies*, Bd. 34, Nr. 3 (1997), S. 465–485.

21 S. Mantere, „Strategic practices as enablers and disablers of championing activity“, *Strategic Organization*, Bd. 3, Nr. 2 (2005), S. 157–184.

22 F. Westley, „Middle managers and strategy: Microdynamics of inclusion“, *Strategic Management Journal*, Bd. 11 (1990), S. 337–351.

mit einbeziehen oder eine Strategiediskussion des Top Managements als Teil eines Managementtrainingsprogramms anbieten. Mittlere Manager, die sich an dieser strategischen Konversation beteiligen möchten, sollten möglichst viele Gelegenheiten nutzen, auf formeller oder informeller Ebene mit Top Managern zusammenzutreffen; sich mit der in ihrer Organisation verwendeten strategischen Sprache vertraut machen; sich über die strategischen Themen und Probleme ihrer Organisation informieren; und ihre eigenen persönlichen Beiträge zu diesen Themen vorbereiten.

Auf dem öffentlichen Sektor entsprechen die Ebenen des Top Managements und des mittleren Managements der Unterscheidung zwischen den Politikern und den Ministerialbeamten. Ebenso wie der Firmenchef formal die strategische Richtung vorgibt, so sind auch gewählte Politiker traditionell für die Festlegung politischer Maßnahmen zuständig. Die Ministerialbeamten dagegen haben die Aufgabe, diese umzusetzen. Doch auch diese Rollenaufteilung wird heute von drei neuen Trends infrage gestellt. Erstens hat sich durch die immer größere Bedeutung *spezialisierten Fachwissens* der strategische Einfluss mehr in Richtung der Beamten verlagert, die zumeist aus einer bestimmten Fachrichtung kommen, während Politiker typischerweise Generalisten sind. Zum zweiten hat die Reform des öffentlichen Sektors in vielen Ländern zu einer *verstärkten Auslagerung* verschiedener Funktionen zu quasi-unabhängigen „Agenturen" oder QUANGOs (quasi-autonome Nicht-Regierungsorganisationen) geführt, die trotz einiger Einschränkungen viele Entscheidungen unabhängig treffen können. Und zum dritten haben die gleichen Reformprozesse auch die internen Strukturen innerhalb der öffentlichen Organisationen verändert, wobei Einheiten dezentralisiert wurden und einzelnen Beamten mehr Verantwortung übertragen wurde. All dies wird durch die Diskussion über das „neue öffentliche Management" noch gefördert, das Beamte dazu anregt, mehr Eigenverantwortung und Initiative zu zeigen. Kurz gesagt übernehmen auch die Ministerialbeamten einen immer größeren Teil der strategischen Arbeit.[23]

15.2.4 Strategieberater

Organisationen beauftragen auch häufig externe Berater mit der Entwicklung von Strategien. Führende Beratungsfirmen mit dem Schwerpunkt Strategie sind zum Beispiel Bain, die Boston Consulting Group, Monitor und McKinsey & Co.[24] Die meisten der großen allgemeinen Unternehmensberatungen bieten außerdem Dienstleistungen auf dem Gebiet der Strategieentwicklung und -analyse an. Es gibt aber auch kleinere Beratungsfirmen und einzelne Berater, die sich auf das Thema Strategie spezialisiert haben.[25]

23 Siehe D. Moyniham, „Ambiguity in policy lessons: The agentification experience", *Public Administration*, Bd. 84, Nr. 4 (2006), S. 1029–1050, sowie L.S. Oakes, B. Townley und D.J. Cooper, „Business planning as pedagogy: Language and control in a changing institutional field", *Administrative Science Quarterly*, Bd. 43, Nr. 2 (1997), S. 257–292.

24 Die Homepages der führenden Strategieberatungsfirmen sind nützliche Informationsquellen zum Thema Strategieberatung und Strategie im Allgemeinen sowie auch zum Thema Karriere als Strategieberater: Siehe *www.mckinsey.com*; *www.bcg.com*; *www.bain.com*; *www.monitor.com*.

25 Die Website der European Federation of Management Consultancies Associations *www.feaco.org* ist eine gute Informationsquelle zu Trends in der Strategieberatungsbranche im Allgemeinen. P. May und F. Czeniawska, *Management Consulting in Practice*, Kogan Page, 2005, bietet viele Fallstudien über Interventionen durch Berater, z.B. beim Thema Strategie.

Berater können bei der Strategieentwicklung einer Organisation verschiedene Rollen übernehmen:[26]

- *Analyse, Prioritätenbestimmung und Generierung von Optionen.* Vielleicht haben die Top Manager bereits vorliegende strategische Probleme identifiziert, diese sind aber so zahlreich oder es herrscht so viel Uneinigkeit, dass die Organisation nicht mehr klar sieht, wie es weitergehen soll. Hier können Berater diese Probleme mit einem neutralen Blick von außen nochmals analysieren, Prioritäten setzen, oder dem Management Optionen zur Lösung aufzeigen. Dazu kann es natürlich nötig sein, vorgefasste Meinungen des Managements über strategische Themen infrage zu stellen.
- *Übertragung von Wissen.* Eine wichtige Rolle von Beratern besteht auch darin, Ansichten, Einblicke und die Schlussfolgerungen ihrer Analysen mittels Meetings und Diskussionen innerhalb der Organisation zu verbreiten. Ebenso ermöglichen sie den Austausch von Wissen zwischen Organisationen. Sie sind schließlich die Wissensträger und die Anwender von Best Practice-Standards für ihre Kunden.
- *Förderung strategischer Entscheidungen.* Durch ihre Arbeit können die Berater auch selbst die Entscheidungen, die die Organisation schließlich trifft, wesentlich mit beeinflussen. Eine Reihe großer Beratungsfirmen wurden und werden immer wieder dafür kritisiert, zu viel Einfluss auf die Entscheidungen ihrer Kunden auszuüben, was für diese zu großen Problemen führt. So war die führende Beratungsfirma McKinsey & Co. in hohem Maß an der Entwicklung des sehr kontroversen Geschäftsmodells „asset-lite" der Firma Enron beteiligt, und hatte auch die fehlgeschlagene „Hunter"-Strategie der SwissAir bezüglich strategischer Allianzen befürwortet.[27]
- *Umsetzung eines strategischen Wandels.* Berater spielen eine zentrale Rolle, wenn es um die Bereiche Projektplanung, Unterstützung und Training bezüglich eines strategischen Wandels geht. Dies ist ein Fachbereich, der immer mehr Bedeutung erlangt, nicht zuletzt deshalb, weil auch hier Kritik an den Beratern laut wurde, ihre Kunden mit neuen Strategieempfehlungen allein zu lassen, ohne die Verantwortung für deren Umsetzung zu übernehmen.

Der tatsächliche Wert und Nutzen der Arbeit von Strategieberatern wird sehr kontrovers diskutiert (siehe Beispiel 15.6 am Ende dieses Kapitels). Enron zahlte McKinsey & Co. jährliche Beratungshonorare von $ 10 Mio. (€ 8 Mio.), bevor die Firma unterging. Die Berater werden aber auch häufig für Fehlschläge und Probleme verantwortlich gemacht, die in Wahrheit auf den schlechten Umgang des Kunden mit dem Beratungsprozess zurückzuführen sind. Viele Unternehmen wählen ihre Berater unsystematisch aus; sie stellen ihnen zu Beginn ihrer Arbeit keine Projektbeschreibungen zur Verfügung und setzen auch die Empfehlungen der Berater nicht um. Es gibt drei wichtige

26 Für theoretische Diskussionen über Strategieberatung siehe L. Arendt, R. Priem und H. Ndofor, „A CEO-adviser model of strategic decision-making", *Journal of Management*, Bd. 31, Nr. 5 (2005), S. 680–699; eine empirische Studie liefert M. Schwarz, „Knowing in practice: How consultants work with clients to create, share and apply knowledge", *Academy of Management Best Papers*, Proceedings, 2004.

27 C.D. McKenna, *The World's Newest Profession*, Cambridge University Press, 2006; R. Whittington, P. Jarzabkowski, M. Mayer, E. Mounoud, J. Nahapiet und L. Rouleau, „Taking strategy seriously: Responsibility and reform for an important social practice", *Journal of Management Inquiry*, Bd. 12, Nr. 4 (2003), S. 396–409.

Maßnahmen, die Kundenorganisationen zur besseren Nutzung strategischer Beratung ergreifen können:[28]

- *Professioneller Einkauf von Beratungsdiensten*, etwa durch darauf spezialisierte Mitarbeiter der Einkaufsabteilung. Berater sollten nicht aufgrund persönlicher Beziehungen zu Top Managern beauftragt werden, wie dies zu häufig der Fall ist. Stattdessen sollte die Einbeziehung von Beratern wie jede andere Einkaufsentscheidung behandelt und entsprechend standardisierter Einkaufskriterien gehandhabt werden. Ein professioneller Einkauf sorgt für klare Projektbeschreibungen, eine ausgedehnte Suche nach geeigneten Beratern, angemessene Preisbildung und eine gute Abstimmung zwischen den verschiedenen Beratungsprojekten und umsetzbaren Schlussempfehlungen. Der deutsche Technikkonzern Siemens zum Beispiel betreibt einen professionellen Einkauf von Beratungsdienstleistungen und erstellt routinemäßig eine Liste der zehn am besten geeigneten Beratungsfirmen.
- Die *Entwicklung von Überwachungsfähigkeiten*, um ein Portfolio aus Beratungsprojekten verfolgen zu können. Die Deutsche Bahn verfügt ebenso wie der Automobilgroßkonzern Daimler über eine zentrale Verwaltungsstelle, die alle Beratungsprojekte innerhalb des gesamten Unternehmens überwacht und koordiniert. Diese zentrale Verwaltungsstelle ist bereits an der anfänglichen Kaufentscheidung der Beratungsdienstleistung beteiligt und kann laufenden Projekten systematische Governance-Strukturen auferlegen, die klare Verantwortlichkeiten und Berichtsprozesse enthalten, sowie am Projektende eine Prüfung und eine Beurteilung vorsehen.
- *Effektive Partnerschaften* mit Beratern können die Durchführung eines Projekts und auch den Wissenstransfer an dessen Ende effektiver machen. Projektteams sollten wenn möglich aus einer Mischung an Beratern und internen Managern des Kunden zusammengesetzt werden. Die Manager verfügen über internes Wissen, kennen die ungeschriebenen Unternehmensregeln und sorgen auch häufig für mehr Glaubwürdigkeit und Respekt gegenüber dem Projekt. Die Teammitglieder, die vom Kunden kommen, verfügen auch nach dem Weggang der Berater über das erworbene Wissen und die zusätzliche Erfahrung und können so die Umsetzung der Empfehlungen unterstützen. Sie sollten daher bereit sein, sich dem anspruchsvollen Arbeitspensum der Beratungsfirmen anzupassen.

15.2.5 Wer soll an der Strategie beteiligt sein?

Die Anzahl der Menschen, die potenziell am Thema Strategie beteiligt sein kann, ist also recht groß; zum Vorstandsvorsitzenden und dem Top Managementteam kommen noch nebenamtliche Vorstandsmitglieder, strategische Planer, Strategieberater, Manager der mittleren Führungsebene und vielleicht sogar Vertreter externer Interessengruppen hinzu. Daraus ergeben sich häufig praktische Dilemmata bezüglich der Beteiligung all dieser Gruppen an bestimmten strategischen Problemen. Das Paradoxon beim Thema Strategiebeteiligung besteht darin, dass diejenigen, die bezüglich der Strategie den besten Zugang zum Vorstandsvorsitzenden haben, meist strategische Planer und Strategieberater sind, die wiederum für die Umsetzung der Strategie keinerlei Verant-

28 S. Appelbaum, „Critical success factors in the clientconsulting relationship", *Journal of the American Academy of Business*, März 2004, S. 184–191; M. Mohe, „Generic strategies for managing consultants: Insights from client companies in Germany", *Journal of Change Management*, Bd. 5, Nr. 3 (2005), S. 357–365.

wortung tragen und die Realitäten des operativen Geschäfts nicht kennen (siehe Abbildung 15.2). Die Manager der mittleren Ebene, die sowohl die Umsetzungsverantwortung als auch das erforderliche Wissen haben, haben möglicherweise kaum Zugang zu den strategischen Diskussionen mit dem Vorstandsvorsitzenden, da sie mit ihrer operativen Verantwortung zu beschäftigt sind oder als voreingenommen eingeschätzt werden. Strategien werden also nicht unbedingt von den richtigen Menschen gemacht.

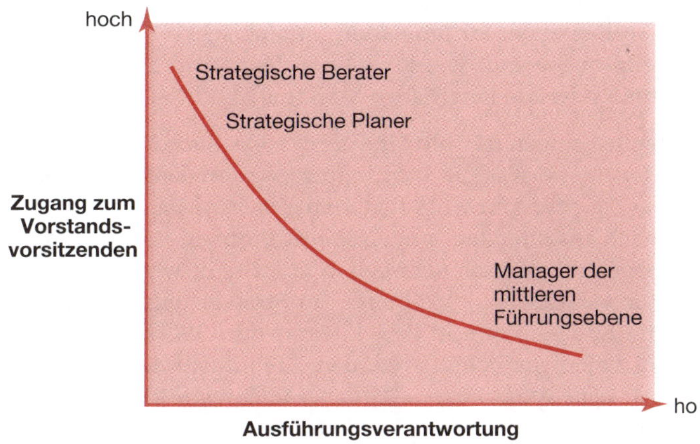

Abbildung 15.2: Das Zugang/Ausführung-Paradoxon

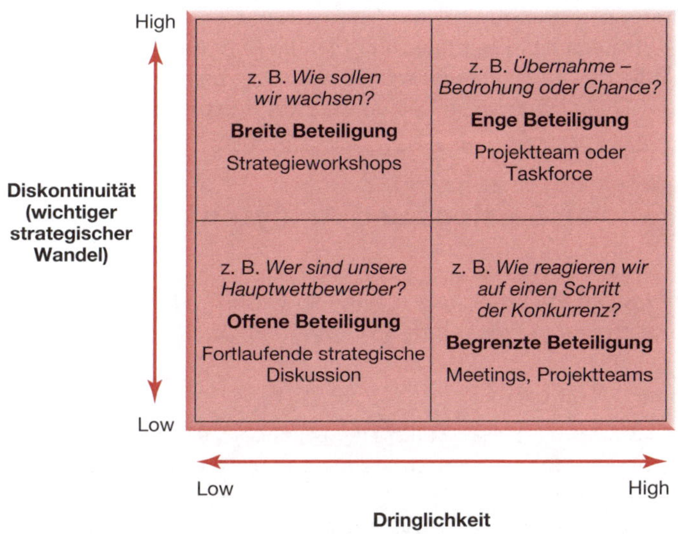

Abbildung 15.3: Wer soll an der Strategieentwicklung beteiligt sein?

Allerdings gibt es keine Patentlösung für das Problem der Beteiligung am strategischen Prozess. Forschungsprojekte der Firma McKinsey & Co. legen nahe, dass es von der Art des strategischen Problems abhängen sollte, wer an der Lösung beteiligt wird (siehe Abbildung 15.3).[29] Hochgradig dringende Probleme und Probleme, die eine große strategische Veränderung bedeuten (wie etwa die Möglichkeit einer Übernahme), sollten

29 E. Beinhocker und S. Kaplan, „Tired of strategic planning?“, *McKinsey Quarterly*, Sonderausgabe über Risiko und Reaktionsvermögen (2002), S. 49–57: Abbildung 2, S. 56.

von kleinen Projektteams übernommen werden, die aus den einflussreichsten Managern und vielleicht Planern und Beratern bestehen. Themen, die auch mit Veränderungen verbunden sind, aber einen längeren Zeitrahmen haben (wie etwa Wachstumsoptionen), können von der Beteiligung einer größeren Gruppe aus Managern, vielleicht auch von einem strategischen Workshop (siehe *Abschnitt 15.4.1*) profitieren. Probleme, die eher zur Routine gehören, aber schnell angegangen werden müssen (wie die Preisstrategie eines Konkurrenten), erfordern zur Lösung eher kleinere Gruppen, die z.B. nur aus den betroffenen Marketing und operativen Managern bestehen können. Die offenste Beteiligungsform sollte bei der fortlaufenden „strategischen Konversation" aller Manager der Organisation angewandt werden. Diese thematisiert beispielsweise die wichtigsten Konkurrenten oder die langfristige Marktentwicklung.

Mit diesen Unterscheidungen möchte McKinsey & Co. darauf hinweisen, dass es keine allgemeingütige Regel gibt, was die Beteiligung verschiedener Personen am Strategieprozess betrifft, dass es aber sehr wohl Kriterien gibt, die Manager als Anleitung nutzen können, wer – je nach anstehendem strategischem Problem – an dessen Lösung beteiligt werden soll. Manager sollten sich sehr genau überlegen, wen sie beteiligen möchten, und sie sollten auch verschiedene Methoden zur Strategieentwicklung klug anwenden, gleichgültig, ob die Strategie nun in Projektteams oder Workshops erarbeitet wird. In jedem Fall sollten diejenigen beteiligt werden, die einen wichtigen Beitrag zum Strategieprozess leisten können, im Normalfall aber außen vor bleiben würden. Um einen integrativeren Ansatz zu erreichen, stehen betroffenen Managern eine Reihe verschiedener Techniken zur Verfügung. IBM hat dies beispielsweise mithilfe seiner „strategischen Jam Sessions" erreicht, und das International Trade Centre hat in Uganda eine ähnlich offene Strategiebeteiligung erreicht (siehe Beispiel 15.2). Auf dem öffentlichen Sektor wird häufig das Internet eingesetzt, um kontroverse politische Themen in öffentlichen Foren zur Diskussion zu stellen, siehe zum Beispiel *www.communities.gov.uk*.

Beispiel 15.2 Jam Sessions und Analysen

Die Beteiligung am Strategieprozess kann sowohl für global agierende Konzerne als auch für sich neu entwickelnde Unternehmen wichtig sein.

Jam Sessions bei IBM

IBM hat eine $ 3 Mio. teure IT-Plattform entwickelt, die es den 300.000 Mitarbeitern des Firma ermöglicht, sich an globalen Debatten über strategische Themen und Probleme zu beteiligen (siehe Beispiel 14.5). Diese Debatten werden „Jam Sessions" genannt, nach den strukturierten Improvisationen in der Jazz-Musik. Solche Jam Sessions beinhalten sowohl persönliche Meetings zum Austausch und zur Ideensammlung als auch themenbezogene Forumsdiskussionen online sowie eine elektronische Ideenbewertung, die im Intranet vorgenommen werden kann. Jeder Mitarbeiter von IBM kann sich an diesen Jam Sessions beteiligen. IBM-Manager Mike Malloney erklärt: „Es ist wie bei einer Jazz Combo – auch bei uns entwickeln die Mitarbeiter Ideen ihrer Kollegen weiter und bauen darauf auf, und das alles findet in einem strukturierten Rahmen statt. In den Jam Sessions vermischen sich Technologie und ganz ursprüngliche Ideenfindung."

IBM hat in den Jam Sessions Themen wie die Rollen des Managements, die Integration nach einer Fusion, organisationale Behinderungen von Innovationen und Einnahmenwachstum zur Diskussion gestellt. Auch die Entwicklung neuer Werteaussagen („Values Jam") wurde hier diskutiert. Dieser Values Jam zog sich über einen Zeitraum von drei Jahren hin, das Forum wurde 2,3 Millionen Mal besucht und enthielt zum Schluss über eine Million Wörter. Zehntausende neuer Ideen der Mitarbeiter wurden gesichtet, und es entstanden daraus 65 zentrale Ideen, die mittels Online-Abstimmungen und IBMs eigenentwickelte Sprachanalysesoftware („Jamalyzer") festgelegt wurden. Daraufhin machte sich ein kleines Team an die Arbeit und entwickelte aus diesen Ideen drei übergreifende Wertebereiche, die auf Innovation, dem Kunden und auf Vertrauen basierten. Vorstandsvorsitzender Sam Palmisano kommentierte den Values Jam so:

> *Ja, die elektronische Diskussion war hitzig, kontrovers und manchmal unschön. ... Wir hatten vorher drei oder vier Jam Sessions online durchgeführt ... , doch keine davon hätte uns auf die Emotionen vorbereiten können, die durch dieses Thema losgetreten wurden.*

Quellen: S.J. Palmisano, „Leading change when business is good", Harvard Business Review, Dezember 2004, S. 60–70; PR Newswire, 30. November 2005.

Analyse und Bewertung in Uganda

Das International Trade Centre (ITC) in Genf (*www.intracen.org*) unterstützt Unternehmen bei der Verbesserung ihres Exportgeschäfts. In vielen Entwicklungsländern, die zu seinem Tätigkeitsfeld gehören, gibt es wenig zuverlässige veröffentlichte Informationen; Aktivitäten zur Entwicklung des Landes sind unkoordiniert, und die Einheimischen stehen den unbekannten Helfern aus dem Ausland skeptisch gegenüber. Die Industrie der Fischverarbeitung und des Fischexports in Uganda ist ein Beispiel dafür, dass solche Probleme aber durchaus überwunden werden können.

Das ITC arbeitete mit der ugandischen Behörde für Exportförderung zusammen und organisierte ein Zusammentreffen verschiedener Interessengruppen aus allen Bereichen des Wertnetzwerks dieser Industrie, bei dem es um eine Strategie zur Exportsteigerung ging. An diesem Treffen nahmen Firmeninhaber, Gemeindevorsteher, Regierungsbeamte und Vertreter von Entwicklungsagenturen ebenso teil wie Dienstleister aus den Bereichen Transport, Qualitätskontrolle, Zoll, Bankwesen, Fracht und Verpackung. Das Treffen fand in Kampala statt, wo man eine Reihe von Übungen vornahm, um Marktchancen zu identifizieren, die genaue Leistung verschiedener Bereiche der Branche zu betrachten und die Umsetzung von Entwicklungshilfemaßnahmen zur organisieren.

Man bildete die wichtigsten Ebenen der Wertketten auf großformatigen Blättern ab, wobei man sich von den Zielmärkten rückwärts bis hin zu den Angebotsquellen bewegte. Probleme und Marktanforderungen, die den gesamten Sektor betrafen, wurden in ihre einzelnen Komponenten in Bezug auf die Wertkette aufgespaltet und auch auf diesen Blättern dargestellt. Dieser Prozess brachte stillschweigendes Wissen und „Marktrealitäten" zum Vorschein und sorgte für die

Entwicklung neuer Ideen zur Wertsteigerung, Kostensenkung und Diversifikation (siehe Beispiel 3.4). Außerdem konnten sich die Teilnehmer nun ein Bild von der Gesamtsituation der Industrie und deren Chancen machen, ihre gegenseitigen Abhängigkeiten verstehen, gemeinsam Lösungen gestalten und Prioritäten setzen, um die Leistungen der Industrie zu steigern und festzulegen, wer welche Teile der neuen Strategie wie umsetzen sollte.

Quelle: Ian Sayers, Leitender Berater des privaten Sektors, Abteilung für Handelsförderung, International Trade Centre, Genf.

Kontrollfragen

1. Warum war es für IBM und für die ugandische Fischereiindustrie wichtig, viel Input von verschiedenen Seiten zu bekommen? Welche strategischen Themen und Probleme würden ein solch breit angelegtes Input nicht erfordern?
2. Würden Sie einer kleineren Firma angehören, die nicht über die IT-Ressourcen von IBM oder die Hilfestellung der Regierung wie in Uganda verfügt, wie könnten Sie dennoch das Input ihrer Mitarbeiter zur Strategiegestaltung bekommen?

15.3 Der Strategieprozess

Im vorangegangenen Abschnitt wurden die wichtigsten strategischen Rollen vorgestellt; dieser Abschnitt konzentriert sich nun darauf, was die beteiligten Personen im Rahmen des Strategieprozesses zu tun haben. Die wichtigsten Aktivitäten werden dabei in logischer Folge behandelt, angefangen mit der ersten strategischen Analyse, dann gefolgt von der richtigen Platzierung der strategischen Themen, der Entscheidungsfindung und schließlich der Kommunikation der gewählten Strategie. In der Praxis laufen diese Schritte allerdings eher selten in dieser logischen Reihenfolge ab. Oft werden Entscheidungen ohne große Analysen getroffen; häufig werden sie auch in der Kommunikationsphase völlig neu interpretiert. Es müssen jedoch einige wichtige Entscheidungen getroffen werden bezüglich der Art und Weise des Strategieprozesses, besonders in Bezug auf das Vertrauen der Manager in formale, analytische Rationalität.

15.3.1 Strategische Analyse

Große Teile dieses Buches befassen sich mit strategischer Analyse, und diese ist auch tatsächlich ein wichtiger Bestandteil des Strategieprozesses. Wie in *Kapitel 11* bereits erwähnt, ergibt sich Strategie häufig eben nicht aus einer einfachen rationalen Analyse. Diese Analysen finden oft spontan statt, sind unvollständig und werden außerdem nicht zu Ende gebracht. Solche Analyseaktivitäten erfüllen oft noch andere Funktionen und sind nicht nur Input für eine spätere strategische Entscheidung.

Zunächst einmal werden Analysen in der Praxis eher selten so eingesetzt, wie dies in der Theorie vorgesehen ist. Die SWOT-Analyse (Strenghts, Weaknesses, Opportunities und Threats) ist das am häufigsten verwendete Analyseinstrument der Strategie[30], doch auch die praktische Anwendung dieser relativ einfachen Analysetechnik entspricht meist keineswegs dem theoretischen Ideal (siehe *Kapitel 3*). Eine Studie ergab häufige Abweichungen von den Empfehlungen der Lehrbücher, die sowohl Manager als auch Berater verursachten.[31] So ergeben sich aus einer SWOT-Analyse in der Praxis oft lange Listen verschiedener Faktoren (Stärken, Schwächen, Chancen und Risiken), die unmöglich zu managen sind; häufig sind es 50 und mehr. All diese Faktoren werden folglich nur sehr selten genauer definiert oder ausgearbeitet; es wird also wenig tiefer gehende Analyse betrieben, um sie auszuwerten; und auch in nachfolgenden strategischen Diskussionen werden sie meist nicht oder kaum berücksichtigt. Eine SWOT-Analyse sollte laut theoretischer Definition zielgerichteter sein, zu einer tiefgehenden Untersuchung der Umstände und daraufhin zu konkreten Handlungen bezüglich Faktoren mit Priorität führen. Wenn man die praktischen Erfahrungen mit der SWOT-Analyse als typisch bezeichnen kann, so könnten Manager oft eine Wertsteigerung erreichen, indem sich solche Instrumente zur Strategieanalyse konsequenter und korrekter einsetzen.

Oft ist aber eine derartige Kritik an falscher Analyse verfehlt. Denn schließlich müssen dabei sowohl *Kosten* als auch *Zweck* bedacht werden. Eine solche Analyse kostet viel Zeit und auch viele Ressourcen. Zunächst müssen relevante Informationen gesammelt werden, was besonders dann kostspielig ist, wenn daran externe Berater beteiligt sind. Was den Zeitfaktor betrifft, besteht außerdem immer das Risiko einer *„Paralyse durch Analyse“*; in einem solchen Fall verwenden Manager zu viel Zeit darauf, ihre Analysen perfekt auszugestalten, und zu wenig Zeit für die eigentlichen Entscheidungen und Handlungen.[32] Manager müssen entscheiden, wie viel Analyse sie wirklich brauchen; vielleicht ist in manchen Fällen eine schnelle, intuitive Entscheidung ausreichend oder besser. Was den Zweck angeht, so geht es bei einer Analyse nicht immer einfach um die Bereitstellung benötigter Informationen für fundierte strategische Entscheidungen.[33] Oft liegt ihr Zweck ganz woanders. Wird ein Projekt gestartet, um ein bestimmtes Thema zu analysieren, so kann dies in manchen Fällen sogar eine absichtliche *Verschleppung* zum Ziel haben, sodass eine anstehende Entscheidung hinausgeschoben wird. Eine Analyse kann aber auch rein *symbolisch* sein, um eine bereits getroffene Entscheidung rational zu begründen. Manager können um die Analyse eines Themas gebeten werden, um sich dadurch ihre *Unterstützung* für Entscheidungen zu sichern, die sie andernfalls vielleicht ablehnen würden. Analysen können aber auch *politisch* sein und dafür sorgen, dass die Probleme eines Managers oder eines Teils der Organisation Priorität erhalten.

30 G. Hodgkinson, R. Whittington, G. Johnson und M. Schwarz, „The role of strategy workshops in strategy development processes: Formality, communication, coordination and inclusion“, *Long Range Planning*, Bd. 30 (2006), S. 479–496.

31 T. Hill und R. Westbrook, „SWOT analysis: It´s time for a product recall“, *Long Range Planning*, Bd. 30, Nr. 1 (1997), S. 46–52. Ein praktisches Beispiel einer besseren Anwendung liefert R.G. Dyson, „Strategic development and SWOT analysis at the University of Warwick“, *European Journal of Operational Research*, Bd. 15, Nr. 2 (2004), S. 631–640.

32 A. Langley, „Between paralysis by analysis and extinction by instinct“, *Sloan Management Review*, Bd. 36, Nr. 3 (1995), S. 63–76.

33 A. Langley, „In search of rationality: The purposes behind the use of formal analysis in organisations“, Administrative Science Quarterly, Bd. 34 (1989), S. 598–631.

Die verschiedenen Zwecke einer Strategieanalyse wirken sich auf die betroffenen Manager in zweierlei Hinsicht aus:

- *Die Gestaltung und Art der Analyse muss ihrem wahren Zweck folgen.* Von diesem wahren Zweck – Information, Politik oder Symbol – hängt ab, wie viele und welche Menschen an der Analyse beteiligt werden, wie viel Zeit und Geld darauf verwendet wird und wie die anschließende Kommunikation der Ergebnisse aussieht. Angesehene Beratungsunternehmen sind oft sehr sinnvoll, wenn es um politische oder symbolische Analysen geht. Muss die Unterstützung vieler Mitarbeiter eingeholt werden, so ist es sinnvoll, viele Manager der mittleren Führungsebene an der Analyse zu beteiligen.
- *Es müssen angemessene Investitionen in die technische Qualität der Analyse erfolgen.* Bei vielen Projekten können die sich daraus ergebenden strategischen Entscheidungen entscheidend verbessert werden, wenn man auch die technische Qualität der angewandten Analyse verbessert. In manchen Fällen kann es aber auch kontraproduktiv wirken, wenn man auf absoluter technischer Perfektion besteht. So kann eine SWOT-Analyse, die viele kritische Themen und Probleme aufwirft, den Managern dazu dienen, ihrer eigenen Frustration Luft zu machen, bevor sie sich an die tatsächliche strategische Arbeit machen. Manchmal macht es mehr Sinn, kontroverse Themen einfach offen zu lassen, anstatt sie zu hinterfragen, zu beleuchten oder gar zu vertagen, was die betroffenen Manager verärgern würde und sich negativ auf ihre Beiträge zu den folgenden Schritten auswirken würde.

15.3.2 Strategische Themen verkaufen

Eine Organisation sieht sich immer vielen strategischen Problemen gleichzeitig gegenüber. In komplexen Organisationen kann es aber sein, dass die Manager diesen Themen und Problemen nicht immer die gleiche Bedeutung beimessen und manche von ihnen sie gar nicht wahrnehmen. Einige Probleme werden einfach durch die Unternehmenshierarchie herausgefiltert; andere werden von dringenderen Aspekten an den Rand gedrängt. Außerdem fehlen den obersten Führungskräften in der Regel Zeit und Ressourcen, um auf alle Probleme, die ihnen vorgelegt werden, tatsächlich eingehen zu können. Die strategischen Probleme konkurrieren um die Aufmerksamkeit der Manager. Das Problem, das die Aufmerksamkeit des Managers bekommt, ist also nicht immer das wichtigste.[34]

Platzierung strategischer Themen

Unter der Platzierung strategischer Themen versteht man den Prozess, durch den die Aufmerksamkeit und Unterstützung des Top Managements und anderer wichtiger Interessengruppen für strategische Themen gewonnen wird.

Manager müssen demnach ihre jeweiligen strategischen Anliegen den Mitgliedern der obersten Führungsebene und auch anderen wichtigen Interessengruppen „verkaufen". Sie können nicht davon ausgehen, dass ihre Themen automatisch deren Aufmerksamkeit oder gar deren Unterstützung erhalten, wie wichtig sie den Managern auch immer erscheinen mögen. Bei der **Platzierung strategischer Themen** müssen Manager mindestens vier Aspekte beachten, wollen sie für ihre Themen Aufmerksamkeit und Unterstützung erlangen:

- *Verpackung der Themen.* Viel Sorgfalt sollte darauf verwendet werden, wie die Themen verpackt oder wie sie präsentiert werden. Natürlich muss ihre strategische

34 Dies bezieht sich auf die auf Aufmerksamkeit basierende Perspektive eines Unternehmens: Siehe W. Ocasio und J. Joseph, „An attention-based theory of strategy formulation: Linking micro and macro perspectives in strategy processes", *Advances in Strategic Management*, Bd. 22 (2005), S. 39–62.

Bedeutung unterstrichen werden, indem sie mit *kritischen strategischen Zielen* oder *Leistungskennzahlen* in Verbindung gebracht werden. Die Präsentation sollte den kulturellen Normen der Organisation entsprechen, wobei allgemein gesprochen Klarheit und kurze präzise Formulierungen immer erfolgreicher sind als Komplexität und Länge. Oft ist es hilfreich, wenn gleichzeitig mit dem strategischen Problem bereits *potenzielle Lösungen* vorgestellt werden. Fehlen diese, so wirkt ein Problem häufig zu schwierig, um überhaupt in Angriff genommen zu werden.

- *Formale und informelle Wege.* Manager müssen sowohl formale als auch informelle Wege berücksichtigen, denn beide können sehr einflussreich sein. Abbildung 15.4 zeigt einige *formale Wege* zur Platzierung strategischer Themen in multidivisionalen Organisationen (basierend auf General Electric).[35] Hier teilen sich die formalen Wege in gesamtunternehmerische, die verschiedenen Managementebenen betreffende und das Personal betreffende Wege auf. Auf gesamtunternehmerischer Ebene sind diese die jährliche Geschäftsbesprechung, die der Vorstandsvorsitzende mit jedem Divisionsleiter abhält, sowie die jährlichen Strategieklausuren (oder Workshops) der obersten Führungsebene. Wege der verschiedenen Managementebenen sind die regelmäßige Interaktion der operativen Manager und der Divisionsleiter untereinander und mit dem Vorstandsvorsitzenden und anderen Vorstandmitgliedern. Und schließlich existieren zahlreiche Berichtssysteme an Stabsfunktionen, etwa im Bereich Finanzwesen, HR und strategische Planung. Solche formalen Wege funktionieren natürlich in beide Richtungen. So werden strategische Pläne oft mehrfach zwischen Division und Zentrale ausgetauscht, bis eine allgemein befriedigende Lösung gefunden ist. Formale Wege werden jedoch zur Platzierung strategischer Themen eher selten genutzt. Viel effektiver können die *informellen Wege* sein, die sich oft entscheidend auf die Kultur der Organisation auswirken. Beispiele sind spontane Gespräche mit einflussreichen Managern auf dem Korridor, auf Geschäftsreisen oder beim Mittagessen.[36]
- *Allein oder im Team.* Manager sollten auch überlegen, ob sie ihre Themen alleine verkaufen oder eine Koalition aus Förderern zusammenstellen wollen, die bevorzugt aus einflussreichen Mitgliedern bestehen sollte. Eine solche Koalition sorgt für Glaubwürdigkeit und verleiht dem jeweiligen Thema mehr Gewicht. Die Fähigkeit, eine solche Koalition zu bilden, kann ein guter Test sein, ob das jeweilige Thema wirklich von Bedeutung ist; lassen sich andere Manager nicht davon überzeugen, so gilt dasselbe bestimmt auch für den Vorstandsvorsitzenden. Möchte man aber Unterstützer gewinnen, so kann das auch Kompromisse oder aber die Zusicherung der eigenen Unterstützung für ein anderes Thema mit sich bringen, wodurch die Klarheit des anstehenden Problems verwischt werden kann.
- *Zeitliche Koordination.* Auch sie ist für die richtige Platzierung eines Themas entscheidend. Ein kurzfristiger Leistungseinbruch oder die Übergangsphase von einem Top Managementteam zum nächsten sind keine guten Zeitpunkte für die Platzierung wichtiger strategischer Themen.

35 Ibid.

36 Für eine aufschlussreiche Analyse der Bedeutung von gemeinsamem Essen und anderen informellen Momenten für die Beeinflussung der Strategie siehe A. Sturdy, M. Schwarz und A. Spicer, „Guess who´s coming to dinner? Structures and the use of liminality in strategic management consultancy", *Human Relations*, Bd. 10, Nr. 7 (2006), S. 929–960.

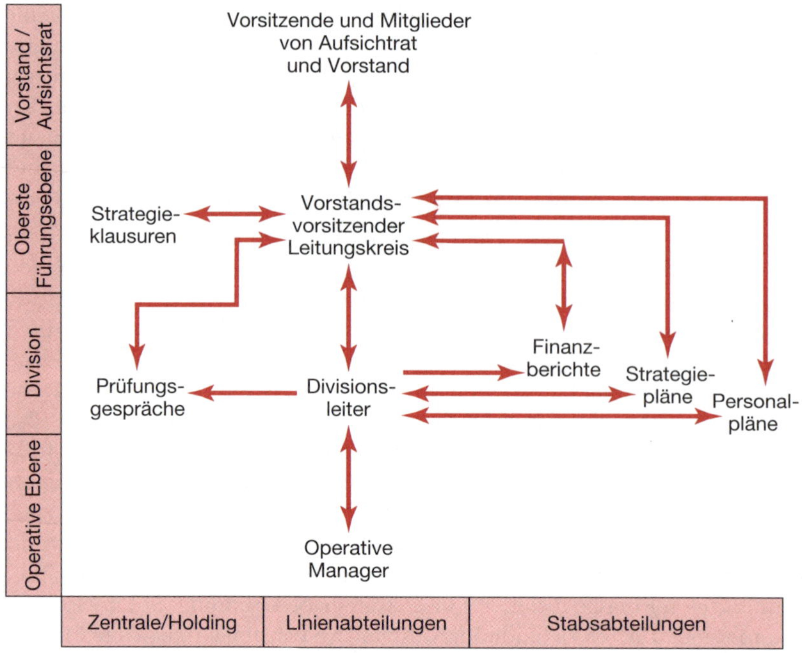

Abbildung 15.4: Formale Kanäle zur Platzierung strategischer Themen

Natürlich ist die richtige Platzierung eines strategischen Themas nur der Anfang. Selbst wenn ein solches Thema die Aufmerksamkeit einflussreicher Führungskräfte erlangt hat und man sich über nötige Handlungsschritte und Ressourcen einig ist, sollten die Manager dafür sorgen, dass diese Aufmerksamkeit auch *dauerhaft* ist.[37] Ursprüngliche Zusagen des Top Managements müssen geschützt werden. Wenn sich das betreffende strategische Problem im Laufe der Zeit verändert, erfordert es vielleicht irgendwann mehr Aufmerksamkeit und Ressourcen als anfangs zugesagt. Es ist also wichtig, schon zu Anfang regelmäßige Überprüfungen und einige relevante Kennzahlen zu vereinbaren, um so die dauerhafte Aufmerksamkeit des Top Managements zu erhalten, das dann auch hoffentlich bereit sein wird, nach Bedarf mehr Ressourcen zur Verfügung zu stellen.

15.3.3 Strategische Entscheidungsfindung

Entscheidungen über strategische Themen werden auf vielerlei Weise getroffen. Erfolg oder Misserfolg solcher Entscheidungen lassen sich nicht immer rational erklären. Auch werden solche Entscheidungen selten ganz unvoreingenommen getroffen.[38] Der Begriff der Platzierung strategischer Themen weist schon auf den sogenannten *Champion`s Bias* hin, auf die Wahrscheinlichkeit nämlich, dass die betroffenen Manager die Argumentation zugunsten ihres jeweiligen Anliegens übertreiben. Ähnlich funktioniert das

37 B. Yakis und R. Whittington, „Sustaining strategic issues: Five longitudinal cases in human resource management“, (wissenschaftlicher Beitrag an der) *Academy of Management*, Philadelphia, 2007.

38 D. Lovallo und O. Siboney, „Distortions and deceptions in strategic decisions“, McKinsey Quarterly, Bd. 1 (2006). Eine gute Übersicht verschiedener voreingenommener Entscheidungen findet sich bei G. Hodgkinson und P. Sparrow, The Competent Organization, Open University Press, 2002.

Sonnenblumensyndrom, also die Tendenz (wie Sonnenblumen, die der Sonne folgen), sich beim Prozess der Entscheidungsfindung den ranghöchsten Managern anzuschließen oder deren Meinung vorherzuahnen, bevor sie diese ausgesprochen haben. Top Manager, die viele Entscheidungen treffen müssen, überschätzen oft ihre Kompetenz, was zu übertrieben optimistischen Entscheidungen führt, besonders in Fällen, in denen wenig konkrete Daten zur Verfügung stehen. Gleichzeitig können solche Manager auch risikoscheu sein, sodass große Nachteile eines Projekts sie vorschnell zurückschrecken lassen, auch wenn es nicht sehr wahrscheinlich ist, dass diese Nachteile sich auch tatsächlich spürbar auswirken.

Um effektive und konsequente Entscheidungen zu garantieren, genügt es also nicht, diese einfach in die Hände eines Managementteams zu legen. Katherine Eisenhardts Untersuchungen über strategische Entscheidungsfindung in sich schnell verändernden Umgebungen weist darauf hin, dass sich Manager an vier hilfreiche Richtlinien halten können[39]:

- *Verschiedene, simultane Alternativen aufbauen.* Hat man mehrere Alternativen gleichzeitig zur Auswahl, kann dies eine kritische Diskussion fördern; so kann man Phänomenen wie dem Champion's Bias und dem Sonnenblumensyndrom entgegenwirken. Außerdem beschleunigt es den Entscheidungsprozess, wenn relevante Vorschläge nicht nach und nach auftauchen, sodass mögliche neue Alternativen erst nach einer eingehenden Prüfung und letztendlichen Ablehnung eines vorangegangenen Vorschlags auf den Tisch kommen. Die Barclays Bank beispielsweise wendet diese Methode an und untersucht verschiedene Alternativen gleichzeitig. Hier gibt es sogar eine Firmenregel, die besagt, dass Vorschläge niemals einzeln, sondern immer nur mit zwei oder drei Alternativen präsentiert werden dürfen.[40]
- *Echtzeit-Informationen nutzen.* Eisenhardts Untersuchungen ergaben, dass Führungskräfte, die schnelle Entscheidungen treffen müssen, deswegen nicht weniger Informationen nutzen; sie nutzen nur eine andere Art, nämlich Echtzeit-Informationen. Diese Manager bevorzugen unmittelbare Informationen von aktuellen Betriebsabläufen und greifen eher selten auf statistische Trends und Vorhersagen zurück. Sie verbringen viel Zeit mit persönlichen Gesprächen und Meetings und leiten ihre Geschäfte, indem sie viel herumwandern. Sie prüfen die aktuellsten Indikatoren wie etwa wöchentliche oder sogar tägliche Verkaufszahlen, Zahlen über Bargeldumlauf, Lagerbestand oder die unfertigen Erzeugnisse. Besonders in einem sich schnell verändernden Umfeld ist eine schnelle Entscheidung vielleicht besser als eine zögerliche Entscheidung. Außerdem sind auf Trends basierende Daten ohnehin rasch überholt.
- *Meinungen erfahrener Manager einholen.* Erfahrene Manager der Organisation oder Branche können aufgrund fundierter Erfahrungswerte schnelles Feedback darüber geben, was wahrscheinlich funktioniert und was nicht. Diese Erfahrung ermöglicht es ihnen auch, die richtigen Fragen zu stellen. Erfahrene Manager haben einen schnelleren Instinkt, der häufig zuverlässiger und auch glaubwürdiger ist als eine langwierige Analyse eines unerfahrenen Kollegen oder eines Beraters. Ältere Manager der mittleren Führungsebene, die sich am Ende ihrer Karriereleiter befinden, haben oft viel Relevantes zu erzählen, denn sie verfügen nicht nur über viel Erfahrung, sondern haben auch weniger ihre eigenen Interessen im Sinn.

39 K. M. Eisenhardt, „Speed and strategic choice: How managers accelerate decision making", *California Management Review*, Frühling 1990, S. 39–54.

40 M. Mankins, „Stop wasting valuable time", *Harvard Business Review*, September 2004, S. 58–65.

- *Nach Einigkeit streben, aber nicht um jeden Preis.* Manager, die schnelle Entscheidungen treffen müssen, streben nach Einigkeit innerhalb ihres Entscheidungsteams, bestehen aber nicht darauf. Oft kann es zu lange dauern, einen absoluten Konsens zu erreichen, was mittelmäßige Entscheidungen zur Folge hat, die auf dem kleinsten gemeinsamen Nenner basieren. Manager müssen erkennen, dass sich Probleme nicht immer zur allgemeinen Zufriedenheit aller lösen lassen. Eisenhardts Rat lautet, dass der Vorstandsvorsitzende oder andere Führungskräfte irgendwann den Mut aufbringen müssen, einfach eine Entscheidung zu treffen. Nachdem sie ihre eigene Meinung äußern konnten, ist es auch die Aufgabe anderer Manager, diese Entscheidung als endgültig zu akzeptieren und sich an die Umsetzung zu machen.

Allerdings wird schnelle Entscheidungsfindung in ihrer Effektivität häufig überschätzt. Viele Entscheidungen werden nicht konsequent umgesetzt. Und viele Strategien sind emergent und basieren keineswegs auf bewussten Entscheidungen (siehe *Kapitel 11*).[41]

Zwei weit verbreitete Ansichten über Entscheidungsfindungen wurden bisher implizit infrage gestellt: Zum einen ist *Intuition* nicht immer schlecht.[42] Viele Echtzeit-Informationen oder die langjährige Erfahrung älterer Manager können für ein gutes „Bauchgefühl“ sorgen, wenn es darum geht, Entscheidungen zu treffen. Dieses Bauchgefühl kann die Grundlage für Entscheidungen sein, für die es ohnehin nicht viele zuverlässige Informationen gibt, wenn es beispielsweise um die Schaffung radikal neuer Märkte oder Produkte geht. Zum anderen können auch *Konflikte* einen Entscheidungsprozess durchaus bereichern[43], denn sie können einen Champion's Bias offen legen und eine allzu optimistische Selbsteinschätzung eines Managers infrage stellen. Konflikte treten am häufigsten in bunt zusammengestellten Managementteams auf, deren Mitglieder auch gerne einmal der Advocatus Diaboli sind und Annahmen oder einen schnellen Konsens hinterfragen. Doch produktive Konflikte brauchen ein sorgfältiges Management. Die Teammitglieder müssen finale Entscheidungen akzeptieren und sich gegenseitig Respekt zollen.

15.3.4 Die Kommunikation der Strategie

Über eine Strategie zu entscheiden, ist nur der erste Schritt, denn die Entscheidungen müssen auch kommuniziert werden. Manager müssen bedenken, welche Interessengruppen informiert werden (*Kapitel 4*) und wie sie diese Information jeder einzelnen Gruppe präsentieren sollen. Aktionäre, wichtige Kunden und Mitarbeiter sind in den meisten Fällen von zentraler Bedeutung und haben alle unterschiedliche Bedürfnisse und Anforderungen. Also muss es zu jeder neuen Strategie auch eine passende Kommunikationsstrategie geben.

Die Kommunikation mit den Mitarbeitern ist in der Regel zwingend notwendig, damit die gewählte Strategie überhaupt umgesetzt werden kann. Wie in *Kapitel 5* beschrieben, weichen viele Strategien mit der Zeit von deren ursprünglicher Intention ab. Verstehen die Mitarbeiter die neue Strategie nicht, können sie sie auch nicht richtig umsetzen. Und

41 S. Elbanna, „Strategic decision-making: Process perspectives“, *International Journal of Management Reviews*, Bd. 8, Nr. 1 (2006), S. 1–20.

42 C. Miller und R.D. Ireland, „Intuition in strategic decisionmaking: Friend or foe in the fast-paced 21st century?“, *Academy of Management Executive*, Bd. 21, Nr. 1 (2005), S. 19–30.

43 K.M. Eisenhardt, J. Kahwajy und L.J. Bourgeois, „Conflict and strategic choice: How top teams disagree“, *California Management Review*, Bd. 39, Nr. 2 (1997), S. 42–62.

tägliche Interaktionen zwischen Managern der unteren Ebenen und normalen Mitarbeitern können eine beabsichtigte Strategie schnell scheitern lassen. So wird zum Beispiel eine neue Strategie für verbesserten Kundendienst mit Sicherheit fehlschlagen, wenn die zuständigen Manager ihre Mitarbeiter nicht konsequent gemäß der neuen Strategie einstellen, schulen und auch belohnen; alte Gewohnheiten sind Gift für eine Verbesserung strapazierter Kundenbeziehungen. Ein Beispiel für eine Organisation, die darauf achtet, dass alle ihre Mitarbeiter neue Strategien wirklich verstehen, ist der Volvo- Konzern, dessen Ziel es ist, dass 90 Prozent der Mitarbeiter die strategischen Ziele ihrer Organisation kennen, was im Rahmen einer jährlichen Umfrage geprüft wird.[44]

Bei der Gestaltung einer Kommunikationsstrategie für Mitarbeiter müssen besonders vier Elemente berücksichtigt werden[45]:

- *Fokus.* Die Kommunikation sollte sich auf die wichtigsten Komponenten der Strategie konzentrieren und unnötige Details oder allzu komplexe Sprache vermeiden. Die berühmte Aussage von Jack Welch, Vorstandsvorsitzendem von General Electric, dass sein Unternehmen „auf allen seinen Märkten entweder die Nummer Eins oder die Nummer Zwei" sein sollte, ist deshalb so berühmt, weil sie sich klar auf die Bedeutung der Marktdominanz des Unternehmens konzentriert.
- *Einfluss.* Die Kommunikation sollte mit starken Worten und Bildern die Mitarbeiter beeinflussen und beeindrucken. So trägt die neue Strategie des britischen Sozialdienstes den eingängigen Titel „Our health, our care, our say" (etwa „Unsere Gesundheit, unsere Aufgabe, unser Wort"), um zu verdeutlichen, dass diese neue Strategie für alle Bürger von Bedeutung ist.[46] Ein „roter Faden" kann dabei helfen, alle Schritte, die noch vor den Mitarbeitern liegen, logisch zu erklären und die Zukunft für die Organisation und deren Kunden darzustellen. Ein angeschlagenes medizinisches Zentrum in New Mexico kommunizierte seine neue Strategie und inspirierte gleichzeitig seine Mitarbeiter mittels folgender Beschreibung der Organisation „Raiders of the Lost Art" (etwa „die Räuber der verlorenen Kunst"), die gleichzeitig Mut in einer Zeit des Elends und eine Rückbesinnung auf alte Werte ausdrückte.[47] Visuelle Hilfsmittel können ebenso von großer Bedeutung sein. Jeff Bezos von Amazon zeichnet einen „virtuosen Kreis", um aufzuzeigen, wie die Wachstumsstrategie des Unternehmens einen Kreislauf in Gang setzt, in dem geringere Kosten für verbesserte Kundenerfahrungen sorgen, die dadurch zahlreicher werden, was wiederum zu einer größeren Produktauswahl führt, etc.[48]
- *Medien.* Die Wahl der geeigneten Medien zur Verbreitung der neuen Strategie ist ein wichtiger Punkt.[49] Massenmedien wie etwa E-Mail, Sprachnachrichten, Veröffentlichungen der Firma, Videos, Intranet oder Blogs der führenden Manager können dafür sorgen, dass alle Mitarbeiter sehr schnell die gleichen Informationen erhal-

44 C. Nordblom, „Involving middle managers in strategy at Volvo Group", *Strategic Communication Management*, Bd. 10, Nr. 2 (2006), S. 24–28.

45 Dies baut auf M. Thatcher auf, „Breathing life into business strategy", *Strategic Communication Management*, Bd. 10, Nr. 2 (2006), S. 14–18.

46 Siehe *www.cabinetoffice.gov.uk/strategy/ work_areas/index.asp.*

47 G. Adamson, J. Pine, T. van Steenhoven und J. Kroupa, „How story-telling can drive strategic change", *Strategy and Leadership*, Bd. 34, Nr. 1 (2006), S. 36–41.

48 R.W. Keidel, „Strategize on a napkin", *Strategy and Leadership*, Bd. 33, Nr. 4 (2005), S. 58–59.

49 R.H. Lengel und R.L. Daft, „The selection of communication media as an executive skill", Academy of Management Executive, Bd. 2, Nr. 3 (1988), S. 225–232.

ten, sodass schädliche Unsicherheiten oder Gerüchte vermieden werden. Jedoch sind persönliche Gespräche ebenfalls sehr wichtig, denn sie zeigen das persönliche Engagement der Manager und ermöglichen eine direkte Interaktion mit den betroffenen Mitarbeitern. Also könnten oberste Führungskräfte *Roadshows* organisieren, in denen sie ihre Botschaft den jeweiligen Mitarbeitern in Konferenzen oder Workshops an verschiedenen Standorten direkt überbringen. Außerdem könnten sie sogenannte *Kaskaden* starten, wobei jede Managementebene den Auftrag erhält, die neue strategische Botschaft an die ihnen direkt unterstellten Mitarbeiter weiterzugeben, die wiederum denselben Auftrag erhalten, usw.[50]

- *Einbindung der Mitarbeiter.* Oft ist es hilfreich, einige Mitarbeiter direkt in die Strategie mit einzubinden, sodass sie sehen können, was diese für sie persönlich bedeutet und wie sich ihre Rolle verändern wird. Hier kann ein Austausch im Rahmen einer Roadshow oder einer Kaskade helfen, doch manche Organisationen sind auch noch einfallsreicher, wenn es um das aktive Engagement der Mitarbeiter geht. Eine Organisation des öffentlichen Sektors in Großbritannien lud beispielsweise die gesamte Belegschaft zu einer Tageskonferenz ein, auf der die neu gewählte Strategie vorgestellt werden sollte. Während dieser Konferenz konnten die Mitarbeiter ein Foto von sich selbst an eine „Zusage-Wand" heften zusammen mit einem handschriftlich verfassten Versprechen, mindestens einen Aspekt ihrer Arbeit zu verändern, um der neuen Strategie zu entsprechen.[51] Dieselbe Organisation schuf auch einen Teppich, der die strategische Reise der Organisation darstellte. Dann wurden alle Mitarbeiter aufgefordert, den Weg in die angestrebte Zukunft zu beschreiten.

Man muss erkennen, dass gerade der Kommunikationsprozess die Strategie in verschiedenster Art und Weise verändern kann. Die Kommunikation durch die Manager und die Aufnahme der Information durch die Mitarbeiter geht meist mit einer Neuinterpretation einher; Kaskaden und Roadshows decken nicht selten neue Probleme auf.[52] So gesehen ist die Kommunikation keineswegs der Abschluss des strategischen Prozesses, sondern führt zur Identifikation neuer strategischer Themen für die nächste Runde der Strategiedefinition.

15.4 Strategiemethoden

Strategen verwenden eine ganze Reihe mehr oder weniger standardisierter Methoden zur Organisation und Kontrolle ihrer strategischen Aktivitäten. Die Methoden, die hier vorgestellt werden, sind keine analytischen Konzepte oder Techniken, wie in den vorangegangenen Kapiteln dieses Buches erwähnt, sondern praktische Ansätze für das Management des Strategieprozesses. Dieser Abschnitt spricht zunächst die Methoden an, die zur Ausübung strategischer Aktivitäten angewendet werden könnten. Am Anfang steht häufig ein Strategie-Workshop. Darauf können eine Reihe strategischer Projekte folgen. Solche Projekte werden oft von Techniken wie dem Hypothesentest

50 Beispiele für Roadshows und Kaskaden sind zu finden bei M. Thatcher, „Breathing life into business strategy", *Strategic Communication Management*, Bd. 10, Nr. 2 (2006), S. 14–18.

51 R. Whittington, E. Molloy, M. Mayer und A. Smith, „Practices of strategizing/organizing: Broadening strategy work and skills", *Long Range Planning*, Bd. 39 (2006), S. 615–629.

52 Zum Thema Kommunikation durch die Manager der mittleren Führungsebene siehe J. Balogun und G. Johnson, „Organizational restructuring and middle manager sensemaking", *Academy of Management Journal*, Bd. 47, Nr. 4 (2004), S. 523–540.

bestimmt. Das Ergebnis des Strategieprozesses muss schließlich meist im Format einem Geschäftsplan oder einem strategischen Plan entsprechen. Dieser Abschnitt stellt wichtige Aspekte all dieser Methoden vor. Es werden zwar Richtlinien angeboten, jedoch sollte klar sein, dass keine dieser Methoden ein Patentrezept für den Erfolg darstellt.

15.4.1 Strategie-Workshops

Strategie-Workshops (manchmal auch Klausurtage, Strategietage, etc. genannt) sind eine häufig angewandte Methode des Strategieprozesses.[53] Hier arbeiten Führungskräfte in Gruppen ein oder zwei Tage lang intensiv an der Strategie ihrer Organisation, wobei sie sich dabei meist nicht an ihrem Arbeitsplatz befinden. Diese Führungskräfte stehen meist an der Spitze ihrer Organisation, doch auch für größere Managergruppen können solche Workshops sehr nützlich sein. In einem Workshop werden Strategien in der Regel formuliert oder neu überdacht, doch auch ihre Umsetzung ist hier ein Thema ebenso wie die Kommunikation der Strategien an ein breiteres Publikum. Workshops können entweder spontan organisiert werden, oder aber sie sind Teil des regelmäßigen strategischen Planungsprozesses. Ebenso können sie einzeln oder in Serie abgehalten werden. Workshops erleichtern aber nicht nur den Strategieprozess, sie fördern auch die Teambindung und die persönliche Entwicklung einzelner Mitarbeiter. Beispiel 15.3 zeigt, welche Zwecke ein strategischer Workshop erfüllen kann.

Strategie-Workshops

In Strategie-Workshops (manchmal auch Klausurtage, Strategietage, etc. genannt) arbeiten Führungskräfte in Gruppen ein oder zwei Tage lang intensiv an der Strategie ihrer Organisation, wobei sie sich dabei meist nicht an ihrem Arbeitsplatz befinden.

Obwohl strategische Workshops durchaus einen wertvollen Beitrag zur Strategieentwicklung und -umsetzung einer Organisation leisten können, könnten sich durch sie auch mindestens zwei Probleme ergeben.[54] Zunächst kann es sein, dass in solchen Workshops lediglich die bereits bestehenden Ansichten und Meinungen der Manager bestätigt werden. Dies gilt besonders, wenn die Workshops zur Routine geworden sind und wenn immer die gleichen Teilnehmer dabei sind. So können keine neuen Ideen entstehen, die den Status quo radikal infrage stellen. Zudem können Workshops den Kontakt zu anschließenden Aktionen verlieren. Weil sie eben losgelöst von den üblichen Abläufen der Organisation stattfinden, ist es schwierig, die in den Workshops erarbeiteten Ideen und die dort entstandene Begeisterung in die normalen Arbeitsabläufe zu integrieren.

Die Gestaltung von Strategie-Workshops muss dem Zweck entsprechen, den sie erfüllen sollen. Der wahrgenommene Erfolg steht in direktem Zusammenhang mit der Formulierung klarer Ziele.[55] Manager der oberen Führungsebene sollten vorher sorgfältig definieren, welche Ziele sie in einem Workshop oder einer Reihe von Workshops erreichen wollen, und diese genau darauf abstimmen. Manager, die Workshops gestalten müssen, welche bestehende strategische Ansichten infrage stellen sollen, sollten folgende Punkte beachten:

53 Für eine neue Umfrage zu Strategie-Workshops in der Praxis siehe G. Hodgkinson, R. Whittington, G. Johnson und M. Schwarz, „The role of strategy workshops in strategy development processes: Formality, communication, coordination and inclusion", *Long Range Planning*, Bd. 30 (2006), S. 479–496.

54 C. Bowman, „Strategy workshops and top-team commitment to strategic change", *Journal of Managerial Psychology*, Bd. 10, Nr. 8 (1995), S. 4–12; B. Frisch und L. Chandler, „Off-sites that work", *Harvard Business Review*, Bd. 84, Nr. 6 (2006), S. 117–126.

55 G. Hodgkinson, R. Whittington, G. Johnson und M. Schwarz, „The role of strategy workshops in strategy development processes: Formality, communication, coordination and inclusion", Long Range Planning, Bd. 30 (2006), S. 479–496.

- *Bestehen auf der richtigen Vorbereitung.* Workshops sind meist zu kurz, um viel Zeit für eingehende Analysen zu gewähren. Außerdem kann es schwierig und zeitaufwändig sein, die entsprechenden Informationen bereit zu stellen. Daher kann es sehr hilfreich sein, darauf zu bestehen, dass die Teilnehmer wichtige Themen, Analysen oder Informationen für den Workshop vorbereiten, und diese dann vor Ort kurz präsentieren, sodass sie als Input für eine anschließende Diskussion dienen können. Diese kann sich dann auf konkrete Fakten stützen; auch können unangenehme Informationen nicht so leicht ignoriert werden.
- *Beteiligung von Führungskräften außerhalb des obersten Führungsteams.* Es kann auch nützlich sein, unternehmensexterne Führungskräfte zum Workshop einzuladen, die eine objektive Perspektive mitbringen. Alternativ können auch Manager der mittleren Führungsebene hinzugezogen werden, denn sie kennen die Themen der täglichen Betriebsabläufe am besten und ihre Teilnahme kann sich positiv auf ihre Karriereentwicklung und die Managementnachfolge auswirken.
- *Beteiligung externer Berater als Moderatoren.* Zieht man Berater als Leiter und Moderatoren eines Workshops hinzu, so können sich die beteiligten Manager besser auf die eigentliche Diskussion konzentrieren, diese bleibt bei den wichtigen strategischen Themen und die Beiträge aller Teilnehmer werden gleichermaßen berücksichtigt. Ein Berater kann auch in der Lage sein, den Workshop mit zu gestalten und kurze Simulationsübungen oder Analysen anzubieten. Auch im Nachhinein kann ein Berater bei der Umsetzung der Ergebnisse helfen. Solche Berater müssen aber erfahren, einfühlsam und nicht zu dominant sein.
- *Aufbrechen organisationaler Routinen.* Ein außergewöhnlicher Veranstaltungsort für einen Workshop außerhalb der Bürogebäude kann dafür sorgen, dass die Teilnehmer sich von den alltäglichen Belangen ihrer Arbeitsroutine lösen, denn er ist Symbol dafür, dass dieser Workshop nicht den normalen Normen und Hierarchien der Organisation unterworfen ist. Klare Regeln, die den Gebrauch von mobilen Kommunikationsmitteln einschränken, können wichtig sein, um eine Ablenkung durch organisationale Belange zu minimieren. Spielerische Übungen am Anfang – sogenannte Ice Breaker – können Kreativität freisetzen und eine Atmosphäre schaffen, die Gewöhnliches infrage stellt.[56]

Beispiel 15.3

Strategie-Workshops bei ESB Power Generation

Strategie-Workshops können vielerlei Zwecke erfüllen, die alle mit Strategieentwicklung und strategischem Wandel in Zusammenhang stehen.

Der Geschäftsführer von ESB Power Generation, zuständig für den Betrieb von Kraftwerken in Irland, machte sich Sorgen, dass bevorstehende Deregulierungen und eine mögliche Privatisierung in der Zukunft bedeuten würden, dass sich sein Unternehmen in Zukunft stark verändern müsse. Man würde Markanteil und auch Kosten radikal senken müssen, und zum ersten Mal in seiner Geschichte überhaupt bekäme es das Unternehmen mit direkter Konkurrenz zu tun. Eine

56 L. Heracleous und C. Jacobs, „The serious business of play“, *MIT Quarterly*, Herbst 2005, S. 19–20.

gründliche Untersuchung der zukünftigen Strategie der Organisation war notwendig, und er entschloss sich, zu diesem Zweck eine Reihe von Strategie-Workshops abzuhalten, an denen Mitglieder verschiedener organisationaler Ebene beteiligt werden sollten.

Top Team-Workshop

Der Prozess begann mit einem zweitätigen Top Team-Workshop, in dem es um eine Reihe von Fragen ging:

- Welche wichtigen makroökonomischen Kräfte werden die Organisation in den nächsten fünf Jahren am meisten beeinflussen? Zum einen ist da die Deregulierung, doch sie könnte unterschiedliche Formen annehmen. Auch neue Technologien und Rohstoffkosten wurden als Unbekannte genannt, die einen zentralen Einfluss auf die Organisation haben könnten.
- Wie könnte die Konkurrenz in Zukunft aussehen? Konkurrenten kämen höchstwahrscheinlich nicht aus dem lokalen Umfeld, sondern eher in Form anderer Energielieferanten aus Ländern der Europäischen Union.
- Welche möglichen Zukunftsszenarien ergeben sich daraus?
- Über welche Wettbewerbsvorteile könnte die Organisation neuen Konkurrenten gegenüber verfügen, und auf welche strategischen Fähigkeiten gründen sich diese? Angesichts der verschiedenen Arten von Kraftwerken, die ESB in Irland betrieb, war ein möglicher Vorteil sicherlich die Flexibilität des Angebots auf dem Markt verglichen mit möglichen Konkurrenten.
- Welche strategischen Optionen standen für einen Wettbewerb in einem deregulierten Umfeld zur Verfügung? Gleichgültig welches Szenario sich nun bewahrheiten würde, die Strategie der Organisation würde in jedem Fall drastisch verändert werden müssen. Man musste sich immer auf die Differenzierungsvorteile und deren weiterer Entwicklung konzentrieren.

Workshops mit Managern der mittleren Führungsebene

Die nächste Workshop-Ebene dehnte die Diskussion auf die Manager aus, die direkt dem Top Team unterstanden. Außerdem wurden Spezialisten aus anderen Funktionen eingeladen. Diese prüften die Ausführungen des Top Teams, wobei sie den gleichen Diskussionsprozess durchliefen, um zu prüfen, ob sie zu ähnlichen Ergebnissen kommen würden. Der Geschäftsführer bestätigte, dass es ihm dabei auch darum ging, sicherzustellen, dass alle Teilnehmer wahrnahmen, dass ein Wandel notwendig war und dass sie einen solchen auch unterstützen würden, auch wenn dies eine radikal neue Strategie bedeuten würde.

Zwei solche Workshops wurden abgehalten, und tatsächlich wurde die Strategie des Top Teams bestätigt. Außerdem wurde erarbeitet, was eine Strategie, die auf Flexibilität aufbaute, für die operativen Prioritäten der verschiedenen Unternehmensfunktionen bedeuten würde.

Beteiligung der gesamten Organisation an der Planung des Wandels

Nun sah man sich dem Problem eines notwendigen strategischen Wandels gegenüber. Um ein öffentliches Versorgungsunternehmen in ein wettbewerbsfähiges differenziertes Unternehmen zu verwandeln, das auf Flexibilität baute, musste die gesamte Organisation von oben bis unten verändert werden. Diese Veränderungen sollten erneut in Workshops erarbeitet werden, die sich besonders mit dem notwendigen kulturellen Wandel auseinandersetzen sollten. Damit wollte man bezwecken, dass nicht nur die physischen Ressourcen zur Verfügung standen, um die nötige Flexibilität zu erreichen, sondern dass auch die Mitarbeiter und deren Umgang miteinander und mit Kunden diese Flexibilität ausstrahlten. Dazu wurden verschiedene Workshops für die oberste Führungsebene bis hin zu den Leitern der Produktionseinheiten abgehalten, um allen zu vermitteln, was eine Kultur der Flexibilität bedeutete, welche Veränderung genau erforderlich waren und welche Handlungen Priorität hatten.

Kontrollfragen

1. Welche Analyseinstrumente könnten in den verschiedenen Workshops zum Einsatz gekommen sein?
2. Wenn Sie ein Berater wären, der diese Workshops moderiert, welche Probleme würden Sie für die Workshops auf den verschiedenen Ebenen jeweils vorhersehen?
3. Welche Vor- und/oder Nachteile könnten solche Workshops im Vergleich zu anderen Ansätzen zur Strategieentwicklung für eine solche Organisation haben?

Manager, die Workshops gestalten wollen, die sich verstärkt an den nachfolgenden Handlungen orientieren, sollten folgende Punkte beachten:

- *Formulierung einer Aktionsliste, der alle Teilnehmer zustimmen*. Am Ende des Workshops sollte viel Zeit für die Überprüfung der erzielten Ergebnisse und die Vereinbarung nötiger nachfolgender Handlungsschritte reserviert werden.
- *Zusammenstellung von Projektgruppen.* Workshops können auf der Kohäsion bestimmter Themengruppen aufbauen, indem mehrere Manager beauftragt werden, gemeinsam daran zu arbeiten und über ihre Arbeit entweder in einem Meeting mit der obersten Führungsebene oder in nachfolgenden Workshops zu berichten.
- *Information über beschlossene Aktionen.* Informiert man möglichst viele Mitarbeiter der Organisation über beschlossene Aktionen, so erhöht dies das Engagement und die Bereitschaft der Workshop-Mitglieder, diese Aktionen auch tatsächlich durchzuführen. Außerdem werden Ängste und Neugier derjenigen abgebaut, die nicht am Workshop beteiligt waren.
- *Sichtbares Engagement des Top Managements.* Der Vorstandsvorsitzende oder andere Mitglieder der obersten Führungsriege müssen während des Workshops und auch danach durch Worte und Taten signalisieren, dass sie voll und ganz hinter diesen Prozessen stehen. Mitglieder der obersten Führungsebene müssen immer

anwesend sein und dürfen sich nicht von Belangen außerhalb des Workshops ablenken lassen. Sie müssen alle Teilnehmer unterstützen und bei den beschlossenen Aktionen eine klare Führungsposition übernehmen.

Natürlich gibt es auch für Strategie-Workshops keine eindeutige Erfolgsformel. Meist bringen sie einflussreiche Menschen zusammen, die Themen diskutieren, die ihnen persönlich sehr am Herzen liegen. Hält man einen Workshop aber an einem Ort weitab vom Büro in absichtlich ungezwungener Atmosphäre ab, so bedeutet dies noch lange nicht, dass die Politik der Organisation ganz und gar außen vor bleibt.[57]

15.4.2 Strategieprojekte

Sowohl die Entwicklung als auch die Umsetzung einer Strategie findet oft in Form eines Projekts oder einer Task Force statt.[58] In **Strategieprojekten** werden Mitarbeiterteams angewiesen, über einen bestimmten Zeitraum hinweg an den besonderen Aspekten einer Strategie zu arbeiten. Solche Projekte können zur Aufdeckung von Problemen oder Chancen als Teil des strategischen Prozesses definiert werden. So können sie zum Beispiel die Aufgabe haben, neue Chancen auf internationalen Märkten zu erkunden. Sie können aber auch der Umsetzung einzelner beschlossener Elemente einer Strategie dienen, etwa der organisationalen Umstrukturierung oder der Verhandlung über ein Joint Venture. Die Umsetzung eines Strategieplans oder eines Workshops in eine Reihe konkreter Projekte ist eine gute Möglichkeit, um sicherzugehen, dass Intentionen tatsächlich in die Tat umgesetzt werden. Solche Projekte können auch von einer größeren Managergruppe bearbeitet werden.

Strategieprojekte

In Strategieprojekten werden Mitarbeiterteams angewiesen, über einen bestimmten Zeitraum hinweg an den besonderen Aspekten einer Strategie zu arbeiten.

Das Management von Strategieprojekten sollte sich nicht vom Management anderer Projekte unterscheiden. Das bedeutet insbesondere[59]:

- *Ein klarer Auftrag.* Alle Beteiligten sollten sich über die Ziele des Projekts einig sein, die ein sorgfältiges Management brauchen. Diese Ziele sind der Maßstab für den Erfolg des Projekts. In vielen Fällen besteht das Risiko, dass im Projektverlauf immer wieder neue Ziele hinzugefügt werden (schleichende Änderung des Projektziels).
- *Engagement des Top Managements.* Das Engagement des Top Managements muss lang anhaltend und gleichbleibend hoch sein. Da sich die Zeit- und Aufgabenpläne des Top Managements häufig ändern, sollte eine regelmäßige Kommunikation erfolgen.

57 Für eine Diskussion über gescheiterte Strategieworkshops aus verschiedenen Perspektiven siehe G. Hodgkinson und G. Wright, „Confronting strategic inertia in a top management team: Learning from failure", *Organization Studies*, Bd. 23, Nr. 6 (2002), S. 949–978; sowie R. Whittington, „Completing the practice turn in strategy research", *Organization Studies*, Bd. 27, Nr. 5 (2006), S. 613–634.

58 P. Morris und A. Jamieson, „Moving from corporate strategy to project strategy", *Project Management Journal*, Bd. 36, Nr. 4 (2005), S. 5–18. Eine vergleichende Studie verschiedener Teams zur Entwicklung von Strategieprojekten ist zu finden bei F. Blackler, N. Crump und S. McDonald, „Organizing processes in complex activity networks", *Organization*, Bd. 72, Nr. 2 (2000), S. 277–300. Siehe auch S. Paroutis und A. Pettigrew, „Strategizing in the multi-business firm: Strategy teams at multiple levels and over time", *Human Relations*, Bd. 60, Nr. 1 (2007), S. 99–135.

59 *H. Sirkin, P. Keenan und A. Jackson, „The hard side of change management", Harvard Business Review, Oktober 2005, S. 109–118; J. Kenny, „Effective project management for strategic innovation and change in an organizational context", Project Management Journal, Bd. 34, Nr. 1 (2003), S. 43–53.*

- *Meilensteine und Überprüfungen.* Von Anfang an sollten für das Projekt klare Meilensteine feststehen, die einem abgestimmten Zeitplan folgend als Zwischenziele erreicht werden. Dadurch wird es möglich, den Verlauf des Projekts zu überprüfen und falls nötig, Änderungen vorzunehmen. Auch der Erfolg des Projekts wird anhand dieser Zwischenziele ersichtlich.
- *Geeignete Ressourcen.* Die wichtigste Ressource sind in der Regel die Mitarbeiter. Es muss die richtige Mischung an Fähigkeiten vorhanden sein, darunter auch Fähigkeiten des Projektmanagements. Außerdem sollte von Anfang an darauf geachtet werden, dass die Projektbeteiligten zu einem Team zusammenwachsen. Solche Strategieprojekte sind für die beteiligten Manager oft nur Teilzeitaufgaben; sie müssen auch weiterhin ihre täglichen Aufgaben erledigen. Es ist also wichtig, dass diese Manager die richtige Balance finden für beide Aufgabenbereiche. Denn ihre tägliche Arbeit kann häufig die Überhand gewinnen, sodass ihnen nicht mehr genug Zeit für die Projektarbeit bleibt.

Strategieprojekte sind oft im Rahmen von *Programmen* oder *Portfolios* organisiert. Ein Programm besteht aus mehreren Projekten, die sich mit Themen und Problemen befassen, die alle etwas miteinander zu tun haben wie etwa eine Reihe von Projekten, die alle unterschiedliche Wachstumschancen ausleuchten. Das Portfolio enthält alle Projekte des Unternehmens und setzt sich vielleicht aus mehreren Projektprogrammen zusammen. Es ist wichtig, dass sowohl Programme als auch Portfolios klare Führungs-, Berichts- und Überprüfungssysteme besitzen, denn sonst können einzelne Projekte leicht miteinander in Konkurrenz geraten. Programmmanager müssen besonders auf Themenüberlappungen und Redundanzen achten und dementsprechend Projekte zusammenführen oder beenden, die aufgrund sich verändernder Umstände keinen eigenen Zweck mehr verfolgen. Auch die oberste Führungsebene sollte einen klaren und genauen Überblick über das gesamte Portfolio besitzen und ebenso in er Lage sein, Projekte oder sogar ganze Programme zu verschmelzen und zu beenden, um eine „Initiativenmüdigkeit" zu vermeiden, die sich oft einstellt, wenn zu viele Projekte gestartet werden.

15.4.3 Hypothesentests

Hypothesentest

Der Hypothesentest ist eine Methodik bei Strategieprojekten, die insbesondere zur Bestimmung von Prioritäten bei der Untersuchung strategischer Themen und Optionen angewendet wird.

Strategieprojektteams stehen gewöhnlich unter dem Druck, in kurzer Zeit Lösungen für sehr komplexe Probleme liefern zu müssen. Der **Hypothesentest** ist eine effektive Methode, um die Ausrichtung eines Projekts zu bestimmen und wird von Strategieberatungsfirmen und Mitgliedern von Strategieprojektteams häufig angewendet.

Der Hypothesentest auf dem Gebiet der Strategie ist dem Hypothesentest im wissenschaftlichen Bereich nachempfunden.[60] Man beginnt mit der Festlegung und Beschreibung des Ist-Zustands *(die deskriptive Hypothese)* und versucht dann, diesen Ist-Zustand mithilfe realer Daten zu überprüfen. So könnte eine deskriptive Hypothese aus dem Bereich der Strategie lauten, dass ein großes Produktionsvolumen in einer bestimmten Branche eine zentrale Voraussetzung für Rentabilität ist. Um diese Hypothese zu testen, könnte ein Projektteam zunächst Daten über die Größe der Organisation sammeln und diese dann mit der Rentabilität der Organisation in Korrelation setzen. Eine Bestätigung dieser ursprünglichen beschreibenden Hypothese (dass kleine

60 Dieser Abschnitt basiert auf E. Rasiel und P.N. Friga, *The McKinsey* Mind, McGraw-Hill, 2001; H. Courtney, *20/20 Foresight: Crafting Strategy in an Uncertain World*, Harvard Business School Press, 2001, sowie auf unveröffentlichtem Material von J. Liedtka, University of Virginia.

Organisationen relativ unrentabel arbeiten) würde dann zur Formulierung mehrerer *präskriptiver Hypothesen* führen, die Aussagen darüber treffen, wie eine bestimmte Organisation vorgehen sollte. Für ein kleines Unternehmen der Branche würden sich diese Hypothesen hauptsächlich darauf beziehen, ihr Produktionsvolumen zu steigern. Eine solche Hypothese könnte beispielsweise besagen, dass sich ein größeres Produktionsvolumen gut durch Übernahmen erreichen ließe; eine weitere Hypothese könnte sein, dass dies durch Allianzen erreicht werden kann. Diese präskriptiven Hypothesen könnten dann durch weitere konkrete Daten überprüft werden.

Bei dieser Form des Hypothesentests geht es letztendlich darum, praktische Prioritäten für die strategische Arbeit zu setzen. Sie unterscheiden sich also durchaus von der strikt wissenschaftlichen Durchführung eines Hypothesentests (siehe Beispiel 15.4). Ziel ist es, die Aufmerksamkeit des Managements auf eine sehr begrenzte Auswahl vielversprechender Hypothesen zu konzentrieren, um nicht die Gesamtheit aller Möglichkeiten berücksichtigen zu müssen. Daten werden gesammelt, um bevorzugte Hypothesen zu stützen, während in der Wissenschaft das Ziel formal darin besteht, zu versuchen, eine Hypothese zu widerlegen. Führt ein Unternehmen einen Hypothesentest durch, so möchte es im Rahmen begrenzter Zeit und Ressourcen eine tragfähige und zufriedenstellende Lösung für ein Problem finden und nicht den wissenschaftlichen Beweis für eine Tatsache erbringen. Die Auswahl der richtigen Hypothesen kann durch das sogenannte Quick-and-Dirty-Testing (QDT) erleichtert und beschleunigt werden. Diese Tests bauen auf der vorhandenen Erfahrung der Teammitglieder sowie auf leicht zugänglichen Daten auf, um aussichtslose Hypothesen schnell ablehnen zu können, ohne dass zu viel Zeit darauf verschwendet werden muss.

Beispiel 15.4 Hypothesentests in einer Bank

Diese Beschreibung eines Beratungsauftrags bei einer großen diversifizierten Bank zeigt, wie Hypothesentests ein Strategieprojekt beeinflussen können.

1. Definition des Problems/der Frage

Die erste Aufgabe der Berater besteht darin, das bestehende Problem zu definieren. Wie so oft handelt es sich dabei auch hier um eine Lücke zwischen dem, was der Kunde (die Bank) möchte, nämlich ein bestimmtes Maß an Rentabilität für ein bestimmtes Produkt, und dem, was der Kunde tatsächlich vorzuweisen hat, nämlich eine rückläufige Rentabilität. Kurz gesagt besteht das von dem Beratern definierte Problem darin, dass die Rentabilität der Bank für dieses Produkt unterhalb der Zielvorgabe liegt.

2. Entwicklung einer Reihe konkurrierender deskriptiver Hypothesen bezüglich der Ursachen des Problems

Die Berater sammeln einige vorläufige Daten und beziehen auch ihre eigenen Erfahrungen mit ein, um daraus einige mögliche deskriptive Hypothesen über die Ursachen für das Problem zu formulieren. So wissen sie, dass einige große nationale Konkurrenten diese Art Produkt bereits aus ihrem Angebot nehmen, dass die Rentabilität dieses Produkts von Anbieter zu Anbieter extrem variiert, und dass einige spezialisierte Neueinsteiger sich einen erheblichen Marktanteil sichern konnten. Es zeichnen sich drei mögliche Hypothesen ab: Dass die Branchenstruktur grundsätzlich unattraktiv ist; dass der Bank die richtigen strategischen Fähigkeiten fehlen; und dass die Bank das falsche Kundensegment anspricht. Mittels Quick-and-Dirty-Testing können die Berater die ersten beiden Hypothesen ausklammern, denn schließlich gibt es Anbieter, die mit dem Produkt durchaus Gewinne erzielen und auch die Bank verfügt aufgrund langjähriger Erfahrung mit diesem Produkt über die entsprechenden relevanten Fähigkeiten. Demnach lautet die ursprüngliche deskriptive Hypothese, dass die Bank ein unrentables Kundensegment anspricht.

3. Überprüfung der ursprünglichen deskriptiven Hypothese

Im nächsten Schritt entwerfen die Berater eine Studie, um die benötigten Daten zu sammeln und um diese Hypothese zu stützen. Sie führen eine Marktsegmentanalyse nach Kundengruppen durch, indem sie Interviews mit Kunden verschiedener Einkommensgruppen und aus verschiedenen Regionen durchführen. Sie analysieren, welche Dienstleistungen die verschiedenen Segmente einfordern, sowie die Gebühren, die sie bereit wären, dafür zu bezahlen. Die Berater kommen zu dem Ergebnis, dass die gesammelten Daten ihre Anfangshypothese bestätigen: Die Filialen der Bank befinden sich hauptsächlich an Standorten, die wohlhabende Kunden, die für diese Art Produkt mehr bezahlen würden, nicht frequentieren. (Wäre es den Beratern nicht möglich gewesen, ihre Hypothese zu bestätigen, hätten sie sich erneut den anderen beiden Hypothesen aus Schritt 2 zugewandt.)

4. Entwicklung einer präskriptiven Hypothese

Die Berater entwickeln daraufhin präskriptive Hypothesen bezüglich notwendiger Handlungsschritte, um rentabler Kundensegmente zu gewinnen. Eine dieser Hypothesen lautet, dass eine bessere Standortwahl für die Filialen die Rentabilität steigern wird. Die Berater führen Datensammlung und -analyse durch, um diese Hypothese zu stützen, und vergleichen beispielsweise die Rentabilität verschiedener Filialen an unterschiedlichen Standorten. Sie finden heraus, dass die wenigen Filialen, die sich zufällig am richtigen Ort befinden, bei diesem Produkt tatsächlich eine höhere Rentabilität aufweisen.

5. Empfehlungen an den Kunden

Die Berater arbeiten eine Reihe vorläufiger Empfehlungen aus, die auf der genannten deskriptiven Hypothese und den verifizierten präskriptiven Hypothesen basieren. Eine dieser Empfehlungen lautet, dass die Standorte der Filialen verändert werden müssen. Die Empfehlungen werden in Absprache mit wichtigen Managern der Bank auf Tauglichkeit und Machbarkeit geprüft und deren Feedback wird entsprechend angepasst. Abschließend präsentieren die Berater ihre endgültigen Empfehlungen.

Quelle: Jeanne Liedtka, Darden School of Management, University of Virginia.

Kontrollfragen

1. Wählen Sie ein wichtiges strategisches Problem einer Organisation aus, mit der Sie vertraut sind (oder eine Organisation, über deren Probleme in der Presse berichtet wird, oder eine entsprechende Fallstudie). Versuchen Sie, einige deskriptive Hypothesen zu erarbeiten, die sich mit diesem Problem befassen. Legen Sie dann mithilfe von Quick-and-Dirty-Testing eine ursprüngliche deskriptive Hypothese fest.
2. Welche Daten sollten Sie sammeln, um diese deskriptive Hypothese zu bestätigen und wie würden Sie dabei vorgehen? Sollte die deskriptive Hypothese bestätigt werden, welche mögliche präskriptive Hypothese würde sich daraus ergeben?

15.4.4 Geschäftspläne und strategische Pläne

Handlungsschritte zur Strategiebestimmung wie Workshops oder Projekte sind meist darauf ausgerichtet, als Ergebnis einen *Geschäftsplan* oder einen *strategischen Plan* zu liefern. Behält man dieses finale Ziel vor Augen, so ergibt sich automatisch eine Struktur für die strategische Arbeit: Das gewünschte Endergebnis bestimmt die vorzunehmenden Handlungen. Ein **Geschäftsplan** bezieht sich meist auf einen bestimmten Vorschlag, z.B. eine Investition in neue Maschinen. Ein **strategischer Plan** dagegen ist umfassender und berücksichtigt die strategische Ausrichtung der gesamten Organisation über einen längeren Zeitraum hinweg, z.B. drei Jahre oder mehr (siehe *Kapitel 11*). Viele Organisationen verfügen über Standardvorlagen für Geschäftspläne oder strategische Pläne, die im konkreten Fall auch immer verwendet werden sollten. Existieren solche Vorlagen nicht, lohnt es sich, erfolgreiche Geschäftspläne oder strategische Pläne aus der jüngsten Vergangenheit der Organisation genau zu betrachten und daraus Anleihen zu nehmen. Es ist wichtig, dass der Geschäftsplan oder der strategische Plan in Bezug auf Stil, Form und Inhalt der Organisationskultur entspricht.

Geschäftsplan
Ein Geschäftsplan liefert Daten und Argumente für eine bestimmte strategische Initiative, etwa die Investition in neue Ausrüstung.

Strategischer Plan
Ein strategischer Plan liefert die Daten und Argumente für eine bestimmte, für einen längeren Zeitraum fomulierte Strategie für die gesamte Organisation.

Ein Projektteam, das einen Geschäftsplan ausarbeiten möchte, muss folgende Kriterien erfüllen[61]:

61 J. Walker, „Is your business case compelling?“, *Human Resource Planning*, Bd. 25, Nr. 1 (2002), S. 12–15; M. Pratt, „Seven steps to a business case“, *Computer World*, 10. Oktober 2005, S. 35–36.

- *Konzentration auf strategische Anforderungen.* Das Team sollte die Gesamtstrategie der Organisation identifizieren und seinen Geschäftsplan genau darauf abstimmen. Dabei dürfen nicht nur die Belange einer bestimmten Abteilung berücksichtigt werden. Ein Geschäftsplan darf nicht den Eindruck vermitteln, lediglich ein Projekt der Personal- oder IT-Abteilung zu sein. Er sollte sich auf einige wenige zentrale Punkte beschränken, wobei die Prioritäten meist klar bei den Themen liegen, die sowohl strategisch wichtig als auch relativ leicht anzugehen sind.
- *Gestützt von wichtigen Daten.* Das Team muss geeignete Daten sammeln, wobei Finanzzahlen, die den gewünschten Ertrag einer Investition belegen, in der Regel am wichtigsten sind. Doch auch qualitative Daten dürfen nicht vernachlässigt werden – so etwa treffende Zitate aus Interviews mit Mitarbeitern oder wichtigen Kunden oder neuere Beispiele für Erfolge oder Misserfolge der Organisation oder der Konkurrenz. Einige strategische Vorteile lassen sich allerdings einfach nicht quantifizieren, sind aber dennoch von zentraler Bedeutung: Informationen über Handlungsschritte der Konkurrenz können hier sehr wichtig sein. Das Team sollte immer auch Hintergrundinformationen liefern, die den Einsatz und das Ausmaß der Nachforschungen belegen, um die vorliegenden Daten zu sammeln.
- *Praktische Lösungen und Handlungsvorschläge.* Wie oben bereits erwähnt, erhalten Themen, die sich mit der Lösung von Problemen befassen, häufig die meiste Aufmerksamkeit. Das Team sollte ausführlich darauf eingehen, wie Vorschläge umgesetzt werden können und wer für die Umsetzung verantwortlich ist. Mögliche Barrieren sollten klar aufgezeigt werden. Auch sollten alternative Szenarien erkannt werden, besonders eventuelle Risiken bei Misserfolgen. Die Machbarkeit ist hier ein zentraler Punkt.
- *Vorgabe klarer Maßstäbe für den Fortschritt.* Möchte man eine umfangreiche Investition über einen längeren Zeitraum hinweg vornehmen, so wirkt es immer beruhigend, wenn klare Maßstäbe zur Überwachung eines regelmäßigen Fortschritts angeboten werden. Auch Überprüfungsmechanismen erhöhen die Glaubwürdigkeit eines Geschäftsplans.

Beispiel 15.5

Ein Geschäftsplan für die Universitätsbibliothek von Notre Dame

Eine Universitätsbibliothek bewertet ihren Strategieplanungsprozess

Als die Universität von Notre Dame in Indiana, USA, beschloss, eine campusweite Initiative zur strategischen Planung durchzuführen, startete die Universitätsbibliothek eine eigene strategische Initiative zur Überprüfung ihrer Planungsprozesse. Zu diesem Zweck stellte der Direktor der Bibliothek eine Arbeitsgruppe bestehend aus vier Mitgliedern zusammen, die zehn Wochen lang (zusätzlich zu ihren normalen Pflichten) zusammenarbeiten sollten, um die bestehenden Planungssysteme der Bibliothek zu beurteilen, die als eher schwach eingeschätzt wurden. Basierend auf dieser Beurteilung würde dann die Bibliothek ihre eigenen Übungen zur strategischen Planung durchführen.

Die Arbeitsgruppe setzte sich aus folgenden Mitgliedern zusammen: Der leitende Assistent des Direktors, der 15 Jahre Berufserfahrung in der Bibliothek mitbrachte, der Budgetverantwortliche der Bibliothek, der Bibliothekar aus dem Bereich Betriebswirtschaft, der zu dieser Zeit ein MBA-Studium absolvierte, sowie der Leiter der Arbeitsgruppe, ein Bibliothekar mit dem Fachgebiet Mathematik, der vor seiner Anstellung bei der Bibliothek bei einer Unternehmensberatung gearbeitet hatte. Schnell legte die Arbeitsgruppe vier Arbeitsphasen fest:

- Ablauf und operative Definition von Planung.
- Festlegung eines geeigneten Planungsrahmens für die Bibliothek und deren bestehende Materialien.
- Beurteilung der bestehenden Materialien angesichts dieses Rahmens und Bewertung der Gesamtkohärenz.
- Empfehlung eines Planungsprozesses für die Zukunft.

Durch die Suche in betriebswirtschaftlicher Literatur und professionellen Ressourcen konnte die Arbeitsgruppe bald eine operative Definition des Begriffs strategische Planung festlegen. Dann wurden einige veröffentlichte Rahmenwerke für Planungsprozesse untersucht, von denen schließlich fünf systematisch auf einer Tafel direkt miteinander verglichen wurden. Nach diesem Vergleich einigte man sich auf eines dieser Rahmenwerke und versuchte nicht, eine eigene maßgeschneiderte Variante zu entwerfen. Anschließend durchsuchte die Arbeitsgruppe das eigene Material der Bibliothek nach relevantem Stoff zum Thema Planung, angefangen von Vorträgen des Direktors bis hin zu formalen Aussagen zu Vision und Leitbild der Bibliothek.

Als die Arbeitsgruppe das gefundene Material mit dem ausgewählten Planungsrahmen verglich, zeigten sich große Lücken. So fehlte beispielsweise jegliche explizite Aussage zum strategischen Planungsprozess der Bibliothek oder jegliche Aussage, die als strategischer Gesamtplan gewertet werden konnte. Bei der Bewertung dieses Materials fand die Arbeitsgruppe heraus, dass sich einzelne Veröffentlichungen oft widersprachen und dass eine konkrete Umsetzung häufig nicht stattgefunden hatte. Schließlich empfahl die Gruppe der Bibliothek, einen völlig neuen strategischen Plan aufzustellen, zu dem alle Mitarbeiter der Bibliothek beitragen sollten.

Der letzte Arbeitsschritt der Gruppe bestand darin, ihre Ergebnisse und Empfehlungen der Bibliotheksleitung zu präsentieren. Der Leiter der Arbeitsgruppe beschreibt, was bei dieser Präsentation gut lief und was weniger gut:

> *Wir führten sie in einer einstündigen Sitzung durch unsere vier Arbeitsschritte. Wir konnten ... den Begriff der strategischen Planung gut erklären und auch das Rahmenwerk für die strategische Planung gut beschreiben. Wir hätten uns aber mehr Zeit für die Erklärung der Definitionen nehmen sollen ... daraus ergeben sich immer wieder Schwierigkeiten. Wer kann schon den genauen Unterschied zwischen einem Leitbild und einer Vision erklären? Trotzdem konnten wir unsere Schlussfolgerungen und Empfehlungen überzeugend präsentieren, und einige unserer Zuhörer zeigten sich sogar begeistert bereit, einen gründlichen strategischen Planungsprozess in Angriff zu nehmen.*

Innerhalb eines Jahres hatte der Direktor der Bibliothek einen strategischen Plan entwickelt, der auch von der Universitätsleitung unterstützt wurde.

Quelle: J. Ladwig, „Assess the state of your strategic plan", Library Administration and Management, Bd. 19, Nr. 2 (2005), S. 90–93.

Kontrollfragen

1. Über welche zentralen Stärken verfügten die Arbeitsgruppe und auch der Prozess, den sie in Angriff nahmen?
2. Welche Probleme hätte es geben können?

Viele spezifische Bewertungstechniken im Rahmen eines Geschäftsplans werden in *Kapitel 10* erklärt.

Was Ausrichtung, Daten, Handlungsschritte und auch Maßstäbe für den Fortschritt angeht, so haben auch strategische Pläne ähnliche Eigenschaften. Sie sind allerdings umfangreicher und können für Start Ups, für Geschäftseinheiten innerhalb einer großen Organisation sowie für gesamte Organisationen eingesetzt werden (siehe auch Beispiel 15.5). Auch hier kann das Format variieren, und die gewählte Variante muss unbedingt der Organisationskultur entsprechen. Ein typischer strategischer Plan hat jedoch in den meisten Fällen folgende Bestandteile, die den Arbeitsplan des Strategieteams bestimmen sollten[62]:

- *Aussagen über Leitbild, Mission und Ziele.* Dies sind die bestimmenden Faktoren der Strategie und wichtige Ausgangspunkte des gesamten Prozesses. Obwohl dies die theoretischen Ausgangspunkte sind, wird ein Strategieteam im Laufe seines Arbeitsprozesses häufig darauf zurückkommen, wenn es um andere Aspekte des strategischen Plans geht. Es lohnt sich außerdem, frühere Aussagen der Organisation zu diesen Themen zu vergleichen, um Übereinstimmung sicherzustellen, siehe besonders *Kapitel 4*.
- *Analyse des Umfelds.* Diese sollte das gesamte Umfeld abdecken und sowohl Makrotrends als auch spezifischere Themen bezüglich Kunden, Zulieferern oder Konkurrenten mit einschließen. Außerdem sollte es das Team nicht mit der Analyse allein bewenden lassen, sondern klare strategische Implikationen daraus ableiten, siehe *Kapitel 2*.
- *Analyse der Organisation.* Diese sollte die Stärken und Schwächen der Organisation behandeln und auch deren Produkte im Vergleich zur Konkurrenz betrachten. Außerdem sollte eine klare Aussage zum Thema Wettbewerbsvorteil enthalten sein. Um Voreingenommenheiten zu vermeiden und die Glaubwürdigkeit zu erhöhen, kann das Team Aussagen von Kunden über die Stärken und Schwächen der Organisation einholen, siehe *Kapitel 3*.
- *Vorgeschlagene Strategie.* Diese sollte sich klar auf die oben genannten Analysen von Umfeld und Organisation beziehen und auch das Leitbild, die Vision und die Ziele stützen. Das Team sollte einen klaren und realistischen Zeitplan für die Umsetzung vorlegen. Besonders hilfreich sind hier *Kapitel 6* bis *10*.

62 Zwei praktische Bücher über den Entwurf von Geschäftsplänen oder strategischen Plänen sind P. Tiffany und S. Peterson, *Business Plans for Dummies*, IDG Books, 2004; und P. Walcoff, *The Fast- Forward MBA in Business Planning for Growth*, Wiley, 1999.

- *Ressourcen.* Das Team muss eine detaillierte Analyse der erforderlichen Ressourcen erstellen, die auch die Option zum Erwerb dieser Ressourcen enthält. Finanzielle Ressourcen sind hier besonders wichtig, weshalb der Plan Gewinn- und Verlustrechnungen, Kapitalflussrechnungen und Bilanzen des gesamten Planungszeitraums enthalten muss. Andere wichtige Ressourcen sind Mitarbeiter, besonders Manager oder Mitarbeiter mit speziellen Fachkenntnissen, siehe besonders *Kapitel 13.*

Beispiel 15.6 Sind Strategieberater wirklich von Nutzen?

Strategieberater werden sehr häufig am strategischen Prozess beteiligt und bringen meist auch fundierte analytische Fähigkeiten und viel Projekterfahrung mit. Warum wird ihre Rolle dann so kontrovers diskutiert?

Es gibt zahlreiche Bücher, die an Strategieberatern kein gutes Haar lassen. Titel wie *Con Tricks*, *Dangerous Company* und *Rip Off!* sind nur einige Beispiele. Und es gibt auch einige spektakuläre Misserfolge zu berichten. Wie in *Abschnitt 15.2.4* beschrieben war McKinsey & Co. für viele strategische Fehler von Enron und SwissAir mit verantwortlich.

Meist werden Strategieberatern drei Dinge vorgeworfen: Erstens wird kritisiert, dass sie sich zu sehr auf junges, unerfahrenes Personal verlassen, das frisch aus der Uni kommt und zum Großteil keinerlei Kenntnis oder Verständnis mitbringt, wie Organisationen und deren Märkte wirklich funktionieren. Ein weiterer Vorwurf lautet, sie würden lediglich ihre Empfehlungen abliefern und sich dann verabschieden, ohne sich um die Umsetzung zu kümmern. Drittens gelten Berater als teuer und überbezahlt. Es wird ihnen außerdem nachgesagt, sie wollten immer nur nutzlose Zusatzprojekte verkaufen. So zahlen die Kunden am Ende für mehr Beratung als sie wirklich brauchen; und diese ist zudem zum Großteil unrealistisch und undurchführbar.

Solche Vorwürfe sind möglicherweise unfair. Die meisten großen Unternehmensberatungen sind heute branchenspezifisch organisiert und bauen in bestimmten Bereichen Fachwissen auf. Außerdem werden verstärkt erfahrende Manager aus den jeweiligen Branchen eingestellt. Die meisten Berater ziehen es zudem vor, im Team gemeinsam mit Mitarbeitern ihrer Kunden zu arbeiten, sodass der Kunde bereits an der Generierung der Empfehlungen beteiligt ist, die er später implementieren soll. Einigen Beratungsfirmen wie etwa Bain ist es ganz wichtig, auch an der Implementierung selbst beteiligt zu werden. Und schließlich agieren auch Unternehmensberatungen auf einem Wettbewerbsmarkt, und ihre Kunden sind in der Regel anspruchsvolle Käufer, die sich nicht ohne Weiteres Beratungen andrehen lassen, die sie gar nicht brauchen. Die Tatsache, dass das Umsatzvolumen der Beratungsfirmen in Europa von € 3 Mrd. 1996 auf € 8 Mrd. 2008 angestiegen ist, zeigt deutlich, dass hier rege Nachfrage herrscht.

Außerdem gibt es auch Erfolge zu vermelden. Bain gibt an, die durchschnittlichen Aktienkurse seiner Kunden hätten seit 1980 den Standard & Poors 500-Index der größten US-amerikanischen Unternehmen im Verhältnis vier zu eins übertroffen (*www.bain.com*) Einige erfolgreiche Führungskräfte kamen ursprünglich aus dem Bereich Unternehmensberatung, darunter Lou Gerstner, der IBM die Wende brachte, und Meg Whitman, Firmenchefin von eBay, die ihre Karriere beide als Berater bei McKinsey & Co. begannen. Und eines der weltweit erfolgreichsten Bücher zum Thema Management, *„Das Großunternehmen"*, entstand aus dem Beratungsauftrag den General Motors während des Zweiten Weltkriegs an Peter Drucker vergab.

Aus den Argumenten der Kritiker lassen sich dennoch folgende Hinweise ableiten: Unternehmen sollten in jedem Fall darauf achten, nur Berater mit entsprechend relevantem Branchenhintergrund zu beauftragen, die Analyse sollte immer direkt mit der Implementierung verbunden werden, und natürlich muss man die Kosten für die Beratung immer genau im Auge behalten. James O`Shea und Charles Madigan schließen ihr Buch mit einem provokativen Zitat aus Machiavellis *Der Fürst*: „Dies ist eine unfehlbare Regel: Ein Fürst, der nicht selbst weise ist, kann nicht weise beraten werden. … Ob ein Ratschlag gut ist, hängt von der Klugheit des Fürsten ab, der ihn einholt – und es hängt nicht umgekehrt die Klugheit des Fürsten ab von einem guten Rat."

Quellen: The European Federation of Management Consultancy Associations (www.feaco.org); J. O`Shea und C. Madigan, Dangerous Company: Consulting Powerhouses and the Business they Save and Ruin, Penguin, 1998; C.D. McKenna, The World's Newest Profession: Management Consulting in the Twentieth Century, Cambridge University Press, 2006.

Kontrollfragen

1. Welche Maßnahmen kann ein Strategieberater ergreifen, um einen potenziellen Kunden von seiner Effektivität zu überzeugen?
2. Gibt es Gründe für die Vermutung, dass manche Menschen die Kritik am Geschäftsgebaren der Unternehmensberater gerne übertreiben?

ZUSAMMENFASSUNG

- Die Praxis der Strategie beinhaltet wichtige Entscheidungen der Fragen, wer an der Strategie beteiligt werden soll, welche Aktivitäten gewählt werden, und welche Methoden angewandt werden sollen, um diese Aktivitäten zu steuern.
- Vorstandsvorsitzende, leitende Führungskräfte, unternehmensexterne Führungskräfte, strategische Planer, Strategieberater und Manager der mittleren Führungsebene sind häufig am Strategieprozess beteiligt. Die Beteiligung der Manager mittlerer Führungsebenen kann aufgrund des Paradoxons Zugang zum Vorstand/Implementierungsverantwortung leiden, doch das Ausmaß

- angemessener Beteiligung sollte dennoch von der Art des Problems abhängen.
- Der Strategieprozess beinhaltet Analysen, Platzierung strategischer Themen, Entscheidungsfindung und Kommunikation. Manager dürfen nicht davon ausgehen, dass all diese Aktivitäten völlig rational oder logisch ablaufen und können daher auch ganz bewusst auf die nicht-rationalen Eigenschaften ihrer Mitarbeiter eingehen.
- Praktische Methoden, die den Weg durch den Strategieprozess weisen, sind unter anderem Strategie-Workshops, Strategieprojekte, Hypothesentests und die Formulierung von Geschäftsplänen und strategischen Plänen.

Z U S A M M E N F A S S U N G

Aufgaben

*Kennzeichnet schwierigere Aufgaben.

15.1 Sehen Sie sich im Internet die Einstellungs- oder Karriereseite einer großen Unternehmensberatung an (z.B. *www.bain.com*, *www.bcg.com*, *www.mckinsey.com*). Was sagt ihnen die dort enthaltene Information über die Art strategischer Beratungsarbeit? Würden Sie diese Arbeit gern tun?

15.2 Sehen Sie sich den Internetauftritt einer großen Organisation (privat oder öffentlich) an und beurteilen Sie die Art und Weise, wie diese ihre Strategie der Öffentlichkeit kommuniziert. Beziehen Sie sich auf *Abschnitt 15.3.4* und beurteilen Sie, wie zielgerichtet die Kommunikation ist; wie eindrücklich sie ist; und wie wahrscheinlich es ist, dass sie die Mitarbeiter begeistert.

15.3 Nehmen Sie an, Sie sollten einen Strategie-Workshop gestalten: Wer sollte teilnehmen und welche Rollen sollten die Teilnehmer übernehmen, wenn (a) die Organisation angesichts einer Krise ihre grundlegende Strategie neu überdenken muss; oder (b) die Organisation die Unterstützung für ein langfristiges umfangreiches Programm eines strategischen Wandels erlangen muss?

*15.4 Wählen Sie eine beliebige Fallstudie aus diesem Buch und nehmen Sie an, Sie seien ein Strategieberater. Schlagen Sie eine anfängliche deskriptive Hypothese vor (*Abschnitt 15.4.3*) und definieren Sie, welche Daten Sie für deren Überprüfung brauchen. Wen hätten Sie gern in Ihrem Strategieprojektteam (siehe *Abschnitte 15.2.4* und *15.4.2*)?

*15.5 Besuchen Sie ein Geschäftsplanarchiv (wie etwa das der University of Maryland unter *www.businessplanarchive.org* , oder verwenden Sie Google für Ihre Suche). Wählen Sie einen für Sie interessanten Geschäftsplan aus und bewerten Sie diesen unter Bezugnahme auf *Abschnitt 15.4.4*.

Integrative Aufgabe

15.6 Schreiben Sie einen Geschäftsplan für ein Unternehmen, mit dem Sie vertraut sind, oder für eine der Organisationen aus den Fallstudien. (Zur Vereinfachung sollten Sie ein nicht-diversifiziertes Unternehmen oder eine Geschäftseinheit einer großen Organisation wählen.) Stellen Sie dort, wo Angaben fehlen, angemessene Annahmen auf oder schlagen Sie Möglichkeiten vor, diese Lücken zu schließen. Kommentieren Sie, ob und in welcher Form Sie unterschiedliche Versionen dieses strategischen Plans für (a) Investoren oder (b) Mitarbeiter zur Verfügung stellen würden.

Literaturempfehlungen

- Für eine Übersicht zum Thema der Beteiligung des Top Managements an Strategie siehe P. Stiles und B. Taylor, *Boards at Work: How Directors View their Roles and Responsibilities*, Oxford University Press, 2001. Für eine Übersicht über die Rolle der Manager mittlerer Führungsebenen siehe S. Floyd und B. Wooldridge, *Building Strategy from the Middle*, Sage, 2000.
- Drei Sonderausgaben von wissenschaftlichen Zeitschriften bieten akademische Studien über Strategie in der Praxis: „Micro strategy and strategizing", *Journal of Management Studies*, Bd. 40, Nr. 1 (2003); „Strategizing: The challenges of a practice perspective", *Human Relations*, Bd. 60, Nr. 1 (2007); und „The crafts of strategy", Bd. 41, Nr. 3 (2008), *Long Range Planning*.
- Eine praktische Anleitung zu Strategiemethoden bieten E. Rasiel und P.N. Friga, *The McKinsey Mind*, McGraw-Hill, 2001. Dieses Buch ist von weitaus allgemeinerer Relevanz als diese spezielle Beratungsfirma.
- P. Walcoff, *The Fast-Forward MBA in Business Planning for Growth*, Wiley, 1999, ist eine praktische Anleitung zum Verfassen von Geschäftsplänen oder strategischen Plänen. Es bietet viele Modelle und Vorlagen.

Fallstudie
Beispiel Ray Ozzie, Softwarestratege

In den Jahren 2005 und 2006 übernahm Ray Ozzie beim Computergiganten Microsoft eine immer zentralere strategische Rolle und hatte sich schließlich zum leitenden Softwarearchitekten des Unternehmens entwickelt. Der zentrale Punkt von Ozzies neuer Strategie war es, Microsofts Internetpräsenz zu erhöhen, denn das Unternehmen war in diesem Punkt weit hinter Internet Upstarts wie Google und Yahoo! zurückgefallen. Zur Entwicklung dieser neuen Strategie bedurfte es mehr als nur der Formulierung einer gewagten und anspruchsvollen neuen Vision für Microsoft. Ozzie sah sich, schon was die reinen Praktiken des Strategieprozesses anbetraf, schwierigen Entscheidungen gegenüber. Also musste er Strategieklausurtage organisieren, an denen sich das Top Management dem Strategieprozess widmen konnte; er musste außerdem dafür sorgen, dass der Strategieprozess auch nach diesen Treffen nicht an Schwung verlor, und schließlich musste er entscheiden, wie die zentralen Themen der neu entwickelten Strategie am besten kommuniziert werden konnten.

Abbildung 15.5: Bill Gates (links) und Ray Ozzie (rechts)

Ozzie galt bei vielen Experten als Softwaregenie. 1984 hatte er die Firma Iris Associates gegründet, die fünf Jahre später, unter Vertrag für die Lotus Development Corporation, die erste kommerzielle E-Mail und Kollaborationssoftware für große Unternehmen, Lotus Notes, auf den Markt brachte. 1994 übernahm die Lotus Development Corporation Iris für $ 84 Mio. (€ 67 Mio.) und wurde im nächsten Jahr ihrerseits durch den Computerriesen IBM aufgekauft. Wiederum drei Jahre später verließ Ozzie IBM und gründete Groove Networks, eine neue Firma für Kollaborationssoftware. Im März 2005 wurde Groove Networks von Microsoft aufgekauft, das diese Kollaborationssoftware in die nächste Generation seiner Office-Produkte integrieren wollte. So kam Ozzie als neuer Mitarbeiter zu Microsoft.

Der Preis, den Microsoft für Groove Networks bezahlt hatte, wurde nie veröffentlicht, doch der Verkauf machte Ozzie mit Sicherheit zu einem noch wohlhabenderen Mann, als er es ohnehin schon war. Doch in anderer Hinsicht war seine Position keineswegs so komfortabel. Er begann seine Arbeit bei Microsoft als einer von drei technischen Direktoren und als einer von insgesamt 70.000 Angestellten. Außerdem pendelte er anfangs jede Woche von seinem Wohnort Boston an der Ostküste der USA zu seinem Arbeitsplatz im Hauptsitz von Microsoft in Redmond an der Westküste. Und schließlich war Ozzie bei Groove Networks sein eigener Herr gewesen und hatte es zudem mit einem sehr viel kleineren Unternehmen mit nur 200 Angestellten zu tun. In einem Interview mit MSNBC sagte er dazu: „Das Wunderbare an einer kleinen Firma ist, dass man seine ganze Aufmerksamkeit und Arbeitskraft auf eine Sache konzentrieren kann – die Auswirkung ist aber am Ende insgesamt gesehen eher gering. In einem größeren Konzern kann ich meinen Einfluss nicht so zielgerichtet steuern, dieser wirkt sich aber auf eine viel größere Bandbreite an Themen und Produkten aus."

Die Firma, der sich Ozzie angeschlossen hatte, verfügte in der Tat über eine enorme Bandbreite an Produkten. Sie zeichnete verantwortlich für das neue Microsoft Windows-Betriebssystem; für die ebenso weitverbreiteten Microsoft Office-Programme; für den Bereich Xbox PC-Spiele; für das MSN-Internetportal; und für den MSNBC-Kabelfernsehsender. Der Gesamtumsatz belief sich auf $ 40 Mrd. und die Barreserven des Unternehmens lagen bei $ 35 Mrd. Immer noch wurde Microsoft von Bill Gates dominiert, der die Firma 1975 gegründet hatte und sich 2005 damit brüstete, in den seitdem vergangenen 30 Jahren jeden einzelnen Tag gearbeitet zu haben. 2005 hatte Bill Gates noch die Position des leitenden Softwarearchitekten inne.

Zu diesem Zeitpunkt aber schien es, als trete das Unternehmen auf der Stelle. Zwar stiegen Umsatz und Gewinn immer noch an, doch der Aktienkurs war schon einige Jahre lang nicht mehr gestiegen. Nach einem Höchststand von $ 60 pro Aktie bewegte sich der Kurs nun konstant um $ 25 herum (siehe Abbildung). Microsofts Geschäftsmodell beruhte im Kern auf dem Verkauf der eigenen Softwareprodukte entweder direkt an den Kunden oder an Computerhersteller zur Installation auf deren Maschinen. Dieses Modell sah sich nun einer neuen Herausforderung durch kostenlose Open Source-Software (etwa von Linux) und auch durch Internetfirmen gegenüber, deren Software sich kostenlos aus dem Internet herunterladen ließ und durch Werbekunden (z.B. Google oder Yahoo!) finanziert wurde. Microsoft wurde von vielen bereits als ein Unternehmen von gestern angesehen.

Die erste Strategieklausurtagung

Ozzie kam nicht als völliger Neuling zu Microsoft. Wie das *Fortune Magazine* berichtete, hatte Ozzie bereits vor seiner Einstellung an den Strategieklausurtage im März teilgenommen, wo sich ca. 110 der wichtigsten Führungspersönlichkeiten von Microsoft, darunter auch Bill Gates, trafen. Zu dieser zweitägigen Klausur hatte Microsofts CEO, Seve Ballmer, geladen. Sie fand in der direkt am Pazifik gelegenen, sehr luxuriösen Semiahmoo-Hotelanlage statt, zu der auch ein Wellnessbereich und zwei Golfplätze gehörten. Dem *Fortune*-Artikel zufolge begann man die Klausur mit einer Gruppenübung, wobei die Führungskräfte Teams mit je sechs oder sieben Mitgliedern bildeten. Jede Gruppe erhielt einen Beutel mit Einzelteilen eines batteriebetriebenen Marsfahrzeugs. Die Aufgabe bestand darin, dieses Fahrzeug so schnell wie möglich, aber auch mit so wenigen Teilen wie möglich zusammenzubauen. Das Team von Bill Gates gewann. Am zweiten Tag hielten die Gruppen offene Brainstorming-Sitzungen ab, bei denen verschiedene strategische Themen zur Sprache kamen. Ozzie wurde zusammen mit Gates und einigen weiteren Technologen einer Gruppe zugeteilt, die den „Kern" von Microsoft definieren sollte – Dinge also, die Microsoft erfolgreich machten und die auf alle Produktlinien des Unternehmens übertragen werden konnten. Ozzie erinnerte sich an diese Sitzung: „Es war das erste Mal, dass ich als Insider beobachten konnte, wie die Firmenmitglieder mit Bill umgingen." Als die Gruppe in den Konferenzraum ging, kommentierte er dies *Fortune* gegenüber so: „Bill schien ganz automatisch im Mittelpunkt zu stehen, und alle anderen gruppierten sich um ihn herum. Manchmal verhielten sie sich ihm gegenüber regelrecht ehrerbietig. Andererseits schien er in so mancher lebhaften Diskussion auch einfach nur ein normaler Kollege zu sein."

Microsofts „Kern" erwies sich als das zentrale Thema dieser Klausur im Semiahmoo. Ballmer schien jedoch nicht in der Lage, auf den dort erzielten Ergebnissen aufzubauen. Er gab einer Gruppe führender Manager den Auftrag, ein größeres Event zu organisieren, um dieses Thema zu vertiefen, doch diese weigerte sich mit der Begründung, dieser Schritt sei voreilig und es verursache nur unnötige Unruhe, zu diesem Zeitpunkt noch mehr Mitarbeiter in dieses Thema hineinzuziehen. Der Enthusiasmus von Semiahmoo schien bereits verflogen zu sein, doch dann wandte sich Ballmer an Ozzie mit der Bitte, das Konzept des strategischen Kerns weiterzuentwickeln. Wenig später organisierte Ozzie auf Ballmers Auftrag hin eine weitere Managementklausur für den Monat Juni. Ozzies Kommentar zu *Fortune*: „Ich war mehr als nervös, denn ich hatte ja noch nie zuvor mit diesen Leuten zusammengearbeitet."

Die zweite Strategieklausurtagung

Ozzie arbeitete bei der Organisation dieser zweiten Klausurtagung eng mit Ballmer, Gates und einigen anderen Führungskräften zusammen. Sie war als eintägiges Event im Robinswood House, einem kleinen Hotel aus dem 19. Jahrhundert in der Nähe der Microsoft-Zentrale, geplant. Dazu eingeladen waren lediglich 15 Top Manager; Gates war nicht darunter. Die Räumlichkeiten im Robinswood waren eng und eher spartanisch – die Teilnehmer saßen dicht gedrängt in einem kleinen Raum. Die Heizung funktionierte nicht richtig und auch das Essen gab Anlass für Beschwerden. Jeder Teilnehmer hatte vor dieser Klausur ein 51 Seiten langes, von Ozzie verfasstes Memo erhalten, in dem dieser darstellte, welchen strategischen Herausforderungen sich Microsoft aus seiner Sicht gegenüber sah.

Zu Beginn der Klausur ging Ozzie nochmals auf diese Herausforderungen ein. *Fortune* zufolge sprach Ozzie zwar wie gewohnt ruhig und verbindlich, doch fand er auch sehr klare Worte bezüglich der Fehler, die Microsoft in der Vergangenheit gemacht hatte. Ozzie erinnerte sich, wie die Gruppe nach dieser Einführung eine „kathartische Übung" durchlief, in der jeder negative Aspekt der technischen und organisationalen Strategie der letzten Jahre angesprochen wurde. „Eine Geschichte nach der anderen wurde erzählt." Microsofts Führungsspitze arbeitete 14 Stunden lang ununterbrochen und diskutierte die Zukunft ihres Unternehmens. Am Ende kam man zu dem Schluss, dass ein grundlegender Wandel nötig sei. Ballmer richtete schließlich folgenden Appell an seine Kollegen: „Wenn es etwas gibt, was euch stört, sagt es jetzt." Niemand meldete sich.

Die Umsetzung

Dieses Mal arbeiteten Ballmer und Ozzie verstärkt daran, die Ergebnisse dieser Klausur auch umzusetzen. Eine Reihe wöchentlicher Treffen der Teilnehmer der Klausur wurden anberaumt, wobei deren Erscheinen Pflicht war. Ozzie stellte die Tagesordnungen für diese Treffen zusammen, und acht Wochen lang debattierten die Teilnehmer in dem Konferenzraum direkt neben Ballmers Büro über verschiedene Aspekte der neuen Strategie. Natürlich gab es immer noch viele Meinungsverschiedenheiten, doch es wurden auch Fortschritte erzielt. Mitte September gab Ballmer eine Reihe grundlegender organisationaler Veränderungen und Beförderungen bekannt. Die wichtigste Veränderung betraf die Verschmelzung von Windows und MSN zu der neuen Geschäftseinheit Platform Products and Services innerhalb des Microsoft-Konzerns, die direkt auf dem Internet aufbaute. Ebenso von großer Bedeutung war Ozzies Beförderung zum technischen Direktor für ganz Microsoft und sein Umzug mit Büro und Mitarbeitern in die Hochsicherheitssuite im obersten Stockwerk des Gebäudes, wo sich auch die Büros von Gates und Ballmer befanden.

Die Internetstrategie entwickelte sich weiter. Ende Oktober gaben Gates und Ozzie jeweils wichtige interne Memos heraus (die auch bald im Internet erschienen). Gates' Memo stammte vom 30. Oktober, einem Sonntag, hatte das Thema Internet Services Software und wurde allen obersten Führungskräften, deren direkten Untergebenen und führenden Ingenieuren per E-Mail zugestellt. Gates nahm Bezug auf sein vor zehn Jahren verfasstes Memo mit dem Titel „Die Internetwelle", das innerhalb des Unternehmens Microsoft eine Revolution ausgelöst hatte mit dem Ziel, sich der Herausforderung Internet der ersten Generation zu stellen. Dann wandte er sich dem neuen Thema, nämlich den auf Internetsoftware basierenden (oder internetbasierten) Dienstleistungen zu. Außerdem fügte er Ozzies Memo an, das er folgendermaßen kommentierte: „Ich bin sicher, dass dieser Schritt rückblickend ebenso entscheidend sein wird, wie es die Internetwelle war. Ray beschreibt die großartigen Dinge, die wir mit unseren Partnern mithilfe der internetbasierten Dienstleistungen erreichen können. Uns steht der nächste große Wandel bevor."

Das von Ozzie verfasste Memo stammte vom vorangegangenen Freitag und richtete sich an die oberste Führungsebene sowie deren direkte Untergebene. Es umfasste 5000 Worte und trug den Titel „Der Umbruch der internetbasierten Dienstleistungen". Das Memo begann positiv mit der Versicherung, dass sich Microsoft mitten in der bisher wichtigsten Entwicklungsphase neuer Produkte befand, wobei sich Ozzie auf die Xbox 360 und viele andere Produkte bezog. Doch dann wurden die Leser des Memos schnell daran erinnert, dass die Innovationen des Unternehmens in einer Zeit großer Turbulenzen und Veränderungen entstanden. Solch eine Situation hatte es schon einmal gegeben. Das Memo betonte, dass Microsoft in seiner gesamten Unternehmensgeschichte seine Kernstrategie und Ausrichtung etwa alle fünf Jahre hatte von Grund auf überdenken und neu gestalten müssen.

Ozzie erwähnte drei dieser früheren Wandlungsprozesse, die bis in die 1990er Jahre zurückreichten, darunter auch die Internetwelle. Dann stellte er klar, dass es ein neues Geschäftsmodell gab, das sich auf durch Werbung finanzierte, internetbasierte Software konzentrierte. Nach dieser neuen Information legte er jedem Leser dringend ans Herz, sich über die Veränderungen des Unternehmensumfelds, über die Stärken und Schwächen der Firma und über ihre Verantwortung als Marktführer Gedanken zu machen. Er warnte, dass die Firma in akuter Gefahr sei, wenn seine Kollegen nicht reflektierten und schnell und entschieden reagierten. Immer wieder verwendete er das Wort „wir", um auf die gemeinsam zu bewältigende Herausforderung hinzuweisen.

Ozzies E-Mail enthielt weitere Details. Er kritisierte das Innovationsverhalten von Microsoft in der Vergangenheit und warnte vor innovativeren Konkurrenten, wobei er konkret die Namen Google, Apple, Yahoo! sowie Start Ups wie Flickr und Skype erwähnte. Anschließend wurden drei entscheidende Grundsätze vorgestellt, die für grundlegende Verschiebungen im Wettbewerbsumfeld sorgten: Die Macht des durch Werbung gestützten Wirtschaftsmodells; die Effektivität eines neuen Geschäftsmodells, das auf Internet-Downloads setzte; und die Nachfrage nach integrierten Nutzererfahrungen, die „einfach funktionieren". Daraus wurden nun neue Chancen entwickelt, wobei das immer wieder verwendete Schlagwort „nahtlos" für integrierte, nutzerfreundliche Kundenerfahrungen stand, gleichgültig ob es um die Bereiche Arbeit, Unterhaltung oder Kommunikation ging. Außerdem zeichnete das Memo wichtige Implikationen dieser Entwicklung für alle drei Microsoft-Divisionen vor.

Die letzten Teile von Ozzies Memo waren besonders bemerkenswert. In einem Abschnitt, den er mit „Was ist anders" betitelte, wandte sich Ozzie direkt an mögliche Skeptiker unter seinen Lesern. Er gab zu, dass viele argumentieren könnten, seine Aussagen enthielten nicht recht viel Neues, und dass Microsoft schon seit vielen Jahren, sogar schon seit Beginn der 1990er Jahre, an den hier beschriebenen Themen arbeitete. Man könnte also sagen, sein Memo sei keine große Sache.

Doch dann zählte Ozzie vier Punkte auf, die dafür sorgten, dass dieser Fall anders war als die letzten. Der erste Punkt war sehr einfach. Er machte ganz klar, dass „Bill" Gates und „Steve" Ballmer, die er beim Vornamen nannte, absolut von der in diesem Memo beschriebenen neuen Vision überzeugt waren. Als Beweis führte er die kürzlich durchgeführte Neuorganisation der Firma in drei Divisionen an, wodurch auch die neuen Platform Products and Services-Gruppe entstanden war.

Die drei weiteren Gründe hoben die ungeheure Vielfalt der neu eröffneten Möglichkeiten durch die Markteinführung der neuen Produkte sowie die neuen technischen Möglichkeiten und die Bedrohung durch die Konkurrenz hervor.

Der letzte Abschnitt des Memos trug den Titel „Neue Schritte“. Hier stellte Ozzie einen genauen Zeitplan vor, der vorsah, dass Divisionsleiter einzelne „Szenarienverantwortliche“ bestimmten, die verschiedene Initiativen vorantreiben sollten, eng mit Ozzie zusammenarbeiten würden, sich gegenseitig abstimmen konnten und schließlich konkrete neue Pläne entwickeln würden. Ozzie gab die Adresse eines Internetblogs an, in dem regelmäßig neue Dokumente sowie seine eigenen Gedanken veröffentlicht werden würden. Außerdem versprach er, auch andere Mittel und Wege auszuprobieren, damit die Mitarbeiter von Microsoft direkt mit ihm in Kontakt treten und sich an der strategischen Konversation beteiligen konnten.

Am 1. November präsentierten Bill Gates und Ray Ozzie gemeinsam die neue Strategie des Unternehmens auf einer Pressekonferenz in San Francisco. Im Juni 2006 verkündete Gates, er werde ab sofort nicht mehr Vollzeit in seinem Unternehmen arbeiten und sich im Laufe der nächsten zwei Jahre ganz zurückziehen. Ozzie übernahm Gates Position als leitender Softwarearchitekt des Unternehmens. Inzwischen hatte er sich eine Wohnung in der Nähe des Firmenhauptsitzes zugelegt, von der aus er den Hafen von Seattle überblicken konnte. Seine Frau begann, zu ihm zu pendeln.

Hauptquellen: D. Kirkpatrick und J.L. Yang, „Microsoft's new brain“, Fortune, 15. Mai 2006, S. 52–63; Bill Gates: Internet Software Services auf http://blogs.zdnet.com/web2exploer/?page_id=53; „Ray Ozzie: The Internet Services Disruption“ auf www.scripting.com/disruption/ozzie/TheinternetServicesDisruptio.htm; „Microsoft to buy Groove Networks“, MSNBC, 10. März 2005.

Kontrollfragen

1. Warum konnte der Enthusiasmus aus der Klausur im Semiahmoo zum Thema „Microsofts Kern“ nicht auf die Firma übertragen werden?
2. Warum war Ozzie mit seiner Klausurtagung im Robinswood erfolgreicher und konnte auch nachsetzen?
3. Kommentieren Sie Ozzies Kommunikationsstrategie in Bezug auf den Internet Services-Umbruch.

Kommentar zu Teil III Strategie in Aktion

Teil III dieses Buches befasste sich mit Strategie in Aktion. In *Abschnitt 1.2* wurde der Gesamtentwurf des Buches vorgestellt. Dort wird darauf hingewiesen, dass strategisches Management nicht immer als linearer Prozess angesehen werden sollte. Tatsächlich besteht eine Abhängigkeit und Interaktion zwischen den in verschiedenen Teilen des Buchs beschriebenen Aktivitäten und Herausforderungen. Deshalb überschneiden sich auch die Kreise in Abbildung 1.3. Doch natürlich müssen die einzelnen Themen dieses Buches in linearer Form präsentiert werden, und auch bei strategischem Management geht es oft um strategische Formulierungen gefolgt von der Implementierung der Strategie.

In diesem Kommentar werden die strategischen Perspektiven dazu herangezogen, dieses wichtige Thema näher zu beleuchten. Ist es sinnvoll, strategisches Management als einen Prozess zu betrachten, der zunächst die Formulierung der Strategie und danach die Implementierung der Strategie vorsieht?

Auf folgende Punkte sei hingewiesen:

- Es soll hier nicht nahe gelegt werden, dass eine dieser Perspektiven den anderen überlegen ist. Sie gewähren jedoch unterschiedliche Einblicke in die Probleme, denen sich Manager stellen müssen, und in die Art und Weise, wie mit diesen Herausforderungen umgegangen wird.
- Leser, die bisher den nach *Kapitel 1* folgenden Kommentar mit der Erklärung der vier Perspektiven *noch nicht* gelesen haben, sollten dies jetzt tun.

Gestaltungsperspektive

Bezieht man sich auf die Aussage, dass das Denken dem organisationalen Handeln vorausgeht, so betrachtet man das Management der Strategie als linearen Prozess. Strategie wird also erst von Top Managern formuliert und anschließend folgendermaßen umgesetzt:

- Führungskräfte überzeugen die Mitarbeiter von der Logik der Strategie.
- Projektpläne werden aufgestellt, um angemessene Ressourcenausstattung, Zeitplanung und Abfolge zu gewährleisten.
- Manager der mittleren und unteren Führungsebenen werden umfassend und klar informiert.
- Eine geeignete organisationale Struktur sowie Kontrollsysteme werden eingeführt, damit die Implementierung der Strategie überwacht werden kann. Die „Struktur folg also der Strategie“.
- Führungskräfte sind Change Agents, die den passenden Managementstil für den Wandel sowie die dafür nötigen Instrumente identifizieren.

Erfahrungsperspektive

Strategien entwickeln sich meist auf der Grundlage von Erfahrung und Unternehmenskultur; die gegenwärtige Strategie beeinflusst und formt auch die Strategie der Zukunft. Außerdem sind Kontrollsysteme und Routineabläufe zur Ressourcenallokation meist fest in der Unternehmenskultur verwurzelt und beeinflussen so ebenfalls die Strategie der Zukunft. Das bedeutet, dass die „Strategie der Struktur folgt“. Die Vorstellung, dass die Implementierung nach der Formulierung erfolgt, ist also irreführend.

Da sich aber Strategien höchstwahrscheinlich inkrementell entwickeln, kommt es in vielen Fällen im Laufe der Zeit zu einer strategischen Drift, was zeitweise zu einem strategischen Wandlungsprozess führen kann, der von oben nach unten erfolgt. Zu diesen Zeiten müssen meist kulturelle Unbeweglichkeiten und Widerstände gegen den Wandel überwunden werden (Aufbrechen verkrusteter Strukturen). Dazu müssen gegenwärtig vorherrschende Überzeugungen und Annahmen der Unternehmenskultur infrage gestellt werden.

Eine Organisation ist auch ein politischer Schauplatz, weshalb auch das Management eines Wandels als politischer Prozess angesehen werden muss, und die betroffenen Manager müssen mit diesem Aspekt gut umgehen können.

Ideenperspektive

Strategien entwickeln sich als Muster aus den Ideen, die innerhalb und außerhalb der Organisation entstehen. Auch hier gibt es also keine zeitliche Trennung der Formulierung und der Implementierung der Strategie.

Es ist die Aufgabe der obersten Führungsebene, das Potenzial neuer Ideen zu erkennen und eine entsprechende organisationale Atmosphäre zu schaffen, damit diese auch geäußert werden. Dazu müssen sie Folgendes bedenken:

- Je mehr Interaktionen innerhalb der Grenzen der Organisation und über diese hinaus stattfinden, desto mehr neue Ideen und Innovationen wird es geben. Formale Strukturen und Kontrollsysteme sind unvermeidbare Notwendigkeiten, können aber auch Barrieren und Grenzen errichten.
- Es kann hilfreich sein, organisationale Strukturen zu verändern, um so zu verhindern, dass Beziehungen und Routinen sich allzu sehr in Organisationen „einbürgern“ und gleichzeitig noch schwache Verbindungen zu stärken, die neue Ideen erzeugen können.
- Man braucht keine umständlichen Kontrollen, sondern lediglich einige wichtige Richtlinien oder Grundregeln.
- In einem dynamischen Umfeld muss man vielleicht keine *verkrusteten Strukturen aufbrechen*, da sich die Organisation ohnehin in einem Zustand ständigen Wandels befindet.

Manager können geeignete Strukturen schaffen und organisationales Lernen fördern, um all diese Punkte zu erreichen und anzuregen. Diese Aufgabe ist viel wichtiger, als zu versuchen, Strategien von oben nach unten durchzusetzen.

Diskursperspektive

Bei der Strategie und ihrem Management geht es im Grunde um – schriftliche oder mündliche – Diskurse. Eine daraus folgende Implikation ist, dass Strategien gezwungenermaßen immer interpretiert werden, weshalb die Unterschiede zwischen einer intendierten Strategie und ihrer Interpretation wahrscheinlich größer sind als es die betroffenen Manager annehmen.

Eine wichtige Lektion lautet, dass jede Interessengruppe über eine eigene Identität verfügt und dieser auch auf ihre ganz eigene Weise, in ihrer „Sprache“, Ausdruck verleiht. Die Botschaften, die die Interessengruppen bezüglich einer Strategie erreichen, werden von ihnen vielleicht nicht so aufgefasst, wie dies ursprünglich beabsichtigt war, denn sie werden in deren Sprache quasi „umgeschrieben“. Es ist wichtig, bei der Kommunikation einer Strategie an verschiedene Interessengruppen deren Identität und Sprache immer zu berücksichtigen. Also gilt:

- Inwieweit Kontrollen den gewünschten Effekt haben, hängt davon ab, wie kongruent sie mit der Sprache derjenigen sind, die sie betreffen. So können ehrgeizige Ziele vielleicht deshalb funktionieren, weil man sich nicht erlauben kann, diese nicht zu erfüllen, und nicht, weil man Herausforderungen liebt.
- Manager müssen genau überlegen, welche Sprache sie verwenden, besonders wenn es darum geht, Betroffene von der Notwendigkeit eines Wandels zu überzeugen und sicherzustellen, dass einmal eingeleitete Initiativen für den Wandel nicht abgelehnt werden.
- Entspricht die verwendete Sprache den Anforderungen und Vorstellungen der jeweiligen Interessengruppen, so kann sie großen Einfluss ausüben bezüglich der Akzeptanz und Umsetzung einer Strategie.

Register

B

E

F

H

I

J

K

L

M

N

S

V

W